2026 최신개정판

새롭게 변경된 출제기준(2026~2029) 적용

건축설비기사 필기

이론/문제

기술사 조성안
　　　 이석훈 편저

Since 1998
건축설비분야
최고 판매량

이 책의 특징

- NCS 교육과정 대비
- 과목별 예상문제 및 상세한 해설 수록
- SI 단위 적용에 의한 해설 수록
- 변경된 건축설비 관계법규 수록
- 변경된 출제기준에 따른 기출모의고사 수록

최고의 적중률

기출모의고사
최신 출제경향 반영

저자 질의응답 카페 주소
http://cafe.daum.net/kimoonsa

www.kimoonsa.co.kr

머리말

지금 건설 분야는 초고층화, 기계화, 고급화, 자동화(IBS), 지능형 건물로 급속히 진행되고 있으며, 건축설비 분야는 이러한 추세의 중추적인 역할을 하기 때문에 이 분야에 종사하고자 하는 설비 기술인은 신기술 연마에 더 많은 노력이 요구됩니다. 이러한 시대적 부름에 부응하기 위해 건축설비 분야의 기술인력을 양성하고자 건축설비기사와 건축설비산업기사로 나뉘어 건축설비 분야 자격검정이 시행되고 있습니다.

본 교재는 건축설비기사 시험을 준비하는 수험생을 위하여 기출문제를 분석, 정리, 해설하여 꾸몄으며, 저자의 강의경험과 현장경험을 최대한 살려서 수험생 여러분의 이해와 숙달을 돕고 자격검정 시험에 도움을 주고자 최선을 다해서 교재를 만들었습니다.

본서의 특징을 요약하면
첫째, 본 교재는 기출문제를 연도별로 정리하여 수험생들의 수험준비에 도움을 주도록 하였으며,
둘째, 기출문제와 출제 예상문제를 해설하면서 관련 내용을 함께 정리하여 문제 풀이를 통하여 전체 이론 내용이 정리되도록 노력하였습니다.
셋째, 각 편마다 해당 내용을 간명하게 요약 정리하였으며,
넷째, 본 교재 기출문제 해설서를 통하여 수험준비와 최근 설비 경향을 알 수 있도록 하였으며,
다섯째, 문제 해설에서 변경된 내용은 현재를 기준으로 비교 설명하였고,
여섯째, 2026년부터 적용되는 새로운 출제기준에 맞춰 내용을 정리하고 변경된 SI 단위에 맞도록 모든 문제를 해설하였으며,
일곱째, 건축설비 관계법규는 시험준비에 편리하도록 중요한 부분만 발췌하여 수록했습니다.

끝으로 본 교재를 통하여 건축설비기사를 준비하는 수험생들의 목적하는 바가 성취되길 기원하며 더욱 더 노력하여 건축설비 분야의 유능한 기술인이 되기를 부탁하는 바입니다. 앞으로의 시대는 실질적인 능력을 가진 자가 경쟁력 있는 인재이며 꾸준히 노력하여 자기 자신을 개발하고 창의력을 키우는 능동적이고 스마트한 사람만이 인정받고 성공할 수 있다는 냉엄한 현실을 직시하시기 바랍니다.

그리고 이 책이 나오기까지 물심양면으로 수고하여 주신 기문사 편집, 제작자 여러분께 감사의 뜻을 표합니다.

편저자 씀

건축설비기사 출제기준

직무 분야	건설	중직무 분야	건축	자격 종목	건축설비기사	적용 기간	2026.1.1~2029.12.31

- **직무내용**: 건축물의 조건에 적합하게 열원설비, 공기조화설비, 환기설비, 위생설비 및 자동제어설비 등의 설계, 시공, 유지관리 및 에너지계획을 수행하는 직무이다.

필기검정방법	객관식	문제수	80문제	시험시간	2시간

필기 과목명	문제수	주요항목	세부항목	세세항목
건축설비 계획	20	1. 건축설비 기초 지식	1. 건축환경에 관한 기초 지식	1. 열 환경 2. 빛 환경 3. 공기 환경 4. 음 환경
			2. 열역학에 대한 기초 지식	1. 열역학의 기초사항 2. 열역학의 기본법칙
			3. 유체역학에 대한 기초 지식	1. 유체역학의 기초사항 2. 유체의 물리적 성질
		2. 설비설계 계획	1. 설계조건 검토	1. 공기조화설비 설계조건 2. 환기설비 설계조건 3. 위생설비 설계조건
			2. 설비시스템 계획	1. 설비시스템 공간계획 2. 조닝계획
			3. 공기조화설비 계획	1. 현열부하와 잠열부하 2. 습공기선도 3. 냉난방부하의 종류 4. 냉난방부하량 산정
			4. 환기설비 계획	1. 건축물의 실내공기질 2. 오염물질의 종류 및 기준농도 3. 건축물의 필요환기량
		3. 설비시스템 검토	1. 공기조화시스템 검토	1. 냉난방방식의 특성 2. 건물의 용도 및 조닝별 공기조화방식
			2. 열원시스템 검토	1. 열원방식의 특성 2. 건물의 용도 및 조닝별 열원방식
			3. 환기시스템 검토	1. 환기방식의 특성 2. 건물의 용도 및 조닝별 환기방식
			4. 급배수시스템 검토	1. 수원 및 수질 2. 급수방식의 특성 3. 급탕방식의 특성 4. 오배수, 통기시스템의 특성
			5. 설비자재 검토	1. 배관 및 덕트재료 2. 배관 및 덕트 부속기기 3. 배관 및 덕트의 이음, 접합방법
		4. 설계도서 작성	1. 설비도서 작성	1. 설비도서의 종류 2. 설비설계도면의 작도법
			2. 제도 통칙 및 표시방법 이해	1. KS제도 통칙 2. 도면의 표시방법

필기 과목명	문제수	주요항목	세부항목	세세항목	
			5. 설비적산	1. 공조, 열원 및 환기설비 적산	1. 공기조화설비 적산 2. 열원설비 적산 3. 환기설비 적산
				2. 위생설비 적산	1. 급수설비 적산 2. 급탕설비 적산 3. 오배수·통기설비 적산
건축설비 설계	20	1. 열원설비 설계	1. 열원시스템 설계	1. 냉동기 2. 보일러 3. 냉온수기 4. 열펌프 5. 냉각탑 6. 지역냉난방시스템	
		2. 공기조화설비 설계	1. 공조시스템 설계	1. 공기조화기 2. 펌프 3. 송풍기 4. 배관 및 덕트	
		3. 환기설비 설계	1. 환기시스템 설계	1. 환기시스템 2. 열교환기기	
		4. 위생설비 설계	1. 급수시스템 설계	1. 급수량 및 배관설계 2. 기기용량 산정 3. 급수 구성기기	
			2. 급탕시스템 설계	1. 급탕량 및 배관설계 2. 기기용량 산정 3. 급탕 구성기기	
			3. 오배수시스템 설계	1. 오배수량 및 배관설계 2. 기기용량 산정 3. 통기배관설계 4. 트랩	
			4. 위생기구 선정하기	1. 위생기구의 종류 2. 위생기구 설치방법	
전기설비 및 소방시설 일반		1. 전기이론 기초지식	1. 전기의 기초	1. 전기와 물질 2. 전기의 발생 3. 전기량	
			2. 직류회로	1. 전기회로 2. 전류 3. 전압 4. 옴의 법칙 5. 저항의 접속 6. 전력	
			3. 교류회로	1. 교류의 정의 2. 교류의 R.L.C. 회로 3. 교류회로의 전력 4. 3상 교류회로	
		2. 건축전기설비 기초지식	1. 전원설비	1. 수변전설비 2. 예비전원설비 3. 신전원설비	
			2. 배선 및 부하설비	1. 간선 및 배선설비 2. 동력설비 3. 반송설비	
			3. 조명설비	1. 옥내조명설비	
			4. 정보통신설비	1. 전기통신설비 2. 정보설비 3. 약전설비	
			5. 건축물 방재설비	1. 피뢰설비 2. 접지설비 3. 소방전기설비 4. 방범설비 5. 항공장애표시등설비	
		3. 자동제어시스템 설계	1. 자동제어 기초이론 파악	1. 자동제어 이론 및 개요 2. 시퀀스 제어 3. 피드백 제어	
			2. 공조설비 제어시스템 설계	1. 공조설비 제어시스템의 개요 2. 공조설비 제어시스템의 구성 3. 공조방식별 제어방법	
			3. 열원설비 제어시스템 설계	1. 열원설비 제어시스템의 개요 2. 열원설비 제어시스템의 구성 3. 열원설비 종류별 제어방법	

필기 과목명	문제수	주요항목	세부항목	세세항목
			4. 환기설비 제어시스템 설계	1. 환기설비 제어시스템 개요 2. 환기설비 제어시스템 구성 3. 환기방식별 제어방법
			5. 위생설비 제어시스템 설계	1. 위생설비 제어시스템의 개요 2. 위생설비 제어시스템의 구성 3. 위생설비 종류별 제어방법
		4. 소방시설 기초지식	1. 소방시설의 일반적인 사항	1. 연소의 이론　　2. 화재와 소화 3. 화재의 종류와 소화방법
			2. 소화설비	1. 소화기구　　　　2. 옥내소화전설비 3. 스프링클러설비　4. 물분무등소화설비 5. 옥외소화전설비　6. 기타 소화설비
			3. 소화용수설비	1. 상수도소화용수설비　2. 기타 소화용수설비
			4. 소화활동설비	1. 제연설비　　　　2. 연결송수관설비 3. 연결살수설비　　4. 비상콘센트설비 5. 기타 소화활동설비
건축설비 관련 법규	20	1. 관련 법규 검토	1. 건축법, 시행령, 시행규칙	1. 총칙　　　　　　2. 건축물의 건축 3. 건축물의 구조 및 재료 등 4. 건축설비　　　　5. 보칙
			2. 건축설비 관련 기타 규칙	1. 건축물의 설비기준에 관한 규칙 2. 건축물의 피난·방화구조 등의 기준에 관한 규칙
			3. 기계설비법, 시행령, 시행규칙	1. 총칙 2. 기계설비 안전관리를 위한 조치 등 3. 기계설비 유지관리 등 4. 기계설비 성능점검업
			4. 소방시설 설치 및 관리에 관한 법률, 시행령, 시행규칙	1. 총칙 2. 소방시설등의 설치·관리 및 방염
		2. 에너지계획 수립	1. 에너지 관련 설계기준	1. 건축물의 에너지절약 설계기준 2. 건축물의 냉방설비에 대한 설치 및 설계기준
			2. 제로 에너지건축물 인증에 관한 규칙	1. 제로 에너지건축물 인증에 관한 규칙 2. 제로 에너지건축물 인증기준
			3. 녹색건축 인증에 관한 규칙	1. 녹색건축 인증에 관한 규칙 2. 녹색건축 인증기준
			4. 지능형 건축물의 인증에 관한 규칙	1. 지능형 건축물의 인증에 관한 규칙 2. 지능형 건축물 인증기준

건축설비 관련 단위 총정리

건축설비 관련 각종 단위와 공식은 독자를 위하여 SI 단위로 정리했습니다. 특히 건축설비 실기 계산문제는 단위가 복잡하므로 충분한 연습과 숙달이 필요합니다.

1. 기본적인 환산 단위

1kJ=1000J, 1J/s=1W, 1kW=1kJ/s=1000W

1W=1J/s=3600J/h=3.6kJ/h

1kJ/h=1000J/h=1000J/3600s=(1/3.6)J/s=(1/3.6)W

2. 공기 가열량(질량과 풍량)

1) 표준상태에서 공기밀도는 $1m^3 = 1.2kg$, 비열은 C=1.01kJ/kgK 이므로

2) 가열, 냉각열량 (공기질량 m(kg/h, 또는 kg/s) 풍량Q(m^3/h, 또는 m^3/s)

q=mC△T=m×1.01×△T=1.2Q×1.01×△T=1.21×Q×△T

(m이 kg/h일 때 q=kJ/h, m이 kg/s일 때 q=kJ/s=kW

풍량 Q가 m^3/h일 때 q=kJ/h, Q가 m^3/s일 때 q=kJ/s=kW)

3. 물 가열량(물은 표준상태에서 1L=1kg으로 간주한다)

1) q=mC△T=4.19m△T≒4.2m△T (kJ/s=kW)

   (질량 m=kg/s=L/s, 비열C=4.19kJ/kgK, 또는 4.2kJ/kgK)

2) q=mC△T=4.19m△T≒4.2m△T (kJ/h)

   (질량 m=kg/h=L/h, 비열C=4.19kJ/kgK, 또는 4.2kJ/kgK)

4. 벽체 관류열량

1) 관류열량 q=KA△T (W) (열관류율 K=W/㎡K)

2) 열관류율 $\dfrac{1}{K} = \dfrac{1}{\alpha_0} + \dfrac{l_1}{\lambda_1} + \dfrac{l_2}{\lambda_2} + \dfrac{1}{\alpha_i}$

K(열관류율)-W/㎡K

λ_1, λ_2(열전도율)-W/mK

l_1, l_2(벽체 두께)-m

α_o, α_i(표면 열전달률)-W/㎡K

5. 증발잠열

1) 100℃ 물 증발잠열

   SI 단위 2257kJ/kg

2) 0℃ 물 증발잠열

   SI 단위 2501kJ/kg

6. 습공기 엔탈피(h)

h=CpT+x(γ +CvT)=1.01T+x(2501+1.85t)=kJ/kg

7. 극간풍 부하(극간풍량 : Q, 질량 : m, 공기체적비열 : 1.21kJ/m^3K)

현열 qs=mC△T=1.21Q△T(kJ/h)

qs=mC△T=0.34Q△T(W)   (0.34=1.2×1.01×1000/3600)

잠열 qL=γ m△x=2501m△x(kJ/h)

qL=γ m△x=Q△x(834+Cv△T)≒834Q△x(W)

Cv : 수증기 비열(1.85kJ/kgK), (834=1.2×2501×1000/3600)

8. 배관 마찰손실 수두[압력단위는 수두(mAq, mmAq)와 압력(Pa, kPa) 단위가 병용된다.]

1) Pa 단위(수두로 계산할 때는 위 공학단위와 같으며 수두 (mAq)와 압력(Pa)을 병용한다.

$\triangle P = f \dfrac{Lv^2}{d \times 2} \rho$ =Pa(ρ : 물 밀도 1000kg/m³, L : 배관 길이)

2) mmAq 단위

h=f$\dfrac{Lv^2}{d \times 2g}\gamma$ =mmAq(f : 배관마찰손실계수, γ ; 물 비중량 1000kgf/m³, v : 유속, d : 배관경)

3) 배관 손실수두는

h=f$\dfrac{Lv^2}{d \times 2g}$ =mAq 비중량을 생략하고 보통 m 수두로 계산

9. 덕트 동압(수주 1mmAq=9.8Pa이므로) [압력단위는 수두(mAq, mmAq)와 압력(Pa, kPa) 단위가 병용된다.]

1) Pa 단위 Pv=$\dfrac{v^2}{2}\rho$ (Pa) ρ : 공기 밀도 1.2kg/m³ [수주(mmAq)와 압력(Pa) 병용]

2) mmAq 단위 Pv=$\dfrac{v^2}{2g}\gamma$ (mmAq) γ : 공기 비중량 1.2kgf/m³

10. 덕트 마찰손실(직관)[수주(mmAq)와 압력(Pa) 병용]

1) Pa 단위

$\triangle P = f \dfrac{Lv^2}{d \times 2}\rho$ =Pa ρ : 공기 밀도 1.2kg/m³, L : 덕트길이

2) mmAq 단위

$\triangle P = f \dfrac{Lv^2}{d \times 2g}\gamma$ =mmAq γ : 공기 비중량 1.2kgf/m³, v : 풍속, d : 덕트경

11. 덕트 마찰손실(국부)[수주(mmAq)와 압력(Pa) 병용]

1) Pa 단위

$\triangle P = \zeta \dfrac{v^2}{2}\rho$ =Pa ρ : 공기 밀도 1.2kg/m³, ζ : 국부저항계수

2) mmAq 단위

$\triangle P = \zeta \dfrac{v^2}{2g}\gamma$ =mmAq γ : 공기 비중량 1.2kgf/m³, v : 풍속, ζ : 국부저항계수

12. 펌프 축동력(수두(mAq)와 압력(kPa) 단위가 병용되고 있음)

1) 양정(kPa단위) $kW = \dfrac{Q \times P}{60 \times 1000 E}$ 유량(Q) : L/min, 양정(압력) P : kPa

2) 양정(m 단위) $kW = \dfrac{QH}{60 \times 102 E}$ Q : L/min, H : m

3) 양정(m 단위) $kW = \dfrac{QgH}{60 \times 1000 E}$ Q : L/min, H : m, g : 중력가속도($9.8 m/s^2$)

(위 2)에서 1/102은 중력가속도 g와 W를 kW로 환산하기 위한 1/1000에서 나온 것이며, 결국 g/1000=1/102이다. 결국 2)와 3)은 같은 공식이다)

13. 송풍기 축동력(압력수두(mmAq)와 압력(Pa) 단위가 병용되고 있음)

1) (Pa 단위) $W = \dfrac{Q \triangle P}{60 \times E}$ (W)   풍량 Q : m³/min, △P : 전압, 정압(Pa) E : 효율

2) (Pa 단위) $kW = \dfrac{Q \triangle P}{60 \times 1000 \times E}$ (kW)   Q : m³/min, △P : 전압, 정압(Pa) E : 효율

3) (mmAq 단위) $kW = \dfrac{Q \triangle P}{60 \times 102 E}$ Q : m³/min, △P : 전압 mmAq

(수주단위 1mmAq=9.8Pa이고 W를 kW로 고치기 위해 1000으로 나누면 9.8/1000=1/102이 된다.)

14. 냉동톤

1RT=3.86kW=3,860W
1USRT=3.52kW

15. 표준방열량

- 온수 : 1㎡ EDR=0.523kW/㎡=523W/㎡
- 증기 : 1㎡ EDR=0.756kW/㎡=756W/㎡

16. 상당 증발량(Ge)

Ge(kg/h)=Gs(h_2−h_1)/2257 (2257kJ/kg : 100℃ 증발잠열)
 - 실제증발량 : Gs(kg/h) 발생증기 엔탈피 : h_2(kJ/kg) 급수엔탈피 : h_1

17. 압력단위

1) 1mAq=1000mmAq=9800N/㎡=9800Pa=9.8kPa
2) 표준 대기압 760mmHg=10.332mAq=101,325Pa=1,013hPa=1,013mb
3) 1MPa=102mAq≒100mAq,   1mmAq=9.8Pa≒10Pa

차 례

제1과목 건축설비 계획

제1편 건축설비 기초지식 · 17

제1장 건축환경에 관한 기초지식 · 17
1. 열 환경_17
2. 빛 환경_20
3. 공기 환경_24
4. 음 환경_25

제2장 열역학에 대한 기초지식 · 30
1. 열역학의 기초사항_30
2. 열역학의 기본법칙_33

제3장 유체역학에 대한 기초지식 · 37
1. 유체의 물리적 성질_37
2. 유체 역학의 기초사항_38

■ 예상문제 ········· 40

제2편 설비설계계획 · 47

제1장 설비설계 조건 검토 · 47
1. 공기조화설비 설계 조건_47
2. 환기설비 설계조건_53
3. 위생설비 설계조건_54

제2장 설비시스템 계획 · 56
1. 설비시스템 공간계획_56
2. 조닝계획_57

제3장 공기조화설비 계획 · 59
1. 현열부하와 잠열부하_59
2. 습공기 선도_60
3. 냉난방부하의 종류_62
4. 냉난방부하량 산정_65

제4장 환기설비 계획 · 68
1. 건축물의 실내공기질_68
2. 실내공기 오염물질의 종류 및 기준농도_70
3. 건축물의 필요환기량_70

■ 예상문제 ········· 72

제3편 설비시스템 검토 · 85

제1장 공기조화시스템 검토 · 85
1. 냉난방 방식의 특성_85
2. 건물의 용도 및 조닝별 공기조화방식_90

제2장 열원시스템 검토 · 99
1. 열원방식의 특성_99
2. 건물의 용도 및 조닝별 열원방식_100

차 례 9

제3장 환기시스템 검토 · 101
1. 환기방식의 특성_101
2. 건물의 용도 및 조닝별 환기방식_101

제4장 급배수시스템 검토 · 103
1. 급수설비의 수원 및 수질_103
2. 급수방식의 특성_106
3. 급탕방식의 특성_110
4. 오배수, 통기시스템의 특성_113

제5장 설비자재 검토 · 117
1. 배관 및 덕트재료_117
2. 배관 및 덕트 부속기기_122
3. 배관 및 덕트의 접합방법_125

■ 예상문제 ············ 128

제4편 설계도서 작성 ············ 146

제1장 설비도서 작성 · 146
1. 설비도서 종류_146
2. 설비설계도면의 작도법_147

제2장 제도 통칙 및 표시방법 이해 · 151
1. KS제도 통칙_151
2. 도면의 표시방법_153

■ 예상문제 ············ 158

제5편 설비 적산 ············ 167

제1장 공조, 열원 및 환기설비 적산 · 167
1. 공기조화설비 적산_167
2. 열원설비 적산_173
3. 환기설비 적산_174

제2장 위생설비 적산 · 176
1. 급수설비 적산_176
2. 급탕설비 적산_177
3. 오배수·통기설비 적산_178

■ 예상문제 ············ 179

제2과목 건축설비 설계

제1편 열원설비 설계 ············ 191

제1장 열원시스템 설계 · 191
1. 냉동기_191
2. 보일러_194
3. 냉온수기_198
4. 열펌프_201
5. 냉각탑_203
6. 지역냉난방 시스템_204

■ 예상문제 ············ 206

제2편 공기조화설비 설계 ············ 213

제1장 공기조화기 · 213
1. 공기조화기 구성_213
2. 공조기의 유지관리_216

제2장 펌프 · 218
1. 펌프 특성_218
2. 펌프 관리_219

제3장 송풍기 · 222
1. 송풍기 분류_222
2. 송풍기 계산식_222
3. 공조설비 송풍량 계산법_222

제4장 배관 및 덕트 · 223
1. 공조용 관재료 종류 및 특징_223
2. 배관관경 설계_225

- 예상문제 ········· 230

제3편 환기설비 설계 ········· 240

제1장 환기시스템 설계 · 240
1. 환기시스템_240
2. 열교환기_243

- 예상문제 ········· 247

제4편 위생설비 설계 ········· 252

제1장 급수시스템 설계 · 252
1. 급수량 및 배관설계_252
2. 급수 기기용량 산정_253
3. 급수 구성기기(펌프설계)_256

제2장 급탕시스템 설계 · 258
1. 급탕량 및 배관설계_258
2. 기기용량 산정_259
3. 급탕 구성기기_261

제3장 오배수시스템 설계 · 265
1. 오배수량 및 배관설계_265
2. 우수배관 설계_268
3. 통기배관 설계_271
4. 배수트랩 설계_272

제4장 위생기구 선정하기 · 274
1. 위생기구의 설계_274
2. 위생기구 설치방법_276

- 예상문제 ········· 278

제3과목 전기설비 및 소방시설 일반

제1편 전기이론 기초지식 ········· 299

제1장 전기의 기초 · 299
1. 전기의 기초_299

제2장 직류회로 · 304
1. 전기회로_304

제3장 교류회로 · 306
1. 교류의 원리 및 R(저항)·L(코일)·C(콘덴서)회로_306
2. 교류회로의 전력과 3상 교류회로_307

- 예상문제 ········· 308

제2편 건축전기설비 기초지식 ·········· 315

제1장 전원설비 · 315
1. 수변전설비_315
2. 예비전원설비_317
3. 신전원설비_318

제2장 배선 및 부하설비 · 320
1. 간선 및 배선설비_320
2. 동력설비 및 반송설비_321

제3장 조명설비 · 323
1. 옥내조명설비_323

제4장 정보통신설비 · 325
1. 전기통신설비_325
2. 정보설비_325
3. 약전설비_325

제5장 건축물 방재설비 · 326
1. 피뢰설비_326
2. 접지설비_327
3. 소방전기설비_329
4. 방범설비 및 항공장애표시등설비_330

■ 예상문제 ·········· 331

제3편 자동제어시스템 설계 ·········· 347

제1장 자동제어 기초이론 파악 · 347
1. 자동제어 이론 및 개요_347

제2장 공조, 열원, 환기, 위생 설비 제어시스템 설계 · 353
1. 공기조화기_353
2. 열원설비_355
3. 환기설비_356
4. 위생설비_356

■ 예상문제 ·········· 360

제4편 소방시설 기초지식 ·········· 365

제1장 소방시설의 일반적인 사항 · 365
1. 화재의 소화_365
2. 화재의 종류 및 소방시설의 종류_365

제2장 소화설비 · 367
1. 소화기구_367
2. 옥내소화전설비_367
3. 스프링클러설비_368
4. 물분무등소화설비_370
5. 옥외소화전설비_370
6. 기타 소화설비_371

제3장 소화활동설비 · 372
1. 제연설비_372
2. 연결송수관설비_372
3. 연결살수설비_372
4. 비상콘센트설비_372

■ 예상문제 ·········· 374

제4과목 건축설비 관계 법규

제1편 관련 법규 검토 ·············· 381

- 건축법 · 381
- 건축법 시행령 · 392
- 건축법 시행규칙 · 418
- 건축물의 설비기준 등에 관한 규칙 · 423
- 건축물의 피난·방화구조 등의 기준에 관한 규칙 · 435
- 기계설비법 · 448
- 기계설비법 시행령 · 450
- 기계설비법 시행규칙 · 458
- 소방시설 설치 및 관리에 관한 법률 · 462
- 소방시설 설치 및 관리에 관한 법률 시행령 · 473
- 소방시설 설치 및 관리에 관한 법률 시행규칙 · 490
  - ■ 예상문제 ·············· 497

제2편 에너지계획 수립 관련 법규 ·············· 519

- 건축물의 에너지절약 설계기준 · 519
- 건축물의 냉방설비에 대한 설치 및 설계기준 · 533
- 제로에너지건축물 인증에 관한 규칙 · 535
- 제로에너지건축물 인증기준 · 541
- 녹색건축 인증에 관한 규칙 · 546
- 녹색건축 인증기준 · 550
- 지능형 건축물의 인증에 관한 규칙 · 552
- 지능형 건축물의 인증기준 · 555
  - ■ 예상문제 ·············· 562

부 록 건축설비기사 기출모의고사(최신 출제경향 반영)

제1회 기출모의고사 · 571   제2회 기출모의고사 · 590   제3회 기출모의고사 · 609
제4회 기출모의고사 · 629   제5회 기출모의고사 · 649   제6회 기출모의고사 · 669
제7회 기출모의고사 · 688   제8회 기출모의고사 · 709   제9회 기출모의고사 · 730
제10회 기출모의고사 · 750 제11회 기출모의고사 · 771 제12회 기출모의고사 · 792
제13회 기출모의고사 · 811 제14회 기출모의고사 · 832 제15회 기출모의고사 · 853

제 1 과목

건축설비 계획

제1편 건축설비 기초지식
제2편 설비설계 계획
제3편 설비시스템 검토
제4편 설계도서 작성
제5편 설비 적산

제1편 건축설비 기초지식

제1장 건축환경에 관한 기초지식

1. 열 환경

1) 인체의 열환경

(1) **인체의 열평형과 쾌적 상태**
① 체온조절 기능으로 인체는 약 37도를 유지한다.
② **인체 열생산** 음식물의 소화와 신진대사로 인체의 열을 생산한다.
③ **인체 열방출** 체표면 열복사, 대류, 땀 분비, 호흡 등으로 열을 발산한다.

(2) **인체 열생산** 주로 신진대사(기초대사와 근육대사)로 열을 생산하며 기타 외부로부터 전도(더운 물체와 접촉), 대류(더운 공기), 복사(뜨거운 물체로부터)로 열을 취득한다.

(3) **인체 열손실** 증발(물기나 땀의 증발), 전도(찬 물체와 접촉), 대류(찬 공기), 복사(찬 물체) 등으로 열이 발산된다.

(4) **인체의 열평형** Met(대사)-Evp(증발)±Cnd(전도)±Cnv(대류)±Rad(복사)=0일 때 가장 쾌적하며, 체온하강<0<체온상승(열량이 축적)

2) 인체의 열환경과 주위환경과의 열교환

(1) **인체 열평형 관련 요소** 대사량, 피부온도, 땀 분비, 착의 상태(clo), 평균복사온도, 기온, 습도, 인체 유효표면적 등이 있다.

(2) **인체의 쾌적 환경 범위** 기온과 평균복사온도, 습도, 기류 간의 관계를 조합하여 다수의 성인이 쾌적하다고 느끼는 환경의 범위로 개인차, 생리적, 심리적 특성, 활동상태에 좌우된다.

(3) **온열환경의 물리적 변수(Physical Variables)**
① **기온(건구온도)** 열적 쾌감에 가장 큰 영향을 미친다.(여름 : 24~26도, 겨울 : 20~24도 정도)
② **기류(실내기류)** 대류에 의해 인체의 열 손실을 증가시킨다.(쾌적기류 0.25~0.5m/s)
③ **습도** 인체의 호흡과 땀의 증발력에 영향을 미친다.(여름 : 40~70%, 겨울 : 40~50%)
④ **평균복사온도(MRT)** 인체가 실내의 어느 위치에서 느끼는 균일한 주위온도를 의미한다.

(4) 온열환경의 개인적 변수(Personal Variables)

① **활동량(Met)** 표준체격인 사람이 열적으로 쾌적한 상태에서 의자에 앉아 안정을 취하고 있을 때의 대사량을 기준한다.($1Met=58.2W/m^2$)

② **착의량(Clo)** 의복의 단열성으로 1Clo는 인체표면으로부터의 방열량이 1Met의 활동량과 평형한 착의 상태를 말한다. $1Clo=0.155m^2°C/W$

③ **나 이** 나이가 많을수록 활동량이 감소하고, 냉온감에 영향을 받기 쉽다.

④ **남녀 성별** 일반적으로 여성은 피부온도가 남성보다 낮고, 피부 표면에서의 증발에 의한 열 손실이 남성보다 작다.

3) 인체 열쾌적지표(Thermal Comfort Index)

(1) **열쾌적지표** 어떤 조건에서 사람들이 느끼는 열적 쾌적대를 정확히 산정하는 것은 어려운 일이다. 그 이유는 사람마다 느끼는 쾌적함의 정도가 다르기 때문이다. 그러므로 표준상태에서 평균적인 쾌적감을 산정하는데, 물리적 변수(4요소)+개인적 변수(2요소활동량, 착의량)을 조합하여 하나의 지표로 표시한 것으로 불쾌지수, ET, SET, PMV, PPD 등이 있다.

(2) **불쾌지수(Discomfort Index, DI)** 기온과 습도의 영향을 고려한 불쾌감 지수로 70 미만에서 쾌적함을 느낀다.

(3) **유효온도(ET)** 온도, 습도, 기류의 영향을 종합한 쾌감온도이다.

(4) **신유효온도(ET*)** 가벼운 옷차림, 의자에 앉은 상태로 습도 50%, 기류 0m/s에서 온도, 습도, 기류의 영향을 종합한 쾌감온도를 습공기선도에 표현한 것이다.

(5) **표준유효온도(SET*)** 신유효온도를 발전시킨 것으로 상대습도 50%, 풍속 0.125m/s(아주 약한 공기 흐름)에서 활동량 1Met(작업 시 대사량 $58W/m^2$), 착의량 0.6Clo(가벼운 실내 평상복장)일 때 온냉감의 표시이다.

(6) **수정유효온도(CET)** 기온, 습도, 기류, 복사의 네 가지 요소를 조합한 쾌적도이다.

(7) **작용온도(효과온도 OT)** 기온, 복사열, 기류를 조합한 지표로 습도 영향을 제외한 것이다.

(8) **예상온열감(Predicted Mean Vote, PMV)** 인체의 열적 평형을 이룰 때의 열적 감각을 투표에 의한 수치로 표시한다.(쾌적대 $-0.5<PMV<+0.5$)

(9) **예상불만족률(Predicted Percentage of Dissatisfied, PPD)** PMV의 온열감을 전체 피험자 수에 대한 백분율로 계산한 지표로 실내 열환경의 불만족도를 나타낸다.

[표 1-1] 온열환경지표

온열환경지표	기온(DB)	상대습도(RH)	기류(V)	열방사(MRT)	대사량(Met)	착의량(Clo)
유효온도(Effective Temperature)	○	○	○		앉은 작업 가벼운 작업	약 1Clo
흑구온도(Globe Temperature)	○		○	○		
합성온도(Resultant Temperature)	○	○	○	○	가벼운 작업	평상복
등가온도(Equivalent Temperature)	○	○	○	○	안정 시	평상복
수정유효온도 (Corrected Effective Temperature)	○	○	○	○	앉은 작업 가벼운 작업	평상복

온열환경지표	기온(DB)	상대습도(RH)	기류(V)	열방사(MRT)	대사량(Met)	착의량(Clo)
작용온도(Operative Temperature)	○		○	○		
습작용온도(Humid Operative Temperature)	○	○	○	○	○	○
신유효온도(New Effective Temperature)	○	○	○	○	1Met	0.6Clo
불쾌지수(Discomfort Index)	○	○				
생체기후도(Bioclimatic Chart)	○	○	○	○	앉은 작업	1Clo
예상온열감(Predicted Mean Vote)	○	○	○	○	○	○
평균쾌적도 결과(Resultant Mean Vote)	○	○	○	○	○	○

4) 전열과 온도계

(1) 온도계 종류
① **Glove 온도계** 실내의 복사와 대류에 의한 영향을 측정하는데 이용한다.(흑구온도계)
② **Kata 온도계** 매초 1m 이하 실내 미세기류를 측정하는 풍속 측정기구로 냉각을 기준으로 체감온도를 측정한다.
③ **건습구 온도계** 건구온도계와 습구온도계(감온부를 젖은 헝겊으로 싼다.)를 조합한 것이다.

(2) 전열
① **열전도율(λ)** 두께 1m의 균일재에 대하여 양측의 온도차가 1℃일 때 1m²의 표면적을 통과 하는 열량이다.(단위는 W/mK)
  ※ 열전도열량(q) = $\lambda \times (t_1 - t_2) \times A$
② **열전달률(α)** 고체 표면과 이에 접하는 유체 사이의 대류에 의한 열이동(단위는 W/m²K)
③ **열통과율(K)** 벽체를 사이에 둔 양 유체 사이의 열이동(열전달-열전도-열전달)(단위는 W/m²K)
  ※ 열관류열량(q) = $K \times (t_1 - t_2) \times A$(W, J/s, kJ/h)

$$K = 열관류율 = \frac{1}{\frac{1}{\alpha_1} + \frac{d_1}{\alpha_1} + \frac{d_2}{\alpha_2} + \frac{d_3}{\alpha_3} + \frac{1}{\alpha_2}}$$

λ = 열전도율(W/mK), d = 두께(m), $t_1 - t_2$ = 온도차, A = 면적(m²), α = 열전달률(W/m²K)

[그림 1-1] 열관류

5) 건물에서 결로 현상

(1) 결로 현상이 일어나기 쉬운 장소
① 벽체의 열관류율이 크고 틈 사이가 큰 건물(열이 잘 흐르는 건물)에서 잘 일어난다.
② 철근콘크리트 건물이 목조건물보다 심하다.
③ 야간 저온에서 실내 습도가 높을 때 잘 일어난다.
④ 북향벽 또는 최상층의 천장에서 잘 일어난다.

(2) 실내의 결로방지 방법
① 자주 환기를 시킨다.
② 벽체를 단열하여 실내 측 벽면온도를 높인다.
③ 수증기의 발생을 억제하여 실내 습도를 낮춘다.
④ 외부와 면하는 구조체는 투습저항이 내부에 면한 방향으로 크게 구성한다.
⑤ 단열층 온도가 높은 쪽에 방습층을 설치하는 것이 효과적이다.
⑥ 단열재는 실외 측에 두어 실내 표면의 노점온도를 높인다.
⑦ **외단열** 실온변동이 작다. 열교부분의 단열보호 처리가 용이하며, 표면결로가 적다. 단열재와 외장재의 경계면이 결로되기 때문에 방습층을 설치한다.
⑧ **내단열** 벽체 축열이 적어 실온변동은 외단열보다 크다. 국부결로가 발생하며 표면결로 방지가 어렵다. 방의 사용기간이 짧은 경우의 난방에 유리하다.

2. 빛 환경

1) 빛 환경과 건물계획

(1) 건물계획에서 빛의 이용
건물의 형태, 아트리움, 광정, 중정 등을 통하여 자연광(주광)을 최대한 이용하며 주광을 이용하기 위하여 건물의 두께를 줄이고 건물 전체에 충분한 주광을 받아들이는데, 이때 건물형태로 L형, U형, 도넛형, 계단형, 선형의 형태가 이용된다.

(2) 건물 선형 형태
① 건물의 길이와 폭의 비가 같지 않으므로 폭이 좁은 경우 측창채광을 이용한다.
② 건물의 길이가 동서방향이면 자연채광은 계절적으로 자연형 난방, 냉방에 부합한다.
③ 창호의 위치는 방위와 기후, 바람, 주광과 태양열 취득, 환기 등을 효율적으로 조절할 수 있도록 각각의 입면에서 다르게 다루어야 한다.

(3) 건물 중심 형태
① 내부코어를 갖는 중심 형태의 깊이는 아트리움, 광정, 중정 등을 삽입하여 주요한 시각적 휴식공간 기능을 하도록 계획한다.
② 최상부에는 천창채광이 효과적이며 내부로 초점이 모아지고 외부에 대한 조망이 가능하게 한다.

(4) 건물 군집 형태
① 빛 환경 계획 측면에서 다양한 형태의 일련의 작은 매스로 구성하여 많은 외부의 면적에서 천창채광, 측창채광이 가능하도록 한다.
② 내외부의 어느 공간이나 주변으로부터 빛을 이용할 수 있도록 깊이가 작고 다층적인 구조로 빛의 접근이 용이하도록 한다.

2) 자연채광 기법
(1) **자연채광의 목적** 자연채광의 사용을 극대화하여 건물의 에너지 소비를 최소화하며, 양질의 조명을 이용하도록 한다.
(2) 자연채광의 효율적인 적용을 위해서는 초기설계 단계에서 디자인이 필요하고 마감재의 선정은 초기에 검토되어야 한다.
(3) 기본적으로 주광의 분포와 유입을 위해 밝은 마감이 필요하고 천창은 높은 반사율, 바닥은 낮은 반사율을 적용한다.
(4) 자연채광을 위하여 창문의 크기, 위치, 종류, 투과율, 건물의 형태, 건물의 방향, 실내마감재 구성요소 등을 계획한다.

3) 자연채광 방식의 종류
(1) 측창채광(Lateral Lighting)
① 벽면에 대해 수직인 창에 의한 채광으로 편측채광과 양측채광으로 구분한다.
② **편측채광** 실내로 채광이 한쪽에서만 들어오기 때문에 실의 조도분포가 균일하지 않으며 시각적으로 수평방향으로 외부를 본다.
③ **양측채광** 조도 측면에서 유리하고 주광선이 2개가 있어 그림자와 실공간의 분위기가 양분된다.
④ **측창채광의 특징** 구조 및 시공이 용이하고, 누수의 우려가 적고 개폐 및 기타 조작이 간단하고, 통풍, 단열에 유리하나 글레어 방지를 위해 적정한 차양장치나 루버의 설치가 필요하다.

(2) 천창채광(Top Lighting)
① 천창채광에는 천창, 모니터창(경사진 창), 클리어 스토리창(고측창) 등이 있고 균일하고 높은 조도레벨을 제공한다.
② 다층건물에는 적용이 불가하고 조망과 방위조절에 대한 요구를 만족시키지 못한다.
③ 천창은 일부의 경우 눈부심을 야기하며 빛을 천장으로 반사시키거나 차폐장치를 사용하여 광원을 가려서 현휘의 문제를 해결할 수 있다.
④ 지붕에 수평 또는 약간 경사진 개구부를 설치하면 재실자는 외부하늘을 볼 수 있고 높은 레벨의 조도를 유도할 수 있고 반투명 유리를 사용하면 조도를 조절할 수도 있다.

(3) 정측창채광(Top Side Lighting)
① 정측광채광은 천창채광과 측창채광의 효과를 얻기 위해 지붕면에 수직이나 수직에 가까운 창에 의한 채광이다.
② 미술관(전시공간의 벽면에 높은 조도가 필요), 공장(넓은 작업면에 주광율 분포가 일정) 등에 사용하며 분위기 있는 효과를 얻을 수 있다.

4) 자연채광의 설계 시 유의사항
① 직사일광의 직접 유입은 차단하며 반사되어 들어오는 빛을 이용한다.
② 주 업무공간이 아닌 곳은 직사일광의 이용도 가능하다.
③ 나무나 차양장치를 이용하여 강한 직사일광을 조절하거나 차폐하여 부드럽게 확산되는 빛을 이용한다.
④ 채광의 방향 남쪽은 강한 일사로 조도가 매우 높고 북쪽은 일사량이 비교적 낮으므로 통합적인 설계(통풍, 광선반, 인공조명등)를 통하여 균일한 조도를 계획한다.
⑤ 창호의 유리재료 맑은 유리, 색유리, 열 흡수유리, 반사유리, 반투명유리, 빛유도 유리블록 등 적정한 유리재료의 선택으로 자연채광을 적정하게 이용하도록 설계한다.

5) 인공조명
(1) 조명의 4요소 명도, 크기, 대비, 노출시간
(2) 빛의 단위
① cd(칸델라) 발광체의 표면밝기를 나타내는 것으로 광원에서 발하는 광속이 단위입체각당 1 lm(루멘)일 때의 광도를 1cd(칸델라)라 한다.
② lx(룩스) 조도의 단위(작업면-피조면에 도달하는 광속의 밀도)이다.
  ※ 조도[$E = I/d^2$ (I=광도, d=거리)] : 조도는 광도에 비례하고 거리의 제곱에 반비례한다.
③ 광속 빛에너지가 단위입체각을 통과하는 비율, 단위는 루멘(lm)이다.
④ 휘도 어떤 물체의 표면 밝기의 정도, 광원이 빛나는 정도. 단위는 sb(스틸브)이다.
(3) 주광률=지점의 조도/전천공 조도
채광에 의한 실내의 조도로 전천공 조도에 대한 실내 한 지점의 작업면 조도의 백분율이다.
(4) 조명률=피조면의 광속/광원의 광속
(5) 연색성
광원의 색 연출성을 말하며, 자연광의 색상에 가까울수록 연색성이 좋다고 보며 크세논등, 백열등이 연색성이 좋다.
  ※ 조명기구 연색성 크세논등＞백열등＞메탈할로이드등＞형광등＞수은등＞나트륨등
(6) 조명방식의 특징
① 직접조명
  가. 조명의 효율이 높다.
  나. 천장 반사율의 영향이 적다.(반사갓을 이용하기 때문)
  다. 조명기구의 유지와 전기배선이 쉽다.
  라. 간접조명보다 음영(그림자)이 많이 생긴다.

②　간접조명
　　　가. 조명효율이 낮다.
　　　나. 조명방식 중 조도가 가장 균일한 조명이다.
　　　다. 설비비가 비싸다.
(7) 실내조명의 설계 시 조명설계 순서
　　소요 조도의 결정 → 전등의 종류 결정 → 조명방식과 조명기구 선정 → 광속 계산 → 조명기구 배치
(8) 건물 내에서 전등의 설치 방법
　① 천장에 매다는 방법　펜던트(파이프 펜던트, 체인 펜던트, 코드 펜던트)
　② 천장에 직접 붙여 대는 방법　직부등(실링라이트), 매입등(다운라이트)
　③ 벽이나 기둥에 설치하는 방법　브래킷(bracket) 라이트
(9) 건축화 조명
　　건축화 조명이란 조명이 건축물과 일체가 되고, 건물의 일부가 광원의 역할을 하는 것으로 쾌적 환경을 만들 수 있다. 발광면이 크고 균일한 조도 및 음영을 부드럽게 하나 청소는 어렵고 조명효율이 직접조명에 비해 낮다.
　① 광천장 조명　반투명 플라스틱판이나 루버로 천장을 만든 후 내부에 광원을 넣어 천장면이 빛나는 방식의 조명이다.
　② 코브 조명(cove light)　천장에 턱을 만들고 턱을 따라 광원을 눈 가림판 등으로 가려 천장에 반사시키는 간접 조명이다.
　③ 코니스 조명　광원을 코너에 배치하고 벽면에 빛이 반사되도록 한 조명이다.
　④ 다운라이트(down light)　광원을 천장의 구멍 속에 배치하여 직하 부분만 비추도록 한 간접 조명이다.
　⑤ 루버 조명　광원 아래에 루버를 설치하여 글래어 존에서는 광원이 직접 보이지 않도록 한 조명이다.
　⑥ 밸런스 조명　광원을 벽면 중간에 배치하고 상하로 빛을 분산시키는 간접 조명이다.
　⑦ 캐노피 조명　벽면이나 천장의 일부가 돌출하도록 설치하는 조명이다.
　⑧ 코퍼 조명　기구를 매입하고 반사갓으로 반사시켜 간접조명을 유도하는 조명이다.
　⑨ 확산차폐 조명　젖빛유리 등의 반투명막을 이용하여 빛을 확산시키는 조명이다.
(10) 조명설계
　① $NF(총광속) = \dfrac{E \times A \times D}{U}$
　　※ 광속계산 요소　소요조도(E), 실면적(A), 감광보상률(D), 조명률(U), 광원수(N), 광속(F)
　② 벽과 광원 사이의 간격(H는 광원과 작업면 사이의 높이)
　　⇒ 벽면부 사용 시 $1/3H$, 벽면부 미사용 시 $1/2H$
　③ 광원 간의 배치간격 : $S \leq 1.5H$(직접), $S \leq 1H$(반직접)(S=거리, H=광원의 높이)
(11) 빛의 파장
　　도르노선(건강선) : 290~320nm, 자외선 : 380nm 이하, 가시광선(채광) : 380~780nm, 적외선(열환경) : 780nm 이상

(12) 균제도(휘도나 조도, 주광률 등의 분포를 나타내는 지표이다.)
균제도=주광률의 최소치(가장 어두운 주광)/주광률의 평균치(평균 주광)
(13) 조명기구 효율
나트륨등＞메탈할로이드등＞형광등＞수은등＞백열등
조명기구 효율은 연색성에 반비례하는 편이다.
(14) 루버의 종류
① 수직루버 동, 서면에 좋다.
② 수평루버 남, 북면에 좋다.
③ 격자루버 수평, 수직의 혼합형이다.
④ 가동루버 태양의 위치에 따라 일조량이 변한다.

3. 공기 환경

1) 실내공기 환경의 중요성
(1) **실내공기 환경** 현대인이 하루의 80% 이상을 건축물 내에서 생활하므로 실내공기 환경은 사람들의 건강과 직결된다. 그러므로 실내공기 환경의 개선이 필요하다.
(2) 실내공기 오염물질의 특성
① **실내공기의 오염물질** 부유분진, 이산화질소, 일산화탄소, 이산화탄소, 라돈, 폼알데하이드, 석면, 휘발유기용제, 미생물, 악취 등이 있다.
② 이산화탄소의 농도에 따른 인체의 영향

농 도	인체에 미치는 영향
1,000ppm(0.1%)	실내공기의 허용한도
2,000~5,000ppm	경미한 두통
10,000ppm(1%)	호흡기, 순환기, 대뇌의 기능 저하
40,000ppm(4%)	귀울림, 두통, 혈압상승
80,000ppm(8%)	10분 후 격심한 호흡곤란, 의식혼미

※ 21세기 한국 등 지구표면의 표준 대기상태의 CO_2 농도 : 400ppm 내외

2) 새집증후군과 헌집(병든집)증후군
(1) **새집증후군(SBS, Sick Building Syndrome)** 건물 완성 후 새집에서 발생하는 공기오염은 주로 건축자재의 인공적인 재질(콘크리트, 접착제(휘발성 유기화합물), 페인트, 플라스틱재질 등)로 인한 것이며, 고단열, 고기밀화의 증가로 환기 부족이 주원인이며 건축자재 및 사무기기 등의 오염물질 농도 증가도 원인이다.
(2) **헌집(병든집)증후군(Sick House Syndrome)** 습기 찬 벽지와 벽 안의 곰팡이, 오래된 집의 누수나 구조적인 문제에서 발생하는 곰팡이, 세균번식, 악취, 유해 가스상 등의 오염물질이 원인이다.

3) 실내 공기질의 개선방법
(1) **건축자재 인증제도(Labelling) 도입** 환경마크(환경표지), HB마크, KS마크 등이 있다.

(2) **친환경 건축자재 사용** 복합건축자재는 다량의 휘발성 유기화합물을 실내공기로 방출하고 있어 실내 환경오염의 주된 원인이며, 내장재료가 실내공기의 질에 큰 영향을 미친다.
(3) **베이크 아웃(Bake-Out)** 새집에서 실내공기 오염물질을 신속하게 제거하는 방법으로 비거주 상태에서 난방시스템을 최대한 가동하여 충분한 시간 동안 실내온도를 35~40도로 올린 후 문과 창문을 1~2시간 개방하여 실내공기 오염물질을 방출시키는 것이다.
(4) **환기** 오염공기를 실외로 제거해서 청정한 외기와 교체하는 것이다.

4) 공기 환경과 환기횟수
(1) **실내공기 오염의 지표** 이산화탄소(CO_2)의 농도-탄산가스의 함유량이 실내공기 오염의 척도로 사용되는 것은 탄소함유량에 실내오염 정도가 비례하기 때문이다.
(2) **환기횟수** 1시간에 이루어지는 환기량을 실용적으로 나눈 값이다.
(3) **실내환기의 원동력** 공기의 온도차, 풍압의 압력차, 공기의 밀도차이다.

5) 공기의 성질
(1) **절대습도** 단위중량(1kg)의 건조공기 중에 포함되어 있는 수증기 중량의 비이다.
(2) **상대습도** 습공기 중의 수증기압과 포화수증기압에 대한 백분율이다.
(3) **공기선도의 요소** 건구온도, 습구온도, 상대습도, 절대습도, 엔탈피, 현열비 등이 있다.
(4) 공기를 가열할 때 상대습도는 낮아지고, 절대습도는 변하지 않고, 건구온도는 증가하고, 비체적은 증가하고, 엔탈피도 증가한다.

6) 굴뚝효과(연돌효과)
실내공기의 정지 상태에서 실내 상하 온도차에 의한 밀도차로 환기를 유발시키는 효과이다. 온도차가 클수록 높이차가 클수록 연돌효과는 크다. 그러므로 건물 설계 시 중심코어(아트리륨) 등을 적절하게 계획하여 굴뚝효과에 의한 자연환기를 유도하여 실내공기질을 향상시킨다.

4. 음 환경

1) 실내소음의 평가와 음 환경
(1) **소음평가 방법** 최근 아파트 생활에서 층간 소음은 사회적 문제로 확대되고 있으며 생활에 불편을 주지 않는 적정한 소음 수준의 평가도 중요해지고 있다. 소음평가에 다음과 같은 방법을 이용한다.
① **음압레벨(SPL)** 공기의 진동으로 생기는 단위면적에 작용하는 소리의 힘(dB)이다.

$$SPL = 20\log\left(\frac{P}{P_0}\right)$$

P_0 : 기준음압

② **NC(Noise Criteria Curves) 곡선** 소음을 옥타브(주파수별) 분석한 결과를 NC곡선으로 Plot하여 실시하는 것으로 가청 주파수별로 분석한 것이다.

③ NR곡선(Noise Rating Curves) 1,000Hz의 옥타브 밴드레벨이 평가곡선의 NR수와 일치하도록 임의의 소음의 NR수는 각 옥타브 밴드레벨의 NR수에서 구한 최댓값을 취한다.(ISO가 정한 소음평가 곡선)
④ 주택의 허용 옥외소음 NR-30~NR-40을 기준으로 한다.

2) 벽체의 차음성능과 흡음성능
(1) **차음** 구조체가 음을 반사, 흡수하여 그 입사된 음이 투과 하는 것을 막는 것으로 구조체 표면에서 음을 흡수하며 투과율, 음압레벨차, 음향투과손실 등으로 표현한다.
(2) **차음 영향인자** 차음은 질량과 강성이 큰 콘크리트벽이 합판보다 투과손실이 훨씬 크다.
 ① 강성지배영역(공진영역) 저주파 영역에서 공진현상이 발생한다.
 ② 질량영역 중간 주파수 영역, 질량법칙에 의해 투과손실이 결정된다.
 ③ 일치효과 영역 고주파 영역, 임계주파수 부근에서 차음재료의 임계주파수는 고유주파수에 의해 결정된다.
 ④ 질량법칙은 벽체의 질량이나 주파수가 두 배가 되면 투과손실이 6dB씩 증가한다.
 ⑤ 일치효과(Coincidence Effect) 벽에 입사되는 입사음의 파장과 굴곡파의 파장이 일치될 때 공진상태가 발생하여 입사음의 대부분의 에너지가 벽체를 통과하여 차음성능이 현저하게 저하되는 현상이다.
(3) **차음대책** 두 실 간의 소음전달을 감소시키는 것을 차음이라 하며 차음 감소량 결정에는 벽체의 투과손실(TL), 벽면적(S), 수음실의 흡음력(A)과 관련한다.
(4) 효과적인 차음대책 수립을 위한 차음재료 선정
 ① 질량법칙에 의해 벽체의 면밀도(질량)가 큰 재료를 선택한다.
 ② 벽체에 틈이나 파손된 곳이 없도록 기밀하게 한다.
 ③ 소리가 발생하는 음원 쪽에 흡음재를 붙인다.
 ④ 진동이 큰 곳에는 차음벽의 탄성지지, 방진처리, 제진처리가 필요하다.
 ⑤ 중공층을 갖는 이중벽이 효과적이나 일치효과와 공명주파수에 유의한다.
 ⑥ 콘크리트 블록의 차음벽에는 표면 모르타르 마감이 더욱 효과적이다.
(5) **흡음과 차음의 차이** 흡음은 소음 발생실에서 음을 제거하는 것이며, 차음은 인접실로 음이 투과되는 것을 차단하는 것으로 이 두 가지가 조합되어야 효과적이다.
(6) 흡음력과 잔향시간(sabin의 잔향이론)

$$R_t = k(\frac{V}{A})$$

R_t : 잔향시간, k : 상수(0.162), V : 실의 용적, A : 흡음력

(7) **바닥충격음** 최근 건축물(아파트)에서 바닥충격음으로 인한 층간 소음이 문제가 되고 있다. 물체가 낙하하거나 사람의 보행 시 바닥에 가해지는 충격에 의해 바닥구조가 진동해 발생하는 소음으로 관계되는 주요원인은 바닥구조에 기인하며 충격소음에 대한 대책으로 바닥면의 구조를 견고히 하고 중간 충격 흡수층 설치 등 다양한 보완 대책들이 검토, 추진되고 있다.

3) 건물 음향 설계 프로세스

(1) 건물 음향과 홀 형태 설계
실의 사용 목적에 적합한 특성을 고려하여 홀의 형태와 크기를 결정해 가는 설계이다. 반향, 음의 초점 등 홀에서 발생하는 음향 결함 현상의 원인이다.

(2) 잔향 설계
홀에 가장 적합한 최적 잔향시간을 만족하도록 실내 흡음력을 고려하여 마감재료를 선정하고 그 소요량과 배치를 음향적 관점에서 결정해 가는 것이다. 잔향 설계는 홀의 음향특성을 평가하는 중요한 요소이다.
① 홀의 목적, 용도에 부적합한 형태를 갖는 경우는 음향적인 결함이 발생하지 않도록 하는 것이 중요하다.
② 건축 음향 설계에 있어서 중요한 것은 홀의 형태, 구조와 크기, 좌석, 천장 형태, 벽면의 재질감, 흡음, 반사 정도 등 음질에 직·간접적으로 영향을 미치는 모든 요소를 고려하는 것이다.

(3) 건물 음향의 각종 현상
홀의 목적 및 용도에 맞는 실의 형태, 크기, 천장, 바닥, 벽, 확산판, 반사판 등의 계획이 아주 중요하다. 음향 설계에서 음향결함(반향, 플러터 에코, 음의 집점, 속삭이는 회랑 등)이 발생하지 않도록 계획해야 한다.
① 반향(Echo) 직접음이 들린 뒤 이어서 반사음이 들리는 것으로 에코 현상이라 하며 에코는 명료도를 저하시키고, 음악의 리듬을 다르게 하여 실내 음향 장해 중 가장 치명적이다.
② 반향 현상 반사음이 직접음보다 30~50ms 이상 늦게 도달하면 직접음이 들린 뒤 반사음이 들리는 현상이다.
③ Echo 제거 음원과 반사면과의 거리를 5~8.5m 이하로 반사면을 흡음면으로 대치시킨다.
④ 플러터 에코(Flutter Echo) 매우 짧은 시간 간격으로 에코가 반복해서 발생되는 반향이다.
⑤ 음의 집점(Sound Focus) 음이 파장에 비해 훨씬 큰 오목면에 반사되면 어느 한 곳에 집중되어 음압이 상승하는 현상으로 실내 음압분포를 나쁘게 한다. 방지책으로 홀의 형태를 불규칙하게 하여 음이 한쪽에 집중되지 않고 확산되게 설계한다.
⑥ Creep와 속삭이는 회랑(Whispering Gallery) 반사면이 큰 오목면을 이루고 있으며 음은 그 면의 주위를 진행하여 몇 번이고 반사하고, 속삭이는 소리를 멀리까지 명료하게 들을 수 있는 현상이다.

(4) 건물 음향과 평면 계획
① 정방형 평면 대형 홀에 사용하는 일반적인 평면의 형태로 실의 길이는 폭의 1.2~2배 정도가 적당하며 객석을 음원에 가까이 할 수 있으며, 규모가 큰 정방형 실에서 무대 측면에 있는 소리는 듣기가 부적절하다.

② 타원, 원형 평면   음이 집점을 일으킬 수 있으므로 음향 시뮬레이션을 통한 검토가 필요하다.
③ 부채꼴형(측벽이 확산되는 평면형)   음원과의 거리를 근접시키고 평행면을 피할 수 있으므로 음향적인 장점이 있으나 부채꼴형의 뒷벽은 음이 집중되므로 에코의 위험이 있다.
④ 부정형, 비대칭형 평면   홀의 설계가 까다롭고 어렵지만 객석 전체에 음을 균일하게 확산시키는 바람직한 형태이다.

4) 건물 음향계획

(1) 음의 성질
① 회절   음이 진행 중 장애물이 있을 때 직진하지 못하고 돌아가는 현상이다.
② 확산   음파가 요철면에 부딪쳐 여러 개의 작고 약한 파형으로 나뉘는 현상이다.
③ 공명   음의 진동수가 벽이나 천장의 고유 진동수와 일치되어 같이 소리를 내는 현상이다.

(2) 효과적인 음향계획
① 음이 실내에 고루 분산되도록 한다.
② 강연 때보다 음악을 연주할 때에는 잔향시간이 다소 긴 편이 좋다.
③ 청중이 많을수록 음을 흡수하여 잔향시간은 짧아진다.
④ 반사음이 한 곳으로 집중되지 않도록 한다.

(3) 음의 가청주파수 범위 : 20~20,000Hz
① 소리의 높이란 사람의 청각에 의해 느껴지는 소리의 주파수를 말한다.
② 음의 파장(λ)=v(음속)/f(주파수)
③ dB   순음의 음압레벨이며, phon은 음의 감각적 크기를 보다 직접적으로 표시하기 위해 사용하는 음의 단위이다.
④ 주파수의 표준음   63, 125(저음), 500(중음), 1,000(청각의 표준음), 2,000(고음)
⑤ 소리의 최대가청음은 130dB, 일반적 표준음은 120dB이다.
  - 100dB(데시벨)   단시간 노출되어도 청감이 일시적으로 저하되며 장시간 노출될 경우 회복이 어려운 청각손실을 주는 음의 세기이다.
  - 120dB   귀에 괴로움과 고통을 느끼기 시작하는 유해 음의 세기이다.
⑥ 음압레벨(SPL)   공기의 진동으로 생기는 단위면적에 작용하는 소리의 힘이다.

$$SPL = 20\log\left(\frac{P}{P_0}\right) dB \qquad P_0 : 기준음압$$

⑦ 음의 세기(PWL)   음파의 방향에 직각이 되는 단위면적을 통하여 1초 간에 전파되는 음의 에너지량이다

$$PWL = 10\log\left(\frac{W}{W_0}\right) dB \qquad W_0 : 기준음 에너지량(10^{-12} W/m^2)$$

(4) 잔향시간

음의 에너지가 100만분의 1로 감소될 때까지의 시간(실내 음에너지가 60dB까지 감소될 때까지 걸리는 시간)

① **잔향시간에 영향을 주는 요소** 실내 마감재료, 실의 용적에 비례. 흡음력, 실의 표면적에 반비례한다.
② **세이빈(Sabine)의 잔향식** RT(잔향시간)=0.162×V(실의 용적)/A(실내 흡음률)
③ **코펜하겐리브** 넓은 강당, 극장, 등의 안벽에 S자형 흡음 벽체를 사용하여 음향조절 효과를 낸다.
④ **잔향** 실내에서 발생된 음의 음원이 정지된 후에도 잠시 동안 남는 현상이다.
   가. 음악 감상실에는 적당한 잔향이 필요하다.
   나. 최적 잔향시간의 주파수 특성은 저음영역에서 길어지는 것은 어느 정도 허용된다.
   다. 음성의 명료도를 높이기 위해서는 잔향시간을 비교적 짧게 하는 것이 좋다.
   라. 전기음향설비 설치 시에는 잔향시간을 짧게 한다.

(5) 흡음재의 종류

① **다공성 흡음재** 암면, 글라스울 등은 고주파에 대한 흡음률이 크며 재료의 두께나 공기층의 두께를 증가시키면 저주파에 대한 흡음률을 증가시킬 수 있다.
② **판상 흡음재** 합판, 하드보드, 석면시멘트판 등은 판의 진동에너지로 음을 흡수하며 저주파용으로 공기층의 두께를 증가시키면 저주파의 흡음률이 증가된다.
③ **공명성 흡음재** 머플러 등과 같이 구멍을 뚫어 음이 구멍으로 통과하는 사이 진동과 마찰로 흡음되도록 한다.

(6) 반향(에코)이 생기는 음의 경로

직접음과 반사음과의 거리 17m 이상, 시간차는 0.05초 이상에서 에코현상이 발생한다.

(7) 마스킹(masking) 효과

2가지 음이 동시에 귀에 들어와서 한쪽의 음 때문에 다른 쪽의 음이 작게 들리는 현상이다.

(8) 정재파 현상

같은 주파수음의 간섭에 의해서 입사음파가 반사음파와 중첩되어서 음압의 변동이 고정되는 현상이다.

제2장 열역학에 대한 기초지식

1. 열역학의 기초사항

1) 온도

온도란 물체를 구성하는 분자의 운동에너지의 단위량 값을 수치로 표시하는 물리량으로 차갑고 따뜻한 정도를 나타내는 것이다. 그러므로 온도는 열량에 비례한다 할 수 없고 종량성 성질이 아닌 강도성 성질이다.

(1) 섭씨 온도(℃, Centigrade의 약자)

표준 대기압 상태 하에서 순수한 물의 빙점(어는점)을 0, 비점(끓는 점)을 100으로 하여 100등분한 한 눈금을 1℃로 본다.

(2) 화씨 온도(°F, Fabrenheit의 약자)

표준 대기압 상태 하에서 빙점을 32, 비점을 212로 잡고 그 사이를 180 등분한 한 눈금을 1°F로 본다.

※ 100℃눈금=180°F 눈금이므로 환산식은 다음과 같다.

$$°F = \frac{9}{5}℃ + 32, \quad ℃ = \frac{5}{9}(°F - 32)$$

(3) 절대 온도(K, Kelvin의 약자)

절대온도는 모든 물체의 분자 운동에너지가 0인 상태를 0도로 본다. 즉, 열역학적으로 최저온도를 0도로 본다. 이때 캘빈 절대온도(K) 0도는 -273℃이다.

∴ K=273+℃, R=460+°F, K : kelvin 절대온도, R : Rankine 절대온도

2) 열량과 동력

(1) 에너지(동력과 일, 열량)

동력은 단위 시간당의 일량(일률)을 나타내는 것으로 동력과 그 작용한 시간과의 곱은 일량 즉, 전달된 에너지 양을 표시한다. SI단위에서는 J, kJ, W[watt], kW, J/s를 사용하며 1W는 1초 사이에 1[J] 일을 하는 경우의 동력이다.

❶ 열에너지와 일에너지

공학단위에서는 열에너지(kcal)와 일에너지(kW)를 구분하여 표기하였으나 국제단위(SI단위)에서는 모든 에너지의 단위를 통일(J, kJ, W, kW)하여 사용한다.
   a) 1J/s=1W
   b) 1kW=1kJ/s=3,600kJ/h

❷ 동력(W)과 일(W)

$$1[W] = 1[J/s] = 1[N \cdot m/s]$$

$1[kW] = 1,000[J/s] = 3.6 \times 10^6[J/h]$
한편 일은 동력×시간이므로
$1[kWh] = 3,600[kW \cdot s] = 3,600[kJ]$

❸ 힘(N)과 일(W)

힘 $F[N]$이 작용하여 시간 $t[s]$ 사이에 $S[m]$이동할 때 발생하는 동력 $P[W]$는 다음과 같다.

$$P = \frac{F(N) \times S(m)}{t(\sec)} = F(N) \times v(m/s) \, [W]$$

1J/s=1W(※ 참고 : 공학단위 1kcal=4.19kJ, 1kg중=9.8N)
1kW=1kJ/s=3,600kJ/h

(2) 비열(specific heat)

어떤 물질 1kg을 1K(1℃) 올리는데 필요한 열량을 비열이라 한다. 비열에는 정압 비열과 정적 비열이 있다.

❶ 정압 비열(Cp)

압력을 일정하게 하면서 요구되는 열량을 말하며 이때는 보통 유체가 팽창하기 때문에 팽창 중에 외부에 대하여 하는 일만큼 에너지가 더 필요하게 되어 정적 비열보다 값이 커진다. 건축설비에서 취급하는 것은 일반적으로 대기압 상태의 정압을 기준으로 해석한다.
(공기 Cp=1.01kJ/kgK, 물 Cp=4.19kJ/kgK)

❷ 정적 비열(Cv)

체적을 일정하게 한 상태에서 비열을 말한다.(공기 Cv=0.71kJ/kgK) 이때 정적 비열보다 정압 비열이 항상 크므로 이들의 비(Cp/Cv)를 비열비라 한다. 공기 비열비는 1.4이다.

❸ 용적(체적) 비열

공기의 단위 부피당(m^3) 비열로 공기의 경우 $1.01 \times 1.2 = 1.21 kJ/m^3 K$이다. 정적 비열은 거의 사용하지 않으나 공기조화 등에서 용적(체적) 비열은 많이 다룬다.

❹ 열용량(heat quantity)

열용량이란 어떤 재료가 축적하고 있는 열량을 말한다. 열용량=질량×비열=kJ/K. 어떤 물질의 열용량은 물의 양으로 환산한 열량 값이 되므로 열용량을 물당량이라고도 한다.
(예 : 철 9.35kg의 열용량은 9.35×0.448=4.19kJ/℃인데 온도변화 시 철 9.35kg은 물 1kg과 같은 열량이 요구된다. 이때 철 9.35kg을 물당량 1kg이라 한다.)

(3) 현열과 잠열, 전열

❶ 현열(sensible heat)

물체에 출입되는 열량 중 온도변화에 따라 관계하는 열을 현열이라 한다.
(예 : 10℃ 물→80℃ 물, 100℃ 증기→130℃ 증기)

❷ 잠열(latent heat)

온도 변화는 없고 물체의 상태변화에 관계하는 열을 잠열이라 한다.
(예 ; 100℃ 물→100℃ 증기, 0℃ 얼음→0℃ 물)

❸ 전열(total heat)

물체에 출입하는 현열과 잠열의 합을 전열이라 한다.

(4) 상태변화와 열량

❶ 융해열(응고열)

고체가 액체로 변화할 때 필요한 열을 융해잠열이라 한다. 응고잠열은 액체가 고체로 변할 때 제거해야 하는 열량인데 이 둘의 값은 같다.
(0℃ 얼음이 0℃ 물로 녹을 때는 335kJ/kg의 열이 필요하다)

❷ 증발(기화), 응축열(액화)

액체가 기체로, 기체가 액체로 변화할 때 흡수, 발산하는 열을 기화, 응축열이라 한다.
※ 100℃ 물이 100℃ 증기로 기화할 때 증발잠열은 2,257kJ/kg이다.
　0℃ 물 증발 잠열은 2,501kJ/kg의 열을 흡수한다.

❸ 승화열

기체가 고체로 고체가 기체로 변화할 때 관계하는 열을 승화열이라 하며 이들 상태변화에 관계한 열은 모두 잠열이다.(dryice의 승화열은 574kJ/kg이다)

3) 이상기체 상태방정식

(1) 상태방정식

$$Pv = RT$$
$$PV = mRT \, (v = V/m)$$
$$PV = nKT$$

v : 비체적(m^3/kg), P : 절대압력(kPa), m : 기체질량
V : 기체체적, R : 기체상수(kJ/kg·K)
K : 일반기체상수=8.314kJ/kmol·K, n : 기체몰수(kmol)

(2) 아보가드로 법칙

모든 기체는 0℃, 1atm 상태 하에서 1mol의 부피는 같으며 그 부피는 22.4L이고, 무게는 분자량과 같다. 그러므로 수소(H_2)는 2g이 22.4L이고 산소(O_2)는 32g이 22.4L이다.

(3) 습공기의 절대습도(x)와 상태습도(Φ)

$$절대습도\ x = \frac{수증기\ 중량}{건공기\ 중량} = \frac{G_w}{G_a} = \frac{P_w/R_w}{P_a/R_a}(PV=GRT)$$

$$= 0.622\frac{P_w}{P-P_w} = 0.622\frac{\Phi P_s}{P-\Phi P_s}$$

P_w : 수증기 분압(Pa), P_s : 포화수증기압(Pa), Φ : 상대습도

4) 설비관련 제 단위

(1) 압력

단위면적당 작용하는 힘 $P = \frac{W}{A}(Pa)$

① 표준대기압
   1atm=760mmHg=101.3kPa=1,013hPa=1.0332kg/cm^2=10.332mAg=1.013bar=1,013mb
② 절대압력=대기압+게이지압=대기압-진공압
③ 1Pa(N/m^2)=0.098mmAq≒0.1mmAq
④ 1kPa(kN/m^2)=1,000Pa=98mmAq≒0.1mAq(1mAq≒10kPa)
⑤ 1MPa(MN/m^2)=1,000kPa≒100mAq

(2) 밀도(ρ)

단위체적당 질량 $\rho = \frac{m}{V}(kg/m^3)$ m : 질량(kg), V : 체적(m³)

(3) 비중량(Y)

단위체적당 중량 $Y = \frac{W}{V}(N/m^3)$ w : 중량(N), V : 체적(m³)

(4) 비체적(v)

단위질량당 체적 $v = \frac{V}{m}(m^3/kg)$ V : 체적(m³), m : 질량(kg)

2. 열역학의 기본법칙

1) 열역학 제1법칙

(1) 에너지 보존의 법칙으로 열과 일의 관계를 나타낸 것이다. 이 법칙은 1843년에 J·P Joule에 의해서 실험적으로 확인된 법칙으로 "열도 일도 에너지의 한 형태로 열과 일은 서로 교환할 수 있다"라고 한다.
(2) **제1종 영구기관** 열역학 제1법칙을 위반하는 기관을 말하는 것으로 외부로부터 에너지를 공급받지 않으면서 영구히 운동을 계속하는 장치를 말한다.

(3) **내부에너지(Internal Energy)**
  ① **내부에너지 정의** 내부에너지란 그 물체 내에 보유하고 있는 에너지를 말한다. 즉, 물체에 저장된 전 에너지에서 역학적 에너지를 뺀 값으로 열역학 제1의 법칙의 내용을 식의 형태로 나타내기 위한 값이라 할 수 있다.
  ② **열량과 내부에너지** 물체를 가열하면 내부에너지는 증가하고 물체는 온도가 상승함과 더불어 팽창한다. 여기서 가열량 dq를 가하면 내부에너지 증가량은 dU, 압력 P하에서 체적을 dV 만큼 증가하게 된다. 이로 인하여 외부에 대해서 팽창에 의한 기계적 일량을 $dW(dW=pdv)$라 하면

  $$dQ=dU+dW\,[\text{J}] \rightarrow dq=du+dw\,[\text{J/kg}] \rightarrow \boxed{dq=du+pdv}$$

  → 열역학 제1 기초식이 된다.

(4) **엔탈피(Enthalpy)**
  ① **유체가 가지는 에너지** 개방계에서 압력 P인 유체가 임의 단면을 통하여 체적 V로 흐를 때 유체는 하류의 유동에 대하여 PV의 일을 하게 되는데 이를 유동일이라고 한다. 계를 유체가 통과할 때 세 가지 부분으로 나눌 수 있다 즉, 유체 자체의 역학적 에너지(위치에너지, 운동에너지), 내부에너지, 그리고 유체 자체가 보유하지 않고 흐름에 의해서 생기는 유동에너지(유동일)로 나눌 수 있다.
  ② **엔탈피 정의** 유체 흐름에서 에너지는 항상 내부에너지(U)와 유동일(PV)이 결합하여 나오고 있어서 $U+PV$를 새로운 물리량 H라 정의하고 엔탈피라 한다. 즉,
  전엔탈피 $H=U+PV\,[\text{kJ}]$
  단위 엔탈피 $h=u+Pv\,[\text{kJ/kg}]$
  위 식을 미분하면 $dh=du+d(P\cdot v)=du+Pdv+vdP=dq+vdP$

  $$\therefore dq=dh-vdP\,[\text{kJ/kg}]$$ →열역학 제2 기초식이 된다.

  H : 엔탈피[kJ], U : 내부에너지[kJ], P : 압력[KPa]
  V : 체적[m³], h : 비엔탈피[kJ/kg], u : 비내부에너지[kJ/kg], v : 비체적[m³/kg]

(5) **열량과 내부에너지 엔탈피 관계식**

  $$dq=du+pdv$$
  $$dh=du+Pdv+vdP=dq+vdP$$
  $$\therefore dq=dh-vdP\,[\text{kJ/kg}]$$

2) 열역학 제2법칙

(1) **열역학 2법칙 정의(켈빈 설)** 자연계에 어떤 변화도 남기지 않고 어느 열원의 열을 계속하여 일로 변화시키는 것은 불가능하다. 즉 어떤 열을 전부 일로 변화시킬 수는 없다. 즉 열효율 100%의 열기관은 없다.(Kelvin Plank)

(2) **열역학 2법칙 정의(클라우지우스 설)** 열은 자연 상태에서 고온물체로부터 저온 물체로 스스로 이동하는데 그 자체로 외부에서 어떤 일이나 열에너지를 가하지 않고 저온부에서 고온부로 열을 이동시킬 수는 없다.(Clausius)

(3) 열역학 제1의 법칙은 열과 일은 에너지로 등가·동등이고 서로 변환할 수 있다는 것(에너지 보존법칙)을 설명한 법칙이지만 열역학 제2법칙은 열과 일 사이의 변환에는 제한이 있다(열이동의 방향성)는 것을 설명한다.

(4) **제2종 영구기관** 어느 고열원에서 열을 흡수하여 그 모두를 연속적으로 일로 변환하여, 다른 어떤 변화도 남기지 않도록 한 열기관(열효율 100%)으로 열역학 제2법칙을 위반한 기관을 말한다. 즉, 열효율 100%의 열기관을 제2종 영구기관(perpetual motion of the second kind)이라 부른다.

(5) **클라우지우스(Clausius)의 부등식**
클라우지우스는 "계(系)가 사이클을 이룰 때 사이클에 연관된 dQ/T의 적분(cycle integral of dQ/T)은 0과 같거나 0보다 적다"라고 하였다.

① 가역 사이클 $\oint \dfrac{dQ}{T} = 0$

② 비가역 사이클 $\oint \dfrac{dQ}{T} < 0$

③ 가역, 비가역 사이클 $\oint \dfrac{dQ}{T} \leq 0$

(6) **엔트로피(Entropy)**

① **비엔트로피** 절대온도가 $T[\text{K}]$인 물체가 가역변화 하는 사이에 열량 $dQ[\text{J}]$을 받았을 때 그 물체의 엔트로피 증가량(dS) 및 비엔트로피 증가량(ds)은 각각 다음 식으로 정의된다.

$dS = \dfrac{dQ}{T}$ [J/K] 및 $ds = \dfrac{dq}{T}$ [J/kg·K]

$\Delta S = \dfrac{\Delta Q}{T}$ [J/K] 및 $\Delta s = \dfrac{\Delta q}{T}$ [J/kg·K]

일반적으로 $\dfrac{\Delta Q}{T}$, $\dfrac{\Delta q}{T}$ 을 환산열량(reduced heat quantity)이라 부르는데 가역변화시의 환산열량이 엔트로피 및 비엔트로피이다.

② 2물체 A에서 B로 열이 이동할 때 A가 잃은 엔트로피를 $\Delta q/T_1$, B가 얻은 엔트로피는 $\Delta q/T_2$로 하면 열역학 제2법칙은 T_1(고온) > T_2(저온)로 되어 $\dfrac{\Delta q}{T_2} - \dfrac{\Delta q}{T_1} > 0$,

∴ $dS_2 > dS_1$로 된다.

이 때문에 「자연계에서 물질의 엔트로피는 증대하는 방향으로 변화가 진행된다.」고 말하는 것이다. 즉, 엔트로피는 가역변화에서는 일정하게 유지되며, 비가역변화에서는 증가한다.

> **엔트로피 변화**
> $\Delta S = S_2 - S_1 \geq 0 [\text{kJ/k}]$

3) 열역학 제0의 법칙

열평형의 법칙으로 "2개의 물체가 접촉하지 않고도 동일한 온도이면 그것은 열평형에 있다"라는 것으로 이 법칙에 의거하여 우리는 온도계를 매개로 객관적으로 온도를 측정하고 있다.

4) 열역학 제3의 법칙

한 계(系)내에서 물체의 상태를 변화시키지 않고 절대 온도, 즉 '0[K]로 도달할 수 없다. 즉, 절대온도 0[K]에서는 모든 완전한 결정 물질의 절대 엔트로피는 0이다.'라는 법칙이 Nernst에 의하여 수립되었다.

제3장 유체역학에 대한 기초지식

1. 유체의 물리적 성질

1) 물의 성질

물은 급수, 배수, 급탕, 난방, 공조 등 설비에서 가장 많이 다루는 매체로 물의 기본적인 성질을 이해하고 익혀두면 설비의 모든 공부가 수월해진다.

(1) 질량과 부피

건축설비에서 다루는 물은 표준상태에서 1기압 4℃일 때를 기준으로 한다. 이때 물은 가장 무겁고 부피가 최소이며 밀도가 $1g/cm^3$이다.

$1m^3 = 10^6 cm^3 = 10^6 g = 10^3 kg = 1ton$

$1cm^3 = 1cc = 1mL = 1g$

$1L = 10^{-3} m^3 = 10^3 mL = 10^3 cc = 10^3 g = 1kg$

(2) 팽창과 수축

$$\Delta V = \left(\frac{\rho_1}{\rho_2} - 1\right) \cdot V$$

ΔV : 팽창량, V : 전체 물의 양(ρ_1 시),

ρ_1 : 최초의 물의 밀도, ρ_2 : 온도 변화 후 물의 밀도

※ 팽창량 별해

$\Delta V = \left(\frac{1}{\rho_2} - \frac{1}{\rho_1}\right) \cdot V$ 이때 전체 물의 양 V는 4℃에서 부피를 의미한다. 전체 물의 양을 4℃인지, 운전정지 시(최초)인지 조건을 구분하면 두 가지 식을 구분해야 하지만 일반적으로 $\rho_1 = 1$ 정도이므로 위 두 가지 식을 구분하지 않고 병용한다.

2) 수압과 수두

(1) $1Pa(N/m^2) = 0.098mmAq ≒ 0.1mmAq$

(2) $1kPa(kN/m^2) = 1,000Pa = 98mmAq ≒ 0.1mAq$

(3) $1MPa(MN/m^2) = 1,000kPa ≒ 100mAq$

(4) 수압 $P = \rho gH(Pa)$ ρ : 밀도(kg/m^3), g : 중력가속도($9.8m/s^2$)

∴ 수압 $P(MPa) ≒ 0.01H$ H : 수두(m)

(5) 수압 $1mAq = 9.8kPa$ 즉 1mAq 수두는 압력으로 9.8kPa이지만 실무에서는 1mAq=10kPa로 환산한다.

(6) 수압 1MPa=102mAq 즉 수두로 정확히 102m이지만 공학적으로 약 100mAq로 환산한다. 수압 1kPa=0.098mAq 즉 수두로 정확히 0.098m이지만 공학적으로 약 0.1mAq로 환산한다.

3) 공기의 성질

(1) 부피와 질량

공기는 질소(78%)와 산소(21%)로 구성된 기체로 공조설비에서는 공기 중의 습도를 주로 다룬다. 표준상태에서 공기의 부피와 질량관계는 1㎥=1.2kg, 1kg=0.83㎥이다.

(2) 공기의 팽창과 수축

공기도 온도와 압력에 따라 팽창, 수축을 하지만 공조설비에서 다루는 공기는 대기압에서 이용되므로 팽창과 수축은 무시하는 편이다.

(3) 공기의 밀도

공기는 온도에 따라 밀도가 변화하는데 저온에서 밀도가 증가하여 무겁고, 고온에서 밀도가 감소하여 가벼워진다. 냉방 시 취출구 위치는 상부에 두어 무거운 공기가 하강하도록 하며 난방 시는 취출구를 하부에 두어 가벼운 온풍이 상승하도록 고려해야 한다.

2. 유체 역학의 기초사항

1) 연속의 법칙

유량이 충만하여 흐르는 관로 내의 임의 2개의 단면적에서 2개의 면적을 통과하는 유량은 서로 같다.

$$\therefore Q = AV, \ Q_1 = Q_2 \text{이고}, \ Q = \frac{\pi}{4}D^2 \cdot V \text{이므로} \ A_1V_1 = A_2V_2$$

$$\therefore D = \sqrt{\frac{4Q}{\pi V}}$$

2) 베르누이 방정식

관속의 유체가 정상상태라고 가정할 때, 그 관속을 흐르는 압력수두, 속도수두, 위치수두의 합 즉 에너지의 합은 일정하다. 베르누이 방정식은 공학단위는 m 수두(mAq), SI 단위는 J/kg이다.

공학 단위 $\frac{P}{\gamma} + \frac{V^2}{2g} + Z = $ 일정

SI 단위 $\frac{P}{\rho} + \frac{V^2}{2} + Zg = $ 일정

3) 마찰손실수두

(1) **마찰손실수두** 관속을 흐르는 유체는 관벽의 마찰, 굴곡부저항, 기구류저항 등에 의하여 마찰저항으로 압력이 손실된다.

(2) **달시 와이스바하식에 의해 마찰손실수두(H_L)**

마찰손실은 관습에 따라 공학단위의 수두 단위(mmAq, mAq)와 SI단위(Pa, kPa, MPa)가 모두 이용된다.

① SI 단위 $\triangle P = f \dfrac{L \times v^2}{d \times 2} \rho \text{(Pa)}$

ρ : 유체 밀도, L : 배관 길이

② 수두 단위 $H_L = f \cdot \dfrac{L}{d} \cdot \dfrac{v^2}{2g} \cdot r(mmAg)$

r : 비중량(kg/m^3)

(3) 배관(물)인 경우 일반적으로 아래 손실수두식(mAq)으로 계산한다.

① SI 단위 $\triangle P = f \dfrac{L \times v^2}{d \times 2} \rho \text{(Pa)} = f \dfrac{L \times v^2}{d \times 2} \text{(kPa)}$

ρ : 물 밀도 $1,000 kg/m^3$, L : 배관 길이(m)

② 수두 단위 $H_L = f \cdot \dfrac{L}{d} \cdot \dfrac{v^2}{2g} \cdot r(mmAg) = f \cdot \dfrac{L}{d} \cdot \dfrac{v^2}{2g}(mAg)$

r : 물 비중량($1,000 kg/m^3$)

(4) 덕트(공기)인 경우 일반적으로 아래 압력강하식(Pa)을 주로 이용한다.

① SI 단위 $\triangle P = f \dfrac{L \times v^2}{d \times 2} \rho \text{(Pa)}$

ρ : 공기 밀도 $1.2 kg/m^3$, L : 덕트 길이(m)

② 수두 단위 $H_L = f \cdot \dfrac{L}{d} \cdot \dfrac{v^2}{2g} \cdot r(mmAg)$

r : 공기 비중량($1.2 kg/m^3$)

예·상·문·제

건축설비 기초지식

01 열관류율 $K=2.5\text{W/m}^2\text{K}$인 벽체의 양쪽 기온이 각각 20℃ 및 0℃라고 할 때 이 벽체 1m²당 1시간당 통하는 열량(kJ/h)은?

① 20
② 50
③ 180
④ 240

해설 $q = K \cdot A \cdot \Delta t = 2.5 \times (20-0) \times 1 = 50\text{W} = 50\text{J/s} = 180\text{kJ/h}$

02 홀 용적 5,000m³, 잔향시간 1.6초인 실에서 잔향시간을 1초로 만들기 위해 필요한 여분 흡음력은 얼마인가?

① 250m²
② 275m²
③ 300m²
④ 450m²

해설 잔향시간$(T) = 0.164 \times \left(\dfrac{\text{실용적}(\text{m}^2)}{\text{흡음력}(\text{m}^2)}\right)$ 에서 $1.6 = 0.164 \times \dfrac{5,000}{A}$, ※ $A = 513\text{m}^2$

잔향시간이 1초일 때 $1 = 0.164 \times \dfrac{5000}{A}$, $A = 820$

∴ 여분 흡음력 $= 820 - 513 ≒ 300\text{m}^2$

03 진동에 관한 설명 중 옳지 않은 것은?

① 주파수 : 음이 1분간에 진동하는 횟수
② 공진 현상 : 고유진동수와 강제진동수가 일치하는 현상
③ 강제진동수 : 회전기계에서 발생하는 진동수
④ 고유진동수 : 방진재 자신이 갖고 있는 진동수

해설 ① 주파수 : 음이 1초간에 진동하는 횟수

해답 1.③ 2.③ 3.①

04 다음 식 중 열관류량을 측정하는 공식은?

① $Q = AWR$
② $Q = nh$
③ $Q = AK(t_2 - t_1)$
④ $Q = dcpv(t_2 - t_1)$

해설 $Q = KA(t_2 - t_1)$
Q : 열관류량(W), A : 면적(m²), K : 열관류율(W/m²K), t_1, t_2 : 양측 온도

05 두께 15cm 콘크리트 벽체(열전도율 λ=156W/mK)에 있어서 내벽 표면온도 20℃ 외벽 표면온도 5℃일 때 벽체를 통과하는 열량(kW/m²)은?

① 12
② 15.6
③ 22.5
④ 30

해설 $Q = \dfrac{\lambda}{l} \cdot \Delta t = \dfrac{156}{0.15}(20-5) = 15600\text{W/m}^2 = 15.6\text{kW/m}^2$

문제에서 단위를 kJ/h로 준다면 15.6kW=15.6kJ/s=56,160kJ/h

06 가시광선의 파장 크기로 옳은 것은?

① 200~3,080nm
② 380~780nm
③ 700~1,500nm
④ 1,500~3,000nm

해설 빨강 : 780nm, 보라 : 380nm

가시광선이란 눈에 보이는 광선으로 빨강부터 보라까지이며 빨강보다 파장이 큰 것을 적외선, 보라보다 파장이 짧은 것을 자외선이라 한다.

07 다음 중 음에 관한 설명으로 옳은 것은?

① 발음체의 진동수와 같은 음파를 받게 되면 자기도 진동하여 음을 내는 현상을 잔향이라 한다.
② 잔향시간은 실흡음력이 클수록 길어지고, 실용적이 클수록 짧아진다.
③ 60폰의 음을 70폰으로 높이면 10폰의 증가에 의해 사람은 음의 크기가 대략 2배 커진 것으로 지각한다.
④ 외부공간에서 음의 전달은 온도, 습도, 바람 등의 외부 기후조건과 무관하다.

해설 발음체의 진동수와 같은 음파에 자기도 진동음을 내는 현상을 공진이라 하고 잔향시간은 실흡음력이 클수록 작아지고, 실용적이 클수록 길어진다.

해답 4.③ 5.② 6.② 7.③

08 건축 음향에 대한 설명 중 잘못된 것은?

① 명료도는 소음이 증가하면 저하한다.
② 명료도는 잔향시간이 증가하면 증대한다.
③ 음의 세기에 의한 명료도는 음압레벨이 70~80dB에서 가장 좋다.
④ 폰(phon) 척도는 귀의 감각적 변화를 고려한 주관적인 척도이다.

해설 명료도는 잔향시간이 길수록 감소한다.

09 실내에 있는 사람이 느끼는 온열감각에 영향을 미치는 물리적 열환경 요소를 조합한 것으로 가장 옳은 것은?

① 열관류율, 열전도, 대류열, 복사열
② 온도, 습도, 기류, 복사열
③ 온도, 습도, 기류, 대류열
④ 열관류율, 열전도, 기류, 복사열

해설 거주자가 느끼는 열환경은 온도, 습도, 기류, 복사열의 종합된 온도이며 이를 수정유효온도(CET)라 한다.

10 조명에 관한 설명 중 옳지 않은 것은?

① 조도의 균제도를 높이기 위해서는 작은 전등을 여러 개 사용하는 것보다 대형의 전등을 적게 설치하는 것이 불리하다.
② 작업면상의 조도 분포는 균제도가 낮은 것이 좋다.
③ 음영은 장시간의 재실자에게 작업능률이 향상시키는 작용도 한다.
④ 제도실은 음영을 만들지 않는 것이 좋다.

해설 조도 분포는 균제도가 높은 것이 좋다.

11 습도가 생활환경에 주는 영향과 관계가 적은 것은?

① 습도가 낮고 고온인 경우 더 무덥고 답답하다.
② 습도가 낮고 저온인 경우 더 쌀쌀하게 느껴진다.
③ 습도가 높으면 결로 현상이 발생하기 쉽다.
④ 습도가 낮으면 높을 때보다 호흡기 질환이 발생하기 쉽다.

해설 동일한 조건에서 습도가 낮으면 덜 무덥다.

12 두께 20cm인 벽돌벽에서 내벽 표면온도 18°C, 외벽 표면온도 −2°C일 때 벽체의 통과 열량은?(단, 벽체 열전도율 $\lambda=1.4W/mK$)

해답 8.② 9.② 10.② 11.① 12.④

① 36kJ/m²h　　② 80kJ/m²h
③ 140kJ/m²h　　④ 504kJ/m²h

해설 $q = \dfrac{\lambda}{l} \cdot \Delta t = \dfrac{1.4}{0.2}(18+2) = 140 \text{W/m}^2 = 140 \times 3600 \text{J/m}^2\text{h} = 504 \text{kJ/m}^2\text{h}$

13 실내 음향계획에 대한 설명 중 맞지 않는 것은?
① 음의 계속시간이 길어지면 높이 감각은 둔해진다.
② 음은 실내에 동일하게 가도록 한다.
③ 계획상 멀리 전달되게 하기도 하고 가까이에 소멸되도록 하기도 한다.
④ 청중이 많을수록 흡음력이 커서 잔향시간이 적어진다.

해설 음의 계속시간이 짧아지면 높이 간각이 둔해진다.

14 단열에 관한 설명 중 옳지 않은 것은?
① 일반적으로 열전도율이 작은 재료를 사용하는 것이 단열효과가 좋다.
② 공기층은 기밀성이 떨어져도 단열효과에는 영향이 없다.
③ 단열재에 수분이 침투하면 단열성이 매우 나빠진다.
④ 10cm 공기층을 1개 층 설치하는 것보다 5cm 공기층을 2개 층 설치하는 것이 단열에 유리하다.

해설 공기층은 기밀성이 떨어지면 단열효과도 떨어진다.

15 다음 설명 중 가장 부적당한 것은?
① 빛을 받는 면의 단위면적당 입사하는 광속을 조도라고 한다.
② 주간 보조조명은 깊이가 깊은 방에 있어서 인공조명을 상시 보조적으로 이용하는 것을 의미한다.
③ 실내 음영의 차이가 클수록 실내 분위기의 단조로움을 개선할 수 있다.
④ 전반 국부 병용조명에서 전반조명의 조도는 국부조명조도 보다 커야 한다.

해설 전반 국부 병용조명에서 전반조명의 조도는 국부조명조도 보다 작다.

16 다음 중 실내조명 설계에서 가장 우선적으로 이루어져야 하는 것은?
① 개략적인 조명계산을 실시한다.　② 소요조도를 결정한다.
③ 소요전등의 개수를 결정한다.　　④ 조명방식 및 조명기구를 선정한다.

해설 조명설계 순서 : ②-④-①-③

해답　13.① 14.② 15.④ 16.②

17 금속 스프링에 하중 300kg을 매어 달았더니 0.2cm가 늘어났다. 이 스프링의 고유진동수는 다음 중 어느 것인가?

① 0.1Hz   ② 10Hz
③ 11.1Hz   ④ 100Hz

해설 $T = 2\pi\sqrt{m/k} = 2\pi\sqrt{m/(F/x)} = 2\pi\sqrt{x/g} = 2\pi\sqrt{0.002/9.8} = 0.0897$
진동수 $f = 1/T = 1/0.0897 = 11.1 \text{Hz}$

18 다음에 기술된 내용 가운데 옳지 않은 것은?

① 건축 색채에서 일반적으로 요구되는 느낌은 차분함과 포근함이다.
② 건축 색채는 전경과 배경의 관계에서 배경이 되는 경우가 대부분이다.
③ 건축계획에서 중요도와 선택의 순위는 형태-재료-색채의 순이다.
④ 건축 색채는 주변환경과 대비되어서는 안 되며, 환경색과 유사한 색으로 배색하는 것이 원칙이다.

해설 건축 색채는 주변환경과 적절한 대비를 주어 필요한 환경을 얻는다.

19 빛에 관한 설명 중 틀린 것은?

① 조도는 광속을 표면적으로 나눈 값이다.
② 휘도는 투영면적당의 광도이다.
③ 조도는 광도에 비례하고 거리에 반비례한다.
④ 조도는 기울어진 각의 cos에 비례한다.

해설 조도 $= \dfrac{광도}{(거리)^2}\cos\theta$ 조도는 거리의 제곱에 반비례한다.

20 표면결로 방지 대책으로 옳지 않은 것은?

① 습한 공기를 제거하기 위해 환기가 잘 되게 한다.
② 벽의 단열성을 좋게 하여 열관류 저항을 크게 한다.
③ 실내 수증기압을 낮추어 실내공기의 노점온도를 낮게 한다.
④ 방습재는 저온측(실외)에, 단열재는 고온측(실내)에 배치한다.

해설 표면결로 방지 대책에서 방습재는 습도가 높은 고온측(실내)에, 단열재는 온도가 낮은 저온측(실외)에 배치한다.

해답 17.③ 18.④ 19.③ 20.④

21 실크기 10×10×10m인 A실과 5×5×5m인 B실에서 실내마감이 모두 같을 때 A실은 B실 잔향시간의 몇 배인가?

① 8배 ② 4배
③ 2배 ④ 1배

해설 잔향시간 $= 1.6 \dfrac{V}{S\alpha'}$ V: 실체적, S: 실면적

$T_A = 1.6 \dfrac{10^3}{10^2 \alpha'}$ $T_B = 1.6 \dfrac{5^3}{5^2 \alpha'}$ α': 흡음계수

$T_A : T_B = 10 : 5 = 2 : 1$

22 실내외의 공기유출의 방지효과와 아울러 출입인원의 조절을 목적으로 설치하는 문은?

① 셔터 ② 망사문
③ 회전문 ④ 자재문

해설 회전문은 침입외기를 최소화하고 출입인원을 일정하게 조절한다.

23 열교(thermal bridge)현상에 관한 설명으로 옳지 않은 것은?

① 벽이나 바닥, 지붕 등의 건축물 부위에 단열이 연속되지 않는 부분이 있을 때 생긴다.
② 열교현상을 줄이기 위해서는 콘크리트 라멘조의 경우 가능한 한 내단열로 시공한다.
③ 열교현상이 발생하는 부위는 표면온도가 낮아져서 결로가 쉽게 발생한다.
④ 열교현상이 발생하면 전체 단열성이 저하된다.

해설 열교현상이란 열이 전달되는 경로(다리)가 발생하는 것으로 이를 줄이기 위해서는 콘크리트 라멘조의 경우 가능한 한 외단열로 시공하여 저온과 접촉하는 외부에서부터 열이동을 차단한다.

24 실내의 표면 결로 방지법으로 옳지 않은 것은?

① 벽체를 내단열로 시공한다. ② 벽체 내부에 방습층을 설치한다.
③ 벽체 표면을 환기시킨다. ④ 실내의 온도를 상승시킨다.

해설 표면 결로 방지를 위해서는 벽체를 외단열로 시공한다. 내단열은 벽체 내부에서 결로가 발생할 수 있다.

해답 21.③ 22.③ 23.② 24.①

25 온도, 기류 및 복사열의 조합과 체감과의 관계를 나타내는 열환경 지표는?

① 유효온도
② 불쾌지수
③ 등온지수
④ 작용온도

해설 작용온도(OT)란 온도 기류, 복사열의 종합한 온도로 복사난방 시 체감온도이다. 또한 온도, 습도, 기류의 종합온도를 유효온도(ET)라 한다.

26 "자연계에 어떠한 변화도 남기지 않고 일정 온도의 열을 계속해서 일로 변환시킬 수 있는 기관은 존재하지 않는다"를 의미하는 열역학 법칙은?

① 열역학 제0법칙
② 열역학 제1법칙
③ 열역학 제2법칙
④ 열역학 제3법칙

해설 열역학 제2법칙
Kelvin-Planck 표현 : 자연계에 어떠한 변화도 남기지 않고 일정 온도의 열을 계속해서 일로 변환시킬 수 있는 기관은 존재하지 않는다. 즉, 열기관에서 작동유체가 외부에 일을 할 때에는 그 보다 더욱 저온의 물체를 필요로 한다는 것으로 저온의 물체에 열의 일부를 버릴 필요가 있다는 것을 설명하고 있다.

27 단면적이 314cm²인 관에 매분 4.5m³의 물을 공급하려고 할 때 물의 속도는 얼마가 되는가?

① 0.014m/s
② 0.00024m/s
③ 143.3m/s
④ 2.39m/s

해설 $Q = A \times V$ $Q = 4.5 m^3/\min = 0.075 m^3/s$, $A = 314 cm^2 = 0.0314 m^2$
$v = \dfrac{Q}{A} = \dfrac{0.075}{0.0314} = 2.385 m/s$

28 유량과 관의 지름과의 관계에서 관의 지름은 어느 것인가?(단, Q는 유량, v는 유속, d는 관지름이다.)

① $d = \sqrt{\dfrac{4\pi v}{Q}}$
② $d = \sqrt{\dfrac{\pi v}{Q}}$
③ $d = \sqrt{\dfrac{2Q}{\pi v}}$
④ $d = \sqrt{\dfrac{4Q}{\pi v}}$

해설 유량=단면적×유속이므로 $Q = \dfrac{\pi d^2}{4} \times v$
∴ $d = \sqrt{\dfrac{4Q}{\pi v}}$

해답 25.④ 26.③ 27.④ 28.④

제2편 설비설계 계획

제1장 설비설계 조건 검토

1. 공기조화설비 설계 조건

1) 공기조화의 정의
  (1) 공기조화(Air Conditioning)란, 주어진 실내의 온도, 습도, 청정도, 기류를 조절하여 실내의 사용목적에 알맞은 상태로 유지하고 거주자를 쾌적하게 하는 것을 말한다.
  (2) 공기조화설비(Air Conditioning Equipment)란, 공기조화를 목적으로 사용하는 장치를 말한다. 넓은 의미로는 공기조화(Air-Conditioning)와 실내에 방열기를 설치하는 직접난방설비(Heating) 및 환기설비(Ventilation)까지 포함되므로 공기조화설비를 HVAC(Heating Ventilation and Air-Conditioning System)라고도 표현한다.
  (3) 공기조화의 가장 큰 기능은 여름철에는 저온, 저습의 공기를 보내 실내 열을 제거하고 감습(냉방)하며, 겨울철에는 고온, 고습의 공기를 보내 실내를 따뜻하고 필요한 습도를 유지하는 것(난방)이다.

2) 공기조화의 4요소
  (1) 실내공기의 온도, 습도, 청정도, 기류를 공기조화의 4요소라고 한다.
  (2) 실내의 사용목적에 따라 공기의 4요소를 적합하게 조절하기 위한 실내 쾌적도가 결정되고 이를 달성하기 위한 열원설비와 공기조화 방식이 결정된다.
  (3) 실제 쾌적도 평가 시에는 물리적인 외적 요소(온도, 습도, 기류, 복사열)와 주관적인 내적 요소(착의량, 활동량 등)를 종합하여 온열환경지표(불쾌지수, 유효온도, 수정유효온도 등)와 청정도, 소음, 진동 등을 복합적으로 검토한다.

3) 보건공조 및 산업공조
  공조는 보건공조와 산업공조로 나누어진다.
  (1) **보건공조** 쾌적용 공기조화(Comfort Air conditioning)를 말하며 인간의 생활을 대상으로 주로 보건, 활동성, 쾌적성이 목적이며 주택, 사무소 등의 일반 건축물에 해당된다.

(2) **산업공조** 산업의 제조공정 및 원료, 제품의 저장, 포장, 수송 등의 생산 관리를 대상으로 제품의 품질향상, 생산량의 증가, 원가절감을 목적으로 하는 공기조화를 말하며 클린룸, 냉동창고, 섬유공장 등 제품이나 공정을 대상으로 한 공조를 말한다.

4) 공기의 상태변화 관계식

(1) 가열

습공기를 가열만 하면 절대습도가 일정한 상태에서 건구온도가 증가한다. 따라서 상대습도는 감소한다.

① 가열량은 수분량의 열량값이 작으므로 일반적으로 가열량(현열)으로 구하는 것이 보통이다.

$$q = h_2 - h_1 = C_{P_a}(t_2 - t_1) + x \cdot C_{P_v}(t_2 - t_1)$$

q : 가열량(kJ/kg), C_{P_a} : 건공기 비열(1.01kJ/kgK),
C_{P_v} : 수증기 비열(1.85kJ/kgK), t_2 : 가열 후 온도(℃),
t_1 : 가열 전 온도(℃), x : 절대습도, h_1, h_2 : 가열 전후 엔탈피

② 수분량의 열량값(잠열)이 작으므로 일반적으로 아래 식 현열식으로 구하는 것이 보통이다.

$$q = C_{P_a}(t_2 - t_1) = 1.01(t_2 - t_1)(kJ/kg)$$
$$\text{총열량 } q = m \cdot C(t_2 - t_1) = 1.01m(t_2 - t_1)(kJ/h)$$

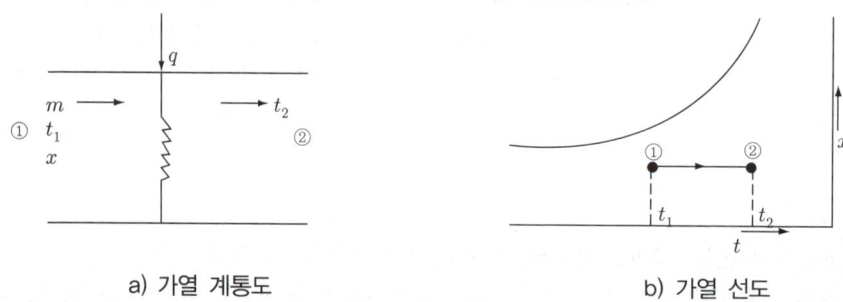

a) 가열 계통도   b) 가열 선도

[그림 1-2] 가열 계통도 및 선도

(2) 냉각(현열)

습공기를 냉각하면 포화상태에 도달하기 전까지는 절대습도가 일정하고 건구온도가 감소하지만 포화상태에 도달한 후부터는 절대습도도 감소한다. 이때 절대습도가 일정하고 냉각만 시키는 코일을 건코일이라 하고 응축에 의한 감습이 일어나는 경우 습코일이라 한다. 냉각열량은 q는 가열 시와 같이 구한다.

$$q = h_1 - h_2 = C_{P_a}(t_1 - t_2) + x \cdot C_{P_v}(t_1 - t_2), \text{ 총열량 } q = m(h_1 - h_2)$$
일반적으로 현열만일 경우, $q = 1.01(t_1 - t_2)(kJ/kg)$

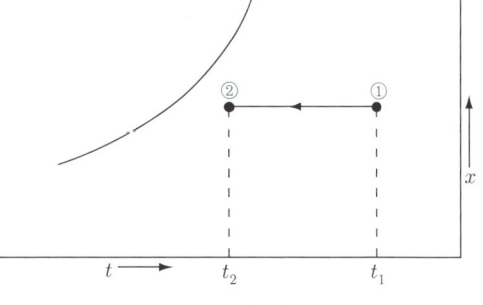

a) 냉각(현열) 계통도　　　　　　　b) 냉각 선도

[그림 1-3] 냉각 계통도 및 선도

(3) 가습

온도가 일정한 상태에서 가습만 하는 경우는 실제상으로는 거의 이용하지 않으며 가열·가습 또는 냉각·가습이 되며 이론상 가습량이다.

$$L = m(x_2 - x_1)$$

L : 가습량(kg/h), m : 공기량(kg/h), x_2 : 가습 후 절대습도, x_1 : 가습 전 절대습도

(4) 냉각 감습

노점 온도 이하로 냉각하면 감습도 이루어진다. 결로가 발생하므로 이러한 코일을 습코일이라 한다.

$$\text{제거 열량} \quad q = m(h_2 - h_1) - G_w \cdot h_w$$

h_w : 응축수 엔탈피, 응축수량 $G_w = m(x_1 - x_2)$

 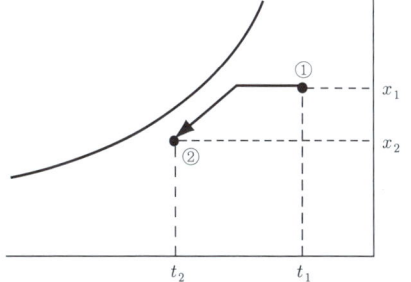

[그림 1-4] 냉각감습

(5) 가열 가습 과정

① 가열기+온수분무 시스템을 사용하는 경우

　　가열량 $q = m(h_2 - h_1) = m \cdot 1.01(t_2 - t_1)$

　　온수 분무량 $G_w = m(x_3 - x_2)$

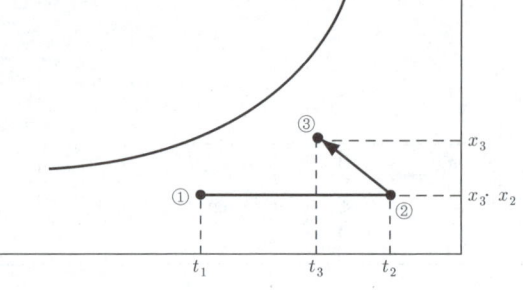

[그림 1-5] 가열 가습(온수 분무)

② 가열기+증기분무 사용(증기분무 단독 사용도 가능)

　가열량 $q = m(h_2 - h_1) = m \cdot 1.01(t_2 - t_1)$

　증기 분무량 $G_w = m(x_3 - x_2)$

　열평형식 $m \cdot h_1 + q + G_w \cdot h_w = m \cdot h_3$　　　h_w : 증기엔탈피

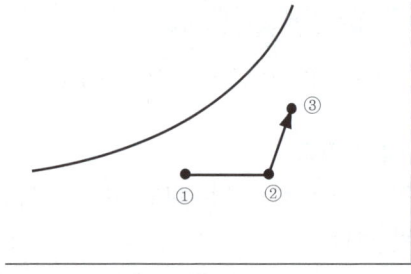

[그림 1-6] 가열 가습(증기 분무)

(6) 단열 혼합

성질이 다른 공기를 열의 출입이 없이 혼합할 때 혼합 공기 상태는 다음과 같다.

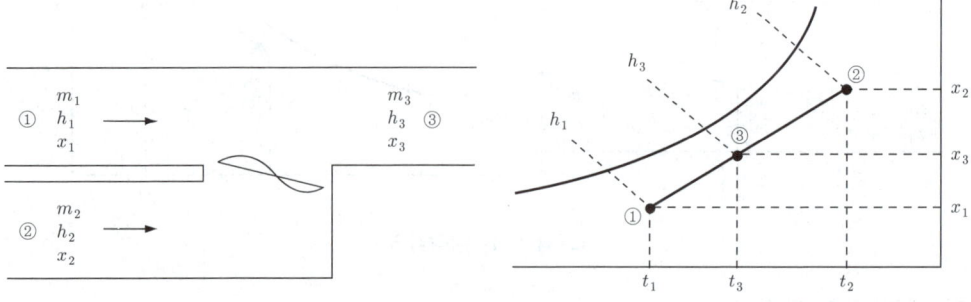

[그림 1-7] 단열 혼합

① 물질 평형식 $m_1 + m_2 = m_3$ ············ 1)

　열평형식 $m_1 \cdot h_1 + m_2 \cdot h_2 = m_3 \cdot h_3$ ········ 2)

　1)을 2)에 대입하면

　$m_1 \cdot h_1 + m_2 \cdot h_2 = (m_1 + m_2)h_3$

$$m_1(h_3-h_1) = m_2(h_2-h_3)$$

$$\therefore \frac{m_1}{m_2} = \frac{(h_2-h_3)}{(h_3-h_1)}$$

그러므로 $m_1 : m_2 = m : n$ 이라면 ② ~ ③ : ③ ~ ① = m : n

② 물질 평형식 $m_1 + m_2 = m_3$ ·········· 1)

수분평형식 $m_1 \cdot x_1 m_2 \cdot x_2 = m_3 \cdot x_3$ ······ 2)

위에 동일한 방법으로 $\dfrac{m_1}{m_2} = \dfrac{x_2 - x_3}{x_3 - x_1}$

(7) 단열 변화(순환수 분무)

순환수를 계속 분무하면 수온은 입구 공기의 습구 온도와 같아지고 이 수온의 물을 단열 분무(순환수 분무)한다면 냉각·가습이 이루어진다.

 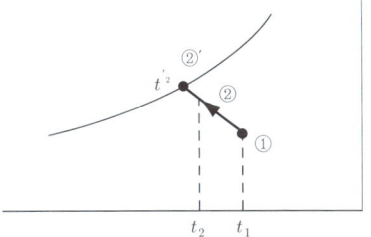

[그림 1-8] 단열 변화

위 그림과 같이 단열 분무하는 경우 ①의 공기 상태로부터 습구온도 선을 따라 ②까지 변한다.

이때 완전 포화 상태일 때 ②'까지 변할 수 있다. 그러나 실제로는 ②까지 변화한다.

그러므로 에어와셔의 바이패스 계수(BF), 콘택계수(CF)

$$BF = \frac{② \; ②'}{① \; ②'}, \quad CF = \frac{① \; ②}{① \; ②'}$$

분수량 $m_w = m_a(x_2 - x_1)$, 이때에 ②'까지 변화한다면 단열포화 변화라 한다. 무한히 긴 에어 와셔 속에서 단열 분무시키면 포화상태가 된다.

(8) 현열비(Sensible Heat Factor)

어느 실내의 취득 열량 중 현열의 전열에 대한 비를 현열비(SHF)라 한다.

$$SHF = \frac{q_s}{q_s + q_L} = \frac{q_s}{q_r}$$

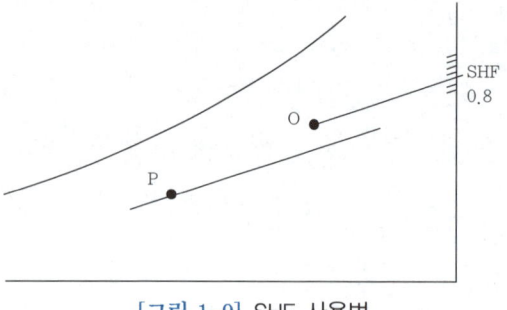

[그림 1-9] SHF 사용법

어느 상태점 P로부터 현열비 0.8인 상태 선을 구하자면 기준점(O)에서 SHF 0.8을 긋고 여기에 평행한 선을 P로부터 긋는다.

q_s : 현열, q_L : 잠열, q_T : 전열

(9) 열수분비

실내의 변화 수분량에 대한 변화 열량의 비를 열수분비(μ)라 한다.

$$\mu = \frac{m(h_2-h_1)}{m(x_2-x_1)} = \frac{\triangle h}{\triangle x}$$

열량 : △h(kJ/kg), 수분량 : △x(kg/kg)

에어와셔 내를 통과하는 공기의 열수분비 $\mu = \frac{\triangle h}{\triangle x}$ 에서 μ가 구해지면 공기의 상태 변화 선을 구하는 방법은 아래와 같다. 기준점(O)으로부터 열수분비 μ를 연결한 선에 평행선을 입구 공기상태(①)로 긋는다. 이때 ②점이 포화상태의 에어와셔 출구상태이다. (100℃ 증기 μ=2,686kJ/kg)

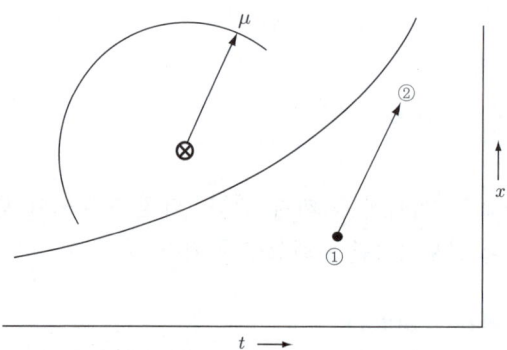

[그림 1-10] 열수분비

(10) 바이패스 계수(BF)와 콘택 계수(CF)

BF란 코일에 의해 공기를 조화(가열, 냉각)하는 경우 코일에 접촉하지 않고 통과하는 공기의 비율을 말하며 이것은 비효율(1-효율)과 같은 의미이다. 공기를 냉각하는 경우 ①의 공기를 ②의 노점온도를 갖는 냉각코일에 통과시킬 때 ③의 출구 공기를 얻었다면

$BF = \dfrac{②③}{①②}$

※ 콘택트 계수(CF)는 접촉하는 비율로 BF+CF=1 그러므로 위에서 CF=$\frac{①③}{①②}$

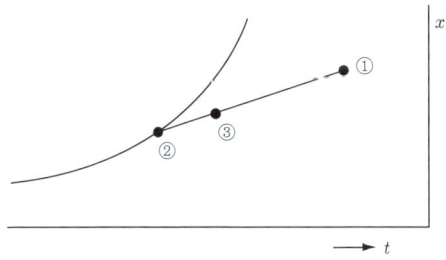

[그림 1-11] 바이패스 계수

2. 환기설비 설계조건

1) 환기 필요성

(1) **환기 필요성** : 거주 구역에 대한 쾌적성을 확보하기 위하여 실내 공기질을 적정상태로 유지해야하며 실내 발생 오염 물질에 따라 적절한 환기가 필요하다.

(2) **환기 종류 및 특징**

환기종류	특징	환기설비
전반환기 (희석환기)	실내 전반에 걸쳐 오염물질이 발생하는 경우 급기와 배기를 통하여 실 전체를 환기하는 방식	급기팬+배기팬
국부환기	오염물질이 실내 일부에서 발생하는 경우 오염물질을 포섭(후드이용)하여 배출하는 방식으로 환기량이 적어져 경제적이다.	후드+배기팬
치환환기	전반환기의 일종이지만 기류를 혼합하지 않고 층류상태(하부 유입-상부 배출 등) 유입 배출하여 환기량을 적게 할 수 있다.	저속 (급기팬+배기팬)

2) 환기량 계산(Qm^3/h)

❶ 실내 발열량에 의한 환기량(전산실, 보일러, 변전실 등에 적용)

$$Q = \frac{Hs}{\rho \cdot Cp \cdot (t_r - t_o)}(m^3/h)$$

Hs : 실내 발열량(kJ/h)
Cp : 공기정압비열(1.01kJ/kgK)
ρ : 밀도(1.2kg/m^3)
t_r : 실내허용온도
t_o : 신선공기온도

❷ 유해가스에 의한 환기량(화학공장 등에 적용)

$$Q = \frac{M}{p_i - p_o}(m^3/h)$$

M : 발생유해가스량(m^3/h)
p_i : 실내허용농도(농도비로 할 것)
p_o : 신선공기농도

❸ CO_2 농도에 의한 환기량(많은 사람이 장시간 체류)

$$Q = \frac{K}{C_i - C_o} (m^3/h)$$

K : 실내 CO_2 발생량(m^3/h)
C_i : 실내 CO_2 농도 비율
C_o : 신선 CO_2 농도 비율

❹ 수증기 발생이 있는 경우

$$Q = \frac{L}{\rho \cdot (x_i - x_o)} (m^3/h)$$

L : 실내 수증기 발생량(kg/h)
x_i : 실내허용 절대습도
x_o : 신선공기 절대습도
ρ : 공기의 밀도

3. 위생설비 설계조건

1) 급수 오염 방지

(1) 교차연결(크로스 커넥션)

위생 기구는 급수 계통과 배수 계통의 접점에 설치하는 것으로 오수가 역류하여 상수를 오염시킬 우려가 있다. 아래 그림에서 수조의 청소, 수리 및 기타 이유로 A밸브를 닫은 다음, C수전을 열어 놓으면 진공압으로 B와 D에서 오수를 빨아들인다. 또, E의 살수전은 보통 흙 속에 묻혀 있어 이곳에서 오수를 유입할 위험이 있다. 이렇게 급수계통에 오수가 유입되어 오염되도록 배관된 것을 크로스 커넥션(교차 연결)이라 한다.

[그림 1-12] 급수 계통도

(2) 급수배관 오염 방지

급수배관에서 오염 방지의 기본은 충분한 토수구의 공간을 확보하는 것이다. 토수구의 공간(3cm 이상)을 취하는 일은 일반 수전뿐만 아니라, 모든 물을 사용하는 기기에 대하여 요구되는 점이다. 그러나 공간을 확보할 수 없는 기기도 많으며, 이 경우에는 역류 방지 밸브(플러그 밸브)나 플러시 밸브에서와 같이 진공 방지기(vacuum breaker)를 설치하게 된다.

2) 급수배관 설계 시 유의 사항

① 배관 구배는 적절히 잘 잡아서 퇴수 시에 물이 정체되지 않도록 직선 배관을 하도록 한다.
② 지수 밸브(stop valve)를 적절히 달아서 국부적 단수로 처리하고 수량 및 수압을 조정할 수 있도록 한다.
③ 수격 작용(water hammering)이 생기지 않도록 배관 설계를 해야 한다.
④ 바닥 또는 벽을 관통하는 배관은 슬리브(sleeve-덧관)배관을 한다.
⑤ 부식하기 쉬운 곳은 방식 도장을 한다.
⑥ 겨울과 여름철에 대비하여 방동 및 방로 피복을 해야 한다. 관경 15~50mm는 20~25mm 두께로, 관경 50~150mm는 25~30mm 정도로 피복한다.
⑦ 배관 공사가 끝난 다음은 반드시 수압 시험을 행한다. 공공 수도직결관은 1.7MPa, 탱크 및 급수관의 경우는 1MPa에 견디어야 하며 시간은 최소 60분이다.
⑧ 상수도 배관 계통은 물이 오염되지 않도록 하고 물탱크 등에서는 수질 오염이 일어나지 않도록 해야 한다.
⑨ 초고층 건물은 과대한 급수압이 걸리지 않도록 적절히 조닝을 한다.
⑩ 음료용 급수관과 기타 배관을 교차 연결(크로스 커넥션)해서는 안 된다.
⑪ 급수배관 최소 관경은 15mm이다.

3) 수격작용(water hammering)

급수관 내의 유속의 급변에 의한 충격압은 소음·진동을 유발하고 기구 파손의 우려도 있다. 이와 같은 현상을 수격 작용이라 한다.

(1) 수격작용 원인

① 유속의 급정지 시에 충격압에 의해 발생한다.
② 관경이 적을 때
③ 수압 과대, 유속이 클 때
④ 밸브의 급조작 시
⑤ 플러시 밸브, 콕 사용 시

(2) 수격작용 방지 대책

① 공기실(Air chamber) 설치 : 공기실의 완충작용으로 수격작용을 방지하며, 공기실은 공기가 물에 용해되어 소멸되므로 최근에는 중요부에 밀폐형의 수격방지기(Water Hammer Cushion)를 주로 쓴다.
② 관경을 확대하고, 수압을 감소한다.
③ 밸브 조작을 서서히 한다.
④ 도피 밸브(바이패스 밸브)를 사용한다.

제2장 설비시스템 계획

1. 설비시스템 공간계획

1) 설비시스템 공간계획 필요성

건축물에서 설비는 위생설비, 공조설비, 전기설비, 소화설비, 통신설비 등 건물 특성에 따라 다양한 설비로 구성되는데 특히 공조설비(덕트 시스템)가 차지하는 공간이 큰 편이다. 그러므로 계획단계에서부터 기계실, 냉각탑, 물탱크, 천장고, 파이프샤프트 등에 대하여 건축계획 시 충분한 공간을 계획해야 한다. 설비 공간이 부족할 경우 기계실에서는 장비배치가 협소하여 유지관리 공간이 부족해지고, 덕트나 배관 배치가 불량하여 성능저하 및 유지관리가 어려워진다.

(1) **공조기 설치 방식** 공조기 배치는 공간계획의 기본으로 중앙 공조기 방식(중앙기계실), 각 층 공조기 방식(각 층 공조실), 개별 공조기 방식(각 실 개별공조기) 등이 있다.

(2) **공조방식 선정** 공조방식은 초기설비비, 유지관리 운전비, 설치면적 및 스페이스, 온·습도 제어성, 실내요구 쾌적도(환기성능), 유지관리 전문성 등 요소를 종합적으로 고려하여 계획한다.

2) 설비시스템 설계 단계별 고려사항

(1) **기획설계 단계**

기획설계는 설계의 초기단계로 설비 계획의 기초가 정립되는 시기로 설계범위, 내용, 설계기간, 설계비 등의 설계조건을 결정하고, 건축주의 요구사항 정리, 기초조사, 조사된 자료를 분석, 종합하며, 특히 공간프로그램과 건축물 이미지가 설정되고, 설계 원칙을 수립하는 단계로 기획설계에서의 설계업무는 구체적인 도면제작보다는 보고서 형식의 성과물이 만들어진다.

(2) **기본설계 단계**

기획설계단계에서 제시된 각종 설계자료, 프로그램된 물리적 자료, 기본적인 설계원칙과 책정된 사업비의 범위 내에서 디자인을 발전시키며, 건축주와 협의를 통해 구체적으로 결정해가는 시기이다. 이때 디자인 개요, 콘셉트 및 스케치, 투시도 등의 3차원 이미지와 평면도, 천정도, 입면도, 일반 단면도 등이 결정되는데 이 과정에서 설비 공간을 충분히 확보해야 한다.

(3) **실시설계 단계**

기본설계 단계에서 결정된 디자인을 견적, 입찰, 시공 등 설계 이후의 후속작업과 시공을 위한 제반 설계도서(시방서, 각종도면, 각종산출서, 공사비 내역서 등)를 제작하는 과정으로 객관화된 일정한 도서 표기 방식에 의거 설계도면이 제작되어야 한다.

(4) 현장설계(시공상세도)

설계도면을 기본으로 시공과정에서 현장조건에 따라 시공상세도를 작성하여 변화되는 상황과 설계도서 납품 이후에 발생하는 변경내용을 반영하고 시공 품질관리를 위하여 감리와 감독자의 승인을 얻어 현장시공자가 수행한다.

2. 조닝계획

건축설비 설계 시 조닝계획이란 위생설비(급수, 급탕 등)에서는 건물 높이에 따른 수압의 차이를 조정하기 위한 층별 조닝과 요구 수압이나, 수질, 사용 구역의 동질성을 고려하여 동일 특성을 갖는 구역으로 나누어 시스템을 구성하는 것이며, 공조설비에서는 주로 부하특성을 고려하여 내주부와 외주부 등으로 나누어 시스템을 구성하는 것을 말한다.

1) 공조설비 조닝계획

(1) **공조설비 조닝 필요성** 공조설비 계획에서 부하특성이 비슷한 구역끼리 동일한 공조 구역으로 나누어 조닝하면 에너지가 절약되고, 거주자에게 쾌적함을 줄 수 있다. 하지만 너무 상세한 조닝 계획은 설비 비용을 부담 시키므로 적정한 조닝이 필요하다. 조닝의 방법에는 다음과 같은 목적으로 구성된다.
  ① **부하별 조닝(방위별)** 주로 내주부 외주부 등으로 나누어지며 방위에 따라 시간대별 부하특성이 변화하므로 방위별로 조닝한다.
  ② **사용시간별** 사용 시간대가 다른 구역을 동일 공조 공간으로 하는 경우 일부 구역의 공조를 위하여 전 구역에 불필요한 공조를 하는 경우가 있다(예를 들면 24시간 운영하는 숙직실 등). 이러한 에너지 낭비를 막기 위해 사용시간대별 조닝을 한다.
  ③ **사용목적별, 사용자별** 실의 사용 목적이나 사용자가 다르면 실내 공조 조건도 달라지므로 이를 구분하여 조닝한다.

2) 에너지 절약 공조 방식

공조설비에서 에너지 절약을 위하여 주로 사용하는 설계 기법은 조닝, 가변풍량 방식(VAV) 방식, 가변 유량 방식(인버터 펌프), 회전수제어, 열원장치 대수제어, 열회수장치(전열교환기, 히트파이프, 히트펌프). 외기냉방(온습도 낮은 외기 도입) 등이다.

3) 공기조화 방식

에너지절약과 실내 쾌적성 향상을 위하여 건물 특성에 알맞은 공조방식을 선정한다.
(1) **중앙식 또는 개별식의 선정** 건물 규모나 특성에 따라 개별식과 중앙식을 적절하게 조합하여 공조 시스템을 구성한다.
(2) **공조방식의 선정**
  ① **전공기 방식** 정풍량 단일덕트 방식, 변풍량 단일덕트 방식, 2중 덕트 방식(정풍량 또는 변풍량) 단일덕트 재열방식, 바닥 공조방식 등이 있다.

② **수·공기 겸용 방식** 팬코일유니트(덕트겸용), 재열기 겸용 정풍량 방식, 재열기 겸용 변풍량 방식, 수열원히트펌프 겸용 변풍량 덕트방식, 콘벡타 겸용 변풍량 덕트 방식, 팬파워유니트 겸용 변풍량 덕트방식, 인덕션유니트 겸용 변풍량 덕트방식이 있다.

③ **개별식(냉매 방식)** 최근에는 PAC(패케이지공조기)가 다양하게 공급되고 있어(각종 시스템에어컨) 중규모 건물까지도 개별식 공조방식을 선호하는 편이다.

4) 조닝과 공조설비등급 계획

(1) **개별온도 제어성능** 존별 온도제어를 세밀히 할수록(조닝계획의 정밀화) 각 실 온도제어는 양호하나 초기 설비비증가와 공조 운전이 번잡해지므로 적절한 조닝(통상 100㎡ 내외)을 한다.

(2) **내·외주부의 조닝** 내주부와 외주부의 공조 존 구획은 세밀할수록 에너지는 절약되나 설비비가 증가하므로 보통 실의 깊이가 6~12m 이내까지는 내·외부를 동일계통으로 공조하고 그 이상일 때 내외주부로 구분한다.

(3) **각 실 온도제어 편차** 보통 각실 온도편차는 1~2℃ 정도로 한다.

(4) 공조배관 방식은 대규모이고 고급시스템일 때 4파이프 시스템, 중급일 때 2파이프 시스템을 적용한다.

(5) **공조 운전시간** 연간운전방식, 기간공조(중간기는 비공조 또는 외기공조)방식, 일간 운전방식이 있다.

5) 급수, 급탕설비 조닝계획

급수, 급탕설비에서 조닝은 수압조절이나 유지관리를 위해 일정 구역별로 독립적인 배관계통을 구성한다.

(1) 급수설비 조닝

고층건물에서 급수설비 조닝방법에는 층별식, 중계식 조압펌프식이 있으며, 이들을 조합하여 적용하기로 한다. 최근에는 조압펌프식(존별 펌프방식)을 주로 사용한다.

(2) 급탕설비 조닝

급탕설비의 조닝은 급수설비와 병행(같은 계통 적용)하여 적용한다.

제3장 공기조화설비 계획

1. 현열부하와 잠열부하

1) 현열부하

현열부하란 냉난방 부하에서 온도차로 발생하는 부하를 의미하며 주로 벽체나 유리창 부하에서 실내외 온도차에 의한 관류부하 형태로 발생한다.

(1) **벽체의 열부하**

$$Q = K \cdot A \cdot \triangle t(W)$$

K : 열관류율(W/m^2K), A : 벽체면적, $\triangle t$: 실내외 온도차

(2) **유리창의 열부하** 유리창 열부하에는 일사부하와 전도부하가 있으며 이들은 모두 현열부하이다.

$$Q_{GR}(일사부하) = I_{GR}(일사량) \times A(면적) \times K_s(차폐계수)$$
$$Q_{GT}(전도부하) = K_G(유리열통과율) \times A(면적) \times \Delta t(온도차)$$

(3) **틈새바람부하(극간풍부하)** 틈새바람부하에는 현열부하와 잠열부하가 있으며 온도차로 발생하는 부하가 현열부하이다.

$$Q_s(현열부하) = 1.2 \times 1.01 \times Q \times (t_0 - t_1)(kJ/h) \quad Q : 극간풍량(m^3/h)$$

(4) **인체열부하** 인체부하에는 현열부하와 잠열부하가 있다.

$$q_s = N(인원수) \cdot hs(작업 상태 시 1인 현열 발생량 : kJ/h \cdot 人)$$

(5) **기구열부하** 조명기구(백열등, 형광등) 전열기구에서 발생하는 열부하중에 온도차에 의한 열부하는 현열부하이다.

(6) **공조기기열부하** 주로 휀, 배관, 덕트 등에 의해 생기며 현열부하이다.

(7) **재열부하** 냉방 시 공기 중 수분제거를 위해 노점 온도 이하로 냉각시켰다가 다시 취출온도까지 가열할 때 이를 재열부하라 하며 이는 현열부하이다.

$$재열부하(Q_{RH}) = 1.01 \times G(송풍량 : kg/h) \times \Delta t(온도차)(kJ/h)$$

(8) **외기부하** 외기부하는 실내청정도를 유지하기 위해 외기를 도입 시 발생하는 부하로 현열부하와 잠열부하가 있으며 온도차로 발생하는 부하가 현열부하이다.

$$Q_{FS} = 1.01 \times 1.2 \times Q(m^3/h) \times \Delta t(온도차)(kJ/h) \quad Q : 도입외기량(m^3/h)$$

2) 잠열부하

잠열부하란 냉난방 부하에서 습도차로 발생하는 부하를 의미하며 주로 극간풍부하, 외기부하, 인체부하, 전열기구(수증기 발생기구)에서 발생한다.

(1) **틈새바람부하(극간풍부하)** 틈새바람부하에는 현열부하와 잠열부하가 있으며 수증기 유입(유출)으로 발생하는 부하가 잠열부하이다.

$$Q_1(\text{잠열}) = 1.2 \times 2501 \times Q \times \Delta x (\text{실내외 절대습도차}) \ (kJ/h)$$

(2) **인체열부하** 인체부하에는 현열부하와 잠열부하가 있으며 수증기발생(호흡, 땀)에 의한 부하가 잠열부하이다.

$$q_L = N(\text{인원수}) \cdot h_L(\text{작업 상태 시 1인 잠열 발생량} : kJ/h \cdot 人)$$

(3) **기구열부하** 전열기구중 수증기 발생과 관련한 기구(커피포트, 전기국솥 등)에서 발생하는 수증기에 의한 열부하는 잠열부하이다.

(4) **외기부하** 외기부하는 실내청정도를 유지하기 위해 외기를 도입 시 발생하는 부하로 현열부하와 잠열부하가 있으며 절대습도로 발생하는 부하가 잠열부하이다.

$$Q_{FL} = 2501 \times 1.2 \times Q(m^3/h) \times \Delta x (\text{절대습도차})(kJ/h)$$

2. 습공기 선도

1) 습공기 성질

(1) **건구온도** 일반온도계로 측정한 온도이다.
(2) **습구온도** 감온부를 물에 젖은 헝겊으로 적셔 증발할 때 잠열에 의한 냉각온도이다.
(3) **노점온도** 일정한 수분을 함유한 습공기의 온도를 낮추면 어떤 온도에서 포화상태가 되는 온도이다.(이슬점 온도)
(4) **상대습도** 공기 중의 수증기 분압을 포화수증기분압에 대한 비율로 표시한 값이다.

$$\text{상대습도}(\Phi) = \frac{\text{온도의 수증기압}}{\text{그 온도의 포화수증기압}} \times 100\%$$

$$\text{포화도}(\Phi) = \frac{\text{수증기중량}}{\text{포화수증기중량}}$$

습공기 전압력 = 건공기 압력 + 수증기압력

(5) **절대습도** 건공기 1kg 중에 함유된 수증기 중량(kg)을 말한다.

$$\text{절대습도}(x) = \frac{\text{수증기중량}}{\text{건공기중량}}, \ \text{포화도} = \frac{\text{절대습도}}{\text{포화절대습도}}$$

(6) **엔탈피** 건공기와 수증기의 전열량을 말한다.

습공기의 엔탈피(kJ/kg)
= 건공기의 엔탈피(kJ/kg) + 절대습도(x) · 수증기의 엔탈피(kJ/kg)
= 건공기정압비열 · 습공기온도 + 절대습도(2,501 + 수증기정압비열 · 습공기온도)
= $C_{pa}t + x(\gamma + C_{pv}t) = 1.01t + x(2,501 + 1.85t)$ (kJ/kg)

C_{pa} : 건공기 비열(1.01kJ/kgK), C_{pv} : 수증기 비열(1.85kJ/kgK)

(7) **비중량** 공기 1m³의 중량, 표준상태에서 1.2kg/m³
(8) **비체적** 공기 1kg의 체적, 표준상태에서 0.83m³/kg
(9) **잠열** 0℃ 잠열 γ=2,501kJ/kg, 100℃ 잠열(2,257kJ/kg)

2) 습공기 선도

공기의 성질을 한 선도에 모두 표현한 것을 습공기 선도라 하며, 일반적으로 i-x선도, t-x선도 등이 있으며 i-x선도를 주로 이용한다.

(1) 습공기 선도의 구성(i-x선도)

[그림 1-13] 습공기 선도(i-x선도)

횡축에 건구온도(t), 종축에 절대습도(x), 습구온도(t'), 노점온도(t''), 엔탈피(i), 상대습도(%), 포화도(%), 비체적(v), 수증기분압(Pv) 그리고 현열비(SHF), 열수분비(μ)가 별도로 표기된다.

(2) 습공기 선도 사용법

습공기의 어떤 상태를 한 점으로 선도 상에 표시하려면 최소한 2가지 조건을 알아야 한다.(단, 절대 습도와 노점 온도로는 불가능하다.) 한 점이 결정되면 나머지 상태값을 모두 알 수 있다. 또한 현열비와 열수분비는 상태선이 결정되어야 알 수 있다. 한 점에서 다른 상태 점까지 변화하는 상태선은 조건에 따라 선도 상에 도식할 수 있다.
① 상태점 : A 상태점이 결정되면 건구온도 등 상태값을 알 수 있다.
② 상태선 : A-C와 같은 상태선이 결정되면 현열비 열수분비 등을 알 수 있다.

[그림 1-14] 습공기 선도(SI 선도)

(3) 습공기 선도에서 공기의 상태 변화
공기 상태 변화는 가열, 냉각, 가습, 감습, 냉각감습, 가열가습, 단열혼합 등이 있다.
① **가열** 온도 증가, 절대습도 일정, 상대습도 감소, 엔탈피 증가
② **냉각** 온도 감소, 절대습도 일정, 상대습도 증가, 엔탈피 감소
③ **가열가습** 온도 증가, 절대습도 증가, 상대습도 증가, 엔탈피 증가
④ **냉각감습** 온도 감소, 절대습도 감소, 상대습도 감소, 엔탈피 감소

[그림 1-15] 습공기 상태 변화

3. 냉난방부하의 종류

1) 개요
공기조화 부하란 실내를 일정 상태로 유지하기 위한 공급 혹은 제거 열량을 말한다. 난방부하와 냉방부하가 있으며 이것은 각각 현열부하와 잠열부하를 갖는다. 열의 이동은 전도, 대류, 복사에 의해 이루어지며 건축설비의 열이동은 대부분 다음과 같은 열관류에 의해 전열된다.

(1) 열관류율

이 벽체 전체의 열관류율(K)은

$$\frac{1}{K} = \frac{1}{a_0} + \frac{l_1}{\lambda_1} + \frac{l_2}{\lambda_2} + \frac{l_3}{\lambda_3} + \frac{1}{a_i}$$

$\lambda_1, \lambda_2, \lambda_3$: 재료의 열전도율(W/mK)

l_1, l_2, l_3 : 재료의 두께(m)

α_i, α_0 : 실내, 실외측 표면 열전달률(W/m^{2}K)

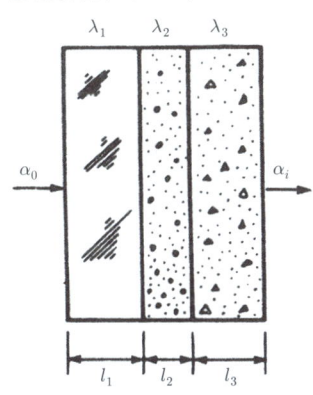

[그림 1-16] 벽체 열관류 모식도

(2) 관류열량

이 벽체를 통한 열손실량(Q)은

$$Q = K \cdot A \cdot \Delta t$$

Q : 관류열량(W), K : 열관류율(W/m^{2}K), A : 벽체 면적(m^2), Δt : 벽체 내외 온도차(℃)

① **열전달** 고체표면과 이에 접촉하는 유체 사이의 대류에 의한 열 이용
② **열전도** 고체 내부에서의 열 이동
③ **열관류** 고체벽을 사이에 둔 양유체 사이의 열 이동, 열전달과 열전도의 조합
④ **열복사** 중간 매체 없이 열전자의 직접 이동에 의한 열 이동
⑤ **열관류저항** 열관류율 값의 역수도 열 이동을 방해하는 성질(m^{2}K/W)

2) 냉난방부하

(1) TAC 온도

부하계산에서 선결되어야 할 문제가 실내·외 온도 설정 문제이다. 실내 온도는 목적에 따라 다르게 설정되며, 외기 온도는 TAC 위험률을 몇 %로 잡느냐에 따라 달라진다.

※ TAC(미국 공조협회 ASHRAE의 기술자문위원회 Technical Advisory Committee) 2.5% 온도란 위험률 2.5% 온도로 냉방, 난방 설계 시 외기온도 설계기준을 위험률을 안고 설정하는 것이다. 냉방 시에는 총냉방시간 중 2.5%에 해당하는 시간이 냉방설계 온도를 벗어나도록 설정한다.

(2) 냉방부하의 종류
① **실내취득열량** 벽체, 유리, 극간풍, 인체, 기구 등의 취득열량이다.(현열, 잠열을 구분하되 수증기가 관련된 극간풍, 인체부하는 잠열부하가 있다.)
② **장치 내 취득열량** 송풍기, 덕트에 의한 취득열량이다.(현열부하)
③ **재열부하** 가열코일에 의한 부하이다.(현열부하)
④ **신선공기부하** 외기도입 부하이다.(현열, 잠열)

(3) 난방부하의 종류
① **벽체손실부하** 벽체, 유리창 등의 전열 손실부하[$Q=K \cdot A \cdot \triangle t(W)$]이다.
② **틈새바람부하** 냉방 시와 동일하며 잠열을 무시하는 경우가 많다.
③ **외기부하** 덕트를 통한 공조에서 외기를 도입하는 경우 발생하는 부하이다.
④ **가습부하** 난방 시 가습하는 경우 발생하는 부하이다.

3) 공조부하 계산법
공조부하 계산의 목적은 설비용량 산정이나 운전비 계산을 정확히 하기 위한 것이다. 이의 계산 방법에는 연속부하 시의 계산법과 간헐부하 시의 계산법이 있으며, 일반적으로 연속부하 계산법을 적용하며 연속부하 계산법으로는 최대부하 계산법과 기간부하 계산법이 있다.

(1) 최대부하 계산법
① 난방부하든 냉방부하든 최대부하 시를 계산(설비용량 및 송풍량 산정 때 이용)하는 것으로 상당온도차법, CLTD법, TETD법 등 일반적인 냉방부하를 말한다.
② 이 최대부하 산출값은 송풍량 및 공조설비 용량을 산정할 때 이용된다.

(2) 기간부하 계산법
일정 기간의 부하를 계산하는 것으로 계산방법이 까다롭다. 간단한 계산법으로 난방도일법 등이 있으며 이 계산법은 연료소비량 및 운전비용 등을 산출하는데 이용되며 다음과 같은 방법이 있다.
① **동적 열부하 계산법** 구조체의 축열 성능까지 고려한 것으로 모든 변동하는 요소를 대입하여 컴퓨터에 의해 계산한다.
② **난방도일법** 난방시간을 일수(day)로 하고 온도차를 곱하여 구한다.(도일=온도×day)
③ **확장도일법** 난방도일법에서 일사와 내부 발열을 고려한 도일법이다.
④ **전산기법** 일정 기간의 여러 요소를 대입하고 프로그램을 이용한 부하 계산법이다.
⑤ **표준빈(bin)법** 건물의 순간 에너지를 계산하고 일정 기간의 발생 빈도수를 곱하여 계산한다.
⑥ **수정빈법** 표준빈법에 구조체 축열효과를 고려한 부하 계산법이다.

(3) 간헐부하 계산법
24시간 연속 운전되지 아니한다고 가정하고 계산하는 것으로 예열부하, 여열부하 등을 적용하는 부하 계산법으로 현실적이다.

4. 냉난방부하량 산정

1) 냉방부하 계산법

(1) 벽체의 열부하
① 일사영향 무시 Q=K·A·△t(W)

  K : 열관류율(W/m²K), △t : 실내외 온도차

② 일사영향 고려 Q=K·A·△te(W)

  △te : 상당 온도차=상당외기온도-실내온도

(2) 유리창의 열부하(QG)

$$Q_G = Q_{GR} + Q_{GT}$$

Q_{GR}(일사부하) $= I_{GR}$(일사량) $\times A$(면적) $\times K_s$(차폐계수)

Q_{GT}(전도부하) $= K_G$(유리열통과율) $\times A$(면적) $\times \Delta t$(온도차)

[그림 1-17] 유리면을 통한 열취득

(3) 틈새바람부하(극간풍부하)
① Q_s(현열)=1.2×1.01×Q×(t_0-t_1)(kJ/h)
② Q_l(잠열)=1.2×2,501×Q×(x_0-x_1)(kJ/h)
③ 극간풍량(Q=m³/h) 계산법
  가. 크랙길이법 Q=L(크랙길이)×K(크랙 길이당 극간풍량 : m³/m·h)
  나. 면적법 Q=A(창문면적)×B(면적당 극간풍량 : m³/m²·h)
  다. 환기횟수 Q=n(환기횟수)×V(실내용적 : m³)

(4) 인체열부하
q_s=N(인원수)·h_s(작업 상태 시 1인 현열 발생량 : kJ/h·人)

q_L=N(인원수)·h_L(작업 상태 시 1인 잠열 발생량 : kJ/h·人)

(5) 조명기구열부하
백열등 1kW=1kJ/s, 형광등 1kW=1.2kJ/s(안정기 부하 20% 가산)

(6) 전동장치 열부하(모터+기계)

① 모터와 기계가 실내에 있는 경우(p : 모터정격출력 kW)

$$q = p(\text{모터정격출력}) \times fe(\text{부하율} = \frac{\text{실제출력}}{\text{정격출력}}) \cdot \frac{1}{y(\text{모터효율})} \times 3{,}600 \, (kJ/h)$$

② 기계만 실내에 있는 경우

$$q = p(\text{정격출력}) \times fe(\text{부하율}) \times 3{,}600 \, (kJ/h)$$

③ 모터만 실내에 있는 경우

$$q = p(\text{정격출력}) \times fe(\text{부하율}) \left\{ \frac{1}{y(\text{효율})} - 1 \right\} \times 3{,}600 \, (kJ/h)$$

(7) 공조기기열부하

주로 휀, 배관, 덕트 등에 의해 생기며 실내취득 부하의 10~20%로 산정한다.

(8) 재열부하

공기 중 수분제거를 위해 노점 온도 이하로 냉각시켰다가 다시 취출온도까지 가열할 때 이를 재열부하라 한다. 여름철 북측 존의 습도제거 등에서 주로 발생한다.

$$\text{재열부하}(Q_{RH}) = 1.01 \times m(\text{송풍량 : kg/h}) \times \Delta t(\text{온도차})(kJ/h)$$
$$= 1.01 \times 1.2 \times Q(\text{송풍량 : m}^3/h) \times \Delta t(\text{온도차})(kJ/h)$$

(9) 외기부하

실내청정도를 유지하기 위해 외기를 도입할 때 발생한다.

$$Q_F(\text{외기부하}) = Q_{FS}(\text{현열외기부하}) + Q_{FL}(\text{잠열외기부하})$$

$Q_{FS} = 1.01 \times 1.2 \times Q(\text{m}^3/h) \times \Delta t(\text{온도차})(kJ/h)$

$Q_{FL} = 2{,}501 \times 1.2 \times Q(\text{m}^3/h) \times \Delta x(\text{절대습도차})(kJ/h)$

2) 난방부하 계산법

(1) 전열손실부하(q)

① 열관류율 계산법(K)

$$\frac{1}{K} = \frac{1}{\alpha_0} + \frac{L_1}{\lambda_1} + \frac{L_2}{\lambda_2} + \ldots + \frac{1}{\alpha_i} + \frac{1}{C}$$

K(열관류율)-W/m²K

λ_1, λ_2(벽체재료의 열전도율)-W/mK

L_1, L_2(벽체 재료의 두께)-m

α_1, α_2(실내, 실외측 표면 열전달률)-W/m²K

C(공기층의 열전달률)-W/m²K

② 손실열량 q=K(열관류율)×A(면적)·Δt(실내외온도차)·k(방위계수)(W)

(2) 틈새바람부하
냉방 시와 동일하며 잠열을 무시하는 경우가 많다.

(3) 외기부하
냉방 시와 동일하다.

(4) 가습부하
실내습도를 일정하게 유지하기 위한 부하이다.

① 가습량 G={도입외기량+틈새바람(m³/h)}×1.2×Δx(kg/h)

  Δx(실내외 절대습도차 : kg/kg)

② 가습부하(증기가습)=G·2,686(kJ/h)

  (100℃ 증기 엔탈피 2,686(kJ/kg)과 0℃ 증발잠열 2,501(kJ/kg)은 구별해야 한다)

(5) 난방도일(HD)
어느 지방의 추운정도를 표시하는 지표로 연료 소비량을 추정하는 데 편리하다.

$$\text{연료사용량}(G) = \frac{24 \cdot Q \cdot HD}{\Delta t \cdot F \cdot y}$$

HD : 난방도일, F : 연료저위발열량, y : 보일러 효율, Q : 손실열량

3) 공조 송풍량 계산법

① 실내송풍량(냉방, 난방)

$$m = \frac{q_s}{1.01 \times \Delta t}(kg/h)$$

qs : 실내 현열 부하(kJ/h), △t : 취출온도차=취출온도-실내온도

$$Q = \frac{q_s}{1.01 \times 1.2 \times \Delta t}(m^3/h)$$

② 취출공기온도(냉방기준)

$$m = \frac{q_s}{1.01 \times \Delta t}(kg/h) \text{에서 } \Delta t = \frac{q_s}{1.01 \times m}$$

$$\therefore t_d = t_r - \frac{q_s}{1.01 m} \quad (t_d : \text{취출온도}, \; t_r : \text{실내온도})$$

제4장 환기설비 계획

1. 건축물의 실내공기질

1) 건축물 설비기준 환기량

건축물 설비기준 제11조제1항의 규정에 의한 신축공동주택 등의 건축물에 대한 환기횟수를 확보하기 위하여 설치되는 기계환기설비의 설계·시공 및 성능평가방법은 다음 각 호의 기준에 적합하여야 한다.

(1) 기계환기설비의 환기기준은 시간당 실내공기 교환횟수(환기설비에 의한 최종 공기흡입구에서 세대의 실내로 공급되는 시간당 총체적 풍량을 실내 총체적으로 나눈 환기횟수를 말한다.)로 표시하여야 한다.

(2) 하나의 기계환기설비로 세대 내 2 이상의 실에 바깥공기를 공급할 경우의 필요 환기량은 각 실에 필요한 환기량의 합계 이상이 되도록 하여야 한다.

(3) 세대의 환기량 조절을 위하여 환기설비의 정격풍량을 최소·적정·최대의 3단계 또는 그 이상으로 조절할 수 있는 체계를 갖추어야 하고, 적정 단계의 필요 환기량은 신축공동주택등의 세대를 시간당 0.5회로 환기할 수 있는 풍량을 확보하여야 한다.

(4) 기계환기설비는 신축공동주택등의 모든 세대가 규정에 의한 환기횟수를 만족시킬 수 있도록 24시간 가동할 수 있어야 한다.

(5) 기계환기설비는 다음 각 목의 어느 하나에 해당되는 체계를 갖추어야 한다.
   가. 바깥공기를 공급하는 송풍기와 실내공기를 배출하는 송풍기가 결합된 환기체계
   나. 바깥공기를 공급하는 송풍기와 실내공기가 배출되는 배기구가 결합된 환기체계
   다. 바깥공기가 도입되는 공기흡입구와 실내공기를 배출하는 송풍기가 결합된 환기체계

(6) 바깥공기를 공급하는 공기공급체계 또는 바깥공기가 도입되는 공기흡입구는 다음 각 목의 요건을 모두 갖춘 공기여과기 또는 집진기 등을 갖춰야 한다.
   가. 입자형·가스형 오염물질을 제거 또는 여과하는 성능이 일정 수준 이상일 것
   나. 여과장치 등의 청소 및 교환 등 유지관리가 쉬운 구조일 것
   다. 공기여과기의 경우 한국산업표준(KS B 6141)에 따른 입자 포집률이 계수법으로 측정하여 60퍼센트 이상일 것

기계환기설비를 구성하는 설비·기기·장치 및 제품 등의 효율 및 성능 등을 판정함에 있어 이 규칙에서 정하지 아니한 사항에 대하여는 해당 항목에 대한 한국산업표준에 적합하여야 한다.

기계환기설비는 환기의 효율을 극대화할 수 있는 위치에 설치하여야 하고, 바깥공기의 변동에 의한 영향을 최소화할 수 있도록 공기흡입구 또는 배기구 등에 완충장치 또는 석쇠형 철망 등을 설치하여야 한다.

기계환기설비는 주방 가스대 위의 공기배출장치, 화장실의 공기배출 송풍기 등 급속 환기설비와 함께 설치할 수 있다.

공기흡입구 및 배기구와 공기공급체계 및 공기배출체계는 기계환기설비를 지속적으로 작동시키는 경우에도 대상 공간의 사용에 지장을 주지 아니하는 위치에 설치되어야 한다.
기계환기설비에서 발생하는 소음의 측정은 한국산업규격에 따르는 것을 원칙으로 한다. 측정위치는 대표길이 1미터(수직 또는 수평 하단)에서 측정하여 소음이 40dB 이하가 되어야 하며, 암소음(측정대상인 소음 외에 주변에 존재하는 소음을 말한다.)은 보정하여야 한다. 다만, 환기설비 본체(소음원)가 거주공간 외부에 설치될 경우에는 대표길이 1미터(수직 또는 수평 하단)에서 측정하여 50dB 이하가 되거나, 거주공간 내부의 중앙부 바닥으로부터 1.0~1.2미터 높이에서 측정하여 40dB 이하가 되어야 한다.

(7) 외부에 면하는 공기흡입구와 배기구는 교차오염을 방지할 수 있도록 1.5미터 이상의 이격거리를 확보하거나, 공기흡입구와 배기구의 방향이 서로 90도 이상 되는 위치에 설치되어야 하고 화재 등 유사 시 안전에 대비할 수 있는 구조와 성능이 확보되어야 한다.

(8) 기계환기설비의 에너지 절약을 위하여 열회수형 환기장치를 설치하는 경우에는 한국산업표준에 따라 시험한 열회수형 환기장치의 유효환기량이 표시용량의 90퍼센트 이상이어야 하고, 열회수형 환기장치의 안과 밖은 물 맺힘이 발생하는 것을 최소화할 수 있는 구조와 성능을 확보하도록 하여야 한다.

(9) 기계환기설비는 송풍기, 열회수형 환기장치, 공기여과기, 공기가 통하는 관, 공기흡입구 및 배기구, 그 밖의 기기 등 주요 부분의 정기적인 점검 및 정비 등 유지관리가 쉬운 체계로 구성되어야 하고, 제품의 사양 및 시방서에 유지관리 관련 내용을 명시하여야 하며, 유지관리 관련 내용이 수록된 사용자 설명서를 제시하여야 한다.

실외의 기상조건에 따라 환기용 송풍기 등 기계환기설비를 작동하지 아니하더라도 자연환기와 기계환기가 동시 운용될 수 있는 혼합형 환기설비가 설계도서 등을 근거로 필요 환기량을 확보할 수 있는 것으로 객관적으로 입증되는 경우에는 기계환기설비를 갖춘 것으로 인정할 수 있다. 이 경우, 동시에 운용될 수 있는 자연환기설비와 기계환기설비가 법규정의 환기기준을 각각 만족할 수 있어야 한다.

중앙관리방식의 공기조화설비(실내의 온도·습도 및 청정도 등을 적정하게 유지하는 역할을 하는 설비를 말한다.)가 설치된 경우에는 다음 각 목의 기준에도 적합하여야 한다.

가. 공기조화설비는 24시간 지속적인 환기가 가능한 것일 것. 다만, 주요 환기설비와 분리된 별도의 환기계통을 병행 설치하여 실내에 존재하는 국소 오염원에서 발생하는 오염물질을 신속히 배출할 수 있는 체계로 구성하는 경우에는 그러하지 아니하다.

나. 중앙관리방식의 공기조화설비의 제어 및 작동상황을 통제할 수 있는 관리실 또는 기능이 있을 것

2. 실내공기 오염물질의 종류 및 기준농도

1) 중앙식 공기조화설비의 실내 환경 기준

[표 1-2] 중앙식 공기조화설비의 실내 환경 기준

부유 분진량	공기 $1m^3$에 대하여 0.15mg 이하
일산화탄소의 함유율	백만분의 10 이하(10ppm 이하)
탄산가스(CO_2)의 함유율	백만분의 1,000 이하(1,000ppm 이하)
온도	17℃ 이상 28℃ 이하
상대습도	40% 이상 70% 이하
기류	0.5m/s 이하

2) 실내공기질 기준

실내공기질 관리법 시행규칙 제4조에서 권장하는 다중이용시설의 오염물질 항목과 그 기준은 다음과 같다.

[표 1-3] 실내공기질 권고기준(실내공기질 관리법 시행규칙 제4조 관련)

오염물질 항목 다중이용시설	이산화질소 (ppm)	라돈 (Bq/m^3)	총휘발성 유기화합물 ($\mu g/m^3$)	곰팡이 (CFU/m^3)
가. 지하역사, 지하도상가, 철도역사의 대합실, 여객자동차터미널의 대합실, 항만시설 중 대합실, 공항시설 중 여객터미널, 도서관·박물관 및 미술관, 대규모점포, 장례식장, 영화상영관, 학원, 전시시설, 인터넷컴퓨터게임시설제공업의 영업시설, 목욕장업의 영업시설	0.1 이하	148 이하	500 이하	-
나. 의료기관, 산후조리원, 노인요양시설, 어린이집, 실내 어린이놀이시설	0.05 이하		400 이하	500 이하
다. 실내주차장	0.30 이하		1,000 이하	-

3. 건축물의 필요환기량

1) 오염물질별 환기량 계산

① 실내 발열량에 의한 환기량(전산실, 보일러, 변전실 등에 적용)

$$Q = \frac{H_s}{\rho \cdot C_p \cdot (t_r - t_o)} (m^3/h)$$

H_s : 실내 발열량(kJ/h)
C_p : 공기정압비열(1.01kJ/kgK)
ρ : 밀도($1.2kg/m^3$)
t_r : 실내허용온도
t_o : 신선공기온도

② 유해가스에 의한 환기량(화학공장 등에 적용)

$$Q = \frac{M}{p_i - p_o} (m^3/h)$$

M : 발생유해가스량(m^3/h)
p_i : 실내허용농도(농도비로 할 것)
p_o : 신선공기농도

③ CO2 농도에 의한 환기량(많은 사람이 장시간 체류)

$$Q = \frac{K}{C_i - C_o} (m^3/h)$$

K : 실내 CO_2 발생량(m^3/h)
C_i : 실내 CO_2 농도 비율
C_o : 신선 CO_2 농도 비율

④ 수증기 발생이 있는 경우

$$Q = \frac{L}{\rho \cdot (x_i - x_o)} (m^3/h)$$

L : 실내 수증기 발생량(kg/h)
x_i : 실내허용 절대습도
x_o : 신선공기 절대습도
ρ : 공기의 밀도

2) 각 건축물의 필요환기량(건축물 설비기준 11조)

구분		필요환기량(㎥/인·h)	비고
가. 지하시설	1) 지하역사	25 이상	
	2) 지하도상가	36 이상	매장(상점) 기준
나. 문화 및 집회시설		29 이상	
다. 판매시설		29 이상	
라. 운수시설		29 이상	
마. 의료시설		36 이상	
바. 교육연구시설		36 이상	
사. 노유자시설		36 이상	
아. 업무시설		29 이상	
자. 자동차 관련 시설		27 이상	
차. 장례식장		36 이상	
카. 그 밖의 시설		25 이상	

비고
가. 제1호에서 연면적 또는 바닥면적을 산정할 때에는 실내공간에 설치된 시설이 차지하는 연면적 또는 바닥면적을 기준으로 산정한다.
나. 필요 환기량은 예상 이용인원이 가장 높은 시간대를 기준으로 산정한다.
다. 의료시설 중 수술실 등 특수 용도로 사용되는 실(室)의 경우에는 소관 중앙행정기관의 장이 달리 정할 수 있다.
라. 제1호자목의 자동차 관련 시설의 필요 환기량은 단위면적당 환기량(㎥/㎡·h)으로 산정한다.

제2편 예·상·문·제
설비설계 계획

01 다음 중 공기조화 시 조절대상이 되는 환경요소가 아닌 것은?
① 습도　　　　　　　　② 복사열
③ 공기의 청정도　　　　④ 기류 속도

해설 공기조화 대상은 온도, 습도, 기류, 청정도이다.

02 공기조화(air conditioning)에 대한 설명 중 옳은 것은?
① 공기조화란 온도를 일정히 하는 것을 말한다.
② 공기조화의 대상이란 온도, 습도, 기류, 청정도이다.
③ 보건공조란 물건을 대상으로 공기조화를 하는 것이다.
④ 산업공조란 산업 현장에서 작업 인부의 쾌적한 상태를 유지하는 것이다.

해설 보건공조란 사람을, 산업공조란 제품이나 공정을 대상으로 한 것이다.

03 조닝에 관한 다음 사항 중 옳지 않은 것은?
① 방위별 조닝은 내부 존(인테리어)에 적용하는 계획이다.
② 외부 존은 외벽에서 실내로 깊이 6m 이내로 하는 경우가 많다.
③ 외부 존은 시각별로 부하 변동이 심하다.
④ 소규모 건물에서는 내부 존과 외부 존을 구분하지 않을 수도 있다.

해설 방위별 조닝은 외부 존(페리미터)에 적용하는 계획이다.

04 공기조화계획 시 고려할 사항 중 거리가 먼 것은?
① 대상건물의 특성　　　② 건물 시공 시기
③ 경제적 조건　　　　　④ 에너지 조건

해설 건물 시공 시기는 공조계획과 직접적인 관계가 없다.

해답　1.② 2.② 3.① 4.②

05 공기조화 장치의 구성과 종류의 조합 중 틀린 것은?

① 열원기기 : 보일러, 냉동기
② 공기조화기 : 에어와셔, 에어필터, 히터, 쿨러
③ 운반장치 : 덕트, 콘베이어
④ 자동제어장치 : 서모스탯, 전동모터 등 실내조건을 자동으로 조절

> 해설 운반 장치에는 펌프, 송풍기, 덕트, 배관 등이다. 콘베이어는 물건 이송장치이다.

06 유효온도(effective temperature)에 대한 설명 중 틀린 것은?

① 체감온도라고도 하며 사람이 느끼는 온냉감을 나타낸다.
② 온도, 습도, 압력의 영향을 지표화한 것이다.
③ 100% RH, 풍속 0m/s인 상태의 온도로 환산한 값이다.
④ 유효온도 20℃란 건구온도가 20℃란 말은 아니며 야그로우 선도에 나타내고 있다.

> 해설 유효온도는 온도, 습도, 기류의 영향을 나타낸다.

07 다음 중 유효온도가 높아질 수 있는 조건은?

① 습구온도 감소
② 풍속 감소
③ 상대습도 감소
④ 건구온도 감소

> 해설 유효온도는 온도나 습도가 높아지고 풍속이 감소할수록 증가한다.

08 수정유효온도의 요소는 무엇인가?

① 습구온도, 건구온도
② 습구온도, 건구온도, 기류
③ 상대습도, 습구온도, 복사열
④ 온도, 습도, 기류, 복사열

> 해설 수정유효온도란 유효온도의 좀 더 정확한 체감온도를 얻기 위한 것으로 벽체복사열을 첨가한다. ①은 불쾌지수, ②는 유효온도 요소이다.

09 다음 중 시간지연(time-lag) 현상과 가장 관계가 깊은 것은?

① 열용량
② 열관류율
③ 습도
④ 일사량

> 해설 시간지연은 냉난방 부하 계산에서 벽체를 통과하는 관류열이 벽체를 가열 또는 냉각하면서 부하가 실내에 시간차를 두고 유입되는 것으로 벽체의 열용량(중량×비열)에 관계한다.

해답 5.③ 6.② 7.② 8.④ 9.①

10 다음과 같은 조건에서 길이 10m, 높이 3m인 남측 외벽을 통한 손실열량은?

벽의 열관류율 : 0.4W/m²K, 외기온도 : −7℃, 실내온도 : 22℃

① 264W　　　　　　　　② 348W
③ 418W　　　　　　　　④ 524W

해설　q=K(열관류율)×A(면적)·Δt(실내외온도차)·k(방위계수)(W)
　　　=0.4×10×3×(22−(−7))=348W

11 어떤 벽체표면이 받는 전 일사량 I=256W/m²이고 외기온도 t_0=30℃라면 상당 외기온도는 얼마인가?(단, 벽체표면의 일사흡수율 a=0.7, 표면 열전달률 α_0=23.3W/m²)

① 32.4℃　　　　　　　② 37.7℃
③ 39.1℃　　　　　　　④ 42.3℃

해설　$t_e = t_0 + \dfrac{a}{\alpha_0} I = 30 + \dfrac{0.7}{23.3} \times 256 = 37.7$

t_e : 상당외기온도, a : 일사흡수율, α_0 : 표면열전달률(W/m²), I : 일사량(W/m²)

12 유리창으로부터의 취득열량을 계산할 경우 필요한 요소가 아닌 것은?

① 차폐계수　　　　　　② 유리의 면적
③ 상당 외기온도차　　　④ 유리의 열관류율

해설　유리창 부하는 상당 외기온도차를 적용하지 않으며 상당 온도차는 일사를 받는 외부 벽체에 적용한다.
유리창 부하 $Q_G = Q_{GR} + Q_{GT}$
Q_{GR}(일사부하) = I_{GR}(일사량)×A(면적)×K_s(차폐계수)×K_p(유리매수의 감소율)
Q_{GT}(전도부하) = K_G(유리열통과율)×A(면적)×Δt(온도차)

13 유리창을 통한 태양 복사 취득열량에 관한 설명이다. 옳지 않은 것은?

① 위도, 계절, 시각, 유리창의 방위에 따라 다르다.
② 실제의 전열과정에는 얼마간 시간지연이 있다.
③ 난방부하 계산에서는 대개의 경우 무시한다.
④ 북쪽 창은 햇빛이 닿지 않으므로 복사에 의한 침입열량은 생기지 않는다.

해설　태양 복사열은 북쪽이라 하더라도 직달일사는 없지만 천공 복사열이 있다.

14 다음의 냉방부하 중 송풍량 산출에 포함되지 않는 것은?

① 유리로부터의 일사 취득열량
② 재열기 부하
③ 인체부하
④ 극간풍에 의한 취득열량

[해설] 송풍량 산정에 적용되는 부하는 실내 취득열량이며 재열기 부하는 실내 부하에 포함되지 않는다.

15 서울 지방의 TAC 위험률 2.5%에 상당하는 난방설계 외기온도는 11°C이다. 이 온도 이하로 내려갈 수 있는 총시간은?(단, 난방시기는 12월부터 3월까지이다.)

① 72hr
② 102hr
③ 204hr
④ 265hr

[해설] TAC 2.5% 온도란 위험률 2.5% 온도로 냉방, 난방 설계 시 외기온도 설계기준은 위험률을 안고 설정하는 것이다. 즉 난방 시에는 총 난방시간 중 2.5%에 해당하는 시간동안 외기온도가 난방설계 온도보다 낮게 벗어나도록 설정한다. TAC 2.5%=4월×30일×24시간×0.025=72hr

16 난방 시에 외기량이 500kg/h일 때 외기에 의한 난방부하(kJ/h)는?(단, 외기의 건구온도 5°C, 절대습도 0.002kg/kg′이며, 실내공기는 건구온도 24°C, 절대습도 0.009kg/kg′이다.)

① 4545kJ/h
② 8754kJ/h
③ 18349kJ/h
④ 17890kJ/h

[해설] 현열부하 $q_s = GC\Delta T$=500×1.01(24−5)=9,595kJ/h
잠열부하 $q_L = G\Delta x(\gamma + C_v \Delta T) ≒ 2501 G\Delta x$=2,501×500(0.009−0.002)=8,754kJ/h
난방부하=현열+잠열=9,595+8,754=18,349kJ/h

> 또한 단위가 W일 때는 18,349kJ/h=5,097J/s=5,097W

17 다음은 난방도일에 관한 설명이다. 틀린 것은?

① 외기의 기준온도와 외기의 평균기온과의 차에 일(days)을 곱한 것을 말한다.
② 난방도일이 크면 클수록 연료의 소비량이 많아진다.
③ 난방도일은 추운 정도를 나타내는 자료가 될 수 있다.
④ 난방도일의 값은 난방한계 온도를 다르게 하더라도 그 값은 항상 일정하다.

[해설] 난방도일(DD)=$\sum(t_r - t_o)$day(°C·day), 난방한계온도를 내리면 난방도일은 감소한다.

해답 14.② 15.① 16.③ 17.④

18 냉방 시에 외기 및 실내공기의 온도를 각각 t_o, t_i 습도를 x_o, x_i라 하고 틈새 공기량을 G_I[kg/h] 또는 Q_I[m³/h]라 할 때 현열 취득량(q_{IS}[kJ/h])은 얼마인가?

① $q_{IS}=1.01\,G_I(t_o-t_i)$[kJ/h]
② $q_{IS}=1.01\,Q_I(t_o-t_i)$[kJ/h]
③ $q_{IS}=0.24\,G_I(t_o-t_i)$[kJ/h]
④ $q_{IS}=0.29\,Q_I(t_o-t_i)$[kJ/h]

> 해설 외기량을 G_I[kg/h] 또는 Q_I[m³/h]라 할 때 냉방 시에 현열취득량 q_{IS}[kJ/h]은
> $q_{IS}=1.01\,G_I(t_o-t_i)=1.21\,Q_I(t_o-t_i)$ 절대습도는 잠열과 관계한다.

19 유리창을 통한 취득열량을 줄이기 위한 유리창의 조건은?

① 열관류율이 적고 반사율이 클 것
② 열관류율과 차폐계수가 클 것
③ 반사율이 크고 차폐계수가 클 것
④ 열관류율, 흡수율, 투과율이 모두 클 것

> 해설 유리창 취득열량이 작은 조건은 열관류율이 적고, 반사율은 크고 차폐계수는 작을 것(차폐계수는 0일 때 완전 차폐된다)

20 환기로 인해 발생하는 외기부하 중 취득잠열량 계산에 필요한 값은?

① 도입외기량, 외기와 실내공기의 건구온도차
② 도입외기량, 외기와 실내의 공기의 절대습도차
③ 도입외기량, 외기와 실내의 공기의 상대습도차
④ 송풍기의 송풍량, 외기와 실내공기의 엔탈피차

> 해설 잠열량은 외기량, 절대습도차로 구한다.

21 다음과 같은 조건에 있는 두께 25cm인 외벽(콘크리트 20cm+석고 플라스터 5cm)을 통해 들어오는 열량은 얼마인가?

- 콘크리트의 열전도율 : 1.4W/mK
- 석고 플라스터의 열전도율 : 0.5W/mK
- 벽체의 실내측 표면 열전달률 : 20W/m²K
- 벽체의 실외측 표면 열전달률 : 7W/m²K
- 외벽의 면적 : 45m²
- 상당 외기온도 : 33℃
- 실내온도 : 24℃

① 914W
② 929W
③ 945W
④ 977W

> 해설 $\dfrac{1}{K}=\dfrac{1}{\alpha_0}+\dfrac{L_1}{\lambda_1}+\dfrac{L_2}{\lambda_2}+\dfrac{1}{\alpha_i}=\dfrac{1}{20}+\dfrac{0.2}{1.4}+\dfrac{0.05}{0.5}+\dfrac{1}{7}$
> $K=2.295$ W/m²K
> $q=KA\Delta T=2.295\times 45\times(33-24)=929$ W

해답 18.① 19.① 20.② 21.②

22. 다음 냉방부하 중 재열부하에 관한 설명으로 옳지 않은 것은?

① 냉각시킨 공기를 취출온도까지 가열하는 부하를 의미한다.
② 현열부하이다.
③ 장마철 등 잠열부하가 많은 경우 주로 발생한다.
④ 냉각코일의 용량과는 무관하다.

해설 재열부하는 습도를 제거하기 위해 과냉각한 경우 취출온도까지 가열하는 부하이며, 이 가열량은 냉각코일에서 다시 제거해야 하므로 냉각코일 용량을 증대시킨다.

23. 공기조화설비의 계획 시 조닝(zoning)을 하는 이유로서 부적당한 것은?

① 설비비의 경감
② 부하특성에 대한 대처
③ 양호한 실내환경의 유지
④ 에너지 절약

해설 조닝이란 부하특성이 비슷한 구역별로 구분하여 공조하는 것으로 설비비는 증가하는 편이다.

24. 난방부하의 계산 시에 방위계수를 적용해야 할 곳은?

① 바닥
② 내벽
③ 층과 층 사이
④ 외벽

해설 난방부하 계산 시 방위계수란 벽체의 그늘과 바람에 대한 보정계수이므로 외벽, 지붕 등에만 해당된다. 남쪽을 1.0으로 볼 때 동서 1.1, 북 1.2 정도로 본다.

25. 복사 차폐계수와 관계있는 일사 취득열량 계산법은 어느 것인가?

① 표준일사 취득법
② 축열계수법
③ 일사흡열 정수법
④ 비공조시간 계산법

해설 유리복사 차폐계수를 이용하는 취득열량 계산법은 일사흡열 정수법이며, 축열계수법은 일사가 건물에 축열되었다가 일정시간 후 열부하가 되는 이론으로 벽체구조에 관계한다.

26. 건공기 10kg의 엔탈피는 몇 kJ인가?(단, 공기온도는 10℃이다.)

① 24kJ
② 48kJ
③ 88kJ
④ 101kJ

해설 0℃ 공기 엔탈피를 0으로 본다.
건공기 엔탈피는 $h = GCT = G \times 1.01 \times T = 10 \times 1.01 \times 10 = 101$ kJ

해답 22.④ 23.① 24.④ 25.③ 26.④

27 다음 표와 같은 조건의 외벽에 대한 열관류율은 얼마인가?(단, 이때 외기와 벽면 사이의 열전달률은 20W/m²K 실내공기와 벽면 사이의 열전달률은 7W/m²K이다.)

재 료	두께(mm)	열전도율(W/mK)
모르타르	20	1.3
콘크리트	200	1.4
암면	70	0.038
비롤	90	0.55
모르타르	20	1.3

① 0.38W/m²K ② 0.42W/m²K
③ 0.54W/m²K ④ 0.62W/m²K

[해설] 벽체 열관류율은 다음 식으로 표기한다.
K(열관류율)–W/m²K λ_1, λ_2(열전도율)–W/mK
L_1, L_2(벽체 두께)–m α_0, α_i(표면 열전달률)–W/m²K

$$\frac{1}{K}=\frac{1}{\alpha_0}+\frac{L_1}{\lambda_1}+\frac{L_2}{\lambda_2}+\frac{L_3}{\lambda_3}+\frac{L_4}{\lambda_4}+\frac{L_5}{\lambda_5}+\frac{1}{\alpha_i}=\frac{1}{20}+\frac{0.02}{1.3}+\frac{0.2}{1.4}+\frac{0.07}{0.038}+\frac{0.09}{0.55}+\frac{0.02}{1.3}+\frac{1}{7}$$

※ $K=0.42$ W/m²K

28 Yaglow씨 등에 의해 제안된 온도, 습도 및 기류 속도의 3가지 조합에 의한 온열 환경의 평가지표는?

① 유효온도 ② 효과온도
③ 불쾌지수 ④ 신유효온도

[해설] 유효온도(ET)는 온도, 습도 및 기류의 3가지 조합에 의한 체감 온도를 의미하고 수정유효온도(CET)는 온도, 습도 및 기류, 복사열의 4가지 조합에 의한 온열 환경의 평가지표 이며 신유효온도(ET*)는 50%, 20cm/s 이하에서 0.6clo 착의상태와 1met 활동 상태의 쾌적도를 의미한다.

29 다음 공조장치에서 가열기에 의한 가열량 q_H(kJ/h)은?(단, G는 전공기량(kg/h), h는 각 점의 엔탈피(kJ/kg)이다.)

① $q_H = G(h_5 - h_3)$ ② $q_H = G(h_3 - h_2)$
③ $q_H = G(h_5 - h_2)$ ④ $q_H = G(h_4 - h_3)$

[해설] 가열량 q_H는 공기량과 가열기 엔탈피 차(h_4-h_3)에 비례한다.

30 습공기의 비열을 나타내는 식은 어느 것인가?(단, C_{pa} : 건공기의 정압비열, C_{pv} : 수증기의 정압비열, x : 습공기의 절대습도)

① $x(C_{pa}+C_{pv})$
② $xC_{pa}+C_{pv}$
③ $C_{pa}+xC_{pv}$
④ $(C_{pa}+C_{pv})/x$

[해설] 습공기 비열=현열비열+잠열비열=$C_{pa}+xC_{pv}$

31 다음과 같은 조건에서 실내측 벽면의 표면온도는?

- 벽체의 크기 : 1×1m²
- 벽체의 두께 : 100mm
- 외기온도 : 12℃
- 실내 공기온도(평균치) : 20℃
- 벽체 열관류율 : 2W/m²·K
- 실내측 표면 열전달률 : 8W/m²·K

① 18℃
② 19℃
③ 20℃
④ 21℃

[해설] 실내측 벽면 표면에 대하여 열관류와 열전달 사이에 열평형식을 세우면
$KA\Delta t = \alpha_i A\Delta t_s$
$2\times 1\times(20-12) = 8\times 1\times(20-t_s)$
$t_s = 18℃$

32 다음 그림의 $t-x$선도와 같이 공기를 혼합하여 냉각한 후에 실내로 송풍한다. 4-2로 가는 과정에서의 현열비는?(단, 엔탈피(h) 단위는 kJ/kg이다.)

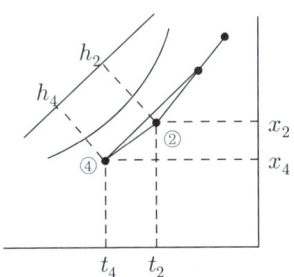

① $\dfrac{1.01(t_2-t_4)}{h_2-h_4}$
② $\dfrac{1.21(t_2-t_4)}{h_2-h_4}$
③ $\dfrac{x_2-x_4}{1.01(t_2-t_4)}$
④ $\dfrac{x_2-x_4}{1.21(t_2-t_4)}$

[해설] 현열비=$\dfrac{현열}{전열}=\dfrac{1.01(t_2-t_4)}{(h_2-h_4)}$

[해답] 30.③ 31.① 32.①

33 10℃ 공기 20kg과 50℃ 공기 80kg을 혼합했을 때 혼합 공기온도는?

① 15℃
② 25℃
③ 42℃
④ 46℃

해설 $t = \dfrac{G_1 t_1 + G_2 t_2}{G_1 + G_2} = \dfrac{20 \times 10 + 80 \times 50}{20 + 80} = 42℃$

34 습공기를 가습할 경우 상태변화 과정을 나타내는 요소로 적당한 것은?

① 바이패스 팩터
② 열수분비
③ 에어워셔
④ 어프로치

해설 습공기를 가습할 때 상태변화는 열수분비를 따라서 변화한다. 예를 들어 100℃ 증기(증발잠열은 2,257kJ/kg이고 엔탈피는 2,686kJ/kg)를 분무하는 경우 열수분비($\mu = \dfrac{\Delta h}{\Delta x}$ =2,686kJ/kg)를 따라 변화한다.

35 온도 35℃, 절대습도 0.018kg/kg′인 공기 15kg과 온도 15℃, 절대습도 0.008kg/kg′인 공기 20kg을 단열혼합할 때 혼합공기의 상태는?

① 온도 24.8℃, 절대습도 0.014kg/kg′
② 온도 24.8℃, 절대습도 0.012kg/kg′
③ 온도 23.6℃, 절대습도 0.014kg/kg′
④ 온도 23.6℃, 절대습도 0.012kg/kg′

해설 $t = \dfrac{G_1 t_1 + G_2 t_2}{G_1 + G_2} = \dfrac{15 \times 35 + 20 \times 15}{15 + 20} = 23.6℃$

$x = \dfrac{G_1 x_1 + G_2 x_2}{G_1 + G_2} = \dfrac{15 \times 0.018 + 20 \times 0.008}{15 + 20} = 0.012 \text{kg/kg}′$

36 다음의 습공기에 관한 설명 중 옳지 않은 것은?

① 습공기를 가열하면 엔탈피가 증가한다.
② 습공기를 가열하면 상대습도는 감소한다.
③ 습공기를 냉각하면 비체적은 감소한다.
④ 습공기를 냉각하면 절대습도는 증가한다.

해설 습공기를 냉각할 때 노점온도 이상에서는 수평으로 냉각되어 절대습도가 일정하고 노점온도 이하에서는 수증기 응축으로 결로가 일어나며, 절대습도가 감소한다.

해답 33.③ 34.② 35.④ 36.④

37 공기 중 포화 수증기의 양은 어떻게 변화하는지 다음 설명 중 맞는 것은?

① 일정압력에서 온도가 상승하면 감소한다.
② 일정압력에서 온도가 상승하면 증가한다.
③ 온도와는 관계없다.
④ 압력과 온도에 관계없다.

[해설] 온도가 상승하면 포화 수증기의 양(수증기 분압)은 증가한다.

38 포화상태 공기가 아닌 일반상태의 공기의 건구온도를 t_1, 습구온도를 t_2, 노점온도를 t_3라 할 때 관계식이 바른 것은?

① $t_1 > t_2 > t_3$
② $t_1 > t_3 > t_2$
③ $t_3 > t_2 > t_1$
④ $t_3 > t_1 > t_2$

[해설] 습공기 선도에서 어느 상태점의 공기는 건구온도 > 습구온도 > 노점온도 순이다.

39 다음 습도에 대한 설명 중 틀린 것은?

① 건조공기의 상대습도는 0%이고 포화공기는 100%이다.
② 상대습도와 비교습도는 0%와 100%에서만 일치한다.
③ 노점온도를 알면 수증기 분압을 알 수 있다.
④ 상대습도는 습공기 1kg 중의 수증기량 x(kg)을 말한다.

[해설] 상대습도(Φ) = $\dfrac{\text{온도의 수증기압}}{\text{그 온도의 포화수증기압}} \times 100$이며, ④는 절대습도를 의미한다.

40 다음 중 용어 설명 중 옳지 않은 것은?

① 서한도란 환기를 계획하는 경우에 실내에서 허용되는 오염도의 한계를 말하며, %나 ppm으로 나타낸다.
② 불쾌지수란 건구온도와 습구온도에 의해 사람이 느끼는 불쾌감을 숫자로서 나타내고자 한 것이다.
③ 환기횟수란 실용적에 상당하는 공기가 1시간에 몇 번 바뀌게 하는가를 나타내는 것이다.
④ 축열이란 물체가 열을 축적하는 것을 말하며, 비열이 적은 물체일수록 축열 효과가 크게 된다.

[해설] 비열이 클수록, 중량이 클수록 축열효과가 크다.

[해답] 37.② 38.① 39.④ 40.④

41 건물 출입구로부터 들어오는 침입 외기에 의한 콜드 드래프트(cold draft)의 영향을 최소화하기 위한 다음 방법 중 부적당한 것은?

① 천장 노즐을 설계하여 온풍을 바닥면까지 도달시킬 수 있도록 한다.
② 바닥면을 패널히팅으로 설계하여 복사에 의한 온감을 높일 수 있도록 고려한다.
③ 에어커튼을 설치하여 출입구에서의 틈새바람을 최소화할 수 있도록 고려한다.
④ 출입구에 자동 개폐문을 설치할 수 있도록 고려한다.

해설 자동 개폐문은 침입외기가 크며, 회전문이 침입외기를 줄일 수 있다.

42 실내공기의 오염을 평가하는 지표로 탄산가스 농도를 사용하고 있다. 그 이유로서 가장 적당한 것은?

① 탄산가스는 인체에 유해하므로
② 탄산가스는 측정이 비교적 쉬우므로
③ 탄산가스의 양에 비례하여 다른 오염원의 정도가 변화된다고 판단되므로
④ 탄산가스의 양이 다른 오염물질보다 많으므로

해설 CO_2는 인체에 직접적인 해는 적으나 CO_2 농도에 실내 오염정도가 비례하기 때문에 오염지표로 활용한다.

43 공기여과기를 통과하기 전의 오염농도 C_1=0.45mg/m^3, 통과한 후의 오염 농도는 C_2=0.12mg/m^{3}이다. 이 여과기의 효율은?

① 35% ② 43%
③ 53% ④ 73%

해설 여과 효율 $E = \dfrac{C_1 - C_2}{C_1} = \dfrac{통과\ 전\ 농도 - 통과\ 후\ 농도}{통과\ 전\ 농도} = \dfrac{0.45 - 0.12}{0.45} = 0.73$

44 2,000명을 수용하는 강당의 CO_2량을 0.1%로 유지하기 위한 환기량(m^3/h)을 구하면 얼마인가?(단, 1인당 CO_2 토출량 15L/h이며, 외기 CO_2량은 0.04%이다)

① 10,000 ② 25,000
③ 50,000 ④ 75,000

해설 $Q = \dfrac{M}{C_1 - C_0} = \dfrac{15 \times 2,000}{0.001 - 0.0004} = 5 \times 10^7 \text{L/h} = 50,000(\text{m}^3/\text{h})$

여기서, M은 CO_2 발생량, C_1 : 실내 CO_2 허용농도, C_0 : 외기 CO_2 농도

해답 41.④ 42.③ 43.④ 44.③

45 스모크타워 배연법에 대한 설명 중 맞는 것은?

① 연기를 일정구획 내에 한정하도록 피난이 완전히 끝난 뒤에 개구부를 자동적으로 완전 밀폐
② 배연구와 배연풍토를 사용해서 외부에 연기를 배출
③ 풍력에 의한 흡인 효과와 부력을 이용한 배연탑을 사용해서 배연
④ 상부개구에서 옥외에 향하여 부력을 이용하여 배연

해설 스모크타워 배연법은 건물의 가장 높은 부분의 배연탑을 이용하여 굴뚝효과에 의한 부력과 풍력(동압)에 의한 흡인력으로 배연하는 것이다.

46 일반사무소 화장실 면적이 100m², 천장고 2.5m일 때 최적 환기량(m³)은?(단, 환기횟수는 10회/h로 한다)

① 1,250
② 2,500
③ 5,000
④ 5,500

해설 환기량 $Q = N \cdot V = 10 \times 100 \times 2.5 = 2,500 m^3/h$
여기서, N : 환기횟수, V : 실체적(m^3)

47 다음 중 환기효과가 가장 큰 환기법은?

① 제1종 환기
② 제2종 환기
③ 제3종 환기
④ 제4종 환기

해설 송풍기와 배풍기가 모두 설치된 1종 환기는 환기 효과가 커서 대규모 변전소나 공장에 이용된다.

48 다음 중 거실환기에 관한 설명 중 옳지 않은 것은?

① 거실의 부유분진량은 0.15mg/m³ 이하로 한다.
② 악취가 나는 배기는 전열교환기로 제거한다.
③ 바닥면적 300m² 이상 지상층의 무창 거실은 제1종 환기로 한다.
④ 화장실은 부압(−)이 걸리도록 환기한다.

해설 전열교환기는 악취까지 교환되므로 화장실 주방 등의 악취 발생 존은 적용을 피한다.

해답 45.③ 46.② 47.① 48.②

49 다음 중 배연방식에 속하지 않는 것은?

① 자연배연 ② 기계배연
③ 머쉬룸 배연 ④ 스모크 타워배연

해설 머쉬룸은 극장바닥 등의 흡입구이다.

50 주방, 공장, 실험실에서와 같이 기구발생 오염물질의 확산 및 방지를 위해 사용하는 환기방식은?

① 희석환기 ② 전체환기
③ 집중환기 ④ 국소환기

해설 국소환기는 후드 등을 이용하여 국부적으로 발생하는 오염물질을 실내에 희석되기 전에 제거하는 것으로 환기량을 줄일 수 있다.

51 실용적 V=3,000m³, 재실자 350인의 집회실이 있다. 실내온도 T_r=19℃로 하기 위한 필요 환기량은?(단, 외기온도는 T_o=15℃, 재실자 1인당의 발열량은 300kJ/h, 실의 손실열량 H_t=10,000kJ/h, 공기의 밀도 ρ=1.2kg/m³, 공기의 비열 C_p=1.01 kJ/kg·K이다)

① 10,250m³/h ② 13,750m³/h
③ 18,320m³/h ④ 19,596m³/h

해설 환기에 의한 제거열량=발열량-손실열량=300×350-10,000=95,000kJ/h
환기량 $Q=q/\rho \cdot C_p(T_r-T_o)$=95,000/1.2×1.01(19-15)=19,596m³/h

52 다음과 같은 조건에서 어느 작업장의 발생 현열량이 2,900W일 때 필요 환기량(m³/hr)은?

• 허용 실내온도 : 36℃	• 공기의 밀도 : 1.2kg/m³
• 외기온도 : 28℃	• 공기의 정압 비열 : 1.01kJ/kg·K

① 311 ② 499
③ 673 ④ 1,077

해설 환기에 의한 제거열량=2,900×3,600/1,000=10,440kJ/h
환기량 $Q=q/\rho \cdot C_p(T_r-T_o)$=10,440/1.2×1.01(36-28)=1,077m³/h

해답 49.③ 50.④ 51.④ 52.④

제3편 설비시스템 검토

제1장 공기조화시스템 검토

1. 냉난방 방식의 특성

1) 공조 냉방 방식 분류

- 중앙식
  - 전공기식 : 단일덕트식, 이중덕트식, 멀티존 유니트식
  - 수공기식 : 각층 유니트식, FCU(덕트병용), 유인 유니트식, 복사패널식(덕트)
  - 전수식 : 팬코일 유니트식
- 개별식 : 패케이지 방식(냉매 방식)

2) 난방 방식 분류

(1) 난방의 분류
- 개별난방 : 난로, 온풍로, 개별보일러
- 중앙난방
  - 직접난방 : 증기난방, 온수난방
  - 간접난방 : 온풍난방
  - 복사난방 : 복사난방

(2) 중앙난방
① **직접난방** 증기, 온수난방 등으로 방열기에 열매를 공급하여 실내공기를 직접 가열하여 난방한다.(온도조절 가능, 습도조절 불가능)
② **간접난방** 일정 장소에서 외부 공기를 가열하여 덕트를 통해 실내에 공급하여 난방한다.
③ **복사난방** 실내의 벽 및 바닥, 천장에 코일파이프를 배관하여 열매를 공급한다.(쾌감도가 좋음)
④ **지역난방** 다량의 고압증기 또는 고온수를 이용하여 어느 한 일정 지역을 공급하는 방식이다.

(3) 난방 방식 비교

① 쾌감도 복사난방＞온수난방＞증기난방
② 열용량 복사난방＞온수난방＞증기난방
③ 설비비 복사난방＞온수난방＞증기난방
④ 제어성 온수난방은 비례제어성이 있지만 증기난방은 ON-OFF 제어만 가능하다.

3) 증기난방

(1) 장단점
① 증기잠열을 이용하므로 열운반 능력이 크며 예열시간이 짧고 증기 순환이 빠르다.
② 설비비가 싸고 방열면적과 관경이 적어도 된다.
③ 쾌감도가 나쁘며 소음(스팀 해머)이 많이 난다.
④ 부하변동에 대응이 곤란하며 실내온도 조절이 어렵고 보일러 취급 시 기술자가 필요하다.

(2) 응축수 환수에 의한 분류
중력환수, 기계환수, 진공환수(대규모)

(3) 증기압력에 의한 분류
① 저압증기 난방 0.1MPa 이하(일반적 15~35kPa 사용)
② 고압증기 난방 0.1MPa 이상

(4) 증기난방 설계순서
난방부하 계산 ⇒ 필요방열면적 산출 ⇒ 각 실 방열기 배치(layout) ⇒ 배관관경 결정 ⇒ 보일러 용량 산출 ⇒ 부속기기 결정

(5) 증기난방 배관법
단관식(선상향구배), 복관식

4) 온수난방

(1) 장단점
① 부하변동에 대응하여 방열량을 조절할 수 있으며, 여열이 오래 간다.
② 방열기 표면온도가 낮아 쾌감도가 좋다.
③ 예열시간이 길어 간헐난방에 부적합하며 관경이 커져 설비비가 비싸다.
④ 한랭지에서 난방정지 시 동결 우려가 있으며, 대규모에서는 수압 때문에 일정 높이 이하로 제한을 받는다.

(2) 온수순환방식에 의한 분류
중력환수식, 기계환수식(순환펌프방식)

(3) 온수 온도에 따른 분류
보통온수식(100℃ 이하, 개방형, 밀폐형 팽창탱크)

고온수식(100℃ 이상, 밀폐형 팽창탱크)

(4) 배관방식에 의한 분류
단관식, 복관식(직접환수식, 리버스 리턴방식)

(5) 팽창탱크
① 온수팽창량(ΔV)

$$\Delta V = \left(\frac{\rho_1}{\rho_2} - 1\right) \cdot V$$

V : 전수량(L)
ρ_1 : 가열 전 물의 밀도
ρ_2 : 가열 후 물의 밀도

② 개방형 팽창탱크 용량 $V = (1.5 \sim 2.0) \cdot \Delta V$

(a) 개방식 팽창탱크　　　　　　(b) 접속위치

[그림 1-18] 개방식 팽창탱크와 접속위치

③ 밀폐형 팽창탱크

$$탱크용량 \quad V = \frac{\Delta V}{1 - Po/Pm}$$

Po : 팽창탱크 최저 절대압력(MPa)
Pm : 최고사용 절대압력(MPa)

(6) 설계순서
난방부하 결정 ⇒ 배관방식 결정 ⇒ 방열기 입출구 수온 및 온수순환량 결정 ⇒ 방열기 배치 ⇒ 관경 결정 ⇒ 후 보일러 용량 및 부속기기 결정

5) 난방용 방열기
난방 시 실내에 방열하기 위한 방열기로서 온수방열기, 증기방열기 등이 있다.

(1) 방열기 종류
① **주형방열기** 2주, 3주, 3세주, 5세주형
② **벽걸이형 방열기** 세로형, 가로형
③ **길드방열기** 휜 튜브를 붙인 것으로 전열면적 확대
④ **대류방열기(컨벡터)** 대류작용을 촉진시키기 위해 상자 속에 방열기를 넣은 구조이다.
⑤ **베이스보드형** 컨벡터를 무릎 높이로 낮게 설치한 것으로 의자로 사용이 가능하다.

⑥ 관방열기   파이프를 연결하여 현장 등에 사용하는 것으로 고압에도 잘 견디나 효율은 낮다.

(2) 표준방열량

① 증기난방(증기온도 102℃ 실온 18.5℃)
   증기 : $1m^2 EDR = 0.756 kW/m^2 = 756 W/m^2$

② 온수난방(온수온도 80℃ 실온 18.5℃)
   온수 : $1m^2 EDR = 0.523 kW/m^2 = 523 W/m^2$

(3) 상당방열면적(EDR, m^2)

① 증기난방 EDR = 손실열량(kW) ÷ 0.756
② 온수난방 EDR = 손실열량(kW) ÷ 0.523

(4) 증기방열기 응축수량 Q(kg/h)

Q = 방열기 방열량(kJ/h) ÷ 증기증발잠열(2,257kJ/kg)

(5) 방열기절수(N)

① 증기난방 N = 방열기(kW) ÷ 0.756 ÷ 1절당 방열면적
② 온수난방 N = 방열기(kW) ÷ 0.523 ÷ 1절당 방열면적

(6) 방열기 표시법

[그림 1-19] 방열기 배치와 대류작용

(7) 방열기 설치 방법

방열기는 실내 온도 분포가 균등하도록 설치해야하며, 따라서 틈새바람이 많은 창문 아래에 설치하여 창문에서 내려오는 냉기류를 가열하여 대류 작용으로 실내 온도가 균등하여 찬 공기가 거주자에게 직접 부딪히는 콜드드래프트를 방지해야 한다.
(벽과 방열기는 5~6cm 이격시켜 대류 작용을 원활하게 한다.)

6) 복사난방

(1) 장단점

① 쾌감도가 좋으며 바닥 이용도가 높다.

② 고천장인 경우에도 상하 온도차가 적고, 열손실이 적어 난방효과가 좋다.
③ 예열시간이 길며 코일 매입 시공이 어려워 설비비가 고가이다.
④ 고장 시 수리가 어렵고 열손실을 막기 위해 단열층이 필요하다.

(2) 복사패널의 종류

바닥패널(30℃ 이내), 천장패널(50℃~100℃까지 가능), 벽패널

(3) 코일배관방식

밴드식(유량균일, 온도차 커짐), 그리드식(유량불균형, 온도차 균일)

(a) 그리드 코일 (b) 밴드 코일 (c) 밴드 코일 (d) 벽면 그리드 코일 (e) 바닥밴드코일
              (일방향)   (왕복형)   (회오리형)

[그림 1-20] 파이프 코일

(4) 코일의 매설 깊이 h

h는 코일직경(d)의 (1.5~2.0)d

[그림 1-21] 코일매설 깊이

(5) 평균복사온도(MRT)

복사난방에서 복사면 평균온도

$$MRT = \frac{\Sigma A \cdot t}{\Sigma A}$$

7) 온풍난방

(1) 장단점

① 예열시간이 필요 없고 송풍온도가 높아 덕트관경이 작아진다.
② 신선공기를 공급할 수 있고 설비비가 싸다.
③ 시공이 간편하며 열효율이 높고 누수동결 우려가 없다.
④ 온도분포가 균등되지 않고 쾌감도가 나쁘며 소음이 많다.

(2) 종류

온풍로식, 코일식

[그림 1-22] 코일식 온풍 난방기

[그림 1-23] 송풍기와 온풍로의 레이아웃 예

2. 건물의 용도 및 조닝별 공기조화방식

1) 실내 환경

인체의 신진대사는 섭취한 음식물에 의한 에너지 공급과 외부로의 에너지 소비가 평형을 이룬다. 또한 사람은 일정한 체온을 유지할 때 가장 편안하므로 열의 방산이 알맞도록 해주는 것이 냉방과 난방의 목적이다.

(1) 인체의 쾌적 조건

사람에게 가장 쾌적한 상태란 체내 생산 열량과 방산 열량이 평형을 이룰 때이므로 착의 상태, 심리상태 등의 특성에 따라 쾌적영역이 달라진다. 이 쾌적도를 지표화시킨 것에 불쾌지수, 유효 온도, 수정유효온도, 신유효온도들이 있다. 일반적으로 공조에서 사용하는 실내조건은 여름철 26℃ DB, 50% RH, 겨울철 20℃ DB, 50% RH 정도로 본다.

(2) 불쾌지수

불쾌지수는 열환경에 의한 영향만 고려한 것으로 건구 온도와 습구 온도에 의하여 구한다.

$$DI = 0.72(t+t') + 40.6$$

t : 건구 온도, t' : 습구 온도

  DI 불쾌지수(Discomfort Index)   DI 86 이상 대부분 불쾌감을 느낌
  DI 75 이상 반수 이상 불쾌   DI 70 이상 불쾌감 느끼기 시작
  DI 68 정도 쾌적

불쾌지수 값은 개인적 특성에 따라 달라지며 위의 수치는 미국인 평균치이다.

(3) 유효온도(ET : Effective Temperature)

체감온도라고도 하며 〈기온, 습도, 기류〉의 3요소가 인체에 미치는 영향을 100% RH, 풍속 0m/s인 상태의 건구 온도로 환산한 온도이다. 유효온도 선도를 일명 야그로우 선도라고도 하며 건구온도와 습구온도를 잡고 연결선 상의 기류와 교차점의 유효온도를 읽는다.

(4) 수정유효온도(CET : Corrected Effective Temperature)

유효온도에는 벽체로부터의 열복사를 고려하지 않는 값이므로 흑구 온도계를 이용 복사열에 대한 영향을 고려한 〈기온, 습도, 기류, 복사열〉지표를 수정유효온도라 한다.

(5) 신유효온도(ET*)

최근 미국 공조협회에서 제안한 것으로 습공기 선도 상에 복사 온도는 기온과 같게 잡고 착의상태 clo 0.6, 활동상태 1met, 상대습도 50%, 기류는 20cm/s 이하로 한 경우 쾌적도를 나타낸 것이다.

(6) 효과온도(작용온도 : OT : Operative Temperature)

습도의 영향이 무시되고 〈온도, 기류, 복사열〉의 영향을 종합한 온도이다. 복사 냉난방의 열환경 지표로 이용된다.

2) 공기조화 방식

(1) 공조설비의 구성

① **공기조화의 정의** 공기조화란 어느 장소의 공기상태(온도, 습도, 기류, 청정도)를 사용목적에 알맞도록 유지하는 것을 말한다.
② **공기조화의 대상** 공기조화란 공기의 온도, 습도, 청정도, 기류를 조절하는 것이다.
③ **공기조화의 분류**
   가. **쾌적공조(보건공조)** 실내의 사람을 대상으로 한 공기조화
   나. **산업공조** 생산, 저장되는 물건을 대상으로 한 공기조화
④ 공조장치의 구성은 다음과 같다.

[그림 1-24] 공조설비의 기본 구성도

가. 열원장치 보일러, 냉동기
나. 공기조화기 에어필터, 가열기, 냉각코일, 에어와셔 등
다. 운반, 분배장치 팬, 덕트, 배관, 펌프, 취출구 등
라. 자동제어 장치 실내조건을 유지하기 위해 공조 설비를 자동으로 조절

(2) 공기조화 계획

① **공기조화 실내 환경기준** 공기조화에 있어서 대상건물의 특성, 경제사정, 입지조건, 에너지조건 등을 고려하여 가장 알맞은 공조시스템을 결정해야 한다. 특히 공조계획은 건축계획의 초기 단계에서부터 구조, 의장과 함께 설비 계획도 포함시켜 효율적인 건축물이 되도록 한다.

[표 1-4] 중앙식 공기조화설비의 실내 환경 기준

부유 분진량	공기 1m³에 대하여 0.15mg 이하
일산화탄소의 함유율	백만분의 10 이하(10ppm 이하)
탄산가스(CO_2)의 함유율	백만분의 1,000 이하(1,000ppm 이하)
온도	17℃ 이상 28℃ 이하
상대습도	40% 이상 70% 이하
기류	0.5m/s 이하

② **공기조화 계획 절차**

기 획	⇨	기본 계획	⇨	기본 설계(중간 설계)	⇨	실시 설계
• 건물의 목적, 기능, 규모 • 구조 • 예산 • 공기		• 공조 범위 • 실내 환경의 정도 • 공조 방식의 검토 • 공조의 개략 예산 • 자료 수집 • 기계실의 위치 • 덕트 · 배관 layout • 기본계획도 • 개략 사양 · 예산서		• 공조방식의 검토와 결정 • 열원방식의 검토와 결정 • 개략 부하 계산 • 각 장치의 배치계획 • 단열, 보의 관통, 방음 • 건축 계획과 조화 • 실시 계획도 • 개략 사양서 • 개략 예산서		• 부하계산 • 풍량산출 • 장치부하산출 • 기기선정 • 덕트 배관설계 • 제도 • 사양서 • 실시 예산서

[그림 1-25] 공기조화 계획의 순서

(3) 공기조화 방식의 분류

- 중앙식
  - 전공기식 : 단일덕트식, 이중덕트식, 멀티존 유니트식
  - 수공기식 : 각층 유니트식, FCU(덕트병용), 유인 유니트식, 복사패널식(덕트)
  - 전수식 : 팬코일 유니트식
- 개별식 : 패케이지 방식(냉매 방식)

[그림 1-26] 공조 방식의 열매

① **전공기식의 특징**
    가. 덕트 설비가 증가하고 동력비가 증가하며 배열회수장치를 이용하기 쉽다.
    나. 외기도입이 쉬워 실내 청정도가 높고 설비가 기계실에 집중되어 운전, 보수, 유지관리가 용이하다.
    다. 외기냉방이 가능하고 고성능 필터 사용이 가능하고, 겨울철 가습이 용이하다.

② **전수식의 특징**
    가. 덕트 스페이스가 작고 반송동력이 작다.
    나. 실내청정도가 떨어지고, 보수관리가 곤란하다.
    다. 바닥유효면적이 감소하며 실내에서 누수 우려, 동력공급 등이 필요하다.

③ **수공기식의 특징**   전공기식과 전수식의 조합된 특징이다.

(4) 단일덕트 방식

단일덕트식은 극장, 체육관, 공장 등과 같이 단일 공간에 합리적이다.

① **정풍량 방식(CAV)**   개별제어가 곤란하나 설비비가 저렴하다. 에너지 소비가 크고, 청정도가 높으며 운전, 보수가 용이하다.

[그림 1-27] 단일덕트 정풍량 방식

② **터미널리히트 방식** 단일덕트 정풍량 방식을 개선한 것으로 실내 쾌감도가 정풍량에 비해 우수하고 개별 제어가 가능하며, 설비비는 단일덕트와 이중덕트의 중간 정도이다.

[그림 1-28] 터미널 리히트 방식

③ **변풍량 방식(VAV)** 각 실 변풍량 유닛으로 풍량을 조절하여 개별 및 존별 제어가 가능하며 송풍량이 적어 에너지 절약형이나 제어용 기기가 비싸 설비비가 고가이며, 유지관리에 기술력이 필요하다.

[그림 1-29] 변풍량 방식 계통도

(5) 이중덕트 방식

냉풍과 온풍을 따로 공급하여 실내 혼합상자에서 혼합하여 취출, 온도제어 특성이 공조방식 중 가장 우수하나 에너지 소비가 가장 많다.

[그림 1-30] 이중덕트 방식 및 혼합상자 구조

(6) 멀티존 유니트 방식

다수의 존으로 구획하여 존마다 냉풍과 온풍을 기계실서 혼합하여 송풍하며 단일덕트와 이중덕트의 중간적인 시스템으로 소규모빌딩에 적합하나 존별 부하변동이 심할 때 밸런스가 맞지 않는다.

[그림 1-31] 멀티존 방식

(7) 팬코일 유니트 방식

덕트가 없는 전수식과 덕트를 병용하는 수공기식으로 나누어지며, 덕트 스페이스가 작고 실별 제어가 양호하며, 열매 운송동력이 적어 가장 경제적이다. 실내유효면적이 작아지고 공기의 청정도가 떨어지며 전기배선설비가 필요하다. 자연환기가 가능한 학교, 외주부, 콘도 등에 적합하다.

[그림 1-32] 팬코일 유니트 방식(덕트병용)

(8) 유인 유니트 방식

1차 공기에 의한 2차 공기의 유인작용으로 급기하여 동력장치가 필요없고 개별제어가 가능하나 소음이 크고 고성능 필터 설치가 곤란하여 청정도가 떨어진다.

(9) 각 층 유니트 방식

층마다 공조실을 두어 송풍덕트가 짧고 층별 개별운전이 용이하여 중대규모 임대빌딩에 적합하다. 시설비가 고가이고 유지관리가 어렵다. 슬라브를 관통하는 수직덕트가 없어 방재계획상 유리하다.

[그림 1-33] 유인 유니트 방식　　　　[그림 1-34] 각 층 유니트 방식

(10) 복사패널, 덕트병용 방식

복사열을 이용하므로 쾌감도가 좋으며 고천장에 유효하고 공간의 이용도가 높으나, 설비비가 많이 들고, 여름철 바닥면에서 결로의 우려가 있다.

[그림 1-35] 복사패널 방식

(11) 패키지 방식(냉매 방식)

패키지방식의 실내기와 실외기는 현장설치가 용이하며 기존건물에 설치하기 쉽고 시설비가 저렴하고 개별운전이 우수하여 소규모에 많이 적용되나, 대규모인 경우 설치대수가 많아져서 설비비가 증가할 수 있고 유지관리가 어렵다.

[그림 1-36] 수냉식 패키지 공조기 방식

제2장 열원시스템 검토

1. 열원방식의 특성

1) **열원방식 결정 시 조사사항**
   (1) **공급가능 에너지원의 파악** 전력, 오일, 도시가스, 지역난방열원
   (2) **자연 에너지원의 이용 가능성 파악** 태양열, 지열, 지하수, 온천수, 호소수, 하천수
   (3) **배열 이용 가능성 파악** 목욕탕 배수, 변전소 및 발전기배열, 공업용 냉각수

2) **냉난방 열원 방식**

   (1) **열원방식의 분류**
   ① 가스직화식 냉온수기+보일러(증기, 온수)
   ② 심야전력 이용 빙축열방식+증기보일러
   ③ 2중 효용 흡수식 냉동기+증기보일러
   ④ 지역난방 열원이용(온수+ 흡수식 냉동기)
   ⑤ 열병합 발전시스템(전력+냉난방)
   ⑥ EHP(냉난방)
   ⑦ 상기방식의 혼합

   (2) **열원방식 결정시 검토기준**
   ① 공급가능 에너지원, 자연 에너지원의 이용 가능성
   ② 설치면적, 시설규모, 초기투자비, 설비비, 운전비
   ③ 용량제어성, 유지관리성, 소음, 진동
   ④ 법적 규제에 대한 적법성

3) **열원열매종류**

   (1) **열매의 종류**
   ① **증기** 고압, 중압, 저압
   ② **온수** 고온수, 중온수, 저온수
   ③ **냉수** 브라인, 5℃, 7℃

   (2) **냉온수 온도차** 펌프 동력비를 절감하기 위하여 가능한 한 온도차를 크게 선정한다.
   ① **온수** △t=5℃, 10℃, 15℃, 20℃
   ② **냉수** △t=5℃, 7℃, 8℃, 10℃

2. 건물의 용도 및 조닝별 열원방식

1) 열원장비 에너지절약 시스템

(1) **대수분할과 회전수제어 방식**
① **시간대별 최대부하 및 저부하** 효율적이고 에너지 절약적 운전을 위하여 사용시간대 및 용도별 최대부하와 최소부하 용량을 검토하여 적정한 대수분할을 한다.
② 용도별 최대부하 및 저부하에 대응한 회전수제어 등 비례제어방식을 선정한다.
③ 연중 24시간 사용부하의 유무에 따른 건물 조닝을 통해 에너지를 절약한다.

(2) **대수분할방식** 병렬식, 직렬식, 직·병렬 혼합식

2) 기계실조닝과 열원방식

(1) **열원공급실(POWER PLANT)의 위치에 따른 분류**
① **중소규모 건물** 지하기계실, 지상기계실, 옥상기계실, 별동기계실 기계실 1개소방식
② **대규모 건물** 지하기계실+지상기계실+옥상기계실, 별동기계실 등 기계실 분산방식 또는 냉/온 열원기계실의 분리 설치

(2) **건물 조닝 및 열원방식**
① **수직 조닝** 건물을 1개 존으로 구성, 2-3개 존으로 구성(저층부, 중층부, 고층부) 수직 조닝은 대부분 초고층 건물에서 수압 분산을 위한 조닝을 한다.
② **수평 조닝** 내주부, 외주부, 독립존 등
가. **내주부** 내주부는 신선공기 공급을 위하여 전공기방식(단일덕트, 변풍량방식 등)을 선정한다.
나. **외주부** 외피부하 증가에 대응한 전수식(FCU)이나 수공기방식을 선정한다.

제3장 환기시스템 검토

1. 환기방식의 특성

1) 환기의 종류

(1) **자연환기**

풍압, 온도차 등에 의한 개구부에서의 급기, 배기로 환기량이 일정치 않다.

① **풍력환기** 바람에 의한 환기

풍량(m^3/s)=환기계수(E)×유효개구 단면적(A)×풍속(V,m/s)

풍압(Pw) : $Pw = C\dfrac{V^2}{2g} \cdot \gamma(mmAg)$

∴ C : 풍압계수, V : 자유풍속(m/s), r : 공기비중량($1.2kg/m^3$)

② **중력환기** 공기의 온도차와 밀도에 의한 환기

(2) **기계환기**

송·배풍기, 급기구, 배기구를 이용하여 환기목적을 달성한다.

① **1종환기** 송풍기와 배풍기를 사용하여 환기한다.(보일러실, 변전실 등)
② **2종환기** 송풍기만 설치하고 배기구를 설치한다.(수술실, 청정실)
③ **3종환기** 배풍기만 설치하고 급기구를 설치한다.(화장실, 조리장)

(a) 제1종 환기 방식　　(b) 제2종 환기 방식　　(c) 제3종 환기 방식

[그림 1-37] 기계 환기 방식

2. 건물의 용도 및 조닝별 환기방식

1) 전반환기와 국부환기

(1) **전반환기** 거주구역을 전반적으로 이용하는 일반적인 건물에서는 전반환기방식을 선정한다.
(2) **국부환기** 주택의 주방이나 공장 등과 같이 국부적으로 오염물질이 발생하는 건물은 후드 등을 설치하여 국부 환기방식을 선정한다.

2) 건물 용도별 환기방식

송·배풍기를 이용하여 건물용도에 따라 적합한 환기방식을 적용하여 환기목적을 달성한다.

(1) **1종 환기** 대규모 사무실이나 보일러실, 변전실 등에서 송풍기와 배풍기를 사용하여 전반환기를 적용할 때 1종환기라 하며 일반적으로 적용한다.

(2) **2종 환기** 클린룸, 소규모 변전실, 배양실 등에서 급기송풍기만 설치하고 배기구를 설치하여 실내를 양압(+)으로 유지하여 실내로 외부 오염물질이 유입되지 않게 한다.

(3) **3종 환기** 화장실, 조리장, 실험실 등에서 실내 발생 오염물질이 외부로 유출되지 않게 실내를 부압(-)으로 유지하기 위하여 배풍기만 설치하고 급기구로 자연 급기되도록 한다.

(4) **4종 환기(자연환기)** 풍압, 온도차, 밀도차에 의한 개구부에서 자연환기는 극간풍이라고도 하며 환기량이 일정하지 않다.

제4장 급배수시스템 검토

1. 급수설비의 수원 및 수질

급수설비라 함은 넓은 의미로는 수원으로부터 취수하여 도수, 정수, 송수, 배수, 등의 과정을 거쳐 소비자에게 물을 공급하는 전 과정을 말하며 좁은 의미로는 수도본관으로부터 사용처까지의 배관설비를 급수설비라 한다. 건축설비에서 다루는 급수설비는 좁은 의미의 급수에 관하여 설명한다.

1) 수원의 종류

(1) **상수** 보통 지표수를 정수처리하여 공급하며 음용, 목욕, 공업용수 등에 쓰인다.
(2) **정수(우물물)** 취수 방법에 따라 관정호, 굴정호로 나누고 깊이에 따라 천정호, 심정호로 나누어지며, 일반적으로 철분 등을 많이 함유하여 경도가 높아 변기세척, 소화용수, 냉각수 등으로 쓰인다.
(3) 건물에서 시수와 정수의 사용비율은 연면적 3000m² 이하인 경우는 시수만 쓰는 것이 경제적이며 건물연면적 3000m² 이상인 경우에는 지하수 개발 여건에 따라 시수와 정수를 7 : 3 정도로 운영하는 것이 좋다.

2) 먹는 물 수질기준

(1) 미생물에 관한 기준

① 일반 세균은 1mL 중 100CFU(Colony Forming Unit)를 넘지 아니할 것. 다만, 샘물의 경우 저온 일반세균은 20CFU/mL, 중온 일반세균은 5CFU/mL를 넘지 아니하며, 먹는 샘물의 경우 병에 넣은 후 4℃를 유지한 상태에서 12시간 이내에 검사하여 저온 일반세균은 100CFU/mL, 중온 일반세균은 20CFU/mL를 넘지 아니할 것
② 총대장균군은 100mL(샘물 및 먹는 샘물의 경우 250mL)에서 검출되지 아니할 것. 다만, 제4조제1항제1호의 나목 및 다목의 규정에 의하여 매월 실시하는 총대장균군의 수질검사시료수가 20개 이상인 정수시설의 경우에는 검출된 시료수가 5%를 초과하지 아니할 것.
③ 대장균, 분원성 대장균군은 100mL에서 검출되지 아니할 것. 다만, 샘물 및 먹는 샘물의 경우에는 그러하지 아니한다.
④ 본원성 연쇄상구균, 녹농균, 살모넬라 및 쉬겔라는 250mL에서 검출되지 아니할 것. (샘물 및 먹는 샘물의 경우에 한한다.)
⑤ 아황산환원혐기성 포자형성균은 50mL에서 검출되지 아니할 것.(샘물 및 먹는 샘물의 경우에 한한다.)
⑥ 여시니아균은 2L에서 검출되지 아니할 것.(먹는 물 공동시설의 경우에 한한다.)

(2) 건강상 유해영향 무기물질에 관한 기준
① 납은 0.01mg/L를 넘지 아니할 것
② 불소는 1.5mg/L(샘물 및 먹는 샘물의 경우 2.0mg/L)를 넘지 아니할 것
③ 비소는 0.01mg/L(샘물, 염지하수 0.05mg/L)를 넘지 아니할 것
④ 세레늄은 0.01mg/L를 넘지 아니할 것
⑤ 수은은 0.001mg/L를 넘지 아니할 것
⑥ 시안은 0.01mg/L를 넘지 아니할 것
⑦ 크롬은 0.05mg/L를 넘지 아니할 것
⑧ 암모니아성 질소는 0.5mg/L를 넘지 아니할 것
⑨ 질산성 질소는 10mg/L를 넘지 아니할 것
⑩ 카드뮴은 0.005mg/L를 넘지 아니할 것
⑪ 붕소는 1.0mg/L를 넘지 아니할 것

(3) 심미적 영향물질에 관한 기준
① 경도는 1000mg/L(수돗물의 경우 300mg/L, 먹는 염지하수 및 먹는 해양심층수의 경우 1200mg/L)를 넘지 아니할 것. 다만, 샘물 및 염지하수의 경우에는 적용하지 아니한다.
② 과망간산칼륨 소비량은 10mg/L를 넘지 아니할 것
③ 냄새와 맛은 소독으로 인한 냄새와 맛 이외의 냄새와 맛이 있어서는 아니 될 것
④ 동은 1mg/L를 넘지 아니할 것
⑤ 색도는 5도를 넘지 아니할 것
⑥ 세제(음이온 계면활성제)는 0.5mg/L를 넘지 아니할 것. 다만, 샘물 및 먹는 샘물의 경우에는 검출되지 아니할 것
⑦ 수소이온 농도는 pH 5.8 내지 8.5이어야 할 것
⑧ 아연은 3mg/L를 넘지 아니할 것
⑨ 염소이온은 250mg/L를 넘지 아니할 것
⑩ 증발잔류물은 500mg/L를 넘지 아니할 것. 다만, 샘물의 경우에는 그러하지 아니하며, 먹는 샘물의 경우에는 미네랄 등 무해성분을 제외한 증발잔류물이 500mg/L를 넘지 아니할 것
⑪ 철 및 망간은 각각 0.3mg/L를 넘지 아니할 것. 다만, 샘물의 경우에는 그러하지 아니한다.
⑫ 탁도는 1NTU(Nephelometirc Turbidity Unit)를 넘지 아니할 것. 다만, 광역상수도 및 지방 상수도의 수돗물의 경우에는 정수처리에 관한 기준에서 정하는 기준을 적용하고, 기타 수돗물의 경우에는 0.5NTU를 넘지 아니할 것. 다만, 수돗물의 경우에는 0.5NTU를 넘지 아니할 것
⑬ 황산이온은 200mg/L를 넘지 아니할 것
⑭ 알루미늄은 0.2mg/L를 넘지 아니할 것

3) 경도(hardness)

물 속에 용해되어 있는 Ca^{++}, Mg^{++}, Fe^{++} 등과 같은 2가 양이온들의 총합을 말하는 것으로 경도가 높은 물은 세탁에 방해가 되고, 보일러 등에 스케일을 형성하고 다량인 경우 음료용으로 부적당하여 물의 성질 중 건축설비에서 중요하게 다루는 요소이다.

(1) 경도의 계산

경도는 물 속의 +2이온들의 양을 $CaCO_3$로 환산한 값이다. $\dfrac{Ca^{++}}{20} \times 50 + \dfrac{Mg^{++}}{12} \times 50 =$ 총 경도

※ 물속의 경도는 +2이온이면 모두 발생하지만 Ca^{++}과 Mg^{++} 거의 대부분(98% 이상)을 차지하므로 경도하면 일반적으로 Ca^{++}과 Mg^{++}만을 해석한다.

(2) 물의 분류

① **연수(soft water)** 단물이라고도 하며 비누가 잘 풀리는 물로 세탁, 공업용수 등에 쓰인다.(경도 90mg/L 이하)
② **적수(경도 90mg/L~110mg/L)** 먹는 물에 적합한 경도 성분을 가진 물이다.
③ **경수(hard water)** 센물이라 하며 광물질의 함량이 많아서 세탁, 공업용수에 부적합하다.(경도 110mg/L 이상)
   - **연수** 순수한 빗물, 지표수
   - **경수** 지하수

(3) 경도의 영향

① 세탁이 잘되지 않는다.
② 보일러 등의 접촉면에 스케일(scale)을 형성한다.
③ 열교환면에 열전도가 낮아져 열효율이 감소한다.
④ 보일러 등이 과열되어 파손될 우려가 있다.
⑤ 자동차 라디에이터 등에는 연수를 써야 하므로 지하수보다는 지표수(하천, 저수지, 수돗물)를 사용한다.

4) 수처리

원수의 성질과 사용수의 요구 조건에 따라서 수처리 방식은 여러 가지가 있지만, 일반적으로 물리적, 화학적 방법을 이용하여 처리한다.

① **물리적 처리** 침전, 여과, 침사 등
   화학적 처리 응집, 중화, 산화, 환원 등
② 원수를 정수하는 대략적인 과정은 아래와 같다.
   취수 → 침사지 → 응집조 → 침전지 → 여과조 → 소독조 → 공급
③ 물속에 철분 등이 많이 함유되어 있을 때는 폭기시켜 철분을 산화하여 산화철로 만들어 침전(여과)하여 제거시키는 폭기 침전법(여과)이 쓰이기도 한다.

2. 급수방식의 특성

건물 내의 급수 방식에는 수도직결 방식, 고가탱크(옥상탱크) 방식, 압력탱크 방식, 조압 펌프식(탱크 없는 부스터식) 등이 있고 각기 단독 혹은 병용되어 급수한다.

1) 수도직결 방식

일반적으로 도로 밑의 배수관말(수도본관)에서 분기하여 건물 내에 직접 급수하는 방식으로 주택 등의 소규모 건물에 적합하다. 최근에는 수질을 고려하여 수도본관의 수압을 높여서 수도직결식을 적극 도입하고 있다.

(1) 수도직결식의 특징

① 구조가 간단하고 설비비가 싸다.
② 정전 시 급수가 가능하다.
③ 단수 시 급수가 전혀 불가능 하다.
④ 오염 우려가 타 방식에 비하여 적다.
⑤ 소요지의 상황에 따라 급수압의 변동이 있다.(일반적으로 4층 이상에는 부적합하다.)
⑥ 규모가 커질 경우 수압이 떨어져 대규모에는 부적당하다.
⑦ 운전 관리비가 필요 없고 고장이 없다.

(2) 수도본관의 필요수압(MPa)

$$P \geq P_1 + \frac{H_f}{100} + \frac{H}{100}$$

P : 수도본관 최저 필요압력(MPa)
P_1 : 기구별 소요압력(MPa)
H_f : 마찰 손실 수두(mAq) $(1MPa = 100mAq)$
H : 수도본관에서 최고층 수전까지 높이(m)

2) 고가탱크 방식(elevated tank system)

대규모 시설에서 일정한 수압을 얻고자 할 때 많이 이용되며 수돗물을 저수탱크(receving tank)에 모은 후 양수 펌프에 의하여 고가탱크에 양수하여 탱크에서 급수관에 의해 급수한다. 고가탱크식은 옥상 탱크식과 같은 말이다.

(1) 고가탱크식의 특징

① 항상 일정한 수압을 얻을 수 있다.
② 정전, 단수 시 탱크에 받은 물을 사용할 수 있다.
③ 옥상 탱크 때문에 건물의 구조계산 시 하중을 고려해야 하며 건축비가 증가한다.
④ 탱크에서 오염 우려가 있고 수시로 청소해야 한다.
⑤ 운전비는 압력 탱크식이나 부스터식에 비하여 적다.
⑥ 화재 시 소화용수를 사용할 수 있다.

(2) 고가탱크 설치 높이

$$H \geq P_1 \times 100 + H_f + H_h$$

H : 고가 탱크 높이 (m)
P_1 : 최고층 수전 필요수압 (MPa)
H_f : 고가 탱크에서 수전까지의 마찰손실수두 (mAq)
H_h : 최고층 급수 전까지 높이

(3) 옥상탱크의 구조 및 크기

① **구조** 오버플로우 관경은 양수관경의 2배 이상으로 한다.
② **크기** 정전으로 인한 단수, 저수 탱크 크기, 건물 구조의 하중 등을 고려하여 결정한다.

$$V = 피크로드(peak\ load) \times (1\sim3)시간$$

V : 옥상 탱크 용량,
피크로드 : 1일 사용수량의 15~20%, 1~3시간 : 대규모 1시간 분, 소규모 3시간 분
③ 플로트 스위치(전극봉)를 설치하여 양수펌프를 제어한다.
④ 탱크의 재질은 FRP, STS 등이 주로 쓰인다.

(4) 양수펌프

① **양수량** 옥상 탱크의 유량을 30분에 양수할 수 있는 능력
② 펌프양정

$$H = H_s + H_d + H_f + P$$

H : 전 양정 (m)
H_s : 흡입양정 (m)
H_f : 마찰 손실 수두 (mAq)
H_d : 토출 양정 (m)
P : 출구 수압(출구측 동압) (mAq)

③ 펌프소요동력(kW)

$$kW = \frac{Q \cdot g \cdot H}{1000 \times E}$$

Q : 양수량 (kg/s)
g : 중력가속도
H : 전양정 (mAq)
E : 펌프 효율

가. 공학단위 $kW = \dfrac{QH}{60 \times 102E}$ Q : L/min, H : m

나. SI단위 $kW = \dfrac{QgH}{60 \times 1,000E}$ Q : L/min, H : m

※ 공학단위의 1/102은 중력가속도 g와 W를 kW로 환산하기 위한 1/1,000에서 나온 것이다. 결국 g/1,000=1/102이다.

3) 압력탱크 방식(pressure tank system)

고가탱크식과 같이 저수탱크에 저장된 물을 급수 펌프로, 압력탱크 내로 공급하면 가압된 공기압에 의하여 건물 상부로 급수된다.

(1) 압력탱크식의 특징

① 공기압축기 등의 시설비와 관리비가 많이 든다.
② 특정 부위의 고압이 요구될 때 적합하다.

③ 옥상탱크식에 비하여 건축 구조물 보강이 필요 없다.
④ 정전, 고장 시 즉시 급수가 중단된다.
⑤ 수압 변동이 심한 편이다.(기계적 특성상 고저압의 차를 적게 하기가 곤란하다.)

(2) 압력탱크의 최고 최저 압력

① 최저 압력

$$P_L = \frac{H}{100} + P_1 + \frac{H_f}{100}$$

P_L : 최저 압력(MPa)
H : 압력 탱크에서 최고층 수전 수직 높이(m)
P_1 : 기구별 필요 압력(MPa)
H_f : 탱크에서 수전까지 마찰 손실 수두(mAq)

② 최고 압력 $P_H = P_L + (0.07 \sim 0.14 MPa)$

(3) 압력 탱크 설계

① 탱크용적

$$V = \frac{V_e}{A-B}$$

V_e : 유효저수량 = 시간 최대급수량 $\times \frac{1}{3}$
A : 최고 압력일 때 탱크 내 수량비
B : 최저 압력일 때 탱크 내 수량비

② 양수 펌프 양수량 Q=2×시간 최대 급수량
③ 펌프의 전양정 H=(P_H×100+흡입양정)×1.2(m)
④ 탱크 강판 두께

$$t = \frac{P_H D}{2\sigma}$$

t : 두께(cm)
D : 탱크내경(cm)
P_H : 탱크사용 최고압력(MPa)
σ : 재료 허용 응력(MPa)

4) 펌프 직송 부스터 방식(tankless booster system)

저수탱크에 물을 받은 후 펌프에 의하여 수전까지 직송하는 방식으로 옥상탱크나 압력탱크에 비하여 장소를 적게 차지하는 장점이 있지만 설비비가 고가이고 고장 시 수리가 어렵다는 단점이 있다. 사용량의 변화에 대응하여 토출량을 변화시키기 위해 자동제어반이 요구되는 고급설비로 최근 건축설비 급수방식으로 가장 널리 보급되고 있다.

(1) 특징
① 옥상탱크나 압력탱크가 필요 없다.
② 정전이나 단수 시 압력탱크와 동일하다.
③ 설비비가 고가이다.
④ 자동제어 시스템이어서 고장 시 수리가 어렵다.
⑤ 인버터 방식(회전수제어)을 채택하여 에너지 절약적이다.

(2) 종류
① **정속 방식** 여러 대의 펌프를 병렬로 설치하고 펌프의 회전속도를 일정하게 하고 토출관의 압력변화를 감지하여 몇 대의 펌프를 ON-OFF시키는 자동제어 시스템이다.

② **변속 방식** 1대의 펌프를 설치하고 토출관의 압력변화에 따라 변속전동기(VVVF, 인버터) 또는 변속장치를 통하여 펌프의 회전수를 변화시켜 양수량을 조정하는 시스템이다.

③ **부스터 방식** 변속(회전수제어) 방식 펌프를 2~4대 병렬접속하여 부하에 대응하여 유량을 제어하며 최근 급수설비로 널리 이용되고 있다.

[그림 1-38] 펌프 직송 부스터(booster) 방식

(3) 급수의 조닝

고층 건물에 있어서 위의 급수방식 중 어느 한 계통으로 배관할 경우, 최상층과 최하층의 수압차가 커져 수격작용(water hammering)이나 밸브류의 고장 등을 발생시키므로 7~10층마다 구역으로 나누어 급수하는 zoning이 필요하다.

이때 급수압력은 APT의 경우 0.3~0.4MPa, 사무소 빌딩의 경우 0.4~0.5MPa 이하가 되도록 조정한다. 조닝방법에는 층별식, 중계식, 압력 조정 펌프식, 압력 탱크식, 감압밸브식 등이 있고 필요에 따라 복합하여 사용할 수도 있다.

[그림 1-39] 급수 조닝(Zoning)

3. 급탕방식의 특성

급탕 공급방식을 크게 개별식과 중앙식 그리고 태양열 이용방식으로 나눌 수 있는데 설비 형식에 따라 구분이 애매한 경우도 있다. 본서에서는 기수혼합식은 개별식으로 분류한다.

1) 개별식

주택이나 이용소 등 소규모 건축물에서 사용장소에 급탕기를 설치하여 간단히 온수를 얻을 수 있다.

개별식 급탕방식의 특징은 다음과 같다.
① 배관 열손실이 적다.
② 급탕 개소가 적을 경우 시설비가 싸다
③ 가열기 열효율은 낮은 편이다.
④ 최근 가스연료의 공급과 급탕기 효율증대 및 제어효율증대로 보급이 확대되고 있다.

(1) 순간 온수기(즉시 탕비기)

일반적으로 가스 또는 전기를 열원으로 하고 구조는 [그림 1-40]와 같고 원리는 수전을 열면 벤츄리관에서 동압차가 생겨 다이아프램 밸브를 작동시켜 가스가 버너에 공급되면 항상 점화되어 있는 파일럿 플레임에 의하여 연소 되고 가열 코일에서 즉시 가열된다. 최근에는 물 사용을 감지하여 작동하는 전자식도 널리 사용되고 있다.

[그림 1-40] 자동 연소장치 원리

특징은 다음과 같다.
① 급탕온도를 60~70℃까지 얻는다.
② 처음에는 찬물이 나온다.
③ 적은 양의 탕을 필요로 하는 곳에 직접 공급하기에 적합하다.

(2) 저탕형 탕비기

항상 일정량의 탕이 저장되어 있어 학교, 공장, 기숙사 등과 같이 일정시간에 다량의 온수를 요하는 곳에 적합하다.

특징은 다음과 같다.
① 비등점(100℃)에 가까운 온수를 얻는다.
② 서모스탯에 의하여 항상 일정한 온도의 탕을 공급한다.
※ 서모스탯(thermostat) : 제어 대상의 온도를 검출하여 바이메탈이나 벨로즈를 이용하여 접점을 on-off시킨다. 결국 일정한 온도를 유지하는 자동온도 조절기이다.
③ 처음부터 온수가 나온다.

(3) 기수 혼합식

병원이나 공장에서 증기를 열원으로 하는 경우, 증기를 직접 물 속에 불어 넣어 가열하는 방식으로 사용개소에 따라 개별식과 중앙식으로 분류가 가능하다.

특징은 다음과 같다.
① 열효율이 100%이다.
② 증기 주입 시 소음이 나고 소음제거를 위해 S형, F형 등 스팀 사일렌서(steam silencer)를 사용한다.

2) 중앙식

중앙식 급탕법은 중앙 기계실에서 보일러에 의해 가열된 온수를 배관을 통하여 각 사용소에 공급하는 방식으로 연료는 석탄, 중유, 가스, 등을 사용한다.

중앙식 급탕법의 특징은 다음과 같다.
① 연료비가 적게 든다.
② 대규모이므로 열효율이 좋다.
③ 건설비는 비싸지만 운전비는 싸다.
④ 대규모인 경우 개별식보다 경제적이다.
⑤ 호텔, 병원, 아파트 등과 같이 급탕개소가 많은 대규모 건축물에 적합하다.

(1) 직접 가열식

온수 보일러에서 가열된 온수를 저탕조에 저장하여 급탕관에 의해 각 기구에 공급한다. 주철제 보일러인 경우 고층빌딩에서는 높은 수압이 걸리므로 사용이 곤란하다.

특징은 다음과 같다.
① 난방 보일러 이외 별도 보일러가 필요하다.
② 대규모 건물에는 높은 수압으로 부적당하다.
③ 냉수가 보일러에 직접 공급되므로 보일러 온도 변화가 심하고 수명이 짧다.
④ 보일러에 스케일이 많이 형성되어 과열 위험이 있고, 전열 효율이 저하한다.
⑤ 간접 가열식에 비해 열효율은 좋다.
⑥ 팽창탱크(중력탱크) 위치는 최상수전과 5m 이상 높이에서 수전에 적당한 수압을 준다.

(2) 간접 가열식

증기 보일러에서 공급된 증기로 열교환기에서 냉수를 가열하여 온수를 공급한다. 이때 저장 탱크(storage tank)에 설치된 서모스탯에 의해 증기 공급량이 조절되어 일정한 온도의 온수를 얻을 수 있다.

특징은 다음과 같다.
① 난방 보일러로 동시에 급탕이 가능하다.
② 건물 높이에 따른 수압이 보일러에 작용하지 않으므로 저압 보일러로도 가능하다.
③ 대규모 설비에 적합하다.
④ 스케일 형성이 적어 전열효율이 우수하고 보일러 수명이 길다.

[그림 1-41] 간접 가열식   [그림 1-42] 열교환기(저탕조)

3) 태양열 이용방식

태양열에 의한 급탕은 주택, 수영장, 골프장 등에 다양하게 이용되고 있는데 이때 일사량 취득에 대한 충분한 검토가 필요하다. 구성요소는 집열판, 축열조, 순환펌프, 이용부이고 보조 보일러가 필요하다. 집열판에는 평판형, 진공형 등이 있다.

①, ②의 비는 대류현상에 의한 온도층을 형성하도록 2배 이상으로 하는 것이 좋으며, A와 D는 상단 및 하단 1/4 정도의 위치에 오게 하는 것이 좋다.

(a) 태양열 이용 시스템   (b) 강제순환에 의한 저탕조 가열방식

[그림 1-43] 태양열 이용 급탕방식

4. 오배수, 통기시스템의 특성

배수설비란 건물에서 발생한 각종 오수 및 잡배수를 신속히 밖으로 배출시키는 배관을 말하며 이를 원활히 수행하기 위하여 통기 설비가 부수된다.

1) 오배수설비

오배수설비는 배수 성질에 따라 오수(대변기, 소변기 배수)와 배수(세면기, 싱크대, 목욕 배수 등)로 나누어지고, 배관 계통에 따라 옥내배수, 옥외배수 설비, 공공하수관거로 나누어지며 배수의 종류에는 오수, 잡배수, 우수, 특수배수 등이 있다.

(1) 공공하수도(옥외배수 설비)

건물의 외벽으로부터 1m외부 경계선 밖의 부지 내 배수설비를 옥외배수라 한다. 혹은 경계선으로부터 공공하수관, 정화조까지의 배수설비를 말한다. 공공하수도는 합류식과 분류식으로 나누어진다.

① **합류식** 우수와 하수를 합류시켜 배수하는 것으로 청전 시에는 오수만 흐르고 강우 시에는 우수와 오수가 합류하여 흐르므로 차집시설을 통하여 일정량의 오수를 차집하여 하수종말처리장으로 유입시킨다. 기존의 도시 하수관거에 주로 적용하고 있다.

② **분류식** 오수관과 우수관을 별개로 계획하는 것으로 최근의 도시 계획은 분류식을 주로 적용하는 편이다.

(2) 옥내 오배수 설비(개인하수처리시설)

오수를 배출하는 건물·시설 등을 설치하는 자는 단독 또는 공동으로 개인하수처리시설을 설치하여야 한다. 다만, 다음 각 호의 어느 하나에 해당하는 경우에는 그러하지 아니하다.

가. 「수질환경보전법」 제48조의 규정에 따른 폐수종말처리시설로 오수를 유입시켜 처리하는 경우
나. 오수를 흐르도록 하기 위한 분류식하수관거로 배수설비를 연결하여 오수를 공공하수처리시설에 유입시켜 처리하는 경우
다. 공공하수도 관리청이 환경부령이 정하는 기준·절차에 따라 하수관거정비구역으로 공고한 지역에서 합류식하수관거로 배수설비를 연결하여 공공하수처리시설에 오수를 유입시켜 처리하는 경우
라. 건물 외벽 외부 1m 경계선으로부터 내수 배수 설비를 옥내 배수 설비라 하며 배수 방식에는 중력 배수, 기계배수가 있다.

① **오배수 방식에 의한 분류**
가. **중력배수** 중력에 의하여 자연 배수하는 방식으로 공공하수관보다 높은 곳의 배수에 적용한다.
나. **기계배수** 지하층에서의 배수 등에 사용하며 배수 탱크에 모았다가 펌프로 공공하수관에 배출시킨다.

② 오배수의 성질에 의한 종류
　　가. **오수** 대변기, 소변기, 비데 등에서의 배설물에 관련한 배수
　　나. **잡배수** 세면기, 욕조, 싱크대 등에서의 배수
　　다. **우수** 옥상, 마당 등의 빗물
　　라. **특수 배수** 공장, 실험실 등에서의 폐수, 화학 물질 배수
③ 오배수 접속 방식에 의한 분류
　　가. **직접배수** 각 기구에서의 배수를 배수관에 직접 접속시키는 것으로 세면기, 대변기, 욕조, 싱크대 등이 여기에 속하며 배수관의 악취 유입을 막기 위해 트랩이 설치된다.
　　나. **간접배수** 배수를 배수관에 직접 접속시키지 않고 공간을 두고 배수하는 것으로 냉장고, 세탁기, 음료기 등의 배수, 식품 저장용기의 배수, 탱크 오버 플로우관, 각종 드레인관 등이 여기에 속한다.

2) 통기설비
봉수파괴 원인 중 압력차에 의한 봉수파괴를 방지하기 위하여 통기관을 설치하며 또한 배수관 내의 흐름을 원활히 하고 배수관의 환기를 목적으로 통기관을 설치한다.

(1) 통기관 설치 목적
① 트랩의 봉수 보호
② 배수 흐름의 원활과 압력 변동 방지
③ 배수관 환기 및 청결 유지

(2) 통기 방식의 분류
① **배관 방식에 따라**
　　가. **1관식** : 별도의 통기관 없이 배수관이 통기의 기능을 겸하도록 한 것으로 신정통기관, 섹스티아 방식, 소벤트 방식이 이에 속한다.
　　나. **2관식** : 배수관과 별도로 통기관을 두는 것으로 대규모 건물에 주로 쓰인다.
② **통기 계통에 따라**
　　가. **각개통기** 위생기구마다 통기관을 접속시킨다.
　　나. **환상통기** 여러 개의 위생기구를 묶어 통기관 1개를 접속시킨다.

(3) 통기관 종류
① **각개통기관** 위생기구마다 통기관을 설치하는 것으로 가장 이상적인 방법이나 경비가 많이 소요되어 사용이 적다.
② **회로통기관(환상통기관)** 2개 이상의 트랩을 보호하기 위하여 최상류 기구 바로 아래에서 통기관을 세워 통기수직관에 연결한다. 회로 통기 1개가 담당할 수 있는 최대 기구수는 8개 이내이며 배수관 길이는 7.5m 이내가 되게 한다.
③ **도피통기관** 루프통기관에서 8개 이상의 기구를 담당하거나 대변기가 3개 이상 있는 경우 통기 능률을 향상시키기 위하여 배수 횡지관 최하류와 통기수직관을 연결한다. 이때의 통기관을 도피통기관이라 한다.

④ **신정통기관** 배수수직관 상부를 그대로 연장하여 옥상 등에 개구시킨 것을 신정통기관이라 하며 간단한 통기설비로 많은 효과를 얻는다.
⑤ **습식(습윤) 통기관** 통기와 배수의 역할을 동시에 하는 통기관이다.
⑥ **결합통기관** 고층 건물에서 통기 효과를 높이기 위해 5층마다 통기수직관과 배수수지관을 연결한 관을 말한다. 결합 통기관경은 50mm 이상으로 한다.
⑦ **특수 통기 방식(1관식 통기시스템)**
  가. **소벤트 방식** 배수 수직관에 층마다 공기 주입장치(aerator fitting)를 설치하여 배수에 공기를 주입함으로써 유속을 감소시키고 완충 작용으로 봉수를 보호한다.
  나. **섹스티아 방식** 배수 수직관에 섹스티아 이음쇠를 통하여 선회류를 주어 수직관에 공기 코어를 형성하여 통기 역할을 하도록 한다.

3) 오수정화처리

(1) 개요
오물 정화조는 수세식 화장실에 반드시 갖추어야 하는데 최근 분류식 하수도에서는 정화조를 생략한다. 일반적으로 1인 1일 분뇨 배출량은 1.0~1.3L 정도이며 수세식 화장실의 경우 세정수를 포함하여 1일 배출수량을 40~60L/cd 정도로 보고 있다. 분뇨 정화조인 경우는 분뇨량만 생각하면 되지만 오수 정화조인 경우 잡배수까지 처리해야 하므로 BOD 부하 계산 시 참고해야 한다. 항목별 BOD부하는 표와 같다.

[표 1-5] 주택의 하수량과 BOD(예)

종류	오수량(m^3/인·일)	BOD농도(g/m^3)	BOD부하량(g/인·일)
수세식 변소 오수	0.05	260	13
주방 배수	0.03	600	18
목욕탕, 세탁배수	0.12	75	9
계	0.20	200(평균)	40

(2) 오수처리 방식
① **호기성 처리** 호기성 미생물을 이용하여 처리, 산소공급 필요, 동력비 증가, 적은공간을 차지 표준활성오니법, 접촉산화법, 살수여상법, 회전원판법 등
② **혐기성 처리** 혐기성 미생물을 이용하여 처리, 산소공급 불필요, 처리시간 증가, 많은 공간을 차지, 악취발생, 설비용량이 크다. 임호프탱크, 부패탱크 방식

(3) 정화조 설계순서
방류수 주변상황조사 → 처리대상인원 산출 → 오수정화성능 결정 → 오수량, 수질, 특성 검토 → 처리방식 결정 → 정화조용량 산정 → 세부설계

(4) 오수정화시설 및 정화조 방류수 수질기준

방류수 수질기준은 하수도법에 따른다.

구분	생물화학적 산소요구량 (BOD) (mg/L)	화학적 산소요구량 (COD) (mg/L)	부유 물질량 (SS) (mg/L)	총질소 (T-N) (mg/L)	총인 (T-P) (mg/L)	대장균 군수 (개/mL)
1일 500㎥ 이상 (I지역)	5 이하	20 이하	10 이하	20 이하	0.2 이하	3,000 이하
1일 50㎥ 미만	10 이하	40 이하	10 이하	40 이하	4 이하	

(5) BOD 제거율

① BOD란 생물 화학적 산소 요구량(Biochemical Ocygen Demand)의 약자로 오수 중의 오염 물질이 되는 유기물이 오수 중에서 이것과 공존하는 미생물에 의해 분해하여 안정화하는 과정에서 소비되는 용존 산소의 감소를 20℃, 5일간 시료를 방치해서 측정한 값이며, 수중오염 물질의 지표치이다.

② BOD의 제거율이란 오물 정화조의 유입수와 유출수 사이의 BOD의 차를 유입수의 BOD로 나눈 값이다.

$$BOD 제거율(\%) = \frac{유입수 BOD - 유출수 BOD}{유입수 BOD} \times 100$$

제5장 설비자재 검토

1. 배관 및 덕트재료

1) 배관재료 구비 조건
(1) 관내 흐르는 유체의 화학적 성질
(2) 관내 유체의 사용압력에 따른 허용압력 한계
(3) 관외 외압에 따른 영향 및 외부 환경조건
(4) 유체의 온도에 따른 열영향
(5) 유체의 부식성에 따른 내식성
(6) 열팽창에 따른 신축 흡수
(7) 관의 중량과 수송조건 등

2) 배관 종류 및 특징

(1) 강관(鋼管, Steel Pipe)
강관은 일반적으로 건축물, 공장, 선박 등의 급수, 급탕, 냉난방, 증기, 가스 배관 외에 산업설비에서의 압축 공기관, 일반 배관용으로 광범위하게 사용된다.

❶ 강관의 특징
  가. 공조배관에 널리 사용되나 부식 우려가 있다.
  나. 연관, 주철관에 비해 가볍고 인장강도가 크다.
  다. 용접, 나사이음 등 관의 접합방법이 용이하고 내충격성 및 유연성이 크다.
  라. 주철관에 비해 내압성이 양호하다.

❷ 강관 표시방법

❸ 강관 종류
  가. SPPW 수도용 아연도금 강관(수두압 100m 이하)
  나. SPPS 압력배관용 탄소강관(수두압 1000m 이하)
  다. SPPH 고압배관용 탄소강관(수두압 1000m 이상)

라. SPHT 고온배관용 탄소강관(350℃ 이상)

마. SPLT 저온배관용 탄소강관(0℃ 이하)

(2) 주철관(鑄鐵管, Cast Iron Pipe : CIP관)

① 주철관은 순철에 탄소가 일부 함유되어 있는 것으로 내압성, 내마모성이 우수하고, 특히 강관에 비하여 내식성, 내구성이 뛰어나므로 수도용 급수관(수도본관), 가스 공급관, 공업용배관, 건축설비 오배수배관 등에 광범위하게 사용한다.

② 재질상 분류

가. **보통 주철관** 내구성과 내마모성은 고급주철관과 같으나 외압이나 충격에 약하다.

나. **고급 주철관(덕타일 주철관, DCIP)** 주철 중의 흑연 함량을 적게 하고 강성을 첨가하여 금속조직을 개선한 것으로 기계적 성질이 좋고 강도가 크다.

③ 주철관의 특징

가. 내구력이 크다.

나. 내식성이 커 지하 매설배관에 적합하다.

다. 다른 배관에 비해 압축강도가 크나 인장강도는 약하다.(취성이 크다.)

라. 충격에 약해 크랙(Crack)의 우려가 있다.

마. 압력이 낮은 저압(0.7MPa~1MPa 정도)에 사용한다.

(3) 스테인리스 강관(Stainless Steel Pipe)

스테인리스 강관은 내식성이 커서 상수도, 기계설비 등에 이용도가 증대되고 있다.

① 스테인리스 강관의 종류

가. 배관용 스테인리스 강관(STS)

나. 보일러 열교환기용 스테인리스 강관(STS-TB)

다. 위생용 스테인리스 강관

라. 배관용 아크용접 대구경 스테인리스 강관

마. 일반배관용 스테인리스 강관(박막 Su배관)

바. 구조 장식용 스테인리스 강관

② 스테인리스 강관의 특징

가. 내식성이 우수하고 위생적이다.

나. 강관에 비해 기계적 성질이 우수하다.

다. 두께가 얇아 가벼워 운반 및 시공이 용이하다.

라. 저온에 대한 충격성이 크고, 추운 곳에도 배관이 가능하다.

마. 나사식, 용접식, 프레스식, 플랜지이음 등 시공이 용이하다.

(4) 동관(銅管, Copper Pipe)

동(銅)은 전기 및 열전도율이 좋고 내식성이 뛰어나며 전연성이 풍부하고 연성 가공도 용이하여 판, 봉, 관 등으로 제조되어 전기재료, 열교환기, 급수관, 급탕관, 공조설비배관, 냉매배관, 연료관 등 널리 사용되고 있다.

❶ 동관의 분류

두께별 분류	K-type	가장 두껍다.
	L-type	두껍다.
	M-type	보통
	N-type	얇은 두께(KS규격은 없음)

❷ 동관의 특징
   가. 전기 및 열전도율이 좋아 열교환용으로 우수하다.
   나. 전·연성이 풍부하여 가공이 용이하고 동파의 우려가 적다.
   다. 내식성 및 알칼리에 강하고 산성에는 약하다.
   라. 무게가 가볍고 마찰저항이 적다.
   마. 아세톤, 에테르, 프레온가스, 휘발유 등 유기약품에 강하다.

(5) 연관(鉛管, Lead Pipe)

일명 납(Pb)관이라 하며, 연관은 용도에 따라 1종(화학공업용), 2종(일반용), 3종(가스용)으로 나눈다. 연질이고 가요성이 커서 도기 연결부에 쓰이나 최근에는 사용실적이 적다. 접합법에는 플라스턴 접합을 한다.

(6) 알루미늄관(Al관)

은백색을 띠는 관으로 구리 다음으로 전기 및 열전도성이 양호하며 전·연성이 풍부하여 가공이 용이하며 건축재료 및 화학공업용 재료로 널리 사용된다. 알루미늄은 알칼리에는 약하고, 특히 해수, 염산, 황산, 가성소다 등에 약하다.

(7) 플라스틱관(Plastic Pipe : 합성수지관)

합성수지관은 석유, 석탄, 천연가스 등으로부터 얻어지는 에틸렌, 프로필렌, 아세틸렌, 벤젠 등을 원료로 만들어진 관으로 널리 이용되고 있다.

① **경질염화비닐관(PVC관 : Poly Vinyl-Chloride)** 염화비닐을 주원료로 압축가공하여 제조한 관으로 내식성이 크고 산·알칼리, 해수 등에도 강하다. 전기절연성이 크고 마찰저항이 적다.

② **폴리에틸렌관(PE관 : Poly-Ethylene Pipe)** 에틸렌에 중합체, 안전체를 첨가하여 압출 성형한 관으로 화학적, 전기적 절연 성질이 염화비닐관보다 우수하고, 내충격성이 크고 내한성이 좋아 -60℃에서도 취성이 나타나지 않아 한랭지 배관으로 적합하나 인장강도가 작다.

③ **폴리부틸렌관(PB관 : Poly-Butylene Pipe)** 폴리부틸렌관은 강하고 가벼우며, 내구성 및 자외선에 대한 저항성, 화학작용에 대한 저항 등이 우수하여 온수온돌의 난방배관, 음용수 및 온수배관, 농업 및 원예용 배관, 화학배관 등에 사용된다.

④ **가교화 폴리에틸렌관(XL관 : Cross-Linked Polyethylene Pipe)** 폴리에틸렌 중합체를 주체로 하여 적당히 가열한 압출성형기에 의하여 제조되며 일명 엑셀파이프라고도 하며, 온수온돌 난방코일용으로 가장 많이 사용한다.

⑤ PPC관(Poly-Propylene Copolymer관) 폴리프로필렌 공중합체를 원료로 하여 열변형 온도가 높아 굴곡가공으로 시공이 편리하며 녹이나 부식으로 인한 독성이 없어 많이 사용된다.

(8) 원심력 철근 콘크리트관(흄관)
원통으로 조립된 철근형틀에 콘크리트를 주입하여 고속으로 회전시켜 균일한 두께의 관으로 성형시킨 것으로 상하수도, 배수관에 사용된다.

(9) 석면 시멘트관(에터니트관)
석면과 시멘트를 1:5 정도의 중량비로 배합하고 물을 혼합하여 롤러로 압력을 가해 성형시킨 관으로 금속관에 비해 내식성이 크며 특히 내알칼리성이 좋고, 수도용, 가스관, 배수관, 공업용수관 등의 매설관에 사용되며 재질이 치밀하여 강도가 강하다.

3) 보온재의 분류

(1) 유기질 보온재
① 펠트 양모펠트와 우모펠트가 있으며 -60℃ 정도까지 유지할 수 있어 보냉용에 사용하며 곡면 부분의시공이 가능하다.
② 코르크 액체, 기체의 침투를 방지하는 작용이 있어 보냉, 보온효과가 좋다. 냉수, 냉매배관, 냉각기, 펌프 등의 보냉용으로 사용된다.
③ 텍스류 톱밥목재펄프를 원료로 해서 압축판 모양으로 제작한 것으로 실내벽, 천장 등의 보온 및 방음용으로 사용한다.
④ 기포성 수지(고무발포) 합성수지 또는 고무질 재료의 다공질 제품으로 열전도율이 극히 낮고 가벼우며 흡수성이 좋고 굽힘성은 풍부하여 가공성이 우수하다. 보온성, 보냉성이 좋아서 널리 쓰이고 있다.

(2) 무기질 보온재
① 석면(石綿) 아스베스트질 섬유로 되어 있으며 파이프, 탱크, 노벽 등의 보온재로 적합하다. 최근 석면은 발암물질로 사용을 억제한다.
② 암면(Rock Wool, 岩綿) 안산암, 현무암에 석회석을 섞어 용융하여 섬유모양으로 만든 것으로 비교적 값이 싸지만 섬유가 거칠고 유연성이 부족하다. 보냉용으로 사용할 때에는 방습을 위해 아스팔트 가공을 한다.
③ 규조토 규조토에 석면을 섞어 물반죽하여 시공하며 500℃ 이하의 파이프, 탱크, 노벽 등에 사용하며 진동이 있는 곳에 사용을 피한다.
④ 탄산마그네슘(MgCO3) 염기성 탄산마그네슘 85%와 석면 15%를 배합하여 물에 개어서 사용할 수 있고, 200℃ 이하의 파이프, 탱크 보냉용으로 사용된다.
⑤ 규산칼슘 규조토와 석회석을 주원료로 한 것으로 열전도율이 낮고, 사용온도 범위는 600℃까지이다.
⑥ 유리섬유(Glass Wool) 용융상태인 유리에 압축공기 또는 증기를 분사시켜 짧은 섬유모양으로 만든 것으로 흡수성이 높아 습기에 주의하여야 하며 단열, 내열, 내구성이 좋고 가격도 저렴하여 많이 사용한다.

⑦ 폼그라스(발포초자) 유리분말에 발포제를 가하여 가열 용융 발포 경화시켜 만들며 기계적 강도와 흡습성이 크며 판이나 통으로 사용하고 사용온도는 300℃ 정도이다.
⑧ 펄라이트 진주암 등을 고온가열하여 팽창시킨 것으로 가볍고 흡습성이 크며 내화도가 높고, 열전도율은 작으며 사용온도는 650℃ 정도이다.
⑨ 실리카파이버 SiO_2(이산화규소)를 주성분으로 압축성형한 것으로 안전사용온도는 1,100℃로 고온용이다.
⑩ 세라믹파이버 ZrO_2(지르코늄 옥사이드)를 주성분으로 압축성형한 것으로 안전사용온도는 1,300℃로 고온용이다.
⑪ 금속질 보온재 금속 특유의 열 반사특성을 이용한 것으로 대표적으로 알루미늄박이 사용된다.

4) 패킹(Packing)

패킹재는 이음부나 회전부의 기밀을 유지하기 위한 것으로 나사용, 플랜지, 그랜드 패킹 등이 있다.

(1) 나사용 패킹

① 페인트 페인트와 광명단을 혼합하여 사용하며 고온의 기름배관을 제외하고는 모든 배관에 사용할 수 있다.
② 일산화연 냉매배관에 많이 사용하며 빨리 응고되어 페인트에 일산화연을 조금 섞어서 사용한다.
③ 액상합성수지 화학약품에 강하고 내유성이 크며, 내열범위는 -30~130℃ 정도로 증기, 기름, 약품배관 등에 사용한다.

(2) 플랜지 패킹

① 고무패킹 탄성이 우수하고 흡수성이 없으며 산·알칼리에 강하나 열과 기름에는 침식된다.
② 석면 조인트 시트 광물질의 미세한 섬유로 450℃까지의 고온배관에도 사용된다.
③ 합성수지 패킹 테플론은 가장 우수한 패킹 재료로서 약품이나 기름에도 침식되지 않으며 내열범위는 -260~260℃이지만 탄성이 부족하여 석면, 고무, 금속 등과 조합하여 사용한다.
④ 금속패킹 납, 구리, 연강, 스테인리스강 등이 있으며 탄성이 적어 누설의 우려가 있다.
⑤ 오일실 패킹 한지를 일정한 두께로 겹쳐서 내유 가공한 것으로 내열도는 낮으나 펌프, 기어박스 등에 사용한다.
⑥ 그랜드 패킹 펌프나 밸브의 회전부분에 사용하여 기밀(수밀)을 유지하는 역할을 한다.
⑦ 석면 각형패킹 석면을 각형으로 짜서 흑연과 윤활유를 침투시킨 것으로 내열, 내산성이 좋아 대형 밸브에 사용한다.
⑧ 석면 야안 패킹 석면실을 꼬아서 만든 것으로 소형밸브에 사용한다.
⑨ 아마존 패킹 면포와 내열고무 콤파운드를 가공하여 성형한 것으로 압축기에 사용한다.
⑩ 몰드 패킹 석면, 흑연, 수지 등을 배합 성형하여 만든 것으로 밸브, 펌프 등에 사용한다.

5) 덕트 재료

(1) **덕트 재료** 덕트는 주로 아연도 철판(함석)을 사용하며 용도에 따라 스테인리스철판, 동판, PVC판 등을 사용한다.

(2) **덕트 규격별 철판 두께**(아연도강판, 강판의 경우)

구분	규격(mm)	두께(mm)
원형 덕트	지름이 500 이하	0.5
	510~700	0.6
	710~1,000	0.8
	1,010~1,200 이상	1.0
	1210 이상	1.2
각형 덕트	긴 변이 450 이하	0.5
	460~750	0.6
	760~1,500	0.8
	1,510~2,200	1.0
	2,210이상	1.2

(3) **DUCT 재질**(반송 물질의 종류에 따라 구분)

이송물질	재질
유기용제	아연도금강판
강산과 염소계 용제	스테인리스스틸, 강판
알칼리	강판
주물사, 고온가스	흑피강판
전리방사선	중질콘크리트 닥트
화장실 정화조 배기	PVC (합성수지)

(4) **DUCT 반송 속도**

이송물질	적용 예	반송속도 (m/s)
가스, 증기, 흄 및 극히 가벼운 물질	각종 가스와 증기, 산화아연 산화알루미늄의 흄, 목재분진 및 솜먼지 등	10
가벼운 건조 물질	원사, 대패밥, 고무분진, 베크라이트 분진 등	15
일반공업물질	털, 샌드블라스팅 발생먼지, 클라인더 작업 시 먼지 등	25
무거운 물질	납분진, 주조 후 모래털기 작업 시 먼지,	25
무겁고 비교적 큰 젖은 입자먼지	선반작업에서의 먼지 등 젖은 납분진, 젖은 주조작업에서의 발생먼지 등	25 이상

2. 배관 및 덕트 부속기기

1) 냉온수 배관 계통

(1) 배관의 조닝방법이 적합한지 확인한다.(방위별, 용도별, 실별, 용량 등)
(2) 냉온수 겸용코일인 경우, 냉온수의 유량차이가 클 경우에 적정한 제어방법이 필요하다.
(3) 층별로 유량을 균등하게 분배할 수 있도록 배관방식의 선정 또는 정유량 밸브를 설치한다.

(4) 각 유량분배 방식별 장단점을 검토 후 배관계통을 결정한다.
   ① 정유량 방식
   ② 변유량 방식
   ③ 1차 펌프 방식
   ④ 1~2차 펌프 방식
(5) 4-pipe방식의 필요성을 검토한다.
(6) 밀폐배관의 압력 유지 계획이 적정한지 검토한다.
(7) 팽창탱크의 위치가 적정한지 확인한다.
(8) 차압밸브의 용량산정이 적합한지 검토한다.

2) 증기 계통
(1) 감압밸브를 설치한 경우, 최종 사용처의 증기소요압력이 확보되는지 검토한다.
(2) 용도별로 증기의 압력이 적정한지 확인한다.
(3) 가습의 경우 특수실은 조절밸브를 사용하지만, 일반실의 경우는 전자밸브(on/off밸브)를 사용한다.
(4) 적정한 트랩을 선정한다.(float trap, bucket trap 등)

3) 냉각수 계통
(1) 연간공조의 경우 냉각수의 과냉에 대한 제어가 가능 하도록 온도제어시스템이 구성되어 있는지 확인한다.(3-way, 2-way, fan on/off 등)
(2) 몇 개의 냉각탑을 병렬로 운전하는 경우
   ① 균등관의 설치를 확인한다.(입구관과 동일한 크기로)
   ② 각 입구수량의 조절기능 유무를 확인한다.(정유량밸브 또는 조절밸브)
   ③ 출구주관은 입구주관보다 2단계 큰 헤더를 설치한다.
   ④ 각 출구관과 출구헤더는 저항이 작은 구조(45° 엘보우 사용)로 연결한다.
   ⑤ 이와 관련된 펌프도 냉각탑의 운전대수에 따라 합당하게 대수제어가 되고 있는지 확인한다.

4) 덕트 부속기기

(1) 풍량조절댐퍼(VD)

단익댐퍼 　 다익댐퍼(대향익형 평행익형) 　 스플릿댐퍼 　 슬라이드댐퍼

[그림 1-44] 풍량 조절 댐퍼

① **단익댐퍼** 버터플라이 댐퍼라고도 하며 기류가 불안정, 소형덕트에만 쓰인다.
② **다익댐퍼** 날개가 여러 장으로 루버댐퍼라고도 하며, 기류가 안정되고, 대형덕트에 사용한다.(평행익형, 대향익형)
③ **스플릿댐퍼** 덕트의 분기부에서 풍량조절에 이용한다.
④ **슬라이드댐퍼** 덕트 도중 홈 틀을 만들어 1장의 철판을 수직으로 삽입하며 주로 개폐용이다.
⑤ **클로드댐퍼** 댐퍼에 철판대신 섬유질 재질을 사용하여 소음을 감소하고 기류를 안정시킨다.

(2) 방화댐퍼(FD)
화재발생 시 차단 화염이 덕트를 통해 다른 실로 옮겨가는 것을 방지(일반용 휴즈 용융온도 72℃)하며 덕트 내 온도를 감지하여 차단한다.

(3) 방연댐퍼(SD)
방화댐퍼와 마찬가지로 연기의 이동을 막기 위하여 연기를 감지하여 차단한다.(설비비가 고가)

(4) FSD
방화방연댐퍼이다.(2가지 기능 복합)

(5) 가이드베인
덕트의 곡부에서 기류안정을 목적으로 부착하는 안내 날개이다.(터닝베인 : 좁은 날개를 여러 장 붙인 것으로 직각덕트에 쓰인다.)

(6) 취출구 종류
① 도달거리와 강하도
  가. **도달거리** 취출구에서 나온 기류가 0.25m/s 정도로 감소할 때까지 이동한 수평거리를 도달거리라 한다.
  나. **강하도** 취출구에서 나온 기류가 도달거리 지점까지의 수직 이동거리를 강하도(상승도)라 한다.
② 취출구 종류

[그림 1-45] 취출구 종류

가) **천장** 아네모스탯형, 팬형, 슬롯형, 노즐형, 라인디퓨저, 다공판
나) **벽면** 유니버설형, 그릴형, 슬롯형, 노즐형, 라인디퓨저, 다공판
다) **머쉬룸형** 극장 바닥 등에 설치하는 흡입구, 취출구

3. 배관 및 덕트의 접합방법

1) 배관이음공법

(1) **나사이음** 강관, STS 배관의 소구경(50A 이하) 등에서 가장 일반적인 이음으로 배관에 숫나사를 내어 암나사를 가진 부속류(엘보 티이 등)와 나사결합하여 접속한다. 유지관리 시 자유단에서 분해도 가능하다.
(2) **용접이음** 대부분의 금속배관(강관, STS 등)에서 용접기로 모재를 용해하여 결합하는 방식으로 수밀성, 구조적 내구성이 우수하나 분해는 불가하다.
(3) **소켓이음** 주철관, PVC, 콘크리트관 등에서 주로 적용하며 수구(숫놈)와 삽구(암놈)를 끼워 맞춤하는 방식이다. 최근에는 주로 고무패킹을 사용한다.
(4) **플랜지이음** 강관, 주철관등 금속 배관에서 분해가 가능한 접합 방법으로 배관에 플랜지를 붙이고(용접이나 나사이음) 플랜지끼리 볼트 접합한다.
(5) **납땜이음** 동관에서 주로 사용하는 접합법으로 모재는 용해하지 않고 용접봉으로 모세관현상으로 결합(연납땜, 경납땜)하는 것이다. 분해는 불가하다.
(6) **메커니컬조인트** 주철관에서 수구와 삽구를 결합하는 것으로 볼트결합한다. 유지관리 시 분해가 가능하다.
(7) **노허브이음** 배수 주철관에서 주로 사용하며 소켓(수구, 삽구)이 없이 배관을 서로 맞대기 접속하고 밴드로 체결한다.
(8) **신축이음** 냉온수 배관에서 온도차에 의한 신축을 흡수하기위해 일정 간격마다 설치하며 밸로즈형, 슬리브형, 신축곡관, 볼죠인트, 스위블조인트 등이 있다.

2) 덕트이음공법

① **시임** 재료 자체를 접어 연결하여 강도가 큰 편이다.
　가. **피츠버그 스냅록** 각 부의 접합 시 겹으로 접은 판 사이에 싱글로 접은 판을 끼워 넣고 때려 누른 형식, 견고하고 공기누설을 막을 수 있어 현장에서 주로 사용한다.
　나. **보턴펀치 스냅록** 더블로 접은 곳에 싱글로 접은 것을 끼워 넣기만 하고 때리지는 않으며 싱글의 돌출부(펀치)가 더블의 접은 면에 걸리도록 하여 시공이 간편하여 공기 단축효과를 노린다.
② **슬립** 슬립에 재료를 끼워 넣는 방식으로 강도가 약해 소형덕트에 활용되며 시공이 쉽고 재료도 절약할 수 있다.
③ **덕트의 보강** 대형덕트에서 강도를 보완하기위하여 다이아몬드 브레이크, 리브홈을 두어 강도를 높인다. 덕트 내외부에 스티프너(앵글보강)를 접속하거나 보강용 봉(로드)을 수직으로 덧대어 결합하기도 한다.

[그림 1-46] 덕트이음공법

[그림 1-47] 장방형 덕트의 공법

3) 덕트의 시공

(1) 확대·축소

① 단면적이 75% 이상인 경우 직접 확대·축소
② 단면적이 75% 이하인 경우
    가. **저속덕트** 확대 15° 이하, 축소 30° 이하
    나. **고속덕트** 확대 8° 이하, 축소 15° 이하로 서서히 확대·축소

(2) 엘보의 분기

① A≧8W에서 분기(A≦8W일 경우 가이드 베인 설치)
② A≦4W일 경우 상하 분할분기
   W : 덕트폭, A : 덕트 중심에서 분기 중심까지 거리

(a) A≦8W일 경우 엘보에 가이드 베인 설치   (b) A≦4W일 경우 상하 분할 분기

[그림 1-48] 장방형 덕트의 엘보 직후의 분기

제3편 예·상·문·제
설비시스템 검토

01 온수난방 배관에서 리버스 리턴(Reverse return) 방식을 사용하는 이유는?

① 배관의 신축을 흡수하기 위하여
② 배관 내의 공기배출을 용이하게 하기 위하여
③ 배관의 길이를 짧게 하기 위하여
④ 온수의 유량분배를 균일하게 하기 위하여

[해설] 리버스 리턴 배관은 존별로 배관길이를 균등 → 저항을 균등 → 온수 유량분배 균등 → 난방온도 균등을 목적으로 한다.

02 난방장치의 용량계산을 위한 설계용 외기온도를 설정할 때 TAC 온도 위험률 2.5% 온도 의 의미로 가장 알맞은 것은?

① 2.5%의 시간에 해당하는 약 72시간의 외기온도가 설계 외기온도보다 낮을 가능성이 있다.
② 난방기간 동안의 외기온도가 설계 외기온도보다 2.5% 높을 가능성이 있다.
③ 난방기간 동안의 외기온도가 설계 외기온도보다 2.5% 낮을 가능성이 있다.
④ 2.5%의 시간에 해당하는 약 72시간의 외기온도가 설계 외기온도보다 높을 가능성이 있다.

[해설] 난방 시는 2.5%의 시간에 해당하는 약 72시간의 외기온도가 설계 외기온도보다 낮을 가능성이 있고, 냉방 시는 2.5%의 시간에 해당하는 약 72시간의 외기온도가 설계 외기온도보다 높을 가능성이 있다.

03 증기를 이용하는 방열기에서 표준상태의 방열량은?

① $0.465 kW/m^2$
② $0.523 kW/m^2$
③ $0.698 kW/m^2$
④ $0.756 kW/m^2$

[해설] 온수난방 $1m^2$ EDR=0.523kW, 증기난방 $1m^2$ EDR=0.756kW(암기사항!!)

[해답] 1.④ 2.① 3.④

04 실의 난방부하가 10kW인 사무실에 설치할 온수난방용 방열기의 필요 섹션수는? (단, 방열기 섹션 1개의 방열면적은 0.20m²로 한다.)

① 74섹션 ② 85섹션
③ 90섹션 ④ 96섹션

해설 온수난방 1m²EDR=0.523kW, 증기난방 1m²EDR=0.756kW
그러므로 10kW=10/0.523=19.12m², 쪽수 N=19.12/0.2=95.6=96sec

05 수직으로 세운 드럼 내에 연관 또는 수관이 있는 소규모의 패키지형으로 되어 있으며, 규모가 작은 건물 및 일반 가정용 난방에 사용되는 보일러는?

① 주철제 보일러 ② 연관 보일러
③ 수관 보일러 ④ 입형 보일러

해설 입형 보일러는 수직으로 만들어서 설치면적이 적다.

06 다음 중 일반적인 난방용 보일러용량 산정 시 고려하지 않아도 되는 요소는?

① 예열 부하 ② 난방 부하
③ 배관 열손실 ④ 재열부하

해설 재열부하는 여름철에 발생하는 냉방 운전 시의 보일러 부하로 겨울철 난방부하에 충분히 포함되므로 보일러 용량 산정에서는 제외한다.

07 온수난방에 대한 설명으로 옳지 않은 것은?

① 증기난방에 비해 소요 방열면적과 배관경이 크게 되므로 설비비가 높다.
② 보일러 정지 후에도 여열이 남아 있어 실내난방이 어느 정도 지속된다.
③ 열용량이 작아 예열시간이 작으므로 간헐난방에 적합하다.
④ 한랭지에서는 운전정지 중에 동결의 위험이 있다.

해설 온수난방은 보유수량이 많아서 열용량이 크다. 따라서 예열시간도 길고 여열시간도 길다. 연속난방에 적합하다. 간헐난방에는 예열시간이 짧은 온풍난방이나 증기난방이 좋다.

08 다음 중 온도조절식(thermostatic type) 트랩에 속하는 것은?

① 플로트 트랩(float type) ② 벨로우즈 트랩(bellows trap)
③ 상향 버킷 트랩(open bucket trap) ④ 하향 버킷 트랩(inverted bucket trap)

해설 벨로우즈 트랩은 열에 의해 작동되며, 플로트, 버킷 트랩은 응축수량에 따라 작동된다.

해답 4.④ 5.④ 6.④ 7.③ 8.②

09 손실열량(난방부하)이 50,000kJ/h인 실에 온수를 열매로 하는 방열기 쪽수는? (단, 방열기 쪽수당 방열면적은 0.26m²이다.)

① 27쪽 ② 86쪽
③ 103쪽 ④ 142쪽

해설 $N = \dfrac{\text{난방부하}}{\text{표준방열량} \times \text{쪽당 방열면적}} = \dfrac{50,000 kJ/h}{0.523 kW/m^2 \times 0.26 m^2 \times 3,600} = 102.14 = 103$쪽

10 온수 온돌 난방공간에 대한 다음 기술 중 가장 부적당한 것은?

① 실내 상하온도차가 적다.
② 예열시간이 길다.
③ 바닥 구조체에는 반드시 단열을 해야 한다.
④ 증기난방이나 온수난방에 비해 설비비가 싸다.

해설 온수 온돌 난방은 복사난방으로 설비비가 비싼 편이다.

11 5℃인 물 1,300L를 80℃까지 가열하였을 때 온수의 팽창량은 얼마인가?(단, 5℃ 물의 밀도 999.8kg/m³, 80℃ 물의 밀도 972.0kg/m³이다.)

① 28.6L ② 37.2L
③ 43.8L ④ 62.1L

해설 $\Delta V = \left(\dfrac{1}{\rho_2} - \dfrac{1}{\rho_1}\right) V = \left(\dfrac{1}{0.972 kg/L} - \dfrac{1}{0.9998 kg/L}\right) 1,300 = 37.19 = 37.2L$

12 증기배관에서 증기유속의 설명 중 옳은 것은?

① 저압 증기관 최저 35m/s, 고압 증기관 최저 45m/s
② 저압 증기관 최저 35m/s, 고압 증기관 최대 45m/s
③ 저압 증기관 최대 35m/s, 고압 증기관 최저 45m/s
④ 저압 증기관 최대 35m/s, 고압 증기관 최대 45m/s

해설 저압증기관 최대 유속 35m/s, 고압 증기관 최대 유속 45m/s

13 다음은 고온수 난방의 배관에 관한 설명이다. 옳은 것은?

① 고온수로 실내에 직접 공급하는 것이 일반적이다.
② 대량의 열량공급은 용이하지만 배관의 지름은 저온수 난방보다 크게 된다.

③ 관내 압력이 높기 때문에 관내면의 부식문제가 증기난방에 비해 심하다.
④ 가압 장치로는 질소가스가압, 증기가압 등의 방식이 이용된다.

해설 배경관은 작아지며 고온수를 통해 먼 거리까지 공급한 후 열교환하여 실내에 공급되는 온수는 보통온도를 사용한다. 만수 상태이므로 부식은 증기 시스템보다 적다.

14 보일러에 관한 다음의 A군과 B군의 조합 중에서 잘못된 것은?

　　　A군　　　　　B군　　　　　　　　A군　　　　　B군
① 증발계수-실제증발량/상당증발량　② 급수예열장치-인젝터
③ 굴뚝의 단면적-켄트(KENT)의 식　④ 대용량연소장치-회전식버너

해설 증발계수=상당증발량/실제증발량

15 공기조화와 직접 난방을 비교한 다음 설명 중 적당한 것은?
① 스페이스 면에서는 공기조화 설비가 유리하다.
② 실내 열환경의 효과적인 제어를 위해서는 직접 난방이 바람직하다.
③ 직접 난방은 공기조화에 비해 소음발생이 적다.
④ 설비비면에서는 직접 난방이 불리하다.

해설 직접 난방은 방열기에 의해 난방을 공급하므로 설치 스페이스는 증가하며 직접난방은 방열기 소음이 발생한다. 설비비는 공기조화 방식이 크다.

16 다음은 어떤 방열기의 특징을 설명한 것이다. 어느 방열기인가?

> ㉠ 천장 달기형과 벽걸이형이 많다.　㉡ 프로펠러 팬으로 강제 통풍한다.
> ㉢ 공장이나 체육관 등에 많이 사용한다.

① 베이스보드 방열기　　② 길드 방열기
③ 컨벡터　　　　　　　④ 유니트 히터

해설 강제 팬이 부착된 것은 유니트 히터로 주로 공장 등에서 천장에 매달아 사용한다.

17 다음의 공기조화 방식 중 일반적으로 덕트 속의 풍압이 변화하기 때문에 주 덕트 내에 정압 제어를 필요로 하는 것은?
① 변풍량 단일덕트 방식　② 패키지 유니트 방식
③ 정풍량 이중덕트 방식　④ 유인 유니트 방식

해설 변풍량 방식(VAV)은 풍량의 변화로 풍압이 변화하여 정압제어가 필요하다.

해답 14.① 15.① 16.④ 17.①

18 배관재 중 온수난방용 배관재로 가장 부적합한 것은?

① 스테인리스강관 ② 경질염화비닐라이닝강관
③ 동관 ④ HDPE관

해설 온수난방용 바닥 코일로 가장 부적합한 배관은 비닐라이닝강관이다.

19 난방배관의 신축을 흡수하기 위해 사용되는 신축이음쇠에 속하지 않는 것은?

① 루프형 ② 리프트형
③ 슬리브형 ④ 스위블형

해설 신축이음의 종류에는 벨로우즈형, 루프형, 슬리브형, 스위블형, 볼 조인트 등이 있다.

20 다음 중 단일덕트 정풍량 방식에 관한 설명으로 옳은 것은?

① 고속덕트 방식을 주로 사용한다.
② 부하특성이 다른 다수의 실의 공조에 적합하다.
③ 환기효과가 적다.
④ 중간기에 외기냉방이 가능하다.

해설 단일덕트는 저속덕트를 이용하고, 부하특성이 동일한 단일실에 적합하며, 환기효과가 크고, 송풍량이 많아 중간기에 외기냉방이 가능하다.

21 다음은 에어 필터 설치에 관한 설명이다. 이 중 옳지 않은 것은?

① 공조기 내 에어 필터는 송풍기 흡입 측이면서 코일의 앞쪽에 설치한다.
② 예냉코일이 있을 시에는 예냉코일과 냉각코일 다음에 설치한다.
③ 고성능 필터는 송풍기 출구 측에 설치한다.
④ 유니트형 필터는 지그재그로 설치하여 통과면적을 크게 한다.

해설 공조기 필터는 예냉코일 뒤, 냉각코일 앞에 설치하여 환기의 분진도 제거해야 한다.

22 FCU의 배관 방식 중 냉수 및 온수관이 각각 있어서 혼합손실이 없는 배관방식은?

① 1관식 ② 2관식
③ 3관식 ④ 4관식

해설 4관식은 냉온수 공급, 환수관이 각각 있어 혼합손실이 없어 에너지 손실은 적으나 설비비가 고가이다.

해답 18.② 19.② 20.④ 21.② 22.④

23 공기조화에 대한 다음 설명 중 옳은 것은?

① 유인 유니트는 팬과 코일만으로 구성되어 있다.
② 패키지형 공조기는 냉동기, 팬 및 코일을 내장하고 있다.
③ 유니트 히터는 코일 및 냉동기를 내장하고 있다.
④ 팬코일 유니트에는 배관과 덕트가 연결되어 있다.

[해설] 팬코일 유니트는 팬과 코일을 내장하고 배관과 연결되어 있다. 유인 유니트는 배관과 고속덕트가 연결되어 있으며 코일과 취출노즐로 구성되어 있다. 또한 유니트 히터는 가열코일과 팬으로 구성되어 있다.

24 에너지 절약을 위한 공기조화의 열회수 방법 중에서 폐열을 열교환에 의해 직접 이용하는 방식이 아닌 것은?

① 히트 파이프
② 런 어라운드 코일
③ 전열 교환기
④ 더블 번들 콘덴서

[해설] 히트 파이프, 런 어라운드 코일, 전열교환기는 폐열을 회수하여 직접 이용하나 더블 번들 콘덴서는 폐열을 회수한 후 승온하여 이용한다.

25 단일덕트 변풍량 방식에서 어떤 실내의 감열(현열)부하가 3,000kJ/h일 때 송풍량은 1,000m³/h이였다. 실내 송풍량을 800m³/h로 줄일 수 있는 실내의 감열(현열)부하는 얼마인가?

① 2,400kJ/h
② 2,600kJ/h
③ 3,200kJ/h
④ 3,750kJ/h

[해설] 송풍량은 현열부하에 비례하므로 $Q = \dfrac{q_S}{1.21 \cdot \Delta t} = 3,000 \times \dfrac{800}{1,000} = 2,400 \text{kJ/h}$

26 다음 중 단일덕트 변풍량 재열방식에 대한 설명으로 옳지 않은 것은?

① 여름에도 보일러를 가동해야 한다.
② 각 실 및 존의 개별제어가 쉽다.
③ 재열부하는 발생하지 않으나 혼합손실로 인한 에너지 소모가 많다.
④ 재열기의 설치공간이 필요하다.

[해설] 단일덕트 변풍량 재열방식에서 최소한의 송풍량을 확보하기 위해 재열부하가 발생한다.

27 공조설비의 경제성 분석에 있어 운전비에 속하는 것은?
① 수리비　　　　　　　　② 보험금
③ 세금　　　　　　　　　④ 설비의 감가상각비

해설 수리비, 동력비 등은 운전비에 포함된다.

28 다음 중 10층 백화점 건물에 공조설비를 하고자 할 때 가장 적합한 공조 방식은?
① 유인 유니트 방식　　　② 팬코일 유니트 방식
③ 멀티존 유니트 방식　　④ 각 층 유니트 방식

해설 백화점 같이 층별 운전이 필요한 곳에는 각 층 유니트식이 유리하다.

29 다음의 공조장치 방식 중 운전 에너지 절약을 위해 사용되는 방식이 아닌 것은?
① 변풍량(VAV) 공조 방식　　② 변유량(VWV) 송수 방식
③ 외기 냉방 방식　　　　　　④ 이중덕트 공조 방식

해설 이중덕트 방식은 실별 제어특성은 우수하나 에너지 비용은 크다.

30 변풍량(VAV) 방식의 풍량제어 방식 중 동력 절감률이 제일 높은 제어 방식은?
① 회전수 제어 방식　　　　② 흡입 댐퍼 제어 방식
③ 토출 댐퍼 제어 방식　　　④ 베인 제어(Vane control) 방식

해설 동력절감은 회전수 제어 > 베인 제어 > 흡입 댐퍼 제어 > 토출 댐퍼 순이다.

31 급기온도를 일정하게 하고 송풍량을 가변시켜서 실내온도를 조절하는 공조방식은?
① 2중덕트 방식　　　　　　② FCU 방식
③ 정풍량 단일덕트 방식　　④ 변풍량 단일덕트 방식

해설 정풍량 방식은 풍량 일정, 온도조절 방식이고, 변풍량 방식은 온도 일정, 풍량 조절 방식

32 중앙공조기의 전열교환기에서는 다음 중 어느 공기가 서로 열교환을 하는가?
① 외기와 실내배기　　　　② 환기와 실내배기
③ 실내배기와 실내급기　　④ 외기와 실내급기

해설 공조기에서 전열교환기는 배기와 외기 사이에서 전열을 열교환한다.

해답　27.①　28.④　29.④　30.①　31.④　32.①

33 다음은 공기조화 시스템에서의 에너지 절약을 위한 적용 방안이다. 적당하지 않은 것은?

① 전열교환기 사용
② 외기냉방 채용
③ 이중덕트 방식 사용
④ VAV 방식 사용

[해설] 전열교환기는 폐열회수, 외기냉방은 환절기 외기이용, VAV 방식은 부하변동에 따른 풍량 조절로 에너지를 절약하나 이중덕트 방식은 에너지 손실이 크다.

34 공기조화방식 중 전공기 방식의 일반적인 특징으로 옳지 않은 것은?

① 실내공기의 오염이 적고, 중간기에 외기냉방이 가능하다.
② 실내에 배관으로 인한 누수의 염려가 없다.
③ 공조실과 덕트 스페이스가 필요 없다.
④ 냉·온풍의 운반에 필요한 팬의 소요동력이 냉·온수를 운반하는 펌프동력보다 많이 든다.

[해설] 전공기 방식은 공조실과 덕트 스페이스로 공간을 많이 차지한다.

35 전공기 방식에 속하며, 냉풍과 온풍을 각각 별개의 덕트를 통해 각 실이나 존으로 송풍하고, 냉·난방 부하에 따라 냉풍과 온풍을 혼합상자에서 혼합하여 취출시키는 공기조화방식은?

① 단일덕트 재열 방식
② 이중덕트 방식
③ 팬코일 유니트 방식
④ 각 층 유니트 방식

[해설] ① 단일덕트 방식 : 극장, 체육관, 공장 등과 같이 단일 공간에 합리적이며 정풍량 방식, 변풍량 방식 등이 있다.
② 이중덕트 방식 : 냉풍과 온풍을 따로 공급하여 실내 혼합상자에서 혼합하여 취출하며, 온도제어 특성이 공조방식 중 가장 우수하나 에너지 소비가 가장 많다.
③ 팬코일 유니트 방식 : 전수식으로 배관을 통해 냉온수를 공급하여 열매 운송동력이 적어 가장 경제적이다. 실내유효면적이 작아지고 공기의 청정도가 떨어진다.
④ 각 층 유니트 방식 : 층마다 공조실을 두어 송풍덕트가 짧고 각 층 개별운전이 용이하여 중대규모 임대빌딩 등 층별 운전이 필요한 곳에 적합하다.

36 초고층 건물에서 급수설비를 조닝(Zoning)하는 가장 주된 이유는?

① 급수압력 균등화
② 유지관리의 편리성
③ 급수용량의 균등화
④ 급수 펌프 운전의 편리성

[해설] 급수의 조닝은 초고층 빌딩에서 높이에 의한 정수압을 균등화하기 위한 것이다.

[해답] 33.③ 34.③ 35.② 36.①

37 물의 경도가 1mg/L이라 함은 다음 중 어느 것을 뜻하는가?

① 1L의 물속에 산소이온이 1mg 포함되어 있는 상태
② 1L의 물속에 불순물이 1mg 포함되어 있는 상태
③ 1L의 물속에 탄산칼슘이 1mg 포함되어 있는 상태
④ 1L의 물속에 대장균 기타 불순물이 1mg 포함되어 있는 상태

해설 경도란 물속의 2가 양이온을 탄산칼슘($CaCO_3$)으로 환산하여 mg/L로 표시한다.

38 급수설비에서 수격작용(water hammer) 방지법이 아닌 것은?

① 밸브의 급개폐 조작을 하지 않도록 한다.
② 관 내 유속이 적어지도록 관경을 크게 한다.
③ 밸브 앞의 배관길이가 길게 설계한다.
④ 워터 해머 방지기를 발생원인 밸브기구의 바로 상류 측에 설치한다.

해설 밸브 앞의 배관길이가 길수록 워터 해머는 심해진다.

39 다음 중 초고층 건물의 급수배관에 대한 설명으로 옳지 않은 것은?

① 급수계통에 조닝(Zoning)이 필요하다.
② 중간 수조방식은 수압이 일정하다.
③ 중간 수조방식은 중간수조실, 양수펌프 등이 필요하다.
④ 감압밸브 방식에서는 감압밸브가 고장 나더라도 높은 수압이 기구에 작용하지 않는다.

해설 감압밸브 방식에서는 감압밸브가 고장 나면 감압되지 않은 높은 수압이 기구에 직접 작용한다.

40 물의 정수과정에서 폭기법을 사용하는 경우가 있다. 폭기법의 정수효과로서 옳지 않은 것은?

① 수중의 암모니아 유화수소 탄산가스 등을 추출한다.
② 수중의 철, 망간을 산화시킨다.
③ 물의 냄새 제거에도 효과가 있다.
④ 수중의 페놀을 제거한다.

해설 폭기는 휘발성 가스나 냄새 등을 제거할 수 있고 철 및 망간을 산화시키나 페놀 제거효과는 적다.

해답 37.③ 38.③ 39.④ 40.④

41 수세식 화장실 용수로 사용하기 위한 중수도의 수질기준 내용으로 옳지 않은 것은?

① 대장균군수 : 검출되지 아니할 것
② BOD : 15mg/L 이하
③ 탁도 : 2NTU 이하
④ pH : 5.8~8.5

해설 중수도 BOD : 10mg/L 이하

42 다음 급수방식 중 위생성 및 유지관리 측면에서 가장 바람직하며 일반적으로 비교적 소규모의 건물에 사용되는 방식은?

① 수도직결방식
② 고가탱크방식
③ 압력탱크방식
④ 세퍼레이트방식

해설 수도직결식은 수질오염이 적고 유지관리가 거의 필요 없는 장점으로 최근에 중소규모 건물에 선호되는 급수방식이다.

43 급수방식 중 수도직결방식에 대한 설명으로 옳지 않은 것은?

① 수도본관 압력에 따라 급수압이 변화한다.
② 수질오염의 가능성이 다른 방식보다 높다.
③ 정전으로 인한 단수의 염려가 없다.
④ 고층으로의 급수가 어렵다.

해설 수도직결방식은 수질오염 가능성이 적다.

44 고가수조식 급수방식의 특징을 설명한 것 중 틀린 것은?

① 수압이 충분치 않다든가 일정하지 않아 상층부에 급수하지 못할 때 사용한다.
② 수압이 너무 과다하여 관이나 밸브류가 파손할 염려가 있을 때 유리하다.
③ 단수가 있기 쉬울 때 유리하다.
④ 취급이 비교적 어렵고 고장이 많다.

해설 고가수조식은 취급이 용이하고 고장이 적은 편이다.

45 다음 급수방식 중 에너지 소비가 가장 큰 것은?

① 수도직결식
② 압력탱크식
③ 고가탱크식
④ 탱크 없는 부스터방식

해설 에너지 소비 순서는 부스터방식 > 압력탱크식 > 고가탱크식 > 수도직결식

해답 41.② 42.① 43.② 44.④ 45.④

46 다음 중 위생설비의 펌프직송 급수방식에서 변속 펌프를 설치하는 이유와 가장 관계가 먼 것은?

① 에너지 절약을 기하기 위하여
② 운전비를 절감하기 위하여
③ 동력비를 절감하기 위하여
④ 설비비를 절감하기 위하여

[해설] 변속 펌프(인버터 설비)는 설비비가 고가이다.

47 급수방식의 종류 중 고가수조 급수방식의 장점으로 틀린 것은?

① 일정한 수압으로의 급수가 가능하다.
② 저수량을 확보하여 단수 시에도 일정시간 동안 급수가 가능하다.
③ 배관계통의 일정수압 유지가 가능하여 배관 부속품의 파손이 적다.
④ 급수의 오염가능성의 거의 없다.

[해설] 고가수조식은 수조에서의 정체시간이 길어져 오염가능성은 커진다.

48 압력수조식 급수방식에서 압력수조의 수량은 수조 전용적의 몇 % 정도로 설계하는 것이 바람직한가?

① 60%
② 70%
③ 80%
④ 90%

[해설] 압력수조식에서 수조 내의 최대수량은 탱크용적의 70% 정도로 설계한다.

49 압력탱크식 급수설계에서 압력탱크 내의 허용최대압력으로 알맞은 것은?(단, P_L은 필요최저압력임.)

① $P_H = P_L + (0.03 \sim 0.06\text{MPa})$
② $P_H = P_L + (0.07 \sim 0.14\text{MPa})$
③ $P_H = P_L + (0.14 \sim 0.24\text{MPa})$
④ $P_H = P_L + (0.24 \sim 0.36\text{MPa})$

[해설] 압력탱크식 급수설비에서 최고압력 P_H=최저압력(P_L)+0.07~0.14MPa

50 고층건물의 수압을 조정하기 위한 급수구획(조닝) 방식과 관련 없는 것은?

① 층별식
② 중계식
③ 압력탱크식
④ 부스터방식

[해설] 고층건물 급수조닝에는 모든 방법이 이용될 수 있으나 주로 층별식, 중계식, 부스터식(조압 펌프) 등이 복합적으로 쓰인다.

해답 46.④ 47.④ 48.② 49.② 50.③

51 급수설비의 조닝방법이 아닌 것은?

① 스필백방식　　　　　　② 부스터방식
③ 세퍼레이트방식　　　　④ 압력수조방식

해설 조닝방법에는 층별식(세퍼레이트방식), 중계식(릴레이식), 중간수조식, 스필백식, 부스터식 등이 있으며 이들을 조합하기도 한다.

52 국소식 급탕설비의 종류 중 증기를 사일렌서나 기수혼합밸브에 의해 물과 혼합시킨 탕을 만드는 방식은?

① 저탕식　　　　　　　　② 열매혼합식
③ 순간식　　　　　　　　④ 직접가열식

해설 열매혼합식(기수혼합식)은 증기 잠열을 이용하여 물과 혼합시켜 탕을 얻는 것으로 혼합시 소음을 제거하는 사일렌서 등을 이용한다.

53 중앙식 급탕방식에 대한 설명으로 옳지 않은 것은?

① 배관 및 기기로부터의 열손실이 작다.
② 기구의 동시 이용률을 고려하여 가열장치의 총 용량을 적게 할 수 있다.
③ 일반적으로 열원장치는 공조설비와 겸용하여 설치되기 때문에 열원단가가 싸다.
④ 기계실 등에 다른 설비 기계와 함께 가열장치 등이 설치되기 때문에 관리가 용이하다.

해설 중앙식은 개별식에 비하여 배관이 길어지므로 열손실이 많다.

54 학교, 공장, 기숙사 등 특정시간에 다량의 온수를 사용하는 장소에 적당한 급탕방식은?

① 즉시 탕비기　　　　　　② 저탕형 탕비기
③ 단순 폭기형　　　　　　④ 순간 온수기

해설 일시에 다량의 온수를 사용하기에는 저탕형이 좋다.

55 부패탱크식 정화조의 정화 순서로 맞는 것은?

① 부패-산화-여과-소독　　② 부패-여과-산화-소독
③ 부패-여과-소독-산화　　④ 부패-산화-소독-여과

해설 정화 순서 : 부패조-여과조-산화조-소독조

해답　51.④　52.②　53.①　54.②　55.②

56 고층 건축물에서 5층째마다 배수 수직주관과 통기 수직주관을 연결하여 설치한 관의 명칭으로서 맞는 것은?

① 신정 통기관　　　　　② 도피 통기관
③ 공용 통기관　　　　　④ 결합 통기관

해설
1) 각개 통기관 : 위생기구마다 통기관을 설치하는 것
2) 공용 통기관 : 2개 이상 위생기구를 공용으로 통기관을 설치하는 것
3) 회로 통기관(환상 통기관) : 배수횡지관에서 2개 이상의 트랩을 보호하기 위하여 최상류 기구의 바로 아래에서 통기관을 세워 통기수직관에 연결
4) 도피 통기관 : 회로 통기관을 도와서 통기 능률을 향상시키기 위하여 배수횡지관 최하류와 통기수직관을 연결
5) 신정 통기관 : 배수 수직관 상부를 곧장 연장하여 옥상 등에 개구시킨 것
6) 습식(습윤) 통기관 : 통기와 배수의 역할을 동시에 하는 통기관
7) 결합 통기관 : 고층 건물에서 통기 효과를 높이기 위해 5층마다 통기수직관과 배수수직관을 연결한 관

57 다음 그림에서 ① 부분의 통기관의 명칭으로 맞는 것은?

① 도피 통기관　　　　　② 신정 통기관
③ 회로 통기관　　　　　④ 결합 통기관

해설 통기입관과 배수입관을 연결하는 결합 통기관이다.

58 다음 중 소리의 공명에 의한 소음 장치는 어느 것인가?

① 플레이트형 소음기　　② 머플러형 소음기
③ 엘보　　　　　　　　④ 소음 체임버

해설 플레이트형은 판진동에 의한 소음기, 머플러형은 공명, 소음 엘보는 내장된 흡음재, 송풍기 출구 등에는 공간(소음 체임버)을 두어 반사와 간섭으로 소음을 흡수한다.

해답 56.④　57.④　58.②

59 오수정화조의 설계 순서를 바르게 표시한 것은?

> a. 처리대상 인원산출
> b. 정화조 용량산정
> c. 오수특성 분석
> d. 오수정화성능 결정

① a-b-c-d
② a-d-c-b
③ a-c-d-b
④ c-d-a-b

해설 정화조 설계 순서는 대상 인원산출-정화조 성능 결정-오수 특성 분석-처리방식 결정-용량 결정-세부설계 및 방류수 주변 상황 조사

60 배수·통기 양 계통 간의 공기의 유통을 원활히 하기 위해 설치하는 통기관으로써, 고층건물이나 기구수가 많은 건물에서 수직관까지의 거리가 긴 경우 루프 통기의 효과를 높이는 의미에서 채용되는 것은?

① 각개 통기관
② 신정 통기관
③ 습윤 통기관
④ 도피 통기관

해설 도피통기관은 루프 통기관(배수횡지관 최상류 설치)을 도와서 통기 능률을 향상시키기 위하여 배수횡지관 최하류에서 통기수직관과 연결한다.

61 BOD 제거율을 나타내는 식은?

① $\dfrac{\text{유입수 BOD} - \text{유출수 BOD}}{\text{유입수 BOD}} \times 100$

② $\dfrac{\text{유출수 BOD} - \text{유입수 BOD}}{\text{유출수 BOD}} \times 100$

③ $\dfrac{\text{유입수 BOD} - \text{유출수 BOD}}{\text{유출수 BOD}} \times 100$

④ $\dfrac{\text{유출수 BOD} - \text{유입수 BOD}}{\text{유입수 BOD}} \times 100$

해설 BOD 제거율=제거량/유입량=(유입-유출)/유입

62 다음의 풍량조절 댐퍼 중에서 덕트 분기부에 설치해서 풍량의 분배를 하는데 사용하는 것은?

① 버터플라이 댐퍼
② 루버 댐퍼
③ 스플릿 댐퍼
④ 정풍량 댐퍼

해설
① 버터플라이 댐퍼 : 단익 댐퍼라고도 하며 기류가 불안정하고 주로 소형 덕트에 쓰임
② 루버 댐퍼 : 다익 댐퍼로 날개가 여러 개로 기류가 안정되고, 대형 덕트에 사용(평행익형, 대향익형)
③ 스플릿 댐퍼 : 덕트의 분기부에서 풍량조절에 이용
④ 정풍량 댐퍼 : 일정 풍량이 일정하도록 조정되는 댐퍼

해답 59.② 60.④ 61.① 62.③

63 덕트에서 공기의 누설 원인이 아닌 것은?

① 플랜지와 플랜지를 용접한 부분의 연결 불량
② 덕트와 판재 체결 리벳 불량
③ 플랜지와 철판 사이의 실재료 불량
④ 심부분의 실 재료를 덕트 내부에서 바른 경우

해설 실(seal) 재료를 덕트 외부에서 바를 경우 누설이 심하다.

64 실내 기류 분포 중 콜드 드래프트(cold draft)의 원인이 아닌 것은?

① 인체주위의 공기온도가 너무 낮을 때
② 인체주위의 기류속도가 클 때
③ 주위공기의 습도가 높을 때
④ 주위 벽면의 온도가 낮을 때

해설 동일한 온도에서 습도가 높을 경우에는 온감을 느낀다.

65 벽 취출구에서 동일한 취출 풍속일 때 상승거리가 가장 긴 시기는?

① 난방 시
② 냉방 시
③ 중간기
④ 어느 때나 동일

해설 기류는 난방 시 상승하고 냉방 시 하강한다. 따라서 하강거리는 냉방 시에 크고, 상승거리는 난방 시 온풍일수록 크다.

66 극장 등에서 도달거리를 늘리기 위해 취출속도를 5m/s 이상으로 하여 사용되는 취출구는?

① 팬형(Pan)
② 슬로트형(slot)
③ 래지스터(Register)
④ 노즐(Nozzle)

해설 노즐은 구조가 간단하고 도달거리가 커서 극장, 로비 등에 이용된다.

67 덕트 설계 시 정압재취득법에 의한 방법의 원리는?

① 동압감소를 정압으로 회수
② 전압감소를 동압으로 회수
③ 정압감소를 동압으로 회수
④ 정압감소를 전압으로 회수

해설 정압재취득법은 말단으로 갈수록 감소하는 풍속에 의한 동압감소분을 정압으로 회수하여 취출구의 정압이 같도록 한다.

해답 63.④ 64.③ 65.① 66.④ 67.①

68 대형 덕트의 개폐용으로 가장 적당한 댐퍼는?

① 스프릿 댐퍼
② 루버 댐퍼의 평행익형
③ 루버 댐퍼의 대향익형
④ 버터플라이 댐퍼

해설 대형 덕트에서 루버 댐퍼의 평행익형은 개폐용에 주로 쓰이며 마찰손실이 적은 반면 편류가 심하다. 대향익형은 풍량 조절용에 쓰인다.

69 유체의 풍속 측정 시 가장 편리하게 이용할 수 있는 풍속계는?

① 풍차 풍속계
② 열선식 풍속계
③ 피토관
④ 카터온도계에 의한 측정

해설 열선식 풍속계는 가열된 와이어가 유체의 유속에 의해 식을 때 온도감소폭을 판단하여 유속을 측정하는 것으로써 풍속을 쉽게 측정할 수 있다.

70 다음 그림과 같이 마노미터를 설치하였다. 각 마노미터에서 측정할 수 있는 것으로 옳은 것은?

① (a) 전압 (b) 정압 (c) 동압
② (a) 정압 (b) 동압 (c) 전압
③ (a) 동압 (b) 전압 (c) 정압
④ (a) 동압 (b) 정압 (c) 전압

해설 (a) : 전압, (b) : 정압, (c) : 동압

71 덕트의 시공에 관한 다음 기술 중 틀린 것은?

① 덕트의 단면을 변화시킬 때는 급격한 변화를 피하고 점차 확대 또는 축소시키는 것이 바람직하다.
② 덕트의 굴곡부(엘보)에 가까운 하류위치에는 취출구를 되도록 설치하지 않는 것이 좋다.
③ 스프릿 댐퍼는 원형덕트의 풍량 조정용에만 사용된다.
④ 플랙시블 이음은 송풍기의 진동을 덕트에 전달시키지 않게 하기 위해 송풍기와 덕트의 접속부에 잘 쓰인다.

해설 스프릿 댐퍼는 각형 덕트의 분기점에서 풍량 조절용에 주로 쓰인다.

해답 68.② 69.② 70.① 71.③

72 다음 그림과 같은 엘보에 대한 압력 손실은?(단, 곡관부의 손실계수는 0.35이다.)

① 1.24mmAq ② 2.24mmAq
③ 3.24mmAq ④ 4.24mmAq

해설 풍속을 구하면 $V = \dfrac{Q}{A} = \dfrac{860}{3,600 \times \pi/4 \times 0.2^2} = 7.6 \text{m/s}$

압력 손실 $P = \zeta \dfrac{V^2}{2g} \gamma = 0.35 \times \dfrac{7.6^2}{2 \times 9.8} \times 1.2 = 1.24 \text{mmAq}$

73 다음 중 보온을 해야 하는 덕트는?

① 환기덕트 ② 외기 도입덕트
③ 배기덕트 ④ 2중덕트 중 온풍덕트

해설 보온을 요하는 덕트 : 냉풍, 온풍덕트로 덕트 주변보다 온도차가 심한 덕트

74 다음 중 각 실의 개별제어성이 가장 우수한 덕트 배치방식은?

① 간선덕트(천장취출) ② 간선덕트(벽취출)
③ 개별덕트(천장취출) ④ 환상덕트(벽취출)

해설 간선덕트는 덕트 물량이 적으나 개별제어는 어렵고 개별덕트는 덕트 물량은 많으나 각 실별 제어가 가능하다. 환상덕트는 각 취출구의 정압을 균등히 하여 취출풍량이 안정된다.

75 원형 덕트의 곡관부의 이형관에서 국부저항의 상당길이를 L'라 할 때 다음 설명 중 옳은 것은?(단, λ : 덕트재료의 마찰저항계수, d : 원형 덕트의 직경, ξ : 국부저항손실계수이다.)

① L'는 d, ξ에 비례하나 λ에는 반비례한다.
② L'는 d, λ에 비례하나 ξ에는 반비례한다.
③ L'는 d, ξ, λ에 모두 비례한다.
④ L'는 d, ξ, λ에 모두 반비례한다.

해설 국부저항 상당길이 : $L' = \dfrac{\xi \cdot d}{\lambda}$

해답 72.① 73.④ 74.③ 75.①

76 덕트 배치법 중 덕트 말단에 가까운 취출구에서 송풍량의 불균형을 개선할 수 있는 방법은?

① 간선덕트(천장취출)
② 간선덕트(벽취출)
③ 개별덕트(천장취출)
④ 환상덕트(벽취출)

[해설] 환상덕트는 간선덕트를 환상으로 배치하여 덕트 햇다의 개념으로 각 취출구의 정압을 균등히 하여 취출풍량이 안정된다.

[해답] 76.④

제4편 설계도서 작성

제1장 설비도서 작성

1. 설비도서 종류

1) 설비도서의 종류
건설공사에서 최종 설비 관련 설계도서는 다음과 같다.
(1) 설비 관련 공사시방서(위생설비, 공조설비, 장비설치 등)
(2) 설비 관련 설계도면(장비일람표, 냉온수계통도, 덕트계통도, 위생배관도, 덕트도면, 냉온수배관도 등)
(3) 설비 관련 전문시방서(각종 장비 시방서)
(4) 설비 관련 표준시방서(국토부 건설기술정보시스템 표준시방서)
(5) 설비 관련 산출내역서(도면상 각종(배관, 덕트, 장비) 수량 산출, 국토부 고시 표준품셈에 의거 공량산출)
(6) 각종 기계설비 계산서(냉난방부하계산, 장비용량 계산서 등)
(7) 승인된 상세시공도면(설계도면에 의거 시공에 필요한 시공상세도(Shop'D))
(8) 설계시공설명서, 입찰유의서 등 관계법령의 유권해석
(9) 기타 감리자의 지시사항 등

2) 설비도면 표기 사항

(1) 도면 표기 일반
① 장비기호 및 제 용량
② 배관 용도 및 배관경
③ 건축치수선 및 key plan
④ 단면 표시기호 : X, Y측 및 주요부분
⑤ 유량제어 밸브 일람표를 작성하고 자동제어 도면상의 내용과 일치 여부를 확인한다.
⑥ 배관의 구분 : 동일 종류의 배관이 많을 경우 계통 및 Zone별로 구분토록 하고 전체 도면상(평면, 계통, 상세도)에서 일관성을 유지한다.

(2) 공조기계실
① 외기인입구 및 배기그릴
② 소음, 방진 대책 : 공조실의 흡음 및 차음대책을 수립한다.
③ 공조기 설치 : 공조기의 형식(수평형, 수직형, 조합형, return fan내장형, 슬림형 등)
④ 덕트 fan의 설치방법(토출방향 등)은 공조기 위치, 공조실의 높이 등을 고려하여 원활한 공기 급기와 환기, 배기가 되도록 덕트를 설치한다.
⑤ 중간기 외기냉방이 가능하도록 외기 및 배기덕트 크기를 검토한다.
⑥ 공조실 자체의 플레넘(plenum)챔버 검토, 각종 댐퍼의 정확한 설치위치를 확인한다.
⑦ 코일 수리, 필터 교체 등의 유지관리 space를 확보한다.
⑧ PAC 등 직팽식 공조기가 설치된 공조실은 반드시 환기시킨다.

2. 설비설계도면의 작도법

1) 공조 설비 계통도
공조설비 계통도에는 존별로 부하 특성에 알맞게 배관계통, 덕트계통을 구성하고 유량과 관경, 풍량, 덕트경을 결정한다.
(1) 건축물의 냉방설비에 대한 설치 및 설계기준과 에너지 절약 설계기준에 대한 부합성을 검토한다.
(2) 경제적이고 신뢰성 있는 시스템을 선정한다.(운전비, 초기투자비, 투자회수기간 등을 고려한 시스템의 결정)
(3) 열원설비에 대한 에너지원(1차 연료)에 대한 타당성을 확인한다.(지역성, 정부시책 등에 따라 재생에너지, 빙축열, GHP 등 적용 여부)
(4) 부분부하에 쉽게 대응할 수 있도록 시스템을 결정한다.(대수제어 회전수제어 등)
(5) 용도 및 사용시간대별로 구분한 적절한 죠닝 구성을 확인한다.
(6) 각 유량 및 관경의 적정성을 확인한다.
(7) 흐름도(계통도)상의 장비일람표, 밸브 및 트랩의 일람표를 작성한다.
(8) 자동제어설비(시스템 구성도, 관제점 일람표)

2) 공조설비 장비도면

(1) 장비배치 확인
① 에너지 이용 합리화법 "보일러설치 검사 기준"에 의한 이격거리를 고려한다.
② 고압가스 안전관리법에 의한 보안거리의 확보 보일러와 냉동기의 보안거리(2m)
③ 장비반입 및 유지관리 동선을 고려한다.
  가. 장비반입구를 확보한다.
  나. 반입동선상의 지장물은 최대한 배제시킨다.(바닥노출배관 및 트렌치)
  다. 증발기 응축기 등 코일 인출을 위한 space를 확보한다.
④ 장비기초의 치수는 X, Y축별로 각각 기입토록 하고, 수선의 기입을 건축 구조물 중의 고정점을 기준으로 한다.

(2) 장비주변 배관 확인

① 냉동기, 냉온수 배관
  가. 점검, 수리를 위한 배수밸브를 최저부에 설치하고 배관 및 장치의 탈착을 위한 플렌지를 설치한다.
  나. 공기정체가 쉬운 부분에 대한 공기빼기 밸브를 설치한다.(입상배관의 최상부, 수온이 올라가는 곳, 수압이 내려가는 곳, 물의 방향이 바뀌는 곳 등)
  다. 기기 및 유량제어용 밸브 상류측에는 스트레이너를 설치한다.
  라. 배관의 신축 및 하중이 장비에 전달되지 않도록 배관의 지지방법을 고려한다.
  마. 장비진동의 전달방지를 위한 방진대책을 수립한다.(방진상세도와 부분상세도를 일치시킬 것)
  바. 흡수식 냉동기의 증기공급은 유량제어밸브 입구의 압력이 표준사용압력이 되도록 하고 유량제어밸브는 흡수식 냉동기와 1:1 대응이 되도록 구성한다.
  사. 본체의 냉온수계, 냉각수계는 사용최대압력 이상이 걸리지 않게 펌프 및 팽창탱크의 설치위치를 고려한다.

② 순환 펌프 주변 배치 확인
  가. 밸브 레벨, 흡입 토출측 부속류 설치 위치를 검토한다.
  나. 흡입구에는 부압이 형성되지 않는지 확인한다.
    – 펌프를 향해 1/50~1/100 상향구배를 유지한다.
    – 레듀샤는 수평으로 설치한다.(레듀샤는 편심을 사용하고, 저항은 가능한 한 적게 되도록 하고 필요 시 한 치수 크게 할 것)
  다. 펌프의 맥동에 의한 진동, 소음이 우려될 경우 펌프 토출측 배관부분의 0.5~1.0m 정도 길이를 2치수 큰 배관을 설치한다.
  라. 펌프 토출구로부터 15m까지는 방진행가를 설치한다.

3) 배관도면(공조배관 덕트 표시법)

(1) 공조배관도면 계통도 검토
① 배관도면 범례에 준한 표기의 정확성 확인 : 배관, 장비
② 입상관 표시기호의 일관성 유지 : 계통도, 평면도, 샤프트 상세도
③ 장비의 배치 및 배관입상의 위치가 건물배치와 동일하도록 계통도를 작성한다.
④ 횡주관 및 입상주관의 관경, 유량, 공급압력을 명기한다.
⑤ 입상관에 대한 앙카 및 신축이음은 유체별로 신축량을 구분하여 설치한다.
⑥ 분기부에는 원칙적으로 분기밸브를 설치한다.
⑦ 옥외에 노출되거나 외기의 영향을 받기 쉬운 곳에 설치되는 배관은 동파대책과 열화대책을 확보한다.
⑧ 정지 시/운전 시의 배관계통내의 압력분포를 파악하여 최고압에 대한 내압성능이 확보되었는지 확인하고 요구내압을 명기한다.
⑨ 배관계통 및 구역별로 물 채움배관 및 배수배관을 설치한다.
⑩ 장비 보급수 계통에서 보급에 필요한 적절한 급수압 및 요구수질을 확보한다.

⑪ 계통 내에 유입된 이물질의 제거기능을 확보한다.
⑫ 배관의 종류, 유체의 흐름방향을 요소요소에 정확히 표현한다.
⑬ 냉온수 겸용코일인 경우 냉온수의 유량 차이가 클 경우에 적정한 제어방법을 선정한다.
⑭ 층별로 유량을 균등하게 분배할 수 있도록 배관방식(역환수방식)을 선정 또는 정유량 밸브를 설치한다.
⑮ 각 유량분배 방식별 장단점 검토 후 최적 방식을 결정한다.(정유량, 변유량, 1차 펌프 방식, 1~2차 펌프 방식)
⑯ 건물특성 고려하여 동시에 냉난방 필요시 4-pipe 방식의 필요성을 검토한다.
⑰ 밀폐배관의 압력 유지 계획이 적정한지 검토한다.
⑱ 팽창탱크의 위치와 초기 압력 적정한지 확인한다.
⑲ 차압밸브의 용량산정이 합당한지 검토한다.
⑳ 유량제어밸브(2-way, 3-way, 차압변)의 설치위치 및 유량제어 범위, 배관계통 구성을 확인한다.

(2) 배관관경 산출
① 공조배관 도면에서 표기 사항을 확인 배관의 종류, 관경, 유체의 흐름방향, 설치장비 기호 및 수량 신축이음(고정앙카 위치 등)
② 배관관경 산출 배관경은 공급 유량을 만족해야 하며 배관 허용마찰손실수두($mmAq/m$)를 고려하여 균등표나 배관저항선도에서 구한다.

(3) 덕트 도면 작성 및 검토
❶ 덕트도면 작성 순서
  가. 냉난방 부하계산으로부터 송풍량을 결정한다.
  나. 취출구와 흡입구 위치를 결정한다.
  다. 덕트 경로를 결정한다.
  라. 원형덕트 치수를 결정한다.(기본적으로 정압법($1\,Pa/m$) 적용)
  마. 각형덕트로 환산한다.(층고 고려 종횡비 적용)
  바. 덕트저항 계산 송풍기를 결정한다.
  사. 설계도를 작성한다.

❷ 공조기 설치, 덕트 설치 검토
  가. 공조기의 형식은 공조실의 면적·높이 등을 고려하여 가장 적절한 형식 선정(수평형, 수직형, 조합형, return fan 내장형, 슬림형 등) – 공조기 상세와 일치 여부를 확인한다.
  나. fan의 설치방법(토출방향 등)은 공조기 위치, 공조실의 높이 등을 고려하여 원활한 덕트가 되도록 설치한다.
  다. 공조실 내 공조덕트의 경우는 공조덕트 도면의 공통사항을 참조한다.
  라. 중간기 외기냉방이 가능하도록 외기 및 배기덕트, 바이패스 덕트의 크기를 검토한다.
  마. 공조실 자체의 플레넘(plenum)챔버를 검토한다.

바. 각종 댐퍼의 정확한 설치위치를 확인한다.

사. 공조기 · fan 연결덕트의 규정에 맞게 설계한다.

❸ 공조덕트 도면 검토 사항

가. 덕트의 형상 : 덕트의 굴곡, 변형, 확대, 축소, 분기, 합류 시 덕트 내 공기저항이 최소가 되도록 설계되었는가 확인한다.

나. 덕트 방식별(저속 · 고속)적정 풍속 유지 및 사각, 원형, 타원형 덕트 등 최적덕트를 선정한다.

다. 덕트의 표기방법(split damper을 사용하지 않고 cone식으로 분지)을 확인한다.

라. VAV system의 경우 VAV unit 1차측 접속 덕트의 직관부 확보, FMS 설치 기준, 최소환기량 확보, 동시사용률을 고려한 덕트치수 결정, VAV unit의 작동 압력을 확인한다.(fan 정압계산 시 반영 여부 확인)

마. 덕트의 경로 확인 : 덕트 길이는 최단거리로 연결하고, 균등한 정압 손실이 되도록 설계하다. 천장 내 space는 최소로 덕트 경로를 확인하고, 덕트의 열손실 · 열획득 경로를 피한다.

바. 공용덕트 내 풍속은 억제하고(5m/s 이하), 역류방지 대책을(BDD 또는 MVD) 마련한다.

사. 내화구조, 방화구획 내 덕트 통과를 방지한다.(전기실, 비상용 ELEV의 승강 로비, 특별 피난계단의 부속실)

아. 덕트의 소음 및 방진 대책을 수립한다.(소음기, 소음엘보, 소음챔버, 라이닝덕트, 흡음 flexible 등)

자. 회의실, 중역실 등 특별히 소음대책이 필요한 곳은 별도의 소음대책을 마련한다.

차. 취출구 흡입구의 위치 및 선정 시 온도의 균일성, 공기분포, 기류의 유인성(Cold draft 방지), 도달거리(난방 시 기준으로 선정), 상하온도차(draft 발생), 발생소음을 확인한다.

카. 취출기류가 드레프트를 형성하지 않도록 하고, 흡입구에 의해 short circuit이 되지 않도록 위치를 선정한다.(실내 열부하를 제어하지 못함)

제2장 제도 통칙 및 표시방법 이해

1. KS제도 통칙

1) 건축물의 설계도서 작성기준

(1) **목적**

이 기준은 「건축법」 제23조제2항에 따라 설계자가 건축물을 설계함에 있어 이에 필요한 설계도서의 작성기준 등을 정하여 양질의 건축물을 건축하도록 함을 목적으로 한다.

(2) **용어의 정의**

① "설계도서"라 함은 건축물의 건축 등에 관한 공사용의 도면과 구조계산서 및 시방서 기타 다음 각 호의 서류를 말한다.
　가. 건축설비계산 관계서류
　나. 토질 및 지질 관계서류
　다. 기타 공사에 필요한 서류

② "설계"라 함은 건축사가 자기책임하에(보조자의 조력을 받는 경우를 포함한다.) 건축물의 건축·대수선, 용도변경, 리모델링, 건축설비의 설치 또는 공작물의 축조를 위한 설계도서를 작성하고 그 설계도서에서 의도한 바를 설명하며 지도·자문하는 행위를 말한다.

③ "기획업무"라 함은 건축물의 규모검토, 현장조사, 설계지침 등 건축설계 발주에 필요하여 건축주가 사전에 요구하는 설계업무를 말한다.

④ "건축설계업무"라 함은 건축주의 요구를 받아 수행하는 건축물의 계획(설계목표, 디자인 개념의 설정), 연관분야의 다각적 검토(인, 허가 관련 사항 포함), 계약 및 공사에 필요한 도서의 작성 등의 업무를 말하며, "계획설계", "중간설계", "실시설계"로 구분된다.

⑤ "계획설계"라 함은 건축사가 건축주로부터 제공된 자료와 기획업무 내용을 참작하여 건축물의 규모, 예산, 기능, 질, 미관 및 경관적 측면에서 설계목표를 정하고 그에 대한 가능한 계획을 제시하는 단계로서, 디자인 개념의 설정 및 연관분야(구조, 기계, 전기, 토목, 조경 등을 말한다. 이하 같다.)의 기본시스템이 검토된 계획안을 건축주에게 제안하여 승인을 받는 단계이다.

⑥ "중간설계(건축법 제8조제3항에 의한 기본설계도서를 포함한다. 이하 같다.)"라 함은 계획설계 내용을 구체화하여 발전된 안을 정하고, 실시설계 단계에서의 변경 가능성을 최소화하기 위해 다각적인 검토가 이루어지는 단계로서, 연관분야의 시스템 확정에 따른 각종 자재, 장비의 규모, 용량이 구체화된 설계도서를 작성하여 건축주로부터 승인을 받는 단계이다.

⑦ "실시설계"라 함은 중간설계를 바탕으로 하여 입찰, 계약 및 공사에 필요한 설계도서를 작성하는 단계로서, 공사의 범위, 양, 질, 치수, 위치, 재질, 질감, 색상

등을 결정하여 설계도서를 작성하며, 시공 중 조정에 대해서는 사후설계관리업무 단계에서 수행방법 등을 명시한다.

⑧ "사후설계관리업무"라 함은 건축설계가 완료된 후 공사시공 과정에서 건축사의 설계의도가 충분히 반영되도록 설계도서의 해석, 자문, 현장여건 변화 및 업체선정에 따른 자재와 장비의 치수·위치·재질·질감·색상·규격 등의 선정 및 변경에 대한 검토·보완 등을 위하여 수행하는 설계업무를 말한다.

⑨ "설계자"란 자기의 책임(보조자의 도움을 받는 경우를 포함한다.)으로 설계도서를 작성하고 그 설계도서에서 의도하는 바를 해설하며, 지도하고 자문에 응하는 자를 말한다.

(3) 설계도서의 작성

설계도서는 [별표]에서 정하는 설계도서 작성방법에 의하여 작성하되, 「건축법」제15조에 따른 설계자와 건축주 간의 설계계약서에서 정하는 바에 따라 그 범위를 조정한다.

(4) 설비자재의 표기

① 건축물에 사용하는 설비재료는 성능 및 품명, 규격, 재질, 질감, 색상 등을 설계도면에 구체적으로 표기함을 원칙으로 한다.

② 설계도면에 표기할 수 없는 재료의 성능 및 재질 등에 관한 사항은 공사시방서에 표기한다.

(5) 공사시방서의 작성

① 공사시방서에는 중간 설계 및 실시설계도면에 구체적으로 표시할 수 없는 내용과 공사수행을 위한 시공 방법, 자재의 성능·규격 및 공법, 품질시험 및 검사 등 품질관리, 안전관리, 환경관리 등에 관한 사항을 기술한다.

② 공사시방서는 표준시방서 및 전문시방서를 기본으로 하여 작성하되, 공사의 특수성·지역여건·공사방법 등을 고려하여 작성한다.

(6) 설계도서 해석의 우선순위

설계도서·법령해석·감리자의 지시 등이 서로 일치하지 아니하는 경우에 있어 계약으로 그 적용의 우선 순위를 정하지 아니한 때에는 다음의 순서를 원칙으로 한다.

공사시방서 → 설계도면 → 전문시방서 → 표준시방서 → 산출내역서 → 승인된 상세시공도면 → 관계법령의 유권해석 → 감리자의 지시사항

(7) 「건축법 시행령」 제91조의3제2항에 따라 연면적이 1만제곱미터 이상인 건축물(창고시설은 제외한다.) 또는 에너지를 대량으로 소비하는 건축물로서 「건축물의 설비기준 등에 관한 규칙」 제2조의 규정에서 정하는 건축물은 다음 각 호의 구분에 따른 관계 전문기술자의 협력을 받아야 한다.

① 전기, 승강기(전기 분야만 해당한다.) 및 피뢰침 「기술사법」에 따라 등록한 건축전기설비기술사 또는 발송배전기술사

② 가스(제3호에 따른 가스설비는 제외한다)·급수·배수(配水)·배수(排水)·환기·난방·소화·배연·오물처리 설비 및 승강기(기계 분야만 해당한다) 「기술사법」에 따라 등록한 건축기계설비기술사 또는 공조냉동기계기술사

③ 국토교통부령으로 정하는 범위 및 방법에 따라 바닥이나 벽 등에 매립 또는 매몰하여 설치하는 가스설비 「기술사법」에 따라 등록한 가스기술사

(8) **수량산출조서의 작성**
설계도면을 작성·완료한 후에는 공종별로 재료의 수량산출내역서를 작성할 수 있다.

(9) **건축제도 통칙의 적용**
① 이 기준에서 규정한 사항 이외에 설계도서의 작성에 필요한 사항은 한국산업규격 KS F 1501 건축제도 통칙이 정하는 바에 의한다.
② BIM(Building Information Modeling)을 활용한 설계의 경우 이 기준과 한국산업규격 KS F 1501 건축제도 통칙에서 규정한 사항 이외에 설계도서의 작성에 필요한 사항은 국토교통부에서 별도로 정하여 공고하는 지침에 따라 작성할 수 있다.

2. 도면의 표시방법

1) 배관 도시기호

(1) 치수 기입법
① EL 표시   지평선을 기준으로 배관 높이를 표시한다.
② BOP(Bottom Of Pipe)   관의 높이를 외경 아래 면까지로 표시한다.
③ TOP(Top Of Pipe)   관의 높이를 외경 윗면까지로 표시한다.
④ GL(Ground level)   포장된 지표면을 기준으로 배관 높이를 표시한다.
⑤ FL(Floor Level)   1층 바닥면을 기준으로 배관 높이를 표시한다.

(2) 유체의 종류 표시기호

[표 1-6] 유체의 종류와 기호 및 도시법

유체의 종류	기호	유류	O
공기	A	수증기	S
가스	G	물	W

[표 1-7] 물질의 종류와 식별색

종류	식별색	종류	식별색
물	청색	산·알칼리	회자색
증기	진한 적색	기름	진한 황색
공기	백색	전기	엷은 황적색
가스	황색		

[표 1-8] 관 및 밸브류 도시기호

종류	도시기호	종류	도시기호
접속되지 않은 상태		밸브(일반)	
접속된 상태		앵글밸브	
분기 접속		체크밸브	
관 A가 도면에 대해서 직각으로 앞으로 구부러진 상태		스프링 안전밸브	
		추안전밸브	
관 B가 도면에 대해서 직각으로 뒤로 구부러진 상태		수동밸브	
		일반 조작밸브	
관 C가 앞에서 도면에 대해 직각으로 구부러져 관 D에 접속된 상태		전동식 조작밸브	
		전자식 조작밸브	
관이음 일 반		일반도피밸브	
플랜지형		공기빼기밸브	
암 수 형			
유니언형		콕(cock)	
슬리브형		3방콕	
신축이음 벨로스형			
곡 관 형		닫힌 밸브	
엘보 또는 벤드		닫힌 콕	
티(tee)		압력계	
크로스(cross)		온도계	
막힘 플랜지			

2) 배관 및 덕트 관련 도시기호

(1) 덕트류

기 호		명 칭	Description	Code
덕 트 일 반				
		급기 덕트	SUPPLY AIR DUCT SECTION	DD001
		환기 덕트	RETURN AIR DUCT SECTION	DD002
		배기 덕트	EXHAUST AIR DUCT SECTION	DD003
		외기 덕트	FRESH AIR DUCT SECTION	DD004
		급기 덕트	SUPPLY AIR DUCT SECTION	DD005
		환기 덕트	RETURN AIR DUCT SECTION	DD006
		배기 덕트	EXHAUST AIR DUCT SECTION	DD007

기 호	명 칭	Description	Code
덕 트 일 반			
⊗	외기 덕트	FRESH AIR DUCT SECTION	DD008
-----SA-----	급기 덕트	SUPPLY AIR DUCT	DD009
-----RA-----	환기 덕트	RETURN AIR DUCT	DD010
-----EA-----	배기 덕트	EXHAUST AIR DUCT	DD011
-----OA-----	외기 덕트	FRESH AIR DUCT	DD012
	점검구	ACCESS DOOR	DD013
	덕트 슬리브	DUCT SLEEVE	DD014
	취출구	SUPPLY DIFFUSER	DD015
	흡입구	RETURN DIFFUSER	DD016
	노즐	NOZZLE DIFFUSER	DD017

(2) 덕트부속류

기 호	명 칭	Description	Code
덕 트 부 속 류			
V.D	풍량 조절 댐퍼	VOLUME DAMPER	DF001
F.D	방화 댐퍼	FIRE DAMPER	DF002
F.V.D	풍량 조절 및 방화 댐퍼	FIRE VOLUME DAMPER	DF003
S.D	전자식 개폐 댐퍼	SOLENOID DAMPER	DF004
M.D	전동 풍량 조절 댐퍼	MOTORIZED VOLUME DAMPER	DF005
B.D	역류 방지 댐퍼	BACKDRAFT DAMPER	DF006
	캔버스 이음	CANVAS DUCT CONNECTION	DF007
	플렉시블 덕트	FLEXIBLE DUCT	DF008
	원형 디퓨저	ROUND TYPE DIFFUSER	DF009
	각형 디퓨저	SQUARE TYPE DIFFUSER	DF010

기 호	명 칭	Description	Code
덕트부속류			
	라인 디퓨저	LINE DIFFUSER	DF011
	레지스터 및 그릴	REGISTER OR GRILLE	DF012
	루버	LOUVER	DF013
V.A.V	가변 풍량 유니트	VARIABLE AIR VOLUME UNIT	DF014
C.A.V	정풍량 유니트	CONSTANT AIR VOLUME UNIT	DF015
	흡음 라이닝	ACOUSTICAL LINING	DF016
S.D	분할 덕트	SPLIT DUCT	DF017
	덕트의 분기	BRANCH SUPPLY OR RETURN	DF018
TV	터닝베인	TURNING VANE	DF019
	흡음 엘보	ACOUSTICAL ELBOW	DF020
	흡음 챔버	ACOUSTICAL CHAMBER	DF021
	챔버	DUCT CHAMBER FAN	DF022

(3) 배관 및 덕트 관련 도시기호(공조배관)

기 호	명 칭	Description	Code
공조배관			
-/-/-/- SS-----	고압 증기 공급관	HIGH PRESSURE STEAM SUPPLY	PA001
-/-/-/- SR-----	고압 증기 환수관	HIGH PRESSURE STEAM RETURN	PA002
--/-/-- SS-----	중압 증기 공급관	MEDIUM PRESSURE STEAM SUPPLY	PA003
--/-/-- SR-----	중압 증기 환수관	MEDIUM PRESSURE STEAM RETURN	PA004
---/-- SS-----	저압 증기 공급관	LOW PRESSURE STEAM SUPPLY	PA005
---/-- SR-----	저압 증기 환수관	LOW PRESSURE STEAM RETURN	PA006
---- HTS ----	고온수 공급관	HIGH TEMPERATURE WATER SUPPLY	PA007
---- HTR ----	고온수 환수관	HIGH TEMPERATURE WATER RETURN	PA008
---- MTS ----	중온수 공급관	MEDIUM TEMPERATURE WATER SUPPLY	PA009
---- MTR ----	중온수 환수관	MEDIUM TEMPERATURE WATER RETURN	PA010
----- HS -----	온수 공급관	HOT WATER SUPPLY	PA011
----- HR -----	온수 환수관	HOT WATER RETURN	PA012
---- CHS ----	냉온수 공급관	HOT & CHILLED WATER SUPPLY	PA013
---- CHR ----	냉온수 환수관	HOT & CHILLED WATER RETURN	PA014
----- CS -----	냉수 공급관	CHILLED WATER SUPPLY	PA015

기 호	명 칭	Description	Code
공 조 배 관			
----- CR -----	냉수 환수관	CHILLED WATER RETURN	PA016
---- CWS ----	냉각수 공급관	CONDENSER WATER SUPPLY	PA017
---- CWR ----	냉각수 환수관	CONDENSER WATER RETURN	PA018
----- ED -----	장비 배수관	EQUIPMENT DRAIN	PA019
----- E -----	팽창관	EXPANSION	PA020
-----RG-----	냉매 가스관	REFRIGERANT SUCTION	PA021
-----RL-----	냉매 액관	REFRIGERANT LOQUID	PA022
----HPWS----	열원수 공급관	HEAT PUMP WATER SUPPLY	PA023
----HPWR----	열원수 환수관	HEAT PUMP WATER RETURN	PA024
-----CD-----	응축 배수관	CONDENSATED DRAIN	PA025
---- DOS ----	경유 공급관	DIESEL OIL SUPPLY	PA026
---- DOR ----	경유 환유관	DIESEL OIL RETURN	PA027
---- DOV ----	경유 통기관	DIESEL OIL VENT	PA028
---- BOS ----	중유 공급관	BUNKER "C" OIL SUPPLY	PA029
---- BOR ----	중유 환수관	BUNKER "C" OIL RETURN	PA030
---- BOV ----	중유 통기관	BUNKER "C" OIL VENT	PA031
-----AV-----	통기관	AIR VENT	PA032
----BFW----	보일러 보급수관	BOILER FEED WATER	PA033
-----BS-----	브라인 공급관	BRINE SUPPLY	PA034
-----BR-----	브라인 환수관	BRINE RETURN	PA035
---- BBD ----	블로우 다운관	BOILER BLOW DOWN	PA036

(4) 배관 및 덕트 관련 도시기호(위생배관)

기 호	명 칭	Description	Code
위 생 배 관			
----- ○ -----	급수관	DOMESTIC COLD WATER	PP001
---- ○ ○ ----	급탕관	DOMESTIC HOT WATER SUPPLY	PP002
--- ○ ○ ○ ---	환탕관	DOMESTIC HOT WATER RETURN	PP003
----- + -----	정수관	WELL WATER	PP004
----- E -----	팽창관	EXPANSION	PP005
-----RW-----	중수관	RECYCLED WATER	PP006
----- IW -----	공업 용수	INDYSTRIAL WATER	PP007
----- D -----	배수관	DRAIN	PP008
----- S -----	오수관	SOIL	PP009
-----V-----	통기관	VENT	PP010
---- DWS ----	음용수 공급관	DRINKING WATER SUPPLY	PP011
---- DWR ----	음용수 환수관	DRINKING WATER RETURN	PP012
----- KD -----	주방 배수관	KITCHEN DRAIN	PP013
----- PD -----	주차장 배수관	PARKING DRAIN	PP014
----- RD -----	우수 배수관	ROOF DRAIN	PP015
-----WD-----	폐수관	WASTE DRAIN	PP016
-----WV-----	폐수 통기관	WASTE VENT	PP017
-----P°-----	급수 양수관	PUMPING COLD WATER SUPPLY	PP018
----- P+ -----	정수 양수관	PUMPING WELL WATER SUPPLY	PP019

제4편 예·상·문·제
설계도서 작성

01 배관 도시기호 치수 기입법에서 포장된 지표면을 기준으로 배관 높이를 표시하는 법은?

① BOP ② TOP
③ GL   ④ FL

해설 BOP : 배관 밑면을 기준으로 배관높이 표기
TOP : 배관 상부면을 기준으로 배관높이 표기
GL : 지표면을 기준으로 배관높이 표기
FL : 건축 당해층 바닥면을 기준으로 배관높이 표기

02 설계도면 작성에서 유체의 종류와 기호의 연결 중 잘못된 것은?

① 공기 : A   ② 가스 : G
③ 수증기 : V   ④ 물 : W

해설 수증기 : S

03 공조 배관 도면 검토 시 확인사항으로 가장 부적합한 것은?

① 장비의 배치 및 배관입상의 위치가 건물배치와 동일하도록 계통도를 작성할 것
② 옥외에 노출되거나 외기의 영향을 받기 쉬운 곳에 설치되는 배관은 동파대책과 열화대책을 확보할 것
③ 입상관에 대한 앙카 및 신축이음은 유체별로 신축량을 구분하여 설치
④ 분기부에는 원칙적으로 체크밸브를 설치할 것

해설 분기부에는 원칙적으로 분기밸브를 설치할 것

해답 1.③ 2.③ 3.④

04 설계도면 작성에서 유체의 종류와 식별색의 연결 중 잘못된 것은?

① 공기 : 백색
② 가스 : 진한 황적색
③ 물 : 청색
④ 증기 : 진한 적색

해설 가스 : 황색

05 그림과 같은 주형 방열기 호칭법에서 틀린 것은?

① 형식 : 5주형
② 절수 : 25절
③ 높이 : 650mm
④ 유입 관경 : 20mm

해설 방열기 표기의 5 : 5세주형, 3 : 3세주형, Ⅲ : 3주형

06 방열기 도시기호 중 벽걸이식 가로(수평)형 기호는?

① W-H
② W-V
③ V-H
④ Ⅱ-V

해설 벽걸이(W)-수평형(H), 벽걸이(W)-수직형(V)

07 다음과 같은 증기 난방배관에 관한 설명으로 옳은 것은?

① 진공환수방식으로 습식 환수방식이다.
② 중력환수방식으로 건식 환수방식이다.
③ 중력환수방식으로 습식 환수방식이다.
④ 진공환수방식으로 건식 환수방식이다.

해설 환수주관이 보일러 수위보다 위에 위치하므로 건식이며 급수펌프가 없는 중력환수식이다.

해답 4.② 5.① 6.① 7.②

08 위생기구 기호 표시 중 틀린 것은?

① 대변기 : WC   ② 세면기 : FU
③ 소변기 : U   ④ 욕조 : BT

해설 세면기 : Lav, 비데 : B, 음수기 : F, 샤워 : S

09 다음과 같이 압축기와 응축기가 동일한 높이에 있을 때, 압축기 토출측 배관 방법으로 가장 적합한 것은?

① (가)   ② (나)
③ (다)   ④ (라)

해설 배관에서 발생하는 응축 냉매가 응축기로 회수되도록 (가)처럼 응축기 쪽으로 선하향 기울기(순구배)를 주어 배관한다.

10 공조배관 도면에서 일반적으로 표기할 사항으로 가장거리가 먼 것은?

① 배관의 종류   ② 관경
③ 유체의 흐름방향   ④ 배관 작용 압력

해설 일반적으로 도면에 배관 작용 압력은 표기하지 않는다.

11 다음 도시 기호가 의미하는 밸브는 무엇인가?

① 체크 밸브   ② 글로브 밸브
③ 슬루스 밸브   ④ 앵글 밸브

해설 체크 밸브(역지밸브)이다.

해답 8.② 9.① 10.④ 11.①

12 파이프 내 흐르는 유체가 "물"임을 표시하는 기호는?

① ↙A̲   ② ↙O̲
③ ↙S̲   ④ ↙W̲

해설 물 : W, 공기 : A, 오일 : O, 증기 : S

13 다음 그림의 난방 설계도에서 콘벡터(Convector)의 표시 중 F가 가진 의미는?

① 케이싱 길이   ② 높이
③ 형식   ④ 방열면적

해설 C-800은 콘벡터 길이이고, F(FAN 강제 대류형)는 형식, 180은 폭, 600은 높이, 20×15는 유입 유출 관경이다.

14 다음 중 엘보를 용접이음으로 나타낸 기호는?

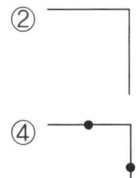

해설 ① : 소켓, ③ : 플랜지, ④ : 용접

15 냉동장치 배관도에서 다음과 같은 부속기기의 기호는 무엇을 나타내는가?

① 송풍기   ② 응축기
③ 펌프   ④ 체크밸브

해설 펌프 도시기호이다.

해답 12.④ 13.③ 14.④ 15.③

16 다음 배관 도시기호 중 레듀서 표시는 무엇인가?

해설 ① : 레듀서, ② : 플랜지, ③ : 벨로즈형(단식) 신축이음, ④ : 슬리브형 신축이음

17 다음 그림에서 ㉠과 ㉡의 명칭으로 바르게 설명된 것은?

① ㉠ : 크로스, ㉡ : 트랩
② ㉠ : 소켓, ㉡ : 캡
③ ㉠ : 90° Y티, ㉡ : 트랩
④ ㉠ : 티, ㉡ : 캡

해설 ㉠은 분기하는 티이며, ㉡은 관 말단을 막는 캡이다.

18 다음 그림의 방열기 도시기호 중 'W-H'가 나타내는 의미는 무엇인가?

① 방열기 쪽수
② 방열기 높이
③ 방열기 종류(형식)
④ 연결배관의 종류

해설 방열기 도시기호에서 W-H는 방열기 형식 종류(W : 벽걸이, H : 수평형)이며, 10은 (방열기 쪽수=절수), 25×25는 방열기 입구 출구관경이다.

19 다음은 배관 재료와 그 용도를 내타낸 것이다. 적당하게 연결된 것은?

① 경질 염화 비닐관 : 냉매
② 동관 : 증기
③ 경질 염화 비닐 라이닝강관 : 급수
④ 스테인리스 강관 : 가스

해설 ① 경질 염화 비닐관 : 저온, 고온에서 강도 약함, 배수관
② 동관 : 냉온수관, 급수, 급탕에 적당
③ 경질 염화 비닐 라이닝 강관 : 상수도용, 급수
④ 스테인리스 강관 : 냉온수, 급수, 급탕

해답 16.① 17.④ 18.③ 19.③

20 주철관에 대한 설명 중 틀린 것은?

① 내식성, 내구성이 뛰어나다.
② 저압관, 중압관, 고압관으로 나뉘며 고압관은 1MPa까지 사용된다.
③ 접합 방법은 소켓 접합, 플랜지 접합, 메카니컬 조인트 등이 있다.
④ 가볍고 내인장, 내충격이 나쁘다.

해설 주철관은 무겁고, 내인장, 내충격이 나쁘다.

21 강관의 종류 중 고온 배관용 탄소강관은 어느 것인가?

① SPP
② SPPS
③ SPPH
④ SPHT

해설
- SPP : 배관용 탄소강관
- SPPS : 압력 배관용 탄소강관, SPPH : 고압 배관용 탄소강관
- SPHT : 고온 배관용 탄소강관, SPLT : 저온 배관용 탄소강관

22 펌프의 특성이 아닌 것은?

① 펌프의 축동력은 회전수의 제곱에 비례하여 증가 또는 감소한다.
② 흡입양정이 증가할수록 펌프의 성능은 나빠진다.
③ 펌프는 회전수에 따라 양수량이 크게 변동한다.
④ 양정은 회전수 변화의 제곱에 비례해서 감소 또는 증가한다.

해설 축동력은 회전수의 3제곱에 비례하며 양정은 회전수의 제곱에 비례하고 유량은 회전수에 비례한다.

23 위생설비공사에 따른 관 재료의 조합 중 현장에서 사용하기에 가장 거리가 먼 것은?

① 주철관 – 옥내 급수관
② 강관 – 가스관
③ 흄관 – 철도부지 하수관
④ 주철관 – 화장실 배수관

해설 건축설비에 이용되는 배관은 강관, 동관, 스테인리스관, 주철관, 합성수지관 등이며 용도와 주변 여건에 알맞게 선정해야 한다.
- 주철관 : 옥외 급수관, 배수관에 주로 쓰이며, 옥내급수관에는 일부에서만 사용하고 있다.
- 옥내 급수관 : 동관, 스테인리스관, 합성수지관 등에 사용한다.
- 흄관 : 주로 하수도관으로 이용되며 특히 철도부지 등에서는 전기적 성질로 주철관이나 강관보다 우수하다.
- 연관 : 배관 자체의 연성으로 화장실 배수관에서 위생 도기류의 접속관으로 가장 우수하나 최근에는 합성수지관으로 대체되어 이용예가 적다.

해답 20.④ 21.④ 22.① 23.①

24 건축설비에 사용하는 금속관 중 용도에 따라 부식이 가장 빠른 배관은?

① 급탕배관(아연도강관) ② 급수배관(아연도강관)
③ 오수배관(주철관) ④ 소화배관(아연도강관)

해설 급탕배관은 온도가 높고 흐르는 물이므로 부식 속도가 빠르다. 아연은 60℃에서 용출(부식)이 가장 심한 것으로 알려지고 있다.

25 특수 절연구조로 된 급수용 펌프로 저수위의 물을 양수하기에 적합하고, 흡입양정의 제한을 받지 않는 펌프는 무엇인가?

① 수중 모터 펌프(Submersible motor pump)
② 보아 홀 펌프(Bore hole pump)
③ 터어빈 펌프(Turbine pump)
④ 젯트 펌프(Jet pump)

해설 수중 모터 펌프는 수중에 모터와 펌프가 일체형으로 특수 절연 구조체로 깊은 우물물을 양수하기에 적합하여 최근에 지하수 및 집수정 펌프로 널리 사용되고 있다.

26 배관 도시기호 중 신축조인트의 일반적인 표시기호는?

①   ②
③   ④

해설 ①-루프형 신축곡관, ②-역지변, ③-플랜지, ④-유니온

27 저양정으로 비교적 많은 양수량을 필요로 할 때 사용되는 펌프는?

① 볼류트 펌프 ② 다단터빈 펌프
③ 수중모터 펌프 ④ 기어 펌프

해설
- 볼류트 펌프 : 저양정의 중대유량
- 다단터빈 펌프 : 고양정의 저중유량
- 수중모터 펌프 : 바닥 아래의 깊이 있는 물을 흡상할 때
- 기어 펌프 : 일정량의 액체를 수송할 때(오일 펌프 등)

해답 24.① 25.① 26.① 27.①

28 유체의 저항손실이 가장 큰 밸브는?

① 슬루스 밸브   ② 버터플라이 밸브
③ 글로브 밸브   ④ 체크 밸브

해설 글로브 밸브의 상당장은 14m 정도로 마찰저항이 가장 크며 마찰저항은 글로브 밸브>버터플라이 밸브>체크 밸브>슬루스 밸브 순이다.

29 양수 유량이 200[L/min], 전양정이 50[m], 효율이 60[%]인 급수 펌프의 축동력은 몇 [kW]인가?

① 1.63[kW]   ② 2.72[kW]
③ 3.70[kW]   ④ 4.22[kW]

해설 $kW = \dfrac{QH}{102 \times \eta} = \dfrac{200 \times 50}{102 \times 0.6 \times 60} = 2.72 kW$

30 배관 내를 흐르고 있는 유체에 발생하는 마찰저항에 관한 내용 중 맞는 것은?

① 관 직경이 증가하면 마찰저항의 크기도 증가한다.
② 관 내를 흐르는 유체의 평균유속이 증가하면 마찰저항의 크기는 감소한다.
③ 상당관길이가 증가하면 마찰저항의 크기도 증가한다.
④ 유량이 증가하면 마찰저항의 크기는 감소한다.

해설 ① 관경이 커지면 마찰저항은 감소한다.
② 유속 증가 시 마찰저항은 유속의 제곱에 비례하여 증가한다.
③ 상당관길이가 증가하면 배관길이가 증가하는 것이므로 마찰저항의 크기도 증가한다.
④ 유량증가 시 유속이 증가하므로 마찰저항이 증가한다.

31 관경이 100mm, 길이가 50m인 동관으로 된 급탕 횡주관에 급탕이 공급되어 관의 온도가 10℃에서 90℃까지 온도가 상승된 경우 배관의 증가길이는?(단, 동의 선팽창률 $\alpha = 1.66 \times 10^{-5}$이다.)

① 0.66cm   ② 6.64cm
③ 0.747cm   ④ 7.47cm

해설 배관의 팽창량은 배관길이, 선팽창률, 온도차에 비례한다.
$\Delta L = L \cdot \alpha \cdot \Delta t = 50 \times 1.66 \times 10^{-5} \times (90-10) = 0.0664 m = 6.64 cm$

해답 28.③ 29.② 30.③ 31.②

32 배관의 지지철물에서 구배조정이 용이한 지지법으로 적당한 것은?

① 초롱밴드 ② 셔틀밴드
③ 로울러밴드 ④ 바닥밴드

해설 셔틀밴드(턴버클)는 배관을 메어달 때 사용하는 것으로 나사의 회전으로 높낮이가 조절되어 배관의 구배를 조정하기 용이하다. 로울러밴드는 배관을 로울러로 지지하는 것으로 배관이 신축에 따라 이동할 때 유리하다. 초롱밴드도 길이를 조절할 수는 있으나 셔틀밴드만큼 정밀하지는 않다.

33 동관의 특징으로 옳지 않은 것은?

① 암모니아에 심하게 부식한다. ② 전기전도율과 열전도율이 높다.
③ 열팽창률이 철보다 크다. ④ 증류수나 극연수에 부식되지 않는다.

해설 동관은 가볍고, 시공이 용이하고, 전기전도율과 열전도율이 우수하고, 부식에 비교적 강하여 공조 및 위생배관으로 널리 이용된다. 하지만 동관(청동, 황동)은 극연수에 잘 부식된다.

해답 32.② 33.④

제5편 설비 적산

제1장 공조, 열원 및 환기설비 적산

1. 공기조화설비 적산

1) 공기조화설비 자재 및 노무비 산출

(1) 적산 개념

적산이란 공조 설비 분야의 설계 시공 과정에서 도면이 완성되면 → 공사에 필요한 배관, 덕트, 자재 등의 수량을 산출하고 → 자재비, 인건비(자재단가표, 노임단가, 품셈표, 일위대가표등 적용)를 산출하여 직접공사비(직접재료비, 직접노무비)를 계산하고 → 각종 제경비(간접노무비, 경비, 보험료, 일반관리비, 이윤 등)을 계상하여 → 원가계산서에 의한 총공사금액을 산출하는 것을 말한다.

❶ 적산의 뜻

일반적으로 공사비를 산출하는 일을 적산 또는 견적이라 말하고 있는데 관습상 적산은 금액으로 환산하기 이전의 재료의 수량산출 수단과 그 경과를 말하고, 견적이란 적산으로 결관된 요소를 금액으로 환산한 것을 의미한다.

❷ 적산의 중요성

건축 산업의 특성은 도급 제도에 의한 수주 생산, 대량 생산이 아닌 개별적인 제품, 불안정한 입지 조건, 작업 환경, 노무중심적 생산 등을 갖는다. 따라서 건축물을 주문 생산하기 위한 수주자는 적산을 잘하지 않으면 기업의 사활이 좌우된다. 그러므로 건축 산업에서는 적산이 타 분야와는 달리 아주 중요한 역할을 한다.

❸ 적산 순서

가. 공사 내용을 파악한다.(공사 내용을 확실하게 파악한다.)
나. 기기, 재료의 수량을 산출한다.(누락되지 않게 한다.)
다. 수량 산출 근거서를 작성한다.(품셈표에 의거)
라. 내역서에 기입한다.
마. 단가를 기입한다.
바. 직접 공사비를 산출한다.(직접노무비, 직접재료비, 경비)

사. 제경비를 산출한다.(간접재료비, 간접노무비, 경비, 일반관리비, 이윤)
아. 총원가를 산출한다.(순공사 원가+일반관리비+이윤)

2) 공조 배관 부속류 분류
(1) **관의 방향을 바꿀 때** 엘보, 벤드 등
(2) **관을 도중에 분기할 때** 티, 와이, 크로스 등
(3) **동일 지름의 관을 직선연결할 때** 소켓, 유니온, 플랜지, 니플(부속연결) 등
(4) **지름이 다른 관을 연결할 때** 리듀서(이경소켓), 이경엘보, 이경티, 부싱 (부속연결) 등
(5) **관의 끝을 막을 때** 캡, 막힘(맹)플랜지, 플러그 등
(6) **관의 분해, 수리, 교체를 하고자 할 때** 유니온, 플랜지 등

3) 배관 부속류 형태 및 명칭

엘보	45도 엘보	이경엘보	티이	이경티이
이경티이	편심이경티이	크로스	소켓	리듀서
부싱	캡	플러그	니쁠	이경니쁠
유니언	플랜지	90도 밴드	45도 밴드	리턴밴드

4) 배관 지지철물

(1) **행거(Hanger)**

천장 배관 등의 하중을 위에서 달아매어 받치는 지지기구이다.
① **리지드 행거(Rigid Hanger)** 철골 등에 턴버클을 이용하여 배관을 지지한 것으로 상하 방향에 변위가 없는 곳에 주로 사용한다.
② **스프링 행거(Spring Hanger)** 턴버클 대신 스프링을 사용한다.
③ **콘스턴트 행거(Constant Hanger)** 배관의 상하이동에 관계없이 관지지력이 일정한 것으로 중추식과 스프링식이 있다.

(2) 서포트(Support)

바닥 배관 등의 하중을 밑에서 위로 떠받치는 지지기구이다.
① 파이프 슈(Pipe Shoe) 관에 직접 접속하는 지지기구로 수평배관과 수직배 관의 연결부에 사용된다.
② 리지드 서포트(Rigid Support) H빔이나 I빔으로 받침을 만들어 지지한다.
③ 스프링 서포트(Spring Support) 스프링의 탄성에 의해 상하 이동을 허용한 것이다.
④ 롤러 서포트(Roller Support) 관의 축 방향의 이동을 허용한 지지기구이다.

(3) 레스트레인트(Restraint)

열팽창에 의한 배관의 상하·좌우 이동을 구속 또는 제한하는 것이다.
① 앵커(Anchor) 리지드 서포트의 일종으로 관의 이동 및 회전을 방지하기 위하여 지지점에 완전히 고정하는 장치이다.
② 스톱(Stop) 배관의 일정한 방향과 회전만 구속하고 다른 방향은 자유롭게 이동하게 하는 장치이다.
③ 가이드(Guide) 배관의 곡관부분이나 신축 조인트 부분에 설치하는 것으로 회전을 제한하거나 축방향의 이동을 허용하며 직각방향으로 구속하는 장치이다.

(4) 브레이스(Brace)

펌프, 압축기 등에서 발생하는 기계의 진동, 서징, 수격작용 등에 의한 진동, 충격 등을 완화하는 완충기이다. 방진스프링, 플렉시블조인트가 이에 속한다.

5) 밸브의 종류 및 특징

밸브는 유체의 유량조절, 흐름의 단속, 방향전환, 압력 등을 조절하는데 사용한다.

(1) 제수밸브(스톱밸브)

밸브(Valve, 변)는 유체의 유량을 조절, 흐름을 단속, 방향을 전환, 압력 등을 조절하는데 사용하는 것으로 재료, 압력범위, 접속방법 및 구조에 따라 여러 종류로 나눈다.
① 게이트밸브, 슬루스 밸브(Gate Valve, Sluice Valve, 사절변) 개폐용으로 가장 많이 사용하는 밸브로서 유체의 흐름을 차단(개폐)하는 대표적인 밸브로서 가장 많이 사용하며 개폐시간이 길다.
② 글로브 밸브(Glove Valve, Stop Valve, 옥형변) 밸브시트에서 유체의 흐름방향이 바뀌게 되어 유량조절이 용이하지만 유체의 마찰저항이 크다.
③ 니들밸브(Needle Valve, 침변) 디스크의 형상이 원뿔모양으로 유체가 통과하는 단면적이 극히 적어 고압 소유량의 조절에 적합하다.
④ 앵글밸브(Angle Valve) 글로브 밸브의 일종으로 유체의 입구와 출구의 각이 90°로 되어 있는 것으로 유량의 조절 및 방향을 전환시켜주며 주로 방열기의 입구 연결밸브나 보일러 수증기 밸브로 사용한다.

⑤ **체크밸브(Check Valve, 역지변)** 유체를 한쪽으로만 흐르게 하여 역류를 방지하는 역류방지밸브로서 밸브의 구조에 따라 다음과 같이 구분할 수 있다.
　가. **스윙형(Swing Type)** 수직, 수평배관에 사용한다.
　나. **리프트형(Lift Type)** 수평배관에만 사용한다.
　다. **풋형(Foot Type)** 펌프 흡입관 선단의 여과기와 역지변을 조합한다.
⑥ **볼밸브(Ball Valve)** 구의 형상을 가진 볼에 구멍이 뚫려 있어 구멍의 방향에 따라 개폐 조작이 되는 밸브이며 90° 회전으로 개폐 및 조작도 용이하여 게이트 밸브 대신 많이 사용된다.
⑦ **버터플라이 밸브(Butterfly Valve)** 일명 나비밸브라 하며 원통형의 몸체 속에 밸브봉을 축으로 하여 원형 평판이 회전함으로써 밸브가 개폐된다. 밸브의 개도를 알 수 있고 조작이 간편하며 경량이고, 설치공간을 작게 차지하므로 설치가 용이하여 최근에 많이 사용한다. 작동방법에 따라 레버식, 기어식 등이 있다.
⑧ **콕(Cock)** 콕은 원통 혹은 원뿔에 구멍을 뚫고 축을 회전시켜 개폐하는 것으로 플러그 밸브라고도 하며 90° 회전으로 급속한 개폐가 가능하나 기밀성이 좋지 않아 고압 대유량에는 적당하지 않다.

(2) 조정밸브(콘트롤밸브)

조정(제어)밸브는 배관계통에서 장치의 냉온열원의 부하 경감 시 자동으로 밸브의 열림을 조절하여 유량이나 압력 등을 조절하는 제어밸브류를 말하는 것으로 다음과 같은 종류가 있다.

① **감압밸브(Pressure Reducing Valve : PRV)** 감압밸브는 고압의 압력을 저압으로 일정하게 유지하여 주는 밸브로서 사용유체에 따라 물과 증기용으로 분류된다.
② **안전밸브(Safety Valve)** 고압의 유체를 취급하는 고압용기나 보일러, 배관 등에서 규정압력 이상으로 되면 자동적으로 밸브가 열려 장치나 배관의 파손을 방지하는 밸브로서 스프링식과 중추식, 지렛대식이 있다.
③ **전자밸브(Solenoid Valve)** 전자코일에 전류를 흘려서 전자력에 의한 플런저가 들어 올려지는 전자석의 원리를 이용하여 밸브를 개폐(ON-OFF)시키는 것으로 솔레노이드 밸브라 한다.
④ **전동밸브(Modutrol Motor)** 모터로 작동되는 밸브로 이방밸브(2-Way Valve)와 삼방밸브(3-Way Valve)가 있으며 이방변은 유량을 변화시켜 제어하고(변유량), 3방변은 유량을 방향을 조절(정유량)하여 제어한다.
⑤ **공기빼기밸브(Air Vent Valve : AVV)** 배관이나 기기 중의 공기를 제거할 목적으로 사용되며, 배관의 최상단에 설치한다.
⑥ **온도조절밸브(Temperature Control Valve : TCV)** 열교환기나 급탕탱크, 가열기기 등의 내부온도를 감지하여 일정한 온도로 유지시키기 위하여 증기나 온수공급량을 자동적으로 조절하여 주는 자동 밸브이다.
⑦ **정유량 조절밸브** 팬코일 유닛이나 방열기 등에서 각 배관계통이나 기기로 일정량의 유량이 공급되도록 하는 자동밸브이다.
⑧ **차압조절밸브(Differential Pressure Control Valve)** 공급배관과 환수배관 사이에 설치하여 공급관과 환수관의 압력차를 일정하게 유지시켜 주는 밸브이다.

6) 공기조화설비 적산

공기조화설비 적산은 공조배관경 산정문제로 내용을 대신합니다. 배관관경 산정과정을 이해해 두세요.

예제 그림과 같은 냉방 시스템에서 각 실의 냉방부하를 냉각코일로 제거하며 배관의 마찰손실을 $50\,mmAq/m$로 하는 경우 ②구간 관경을 구하시오.(단 물 비열은 4.2kJ/kgK, 입구 출구 수온 7℃, 12℃)

해설) 우선 ②구간은 A, B실을 담당하므로 유량을 구하는데 이때 냉각코일은 현열과 잠열을 모두 제거하므로

$q_T = WC\Delta t$ 에서

$$W = \frac{q_T}{C\Delta t} = \frac{60{,}000 + 20{,}000 + 80{,}000 + 20{,}000}{4.2(12-7)}$$

$= 8{,}571.43\,L/h = 142.86\,L/\min$

첨부 배관선도에서 유량 $142.86\,L/\min$과 마찰손실 $50\,mmAq/m$ 교점을 찾으면 선도에서 관경 50A에 딱 걸리는 정도이다. 만약 50A를 조금만 넘어가도 65A를 선택해야 하는데 이 정도면 50A를 선정한다.

답) 50A

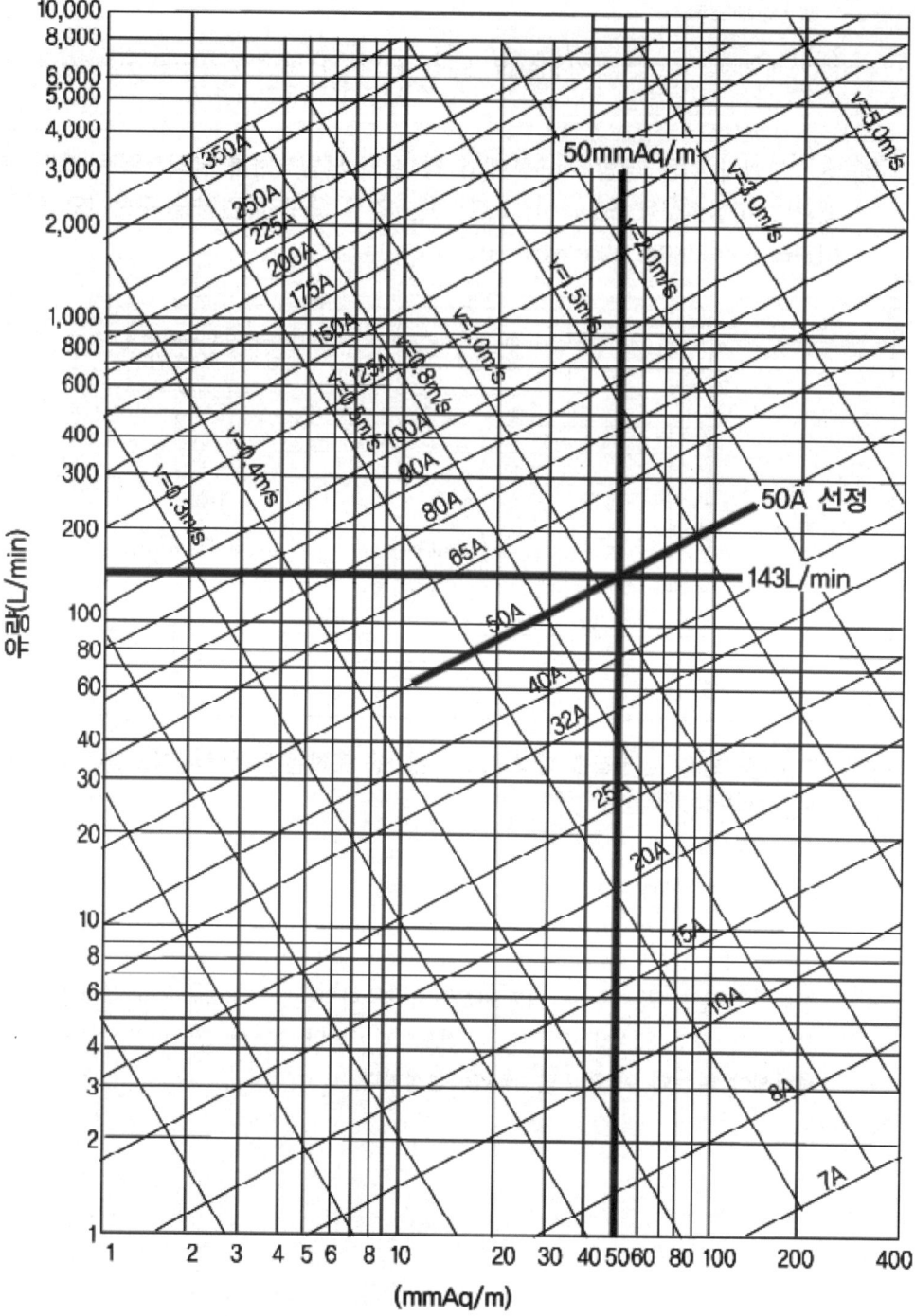

2. 열원설비 적산

1) 열원설비 적산순서
① 열원설비 용량 산정(진공온수보일러 200kW) → 수량산출 → 집계표 작성 → 단가산정
② 설치공량 등 산정(품셈표 근거) → 노무비산정(노임단가) → 내역서 작성(재료비, 노무비, 경비, 합계)
③ 총공사비 원가계산(간접비, 이윤 등 제경비 적용)

품 명	규 격	단위	수량	재료비 단가	재료비 금액	노무비 단가	노무비 금액	경비 단가	경비 금액	합계 단가	합계 금액	비고
0101 장비설치공사												
진공온수보일러	200kW	대	1	14,300,000	14,300,000					14,300,000	14,300,000	
시수저수조 (SMC격판)	65TON	대	1	27,418,000	27,418,000					27,418,000	27,418,000	
소화저수조 (SMC)	33.75TON	대	1	20,540,000	20,540,000					20,540,000	20,540,000	
밀폐형팽창탱크	200LIT	대	1	1,150,000	1,150,000					1,150,000	1,150,000	
급탕탱크 (STS304)	3000LIT	대	1	8,500,000	8,500,000					8,500,000	8,500,000	
급수부스타펌프 (인버터)	(155*3)LPM*65M *4KW*3대	SET	1	15,000,000	15,000,000					15,000,000	15,000,000	
대류순환펌프 (라인형)	50LPM*5M *0.4KW	대	2	80,000	160,000					80,000	160,000	
급탕순환펌프 (라인형)	50LPM*10M *0.55KW	대	2	110,000	220,000					110,000	220,000	
기계실배수펌프 (수중형)	300LPM*8M *1.5KW	대	2	430,000	860,000					430,000	860,000	
항온항습기 (공냉식-상향)	냉:8.1kW/ 난:10.5kW	대	1	6,300,000	6,300,000					6,300,000	6,300,000	
노무비	기계설비공	인	47.9			86,521	4,144,355			86,521	4,144,355	
노무비	보일러공	인	3			89,899	269,697			89,899	269,697	
노무비	보통인부	인	3.5			68,965	241,377			68,965	241,377	
노무비	특별인부	인	1.2			84,404	101,284			84,404	101,284	
공구손료	인력품의 3%	식	1	142,701	142,701					142,701	142,701	
[합 계]					107,985,001		4,756,713				112,741,714	

※ 장비설치공사와 내역서 참조

3. 환기설비 적산

덕트 적산 순서는 규격별 철판면적산출 → 품셈표에서 공량산출 → 재료비 노무비산출 → 내역서작성 → 원가계산(총공사비산정) 순이다.

예제 1 아래 덕트(저속덕트) 평면도를 보고 0.5t 철판 면적을 산출하시오.(단 덕트 장변길이 450mm 이하 : 0.5t, 750mm 이하 : 0.6t, 1,500mm 이하 : 0.8t 적용덕트 철판 재료 할증률은 28% 적용)

해설) 0.5t는 장변 450mm 이하이며 도면에서 400×200 덕트만 해당한다.
400×200 덕트 총길이는 6m가 4개이므로 24m이다.
400×200 덕트는 둘레길이가 (0.4+0.2)×2=1.2m이고 길이가 24m이므로
덕트 면적=1.2×24=28.8m^2
철판 면적은 28% 할증조건이므로 할증 후 철판면적=28.8×1.28=36.86m^2

예제 2 위 1번 덕트(저속덕트) 평면도에서 0.6t 철판 면적을 산출하시오.(기타조건 동일)

해설) 위 평면도에서 0.6t는 장변 750mm 이하이며 도면에서 600×250 덕트만 해당한다.
600×250 덕트 총길이는 12m, 1개이므로 12m이다.
600×250 덕트는 둘레길이가 (0.6+0.25)×2=1.7m이고 길이가 12m이므로
덕트 면적=1.7×12=20.4m^2
철판 면적은 28% 할증 후 면적=20.4×1.28=26.11m^2

예제 3 1번 덕트(저속덕트) 평면도에서 0.8t 철판 면적을 산출하시오.(조건 동일)

해설) 위 평면도에서 0.8t는 장변 1,500mm 이하이며 도면에서 800×250 덕트만 해당한다.
800×250 덕트 총길이는 12m, 1개이므로 12m이다.
800×250 덕트는 둘레길이가 (0.8+0.25)×2=2.1m이고 길이가 12m이므로
덕트 면적=2.1×12=25.2m^2
철판 면적은 28% 할증 후 면적=25.2×1.28=32.26m^2

예제 4 1번 덕트(저속덕트) 평면도에서 0.5t 철판 제작설치에 필요한 직접재료비와 직접인건비를 산출하시오.(단 덕트공 단가 45,000원/인)
- 덕트 금속판의 재료할증률 28% 적용
- 덕트 제작설치의 공량할증률 20% 적용
- 덕트 크기별 철판두께는 저속덕트 기준
- 덕트 제작 설치에 필요한 재료비(철판면적 m^2당)

철판두께(mm)	0.5	0.6	0.8
재료비(원)	5,400	6,000	6,800

- 덕트 제작 설치에 필요한 공량(철판면적 m^2당)

철판두께(mm)	0.5	0.6	0.8
공량(인)	0.44	0.48	0.50

해설) 1) 0.5t는 450 이하이며 도면에서 400×200 덕트만 해당한다.
재료비는 철판면적(1에서 구한 28% 할증 후 36.86m^2)과 재료비(5,400원/m^2)로 구한다.
직접재료비= 36.86m^2×5,400=199,044원
2) 노무비(인건비)를 구하려면 공량을 산출해야 하는데 공량이란 덕트 제작설치를 위한 덕트공수이다.
위 1번 풀이에서 덕트 면적=1.2×24=28.8m^2인데 여기서 주의할 점은 덕트 공량산출은 할증 전 덕트면적을 기준한다. 즉 철판면적은 덕트를 제작할 때 손실되는 부분 때문에 할증을 주지만 공량은 손실되는 부분에 인력을 공급하지는 않기 때문에 공량은 할증 전 덕트 면적만 적용한다. 단 공량할증(여기서 20%)은 덕트 설치 위치가 어렵다거나 할 때 주는 할증이다. 여기서 면적할증과 공량할증을 명확히 구분해야 한다.(공량할증은 줄 때만 적용한다.)
철판 면적 28.8m^2에 대한 공량 0.44인/m^2와 20% 공량할증하면
28.8m^2×0.44×1.2=15.21공
직접인건비=15.21×45,000=684,450원

답) 직접재료비 199,044원, 직접인건비 684,450원

제**2**장 　위생설비 적산

1. 급수설비 적산

1) 유체의 종류와 표시 기호

[표 1-9] 유체의 종류와 기초 및 도시법

유체의 종류	공기	가스	유류	수증기	물
기호	A	G	O	S	W

[표 1-10] 물질의 종류와 식별색

종류	식별색	종류	식별색
물	청색	산, 알칼리	회자색
증　기	진한 적색	기　름	진한 황적색
공　기	백색	전　기	엷은 황적색
가　스	황색		

2) 관 및 밸브 도시 기호

① 관 A가 지면에 대하여 직각으로 구부러져 앞으로 나온 상태 :

② 관 A가 지면에 대하여 직각으로 뒤로 구부러진 상태 :

③ 나사이음 :

④ 플랜지형 이음 :

⑤ 암수형 이음 :

⑥ 유니언형 이음 :

⑦ 신축이음

　㉠ 슬리브형 :

　㉡ 벨로즈형 :

　㉢ 신축 곡관 :

　㉣ 스위블 조인트 :

⑧ 체크 밸브(역지 밸브) :

⑨ 급수관 :

⑩ 배수관 :

⑪ 통기관 :

⑫ 막힘 플랜지 :

⑬ 캡 :

⑭ 플러그 :

⑮ 급탕관 :

⑯ 반탕관 :

⑰ 바닥위 청소구 :

⑱ 볼탭 :

⑲ 샤워 :

⑳ 송수구 :

예제 다음과 같은 급수 계통과 조건을 참조하여 균등관법으로 (e)구간의 급수 관경을 구하시오.

[상당관표]

관경	15A	20A	25A	32A	40A
15A	1				
20A	2	1			
25A	3.7	1.8	1		
32A	7.2	3.6	2	1	
40A	11	5.3	2.9	1.5	1
50A	20	10	5.5	2.8	1.9
65A	31	15	8.5	4.3	2.9

[동시사용률]

기구수	2	3	4	5	6	7	8	9	10	17
%	100	80	75	70	65	60	58	55	53	46

해설) 균등관(상당관)법은 모든 위생기구의 접속관경을 15A로 환산(상당관)한다. 상당관표에서 대변기25A는 15A로 3.7개이다.

그러므로 (e)구간 상당수(15A) 합계는 2+2+2+(3×3.7)=17.1

동시사용률은 기구수로 구하고 기구는 9개이므로 표에서 55%를 적용하면

동시개구수(15A)=17.1×0.55=9.4

다시 상당관표에서 15A, 9.4는 직상 11개항에서 40A를 선정

답) e)구간의 급수 관경 : 40A

2. 급탕설비 적산

예제 급탕배관 수량산출과 공량산출 단가대비를 통하여 다음과 같이 재료비, 직접노무비가 주어질 때 제경비율을 참조하여 이윤과 총공사금액을 구하시오.

- 재료비 : 175,000,000원
- 노무비 : 직접노무비+80,000,000원, 간접노무비는 직접노무비의 15%
- 경비 : 23,000,000원
- 일반관리비 : 순공사원가의 5.5%
- 이윤 : 관련 항목의 15%

해설) 1) 이윤=(노무비+경비+일반관리비)에서
　　　 일반관리비=(재료비+노무비+경비)5.5%=순공사비×5.5%
　　　- 순공사비=(175,000,000+80,000,000×1.15+23,000,000)=290,000,000
　　　　 일반관리비=290,000,000×0.055=15,950,000
　　　　 이윤=(노무비+경비+일반관리비)0.15
　　　　　　 =(80,000,000×1.15+23,000,000+15,950,000)0.15=19,642,500원
　　　 2) 총공사원가=순공사비+일반관리비+이윤
　　　　　　　　　 =290,000,000+15,950,000+19,642,500=325,592,500원

답) 이윤=19,642,500
　　 총공사금액=325,592,500

3. 오배수 · 통기설비 적산

예제 허브타입 주철관을 사용하는 배수관 공사에서 자재 수량산출이 아래 표와 같을 때 공량산출을 위한 규격별 수구수를 구하시오. (단 소제구는 수구수 산출에서 제외한다.)

	규격	단위	수량
직관	150∅×160L	개	5
	100∅×1000L	개	3
	100∅×600L	개	4
90° 곡관	100∅	개	3
45° 곡관	100∅	개	2
Y-T관	150∅×100∅	개	1
Y관	100∅	개	2
소재구	100∅	개	3

① 100∅ 15개, 150∅ 5개　　② 100∅ 17개, 150∅ 6개
③ 100∅ 20개, 150∅ 7개　　④ 100∅ 22개, 150∅ 7개

해설) 허브타입(소켓형) 주철관 접속법은 전통적인 납코킹 방식과 플랜지 방식이 있으며 최근에는 플랜지 방식이 선호된다. 수구수란 수구(암놈)와 삽구(숫놈)를 끼워 맞춤하는 개소를 말하며 소켓방식에서는 수량산출의 기초가 된다. 직관은 1개당 수구 1개소이며, Y관 Y-T관은 1개당 수구 2개소(규격별)로 산출한다. 수구수는 배관길이와는 관계 없다.
　　① 100∅ 수구수 : 직관(3+4개소), 곡관(3+2개소), Y-T관(100∅ 1개소), Y관(2×2개소)
　　② 150∅ 수구수 : 직관(5개소), Y-T관(150∅ 1개소)
　　③ 그러므로 수구수는 100∅ : 3+4+3+2+1+(2×2)=17개소
　　　　　　　　　　　　 150∅ : 5+1=6 개소

예·상·문·제
설비 적산

01 아래와 같은 동관 배관 평면도에서 동관 용접개소는 몇 개소인가?

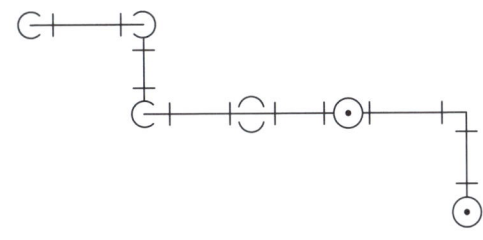

① 9개소 ② 16개소
③ 20개소 ④ 28개소

해설 위 평면도를 겨냥도(입체도)로 그려보면 엘보는 7개이고 티이는 2개이며 엘보 1개당 용접 2개소, 티이 1개당 3개소이므로 용접개소는 총 20개소이다.

02 아래 공조설비 배관 평면도를 보고 부속 수량을 구하시오.

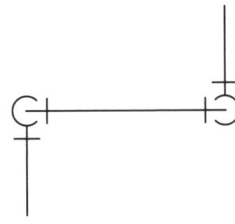

① 엘보 2개, 티이 1개 ② 엘보 3개, 티이 2개
③ 엘보 4개 ④ 엘보 5개

해답 1.③ 2.③

해설 위 평면도를 겨냥도(입체도)로 그려보면 아래와 같고 부속류는 엘보이고 수량은 4개이다.

03 아래 버킷형 증기트랩(25×20×25) 주변 바이패스배관에서 A-B구간에 대한 부속류 수량산출에서 잘못된 것은?

① 레듀서(25×20A) 2개 ② 유니언(25A) 5개
③ 스트레이너(20A) 1개 ④ 티이(25A) 2개

해설 버킷형 증기트랩(25×20×25) 주변 바이패스배관에서 트랩은 20A이므로 트랩 양단에 레듀서(25×20A)를 사용한다. 스트레이너는 레듀서 외측이므로 (25A, 1개)이며, 증기트랩은 (20A) 1개이고, 글로브밸브(25A) 1개, 플랜지(25A) 7개, 유니언 5개이다.

04 아래 버킷형 증기트랩(25×20×25) 주변 바이패스배관에서 A-B구간에 대한 배관 수량산출로 적합한 것은?(단, 부속 길이는 무시한다.)

① 25A : 2,400mm, 20A : 600mm ② 25A : 2,400mm, 20A : 0mm
③ 25A : 2,100mm, 20A : 200mm ④ 25A : 1,800mm, 20A : 200mm

해설 버킷형 증기트랩(25×20×25) 주변 바이패스배관에서 25A는 증기공급관 1,000mm 바이패스관 300+300+800=1,400mm
합계 1,000+1,400=2,400mm이며 20A는 증기트랩과 연결되기 때문에 배관 물량은 없다.

05 아래 상당관표와 동시사용률을 이용하여 조건과 같은 급수 배관 본관 관경을 구하시오.

급수 배관 본관에 세정밸브 대변기(25A) 8대가 연결되는 경우 본관의 관경 선정

[상당관표]

관경	15A	20A	25A	32A	40A
15A	1				
20A	2	1			
25A	3.7	1.8	1		
32A	7.2	3.6	2	1	
40A	11	5.3	2.9	1.5	1
50A	20	10	5.5	2.8	1.9
65A	31	15	8.5	4.3	2.9

[동시사용률]

기구수	2	3	4	5	6	7	8	9	10	17
%	100	80	75	70	65	60	58	55	53	46

① 20A ② 25A
③ 40A ④ 50A

해설 대변기 1대(25A)는 15A상당관으로 3.7개이며 8대인 경우 누계는 3.7×8=29.6이다. 동시사용률은 기구수 8대일 때 58%이므로 동시개구수는 29.6×0.58=17.2이다. 다시 상당관표에서 15A, 17.2는 직상으로 20항에서 50A를 선정한다.

06 호칭 지름 20A의 관을 그림과 같이 나사 이음할 때, 배관 중심 간의 길이가 200mm라 하면 실제 소요되는 강관 길이(mm)는 얼마인가?(단, 이음쇠의 중심에서 단면까지의 길이는 32mm, 나사가 물리는 최소의 길이는 13mm이다.)

① 136 ② 148
③ 162 ④ 200

해설 양쪽으로 이음쇠(엘보)의 중심에서 단면까지의 길이(32mm)와 나사가 물리는 최소의 길이(13mm)의 차(32−13=19mm)를 빼 준 값이다.
$L = 200 - 2(32 - 13) = 162 \text{mm}$

07 아래 덕트(저속덕트) 평면도를 보고 0.5t 철판 면적을 산출하시오.(단 덕트 장변 길이 450mm 이하 : 0.5t, 750mm 이하 : 0.6t, 1,500mm 이하 : 0.8t 적용, 덕트 철판 재료 할증률은 28% 적용)

① 0.5t=28.80m²
② 0.5t=32.86m²
③ 0.5t=36.86m²
④ 0.5t=46.86m²

해설 0.5t는 장변 450 이하이며 도면에서 400×200 덕트만 해당한다.
400×200 덕트 총길이는 6m가 4개이므로 24m이다.
400×200 덕트는 둘레길이가 $(0.4+0.2) \times 2 = 1.2 \text{m}$ 이고
길이가 24m이므로 덕트 면적 $= 1.2 \times 24 = 28.8 \text{m}^2$
철판 면적은 28% 할증 $= 28.8 \times 1.28 = 36.86 \text{m}^2$

08 펌프 주위의 배관도이다. 각 부품의 명칭으로 틀린 것은?

① 나 : 스트레이너
② 가 : 플랙시블조인트
③ 라 : 글로브 밸브
④ 바 : 압력계

해설 가 : 플랙시블조인트, 나 : 스트레이너, 다 : 게이트 밸브, 라 : 체크 밸브, 마 : 연성계(진공계), 바 : 압력계, 아 : 펌프

09 공조설비 공사에서 수량산출에 의한 재료비, 직접노무비가 아래와 같을 때 순공사비를 구하시오.

- 재료비 : 175,000,000원
- 경비 : 23,000,000원
- 노무비 : 직접노무비=80,000,000원, 간접노무비는 직접노무비의 15%

① 순공사비 = 278,000,000
② 순공사비 = 290,000,000
③ 순공사비 = 330,000,000
④ 순공사비 = 390,000,000

[해설] 순공사비=재료비+노무비(직노+간노)+경비
= (175,000,000 + 80,000,000 × 1.15 + 23,000,000) = 290,000,000

10 다음과 같은 급수 계통과 조건(상당관표, 동시사용률)을 참조하여 균등관법으로 (e)구간의 급수 관경을 구하시오.

[상당관표]

관경	15A	20A	25A	32A	40A
15A	1				
20A	2	1			
25A	3.7	1.8	1		
32A	7.2	3.6	2	1	
40A	11	5.3	2.9	1.5	1
50A	20	10	5.5	2.8	1.9
65A	31	15	8.5	4.3	2.9

[동시사용률]

기구수	2	3	4	5	6	7	8	9	10	17
%	100	80	75	70	65	60	58	55	53	46

① 20A
② 25A
③ 32A
④ 40A

[해설] 균등관(상당관)법은 모든 급수관경을 15A로 환산한다. 대변기 25A는 15A로 3.7개이다. 그러므로 (e)구간 상당수(15A) 합계는 2+2+2+(3×3.7)=17.1
동시사용률은 기구수로 구하고 기구는 9개이므로 55%일 때 동시개구수는 상당수 합계와 동시사용률로 구한다. 동시개구수=17.1×0.55=9.4
다시 상당관표에서 15A, 9.4는 11개항에서 40A를 선정

[해답] 9.② 10.④

11 공조설비 공사에서 수량산출에 의한 재료비, 직접노무비가 아래와 같을 때 제경비율을 참조하여 이윤과 총공사금액을 구하시오.

- 재료비 : 175,000,000원
- 경비 : 23,000,000원
- 노무비 : 직접노무비=80,000,000원, 간접노무비는 직접노무비의 15%
- 일반 관리비는 순공사원가의 5.5%
- 이윤은 관련항목의 15%로 한다.

① 이윤 = 19,642,500, 총공사금액 = 325,592,500
② 이윤 = 19,642,500, 총공사금액 = 290,000,000
③ 이윤 = 15,950,000, 총공사금액 = 325,592,500
④ 이윤 = 15,950,000, 총공사금액 = 290,000,000

해설 (1) 이윤=(노무비+경비+일반관리비)×요율
　　　일반관리비=순공사비×요율=(재료비+노무비+경비)5.5%
　　　　　　=(290,000,000)0.055=15,950,000
　　　순공사비=(175,000,000+80,000,000×1.15+23,000,000)=290,000,000
　　　이윤=(노무비+경비+일반관리비)×요율
　　　　　=(80,000,000×1.15+23,000,000+15,950,000)0.15=19,642,500원
　　(2) 총공사원가=순공사비+일반공사비+이윤
　　　　　=290,000,000+15,950,000+19,642,500=325,592,500원

12 아래 증기 배관 평면도에 대한 부속 수량산출로 알맞은 것은?

① 엘보 : 2개　　　　　　② 앵글밸브 : 2개
③ 글로브밸브 : 2개　　　④ 티이 : 3개

해설 엘보(오른쪽 1개 포함) 2개, 앵글밸브 1개, 체크밸브 1개, 티이(왼쪽 1개 포함) 2개, 유니언 1개, 레듀서 1개, 글로브밸브 1개

13 아래 덕트(저속덕트) 평면도를 보고 0.6t 철판 면적을 산출하시오.(단 덕트 장변 길이 450mm 이하 : 0.5t, 750mm 이하 : 0.6t, 1,500mm 이하 : 0.8t 적용, 덕트 철판 재료 할증률은 28% 적용)

① 0.6t=22.12m²
② 0.6t=26.11m²
③ 0.6t=30.88m²
④ 0.6t=34.86m²

해설 0.6t는 장변 451~750 사이이며 도면에서 600×250 덕트만 해당한다.
덕트 총길이는 12m이다.
600×250 덕트는 둘레길이가 $(0.6+0.25) \times 2 = 1.7\text{m}$ 이고 길이가 12m이므로
덕트 면적= $1.7 \times 12 = 20.4 \text{m}^2$
철판 면적은 28% 할증= $20.4 \times 1.28 = 26.11 \text{m}^2$

14 아래 급수 배관 평면도에 대한 부속 산출에서 티이는 몇 개인가?

① 1개
② 2개
③ 3개
④ 4개

해설 엘보(오른쪽 1개 포함) 2개, 앵글밸브 1개, 체크밸브 1개, 티이(왼쪽 1개 포함) 2개, 유니언 1개, 레듀서 1개, 글로브밸브 1개

15 허브타입 주철관을 사용하는 배수관 공사에서 자재 수량이 아래표와 같을 때 규격별 수구수를 구하시오.(단, 소제구는 배관 수구수에 포함하지 않는다.)

	규격	단위	수량
직관	150∅×160L	개	5
	100∅×1000L	개	3
	100∅×600L	개	4
90° 곡관	100∅	개	3
45° 곡관	100∅	개	2
Y-T관	150∅×100∅	개	1
Y관	100∅	개	2
소제구	100∅	개	3

① 100∅ 15개, 150∅ 5개   ② 100∅ 17개, 150∅ 6개
③ 100∅ 20개, 150∅ 7개   ④ 100∅ 22개, 150∅ 7개

해설 허브타입(소켓형) 주철관 접속법은 전통적인 납코킹 방식과 플랜지 방식이 있으며 최근에는 플랜지 방식이 선호된다. 수구수란 수구(암놈)와 삽구(숫놈)를 끼워 맞춤하는 개소를 말하며 소켓방식에서는 수량산출의 기초가 된다. 직관과 곡관은 1개당 수구 1개소이며, Y관, Y-T관은 1개당 수구 2개소(규격별)로 산출한다. 수구수는 배관길이와는 관계 없다.
- 100∅ : 직관(3+4개소), 곡관(3+2개소), Y-T관(100∅ 1개소), Y관(2×2개소)
  그러므로 수구수는 100∅ : 3+4+3+2+1+(2×2)=17개소
- 150∅ : 직관(5개소), Y-T관(150∅ 1개소)
  그러므로 수구수는 150∅ : 5+1=6개소

16 아래 덕트 평면도에서 600×200단면을 300×200으로 축소하는 덕트길이 1,000mm에 대하여 철판면적을 산출하시오.(할증은 무시한다.)

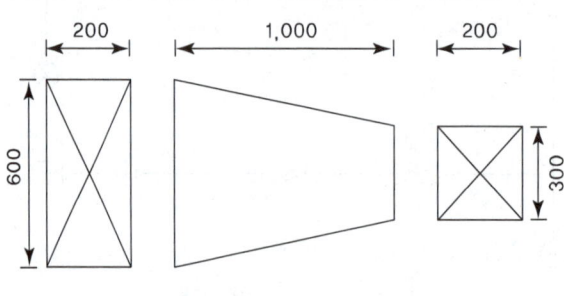

① $0.86m^2$ ② $1.12m^2$
③ $1.24m^2$ ④ $1.30m^2$

해설 덕트 높이는 200mm이며 길이는 1,000mm이고 폭은 600에서 300으로 축소(레듀싱)되고 있을 때 위와 같이 축소된 덕트 면적산출은 폭을 중간값(450mm)으로 계산한다. 즉 덕트 규격 450×200×1,000mm에서 450×200 덕트는 둘레길이가 (0.45+0.2)×2 =1.3m이고 길이가 1m이므로 덕트 면적=1.3×1=1.3m²

17 다음 평면도와 같이 엘보를 이용하여 배관(20A)을 구성하고자 할 때 실제 소요되는 배관길이 A,B를 각각 구하시오.(단 엘보에 삽입되는 배관길이는 10mm이고, 엘보 중심에서 단면까지 길이는 25mm이다.)

① A : 123mm, B : 145mm
② A : 130mm, B : 183.8mm
③ A : 130mm, B : 153.8mm
④ A : 153mm, B : 165.6mm

해설 A를 구하기 위해 엘보 중심에서 배관끝단까지 길이는 25-10=15mm
그러므로 배관길이는 A=160-(2×15)=130mm
B를 구하기 위해 엘보 중심에서 중심까지 길이는 $\sqrt{2} \times 130 = 183.8mm$
배관끝단까지 길이는 25-10=15mm
그러므로 배관길이는 B=183.8-(2×15)=153.8mm

제2과목

건축설비 설계

제1편 열원설비 설계
제2편 공기조화설비 설계
제3편 환기설비 설계
제4편 위생설비 설계

제1편 열원설비 설계

제1장 열원시스템 설계

공기조화설비는 공기를 적절한 상태로 조화하기 위한 기기들로서는 열원기기, 공기조화기, 공기 반송장치 등이 있다.
① **열원기기** 보일러, 냉동기 및 냉각탑, 히트펌프
② **공기조화기** 에어필터, 에어와셔, 가열기, 냉각기, 가습기, 감습기
③ **공기 반송장치** 덕트, 송풍기, 흡입구, 취출구
④ **기타** 펌프, 방열기, 열교환기, 공기정화장치, 자동제어 등

[그림 2-1] 공기조화기의 기본 구성

1. 냉동기

1) 냉동원리

냉동이란 어느 물체나 계를 주위 온도보다 낮게 유지하는 것을 말하며 방법으로는 액체의 기화 시 잠열을 이용하는 증기 압축식이나 흡수식이 많이 이용된다.
① **융해열 이용** 아이스박스의 얼음에 의한 냉동
② **증발잠열 이용** 증기 압축식, 흡수식, 증기분사식
③ **승화열 이용** 드라이아이스
④ **압축 기체 팽창(현열)** 공기압축기
⑤ **펠티어 효과** 전자 냉동기

2) 증기압축식 냉동기

일반적인 냉동기이며, 압축기에 의해 냉매증기를 압축하여 액화시킨다.

(1) 증기압축식 냉동기 4대 구성요소

압축기 → 응축기 → 팽창밸브 → 증발기

(2) 증기압축식 냉동기 기능

① **압축기** 증발된 냉매가스를 고압으로 압축하여 응축기로 보낸다.
② **응축기** 압축된 냉매가스를 냉각시켜 다시 액화한다.
③ **팽창밸브** 고압의 냉매액은 팽창밸브를 지나며 증발이 용이한 저온저압의 액체가 되어 증발기로 유입된다.
④ **증발기** 저온 저압의 냉매가 주위열을 흡수하며 증발하여 냉동효과를 얻는다.

[그림 2-2] 왕복동식 냉동기

[그림 2-3] 냉동 사이클

(3) 증기압축식 냉동기 구성요소

증기압축식 냉동 사이클의 구성요소는 아래 그림과 같이 압축기, 응축기, 수액기, 팽창밸브, 증발기 등으로 구성되어 그 내부를 냉매가 압축→응축→팽창→증발의 상태변화를 반복하여 냉동작용을 행한다.

[그림 2-4] 증기압축식 냉동장치 구성도

(4) 증기압축식 냉동기 사이클

$T-s$ 선도

$P-h$ 선도

① 1→2과정   단열압축(압축기에서 등엔트로피 변화로 압축되어 고온, 고압의 과열증기 (2점)로 된다.)
② 2→3과정   등압방열(과열증기가 등압 하에서 응축기에서 냉각되어 과냉각액(3점)으로 되는 과정이다.)
③ 3→4과정   교축작용(과냉각액은 팽창변을 통하여 교축팽창하여 등엔탈피 변화를 하고 온도와 압력이 강하되어 습증기(4점)가 되는 과정이다.)
④ 4→1과정   증발기에서 등압 하에서 증발하여 외부로부터 열을 흡수하여 냉동효과를 발휘한다.

> ※ 압축기 흡입증기 상태에 따른 사이클의 분류
> ① 건압축 냉동 사이클 : 압축기 입구의 냉매상태(1점)가 건조포화증기인 사이클(12341)
> ② 습압축 냉동 사이클 : 압축기 입구의 냉매상태(1′점)가 습포화증기인 사이클(1′2′341′)
> ③ 과열압축 냉동 사이클 : 압축기 입구의 냉매상태(1″점)가 과열증기인 사이클(1″2″341″)

(5) 냉동효과 q_2

$q_2 = h_1 - h_4$(건압축), $q_2 = h_{1'} - h_4$(습압축), $q_2 = h_{1''} - h_4$(과열압축)[kJ/kg]

(6) 응축기 방열량 q_1

$q_1 = h_2 - h_3$(건압축), $q_1 = h_{2'} - h_3$(습압축), $q_1 = h_{2''} - h_3$(과열압축)[kJ/kg]

(7) 압축일 w

$w = h_2 - h_1$(건압축), $w = h_{2'} - h_{1'}$(습압축), $w = h_{2''} - h_{1''}$(과열압축)[kJ/kg]

(8) 성능계수 COP

① 냉동기 성능계수

$$COP_R = \frac{h_1 - h_4}{h_2 - h_1}\text{(건압축)}$$

$$COP_R = \frac{h_{1'} - h_4}{h_{2'} - h_{1'}}\text{(습압축)}$$

$$COP_R = \frac{h_{1''} - h_4}{h_{2''} - h_{1''}} \text{ (과열압축)}$$

② 열펌프 성능계수

$$COP_H = \frac{h_2 - h_3}{h_2 - h_1} \text{ (건압축)}$$

$$COP_H = \frac{h_{2'} - h_3}{h_{2'} - h_{1'}} \text{ (습압축)}$$

$$COP_H = \frac{h_{2''} - h_3}{h_{2''} - h_{1''}} \text{ (과열압축)}$$

2. 보일러

1) 보일러 분류

보일러는 재질에 따라 강판재와 주철재로 나누며, 형식으로 분류하면 동체 축방향에 따라 입형과 횡형으로 나눌 수 있고, 연소실 구조에 따라 원통형, 수관식으로 나누고, 본체 구조에 따라 노통식, 연관식으로 나누고, 사용압력에 따라 저압보일러와 고압보일러로 구분되는데, 일반적으로 건축물에 사용되는 산업용 보일러는 노통연관 보일러 및 수관식 보일러(수관 보일러, 관류식 보일러)가 주로 쓰이고 등이며, 가정용 소형 보일러는 입형 관류식보일러(가스사용)가 주로 쓰인다.

2) 보일러의 종류 및 특징

(1) 가정용 보일러

아파트나 일반 가정에서는 주택의 난방과 급탕 사용을 위해 지역난방이 보급되는 일부 지역을 제외하고는 대부분 소형보일러(입형 관류보일러)가 설치되어 있다. 가정용 보일러는 대부분 지역에서 도시가스의 공급이 보편화되어 있기 때문에 가스보일러가 주를 이루고, 도시가스 공급이 힘든 지방이나 농어촌 지역에서는 기름보일러나 심야전기를 이용한 전기 온수보일러가 아직도 많이 사용되는 추세이다.

(2) 노통 연관보일러

① 지름이 큰 동체를 몸체로 하여 그 내부에 노통과 연관을 동체 축에 평행하게 설치하고, 노통을 지나온 연소가스가 연관을 통해 연도로 빠져나가도록 되어있는 보일러이다.

② 노통보일러와 연관보일러를 조합한 형태로 연소실에서 화염은 1차적으로 노통 내부에서 열전달을 한 후 2차적으로 연소가스는 연관 속으로 흘러가면서 내부에 있는 보일러수와 열전달을 한 후 연도로 배출된다.

③ 보통 10~15ton/h 내외의 중-소형 보일러에서 가장 많이 사용되고 있으며, 노통 연관식 보일러는 보일러 노통 내부에 보유하고 있는 수량이 많아 급격한 부하 변동에도 공급압력이나 수위의 변화가 적어 안정적인 보일러 운전이 가능하다.

④ 보일러 노통 내부에 보유하고 있는 수량이 많아 가동 초기에 예열과 증기발생까지의 소요시간이 많이 필요하며, 가동 시 저부하 운전의 시간이 길거나 빈도가 많을 경우에는 효율이 떨어진다.

⑤ 노통연관식 보일러는 노통(연소실)과 연관(연소가스관)이 동시에 있어 전열면적이 증가되므로 노통 보일러와 연관 보일러에 비해 효율이 가장 높지만, 구조가 복잡하므로 청소 및 수리, 점검이 불리하고, 증발속도가 빨라 과열로 인한 스케일 부착이 쉬우며, 급수처리가 까다롭다.

⑥ 증기보일러에서 고압보일러와 저압보일러의 구분은 1.6MPa을 기준한다.

(3) 수관식 보일러

① 수관식 보일러는 상부 드럼과 하부 드럼 사이에 작은 구경의 많은 수관을 설치한 구조로, 관 내부에 물이 흐르고 관 외부를 연소가스로 가열해 증기를 발생시키는 구조로 제작된다.

② 물이 수관 내에만 채워지는 구조이기 때문에 높은 운전압력(용기 허용 내압력은 직경에 반비례하므로 수관 내에서 허용 압력은 크다)으로 보일러 제작이 가능하고, 수관의 길이나 수량에 의해 용량의 증대가 가능하여 중-대용량 및 고압용 보일러로 주로 사용된다.

$$\text{강판두께 } t = \frac{PD}{2\sigma}$$

P : 내압력, D : 통 직경, σ : 강판 인장강도

③ 수관식 보일러는 내부의 구조가 복잡하고 스케일로 인해 과열되기 쉬우므로 급수의 철저한 수질관리(연수장치)가 필요하다.

④ 연소실 내부의 수관 외부 표면은 구조상 청소가 힘들어 효율이 떨어질 수 있으며, 수관 내부 표면의 스케일은 드럼 내부 공간으로 들어가 주기적으로 세관작업을 해주어야하는 불편함이 있다.

⑤ 수관식 보일러는 대부분 중·대용량인 경우가 많기 때문에 부품을 현장으로 운반하여 현장에서 조립한 뒤 설치하는 사례가 많고, 이로 인해 제작기간이 다소 소요되고 장비의 가격도 고가이다.

⑥ 수관식 보일러는 부품별로 반입하여 보일러의 신설이나 교체가 용이하다는 장점이 있다.
⑦ 고온 및 고압에 적당하고 발생열량이 크며, 용량에 비하여 크기가 작아 설치면적이 적고 전열면적은 넓어서 효율이 매우 높다
⑧ 보유수량이 적어서 증기 발생 시간이 빠르며, 파열 시 피해가 적다
⑨ 구조가 복잡하여 청소 및 수리 등 불편하며, 제작이 어렵고 고가이다.
⑩ 수관 계통에 스케일 생성이 우려되므로 급수처리가 매우 까다롭고 보유수량이 적고 전열면적이 크므로 부하변동에 대응하기 어렵다.

(4) 관류보일러

① 관류보일러는 수관식 보일러에서 드럼없이 수관만으로 설계한 강제순환식 보일러로 급수가 공급될 때 수관의 예열부→증발부→과열부를 순차적으로 통과하면서 증기가 발생하게 된다.
② 연소실 주위에 다수의 수관이 병렬로 연결되어 헤더에서 분류 또는 합류되는 구조로 이루어져있어 다관식 보일러라고도 불린다.
③ 수관만으로 이루어져 있기 때문에 고압에 잘 견디고 관을 자유로이 배치할 수 있어 전체를 소형화하여 제작할 수 있다. 최근에는 상하 개량형 드럼을 설치한 수관형 관류보일러도 널리 보급되고 있다.
④ 주로 소용량이나 저압에 적합하도록 개발되어 보급되고 있는데, 최근에 일반건물에서 널리 사용되고 있으며, 소규모의 건물 난방, 급탕용이나 식당의 주방, 상가의 증기 공급용으로 주로 사용되고 있다.
⑤ 관류 보일러는 작은 구경의 관내에서 물을 증발시키기 때문에 불순물이 관 내에 부착하기 쉽기 때문에 수질관리가 매우 중요하다.
⑥ 관류 보일러는 드럼이 필요가 없고, 전열면적 크므로 효율이 높으며, 고압으로 증기의 열량이 높고 기동부하가 짧아 부하 측에 대응하기 쉬우며, 단점은 소형이고 내부구조가 복잡하여 청소 및 검사 수리가 어렵고, 양질의 급수 사용으로 완벽한 급수처리가 되어야 한다.

(5) 진공식 온수보일러

① 진공식 온수보일러는 보일러 내부가 진공상태로 유지되면서 화염으로부터 열을 받아 온수를 가열해 주는 열매체로 물을 사용하며 정상적인 상태에서는 열매의 손실은 없다.
② 보일러 내부가 진공상태로 새로운 보충수의 공급이 거의 필요없고 외부의 공기와도 완전히 차단되어 있기 때문에 스케일이나 부식의 발생이 매우 적어 수명이 가장 긴 편이다.
③ 2차 측의 급탕이나 온수의 오염만 없다면 일반적으로 전열관의 세관작업도 필요없다.
④ 보일러 상부에 설치되는 열교환기를 용도에 따라 설치할 수 있기 때문에 1대의 보일러로 난방과 급탕이 동시에 가능하다.

(6) 무압식 온수보일러

① 무압식 온수보일러는 동체 내부가 대기압의 압력에서 운전되는 보일러로, 대기개방형 보일러라고도 불린다.
② 무압식 보일러는 내부를 열매체인 물로 완전히 채워져 있는데, 보일러 운전 시 자연대류만으로는 열교환기 내의 온수와 충분한 전열을 기대하기 어렵기 때문에 대부분 순환펌프를 설치하여 보일러 내부의 물을 강제 순환시킨다.
③ 무압식 보일러의 상부에는 팽창탱크가 설치되어 있는데, 이 팽창탱크는 보일러 내부에 과압이 걸리거나 오버플로우될 때 이를 방출하는 역할을 하고 저수위에는 보충수를 공급하기도 한다.
④ 무압식 온수보일러는 새로운 보충수가 소량이고 연수처리되어 공급되기 때문에 증기보일러에 비해 부식이나 스케일이 적게 발생하여 수명이 긴 편이다.
⑤ 무압식 온수보일러는 진공식 온수 보일러와 마찬가지로 열교환기의 설치 수량에 따라 난방과 급탕을 동시에 할 수 있으며, 증기의 공급은 불가능한 온수전용 보일러이다.
⑥ 보일러의 구조가 간단하고 제작이 쉽기 때문에 용량에 비해 보일러의 단가가 저렴한 편이다.
⑦ 운전효율은 다른 보일러에 비해 낮고 보유수량도 많아 2차측 온수의 가열에도 다소 시간이 소요된다.

(7) 열매체 보일러

① 열매체 보일러는 노통연관식이나 수관식 보일러와는 달리 특수한 열적 성질을 가지고 있는 전열 열매유를 열매체로 이용하기 때문에 저압력(1~3대기압)에서도 200℃ 이상의 높은 온도로 2차측 유체를 가열하는 것이 가능하다.
② 열원이 고온이므로 부하 대응성이 좋고 열교환기가 소형화되어도 되며, 운전압력이 저압력이어서 장비의 구조적 안정성 측면에서 유리하기 때문에 보일러의 설계와 제작이 용이하다.

(8) 캐스케이드 보일러

① 캐스케이드 보일러는 여러 대의 소형 온수보일러를 병렬로 조합하여 필요한 용량에 대응하도록 구성하고, 난방이나 급탕 부하의 변동에 따라 대수제어를 하여 고효율의 운전이 가능하도록 패키지 형태로 만든 보일러다.
② 보통 가정용으로 사용되는 콘덴싱 보일러를 병렬로 조합하여 중대형 용량을 구현하도록 한 경우가 많은데, 한 대의 보일러 대신에 여러 대의 소형 보일러를 패키지화한 제품도 판매되고 있다.

(9) 주철제 보일러

① 섹셔널 보일러(sectional boiler)라고도 하며, 주철을 주조 성형하며 1개의 섹션(쪽)을 각각 만들어 보일러 용량에 맞추어 약 5개 내지 18개 정도의 섹션을 조립하여 사용하는 저압 보일러로 전열면적이 크고 효율이 높아 주로 난방에 사용되며 증기보일러와 온수 보일러가 있다.

② 주물 제작으로 복잡한 구조 제작이 가능하고, 전열면적 크고 효율이 높다.
③ 주철특성상 내식성·내열성이 우수하고, 섹션 증감 제작으로 용량 조절이 가능하다.
④ 저압으로 사고 시 피해가 적고, 섹션별 조립식이어서 조립 해체가 용이하여 좁은 기계실에 반입 또는 반출이 용이하다.
⑤ 주철제 특성상 인장강도 및 충격에는 약하고, 고압 대용량에는 부적합하다.
⑥ 구조가 복잡하여 청소 및 검사가 곤란하고 열에 의한 부동팽창으로 균열이 생기기 쉽고, 열 충격에 약하다

3) 보일러 효율

보일러 효율은 입열량(연료연소열)에 대한 출력(보일러 발생열)의 비율로 표시하며 출력은 상당증발량이나 EDR(상당방열면적)로 보통 표현한다.

$$효율\ E = \frac{출력}{입력} = \frac{상당증발량 \times 2{,}257(kJ/h)}{연료량 \times 발열량(kJ/h)} = \frac{EDR \times 표준방열량}{연료량 \times 발열량}$$

4) 보일러 용량 표시법

① **상당증발량(Ge)** 보일러출력을 100℃ 증기 발생량으로 환산한 값

$$Ge = \frac{출력}{2{,}257} = \frac{G(h_2 - h_1)}{2{,}257}$$

G : 발생 증기량(kg/h), h_2 : 보일러 발생 증기 엔탈피(kJ/kg), h_1 : 급수 엔탈피
100℃ 증기 증발 잠열 : 2,257kJ/kg

② **상당방열면적(EDR)** 보일러출력을 EDR($1m^2$=756W)로 환산한 표시법
③ **발생 출력(kJ/h)** 보일러출력을 열량(kJ/h, kW)으로 표시한 것
④ **보일러 마력** 1시간에 100℃ 물 15.65kg을 전부 증기로 증발시키는 능력(전열면적 : $0.929m^2$, 방열면적 : $13m^2$)=15.65(kg/h)×2,257kJ/kg≒35,320kJ/h

5) 보일러 출력(kJ/h, kW)

① **정격출력** 난방부하+급탕부하+배관부하+예열부하
② **상용출력** 난방부하+급탕부하+배관부하
③ **정미출력** 난방부하+급탕부하

6) 보일러 용량 산정 순서

난방부하 계산 ⇒ 방열기용량 계산 ⇒ 배관열손실 계산 ⇒ 상용출력 계산 ⇒ 정격출력 계산

3. 냉온수기(흡수식 냉동사이클)

냉매증기의 압축과정을 압축기로 하는 대신에 냉매 흡수용액의 농도차로 압축작용을 행하는 사이클을 흡수냉동사이클이라 한다. 흡수식냉동기는 열원으로 증기나 고온수를 사용하였으나 최근에는 냉온수기 안에서 가스를 직접 연소시켜 열원을 얻는 직화식 냉온수기

를 많이 사용한다. 이 냉온수기의 구성요소는 아래 그림과 같이 증기 압축냉동 사이클과 비교하여 증발기, 응축기, 팽창밸브와 압축기 대신에 흡수기와 재생기가 설치되어 있다.

1) 냉매와 흡수제

흡수식 냉동사이클은 공조용에서 주로 물을 냉매로 취화리튬을 흡수제로 사용한다.

냉매	흡수제
물(H_2O)	염화리튬(LiCl), 취화리튬(LiBr)
물(H_2O)	수산화칼륨(KOH), 수산화나트륨(NaOH)
물(H_2O)	황산(H_2SO_4)
암모니아(NH_3)	물(H_2O)

2) 흡수식 냉동사이클

암모니아를 냉매로 하고 수용액을 흡수제로 작동한다고 하면, 암모니아와 물의 혼합물은 "흡수기 → 순환펌프 → 발생기 → 교축밸브 → 흡수기"의 경로로 움직이는 용액과 "발생기 → 응축기 → 팽창밸브 → 증발기 → 흡수기 → 순환펌프 → 발생기"의 경로로 움직이는 냉매 증기로 나뉜다.

[그림 2-5] 흡수식 냉동기의 구성도

3) 흡수식 냉동사이클 순환비

순환비란 냉매증기 1kg을 만들기 위한 농용액의 양을 나타낸다.

$$G \cdot \xi_r = G_v \cdot \xi_v + (G - G_v) \cdot \xi_l$$

여기서 G : 발생기에 유입하는 묽은 용액(흡수제)의 유량[kg/h]
G_v : 발생기에서 송출된 냉매증기의 유량[kg/h]
ξ_r : 발생기에 유입되는 묽은 용액의 냉매(물) 농도[kg/h]
ξ_v : 발생증기의 냉매 농도
ξ_l : 발생기에서 송출되는 진한 용액의 냉매 농도

따라서, 순환비 $f = \dfrac{G}{G_v} = \dfrac{\xi_v - \xi_l}{\xi_r - \xi_l}$

4) 순환펌프의 소요일량(w_p)

$$w_p = f(h_3 - h_2)\ [\text{kJ/kg}]$$

h_3, h_2 : 순환펌프의 출구 및 입구의 엔탈피[kJ/kg]

5) 발생기 가열량(q_g)

발생기에서의 열평형식 $G \cdot h_{3'} + q_g = G_v \cdot h_4 + (G - G_v)h_7$

q_g : 발생기의 발열량[kJ/h]이며,

냉매증기 1kg에 대해서는 $f \cdot h_3 + q_g = h_4 + (f-1)h_7$

여기서 q_g는 냉매증기 1kg당의 발생기의 가열량(kJ/kg, 냉매증기)이다.

$$\therefore q_g = (h_4 - h_7) + f(h_7 - h_{3'})$$

$h_{3'}$: 발생기 입구 엔탈피
h_4 : 발생기 출구 냉매 엔탈피
h_7 : 발생기 출구 진한 용액 엔탈피

6) 흡수기에서의 냉각열량(q_a)

흡수기로 유입하는 희박용액 및 증기의 엔탈피를 각각 h_8, h_1이라 하고, 흡수기에서 송출되는 농용액의 엔탈피를 h_2라 하면, 흡수기에서의 열수지는

$$G_v \cdot h_1 + (G - G_v)h_8 = q_a + G \cdot h_2$$
$$h_1 + (f-1)h_8 = q_a + f \cdot h_2$$

여기서, q_a는 한 시간에 흡수기를 냉각하는 열량으로써, q_a는 냉매증기 1kg당의 흡수기의 냉각 열량이다.

$$q_a = (h_1 - h_8) + f \cdot (h_8 - h_2)$$

7) 교축과정

팽창밸브 전후의 냉매증기의 엔탈피는 $h_5 = h_6$로 된다.

8) 응축열량

발생증기 1kg당의 응축열량 q_1은 응축기입구 및 출구에서의 혼합증기의 엔탈피를 h_4 및 h_5라 하면,

$$q_1 = (h_4 - h_5)$$

9) 냉동열량 및 열수지

① 발생증기 1kg당의 냉동열량 q_2는 증발기 입구 및 출구에서의 혼합증기의 엔탈피를 h_6 및 h_1라 하면,

$$q_2 = (h_1 - h_6)$$

② 흡수식 냉동기의 열수지는 $q_2 + w_p + q_g = q_1 + q_a$
   즉, 냉동열량+펌프일량+발생기 가열량=응축열량+흡수기 냉각열량

10) 흡수식 냉동기의 성능계수(COP)

성적 계수는 냉동사이클 공급열량[가열량(q_g)+펌프일(w_p)]에 대한 냉동열량(q_2)의 비이다. 펌프일을 무시하면 가열량에 대한 냉동열량 비이다.

$$COP = \frac{q_2}{q_g + w_p} \fallingdotseq \frac{q_2}{q_g}$$

4. 열펌프

냉동기는 냉각 이외에 가열의 수단으로 사용할 수 있다. 이와 같은 경우를 열펌프라 한다. 그 원리는 냉동기와 같으며, 다만 그 목적이 다를 뿐이다. 열량으로서는 많으나 온도가 낮아 이용할 수 없는 열원(heat source)을 냉동기에 의해 온도를 높여 이용(승온열 이용)하는 것이 열펌프이다.

냉동기와 열펌프 사이클은 같으며, 냉동기는 저온부 냉동열을 이용하고 열펌프는 고온부 방열량을 이용한다. 냉동기와 히트펌프 사이클에서는 작동유체의 압축행정이 필요한데, 압축을 압축기에 의해 기계적으로 행하는 증기 압축식 냉동사이클과 수용액의 농도 와 농도에 의해 증기압의 변화를 이용하는 흡수식 냉동사이클로 나눈다.

1) 열펌프의 성능계수 COP_H

증기압축식의 열펌프의 이론 사이클을 냉매의 증기선도에 표시하면 그림과 같다. 이때 열펌프는 응축부(2→3)의 방열량을 이용한다.

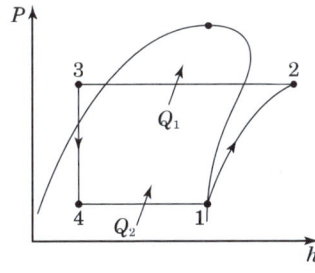

[그림 2-6] P-h선도에서의 열펌프 사이클

(1) 그 성능계수는 압축일(w)에 대한 응축일(2→3)로 다음과 같이 표시된다.

$$COP_H = \frac{q_1}{w} = \frac{h_2 - h_3}{h_2 - h_1}$$

(2) 열펌프(heat pump)의 가장 이상적인 경우로서 역 카르노 사이클을 생각하면 이때의 성능계수는 다음과 같이 나타낸다.

$$COP_H = \frac{q_1}{w} = \frac{T_1}{T_1 - T_2}$$

여기서, T_1 : 고열원의 절대온도[K], T_2 : 저열원의 절대온도[K]

2) 성능계수(coefficient of performance, COP) : 냉동기와 열펌프의 효율

① 냉동기 성능계수 $COP_R = \dfrac{Q_2}{W} = \dfrac{Q_2}{Q_1 - Q_2}$

② 열펌프 성능계수 $COP_H = \dfrac{Q_1}{W} = \dfrac{Q_1}{Q_1 - Q_2} = COP + 1$

Q_2 : 냉동능력, W : 압축일, Q_1 : 응축일(발열량)

[그림 2-7] 몰리에르 선도상의 냉동 사이클

3) 열펌프의 특징

열역학적인 관점에서 본 열펌프의 특징은

(1) 저열원(heat source)에 있는 열을 온도를 높여서 이용한다는 것, 비록 소요 온도보다 낮은 온도라도 그것이 충분한 열량을 가지고 있으면 열펌프의 열원으로 사용할 수 있다.
(2) 운전에 소비한 에너지보다 많은 열에너지를 얻을 수 있다. 즉, 성능계수가 1보다 커진다는 것이다.
(3) 히트펌프는 한 장치로 4방밸브를 이용하여 냉각 및 가열에 모두 이용할 수 있다. 공조설비에 이용되는 히트펌프는 냉난방에 모두 이용되고 있다.

[그림 2-8] 히트펌프(열펌프)의 원리

5. 냉각탑

1) 냉각탑 원리

응축기의 냉각수를 냉각탑 안에서 분사하여 강제통풍에 의한 증발잠열로 냉각수를 냉각시킨 뒤 응축기에 순환시킨다. 결국 냉각탑은 증발기 흡수열량과 압축열량을 대기 중에 방출하는 것이다.

2) 냉각탑 종류

냉각방식에는 분무식, 충전식(일반적임), 밀폐식이 있으며 물과 공기의 접촉 방법에 따라 대향류형, 평행류형, 직교류형이 있으며 대향류형이나 직교류형을 일반적으로 적용한다.

[그림 2-9] 냉각탑

3) 냉각탑 용량=냉동부하+압축기 동력(압축식)

냉각탑 용량=냉동부하+발생기부하(흡수식)

※ 흡수식이 압축식보다 발생기 가열 부하 때문에 냉각탑 용량이 크다.

4) 냉각탑 순환수량

냉각탑 용량(kJ/h)으로 냉각수량을 구한다.

$$Q_w = \frac{냉각탑\ 용량}{60 \times 4.19\ \Delta t} (L/min)$$

∴ Δt : 냉각탑 입출구 수 온도차(쿨링레인지)

5) 보급수량

냉각탑 보급수량은 증발량, 비산량, 블로우다운(드레인)을 합한 양이며 보통 냉각수 순환량의 2% 내외이다.

6) 쿨링레인지

냉각수 입출구의 온도차(약 5℃ 정도)이며, 쿨링레인지는 클수록 냉각탑 냉각 능력이 양호한 것이다.

7) 쿨링어프로치

냉각수 출구온도와 입구 외기 습구온도의 차이며 쿨링어프로치는 작을수록 좋다.

6. 지역냉난방 시스템

지역냉난방이란 중앙식 냉난방의 일종으로 일정한 장소의 기계실(power plant)에서 넓은 지역 내의 여러 건물에 증기나 고온수 혹은 냉수를 공급하여 냉난방을 하는 방식이다. 주로 고온수방식을 채택하고 있다.

1) 장점

① 건물별로 냉난방 시설을 할 때보다 적은 용량으로 고효율 운전이 가능하여 에너지 비용이 절감되어 경제적이다.
② 중앙기계실에서 대규모 고효율 보일러를 운전하여 공해 방지가 용이하다.
③ 각 건물의 유효 면적이 증가한다.

2) 단점

① 배관의 길이가 길기 때문에 배관 열손실이 크다.
② 초기 시설 투자비가 높다.
③ 열의 사용량이 적으면 기본요금이 높아진다.

(a) 증기공급 → 응축수 환수

(b) 고온수공급 → 열교환기 → 온수공급

[그림 2-10] 지역난방의 배관방식

예·상·문·제
열원설비 설계

01 압축기 냉동기의 구성 요소 중 고압부와 저압부의 경계선상에서 작동하는 장치는?
① 증발기와 응축기 ② 팽창밸브와 압축기
③ 증발기와 압축기 ④ 팽창밸브와 증발기

[해설] 고압부를 저압부로 만드는데 팽창밸브, 저압부를 고압부로 만드는 데는 압축기이다.

02 공기조화기에 설치된 공기냉각기의 동관 속을 흐르는 냉수의 유속으로 가장 적당한 것은?
① 1m/s ② 3m/s
③ 5m/s ④ 7m/s

[해설] 냉각코일, 가열코일의 수속은 1m/s 내외가 적당하다.

03 증기압축 냉동 사이클을 구성하고 있는 다음의 구성 요소의 기기들 중에서 냉매의 엔탈피가 일정치를 유지하는 것은 어느 것인가?
① 압축기 ② 응축기
③ 증발기 ④ 팽창밸브

[해설] ① 압축기 : 단열 압축(등엔트로피 변화) ② 응축기, 증발기 : 정압, 등온변화
④ 팽창밸브 : 단열팽창(등엔탈피 변화)

04 다음 중 흡수식 냉동기의 냉매로 사용되는 것은?
① LiBr ② LiBr+물
③ 물 ④ 후레온

[해설] 흡수식 냉동기 냉매는 H_2O(흡수제 LiBr), NH_3(흡수제 H_2O) 등이다.

해답 1.② 2.① 3.④ 4.③

05 수냉식 공조장치의 냉방능력이 5USRT이고 압축기 동력이 5kW이면 냉각탑을 통한 순환수량(L/min)은 얼마인가?(단, 냉각수의 온도차는 6℃이다.)

① 53.9
② 60.9
③ 64.7
④ 69.7

해설 1RT=3.86kJ/s=3.86kW, 1USRT=3.52kJ/s=3.52kW
냉각탑 부하=응축기 부하=증발기+압축기=5×3.52+5=22.6kW
1kW=1kJ/s=3,600kJ/h이므로 $W = \dfrac{q}{C \cdot \Delta t} = \dfrac{22.6 \times 3,600}{4.19 \times 60 \times 6} = 53.9 \text{L/min}$

06 다음 그림에서 대수 평균 온도차 MTD를 구하면 얼마인가?

① 13.34℃
② 14.24℃
③ 15.74℃
④ 16.56℃

해설 $\text{MTD} = \dfrac{\Delta 1 - \Delta 2}{\ln \dfrac{\Delta 1}{\Delta 2}} = \dfrac{11 - 16}{\ln \dfrac{\Delta 1}{\Delta 2}} = 13.34\,℃$

$\Delta 1 = 18 - 7 = 11$, $\Delta 2 = 28 - 12 = 16$

07 냉각탑 주위 배관 시 옳지 않은 것은?

① 배수 및 오버 플로우관은 일반 배수관에 직결시키지 않는다.
② 펌프와 냉각탑이 동일한 레벨이면 냉각탑의 수면보다 낮은 위치에 펌프를 설치한다.
③ 냉각수 배관에는 응축기 입구에 스트레이너를 설치한다.
④ 냉각수 펌프의 수두는 토출 측 보다는 흡입측이 커야 한다.

해설 냉각수 펌프의 수두는 토출 측이 흡입 측보다 크다.

08 냉각탑에서 입구수온을 t_{w1}, 출구 수온을 t_{w2}, 입구공기의 습구온도를 t_1' 출구 공기의 습구온도를 t_2'라 할 때 어프로치(approach)란 무엇인가?

① $t_{w2} - t_1'$
② $t_2' - t_1'$
③ $t_{w1} - t_{w2}$
④ $t_{w2} - t_{w1}$

해설 어프로치=냉각수 출구 수온−외기(입구)습구온도=$t_{w2} - t_1'$

5.① 6.① 7.④ 8.①

09 냉각탑에 관한 다음 기술 중 가장 적당한 것은?

① 보급수량은 냉각수 순환수량의 1~3% 정도를 고려하면 좋다.
② 기계통풍식의 대형 냉각탑으로부터 발생하는 소음은 무시할 정도로 적다.
③ 동일 냉동용량일 경우 흡수식 냉동기의 냉각수량은 터보 냉동기의 냉각수량보다 적다.
④ 냉각수는 외기의 건구온도보다 낮게 냉각시킬 수 없다.

해설 대형 냉각탑의 소음은 충분히 고려되어야 하며 흡수식인 경우 냉각수량이 많고 냉각수는 외기 습구온도 보다 낮게 냉각시킬 수 없다.

10 냉동기에 관한 다음 기술 중 부적당한 것은?

① 냉동기의 능력표시 단위로서 냉동톤이 이용되고 있다.
② 압축식 냉동기의 냉동사이클은 압축-응축-팽창-증발의 순이다.
③ 흡수식 냉동기는 압축식 냉동기에 비해 많은 전력을 소비한다.
④ 흡수식 냉동기의 설치면적은 압축식 냉동기에 비해 크다.

해설 흡수식 냉동기는 압축기가 없으므로 전력소비는 작다.

11 냉수를 쓰는 대향류형 공기냉각 코일에서 28℃의 공기를 14℃로 냉각하는 데에 7℃의 냉수를 통하고 냉수온도와 냉각코일이 5℃ 상승하였을 때 공기의 냉각열량은?(단, 코일의 전체 열통과율은 230W/m²K이고 전열면적은 2.5m²이었다.)

① 4.26kW ② 5.26kW
③ 6.26kW ④ 7.26kW

해설 대향류형 냉각코일에서 MTD = $\dfrac{\Delta_1 - \Delta_2}{\ln \dfrac{\Delta_1}{\Delta_2}} = \dfrac{16-7}{\ln \dfrac{16}{7}} = 10.89$

$q = K \cdot A \cdot \text{MTD} = 230 \times 2.5 \times 10.89 = 6{,}262\text{W} = 6.26\text{kW}$

12 공기조화의 열원 시스템에 관한 기술 중 가장 적합한 것은?

① 흡수식 냉동기의 에너지원은 전기이다.
② 냉온수 발생기를 이용하는 주된 목적 중 하나는 기계실 면적을 줄이기 위한 것이다.
③ 난방용 연료는 가스가 유류에 비해 항상 싸다.
④ 기계 압축식 냉동기는 폐열을 이용할 수 있는 공장 등에 유리하다.

해설 냉온수기는 보일러와 냉동기를 결합한 것으로 기계실 면적은 감소한다.

해답 9.① 10.③ 11.③ 12.②

13 다음 중 냉각코일의 용량과 관계가 없는 것은?

① 배관부하　　　　　　　　② 실내 취득열량
③ 재열부하　　　　　　　　④ 외기부하

해설 냉각코일부하는 실내 취득열량, 외기부하, 공조기기부하, 재열부하 등이다.

14 냉동 사이클 중 냉각수를 필요로 하는 것은?

① 압축기, 재생기　　　　　② 응축기, 흡수기
③ 발생기, 재생기　　　　　④ 발생기, 응축기

해설 증기압축식 냉동기는 응축기에서, 흡수식은 흡수기와 응축기에서 냉각수가 필요하다.

15 냉매가 구배해야 할 조건 중 옳지 않은 것은?

① 응축 압력이 낮을 것　　　② 증발 잠열 및 증기의 비열이 클 것
③ 열전도율 및 열전달률이 적을 것　　④ 금속에 대한 부식성이 없을 것

해설 냉매의 열전달률, 열전도율은 클수록 좋다.

16 다음의 설명 중 옳은 것은?

① 코일의 열수가 증가할수록 바이패스 팩터(BF)는 커진다.
② 20℃의 습공기에서 90℃의 온수로 분무 가습하였을 경우 건구온도는 내려간다.
③ 코일을 통과하는 풍속이 커지면 바이패스 팩터는 감소한다.
④ 습공기의 노점온도는 습도가 낮을수록 높아진다.

해설 코일열수가 증가할수록, 풍속이 작을수록 BF는 작아지고, 온수 가습은 열수분비선(90℃인 경우 $u=90 \times 4.19=377 kJ/kg$)을 따라 변화하는데 건구온도는 감소한다.

17 흡수식 냉동기의 냉동 사이클을 바르게 나타낸 것은?

① 압축 → 응축 → 팽창 → 증발
② 흡수 → 발생 → 응축 → 증발
③ 흡수 → 증발 → 압축 → 응축 → 발생
④ 압축 → 증발 → 응축 → 팽창

해설 흡수기에서 흡수시킨 후 발생기에서 가열하여 증기를 발생시키고 응축시킨 후 팽창시켜 증발기에서 증발한 증기를 다시 흡수한다.

해답　13.①　14.②　15.③　16.②　17.②

18 다음 중 혼합·냉각·재열의 과정을 거치는 공기조화 시스템의 냉각코일 용량으로 적당한 것은?

① (실내 현열부하)+(실내 잠열부하)
② (실내 현열부하)+(외기 현열부하)
③ (실내 전열부하)+(외기 전열부하)+(재열부하)
④ (실내 현열부하)+(외기 현열부하)+(재열부하)

해설 공조기에서 냉각코일 부하는 재열기가 있는 경우 실내 전열부하+외기 전열부하+재열부하이다.

19 다음 중 임펠러의 원심력에 의해 냉매가스를 압축하는 냉동기는?

① 터보식 냉동기　② 스크류식 냉동기
③ 왕복동식 냉동기　④ 흡수식 냉동기

해설 터보식은 원심력을, 스크류식과 왕복식은 용적형, 흡수식은 압축기가 없다.

20 냉각코일에 대한 설명 중 옳은 것은?

① 공기의 흐름 방향과 코일 내에 있는 물의 흐름 방향이 동일한 평행류가 되도록 하는 것이 좋다.
② 대수 평균 온도차가 작을수록 코일의 열수는 감소한다.
③ 코일의 열수가 증가하면 바이패스 팩터가 커진다.
④ 코일의 정면 풍속은 2.0~3.0m/s의 범위 내로 하는 것이 좋다.

해설 평행류보다 대향류가 좋으며, 온도차가 클수록 코일열수는 감소하고 코일열수가 증가하면 BF는 작아진다.

21 다음의 냉동기에 관한 설명 중 옳지 않은 것은?

① 왕복동식 냉동기는 피스톤의 왕복운동에 의해 냉매증기를 압축하는 방식이다.
② 터보 냉동기는 재생기, 응축기, 증발기, 흡수기로 구성된다.
③ 스크류식 냉동기는 왕복운동 부분이 없어서 소음 및 진동이 적다.
④ 원심식 냉동기는 임펠러의 회전에 의한 원심력으로 냉매가스를 압축하는 형식이다.

해설 터보 냉동기는 압축기, 응축기, 팽창밸브, 증발기로 구성되며, 흡수식 냉동기는 재생기, 응축기, 증발기, 흡수기로 구성된다.

해답　18.③　19.①　20.④　21.②

22 공기조화 시 구성 요소 중 틀린 것은?

① 열원기기 : 보일러, 냉동기
② 공기조화기 : 에어필터, 가열기, 가습기
③ 제어장치 : 서모스탯, 전동모터
④ 공기 반송장치 : 에어와셔, 송풍기, 덕트

해설 에어와셔는 공기를 가열, 가습, 냉각, 감습 등 공기조화기이다.

23 주철제 보일러에 대한 설명 중 틀린 것은?

① 부식이 작다.
② 고압에 잘 견딘다.
③ 조립식이므로 분할 반입이 용이하다.
④ 구조가 복잡하여 청소 검사가 어렵다.

해설 주철제 보일러는 고압에 약하므로 증기에서 0.1MPa 이하, 온수에서 0.3MPa 이하에 쓰인다.

24 전열면적이 크고 고압 대용량에 적합하지만 고도의 수처리가 요구되는 보일러는?

① 주철제 보일러
② 노통연관 보일러
③ 수관식 보일러
④ 관류 보일러

해설 수관식 보일러는 수관 내에 물이 흘러 전열면적이 크고 고압 대용량에 쓰인다.

25 다음 각종 보일러에 대한 설명 중 틀린 것은?

① 주철제 보일러는 일명 섹셔널 보일러라 한다.
② 노통연관 보일러는 수관식에 비하여 제작비가 고가이다.
③ 수관식 보일러는 부하변동에 따라 압력변화가 크다.
④ 관류 보일러는 하나의 긴 관에서 예열, 가열, 증발, 과열 증기를 얻는다.

해설 수관식은 수관의 복잡한 구조로 열효율이 우수하나 보유수량이 적어 부하변동에 따라 압력변화가 크고 제작이 어려워 고가이다.

26 보일러의 상당 증발량을 바르게 설명한 것은?

① 보일러에서 실제로 발생한 증기량이다.
② 보일러에서 발생하는 증기량을 표준상태(100℃)의 증기량으로 환산한 값이다.
③ 급수 엔탈피 값이 클수록 상당 증발량은 커진다.
④ 상당 증발량은 항상 실제 증발량보다 작다.

해설 상당 증발량이란 보일러 발생열(출력)을 100℃ 증기량(증발잠열 2,257kJ/kg)으로 환산한 것이다.

해답 22.④ 23.② 24.③ 25.② 26.②

27 보일러의 상용출력을 바르게 표시한 것은?

① 상용출력=난방부하+급탕부하
② 상용출력=난방부하+급탕부하+배관부하
③ 상용출력=난방부하+급탕부하+배관부하+예열부하
④ 상용출력=난방부하+급탕부하+정격출력

해설 ① : 정미출력, ② : 상용출력, ③ : 정격 출력이다.

28 다음 중 열펌프 성능 계수 COP_h와 냉동기 성능 계수 COP와의 관계를 바르게 나타낸 것은?

① COP_h=1−COP
② COP_h=1+COP
③ COP_h=COP−1
④ COP_h×COP=1

해설 $COP_h = \dfrac{응축 방열}{압축일} = \dfrac{증발열 + 압축일}{압축일} = COP + 1$

29 다음 그림은 응축기의 방열을 이용하는 히트 펌프 사이클의 이론 $p-i$ 선도이다. 히트 펌프 성적 계수 정의로 옳은 것은?

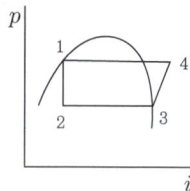

① $\dfrac{(i_4 - i_3)}{(i_4 - i_1)}$
② $\dfrac{(i_4 - i_1)}{(i_4 - i_3)}$
③ $\dfrac{(i_3 - i_2)}{(i_4 - i_3)}$
④ $\dfrac{(i_4 - i_3)}{(i_3 - i_2)}$

해설 $COP_h = \dfrac{q_H}{AW} = \dfrac{(h_4 - h_1)}{(h_4 - h_3)}$

30 열펌프에 대한 설명 중 옳은 것은?

① 열펌프는 펌프를 가동하여 열을 내는 기관이다.
② 열펌프의 성적계수는 냉동기 성적계수보다 1 작다.
③ 열펌프는 증발기에서 내는 열을 이용한다.
④ 열펌프는 응축기에서의 방열을 난방으로 이용하는 것이다.

해설 열펌프는 응축기의 방열을 난방으로 이용하며 냉동기 성적계수보다 1 크다.

해답 27.② 28.② 29.② 30.④

제2편 공기조화설비 설계

제1장 공기조화기

1. 공기조화기 구성

공기조화기는 에어필터, 에어와셔, 가열코일, 냉각코일, 가습기, 송풍기 등으로 구성된다.

1) 에어필터

(1) **설치목적** 공기 중 매연, 부진, 가스 등 인체에 해로운 물질을 제거하기 위해 설치한다.

(2) **집진원리** 중력집진, 관성력집진, 원심력집진, 세정집진, 여과집진, 전기집진, 음파집진

(3) **종류**
 ① **점착식 여과기** 기름에 담근 글라스울, 금속울 등에 풍속 1.5m/s 정도로 통과시켜 여재표면에 점착되어 제거한다..
 ② **건식 여과기** 스폰지, 합성수지섬유 등 건조섬유층을 풍속 1m/s 정도로 통과시켜 여과한다.
 ③ **습식 여과기** 공기세정기라 하며 케이싱 안에 물을 분무시키고 공기를 통과시켜 여과한다.(먼지가스에 효과가 높다.)
 ④ **전기집진식** 공기 중의 입자를 대전시켜 다른 전극에 의해 부착시켜 제거한다.

(4) **여과효율**

$$여과효율(y) = \frac{C_1 - C_2}{C_1} \times 100(\%)$$

C_1 : 여과기 입구 농도(mg/m³), C_2 : 여과기 출구 농도(mg/m³)

(5) **여과기 성능검사법**
 ① 질량법 : 저성능필터(프리필터)에 적용한다.
 ② 비색법 : 중성능필터(미디엄필터)에 적용한다.
 ③ 계수법 : 고성능필터(HEPA, ULPA-초고성능)에 적용한다.

2) 에어와셔(공기세정기)

(1) **원리** 노즐에서 물방울을 분사 시키고 공기를 통과시켜 여과, 가열, 가습, 냉각, 감습 작용을 한다.

(2) **구조** 엘리미네이터, 플러딩노즐, 입구루버(분무압력 0.05MPa, 풍속 2.5~3.5m/s)
   ① **엘리미네이터** 물방울이 세정기 밖으로 빠져나가지 않게 한다.
   ② **플러딩노즐** 엘리미네이터의 먼지를 씻어 낸다.
   ③ **입구루버** 세정기 내의 유입공기를 평행하게 한다.

[그림 2-11] 에어와셔

3) 공기가열기(가열코일)

(1) **원리**

공기를 가열하기 위한 장치로 온수와 증기를 사용한다.(평행류, 향류, 직교류 등)
일반적으로 대향류에 이용한다.

(2) **코일 통과 면적(A)**

$$A = \frac{Q}{V \times 3,600} = \frac{G}{1.2 \times 3,600 \times V} = \frac{G}{4,320 \times V}$$

Q : 풍량(m³/s), G : 풍량(kg/h), V : 풍속(m/s)(가열코일 : 3~4m/s, 냉각코일 : 2~3m/s)

(3) 코일전열면적(S)

$$S = \frac{q(1,000/3,600)}{K \cdot \Delta t}$$

q : 가열량(kJ/h), K : 열통과율(W/㎡K), Δt : 공기-온수온도차

① **산술 평균 온도차** 공기 평균온도와 온수 평균온도와의 차
② **대수평균 온도차**(MTD)

$$MTD = \frac{\Delta 1 - \Delta 2}{\ln \frac{\Delta 1}{\Delta 2}}$$

$\Delta 1$: 출구 물의 온도-입구 공기 온도 = $t_{w2} - t_1$
$\Delta 2$: 입구 물의 온도-출구 공기 온도 = $t_{w1} - t_2$

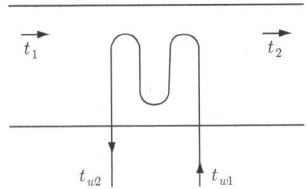

(4) 코일열수(N)

$q = K \cdot A \cdot MTD \cdot N$ 에서

$$N = \frac{q(1,000/3,600)}{K \cdot A \cdot MTD}$$

MTD : 공기, 열매의 대수평균온도차
A : 코일 1열당 전열면적(㎡)
K : 열관류율(W/㎡K)-전열면적에 대한 열관류율

4) 냉각코일

코일 표면온도가 공기노점온도보다 높은 건코일식과 노점온도보다 낮은 습코일식이 있다. 원리 및 기기용량산정은 가열코일과 같다.

5) 가습기, 감습기

(1) **가습방법(겨울철)** 공기세정기, 증기분무, 증발접시, 원심식가습기, 압축공기에 의한 물분무, 초음파가습기 등
  ▶ **수분무식** 원심식, 초음파식, 노즐분무식(물)
  ▶ **증기식** 전열식, 적외선식, 노즐분무식(증기)
  ▶ **기화식** 회전식, 모세관식, 적하식
(2) **감습방법(여름철)** 냉각코일 방법, 냉수분사 공기세정기, 실리카겔, 알루미나 등 고체 흡착제 이용방법과 액체 흡수제 이용방법이 있으나 주로 냉각코일 냉각제습법을 사용한다.

2. 공조기의 유지관리

1) 공조기 구성 및 구조

2) 공조기 구성요소별 특징

공조기는 일반적으로 케이싱, 송풍기(모터), 열교환기(코일), 가습기, 필터류, 댐퍼류, 드레인팬(트랩), 방진설비, 점검구 등으로 구성되며 그 특징과 관리 방법은 다음과 같다.

① **케이싱** 케이싱은 다양한 재료로 제작되며 최근에는 공장제작 현장 조립형을 주로 사용한다. 일반적으로 〈케이싱 외부강판+내부 보온재+다공판〉형식이 주로 사용된다.
② **베이스** C형강 + 이중 케이싱으로 바닥마감을 한다.
③ **드레인 팬** 스테인레스 스틸 강판으로 제작한다.
④ **프레임** 철제 프레임 형강 또는 각형관(Square Pipe)을 사용하며, 프레임 알루미늄 압출물(Sash) + 모서리 마감재(Conner)에 사용한다.
⑤ **송풍기** 원심식으로 다익형(Forward Curved 송풍기), 후곡익형(Backward Curved 송풍기) 익형(Air Foil 송풍기)을 주로 사용하고 축류식으로 고정익형이나 가변익형 송풍기를 사용한다.
⑥ **열교환기(Coil)** 냉수코일(Cooling Water Coil), 직팽코일(Direct Expasion Coil), 온수코일(Hot Water Coil), 증기코일(Steam Coil), 전기코일(Electric Coil)을 사용한다. 대부분 플레이트핀 코일형 열교환기를 사용하며, 동관 또는 강관에 알루미늄 박판을 압착한 것이다. 냉각과 가열을 병용하는 냉·온수 코일을 주로 사용한다.
⑦ **가습기(Humidifier)** 증기분사식, 인젝션형(Steam Injection), 그리드형(Steam Grid) 증발식, 기화식(Glass-Fiber), 물분무식이 있으나 주로 증기분사식을 사용한다.
⑧ **공기여과기(Ai rFilter)** 전처리 Filter(Pre)는 부직포를, 중간 Filter(Medium)는 Glass Fiber를, 고효율 Filter(Hepa)로 구성되며 필요에 따라 적합하게 조합한다. 일반 가정용 에어컨에는 Pre-Filter만 적용한다.
⑨ **댐퍼(Damper)** SA, RA, OA, EA용 댐퍼는 일반형, 정풍량형, Air Tight 등이 있다.
⑩ **기타 부속설비** 점검구, 방진설비 등이 있다.

3) 공조기 구성요소별 점검 사항

공조기 구성 요소 중 점검이 필요한 부분은 주로 코일, 송풍기, 댐퍼류, 드레인팬 배수불량 등이다.

(1) **냉·온 코일의 정비사항 및 방법** 냉각코일의 냉각능력 감소는 코일 내 잔여 공기가 유체 흐름을 방해하여 열교환을 저해하거나, 헤더 배관 구성상 튜브 상부 공기 잔류 또는 코일 전면에 오염으로 공기 통과를 방해하여 국부적으로 코일의 전열 효율 감소 등으로 점검하여 조치한다.

(2) **송풍기 풍량 저하** 필터 막힘(필터 세정 및 교환) 벨트 이완(벨트 장력 조정 및 교환)

(3) **드레인팬 배수 불량** 배수트랩 역류 및 응축수 배출이 안 되는 경우 트랩의 봉수 높이가 확보되지 않아, 드레인 팬 부분이 부압인 경우 외부의 공기가 기내로 역류하는 경우 배수 팬 배수구의 배관은 송풍기의 정압보다 큰 봉수를 가지는 배수용 트랩을 설치한다.

(4) **수격현상 발생** 관내를 물의 유속이 급격히 변화하여 워터해머 영향으로 코일파손 우려되는 경우 배관 내 유속을 낮추거나 수격압 흡수장치(WHC)를 급수배관 내에 설치한다.

(5) 기타 코일 핀 오염(핀 세정), 배관 내 스트레이너 막힘(점검 후 청소), 증기 코일 능력저하(공기가 우회(By-Pass) 될 경우 차단판 설치), 이상소음 발생(베어링 결함, 벨트 결함, 베어링부 구리스 주입 및 교환, 장력 조정) 베어링의 과열(정격하중과 한계 회전속도 초과 시-정격베어링으로 교체, 정렬되지 않은 베어링 사용-정렬된 베어링 사용과 축의 평형도 확인) 등을 점검한다.

제2장 펌프

1. 펌프 특성

(1) **왕복동펌프** 송수압 변동이 심함, 수량조절이 어렵다. 양수량이 적고 양정이 클 때 적합하다.(피스톤, 플런저, 워싱턴 펌프)

(2) **원심펌프** 고속회전에 적합하며, 양수량 조절이 용이하다. 양수량이 많고 고저양정에 사용한다.(일반적으로 볼류트 펌프는 저양정에, 터빈펌프는 고양정에 쓰인다.)

1) 왕복동펌프의 양수량(Q)

$$Q = A \cdot L \cdot N \cdot E_V$$

Q : 양수량(m^3/min), A : 피스톤단면적(m^2), L : 행정(m), N : 회전수(rpm), E_V : 용적 효율

2) 펌프의 전양정(HT)

전양정=흡입양정+토출양정+마찰손실수두+출구 측 수압수두

3) 펌프의 소요동력

$$kW = \frac{Q \times \gamma \times H}{60 \times 102 \times y} = \frac{Q \times \gamma \times g \times H}{60 \times 1000 \times y}$$

Q : 유량(m^3/min), γ : 비중량(kg/m^3), H : 전양정(m), y : 펌프효율

4) 비교회전도

비교회전도란 그 펌프와 유사한 펌프가 1m^3/min의 양수량에 대하여 1m의 양정을 가질 때 회전수(rpm)를 말한다. 비교회전도가 클수록 축류펌프에 속하며 작을수록 고양정 터빈펌프에 속한다.

$$N_s = N \cdot \frac{Q^{1/2}}{H^{3/4}}$$

N_s : 비회전도(rpm), N : 회전수(rpm), Q : 유량(m^3/min), H : 양정(m)

5) 유효흡입양정(NPSH)

물은 이론상 0℃에서 10.33m, 100℃에서 0m를 흡입양정으로 할 수 있지만 실제 상온에서 6~7m밖에 흡입할 수 없다. 그 이상에서는 캐비테이션(공동 현상)이 일어나 양수할 수 없다. 이때 흡입 가능한 높이를 유효흡입양정이라 한다.

(1) 펌프설비에서 얻어지는 유효흡입양정(NPSH)

$$NPSH = \frac{P_0}{\gamma} - \left(\frac{P_v}{\gamma} + Z + H_f\right)$$

P_0 : 대기압(kg/m^2), γ : 비중량(kg/m^3), P_v : 수온 포화증기 압력(kg/m^2),
Z : 흡입양정(m), H_f : 흡입관 마찰 손실수두(m)

(2) 캐비테이션을 막기 위해서는 설비에서 얻어지는 유효 NPSH가 펌프의 필요 NPSH보다 커야 한다.
   ※ 유효NPSH ≥ 1.3 필요NPSH

6) 펌프 설치 시 주의사항
① 펌프와 전동기는 일직선상에 배치한다.
② 되도록 흡입양정을 낮춘다.(유효흡입양정-NPSH를 크게 한다.)
③ 흡입구는 수면위 관경의 2배 이상 잠기게 한다.
④ 소화펌프는 화재 시 불의 접근을 막도록 구획한다.

7) 펌프의 과부하 운전조건
① 원동기와 펌프의 연결이 불량할 때
② 이물질 유입 및 베어링 마모가 심할 때
③ 회전수가 증가할 때
④ 흡입양정이 감소할 때

2. 펌프 관리

1) 펌프 종류별 특징

펌프는 크게 2종류로 나누어지며 양수용의 급수펌프와 순환용의 순환펌프(라인펌프)로 나누어진다. 양수용(위생용 급수펌프, 보일러 급수펌프 등)은 양정이 큰 편이고 순환펌프(급탕 순환, 냉온수순환 등)는 양정이 작은 편이다.

2) 급수용 원심펌프 구조와 특징

(1) 수평형 및 수직형 원심펌프는 베드의 휨 또는 처짐이 발생하지 않도록 주의하여 기초 위에 수평 또는 수직으로 고정하고 기초볼트의 조임은 균일하여야 한다.
(2) 펌프와 모터와의 직결 주축은 정확하게 직선이 되도록 조정한다.
(3) 펌프는 지지대 위에 수평으로 설치하고 필요에 따라 방진기초를 한다.
(4) 라인형 원심펌프는 제조회사 설치기준에 따라 펌프축이 상호 수평 또는 수직이 되도록 설치하며 펌프 양단에 플랜지를 접속하는 배관은 강재 베드 등으로 지지한다.
(5) 펌프에 밸브 및 관을 부착할 때는 그 하중이 직접 펌프에 걸리지 않도록 충분히 지지한다.
(6) 펌프는 흡입수면 바닥 및 옆 벽면과 충분한 거리를 두어 공기흡입과 소용돌이 발생을

방지한다. 단, 거리는 펌프의 크기, 형식 등에 따라 달라지므로 펌프 제조회사와 사전에 충분히 협의하여야 한다.
(7) 토출관에 설치하는 게이트밸브 및 체크밸브는 조작이 용이한 위치에 부착한다.
(8) 펌프와 양수관은 플랜지 이음을 하여 분리하기 쉽게 한다.

3) 급수펌프 구성 부속품

① 보일러 급수펌프 부속품(예)

명칭	적용	수량
압력계		1개
공기빼기 콕		각 1개
배수용 콕		1개
축이음 보호용 덮개(강판제)		1조
상대플랜지		1식
방진장치	볼트, 너트, 패킹 붙임.	1식
기초볼트	특기에 따른다.	1식

4) 순환펌프 구조 및 특징

(1) 펌프는 전동기와 축이음으로 직결하여, 주철제 또는 강제의 공통베드에 설치한 것으로서 케이싱은 회 주철품, 임펠러 및 안내깃은 청동 주물 또는 회 주철품에 따른다.
(2) 펌프는 서어징이 없고 유류가 혼입되지 않는 구조로 하고, 운전이 원활히 되도록 하며, 각부의 진동은 경미하고 소음이 적으며, 물에 유류가 혼입되지 않는 것으로 한다. 그리고 온수 순환펌프의 축 받침 부분은 온수 온도에 의한 영향을 받지 않는 것으로 한다.
(3) 전동기와 펌프가 일체구조로 된 것으로 축봉부에 공기가 고이는 것을 방지하는 기능을 갖추고 수리 시에는 배관을 떼어내지 않고 분해 조립할 수 있도록 플랜지이음 등을 사용한다.

5) 순환펌프 부속품(예)

순환펌프 용량과 특징에 따라 추가, 생략될 수 있다.

명칭	적용	수량	
		개방 회로	밀폐 냉각수
게이트밸브		2개	2개
첵 밸브		1개	1개
스트레이너		1개	1개
압력계 또는 연성계		2개	2개
공기빼기 콕		1개	1개
배수용 콕(주철제 또는 강판제)		1개	1개
흡입구 덮개(주철제 또는 강판제)		1조	–
축이음 보호덮개(강판제)		1조	1조
상대 플랜지		1식	1식
방진 이음	볼트, 너트, 패킹 붙임.	2개	2개
방진 장치		1식	1식
기초볼트	특기에 따른다.	1식	1식

6) 펌프 설치 운영 시 점검사항

(1) 흡입 foot valve strainer의 설치 깊이를 검토한다.
  ① 바닥면의 이물질 흡입방지를 위해 바닥면에서 최소 200mm 이격한다.
  ② 소용돌이 등으로 인한 공기의 유입을 방지하기 위해 벽면에서는 3D(관경) 이상 이격시킨다.
(2) 흡입 배관은 부압이 형성되지 않는지 NPSH를 확인한다.
(3) 흡입배관은 펌프를 향해 1/50~1/100 상향구배를 유지하여 공기가 정체하지 않게 한다.
(4) 흡입배관 레듀샤는 편심레듀샤를 상부가 수평으로 설치한다.(저항은 가능한 한 적게 되도록 하고 필요시 한 치수 크게 할 것)
(5) 펌프의 맥동에 의한 진동, 소음이 우려될 경우 펌프 토출측 배관부분의 0.5~1.0m 정도 길이를 2치수 큰 배관으로 설치를 검토한다.
(6) 펌프 토출구로부터 15m까지는 방진 행가를 설치한다.

제3장 송풍기

1. 송풍기 분류
(1) 블로워 토출정압 10kPa~100kPa
(2) 팬 토출정압 10kPa 미만

2. 송풍기 계산식
(1) 송풍기전압 Pa(P_T)=송풍기정압+송풍기동압
(2) 송풍기 소요동력

$$kW = \frac{Q \cdot P_T}{60 \times 1{,}000 \times y_T}$$

Q : 공기량(m^3/min), y_T : 전압효율, P_T : 송풍기전압(Pa)

(3) 송풍기상사법칙

$$\frac{Q_2}{Q_1} = \left(\frac{N_2}{N_1}\right)\left(\frac{D_2}{D_1}\right)^3, \quad \frac{P_2}{P_1} = \left(\frac{N_2}{N_1}\right)^2\left(\frac{D_2}{D_1}\right)^2, \quad \frac{L_2}{L_1} = \left(\frac{N_2}{N_1}\right)^3\left(\frac{D_2}{D_1}\right)^5$$

Q : 풍량, N : 회전수, D : 직경, P : 정압, L : 동력

3. 공조설비 송풍량 계산법
(1) 실내송풍량(냉방, 난방) m(kg/h), Q(m3/h)

$$m = \frac{q_s}{1.01 \times \Delta t} (kg/h)$$

q_s : 실내 현열 부하(kJ/h), Δt : 취출온도차=취출온도-실내온도
공기비열 : 1.01kJ/kgK

$$Q = \frac{q_s}{1.01 \times 1.2 \times \Delta t} (m^3/h)$$

공기밀도 : 1.2kg/㎥

(2) 취출공기온도(냉방기준)

$m = \dfrac{q_s}{1.01 \times \Delta t}(kg/h)$ 에서 $\Delta t = \dfrac{q_s}{1.01 \times m}$

$$td = tr - \frac{q_s}{1.01m}$$

td : 취출온도, tr : 실내온도

제4장 배관 및 덕트

1. 공조용 관재료 종류 및 특징

1) **배관재료 선택 시 고려조건**
   ① 관내 유체 최고 사용온도, 최고사용 압력
   ② 유량 및 유속
   ③ 유체의 화학적 성질
   ④ 열팽창과 수축 및 마찰저항

2) **스케줄 번호(Sch)**
   관의 두께를 표시하는 것으로 10~160 사이를 정하여 두며 일반적으로 사용되는 것은 30, 40, 80이다. Sch 80이 Sch 40보다 관 두께가 2배 정도이다.

   $$Sch = 10 \times \frac{P}{S}$$ P : 사용압력(kg/cm^2), S : 관재료 허용 응력(kg/mm^2)

   $$Sch = 1,000 \times \frac{P}{S}$$ P : 사용압력(MPa), S : 관재료 허용 응력(MPa)

3) **주철관**
   (1) **특징** 내구성, 내식성, 내압성이 뛰어나 위생설비, 가스배관, 지중배관에 사용된다.
   (2) 종류는 사용 정수두에 따라 저압관(0.45MPa 이하), 중압관(0.75MPa), 고압관(1MPa 이하)으로 나누고 재질에 따라 보통주철관, 고급 주철관, 구상흑연 주철관(원심력 덕타일 주철관) 등이 있다.
   (3) 접합 방법은 소켓 접합, 플랜지 접합, 메카니컬 조인트, 빅토릭 조인트, 노허브 타입, 타이톤링 조인트 등이 있다.

4) **강관**
   (1) **특징** 가볍고 내충격, 내인장이 뛰어나고 굴곡성이 좋으며 접합도 용이하며 배관 중에서 가장 많이 이용되나 부식성이 커서 내구연한이 짧은 것이 결점이다.
   ② 종류는 [표 2-1]과 같으며 일반적으로 SPP가 주로 쓰인다.
   ③ 접합 방법은 나사 이음, 용접 이음, 플랜지 이음 등이 이용된다.

5) **동관**
   (1) **특징** 유연성이 좋고 내식성 및 열전도율이 크다. 특히 산에 대한 내식성이 크며 저온 취성이 없으므로 저온장치 등에 쓰인다.

(2) 종류는 인탈산동 이음매 없는 관(D CuP), 터프피치동 이음매 없는 관(T CuP), 무산소동 이음매 없는 관(T CuO) 등이 있다.

(3) 접합 방법은 납땜, 용접 및 플레어링 이음이 있으며 분해가 요구되는 곳은 플레어링 이음한다.

6) 스테인리스관

부식에 강하고 인장강도가 높으며, 마찰 손실도 적어 최근 동관과 함께 널리 쓰인다. 접합법으로는 용접, 기계식 이음 등이 있다.

[표 2-1] KS에 정해진 강관재질 및 용도별 분류

종 류		규격기호	용도
배관용	배관용 탄소 강관	SPP	사용 압력이 낮은(1MPa 이하) 증기, 물, 기름, 공기 등의 배관용, 호칭 지름 15~500A
	압력 배관용 탄소강 강관	SPPS	350℃ 이하에서 사용하는 압력 배관용 관의 호칭은 호칭 지름과 두께(스케줄 번호)에 의하여 호칭 지름은 6~500A
	고압 배관용 탄소강 강관	SPPH	350℃ 이하에서 사용 압력이 높은 고압 배관용 관의 지름은 6~168.3mm 정도이나 특별한 규정이 없다.
	고온 배관용 탄소강 강관	SPHT	350℃ 이상의 배관용(350~450℃) 관의 호칭은 호칭 지름과 스케줄 번호에 의한다. 호칭 지름은 6~500A
	배관용 아크용접 탄소강 강관	SPW	사용 압력 1MPa의 낮은 증기, 물, 기름, 가스, 공기 등의 배관용, 호칭 지름 350~1500A
	배관용 합금강 강관	SPA	주로 고온 배관용, 호칭지름 6~500A, 두께는 스케줄 번호로 표시
	배관용 스텐레스 강관	STS-TF	내식용 및 내열용 고온 배관용, 저온 배관용에도 사용, 호칭 지름 6~500A, 두께는 스케줄 번호로 표시
	저온 배관용 강관	SPLT	빙점이라 특히 저온도 배관용, 호칭 지름은 6~500A, 두께는 스케줄 번호로 표시
수도용	수도용 아연도금 강관	SPPW	정두수 100m 이하의 수도로서 주로 급수 배관용, 호칭 지름 10~300A
	수도용 도복장 강관	STPW	정두수 100m 이하의 수도로서 주로 급수 배관용, 호칭 지름 80~2,400A
열 전 달 용	보일러 열교환기용 탄소강 강관	STH	관의 내외에서 열의 수수를 행함을 목적으로 하는 장소에 사용된다. 보일러의 수관, 연관, 과열관, 공기 예열관, 화학 공업 · 석유 공업의 열교환기, 가열로관 등에 사용
	보일러 열교환기용 합금강 강관	STHA	
	보일러 열교환기용 스테인리스 강관	STS-TB	
	저온열교환기용 강관	STLT	빙점 이하의 특히 낮은 온도에서 관의 내외에서 열의 수수를 행하는 열교환기관, 콘덴서관
구 조 용	일반구조용 탄소강 강관	SPS	토목, 건축, 철탑, 지주와 기타의 구조물용
	기계구조용 탄소강 강관	STM	기계, 항공기, 자동차, 자전차 등의 기계 부분품용
	구조용 합금강 강관	STA	항공기, 자동차, 기타의 구조물용

7) 연관

(1) **특징** 산에 강하며 신축성이 풍부하여 대소변기 연결부, 수도 인입관 등에 많이 쓰인다. 단, 무겁고 비싸서 최근에는 건축설비 배관으로는 거의 사용되지 않는다.
(2) **종류** 1종(화학공업용), 2종(일반용), 3종(가스용)으로 나뉜다.
(3) **접합 방법**은 납땜, 용접, 플라스턴 접합이 있는데 주로 플라스턴 용접봉(Pb+Sn 합금)을 이용한 플라스턴 접합을 한다.

8) 플라스틱관

(1) **특징** 가볍고 내식성이 뛰어나며 마찰손실이 적고 열전도가 작은 반면 열에 약하고 유기용매에 쉽게 침식되며 충격에 약하고 저온취성이 크다.
(2) **종류** 경질 염화 비닐관(일반관 VP, 박육관 VU)과 폴리에틸렌관, 폴리프로필렌관, 폴리부틸렌관, 고무호스 등이 있다.
(3) **접합 방법**은 냉간가공(접합체 사용)과 열간 가공이 있으며 용융 접합도 이용된다. 열간 가공의 적당한 온도는 110~130℃ 정도이다.

9) 콘크리트관(흄관)

(1) **특징** 외부 압력에 잘 견디며 쉽게 제작 가능하여 옥외 배수관 청도, 부지 하수관 등에 이용된다.
(2) **종류** 원심력 철근 콘크리트관(흄관), 철근콘크리트관, 석면 시멘트관(에터니트관) 등이 있다.
(3) **접합 방법** 모르타르 조인트(철근콘크리트), 칼라 조인트 소켓접합(흄관), 기보울트 조인트(석면 시멘트관) 등이 쓰인다.

2. 배관관경 설계

배관관경 결정요소 : 유량, 유속, 마찰저항

1) 온수관경 유량과 압력강하를 구하여 유량 관경표에서 결정

(1) **순환수량(kg/s)** 방열량(kJ/s)÷(4.19×방열기 입출구온도차(Δt))
  - 온수 : $1m^2 EDR = 0.523 kW/m^2 (0.523 = 450 \times 4.19/3,600)$
(2) **압력강하(R)**

$$R = \frac{H \times 1,000}{L(1+k)} (mmAq/m)$$

H : 순환펌프양정(m), L : 보일러에서 최원방열기의 왕복순환 길이(m)
k : 국부저항 계수

2) 증기관경 EDR(증기량)과 압력강하로 구한다.

(1) **증기** $1m^2 EDR = 0.756 kW/m^2$

$$증기 EDR(상당방열면적) = \frac{방열량(kJ/s)}{0.756}(m^2)$$

(2) 증기배관 압력강하(R)

$$R = \frac{\Delta P \cdot 100}{L(1+k)} (kPa/100m)$$

ΔP : 보일러와 최원방열기 사이의 증기 압력차(kPa)
L : 보일러에서 최원방열기까지 거리(m), k : 국부저항 계수

3) 기기주변 배관
(1) **하트포트 배관** 저압증기 난방의 보일러 주변배관으로 보일러 수면이 안전수위 이하로 내려가지 않게 하기 위한 안전장치이다.
(2) **관말트랩 배관** 증기주관에서 발생하는 응축수를 제거하기 위해 설치한다.(냉각래그 1.5m 이상, 보온하지 않음)
(3) **리프트 휘팅** 진공환수식에서 환수관보다 방열기가 낮은 위치에 있을 때 응축수를 끌어올리기 위하여 설치한다.(1개 높이 1.5m 이내)
(4) **스위블 조인트** 방열기주변 배관 시 배관의 신축이 방열기에 영향을 주지 않도록 배관(2개 이상 엘보 사용)하는 신축이음이다.
(5) **감압 밸브** 증기압을 감압하기 위해 사용한다.(벨로즈형, 다이어프램형, 피스톤형)
(6) **증기 트랩** 공기관 내 생긴 응축수만을 보일러에 환수시키기 위해 설치한다.(열교환기 최말단부, 방열기 환수부에 설치)
  – **종류** 방열기트랩, 버킷트랩, 플로트트랩, 충동식 트랩 등
(7) **이중서비스 밸브** 한랭지에서 하향급기증기관의 경우 입상관내 응축수가 고여 동결되는 경우에 이를 방지하는 밸브이다.(방열기 밸브와 열동트랩을 결합)
(8) **공기빼기 밸브** 배관 내부의 공기를 제거하기 위해 배관의 굴곡부(⌐) 위에 설치한다.
(9) **인젝터** 증기압을 이용한 예비용 급수장치이다.

4) 배관의 부식

(1) 부식의 종류(원인)
  ① **금속의 이온화 경향에 의한 부식** 이온화 경향이 큰 금속이 부식한다.
    ※ K > Na > Ca > Mg > Al > Zn > Fe > Ni > Sn > Pb > H > Cu > Hg > Ag > Pt > Au
  ② **이종금속 간의 전기작용 부식(갈바닉부식)** 이온화 경향이 큰 재료가 부식한다.
  ③ **누설전류에 의한 부식** 전식이라 하며 전철, 지하철의 주변배관에서 발생한다.
  ④ 토양 및 수분의 고유저항치의 차이에 의해 부식한다.
  ⑤ 화학현상에 의해 부식한다.

(2) 부식의 종류(현상)
  전면부식, 국부부식, 선택부식, 입계부식, 응력부식 등

(3) 방식법
  절연부속을 사용, 도장법, 음극보호법(희생양극법, 외부전원법) 등 방식장치를 사용한다.

5) 배관의 보온, 보냉 및 방로

온수, 냉수배관은 열손실을 막고 결로를 방지하기 위하여 적절한 보온 피복을 해야 한다.

(1) 보온재 구비 조건
① 내식성 및 내열성이 있어야 한다.
② 비중이 적고 흡수성이 적어야 한다.
③ 온도 변화에 따른 균열 신축이 적어야 한다.
④ 열전도율이 적어야 한다.
⑤ 기계적 강도가 크고 시공성이 좋아야 한다.

(2) 온도에 따른 구분
① 내화 단열재 : 1,300℃ 이상에 견뎌야 한다.
② 단열재 : 850℃~1,200℃에 견뎌야 한다.
③ 보온재 : 200℃ 이하에 견디는 유기질과 300~800℃에 견디는 무기질이다.
④ 보냉재 : 100℃ 이하의 냉온을 유지해야 한다.

(3) 보온재 종류
(1) 유기질 보온재 보온 능력이 우수하고 가격이 저렴하다.
　① 펠트 양모·우모 등이 있고 −60℃까지의 보냉재로 쓰인다.
　② 기포성수지 폴리우레탄, 폴리스텔렌 등으로 발포수지라 하며 널리 쓰인다.
　③ 탄화 코르크 탄력성이 풍부하여 냉각수 펌프 등의 보냉에 쓰인다.
(2) 무기질 보온재 불연성, 내열성이며 기계적 강도가 크다.
　① 탄산마그네슘 최고 사용 온도 250℃
　② 유리면(glass wool) 최고 사용 온도 250℃~350℃
　③ 석면 최고 사용 온도 350~550℃
　④ 암면 최고 사용 온도 400~600℃
　⑤ 규조토 최고 사용 온도 500℃
　⑥ 세라믹 화이버 최고 사용 온도 1300℃
　※ 석면은 발암성 물질로 규정되어 사용규제를 받고 있다. 유리면, 암면 등도 비슷한 수준의 위험성 물질이므로 시공 및 유지관리에 주의를 요한다.

(4) 배관의 표준 보온 두께
① 온수관, 증기관, 유관(주위 온도 20℃일 때)

보온재 두께(mm)

관경(A) 관내 온도	15	20	25	50	100	200	300
100℃	20	20	20	20	25	40	50
150℃	20	20	25	25	30	40	50
보온재	록울 보온통, 글라스울 보온통, 규산 칼슘 보온통 2호, 펄라이트 보온통 1호						

② 냉수 배관의 표준 보온 두께

관내 온도	관경(A) 주위 상대습도	15	20	25	50	100	200	300
5℃	85%	30	30	30	40	40	40	50
	90%	25	25	25	30	30	40	50
10℃	85%	40	40	40	50	65	65	65
	90%	30	40	40	40	50	50	50
보온재		록 울 보온통, 글라스 울 보온통, 폼 폴리스티렌 보온통 3호						

6) 덕트 관경 설계

예제 그림과 같은 각형 덕트에 대하여 정압법(마찰손실 $1Pa/m$)으로 빈칸을 채우시오.(풍속은 $5m/s$ 이하로 하며 원형 덕트경, 각형 덕트 크기는 $50mm$ 단위로 한다.

구간	풍량(m^3/min)	원형덕트경(cm)	각형덕트(cm)	각형덕트 풍속(m/s)
A-B			( )×30	
B-C			( )×20	
C-D			( )×20	
B-E			( )×20	
E-F			( )×20	

해설)

구간	풍량 (m^3/min)	풍량 (m^3/h)	원형덕트경 선도(cm)	원형덕트경 선정($5cm$)	각형덕트 (cm)	각형덕트 풍속(m/s)
A-B	57	3,420	50(a)	50(a')	(75)×30	4.2
B-C	35	2,100	40(b)	40(b')	(75)×20	3.9
C-D	15	900	27(c)	30(c')	(40)×20	3.1
B-E	22	1,320	31(d)	35(d')	(55)×20	3.3
E-F	10	600	23(e)	25(e')	(30)×20	2.8

1) 이 문제는 정압법(마찰손실 $1Pa/m$)으로 설계한다. 덕트 선도나 공기관련 압력계산에서 이렇게 $mmAq/m$ 단위와 Pa/m 단위가 병행하여 적용되고 있으므로 이 2가지 단위를 이용한 2가지 선도를 모두 숙지할 필요가 있다. 선도를 보고 풍량 단위가 다르면 환산해야 한다.

2) 문제풀이에서 풍량은 구간별로 합하여 구하고 덕트 선도에서 원형 덕트경을 구하는 데 이해를 돕기 위하여 교점과 5cm 선정점을 모두 표시하였다. 각형 덕트는 환산표

에서 구하며 각형 덕트 풍속은 계산으로 구한다. 이때 덕트 선도에서 일부 구간(a, b, d)의 풍속은 $5m/s$ 이상이므로 이 구간은 $5m/s$ 등속선을 따라 구해야 한다.

3) $A-B$ 구간 풍속 계산법 $v = \dfrac{Q}{A} = \dfrac{3,420}{0.75 \times 0.3} = 15,200 m/h = 4.22 m/s$

4) 풀이에는 선도에 원형 덕트경($a \sim e$)과 선정 덕트경($a' \sim e'$)을 참고로 주었으나 실제 답안에는 선도를 보고 답을 찾아 빈칸만 채우면 된다. 각형 덕트의 풍속은 계산으로 구한다.

[덕트 선도 작도]

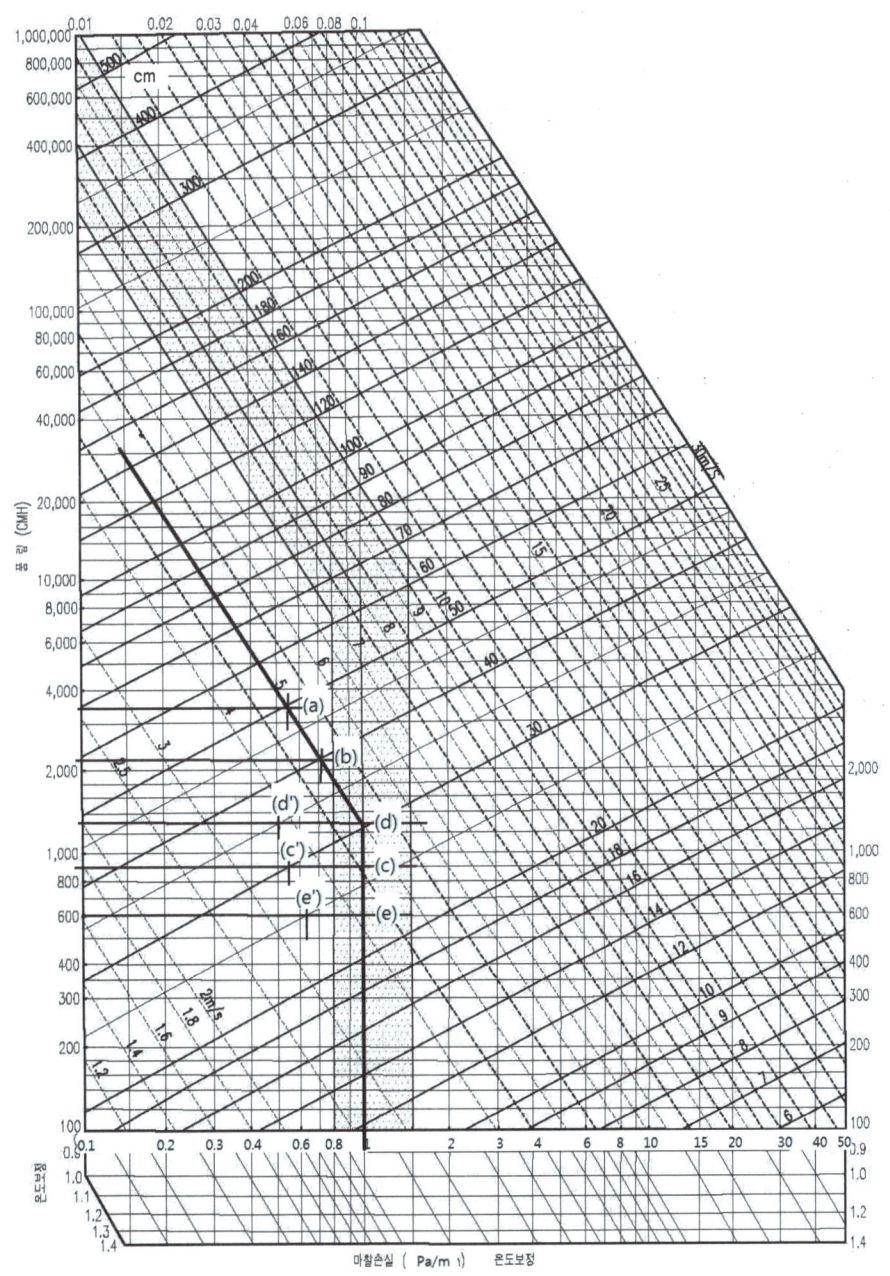

제2편 예·상·문·제
공기조화설비 설계

01 중앙식 공기조화기에서 에어필터의 설치에 관한 설명 중 옳지 않은 것은?

① 공조기 내의 에어필터는 송풍기의 흡입 측이면서 코일의 앞쪽에 설치한다.
② 필터의 설치 위치 전후에는 점검과 보수를 위한 충분한 공간과 점검문을 둔다.
③ 유니트형 필터를 여러 개 설치하는 경우 통과면적을 최소로 한다.
④ 필터에 공기의 흐름방향이 있는 경우에는 역방향으로 설치되지 않도록 한다.

[해설] 유니트형 필터는 지그재그로 설치하여 통과 면적을 최대로 하여 통과 풍속을 감소시킬수록 집진효율이 좋아진다.

02 공기 여과기에서 집진원리로 분류한 것 중 세정 집진 방법을 설명한 것은?

① 먼지를 함유한 가스 속의 입자를 중력에 의해 자연 침강시킨다.
② 먼지를 함유한 가스에 선회력을 주어 원심력으로 제거된다.
③ 먼지를 함유한 가스를 세정상자 속으로 통과시켜 물방울 표면에 먼지가 부착되어 제거된다.
④ 합성섬유를 사용하여 가스 속의 입자를 여과 분리한다.

[해설] ① : 중력 집진, ② : 원심력 집진, ④ : 여과 집진

03 펌프의 비교 회전수의 크기를 비교 것 중 옳은 것은?

① 터빈 펌프>볼류트 펌프>사류 펌프>축류 펌프
② 축류 펌프>볼류트 펌프>사류 펌프>터빈 펌프
③ 축류 펌프>사류 펌프>볼류트 펌프>터빈 펌프
④ 터빈 펌프>축류 펌프>볼류트 펌프>사류 펌프

[해설] 비교 회전수는 축류 펌프(1,100 이상)>사류 펌프(500~1,200)>볼류트 펌프(300~700)>터빈 펌프(300 이하)

해답 1.③ 2.③ 3.③

04 공기 중의 유해가스 성분을 제거할 수 있는 여과 방법은?

① 중력 집진
② 원심력 집진
③ 세정 집진
④ 여과 집진

해설 세정집진은 물속에 가스가 용해되므로 가스성분 제거에 효과적이다.

05 여과 방식에 의한 여과기 분류에서 입자를 대전시켜 제거하는 것으로 $0.1\mu m$ 정도의 작은 입자와 세균도 제거가 가능하여 병원 등에 많이 쓰이는 여과기는?

① 점착식 여과기
② 습식 여과기
③ 건식 여과기
④ 전기 집진기

해설 전기 집진기는 제거대상을 (+)로 대전시켜 (-)집진부에서 부착 제거하며 시설비가 고가이다.

06 공기여과기를 통과하기 전의 오염농도 $C_1=0.45mg/m^3$ 통과 후 농도 $C_2=0.12 mg/m^3$이다. 이 여과기의 효율(%)은?

① 35%
② 42%
③ 53%
④ 73%

해설 여과 효율(E) $E = \dfrac{C_1 - C_2}{C_1} = \dfrac{0.45 - 0.12}{0.45} = 0.73$

∴ 73%

07 다음 중 수평형 공조기(Horizontal AHU)의 특징으로 옳은 것은?

① 천장이 낮은 기계실에 알맞다.
② 공기 유동 저항이 적다
③ 냉방용으로만 사용한다.
④ 변풍량 방식에 사용한다.

해설 수평, 수직 공조기는 설치 조건에 따라 결정되며, 수평형은 층고가 낮을 때 적용

08 연료유에 적정량의 물을 연속적으로 첨가하여 연소시킴으로써 완전 연소를 촉진시키고 공해 물질의 발생을 방지하는 집진 방식은 다음 중 어느 것인가?

① 사이클론식
② 물 주입식
③ 세정식
④ 자석식

해설 석유 계열의 연료에 물을 혼합 에멀젼(물 주입식)을 형성시키면 연소면적이 증가하여 완전연소를 촉진시킨다.

해답 4.③ 5.④ 6.④ 7.① 8.②

09 보수관리에 따른 여과기의 분류 중 여재를 기름 탱크에 침적시켜 연속적으로 운전하며 청소하는 방식은?

① 유니트 교환형   ② 여재 교환형
③ 자동 갱신형   ④ 자동 세정형

해설 자동 세정형은 침적방식과 노즐에 의한 분무세정 방식이 있다.

10 펌프의 NPSH(유효흡입양정)에 관한 설명 중 옳지 않은 것은?

① 펌프설비에서 얻어지는 NPSH는 기압의 영향을 받는다.
② 펌프설비에서 얻어지는 NPSH는 흡입양정, 수온, 마찰손실 등에 의해 결정된다.
③ 토오마의 캐비테이션계수는 비교회전수의 함수이다.
④ 펌프가 필요로 하는 NPSH보다 펌프설비에서 얻어지는 NPSH를 작게 한다.

해설 캐비테이션 현상을 방지하려면 필요 NPSH보다 유효 NPSH가 커야 한다.

11 일반적인 공기조화기(AHU)의 내부 구성을 공기의 흐름 순서에 따라 바르게 조합시킨 것은?

① 가습기-팬-에어필터-냉·온수 코일   ② 냉·온수 코일-에어필터-팬-가습기
③ 팬-가습기-냉·온수 코일·에어필터   ④ 에어필터-냉·온수 코일-가습기-팬

해설 공기조화기의 구성 : 에어필터-냉·온수 코일-가습기-팬

12 다음 중 원심펌프의 구경과 관련 있는 것은?

① 유량   ② 양정
③ 동력   ④ 비교회전수

해설 유량은 구경의 제곱에 비례한다.

13 펌프의 정미흡입수두(NPSH)에 대한 정의로 옳은 것은?

① 펌프가 운전 중 공동현상이 일어날 때의 흡입 실양정이다.
② 펌프가 운전 중 공동현상이 일어날 때 흡입 실양정과 흡입관로 손실의 합이다.
③ 펌프가 운전 중 공동현상이 일어날 때 펌프의 흡입정압수두이다.
④ 운전 중 있는 펌프의 흡입구에서의 전압과 그 때 액체의 증기압에 해당하는 수두와의 차이다.

> **해설** NPSH=대기압-(흡입양정+흡입배관 마찰손실+포화증기압)
> 여기서 대기압-(흡입양정+마찰손실)=흡입구 전압이므로 NPSH=펌프 흡입구 전압-포화증기압

14 다음 중 펌프설비에서 캐비테이션의 발생 조건과 가장 거리가 먼 것은?

① 흡수관의 손실수두가 작을 경우
② 유체의 온도가 높을 경우
③ 흡입 양정이 클 경우
④ 날개차의 원주속도가 클 경우

> **해설** NPSH가 작을수록 캐비테이션 가능성이 크므로 흡입양정이 크고, 흡입배관 마찰손실이 크고, 포화증기압이 클수록(온도가 높을수록 포화증기압 증가), 임펠러 속도가 클수록 캐비테이션이 발생가능하다.

15 송풍기에 대한 설명 중 부적당한 것은?

① 송풍기 동압은 출구 측 풍속에 의하여 결정된다.
② 송풍기 정압은 송풍기 전압과 동압의 합이다.
③ 송풍기 전압은 출구 측 전압과 입구 측 전압의 차이다.
④ 송풍기 전압은 입·출구 측 덕트 마찰저항과 같다.

> **해설** 송풍기 정압=송풍기 전압-송풍기 동압

16 어떤 송풍기에서 송풍량 3,600m³/h, 송풍기 전압 400Pa 전압 효율 60%일 때의 송풍기 소요 동력은?

① 0.67kW
② 1.68kW
③ 2.68kW
④ 3.68kW

> **해설** $L = \dfrac{Q \cdot P_r}{1,000 \cdot y_r} = \dfrac{3,600 \times 400}{3,600 \times 1,000 \times 0.6} = 0.67\text{kW}$
> 송풍기 동력 계산에서 $P=\text{m}^3/\text{s} \times \text{Pa} = \text{m}^3/\text{s} \times \text{N/m}^2 = \text{Nm/s} = \text{J/s} = \text{W}$ 그러므로 풍량 곱하기 압력(Pa)이 곧 W가 된다. 1,000으로 나누면 kW가 된다.

해답 13.④ 14.① 15.② 16.①

17 어떤 송풍기에서 송풍량 2,600m³/h, 송풍기 전압 40mmAq 전압 효율 60%일 때의 송풍기 소요 동력은?

① 0.47kW ② 1.24kW
③ 2.86kW ④ 4.68kW

해설 $L = \dfrac{Q \cdot P_r}{102 \cdot y_r} = \dfrac{2,600 \times 40}{3,600 \times 102 \times 0.6} = 0.472\text{kW}$

송풍기와 펌프 동력 계산은 수두(mAq, mmAq)와 압력(Pa, kPa)을 모두 이해하세요!!

18 송풍기 상사법칙에 대한 설명 중 틀린 것은?

① 송풍량은 회전수에 비례한다.
② 정압은 회전수의 제곱에 비례한다.
③ 송풍량은 직경의 제곱에 비례한다.
④ 소요 동력은 회전수의 삼제곱(삼승)에 비례한다.

해설 송풍량은 회전수에 비례하고, 직경의 삼승에 비례한다.

19 원심 송풍기 회전 날개의 지름이 750mm이다. 이 송풍기의 번호(No)는?

① 2(1/2) ② 4
③ 5 ④ 2

해설 원심 송풍기의 경우 $No = \dfrac{\text{회전 날개의 지름 (mm)}}{150\text{mm}}$, $No = \dfrac{750}{150} = 5$

축류 송풍기는 임펠러 지름을 100mm로 나누어 번호를 준다.

20 동일 송풍기에서 회전수를 2배로 했을 경우 풍량, 정압 및 소요 동력의 변화량에 대해 옳은 것은?

① 풍량 1배, 정압 2배, 소요 동력 2배
② 풍량 1배, 정압 2배, 소요 동력 4배
③ 풍량 2배, 정압 4배, 소요 동력 4배
④ 풍량 2배, 정압 4배, 소요 동력 8배

해설 회전속도 $N_1 \rightarrow N_2$

1) 풍량은 회전수에 비례하고 $Q_2 = Q_1 \dfrac{N_2}{N_1} = 2Q_1$

2) 정압은 제곱에 비례하고 $P_2 = P_1 \left(\dfrac{N_2}{N_1}\right)^2 = 4P_1$

3) 동력은 3제곱에 비례한다. $L_2 = L_1 \left(\dfrac{N_2}{N_1}\right)^3 = 8L_1$

해답 17.① 18.③ 19.③ 20.④

21 어떤 실에 각각 음압레벨이 80dB과 82dB인 2대의 송풍기를 동시에 운전할 때 음압레벨은?(단, 실내의 암소음은 무시한다)
① 80dB
② 82dB
③ 84dB
④ 162dB

[해설] 2소음(SPL_1과 SPL_2)의 합성 소음을 SPL_3이라 하면,
$SPL_3 = 10\log(10^{SPL1/10} + 10^{SPL2/10}) = 10\log(10^{80/10} + 10^{82/10}) = 84$dB

22 다음 중 소리의 공명에 의한 소음 장치는 어느 것인가?
① 플레이트형 소음기
② 머플러형 소음기
③ 엘보
④ 소음 챔버

[해설] 머플러형 소음기의 내부에 여러 장의 격벽을 설치하면 공명 주파수를 여러 가지로 바꿀 수 있어 소음 효과를 높일 수 있다. 소음 챔버는 다공성의 흡음재를 이용한다.

23 원심 송풍기의 번호가 No.6일 경우 날개의 직경은 얼마인가?
① 600mm
② 720mm
③ 900mm
④ 1,200mm

[해설] 회전 날개의 지름 $D = 6 \times 150\text{mm} = 900\text{mm}$

24 다음 중 연관이나 황동관을 가장 잘 부식시키는 것은?
① 경도 5ppm 정도의 물
② 경도 90ppm 정도의 물
③ 경도 110ppm 정도의 물
④ 경도 140ppm 정도의 물

[해설] 경도가 0에 가까운 극연수는 황동관, 연관을 부식시킨다.

25 공조용 배관에 사용되는 밸브 중에서 설치공간이 작고 경량이며 유량제어가 가능한 밸브는?
① 버터플라이 밸브
② 체크 밸브
③ 감압 밸브
④ 알람 밸브

[해설] 버터플라이 밸브는 가볍고 설치공간이 작고, 조작이 간단하여 널리 쓰이고 있다.

[해답] 21.③ 22.② 23.③ 24.① 25.①

26 직경 50mm인 압력배관용 탄소강관 내로 최소 사용압력 40kg/cm²(4MPa)의 물을 통과시킬 경우 관의 스케줄번호는?(단, 재료의 허용응력 10kg/mm²(100MPa)으로 한다.)

① 10　　　　　　　　　　② 20
③ 30　　　　　　　　　　④ 40

[해설] 1) 공학단위 sch= $\dfrac{P}{S} \times 10 = \dfrac{40}{10} \times 10 = 40$

P : 사용압력(kg/cm²), S : 허용응력(kg/mm²)

2) SI 단위 sch= $\dfrac{P}{S} \times 1,000 = \dfrac{4}{100} \times 1,000 = 40$

P : 사용압력(MPa), S : 허용응력(MPa)

27 다음은 배관 재료와 그 용도를 나타낸 것이다. 가장 적당하게 나열된 것은 어느 것인가?

① 경질염화비닐관-냉매　　　　② 동관-증기
③ 경질염화비닐라이닝강관-급수　④ 스테인리스강관-가스

[해설] 냉매-동관 / 증기와 가스-강관

28 관길이 50m, 내경 80mm인 원관 속에서 유속 1.2m/s로 물이 흐르고 있을 때 마찰손실은 몇 mAq인가?(단, 마찰계수는 0.02이며 배관 도중에는 상당 길이 10.7m인 앵글 밸브가 1개 있다.)

① 1.1　　　　　　　　　　② 1.8
③ 2.7　　　　　　　　　　④ 3.4

[해설] $H_2 = f \dfrac{l}{d} \cdot \dfrac{V^2}{2 \cdot g} \cdot \gamma = 0.02 \times \dfrac{(50+10.7)}{0.08} \times \dfrac{(1.2)^2}{2 \times 9.8} \times 1,000 = 1,114.9\, mAq = 1.115\, mAq$

29 L_m인 냉각수관이 수평으로 설치되어 있다. 이 관의 마찰손실수두 h(mAq)는 얼마인가?(단, 마찰계수는 λ, 관경은 d(m), 유속은 w(m/s), 중력 가속도는 g(m/sec²)이다.)

① $h = d \cdot \dfrac{l}{\lambda} \cdot \dfrac{w^2}{2g}$　　　　② $h = \lambda \cdot \dfrac{l}{d} \cdot \dfrac{w^2}{2g}$

③ $h = \lambda \cdot \dfrac{d}{l} \cdot \dfrac{w^2}{2g}$　　　　④ $h = \dfrac{l}{\lambda \cdot d} \cdot \dfrac{w^2}{2g}$

[해답] 26.④　27.③　28.①　29.②

30 관내경 50mm, 냉수관의 수평배관 100m에서 관 내에 120L/min물이 흐를 때 마찰손실수두(mAq)는?(단, 부속류 상당길이는 실배관 길이의 30%로 한다. 마찰계수(f)=0.02이다.)

① 1.97
② 2.76
③ 3.87
④ 5.52

해설 유속 $V = Q/A = 120 \times 10^{-3}/60 \times (\pi/4) \times 0.05^2 = 1.02 \text{m/s}$

마찰손실수두 계산식 $h = f \times \dfrac{L+L'}{d} \times \dfrac{V^2}{2g} = 0.02 \times \dfrac{100 \times 1.3}{0.05} \times \dfrac{1.02^2}{2 \times 9.8} = 2.76 \text{mAq}$

31 기준면보다 20m 높이에 있는 관내에 물(ρ=1000kg/m²)이 압력 P=60kPa, 유속 V=3m/s로 흐를 때 이 물의 전수두(m)는?

① 18.7
② 26.6
③ 38.7
④ 83.1

해설 전수두=위치+속도+압력=$Z + V^2/2g + P/\gamma = 20 + 3^2/2 \times 9.8 + 60/9.8 = 26.58 = 26.6\text{m}$
(1mAq=9.8kPa)

32 다음 중 배관계통의 방진을 위해 고려해야 할 사항과 거리가 먼 것은?

① 진동원의 기계를 지지한다.
② 배관을 밀고 당기는 힘이 작용되지 않도록 배치한다.
③ 소구경 배관에서는 후렉시블 호스를 쓸 경우가 있다.
④ 바닥, 벽 등을 관통하는 곳에서는 직접 건물과 닿게 한다.

해설 벽을 관통하는 곳은 슬리브 처리하여 직접 건물과 닿지 않게 한다.

33 배관에 설치하여 관속의 유체에 섞여 있는 모래 등의 이물질을 제거하여 기기의 성능을 보호하는 기구로서 여과기라고도 불리는 것은?

① 트랩
② 스트레이너
③ 밸브
④ 볼 조인트

해설 스트레이너는 기기 앞에 설치하며 이물질을 제거하여 조절밸브 간극 보호, 펌프 임펠러 마모방지 등의 기능을 한다.

해답 30.② 31.② 32.④ 33.②

34 내식성, 내열성이 우수하며 고온, 고압용에 이용되는 강관은?
① 동관
② 염화비닐관
③ 스테인리스 강관
④ 압력배관용 탄소강관

[해설] 스테인리스 강관은 내식성이 우수하고 고온용, 저온용이 있다.

35 진동을 발생하는 기구의 배관 접속재가 아닌 것은?
① 플렉시블 조인트
② 플렉시블 호스
③ 플렉시블 캔버스
④ 고무호스

[해설] 플렉시블 캔버스는 공조기와 덕트 접속재이다.

36 최대 냉온수 유량이 200L/min이고 밸브 통과 시의 압력강하를 0.36kg/cm² 이하로 제한할 때 필요한 유량조절밸브(control valve)의 유량계수 C_v는?
① 14.2
② 23.3
③ 36.4
④ 48.5

[해설] 유량조절밸브의 유량계수 C_v는

공학 : $C_v = \dfrac{0.07Q}{\sqrt{P}} = \dfrac{0.07(200)}{\sqrt{0.36}} = 23.3$ Q : 유량(L/min), P : 압력(kg/cm²)

37 최대 냉온수 유량이 200L/min이고 밸브 통과 시의 압력강하를 36kPa 이하로 제한할 때 필요한 유량조절밸브(control valve)의 유량계수 C_v는?
① 14.2
② 23.1
③ 36.4
④ 48.5

[해설] SI 단위 : $C_v = \dfrac{694Q}{\sqrt{P}} = \dfrac{694 \times 0.2}{\sqrt{36}} = 23.1$
Q : 유량(m³/min), P : 압력(kPa)

38 보온재 구비 조건 중 틀린 것은?
① 비중이 적고 흡습성이 적을 것
② 내식성 및 내열성이 있을 것
③ 열전도율이 클 것
④ 균열, 신축이 적을 것

[해설] 보온재는 열전도율이 작을 것

해답 34.③ 35.③ 36.② 37.② 38.③

39 밸브를 완전히 열면 유체 흐름의 단면적 변화가 없기 때문에 마찰저항이 적어서 흐름의 단속(ON-OFF)용으로 사용되는 밸브로, 게이트 밸브(gate valve)라고도 불리는 것은?

① 슬루스 밸브
② 체크 밸브
③ 글로브 밸브
④ 앵글 밸브

해설 슬루스 밸브는 개폐용에 적합하며 유량조절용에는 부적합하고 글로브 밸브나 버터플라이 밸브를 사용한다.

40 무기질 보온재 중에서 최고 사용 온도가 350~550℃인 것으로 발암성 물질로 사용이 규제되고 있는 보온재는?

① 석면
② 암면
③ 탄산마그네슘
④ 규조토

해설 석면은 천연의 안산암으로 만들어진다.

41 다음 보온재 중에서 열전도율이 가장 적은 것은?

① 우레탄 폼
② 펄라이트
③ 폴리스틸렌 폼
④ 글라스 울

해설 우레탄폼(0.028W/mK), 펄라이트(0.05W/mK), 폴리스틸렌(0.037W/mK), 글라스 울(0.04W/mK)

42 무기질 보온재 중 최고 사용 온도가 가장 높은 것은?

① 탄산마그네슘
② 석면
③ 규조토
④ 세라믹 화이버

해설 최고 사용 온도 탄산마그네슘(250℃), 석면(350~550℃), 규조토(500℃), 세라믹 화이버(1,300℃)

43 다음 장치 중 일반적으로 보온·보냉을 필요로 하는 것은?

① 방열기 주변 배관
② 환기용 덕트
③ 냉각수 배관
④ 냉·온수 배관

해설 냉·온수 배관은 열원(보일러, 냉동기)과 유니트(AHU, FCU, IDU 등) 사이의 배관으로서 주위로부터 열의 출입을 방지하기 위해 단열 시공한다. 방열기 주변 배관, 환기용 덕트, 냉각수 배관은 보온하지 않는다. 냉각수는 방열되어 냉각될수록 이롭다.

해답 39.① 40.① 41.① 42.④ 43.④

제3편 환기설비 설계

제1장 환기시스템 설계

1. 환기시스템

1) 환기 방식의 종류
(1) **1종 환기** 강제급기(FAN)+강제배기(FAN)
(2) **2종 환기** 강제급기(FAN)+자연배기
(3) **3종 환기** 자연급기+강제배기(FAN)
(4) **4종 환기(자연환기)** 자연급배기

2) 환기 시스템 및 환기량 선정 시 고려사항
(1) 실의 크기, 필요 최소 외기량을 고려하여 환기시스템을 선정한다.
(2) 실내발열의 유무, 취기 또는 분진 발생의 유무에 따라 2종 3종 방식을 선정한다.
(3) 유독성 또는 폭발성 가스 발생 유무에 따라 2종 3종 방식을 선정한다.
(4) 실의 용도 및 크기에 따라 적합한 환기 방식 및 환기량을 선정한다.

3) 덕트의 구조

(1) 구조
① **장방형 덕트** 좁은 스페이스에 설치가 용이하여 일반적으로 사용하지만 고압에는 부적당하며 보강해야 한다.
② **원형 덕트** 강도가 크고 공기저항이 적으며 설치공간을 많이 차지하고, 고압·저압 모두 쓰인다.

(2) 덕트의 용도상 분류
① **간선 덕트 방식** 설비비가 싸고 덕트 스페이스가 적어지지만 먼 거리 덕트에는 공급이 원활치 못하다.
② **개별 덕트 방식** 설비비가 비싸고 덕트 스페이스도 커지지만 공기공급이 원활하다.
③ **환상 덕트 방식** 말단 취출구의 압력조절이 용이하다.

(a) 간선덕트 방식

(b) 개별덕드 방식

(c) 환상덕트 방식

[그림 2-12] 덕트 배치 방식

(3) 풍속에 따라 분류
① 저속 덕트(10~15m/s 이하) 소음이 적고 동력 소모가 적다. 덕트 스페이스가 커진다.
② 고속 덕트(20~25m/s 이상) 덕트 크기가 적어지고, 분배가 용이 하며 동력소모가 크고 FAN 시설비가 증가한다.

4) 덕트의 설계법
덕트 설계방법은 등속법, 등마찰법, 정압 재취법 등이 있는데
① 등속법은 개략적인 덕트 크기 결정에 유리하다.
② 정압 재취법은 취출구에서의 정압이 같도록 경로 압력 손실을 계산하여 설계한다.
③ 가장 많이 사용되는 설계법은 등마찰법이며 덕트 단위 길이당 마찰저항이 같도록 설계한다. 단위 길이당 마찰저항이 같으므로 압력손실을 구하기가 용이하다. 등마찰법에서 덕트 직경 결정방법은 풍량(m^3/min)과 마찰저항 R(Pa/m)이 결정되면 덕트 선도에서 구한다. 구하는 방법은 풍량과 마찰저항 R의 교차점에서 덕트경을 구한다. 또한 장방형 덕트로 하고자 할 때는 환산표를 이용하여 찾는다.

5) 덕트 동압과 마찰손실
덕트 동압, 마찰손실, 국부저항은 mmAq 단위와 Pa 단위가 모두 이용되므로 함께 정리해 두어야 한다.

(1) 덕트 동압(Pv)
  ① 수두

$$Pv = \frac{v^2}{2g}\gamma = mmAq$$

γ : 공기 비중량 $1.2 kgf/m^3$

  ② SI 단위

$$Pv = \frac{v^2}{2}\rho \ (Pa)$$

ρ : 공기 밀도 $1.2 kg/m^3$

(압력 환산에서 수주 1mmAq=9.8Pa이다.)

[그림 2-13] 덕트의 압력

(2) **직관 덕트 마찰손실** mmAq단위와 Pa가 병용된다.
① 수두
$$\triangle P = f \frac{L \times v^2}{d \times 2g} \gamma = \text{mmAq}$$

γ : 공기 비중량 1.2kgf/m³, v : 풍속, d : 덕트경, L : 덕트길이

② SI 단위
$$\triangle P = f \frac{L \times v^2}{d \times 2} \rho = \text{Pa}$$

ρ : 공기 밀도 1.2kg/m³, L : 덕트길이

(3) **덕트 부속기구 마찰손실(국부)** 공학단위와 SI 단위가 병용된다.(엘보, 댐퍼류 저항)
① 수두
$$\triangle P = \zeta \frac{v^2}{2g} \gamma = \text{mmAq}$$

γ : 공기 비중량 1.2kgf/m³, v : 풍속, ζ : 국부저항계수

② SI 단위
$$\triangle P = \zeta \frac{v^2}{2} \rho = \text{Pa}$$

ρ : 공기 밀도 1.2kg/m³, ζ : 국부저항계수

6) 덕트의 소음

(1) **정의**

소음해석 방법에는 음압레벨(음의 강도)과 파워레벨(음의 에너지량)이 있다.
① 음압레벨(SPL)=20log P/Po(dB)

$Po : 2 \times 10^{-4} \mu dB$

P : 소음의 음압
② 파워 레벨(PWL)=10log W/Wo(dB)

$Wo : 10^{-12} W$

W : 소음의 크기

(2) 덕트 소음방지 대책
① 덕트 도중 흡음재 설치
② 송풍기 출구에 풀리넘 채임버 장치
③ 댐퍼나 취출구에 흡음재 부착
④ 덕트 도중 적당한 곳에 흡음장치(셀형, 플레이트형)를 설치

(a) 소음 덕트 (b) 셀형, 플레이트형 (c) 소음 엘보 (d) 파형 (e) 머플러형

[그림 2-14] 각종 소음기와 그 특성

2. 열교환기기

1) 온수 가열 열교환기

증기에 의해 물을 가열하는데 셀튜브형이 주로 쓰인다. 물은 관 내, 증기는 관외에 흐르며 관은 15~30mm 동관을 쓴다. 온수와 증기의 열교환기로는 판형(플레이트형) 열교환기가 주로 쓰인다.

① 가열량

$$q = W \times \gamma \times 4.19 \times (t_{w2} - t_{w1}) \; (kJ/h)$$

W : 온수량(m^3/h), γ : 비중량(kg/m^3), t_{w1}, t_{w2} : 냉온수 입출구 온도

② 전열면적(S)

$$S = \frac{q}{K \cdot \Delta t} \; (m^2)$$

K : 열관류율, Δt : 증기 온수 평균 온도차

※ 코일 부하 q는 W 또는 kJ/h로 주어지며 서로 환산하여 계산하며 열관류율은 $W/m^2 K$로 준다.

③ 동관개수(N)

$$N = \frac{W}{a \cdot V \cdot 3600}$$

V : 수속(m/s), α : 동관 1개당 단면적(m^2)(내경기준)

④ 열교환기 셀튜브 내경(D)

$$D = \frac{q}{3} \left(\sqrt{69 + 12N - 3} \right) + d_0 \; (mm)$$

q : 관 피치=$(1.3~1.5)d_0$, d_0 : 동관 외경(mm)

2) 공기 현열교환기

(1) 공기 대 공기 열교환기는 온도가 다른 두 기체의 열을 고온에서 저온 혹은 저온에서 고온으로 전달하는 장치로 크게 현열교환기와 전열교환기가 사용된다.

(2) **현열교환기의 필요성** 건물에서는 일반적으로 전열교환방식을 주로 사용하지만 특정 오염물질과 관련하여 공기 대 공기의 비접촉이 필요한 경우나 현열부하가 많은 장소에서 현열교환기가 사용된다.

(3) 현열교환기는 냉난방 장치의 열회수에 의한 에너지 절약 설비로 건축물에서 주로 실내 발열이 많은 데이터 센터 등 주로 에너지 절감이 비용 절감으로 직결되는 산업 현장에서 버려지는 폐열을 재활용하기 위해 광범위하게 활용되고 있다.

(4) 이러한 공기 대 공기 현열교환기의 재질은 스테인리스와 알루미늄, 티탄, 하스테로이, 지르코늄, 니오븀 등 내식 재료를 사용한다. 온도와 압력의 변화를 견딜 수 있고 부식에 강한 금속 재질을 사용하는 것이 일반적이다. 현재 가장 많이 사용되고 있는 소재는 알루미늄이다.

(5) 공기 대 공기현열교환기 재료로 알루미늄 판형이 일반적이지만 단점을 보완한 플라스틱 열교환기도 일부 사용되고 있다.

3) 공기 전열교환기

(1) 전열교환기 원리

외기 취입덕트와 배기덕트 사이에 설치하여 배기의 열을 회수하는 장치로 외기부하를 감소시킬 수 있다. 전열교환기는 열교환기 표면을 특수 흡수제(리튬클로라이드 실리카겔 분말)를 발라서 현열과 함께 잠열도 교환하게 될 수 있다.

$$\text{엔탈피 효율}\ y = \frac{\Delta h_o}{\Delta h} = \frac{h_{o2} - h_{o1}}{h_{E1} - h_{o1}}$$

h_{o1}, h_{o2} : 외기 입출구 엔탈피, h_{E1}, h_{E2} : 배기 입출구 엔탈피

(2) 전열교환기 구성과 원리

전열교환기는 공기대 공기에서 공기의 현열(온도차)과 잠열(수증기)을 회수하는 것으로 열교환 엘리먼트, 케이싱 및 부속품으로 구성되며, 배기 측 공기의 전열을 급기 측 공기에 회수시키는 기능을 가지는 열회수 장치로 에너지 절약이 주목적이다.

(3) 전열교환기 종류 및 특징

① 전열교환기 종류

    가. **회전식 전열교환기** 허니콤 형상의 로터(엘리먼트)를 회전시켜 배기중의 전열을 도입하는 외기가 회수하도록 하는 구조이다. 이때 흡습제는 보통 염화리튬 침투판을 사용한다.

    나. **고정식 전열교환기** 박판소재 엘리먼트는 고정식이며, 흡습제로 염화리튬판 소재를 교대로 배열하고 배기와 외기가 엘리먼트 사이를 흐르면서 전열을 교환한다.

② 전열 열교환기는 도입하는 외기가 배기하는 공기의 전열을 회수하므로 외기도입 시 외기 Peak부하를 감소시켜 열원기기 용량이 감소하고, 열원설비 초기 설비비 감소와 운전비 절약 효과가 있다.

③ 전열교환기 엔탈피 효율

$$E_h = \frac{실제\ 회수엔탈피}{이론\ 최대회수가능\ 엔탈피} = \frac{외기 - 급기}{외기 - 실내}$$

겨울철에는 외기가 엔탈피가 낮으므로 (실내)배기열을 회수하고(Heating 열취득) 여름에는 외기 엔탈피가 높으므로 도입 외기를 냉각시켜 냉열량을 회수(Cooling 열취득)한다.

④ 고정식, 회전식은 서로 장단점 있으나 고정식은 크기가 크고, 입출구 덕트 연결이 복잡하고 설비공간이 커지나 회전부분이 없어 유지관리는 간단하다. 설치공간과 효율을 고려하여 회전식이 주로 사용되고 있다.

(4) 회전형 전열교환기

① 회전형 전열교환기 구성 요소는 허니컴 형상의 로터(엘리먼트)와 구동장치(전동기, 감속기, 구동 전달부)로 구성되며 필터를 부착하여 엘리먼트 오염을 막는다. 이때 엘리먼트(흡습제)는 난연성, 내수성이 우수하고 형상변화 및 압력손실이 적은 구조로 한다.

② 열교환을 하면서 오염된 배기와 도입되는 외기는 직간접적으로 교류를 하게 되는데 이때 세균이나 악취가 배기 측으로부터 급기 측에 전달되지 않는 누기율이 낮은 구조로 한다.

③ 케이싱을 구성하는 재료의 종류와 강도 및 케이싱의 외장처리는 기준에 적합해야하며 모터내장형인 경우는 모터를 교체할 수 있는 구조로 한다.

④ 공기 여과기를 각 흡입 측에 설치하여 열 교환기의 오염을 최소화한다. 공기여과재는 교환이 쉽도록 탈착이 가능하고 공기누설이 적은 구조로 한다.

⑤ 건축물의 설비기준 등에 따른 규칙에서 신축 또는 리모델링하는 공동주택 또는 주거부문이 30세대 이상인 건축물은 시간당 0.5회 이상 환기될 수 있도록 자연 환기 설비 또는 기계 환기 설비를 설치해야 하는데 이때 에너지 절감으로 전열교환기가 주로 사용된다.

(5) 정지형(고정형) 전열교환기

① 열교환기 구성요소는 급배기 팬과 열교환 엘리먼트, 케이싱 및 부속품으로 구성되며 적합한 성능을 갖추어야 한다.

② 열교환 엘리먼트는 박판 소재로 하며, 흡습제로 염화리튬판 소재를 교대로 배열하고 배기와 외기가 엘리먼트 사이를 흐르면서 전열을 교환한다.
③ 케이싱 내부에 필터 및 송풍기모터가 내장된 경우는 탈착, 부착이 편리한 구조로 한다.
④ 공기 여과기를 각 흡입 측에 설치하여 열 교환기의 오염을 최소화한다. 공기여과재는 교환이 쉽도록 탈착이 가능하고 공기누설이 적은 구조로 한다.

예·상·문·제
환기설비 설계

01 덕트 설계 시 정압재취득법에 의한 방법의 원리는?
① 동압감소를 정압으로 회수
② 전압감소를 동압으로 회수
③ 정압감소를 동압으로 회수
④ 정압감소를 전압으로 회수

[해설] 정압재취득법은 말단으로 갈수록 감소하는 풍속에 의한 동압감소분을 정압으로 회수하여 취출구의 정압이 같도록 한다.

02 다음 그림과 같이 마노미터를 설치하였다. 각 마노미터에서 측정할 수 있는 것으로 옳은 것은?

① (a) 전압 (b) 정압 (c) 동압
② (a) 정압 (b) 동압 (c) 전압
③ (a) 동압 (b) 전압 (c) 정압
④ (a) 동압 (b) 정압 (c) 전압

[해설] (a) : 전압, (b) : 정압, (c) : 동압

03 덕트의 시공에 관한 다음 기술 중 틀린 것은?
① 덕트의 단면을 변화시킬 때는 급격한 변화를 피하고 점차 확대 또는 축소시키는 것이 바람직하다.
② 덕트의 굴곡부(엘보)에 가까운 하류위치에는 취출구를 되도록 설치하지 않는 것이 좋다.
③ 스플릿 댐퍼는 원형덕트의 풍량 조정용에만 사용된다.
④ 플랙시블 이음은 송풍기의 진동을 덕트에 전달시키지 않게 하기 위해 송풍기와 덕트의 접속부에 잘 쓰인다.

[해설] 스플릿 댐퍼는 각형 덕트의 분기점에서 풍량 조절용에 주로 쓰인다.

[해답] 1.① 2.① 3.③

04 다음 그림과 같은 엘보에 대한 압력 손실은?(단, 곡관부의 손실계수는 0.35이다.)

① 1.24mmAq
② 2.24mmAq
③ 3.24mmAq
④ 4.24mmAq

해설 풍속을 구하면 $V = \dfrac{Q}{A} = \dfrac{860}{3,600 \times \pi/4 \times 0.2^2} = 7.6\,\text{m/s}$

압력 손실 $P = \zeta \dfrac{V^2}{2g} \gamma = 0.35 \times \dfrac{7.6^2}{2 \times 9.8} \times 1.2 = 1.24\,\text{mmAq}$

05 다음 중 각 실의 개별제어성이 가장 우수한 덕트 배치방식은?

① 간선덕트(천장취출)
② 간선덕트(벽취출)
③ 개별덕트(천장취출)
④ 환상덕트(벽취출)

해설 간선덕트는 덕트 물량이 적으나 개별제어는 어렵고 개별덕트는 덕트 물량은 많으나 각 실별 제어가 가능하다. 환상덕트는 각 취출구의 정압을 균등히 하여 취출풍량이 안정된다.

06 원형 덕트의 곡관부의 이형관에서 국부저항의 상당길이를 L'라 할 때 다음 설명 중 옳은 것은?(단, λ : 덕트재료의 마찰저항계수, d : 원형 덕트의 직경, ξ : 국부저항손실계수이다.)

① L'는 d, ξ에 비례하나 λ에는 반비례한다.
② L'는 d, λ에 비례하나 ξ에는 반비례한다.
③ L'는 d, ξ, λ에 모두 비례한다.
④ L'는 d, ξ, λ에 모두 반비례한다.

해설 국부저항 상당길이 : $L' = \dfrac{\xi \cdot d}{\lambda}$

07 덕트 배치법 중 덕트 말단에 가까운 취출구에서 송풍량의 불균형을 개선할 수 있는 방법은?

① 간선덕트(천장취출)
② 간선덕트(벽취출)
③ 개별덕트(천장취출)
④ 환상덕트(벽취출)

해설 환상덕트는 간선덕트를 환상으로 배치하여 덕트 헷다의 개념으로 각 취출구의 정압을 균등히 하여 취출풍량이 안정된다.

해답 4.① 5.③ 6.① 7.④

08 공기여과기를 통과하기 전의 오염농도 C_1=0.45mg/m³를 통과한 후의 오염 농도 C_2=0.12mg/m³이다. 이 여과기의 효율은?

① 35% ② 43%
③ 53% ④ 73%

[해설] 여과 효율 $E = \dfrac{C_1 - C_2}{C_1} = \dfrac{0.45 - 0.12}{0.45} = 0.73$

∴ 73%

09 2,000명을 수용하는 강당의 CO_2량을 0.1%로 유지하기 위한 환기량(m³/h)을 구하면 얼마인가?(단, 1인당 CO_2 토출량 15L/h이며, 외기 CO_2량은 0.04%이다)

① 10,000 ② 25,000
③ 50,000 ④ 75,000

[해설] $Q = \dfrac{M}{C_1 - C_0} = \dfrac{15 \times 2,000}{0.001 - 0.0004} = 5 \times 10^7 \text{L/h} = 50,000 (\text{m}^3/\text{h})$

10 일반사무소 화장실 면적이 100m², 천장고 2.5m일 때 최적 환기량(m³/h)은?(단, 환기횟수는 10회/h로 한다)

① 1,250 ② 2,500
③ 5,000 ④ 5,500

[해설] 환기량 $Q = N \cdot V = 10 \times 100 \times 2.5 = 2,500 \text{m}^3/\text{h}$

11 다음 중 배연방식에 속하지 않는 것은?

① 자연배연 ② 기계배연
③ 머쉬룸 배연 ④ 스모크 타워배연

[해설] 머쉬룸은 극장바닥 등의 흡입구이다.

12 다음 중 환기효과가 가장 큰 환기법은?

① 제1종 환기 ② 제2종 환기
③ 제3종 환기 ④ 제4종 환기

[해설] 송풍기와 배풍기가 모두 설치된 1종 환기는 환기 효과가 커서 대규모 변전소나 공장에 이용된다.

[해답] 8.④ 9.③ 10.② 11.③ 12.①

13 스모크타워 배연법에 대한 설명 중 맞는 것은?

① 연기를 일정구획 내에 한정하도록 피난이 완전히 끝난 뒤에 개구부를 자동적으로 완전 밀폐
② 배연구와 배연풍토를 사용해서 외부에 연기를 배출
③ 풍력에 의한 흡인 효과와 부력을 이용한 배연탑을 사용해서 배연
④ 상부개구에서 옥외에 향하여 부력을 이용하여 배연

> [해설] 스모크타워 배연법은 건물의 가장 높은 부분의 배연탑을 이용하여 굴뚝효과에 의한 부력과 풍력(동압)에 의한 흡인력으로 배연하는 것이다.

14 다음 중 거실환기에 관한 설명 중 옳지 않은 것은?

① 거실의 부유분진량은 0.15mg/m³ 이하로 한다.
② 악취가 나는 배기는 전열교환기로 제거한다.
③ 바닥면적 300m² 이상 지상층의 무창 거실은 제1종 환기로 한다.
④ 화장실은 부압(-)이 걸리도록 환기한다.

> [해설] 전열교환기는 악취까지 교환되므로 화장실 주방 등의 악취 발생 존은 적용을 피한다.

15 실용적 V=3,000m³, 재실자 350인의 집회실이 있다. 실내온도 T_r=19℃로 하기 위한 필요 환기량은?(단, 외기온도는 T_o=15℃, 재실자 1인당의 발열량은 300kJ/h, 실의 손실열량 H_t=10,000kJ/h, 공기의 밀도 ρ=1.2kg/m³, 공기의 비열 C_p=1.01kJ/kg·K이다)

① 10,250m³/h ② 13,750m³/h
③ 18,320m³/h ④ 19,596m³/h

> [해설] 환기에 의한 제거열량=발열량-손실열량=300×350-10,000=95,000kJ/h
> 환기량 $Q = q/\rho \cdot C_p(T_r - T_o)$ =95,000/1.2×1.01(19-15)=19,596m³/h

16 주방, 공장, 실험실에서와 같이 기구발생 오염물질의 확산 및 방지를 위해 사용하는 환기방식은?

① 희석환기 ② 전체환기
③ 집중환기 ④ 국소환기

> [해설] 국소환기는 후드 등을 이용하여 국부적으로 발생하는 오염물질을 실내에 희석되기 전에 제거하는 것으로 환기량을 줄일 수 있다.

17 다음과 같은 조건에서 어느 작업장의 발생 현열량이 2,900W일 때 필요 환기량 (m³/hr)은?

- 허용 실내온도 : 36℃
- 외기온도 : 28℃
- 공기의 밀도 : 1.2kg/m³
- 공기의 정압 비열 : 1.01kJ/kg · K

① 311 ② 499
③ 673 ④ 1,077

해설 환기에 의한 제거열량=2,900×3,600/1,000=10,440kJ/h
환기량 $Q = q/\rho \cdot C_p(T_r - T_o)$ =10,440/1.2×1.01(36−28)=1,077m³/h

18 다음 중에서 실내가 부압(−)이 걸리는 상태로 환기를 해야 할 곳은?

① 주방 ② 사무실
③ 회의실 ④ 전시장

해설 1) 정압 · 부압(제1종 환기) : 병원, 수술실
2) 정압 (제2종 환기) : 반도체 무균실
3) 부압 (제3종 환기) : 주방, 화장실 등은 실내를 부압으로 만들어 주변실에 냄새가 새어나가지 않도록 환기한다.

19 기계 환기 중 대규모 공장이나 보일러실에 적용하는 환기법으로 환기효과가 가장 좋은 것은?

① 1종 환기 ② 2종 환기
③ 3종 환기 ④ 4종 환기

해설 대규모 공장이나 보일러실, 변전실 등에는 송풍기와 배풍기를 이용한 급 · 배기 병용의 1종 환기가 좋다.

20 화장실, 주방 등에 적용하여 배풍기만 사용하므로 실내압이 진공상태인 환기법은?

① 1종 환기 ② 2종 환기
③ 3종 환기 ④ 4종 환기

해설 제3종 환기 : 주방, 화장실 등은 실내를 부압(−)으로 만들어 주변실에 냄새가 새어나가지 않도록 환기한다.

해답 17.④ 18.① 19.① 20.③

제4편 위생설비 설계

제1장 급수시스템 설계

1. 급수량 및 배관설계

급수설비 용량산정 및 관경 결정시 우선 급수량부터 산출해야 하는데, 급수량 산정은 기구수에 의한 방법과 건물 종류별 인원수에 의한 방법으로 대별되며 탱크, 펌프, 주관 등은 인원수에 따라, 지관은 기구수에 따라 관경이 결정된다.

1) 급수량 산정 기준
① 급수량 산정은 원칙적으로 사무소 건물에서는 인원수에 의하여, 시험 시설이 있는 건물에서는 급수 기구수에 의하여 구한다.
② 수수조, 고가수조 등 설비 용량은 시간 최대 급수량에 근거하여 구한다.
③ 소화용수, 비상 발전용 냉각수는 급수량 산정에서 제외한다.

2) 피크아워와 피크로드
하루 중 최대 사용 수량과 그 때의 시간을 각각 피크로드(peak load), 피크아워(peak hour)라 하는데, 급수의 피크아워는 주로 아침 식사 준비 때에 나타난다.
① 피크로드 일일 평균 급수량의 15~20%
② 시간 평균 급수량 1일 평균 급수량÷8(사용시간)
③ 시간최대급수량 시간 평균 급수량×(1.5~2.0)
④ 순간 최대 급수량 (3~4)×시간 평균 급수량/60(L/min)
※ 피크로드는 시간 최대 급수량에 해당하며 보통 1일 급수량의 15~20%로 잡는다.

3) 급수 압력
① 급수시스템 설계에서 건물 내의 기구마다 알맞은 수압을 얻을 수 있어야 한다. 최저 필요압력 이하일 경우 능력을 발휘할 수 없고, 필요 압력 이상일 경우 수격작용 발생 및 기구 파손에 의한 누수 등의 영향을 가져온다.
② 기구별 최고 압력은 보통 300~500kPa을 넘지 않도록 한다.
③ 기구별 최저 필요압력은 다음 표와 같다.

[표 2-2] 기구의 최저 필요압력

기구명	필요압력(kPa)	기구명	필요압력(kPa)
세면기, 욕조, 싱크	55	소변기(밸브)	100
샤워기(일반)	70	대변기(세정밸브)	100
샤워기(압력식, 온도감지식)	130	대변기(세정탱크)	55

2. 급수 기기용량 산정

1) 급수 관경 설계

급수 관경은 최소한의 배관 시설비로서 목적하는 수압과 수량을 급수할 수 있도록 결정되어야 한다. 급수관의 용도에 따라 위생기구별 접속관경, 균등표에 의한 관경 결정(지관), 마찰저항선도에 의한 방법(주관)등의 급수관경 설계법을 적용한다.

2) 위생기구별 급수관경

일반적으로 기구에 연결되는 관경은 다음의 표준치를 적용한다.

[표 2-3] 위생기구의 연결 관경

위생기구	급수관경	위생기구	급수관경
세면기	15mm	대변기(플러시 밸브)	25mm
소변기(일반)	15mm	욕조	15~20mm
소변기(플러시 밸브)	20~25mm	비데	15mm

3) 균등표에 의한 관경 결정

옥내 급수관 등과 같이 간단한 배관의 관경 결정에 사용하는 방법으로 식으로 구하는 법은 다음 식에 의하고 도표화하면 아래 균등표와 같다.(단, 동시 사용률을 고려해야 한다.)

$$N = \left(\frac{D}{d}\right)^{5/2}$$

N : 작은 관 개수, d : 작은 관 직경(mm), D : 큰 관 직경(mm)

(※ 위 식에서 작은 관과 큰 관의 균등개수(N)는 이론적으로 단면적에 반비례하므로 직경의 제곱에 관계되지만 마찰손실을 고려하여 5/2제곱에 관계한다.)

[표 2-4] 기구의 동시 사용률(%)

기구수	2	3	4	5	10	15	20	30	50	100
동시사용률(%)	100	80	75	70	53	48	44	40	36	33

주) 이 표에 기재되어 있지 않는 것은 비례 배분에 의해 결정하면 된다.

[표 2-5] 급수관의 균등표

관경 mm(B)	10 (3/8)	15 (1/2)	20 (3/4)	25 (1)	32 (11/4)	40 (11/2)	50 (2)	65 (21/2)	80 (3)	90 (31/2)	100 (4)	125 (5)	150 (6)
10(3/8)	1												
15(1/2)	1.8	1											
20(3/4)	3.6	2	1										
25(1)	6.6	3.7	1.8	1									
32(1 1/4)	13	7.2	3.6	2	1								
40(1 1/2)	19	11	5.3	2.9	1.5	1							
50(2)	36	20	10.0	5.5	2.8	1.9	1						
65(2 1/2)	56	31	15.5	8.5	4.3	2.9	1.6	1					
80(3)	97	54	27	15	7	5	2.7	1.7	1				
90(3 1/2)	139	78	38	21	11	7.2	3.9	2.5	1.4	1			
100(4)	191	107	53	29	15	9.9	5.3	3.4	2	1.4	1		
125(5)	335	188	93	51	26	17	9.3	6	3.5	2.4	1.8	1	
150(6)	531	297	147	80	41	28	15	9.5	5.5	3.8	2.8	1.6	1

주) 1. 이 표는 마찰 손실을 계산에 포함한 것이다.
2. $N=\left(\dfrac{D}{d}\right)^{5/2}$, d : 작은 관의 관경, D : 큰 관의 관경

> **예제** 20A 급수관이 10개 연결된 급수 본관의 관경을 균등관법을 이용하여 구하시오.

해설) 우선 20A 급수관의 15A 균등수는 2이며 → 기구수 10개일 때 누계는 10×2=20개이다. → 10개일 때 동시사용률은 53%이므로 동시개구수는 20×0.53=10.6이다. → 균등표에서 15A항 10.6은 20개항에 해당하여 40A를 선정한다.

4) 마찰저항 선도에 의한 결정(급수부하 단위 이용법)

(1) 설계순서
급수부하 단위 → 동시 사용량 계산 → 허용마찰 손실 수두계산(동수구배) → 마찰저항 선도에 의한 관경 결정

(2) 동시사용량 계산
동시사용률과 같은 의미인데 그래프를 활용한다. 급수 부하단위(fu)를 구한 뒤 그래프에서 동시 사용량(L/min)을 구한다. 이때 세면기의 급수량(14L/min)을 기준(fu=1)한다.

[표 2-6] 기구급수부하단위

기구명	수전	기구급수부하단위 공중용	기구급수부하단위 개인용	기구명	수전	기구급수부하단위 공중용	기구급수부하단위 개인용
대변기	세정밸브	10	6	세면싱크 (수세1개낭)	급수전	2	
대변기	세정탱크	5	3	조리장싱크	급수전	4	2
소변기	세정밸브	5		청소용싱크	급수전	4	3
소변기	세정탱크	3		욕조	급수전	4	2
세면기	급수전	2	1	샤워	혼합밸브	4	2
수세기	급수전	1	0.5				

주) 급탕 전 병용의 경우에는 1개의 급수전에 기구급수부하단위를 상기수치의 3/4으로 한다.

(3) 허용마찰 손실 수두 계산

사용가능한 수압을 배관 길이당 허용 손실수두(사용 수두)로 바꾼 값이다.

$$R = \frac{H_1 - H_2}{L(1+k)} \times 1{,}000 \, (mmAq/m)$$

R : 허용마찰 손실 수두 $(mmAq/m)$

H_1 : 고가 탱크에서 각 층 기구까지의 수직 높이 (m)

H_2 : 각 층 기구의 최저 필요수두 (mAq)

L : 고가 탱크에서 최원 기구까지의 배관 길이 (m)

k : 국부 저항 비율 - 소규모 : 0.5 ~ 1.0, 대규모 : 0.3 ~ 0.5

[표 2-7] 관 이음쇠의 종류 및 밸브류의 국부 저항 상당관 길이(m)

관의 호칭 지름 mm	B	90° 엘보	45° 엘보	90°T주관 (분류)	90°T주관 (직류)	슬루스 밸브	글로브 밸브	앵글 밸브	임펠러 양수기
15	1/2	0.6	0.36	0.9	0.18	0.12	4.5	2.4	3~4
20	3/4	0.75	0.45	1.2	0.24	0.15	6.0	3.6	8~11
25	1	0.90	0.54	1.5	0.27	0.18	7.5	4.5	12~15
32	11/4	1.20	0.72	1.8	0.36	0.24	10.5	5.4	19·24
40	11/2	1.50	0.90	2.1	0.45	0.30	13.5	5.6	20~26
50	2	2.10	1.20	3.0	0.60	0.39	16.5	6.6	25~35
65	21/2	2.40	1.50	3.6	0.75	0.48	19.5	8.4	-
80	3	3.00	1.80	4.5	0.90	0.60	24.0	10.2	-
90	31/2	3.60	2.10	5.4	1.08	0.72	30.0	12.2	-
100	4	4.20	2.40	6.3	1.20	0.81	37.5	15.0	-
125	5	5.10	3.00	7.5	1.50	0.99	42.0	16.5	-
150	6	6.00	3.60	9.0	1.80	1.20	49.5	21.0	-

※ 상당장 길이란 부속기구가 일으키는 마찰저항이 직관길이 몇 m에 상당 하는가를 환산해 놓은 것이다.

(4) 관경 결정

위에서 구한 동시 사용량(L/min)과 허용마찰 손실수두(mmAq/m)를 이용하여 마찰저항 선도에서 교점을 찾아 알맞은 관경을 찾는다. 이때 유속(소구경 1m/s, 대구경 2m/s, 이내)이 지나치게 크지 않도록 설계함이 좋다.

3. 급수 구성기기(펌프설계)

1) 펌프의 종류
(1) **왕복동 펌프** 피스톤 펌프, 플런저 펌프, 워싱턴 펌프
(2) **원심 펌프(와권 펌프)** 볼류트 펌프, 터빈 펌프, 보어홀 펌프, 수중 펌프, 논클록 펌프
(3) **축류 펌프** 스큐류식
(4) **사류 펌프** 원심 펌프와 축류 펌프의 중간형
(5) **특수 펌프** 에어리프트 펌프, 제트 펌프

2) 펌프의 종류와 특성
(1) **왕복동 펌프** ① 수압 변동이 심하다.(공기실을 설치하여 완화시킨다.)
② 양수량이 적고 양정이 클 때 적합하다.
③ 양수량 조절이 어렵다.
④ 고속회전 시 용적효율이 저하한다.
(2) **원심 펌프** ① 고속회전에 적합하며 진동이 적다.
② 양수량 조절이 용이하다.
③ 양수량이 많고 고·저양정에 모두 이용된다.
(3) **보어홀 펌프(borehole pump)** 수직 터빈 펌프로서, 임펠러와 스트레이너는 물속에 있고 모터는 땅 위에 있어 이 2개를 긴 축으로 연결하여 깊은 우물의 양수에 사용하는 입형 다단 터빈 펌프로 장축에 의하여 구동하기 때문에 고장이 많고 수리가 어려우며 동력비가 많이 소요된다. 최근에는 수중 펌프로 대체되고 있다.
(4) **수중 모터 펌프** 터빈 펌프와 모터를 직결하여 수중에 잠기게 하여 양수하며 모터와 터빈은 수중에서 작동한다. 배수펌프, 심정의 양수 등에 많이 쓰인다.

3) 왕복동 펌프의 양수량

$$Q = A \cdot L \cdot N \cdot E_v$$

Q : 양수량(m^3/min), A : 피스톤 단면적(m^2), L : 행정(m), N : 회전수(rpm), E_v : 용적효율

4) 펌프 설치 시의 주의사항
① 펌프와 전동기는 일직선상에 배치한다.
② 되도록 흡입양정을 낮춘다.(충분한 NPSH를 확보한다.)
③ 흡입구는 수면 위에서 관경의 2배 이상 잠기게 한다.
④ 소화 펌프는 화재 시 불의 접근을 막도록 구획한다.

5) 펌프의 과부하 운전 조건
① 원동기와의 직결 불량
② 주파수 증가에 의한 회전수 증가

③ 베어링 마모 및 이물질 침투
④ 흡입 양정이 현저히 감소할 때

6) 펌프 특성곡선과 상사 법칙
   (1) **특성곡선** 펌프의 특성 곡선은 양수량 Q(L/s), 전양정 H(m), 효율(%), 축동력(kW)의 관계를 다음 그림과 같이 표시한 것으로 펌프의 종류에 따라 회전수 변화에 의해 각각 다르게 나타난다.

[그림 2-15] 터빈 펌프의 특성곡선

   (2) **상용 양정** 위 특성곡선에서 곡선 ABCD는 양수량과 전양정과의 관계를 표시하고, A는 토출 밸브를 전폐하고 운전했을 경우, 즉 양수량이 0일 때 양정(체절양정)을 표시하며, B는 최대양정, C는 최대효율점일 때 양정이며, C를 상용양정이라 하고 이 점에서 운전되도록 할 때 가장 경제적이다.

   (3) **상사법칙 회전수 변화에 따른 양수량과 양정 및 축 마력의 변화** 특성 곡선에 나타난 양수량 Q(L/s), 전양정 H(m), 축동력 P는 펌프의 회전수 N을 N'로 임펠러직경을 D를 D'로 변화했을 경우 다음 식으로 나타낸다.

   ① **양수량** $\dfrac{Q'}{Q} = \dfrac{N'}{N}$ $Q' = Q\left(\dfrac{N'}{N}\right)$, $Q' = Q\left(\dfrac{D'}{D}\right)^3$

   ② **양정** $\dfrac{H'}{H} = \left(\dfrac{N'}{N}\right)^2$, $H' = H\left(\dfrac{N'}{N}\right)^2$, $H' = H\left(\dfrac{D'}{D}\right)^2$

   ③ **축동력** $\dfrac{P'}{P} = \left(\dfrac{N'}{N}\right)^3$, $P' = P\left(\dfrac{N'}{N}\right)^3$, $P' = P\left(\dfrac{D'}{D}\right)^5$

제2장 급탕시스템 설계

1. 급탕량 및 배관설계

1) 급탕온도

용도별 급탕온도는 아래 표와 같고, 급탕온도를 높이면 사용 시 물을 혼합하여 사용하므로 급탕량이 적어져 경제적이다. 일반적으로 급탕온도를 60℃ 정도로 볼 때 급탕부하는 60×4.19=250kJ/kg 정도로 한다.

[표 2-8] 용도별 급탕 사용온도

용도		사용온도(℃)	용도		사용온도(℃)
음료용		50~55	주방용	일반용	45
목욕용	성인	42~45		접시 세정용	45
	소아	40~42		접시 세정 시 헹구기용	70~80
샤워		43	세탁용	상업일반	60
세면용(수세용)		40~42		모직물	33~37
의료용(수세용)		43		린넨 및 견직물	49~52
면도용		46~52	수영장용		21~27
			세차용		24~30

2) 급탕량

(1) 급탕량은 급수량과 같이 시간대에 따라 변동이 심하므로 급탕량 산정 시 주의해야 한다.

$$Q_d(1일\ 급탕량) = N(사용원인) \cdot q_d(1일\ 1인\ 급탕량)$$

(2) 산정방법은 기구수에 의한 방법, 사용 인원에 의한 방법이 있으나 인원에 의한 방법이 정확하다.

$$Q_d = N \cdot q_d$$

Q_d : 1일 급탕량, N : 사용 인원, q_d : 1일 1인 급탕량

(3) 건물별 1인 1일당 급탕량은 다음 표와 같다.

[표 2-9] 건물 종류별 급탕량

건물종류	1인 1일 급탕량
주택, 아파트, 호텔	75~150L
사무실	7.5~11.5L
공장	20L

2. 기기용량 산정

1) 급탕 배관법

급탕 배관 방식은 다음과 같이 분류한다.

급탕배관법	단관식	상향식	복관식	상향식
		하향식		하향식
				리버스 리턴 방식
				상하 혼용식

(1) 단관식
급탕관만 있고 환탕관은 없다.
① 주택 등의 소규모 설비에 적합하다.
② 처음에는 찬물이 나온다.(배관에 있던 물이 모두 나올 때까지)
③ 시설비가 싸다.
④ 보일러에서 탕전까진 15m 이내가 되게 한다.

(2) 복관식
① 급탕관과 환탕관으로 구성되어 탕이 계속 순환되어 수전을 열면 즉시 온수가 나온다.
② 배관길이가 길어져서 시설비가 비싸다.
③ 아파트 등의 중·대규모에 적합하다.

(3) 상향식
저탕조로부터 급탕 수평 주관을 배관하고 여기에서 수직관을 세워 상향으로 공급한다. 이 때 선상향(역구배) 배관한다.

(4) 하향식
급탕주관을 건물 최고층까지 끌어 올린 후 수직관을 아래로 내려 하향으로 공급한다. 이 때 선하향(순구배) 배관한다.

(5) 리버스 리턴 방식(역환수 방식)
상향식, 하향식의 경우에 각 층의 온도차를 줄이기 위하여 층마다의 순환 배관 길이를 같게 하도록 환탕관을 역환수시켜 배관한다.
이 방법은 각 층의 온수 순환을 균등하게 하여 공급온도를 일정하게 할 목적으로 쓰인다.

(6) 상·하 혼용식
건물의 일부는 상향식, 일부는 하향식으로 배관하는 경우 사용한다.

2) 급탕 순환펌프 계산
급탕순환펌프는 복관식에서 관 내의 탕을 계속 순환시켜 냉각되지 않도록 한다.

(1) 자연순환수두

$$H = (r_1 - r_2)h \, (mmAg)$$

H : 자연순환수두(mmAg), r_1, r_2 : 환탕, 급탕의 비중량(kg/m³)
h : 탕비기에서 최고 수전까지 높이(m)

(2) 강제순환식(급탕 순환펌프)

$$H = 0.01(L/2 + L')m$$
$$W = \frac{Q}{60 \times 4.19 \times \Delta t}$$

H : 전양정, L, L' : 급탕 및 환탕관의 길이, W : 순환수량(L/min)
Q : 배관손실열량(kJ/h), Δt : 급탕 및 환탕 온도차

(3) 배관손실 열량

급탕배관에서 배관손실열량만큼 급탕을 순환시켜 냉각되지 않도록 한다.

$$Q_L = KFL(1-e)\Delta t'$$

Q_L : 배관손실열량(W를 kJ/h로 환산), K : 배관전열계수(W/m²·K)
F : 단위길이당 표면적(m²/m), L : 배관길이(m), e : 보온효율
$\Delta t'$: 탕과 주변공기온도차

3) 급탕관경 및 기기용량 결정

(1) 급탕관경

① 급탕관경은 급수관 설계 방법과 동일하게 한다. 다만, 급수 관경보다 한 치수 크게 한다.
② 환탕관 관경은 급탕관의 2/3 정도로 한다.
③ 급탕관과 환탕관은 20A 이상을 사용한다.
④ 기구 급탕 부하는 급수 부하단위의 3/4 정도로 본다.

[표 2-10] 급·반탕관경(단위 : mm)

급탕관경	20~32	40	50	65~80
반탕관경	20	25	32	40

(2) 기기용량 결정

① 팽창관 높이 고가 탱크 최고 수위 면에서 팽창관 수직 높이 H는

$$H > h\left(\frac{\rho}{\rho'} - 1\right)$$

h : 고가탱크 정수두(m), ρ : 급수 밀도, ρ' : 탕의 밀도

② 저탕조 용량
  가. 직접 가열식 V=(시간 최대 급탕량-온수 보일러 용량)×1.25

나. **간접 가열식** V=시간 최대 급탕량×(0.6~0.9)
   (시간최대 급탕 1,000L/h 이하 : 0.9, 7,500L/h 이상 : 0.6)

3. 급탕 구성기기

1) 급탕배관 신축이음 및 시공상 주의사항

(1) 배관의 신축량
급탕 배관은 온수 공급 시와 중지 시 온도차가 심하여 길이의 신축이 커져서 제거하지 않을 경우, 이음쇠, 밸브류, 서포트 등에 큰 응력이 생겨 파손의 위험이 있다. 신축량 계산식은

$$\Delta L = L \cdot \alpha \cdot \Delta t (m)$$

L : 관 길이(m), α : 선팽창 계수, Δt : 온도차

[표 2-11] 관의 선팽창 계수

관 종류	선팽창 계수	관 종류	선팽창 계수
연 철 관	1.23×10^{-5}	동 관	1.7×10^{-5}
강 관	1.1×10^{-5}	황 동 관	1.87×10^{-5}
주 철 관	1.06×10^{-5}	연 관	2.86×10^{-5}

(2) 신축이음의 종류
① 배관의 신축을 흡수하는 이음쇠의 종류에는 슬리이브형, 벨로우즈형, 신축곡관, 스위블 조인트가 있고 시공 시 잡아당겨 연결하는 콜드 스프링법이 있다.
② 누수 여부의 크기 순서는 스위블 조인트>슬리이브형>벨로우즈형>신축곡관이며 일반적으로 강관은 30m마다 동관은 20m마다 신축이음쇠 1개씩 설치한다.

(3) 신축이음의 특징
① 슬리이브형(sleeve type)
  • 신축량이 크고 소요공간이 작다.
  • 활동부 패킹의 파손 우려가 있어 누수되기 쉽다.
  • 보수가 용이한 곳에 설치한다.
② 벨로우즈형(bellows type)
  • 주름모양의 원형판에서 신축을 흡수한다.
  • 건축설비 신축이음으로 일반적으로 사용되며 설치 공간은 작은 편이다.
  • 누수의 염려가 있고 고압에는 부적당하다.
③ 신축곡관(expansion loop)
  • 파이프를 원형 또는 ㄷ자 형으로 밴딩하여 밴딩부에서 신축을 흡수한다.
  • 고압에 잘 견딘다.
  • 신축 길이가 길며 설치에 넓은 장소를 필요로 하므로 천정 수평관 및 옥외 배관에 적당하다.
  • 보수할 필요가 거의 없다.

④ 스위블 조인트(swivel joint)
- 2개 이상의 엘보를 이용하여 나사부의 회전이나 밴딩으로 신축 흡수
- 방열기 주변 배관에 많이 이용된다.
- 누수의 염려가 있다.

⑤ 볼 조인트(ball joint)
최근에 쓰이기 시작한 것이며 내측 케이스와 외측 케이스로 구성되어 있고, 일정 각도 내에서 자유로이 회전한다. 이 볼 조인트를 2~3개 사용하여 배관하면 관의 신축을 흡수할 수 있다. 수직관에서 분기되는 횡지관의 신축이음이나 직각 배관 등에 주로 쓰인다.
- 신축 곡관에 비해 설치 공간이 적다.
- 고온 고압에 잘 견디는 편이나 가스켓이 열화되는 경우가 있다.

⑥ 콜드 스프링
배관연결 시 잡아당겨 늘려 놓으면 나중에 온도 상승으로 팽창할 때 팽창량이 감소하여 신축이음쇠 사용개소를 감소시킬 수 있다.

(a) 스위블 조인트　(b) 신축곡관　(c) 슬리브형 이음쇠　(d) 벨로우즈형 이음쇠

[그림 2-16] [신축 이음쇠]

(4) 배관구배(기울기) 및 공기 제거

① **배관구배**　급탕배관에는 물빼기, 공기제거, 순환 등을 위하여 적절한 구배를 주어야 하는데 상향식에서는 급탕관은 역구배, 환탕관은 순구배로 하며 하향식에서는 모두 순구배로 한다. 구배는 중력순환식인 경우 1/150, 기계식인 경우 1/200 정도가 좋다.

② **공기제거**　물을 가열하면 용존 공기가 분리되어 배관 내에 공기가 고인다. 배관에 구배를 주어 팽창관으로 유도하든가, 배관 상층부분에는 공기빼기 밸브(air vent)를 설치한다. 배관 도중 밸브는 슬루스 밸브를 사용하여 밸브에 공기가 고이지 않도록 한다.

(5) 기타 주의사항

① 팽창탱크는 최상층 수전보다 5m 이상 높게 개방형으로 하며 팽창관에는 밸브 부착을 금지한다.
② 관이나 저탕조는 규조토, glass wool, rock wool, 마그네샤 등으로 보온한다.
③ 온도가 10℃ 상승할 때마다 부식 정도가 2배 정도 심해진다.
④ 행거나 서포트는 신축이음쇠 근처에 설치한다.
⑤ 환관에 여과기(strainer)를 설치하고 찌꺼기를 제거하여 관막힘이나 기구류 손실을 방지한다.
⑥ 배관 완성 후 보온하기 전에 최고 사용압력 2배 이상으로 10분간 수압 시험한다. 수압시험 시 신축 이음쇠(벨로즈형)는 설치를 피하고 짧은 관으로 대체하여 시험한다.

2) 급탕설비 물의 팽창과 팽창탱크

(1) 팽창탱크 설치 필요성
급탕설비에서 시스템 보유수량이 온도차에 따라 팽창 수축하는데 물은 비압축성 유체로 압축되지 않으므로 팽창량을 흡수하기 위한 팽창탱크가 필요하다. 팽창 탱크 종류에는 개방형과 밀폐형이 있으며 최근에는 주로 밀폐형을 사용한다.

(2) 온수팽창량(ΔV) 산정
온수 팽창량은 아래 2가지 공식이 사용되나 일반적으로 ① 공식을 사용한다. 이때 장치보유수량은 4℃ 기준이며, ②공식에서 장치보유수량은 ρ_1일 때 기준이다.

① $\Delta V = \left(\dfrac{1}{\rho_2} - \dfrac{1}{\rho_1} \right) \cdot V(L)$

② $\Delta V = \left(\dfrac{\rho_1}{\rho_2} - 1 \right) \cdot V(L)$

V : 장치 내 보유수량(L)
ρ_1 : 가열 전 급탕온도에서 밀도(kg/L)
ρ_2 : 가열 후 급탕온도에서 밀도(kg/L)

(3) 개방형 팽창탱크 용량(팽창량의 1.5~2배 정도)

$V = (1.5 \sim 2.0) \cdot \Delta V \ (L)$

(a) 개방식 팽창탱크

a : 150mm
b : 팽창에 의한 수위변동의 2배
c : 100~200mm

(b) 접속위치

[그림 2-17] 개방식 팽창탱크와 접속위치

(4) 밀폐형 팽창탱크

탱크용량 $V = \dfrac{\Delta V}{1 - (Po/Pm)}$

Po : 팽창탱크 최저 절대압력(MPa)
Pm : 최고사용 절대압력(MPa)

(5) 팽창탱크 접속위치는 순환펌프 흡입측에 접속하며, 장치 내 온수온도가 가장 낮은 곳에 연결해야 배관 내 전체 압력 유지에 효과적이다.

3) 급탕설비 팽창탱크 설계

> **예제** 급탕설비에서 시스템 보유수량이 1,000L(4℃기준)이고 운전 정지 시(가열 전) 온도 5℃, 운전 시(가열 후) 온도 60℃일 때 다음을 구하시오.(단, 5℃ 밀도 0.9997(kg/L), 60℃ 밀도 0.9782(kg/L), 개방형 팽창탱크 여유율은 1.5, 밀폐형 블레이드형 팽창탱크 최대 운전압력은 게이지압 0.3MPa, 최저압력(최초 봉입압력)은 0.1MPa로 선정한다. 대기압은 0.1MPa로 한다.)
>
> 1) 급탕 팽창량(L)을 구하시오.
> 2) 개방형 팽창탱크 크기 (L)를 구하시오.
> 3) 밀폐형(블레이드형) 팽창탱크 크기 (L)를 구하시오.

해설) 1) 팽창량 ΔV는

$$\Delta V = \left(\frac{1}{\rho_2} - \frac{1}{\rho_1}\right) \cdot V(L) = \left(\frac{1}{0.9782} - \frac{1}{0.9997}\right) \times 1{,}000 = 21.99(L)$$

V : 장치 내 보유수량(L)

ρ_1 : 가열 전 급탕온도에서 밀도(kg/L)

ρ_2 : 가열 후 급탕온도에서 밀도(kg/L)

2) 개방형 팽창탱크 = 1.5 × 21.99 = 32.99(L)

3) 밀폐형 팽창탱크 크기는 일반적으로 다음과 같이 구한다.

아래 식은 현장에서 주로 사용하는 밀폐형 블레이드식에서 초기압과 봉입압이 같을 때 적용하며 일반적으로 사용한다.

밀폐형 팽창탱크 : 탱크용량 $V = \dfrac{\Delta V}{1 - (Po/Pm)} = \dfrac{21.99}{1 - (0.2/0.4)} = 43.98(L)$

위 식에서 압력은 절대압 기준이므로

최대압(Pm) : 게이지압 0.3MPa → 0.3+0.1(대기압)=0.4MPa(절대압)

최저압(Po) : 게이지압 0.1MPa → 0.1+0.1=0.2MPa(절대압)

제3장 오배수시스템 설계

1. 오배수량 및 배관설계

1) 배수관의 관경

① 배수관의 관경은 단위 시간당 최대 유량을 기준으로 결정하는 것이 합리적이며 여기에 동시 사용률과 사용빈도수 등을 감안한 기구배수 부하단위(FU라 한다.)를 이용하여 결정한다. 이때 세면기의 배수량(28.5L/min)을 기준으로 하여 FU=1로 한다.

[표 2-12] 위생기구의 최대 배수 시 유량(단위 L/초)

대변기	소변기	세면기	욕조(주택)	세탁용 싱크
2.8	0.9	0.5	0.9	1.4

[표 2-13] 배수관경의 최소 구경(단위 mm)

기구	배수관의 최소 구경	배수부하단위(fu)	기구	배수관의 최소 구경	배수부하단위(fu)
대변기	75mm (보통 100)	8	욕조	40~50	2~3
소변기(벽걸이)	40	4	비데	40	2.5
소변기(스토올)	50	4	주방싱크	40	2
세면기	30	1	바닥배수	40~75	1~2

2) 배수관의 구배

① 배수 관경과 구배는 상관관계를 가지며 유속이 적당해야 하므로 과대 과소를 피한다.
② 옥내 배수관의 표준구배는 관경(mm)의 역수보다 크게 한다.
③ 배수의 평균 유속은 1.2m/s 정도가 되게 하고, 최소 0.6m/s, 최대 2.4m/s로 한다. 옥내 배수관에서는 0.6~1.2m/s를 권장한다.
④ **최대 최소 구배** 배수관에서는 최소구배를 기준한다.

배수관경(mm)	최대구배	최소구배
32~75	1/25	1/50
100~200	1/50	1/100
250 이상	1/100	1/100

3) 배수 재이용 계획(중수 설비)

물의 수요가 증가하면서 안정적인 물공급을 위하여 합리적인 대책이 필요한데 이때 배수를 재이용하는 방안이 연구되어야 하며 냉각 배수, 하수처리 등이 화장실 용수, 세정 용수 등으로 이용된다. 이때 고려해야 할 사항은 다음과 같다.
① 재이용수의 수량과 수질의 안정성
② **경제성** 시설투자비와 유지관리비를 포함한 전체비용에 대한 경제성을 검토한다.

③ 요구수량과 수질에 알맞은 처리시설 등이다.
④ 처리 시스템에는 오수와 잡배수를 합해 처리한 후 세정수로 이용하는 방안과 잡배수만 처리해 사용하는 방안이 있으며 보통 후자가 주로 쓰이는데 수량이 부족한 것이 문제점이다.

4) 우수 배출설비
① 우수 배출설비란 건물의 지붕이나 부지 내에 내린 빗물을 되도록 신속히 우수 배수 계통에 모아 하천이나 하수도, 빗물이용설비에 방류하기 위한 설비이다.
② 우수계통은 원칙으로 일반 배수 계통과는 독립적인 계통으로 하며, 경우에 따라서는 냉각용수·응축수 등과 같이 우수용 배수에 접속하기도 한다.

5) 부지 내의 우수
① 건물주변 부지 내의 빗물을 U형 측구나 개방수로를 이용하여 우수 집수정으로 유도하여 부지 내 우수 배수관으로 신속히 배출한다. 우수 집수정은 우수 수직관과 부지 내 우수배수관과의 연결 개소로 겸용하는 경우도 많다.
② **우수유출량 산정식** 넓은 면적의 우수배수량 산정방법에는 일반적으로 다음의 산정식 (합리식)을 주로 적용한다.

$$Q = \frac{1}{360}(CIA)(m^3/s)$$

Q : 계획우수유출량(㎥/sec), C : 유출계수, I : 강우강도(mm/hr), A : 배수면적(ha)

③ 비가 내린 후 운동장 등 신속히 건조를 시켜야 할 경우는 집수관(유공관)을 매설하여 배수주관에 접속하여 침투한 빗물을 배제한다.
④ **잔디 블록 주차장** 최근에는 친환경적인 우수처리를 위하여 빗물을 되도록 지중에 침투시켜 지하수로 함양되도록 우물통 빗물받이, 저류조, 잔디블록, 투수콘 등을 이용한다.

6) 건물의 우수
① 건물의 지붕, 옥상, 발코니 등에 내리는 빗물은 아래 계통도와 같이 루프 드레인(roof drain)을 거쳐 우수수직관을 통하여 우수수평주관(또는 배수수평주관)과 옥외의 우수받이(또는 배수받이)를 거쳐 하수도나 하천으로 방류된다.
② 드라이 에어리어 등 낮은 위치에 떨어지는 우수는 우수조에 유입시켜 우수펌프로 배출한다.
③ 공공 하수도의 유하능력이 작은 경우에는 우수의 유출량을 억제하기 위해서, 우수저류조나 탱크를 설치하여 강우 시에 일시적으로 저장하고 맑은 날에 배출하는 방법 등이 권장되기도 한다.

[그림 2-18] 건물 우수 배수 계통도

7) 루프드레인

① 루프드레인은 아래 그림과 같이 옥상 등에서 빗물을 모아 수직관에 유도하는 일종의 빗물받이다. 화장실에 바닥배수(플로어 드레인 FD)가 있듯이 옥상에는 루프드레인이 있다.

② 수평 홈통이나 수직 빗물 홈통에 배수되는 것을 제외한 옥상·발코니·드라이 에어리어 등에는 각각의 목적에 적합한 루프 드레인(roof drain)을 설치한다.

③ 루프드레인의 스트레이너에는 돔형, 반구형, 평형, 코너형 등이 있으며, 유효통수면적은 접속하는 우수입관 단면적의 1.5배 이상으로 하고, 평형의 경우 2배 이상으로 한다.

[그림 2-19] 옥상에 설치하는 루프드레인 단면도

④ **수평 오프셋관 설치** 루프드레인을 수직관에 직접 연결하면 온도변화나 건축 구조상의 변형 등으로 우수관의 신축으로 루프드레인이 들어 올려져 옥상 방수층이나 비막이가 파손되는 경우가 있어 이를 방지하기 위해 우수 수직관에는 수평 오프셋(off-set)관을 설치하거나 신축이음을 설치한다.

2. 우수배관 설계

1) 우수 입상관 관경 설계

(1) 우수 수직관 설계 원칙
① 건물 지붕에 내린 빗물은 거의 침투하지 않고 단시간에 우수 수직관에 유입하므로, 강우량이 그대로 우수 수직관에 유입한다고 볼 수 있다.
② 그 지역의 최대 강우량을 배제할 수 있도록 해야 한다. 따라서 우수관의 관경을 구하기 위해서는 그 지역의 최대 강우량을 조사하여야 한다.
③ 지붕의 먼지, 모래, 진흙 등이 혼입될 가능성이 있으므로, 막히거나 우수 흐름을 방해하여 건물이나 부지에 침수 피해를 입지 않도록 한다.
④ 우수 수직관은 건물내부(파이프샤프트 내 또는 내벽면) 또는 건물 외벽면을 따라서 배관하고, 콘크리트 등에 매설 배관해서는 안 된다.
⑤ 공공 하수도가 합류식인 경우에도 건물 내의 우수관은 일반 배수계통과는 별도로 하고, 원칙적으로 옥외의 배수맨홀(트랩피트)에서 합류시킨다.
⑥ 우수관과 다른 배수관을 겸용시키면 배수관이 만수할 경우에 빗물이 위생기구 등에서 실내로 침입해 오게 된다. 또한 다량의 강우 시에는 기구의 트랩봉수가 파괴될 우려도 있다. 이러한 이유로 우수관은 일반 배수관이나 통기관과 겸용을 해서는 안 된다.

(2) 우수 수직관 관경 결정 방법
① 우수 수직관의 관경은 지붕면적과 최대 강우량을 기준으로 하여 구한다.
② 우수관이 담당하는 지붕면적은 수평으로 투영한 면적으로 한다.
③ 건물 수직벽에 떨어지는 빗물을 고려해야 하는 경우에는, 수직벽면에 30° 각도로 비가 뿌리는 것으로 가정하여 외벽면의 수평 투영면적 즉, 외벽면적의 50%를 우수가 유입하는 지붕면적에 가산한다.
④ 허용최대 지붕면적은 아래 표와 같이 강우량 100[mm/h]를 기초로 한다. 따라서 강우량이 100[mm/h]가 아닌 경우에는 지붕면적을 환산하여 관경을 구한다.
⑤ 강우량 100[mm/h]로 환산한 지붕면적(A)

$$A = 해당 지붕면적 \times \frac{해당지역 최대강우량}{100mm/h}$$

[표 2-14] 우수 수직관 관경표

관경 [mm]	허용최대 지붕면적 [m²]
50	67
65	135
75	197
100	425
125	770
150	1,250
200	2,700

주) 1. 지붕면적은 모두 수평으로 투영한 면적으로 한다.
   2. 허용최대 지붕면적은 강우량 100[mm/h]를 기초로 산출한 것이다. 따라서 이외의 강우량에 대해서는 표의 수치에 「100/해당지역의 최대 강우량」을 곱해 산출한다.

3. 정사각형 또는 직사각형의 우수수직관은, 거기에 접속하는 유입관의 단면적 이상으로 한다. 또한, 내면의 단변을 상당관경으로 하고, 「장변/단변」의 비율을 표의 값에 곱하여 그 허용 최대 지붕면적으로 한다.

2) 우수 수평관 설계

(1) 우수 수평관 설계는 기본적으로 수직관 설계와 같으며 우수 수평 분기관·우수 수평 주관·부지 우수관의 관경은 아래 표에서 구배를 고려하여 의한다.

(2) 옥내의 우수수평주관은 단독으로 배관하여 옥외 우수관이나 배수관에 접속하여야 한다. 그러나 부득이 옥내에서 합류식의 배수수평주관에 접속하는 경우는 Y자관을 수평으로 하여, 배수수직관의 접속점에서 적어도 3[m] 하류에 접속하여, 강우 시 일반 배수계통의 기압변동에 따른 영향을 방지한다.

(3) 아래 우수 수평관 관경표는 강우량 100[mm/h] 경우의 허용 지붕면적이다. 강우량이 100[mm/h] 이외인 경우는 해당 지역이 담당하는 지붕면적을 강우량 100[mm/h]의 지붕면적으로 환산해, 각각의 표에 적용시켜 관경을 구한다.

(4) **우수받이(빗물받이)** 우수받이는 부지우수관의 기점이나 합류처, 방향을 바꾸는 곳, 배관 거리가 긴 곳 등에 이음쇠 대신에 설치하여, 부지우수관의 청소구의 역할을 하는 것이다. 우수받이에는 우수 중에 혼재하는 모래, 진흙 등이 배관에 흘러들지 않게 하기 위해 150[mm] 이상의 진흙 고임부(흙받이)를 설치하고, 유입배관과 유출배관에서 20[mm] 정도가 차이가 나도록 한다.

[표 2-15] 우수 수평관 관경표

관경 [mm]	허용최대 지붕면적 [m^2] 배관 구배								
	1/25	1/50	1/75	1/100	1/125	1/150	1/200	1/300	1/400
65	137	97	79	–	–	–	–	–	
75	201	141	116	100	–	–	–	–	
100	–	306	250	216	193	176	–	–	688
125	–	554	454	392	351	320	279	–	1,250
150	–	904	738	637	572	552	450	–	2,030
200	–	–	1,590	1,380	1,230	1,120	972	792	3,060
250	–	–	–	2,490	2,230	2,030	1,760	1,440	4,360
300	–	–	–	–	3,640	3,310	2,870	2,340	
350	–	–	–	–	–	5,000	4,320	3,530	
400	–	–	–	–	–	–	6,160	5,040	

주) 1. 지붕면적은 모두 수평으로 투영한 면적으로 한다.
2. 허용최대 지붕면적은 강우량 100[mm/h]를 기초로 하여 산출한 것이다. 그러므로 이 외의 강우량에 대해서는 표의 수치에 「100/해당지역의 최대 강우량」을 곱하여 산출한다. 또한 유속이 0.6[m/s] 미만 또는 1.5[m/s]를 넘는 것은 바람직하지 않으므로 제외하였다.
3. 도시의 하수도조례가 적용되는 지역에서는 그 조례의 기준에 적합하도록 해야 한다.

(5) 우수관과 배수관이 합해질 때의 관경결정법에는 정상유량법과 배수단위법이 있다. 정상유량법은 기구에서의 부하유량을 수평지붕면적으로 환산하고, 배수단위법은 수평지붕면적을 기구배수단위로 환산하여 관경을 구하는 것이다.

① **배수 단위법** 우수의 지붕면적[m²]을 기구배수부하단위(fuD)로 환산하여 배수관의 fuD에 가산한 다음 표에서 관경을 결정한다.

② **정상 유량법** 우수관과 합류하는 배수수평주관이나 부지배수관의 관경 또는 연속배수(펌프 · 공기조화장치 · 냉각장치 등)와 합류하는 우수수평주관이나 우수부지배수관의 관경은, 그 부하유량을 지붕면적으로 환산하고 우수배수관의 지붕면적에 가산하여 결정한다.

(6) **우수용 트랩의 설치** 우수관을 일반배수에 합류시키는 경우에는, 접속직전 우수관에 반드시 트랩을 설치하여 하수가스가 우수배수계통에 침입하는 것을 방지한다. 우수용 배수트랩에는 옥내의 경우 U트랩을, 옥외에는 U트랩 또는 우수받이(트랩피트)가 사용된다.

(7) **우수조(빗물탱크) 및 펌프** 드라이 에어리어(dry area)의 빗물 또는 건물의 지하외벽 등에서의 침투수를 자연구배로 공공하수도에 배출할 수 없을 때에는, 우수 저수조에 모아 펌프로 배수 수평주관에 배수시킨다. 이때 우수펌프의 용량은 우수만을 배수하는 경우는 시간당 최대 강우량의 1.2배 정도, 침투수만을 배수하는 경우는 실측치의 2배 정도로 한다. 우수조의 유효용량은 펌프 용량의 10분간 용량 이상으로 한다.

3) 우수 홈통 설계

(1) 우수 수평관 중 반원형(내경), 각형 홈통 단면적(유수 단면적)은 아래 표로부터 수평관의 구배를 고려하여 구한다.

(2) 아래 표는 강우량 100[mm/h] 경우의 허용 지붕면적이다.

[표 2-16] 반원형 홈통, 각형 홈통 직경

내 경 [mm]	유수 단면적 [cm²]	허용최대 지붕면적[m²] 홈통 · 구의 구배								
		1/25	1/50	1/75	1/100	1/125	1/150	1/200	1/300	1/400
65	12.4	43	30							
75	16.6	62	44	78						
100	29.3	135	96	141	123	110	163			
125	45.8	245	174	230	200	178	352	304	451	635
150	66.0	400	282	497	431	385	638	552	733	958
200	117.4	862	609	902	781	698	1,037	899	1,105	1,365
250	183.4	1,560	1,105	1,462	1,267	1,137	1,560	1,354	1,581	
300	264.0	2,545	1,798	2,210	1,917	1,711	2,231	1,939		
350	359.4	3,835	2,708	3,163	2,740	2,448				
400	469.4	5,470	3,867							

주) 1. 지붕면적은 모두 수평으로 투영한 면적으로 한다.
  2. 허용최대 지붕면적은 강우량 100[mm/h]를 기초로 산출한 것이다. 따라서 이외의 강우량에 대해서는 표의 수치에 「100/해당 지역의 최대 강우량」을 곱해 산출한다.
  3. 반원형 이외 형상의 홈통 · 구를 이용하는 경우, 그 유수 단면적은 이 표의 수치 이상이 것으로 한다.
  4. 유량은 마닝공식을 기초로 조도계수 0.012, 유수 단면적은 유수심이 전체깊이(반경)의 80% 때의 단면적으로 한다. 유속 0.6[m/s] 미만은 제외했다.
  5. 유량 1[L/min]마다 강우량 100[mm/h]에서 0.6[m²]의 지붕면적으로 했다.

3. 통기배관 설계

1) 통기관 관경 결정
통기관은 배수관 내에 배수의 흐름에 따른 압력 변화를 제거시킬 수 있도록 설정되어야 한다. 길이가 길수록 관경은 커져야 한다. 모든 통기관은 그와 접속하는 배수관경의 1/2 이상을 유지하면서 다음 관경 이상으로 한다.
① 각개통기관 32A 이상
② 환상통기관, 도피통기관 32A 이상
③ 결합통기관 연결되는 통기수직관 관경 적용

2) 통기 배관상 유의사항
① 바닥 아래의 통기관은 금지해야 한다. 만일 바닥 밑으로 통기관을 빼내는 경우 배수 계통의 어느 한 곳이 막히면 그 곳보다 상류에서 흘러내리는 배수가 배수관 속에 충만하여 통기관 속으로 침입하게 되므로 통기관이 제 구실을 할 수 없게 된다.
② 오수 정화조의 배기관은 단독으로 대기 중에 개구해야 하며, 일반통기관과 연결해서는 안 된다.
③ 통기수직관을 빗물 수직관과 연결해서는 안 된다.
④ 오수 피트 및 잡배수 피트 통기관은 양자 모두 개별 통기관을 갖지 않으면 안 된다. 또 이 통기수직관은 간접 배수 계통의 통기수직관이나 신정통기관에 연결해서는 안 된다.
⑤ 통기관은 실내 환기용 덕트에 연결하여서는 안 된다.
⑥ 간접 배수 계통의 통기관, 간접 배수 계통의 신정통기관 및 통기수직관은 일반가정 오수 계통의 신정통기관과 통기수직관 및 통기 헤더에 연결하지 말고 단독으로 대기 중에 개구해야 한다.

3) 배수 및 통기배관 시공상의 주의사항

(1) 발포 Zone
① 발포 존은 배수관의 45° 이상의 꺾임부 상부 측으로 발포 Zone에서는 기구배수관이나 배수 수평 지관을 접속하는 것을 피해야 한다.
② 아파트와 같은 공동주택 등에서는 세탁기, 주방 싱크 등에서 세제를 포함한 배수가 위층에서 배수되면, 아래층의 기구 트랩의 봉수가 파괴되어 세제 거품이 올라오는 경우가 있다.
③ 상층부에서 세제를 포함한 배수는 수직관을 거쳐 유하함에 따라 물 또는 공기와 혼합하여 거품이 생기고 다른 지관에서의 배수와 합류하면 이 현상은 더욱 심해진다.
④ 물은 거품보다 무겁기 때문에 먼저 흘러내리고 거품은 배수 수평주관 혹은 45° 이상의 오셋부의 수평부에 충만하여 오랫동안 없어지지 않는다.

(2) 청소구(clean out)

배수배관은 관이 막혔을 때 이것을 점검 수리하기 위해 배관 굴곡부나 분기점에 반드시 청소구(CO)를 설치해야 한다. 청소구를 필요로 하는 것은 다음과 같다.
① 가옥배수관과 부지 하수관이 접속되는 곳
② 배수수직관의 최하단부
③ 수평지관의 최상단부
④ 가옥 배수 수평 주관의 기점
⑤ 배관이 45° 이상의 각도로 구부러지는 곳
⑥ 수평관(관경 100mm 이하)의 직선거리 15m 이내마다, 100mm 초과의 관에서는 직선거리 30m 이내마다 설치
⑦ 각종 트랩 및 기타 배관상 특히 필요한 곳

4. 배수트랩 설계

1) 배수트랩 설계 시 고려사항

배수관에서 물이 흐르지 않을 경우 배수관 내의 악취가 배수관을 통하여 역류하는 일이 발생한다. 이것을 방지하기 위하여 배수관 중에 물을 채워 둠으로써 악취의 침입을 방지한다. 이를 트랩이라 한다.

(1) 트랩 설치 목적
위생기구에서 배수된 오수의 악취가 실내로 들어오지 못하도록 막아준다.

(2) 종류
① 사이폰식 트랩 S트랩, P트랩, U트랩
② 비사이폰 트랩 드럼 트랩, 벨 트랩, 그리스 트랩, 가솔린 트랩, 샌드트랩, 헤어 트랩, 플라스터 트랩

(3) 트랩의 구비 조건
① 구조가 간단해야 한다.(가동부나 칸막이에 의해 봉수를 만들지 않을 것)
② 자체의 유수로 세정하고 오물이 정체하지 않아야 한다.
③ 봉수가 파괴되지 않는 구조여야 한다.
④ 내식성, 내구성 재료로 만들어야 한다.

(4) 트랩의 용도
① S, P트랩 세면기, 소변기, 대변기 등에 사용하며 S트랩은 바닥 횡지관에 접속시키며 사이폰 작용에 의한 봉수파괴가 쉽고 P트랩은 입관에 접속 시 이용된다.
② U트랩 가옥 트랩 또는 메인 트랩이라고도 하며 가옥 배수 본관과 공공 하수관 연결부위에 설치하여 공공하수관의 악취가 옥내에 유입되는 것을 막는다.
③ 드럼 트랩 싱크대 배수 트랩으로 사용된다. 다량의 물이 고이게 한 것으로 봉수보호가 잘된다.

④ **벨 트랩** 화장실 등의 바닥 배수 트랩에 이용된다.
⑤ **그리스 트랩** 주방 배수 중의 동식물성 지방분 제거에 이용되며 양식부 주방 등에 주로 쓰인다.
⑥ **가솔린 트랩** 차고, 세차장 등에서의 배수 중 휘발성 기름을 제거한다.
⑦ 샌드 트랩은 모래제거에, 헤어 트랩은 머리카락 제거, 플라스터 트랩은 석고 등의 부스러기, 런드리 트랩은 세탁기의 섬유조각을 제거한다.

2) 봉수 및 봉수 파괴 원인

트랩에서 가스 역류 방지를 위해 봉수가 채워져 있는데 봉수의 깊이는 보통 5~10cm이다. 봉수의 깊이가 5cm 이하이면 봉수가 파괴되기 쉽고 10cm 이상이면 배수저항이 증가한다. 또한 트랩의 역할을 완수하기 위하여 봉수가 잘 보존되어야 하는데 봉수의 파괴 원인은 다음과 간다.

① **자기 사이펀 작용** S트랩의 경우에 심하게 나타나는 현상으로 트랩 및 배수관이 자기 사이펀을 형성하여 트랩 내의 봉수가 배수관 쪽으로 흡인 배출된다.
② **흡출 작용(흡인 작용)** 수직관 가까이에 있는 트랩인 경우 수직관에서 다량의 물이 배수될 때 순간적으로 진공 상태가 되어 트랩의 봉수를 흡인한다.
③ **분출 작용(역압 작용)** 수직관 가까이 설치된 트랩인 경우 바닥 횡주관에 물이 정체되어 있고 수직관에 다량의 물이 배수될 때 트랩의 봉수가 실내 쪽으로 역류하게 된다.
④ **모세관 현상** 트랩에 걸레조각이나 머리카락이 낀 경우 모세관 현상에 의하여 봉수가 빠져 나가는 것
⑤ **증발** 트랩에 오래 동안 배수가 되지 않을 때 증발에 의하여 봉수가 파괴되는 현상
⑥ **자기 운동량에 의한 관성** 스스로의 운동량에 의하여 트랩의 오버 플로우면을 빠져 나가는 것. 또는 강풍 등에 의해 배수관 내의 기압 변동으로 봉수가 분출된다.

3) 봉수 파괴 방지

배수관 트랩의 봉수를 보호하기 위해 통기관을 설치한다.

제4장 위생기구 선정하기

1. 위생기구의 설계

1) 위생기구 조건과 재료

위생기구란 급수관과 배수관 사이에서 사용한 물을 배수관으로 흘려보내는 각종 장치 및 기구를 말하며, 세면기, 욕조, 싱크대, 샤워기, 소변기, 대변기 등이다.

(1) 위생기구 조건
① 흡수성이 적어야 한다.
② 항상 청결하게 유지할 수 있어야 한다.
③ 내식성, 내마모성이 있어야 한다.
④ 제작과 설치가 용이해야 한다.

(2) 위생기구의 재료
① 도기질   가장 일반적으로 쓰인다.
② 법랑   강판 표면에 도기질을 도포한 것이다.
③ 플라스틱, FRP   경량, 제작 용이하나 표면경도가 문제된다.
④ 스테인리스   강도, 부식에 강하고 충격이 있는 곳에 좋다.
⑤ 마블   시멘트 성형품에 표면처리(인조대리석)

(3) 위생기구 소요개수
건축물의 용도 및 규모에 따라 적당한 수의 위생기구를 설치해야 한다.

[표 2-17] 위생 기구의 소요수(기구 1개에 대한 인원수)

건물	대변기	소변기	세면기	수세기	청소수채
사무실	30~60	25~50	30~60	50~120	100~150
은행	20~40	20~40	20~40	35~80	80~130
병원	17~50	8~25	8~25	30~90	50~180
백화점	130~160	140~180	140~180	450~550	280~320

주) 대변기 사용 남녀 비율 : 일반 건물 남 : 여=1 : 2((여자화장실 대변기는 남자화장실 대변기와 소변기 개수 이상으로 한다)

2) 위생기구 재질과 도기
도기는 위생기구 재질로 가장 보편적이며 널리 사용되고 있다.

(1) 도기의 장단점
① 경질이고 산, 알칼리에 침식되지 않으며 내구성이 풍부하다.
② 백색이어서 위생적이다.
③ 흡수성이 없어 악취가 없다.
④ 복잡한 형태도 제작이 가능하다.

⑤ 충격에 약하다.
⑥ 파손되면 수리하지 못한다.
⑦ 팽창계수가 작아 금속이나 콘크리트에 접속 시 주의를 요한다.

(2) 도기의 종류
① **도기의 종류** 소지의 질에 따라 용화 소지질(V), 화장 소지질(A), 경질 도기질(E)이 있다.

　가. 용화 소지질(Vireous China) : 도기 중 가장 우수하다.

　나. 화장 소지질(All Clay) : 내화 점토를 주원료로 용화 소지질의 피막을 입힌 것으로 가장 보편적으로 사용된다.

　다. 경질 도기질(Earthen Ware) : 가장 질이 낮으며 다공성이므로 흡수되기 쉽다.

② **도기의 시험 방법** 잉크시험(침투시험), 급랭시험, 관입시험, 세척시험, 배수로시험, 누수시험, 누기시험, 외관시험 등이 있다.

3) 위생기구의 종류

(1) 대변기의 급수방식에 의한 분류
급수방식에 따라 대별하면 세정탱크식, 세정밸브식, 기압탱크식 등이 있다.

① 하이탱크식

　가. 설치 면적이 작다.

　나. 세정 시 소리가 크다.

　다. 탱크 내에 고장이 있을 때에 불편하다.

　라. 급수관경 15A, 세정 관경 32A

　마. 탱크 표준 높이 1.9m, 탱크 용량 15L

② 로우탱크식

　가. 인체공학적이다.

　나. 소음이 적어 주택, 호텔에 이용되며, 급수압이 낮아도 이용이 가능하다.

　다. 설치 면적이 크다.

　라. 탱크가 낮아 세정관은 50mm 이상으로 한다. 급수관경은 15A이다.

③ 세정밸브식(flush valve system)

　가. 한 번 밸브를 누르면 일정량의 물이 나오고 잠긴다.

　나. 수압이 0.1MPa 이상이어야 한다.

　다. 급수관의 최소관경은 25A이다.

　라. 레버식, 버튼식, 전자식이 있다.

　마. 소음이 크고, 연속사용이 가능하다.

(2) 대변기 세정방식에 따른 분류

[표 2-18] 대변기의 세정 방식과 특징

종류	구조	세정 방식 및 특기 사항
세출식 (wash-out type)		- 오물을 일단 변기의 얕은 수면에 받아 변기 가장자리의 여러 곳에서 나오는 세정수로 오물을 씻어 내리는 방식 - 다량의 물을 사용해야 하며 물 고이는 부분이 얕아서 냄새를 발산한다.
세락식 (wash-down type)		- 오물이 트랩의 수면에 떨어지면 변기의 가장자리에서 나오는 세정수의 일부가 변기의 벽을 씻어 내리고 또 나머지 물을 트랩 바닥면에 일시에 떨어져 오물을 배수관으로 밀어 넣어 수면의 상승에 의해 오물을 배출시키게 하는 구조
사이펀식 (siphon type)		- 배수로를 굴곡시켜 세정 시에 만수 상태가 되었을 때 생기는 사이펀 작용을 일으켜 오물을 흡인해서 제거하는 방식 - 세락식과 비슷하나 세정 능력이 우수하다.
사이펀 제트식 (siphon jet type)		- 리버스 트랩형의 사이펀식 변기의 트랩 배수로 입구에 분출 구멍을 설치하여 강제적으로 사이펀 작용을 일으켜서 그 흡인 작용으로 세정하는 방식 - 유수면을 넓게, 봉수 깊이를 깊게, 트랩 지름을 크게 할 수 있으므로 수세식 변기 중 가장 우수하다.
블로아웃식 (blow-out type : 취출식)		- 변기 가장자리에서 세정수를 적게 내뿜고 분수 구멍에서 분수압으로 오물을 불어내어 배출하는 방식 - 오물이 막히지 않는다. - 급수압이 커야 한다.(0.1MPa 이상) - 소음이 커지므로 학교, 공장 기타 공공건물에 많이 쓰인다.
절수식 (siphon jet vortex type)		- 최근 수자원 절약차원에서 적극 보급되고 있다. - 일반 대변기가 13L 정도를 소비하는데 비해 6~8L의 세정수로 세정한다. 적은 양으로 세정하기 위해 관경을 좁히고 트랩 앞부분에서 제트류를 만든다.

(3) 소변기

소변기는 벽걸이형과 스톨형으로 대별되며 작동방식에 따라 세락식과 블로아웃식이 있고 자동식과 수동식이 있다.

2. 위생기구 설치방법

1) 위생설비의 유니트화

화장실 내의 위생기구 및 타일 등을 각각 설치하려면 시간과 인건비가 많이 소요된다. 따라서 공장에서 몇 개의 제품(판넬)으로 제작하여 현장에서 조립할 수 있도록 한 것을 유니트화라 한다.

(1) 위생설비 유니트화의 목적
① 공사기간 단축
② 공정의 단순화

③ 시공정도 향상
④ 인건비, 재료 절감

(2) 위생설비 유니트화의 조건
① 가볍고 운반이 용이하다.
② 현장 조립이 용이하고, 가격이 저렴하다.
③ 유니트 내의 배관이 단순해야 한다.
④ 배관이 방수부를 통과하지 않고 바닥 위에서 처리가 가능해야 한다.

2) 위생설비 시공상의 주의점
① 통기관은 기구 일수선(오버 플로우면)까지 올려 세운 다음 배수수직관에 접속해야 한다.
② 자동차 차고 내의 바닥 배수는 가솔린을 함유하므로 일단 이것을 갤러지 트랩에 모아 가스를 분리 분산시킨 다음 가옥 배수관에 방류한다. 갤러지 트랩의 통기관은 단독으로 옥상까지 올려 대기 중에 개구해야 하며, 다른 통기관에 접속해서는 안 된다.
③ 2중 트랩이 안 되도록 배관해야 한다.
④ 기구배수관의 곡관부에 다른 배수 지관을 접속해서는 안 된다.
⑤ 드럼 트랩 등 트랩의 청소구를 열었을 때 하수 가스가 누설되지 않게 배관해야 한다.
⑥ 욕조의 일수관은 트랩의 상류에 접속되도록 배관을 해야 한다.

3) 배수 및 통기배관의 시험
공사 완료 후 트랩과 각 접속 부분의 누수, 누기 여부를 파악하기 위해 다음과 같은 시험을 한다.
① **수압시험** 30kPa(3mH_2O)에 해당하는 압력에 30분간 이상 견디어야 한다. 수압시험과 기압시험은 위생기기 부착전 배수, 통기배관에 대하여 실시한다.
② **기압시험** 35kPa(3.5mH_2O 이상)에 해당하는 압력에 15분간 이상 견디어야 하며 공기압축기 또는 시험기를 배수관의 적절한 장소에 접속하여 개구부를 모두 밀폐한 후 관 내에 공기압을 걸어 누출의 유무를 검사한다. 시험법 중에서 가장 정확하다.
③ 기밀시험-위생기기 부착 후 기밀 상태를 검사한다.
   a. **연기시험(smoke test)** 시험 수두 25mm 이상, 15분간 유지한다.
   b. **박하시험(peppermint test)** 시험 대상 부분의 모든 트랩을 밀폐한 다음, 입관 7.5m당 박하유 50g을 4L 이상의 열탕에 녹여 그 용액을 입관 정부의 통기구에서 주입한 다음 그 통기구를 밀폐하여 박하의 누출 여부를 검사한다.
④ **만수시험** 배수통기관에 3m 수두로 물을 채워 수압시험한다.
⑤ **통수 시험** 최후로 하는 통수 시험의 목적은 배수 유하에 따른 지장 유무를 검사하고 각 기구의 사용 상태에 대응한 수량으로 배수하고 배수의 유하 상황이나 트랩의 봉수 등에 이상 소음의 발생 유무를 검사한다.

예·상·문·제

위생설비 설계

01 최대강우량 120mm/h의 지역에 있는 지붕의 수평투영면적이 1,200m²인 건물에 4개의 우수수직관을 설치할 경우, 우수수직관의 관경은?(아래표는 100mm/h 기준)

관경(mm)	허용 최대지붕면적(m²)
50	67
65	121
75	204
100	427
125	804

① 50mm   ② 65mm
③ 75mm   ④ 100mm

해설 수평투영면적을 100mm/h로 환산하면 1,200m² × 120/100 = 1,440m²
1개 우수관 담당면적 = 1,440/4 = 360m²
표에서 관경은 100mm 선정

02 다음 중 급수설비의 설계순서에서 가장 먼저 이루어지는 것은?

① 수수조 설계   ② 양수펌프 설계
③ 급수량 산정   ④ 수도인입관 설계

해설 설계순서 : 급수량 산정-수수조 설계-수도인입관 설계-양수펌프 설계

03 다음 중 기구급수 부하단위가 가장 큰 것은?

① 세면기   ② 세정밸브식 소변기
③ 욕조   ④ 세정밸브식 대변기

해설 급수 부하단위 세면기 fu=1, 소변기(공중용) 세정밸브 fu=5, 대변기(세정밸브) fu=6, 욕조 fu=2, 배수 부하단위와 혼동하지 마세요!!

해답 1.④ 2.③ 3.④

04 급수관 도중에 설치하여 급수의 흐름을 조절하거나 개폐하는데 이용되는 밸브는?

① 팽창밸브　　　　　　　② 감압밸브
③ 지수밸브　　　　　　　④ 분수밸브

해설　1) 감압밸브 : 수압을 감소시켜 공급
　　　2) 지수밸브(제수변) : 고장 수리 시 개폐용
　　　3) 분수밸브 : 본관에서 분기하는 분기부에 설치하는 지수밸브

05 기구급수 부하단위와 관계없는 용어는?

① Hunter 곡선　　　　　② 관 균등표
③ 동시 사용유량　　　　　④ 기구의 사용용도

해설　기구급수 부하단위는 기구용도에 따라 Hunter 곡선을 이용하여 동시 사용유량을 구하는 것으로 관 균등표를 이용한 관경결정법과 함께 대표적인 관경결정방법(마찰저항 선도법)의 요소이다.

06 대규모 건축물에서 수조에서의 취출관, 횡수주관, 급수주관을 결정하는 관경 결정법으로 사용하는 것 중 맞는 것은?

① 마찰저항 선도법　　　　② 관 균등표법
③ 혼합방법　　　　　　　④ 트레인법

해설　말단의 급수지관 관경 결정법에는 관균등법이 이용되며 기구 연결관경은 기구별 접속관경을 사용한다. 횡주관 등 본관의 경우에 정확한 관경 결정법은 마찰저항 선도법을 이용한다.

07 급수설비에 관한 설명 가운데 옳지 않은 것은?

① 크로스 커넥션(cross connection)이란 급탕배관 이음법의 일종이다.
② 급수압력이 높으면 수전의 파손원인이 되며 또한 수격작용도 일으키기 쉽다.
③ 옥상수조식 급수법의 특징은 수전에 대한 압력변동이 적고, 취급이 간단한 점 등이다.
④ 탱크 없는 부스터방식(tankless booster system)은 급수압력을 일정하게 유지할 수 있다.

해설　크로스 커넥션은 배관연결이 잘못되어 급수가 오염되는 현상이다.

해답　4.③　5.②　6.①　7.①

08 사용인원 800명인 사무소건물에서 지하층에 저수조를 두고 고가수조에 의한 하향공급식을 계획할 때 저수조 및 고가수조 용량으로 적합한 것은?(단, 1인 1일 급수량은 100L로 하고 비상발전기는 있는 것으로 본다.)

① 80m³, 10m³
② 160m³, 10m³
③ 80m³, 20m³
④ 160m³, 20m³

해설 1일 급수량 $Q = 800 \times 100L = 80\text{m}^3/\text{d}$, 저수조는 1일 급수량의 0.5~1일분이므로 40~80m³
고가수조는 피크로드의 1~2시간분으로 보면 피크로드=1일 급수량의 20%=16m³

09 연면적 800m²인 사무소 건물의 시간당 평균 예상급수량이 1,000L/h일 때 시간 최대예상급수량은?

① 500~1,000L/h
② 1,000~1,500L/h
③ 1,500~2,000L/h
④ 2,000~3,000L/h

해설 시간 최대예상급수량=1.5~2.0(시간 평균급수량)이므로 1,500~2,000L/h

10 시간 최대예상양수량이 12,000L일 때 고가탱크에 급수하는 펌프의 전동기 용량으로 적당한 것은?(단, 실양정은 50m, 양수관의 마찰저항은 실양정의 20%, 토출구의 압력은 0.02 MPa, 펌프의 효율은 45%로 한다.)

① 4.5kW
② 5.5kW
③ 7.5kW
④ 11kW

해설 $kW = \dfrac{Q \cdot H}{102 \cdot E} = \dfrac{12000 \times 62}{3600 \times 102 \times 0.45} = 4.5 \text{kW}$
H=실양정+마찰손실+토출압력=$50 \times 1.2 + 0.02 \times 100 = 62\text{m}$

11 급수관의 관경을 결정하기 위해서는 순시 최대유량을 선정해야 한다. 이때 순시 최대유량 산정방법과 관련이 없는 것은?

① 1일의 사용수량을 예상하는 방법
② 기구급수부하 단위에 의한 방법
③ 기구별 순시 최대유량의 합계에 의한 방법
④ 달시와이즈 바하의 공식에 의하는 방법

해설 달시와이즈 바하 공식은 마찰손실계산식이다.

해답 8.③ 9.③ 10.① 11.④

12 사무소의 1일 사용수량을 150m³, 건물 사용시간을 8시간이라고 할 때 이 사무소 고가탱크의 용량으로 적당한 것은?

① 35m³ ② 45m³
③ 50m³ ④ 55m³

해설 시간 최대급수량 = 150 ÷ 8 × 2 = 37.5 m³/h
고가탱크용량 = 시간 최대 × 1 ~ 2hr = 37.5 × 1 ~ 2 = 37.5 ~ 75 m³
∴ 대략 37.5 ~ 75 m³의 중간수치 55 m³가 답이 된다.

13 다음에서 피스톤 펌프는?

① 윙 펌프(wing pump) ② 오수 펌프(non dlog pump)
③ 보아홀 펌프(bore hole pump) ④ 워싱턴 펌프(worthington pump)

해설 워싱턴 펌프는 증기압을 원동력으로 하는 피스톤 펌프의 일종이다.

14 급수배관에 슬리브를 설치하는 이유로 옳은 것은?

① 방동 방로를 위하여 ② 관의 부식을 방지하기 위하여
③ 수격작용을 방지하기 위하여 ④ 관의 신축과 팽창을 위하여

해설 슬리브란 배관이 벽체를 통과할 때 배관보다 한 치수 큰 슬리브를 매입하여 여기를 통과시키므로 교환이 용이하고 신축이 자유롭게 한 것이다.

15 건물의 급수량 결정과 관계없는 것은?

① 시설된 기구의 단위수 ② 건물의 전 바닥면적
③ 건물의 전용적 ④ 건물의 사용인원

해설 급수량 산정방법은 기구수와 인원수에 의해 구한다. 이때 인원수는 건물의 유효 바닥면적으로부터 구할 수 있다.

16 급수설비의 조닝방법이 아닌 것은?

① 스필백방식 ② 부스터방식
③ 세퍼레이트방식 ④ 압력수조방식

해설 조닝방법에는 층별식(세퍼레이트방식), 중계식(릴레이식), 중간수조식, 스필백식, 부스터식 등이 있으며 이들을 조합하기도 한다.

해답 12.④ 13.④ 14.④ 15.③ 16.④

17 사무소 건물 등의 1일 사용수량에 포함되는 냉각탑의 보급수량은?(단, 보급수량은 순환수량의 2%(보급계수), 냉동용량은 300USRT, 냉각수 순환수량은 17.7 L/min·USRT, 1일 사용기간은 10시간이다.)

① 1.06m³/day ② 6.4m³/day
③ 32.9m³/day ④ 63.7m³/day

해설
1) 순환수량=300×17.7×60=318,600L/h
2) 보급수량=318,600L/h×0.02=6,372L/h
3) 1일 보급수량=6,372L/h×10=63.7m³/d

18 60℃의 물 150L와 10℃의 물 70L를 혼합시켰을 때 혼합탕의 온도는 얼마 정도인가?

① 64℃ ② 54℃
③ 44℃ ④ 34℃

해설 혼합온도 $T_m = T_1 G_1 + T_2 G_2 / G_1 + G_2 = 60 \times 150 + 10 \times 70 / 150 + 70 = 44$

19 다음 급탕기구 중 1회당 급탕량이 가장 많은 것은?

① 세면기 ② 주방 싱크
③ 샤워기 ④ 양식 욕조제

해설 1회당 급탕량은 양식 욕조>샤워기>주방 싱크>세면기 순이다.

20 그림은 급탕설비계통을 나타낸 것이다. 수면 위 최저필요높이 H는 얼마인가?(단, 급수온도 5℃, 비중량 r=1,000kg/m³, 급탕온도 60℃, 비중량 r=983kg/m³)

① 0.7m ② 0.9m
③ 1.1m ④ 2.0m

해설 $H = h\left(\dfrac{r_2}{r_1} - 1\right) = 50\left(\dfrac{1,000}{983} - 1\right) = 0.86\text{m}$

21 배관 및 기기 내의 급탕량 2,000kg, 급수의 비중량 1kg/L, 급탕의 비중량 0.9kg/L일 때 팽창량(m³)은?

① 0.11m³   ② 0.22m³
③ 0.33m³   ④ 0.44m³

해설 팽창탱크 크기 $V = \left(\dfrac{\rho_1}{\rho_2} - 1\right) 2,000 = \left(\dfrac{1}{0.9} - 1\right) 2,000 = 222\text{L} = 0.22\text{m}^3$

급탕 팽창량은 0.22m³이지만 팽창탱크 크기는 이 팽창량의 1.5~2배 정도로 한다.

22 급탕배관의 관경 결정에서 기구 급탕부하단위는 기구 급수부하단위의 얼마 정도로 하는가?

① 1/2   ② 1/3
③ 2/3   ④ 3/4

해설 기구 급탕부하단위(fu)는 기구 급수부하단위의 3/4 정도로 본다.

23 급탕배관의 구배(기울기)에 관한 기술 중 옳은 것은?

① 중력 순환식 1/100 이상, 강제 순환식 1/150 이상
② 중력 순환식 1/150 이상, 강제 순환식 1/200 이상
③ 중력 순환식 1/50 이상, 강제 순환식 1/100 이상
④ 중력 순환식 1/200 이상, 강제 순환식 1/150 이상

해설 급탕배관은 탕의 온도차에 의해 발생하는 배관 내 공기를 제거하기 위해 중력 순환식 1/150 이상, 강제 순환식 1/200 이상 기울기를 탕전이나 팽창탱크 쪽으로 둔다.

24 급탕설비에 관한 기술 중 옳지 않은 것은?

① 저탕조의 가열코일의 열통과율이 크면 클수록 코일 표면적은 적게 된다.
② 급탕 순환 펌프의 순환탕량은 배관의 열손실과 급탕 및 반탕관의 온도차에 의해 결정한다.
③ 급탕배관 시 관의 신축에 대비해야 하는데 동관은 강관보다 약 1.6배의 팽창계수를 가진다.
④ 온수보일러의 팽창관 구경은 온수온도에 의해 결정된다.

해설 팽창관 구경은 시스템 보유수량과 팽창량에 따라 결정된다.

해답 21.② 22.④ 23.② 24.④

25 급탕설비에서 2관식(복관식) 배관을 하는 이유로 가장 타당한 것은?

① 연료를 절약하기 위하여
② 간접가열식으로 하기 위하여
③ 급탕꼭지를 열었을 때 온수가 바로 나오도록 하기 위하여
④ 배관이나 보일러 내에 스케일 부착을 적게 하기 위하여

해설 급탕설비의 복관식은 순환펌프를 두어 탕을 순환시켜 수전을 열었을 때 즉시 탕이 나오도록 하기 위한 것으로 배관길이가 길 때 적합하다.

26 간접가열식 급탕설비에서 트랩장치를 하는 이유로 맞는 것은?

① 응축수만을 보일러에 환수시키기 위하여
② 보일러에서 역류하는 악취를 방지하기 위하여
③ 신축을 흡수시키기 위하여
④ 배관 내의 소음을 줄이기 위하여

해설 간접가열식은 증기를 이용해 급탕을 가열하며, 이때 응축수가 발생하는데 이 응축수 분리(제거)에 트랩이 쓰인다.

27 시간당 급탕량 2,000L인 저탕조의 가열코일 전열면적(m²)과 0.02MPa 증기 사용 시 증기소비량(kg/h)은?(단, 급수온도 10℃, 급탕온도 60℃, 증기압력 0.02MPa 일 때 증기온도 104℃, 증발잠열 r=2,246kJ/kg, 코일 열관류율 K=506W/m²K, 온도차는 대수평균을 적용하시오)

① 3.49m², 187kg/h
② 4.59m², 234kg/h
③ 34.9m², 234kg/h
④ 45.9m², 320kg/h

해설 증기와 급탕의 대수평균 온도차 MTD는

$$MTD = \frac{\Delta 1 - \Delta 2}{\ln \frac{\Delta 1}{\Delta 2}} = \frac{(104-10)-(104-60)}{\ln \frac{104-10}{104-60}} = 65.87℃$$

증기와 급탕의 열교환에서 $q = K \cdot A \cdot MTD$

$$A = \frac{q}{K \cdot MTD} = \frac{2,000 \times 4.19(60-10) \times 1,000}{3,600 \times 506 \times 65.87} = 3.49 m^2$$

증기소비량 $L = \frac{q}{r} = \frac{2000 \times 4.19(60-10)}{2246} = 186.6 kg/h$

[별해] 산술평균 온도차는 $\frac{60+10}{2} - 104 = 69℃$이고 이때 전열면적은 3.33m²이다.

해답 25.③ 26.① 27.①

28 급탕설비에 있어서 순환 펌프의 순환량의 결정방식에 대하여 가장 적당한 것은?

① 사용수량과 같게 한다.
② 급탕량의 1/2로 한다.
③ 급탕량의 15~25%로 한다.
④ 배관 등에서의 방열손실량으로 산출한다.

[해설] 급탕설비에서 순환의 목적은 배관에서 열손실에 의한 온도강하를 막는데 있다.

29 1,000L/h의 급탕을 전기온수기를 사용하여 공급할 때 시간당 전력사용량(kWh/h)은?(단, 급탕온도 70℃, 급수온도 10℃, 전기온수기의 전열효율은 95%로 한다.)

① 63
② 66
③ 70
④ 73

[해설] 가열량 = $GC\Delta T$ = 1,000 × 4.19(70−10) = 251,400kJ/h
∴ kWh/h = 251,400/(3,600 × 0.95) = 73.5kWh/h

30 한 시간당 급탕량이 12m³일 때 급탕부하를 계산한 것으로 맞는 것은?(단, 급탕 가열온도차는 60℃로 본다.)

① 12,000kJ/h
② 120,000kJ/h
③ 720,000kJ/h
④ 3,016,800kJ/h

[해설] 급탕부하 = $GC\Delta T$ = 12,000 × 4.19 × 60 = 3,016,800kJ/h

31 급탕배관에 대한 설명 중 틀린 것은?

① 보통 팽창탱크는 에너지 절약을 위하여 밀폐식으로 한다.
② 복관식 급탕에서는 탕전을 열면 바로 뜨거운 물이 나온다.
③ 고급 호텔에서는 상업 호텔에 비하여 1일 사용 급탕량은 많으나 피크로드는 낮다.
④ 급탕배관 계통 중 가장 높은 곳에 팽창탱크를 설치한다.

[해설] 일반적으로 급탕 팽창탱크는 개방형으로 하며 가장 높은 곳에 개방형 설치가 곤란한 경우에는 기계실 등에 밀폐식으로 설치한다.

32 1인 1일 사용 급탕량이 가장 많은 건물은?

① 백화점
② 사무소
③ 도서관
④ 아파트

[해설] 1인 1일 급탕량 사무소 8~12L, 아파트 75~150L

[해답] 28.④ 29.④ 30.④ 31.① 32.④

33 길이가 50m인 동관으로 된 급탕 수평주관에 급탕이 공급되어 관의 온도가 10℃에서 90℃까지 온도가 상승된 경우 동관의 팽창량은?(단, 동관의 선팽창계수 1.71×10^{-5}이다.)

① 0.68cm
② 6.84cm
③ 0.75cm
④ 7.47cm

해설 $L' = L \times \alpha \times \Delta T = 50 \times 1.71 \times 10^{-5} \times (90-10) = 0.0684\text{m} = 6.84\text{cm}$

34 트랩의 유효 봉수깊이는 일반적으로 50~100mm이다. 봉수의 깊이가 100mm를 넘으면 어떠한 일이 발생하는가?

① 통수능력이 감소되며 그에 따라 자정작용이 없어지게 된다.
② 봉수가 쉽게 파괴된다.
③ 사이펀 현상이 커지게 된다.
④ 급탕의 온도저하를 막을 수 없게 된다.

해설 트랩의 봉수깊이가 50mm 이하이면 봉수가 파괴되기 쉽고, 100mm 이상이면 저항이 커져서 배수가 잘 안 되고 자기세정능력이 떨어진다.

35 다음 중 트랩의 봉수 파괴원인과 가장 거리가 먼 것은?

① 유도 사이펀작용
② 증발작용
③ 서징작용
④ 모세관작용

해설 서징작용은 펌프의 이상 현상이다.

36 위생기구에서 물을 갑자기 배수하는 경우 혹은 강풍으로 배수관 통에 급격한 압력의 변화가 일어난 경우는 트랩 S자형의 압봉 수면에 상하 교차로 동요가 생겨 봉수가 줄고 드디어는 봉수가 없어지는 현상이 생긴다. 이는 트랩의 봉수가 파괴되는 한 현상을 설명하였다. 다음의 어느 현상에 속하는가?

① 물의 운동량에 의한 관성
② 역압에 의한 작용
③ 감압에 의한 흡인작용
④ 모세관 현상

해설 물을 갑자기 배수하는 경우나 강풍으로 배수관 통에 급격한 압력의 변화가 생겨서 봉수가 파괴되는 것을 운동량에 의한 관성이라 한다.

해답 33.② 34.① 35.③ 36.①

37 배수관의 최소 관경에 대한 설명으로 틀린 것은?

① 옥내 배수횡지관의 관경은 32A 이상으로 한다.
② 옥외 부지 내의 배수관경은 50A 이상으로 한다.
③ 옥내의 잡배수관 등 고형물을 함유하는 배수관은 50A 이상으로 한다.
④ 대변기의 배수관은 2개 이상인 경우 50A 이상으로 한다.

해설 대변기의 배수관은 최소 75A 이상, 2개 이상인 경우 100A 이상으로 한다.

38 트랩과 통기관에 대한 설명 중 틀린 것은?

① 트랩을 설치하면 배수능력이 크게 촉진된다.
② 통기관은 배수능력을 크게 향상시킨다.
③ 통기관의 끝은 건물 외부로 개방시킨다.
④ 트랩의 역할은 불순물과 침전물의 분리 기능도 있다.

해설 트랩은 악취의 역류방지 기능을 하며 배수능력은 오히려 감소한다. 불순물 분리기능을 갖는 트랩을 특히 포집기라 한다. 통기관은 배수관 내의 압력을 개방하여 흐름을 좋게 한다.

39 배수 배관 시 청소구를 설치하지 않아도 되는 곳은?

① 각종 트랩
② 수평지관의 최상단부
③ 배수수직관의 최상단부
④ 배관이 45° 이상의 굴곡부

해설 청소구는 막힐 우려가 있는 곳에 설치하며, 배수수직관의 최하단부에 C.O를 설치한다.

40 배수관에 사용되는 트랩의 주요 역할에 대한 기술 중 틀린 것은?

① 배수의 유량조절
② 각종 불순물의 분리
③ 유해가스 역류방지
④ 지방질의 분리

해설 트랩은 악취 역류방지와 각종 이물질의 제거 기능을 갖는다.

41 통기관의 설치목적에 맞지 않는 것은?

① 하수로부터의 악취를 방지한다.
② 트랩의 봉수를 보호한다.
③ 배수관 내의 흐름을 원활하게 한다.
④ 공기를 유동시켜 관내를 청결히 유지한다.

해설 통기관은 배수관 내의 압력을 대기에 연결하여 봉수를 보호하고 흐름을 자유롭게 한다. 악취를 방지하는 기능은 트랩이 담당한다.

해답 37.④ 38.① 39.③ 40.① 41.①

42 배수관과 통기관의 배관에 관한 기술 중 옳지 않은 것은?

① 가솔린 트랩의 통기관은 단독으로 옥상까지 입상하여 대기 중에 개구한다.
② 오버플로우관은 트랩의 유출구 측에 연결하여야 한다.
③ 우수 입관에 배수관을 연결하여서는 안 된다.
④ 냉장고 등에서의 배수는 간접배수관으로 한다.

해설 오버플로우관은 트랩의 유입부에 연결해야 하수관의 악취가 실내로 유입되는 것을 막을 수 있다.

43 다음 배수·통기설비에 관한 설명 중 옳지 않은 것은?

① S트랩은 P트랩보다 자기 사이펀작용을 일으키기 쉽다.
② 배수 트랩의 봉수깊이는 일반적으로 50mm 이상 100mm 이하로 한다.
③ 통기관은 위생기구의 넘치는 부분보다 15cm 이하의 높이로 배관한다.
④ 흐름이 장해를 받으므로 배수 트랩을 이중으로 설치해서는 안 된다.

해설 통기관은 넘침선(오버플로우면)보다 15cm 이상으로 입상하여 통기주관에 연결해야 통기관으로 배수유입을 막을 수 있다.

44 트랩 중에서 바닥배수에 가장 적합한 것은?

① 벨 트랩
② S트랩
③ 그리스 트랩
④ 드럼 트랩

해설 ① 벨 트랩 : 바닥배수, ② S트랩 : 세면기, 대변기 등, ③ 그리스 트랩 : 주방(지방분 제거), ④ 드럼 트랩 : 싱크대

45 통기관의 관경에 관한 설명 중 옳지 않은 것은?

① 신정 통기관의 관경은 배수수직관의 관경보다 작게 해서는 안 된다.
② 각개 통기관의 관경은 그것이 접속되는 배수관 관경의 1/2 이상으로 한다.
③ 결합 통기관의 관경은 통기수직관과 배수수직관 중 큰 쪽의 관경보다 크게 해서는 안 된다.
④ 건물의 배수탱크에 설치하는 통기관의 관경은 50mm 이상으로 한다.

해설 결합 통기관의 관경은 통기수직관과 배수수직관 중 작은 쪽의 관경보다 작게 해서는 안 된다.

해답 42.② 43.③ 44.① 45.③

46 통기관의 관경에 관한 기술 중 틀린 것은?

① 각개 통기관 : 최소 32mm 이상
② 환상 통기관 : 배수 수평지관의 1/2 이상
③ 도피 통기관 : 배수 수평지관의 1/3 이상
④ 신정 통기관 : 배수 수직관의 관경 이상

해설 통기관은 이에 접속하는 배수관경의 1/2 이상으로 한다.

47 배수관에 대한 기술 중 틀린 것은?

① 옥내 배수관의 적당한 배관재는 연관이다.
② 배수관의 구배는 관경에 따라 달라져야 한다.
③ 배관과 주관의 접속부에는 Y관 혹은 TY관을 사용한다.
④ 배수관의 굴곡부에는 청소구를 설치해야 한다.

해설 옥내 배수관은 주철관, 경질비닐관 등이 적당하며 연관은 위생기구 접속부 등에 이용한다.

48 배수 통기배관 시공 완료 후 시행하는 수압시험에 관한 기술 중 옳은 것은?

① 3m 이상의 수두에 상당하는 수압에 30분 이상 유지하여야 한다.
② 25mm 이상 수두에 상당하는 수압에 15분 이상 유지하여야 한다.
③ 6m 이상 수두에 상당하는 수압에 15분 이상 유지하여야 한다.
④ 2.5m 이상의 수두에 상당하는 수압에 15분 이상 유지하여야 한다.

해설 1) 수압시험 : 3m 수두 30분간
2) 기압시험 : 35kPa 기압으로 15분간

49 다음 중 배수 통기계통의 검사 및 시험에 대한 설명으로 옳은 것은?

① 만수시험은 배수관에서의 누수 및 통기관에서의 취기의 누설방지를 목적으로 한다.
② 통수시험은 건물 내 오수·잡배수·통기관의 배관공사 일부를 완료한 후 만수시험을 하기 전에 실시한다.
③ 만수시험은 시험수두는 최소 6mAq로 하며, 유지시간은 최소 20분으로 한다.
④ 박하시험은 누설에 대한 판단이 쉽고, 누설부분을 발견하는 것도 용이하다.

해설 만수시험은 배관공사 완료 뒤 기구 부착 전에 실시하며 통수시험은 기구를 부착한 뒤 배수 흐름상태, 소음여부, 봉수 안전여부 등을 검사한다. 박하시험은 누설 여부를 판단하기가 어렵다.

해답 46.③ 47.① 48.① 49.①

50 배수수직관의 가까이에 설치된 세면기 등에서 일어나기 쉬운 봉수 파괴원인은?

① 모세관 현상
② 유도 사이펀 현상
③ 운동량에 의한 관성
④ 증발 작용

해설 수직관 가까이 트랩의 봉수 파괴원인은 감압에 의한 흡인작용(유도 사이펀 작용)과 역압에 의한 분출작용 등이다.

51 부패탱크방식 오수정화조에 대한 설명으로 옳은 것은?

① 부패조에는 공기를 충분히 공급한다.
② 산화조에는 공기의 공급을 차단시킨다.
③ 산화조에는 혐기성균에 의해 산화시킨다.
④ 여과조에서는 쇄석을 이용하여 고형물을 제거한다.

해설 산화조는 호기성 미생물의 산소공급을 돕도록 산소를 공급하고 부패조는 혐기성 상태가 되도록 공기를 차단한다.

52 부패탱크식 정화조의 정화 순서로 맞는 것은?

① 부패-산화-여과-소독
② 부패-여과-산화-소독
③ 부패-여과-소독-산화
④ 부패-산화-소독-여과

해설 정화 순서 : 부패조-여과조-산화조-소독조

53 오수정화시설과 관계없는 것은?

① 장기폭기방법
② 표준활성오니방법
③ 살수여상방법
④ 소벤트 방법

해설 오수정화시설에는 장기폭기방법, 표준활성오니법, 살수여상법, R.B.C(회전원판공법), H.B.C(현수생물막법)공법, 접촉산화공법 등이며, 소벤트 방법은 통기방식의 일종이다.

54 오물정화조의 2차 처리장치로 볼 수 없는 것은?

① 살수여상형
② 2중 탱크형
③ 단순폭기형
④ 평면산화형

해설 2중 탱크형(임호프 탱크)은 혐기성 소화로 1차 처리에 속한다.

해답 50.② 51.④ 52.② 53.④ 54.②

55 오수정화조의 설계 순서를 바르게 표시한 것은?

a. 치리대상 인원산출   b. 정화조 용량산정
c. 오수특성 분석   d. 오수정화성능 결정

① a-b-c-d   ② a-d-c-b
③ a-c-d-b   ④ c-d-a-b

[해설] 정화조 설계 순서는 대상 인원산출-정화조 성능 결정-오수 특성 분석-처리방식 결정-용량 결정-세부설계 및 방류수 주변 상황 조사

56 BOD 제거율을 나타내는 식은?

① $\dfrac{\text{유입수 BOD} - \text{유출수 BOD}}{\text{유입수 BOD}} \times 100$
② $\dfrac{\text{유출수 BOD} - \text{유입수 BOD}}{\text{유출수 BOD}} \times 100$
③ $\dfrac{\text{유입수 BOD} - \text{유출수 BOD}}{\text{유출수 BOD}} \times 100$
④ $\dfrac{\text{유출수 BOD} - \text{유입수 BOD}}{\text{유입수 BOD}} \times 100$

[해설] BOD 제거율=제거량/유입량=(유입-유출)/유입

57 수평면의 빗물을 모아서 우수관에 유도하는 것으로 예를 들면 옥상 등에서 빗물을 모아 수직관에 유도하는 목적에 쓰이는 것은 무엇인가?

① 루프 드레인   ② 우수 수평관
③ 우수 수직관   ④ 트랩

[해설] 루프 드레인은 일종의 빗물받이로 화장실에 바닥배수(플로어 드레인 FD)가 있듯이 옥상에는 빗물을 모으는 루프 드레인이 있다.

58 최대 강우량 70[mm/h]의 지역에서 지붕면적 250[m²]인 건물의 우수수직관 관경은?(아래 표는 100mm/h기준 적용표이다)

관경[mm]	허용 최대 지붕면적[m²]
50	67
65	135
75	197
100	425
125	770
150	1,250
200	2,700

① 50mm   ② 65mm
③ 75mm   ④ 100mm

[해답] 55.② 56.① 57.① 58.③

해설 강우량이 100[mm/h]가 아닌 경우 100[mm/h]로 환산한 지붕면적(A)을 구하면
$A = $ 해당 지붕면적 $\times \dfrac{\text{해당 지역 최대강우량}}{100\text{mm/h}} = 250 \times \left(\dfrac{70}{100}\right) = 175\text{m}^2$
수직관 관경표에서 지붕면적 175를 넘는 197항에서 75mm를 선정한다.

59 최대 강우량 120[mm/h]의 지역에서 지붕면적 250[m²]인 건물의 수평주관의 관경은(단, 수평관 구배는 1/100이다. 아래 표는 100mm/h 강수 기준표이다.)

관 경 [mm]	허용 최대 지붕면적 [m²] 배 관 구 배								
	1/25	1/50	1/75	1/100	1/125	1/150	1/200	1/300	1/400
65	137	97	79	–	–	–	–	–	
75	201	141	116	100	–	–	–	–	
100	–	306	250	216	193	176	–	–	
125	–	554	454	392	351	320	279	–	688
150	–	904	738	637	572	552	450	–	1,250
200	–	–	1,590	1,380	1,230	1,120	972	792	2,030
250	–	–	–	2,490	2,230	2,030	1,760	1,440	3,060
300	–	–	–	–	3,640	3,310	2,870	2,340	4,360
350	–	–	–	–	–	5,000	4,320	3,530	
400	–	–	–	–	–	–	6,160	5,040	

① 75mm ② 125mm
③ 150mm ④ 200mm

해설 강우량이 100[mm/h]가 아닌 경우 100[mm/h]로 환산한 지붕면적(A)을 구하면
$A = $ 해당 지붕면적 $\times \dfrac{\text{해당 지역 최대강우량}}{100\text{mm/h}} = 250 \times \left(\dfrac{120}{100}\right) = 300\text{m}^2$
관경표에서 구배 1/100항에서, 지붕면적 300를 넘는 392항에서 125mm를 선정한다.

60 우수관에서 수평 오프셋관의 기능은 무엇인가?
① 수평관의 빗물을 수직관에 모은다.
② 배수관의 악취가 실내로 유입되는 것을 방지한다.
③ 루프 드레인과 수직관 연결부에서 온도변화에 의한 신축을 흡수한다.
④ 수평 오프셋(off-set)관을 설치하면 유속이 증가하여 빗물처리가 신속해진다.

해설 수평 오프셋(off-set)관은 루프 드레인과 수직관 연결부에서 온도변화에 의한 신축을 흡수하기 위해 수평으로 연결한 (ㄹ)자 관이다.

61 일정면적의 우수배수량 산정방법에 쓰이는 다음 합리식에서 용어의 연결이 잘못된 것은?

$$Q = \dfrac{1}{360}(CIA)(\text{m}^3/\text{s})$$

해답 59.② 60.③ 61.④

① Q : 계획우수유출량(m³/sec)　　② C : 유출계수
③ I : 강우강도(mm/hr)　　④ A : 배수면적(m²)

해설 A : 배수면적은 ha이다.

62 버큠 브레이커(Vaccum breaker)는 주로 어느 방식의 대변기에 부착하여 사용되는가?

① 하이탱크식　　② 세정밸브식
③ 사이펀식　　④ 로우탱크식

해설 버큠 브레이커는 진공방지기로 세정밸브식 대변기에서 크로스 커넥션에 의한 역류방지용 기구이다.

63 최대 강우량 130[mm/h]의 지역에서 지붕면적 300[m²], 지붕과 연결된 측벽면적 [100m²]인 건물의 우수수직관 관경은?(아래 표는 100mm/h기준 적용표이다)

관경[mm]	허용 최대 지붕면적[m²]
50	67
65	135
75	197
100	425
125	770
150	1,250
200	2,700

① 50mm　　② 65mm
③ 100mm　　④ 125mm

해설 우선 측벽은 50%를 지붕면적에 가산하므로 합산 지붕면적은 300+(100÷2)=350m²
강우량이 130[mm/h]를 100[mm/h]로 환산한 지붕면적(A)을 구하면
$$A = 해당\ 지붕면적 \times \frac{해당\ 지역\ 최대\ 강우량}{100\mathrm{mm/h}} = 350 \times \left(\frac{130}{100}\right) = 455\mathrm{m}^2$$
수직관 관경표에서 지붕면적 455를 넘는 770항에서 125mm를 선정한다.

64 다음 중 동일한 직경의 강관을 직선 연결할 때 사용되는 강관 이음쇠가 아닌 것은?

① 소켓(Socket)　　② 유니온(Union)
③ 플러그(Plug)　　④ 니플(Nipple)

해설 1) 배관 방향 전환 : 엘보, 벤드　　2) 배관 최종 조립 : 플랜지, 유니온
3) 배관 직선 연결 : 소켓, 니플　　4) 배관 말단을 막음 : 플러그, 캡
5) 이경관 접속 : 리듀서, 부싱　　6) 분기관을 뽑아 낼 때 : 티, 크로스

해답 62.② 63.④ 64.③

65 건축설비용 배관 중 동관에 대한 설명으로 옳지 않은 것은?

① 유연성이 커서 가공이 쉽다.
② 강관에 비해 가벼워서 운반, 취급이 용이하다.
③ 극연수에 대한 저항성이 크다.
④ 내식성 및 열전도율이 크다.

해설 동관, 연관은 극연수에 대하여 부식성이 크다.

66 위생설비 유니트화의 장점을 설명한 것 중 틀린 것은?

① 인건비를 절약할 수 있다.
② 공정을 단순화할 수 있으며, 공사기간도 크게 단축된다.
③ 재료가 크게 절약된다.
④ 시공의 정밀도를 기대할 수 있으므로 각 개인의 요구조건을 모두 수렴할 수 있다.

해설 유니트화는 규격이 통일되어 있으므로 개성을 살리기는 곤란하다.

67 위생기구의 구비조건 중 틀린 것은?

① 내식성, 내마모성이 있을 것
② 항상 청결을 유지할 수 있을 것
③ 제작 및 설치가 쉬울 것
④ 흡수성이 클 것

해설 위생기구는 흡수성이 작아야 한다.

68 대변기의 세정 급수방식이 아닌 것은?

① 자동급수 밸브식
② 세정탱크식
③ 세정밸브식
④ 기압탱크식

해설 대변기의 급수방식에는 세정탱크(하이탱크, 로우탱크), 세정밸브, 기압탱크식이 있고 세정방식에는 세출식, 세락식, 사이펀식, 사이펀제트식, 블로아웃식 등이 있다. 자동급수 밸브식은 소변기 등에 쓰인다.

69 신축이음쇠 중 2개 이상의 엘보를 사용하여 신축을 흡수하는 것은?

① 신축곡관
② 슬리브형 신축이음
③ 벨로우즈형 신축이음쇠
④ 스위블 조인트

해설 스위블 조인트는 2개 이상의 엘보를 사용하여 밴딩에 의해 신축을 흡수한다.

해답 65.③ 66.④ 67.④ 68.① 69.④

70 세정밸브식 대변기에 사용하는 급수관의 관경은 얼마 이상이어야 하는가?
① 15mm
② 20mm
③ 25mm
④ 30mm

해설 탱크식은 15mm, 세정밸브식은 25mm 급수관을 사용한다.

71 배관재료 중 염화비닐관의 특징에 대해 설명한 것 중 틀린 것은?
① 비중은 1.4~1.6 정도이며 가볍고 강하다.
② 산, 알칼리 및 염류에 대한 내식성이 약하다.
③ 전기적 저항이 크고 전식작용이 없다.
④ 열팽창률이 강관보다 크다.

해설 합성수지관은 산, 알칼리에 강하다.

72 연관이나 놋쇠관을 잘 부식시키는 물은?
① 연수
② 경수
③ 증류수
④ 지하수

해설 연관이나 황동관을 잘 부식시키는 것은 증류수나 멸균수 등의 극연수이다.

73 위생설비에서 유니트화하는 목적 중 틀린 것은?
① 시공의 질적 향상을 위하여
② 인건비를 절약하기 위해
③ 보수공사를 용이하게 하기 위해
④ 공기 단축과 공정의 단순화를 위해

해설 유니트(unit)화는 일체식으로 구성되므로 보수관리 면에서는 불리하다.

74 배관재료에 대한 설명 중 옳지 않은 것은?
① 동관은 접합 시 소구경은 납땜하고 대구경은 플랜지 접합한다.
② 동관은 다른 종류의 금속과 접촉이 되지 않게 배관한다.
③ 연관은 알칼리에 침식된다.
④ 폴리에틸렌관은 염화비닐관보다 화학적 성질이나 전기적 성질이 좋지 않다.

해설 폴리에틸렌관(PE)은 경질염화비닐관(PVC)보다 성질이 우수하다.

해답 70.③ 71.② 72.③ 73.③ 74.④

75 위생기구에서 VL-3010이 나타내는 의미로서 맞는 것은?

① 소지가 용화 소지질로 된 세면기를 나타낸다.
② 소지가 화장 소지질로 된 세면기를 나타낸다.
③ 소지가 경질 도기질로 된 세면기를 나타낸다.
④ 소지가 용화 소지질로 된 소변기를 나타낸다.

해설 1) 도기의 종류 : 용화 소지질-V, 화장 소지질-A, 경질 도기질-E
2) 위생기구 기호 : 세면기-L, 소변기-U, 대변기-C, VL은 용화 소지질 세면기이다.

76 욕실 유니트화에 대한 설명으로 틀린 것은?

① 시공의 정밀도가 향상된다.
② 공사가 복잡하여 공기가 길어진다.
③ 마무리가 균질화되며 설비가 경감화된다.
④ 방수성능이 향상된다.

해설 욕실 유니트화는 현장공사가 간단하고 공기가 짧다.

77 배관재료에서 염화비닐관의 열간 가공 시 가열온도는 몇 도가 적당한가?

① 80℃ ② 90℃
③ 130℃ ④ 150℃

해설 PVC 열간 가공 적정온도는 110~130℃ 정도이다.

해답 75.① 76.② 77.③

제3과목

전기설비 및 소방시설 일반

제1편 전기이론 기초지식
제2편 건축전기설비 기초지식
제3편 자동제어시스템 설계
제4편 소방시설 기초지식

제1편 전기이론 기초지식

제1장 전기의 기초

1. 전기의 기초

1) 전하와 전기량
(1) 1암페어란 1초당 6.24×10^{18}개의 전자의 이동을 말하며, 전자 1개는 1.602×10^{-19}C의 전기량을 가진다.
(2) 정전 유도 현상 : 대전물체 부근에 절연된 도체가 있을 경우에는 정전계에 의해 대전물체에 가까운 쪽의 도체 표면에는 대전물체와 반대극성의 전하가 반대쪽에는 같은 극성의 전하가 대전 되게 되는데 이를 정전 유도 현상이라고 한다.

2) 키르히호프의 법칙
(1) **키르히호프 제1법칙** 한 점의 유입전류의 대수합은 유출전류의 대수합과 같다.
(2) **키르히호프 제2법칙** 폐회로의 한 방향으로의 기전력의 대수합과 전압강하의 대수합은 같다.

3) 정전기

(1) **전기력선**
전장 내에서 단위 전하가 전기력을 받아 움직일 때 그 운동의 자취를 전기력선이라 한다.

※ 전기력선의 성질
① +전하에서 나와서 −전하 또는 무한원으로 간다.
② 도중에 끊어지거나 교차하지 않는다.
③ 전기력선이 밀할수록 전기장도 세다.
④ 전기력선의 밀도는 그 점의 전기장의 세기와 같다.
⑤ 전기력선은 대전체면에 대하여 수직으로 출입한다.

(2) **전위와 전위차**
전장 내에서 단위 전하가 가지는 위치 에너지를 전위라 한다. 전위가 다른 두 지점간의 전위차를 전압이라 하며, 두 지점의 전압은 단위 전하를 옮기는데 소요되는 일의 크기이다.

$$V = \frac{W}{Q}$$ V : 전압(V), W : 소요되는 일(J), Q : 전하(C)

(3) 균일한 전장에서의 전위차

전장의 세기가 E인 균일한 전장 내의 한점 A에서 전장의 방향으로 거리 d인 B점까지 전하 q를 옮기는데 전기장이 하는 일 $W = F \cdot d = q_E \cdot d$

또한 A · B 사이의 전위차가 V라고 하면 소요되는 일 $W = q \cdot V$이므로

$q_E \cdot d = qV$ $\therefore V = E \cdot d$

그림에서 균일한 전장에서는 A · B지점 간 전장의 세기는 같으며, 전위는 다르다.

[그림 3-1] 전기장

(4) 등전위면

전장 내의 전위가 같은 점을 연결해 나갈 때 이루는 면을 등전위면이라 한다. 등전위면을 따라 움직일 때의 일은 없다. 전기력선과 등전위면은 항상 수직으로 교차한다. 또한 등전위면끼리는 만나지 않는다.

4) 콘덴서

(1) 콘덴서의 전기 용량

정전기 유도의 원리를 이용하여 많은 전기량을 저축하기 위한 정치를 콘덴서라 하며 전기량 Q를 주었을 때 전위가 V만큼 높아졌을 때 콘덴서의 전기 용량(정전용량) C는 다음과 같다.

$$C = \frac{Q}{V}(\text{F}), \ Q = CV$$ 여기서, C : 콘덴서의 전기용량(F), Q : 전하(C), V : 전압(V)

1C의 전기량에 의한 1V가 상승했을 때, 전기 용량을 1Farad(F)라 한다.

$1\mu\text{F} = 10^{-6}\text{F}$ $1\text{pF} = 10^{-12}\text{F}$

(2) 평행한 콘덴서의 전기 용량(C)

평행판 축전기의 전기 용량은 면적(S)에 비례하고 거리(d)에 반비례하며 유전율(ε)에 비례한다.

$$C = \frac{Q}{V} = \frac{\varepsilon \cdot SE}{E \cdot d} = \frac{\varepsilon \cdot S}{d}$$

(3) 축전기의 직렬 연결

전기 용량이 $C_1 \cdot C_2 \cdot C_3$인 축전기를 직렬로 연결하고 양 끝에 전압 V를 걸어주면 각 축전기에 같은 양의 전기량 Q가 충전되어

$$V_1 = \frac{Q}{C_1} \quad V_2 = \frac{Q}{C_2} \quad V_3 = \frac{Q}{C_3} \quad V = V_1 + V_2 + V_3 = \frac{Q}{C_1} + \frac{Q}{C_2} + \frac{Q}{C_3}$$

또한 전체 합성 전자용량을 C라 하면 $V=\dfrac{Q}{C}$이므로

$$\dfrac{Q}{C}=\dfrac{Q}{C_1}+\dfrac{Q}{C_2}+\dfrac{Q}{C_3} \qquad \therefore \ \dfrac{1}{C}=\dfrac{1}{C_1}+\dfrac{1}{C_2}+\dfrac{1}{C_3}$$

※ 직렬 연결   각 축전기의 전기량이 같다.
　　　　　 각 축전기에 걸리는 전압은 전기용량에 반비례한다.

(4) 축전기의 병렬 연결

$C_1 \cdot C_2 \cdot C_3$를 병렬로 연결하고 전압 V를 걸면 각 축전기에 동일한 전압 V가 걸리므로 각 축전기의 전기량

$$Q_1=C_1 V \quad Q_2=C_2 V \quad Q_3=C_3 V$$

또한 전체 전기량 $Q=Q_1+Q_2+Q_3=C_1 V+C_2 V+C_3 V$

합성 전기 용량을 C라 하면 $Q=CV$이므로

$$CV=C_1 V+C_2 V+C_3 V \qquad \therefore \ C=C_1+C_2+C_3$$

※ 병렬연결   각 축전기에 걸리는 전압은 같다.
　　　　　 각 축전기에 축적되는 전기량은 전기 용량에 반비례한다.

(5) 축전기에 저장된 전기에너지(W)

전기 용량 C인 축전기에 전압 V를 걸어 충전시키면 축전지 용량을 병렬로 연결하고 전기량에 비례하여 전압 V가 상승한다.

$$W=Q\cdot\dfrac{V}{2}=\dfrac{1}{2}CV^2=\dfrac{Q^2}{2C}(\text{J}) \qquad \text{여기서, } Q : 전하(C),\ V : 전압(V)$$
$$C : 콘덴서의\ 용량(F)$$

5) 자기와 전류

(1) 자기력선의 성질

① N극에서 나와서 S극으로 들어간다.
② 도중에 갈라지거나 서로 만나지 않는다.
③ 자기력선에 그은 접선의 방향이 자기장의 방향이다.
④ 자기력선의 밀도가 자기장의 세기이다.

(2) 전류가 자기장에서 받는 힘

❶ 전자기력(F)
　자기장 내에서 도선에 전류를 흘리면 도선은 힘을 받게 되는데 이 전자기력(F)은
$$F=BIL\sin\theta(\text{N}) \qquad B : 자속\ 밀도(\text{Wb/m}^2) \qquad I : 전류(\text{A}) \qquad L : 도선\ 길이(\text{m})$$
　이때 힘을 받는 방향은 플레밍의 왼손법칙에 의한다.
　※ 전동기의 원리는 플레밍의 왼손법칙에 의한다.

❷ 평행 전류 사이의 힘
　평행 도선에 각각 $I_1 \cdot I_2$의 전류가 흐르고 도선사이의 거리가 r일 때 도선이 받는 힘 F는

$$F = BI_2L = 2 \times 10^{-7} \frac{I_1 I_2}{r} L(\text{N})$$

여기서, r : 도선 사이의 거리, B : 자속 밀도, L : 도선 길이

이때, 전류의 방향이 같으면 인력, 반대 방향이면 척력이 작용한다.

❸ 로렌쯔힘

대전입자가 자기장에서 운동하면 전류가 흐르는 경우와 같으므로 힘을 받게 되는 힘 F는

$$F = BIL = B \cdot q \cdot v \quad q : \text{대전입자 전하량(C)} \quad v : \text{운동속도(m/s)}$$

대전입자가 자기장에 수직으로 입사하면 원운동을 하게 되는데 전자는 시계 방향으로 양전자는 반시계 방향으로 원운동을 한다. 이때, 전자가 받는 힘 F를 로렌쯔힘이라 한다.

※ 균일한 자기장에 수직으로 입사한 입자는 원운동을 한다.
  균일한 전기장에 수직으로 입사한 입자는 포물선운동을 한다.

6) 전자기 유도

자기장 속에서 도선이 운동하거나 코일 속의 자기장이 변화하면 도선 또는 코일에 기전력이 생겨 전류가 흐르는 현상을 전자 유도(전자기 유도)라 한다.
이때의 기전력을 유도 기전력이라 한다.

(1) 렌쯔의 법칙 유도 기전력의 방향은 항상 전류를 일으키는 원인과 반대 방향으로 된다.

(2) 패러데이 법칙 유도 기전력의 크기는 자속의 시간적 변화율에 비례한다.

$$v = -\frac{\Delta I}{\Delta t} \cdot n (\text{Volt}) \quad \text{유도 기전력} \quad V = -BLv \quad L : \text{도선길이} \quad v : \text{도선속도}$$

이때, 유도 기전력의 방향은 플레밍의 오른손법칙에 따른다.
집게손가락은 자속, 엄지손가락은 도선 운동방향, 가운데 손가락은 유도 기전력의 방향
※ 발전기는 플레밍의 오른손 법칙에 의한다.

(3) 자체 유도 자신의 전류 변화에 의하여 자신의 코일에 기전력이 유도되는 현상

$$V = -L\frac{\Delta I}{\Delta t} \quad (L : \text{자체 유도 계수 } H)$$

(4) 상호유도 두 코일을 접근시키고 한 코일에 흐르는 전류의 변화로 다른 쪽 코일에도 유도기전력이 생기는 현상

$$V = -M\frac{\Delta I}{\Delta t} \quad (M : \text{상호유도계수})$$

※ 변압기나 유도코일은 상호전자 유도 현상을 이용한다.

(5) 코일에 저장되는 에너지(W)

$$W = \frac{1}{2}LI^2(\text{J}) \quad \text{여기서}, \quad L : \text{인덕턴스}(H), \quad I : \text{전류}(A)$$

7) 각종 법칙의 정의

(1) **암페르 오른나사 법칙** 전류가 오른나사 진행방향일 때 자기장은 나사 회전 방향으로 발생한다.

(2) **플레밍의 왼손 법칙(전동기)** 자계 내의 도선에, 전류가 흐르면 도선이 받는 힘의 방향의 법칙

(3) **플레밍의 오른손 법칙(발전기)** 자계내의 도선을 움직이면, 도선의 유도 전류의 방향 법칙

(4) **렌쯔의 법칙** 자계를 변화 시키면 코일에 자계의 변화를 방해하는 방향으로 유도기전력이 발생한다.

(5) **페러데이 법칙** 유도 기전력의 크기는 자속의 시간적 변화율에 비례한다.

(6) **로렌쯔의 힘** 대전입자가 자기장에 수직으로 입사하면 받게 되는 힘을 말한다.

(7) **전자유도현상** 자기장 속에서 도선이 운동하거나 코일 속의 자기장이 변화하면 코일에 기전력이 생겨 전류가 흐르는 현상

제2장 직류회로

1. 전기회로

1) 전압과 전류 측정

(1) 전류계(A) 측정회로에 직렬로 연결, 내부저항이 작을수록 좋다.
(2) 전압계(V) 측정회로에 병렬로 연결, 내부저항이 클수록 좋다.
(3) 분류기(R_s) 전류계의 측정 범위를 넓히기 위해 전류계와 병렬로 연결
(4) 배율기(R_m) 전압계의 측정 범위를 넓히기 위해 전압계와 직렬로 연결

[그림 3-2] 전류계 접속

[그림 3-3] 분류기 접속

[그림 3-4] 전압계 접속

[그림 3-5] 배율기 접속

2) 오옴의 법칙

오옴의 법칙은 "도체에 흐르는 전류값은 저항에 반비례하고 전압에 비례한다."

$$I = \frac{V}{R} \quad \therefore \quad V = IR$$

3) 저항과 콘덴서의 연결

(1) 저항 직렬 시 합성 저항 $R = R_1 + R_2 + R_3$

병렬 시 합성저항 $\dfrac{1}{R} = \dfrac{1}{R_1} + \dfrac{1}{R_2} + \dfrac{1}{R_3}$

(2) 콘덴서는 직렬 시 합성 용량 $C = \dfrac{1}{\dfrac{1}{C_1} + \dfrac{1}{C_2} + \dfrac{1}{C_3}}$

병렬 시 합성용량 $C = C_1 + C_2 + C_3$

4) 휘스톤 브리지

휘스톤 브리지 회로를 통하여 미지저항을 측정할 수 있다.

다음 회로에서 K_2 접점을 닫았을 때 검류계(G)에 전류가 흐르지 않으면 평형조건에서 $PX=RQ$가 성립하고 이때 미지의 저항값 X를 구할 수 있다.

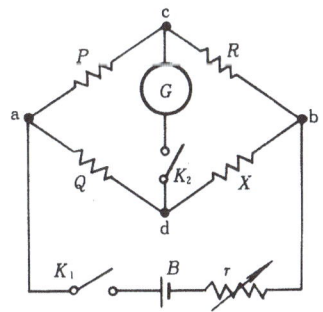

[그림 3-6] 휘스톤 브리지법

5) 저항의 측정

(1) 저항 측정의 종류
① 중저항의 측정 전압 전류계법(전압 강하법)-피스톤 브리지법, 회로 시험법(테스터)
② 저저항의 측정 켈빈 더블 브리지, 전위차계법
③ 고저항의 측정 절연 저항계, 메거
④ 특수저항의 측정 코올라우시 브리지

(2) 저항기 전류에 대하여 저항 작용을 할 수 있도록 만들어진 장치를 저항기라 하며 다음의 조건이 필요하다.
① 고유 저항이 클 것
② 저항의 온도 계수가 작을 것
③ 구리에 대한 열기전력이 적을 것

(3) 저항기에는 다음과 같은 종류가 있다.
① 고정 저항기 표준 저항기, 권선 저항기, 탄소 피막 저항기
② 가변 저항기 슬라이드 저항기, 다이얼형 저항기, 플러그형 저항기, 물 저항기

제3장 교류회로

1. 교류의 원리 및 R(저항)·L(코일)·C(콘덴서)회로

1) 교류 전기의 원리

균일한 자기장 속에서 직사각형 코일을 일정한 각속도로 회전시키면 코일이 자속을 쇄교하는 각도에 따라 유도 기전력이 변화하는 sin파형을 얻게 된다.

① **순시값** $Ve = V_m \sin \omega t$

② **실효값** $V = \dfrac{1}{\sqrt{2}} V_m$

③ **평균값** $V_a = \dfrac{2}{\pi} V_m$

④ **교류 전력의 실효값** $P = \dfrac{1}{2} P_m$

V_e : 순시값
V : 실효값
ω : 각속도 $= 2\pi f$
V_m : 최대값
V_a : 평균값
P_m : 전력최대값

2) 교류의 R(저항)·L(코일)·C(콘덴서)회로

(1) R만인 회로
① 전류와 전압이 동위상이다.
② $I = V/R$

(2) L만인 회로
① 전류의 위상이 전압보다 90° 늦다.
② 유도리액턴스(코일에 의한 저항값) $X_L = \omega L = 2\pi f_L$

(3) C만의 회로
① 전압의 위상이 전류보다 90° 늦다.
② 용량리액턴스(콘덴서에 의한 저항값) $X_C = 1/\omega L = 2\pi f_C$

(4) $R \cdot L \cdot C$ 직렬 회로
① 합성 임피던스 $Z = \sqrt{R^2 + (X_L - X_C)^2} = \sqrt{R^2 + \left(\omega L - \dfrac{1}{\omega C}\right)^2}$
② $I = V/Z$

(5) 직렬 공진
RLC 직렬 회로에서 리액턴스 성분이 0이 되면 전류와 전압이 동상이 된다. 이를 직렬 공진이라 한다. 공진 시 주파수 f는

$$\omega L - \dfrac{1}{\omega C} = 0, \quad \omega L = \dfrac{1}{\omega C}, \quad 2\pi f L = \dfrac{1}{2\pi f C} \quad f^2 = \dfrac{1}{(2\pi^2)^2 LC} \quad \therefore f = \dfrac{1}{2\pi \sqrt{LC}}$$

2. 교류회로의 전력과 3상 교류회로

1) 교류회로의 전력

(1) **피상 전력**(P_a) 전류와 전압의 스칼라 곱으로 겉보기 전력이다.

$P_a = VI[\text{VA}]$ 피상전력=$\sqrt{유효전력^2 + 무효전력^2}$

(2) **유효 전력**(P) 전류와 전압의 벡터 곱으로 실질적인 소비전력이다.

유효전력 : $P = VI\cos\theta[\text{W}]$

역률=$\cos\theta$ =유효전력/피상전력=R/Z

(3) **무효전력**(P_r) $P_r = VI\sin\theta[\text{VAR}]$ ∴ $P_a = \sqrt{P^2 + P_r^2}$

무효율=무효전력/피상전력=$\sin\theta = \sqrt{1-\cos^2\theta}$

역률=유효전력/피상전력$\cos\theta$

[표 3-1] 각종 부하의 역률

부하의 종류	역률(%)	부하의 종류	역률(%)
전등, 전열기, 다리미	100	형광등	60
전동기	60~90	아크용 전기	30

2) 3상 교류회로

(1) 3상 교류는 실효값이 같고 서로 $\dfrac{2}{3}\pi$의 위상차를 가지는 단상 교류 3개가 동시에 존재하는 것이다. 3상 교류의 순시값은 항상 0이다.

(2) Y결선 3상 교류의 전압과 전류의 관계

상전류=선간전류, 선간전압=$\sqrt{3}$ 상전압

(3) △결선 3상 교류의 전압과 전류의 관계

선간전류=$\sqrt{3}$ 상전류, 선간전압=상전압

예·상·문·제
전기이론 기초지식

01 내부저항 r인 전지 N개를 병렬 연결하여 전력을 수전받을 수 있는 부하 저항은?

① r/N ② Nr
③ r ④ $N2r$

[해설] 병렬연결 시 전지 내부저항의 합성은 r/N이다.

02 다음 회로에서 5Ω에 걸리는 전압 E_1은 얼마인가?

① 16V ② 10V
③ 8V   ④ 5V

[해설] 직렬회로에서 전압은 저항에 비례하여 걸린다. $E = 20 \times \dfrac{5}{3+5+12} = 5V$

03 도체에 대전체를 가까이 하면 도체의 자유전자가 흡인 혹은 반발되어서 도체의 대전체에 가까운 쪽에 대전체의 전하와 다른 부호의 전하가 생기고 먼 쪽에는 같은 부호의 전하가 생기는데 이런 현상을 무엇이라 하는가?

① 정전 유도 ② 정전기
③ 쿨롱 법칙 ④ 가우스 정리

[해설] 위와 같은 정전유도 현상에 의한 전기장, 유리 막대를 헝겊에 마찰시킬 때 전기를 띠는 대전 현상, 직류전압이 걸린 도체에서 생기는 전기장 등을 정전기라 한다.

해답 1.① 2.④ 3.①

04 건전지의 전압을 측정하고자 한다. 어느 계기를 이용해야 하는가?

① 교류 전압계　　② 직류 전압계
③ 교류 전류계　　④ 직류 전류계

해설　건전지는 직류 전원이므로 직류 전압계를 사용한다.

05 어떤 전기회로에 200V의 교류전압을 가했더니 위상차가 30°인 30A의 늦은 전류가 흐른다. 전기회로에서 소비되는 전력은?

① 3.2kW　　② 4.2kW
③ 5.2kW　　④ 6.2kW

해설　소비전력=피상전력×역률=$IV\cos\theta$=$30 \times 200 \times \cos 30°$=5,196W=5.2kW

06 도체의 성질을 설명한 것 중 틀린 것은?

① 도체의 표면은 등전위이다.
② 도체 내부의 전계는 0이다.
③ 전하는 도체표면에만 존재한다.
④ 도체표면의 전하밀도는 표면의 곡률이 큰 부분일수록 작다.

해설　표면의 곡률이 클수록 전하밀도는 크다.

07 다음과 같은 직렬회로에서 V_R=8V, V_L=8V, V_C=2V라면 a, b양단의 교류 전압은?

① 8V　　② 10V
③ 12V　　④ 14V

해설　R.L.C 직렬회로 합성전압 $E = \sqrt{V_R^2 + (V_C - V_L)^2} = \sqrt{8^2 + (2-8)^2} = 10V$

08 그림과 같이 접속한 회로에서 a, b단자 간에 합성 저항은?

해답　4.②　5.③　6.④　7.②　8.④

① 1Ω ② 1.5Ω
③ 2Ω ④ 3Ω

[해설] 휘스톤 브리지에서 1Ω과 6Ω에는 전류가 흐르지 않으므로 회로도는 (그림)으로 된다.
※ 이때 합성저항은 3Ω이다.

09 1암페어를 바르게 정의한 것은?
① 1암페어란 1초당 6.24×10^{15}개의 전자의 이동을 말함
② 1암페어란 1초당 6.24×10^{16}개의 전자의 이동을 말함
③ 1암페어란 1초당 6.24×10^{17}개의 전자의 이동을 말함
④ 1암페어란 1초당 6.24×10^{18}개의 전자의 이동을 말함

10 전압계를 이용하여 어떤 회로의 전압을 측정하고자 할 때 다음 설명 중 옳은 것은?
① 전압계는 회로에 직렬로 연결한다.
② 전압계는 회로에 병렬로 연결한다.
③ 전압계는 회로에 직병렬로 연결한다.
④ 아무렇게나 연결해도 관계가 없다.

[해설] 전압계는 회로에 병렬로, 전류계는 회로에 직렬로 연결한다.

11 이상적인 전류계의 내부저항은 얼마로 가정하는가?
① 0Ω ② 100Ω
③ 1000Ω ④ ∞Ω

[해설] 전류계의 내부저항은 0, 전압계의 내부저항은 ∞이어야 이상적이다.

12 MKS 단위계에서 자극의 세기 단위는?
① C ② Wb
③ Gauss ④ Farad

[해설] C(쿨롱) : 전기량, Gauss(가우스) : 자장세기, F(파라드) : 정전용량

13 1W와 같은 크기인 것은?
① 1J ② 1J/s
③ 1cal ④ 1cal/s

[해설] 1W=1J/s

[해답] 9.④ 10.② 11.① 12.② 13.②

14 50Ω의 저항과 100Ω의 저항을 병렬로 접속했을 때 합성저항은?

① 0.006 ② 0.03
③ 17.4 ④ 33.33

해설 $\dfrac{1}{R} = \dfrac{1}{R_1} + \dfrac{1}{R_2} = \dfrac{1}{50} + \dfrac{1}{100}$ ∴ $R = 33.33$

15 그림과 같은 브리지의 평형조건은?

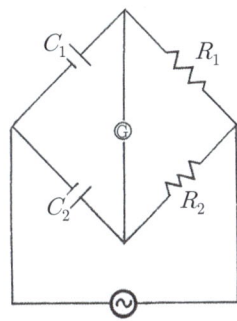

① $C_1 R_1 = C_2 R_2$ ② $C_1 C_2 = R_1 R_2$
③ $\dfrac{1}{C_1} \cdot R_1 = \dfrac{1}{C_2} \cdot R_2$ ④ $\dfrac{1}{C_1} C_2 = R_1 R_2$

해설 평형조건은 $\dfrac{1}{\omega C_1} \cdot R_2 = \dfrac{1}{\omega C_2} R_1$ ∴ $R_1 C_1 = R_2 C_2 \Leftrightarrow C_1 R_1 = C_2 R_2$

16 전기회로에 직류 100V의 전압을 가했더니 20A의 전류가 흘렀다. 이 회로의 전력은 몇 kW인가?

① 1 ② 2
③ 3 ④ 4

해설 전력 $P = I \cdot V = 100 \times 20 = 2{,}000\text{W} = 2\text{kW}$

17 (1Wb/m²)의 평등 자계 내에 20cm의 길이를 갖는 도체가 자계와 직각 방향으로 25m/s으로 이동할 때 생기는 기전력 V는?

① 2 ② 5
③ 10 ④ 20

해설 기전력은 자속(B)과 길이(L), 이동속도에 비례한다. $E = BLV = 1 \times 0.2 \times 25 = 5\text{V}$

해답 14.④ 15.① 16.② 17.②

18 어떤 전열기에서 10분 동안에 600,000J의 일을 했다고 한다. 이 전열기에서 소비한 전력은 몇 W인가?

① 500
② 1,000
③ 1,500
④ 3,000

해설 $J = W \cdot t$ $600,000 = W(10 \times 60)$ $W = 1,000W$

19 어떤 저항에 100V의 전압을 가했더니 10A의 전류가 흘렀다. 이 저항에 95V의 전압을 가하면 몇 A의 전류가 흐르는가?

① 0.95
② 9.5
③ 10
④ 95

해설 저항 $R = \dfrac{V}{I} = 100 \div 10 = 10Ω$, 10Ω저항에 95V를 걸면 $I = \dfrac{V}{R} = 95 \div 10 = 9.5A$
또는 전류는 전압에 비례하므로 $10 \times 95/100 = 9.5A$

20 전압이 80+j60[V]이고, 전류가 40+j40[A]의 경우 피상전력(VA)은?

① 5,657
② 7,918
③ 6,564
④ 5,832

해설 전압=$\sqrt{80^2 + 60^2} = 100$, 전류=$\sqrt{40^2 + 40^2} = 56.57$
피상전력=전압×전류=$100 \times 56.57 = 5,657VA$(피상전력은 VA, 소비전력은 W로 표시)

21 100[V], 60[W]의 백열전구에 50[V]의 전압을 가했을 때 흐르는 전류는 약 몇 [A]인가?

① 0.1
② 0.3
③ 0.5
④ 0.7

해설 100[V], 60[W] 전구의 전류 $I = W/V = 60/100 = 0.6A$
저항은 일정하고 전압이 변화하면 전류는 전압에 비례하므로 $I = 0.6 \times (50/100) = 0.3A$
※ 전구의 저항값을 구하여 계산해도 된다.

해답 18.② 19.② 20.① 21.②

22 3[Ω]의 저항과 4[Ω]의 유도성 리액턴스가 직렬로 연결된 교류 회로에서의 역률은 얼마인가?

① 75% ② 60%
③ 30% ④ 80%

해설 역률=리액턴스/임피던스
임피던스=$\sqrt{저항^2+유도리액턴스^2} = \sqrt{3^2+4^2} = 5$
∴ 역률=3/5=0.6

23 4[H]의 코일에 5[A]의 전류가 흐를 때 코일에 축적되는 에너지는?

① 20[J] ② 50[J]
③ 100[J] ④ 200[J]

해설 코일 저장 에너지=$\frac{1}{2}LI^2 = \frac{1}{2} \times 4 \times 5^2 = 50J$

24 10[Ω]의 저항에 단상 200[V]의 전압을 1시간 동안 가하였을 때의 소비전력량은?

① 20[kWh] ② 40[kWh]
③ 4[kWh] ④ 2[kWh]

해설 전력량=전력×시간
전력 $W=V^2/R$=200²/10=4,000W=4kW
전력량=4kW×1h=4kWh

25 전자의 전기량은 약 몇 [C]인가?

① 8.855×10⁻¹² ② 1.602×10⁻¹⁹
③ 3.14×10⁻²⁷ ④ 9.11×10⁻³¹

해설 전자 1개는 1.602×10^{-19}C 전기량을 가지므로 1암페어(1A=1C/s)란 1초당 6.24×10^{18}개의 전자의 이동을 의미한다.

26 다음 제어기기 중 휘스톤 브리지를 이용하는 기기는?

① 모듀트롤 모터 ② 차압식 유량계
③ 니켈 측온 저항계 ④ 광전 스위치

해설 니켈 측온 저항계는 휘스톤 브리지 회로를 이용하여 미지의 저항값을 알 수 있다.

해답 22.② 23.② 24.③ 25.② 26.③

27 다음 직·병렬회로에서 전압은 110V이며 R_1=12Ω, R_2=15Ω, R_3=30Ω, R_4=22Ω 이다. 전체합성저항 R은?

① 45Ω
② 32Ω
③ 22Ω
④ 11Ω

[해설] 15Ω과 30Ω의 병렬합성은 10Ω이고, 12Ω과 10Ω의 직렬합성은 22Ω, 다시 22Ω과 22Ω의 병렬 합성은 11Ω이 된다.

28 콘덴서만의 회로에서 전압과 전류 사이의 위상관계는?

① 전압이 전류보다 180° 앞선다.
② 전압이 전류보다 180° 뒤진다.
③ 전압이 전류보다 90° 앞선다.
④ 전압이 전류보다 90° 뒤진다.

[해설] 콘덴서만의 회로에서는 전압의 위상이 전류보다 90° 늦다. 코일만의 회로에서는 전류의 위상이 전압보다 90° 늦다.

29 (+)전원에서 나온 전류가 부하를 통과하지 못하고 곧바로 (−)전원으로 들어가도록 결선이 되었을 때 발생하는 사고를 의미하는 것은?

① 단락사고
② 감전사고
③ 누전사고
④ 접지사고

[해설] (+)전원에서 나온 전류가 단락체를 통하여 (−)전원으로 들어가도록 결선된 것을 단락사고라 한다.

해답 27.④ 28.④ 29.①

제2편 건축전기설비 기초지식

제1장 전원설비

1. 수변전설비

1) 수변전설비의 필요성
건물의 전기설비 용량이 커지면 저압인입은 비경제적이므로 고압전기를 인입하여 변전설비를 이용해 적당한 전압으로 조정하여 공급한다.
- 고압인입 조건은 사무소건물 계약전력 20kW 이상일 때
- 공장 계약전력 50kW 이상일 때
  ① 수용률=최대수용전력/부하설비용량
  ② 부하율=평균수용전력/최대수용전력
  ③ 부등률=각부하최대 수용전력합/합부하 최대 수용전력
  ④ 수요율=최대사용전력/부하설비용량

2) 변전설비 계획의 순서
(1) 부하설비 용량을 추정한다.(설비용량=부하 밀도×연면적)
(2) 수변전 설비 용량을 산출한다.(변압기 용량)
(3) 계약 전력과 수전 전압 결정
(4) 배선 방식을 결정한다.
(5) 주회로의 결선도 작성
(6) 변전 설비의 형식 선정
(7) 제어 방식의 결정
(8) 변전설비의 위치와 면적을 결정한다.
(9) 기기의 배치를 결정한다.

3) 큐비클형 배전반
(1) 주로 옥내에 설치하며 옥외에 설치할 시는 배전반은 방수로 한다.
(2) 중규모 정도에 적합하고 전 큐비클형보다 약간 싸다.

4) 큐비클
(1) 옥내·옥외 설치 기능

(2) 소용량에서 대용량까지 광범위하다.
(3) 적은 면적을 차지하며 가격은 비싼 편이다.

5) 변전실 위치 및 구조
(1) 부하의 중심에 가깝고 배전에 편리한 곳일 것
(2) 기기의 반출입과 전원 인입이 편리할 것
(3) 보일러실, 펌프실, 예비발전실, 엘리베이터기계실과 관련성을 고려할 것
(4) 습기가 적고 채광 통풍(변압기에서 열이 남)이 양호할 것
(5) 천정 높이는 충분히 할 것(고압인 경우 3m(보아래), 특별 고압인 경우 4.5m 이상)
(6) 바닥은 케이블, 배관 등을 고려하여 20~30cm 정도로 한다.
(7) 바닥 하중은 중량에 견디도록 한다.(5~10kN/m²)
(8) 격벽은 내화 구조로, 출입구는 방화문으로 한다.

6) 변전실의 면적
(1) $S = 5.5\sqrt{kVA}\,(m^2)$ ································ (a)
(2) $S = K(kVA)^{0.7}(m^2)$ (일반적으로 적용) ······ (b)
   K : 특고압→고압 변성(1.7), 특고압→380(V)급으로 변성(1.4)
   고압→저압 변성(0.98)
   위 식 (a)는 대략적인 추정식으로 많이 사용되었으나 최근에는 식 (b)가 널리 사용되고 있다.

7) 변압기의 구조 및 원리
(1) **구조** 1차 코일, 2차 코일, 철심, 외함, 부싱, 콘서베이터 등으로 구성된다.
(2) **원리** 전기적 에너지가 1차 코일에 의해 자기적 에너지로 바뀌고 철심을 통하여 2차 코일에서 전자유도 작용에 의하여 전기적 에너지로 변환된다.
   이때, 다음과 같은 관계가 성립한다.
   $$\frac{V_1}{V_2} = \frac{I_2}{I_1} = \frac{N_1}{N_2} \left(\frac{N_1}{N_2} : 권수비,\ \frac{V_1}{V_2} : 전압비,\ \frac{I_2}{I_1} : 전류비\right)$$

8) 변압기 특징
(1) **성층 철심 사용** 맴돌이 전류에 의한 손실을 감소시키기 위하여 0.35mm 정도의 얇은 규소 강판을 쌓아 철심을 만든다.
(2) **콘서베이터** 변압기의 호흡 작용에 의하여 수분이 침투하여 기름 및 절연물의 열화하는 것을 방지하기 위한 것으로 기름을 넣은 원통형의 탱크로 되어 있다.
(3) **절연유** 전력 손실로 인하여 발생하는 열에 의한 온도 상승을 방지하고 전지적 위험을 방지할 목적

(4) 각종 손실과 대책
  ❶ **철손** 철심에 의한 손실(대책 : 얇은 규소 강판 사용)
  ❷ **구리손** 코일에 의한 손실(대책 : 온도 상승 방지)

9) 변압기 종류
(1) **전원의 상수에 따라**   단상 변압기, 3상변압기
(2) **철심의 구조에 따라**
  ❶ **내철형** 철심이 안쪽에 있고 권선이 양쪽 철심각에 감겨 있다.
  ❷ **외철형** 권선이 안쪽에 있고 철심이 권선을 둘러싸고 있는 형식이다.
  ❸ **권철심형** 냉간 압연 강대를 감아서 만든 것으로 철손이 작고 여류 전자가 작게 흐르므로 철심의 단면적이 작고 가볍다.
  • 철심 : 규소 함유량 3~4%, 두께 0.35mm
  • 권선 : 둥근 동선(소용량용), 평각 동선(대용량용)
(3) **권선의 수에 따라**   단권변압기와, 3권 변압기가 있으며, 단권변압기는 1차 권선과 2차 권선의 일부분이 공통으로 되어 있고 전압비가 2보다 작은 범위에서 효율이 좋다.

10) 전동기 종류
(1) **직류**   직권, 분권, 복권전동기
(2) **교류**   ① 단상 : 분산기동, 반발기동, 콘덴서분상
       ② 삼상 : 농형유도, 동기, 권선형

2. 예비전원설비

1) 납축전지와 알칼리 축전지
(1) 납축전지가 충분히 충전되었을 때, 양극판은 다갈색(적갈색)의 PbO_2, 음극판은 납색의 Pb이며 수용액은 묽은 H_2SO_4 방전 시에는 양극 음극 모두 회백색의 $PbSO_4$가 된다.
(2) 알칼리 축전지의 음극은 카드뮴(Cd), 양극은 산화니켈(NiO_2H)로 구성된다. 수용액은 KOH이다.

2) 축전지실 구조 및 주의점
(1) 천장 높이는 2.6m 이상으로 한다.
(2) 진동이 없는 곳이어야 한다.
(3) 충전 중에는 수소 가스의 발생을 수반하므로 배기 설비가 필요하다.
(4) 개방형 축전지의 경우에는 실내 기구를 내산성 기재로 한다.
(5) 축전지는 부하에 가깝도록 한다.
(6) 축전지실의 배선은 비닐 배선을 사용한다.

3. 신전원설비

1) 태양광발전설비

(1) 태양전지판
① 태양전지판은 그림자가 발생하지 않는 곳으로 방위각은 최대한 남향으로 설치하여야 한다. 다만 건축물의 디자인 등 현장여건에 따라 최대의 일사 효율을 얻을 수 있도록 방위각을 조절하여야 한다.
② 경사각은 지역별로 최대 일사량을 받을 수 있도록 설치하여야 한다.
③ 설치 가능 면적과 발전 효율을 고려하여 최적의 효율을 얻을 수 있도록 설치하여야 한다.
④ 태양전지판은 피뢰설비로 보호하여야 한다.
⑤ 태양전지판 시공의 상세사항은 공사시방서에 따른다.

(2) 패널(panel)
① 수평이동 및 전도(넘어짐) 사고를 방지할 수 있도록 필요한 안전대책을 검토한다.
② 베이스용 형강은 기초볼트로 바닥면에 고정하여야 한다.
③ 반류에는 고정된 베이스용 형강의 위에 반을 설치하고, 볼트로 고정한다.
④ 패널 시공의 상세사항은 공사시방서에 따른다.

(3) 지지대
① 지지대는 자중·적재하중·적설·풍압·지진·진동·충격 등에 대하여 안전한 구조의 것으로 하고, 건축물에 설치 시 방수 등의 문제가 없도록 하여야 한다.
② 지지대 제작 시 형강류 및 모든 철재부위(부속 포함)은 용융아연도금 또는 녹방지 처리하여야 한다. 다만, 스테인리스제인 경우 예외로 한다.
③ 지지대 조립 시 파손·긁힘·흠집 등이 발생하지 않도록 한다.
④ 지지대 시공의 상세사항은 설계도 및 공사시방서에 따른다.

2) 풍력발전설비
(1) 돌풍과 같은 풍력을 제외한 양질의 충분한 풍력자원이 있는 곳에 설치하여야 한다.
(2) 주변에 풍속에 방해가 되는 풍력설비보다 높은 건물 및 나무 등이 없는 곳에 설치하여야 한다.
(3) 소형 풍력발전설비는 주변의 시설이나 도로, 민가, 축사 등이 풍력타워의 넘어짐에 의해 영향을 받지 않도록 시스템 전체 높이의 2배 이상의 이격거리를 확보하여야 한다.

3) 연료전지발전설비

(1) 시공조건 확인
① 구조물은 내연성, 내풍성, 내산성에 견딜 수 있도록 설치하여야 하며 사람이 접할 우려가 있고 감전, 상해 등의 우려가 있는 가동 부분은 안전장치(보호망 등)를 설치하여야 한다.

② 구조물의 재질은 내식성 또는 코팅재를 사용하여야 한다. 다만, 석면이 포함된 재료를 사용해서는 안 된다.
③ 전기 절연물 및 단열재는 최대사용온도에 충분히 견디고 흡습성이 적은 것을 사용하여야 한다.
④ 도전재료는 동, 동합금, 스테인리스강 또는 동등 이상의 것을 사용하여야 한다. 다만, 탄성이 필요한 부분 및 적용이 불가한 부분은 제한하지 않는다.
⑤ 연소 배기가스가 통과하는 부분은 불연 재료를 사용하여야 한다. 다만, 패킹류, 씰(Seal) 등의 기밀유지가 필요한 부분은 제한하지 않는다.

(2) 연료전지시스템 설치
① 내식성과 전기 안정성을 갖고 있어야 하며 압력, 진동, 열 등에 의해 생기는 응력에 충분히 견디는 구조이어야 한다.
② 연료가스 및 개질가스가 통과하는 부분은 불연재를 사용하여야 한다. 다만, 패킹류와 씰(Seal) 등의 기밀유지가 필요한 부분은 제한하지 않는다.
③ 설치에 대한 상세사항은 설계도 및 공사시방서에 따른다.

제2장 배선 및 부하설비

1. 간선 및 배선설비

1) 간선 배전방식
(1) **평행식** 배전반에서 분전반마다 단독으로 배선하는 것으로 전압강하가 적고 설비비 고가, 대규모에 적용
(2) **나뭇가지식** 한 개의 간선이 배전반에서 각 분전반을 거쳐 배선하는 것으로 전압강하가 크고 중소규모에 적용
(3) **병용식** 평행식과 나뭇가지식을 적절히 조합한 것으로 가장 합리적이다.

[그림 3-7] 간선의 배전방식

2) 분전반 및 분기회로
(1) **분전반**

배전반(전원)으로부터 전기를 공급받아 말단부하에 배전하는 것으로 매입형과 노출형 등이 있다.
① 주개폐기, 분기회로용 개폐기, 자동차단기를 모아 놓은 것이다.
② 개폐기는 나이프스위치나 노퓨즈브레이커가 사용된다.
③ 분전반은 복도나 계단 근처의 벽에 설치한다.
④ 분전반 1개의 공급 면적은 1,000m^2 이내로 한다.
⑤ 분기회로 1개의 길이는 30m 이내로 한다.
⑥ 분전반 1개에는 분기 회로 20개 이내로 한다.
⑦ 1개 층에 분전반 1개 이상씩 설치한다.
⑧ 분전반은 3종 접지한다.

(2) **분기 회로**

분기 회로는 다음 사항을 고려하여 부하를 정하고 배선 경로를 결정한다.
① 건물의 방 배치와 구조를 고려해서 배선하기 좋도록 회로를 나눈다.
② 계단 복도 등은 동일 회로로 한다.

③ 습기 있는 곳의 아웃렛은 별도 회로로 한다.
④ 같은 방 또는 같은 방향의 아웃렛은 같은 회로로 한다.
⑤ 단상 3선식 또는 3상 4선식일 때는 중앙선 이외의 각 선의 부하가 같도록 분기 회로의 부하를 밸런스시킨다.
⑥ 전등 및 콘센트 회로는 되도록 15A 분기 회로로 별도로 한다.
⑦ 전등 회로는 접속하는 전등수의 제한은 없으나 부하의 합계가 분기 개폐기 용량의 80% 정도로 억제한다.
⑧ 콘센트 회로는 한 회로에 수구수 8개 정도 이내로 한다.

2. 동력설비 및 반송설비

1) 동력설비
(1) **단상 2선식** 소규모 주택의 전등용(100V, 200V)
(2) **단상 3선식** 빌딩 등에서 대규모 전등용(100/200V)
(3) **3상 3선식** 동력전원으로 상간 전압이 일정하다.(200V, 440V)
(4) **3상 4선식** 동력과 전등을 대규모로 사용할 때 적합하다.(200/380V)

(a) 단상 2선식 (b) 단상 3선식 (c) 3상 3선식 (d) 3상 4선식(Y결선)

[그림 3-8] 전기방식

2) 배선공사 방법
(1) **애자사용 공사** 전개, 은폐장소에서 애자를 사용하여 전선을 고정한다.
(2) **버스덕트 공사** 간선 등의 대전류에 이용하며 동바 등을 이용한다.
(3) **목재몰드 공사** 목재에 홈을 파서 절연전선을 넣은 것으로 옥내배선의 건조한 곳에 저압용으로 이용된다.
(4) **금속몰드 공사** 철재 홈통에 절연전선을 넣고 뚜껑을 덮은 것이다.
(5) **금속관 공사** 주로 콘크리트 매입공사에 이용하며 금속관 내에 전선을 인입하여 사용한다. 전선 단면적은 관 단면적의 40% 이내, 금속관의 두께는 콘크리트 내에 묻어서 사용할 경우 1.2mm 이상, 그 외의 경우는 1mm 이상이어야 한다.
(6) **금속덕트 공사** 금속덕트 내에 부설하는 전선 및 케이블의 절연 피복을 포함한 단면적의 총합은 덕트 단면적의 20% 이하가 되도록 한다.
(7) **케이블 래크** 케이블 다발을 래크에 얹어 시설한다. 방열효과와 시공성이 좋아 절연전선 및 케이블의 부설에 많이 쓰인다.
(8) **가요전선관 공사** 플렉시블 콘듀트 공사라 하며, 굴곡이 심한 기기주변 말단 접속 배선에 주로 쓰인다.

3) 배선기구

(1) **계기용 변압기(PT)** 고전압을 직접 전압계로 측정하는 것은 위험하기도 하고 전압계의 절연으로 보아 대단히 비경제적이다. 그 때문에 보통 2차측을 100V로 한 변압기를 사용한다. 이 용도에 사용하는 변압기를 계기용 변압기라고 한다.

(2) **계기용 변성기(CT)** 대전류를 소전류로 바꾸어 측정이 가능하도록 하는 것으로써 어떤 전류값을 이에 비례하는 전류값으로 변성하는 계기용 변성기를 말한다.

(3) **계기용 변압변류기(MOF)** 변압기와 계기용 변압기를 하나로 한 것으로, 적산 전력계 등과 조합하여 전력 측정을 할 때의 변성 장치로서 주로 사용된다.

(4) **계전기(Relay)** 기기나 선로에 취부하여 고장 발생시에 기기를 손상하기 전에 간단한 동작으로 복잡한 또는 원방의 기기를 확실히 제어하고 또 다른 힘을 받아서 기기를 여러 가지 목적에 의해 동작시키는 장치

(5) **병렬콘덴서** 선로에 병렬로 접속하여 중부하시에 부하의 지상무효전력을 보상하고 역률의 개선, 전압강하의 경감, 전력손실의 저감을 목적으로 하는 콘덴서

(6) **변류기(CT)** CT라고 하는 계기용 변성기의 일종인데 대전류 특성에 사용하는 것으로 대전류를 변류기로 소전류로 하여 측정하는 것.

(7) **보호계전기** 전력선, 전력기기 등의 보호대상물에 발생한 이상상태에 반응하여 피해의 감소를 도모하고, 그 파급을 방지하기 위해 적절한 지령을 주는 것을 목적으로 하는 계전기를 보호계전기라 한다.

(8) **검전기(Voltage detector)** 전압, 전류, 전하의 유무를 알고 또는 이것을 측정하는 것

(9) **누전차단기(ELCB)** 개폐기구, 트립장치 등을 절연물 용기 내에 일체로 조립한 것으로 통전상태의 전로를 수동 또는 전기 조작에 의해 개폐할 수 있으며, 과부하, 단로 및 누전발생 시 자동적으로 전류를 차단하는 기구를 말한다.

4) 각종 기기

(1) **과전류계전기(OCR)** 전류의 크기가 일정치 이상으로 되었을 때 동작하는 계전기

(2) **단로기(DS)** 부하전류를 어떤 모양으로 제거한 후 회로를 격리하도록 하기 위한 장치. 공칭전압 3.3kV 이상 전로에 사용되며 기기의 보수점검 시 또는 회로전환 변경을 하기 위해 사용되지만 통상 부하전류의 개폐는 하지 않는 기기이다.

(3) **메거(Megger)** 절연저항계, 절연저항을 측정하는 계기. 메거는 100V, 250V, 500V, 1,000V용 등이 있다.

(4) **배선용차단기(MCCB)** 개폐기구, 트립장치 등을 절연물 용기 내에 일체로 조립한 것으로 통전상태의 전로를 수동 또는 전기 조작에 의해 개폐할 수 있으며, 과부하 및 단로 등의 이상 상태 시 자동적으로 전류를 차단하는 기구

(5) **기중차단기(ACB)** 전기회로에서 접촉자 간의 개폐동작이 공기 중에서 이상적으로 행해지는 차단기. 교류 1,000V 이하의 회로에서 사용한다.

제3장 조명설비

1. 옥내조명설비

1) 조명 설계순서
소요조도의 결정-전등의 종류 결정-조명방식과 조명기구 선정-광속 계산-조명기구 배치

2) 조명설계
(1) NF(총광속)$= E \times A \times D / U$

광속계산 요소 : 소요조도(E), 실의 면적(A), 감광보상률(D), 조명률(U), 광원수(N), 광속(F)

(2) 벽과 광원 사이의 간격 h(H는 광원과 작업면 사이의 높이)

벽면부 사용 시 $h < 1/3 H$, 벽면부 미사용 시 $h < 1/2 H$

(3) 광원 간의 배치간격 : $S \leq 1.5H$ (S=거리, H=광원의 높이)

3) 조명기구 효율
나트륨등 > 메탈할로이드등 > 형광등 > 수은등 > 백열등

4) 조명기구 연색성
크세논등 > 백열등 > 메탈할로이드등 > 형광등 > 수은등 > 나트륨등

5) 건축화 조명
조명이 건축물과 일체가 되고, 건물의 일부가 광원의 역할을 하는 것으로 쾌적환경을 만들 수 있다. 발광면이 크고 음영이 부드러우나 청소는 어렵고 조명 효율이 직접조명에 비해 낮다.

(1) **광천장 조명** 반투명 플라스틱판이나 유리로 천장을 만든 후 내부에 광원을 넣어 천장 면이 빛나는 방식의 조명
(2) **코브 조명**(cove light) 천장에 턱을 만들고 턱을 따라 광원을 눈 가림판 등으로 가려 천장에 반사시키는 간접 조명

(a) 광천장 조명

(b) 코브 조명

(3) **코니스 조명** 광원을 코너에 배치하고 벽면에 빛이 반사되도록 한 것.
(4) **다운라이트** 광원을 천장의 구멍 속에 배치하여 직하부분만 비추도록 한 간접 조명

(5) 루버 조명 광원 아래 루버를 설치하여 글래어 존에서는 광원이 눈에 들어오지 않도록 간접조명

(c) 다운 라이트

(d) 루버 조명

(6) 밸런스 조명 광원을 벽면 중간에 배치하고 상하로 빛을 분산시키는 간접조명
(7) 캐노피 조명 벽면이나 천장의 일부가 돌출하도록 설치하는 조명

제4장 정보통신설비

1. 전기통신설비

1) 인터폰 설비

(1) 인터폰설비의 개념

인터폰설비는 국선접속(일반적으로 공중 통신망에 접속)을 목적으로 하지 않는 구내연락을 위한 유선통화 전반적 설비를 말한다.

(2) 인터폰설비의 통화망 방식에 따른 분류

구분	내용
모자식	• 1대의 모기에 2대 이상의 자기를 접속해서 모기와 자기가 서로 호출해서 통화 하는 방식이다. • 자기끼리의 통화는 모기를 통해서 한다.
상호식	• 설치하는 각 기기가 전부 구조와 사용법이 동일하다. • 서로 어느 기기에서든지 임의의 다른 기기를 자유롭게 호출해서 통화할 수 있다. • 통화 중인 기기의 통화에는 혼선되지 않고 별도로 몇 쌍의 통화가 가능하다.
복합식	• 몇 대의 자기를 접속한 모기 그룹이 몇 개 있는 경우 모자 간은 모자식으로 모기끼리는 상호식으로 호출해서 통화한다. • 모자식과 상호식의 조합에 의한 통화망이다.

2) TV공동수신설비

(1) 구성요소

안테나, 정합기, 분배·분기장치, 증폭기 등

(2) 설치방법

① 피뢰침 보호각 내에 있어야 한다.　　② 강전류선으로부터 3m 이상 이격한다.
③ 방향성 결합기나 분배기를 사용하지 않는 플러그에는 더미 로드를 부착한다.
④ 풍속 40m/s 정도에 견디어야 한다.
⑤ 접합기의 설치높이는 바닥 위에서 30cm 높이로 한다.

2. 정보설비

1) 표시설비 및 정보화설비

(1) 유도등(표시 색채 : 바탕은 녹색, 표시글자는 백색)
(2) 유도표지(표시 색채 : 바탕은 백색, 화살표 및 문자는 녹색)
(3) 전기시계설비　　(4) 월패드(Wall-pad)

3. 약전설비

1) 약전설비의 종류

전화설비, 인터폰설비, 전기시계설비, 안테나(공동수신)설비 등

제5장 건축물 방재설비

1. 피뢰설비

1) 설치대상
20m 이상 높이의 건축물이나 공작물에 설치

2) 피뢰침의 설치
(1) 낙뢰의 피해를 안전하게 보호하는 돌침 및 수평도체의 보호각은 일반 건축물의 경우 60°, 위험물 관계 건축물의 경우 45°로 해야 함
(2) 피뢰침의 보호각은 가급적 작게 잡는 것이 안전

3) 피뢰설비의 수뢰부의 구성
뇌격전류를 받아들이기 위한 외부 피뢰설비의 일부분을 말하며 돌침·수평 도체·메시도체 등이 있음

4) 수뢰부 시스템의 보호범위 산정방식

구분	내용
메시법	보호 건물 주위에 망상도체를 적당한 간격으로 보호하는 방법
보호각법	피뢰침 보호각 내에 보호하는 방법
회전구체법	피뢰침과 지면에 닿는 회전구체를 그려 회전구체가 닿지 않는 부분을 보호범위로 산정하는 방법

5) 피뢰설비 보호방식

구분	내용
간이보호(가공지선)	보통보호보다 간단하며, 뇌해가 많은 지방의 높이 20m 이하 건물에서 자주적인 피뢰설비를 실시할 때 이용
보통보호(돌침)	목조 가옥에서는 증강보호가 좋고, 철근콘크리트 건축 물로서 옥상에 난간이 있는 경우는 보통보호로 함
증강보호(수평도체 방식)	건축물 윗면의 모서리 부분, 뾰족한 모양을 한 부분의 위쪽에 수평도체식 피뢰설비를 하여 전체의 보호 능력이 증강된 방식
완전보호(케이지 방식)	어떠한 뇌격에 대해서도 건물이나 내부에 있는 사람에게 위해를 가하지 않는 방식(산꼭대기 관측소, 휴게소, 매점 등)

6) 피뢰 시스템의 등급분류
피뢰 시스템의 효율(낙뢰 등에 의한 방전능력)에 따라 등급 분류

등급	시스템의 효율
I	0.98
II	0.95
III	0.90
IV	0.80

2. 접지설비

1) 접지시스템의 종류 및 접지극 시설방법
(1) 접지시스템 종류
　① 접지시스템은 단독접지, 공통접지, 통합접지로 구분한다.
　② 고압 및 특고압과 저압 전기설비의 접지극이 근접하여 시설되어 있는 변전소 또는 이와 유사한 장소는 공통접지로 할 수 있다.
　③ 단독접지는 접지를 필요로 하는 개개의 설비에 대해서 각각 독립적으로 설치하는 것을 말한다.
(2) 낙뢰에 의한 과전압 등으로부터 전기전자기기 등을 보호하기 위해 한국전기설비규정 153.1에 따라 서지보호장치를 설치하여야 한다.
(3) 접지극 매설방법
　① 매설하는 토양을 오염시키지 않는 공법으로 하고 가능한 한 다습한 장소
　② 매설은 해당 지역의 동결심도 이하의 깊이로 할 것. 다만, 변압기 중성점 접지극의 경우는 지표면에서 0.75m 이하

2) 접지도체의 선정 및 접속
(1) 접지도체에 큰 고장전류가 흐르지 않는 경우, 최소 단면적은 구리 6㎟, 철제 50㎟로 한다. 다만, 피뢰시스템이 접속되는 경우 구리는 16㎟, 철제 50㎟로 하여야 한다.
(2) 접속 공법은 전기적 연속성이 보장되도록 발열성 용접·압착접속·클램프 접속 또는 기계적인 내구성을 가진 접속장치를 사용하여야 한다. 다만, 클램프 접속 시 접지 재료에 손상을 주어서는 안 된다.

3) 보호도체의 단면적 보강
(1) 보호도체는 정상상태에서 전류의 전도성 경로로 사용 하여서는 안된다.
(2) 전기설비의 정상 운전상태에서 보호도체에 10mA를 초과하는 전류가 흐르는 경우는 다음과 같이 보강하여야 한다.
　① 보호도체가 한 개인 경우 단면적은 구리 10㎟ 이상, 알루미늄 16㎟ 이상
　② 추가로 보호도체를 위한 별도의 단자가 구비된 경우, 최소 보호도체 단면적은 구리 10㎟ 이상, 알루미늄 16㎟ 이상

4) 접지저항 값

(1) 시공 후 접지저항 값은 설계도서 및 공사시방서보다 작은 값이 되도록 하여야 한다.
(2) 접지공사 후 목표로 한 접지저항 값을 얻을 수 없는 경우, 접지극의 추가·위치조정·공법의 변경 등으로 이에 도달하도록 하여야 한다.
(3) 시공 후 일정 기간이 경과하여도 접지저항 값이 유지되어야 하며, 접지 시공 장소를 준공도면에 정확히 표시하여야 한다.
(4) 접지저항 값은 설계도 및 공사시방서에 따른다.

5) 시공

(1) 접지도체 시공

① 외상을 받을 우려가 있는 경우에는 배관에 넣어 시공하여야 한다. 다만, 금속관을 사용하는 경우, 배관의 양단은 본딩 공사를 하여야 한다.
② 접지 대상 기기로 부터 0.6m 이내의 부분과 지중 부분을 제외하고는 배관(금속관·합성수지관 등)에 넣어 보호하여야 한다.
③ 기기와 접지도체 사이의 접속은 전기적·기계적으로 확실하게 하여야 한다.
④ 접지도체 시공의 상세사항은 설계도 및 공사시방서에 따른다.

(2) 등전위본딩 시공

① 본딩도체는 외상을 받을 우려가 없도록 하여야 한다.
② 대상 기기와 본딩도체 사이의 접속은 전기적·기계적으로 확실하게 하여야 한다.
③ 건축물 등의 외부에서 내부로 인입(전력케이블·통신케이블·금속제 배관 등)하는 수가 많아서 1개소에 집중하여 등전위본딩 하기 어려운 경우, 여러 개소를 등전위본딩 도체로 연결하여 1점으로 집중시키는 방법으로 시공 하여야 한다.
④ 등전위본딩도체 시공의 상세사항은 설계도 및 공사시방서에 따른다.

(3) 접지극

① 접지극은 매설하는 토양을 오염시키지 않아야 하며, 가능하면 다습한 장소에 시공하여야 한다.
② 접지극의 접속은 기계적 강도를 갖는 접속 방법(발열성 용접, 압착접속, 클램프 접속 등)으로 하여야 한다. 다만, 클램프 사용 시 접지극 또는 접지도체를 손상시켜서는 안 된다.
③ 지중에 매설된 금속제 수도관을 접지극으로 사용하는 경우 다음에 따른다.
　가. 접속 지점은 수도관(내경 75mm 이상) 또는 여기에서 분기된 수도관(내경 75mm 미만)의 분기점 5m 이내에서 하여야 한다. 다만, 금속제 수도관과 대지 간 저항 값이 2Ω 이하일 경우 분기점에서 거리는 5 m를 초과할 수 있다.
　나. 접지도체와 금속제 수도관과 접속 부분을 수도계량기의 수용가 측에 설치할 경우 수도계량기 양단은 본딩을 시설하여야 한다.
　다. 접지도체와 금속제 수도관과 접속 부분에 사람이 접촉될 우려가 있는 경우, 손상을 방지하기 위하여 보호장치를 시설하여야 한다.

라. 접지도체와 금속제 수도관의 접속에 사용하는 접지금구는 접속부에서 전기부식 발생되지 않아야 한다.
④ 접지극 시공의 상세사항은 설계도 및 공사시방서에 따른다.

(4) 옥외부분 접지
① 접지극의 매설은 해당 지역의 동결 깊이를 파악하여 그보다 깊게 하여야 한다. 다만, 고압·특고압 전기설비 또는 중성점 접지인 경우 0.75m 이하로 하여야 한다.
② 접지도체는 지표면 아래 0.75m 부터 지표면 위 2m 까지는 두께 2mm 이상의 합성수지관 또는 이와 동등 이상의 절연효력 및 강도가 있는 몰드로 덮어서 보호하여야 한다.
③ 접지도체를 철주 또는 금속체를 따라서 시공하는 경우에는 접지극을 철주의 밑면으로부터 0.3m 이상의 깊이에 매설하는 경우 이외에는 접지극을 지중에서 그 금속체로부터 1.0m 이상 이격하여 매설하여야 한다.
④ 옥외에 시공하는 접지도체의 상세사항은 설계도 및 공사시방서에 따른다.

3. 소방전기설비

1) 수신기
(1) 수신기는 감지기 또는 발신기에서 보내온 신호를 수신하여 화재의 발생을 당해 건물의 관계자에게 램프 표시 및 음향장치 등으로 알려 주는 것
(2) 종류 : P형(1급, 2급), R형, M형

2) 감지기
화재발생 시에 생기는 열 또는 연기 등에 의해서 자동적으로 화재의 발생을 감지하는 것, 작동방식에 따라 열감지기와 연기감지기가 있음

구분		감지원리
열감지기	정온식	주변온도가 일정 온도에 달하였을 때 감지
	차동식	주변온도의 일정한 온도상승에 의한 감지
	보상식	정온식과 차동식의 성능을 가진 열감지기
연기감지기	광전식	연기에 의해 반응하는 것으로 광전효과 이용하여 감지
	이온화식	연기에 의해 이온농도가 변화되는 것으로 감지

3) 발신기
감지기의 동작 이전에 화재의 발생을 발견한 사람이 발신기의 단추를 눌러서 화재발생을 수신기에 전달하여 관계자에게 통보하는 것

4) 음향장치
(1) 감지기에 의해서 화재의 발생을 발견하면 벨 또는 사이렌 등으로 경종을 울리는 설비
(2) 음량은 설치 위치 중심 1m 떨어진 위치에서 90폰(Phon) 이상이고, 각 층마다 그 층의 각 부분으로부터 하나의 음향장치까지의 수평거리는 25m 이하가 되도록 설치

4. 방범설비 및 항공장애표시등설비

1) 방범시설의 구성

방범설비	출입통제설비	텐키방식설비	
		카드인식설비(자기카드, IC카드)	
		생체인식설비(음성, 지문·장문, 홍체, 얼굴, 망막, 혈관)	
	침입감지설비	인력감시	영상정보처리기기(CCTV)설비
			청음설비(집음마이크)
		자동감시 점(Point) 방어형	마그네틱스위치
			리미트스위치
			진동감지기
			파손감지기
			매트스위치
		선(Line) 방어형	테이프식감지기
			빔식감지기
			광케이블감지기
		공간(Space) 방어형	초음파감지기
			전파감지기
			열선감지기
	침입통보설비(방범설비감시제어반)		

2) 항공장애표시등설비

(1) 항공장애등은 비행기의 야간비행이나 저공비행 시 안전하게 운항할 수있도록 설치하는 것
(2) 건축물 또는 공작물의 높이가 60m 이상인 경우 설치 필요
(3) 수직거리 45m 간격으로 설치

예·상·문·제
건축전기설비 기초지식

01 충전 완료한 납축전지의 양극은?
① Pb_2O
② PbO
③ PbO_2
④ Pb_3O_4

해설 충전 시 납축전지의 양극은 PbO_2이고 음극은 Pb이다.

02 납축전지의 방전이 다되면 양(+)극은 어떠한 물질로 되는가?
① Pb
② $PbSO_4$
③ PbO
④ PbO_2

해설 방전 시 납축전지의 양극과 음극은 모두 $PbSO_4$가 된다.

03 납축전지가 충분히 충전되었을 때, 양극판의 빛깔은 어떠한가?
① 황색
② 적갈색
③ 청색
④ 회백색

해설 납축전지가 충분히 충전되었을 때, 양극판은 다갈색(적갈색)의 PbO_2, 음극판은 납색의 Pb이며 수용액은 묽은 황산, 방전 시에는 양극 음극 모두 회백색의 $PbSO_4$가 된다.

04 알칼리 축전지의 음극 재료는?
① 수산화니켈
② 카드뮴
③ 산화철
④ 납

해설 알칼리 축전지의 양극은 수산화니켈, 음극은 카드뮴이다.

해답 1.③ 2.② 3.② 4.②

05 예비전원 발전기와 부하 사이에는 개폐기 및 과전류 차단기 외에 어떤 계기를 시설해야 하는가?

① 절체 개폐기
② 전압계와 전류계
③ 과전류 차단기
④ 과전압 차단기

해설 예비전원 사이에는 교환을 위한 절체 개폐기가 필요하다.

06 전기 집진기는 무엇을 이용한 것인가?

① 대전체 간의 정전기력
② 자기력
③ 만유인력
④ 전기저력

해설 전기 집진기 상부에서 먼지 입자들을 (+)로 대전시킨 뒤 집진판(-)에서 정전기력을 이용해 부착 제거한다.

07 역률이 제일 좋은 전동기는?

① 농형 유도전동기
② 권선형 유도전동기
③ 반발기동형 단상 유도전동기
④ 3상 동기 전동기

해설 전동기 중에서 역률이 제일 좋은 것은 3상 동기 전동기이다.

08 상하수도 시설의 예비용 자가 발전용량은 수전전력 용량의 몇 % 정도인가?

① 20%
② 30%
③ 65%
④ 80%

해설 자가발전 용량은 시설의 특성을 고려하여 결정하되 일반적으로 빌딩 20%, 병원 30%, 전신 전화 설비 5%, 상·하수도 설비 80% 이상 정도이다.

09 실내등의 밝기를 조정하는 장치를 무엇이라고 하는가?

① 조광기
② 타이머
③ 변압기
④ 나이프 스위치

해설 거실 등의 백열전구는 조광기(dimmer)를 이용하여 광속을 조절한다.

해답 5.① 6.① 7.④ 8.④ 9.①

10 백열전구에 게터를 사용하는 목적은?
① 효율 개선 ② 광속 증가
③ 전력 감소 ④ 수명 증가

해설 유리구 속에 게터(옥소)를 봉입하여 필라멘트에서 증발한 텅스텐을 다시 필라멘트에 보내어 수명을 연장하고 관벽을 투명하게 유지한다.

11 옥내배전 선로의 도체 굵기를 결정하는데 3요소가 아닌 것은?
① 전류 용량 ② 전압 강하
③ 전력 소비 ④ 기계적 강도

해설 도선의 굵기는 전류용량, 허용 전압 강하, 전선의 기계적 강도를 고려한다.

12 광원의 연색성이 가장 좋은 것은?
① 백색 형광등 ② 형광수은등
③ 나트륨등 ④ 크세논등

해설 연색성이 우수한 것은 크세논등, 백열등이며 나쁜 것은 나트륨등, 수은등 등이다.

13 피뢰설비의 방식으로 가장 효과적인 방식은?
① 돌침방식 ② 동상도체방식
③ 뱅킹방식 ④ 케이지방식

해설 〈피뢰설비 효과〉 케이지방식(완전보호)〉동상도체(증강보호)〉돌침방식(보통보호)〉뱅킹방식(간이보호)

14 3상 유도 전동기에 Y-△기동기를 사용하는 목적은?
① 기동전류를 줄이려고 ② 기동토크를 크게 하려고
③ 기동 시 회전을 빠르게 하려 ④ 기동 전압을 높이려고

해설 Y-△기동기는 출력이 5.5kW 이상의 농형 전동기에 사용되는 방법으로 일종의 감압 기동기인 것이다. 기동할 때에는 고정자 권선을 성형(△)결선으로 하여 각 상에 전원 전압의 $1/\sqrt{3}$ 배의 전압을 가해서 기동전류를 제한하고 속도가 상승하여 정상 운전이 되면 Y접속으로 전환해서 각 상에 전원 전압을 준다. 이 방법에 따르면 기동 전류 및 기동 토크는 직접 기동의 약 1/3에 해당한다.

해답 10.④ 11.③ 12.④ 13.④ 14.①

15 다음의 직류 전동기 중 기동회전력이 큰 순으로 맞게 되어 있는 것은?

① 직권형>분권형>복권형
② 복권형>직권형>분권형
③ 복권형>분권형>직권형
④ 직권형>복권형>분권형

해설 기동토크는 직권형이 가장 크고, 복권형, 분권형의 순이다.

16 부하설비의 역률이 낮았을 경우 무엇을 설치해야 하는가?

① 무효전력량계
② 전력용 콘덴서
③ 유도전압 조정기
④ 영상 변류기

해설 인덕턴스가 많아지면 역률이 감소하는데 이때 역률 개선을 위하여 콘덴서를 사용한다.

17 신축 건축물의 전력을 공급하기 위한 수변전 설비의 설계 시 부하설비용량을 구하고자 할 때 관계식을 바르게 표기한 것은?

① 부하설비용량=최대 수용전력×부하율
② 부하설비 용량=최대 수용전력×수용률
③ 부하설비 용량=최대수용전력×연면적
④ 부하설비용량=부하밀도×연면적

해설 부하설비용량=부하밀도×연면적으로 구하며 또한 건물의 수용률은 [최대 수용전력/부하설비 용량]이므로 부하설비 용량=최대 수용전력/수용률로도 표현된다.

18 다음의 변압기 회로에서 1차 전압을 $E_1 V$, 2차 전압을 $E_2 V$, 1차 전류를 $I_1 A$, 2차 전류를 $I_2 A$라 할 때 관계식을 바르게 표시한 것은?(단, 권선비는 $n_1 : n_2$이다.)

① $\frac{E_2}{E_1} = \frac{n_2}{n_1}$, $\frac{I_2}{I_1} = \frac{n_1}{n_2}$
② $\frac{E_2}{E_1} = \frac{n_1}{n_2}$, $\frac{I_2}{I_1} = \frac{n_1}{n_2}$
③ $\frac{E_2}{E_1} = \frac{n_2}{n_1}$, $\frac{I_2}{I_1} = \frac{n_2}{n_1}$
④ $\frac{E_2}{E_1} = \frac{n_1}{n_2}$, $\frac{I_2}{I_1} = \frac{n_2}{n_1}$

해설 전압은 권선수에 비례하고, 전류는 권선수에 반비례한다.

19 3상 유도 전동기를 급속히 정지 또는 감속시킬 경우 가장 손쉽고 효과적인 제동법은?

① 발전제동
② 와전류제동
③ 회생제동
④ 역상제동

해설 역상제동은 전기적 브레이크로 급정지에 적합하다.

해답 15.④ 16.② 17.④ 18.① 19.④

20 직류 전동기에서의 속도 제어법이 아닌 것은?

① 계자 제어법 ② 주파수 제어법
③ 전압 제어법 ④ 저항 제어법

해설 주파수 제어법은 교류 모터의 속도 제어법으로 최근에 주로 쓰이고 있다.

21 10kVA의 단상 변압기 2대로 공급할 수 있는 최대 3상 전력 kVA은?

① 8.66 ② 17.32
③ 23.72 ④ 34.64

해설 단상 변압기 V 결선 시 변압기 활용률은 약 86.6%이다.
∴ 10kVA×2×0.866=17.32kVA

22 변류기(CT)를 사용하는 목적은?

① 고전압을 측정하기 위해 ② 교류를 직류로 바꾸기 위해
③ 직류를 교류로 바꾸기 위해 ④ 교류의 대전류를 측정하기 위해

해설 변류기(CT)란 대전류를 소전류로 바꾸어 측정이 가능하도록 하는 것이며 계기용 변압기(PT)는 대전압을 소전압으로 바꾸어 전압측정이 가능하도록 하는 것으로 이들을 계기용 변성기라 한다.

23 저압개폐기를 시설하면 안 되는 곳은?

① 부하전류를 통하거나 끊을 필요가 있는 곳
② 인입구나, 고정, 점검 및 수리를 위하여 전선로를 차단하는 곳
③ 과전류 차단기를 필요로 하는 곳
④ 중성선이나 접지선에 차단하는 곳

해설 중성선이나 접지선의 경우 개폐기를 설치하지 않는다.

24 직류전동기의 워드레오너드 속도 제어방식은 전동기의 무엇과 무엇을 조정하면서 속도제어를 하는가?

① 단자 전압과 여자 ② 단자 전압과 저항조절
③ 저항과 여자 ④ 단자 전압과 토크

해설 직류 전동기 속도제어방법은 계자 제어법, 전압 제어법, 저항 제어법이 있으며 워드레오너드 속도 제어방식은 전압 제어법에 속하며 일반적으로 쓰인다. 계자 저항과 단자 전압을 조정하여 속도를 제어한다.

해답 20.② 21.② 22.④ 23.④ 24.②

25 현재 사용하는 대부분의 교류 적산 전력계는 어떤 형식의 계기인가?

① 정류형 계기
② 정전형 계기
③ 가동철편형 계기
④ 유도형 계기

해설 현재 가정에서 주로 쓰이는 적산전력계는 알루미늄판을 사이에 두고 전류코일과 전압코일 사이의 유도 기전력을 이용하는 유도형 전력계가 쓰인다.

26 최근에 변압기 개선책으로서 설계단계에서 손실에 의한 과열을 방지하고 내구성, 단락강도가 크고 잡음이 적어 언제나 폭발위험이 있는 장소 등에 설치할 때 적합한 변압기는?

① 건식 변압기
② 몰드형 변압기
③ 유입식 변압기
④ 풍냉식 변압기

해설 유입식 변압기는 절연성이 우수하여 폭발위험이 있는 장소에 적합하고 냉각효과가 우수하다.

27 그림과 같이 간선의 전기 방식은?

① 단상 2선식
② 단상 3선식
③ 3상 3선식
④ 3상 4선식

해설 3선에서 2종류의 전압을 결선하는 단상 3선식이다.

28 변압기의 손실은 부하에 관계되는 부하손실과 부하에 무관계인 무부하손실로 구별된다. 이때 무부하손실에 해당되지 않는 것은?

① 히스테리시스손
② 와전류손
③ 저항손
④ 유전체손

해설 저항손은 부하손실에 해당한다.

29 도선에 흐르는 전류에 의하여 자계가 발생한다. 이들 간의 방향을 결정하는 법칙은?

① 플레밍의 왼손 법칙
② 암페르의 오른나사 법칙
③ 렌쯔의 법칙
④ 키르히호프의 법칙

해설 오른나사 진행 방향의 전류에서 회전방향의 자계가 형성된다는 암페르의 오른나사 법칙이다.

해답 25.④ 26.③ 27.② 28.③ 29.②

30 전동기 부하는 역률이 나쁘기 때문에 부하설비의 종합 역률이 떨어진다. 그러므로 역률을 개선하기 위해 부하에 콘덴서의 연결은 어떻게 하는가?

① 부하와 직병렬로 접속
② 부하와 직렬로 접속
③ 부하와 병렬로 접속
④ 부하크기에 따라 직병렬 선택

[해설] 역률개선을 위한 전력용 콘덴서는 부하와 병렬 접속한다.

31 어떤 기간 중에 평균 수용전력과 최대 수용전력과의 비를 무엇이라 하는가?

① 부하율
② 수용률
③ 부동률
④ 수요율

[해설]
- 부하율=평균수용전력/최대수용전력
- 수용률(수요율)=최대수용전력/부하설비용량
- 부동률=각 부하 최대 수용전력의 합/합성 최대 수용전력

32 복도 통로유도등 표시의 색은?

① 녹색바탕에 백색문자로 한다.
② 적색바탕에 백색문자로 한다.
③ 백색바탕에 녹색문자로 한다.
④ 적색바탕에 녹색문자로 한다.

[해설]
1) 통로유도등 : 백색바탕 녹색문자
2) 비상문 : 녹색바탕, 백색문자

33 전동기의 회전방향을 알 수 있는 것은?

① 플레밍의 왼손 법칙
② 플레밍의 오른손 법칙
③ 키르히호프 제1법칙
④ 키르히호프 제2법칙

[해설]
1) 전동기 회전 방향 : 플레밍 왼손 법칙
2) 발전기 전류 방향 : 플레밍 오른손 법칙

34 과전류 차단기를 시설하여야 할 곳은?

① 인입선
② 접지선
③ 다선식 선로의 중성선
④ 저압 선로의 접지선

[해설] 과전류 차단기는 인입선, 개폐기 등에 설치한다.

해답 30.③ 31.① 32.③ 33.① 34.①

35 60Hz, 6극 유도전기의 슬립이 5%일 때 매분 회전수(rpm)는?

① 1,120rpm ② 1,130rpm
③ 1,140rpm ④ 1,150rpm

해설 $N = \dfrac{120 \cdot f}{P}(1-s) = \dfrac{120 \times 60}{6}(1-0.05) = 1,140 \text{ rpm}$

36 인터폰을 접속방식에 따라 3종류로 분류된다. 인터폰의 종류와 관련 없는 것은?

① 모자식 ② 상호식
③ 복합식 ④ 수정식

해설 인터폰 접속방식은 회선이 가장 간단한 모자식과 가장 복잡하지만 접속이 편리한 상호식, 그리고 복합식이 있다.

37 30kW인 농형 유도전동기의 기동에 가장 적당한 방법은?

① 기동 보상기에 의한 기동 ② Y-△기동
③ 직렬임피던스 기동 ④ 직입기동

해설 농형 유도전동기의 기동법에서 11kW 이하의 소형은 직입기동을, 37kW 이하의 중형은 Y-△기동을 주로 적용한다.

38 배전설비에 교류를 채택하는 이유가 아닌 것은?

① 송배전계통의 각 지역에서 최적의 전압을 변압기로서 공급할 수 있다.
② 교류발전기는 구조가 간단하고 견고하며 전기발생이 용이하다.
③ 직류방식에 비해 승압 및 절연이 단순하여 건설비가 싸다.
④ 계통연계가 용이하고, 구성이 비교적 자유롭다.

해설 교류는 승압에 의한 원거리 송전손실이 적으나 승압, 절연 비용이 많다.

39 방범설비에 사용되는 단말 검출기 중에서 도플러(Doppler) 효과를 이용하여 침입자를 검출하는 것은?

① 초음파 검출기 ② 적외선식 검출기
③ 리미터 ④ 진동 검출기

해설 초음파식은 도플러 효과를 이용하며 적외선식은 광감지기를 이용한다.

해답 35.③ 36.④ 37.② 38.③ 39.①

40 다음의 역률에 관한 설명 중 옳은 것은?

① 무효전력에 대한 유효전력의 비를 역률이라고 한다.
② 역률산정 시에 필요한 피상전력은 유효전력과 무효전력의 산술합이다.
③ 백열전등이나 전열기의 역률은 100%에 가깝다.
④ 역률은 부하의 종류와는 관계가 없으며 공급전력의 질을 의미한다.

해설 역률=유효전력/피상전력으로 코일이 없는 전구등은 100%에 가깝다.

41 어떤 분전반에 유입되는 전류의 합은 유출되는 전류의 합보다 많을 수 없다는 현상을 설명하는 법칙은?

① 옴의 법칙
② 키르히호프 제1법칙
③ 키르히호프 제2법칙
④ 전류 분배의 법칙

해설 키르히호프 제1법칙은 전류합의 법칙이다.

42 1,000[A] 이상의 대전류를 필요로 하는 대규모 건물의 간선을 배선하는 방식은?

① 케이블 랙 공사
② 금속 덕트 공사
③ 셀룰라 덕트 공사
④ 버스 덕트 공사

해설 버스 덕트 공사는 간선 등의 대전류에 이용하며 동바 등을 이용한다.

43 고압 차단기의 종류가 아닌 것은?

① 공기차단기(ABB)
② 자기차단기(MCB)
③ 유입차단기(OCB)
④ 질소차단기(NCB)

해설 고압차단기의 종류에는 유입차단기, 공기차단기, 기중차단기, 진공차단기, 가스차단기, 자기차단기 등이 있다.

44 시설용량 400[kVA]의 일반 전등전열부하에 공급할 변압기를 선정하고자 한다. 이때 수용률이 70%라면 가장 적당한 변압기의 용량은?

① 250[kVA]
② 300[kVA]
③ 400[kVA]
④ 570[kVA]

해설 변압기 용량=최대수용전력=시설용량×수용률=400×0.7=280≒300[kVA]

해답 40.③ 41.② 42.④ 43.④ 44.②

45 단권 변압기에서 1차 권선의 권수가 100회 공통 코일(2차 코일) 권수가 60회일 때 2차측 전압은 얼마인가?(단, 1차측 전압은 100[V]이다.)

① 100[V] ② 60[V]
③ 40[V] ④ 160[V]

해설 전압은 코일 권수에 비례하므로 $V_2 = V_1(n_2/n_1) = 100(60/100) = 60V$

46 전기설비의 특별 고압 측에서 사고전류를 차단하는 장치인 전력퓨즈(power Fuse)에 관한 설명으로 옳은 것은?

① 계전기나 변성기가 없이 작동하지만, 특성을 조정할 수 있으므로 편리하다.
② 소형이고 비교적 경량이지만, 재투입이 불가능한 단점이 있다.
③ 고속도 차단이 가능하고, 비한류 특성이 있는 것이 장점이다.
④ 소형으로 큰 차단용량을 갖지만, 유지보수가 어려운 단점이 있다.

해설 전력퓨즈는 고전압 회로 및 기기의 단락 보호 퓨즈로, 차단기에 비해 작고, 가벼우며 값이 싸다. 또한 차단 용량이 크고 고속 차단할 수 있으며 보수도 간단하다. 그러나 한번 용단된 퓨즈는 재사용할 수 없다.

47 다음 중 3상유도전동기의 회전속도를 증가시킬 수 있는 방법으로 가장 알맞은 것은?

① 극수를 증가시킨다. ② 슬립을 증가시킨다.
③ 주파수를 증가시킨다. ④ 기동법을 변화시킨다.

해설 전동기 회전수는 극수와 슬립에 반비례하고, 주파수에 비례한다.

48 굴곡 장소가 많아서 금속관에 의하여 공사하기 어려운 경우, 금속관 공사나 금속 덕트 공사 등에 병용하여 부분적으로 이용되는 배선 공사 방법은?

① 목제 몰드 공사 ② 애자사용 몰드 공사
③ 가요전선관 공사 ④ 플로어 덕트 공사

해설 가요전선관 공사(플렉시블 콘듀트)는 굴곡이 심한 곳이나 진동을 차단할 곳에 적합하다.

49 △결선의 변압기 1대가 고장으로 V결선으로 바꾸었을 때 출력은 고장 전 출력의 몇 퍼센트 정도인가?

① 57.7% ② 50%

해답 45.② 46.② 47.③ 48.③ 49.①

③ 66.7%   ④ 173.2%

해설 △결선은 3상 전력을 얻을 수 있고, 1대 결손 시 V결선으로 변경되어 $1/\sqrt{3}$ 배(57.7%)가 된다.

50 다음 중 교류 전동기가 아닌 것은?
① 권선형 유도 전동기   ② 동기 전동기
③ 셰이딩 코일형 유도 전동기   ④ 복권 전동기

해설 복권 전동기는 직류 전동기이다.

51 다음 중 열감지기에 속하지 않는 것은?
① 차동식 스폿형 감지기   ② 차동식 분포형 감지기
③ 정온식 스폿형 감지기   ④ 이온화식 감지기

해설 이온화식 감지기는 광전식과 같이 연감지기이다.

52 건축화 조명에 관한 기술 중 틀린 것은 어느 것인가?
① 조명 능률이 높다.
② 공사비, 유지비가 직접 조명에 비하여 비싸다.
③ 발광면이 크기 때문에 빛이 확산하여 음영이 부드러워진다.
④ 건축화 조명은 조명 기구를 노출시키지 않고 벽·기둥·보 등의 건축 구조물 자체를 발광체로 한 조명이다.

해설 조명능률은 떨어진다.

53 다음 중 조도를 표시하는 단위는 어느 것인가?
① 루멘   ② 칸델라
③ 룩스   ④ 램버트

해설 루멘(lm) : 광속(광량), 칸델라(cd) : 광도, 룩스(lx) : 조도, 램버트 : 휘도(단위면적당 반사 광속)

54 눈부심에 관한 설명 중 틀린 것은 어느 것인가?
① 조도가 높은 쪽에서 낮은 쪽을 볼 때나 중간에 유리 같은 막이 있을 때도 생긴다.
② 눈에 입사하는 광속이 너무 커도 이런 현상이 생긴다.

해답 50.④ 51.④ 52.① 53.③ 54.①

③ 어두운 곳에서 밝은 곳으로 갑자기 이동 시 생긴다.
④ 불쾌감을 주고 피로 또는 시력의 일시적 감퇴를 초래한다.

해설 눈부심은 조도가 낮은 곳에서 높은 곳을 볼 때 생긴다.

55 간접 조명을 직접 조명과 비교한 기술에서 틀린 것은 어느 것인가?
① 조도가 균일하다.
② 강한 음영이 없다.
③ 설비비가 비싸다.
④ 빛의 이용률이 크다.

해설 간접 조명은 빛의 이용률(조명률)은 낮다.

56 각 실의 소요조도가 큰 것으로부터 작은 것으로 나열한 것 중 옳은 것은?
① 거실>제도실>병실>백화점
② 제도실>거실>백화점>병실
③ 제도실>백화점>병실>거실
④ 백화점>제도실>거실>병원

해설 작업 조건에 따라 달라지나 보통 조도기준은 제도실(1000lx)>백화점(500lx)>병실(150lx)>거실(100lx)

57 조명설비에서 연색성에 관한 설명으로 옳지 않은 것은?
① 평균 연색평가수(Ra)가 0에 가까울수록 연색성이 좋다.
② 일반적으로 할로겐전구가 고압수은램프보다 연색성이 좋다.
③ 연색성이란 물체가 광원에 의하여 조명될 때, 그 물체의 색의 보임을 정하는 광원의 성질을 말한다.
④ 평균 연색평가수(Ra)란 많은 물체의 대표색으로서 7종류의 시험색을 사용하여 그 평균값으로부터 구한 것이다.

해설 연색평가지수(Ra)
• 자연의 태양광과의 유사 정도를 판단하는 연색성을 수치화, 계량화한 것
• 연색평가지수는 0~100 범위의 수치를 가지며, 100에 가까울수록 연색성이 좋다고 한다.

58 조명에 대한 용어와 단위의 조합으로 잘못된 것은?
① 광속-lm(루멘)
② 조도-Lux(룩스)
③ 광도-W(와트)
④ 휘도-cd/m²

해설 광도 : 칸델라(cd), 휘도 : 스틸브, 램버트

해답 55.④ 56.③ 57.① 58.③

59 광원에 있어서 연색성이란 무엇인가?

① 광원의 밝기를 말하며 물체의 색깔에 따라서 달라진다.
② 물체는 광원의 종류에 따라 색깔이 달라 보이는데 이러한 광원의 성질을 말한다.
③ 일반적으로 백열등보다는 형광등이 연색성이 좋다.
④ 광색은 적색광에 가까울수록 연색성이 나쁘다.

해설 연색성이란 색을 연출하는 성질로 광원에 따라 보이는 색깔이다.

60 건축화 조명 중 벽에 설치한 전구로 천장에 비추어 간접 조명하는 방식을 무엇이라 하는가?

① 다운 라이트　　　　　　　　② 밸런스 조명
③ 코니스 조명　　　　　　　　④ 코브 조명

해설 코브 조명은 벽에 설치한 전구로 천장에 넓은 구멍을 뚫고 반사된 빛이 비추도록 한다.

61 조명 기구 중에서 천장에서 파이프 등으로 매단 방식을 무엇이라 하는가?

① 글루브(globe)　　　　　　　② 셰이드(shade)
③ 펜던트(pendant)　　　　　　④ 브라켓트(bracker)

해설 펜던트방식에는 코드펜던트, 체인펜던트, 파이프펜던트가 있다.

62 조명 설계의 순서를 아래 보기에서 나열하시오.

> ㉠ 조명 기구 배치　　㉡ 조명 방식 결정　　㉢ 소요 조도 결정
> ㉣ 광원의 선택　　　㉤ 조명 기구 선정

① ㉠-㉡-㉢-㉣-㉤　　　　　② ㉢-㉣-㉡-㉤-㉠
③ ㉠-㉡-㉣-㉤-㉢　　　　　④ ㉢-㉡-㉤-㉠-㉣

해설 조명 설계순서 : 소요조도결정 – 광원선택 – 조명방식결정 – 조명기구선정 – 기구배치

63 광원의 설치 높이는 직접 조명인 경우와 간접 조명인 경우 각각 얼마인가?(단, 천장과 작업면 사이를 H로, 광원과 천정 사이를 h로 한다)

① 직접 $h=H/3$. 간접 $h=H/2$　　② 직접 $h=H/3$. 간접 $h=H/5$
③ 직접 $h=H/5$. 간접 $h=H/3$　　④ 직접 $h=H/3$. 간접 $h=H/2$

해답 59.② 60.④ 61.③ 62.② 63.②

[해설] 직접 조명인 경우 $h=H/3$, 간접조명인 경우 조명률을 높이기 위해 천장면에 가깝게($h=H/5$) 설치한다. 광원 간격은 직접조명 $1.5H$ 이내, 간접조명 $1H$ 이내로 한다.

64 조명률이란 무엇인가?

① 작업면의 광속/광원의 총 광속
② 피 작업면의 광속/광원의 총 광속
③ 광원의 총 광속/작업면의 광속
④ 광원의 총 광속/피작업면의 광속

[해설] 조명률이란 광원의 발산 총 광속에 대한 작업면에 도달되는 광속의 비율이다.

65 인터폰 접속 방식 중 각 기기 사이에 독립된 업무를 수행할 때 효과적이고 배선 본수가 많아지는 것은?

① 모자식
② 상호식
③ 복합식
④ 일대향식

[해설] 모자식은 중앙통제형, 상호식은 독립 권한형이다.

66 공청 안테나 설비에 있어서 구성요소가 아닌 것은?

① 안테나
② 정합기
③ 검파기
④ 증폭기

[해설] 검파기는 TV 속에 있다.

67 일반 건축물에 있어서 피뢰침 보호각은?

① 30°
② 45°
③ 60°
④ 80°

[해설] 피뢰침 보호각 일반 건축물 60°, 위험물 45°

68 피뢰침의 구성요소가 아닌 것은?

① 돌침부
② 피뢰도선
③ 접지전극
④ 정합기

[해설] 정합기는 안테나 설비이다.

해답 64.① 65.② 66.③ 67.③ 68.④

69 피뢰 설비에서 수뢰부 시스템의 설치 시 사용되는 보호 범위 산정 방식에 속하지 않는 것은?

① 메시법
② 면적법
③ 보호각법
④ 회전 구체법

해설 수뢰부 시스템의 보호범위 산정방식

산정방식	내용
메시법	보호 건물 주위에 망상 도체를 적당한 간격으로 보호하는 방법
보호각법	피뢰침 보호각 내에 보호하는 방법
회전 구체법	피뢰침과 지면에 닿는 회전구체를 그려 회전구체가 닿지 않는 부분을 보호 범위로 산정하는 방법

70 피뢰 시스템에 관한 설명으로 옳지 않은 것은?

① 피뢰 시스템은 보호성능 정도에 따라 등급을 구분 한다.
② 피뢰 시스템의 등급은 Ⅰ, Ⅱ, Ⅲ의 3등급으로 구분된다.
③ 수뢰부 시스템은 보호범위 산정방식(보호각, 회전구체법, 메시법)에 따라 설치한다.
④ 피보호 건축물에 적용하는 피뢰 시스템의 등급 및 보호에 관한 사항은 한국산업표준의 낙뢰 리스트 평가에 의한다.

해설 피뢰 시스템의 등급 분류(4개 등급으로 분류)

등급	시스템의 효율
Ⅰ	0.98
Ⅱ	0.95
Ⅲ	0.90
Ⅳ	0.80

71 피뢰 시스템의 수뢰부에 사용되지 않는 것은?

① 돌침
② 인하도선
③ 메시도체
④ 수평도체

해설 수뢰부란 뇌격전류를 받아들이기 위한 외부 피뢰설비의 일부 분을 말하며, 돌침, 수평도체, 메시도체 등이 있다.

72 건축물 등에서 항공기의 추돌을 방지하기 위하여 설치하는 각종의 안전등화를 무엇이라 하는가?

① 선회등
② 유도로등
③ 항공등화
④ 항공장애표시등

해답 69.② 70.② 71.② 72.④

해설 항공장애표시등
- 항공장애등은 비행기의 야간비행이나 저공비행 시 안전하게 운항할 수 있도록 설치하는 것
- 건축물 또는 공작물의 높이가 60m 이상인 경우 설치 필요
- 수직거리 45m 간격으로 설치

73 인터폰설비의 통화망 구성방식에 속하지 않는 것은?

① 모자식 ② 상호식
③ 복합식 ④ 프레스토크식

해설 통화망 방식에 따른 분류

모자식	• 1대의 모기에 2대 이상의 자기를 접속해서 모기와 자기가 서로 호출해서 통화하는 방식이다. • 자기끼리의 통화는 모기를 통해서 한다.
상호식	• 설치하는 각 기기가 전부 구조와 사용법이 동일하다. • 서로 어느 기기에서든지 임의의 다른 기기를 자유롭게 호출해서 통화할 수 있다. • 통화중인 기기의 통화에는 혼선되지 않고 별도로 몇 쌍의 통화가 가능하다.
복합식	• 몇 대의 자기를 접속한 모기 그룹이 몇 개 있는 경우 모자 간은 모자식으로 모기끼리는 상호식으로 호출해서 통화 한다. • 모자식과 상호식의 조합에 의한 통화망이다.

74 TV 공청 설비의 주요 구성 기기에 해당하지 않는 것은?

① 증폭기 ② 월패드
③ 컨버터 ④ 혼합기

해설 월패드(Wall-pad)
가정의 주방이나 거실 벽면에 부착된 형태로, 비디오 도어폰 기능뿐 아니라 조명·보일러·가전제품 등 가정 내 각종 기기를 제어할 수 있는 단말기를 말한다.

75 다음 중 약전설비에 속하는 것은?

① 변전설비 ② 전화설비
③ 축전지설비 ④ 자가발전설비

해설 약전설비
전화설비, 인터폰설비, 전기시계설비, 안테나(공동수신) 설비 등

해답 73.④ 74.② 75.②

제3편 자동제어시스템 설계

제1장 자동제어 기초이론 파악

1. 자동제어 이론 및 개요

1) 개념 및 목적

(1) 개념
① 자동제어란 실내의 온도, 습도, 환기 등을 목적에 맞게 자동으로 조절하는 것을 말한다.
② 검출부, 조절부, 조작부 등으로 구성되어 있고, 조절부의 제어 방식에 따라 피드백 제어와 시퀀스 제어로 구분된다.

(2) 목적
① 조작인원, 숙련기능공의 감소
② 환경, 제품의 질 향상
③ 에너지 절약
④ 운전비용 절감

2) 자동제어의 구성

구성	역할
검출부	실내의 온도, 습도, CO_2 농도 등을 검출하고, 검출된 데이터는 조절부로 보낸다.
조절부	검출부에서 보낸 데이터를 목표치와 비교하여 조절한 후 조작부로 보내며, 종류에는 온도조절기, 습도조절기 등이 있다.
조작부	조절부에서 조절된 신호에 의하여 밸브, 댐퍼 등을 조작 하여 실내 온습도를 제어하며, 주로 전동식 밸브, 전동식 댐퍼 등을 사용한다.

[그림 3-9] 자동제어 구성

3) 관련 용어

구분	내용
제어대상 (Control System)	제어량을 발생시키는 제어의 대상으로, 제어하려고 하는 기계 전체 또는 그 일부분을 말한다.
제어장치 (Control Device)	제어를 하기 위해 제어대상에 부착되는 장치로, 조절부, 설정부, 검출부 등이 이에 해당된다.
제어요소 (Control Element)	동작신호를 조작량으로 변화하는 요소로, 조절부와 조작부로 이루어진다.
제어량 (Controlled Value)	제어대상에 속하는 양으로, 제어대상을 제어하는 것을 목적으로 하는 물리적인 양을 말한다.(출력 발생 장치)
목표값 (Desired Value)	제어량이 어떤 값을 목표로 정하도록 외부에서 주어지는 값이다.(피드백 제어계에서는 제외 되는 신호)
기준입력 (Reference Input)	제어계를 동작시키는 기준으로 직접 제어계에 가해지는 신호를 말한다.(목표치와 비례 관계)
설정부(기준입력요소, Reference Input Element)	목표값을 제어할 수 있는 신호(기준입력신호)로 변환하는 요소이며 설정부라고 한다.(목표치 비례 기준입력신호 → 설정부)
외란 (Disturbance)	자동제어에서 기준입력 이외에서, 제어량에 변화를 주는 원인을 의미한다. 예를 들어 공조제어를 하는 실내에 창문을 열어 제어대상인 온습도에 영향을 주는 것을 말한다.
피드포워드 (Feed Forward)	외란이 제어대상으로 나타나기 전에 필요한 정정 동작을 행하는 것이다.
검출부 (Detecting Element)	제어대상으로부터 제어에 필요한 신호를 인출하는 부분(제어량 검출 주궤환 신호 발생 요소)
조절기 (Blind Type Controller)	설정부, 조절부 및 비교부를 합친 것
조절부 (Controlling Units)	제어계가 작용을 하는 데 필요한 신호를 만들어 조작부로 보내는 부분
비교부 (Comparator)	목표값과 제어량의 신호를 비교하여 제어동작에 필요한 신호를 만들어 내는 부분
조작량 (Manipulated Value)	제어장치가 제어대상에 가하는 신호로 제어장치의 출력인 동시에 제어대상의 입력인 신호
편차 검출기 (Error Detector)	궤환요소가 변환기로 구성되고 입력에도 변환기가 필요할 때에 제어계의 일부를 편차 검출기라 한다.

4) 자동제어의 종류 및 특징

(1) 제어방식에 의한 분류

구분	내용
시퀀스 제어 (Sequential Control)	• 미리 정해진 순서에 의하여 순차적으로 밸브, 댐퍼 등을 기동 정지시킨다. • 신호는 한 방향으로만 전달되는 개방회로 방식이다. • 디지털 신호(DI : Digital In, DO : Digital Out)로 제어한다.
피드백 제어 (Feedback Control)	• 검출부의 신호를 목표치와 비교한 후 수정동작을 하여 조작 부에 신호를 보내 제어하고, 자동제어에서 주로 사용한다. • 폐회로로 구성된 폐회로 방식이다. • 제어 결과를 끊기지 않게 검출하면서 정정동작을 행한다. • 아날로그 신호(AI : Analogue In, AO : Analogue Out)로 제어한다. • 전압, 보일러 내 압력, 실내온도 등과 같이 목표치를 일정하게 정해 놓은 제어에 사용한다.

(2) 목표값에 의한 분류

구분	내용
정치제어	목표값이 일정한 것
추종제어	목표값이 임의로 변화하는 것–변수제어
프로그램제어	미리 정해진 순서에 따라 목표값이 변화하는 것
캐스케이드 제어(Cascade Control)	2개의 제어계를 조합하여 1차 제어장치의 제어량을 측정하여 제어 명령을 발하고, 2차 제어장치의 목표치로 설정하는 제어

(3) 제어량의 성질에 의한 분류

구분	개념	제어량
프로세스 기구	플랜트나 생산 공정 중의 상태량을 제어량으로 하는 제어로서 외란의 억제를 주 목적으로 한다.	온도, 유량, 압력, 액위, 농도, 밀도 등
서보기구 (추종제어)	기계적 변위를 제어량으로 해서 목표값이 임의의 변화에 추종하도록 구성된 제어계이다.	물체의 위치, 방위, 자세, 각도, 비행기 및 선박의 방향제어계, 미사일 발사대의 자동 위치제어계, 추적용 레이더, 자동 평형 기록계 등
자동조정 기구	전기적·기계적 양을 주로 제어하는 것으로서 응답속도가 대단히 빨라야 하는 것이 특징이다.	전압, 전류, 속도, 주파수, 회전속도, 힘, 발전기의 조속기 제어, 전전압 장치 제어 등

(4) 제어동작에 의한 종류

❶ 선형동작

기본동작	비례제어 P(Proportional) 동작	• 조절부의 전달 특성이 비례적인 특성을 가진 시스템이다. • 조작량 0~100%까지의 제어폭을 비례대라고 한다. • 목표치가 아닌 지점에서 안정상태가 유지될 때 이 안정상태의 값과 목표치의 차이를 잔류 편차라고 한다.
	적분제어 I(Integral) 동작	• 오차의 크기와 오차가 발생하고 있는 시간에 둘러싸인 면적의 크기에 비례하여 조작부를 제어하는 것이다. • 잔류오차가 없도록 제어 가능하다.
	미분제어 D(Differential) 동작	• 제어오차가 검출될 때 오차가 변화하는 속도에 비례하여 조작량을 변화시키는 동작이다. • 오차가 커지는 것을 미리 방지할 수 있다.
종합동작	비례적분제어 PI 동작	• 비례동작에 의해 발생되는 잔류오차를 소멸시키기 위해 적분동작을 부가한다. • 제어 결과가 진동적(간헐현상)으로 되기 쉬우나 잔류오차가 적다.
	비례미분제어 PD 동작	• 제어 결과에 빨리 도달하도록 미분동작을 부가한다. • 응답의 속응성이 좋다.
	비례적분 미분제어 PID 동작	• 비례적분동작에 미분동작을 추가한 것이다. • 정상 특성과 응답속도를 동시에 개선시키며 정정시간이 짧다.

❷ 비선형동작

공간적 불연속 동작	2위치(On-Off) 동작	편차의 정부(+, -)에 따라 조작부를 전폐, 전개하는 것이다.
	다위치 동작	조작량을 다단으로 분류하여 편차에 근거하여 적절한 단수에 조작 신호를 나타낸다.
	단속도 동작	제어량의 사이클링을 해결하기 위해 중립위치를 갖춘 조절기로 일정 회전의 모터를 갖춘 전동조작기에 의해서 행해진다.
시간적 불연속 동작	시간비례 동작	검출부의 비례적인 신호를 근본으로 일정 주기 내에서의 온-오프 시간비율로 변화된 신호를 내고 위치비례동작에 가까운 제어를 하는 것이다.

(5) 자동제어 조작 방식에 따른 분류

❶ 종류

전기식	검출부	바이메탈이나 벨로우즈에 의한 온도 검출
	조절부	바이메탈이나 벨로우즈의 기계적 변위를 스냅스위치, 수은 스위치 등을 써서 조작신호를 낸다.
	조작부	• 2위치 제어나 비례제어 동작을 한다. • 밸브, 전자코일, 댐퍼 모듀프롤모터 등을 이용한다.
전자식	검출부	측온 저항체를 주로 이용한다.
	조절부	휘스톤 브리지 회로 이용 → 전류 변화 → 증폭 → 모터 구동
공기식	검출부	미소 기계식 변화를 노즐 플래버를 통해 증폭시킨다.
	조작부	벨로우즈, 다이어프램을 사용한다.

❷ 종류별 특징 비교

방식	정도	검출지연	조작속도	가격	적용
전기식	중	중	소	중	중·소규모의 장치, 터미널 유닛
전자식	고	소	소	고	중간 규모 이상의 장치
공기식	중	중	대	중	대규모 장치로 조작부의 수가 많은 것
전자공기식	고	소	대	고	고정도를 요하는 장치
기계식	저	대	중	저	온도 조절 밸브, 감압밸브, 플로트 밸브

5) 자동제어 기기

(1) 조작용 스위치

누름 단추 스위치	• 복귀형(Non Lock) : 누르고 있는 동안만 ON(a 접점), OFF(b 접점)되는 스위치 • 보지형(Lock) : 누르고 손을 떼어도 ON 상태를 계속 유지하며, 손으로 다시 동작시켜야 복귀되는 스위치 　- NO(a 접점) : Normally opened → 정상 개방 접점 　- NC(b 접점) : Normally closed → 정상 폐쇄 접점
회전 스위치 (rotary switch)	트랜스퍼 접점, 혹은 c접점이라 한다. 회전에 의하여 접점이 개폐된다.
토글(toggle) 스위치	나이프 스위치 등을 말한다.

(2) 검출용 스위치(sensitive switch)
① 시퀀스 제어의 촉각 작용을 하는 소형 스위치이다.
② 마이크로 스위치와 리미트 스위치가 있다.

(3) 릴레이

팬 릴레이 (fan relay)	공기조화나 통풍을 위한 팬 모터를 작동시키는데 쓰이며 이 릴레이는 정상 개방 접점을 가지고 있으며 팬 모터 전류에 견딜 수 있는 만큼 충분한 용량이어야 한다.
록 아웃 릴레이 (lock out relat)	컴프레셔 모터의 보호 장치로서 다른 보호 장치들이 컴프레셔를 정지시키면 수동 복귀 시까지 재기동을 막도록 전기적 힘을 차단한다.
온도 릴레이	가열 코일이 감겨진 바이메탈 날을 이용한다.
전압 릴레이, 전류 릴레이, 열 릴레이	동기 기동 시 시동권선에 전류를 흘려 가동 시킨 후 전류를 차단한다.
과부하 릴레이 (overload relay)	• 과도한 전류에 의한 주부하 보호 장치이다. • 전류가 저항선 정격치 이상으로 흐르면 부수적인 열이 바이메탈에 방사되어 충분한 열이 생기면 바이메탈은 접점을 개방한다.

(4) 타이머
입력 신호를 받은 뒤 일정 시간 후에 출력을 내는 기기로서 제동식 타이머, 전자 유도 타이머, CR타이머, 모터 타이머 등이 있다.

(5) 조작용 기기
제어 대상에 조작량을 주는 기기

전기식	전자 밸브, 전동 밸브, 서보 모터 등
공기식	제동 밸브, 조작 실린더, 공기 모터 등
유압식	파일럿 밸브, 유압 모터, 서보 밸브 등

6) 전기기본 회로

(1) AND 회로
A, B가 동시에 작동할 때 출력 신호를 낸다. ($X = A \cdot B$)

(2) OR 회로
A, B중 어느 하나만 작동해도 출력 신호를 낸다. ($X = A + B$)

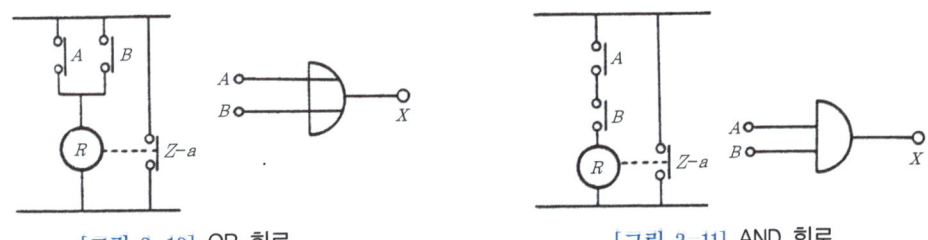

[그림 3-10] OR 회로   [그림 3-11] AND 회로

(3) NOT 회로

입력신호가 있을 때 출력 신호는 OFF된다. ($X = \overline{A}$)

(4) NOR 회로

A, B 중 하나만 작동해도 출력 신호는 OFF된다. ($X = \overline{A+B}$)

[그림 3-12] NOR 회로 　　　　[그림 3-13] NOT 회로

(5) NAND 회로

A, B가 동시에 작동할 때 출력 신호가 OFF된다. ($X = \overline{AB}$)

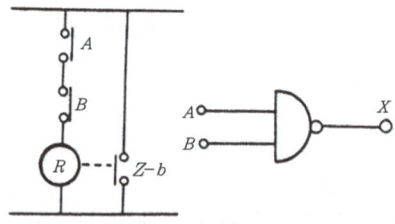

[그림 3-14] NAND 회로

제2장 공조, 열원, 환기, 위생 설비 제어시스템 설계

1. 공기조화기

1) 공기조화기 제어 일반사항

(1) **외기 처리 공기조화기**
외기 처리 공기조화기는 급기 온도나 급기의 이슬점 온도에 의해 제어한다. 계절에 따라 외기 냉방제어 채택이 가능하다.

(2) **정풍량 공기조화기**
정풍량 공기조화기는 실내 또는 환기덕트의 온·습도에 의한 제어를 적용한다. 외기를 인입하는 외기 냉방제어와 이산화탄소 농도제어 등도 채택 가능하다.

(3) **변풍량 공기조화기**
부하 조건이 어느 정도 비슷한 지역을 다시 분할해서 개별 변풍량장치(VAV)로 제어하고 그 방식에 맞게 공조기 전체 풍량도 인버터 등으로 조절한다. 변풍량 공기조화기는 개별 변풍량 장치를 실내 온도로 제어하고 그 방식에 맞게 급기온도와 팬의 풍량을 제어한다.

(4) **패키지형 공기조화기**
실내 온도 등에 의해 압축기의 운전정지나 대수 제어 운전을 한다.

(5) **팬코일 유닛**
팬코일 유닛은 실내나 환기 온도로 각 유닛 밸브의 개별 제어나 구역별로 묶인 밸브제어를 적용한다.

2) 공기조화기 제어 설계

(1) **기동** 중앙감시반에서 급기팬을 기동하면 공조가 시작되도록 한다. 이때 시간 지연 기능을 두어 기동 시에는 외기용 댐퍼모터가 먼저 동작하도록 한다.

(2) **실내 온도 제어** 정풍량 단일 덕트 방식은 환기덕트에 설치된 온도검출기의 검출온도에 따라 냉방밸브와 난방밸브를 비례 제어한다.

(3) **실내 습도 제어** 환기덕트 또는 실내에 설치된 습도검출기의 검출습도에 의해 가습밸브를 2위치 또는 비례 제어하여 실내 습도를 일정하게 유지시킨다.

(4) **환절기 댐퍼 제어** 외기, 배기, 환기 댐퍼는 엔탈피 제어에 의해 상호 연동 비례 제어 한다.

(5) **동하절기 시 댐퍼 제어** 외기, 배기 댐퍼는 최소 개도치 열림, 환기댐퍼는 역동작된다.

(6) **워밍업 제어 시 댐퍼 제어** 외기, 배기 댐퍼는 완전 닫힘, 환기 댐퍼는 완전 열려 실내가 일정 온도에 도달 시까지 운전된다.

(7) **엔탈피 제어** 환절기 외기 냉방 시 환기덕트에 설치된 온·습도 검출기 와 외기 온·

습도 검출기 엔탈피를 연산 비교하여 외기 엔탈피가 실내 엔탈피보다 낮은 경우 엔탈피 제어에 의한 댐퍼의 상호 연동 비례 제어로 실내 상태를 유지시킨다.

(8) **화재 감지** 환기 덕트에 설치된 이온화 연기검출기의 감지에 의해 급기, 환기팬을 정지시키고, 중앙감시반에 화재 경보 신호를 보낸다.

(9) **풍량 제어** 급기 및 환기 덕트에 설치된 풍량측정기와 급기덕트 내 설치된 정압 검출기는 덕트 내 풍량 및 정압을 검출하여 가변전압가변주파수(VVVF)방법 등으로 급기팬과 환기팬을 제어한다.

(10) **정지** 급기팬과 환기팬을 정지하고 냉방 밸브, 난방 밸브, 외기 댐퍼, 배기 댐퍼는 닫힘으로 설정하고 환기 댐퍼는 열림으로 설정한다.

(11) **중앙감시반 주요 관제점** 급기팬/환기팬 기동/정지 및 운전상태 감시, 화재 경보 감시, 혼합공기 온도 감시, 필터 차압 감시, 환기 온,습도 감시, 급기 온도·습도 감시, 외기 온·습도 감시

3) 자동제어 설계의 고려 사항

(1) 제어 밸브 구경 계산

공기조화기 제어 밸브의 구경 계산에는 다음을 고려하여 결정한다.
① 냉·난방 코일의 용량
② 조절 밸브의 유량계수
③ 밸브 전후의 차압

(2) 공기조화기 제어 요소

❶ 온도 제어

정풍량 방식의 경우는 환기측의 공기온도로 냉·난방밸브를 제어하여 급기온도를 변화시키는 방법으로 실내온도를 일정하게 유지하고, 변풍량 방식의 경우는 급기측의 공기온도를 냉·난방밸브를 제어하여 급기온도를 일정하게 유지한다. 또한 항온 항습실, 실험실 등의 경우는 실내 온도에 의한 밸브제어를 한다. 회의실과 같이 사용빈도가 적은 곳은 임의로 열공급을 차단할 수 있는 제어를 한다. 실내에 설치되는 검출기는 전열기기에 인접하지 않고, 직사광이 닿지 않으며, 기류정체가 생기지 않는 곳에 설치한다.

❷ 습도 제어

일반적으로 2-위치 제어를 주로 행하며, 고정밀도 가습제어가 필요한 경우에는 저압증기를 사용해서 비례-적분-미분(PID) 제어를 한다.

(3) 환기 제어

화재 발생 시에는 공기조화기의 급·배기팬을 정지한다. 초기 난방 제어 시에 외기 도입계통의 댐퍼 조작기는 외기가 들어오지 않도록 지연 연동동작으로 한다. 또한 공기조화기 정지 시에는 외기 및 배기댐퍼 조작기를 닫아서 건물 내 자연대류에 의한 외기 도입을 막아 열 손실을 방지한다. 외기 도입량은 CO_2 농도 검출기에 따라 자동으로 할 수도 있다.

2. 열원설비

1) 열원설비 제어 일반사항

열원설비의 기동/정지는 기기 부속반(현장제어반)에서 직접 조작한다. 단, 중앙감시 할 경우 중앙 감시반에서 원격 제어 할 수 있게 하며 열원설비의 대수제어를 행할 시는 중앙 감시반에서 원격 조작을 할 수 있어야 한다.

2) 열원설비 제어 설계

(1) 펌프 시스템의 대수 제어

펌프 시스템의 제어 설계는 정속펌프만의 대수제어 또는 변속펌프를 사용하여 제어하는 방법을 적용한다.

(2) 냉동기 시스템의 대수 제어

냉동기 시스템의 대수제어는 부하의 특성에 적합하게 냉수 순환량과 냉수를 공급하기 위해 냉동기의 개별 용량제어, 냉수 펌프제어, 냉수의 공급 및 환수 헤더 차압제어 등이 함께 고려되어야 한다.

(3) 냉각탑 제어

냉각탑은 냉각수 온도를 감지해서 냉각탑 팬 운전 제어를 수행하여 냉각수 온도를 일정하게 유지시킨다.

(4) 냉수 급수, 환수 헤더의 차압제어

냉수 급수, 환수 헤더의 차압제어는 헤더 차압을 검출하여 헤더 바이패스 밸브를 조절한다.

(5) 보일러시스템 제어

① 증기보일러의 운전은 원칙적으로 별도의 현장 제어반에서 직접(수동) 조작하게 설치하여야하며, 비상시는 보일러가 자동 정지되도록 제어시스템이 구성되어야 한다.
② 응축수 수조의 보급수 제어는 전동 2방 변이나 2위치 제어밸브를 사용하며 고수위, 저수위를 감시하여야 한다.

(6) 열교환기 제어

열교환기는(Heat Exchanger)항상 온수가 일정한 온도로 공급되도록 온도제어를 한다.

3) 자동제어 설계의 고려 사항

(1) 냉동기 인터페이스

냉동기 제어반에서는 냉동기 기동/정지, 상태 및 경보 접점을 제공한다. 만약 냉동기와 통신방식으로 자동제어 감시반에서 인터페이스 할 경우 냉동기 공급 업체와의 협의를 통하여 관련 프로토콜을 개방하거나 개방형 프로토콜을 사용하여 자동제어 중앙 감시반과 인터페이스 할 수 있도록 한다.

(2) 냉열원 장비 인터록
냉열원 장비 관련 연동 제어 동작은 냉동기 공급 업체에서 제어 관련 시퀀스를 제공한다.

3. 환기설비

1) 환기 설비 제어 설계
(1) 배기팬이나 급기 팬의 기동 및 정지를 해야 한다.
(2) 주차장에 있는 배기 팬은 일산화탄소에 의한 환기량 제어를 한다.
(3) 발전기실의 환풍기는 발전장치와 연동되게 한다.
(4) 화재 발생시 팬은 화재 경보신호에 의하여 정지 시킨다.

2) 지하 주차장 환기

(1) 지하 주차장 환기 설비 구성
① 지하 주차장 환기는 관련법에서 요구하는 환기설비를 내용으로 하며 주차장 구조 및 형태에 따라 관련법에 적합하도록 설치한다.
② 주차장 내부 일산화탄소 농도는 주차장을 이용하는 차량이 가장 빈번한 시각의 전후 8시간 평균치를 25ppm 이하로 유지하도록 한다.

(2) 지하 주차장 환기 설비의 자동제어 구성
① 수동 조작에 의한 개별 기동/정지
② CO 검출기 및 타이머에 의한 연동
③ 지하주차장 팬의 기동/정지, 상태의 원격 제어
④ 유인팬은 배기팬과 연동

3) 펌프실, 기계실 환기
(1) 펌프실 환기팬의 제어는 전동기 제어반에서 수행한다.
(2) 기계실 환기팬의 제어는 전동기 제어반에서 수행한다.
(3) 펌프실, 기계실 환기 설비의 자동제어 구성은 제어방식 및 현장여건에 따른다.

4. 위생설비

1) 급수설비 제어
급수설비는 저수조에 저장된 물을 고가수조로 양수하거나 가압 방식으로 직접 배관에 공급하는 방식을 주로 이용하므로 이 경우의 수위 제어와 압력 조절을 위한 제어설비를 갖춘다.

(1) 가압급수방식의 제어
급수압력 및 급수량의 변화에 대응하기 위해 펌프의 대수제어, 순차제어, 회전수제어 및 이것을 조합한 제어방법 등을 적용한다.

(2) 고가수조 방식의 제어
① 지하저수조에 설치된 액면지시 조절 장치의 신호에 의해서 정수위 조절밸브를 제어시켜 수조 내의 수위를 일정하게 유지시킨다.
② 고가수조에 설치된 액면지시 조절 장치의 신호에 의해 급수펌프의 운전대수를 결정하여 기동/정지시켜 수조 내 수위를 일정하게 유지시킨다.

(3) 중앙감시반 관제점
① 지하저수조 수위계측
② 지하저수조 고·저수위 경보 감시
③ 고가수조 수위 계측
④ 고가수조 고·저수위 경보 감시
⑤ 급수 펌프 기동/정지 및 운전상태 감시
⑥ 배관 내 공급측 압력 감시
⑦ 정수위밸브 동작 감시

(4) 자동제어 설계의 고려사항
① 수위조절기는 정수의 경우 플로트 타입이나 전극봉 방식을 이용한다.
② 지하저수조 갈수위시에는 급수 펌프가 동작되지 않도록 상호 연동하여 공회전을 방지할 수 있도록 제어한다.
③ 급수펌프의 경우 급수사용량에 따라 유량이 적을 때는 1대의 펌프만 운전하고 급수량이 증가하면 필요한 대수만큼 펌프를 차례로 가동할 수 있도록 제어한다.
④ 펌프의 기동/정지 순서를 일정시간마다 차례로 교대시켜 각 펌프의 운전시간을 균등하게 함으로써 장비전체의 수명을 연장할 수 있도록 제어한다.
⑤ 저수조나 고가수조의 고수위경보의 경우 큰 피해가 우려되므로 관리소나 경비실 등 관리인원이 상주하는 곳에 경광등이나 문자메시지서비스(SMS : Short Message Service) 등으로 위험을 알릴 수 있는 장치를 설치한다.

2) 급탕설비

(1) 급탕설비 제어 일반사항
급탕순환펌프가 기동되면, 설정한 급탕 설정온도에 맞춰 급탕 공급배관에 설치된 온도검출기의 검출온도에 의해 가열밸브를 비례제어하여 급탕공급 온도를 일정하게 유지시킨다.

(2) 급탕설비 제어 설계
① 급탕 공급배관에 설치된 온도검출기의 검출온도에 의해 가열밸브를 비례제어하여 급탕공급 온도를 일정하게 유지시킨다.
② 온수를 필요로 하는 시간만큼 스케줄에 의해 급탕 순환펌프의 기동/정지를 제어한다.

(3) 중앙감시반 관제점
① 급탕 순환펌프 기동/정지 및 운전상태 감시

② 급탕 공급 및 환수온도 감시
③ 급탕 가열밸브 비례제어 및 개도치 감시

(4) 자동제어 설계의 고려사항
① 펌프의 기동/정지 순서를 일정시간마다 차례로 교대시켜 각 펌프의 운전시간을 균등하게 함으로써 장비전체의 수명을 연장할 수 있도록 제어한다.
② 급탕 공급온도가 너무 높이 올라가 어린이나 장애인, 노약자 등이 뜨거운 물에 손을 닿을 수 있기 때문에 중앙감시반에서 급탕 공급온도 설정 제한을 두어 일정온도 이상을 공급 할 수 없도록 제어한다.

3) 배수설비

(1) 배수설비 제어 일반사항
① 배수설비의 자동제어는 배수가 필요한 물을 위생적으로 안전하게 건물 밖으로 배제시키기 위한 제어설비를 갖도록 한다.
② 배수조에 설치된 수위조절기에 의해 수위에 따라 배수펌프를 ON/OFF 제어 또는 순차 기동/정지하여 수조 내 수위를 일정하게 유지하고 현재의 수위 상태를 중앙감시반에 전달한다.

(2) 배수설비 제어 설계
배수탱크에 설치된 액면 조절 장치(LC)는 수위에 따른 배수펌프를 순차 기동/정지시킨다.

(3) 중앙감시반 관제점
① 고수위 경보 감시
② 배수펌프 상태 감시

(4) 자동제어 설계의 고려사항
① 펌프의 기동/정지 순서를 일정시간마다 차례로 교대시켜 각 펌프의 운전시간을 균등하게 함으로써 장비전체의 수명을 연장할 수 있도록 제어한다.
② 현장 여건에 따라서 대기 개념 없이 고수위 시에는 2대를 동시에 운전하고, 일정 수위가 되면 한 대만 운전하다가 저수위시에 2대의 펌프를 정지하는 스텝 제어를 한다.
③ 물이 넘칠 경우 기계실과 같이 큰 피해가 우려되는 경우 관리소나 경비실 등 관리 인원이 상주하는 곳에 경광등이나 문자 메시지 등으로 위험을 알릴 수 있는 장치를 설치한다.
④ 배수조에 설치되는 수위조절기는 오뚜기 방식을 사용한다.
⑤ 기계실, 펌프실의 경우 큰 피해가 우려되므로 관리소나 경비실 등 관리인원이 상주하는 곳에 경광등이나 문자메시지서비스(SMS:Short Message Service)등으로 위험을 알릴 수 있는 장치를 설치한다.

4) 우수설비

(1) 우수설비 제어 일반사항
우수설비의 자동제어는 저장된 우수를 살수, 세차용수, 수경용수, 소방용수, 재해시의 비상용수로 사용하기 위한 제어설비와 우수를 건물 밖으로 배제시키기 위한 제어설비를 갖추도록 한다.

(2) 우수설비 제어 설계
우수 저류조에 설치된 액면지시조절계의 신호에 의해서 조절밸브를 제어하여 저류조 내의 수위를 일정하게 유지시킨다.

(3) 중앙감시반 관제점
① 강우량 수위계측
② 우수 저류조 수위계측
③ 우수 저류조 고·저수위 경보 감시
④ 배수펌프 기동/정지 및 운전상태 감시
⑤ 여과, 역세펌프 상태 감시

제3편 예·상·문·제
자동제어시스템 설계

01 병진 운동계의 질량은 전기계의 무엇과 대응하는가?

① 전기량
② 전기저항
③ 캐패시턴스
④ 인덕턴스

[해설] 물리계와 전기계의 상대성

병진 운동계	전기계	열계	유체계
질량	인덕턴스		액질량
변위(위치)	전기량	열량	액량
힘	전압	온도	액위
속도	전류	열유량	유량

02 그림 블록선로의 전달 함수는?

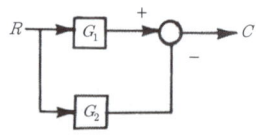

① $G_1 \cdot G_2$
② $G_1 \div G_2$
③ $G_1 + G_2$
④ $G_1 - G_2$

[해설] G_1은 비교부에 (+)입력되고 G_2는 (-)입력되므로 $G = G_1 - G_2$

03 교차로의 교통신호는 무엇을 기본으로 하는 개루프 제어 시스템인가?

① 속도
② 차량 수
③ 시간
④ 평균거리

[해설] 현재까지의 신호등은 일정한 시간에 따라 작동하는 시퀀스 제어방식이나 앞으로의 신호등은 교통량에 따라 작동되는 피드백 제어방식이 될 것이다.

해답 1.④ 2.④ 3.③

04 PI제어 동작은 프로세스 제어계의 정상특성 개선에 흔히 쓰인다. 이것에 대응하는 보상요소는?

① 지상보상요소
② 진상보상요소
③ 지진상보상요소
④ 동상보상요소

해설 PI(비례적분)동작은 정상편차를 0으로 해주는 역할을 하지만 제어가 늦어진다. 그래서 제어를 빠르게 해주는 진상 보상요소가 부가된 PDI가 있다.

05 제어량이 온도, 압력, 유량 및 액면 등과 같은 일반 공업량일 때의 제어는?

① 프로그램 제어
② 프로세스 제어
③ 시퀀스 제어
④ 추종 제어

해설 프로세스제어 : 제어량이 온도, 유량, 압력, 액위, 농도, 밀도 등의 플랜트나 생산 공정 중의 공업량을 제어량으로 하는 제어로서 프로세스에 가해지는 외란의 억제를 주목적으로 한다.

06 다음의 논리 심벌이 나타내는 식은?

① $X = D$
② $X = (A \cdot B \cdot C)D$
③ $X = (A + B + C)D$
④ $X = A + B + C + D$

해설 $X = K \cdot D = A \cdot B \cdot C \cdot D$

07 제어요소는 무엇으로 구성되는가?

① 비교부와 조작부
② 비교부와 검출부
③ 조절부와 조작부
④ 검출부와 조작부

해설 피드백 제어는 검출부, 비교부, 제어요소, 제어대상 등으로 구성되는데 제어요소는 조절부와 조작부로 구성되고 조절부는 비교부의 동작 신호를 받아 작동신호를 조작부에 보내어 조작량을 제어한다.

해답   4.② 5.② 6.② 7.③

08 공조실에서 사용되는 자동제어 기기에서 조작속도가 가장 좋지 않은 것은?

① 공기식　　　　　　　② 전자 공기식
③ 전기식　　　　　　　④ 기계식

해설　공기식이 가장 빠르며 기계식, 전자공기식, 전자식, 전기식 순이다.

09 전자식 온도 조절 스위치의 온도 검출 소자에 대한 설명 중 옳지 않은 것은?

① 금속 측온 저항체로 백금을 주로 사용한다.
② 반도체 측온 저항체로는 서미스터를 사용한다.
③ 열전대로는 디지털 검출 방식을 적용하여 사용한다.
④ 니켈 측온 저항체는 500[℃]까지 온도 저항 특성이 직선성의 관계가 유지된다.

해설　열전대로는 아날로그 검출 방식을 적용하며 디지털로 변환할 수 있다.

10 시퀀스 제어를 적용하기에 적합하지 않은 것은?

① 부스터 펌프의 압력 제어　　② 팬의 기동/정지
③ 엘리베이터의 기동/정지　　④ 공기조화기의 경보시스템

해설　시퀀스 제어란 어떤 입력신호가 가해지면 정해진 순서대로 일정한 작동이 전개되는 것으로 부스터 펌프의 압력제어는 출력값과 입력값을 비교하며 일정한 출력값을 유지하는 피드백 제어가 적용된다.

11 무접점 시퀀스 제어회로의 특징에 대한 설명 중 옳지 않은 것은?

① 동작 속도가 빠르다.
② 고빈도 사용이 가능하고 수명이 길다.
③ 온도변화에 강하며 별도의 전원이 필요 없다.
④ 전기적 노이즈나 서지에 약하다.

해설　무접점 시퀀스 제어회로는 전자식으로 온도변화에 약하고 별도의 약전 전원을 필요로 한다.

12 건축설비 자동제어 시스템에서 제벡효과(Seebeck)를 이용하여 온도변화를 검출하는 소자는?

① 차압검출기　　　　　② 나일론 리본
③ 부르돈관　　　　　　④ 열전대

해설　열전대는 제벡효과를 응용한다. 펠티어효과-전자 냉동기

해답　8.③　9.③　10.①　11.③　12.④

13 다음 중 자동제어에서 제어장치의 구성요소가 아닌 것은?

① 검출부 ② 조절부
③ 조작부 ④ 검파부

해설 검파부는 전자회로 구성요소이며, 자동제어에는 검출부가 있다.

14 자동제어방식 중 디지털방식에 대한 설명으로 옳지 않은 것은?

① 기능의 고급화를 도모할 수 있다.
② 각종 제어로직은 손쉽게 소프트웨어에 의해 조정될 수 있다.
③ 자기진단 기능을 보유하고 있다.
④ 제어의 정밀도가 낮으며 신뢰성이 다소 떨어진다.

해설 디지털 방식은 정밀도가 높으며 신뢰성이 우수하다.

15 그림과 같은 접점 회로의 논리식은?

① $A \cdot (B+C)$
② $A + B \cdot C$
③ $A + (B+C)$
④ $A \cdot (B-C)$

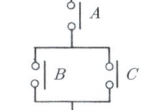

해설 병렬 회로는 논리합 : $B+C$, 직렬 회로는 논리곱 : $A \cdot (B+C)$

16 피드백 제어에서 꼭 있어야 할 장치는?

① 응답속도를 빠르게 하는 장치 ② 응답속도를 느리게 하는 장치
③ 입력과 출력을 비교하는 장치 ④ 안정도를 좋게 하는 장치

해설 피드백 제어계는 비교부가 필수적이다.

17 보일러 수면이 일정 범위 내에 있도록 급수량을 가감하는 제어 또는 증기 압력이 소정 범위 내에 있도록 연료 공급량이나 송풍기를 제어하는 것은?

① 수동 제어 ② 피드백(feedback) 제어
③ 시퀀스(sequence) 제어 ④ 인터로크(interlock) 제어

해설 피드백 제어(feedback control) : 원동기의 속도조절, 전력 계통의 주파수나 전압, 보일러의 증기압력, 실온의 제어 등과 같이 목표치가 일정한 제어에 사용된다.

해답 13.④ 14.④ 15.① 16.③ 17.②

18 변위를 전압으로 변환하는 장치는?

① 벨로스 ② 노즐 플래퍼
③ 서미스터 ④ 차동 변압기

해설 ① 벨로스 : 압력 → 변위 ② 노즐 플래퍼 : 변위 → 압력
③ 서미스터 : 온도 → 전압 ④ 차동변압기 : 변위 → 전압

19 서보 모터(Servo Motor)가 속하는 제어기기는?

① 검출기기 ② 조작기기
③ 비교기기 ④ 증폭기기

해설 서보 모터(Servo Motor)는 변위를 조작하는 조작기기이다.

20 제어량이 온도, 유량, 압력 등과 같은 상태량인 경우의 제어법은?

① 프로세스 제어 ② 서보기구
③ 자동조정 ④ 프로그램 제어

해설 ① 프로세스 제어 : 제어량이 온도, 유량, 압력, 액위, 농도, 밀도 등의 플랜트나 생산 공정 중의 상태량을 제어량으로 하는 제어로서 프로세스에 가해지는 외란의 억제를 주목적으로 한다. 그 예는 온도, 압력 제어 장치 등이 있다.
② 서보기구 : 물체의 위치, 방위, 자세 등이 기계적 변위를 제어량으로 해서 목표값의 임의의 변화에 추종하도록 구성된 제어계를 말하며, 비행기 및 선박의 방향 제어계, 미사일 발사대의 자동위치 제어계, 추적용 레이더, 자동 평형 기록계 등이 이에 속한다.
③ 자동조정 : 전압, 전류, 주파수, 회전 속도, 힘 등 전기적, 기계적 양을 주로 제어하는 것으로서 응답속도가 대단히 빨라야 하는 것이 특징이며 정전압 장치, 발전기의 조속기 제어 등이 이에 속한다.
④ 프로그램 제어 : 미리 정해진 순서에 따라 목표값이 변화하는 것

해답 18.④ 19.② 20.①

제4편 소방시설 기초지식

제1장 소방시설의 일반적인 사항

1. 화재의 소화

화재(연소)의 3요소는 가연물, 산소 공급원, 점화원이다. 화재가 발생하였을 때는 가연물 제거나 산소 공급원 차단을 각각 혹은 병행 실시함으로써 소화시킬 수 있다.

냉각 소화	물 등을 뿌려 냉각시킴으로써 발화 온도 이하로 만든다.
질식 소화법	모든 화재에 가장 적당한 소화 방법으로 유류 화재에 많이 이용되며 산소 공급원을 차단시킨다. CO_2 소화설비가 여기에 속한다.
파괴 소화법	화재가 확산되는 것을 막기 위하여 가열물을 파괴함으로써 차단하는 방법이다.
연쇄반응 차단법	연소의 연쇄반응을 분말, 포말, 할론설비 등과 같은 불활성 물질이 억제하여 소화시킨다.
희석 반응	가연물을 희석시키는 방법과 산소를 희석시키는 방법이 있으며, 불활성 기체 소화설비가 여기에 속한다.

2. 화재의 종류 및 소방시설의 종류

1) 화재의 종류

A급 화재 (일반 화재 : 백색)	연소 후 재를 남기는 화재로서 나무, 종이, 섬유 등의 화재이다.
B급 화재(유류 및 가스 화재 : 황색)	석유, 가스 등에 의한 화재로 주로 질식에 의한 소화가 효과가 있다.
C급 화재 (전기 화재 : 청색)	전기에 의한 화재로 주로 질식에 의한 소화가 효과적이며 특히 물에 의한 소화는 금하여야 한다.
D급 화재 (금속 화재 : 무색)	나트륨, 마그네슘 등과 같은 활성 금속에 의한 화재를 말하며 별도로 분류하기도 한다.
K급 화재 (주방 화재)	주방에서 식물성/동물성 식용유나 지방을 포함한 식품조리 중 발생하는 화재이다.

2) 소방시설의 종류

소화설비	옥내소화전, 스프링클러, 물분무, 포말, 분말, CO_2, 할로겐화물
경보설비	자동화재탐지설비, 전기화재경보기, 자동화재속보설비, 비상경보설비
피난설비	미끄럼대, 피난사다리, 완강기, 유도등, 비상조명등
소화용수설비	소화수조, 상수도 소화용수설비 등
소화 활동설비	배연설비, 연결살수설비, 연결 송수관설비, 비상콘센트 등

제2장 소화설비

1. 소화기구
화재 발생 초기에 진화의 목적으로 사용되며, 이동할 수 있고 수동으로 작동시키며 포말, 분말, 이산화탄소 등의 소화기가 있다.

1) 설치 방법
(1) 소방 대상물의 각 부분에서 보행거리가 20m 이내가 되도록 배치한다.(대형 소화기는 30m 이내)
(2) 소화기는 바닥에서 1.5m 이내에 배치한다.
(3) 옥내외 소화전, 스프링클러 설비가 있는 건물은 규정 소화기 수의 2/3를 감할 수 있다. 11층 이상은 그러하지 아니한다.

2) 소화기 종류와 사용 대상 화재
소화기는 사용약제에 따라 다음과 같이 분류하며 총중량은 28kg 이하로 제한하고 있다.
(1) 산, 알칼리 소화기 (2) 이산화탄소 소화기 (3) 포말 소화기
(4) 분말 소화기 (5) 할로겐화물 소화기

2. 옥내소화전설비
옥내소화전 설비는 건물 내에 있는 사람이 화재를 초기에 진압할 목적으로 복도 등에 설치된 것을 말한다.

1) 소화원리
복도 등에 설치된 소화 호스를 화재 시 사람이 수동으로 작동시켜 물을 분사하여 진화시킨다.

2) 설비의 구성요소
수원, 가압송수장치(송수펌프, 압력수조, 고가수조), 배관, 옥내소화전함, 호스, 노즐, 제어반, 비상전원 등

3) 설치기준
(1) 노즐의 최소 방수 압력 : 0.17MPa, 최대 방수 압력 : 0.7MPa
(2) 표준 방수량 : 130L/min
(3) 노즐의 구경 : 13mm
(4) 호스의 구경 : 40mm
(5) 호스의 길이 : 15m×2개

(6) 소화전 높이 : 바닥에서 1.5m 이내
(7) 설치 간격 : 층마다 설치하되 유효 반경 25m 이하가 되게 한다.
(8) 저수조 용량 : Q = 소화전 1개 20분 표준방수량×동시사용개수, 동시사용개수는 각 층 소화전 수 중 가장 많은 수를 택한다. 단, 2개 이상일 때는 2개를 기준한다.(소화전 1개의 20분 방수량 : 2.6㎥)

3. 스프링클러설비

일정 규모 이상의 건물에 가장 일반적으로 이용되고 있으며, 고층건물, 지하층, 무창층 등의 소방차 진입이 곤란한 곳에 설치되어 초기 화재 시 97% 이상을 진화시키는 설비이다.

1) 소화 원리

실내 천장에 장치한 스프링클러 헤드의 용융편이 온도 상승(72℃ 내외)에 의해 녹으면서 자동적으로 물이 분사되어 소화되고, 이때 동시에 화재 경보장치가 작동하여 화재 발생을 알린다.

2) 설비 종류

(1) 폐쇄식

헤드 끝이 막혀 있고 배관 내에는 항상 물이나 압축 공기가 차 있어 용융편이 녹으면 곧바로 물이 방사된다.

❶ 습식(wet system) 수원에서 헤드까지의 전 배관에 물이 채워져 있어 용융편이 녹자마자 곧바로 물이 방사된다. 가장 일반적으로 사용되며 겨울에는 얼지 않도록 보온이 요구된다. 하지만 이 방식은 동파 및 누수의 우려가 있다. 알람 밸브에서 경보와 제어가 가능하다.

❷ 건식(dry system) 수원에서 공기 밸브까지만 물이 채워 있고 공기 밸브(경보겸용)에서 헤드까지는 압축공기가 채워 있다가 용융편이 녹으면 공기가 빠져나가면서 자동적으로 공기 밸브가 열려 급수된다. 프리액션 밸브를 이용하여 공기 밸브 전환으로 물이 공급된다.

(2) 개방형

폐쇄형 스프링클러로는 효과가 없거나 접근이 어려운 장소에 개방된 헤드를 설치하고 감지용 스프링클러 헤드에 의해 작동시키거나 혹은 소방차 송수구와 연결하여 소화하는 방식이다.

3) 헤드의 구조

(1) 헤드는 프레임, 반사판(디플렉터), 가용편, 레버 등으로 구성되어 있다.
(2) 온도(72℃ 내외)에 의해 가용편이 용융되는 합금형과 온도에 의해 밀봉된 액체가 팽창하여 유리구가 터지는 밸브형 및 케미칼형 등이 있다.

(3) 헤드의 종류에는 그림과 같은 일반형, 원형, 플러시형 등이 있으며 최근에 사무실 등에는 미관상 플러시형을 많이 채택한다.

[표 3-2] 스프링클러 헤드의 설치실 최고온도에 따른 표시온도(합금형, 휴지 블링크)

표시온도	설치실의 최고 온도	해당실의 종류	헤드의 색깔표시
보통온도 79℃ 미만	39℃ 미만	보통실	없음
중간온도 79~121℃	39~64℃	보일러실 등 화기 취급	백
고온도 121~162℃	64~106℃	건조실	청
초고온도 162℃ 이상	106℃ 이상	고온도 건조실	적

주) 68℃에 녹는 가용 합금의 예 : Bi 50%+Pb 25%+Cd 13%+Sn 12%

4) 설비기준

(1) 헤드 방수압력 : 0.1MPa 이상
(2) 표준 방수량 : 80L/min
(3) 저수량 Q=표준방수량×20분×동시사용개수
(4) 헤드 1개의 소화면적은 $10m^2$로 본다.
(5) 지관 1개에 설치하는 헤드수는 8개 이하이다.
(6) 하향식 헤드를 설치할 경우 헤드에 찌꺼기 유입을 방지하기 위해 회향식 배관을 한다.

[그림 3-15] 회향식 배관 및 헤드설치도

5) 헤드 설치 간격

(1) 헤드 하나가 소화할 수 있는 면적 $10m^2$ 정도이다.
(2) 헤드의 배치 방법에는 정방형과 장방형이 있으며, 설치 간격과 방호 면적(정방형 배치인 경우)은 다음 표와 같다.

[표 3-3] 헤드의 설치 간격과 방호 면적

천장, 지붕, 건물의 구조 등	각 부분에서 수평거리(m)	헤드의 간격(m)	방호 면적(m²)
극장, 특수가연물	1.7	2.4	5.78
준내화 건축	2.1	3.0	8.76
내화 건축	2.3	3.2	10.56

주) 설치하는 헤드의 수는 한 쪽에 8개까지로 한다.
※ 11층 이상 일정 규모 이상 건물에는 전 층에 스프링클러를 적용하도록 하고 있어 11층 이상 건축되는 아파트는 스프링클러를 전 층에 설치하고 있다.(아파트의 헤드설치간격 3.2m 이하)

4. 물분무등소화설비

스프링클러 설비와 유사하지만 물을 미세하게(직경 0.01~3mm) 분무시켜 질식작용과 증발 작용이 활발하여 냉각효과를 증대시켜 소화하는 방식이다.
  1) 적용 대상 건물 : 자동차 차고, 주차장, 전기기기, 통신설비, 석유 정제공업 등
  2) 살수 각도 : 30~120°
  3) 유효 사정 거리 : 1~6m
  4) 수원의 저수량 ≥10L/min×20min×바닥면적(m²)
  5) 헤드 방수압 : 소화용 0.25~0.7MPa, 방호용 0.15~0.5MPa
  6) 방수량 : 10~180L/min

5. 옥외소화전설비

대규모 건물의 화재 시 건물 외부에서 물을 방사하여 소화하는 것으로 주로 1,2층 소화를 목적으로 한다.

1) 설비 종류 및 구성
  (1) 종류 : 지상식, 지하식
  (2) 구성 : 수원, 가압송수장치, 배관, 옥외소화전함 등

2) 설치 기준
  (1) 표준 방수압력 : 0.25MPa
  (2) 호스 구경 : 65mm
  (3) 표준 방수량 : 350L/min
  (4) 수원 저수량 : Q = 소화전 1개 표준방수량×20분×사용개수(N), 사용개수 N이 2개가 넘을 때는 2개를 기준으로 한다.

3) 배관경과 최대허용 유량
  (1) 65A : 350L/min
  (2) 100A : 700L/min

6. 기타 소화설비

1) 드렌처(Drencher) 설비
건축물의 창, 외벽, 지붕 등에 노즐을 설치하여 인접 건물 화재 시, 노즐에서의 방수로 인해 수막(Water Curtain)을 형성하여 인접 건물로 인한 화재의 확산을 방지하는 설비이다.

2) 포말 소화설비
포말로 연소면을 덮어서 질식에 의한 소화 작용을 일으킨다. 대상 건물은 주차장, 비행기 격납고, 위험물 저장 탱크 등이며 최근에는 사용 예가 적다.

화학반응식은 $6NaHCO_3 + Al_2(SO_4)_3 \rightarrow 6CO_2 + 2Al(OH)_3 + 3Na_2SO_4$
　　　　　　　(A제)　　　　(B제)

3) 분말 소화설비
분말 약제(중조)를 압축저장했다가 화재 시 감지기가 탐지하여 분사 소화하는 방식이다.

(1) 원리　중조($NaHCO_3$)를 연소물에 방사하면 열분해하며 CO_2를 발생한다.
열흡수에 의한 냉각 작용과 CO_2가스에 의한 질식 효과를 노린다.

$$2NaHCO_3 \xrightarrow{\text{열흡수 840kJ/kg}} Na_2CO_3 + CO_2 \uparrow + H_2O$$

(2) 대상 건물　난로, 자동차 차고 등 단, Na, K, Mg 등의 금속 화재에는 부적당하다.

(3) 종류　전 지역 방축 방식, 국소 방출 방식, 이동식 방출 방식

4) CO_2 소화설비
탄산가스를 압축액화 저장했다가 화재 시 분사시키므로 냉각 질식 작용에 의해 소화된다.
(1) 무색, 무취이며 전기 절연도가 높다.
(2) 가스 자체의 압력으로 동력이 불필요하다.
(3) 산소 농도 저하에 의한 사람의 질식에 유의할 것
(4) 도서관 서고, 통신기기실, 전자 계산실 등과 같이 사람이 없는 곳에 적용된다.
(5) 전 지역 방출, 국소 방출, 이동식 등이 있다.

5) 할로겐화물 소화설비
(1) 일명 할론 설비라고도 하며 불활성 기체를 이용한 소화설비이다. 사염화탄소와 취화메틸(CH_3Br) 등을 봄베 등에 가압했다 분사하면 증발잠열에 의한 냉각과 불연성의 무거운 가스에 의한 질식작용이 동시에 일어나 효과적인 소화가 된다.
(2) 전자 계산실, 변전실, 자동교환실, 서고 등에 적용되며 국제적인 사용규제 때문에 할론약제는 더 이상 소화약제로 사용이 곤란해졌다. 이에 대한 대책으로 7가지의 청정 소화약제(INER-GEN, NAFS-Ⅲ, FM-200 등)가 적극 권장되고 있다.

제3장 소화활동설비

1. 제연설비
제연설비는 연기를 제거시켜 피난과 소화활동을 원활하게 할 수 있도록 하는 설비이다.

2. 연결송수관설비
고층 건물의 화재 시 혹은 법정 저수량을 모두 소비하고도 소화되지 않을 경우 소방차에 연결하여 소방차의 물을 건물 내로 공급하는 설비로써 특히 연결 송수관 사이어미즈 커넥션(siamese connection)이라 한다. 설비 기준은 다음과 같다.
(1) 방수구 방수 압력 : 0.35MPa 이상 (2) 방수량 : 450L/min
(3) 송수구, 방수구 구경 : 65mm (4) 수직주관 구경 : 100mm
(5) 송수구, 방수구 높이 : 0.5~1.0m (6) 송수구 소방펌프 송수 압력 : 0.7MPa
(7) 70m 이상 건물인 경우 가압송수 장치 필요
- 펌프, 토출량 : 240L/min 이상 방수구, 3개 이상인 경우 1개당 800L 추가
- 펌프 양정은 최상층 노즐 선단 압력이 최소한 0.35 MPa가 되도록 한다.

3. 연결살수설비

1) 소화원리
연결 살수설비란 소방관의 진입이 어려운 지하층 등에서 스프링클러 설비와 유사한 개방형 헤드를 설치하고 소방대 전용 송수구를 통해 실내로 물을 공급 살수하여 소화한다.

2) 설비의 구성요소
송수구, 연결살수관, 살수 헤드, 일제개방밸브, 선택밸브

3) 헤드의 유효반경
3.7m 이하

4. 비상콘센트설비

1) 설치기준
(1) 화재로 인해 소방관이 화재 진압을 위해 실내로 진입할 경우, 소화활동에 필요한 전기의 공급(조명 등)을 위해 설치되는 콘센트설비이다.
(2) 11층 이상의 각 층마다 어느 부분에서도 1개의 비상콘센트까지의 수평거리(유효반경)는 50m이하로 한다.

(3) 바닥면에서 0.8~1.5m의 높이에 설치한다.
(4) 1회선에 접속되는 콘센트의 수는 10개 이하로 한다.

2) 설치대상
(1) 지하층을 포함하는 층수가 11층 이상인 소방대상물의 11층 이상의 층
(2) 지하 3층 이상이고 지하층의 바닥면적의 합계가 1,000㎡ 이상인 지하층의 전층

제4편 예·상·문·제
소방시설 기초지식

01 다음 중 소화의 원리에 속하지 않는 것은?
① 냉각소화   ② 질식소화
③ 드렌처   ④ 파괴

해설 소화는 냉각, 질식, 파괴, 연쇄반응 차단, 희석 등에 의해 이루어진다.

02 다음 화재의 분류와 색깔 부호가 잘못 짝지어진 것은?
① A급 화재(일반화재) : 녹색   ② B급 화재(유류) : 황색
③ C급 화재(전기) : 청색   ④ D급 화재(금속화재) : 무색

해설 A급 화재 : 백색

03 소방대상물이 노인복지시설인 경우, 스프링클러 헤드를 설치하는 천장 등의 각 부분으로부터 하나의 스프링클러 헤드까지의 수평거리는 최대 얼마 이하로 하여야 하는가?(단, 내화구조가 아닌 경우)
① 1.7m   ② 2.1m
③ 2.5m   ④ 3.2m

해설 스프링클러 헤드를 설치하는 천장·반자·천장과 반자사이·덕트·선반 등의 각 부분으로부터 하나의 스프링클러 헤드까지의 수평거리는 다음 각 호와 같이 하여야 한다.
1. 무대부·특수가연물을 저장 또는 취급하는 장소 : 1.7m 이하
2. 랙크식 창고에 있어서는 2.5m 이하 특수가연물을 저장 랙크식 창고: 1.7m 이하
3. 아파트에 있어서는 3.2m 이하
4. 기타 소방대상물에 있어서는 2.1m 이하(내화구조로 된 경우에는 2.3m 이하)

해답 1.③ 2.① 3.②

04 옥내소화전이 1층에 2개, 2층에 3개, 3층에 2개 설치되어 있는 건물이 있다. 이 건물의 옥내소화전 설비의 수원의 저수량은 최소 얼마 이상으로 하여야 하는가?

① 5.2m³
② 7.2m³
③ 7.8m³
④ 10.8m³

해설 (21. 4. 1 개정)
옥내소화전 1개당 수원 130L/min×20분=2.6m³
옥내소화전이 1개층에 2개 이상 설치하는 경우 저수량은 2개×2.6m³ 이상으로 한다.
저수량=2×2.6=5.2m³

05 다음의 옥내소화전 설비에 관한 기준 내용 중 ( ) 안에 알맞은 것은?

> 하나의 옥내소화전을 사용하는 노즐선단에서의 방수 압력이 (　)을 초과할 경우에는 호스접결구의 인입 측에 감압장치를 설치하여야 한다.

① 0.3MPa
② 0.5MPa
③ 0.7MPa
④ 0.9MPa

해설 옥내소화전 최소 방수 압력 : 0.17MPa, 최대 방수 압력 : 0.7MPa
수압이 0.7MPa 이상이면 사용자가 노즐을 작동하기 어려워 감압장치로 0.7MPa 이하로 조절한다.

06 연결송수관 설비에서 몇 층 이상의 건축물에 쌍구형 방수구로 하여야 하는가?

① 5층
② 9층
③ 11층
④ 13층

해설 11층 이상 방수구는 쌍구형으로 하며 가압송수장치가 필요하다.

07 옥내소화전 설비에서 당해 층의 모든 옥내소화전을 동시에 사용하는 경우 노즐 끝 단에서 방수압력으로 옳은 것은?

① 0.07~0.17MPa
② 0.17~0.7MPa
③ 0.37~1.7MPa
④ 1.7~7MPa

해설 옥내소화전 노즐선단 방수압 : 최소 0.17MPa~최대 0.7MPa

해답 4.① 5.③ 6.③ 7.②

08 방화대상물과 스프링클러 헤드의 설치간격(수평거리)의 조합이 틀린 것은?

① 무대부 : 1.7m 이하
② 비내화 건축물 : 2.1m 이하
③ 내화 건축물 : 2.3m 이하
④ 아파트에 있어서는 1.7m 이하

해설 아파트 헤드설치간격 3.2m 이하

09 건물의 외벽, 창, 지붕 등에 설치하여 인접건물에 화재가 발생했을 때 수막을 형성하여 화재의 연소를 방지하는 설비는?

① 스프링클러 설비
② 드렌처 설비
③ 연결송수관 설비
④ 연결살수 설비

해설 ② 드렌처 설비(연소방지 설비) : 건물의 외벽, 창, 지붕 등에 노즐을 설치하여 인접 건물에 화재 발생 시 노즐에서의 방수로 수막(water cutain)을 형성하여 불길이 번져옴을 방지하는 연소방지 설비이다.
③ 연결송수관 설비 : 건물 소화수량을 모두 소비하고도 소화되지 않을 경우 소방차에 연결하여 소방차의 물을 건물 내로 공급하는 설비로서 특히 연결송수관 설비를 사이어미즈 커넥션(siamese connection)이라 한다. 방수구 방수 압력 : 0.35MPa 이상, 방수량 : 450L/min
④ 연결살수 설비 : 소방관의 진입이 어려운 지하층 등에서 스프링클러 설비와 유사한 개방형 헤드를 설치하고 소방대 전용 송수구를 통해 실내로 물을 공급 살수하여 소화한다.

10 3층 건물의 각층에 2개씩 옥내소화전이 설치되어 있는 경우 수원의 수량 계산 방법 중 옳은 것은?

① 6개×7m³=42m³
② 6개×1.7m³=10.2m³
③ 2개×1.5m³=3m³
④ 2개×2.6m³=5.2m³

해설 옥내소화전 1개당 수원 2.6m³, 가장 많이 설치된 1개 층을 대상으로 수원 수량을 결정 그러므로 2×2.6m³=5.2m³

11 일반적으로 스프링클러 헤드 1개가 소화할 수 있는 면적은?

① 5m²
② 10m²
③ 16m²
④ 20m²

해설 스프링클러 헤드 1개는 10m² 정도를 커버하며 가지관 1개에 설치 헤드수는 8개 이내로 한다.

해답 8.④ 9.② 10.④ 11.②

12 감지기 주위의 온도가 일정한 농도의 연기를 포함하게 되면 작동하는 감지기는?

① 정온식 감지기 ② 보상식 감지기
③ 차동식 감지기 ④ 광전식 감지기

해설 연기감지기의 종류에는 광전식, 이온식 등이 있다. 정온식, 보상식, 차동식은 열감지기이다.

13 다음 화재감지기 중 연기 발생에 의한 감지기는?

① 스포트형 ② 분포형
③ 감지선형 ④ 차광식

해설 연기감지기에는 이온식, 광전식(차광식)이 있다.

14 다음 각 소화설비에 있어서 각각의 표준 최소 방수 압력으로 틀린 것은?

① 옥내소화전 설비 : 0.17MPa ② 연결송수관 설비 : 0.25MPa
③ 옥외소화전 설비 : 0.25MPa ④ 스프링클러 설비 : 0.1MPa

해설 연결송수관 설비의 선단 송수압력은 최소 0.35MPa 이상이다.

15 고온도에서 작동하는 스프링클러 헤드 색깔은?

① 무색 또는 흑색 ② 백색
③ 청색 ④ 적색 또는 오렌지색

해설 흑색(79℃ 미만) < 백색(중간온도 79~121℃) < 청색(고온도 121~162℃) < 적색(초고온도 162~204℃) < 녹색(204℃ 이상)

16 옥내소화전이 1층에 3개, 2층에 4개, 3층에 4개 설비되어 있다. 이 건물의 소화용 저수량은?

① $5.2m^3$ ② $10.4m^3$
③ $18.2m^3$ ④ $28.0m^3$

해설 옥내소화전 1개당 수원 130L/min×20분=$2.6m^3$
옥내소화전이 1개층에 2개 이상 설치하는 경우 저수량은 2개×$2.6m^3$ 이상으로 한다.
저수량=2×2.6=$5.2m^3$(최대 2개까지만 산정한다.)

해답 12.④ 13.④ 14.② 15.③ 16.①

17 다음 중 개방형 스프링클러 설비의 적용이 가장 알맞은 곳은?

① 날씨가 추워 동파의 위험이 예상되는 곳
② 도서관의 휴게실 같이 많은 사람이 일시적으로 모이는 곳
③ 천장이 낮은 도서관
④ 천장이 높은 극장의 무대부

[해설] 개방형은 물이 차있지 않으므로 폐쇄형에 비해 작동은 조금 늦으나 동파우려가 있는 곳에 주로 쓰인다.

18 연결송수관 설비에 관한 설명 중 옳지 않은 것은?

① 송수구의 위치는 소방펌프 자동차가 용이하게 접근할 수 있는 곳으로 한다.
② 방수구의 설치 높이는 바닥면에서 0.5m 이상 1m 이하로 한다.
③ 방수구연결구의 구경은 50mm로 한다.
④ 연결송수관 전체를 사이어미즈 커넥션 또는 소방대 전용전이라고 한다.

[해설] 연결송수관 설비 설치기준
a) 방수구 방수 압력 : 0.35MPa 이상, 방수량 : 450L/min
b) 송수구, 방수구 구경 : 65mm, 송수구, 방수구 높이 : 0.5~1.0m
c) 수직주관 구경 : 100mm
d) 송수구 소방펌프 송수 압력 : 0.7MPa

19 보일러실이나 주방과 같이 온도 변화가 심한 곳에서 실내온도가 일정 온도 이상에서 작동하는 감지기는?

① 정온식   ② 차동식
③ 광전식   ④ 이온화식

[해설] 온도변화가 심한 장소에서는 일정 온도 이상에서 작동하는 정온식이 좋다.

20 실내 온도 상승속도가 일정 속도 이상일 때 작동하는 열감지기는?

① 차동식   ② 정온식
③ 바이메탈식   ④ 광전식

[해설] 차동식 열감지기는 누설공(리크홀)을 이용하여 특정 온도와는 무관하게 일정 온도 상승률 이상에서 작동한다.

제4과목

건축설비 관련 법규

제1편 관련 법규 검토
1. 건축법, 시행령, 시행규칙
2. 건축설비 관련 기타 규칙
3. 기계설비법, 시행령, 시행규칙
4. 소방시설 설치 및 관리에 관한 법률, 시행령, 시행규칙

제2편 에너지계획 수립 관련 법규
1. 에너지 관련 설계기준
2. 제로 에너지건축물 인증에 관한 규칙
3. 녹색건축 인증에 관한 규칙
4. 지능형 건축물의 인증에 관한 규칙

제1편 관련 법규 검토

건축법

[시행 2025. 10. 1.] [법률 제21065호, 2025. 10. 1., 타법개정]

제1장 총칙

제1조(목적) 이 법은 건축물의 대지·구조·설비 기준 및 용도 등을 정하여 건축물의 안전·기능·환경 및 미관을 향상시킴으로써 공공복리의 증진에 이바지하는 것을 목적으로 한다.

제2조(정의) ① 이 법에서 사용하는 용어의 뜻은 다음과 같다.
1. "대지(垈地)"란 「공간정보의 구축 및 관리 등에 관한 법률」에 따라 각 필지(筆地)로 나눈 토지를 말한다. 다만, 대통령령으로 정하는 토지는 둘 이상의 필지를 하나의 대지로 하거나 하나 이상의 필지의 일부를 하나의 대지로 할 수 있다.
2. "건축물"이란 토지에 정착(定着)하는 공작물 중 지붕과 기둥 또는 벽이 있는 것과 이에 딸린 시설물, 지하나 고가(高架)의 공작물에 설치하는 사무소·공연장·점포·차고·창고, 그 밖에 대통령령으로 정하는 것을 말한다.
3. "건축물의 용도"란 건축물의 종류를 유사한 구조, 이용 목적 및 형태별로 묶어 분류한 것을 말한다.
4. "건축설비"란 건축물에 설치하는 전기·전화 설비, 초고속 정보통신 설비, 지능형 홈네트워크 설비, 가스·급수·배수(配水)·배수(排水)·환기·난방·냉방·소화(消火)·배연(排煙) 및 오물처리의 설비, 굴뚝, 승강기, 피뢰침, 국기 게양대, 공동시청 안테나, 유선방송 수신시설, 우편함, 저수조(貯水槽), 방범시설, 그 밖에 국토교통부령으로 정하는 설비를 말한다.
5. "지하층"이란 건축물의 바닥이 지표면 아래에 있는 층으로서 바닥에서 지표면까지 평균높이가 해당 층 높이의 2분의 1 이상인 것을 말한다.
6. "거실"이란 건축물 안에서 거주, 집무, 작업, 집회, 오락, 그 밖에 이와 유사한 목적을 위하여 사용되는 방을 말한다.
7. "주요구조부"란 내력벽(耐力壁), 기둥, 바닥, 보, 지붕틀 및 주계단(主階段)을 말한다. 다만, 사이 기둥, 최하층 바닥, 작은 보, 차양, 옥외 계단, 그 밖에 이와 유사한 것으로 건축물의 구조상 중요하지 아니한 부분은 제외한다.
8. "건축"이란 건축물을 신축·증축·개축·재축(再築)하거나 건축물을 이전하는 것을 말한다.

8의2. "결합건축"이란 제56조에 따른 용적률을 개별 대지마다 적용하지 아니하고, 2개 이상의 대지를 대상으로 통합적용하여 건축물을 건축하는 것을 말한다.

9. "대수선"이란 건축물의 기둥, 보, 내력벽, 주계단 등의 구조나 외부 형태를 수선·변경하거나 증설하는 것으로서 대통령령으로 정하는 것을 말한다.
10. "리모델링"이란 건축물의 노후화를 억제하거나 기능 향상 등을 위하여 대수선하거나 건축물의 일부를 증축 또는 개축하는 행위를 말한다.
11. "도로"란 보행과 자동차 통행이 가능한 너비 4미터 이상의 도로(지형적으로 자동차 통행이 불가능한 경우와 막다른 도로의 경우에는 대통령령으로 정하는 구조와 너비의 도로)로서 다음 각 목의 어느 하나에 해당하는 도로나 그 예정도로를 말한다.
    가. 「국토의 계획 및 이용에 관한 법률」, 「도로법」, 「사도법」, 그 밖의 관계 법령에 따라 신설 또는 변경에 관한 고시가 된 도로

나. 건축허가 또는 신고 시에 특별시장·광역시장·특별자치시장·도지사·특별자치도지사(이하 "시·도지사"라 한다) 또는 시장·군수·구청장(자치구의 구청장을 말한다. 이하 같다)이 위치를 지정하여 공고한 도로

12. "건축주"란 건축물의 건축·대수선·용도변경, 건축설비의 설치 또는 공작물의 축조(이하 "건축물의 건축등"이라 한다)에 관한 공사를 발주하거나 현장 관리인을 두어 스스로 그 공사를 하는 자를 말한다.

12의2. "제조업자"란 건축물의 건축·대수선·용도변경, 건축설비의 설치 또는 공작물의 축조 등에 필요한 건축자재를 제조하는 사람을 말한다.

12의3. "유통업자"란 건축물의 건축·대수선·용도변경, 건축설비의 설치 또는 공작물의 축조에 필요한 건축자재를 판매하거나 공사현장에 납품하는 사람을 말한다.

13. "설계자"란 자기의 책임(보조자의 도움을 받는 경우를 포함한다)으로 설계도서를 작성하고 그 설계도서에서 의도하는 바를 해설하며, 지도하고 자문에 응하는 자를 말한다.

14. "설계도서"란 건축물의 건축등에 관한 공사용 도면, 구조 계산서, 시방서(示方書), 그 밖에 국토교통부령으로 정하는 공사에 필요한 서류를 말한다.

15. "공사감리자"란 자기의 책임(보조자의 도움을 받는 경우를 포함한다)으로 이 법으로 정하는 바에 따라 건축물, 건축설비 또는 공작물이 설계도서의 내용대로 시공되는지를 확인하고, 품질관리·공사관리·안전관리 등에 대하여 지도·감독하는 자를 말한다.

16. "공사시공자"란 「건설산업기본법」 제2조제4호에 따른 건설공사를 하는 자를 말한다.

16의2. "건축물의 유지·관리"란 건축물의 소유자나 관리자가 사용 승인된 건축물의 대지·구조·설비 및 용도 등을 지속적으로 유지하기 위하여 건축물이 멸실될 때까지 관리하는 행위를 말한다.

17. "관계전문기술자"란 건축물의 구조·설비 등 건축물과 관련된 전문기술자격을 보유하고 설계와 공사감리에 참여하여 설계자 및 공사감리자와 협력하는 자를 말한다.

18. "특별건축구역"이란 조화롭고 창의적인 건축물의 건축을 통하여 도시경관의 창출, 건설기술 수준향상 및 건축 관련 제도개선을 도모하기 위하여 이 법 또는 관계 법령에 따라 일부 규정을 적용하지 아니하거나 완화 또는 통합하여 적용할 수 있도록 특별히 지정하는 구역을 말한다.

19. "고층건축물"이란 층수가 30층 이상이거나 높이가 120미터 이상인 건축물을 말한다.

20. "실내건축"이란 건축물의 실내를 안전하고 쾌적하며 효율적으로 사용하기 위하여 내부 공간을 칸막이로 구획하거나 벽지, 천장재, 바닥재, 유리 등 대통령령으로 정하는 재료 또는 장식물을 설치하는 것을 말한다.

21. "부속구조물"이란 건축물의 안전·기능·환경 등을 향상시키기 위하여 건축물에 추가적으로 설치하는 환기시설물 등 대통령령으로 정하는 구조물을 말한다.

② 건축물의 용도는 다음과 같이 구분하되, 각 용도에 속하는 건축물의 세부 용도는 대통령령으로 정한다.

1. 단독주택	2. 공동주택	3. 제1종 근린생활시설
4. 제2종 근린생활시설	5. 문화 및 집회시설	6. 종교시설
7. 판매시설	8. 운수시설	9. 의료시설
10. 교육연구시설	11. 노유자(老幼者 : 노인 및 어린이)시설	12. 수련시설
13. 운동시설	14. 업무시설	15. 숙박시설
16. 위락(慰樂)시설	17. 공장	18. 창고시설
19. 위험물 저장 및 처리 시설	20. 자동차 관련 시설	21. 동물 및 식물 관련 시설
22. 자원순환 관련 시설	23. 교정(矯正)시설	24. 국방·군사시설
25. 방송통신시설	26. 발전시설	27. 묘지관련시설
28. 관광휴게시설	29. 그밖에 대통령령으로 정하는 시설	

제8조(리모델링에 대비한 특례 등) 리모델링이 쉬운 구조의 공동주택의 건축을 촉진하기 위하여 공동주택을 대통령령으로 정하는 구조로 하여 건축허가를 신청하면 제56조, 제60조 및 제61조에 따른 기준을 100분의 120의 범위에서 대통령령으로 정하는 비율로 완화하여 적용할 수 있다.

제2장 건축물의 건축

제11조(건축허가) ① 건축물을 건축하거나 대수선하려는 자는 특별자치시장·특별자치도지사 또는 시장·군수·구청장의 허가를 받아야 한다. 다만, 21층 이상의 건축물 등 대통령령으로 정하는 용도 및 규모의 건축물을 특별시나 광역시에 건축하려면 특별시장이나 광역시장의 허가를 받아야 한다.

② 시장·군수는 제1항에 따라 다음 각 호의 어느 하나에 해당하는 건축물의 건축을 허가하려면 미리 건축계

획서와 국토교통부령으로 정하는 건축물의 용도, 규모 및 형태가 표시된 기본설계도서를 첨부하여 도지사의 승인을 받아야 한다.
1. 제1항 단서에 해당하는 건축물. 다만, 도시환경, 광역교통 등을 고려하여 해당 도의 조례로 정하는 건축물은 제외한다.
2. 자연환경이나 수질을 보호하기 위하여 도지사가 지정·공고한 구역에 건축하는 3층 이상 또는 연면적의 합계가 1천제곱미터 이상인 건축물로서 위락시설과 숙박시설 등 대통령령으로 정하는 용도에 해당하는 건축물
3. 주거환경이나 교육환경 등 주변 환경을 보호하기 위하여 필요하다고 인정하여 도지사가 지정·공고한 구역에 건축하는 위락시설 및 숙박시설에 해당하는 건축물

③ 제1항에 따라 허가를 받으려는 자는 허가신청서에 국토교통부령으로 정하는 설계도서와 제5항 각 호에 따른 허가 등을 받거나 신고를 하기 위하여 관계 법령에서 제출하도록 의무화하고 있는 신청서 및 구비서류를 첨부하여 허가권자에게 제출하여야 한다. 다만, 국토교통부장관이 관계 행정기관의 장과 협의하여 국토교통부령으로 정하는 신청서 및 구비서류는 제21조에 따른 착공신고 전까지 제출할 수 있다.

④ 허가권자는 제1항에 따른 건축허가를 하고자 하는 때에「건축기본법」제25조에 따른 한국건축규정의 준수 여부를 확인하여야 한다. 다만, 다음 각 호의 어느 하나에 해당하는 경우에는 이 법이나 다른 법률에도 불구하고 건축위원회의 심의를 거쳐 건축허가를 하지 아니할 수 있다.
1. 위락시설이나 숙박시설에 해당하는 건축물의 건축을 허가하는 경우 해당 대지에 건축하려는 건축물의 용도·규모 또는 형태가 주거환경이나 교육환경 등 주변 환경을 고려할 때 부적합하다고 인정되는 경우
2.「국토의 계획 및 이용에 관한 법률」제37조제1항제4호에 따른 방재지구(이하 "방재지구"라 한다) 및「자연재해대책법」제12조제1항에 따른 자연재해위험개선지구 등 상습적으로 침수되거나 침수가 우려되는 대통령령으로 정하는 지역에 건축하려는 건축물에 대하여 지하층 등 일부 공간을 주거용으로 사용하거나 거실을 설치하는 것이 부적합하다고 인정되는 경우

⑤ 제1항에 따른 건축허가를 받으면 다음 각 호의 허가 등을 받거나 신고를 한 것으로 보며, 공장건축물의 경우에는「산업집적활성화 및 공장설립에 관한 법률」제13조의2와 제14조에 따라 관련 법률의 인·허가등이나 허가등을 받은 것으로 본다.
1. 제20조제3항에 따른 공사용 가설건축물의 축조신고
2. 제83조에 따른 공작물의 축조신고
3.「국토의 계획 및 이용에 관한 법률」제56조에 따른 개발행위허가
4.「국토의 계획 및 이용에 관한 법률」제86조제5항에 따른 시행자의 지정과 같은 법 제88조제2항에 따른 실시계획의 인가
5.「산지관리법」제14조와 제15조에 따른 산지전용허가와 산지전용신고, 같은 법 제15조의2에 따른 산지일시사용허가·신고. 다만, 보전산지인 경우에는 도시지역만 해당된다.
6.「사도법」제4조에 따른 사도(私道)개설허가
7.「농지법」제34조, 제35조 및 제43조에 따른 농지전용허가·신고 및 협의
8.「도로법」제36조에 따른 도로관리청이 아닌 자에 대한 도로공사 시행의 허가, 같은 법 제52조제1항에 따른 도로와 다른 시설의 연결 허가
9.「도로법」제61조에 따른 도로의 점용 허가
10.「하천법」제33조에 따른 하천점용 등의 허가
11.「하수도법」제27조에 따른 배수설비(配水設備)의 설치신고
12.「하수도법」제34조제2항에 따른 개인하수처리시설의 설치신고
13.「수도법」제38조에 따라 수도사업자가 지방자치단체인 경우 그 지방자치단체가 정한 조례에 따른 상수도 공급신청
14.「전기안전관리법」제8조에 따른 자가용전기설비 공사계획의 인가 또는 신고
15.「물환경보전법」제33조에 따른 수질오염물질 배출시설 설치의 허가나 신고
16.「대기환경보전법」제23조에 따른 대기오염물질 배출시설설치의 허가나 신고
17.「소음·진동관리법」제8조에 따른 소음·진동 배출시설 설치의 허가나 신고
18.「가축분뇨의 관리 및 이용에 관한 법률」제11조에 따른 배출시설 설치허가나 신고
19.「자연공원법」제23조에 따른 행위허가
20.「도시공원 및 녹지 등에 관한 법률」제24조에 따른 도시공원의 점용허가
21.「토양환경보전법」제12조에 따른 특정토양오염관리대상시설의 신고
22.「수산자원관리법」제52조제2항에 따른 행위의 허가
23.「초지법」제23조에 따른 초지전용의 허가 및 신고

⑥ 허가권자는 제5항 각 호의 어느 하나에 해당하는 사항이 다른 행정기관의 권한에 속하면 그 행정기관의 장과 미리 협의하여야 하며, 협의 요청을 받은 관계 행정기관의 장은 요청을 받은 날부터 15일 이내에 의견을 제출하여야 한다. 이 경우 관계 행정기관의 장은 제8항에 따른 처리기준이 아닌 사유를 이유로 협의를 거부할 수 없고, 협의 요청을 받은 날부터 15일 이내에 의견을 제출하지 아니하면 협의가 이루어진 것으로 본다.

⑦ 허가권자는 제1항에 따른 허가를 받은 자가 다음 각 호의 어느 하나에 해당하면 허가를 취소하여야 한다. 다만, 제1호에 해당하는 경우로서 정당한 사유가 있다고 인정되면 1년의 범위에서 공사의 착수기간을 연장할 수 있다.
  1. 허가를 받은 날부터 2년(「산업집적활성화 및 공장설립에 관한 법률」 제13조에 따라 공장의 신설·증설 또는 업종변경의 승인을 받은 공장은 3년) 이내에 공사에 착수하지 아니한 경우
  2. 제1호의 기간 이내에 공사에 착수하였으나 공사의 완료가 불가능하다고 인정되는 경우
  3. 제21조에 따른 착공신고 전에 경매 또는 공매 등으로 건축주가 대지의 소유권을 상실한 때부터 6개월이 지난 이후 공사의 착수가 불가능하다고 판단되는 경우

⑧ 제5항 각 호의 어느 하나에 해당하는 사항과 제12조제1항의 관계 법령을 관장하는 중앙행정기관의 장은 그 처리기준을 국토교통부장관에게 통보하여야 한다. 처리기준을 변경한 경우에도 또한 같다.

⑨ 국토교통부장관은 제8항에 따라 처리기준을 통보받은 때에는 이를 통합하여 고시하여야 한다.

⑩ 제4조제1항에 따른 건축위원회의 심의를 받은 자가 심의 결과를 통지 받은 날부터 2년 이내에 건축허가를 신청하지 아니하면 건축위원회 심의의 효력이 상실된다.

⑪ 제1항에 따라 건축허가를 받으려는 자는 해당 대지의 소유권을 확보하여야 한다. 다만, 다음 각 호의 어느 하나에 해당하는 경우에는 그러하지 아니하다.
  1. 건축주가 대지의 소유권을 확보하지 못하였으나 그 대지를 사용할 수 있는 권원을 확보한 경우. 다만, 분양을 목적으로 하는 공동주택은 제외한다.
  2. 건축주가 건축물의 노후화 또는 구조안전 문제 등 대통령령으로 정하는 사유로 건축물을 신축·개축·재축 및 리모델링을 하기 위하여 건축물 및 해당 대지의 공유자 수의 100분의 80 이상의 동의를 얻고 동의한 공유자의 지분 합계가 전체 지분의 100분의 80 이상인 경우
  3. 건축주가 제1항에 따른 건축허가를 받아 주택과 주택 외의 시설을 동일 건축물로 건축하기 위하여 「주택법」 제21조를 준용한 대지 소유 등의 권리 관계를 증명한 경우. 다만, 「주택법」 제15조제1항 각 호 외의 부분 본문에 따른 대통령령으로 정하는 호수 이상으로 건설·공급하는 경우에 한정한다.
  4. 건축하려는 대지에 포함된 국유지 또는 공유지에 대하여 허가권자가 해당 토지의 관리청이 해당 토지를 건축주에게 매각하거나 양여할 것을 확인한 경우
  5. 건축주가 집합건물의 공용부분을 변경하기 위하여 「집합건물의 소유 및 관리에 관한 법률」 제15조제1항에 따른 결의가 있었음을 증명한 경우
  6. 건축주가 집합건물을 재건축하기 위하여 「집합건물의 소유 및 관리에 관한 법률」 제47조에 따른 결의가 있었음을 증명한 경우

제14조(건축신고) ① 제11조에 해당하는 허가 대상 건축물이라 하더라도 다음 각 호의 어느 하나에 해당하는 경우에는 미리 특별자치시장·특별자치도지사 또는 시장·군수·구청장에게 국토교통부령으로 정하는 바에 따라 신고를 하면 건축허가를 받은 것으로 본다.
  1. 바닥면적의 합계가 85제곱미터 이내의 증축·개축 또는 재축. 다만, 3층 이상 건축물인 경우에는 증축·개축 또는 재축하려는 부분의 바닥면적의 합계가 건축물 연면적의 10분의 1 이내인 경우로 한정한다.
  2. 「국토의 계획 및 이용에 관한 법률」에 따른 관리지역, 농림지역 또는 자연환경보전지역에서 연면적이 200제곱미터 미만이고 3층 미만인 건축물의 건축. 다만, 다음 각 목의 어느 하나에 해당하는 구역에서의 건축은 제외한다.
    가. 지구단위계획구역
    나. 방재지구 등 재해취약지역으로서 대통령령으로 정하는 구역
  3. 연면적이 200제곱미터 미만이고 3층 미만인 건축물의 대수선
  4. 주요구조부의 해체가 없는 등 대통령령으로 정하는 대수선
  5. 그 밖에 소규모 건축물로서 대통령령으로 정하는 건축물의 건축

② 제1항에 따른 건축신고에 관하여는 제11조제5항 및 제6항을 준용한다.

③ 특별자치시장·특별자치도지사 또는 시장·군수·구청장은 제1항에 따른 신고를 받은 날부터 5일 이내에 신고수리 여부 또는 민원 처리 관련 법령에 따른 처리기간의 연장 여부를 신고인에게 통지하여야 한다. 다만, 이 법 또는 다른 법령에 따라 심의, 동의, 협의, 확인 등이 필요한 경우에는 20일 이내에 통지하여야 한다.

④ 특별자치시장·특별자치도지사 또는 시장·군수·구청장은 제1항에 따른 신고가 제3항 단서에 해당하는 경우에는 신고를 받은 날부터 5일 이내에 신고인에게 그 내용을 통지하여야 한다.
⑤ 제1항에 따라 신고를 한 자가 신고일부터 1년 이내에 공사에 착수하지 아니하면 그 신고의 효력은 없어진다. 다만, 건축주의 요청에 따라 허가권자가 정당한 사유가 있다고 인정하면 1년의 범위에서 착수기한을 연장할 수 있다.

제19조(용도변경) ① 건축물의 용도변경은 변경하려는 용도의 건축기준에 맞게 하여야 한다.
② 제22조에 따라 사용승인을 받은 건축물의 용도를 변경하려는 자는 다음 각 호의 구분에 따라 국토교통부령으로 정하는 바에 따라 특별자치시장·특별자치도지사 또는 시장·군수·구청장의 허가를 받거나 신고를 하여야 한다.
  1. 허가 대상 : 제4항 각 호의 어느 하나에 해당하는 시설군(施設群)에 속하는 건축물의 용도를 상위군(제4항 각 호의 번호가 용도변경하려는 건축물이 속하는 시설군보다 작은 시설군을 말한다)에 해당하는 용도로 변경하는 경우
  2. 신고 대상 : 제4항 각 호의 어느 하나에 해당하는 시설군에 속하는 건축물의 용도를 하위군(제4항 각 호의 번호가 용도변경하려는 건축물이 속하는 시설군보다 큰 시설군을 말한다)에 해당하는 용도로 변경하는 경우
③ 제4항에 따른 시설군 중 같은 시설군 안에서 용도를 변경하려는 자는 국토교통부령으로 정하는 바에 따라 특별자치시장·특별자치도지사 또는 시장·군수·구청장에게 건축물대장 기재내용의 변경을 신청하여야 한다. 다만, 대통령령으로 정하는 변경의 경우에는 그러하지 아니하다.
④ 시설군은 다음 각 호와 같고 각 시설군에 속하는 건축물의 세부 용도는 대통령령으로 정한다.
  1. 자동차 관련 시설군   2. 산업 등의 시설군   3. 전기통신시설군
  4. 문화 및 집회시설군   5. 영업시설군   6. 교육 및 복지시설군
  7. 근린생활시설군   8. 주거업무시설군   9. 그 밖의 시설군
⑤ 제2항에 따른 허가나 신고 대상인 경우로서 용도변경하려는 부분의 바닥면적의 합계가 100제곱미터 이상인 경우의 사용승인에 관하여는 제22조를 준용한다. 다만, 용도변경하려는 부분의 바닥면적의 합계가 500제곱미터 미만으로서 대수선에 해당되는 공사를 수반하지 아니하는 경우에는 그러하지 아니하다.
⑥ 제2항에 따른 허가 대상인 경우로서 용도변경하려는 부분의 바닥면적의 합계가 500제곱미터 이상인 용도변경(대통령령으로 정하는 경우는 제외한다)의 설계에 관하여는 제23조를 준용한다.
⑦ 제1항과 제2항에 따른 건축물의 용도변경에 관하여는 제3조, 제5조, 제6조, 제7조, 제11조제2항부터 제9항까지, 제12조, 제14조부터 제16조까지, 제18조, 제20조, 제27조, 제29조, 제38조, 제42조부터 제44조까지, 제48조부터 제50조까지, 제50조의2, 제51조부터 제56조까지, 제58조, 제60조부터 제64조까지, 제67조, 제68조, 제78조부터 제87조까지의 규정과 「녹색건축물 조성 지원법」 제15조 및 「국토의 계획 및 이용에 관한 법률」 제54조를 준용한다.

제20조(가설건축물) ① 도시·군계획시설 및 도시·군계획시설예정지에서 가설건축물을 건축하려는 자는 특별자치시장·특별자치도지사 또는 시장·군수·구청장의 허가를 받아야 한다.
② 특별자치시장·특별자치도지사 또는 시장·군수·구청장은 해당 가설건축물의 건축이 다음 각 호의 어느 하나에 해당하는 경우가 아니면 제1항에 따른 허가를 하여야 한다.
  1. 「국토의 계획 및 이용에 관한 법률」 제64조에 위배되는 경우
  2. 4층 이상인 경우
  3. 구조, 존치기간, 설치목적 및 다른 시설 설치 필요성 등에 관하여 대통령령으로 정하는 기준의 범위에서 조례로 정하는 바에 따르지 아니한 경우
  4. 그 밖에 이 법 또는 다른 법령에 따른 제한규정을 위반하는 경우
③ 제1항에도 불구하고 재해복구, 흥행, 전람회, 공사용 가설건축물 등 대통령령으로 정하는 용도의 가설건축물을 축조하려는 자는 대통령령으로 정하는 존치 기간, 설치 기준 및 절차에 따라 특별자치시장·특별자치도지사 또는 시장·군수·구청장에게 신고한 후 착공하여야 한다.
④ 제3항에 따른 신고에 관하여는 제14조제3항 및 제4항을 준용한다.
⑤ 제1항과 제3항에 따른 가설건축물을 건축하거나 축조할 때에는 대통령령으로 정하는 바에 따라 제25조, 제38조부터 제42조까지, 제44조부터 제50조까지, 제50조의2, 제51조부터 제64조까지, 제67조, 제68조와 「녹색건축물 조성 지원법」 제15조 및 「국토의 계획 및 이용에 관한 법률」 제76조 중 일부 규정을 적용하지 아니한다.

⑥ 특별자치시장·특별자치도지사 또는 시장·군수·구청장은 제1항부터 제3항까지의 규정에 따라 가설건축물의 건축을 허가하거나 축조신고를 받은 경우 국토교통부령으로 정하는 바에 따라 가설건축물대장에 이를 기재하여 관리하여야 한다.
⑦ 제2항 또는 제3항에 따라 가설건축물의 건축허가 신청 또는 축조신고를 받은 때에는 다른 법령에 따른 제한 규정에 대하여 확인이 필요한 경우 관계 행정기관의 장과 미리 협의하여야 하고, 협의 요청을 받은 관계 행정기관의 장은 요청을 받은 날부터 15일 이내에 의견을 제출하여야 한다. 이 경우 관계 행정기관의 장이 협의 요청을 받은 날부터 15일 이내에 의견을 제출하지 아니하면 협의가 이루어진 것으로 본다.

제22조(건축물의 사용승인) ① 건축주가 제11조·제14조 또는 제20조제1항에 따라 허가를 받았거나 신고를 한 건축물의 건축공사를 완료[하나의 대지에 둘 이상의 건축물을 건축하는 경우 동(棟)별 공사를 완료한 경우를 포함한다]한 후 그 건축물을 사용하려면 제25조제6항에 따라 공사감리자가 작성한 감리완료보고서(같은 조 제1항에 따른 공사감리자를 지정한 경우만 해당된다)와 국토교통부령으로 정하는 공사완료도서를 첨부하여 허가권자에게 사용승인을 신청하여야 한다.
② 허가권자는 제1항에 따른 사용승인신청을 받은 경우 국토교통부령으로 정하는 기간에 다음 각 호의 사항에 대한 검사를 실시하고, 검사에 합격된 건축물에 대하여는 사용승인서를 내주어야 한다. 다만, 해당 지방자치단체의 조례로 정하는 건축물은 사용승인을 위한 검사를 실시하지 아니하고 사용승인서를 내줄 수 있다.
 1. 사용승인을 신청한 건축물이 이 법에 따라 허가 또는 신고한 설계도서대로 시공되었는지의 여부
 2. 감리완료보고서, 공사완료도서 등의 서류 및 도서가 적합하게 작성되었는지의 여부
③ 건축주는 제2항에 따라 사용승인을 받은 후가 아니면 건축물을 사용하거나 사용하게 할 수 없다. 다만, 다음 각 호의 어느 하나에 해당하는 경우에는 그러하지 아니하다.
 1. 허가권자가 제2항에 따른 기간 내에 사용승인서를 교부하지 아니한 경우
 2. 사용승인서를 교부받기 전에 공사가 완료된 부분이 건폐율, 용적률, 설비, 피난·방화 등 국토교통부령으로 정하는 기준에 적합한 경우로서 기간을 정하여 대통령령으로 정하는 바에 따라 임시로 사용의 승인을 한 경우
④ 건축주가 제2항에 따른 사용승인을 받은 경우에는 다음 각 호에 따른 사용승인·준공검사 또는 등록신청 등을 받거나 한 것으로 보며, 공장건축물의 경우에는 「산업집적활성화 및 공장설립에 관한 법률」 제14조의2에 따라 관련 법률의 검사 등을 받은 것으로 본다.
 1. 「하수도법」 제27조에 따른 배수설비(排水設備)의 준공검사 및 같은 법 제37조에 따른 개인하수처리시설의 준공검사
 2. 「공간정보의 구축 및 관리 등에 관한 법률」 제64조에 따른 지적공부(地籍公簿)의 변동사항 등록신청
 3. 「승강기 안전관리법」 제28조에 따른 승강기 설치검사
 4. 「에너지이용 합리화법」 제39조에 따른 보일러 설치검사
 5. 「전기사업법」 제63조에 따른 전기설비의 사용전검사
 6. 「정보통신공사업법」 제36조에 따른 정보통신공사의 사용전검사
 6의2. 「기계설비법」 제15조에 따른 기계설비의 사용전검사
 7. 「도로법」 제62조제2항에 따른 도로점용 공사의 준공확인
 8. 「국토의 계획 및 이용에 관한 법률」 제62조에 따른 개발 행위의 준공검사
 9. 「국토의 계획 및 이용에 관한 법률」 제98조에 따른 도시·군계획시설사업의 준공검사
 10. 「물환경보전법」 제37조에 따른 수질오염물질 배출시설의 가동개시의 신고
 11. 「대기환경보전법」 제30조에 따른 대기오염물질 배출시설의 가동개시의 신고
⑤ 허가권자는 제2항에 따른 사용승인을 하는 경우 제4항 각 호의 어느 하나에 해당하는 내용이 포함되어 있으면 관계 행정기관의 장과 미리 협의하여야 한다.
⑥ 특별시장 또는 광역시장은 제2항에 따라 사용승인을 한 경우 지체 없이 그 사실을 군수 또는 구청장에게 알려서 건축물대장에 적게 하여야 한다. 이 경우 건축물대장에는 설계자, 대통령령으로 정하는 주요 공사의 시공자, 공사감리자를 적어야 한다.

제23조(건축물의 설계) ① 제11조제1항에 따라 건축허가를 받아야 하거나 제14조제1항에 따라 건축신고를 하여야 하는 건축물 또는 「주택법」 제66조제1항 또는 제2항에 따른 리모델링을 하는 건축물의 건축등을 위한 설계는 건축사가 아니면 할 수 없다. 다만, 다음 각 호의 어느 하나에 해당하는 경우에는 그러하지 아니하다.
 1. 바닥면적의 합계가 85제곱미터 미만인 증축·개축 또는 재축
 2. 연면적이 200제곱미터 미만이고 층수가 3층 미만인 건축물의 대수선
 3. 그 밖에 건축물의 특수성과 용도 등을 고려하여 대통령령으로 정하는 건축물의 건축등

② 설계자는 건축물이 이 법과 이 법에 따른 명령이나 처분, 그 밖의 관계 법령에 맞고 안전·기능 및 미관에 지장이 없도록 설계하여야 하며, 국토교통부장관이 정하여 고시하는 설계도서 작성기준에 따라 설계도서를 작성하여야 한다. 다만, 해당 건축물의 공법(工法) 등이 특수한 경우로서 국토교통부령으로 정하는 바에 따라 건축위원회의 심의를 거친 때에는 그러하지 아니하다.
③ 제2항에 따라 설계도서를 작성한 설계자는 설계가 이 법과 이 법에 따른 명령이나 처분, 그 밖의 관계 법령에 맞게 작성되었는지를 확인한 후 설계도서에 서명날인하여야 한다.
④ 국토교통부장관이 국토교통부령으로 정하는 바에 따라 작성하거나 인정하는 표준설계도서나 특수한 공법을 적용한 설계도서에 따라 건축물을 건축하는 경우에는 제1항을 적용하지 아니한다.

제24조(건축시공) ① 공사시공자는 제15조제2항에 따른 계약대로 성실하게 공사를 수행하여야 하며, 이 법과 이 법에 따른 명령이나 처분, 그 밖의 관계 법령에 맞게 건축물을 건축하여 건축주에게 인도하여야 한다.
② 공사시공자는 건축물(건축허가나 용도변경허가 대상인 것만 해당된다)의 공사현장에 설계도서를 갖추어 두어야 한다.
③ 공사시공자는 설계도서가 이 법과 이 법에 따른 명령이나 처분, 그 밖의 관계 법령에 맞지 아니하거나 공사의 여건상 불합리하다고 인정되면 건축주와 공사감리자의 동의를 받아 서면으로 설계자에게 설계를 변경하도록 요청할 수 있다. 이 경우 설계자는 정당한 사유가 없으면 요청에 따라야 한다.
④ 공사시공자는 공사를 하는 데에 필요하다고 인정하거나 제25조제5항에 따라 공사감리자로부터 상세시공도면을 작성하도록 요청을 받으면 상세시공도면을 작성하여 공사감리자의 확인을 받아야 하며, 이에 따라 공사를 하여야 한다.
⑤ 공사시공자는 건축허가나 용도변경허가가 필요한 건축물의 건축공사를 착수한 경우에는 해당 건축공사의 현장에 국토교통부령으로 정하는 바에 따라 건축허가 표지판을 설치하여야 한다.
⑥ 「건설산업기본법」 제41조제1항 각 호에 해당하지 아니하는 건축물의 건축주는 공사 현장의 공정 및 안전을 관리하기 위하여 같은 법 제2조제15호에 따른 건설기술인 1명을 현장관리인으로 지정하여야 한다. 이 경우 현장관리인은 국토교통부령으로 정하는 바에 따라 공정 및 안전 관리 업무를 수행하여야 하며, 건축주의 승낙을 받지 아니하고는 정당한 사유 없이 그 공사 현장을 이탈하여서는 아니 된다.
⑦ 공동주택, 종합병원, 관광숙박시설 등 대통령령으로 정하는 용도 및 규모의 건축물의 공사시공자는 건축주, 공사감리자 및 허가권자가 설계도서에 따라 적정하게 공사되었는지를 확인할 수 있도록 공사의 공정이 대통령령으로 정하는 진도에 다다른 때마다 사진 및 동영상을 촬영하고 보관하여야 한다. 이 경우 촬영 및 보관 등 그 밖에 필요한 사항은 국토교통부령으로 정한다.

제25조(건축물의 공사감리) ① 건축주는 대통령령으로 정하는 용도·규모 및 구조의 건축물을 건축하는 경우 건축사나 대통령령으로 정하는 자를 공사감리자(공사시공자 본인 및 「독점규제 및 공정거래에 관한 법률」 제2조에 따른 계열회사는 제외한다)로 지정하여 공사감리를 하게 하여야 한다.
② 제1항에도 불구하고 「건설산업기본법」 제41조제1항 각 호에 해당하지 아니하는 소규모 건축물로서 건축주가 직접 시공하는 건축물 및 주택으로 사용하는 건축물 중 대통령령으로 정하는 건축물의 경우에는 대통령령으로 정하는 바에 따라 허가권자가 해당 건축물의 설계에 참여하지 아니한 자 중에서 공사감리자를 지정하여야 한다. 다만, 다음 각 호의 어느 하나에 해당하는 건축물의 건축주가 국토교통부령으로 정하는 바에 따라 허가권자에게 신청하는 경우에는 해당 건축물을 설계한 자를 공사감리자로 지정할 수 있다.
  1. 「건설기술 진흥법」 제14조에 따른 신기술 중 대통령령으로 정하는 신기술을 보유한 자가 그 신기술을 적용하여 설계한 건축물
  2. 「건축서비스산업 진흥법」 제13조제4항에 따른 역량 있는 건축사로서 대통령령으로 정하는 건축사가 설계한 건축물
  3. 설계공모를 통하여 설계한 건축물
③ 공사감리자는 공사감리를 할 때 이 법과 이 법에 따른 명령이나 처분, 그 밖의 관계 법령에 위반된 사항을 발견하거나 공사시공자가 설계도서대로 공사를 하지 아니하면 이를 건축주에게 알린 후 공사시공자에게 시정하거나 재시공하도록 요청하여야 하며, 공사시공자가 시정이나 재시공 요청에 따르지 아니하면 서면으로 그 건축공사를 중지하도록 요청할 수 있다. 이 경우 공사중지를 요청받은 공사시공자는 정당한 사유가 없으면 즉시 공사를 중지하여야 한다.
④ 공사감리자는 제3항에 따라 공사시공자가 시정이나 재시공 요청을 받은 후 이에 따르지 아니하거나 공사중지 요청을 받고도 공사를 계속하면 국토교통부령으로 정하는 바에 따라 이를 허가권자에게 보고하여야 한다.
⑤ 대통령령으로 정하는 용도 또는 규모의 공사의 공사감리자는 필요하다고 인정하면 공사시공자에게 상세시공도면을 작성하도록 요청할 수 있다.

⑥ 공사감리자는 국토교통부령으로 정하는 바에 따라 감리일지를 기록·유지하여야 하고, 공사의 공정(工程)이 대통령령으로 정하는 진도에 다다른 경우에는 감리중간보고서를, 공사를 완료한 경우에는 감리완료보고서를 국토교통부령으로 정하는 바에 따라 각각 작성하여 건축주에게 제출하여야 한다. 이 경우 건축주는 감리중간보고서는 제출받은 때, 감리완료보고서는 제22조에 따른 건축물의 사용승인을 신청할 때 허가권자에게 제출하여야 한다.
⑦ 건축주나 공사시공자는 제3항과 제4항에 따라 위반사항에 대한 시정이나 재시공을 요청하거나 위반사항을 허가권자에게 보고한 공사감리자에게 이를 이유로 공사감리자의 지정을 취소하거나 보수의 지급을 거부하거나 지연시키는 등 불이익을 주어서는 아니 된다.
⑧ 제1항에 따른 공사감리의 방법 및 범위 등은 건축물의 용도·규모 등에 따라 대통령령으로 정하되, 이에 따른 세부기준이 필요한 경우에는 국토교통부장관이 정하거나 건축사협회로 하여금 국토교통부장관의 승인을 받아 정하도록 할 수 있다.
⑨ 국토교통부장관은 제8항에 따라 세부기준을 정하거나 승인을 한 경우 이를 고시하여야 한다.
⑩ 「주택법」 제15조에 따른 사업계획 승인 대상과 「건설기술 진흥법」 제39조제2항에 따라 건설사업관리를 하게 하는 건축물의 공사감리는 제1항부터 제9항까지 및 제11항부터 제14항까지의 규정에도 불구하고 각각 해당 법령으로 정하는 바에 따른다.
⑪ 제1항에 따라 건축주가 공사감리자를 지정하거나 제2항에 따라 허가권자가 공사감리자를 지정하는 건축물의 건축주는 제21조에 따른 착공신고를 하는 때에 감리비용이 명시된 감리 계약서를 허가권자에게 제출하여야 하고, 제22조에 따른 사용승인을 신청하는 때에는 감리용역 계약내용에 따라 감리비용을 지급하여야 한다. 이 경우 허가권자는 감리 계약서에 따라 감리비용이 지급되었는지를 확인한 후 사용승인을 하여야 한다.
⑫ 제2항에 따라 허가권자가 공사감리자를 지정하는 건축물의 건축주는 설계자의 설계의도가 구현되도록 해당 건축물의 설계자를 건축과정에 참여시켜야 한다. 이 경우 「건축서비스산업 진흥법」 제22조를 준용한다.
⑬ 제12항에 따라 설계자를 건축과정에 참여시켜야 하는 건축주는 제21조에 따른 착공신고를 하는 때에 해당 계약서 등 대통령령으로 정하는 서류를 허가권자에게 제출하여야 한다.
⑭ 허가권자는 제11항의 감리비용에 관한 기준을 해당 지방자치단체의 조례로 정할 수 있다.

제26조(허용 오차) 대지의 측량(「공간정보의 구축 및 관리 등에 관한 법률」에 따른 지적측량은 제외한다)이나 건축물의 건축 과정에서 부득이하게 발생하는 오차는 이 법을 적용할 때 국토교통부령으로 정하는 범위에서 허용한다.

제44조(대지와 도로의 관계) ① 건축물의 대지는 2미터 이상이 도로(자동차만의 통행에 사용되는 도로는 제외한다)에 접하여야 한다. 다만, 다음 각 호의 어느 하나에 해당하면 그러하지 아니하다.
1. 해당 건축물의 출입에 지장이 없다고 인정되는 경우
2. 건축물의 주변에 대통령령으로 정하는 공지가 있는 경우
3. 「농지법」 제2조제1호나목에 따른 농막을 건축하는 경우
② 건축물의 대지가 접하는 도로의 너비, 대지가 도로에 접하는 부분의 길이, 그 밖에 대지와 도로의 관계에 관하여 필요한 사항은 대통령령으로 정하는 바에 따른다.

제5장 건축물의 구조 및 재료 등

제48조(구조내력 등) ① 건축물은 고정하중, 적재하중(積載荷重), 적설하중(積雪荷重), 풍압(風壓), 지진, 그 밖의 진동 및 충격 등에 대하여 안전한 구조를 가져야 한다.
② 제11조제1항에 따른 건축물을 건축하거나 대수선하는 경우에는 대통령령으로 정하는 바에 따라 구조의 안전을 확인하여야 한다.
③ 지방자치단체의 장은 제2항에 따른 구조 안전 확인 대상 건축물에 대하여 허가 등을 하는 경우 내진(耐震)성능 확보 여부를 확인하여야 한다.
④ 제1항에 따른 구조내력의 기준과 구조 계산의 방법 등에 관하여 필요한 사항은 국토교통부령으로 정한다.

제48조의2(건축물 내진등급의 설정) ① 국토교통부장관은 지진으로부터 건축물의 구조 안전을 확보하기 위하여 건축물의 용도, 규모 및 설계구조의 중요도에 따라 내진등급(耐震等級)을 설정하여야 한다.
② 제1항에 따른 내진등급을 설정하기 위한 내진등급기준 등 필요한 사항은 국토교통부령으로 정한다.

제49조(건축물의 피난시설 및 용도제한 등) ① 대통령령으로 정하는 용도 및 규모의 건축물과 그 대지에는 국토교통부령으로 정하는 바에 따라 복도, 계단, 출입구, 그 밖의 피난시설과 저수조(貯水槽), 대지 안의 피난과 소화에 필요한 통로를 설치하여야 한다.

② 대통령령으로 정하는 용도 및 규모의 건축물의 안전·위생 및 방화(防火) 등을 위하여 필요한 용도 및 구조의 제한, 방화구획(防火區劃), 화장실의 구조, 계단·출입구, 거실의 반자 높이, 거실의 채광·환기, 배연설비와 바닥의 방습 등에 관하여 필요한 사항은 국토교통부령으로 정한다. 다만, 대규모 창고시설등 대통령령으로 정하는 용도 및 규모의 건축물에 대해서는 방화구획등 화재안전에 필요한 사항을 국토교통부령으로 별도로 정할 수 있다.
③ 대통령령으로 정하는 건축물은 국토교통부령으로 정하는 기준에 따라 소방관이 진입할 수 있는 창을 설치하고, 외부에서 주야간에 식별할 수 있는 표시를 하여야 한다.
④ 대통령령으로 정하는 용도 및 규모의 건축물에 대하여 가구·세대 등 간 소음 방지를 위하여 국토교통부령으로 정하는 바에 따라 경계벽 및 바닥을 설치하여야 한다.
⑤ 「자연재해대책법」 제12조제1항에 따른 자연재해위험개선지구 중 침수위험지구에 국가·지방자치단체 또는 「공공기관의 운영에 관한 법률」 제4조제1항에 따른 공공기관이 건축하는 건축물은 침수 방지 및 방수를 위하여 다음 각 호의 기준에 따라야 한다.
  1. 건축물의 1층 전체를 필로티(건축물을 사용하기 위한 경비실, 계단실, 승강기실, 그 밖에 이와 비슷한 것을 포함한다) 구조로 할 것
  2. 국토교통부령으로 정하는 침수 방지시설을 설치할 것

제50조(건축물의 내화구조와 방화벽) ① 문화 및 집회시설, 의료시설, 공동주택 등 대통령령으로 정하는 건축물은 국토교통부령으로 정하는 기준에 따라 주요구조부와 지붕을 내화(耐火)구조로 하여야 한다. 다만, 막구조 등 대통령령으로 정하는 구조는 주요구조부에만 내화구조로 할 수 있다.
② 대통령령으로 정하는 용도 및 규모의 건축물은 국토교통부령으로 정하는 기준에 따라 방화벽으로 구획하여야 한다.

제50조의2(고층건축물의 피난 및 안전관리) ① 고층건축물에는 대통령령으로 정하는 바에 따라 피난안전구역을 설치하거나 대피공간을 확보한 계단을 설치하여야 한다. 이 경우 피난안전구역의 설치 기준, 계단의 설치 기준과 구조 등에 관하여 필요한 사항은 국토교통부령으로 정한다.
② 고층건축물에 설치된 피난안전구역·피난시설 또는 대피공간에는 국토교통부령으로 정하는 바에 따라 화재 등의 경우에 피난 용도로 사용되는 것임을 표시하여야 한다.
③ 고층건축물의 화재예방 및 피해경감을 위하여 국토교통부령으로 정하는 바에 따라 제48조부터 제50조까지의 기준을 강화하여 적용할 수 있다.

제51조(방화지구 안의 건축물) ① 「국토의 계획 및 이용에 관한 법률」 제37조제1항제3호에 따른 방화지구(이하 "방화지구"라 한다) 안에서는 건축물의 주요구조부와 지붕·외벽을 내화구조로 하여야 한다. 다만, 대통령령으로 정하는 경우에는 그러하지 아니하다.
② 방화지구 안의 공작물로서 간판, 광고탑, 그 밖에 대통령령으로 정하는 공작물 중 건축물의 지붕 위에 설치하는 공작물이나 높이 3미터 이상의 공작물은 주요부를 불연(不燃)재료로 하여야 한다.
③ 방화지구 안의 지붕·방화문 및 인접 대지 경계선에 접하는 외벽은 국토교통부령으로 정하는 구조 및 재료로 하여야 한다.

제52조(건축물의 마감재료 등) ① 대통령령으로 정하는 용도 및 규모의 건축물의 벽, 반자, 지붕(반자가 없는 경우에 한정한다) 등 내부의 마감재료[제52조의4제1항의 복합자재의 경우 심재(心材)를 포함한다]는 방화에 지장이 없는 재료로 하되, 「실내공기질 관리법」 제5조 및 제6조에 따른 실내공기질 유지기준 및 권고기준을 고려하고 관계 중앙행정기관의 장과 협의하여 국토교통부령으로 정하는 기준에 따른 것이어야 한다.
② 대통령령으로 정하는 건축물의 외벽에 사용하는 마감재료(두 가지 이상의 재료로 제작된 자재의 경우 각 재료를 포함한다)는 방화에 지장이 없는 재료로 하여야 한다. 이 경우 마감재료의 기준은 국토교통부령으로 정한다.
③ 욕실, 화장실, 목욕장 등의 바닥 마감재료는 미끄럼을 방지할 수 있도록 국토교통부령으로 정하는 기준에 적합하여야 한다.
④ 대통령령으로 정하는 용도 및 규모에 해당하는 건축물 외벽에 설치되는 창호(窓戶)는 방화에 지장이 없도록 인접 대지와의 이격거리를 고려하여 방화성능 등이 국토교통부령으로 정하는 기준에 적합하여야 한다.

제52조의2(실내건축) ① 대통령령으로 정하는 용도 및 규모에 해당하는 건축물의 실내건축은 방화에 지장이 없고 사용자의 안전에 문제가 없는 구조 및 재료로 시공하여야 한다.
② 실내건축의 구조·시공방법 등에 관한 기준은 국토교통부령으로 정한다.
③ 특별자치시장·특별자치도지사 또는 시장·군수·구청장은 제1항 및 제2항에 따라 실내건축이 적정하게 설치 및 시공되었는지를 검사하여야 한다. 이 경우 검사하는 대상 건축물과 주기(週期)는 건축조례로 정한다.

제52조의3(건축자재의 제조 및 유통 관리) ① 제조업자 및 유통업자는 건축물의 안전과 기능 등에 지장을 주지 아니하도록 건축자재를 제조·보관 및 유통하여야 한다.
② 국토교통부장관, 시·도지사 및 시장·군수·구청장은 건축물의 구조 및 재료의 기준 등이 공사현장에서 준수되고 있는지를 확인하기 위하여 제조업자 및 유통업자에게 필요한 자료의 제출을 요구하거나 건축공사장, 제조업자의 제조현장 및 유통업자의 유통장소 등을 점검할 수 있으며 필요한 경우에는 시료를 채취하여 성능 확인을 위한 시험을 할 수 있다.
③ 국토교통부장관, 시·도지사 및 시장·군수·구청장은 제2항의 점검을 통하여 위법 사실을 확인한 경우 대통령령으로 정하는 바에 따라 공사 중단, 사용 중단 등의 조치를 하거나 관계 기관에 대하여 관계 법률에 따른 영업정지 등의 요청을 할 수 있다.
④ 국토교통부장관, 시·도지사, 시장·군수·구청장은 제2항의 점검업무를 대통령령으로 정하는 전문기관으로 하여금 대행하게 할 수 있다.
⑤ 제2항에 따른 점검에 관한 절차 등에 관하여 필요한 사항은 국토교통부령으로 정한다.

제52조의4(건축자재의 품질관리 등) ① 복합자재(불연재료인 양면 철판, 석재, 콘크리트 또는 이와 유사한 재료와 불연재료가 아닌 심재로 구성된 것을 말한다)를 포함한 제52조에 따른 마감재료, 방화문 등 대통령령으로 정하는 건축자재의 제조업자, 유통업자, 공사시공자 및 공사감리자는 국토교통부령으로 정하는 사항을 기재한 품질관리서(이하 "품질관리서"라 한다)를 대통령령으로 정하는 바에 따라 허가권자에게 제출하여야 한다.
② 제1항에 따른 건축자재의 제조업자, 유통업자는 「과학기술분야 정부출연연구기관 등의 설립·운영 및 육성에 관한 법률」에 따른 한국건설기술연구원 등 대통령령으로 정하는 시험기관에 건축자재의 성능시험을 의뢰하여야 한다.
③ 제2항에 따른 성능시험을 수행하는 시험기관의 장은 성능시험 결과 등 건축자재의 품질관리에 필요한 정보를 국토교통부령으로 정하는 바에 따라 기관 또는 단체에 제공하거나 공개하여야 한다.
④ 제3항에 따라 정보를 제공받은 기관 또는 단체는 해당 건축자재의 정보를 홈페이지 등에 게시하여 일반인이 알 수 있도록 하여야 한다.
⑤ 제1항에 따른 건축자재 중 국토교통부령으로 정하는 단열재는 국토교통부장관이 고시하는 기준에 따라 해당 건축자재에 대한 정보를 표면에 표시하여야 한다.
⑥ 복합자재에 대한 난연성분 분석시험, 난연성능기준, 시험수수료 등 필요한 사항은 국토교통부령으로 정한다.

제53조(지하층) ① 건축물에 설치하는 지하층의 구조 및 설비는 국토교통부령으로 정하는 기준에 맞게 하여야 한다.
② 단독주택, 공동주택 등 대통령령으로 정하는 건축물의 지하층에는 거실을 설치할 수 없다. 다만, 다음 각 호의 사항을 고려하여 해당 지방자치단체의 조례로 정하는 경우에는 그러하지 아니하다.
 1. 침수위험 정도를 비롯한 지역적 특성
 2. 피난 및 대피가능성
 3. 그밖에 주거의 안전과 관련된 사항

제7장 건축설비

제62조(건축설비기준 등) 건축설비의 설치 및 구조에 관한 기준과 설계 및 공사감리에 관하여 필요한 사항은 대통령령으로 정한다.

제64조(승강기) ① 건축주는 6층 이상으로서 연면적이 2천제곱미터 이상인 건축물(대통령령으로 정하는 건축물은 제외한다)을 건축하려면 승강기를 설치하여야 한다. 이 경우 승강기의 규모 및 구조는 국토교통부령으로 정한다.
② 높이 31미터를 초과하는 건축물에는 대통령령으로 정하는 바에 따라 제1항에 따른 승강기뿐만 아니라 비상용승강기를 추가로 설치하여야 한다. 다만, 국토교통부령으로 정하는 건축물의 경우에는 그러하지 아니하다.
③ 고층건축물에는 제1항에 따라 건축물에 설치하는 승용승강기 중 1대 이상을 대통령령으로 정하는 바에 따라 피난용승강기로 설치하여야 한다.

제65조의2(지능형건축물의 인증) ① 국토교통부장관은 지능형건축물[Intelligent Building]의 건축을 활성화하기 위하여 지능형건축물 인증제도를 실시한다.
② 국토교통부장관은 제1항에 따른 지능형건축물의 인증을 위하여 인증기관을 지정할 수 있다.
③ 지능형건축물의 인증을 받으려는 자는 제2항에 따른 인증기관에 인증을 신청하여야 한다.

④ 국토교통부장관은 건축물을 구성하는 설비 및 각종 기술을 최적으로 통합하여 건축물의 생산성과 설비 운영의 효율성을 극대화할 수 있도록 다음 각 호의 사항을 포함하여 지능형건축물 인증기준을 고시한다.
  1. 인증기준 및 절차   2. 인증표시 홍보기준   3. 유효기간
  4. 수수료   5. 인증 등급 및 심사기준 등
⑤ 제2항과 제3항에 따른 인증기관의 지정 기준, 지정 절차 및 인증 신청 절차 등에 필요한 사항은 국토교통부령으로 정한다.
⑥ 허가권자는 지능형건축물로 인증을 받은 건축물에 대하여 제42조에 따른 조경설치면적을 100분의 85까지 완화하여 적용할 수 있으며, 제56조 및 제60조에 따른 용적률 및 건축물의 높이를 100분의 115의 범위에서 완화하여 적용할 수 있다.

제67조(관계전문기술자) ① 설계자와 공사감리자는 제40조, 제41조, 제48조부터 제50조까지, 제50조의2, 제51조, 제52조, 제62조 및 제64조와 「녹색건축물 조성 지원법」 제15조에 따른 대지의 안전, 건축물의 구조상 안전, 부속구조물 및 건축설비의 설치 등을 위한 설계 및 공사감리를 할 때 대통령령으로 정하는 바에 따라 다음 각 호의 어느 하나의 자격을 갖춘 관계전문기술자(「기술사법」 제21조제2호에 따라 벌칙을 받은 후 대통령령으로 정하는 기간이 지나지 아니한 자는 제외한다)의 협력을 받아야 한다.
  1. 「기술사법」 제6조에 따라 기술사사무소를 개설등록한 자
  2. 「건설기술 진흥법」 제26조에 따라 건설기술용역업자로 등록한 자
  3. 「엔지니어링산업 진흥법」 제21조에 따라 엔지니어링사업자의 신고를 한 자
  4. 「전력기술관리법」 제14조에 따라 설계업 및 감리업으로 등록한 자
② 관계전문기술자는 건축물이 이 법 및 이 법에 따른 명령이나 처분, 그 밖의 관계 법령에 맞고 안전·기능 및 미관에 지장이 없도록 업무를 수행하여야 한다.

제9장 보칙

제84조(면적·높이 및 층수의 산정) 건축물의 대지면적, 연면적, 바닥면적, 높이, 처마, 천장, 바닥 및 층수의 산정방법은 대통령령으로 정한다.

건축법 시행령

[시행 2025. 12. 18.] [대통령령 제35082호, 2024. 12. 17., 일부개정]

제1조(목적) 이 영은 「건축법」에서 위임된 사항과 그 시행에 필요한 사항을 규정함을 목적으로 한다.

제2조(정의) 이 영에서 사용하는 용어의 뜻은 다음과 같다.
1. "신축"이란 건축물이 없는 대지(기존 건축물이 해체되거나 멸실된 대지를 포함한다)에 새로 건축물을 축조(築造)하는 것[부속건축물만 있는 대지에 새로 주된 건축물을 축조하는 것을 포함하되, 개축(改築) 또는 재축(再築)하는 것은 제외한다]을 말한다.
2. "증축"이란 기존 건축물이 있는 대지에서 건축물의 건축면적, 연면적, 층수 또는 높이를 늘리는 것을 말한다.
3. "개축"이란 기존 건축물의 전부 또는 일부[내력벽·기둥·보·지붕틀(제16호에 따른 한옥의 경우에는 지붕틀의 범위에서 서까래는 제외한다) 중 셋 이상이 포함되는 경우를 말한다]를 해체하고 그 대지에 종전과 같은 규모의 범위에서 건축물을 다시 축조하는 것을 말한다.
4. "재축"이란 건축물이 천재지변이나 그 밖의 재해(災害)로 멸실된 경우 그 대지에 다음 각 목의 요건을 모두 갖추어 다시 축조하는 것을 말한다.
    가. 연면적 합계는 종전 규모 이하로 할 것
    나. 동(棟)수, 층수 및 높이는 다음의 어느 하나에 해당할 것
      1) 동수, 층수 및 높이가 모두 종전 규모 이하일 것
      2) 동수, 층수 또는 높이의 어느 하나가 종전 규모를 초과하는 경우에는 해당 동수, 층수 및 높이가 「건축법」(이하 "법"이라 한다), 이 영 또는 건축조례(이하 "법령등"이라 한다)에 모두 적합할 것
5. "이전"이란 건축물의 주요구조부를 해체하지 아니하고 같은 대지의 다른 위치로 옮기는 것을 말한다.
6. "내수재료(耐水材料)"란 인조석·콘크리트 등 내수성을 가진 재료로서 국토교통부령으로 정하는 재료를 말한다.
7. "내화구조(耐火構造)"란 화재에 견딜 수 있는 성능을 가진 구조로서 국토교통부령으로 정하는 기준에 적합한 구조를 말한다.
8. "방화구조(防火構造)"란 화염의 확산을 막을 수 있는 성능을 가진 구조로서 국토교통부령으로 정하는 기준에 적합한 구조를 말한다.
9. "난연재료(難燃材料)"란 불에 잘 타지 아니하는 성능을 가진 재료로서 국토교통부령으로 정하는 기준에 적합한 재료를 말한다.
10. "불연재료(不燃材料)"란 불에 타지 아니하는 성질을 가진 재료로서 국토교통부령으로 정하는 기준에 적합한 재료를 말한다.
11. "준불연재료"란 불연재료에 준하는 성질을 가진 재료로서 국토교통부령으로 정하는 기준에 적합한 재료를 말한다.
12. "부속건축물"이란 같은 대지에서 주된 건축물과 분리된 부속용도의 건축물로서 주된 건축물을 이용 또는 관리하는 데에 필요한 건축물을 말한다.
13. "부속용도"란 건축물의 주된 용도의 기능에 필수적인 용도로서 다음 각 목의 어느 하나에 해당하는 용도를 말한다.
    가. 건축물의 설비, 대피, 위생, 그 밖에 이와 비슷한 시설의 용도
    나. 사무, 작업, 집회, 물품저장, 주차, 그 밖에 이와 비슷한 시설의 용도
    다. 구내식당·직장어린이집·구내운동시설 등 종업원 후생복리시설, 구내소각시설, 그 밖에 이와 비슷한 시설의 용도. 이 경우 다음의 요건을 모두 갖춘 휴게음식점(별표 1 제3호의 제1종 근린생활시설 중 같은 호 나목에 따른 휴게음식점을 말한다)은 구내식당에 포함되는 것으로 본다.
      1) 구내식당 내부에 설치할 것
      2) 설치면적이 구내식당 전체 면적의 3분의 1 이하로서 50제곱미터 이하일 것
      3) 다류(茶類)를 조리·판매하는 휴게음식점일 것
    라. 관계 법령에서 주된 용도의 부수시설로 설치할 수 있게 규정하고 있는 시설, 그 밖에 국토교통부장관이 이와 유사하다고 인정하여 고시하는 시설의 용도

14. "발코니"란 건축물의 내부와 외부를 연결하는 완충공간으로서 전망이나 휴식 등의 목적으로 건축물 외벽에 접하여 부가적(附加的)으로 설치되는 공간을 말한다. 이 경우 주택에 설치되는 발코니로서 국토교통부장관이 정하는 기준에 적합한 발코니는 필요에 따라 거실ㆍ침실ㆍ창고 등의 용도로 사용할 수 있다.
15. "초고층 건축물"이란 층수가 50층 이상이거나 높이가 200미터 이상인 건축물을 말한다.
15의2. "준초고층 건축물"이란 고층건축물 중 초고층 건축물이 아닌 것을 말한다.
16. "한옥"이란 「한옥 등 건축자산의 진흥에 관한 법률」 제2조제2호에 따른 한옥을 말한다.
17. "다중이용 건축물"이란 다음 각 목의 어느 하나에 해당하는 건축물을 말한다.
    가. 다음의 어느 하나에 해당하는 용도로 쓰는 바닥면적의 합계가 5천제곱미터 이상인 건축물
        1) 문화 및 집회시설(동물원 및 식물원은 제외한다) 2) 종교시설
        3) 판매시설   4) 운수시설 중 여객용 시설
        5) 의료시설 중 종합병원   6) 숙박시설 중 관광숙박시설
    나. 16층 이상인 건축물
17의2. "준다중이용 건축물"이란 다중이용 건축물 외의 건축물로서 다음 각 목의 어느 하나에 해당하는 용도로 쓰는 바닥면적의 합계가 1천제곱미터 이상인 건축물을 말한다.
    가. 문화 및 집회시설(동물원 및 식물원은 제외한다)   나. 종교시설
    다. 판매시설   라. 운수시설 중 여객용 시설
    마. 의료시설 중 종합병원   바. 교육연구시설
    사. 노유자시설   아. 운동시설
    자. 숙박시설 중 관광숙박시설   차. 위락시설
    카. 관광 휴게시설   타. 장례시설
18. "특수구조 건축물"이란 다음 각 목의 어느 하나에 해당하는 건축물을 말한다.
    가. 한쪽 끝은 고정되고 다른 끝은 지지(支持)되지 아니한 구조로 된 보ㆍ차양 등이 외벽(외벽이 없는 경우에는 외곽 기둥을 말한다)의 중심선으로부터 3미터 이상 돌출된 건축물
    나. 기둥과 기둥 사이의 거리(기둥의 중심선 사이의 거리를 말하며, 기둥이 없는 경우에는 내력벽과 내력벽의 중심선 사이의 거리를 말한다. 이하 같다)가 20미터 이상인 건축물
    다. 무량판 구조(보가 없이 바닥판ㆍ기둥으로 구성된 구조를 말한다. 이하 같다)를 가진 건축물로서 무량판 구조인 어느 하나의 층에 수직으로 배치된 주요구조부의 전체 단면적에서 보가 없이 배치된 기둥의 전체 단면적이 차지하는 비율이 4분의1 이상인 건축물
    라. 특수한 설계ㆍ시공ㆍ공법 등이 필요한 건축물로서 국토교통부장관이 정하여 고시하는 구조로 된 건축물
19. 법 제2조제1항제21호에서 "환기시설물 등 대통령령으로 정하는 구조물"이란 급기(給氣) 및 배기(排氣)를 위한 건축 구조물의 개구부(開口部)인 환기구를 말한다.

제3조의2(대수선의 범위) 법 제2조제1항제9호에서 "대통령령으로 정하는 것"이란 다음 각 호의 어느 하나에 해당하는 것으로서 증축ㆍ개축 또는 재축에 해당하지 아니하는 것을 말한다.
1. 내력벽을 증설 또는 해체하거나 그 벽면적을 30제곱미터 이상 수선 또는 변경하는 것
2. 기둥을 증설 또는 해체하거나 세 개 이상 수선 또는 변경하는 것
3. 보를 증설 또는 해체하거나 세 개 이상 수선 또는 변경하는 것
4. 지붕틀(한옥의 경우에는 지붕틀의 범위에서 서까래는 제외한다)을 증설 또는 해체하거나 세 개 이상 수선 또는 변경하는 것
5. 방화벽 또는 방화구획을 위한 바닥 또는 벽을 증설 또는 해체하거나 수선 또는 변경하는 것
6. 주계단ㆍ피난계단 또는 특별피난계단을 증설 또는 해체하거나 수선 또는 변경하는 것
7. 삭제 〈2019. 10. 22.〉
8. 다가구주택의 가구 간 경계벽 또는 다세대주택의 세대 간 경계벽을 증설 또는 해체하거나 수선 또는 변경하는 것
9. 건축물의 외벽에 사용하는 마감재료(법 제52조제2항에 따른 마감재료를 말한다)를 증설 또는 해체하거나 벽면적 30제곱미터 이상 수선 또는 변경하는 것

제3조의3(지형적 조건 등에 따른 도로의 구조와 너비) 법 제2조제1항제11호 각 목 외의 부분에서 "대통령령으로 정하는 구조와 너비의 도로"란 다음 각 호의 어느 하나에 해당하는 도로를 말한다.
1. 특별자치시장ㆍ특별자치도지사 또는 시장ㆍ군수ㆍ구청장이 지형적 조건으로 인하여 차량 통행을 위한 도로의 설치가 곤란하다고 인정하여 그 위치를 지정ㆍ공고하는 구간의 너비 3미터 이상(길이가 10미터 미만인 막다른 도로인 경우에는 너비 2미터 이상)인 도로

2. 제1호에 해당하지 아니하는 막다른 도로로서 그 도로의 너비가 그 길이에 따라 각각 다음 표에 정하는 기준 이상인 도로

막다른 도로의 길이	도로의 너비
10미터 미만	2미터
10미터 이상 35미터 미만	3미터
35미터 이상	6미터(도시지역이 아닌 읍·면지역에서는 4미터)

제3조의4(실내건축의 재료 등) 법 제2조제1항제20호에서 "벽지, 천장재, 바닥재, 유리 등 대통령령으로 정하는 재료 또는 장식물"이란 다음 각 호의 재료를 말한다.
1. 벽, 천장, 바닥 및 반자틀의 재료
2. 실내에 설치하는 난간, 창호 및 출입문의 재료
3. 실내에 설치하는 전기·가스·급수(給水)·배수(排水)·환기시설의 재료
4. 실내에 설치하는 충돌·끼임 등 사용자의 안전사고 방지를 위한 시설의 재료

제3조의5(용도별 건축물의 종류) 법 제2조제2항 각 호의 용도에 속하는 건축물의 종류는 별표 1과 같다.

[별표 1] 용도별 건축물의 종류(제3조의5 관련)

1. 단독주택[단독주택의 형태를 갖춘 가정어린이집·공동생활가정·지역아동센터·공동육아나눔터(「아이돌봄 지원법」 제19조에 따른 공동육아나눔터를 말한다. 이하 같다)·작은도서관(「도서관법」 제4조제2항제1호가 따른 작은도서관을 말하며, 해당 주택의 1층에 설치한 경우만 해당한다. 이하 같다) 및 노인복지시설(노인복지주택은 제외한다)을 포함한다]
   가. 단독주택
   나. 다중주택 : 다음의 요건을 모두 갖춘 주택을 말한다.
      1) 학생 또는 직장인 등 여러 사람이 장기간 거주할 수 있는 구조로 되어 있는 것
      2) 독립된 주거의 형태를 갖추지 아니한 것(각 실별로 욕실은 설치할 수 있으나, 취사시설은 설치하지 아니한 것을 말한다. 이하 같다)
      3) 1개 동의 주택으로 쓰이는 바닥면적의 합계가 330제곱미터 이하이고 주택으로 쓰는 층수(지하층은 제외한다)가 3개 층 이하일 것
   다. 다가구주택 : 다음의 요건을 모두 갖춘 주택으로서 공동주택에 해당하지 아니하는 것을 말한다.
      1) 주택으로 쓰는 층수(지하층은 제외한다)가 3개 층 이하일 것. 다만, 1층의 전부 또는 일부를 필로티 구조로 하여 주차장으로 사용하고 나머지 부분을 주택 외의 용도로 쓰는 경우에는 해당 층을 주택의 층수에서 제외한다.
      2) 1개 동의 주택으로 쓰이는 바닥면적(부설 주차장 면적은 제외한다. 이하 같다)의 합계가 660제곱미터 이하일 것
      3) 19세대(대지 내 동별 세대수를 합한 세대를 말한다) 이하가 거주할 수 있을 것
   라. 공관(公館)
2. 공동주택[공동주택의 형태를 갖춘 가정어린이집·공동생활가정·지역아동센터·공동육아나눔터·작은도서관·노인복지시설(노인복지주택은 제외한다) 및 「주택법 시행령」 제10조제1항제1호에 따른 원룸형 주택을 포함한다]. 다만, 가목이나 나목에서 층수를 산정할 때 1층 전부를 필로티 구조로 하여 주차장으로 사용하는 경우에는 필로티 부분을 층수에서 제외하고, 다목에서 층수를 산정할 때 1층의 전부 또는 일부를 필로티 구조로 하여 주차장으로 사용하고 나머지 부분을 주택 외의 용도로 쓰는 경우에는 해당 층을 주택의 층수에서 제외하며, 가목부터 라목까지의 규정에서 층수를 산정할 때 지하층을 주택의 층수에서 제외한다.
   가. 아파트 : 주택으로 쓰는 층수가 5개 층 이상인 주택
   나. 연립주택 : 주택으로 쓰는 1개 동의 바닥면적(2개 이상의 동을 지하주차장으로 연결하는 경우에는 각각의 동으로 본다) 합계가 660제곱미터를 초과하고, 층수가 4개 층 이하인 주택
   다. 다세대주택 : 주택으로 쓰는 1개 동의 바닥면적 합계가 660제곱미터 이하이고, 층수가 4개 층 이하인 주택(2개 이상의 동을 지하주차장으로 연결하는 경우에는 각각의 동으로 본다)
   라. 기숙사 : 다음의 어느 하나에 해당하는 건축물로서 공간의 구성과 규모 등에 관하여 국토교통부장관이 정하여 고시하는 기준에 적합한 것. 다만, 구분소유된 개별 실(室)은 제외한다.
      1) 일반기숙사 : 학교 또는 공장 등의 학생 또는 종업원 등을 위하여 사용하는 것으로서 해당 기숙사의 공동취사시설 이용 세대 수가 전체 세대 수(건축물의 일부를 기숙사로 사용하는 경우에는 기숙사로 사용하는 세대 수로 한다. 이하 같다)의 50퍼센트 이상인 것(「교육기본법」 제27조제2항에 따른 학생복지주택을 포함한다)
      2) 임대형기숙사 : 「공공주택 특별법」 제4조에 따른 공공주택사업자 또는 「민간임대주택에 관한 특별법」 제2조제7호에 따른 임대사업자가 임대사업에 사용하는 것으로서 임대 목적으로 제공하는 실이 20실 이상이고 해당 기숙사의 공동취사시설 이용 세대 수가 전체 세대 수의 50퍼센트 이상인 것

3. 제1종 근린생활시설
   가. 식품·잡화·의류·완구·서적·건축자재·의약품·의료기기 등 일용품을 판매하는 소매점으로서 같은 건축물(하나의 대지에 두 동 이상의 건축물이 있는 경우에는 이를 같은 건축물로 본다. 이하 같다)에 해당 용도로 쓰는 바닥면적의 합계가 1천 제곱미터 미만인 것
   나. 휴게음식점, 제과점 등 음료·차(茶)·음식·빵·떡·과자 등을 조리하거나 제조하여 판매하는 시설(제4호너목 또는 제17호에 해당하는 것은 제외한다)로서 같은 건축물에 해당 용도로 쓰는 바닥면적의 합계가 300제곱미터 미만인 것
   다. 이용원, 미용원, 목욕장, 세탁소 등 사람의 위생관리나 의류 등을 세탁·수선하는 시설(세탁소의 경우 공장에 부설되는 것과 「대기환경보전법」, 「물환경보전법」 또는 「소음·진동관리법」에 따른 배출시설의 설치 허가 또는 신고의 대상인 것은 제외한다)
   라. 의원, 치과의원, 한의원, 침술원, 접골원(接骨院), 조산원, 안마원, 산후조리원 등 주민의 진료·치료 등을 위한 시설
   마. 탁구장, 체육도장으로서 같은 건축물에 해당 용도로 쓰는 바닥면적의 합계가 500제곱미터 미만인 것
   바. 지역자치센터, 파출소, 지구대, 소방서, 우체국, 방송국, 보건소, 공공도서관, 건강보험공단 사무소 등 주민의 편의를 위하여 공공업무를 수행하는 시설로서 같은 건축물에 해당 용도로 쓰는 바닥면적의 합계가 1천 제곱미터 미만인 것
   사. 마을회관, 마을공동작업소, 마을공동구판장, 공중화장실, 대피소, 지역아동센터(단독주택과 공동주택에 해당하는 것은 제외한다) 등 주민이 공동으로 이용하는 시설
   아. 변전소, 도시가스배관시설, 통신용 시설(해당 용도로 쓰는 바닥면적의 합계가 1천제곱미터 미만인 것에 한정한다), 정수장, 양수장 등 주민의 생활에 필요한 에너지공급·통신서비스제공이나 급수·배수와 관련된 시설
   자. 금융업소, 사무소, 부동산중개사무소, 결혼상담소 등 소개업소, 출판사 등 일반업무시설로서 같은 건축물에 해당 용도로 쓰는 바닥면적의 합계가 30제곱미터 미만인 것
   차. 전기자동차 충전소(해당 용도로 쓰는 바닥면적의 합계가 1천제곱미터 미만인 것으로 한정한다)
   카. 동물병원, 동물미용실 및 「동물보호법」 제73조제1항제2호에 따른 동물위탁관리업을 위한 시설로서 같은 건축물에 해당 용도로 쓰는 바닥면적의 합계가 300제곱미터 미만인 것
4. 제2종 근린생활시설
   가. 공연장(극장, 영화관, 연예장, 음악당, 서커스장, 비디오물감상실, 비디오물소극장, 그 밖에 이와 비슷한 것을 말한다. 이하 같다)으로서 같은 건축물에 해당 용도로 쓰는 바닥면적의 합계가 500제곱미터 미만인 것
   나. 종교집회장[교회, 성당, 사찰, 기도원, 수도원, 수녀원, 제실(祭室), 사당, 그 밖에 이와 비슷한 것을 말한다. 이하 같다]으로서 같은 건축물에 해당 용도로 쓰는 바닥면적의 합계가 500제곱미터 미만인 것
   다. 자동차영업소로서 같은 건축물에 해당 용도로 쓰는 바닥면적의 합계가 1천제곱미터 미만인 것
   라. 서점(제1종 근린생활시설에 해당하지 않는 것)
   마. 총포판매소
   바. 사진관, 표구점
   사. 청소년게임제공업소, 복합유통게임제공업소, 인터넷컴퓨터게임시설제공업소, 그 밖에 이와 비슷한 게임 관련 시설로서 같은 건축물에 해당 용도로 쓰는 바닥면적의 합계가 500제곱미터 미만인 것
   아. 휴게음식점, 제과점 등 음료·차(茶)·음식·빵·떡·과자 등을 조리하거나 제조하여 판매하는 시설(너목 또는 제17호에 해당하는 것은 제외한다)로서 같은 건축물에 해당 용도로 쓰는 바닥면적의 합계가 300제곱미터 이상인 것
   자. 일반음식점
   차. 장의사, 동물병원, 동물미용실, 「동물보호법」 제73조제1항제2호에 따른 동물위탁관리업을 위한 시설, 그 밖에 이와 유사한 것(제1종 근린생활시설에 해당하는 것은 제외한다)
   카. 학원(자동차학원·무도학원 및 정보통신기술을 활용하여 원격으로 교습하는 것은 제외한다), 교습소(자동차교습·무도교습 및 정보통신기술을 활용하여 원격으로 교습하는 것은 제외한다), 직업훈련소(운전·정비관련 직업훈련소는 제외한다)로서 같은 건축물에 해당 용도로 쓰는 바닥면적의 합계가 500제곱미터 미만인 것
   타. 독서실, 기원
   파. 테니스장, 체력단련장, 에어로빅장, 볼링장, 당구장, 실내낚시터, 골프연습장, 놀이형시설(「관광진흥법」에 따른 기타유원시설업의 시설을 말한다. 이하 같다) 등 주민의 체육 활동을 위한 시설(제3호마목의 시설은 제외한다)로서 같은 건축물에 해당 용도로 쓰는 바닥면적의 합계가 500제곱미터 미만인 것
   하. 금융업소, 사무소, 부동산중개사무소, 결혼상담소 등 소개업소, 출판사 등 일반업무시설로서 같은 건축물에 해당 용도로 쓰는 바닥면적의 합계가 500제곱미터 미만인 것(제1종 근린생활시설에 해당하는 것은 제외한다)
   거. 다중생활시설(「다중이용업소의 안전관리에 관한 특별법」에 따른 다중이용업 중 고시원업의 시설로서 국토교통부장관이 고시하는 기준에 적합한 것을 말한다. 이하 같다)로서 같은 건축물에 해당 용도로 쓰는 바닥면적의 합계가 500제곱미터 미만인 것

너. 제조업소, 수리점 등 물품의 제조·가공·수리 등을 위한 시설로서 같은 건축물에 해당 용도로 쓰는 바닥면적의 합계가 500제곱미터 미만이고, 다음 요건 중 어느 하나에 해당하는 것
  1) 「대기환경보전법」, 「물환경보전법」 또는 「소음·진동관리법」에 따른 배출시설의 설치 허가 또는 신고의 대상이 아닌 것
  2) 「대기환경보전법」, 「물환경보전법」 또는 「소음·진동관리법」에 따른 배출시설의 설치 허가 또는 신고의 대상 시설로서 발생되는 폐수를 전량 위탁처리하는 것
더. 단란주점으로서 같은 건축물에 해당 용도로 쓰는 바닥면적의 합계가 150제곱미터 미만인 것
러. 안마시술소, 노래연습장

5. 문화 및 집회시설
  가. 공연장으로서 제2종 근린생활시설에 해당하지 아니하는 것
  나. 집회장[예식장, 공회당, 회의장, 마권(馬券) 장외 발매소, 마권 전화투표소, 그 밖에 이와 비슷한 것을 말한다]으로서 제2종 근린생활시설에 해당하지 아니하는 것
  다. 관람장(경마장, 경륜장, 경정장, 자동차 경기장, 그 밖에 이와 비슷한 것과 체육관 및 운동장으로서 관람석의 바닥면적의 합계가 1천 제곱미터 이상인 것을 말한다)
  라. 전시장(박물관, 미술관, 과학관, 문화관, 체험관, 기념관, 산업전시장, 박람회장, 그 밖에 이와 비슷한 것을 말한다)
  마. 동·식물원(동물원, 식물원, 수족관, 그 밖에 이와 비슷한 것을 말한다)

6. 종교시설
  가. 종교집회장으로서 제2종 근린생활시설에 해당하지 아니하는 것
  나. 종교집회장(제2종 근린생활시설에 해당하지 아니하는 것을 말한다)에 설치하는 봉안당(奉安堂)

7. 판매시설
  가. 도매시장(「농수산물유통 및 가격안정에 관한 법률」에 따른 농수산물도매시장, 농수산물공판장, 그 밖에 이와 비슷한 것을 말하며, 그 안에 있는 근린생활시설을 포함한다)
  나. 소매시장(「유통산업발전법」 제2조제3호에 따른 대규모 점포, 그 밖에 이와 비슷한 것을 말하며, 그 안에 있는 근린생활시설을 포함한다)
  다. 상점(그 안에 있는 근린생활시설을 포함한다)으로서 다음의 요건 중 어느 하나에 해당하는 것
    1) 제3호가목에 해당하는 용도(서점은 제외한다)로서 제1종 근린생활시설에 해당하지 아니하는 것
    2) 「게임산업진흥에 관한 법률」 제2조제6호의2가목에 따른 청소년게임제공업의 시설, 같은 호 나목에 따른 일반게임제공업의 시설, 같은 조 제7호에 따른 인터넷컴퓨터게임시설제공업의 시설 및 같은 조 제8호에 따른 복합유통게임제공업의 시설로서 제2종 근린생활시설에 해당하지 아니하는 것

8. 운수시설
  가. 여객자동차터미널   나. 철도시설   다. 공항시설   라. 항만시설
  마. 그 밖에 가목부터 라목까지의 규정에 따른 시설과 비슷한 시설

9. 의료시설
  가. 병원(종합병원, 병원, 치과병원, 한방병원, 정신병원 및 요양병원을 말한다)
  나. 격리병원(전염병원, 마약진료소, 그 밖에 이와 비슷한 것을 말한다)

10. 교육연구시설(제2종 근린생활시설에 해당하는 것은 제외한다)
  가. 학교(유치원, 초등학교, 중학교, 고등학교, 전문대학, 대학, 대학교, 그 밖에 이에 준하는 각종 학교를 말한다)
  나. 교육원(연수원, 그 밖에 이와 비슷한 것을 포함한다)
  다. 직업훈련소(운전 및 정비 관련 직업훈련소는 제외한다)
  라. 학원(자동차학원·무도학원 및 정보통신기술을 활용하여 원격으로 교습하는 것은 제외한다), 교습소(자동차교습·무도교습 및 정보통신기술을 활용하여 원격으로 교습하는 것은 제외한다)
  마. 연구소(연구소에 준하는 시험소와 계측계량소를 포함한다)
  바. 도서관

11. 노유자시설
  가. 아동 관련 시설(어린이집, 아동복지시설, 그 밖에 이와 비슷한 것으로서 단독주택, 공동주택 및 제1종 근린생활시설에 해당하지 아니하는 것을 말한다)
  나. 노인복지시설(단독주택과 공동주택에 해당하지 아니하는 것을 말한다)
  다. 그 밖에 다른 용도로 분류되지 아니한 사회복지시설 및 근로복지시설

12. 수련시설
  가. 생활권 수련시설(「청소년활동진흥법」에 따른 청소년수련관, 청소년문화의집, 청소년특화시설, 그 밖에 이와 비슷한 것을 말한다)
  나. 자연권 수련시설(「청소년활동진흥법」에 따른 청소년수련원, 청소년야영장, 그 밖에 이와 비슷한 것을 말한다)
  다. 「청소년활동진흥법」에 따른 유스호스텔
  라. 「관광진흥법」에 따른 야영장 시설로서 제29호에 해당하지 아니하는 시설

13. 운동시설
    가. 탁구장, 체육도장, 테니스장, 체력단련장, 에어로빅장, 볼링장, 당구장, 실내낚시터, 골프연습장, 놀이형 시설, 그 밖에 이와 비슷한 것으로서 제1종 근린생활시설 및 제2종 근린생활시설에 해당하지 아니하는 것
    나. 체육관으로서 관람석이 없거나 관람석의 바닥면적이 1천제곱미터 미만인 것
    다. 운동장(육상장, 구기장, 볼링장, 수영장, 스케이트장, 롤러스케이트장, 승마장, 사격장, 궁도장, 골프장 등과 이에 딸린 건축물을 말한다)으로서 관람석이 없거나 관람석의 바닥면적이 1천 제곱미터 미만인 것
14. 업무시설
    가. 공공업무시설 : 국가 또는 지방자치단체의 청사와 외국공관의 건축물로서 제1종 근린생활시설에 해당하지 아니하는 것
    나. 일반업무시설 : 다음 요건을 갖춘 업무시설을 말한다.
        1) 금융업소, 사무소, 결혼상담소 등 소개업소, 출판사, 신문사, 그 밖에 이와 비슷한 것으로서 제1종 근린생활시설 및 제2종 근린생활시설에 해당하지 않는 것
        2) 오피스텔(업무를 주로 하며, 분양하거나 임대하는 구획 중 일부 구획에서 숙식을 할 수 있도록 한 건축물로서 국토교통부장관이 고시하는 기준에 적합한 것을 말한다)
15. 숙박시설
    가. 일반숙박시설 및 생활숙박시설
    나. 관광숙박시설(관광호텔, 수상관광호텔, 한국전통호텔, 가족호텔, 호스텔, 소형호텔, 의료관광호텔 및 휴양콘도미니엄)
    다. 다중생활시설(제2종 근린생활시설에 해당하지 아니하는 것을 말한다)
    라. 그 밖에 가목부터 다목까지의 시설과 비슷한 것
16. 위락시설
    가. 단란주점으로서 제2종 근린생활시설에 해당하지 아니하는 것
    나. 유흥주점이나 그 밖에 이와 비슷한 것
    다. 「관광진흥법」에 따른 유원시설업의 시설, 그 밖에 이와 비슷한 시설(제2종 근린생활시설과 운동시설에 해당하는 것은 제외한다)
    라. 삭제 〈2010.2.18〉
    마. 무도장, 무도학원
    바. 카지노영업소
17. 공장 : 물품의 제조·가공[염색·도장(塗裝)·표백·재봉·건조·인쇄 등을 포함한다] 또는 수리에 계속적으로 이용되는 건축물로서 제1종 근린생활시설, 제2종 근린생활시설, 위험물저장 및 처리시설, 자동차 관련 시설, 자원순환 관련 시설 등으로 따로 분류되지 아니한 것
18. 창고시설(위험물 저장 및 처리 시설 또는 그 부속용도에 해당하는 것은 제외한다)
    가. 창고(물품저장시설로서 「물류정책기본법」에 따른 일반창고와 냉장 및 냉동 창고를 포함한다)
    나. 하역장
    다. 「물류시설의 개발 및 운영에 관한 법률」에 따른 물류터미널
    라. 집배송 시설
19. 위험물 저장 및 처리 시설 : 「위험물안전관리법」, 「석유 및 석유대체연료 사업법」, 「도시가스사업법」, 「고압가스 안전관리법」, 「액화석유가스의 안전관리 및 사업법」, 「총포·도검·화약류 등 단속법」, 「화학물질 관리법」 등에 따라 설치 또는 영업의 허가를 받아야 하는 건축물로서 다음 각 목의 어느 하나에 해당하는 것. 다만, 자가난방, 자가발전, 그 밖에 이와 비슷한 목적으로 쓰는 저장시설은 제외한다.
    가. 주유소(기계식 세차설비를 포함한다) 및 석유 판매소
    나. 액화석유가스 충전소·판매소·저장소(기계식 세차설비를 포함한다)
    다. 위험물 제조소·저장소·취급소
    라. 액화가스 취급소·판매소
    마. 유독물 보관·저장·판매시설
    바. 고압가스 충전소·판매소·저장소
    사. 도료류 판매소
    아. 도시가스 제조시설
    자. 화약류 저장소
    차. 그 밖에 가목부터 자목까지의 시설과 비슷한 것
20. 자동차 관련 시설(건설기계 관련 시설을 포함한다)
    가. 주차장   나. 세차장   다. 폐차장
    라. 검사장   마. 매매장   바. 정비공장
    사. 운전학원 및 정비학원(운전 및 정비 관련 직업훈련시설을 포함한다)
    아. 「여객자동차 운수사업법」, 「화물자동차 운수사업법」 및 「건설기계관리법」에 따른 차고 및 주기장(駐機場)
21. 동물 및 식물 관련 시설
    가. 축사(양잠·양봉·양어·양돈·양계·곤충사육 시설 및 부화장 등을 포함한다)

나. 가축시설[가축용 운동시설, 인공수정센터, 관리사(管理舍), 가축용 창고, 가축시장, 동물검역소, 실험동물 사육시설, 그 밖에 이와 비슷한 것을 말한다]
다. 도축장
라. 도계장
마. 작물 재배사
바. 종묘배양시설
사. 화초 및 분재 등의 온실
아. 동물 또는 식물과 관련된 가목부터 사목까지의 시설과 비슷한 것(동·식물원은 제외한다)

22. 자원순환 관련 시설
  가. 하수 등 처리시설   나. 고물상
  다. 폐기물재활용시설   라. 폐기물 처분시설
  마. 폐기물감량화시설

23. 교정시설(제1종 근린생활시설에 해당하는 것은 제외한다)
  가. 교정시설(보호감호소, 구치소 및 교도소를 말한다)
  나. 갱생보호시설, 그 밖에 범죄자의 갱생·보육·교육·보건 등의 용도로 쓰는 시설
  다. 소년원 및 소년분류심사원

23의2. 국방·군사시설(제1종 근린생활시설에 해당하는 것은 제외한다)
  「국방·군사시설 사업에 관한 법률」에 따른 국방·군사시설

24. 방송통신시설(제1종 근린생활시설에 해당하는 것은 제외한다)
  가. 방송국(방송프로그램 제작시설 및 송신·수신·중계시설을 포함한다)
  나. 전신전화국   다. 촬영소
  라. 통신용 시설   마. 데이터센터
  바. 그 밖에 가목부터 마목까지의 시설과 비슷한 것

25. 발전시설 : 발전소(집단에너지 공급시설을 포함한다)로 사용되는 건축물로서 제1종 근린생활시설에 해당하지 아니하는 것

26. 묘지 관련 시설
  가. 화장시설
  나. 봉안당(종교시설에 해당하는 것은 제외한다)
  다. 묘지와 자연장지에 부수되는 건축물
  라. 동물화장시설, 동물건조장(乾燥葬)시설 및 동물 전용의 납골시설

27. 관광 휴게시설
  가. 야외음악당   나. 야외극장   다. 어린이회관
  라. 관망탑   마. 휴게소   바. 공원·유원지 또는 관광지에 부수되는 시설

28. 장례시설
  가. 장례식장[의료시설의 부수시설(「의료법」 제36조제1호에 따른 의료기관의 종류에 따른 시설을 말한다)에 해당하는 것은 제외한다]
  나. 동물 전용의 장례식장

29. 야영장 시설 : 「관광진흥법」에 따른 야영장 시설로서 관리동, 화장실, 샤워실, 대피소, 취사시설 등의 용도로 쓰는 바닥면적의 합계가 300제곱미터 미만인 것

비고
1. 제3호 및 제4호에서 "해당 용도로 쓰는 바닥면적"이란 부설 주차장 면적을 제외한 실(實) 사용면적에 공용부분 면적(복도, 계단, 화장실 등의 면적을 말한다)을 비례 배분한 면적을 합한 면적을 말한다.
2. 비고 제1호에 따라 "해당 용도로 쓰는 바닥면적"을 산정할 때 건축물의 내부를 여러 개의 부분으로 구분하여 독립한 건축물로 사용하는 경우에는 그 구분된 면적 단위로 바닥면적을 산정한다. 다만, 다음 각 목에 해당하는 경우에는 각 목에서 정한 기준에 따른다.
  가. 제4호더목에 해당하는 건축물의 경우에는 내부가 여러 개의 부분으로 구분되어 있더라도 해당 용도로 쓰는 바닥면적을 모두 합산하여 산정한다.
  나. 동일인이 둘 이상의 구분된 건축물을 같은 세부 용도로 사용하는 경우에는 연접되어 있지 않더라도 이를 모두 합산하여 산정한다.
  다. 구분 소유자(임차인을 포함한다)가 다른 경우에도 구분된 건축물을 같은 세부 용도로 연계하여 함께 사용하는 경우(통로, 창고 등을 공동으로 활용하는 경우 또는 명칭의 일부를 동일하게 사용하여 홍보하거나 관리하는 경우 등을 말한다)에는 연접되어 있지 않더라도 연계하여 함께 사용하는 바닥면적을 모두 합산하여 산정한다.
3. 「청소년 보호법」 제2조제5호가목8) 및 9)에 따라 여성가족부장관이 고시하는 청소년 출입·고용금지업의 영업을 위한 시설은 제1종 근린생활시설 및 제2종 근린생활시설에서 제외하되, 위 표에 따른 다른 용도의 시설로 분류되지 않는 경우에는 제16호에 따른 위락시설로 분류한다.
4. 국토교통부장관은 별표 1 각 호의 용도별 건축물의 종류에 관한 구체적인 범위를 정하여 고시할 수 있다.

제6조의5(리모델링이 쉬운 구조 등) ① 법 제8조에서 "대통령령으로 정하는 구조"란 다음 각 호의 요건에 적합한 구조를 말한다. 이 경우 다음 각 호의 요건에 적합한지에 관한 세부적인 판단 기준은 국토교통부장관이 정하여 고시한다.
  1. 각 세대는 인접한 세대와 수직 또는 수평 방향으로 통합하거나 분할할 수 있을 것
  2. 구조체에서 건축설비, 내부 마감재료 및 외부 마감재료를 분리할 수 있을 것
  3. 개별 세대 안에서 구획된 실(室)의 크기, 개수 또는 위치 등을 변경할 수 있을 것
② 법 제8조에서 "대통령령으로 정하는 비율"이란 100분의 120을 말한다. 다만, 건축조례에서 지역별 특성 등을 고려하여 그 비율을 강화한 경우에는 건축조례로 정하는 기준에 따른다.

제2장 건축물의 건축

제8조(건축허가) ① 법 제11조제1항 단서에 따라 특별시장 또는 광역시장의 허가를 받아야 하는 건축물의 건축은 층수가 21층 이상이거나 연면적의 합계가 10만 제곱미터 이상인 건축물의 건축(연면적의 10분의 3 이상을 증축하여 층수가 21층 이상으로 되거나 연면적의 합계가 10만 제곱미터 이상으로 되는 경우를 포함한다)을 말한다. 다만, 다음 각 호의 어느 하나에 해당하는 건축물의 건축은 제외한다.
  1. 공장
  2. 창고
  3. 지방건축위원회의 심의를 거친 건축물(특별시 또는 광역시의 건축조례로 정하는 바에 따라 해당 지방건축위원회의 심의사항으로 할 수 있는 건축물에 한정하며, 초고층 건축물은 제외한다)
③ 법 제11조제2항제2호에서 "위락시설과 숙박시설 등 대통령령으로 정하는 용도에 해당하는 건축물"이란 다음 각 호의 건축물을 말한다.
  1. 공동주택
  2. 제2종 근린생활시설(일반음식점만 해당한다)
  3. 업무시설(일반업무시설만 해당한다)
  4. 숙박시설
  5. 위락시설
⑥ 법 제11조제2항에 따른 승인신청에 필요한 신청서류 및 절차 등에 관하여 필요한 사항은 국토교통부령으로 정한다.

제11조(건축신고) ① 법 제14조제1항제2호나목에서 "방재지구 등 재해취약지역으로서 대통령령으로 정하는 구역"이란 다음 각 호의 어느 하나에 해당하는 지구 또는 지역을 말한다.
  1. 「국토의 계획 및 이용에 관한 법률」 제37조에 따라 지정된 방재지구(防災地區)
  2. 「급경사지 재해예방에 관한 법률」 제6조에 따라 지정된 붕괴위험지역
② 법 제14조제1항제4호에서 "주요구조부의 해체가 없는 등 대통령령으로 정하는 대수선"이란 다음 각 호의 어느 하나에 해당하는 대수선을 말한다.
  1. 내력벽의 면적을 30제곱미터 이상 수선하는 것
  2. 기둥을 세 개 이상 수선하는 것
  3. 보를 세 개 이상 수선하는 것
  4. 지붕틀을 세 개 이상 수선하는 것
  5. 방화벽 또는 방화구획을 위한 바닥 또는 벽을 수선하는 것
  6. 주계단·피난계단 또는 특별피난계단을 수선하는 것
③ 법 제14조제1항제5호에서 "대통령령으로 정하는 건축물"이란 다음 각 호의 어느 하나에 해당하는 건축물을 말한다.
  1. 연면적의 합계가 100제곱미터 이하인 건축물
  2. 건축물의 높이를 3미터 이하의 범위에서 증축하는 건축물
  3. 법 제23조제4항에 따른 표준설계도서(이하 "표준설계도서"라 한다)에 따라 건축하는 건축물로서 그 용도 및 규모가 주위환경이나 미관에 지장이 없다고 인정하여 건축조례로 정하는 건축물
  4. 「국토의 계획 및 이용에 관한 법률」 제36조제1항제1호다목에 따른 공업지역, 같은 법 제51조제3항에 따른 지구단위계획구역(같은 법 시행령 제48조제10호에 따른 산업·유통형만 해당한다) 및 「산업입지 및 개발에 관한 법률」에 따른 산업단지에서 건축하는 2층 이하인 건축물로서 연면적 합계 500제곱미터 이하인 공장(별표 1 제4호너목에 따른 제조업소 등 물품의 제조·가공을 위한 시설을 포함한다)
  5. 농업이나 수산업을 경영하기 위하여 읍·면지역(특별자치시장·특별자치도지사·시장·군수가 지역계획 또는 도시·군계획에 지장이 있다고 지정·공고한 구역은 제외한다)에서 건축하는 연면적 200제곱미터

이하의 창고 및 연면적 400제곱미터 이하의 축사, 작물재배사(作物栽培舍), 종묘배양시설, 화초 및 분재 등의 온실
④ 법 제14조에 따른 건축신고에 관하여는 제9조제1항을 준용한다.

제12조(허가·신고사항의 변경 등) ① 법 제16조제1항에 따라 허가를 받았거나 신고한 사항을 변경하려면 다음 각 호의 구분에 따라 허가권자의 허가를 받거나 특별자치시장·특별자치도지사 또는 시장·군수·구청장에게 신고하여야 한다.
1. 바닥면적의 합계가 85제곱미터를 초과하는 부분에 대한 신축·증축·개축에 해당하는 변경인 경우에는 허가를 받고, 그 밖의 경우에는 신고할 것
2. 법 제14조제1항제2호 또는 제5호에 따라 신고로써 허가를 갈음하는 건축물에 대하여는 변경 후 건축물의 연면적을 각각 신고로써 허가를 갈음할 수 있는 규모에서 변경하는 경우에는 제1호에도 불구하고 신고할 것
3. 건축주·설계자·공사시공자 또는 공사감리자(이하 "건축관계자"라 한다)를 변경하는 경우에는 신고할 것

② 법 제16조제1항 단서에서 "대통령령으로 정하는 경미한 사항의 변경"이란 신축·증축·개축·재축·이전·대수선 또는 용도변경에 해당하지 아니하는 변경을 말한다.
③ 법 제16조제2항에서 "대통령령으로 정하는 사항"이란 다음 각 호의 어느 하나에 해당하는 사항을 말한다.
1. 건축물의 동수나 층수를 변경하지 아니하면서 변경되는 부분의 바닥면적의 합계가 50제곱미터 이하인 경우로서 다음 각 목의 요건을 모두 갖춘 경우
   가. 변경되는 부분의 높이가 1미터 이하이거나 전체 높이의 10분의 1 이하일 것
   나. 허가를 받거나 신고를 하고 건축 중인 부분의 위치 변경범위가 1미터 이내일 것
   다. 법 제14조제1항에 따라 신고를 하면 법 제11조에 따른 건축허가를 받은 것으로 보는 규모에서 건축허가를 받아야 하는 규모로의 변경이 아닐 것
2. 건축물의 동수나 층수를 변경하지 아니하면서 변경되는 부분이 연면적 합계의 10분의 1 이하인 경우(연면적이 5천 제곱미터 이상인 건축물은 각 층의 바닥면적이 50제곱미터 이하의 범위에서 변경되는 경우만 해당한다). 다만, 제4호 본문 및 제5호 본문에 따른 범위의 변경인 경우만 해당한다.
3. 대수선에 해당하는 경우
4. 건축물의 층수를 변경하지 아니하면서 변경되는 부분의 높이가 1미터 이하이거나 전체 높이의 10분의 1 이하인 경우. 다만, 변경되는 부분이 제1호 본문, 제2호 본문 및 제5호 본문에 따른 범위의 변경인 경우만 해당한다.
5. 허가를 받거나 신고를 하고 건축 중인 부분의 위치가 1미터 이내에서 변경되는 경우. 다만, 변경되는 부분이 제1호 본문, 제2호 본문 및 제4호 본문에 따른 범위의 변경인 경우만 해당한다.

④ 제1항에 따른 허가나 신고사항의 변경에 관하여는 제9조를 준용한다.

제14조(용도변경) ③ 국토교통부장관은 법 제19조제1항에 따른 용도변경을 할 때 적용되는 건축기준을 고시할 수 있다. 이 경우 다른 행정기관의 권한에 속하는 건축기준에 대하여는 미리 관계 행정기관의 장과 협의하여야 한다.
④ 법 제19조제3항 단서에서 "대통령령으로 정하는 변경"이란 다음 각 호의 어느 하나에 해당하는 건축물 상호 간의 용도변경을 말한다. 다만, 별표 1 제3호다목(목욕장만 해당한다)·라목, 같은 표 제4호가목·사목·카목·파목(골프연습장, 놀이형시설만 해당한다)·더목·러목·머목, 같은 표 제7호다목2), 같은 표 제15호가목(생활숙박시설만 해당한다) 및 같은 표 제16호가목·나목에 해당하는 용도로 변경하는 경우는 제외한다.
1. 별표 1의 같은 호에 속하는 건축물 상호 간의 용도변경
2. 「국토의 계획 및 이용에 관한 법률」이나 그 밖의 관계 법령에서 정하는 용도제한에 적합한 범위에서 제1종 근린생활시설과 제2종 근린생활시설 상호 간의 용도변경

⑤ 법 제19조제4항 각 호의 시설군에 속하는 건축물의 용도는 다음 각 호와 같다.
1. 자동차 관련 시설군
   가. 자동차 관련 시설
2. 산업 등 시설군
   가. 운수시설   나. 창고시설   다. 공장
   라. 위험물저장 및 처리시설   마. 자원순환 관련 시설   바. 묘지 관련 시설
   사. 장례시설
3. 전기통신시설군
   가. 방송통신시설   나. 발전시설

4. 문화집회시설군
   가. 문화 및 집회시설 나. 종교시설 다. 위락시설
   라. 관광휴게시설
5. 영업시설군
   가. 판매시설 나. 운동시설 다. 숙박시설
   라. 제2종 근린생활시설 중 다중생활시설
6. 교육 및 복지시설군
   가. 의료시설 나. 교육연구시설 다. 노유자시설(老幼者施設)
   라. 수련시설 마. 야영장 시설
7. 근린생활시설군
   가. 제1종 근린생활시설 나. 제2종 근린생활시설(다중생활시설은 제외한다)
8. 주거업무시설군
   가. 단독주택 나. 공동주택 다. 업무시설
   라. 교정시설 마. 국방·군사시설
9. 그 밖의 시설군
   가. 동물 및 식물 관련 시설

⑥ 기존의 건축물 또는 대지가 법령의 제정·개정이나 제6조의2제1항 각 호의 사유로 법령 등에 부적합하게 된 경우에는 건축조례로 정하는 바에 따라 용도변경을 할 수 있다.

⑦ 법 제19조제6항에서 "대통령령으로 정하는 경우"란 1층인 축사를 공장으로 용도변경하는 경우로서 증축·개축 또는 대수선이 수반되지 아니하고 구조 안전이나 피난 등에 지장이 없는 경우를 말한다.

제15조(가설건축물) ① 법 제20조제2항제3호에서 "대통령령으로 정하는 기준"이란 다음 각 호의 기준을 말한다.
1. 철근콘크리트조 또는 철골철근콘크리트조가 아닐 것
2. 존치기간은 3년 이내일 것. 다만, 도시·군계획사업이 시행될 때까지 그 기간을 연장할 수 있다.
3. 전기·수도·가스 등 새로운 간선 공급설비의 설치를 필요로 하지 아니할 것
4. 공동주택·판매시설·운수시설 등으로서 분양을 목적으로 건축하는 건축물이 아닐 것

② 제1항에 따른 가설건축물에 대하여는 법 제38조를 적용하지 아니한다.

③ 제1항에 따른 가설건축물 중 시장의 공지 또는 도로에 설치하는 차양시설에 대하여는 법 제46조 및 법 제55조를 적용하지 아니한다.

④ 제1항에 따른 가설건축물을 도시·군계획 예정 도로에 건축하는 경우에는 법 제45조부터 제47조를 적용하지 아니한다.

⑤ 법 제20조제3항에서 "재해복구, 흥행, 전람회, 공사용 가설건축물 등 대통령령으로 정하는 용도의 가설건축물"이란 다음 각 호의 어느 하나에 해당하는 것을 말한다.
1. 재해가 발생한 구역 또는 그 인접구역으로서 특별자치시장·특별자치도지사 또는 시장·군수·구청장이 지정하는 구역에서 일시사용을 위하여 건축하는 것
2. 특별자치시장·특별자치도지사 또는 시장·군수·구청장이 도시미관이나 교통소통에 지장이 없다고 인정하는 가설흥행장, 가설전람회장, 농·수·축산물 직거래용 가설점포, 그 밖에 이와 비슷한 것
3. 공사에 필요한 규모의 공사용 가설건축물 및 공작물
4. 전시를 위한 견본주택이나 그 밖에 이와 비슷한 것
5. 특별자치시장·특별자치도지사 또는 시장·군수·구청장이 도로변 등의 미관정비를 위하여 지정·공고하는 구역에서 축조하는 가설점포(물건 등의 판매를 목적으로 하는 것을 말한다)로서 안전·방화 및 위생에 지장이 없는 것
6. 조립식 구조로 된 경비용으로 쓰는 가설건축물로서 연면적이 10제곱미터 이하인 것
7. 조립식 경량구조로 된 외벽이 없는 임시 자동차 차고
8. 컨테이너 또는 이와 비슷한 것으로 된 가설건축물로서 임시사무실·임시창고 또는 임시숙소로 사용되는 것(건축물의 옥상에 축조하는 것은 제외한다. 다만, 2009년 7월 1일부터 2015년 6월 30일까지 및 2016년 7월 1일부터 2019년 6월 30일까지 공장의 옥상에 축조하는 것은 포함한다)
9. 도시지역 중 주거지역·상업지역 또는 공업지역에 설치하는 농업·어업용 비닐하우스로서 연면적이 100제곱미터 이상인 것
10. 연면적이 100제곱미터 이상인 간이축사용, 가축분뇨처리용, 가축운동용, 가축의 비가림용 비닐하우스 또는 천막(벽 또는 지붕이 합성수지 재질로 된 것과 지붕 면적의 2분의 1 이하가 합성강판으로 된 것을 포함한다)구조 건축물

11. 농업·어업용 고정식 온실 및 간이작업장, 가축양육실
12. 물품저장용, 간이포장용, 간이수선작업용 등으로 쓰기 위하여 공장 또는 창고시설에 설치하거나 인접 대지에 설치하는 천막(벽 또는 지붕이 합성수지 재질로 된 것을 포함한다), 그 밖에 이와 비슷한 것
13. 유원지, 종합휴양업 사업지역 등에서 한시적인 관광·문화행사 등을 목적으로 천막 또는 경량구조로 설치하는 것
14. 야외전시시설 및 촬영시설
15. 야외흡연실 용도로 쓰는 가설건축물로서 연면적이 50제곱미터 이하인 것
16. 그 밖에 제1호부터 제14호까지의 규정에 해당하는 것과 비슷한 것으로서 건축조례로 정하는 건축물

⑥ 법 제20조제5항에 따라 가설건축물을 축조하는 경우에는 다음 각 호의 구분에 따라 관련 규정을 적용하지 않는다.
1. 제5항 각 호(제4호는 제외한다)의 가설건축물을 축조하는 경우에는 법 제25조, 제38조부터 제42조까지, 제44조부터 제47조까지, 제48조, 제48조의2, 제49조, 제50조, 제50조의2, 제51조, 제52조, 제52조의2, 제52조의4, 제53조, 제53조의2, 제54조부터 제58조까지, 제60조부터 제62조까지, 제64조, 제67조 및 제68조와 「국토의 계획 및 이용에 관한 법률」 제76조를 적용하지 않는다. 다만, 법 제48조, 제49조 및 제61조는 다음 각 목에 따른 경우에만 적용하지 않는다.
   가. 법 제48조 및 제49조를 적용하지 않는 경우: 다음의 어느 하나에 해당하는 경우
      1) 1층 또는 2층인 가설건축물(제5항제2호 및 제14호의 경우에는 1층인 가설건축물만 해당한다)을 건축하는 경우
      2) 3층 이상인 가설건축물(제5항제2호 및 제14호의 경우에는 2층 이상인 가설건축물을 말한다)을 건축하는 경우로서 지방건축위원회의 심의 결과 구조 및 피난에 관한 안전성이 인정된 경우. 다만, 구조 및 피난에 관한 안전성을 인정할 수 있는 서류로서 국토교통부령으로 정하는 서류를 특별자치시장·특별자치도지사 또는 시장·군수·구청장에게 제출하는 경우에는 지방건축위원회의 심의를 생략할 수 있다.
   나. 법 제61조를 적용하지 아니하는 경우 : 정북방향으로 접하고 있는 대지의 소유자와 합의한 경우
2. 제5항제4호의 가설건축물을 축조하는 경우에는 법 제25조, 제38조, 제39조, 제42조, 제45조, 제50조의2, 제53조, 제54조부터 제57조까지, 제60조, 제61조 및 제68조와 「국토의 계획 및 이용에 관한 법률」 제76조만을 적용하지 아니한다.

⑦ 법 제20조제3항에 따라 신고해야 하는 가설건축물의 존치기간은 3년 이내로 하며, 존치기간의 연장이 필요한 경우에는 횟수별 3년의 범위에서 제5항 각 호의 가설건축물별로 건축조례로 정하는 횟수만큼 존치기간을 연장할 수 있다. 다만, 제5항제3호의 공사용 가설건축물 및 공작물의 경우에는 해당 공사의 완료일까지의 기간으로 한다.

⑧ 법 제20조제1항 또는 제3항에 따라 가설건축물의 건축허가를 받거나 축조신고를 하려는 자는 국토교통부령으로 정하는 가설건축물 건축허가신청서 또는 가설건축물 축조신고서에 관계 서류를 첨부하여 특별자치시장·특별자치도지사 또는 시장·군수·구청장에게 제출하여야 한다. 다만, 건축물의 건축허가를 신청할 때 건축물의 건축에 관한 사항과 함께 공사용 가설건축물의 건축에 관한 사항을 제출한 경우에는 가설건축물 축조신고서의 제출을 생략한다.

⑨ 제8항 본문에 따라 가설건축물 건축허가신청서 또는 가설건축물 축조신고서를 제출받은 특별자치시장·특별자치도지사 또는 시장·군수·구청장은 그 내용을 확인한 후 신청인 또는 신고인에게 국토교통부령으로 정하는 바에 따라 가설건축물 건축허가서 또는 가설건축물 축조신고필증을 주어야 한다.

제18조(설계도서의 작성) 법 제23조제1항제3호에서 "대통령령으로 정하는 건축물"이란 다음 각 호의 어느 하나에 해당하는 건축물을 말한다.
1. 읍·면지역(시장 또는 군수가 지역계획 또는 도시·군계획에 지장이 있다고 인정하여 지정·공고한 구역은 제외한다)에서 건축하는 건축물 중 연면적이 200제곱미터 이하인 창고 및 농막(「농지법」에 따른 농막을 말한다)과 연면적 400제곱미터 이하인 축사, 작물재배사, 종묘배양시설, 화초 및 분재 등의 온실
2. 제15조제5항 각 호의 어느 하나에 해당하는 가설건축물로서 건축조례로 정하는 가설건축물

제19조(공사감리) ① 법 제25조제1항에 따라 공사감리자를 지정하여 공사감리를 하게 하는 경우에는 다음 각 호의 구분에 따른 자를 공사감리자로 지정하여야 한다.
1. 다음 각 목의 어느 하나에 해당하는 경우: 건축사
   가. 법 제11조에 따라 건축허가를 받아야 하는 건축물(법 제14조에 따른 건축신고 대상 건축물은 제외한다)을 건축하는 경우
   나. 제6조제1항제6호에 따른 건축물을 리모델링하는 경우

2. 다중이용 건축물을 건축하는 경우 : 「건설기술 진흥법」에 따른 건설엔지니어링사업자(공사시공자 본인이거나 「독점규제 및 공정거래에 관한 법률」 제2조제12호에 따른 계열회사인 건설엔지니어링사업자는 제외한다) 또는 건축사(「건설기술 진흥법 시행령」 제60조에 따라 건설사업관리기술인을 배치하는 경우만 해당한다)

② 제1항에 따라 다중이용 건축물의 공사감리자를 지정하는 경우 감리원의 배치기준 및 감리대가는 「건설기술 진흥법」에서 정하는 바에 따른다.

③ 법 제25조제6항에서 "공사의 공정이 대통령령으로 정하는 진도에 다다른 경우"란 공사(하나의 대지에 둘 이상의 건축물을 건축하는 경우에는 각각의 건축물에 대한 공사를 말한다)의 공정이 다음 각 호의 구분에 따른 단계에 다다른 경우를 말한다.
  1. 해당 건축물의 구조가 철근콘크리트조 · 철골철근콘크리트조 · 조적조 또는 보강콘크리트블럭조인 경우: 다음 각 목의 어느 하나에 해당하는 단계
      가. 기초공사 시 철근배치를 완료한 경우
      나. 지붕슬래브배근을 완료한 경우
      다. 지상 5개 층마다 상부 슬래브배근을 완료한 경우
  2. 해당 건축물의 구조가 철골조인 경우 : 다음 각 목의 어느 하나에 해당하는 단계
      가. 기초공사 시 철근배치를 완료한 경우
      나. 지붕철골 조립을 완료한 경우
      다. 지상 3개 층마다 또는 높이 20미터마다 주요구조부의 조립을 완료한 경우
  3. 해당 건축물의 구조가 제1호 또는 제2호 외의 구조인 경우 : 기초공사에서 거푸집 또는 주춧돌의 설치를 완료한 단계
  4. 제1호부터 제3호까지에 해당하는 건축물이 3층 이상의 필로티형식 건축물인 경우 : 다음 각 목의 어느 하나에 해당하는 단계
      가. 해당 건축물의 구조에 따라 제1호부터 제3호까지의 어느 하나에 해당하는 경우
      나. 제18조의2제2항제3호나목에 해당하는 경우

④ 법 제25조제5항에서 "대통령령으로 정하는 용도 또는 규모의 공사"란 연면적의 합계가 5천 제곱미터 이상인 건축공사를 말한다.

⑤ 공사감리자는 수시로 또는 필요할 때 공사현장에서 감리업무를 수행해야 하며, 다음 각 호의 건축공사를 감리하는 경우에는 「건축사법」 제2조제2호에 따른 건축사보(「기술사법」 제6조에 따른 기술사사무소 또는 「건축사법」 제23조제9항 각 호의 건설기술용역사업자 등에 소속되어 있는 사람으로서 「국가기술자격법」에 따른 해당 분야 기술계 자격을 취득한 사람과 「건설기술 진흥법 시행령」 제4조에 따른 건설사업관리를 수행할 자격이 있는 사람을 포함한다. 이하 같다) 중 건축 분야의 건축사보 한 명 이상을 전체 공사기간 동안, 토목·전기 또는 기계 분야의 건축사보 한 명 이상을 각 분야별 해당 공사기간 동안 각각 공사현장에서 감리업무를 수행하게 해야 한다. 이 경우 건축사보는 해당 분야의 건축공사의 설계·시공·시험·검사·공사감독 또는 감리업무 등에 2년 이상 종사한 경력이 있는 사람이어야 한다.
  1. 바닥면적의 합계가 5천 제곱미터 이상인 건축공사. 다만, 축사 또는 작물 재배사의 건축공사는 제외한다.
  2. 연속된 5개 층(지하층을 포함한다) 이상으로서 바닥면적의 합계가 3천 제곱미터 이상인 건축공사
  3. 아파트 건축공사
  4. 준다중이용 건축물 건축공사

⑥ 공사감리자는 제5항 각 호에 해당하지 않는 건축공사로서 깊이 10미터 이상의 토지 굴착공사 또는 높이 5미터 이상의 옹벽 등의 공사(「산업집적활성화 및 공장설립에 관한 법률」 제2조제14호에 따른 산업단지에서 바닥면적 합계가 2천제곱미터 이하인 공장을 건축하는 경우는 제외한다)를 감리하는 경우에는 건축사보 중 건축 또는 토목 분야의 건축사보 한 명 이상을 해당 공사기간 동안 공사현장에서 감리업무를 수행하게 해야 한다. 이 경우 건축사보는 건축공사의 시공·공사감독 또는 감리업무 등에 2년 이상 종사한 경력이 있는 사람이어야 한다.

⑦ 공사감리자는 제61조제1항제4호에 해당하는 건축물의 마감재료 설치공사를 감리하는 경우로서 국토교통부령으로 정하는 경우에는 건축 또는 안전관리 분야의 건축사보 한 명 이상이 마감재료 설치공사기간 동안 그 공사현장에서 감리업무를 수행하게 해야 한다. 이 경우 건축사보는 건축공사의 설계·시공·시험·검사·공사감독 또는 감리업무 등에 2년 이상 종사한 경력이 있는 사람이어야 한다.

⑧ 공사감리자는 제5항부터 제7항까지의 규정에 따라 건축사보로 하여금 감리업무를 수행하게 하는 경우 다른 공사현장이나 공정의 감리업무를 수행하고 있지 않는 건축사보가 감리업무를 수행하게 해야 한다.

⑨ 공사감리자가 수행하여야 하는 감리업무는 다음과 같다.
  1. 공사시공자가 설계도서에 따라 적합하게 시공하는지 여부의 확인

2. 공사시공자가 사용하는 건축자재가 관계 법령에 따른 기준에 적합한 건축자재인지 여부의 확인
3. 그 밖에 공사감리에 관한 사항으로서 국토교통부령으로 정하는 사항
⑩ 제5항부터 제7항까지의 규정에 따라 공사현장에 건축사보를 두는 공사감리자는 다음 각 호의 구분에 따른 기간에 국토교통부령으로 정하는 바에 따라 건축사보의 배치현황을 허가권자에게 제출해야 한다.
  1. 최초로 건축사보를 배치하는 경우에는 착공 예정일(제6항 또는 제7항에 따라 배치하는 경우에는 배치일을 말한다)부터 7일
  2. 건축사보의 배치가 변경된 경우에는 변경된 날부터 7일
  3. 건축사보가 철수한 경우에는 철수한 날부터 7일
⑪ 허가권자는 제10항에 따라 공사감리자로부터 건축사보의 배치현황을 받으면 지체 없이 건축사보가 이중으로 배치되어 있는지 여부 등 국토교통부령으로 정하는 내용을 확인한 후「전자정부법」제37조에 따른 행정정보 공동이용센터를 통해 그 배치현황을「건축사법」제31조에 따른 대한건축사협회에 보내야 한다.
⑫ 제11항에 따라 건축사보의 배치현황을 받은 대한건축사협회는 이를 관리해야 하며, 건축사보가 이중으로 배치된 사실 등을 확인한 경우에는 지체 없이 그 사실 등을 관계 시·도지사, 허가권자 및 그 밖에 국토교통부령으로 정하는 자에게 알려야 한다.
⑬ 제12항에서 규정한 사항 외에 건축사보의 배치현황 관리 등에 필요한 사항은 국토교통부령으로 정한다.

제5장 건축물의 구조 및 재료 등

제32조(구조 안전의 확인) ① 법 제48조제2항에 따라 법 제11조제1항에 따른 건축물을 건축하거나 대수선하는 경우 해당 건축물의 설계자는 국토교통부령으로 정하는 구조기준 등에 따라 그 구조의 안전을 확인하여야 한다.
② 제1항에 따라 구조 안전을 확인한 건축물 중 다음 각 호의 어느 하나에 해당하는 건축물의 건축주는 해당 건축물의 설계자로부터 구조 안전의 확인 서류를 받아 법 제21조에 따른 착공신고를 하는 때에 그 확인 서류를 허가권자에게 제출하여야 한다. 다만, 표준설계도서에 따라 건축하는 건축물은 제외한다.
  1. 층수가 2층[주요구조부인 기둥과 보를 설치하는 건축물로서 그 기둥과 보가 목재인 목구조 건축물(이하 "목구조 건축물"이라 한다)의 경우에는 3층] 이상인 건축물
  2. 연면적이 200제곱미터(목구조 건축물의 경우에는 500제곱미터) 이상인 건축물. 다만, 창고, 축사, 작물 재배사는 제외한다.
  3. 높이가 13미터 이상인 건축물
  4. 처마높이가 9미터 이상인 건축물
  5. 기둥과 기둥 사이의 거리가 10미터 이상인 건축물
  6. 건축물의 용도 및 규모를 고려한 중요도가 높은 건축물로서 국토교통부령으로 정하는 건축물
  7. 국가적 문화유산으로 보존할 가치가 있는 건축물로서 국토교통부령으로 정하는 것
  8. 제2조제18호가목 및 다목의 건축물
  9. 별표 1 제1호의 단독주택 및 같은 표 제2호의 공동주택
③ 제6조제1항제6호다목에 따라 기존 건축물을 건축 또는 대수선하려는 건축주는 법 제5조제1항에 따라 적용의 완화를 요청할 때 구조 안전의 확인 서류를 허가권자에게 제출하여야 한다.

제34조(직통계단의 설치) ① 건축물의 피난층(직접 지상으로 통하는 출입구가 있는 층 및 제3항과 제4항에 따른 피난안전구역을 말한다. 이하 같다) 외의 층에서는 피난층 또는 지상으로 통하는 직통계단(경사로를 포함한다. 이하 같다)을 거실의 각 부분으로부터 계단(거실로부터 가장 가까운 거리에 있는 1개소의 계단을 말한다)에 이르는 보행거리가 30미터 이하가 되도록 설치해야 한다. 다만, 건축물(지하층에 설치하는 것으로서 바닥면적의 합계가 300제곱미터 이상인 공연장·집회장·관람장 및 전시장은 제외한다)의 주요구조부가 내화구조 또는 불연재료로 된 건축물은 그 보행거리가 50미터(층수가 16층 이상인 공동주택의 경우 16층 이상인 층에 대해서는 40미터) 이하가 되도록 설치할 수 있으며, 자동화 생산시설에 스프링클러 등 자동식 소화설비를 설치한 공장으로서 국토교통부령으로 정하는 공장인 경우에는 그 보행거리가 75미터(무인화 공장인 경우에는 100미터) 이하가 되도록 설치할 수 있다.
② 법 제49조제1항에 따라 피난층 외의 층이 다음 각 호의 어느 하나에 해당하는 용도 및 규모의 건축물에는 국토교통부령으로 정하는 기준에 따라 피난층 또는 지상으로 통하는 직통계단을 2개소 이상 설치하여야 한다.
  1. 제2종 근린생활시설 중 공연장·종교집회장, 문화 및 집회시설(전시장 및 동·식물원은 제외한다), 종교시설, 위락시설 중 주점영업 또는 장례시설의 용도로 쓰는 층으로서 그 층에서 해당 용도로 쓰는 바닥면적의 합계가 200제곱미터(제2종 근린생활시설 중 공연장·종교집회장은 각각 300제곱미터) 이상인 것

2. 단독주택 중 다중주택·다가구주택, 제1종 근린생활시설 중 정신과의원(입원실이 있는 경우로 한정한다), 제2종 근린생활시설 중 인터넷컴퓨터게임시설제공업소(해당 용도로 쓰는 바닥면적의 합계가 300제곱미터 이상인 경우만 해당한다)·학원·독서실, 판매시설, 운수시설(여객용 시설만 해당한다), 의료시설(입원실이 없는 치과병원은 제외한다), 교육연구시설 중 학원, 노유자시설 중 아동 관련 시설·노인복지시설·장애인 거주시설(「장애인복지법」 제58조제1항제1호에 따른 장애인 거주시설 중 국토교통부령으로 정하는 시설을 말한다. 이하 같다) 및 「장애인복지법」 제58조제1항제4호에 따른 장애인 의료재활시설(이하 "장애인 의료재활시설"이라 한다), 수련시설 중 유스호스텔 또는 숙박시설의 용도로 쓰는 3층 이상의 층으로서 그 층의 해당 용도로 쓰는 거실의 바닥면적의 합계가 200제곱미터 이상인 것
3. 공동주택(층당 4세대 이하인 것은 제외한다) 또는 업무시설 중 오피스텔의 용도로 쓰는 층으로서 그 층의 해당 용도로 쓰는 거실의 바닥면적의 합계가 300제곱미터 이상인 것
4. 제1호부터 제3호까지의 용도로 쓰지 아니하는 3층 이상의 층으로서 그 층 거실의 바닥면적의 합계가 400제곱미터 이상인 것
5. 지하층으로서 그 층 거실의 바닥면적의 합계가 200제곱미터 이상인 것

③ 초고층 건축물에는 피난층 또는 지상으로 통하는 직통계단과 직접 연결되는 피난안전구역(건축물의 피난·안전을 위하여 건축물 중간층에 설치하는 대피공간을 말한다. 이하 같다)을 지상층으로부터 최대 30개 층마다 1개소 이상 설치하여야 한다.

④ 준초고층 건축물에는 피난층 또는 지상으로 통하는 직통계단과 직접 연결되는 피난안전구역을 해당 건축물 전체 층수의 2분의 1에 해당하는 층으로부터 상하 5개층 이내에 1개소 이상 설치하여야 한다. 다만, 국토교통부령으로 정하는 기준에 따라 피난층 또는 지상으로 통하는 직통계단을 설치하는 경우에는 그러하지 아니하다.

⑤ 제3항 및 제4항에 따른 피난안전구역의 규모와 설치기준은 국토교통부령으로 정한다.

제35조(피난계단의 설치) ① 법 제49조제1항에 따라 5층 이상 또는 지하 2층 이하인 층에 설치하는 직통계단은 국토교통부령으로 정하는 기준에 따라 피난계단 또는 특별피난계단으로 설치하여야 한다. 다만, 건축물의 주요구조부가 내화구조 또는 불연재료로 되어 있는 경우로서 다음 각 호의 어느 하나에 해당하는 경우에는 그러하지 아니하다.
1. 5층 이상인 층의 바닥면적의 합계가 200제곱미터 이하인 경우
2. 5층 이상인 층의 바닥면적 200제곱미터 이내마다 방화구획이 되어 있는 경우

② 건축물(갓복도식 공동주택은 제외한다)의 11층(공동주택의 경우에는 16층) 이상인 층(바닥면적이 400제곱미터 미만인 층은 제외한다) 또는 지하 3층 이하인 층(바닥면적이 400제곱미터미만인 층은 제외한다)으로부터 피난층 또는 지상으로 통하는 직통계단은 제1항에도 불구하고 특별피난계단으로 설치하여야 한다.

③ 제1항에서 판매시설의 용도로 쓰는 층으로부터의 직통계단은 그 중 1개소 이상을 특별피난계단으로 설치하여야 한다.

⑤ 건축물의 5층 이상인 층으로서 문화 및 집회시설 중 전시장 또는 동·식물원, 판매시설, 운수시설(여객용 시설만 해당한다), 운동시설, 위락시설, 관광휴게시설(다중이 이용하는 시설만 해당한다) 또는 수련시설 중 생활권 수련시설의 용도로 쓰는 층에는 제34조에 따른 직통계단 외에 그 층의 해당 용도로 쓰는 바닥면적의 합계가 2천 제곱미터를 넘는 경우에는 그 넘는 2천 제곱미터 이내마다 1개소의 피난계단 또는 특별피난계단(4층 이하의 층에는 쓰지 아니하는 피난계단 또는 특별피난계단만 해당한다)을 설치하여야 한다.

제36조(옥외 피난계단의 설치) 건축물의 3층 이상인 층(피난층은 제외한다)으로서 다음 각 호의 어느 하나에 해당하는 용도로 쓰는 층에는 제34조에 따른 직통계단 외에 그 층으로부터 지상으로 통하는 옥외피난계단을 따로 설치하여야 한다.
1. 제2종 근린생활시설 중 공연장(해당 용도로 쓰는 바닥면적의 합계가 300제곱미터 이상인 경우만 해당한다), 문화 및 집회시설 중 공연장이나 위락시설 중 주점영업의 용도로 쓰는 층으로서 그 층 거실의 바닥면적의 합계가 300제곱미터 이상인 것
2. 문화 및 집회시설 중 집회장의 용도로 쓰는 층으로서 그 층 거실의 바닥면적의 합계가 1천 제곱미터 이상인 것

제37조(지하층과 피난층 사이의 개방공간 설치) 바닥면적의 합계가 3천 제곱미터 이상인 공연장·집회장·관람장 또는 전시장을 지하층에 설치하는 경우에는 각 실에 있는 자가 지하층 각 층에서 건축물 밖으로 피난하여 옥외 계단 또는 경사로 등을 이용하여 피난층으로 대피할 수 있도록 천장이 개방된 외부 공간을 설치하여야 한다.

제38조(관람실 등으로부터의 출구 설치) 법 제49조제1항에 따라 다음 각 호의 어느 하나에 해당하는 건축물에는 국토교통부령으로 정하는 기준에 따라 관람실 또는 집회실로부터의 출구를 설치해야 한다.
1. 제2종 근린생활시설 중 공연장·종교집회장(해당 용도로 쓰는 바닥면적의 합계가 각각 300제곱미터 이상인 경우만 해당한다)
2. 문화 및 집회시설(전시장 및 동·식물원은 제외한다)
3. 종교시설
4. 위락시설
5. 장례시설

제39조(건축물 바깥쪽으로의 출구 설치) ① 법 제49조제1항에 따라 다음 각 호의 어느 하나에 해당하는 건축물에는 국토교통부령으로 정하는 기준에 따라 그 건축물로부터 바깥쪽으로 나가는 출구를 설치하여야 한다.
1. 제2종 근린생활시설 중 공연장·종교집회장·인터넷컴퓨터게임시설제공업소(해당 용도로 쓰는 바닥면적의 합계가 각각 300제곱미터 이상인 경우만 해당한다)
2. 문화 및 집회시설(전시장 및 동·식물원은 제외한다)
3. 종교시설
4. 판매시설
5. 업무시설 중 국가 또는 지방자치단체의 청사
6. 위락시설
7. 연면적이 5천 제곱미터 이상인 창고시설
8. 교육연구시설 중 학교
9. 장례시설
10. 승강기를 설치하여야 하는 건축물

② 법 제49조제1항에 따라 건축물의 출입구에 설치하는 회전문은 국토교통부령으로 정하는 기준에 적합하여야 한다.

제40조(옥상광장 등의 설치) ① 옥상광장 또는 2층 이상인 층에 있는 노대등[노대(露臺)나 그 밖에 이와 비슷한 것을 말한다. 이하 같다]의 주위에는 높이 1.2미터 이상의 난간을 설치하여야 한다. 다만, 그 노대등에 출입할 수 없는 구조인 경우에는 그러하지 아니하다.

② 5층 이상인 층이 제2종 근린생활시설 중 공연장·종교집회장·인터넷컴퓨터게임시설제공업소(해당 용도로 쓰는 바닥면적의 합계가 각각 300제곱미터 이상인 경우만 해당한다), 문화 및 집회시설(전시장 및 동·식물원은 제외한다), 종교시설, 판매시설, 위락시설 중 주점영업 또는 장례시설의 용도로 쓰는 경우에는 피난 용도로 쓸 수 있는 광장을 옥상에 설치하여야 한다.

③ 다음 각 호의 어느 하나에 해당하는 건축물은 옥상으로 통하는 출입문에 「소방시설 설치 및 관리에 관한 법률」 제40조제1항에 따른 성능인증 및 같은 조 제2항에 따른 제품검사를 받은 비상문자동개폐장치(화재 등 비상시에 소방시스템과 연동되어 잠김 상태가 자동으로 풀리는 장치를 말한다)를 설치해야 한다.
1. 제2항에 따라 피난 용도로 쓸 수 있는 광장을 옥상에 설치해야 하는 건축물
2. 피난 용도로 쓸 수 있는 광장을 옥상에 설치하는 다음 각 목의 건축물
   가. 다중이용 건축물
   나. 연면적 1천제곱미터 이상인 공동주택

④ 층수가 11층 이상인 건축물로서 11층 이상인 층의 바닥면적의 합계가 1만 제곱미터 이상인 건축물의 옥상에는 다음 각 호의 구분에 따른 공간을 확보하여야 한다.
1. 건축물의 지붕을 평지붕으로 하는 경우 : 헬리포트를 설치하거나 헬리콥터를 통하여 인명 등을 구조할 수 있는 공간
2. 건축물의 지붕을 경사지붕으로 하는 경우 : 경사지붕 아래에 설치하는 대피공간

⑤ 제4항에 따른 헬리포트를 설치하거나 헬리콥터를 통하여 인명 등을 구조할 수 있는 공간 및 경사지붕 아래에 설치하는 대피공간의 설치기준은 국토교통부령으로 정한다.

제41조(대지 안의 피난 및 소화에 필요한 통로 설치) ① 건축물의 대지 안에는 그 건축물 바깥쪽으로 통하는 주된 출구와 지상으로 통하는 피난계단 및 특별피난계단으로부터 도로 또는 공지(공원, 광장, 그 밖에 이와 비슷한 것으로서 피난 및 소화를 위하여 해당 대지의 출입에 지장이 없는 것을 말한다. 이하 이 조에서 같다)로 통하는 통로를 다음 각 호의 기준에 따라 설치하여야 한다.
1. 통로의 너비는 다음 각 목의 구분에 따른 기준에 따라 확보할 것
   가. 단독주택 : 유효 너비 0.9미터 이상
   나. 바닥면적의 합계가 500제곱미터 이상인 문화 및 집회시설, 종교시설, 의료시설, 위락시설 또는 장례시설 : 유효 너비 3미터 이상
   다. 그 밖의 용도로 쓰는 건축물 : 유효 너비 1.5미터 이상
2. 필로티 내 통로의 길이가 2미터 이상인 경우에는 피난 및 소화활동에 장애가 발생하지 아니하도록 자동차 진입억제용 말뚝 등 통로 보호시설을 설치하거나 통로에 단차(段差)를 둘 것

② 제1항에도 불구하고 다중이용 건축물, 준다중이용 건축물 또는 층수가 11층 이상인 건축물이 건축되는 대지에는 그 안의 모든 다중이용 건축물, 준다중이용 건축물 또는 층수가 11층 이상인 건축물에 「소방기본

법」제21조에 따른 소방자동차(이하 "소방자동차"라 한다)의 접근이 가능한 통로를 설치하여야 한다. 다만, 모든 다중이용 건축물, 준다중이용 건축물 또는 층수가 11층 이상인 건축물이 소방자동차의 접근이 가능한 도로 또는 공지에 직접 접하여 건축되는 경우로서 소방자동차가 도로 또는 공지에서 직접 소방활동이 가능한 경우에는 그러하지 아니하다.

제46조(방화구획 등의 설치) ① 법 제49조제2항 본문에 따라 주요구조부가 내화구조 또는 불연재료로 된 건축물로서 연면적이 1천 제곱미터를 넘는 것은 국토교통부령으로 정하는 기준에 따라 다음 각 호의 구조물로 구획(이하 "방화구획"이라 한다)을 해야 한다. 다만, 「원자력안전법」 제2조제8호 및 제10호에 따른 원자로 및 관계시설은 같은 법에서 정하는 바에 따른다.
  1. 내화구조로 된 바닥 및 벽
  2. 제64조제1호·제2호에 따른 방화문 또는 자동방화셔터(국토교통부령으로 정하는 기준에 적합한 것을 말한다. 이하 같다)
② 다음 각 호에 해당하는 건축물의 부분에는 제1항을 적용하지 않거나 그 사용에 지장이 없는 범위에서 제1항을 완화하여 적용할 수 있다.
  1. 문화 및 집회시설(동·식물원은 제외한다), 종교시설, 운동시설 또는 장례시설의 용도로 쓰는 거실로서 시선 및 활동공간의 확보를 위하여 불가피한 부분
  2. 물품의 제조·가공 및 운반 등(보관은 제외한다)에 필요한 고정식 대형 기기(器機) 또는 설비의 설치를 위하여 불가피한 부분. 다만, 지하층인 경우에는 지하층의 외벽 한쪽 면(지하층의 바닥면에서 지상층 바닥 아래면까지의 외벽 면적 중 4분의 1 이상이 되는 면을 말한다) 전체가 건물 밖으로 개방되어 보행과 자동차의 진입·출입이 가능한 경우로 한정한다.
  3. 계단실·복도 또는 승강기의 승강장 및 승강로로서 그 건축물의 다른 부분과 방화구획으로 구획된 부분. 다만, 해당 부분에 위치하는 설비배관 등이 바닥을 관통하는 부분은 제외한다.
  4. 건축물의 최상층 또는 피난층으로서 대규모 회의장·강당·스카이라운지·로비 또는 피난안전구역 등의 용도로 쓰는 부분으로서 그 용도로 사용하기 위하여 불가피한 부분
  5. 복층형 공동주택의 세대별 층간 바닥 부분
  6. 주요구조부가 내화구조 또는 불연재료로 된 주차장
  7. 단독주택, 동물 및 식물 관련 시설 또는 국방·군사시설(집회, 체육, 창고 등의 용도로 사용되는 시설만 해당한다)로 쓰는 건축물
  8. 건축물의 1층과 2층의 일부를 동일한 용도로 사용하며 그 건축물의 다른 부분과 방화구획으로 구획된 부분(바닥면적의 합계가 500제곱미터 이하인 경우로 한정한다)
③ 건축물 일부의 주요구조부를 내화구조로 하거나 제2항에 따라 건축물의 일부에 제1항을 완화하여 적용한 경우에는 내화구조로 한 부분 또는 제1항을 완화하여 적용한 부분과 그 밖의 부분을 방화구획으로 구획하여야 한다.
④ 공동주택 중 아파트로서 4층 이상인 층의 각 세대가 2개 이상의 직통계단을 사용할 수 없는 경우에는 발코니(발코니의 외부에 접하는 경우를 포함한다)에 인접 세대와 공동으로 또는 각 세대별로 다음 각 호의 요건을 모두 갖춘 대피공간을 하나 이상 설치해야 한다. 이 경우 인접 세대와 공동으로 설치하는 대피공간은 인접 세대를 통하여 2개 이상의 직통계단을 쓸 수 있는 위치에 우선 설치되어야 한다.
  1. 대피공간은 바깥의 공기와 접할 것
  2. 대피공간은 실내의 다른 부분과 방화구획으로 구획될 것
  3. 대피공간의 바닥면적은 인접 세대와 공동으로 설치하는 경우에는 3제곱미터 이상, 각 세대별로 설치하는 경우에는 2제곱미터 이상일 것
  4. 국토교통부장관이 정하는 기준에 적합할 것
  5. 국토교통부장관이 정하는 기준에 적합할 것
⑤ 제4항에도 불구하고 아파트의 4층 이상인 층에서 발코니(제4호의 경우에는 발코니의 외부에 접하는 경우를 포함한다)에 다음 각 호의 어느 하나에 해당하는 구조 또는 시설을 갖춘 경우에는 대피공간을 설치하지 않을 수 있다.
  1. 발코니와 인접 세대와의 경계벽이 파괴하기 쉬운 경량구조 등인 경우
  2. 발코니의 경계벽에 피난구를 설치한 경우
  3. 발코니의 바닥에 국토교통부령으로 정하는 하향식 피난구를 설치한 경우
  4. 국토교통부장관이 제4항에 따른 대피공간과 동일하거나 그 이상의 성능이 있다고 인정하여 고시하는 구조 또는 시설(이하 이 호에서 "대체시설"이라 한다)을 갖춘 경우. 이 경우 국토교통부장관은 대체시설의 성능에 대해 미리 「과학기술분야 정부출연연구기관 등의 설립·운영 및 육성에 관한 법률」 제8

조제1항에 따라 설립된 한국건설기술연구원(이하 "한국건설기술연구원"이라 한다)의 기술검토를 받은 후 고시해야 한다.
⑥ 요양병원, 정신병원, 「노인복지법」 제34조제1항제1호에 따른 노인요양시설(이하 "노인요양시설"이라 한다), 장애인 거주시설 및 장애인 의료재활시설의 피난층 외의 층에는 다음 각 호의 어느 하나에 해당하는 시설을 설치하여야 한다.
  1. 각 층마다 별도로 방화구획된 대피공간
  2. 거실에 접하여 설치된 노대등
  3. 계단을 이용하지 아니하고 건물 외부의 지상으로 통하는 경사로 또는 인접 건축물로 피난할 수 있도록 설치하는 연결복도 또는 연결통로
⑦ 법 제49조 제2항 단서에서 "대규모 창고시설 등 대통령령으로 정하는 용도 및 규모의 건축물"이란 제2항제2호에 해당하여 제1항을 적용하지 않거나 완화하여 적용하는 부분이 포함된 창고시설을 말한다.

제47조(방화에 장애가 되는 용도의 제한) ① 법 제49조제2항 본문에 따라 의료시설, 노유자시설(아동 관련 시설 및 노인복지시설만 해당한다), 공동주택, 장례시설 또는 제1종 근린생활시설(산후조리원만 해당한다)과 위락시설, 위험물저장 및 처리시설, 공장 또는 자동차 관련 시설(정비공장만 해당한다)은 같은 건축물에 함께 설치할 수 없다. 다만, 다음 각 호에 해당하는 경우로서 국토교통부령으로 정하는 경우에는 같은 건축물에 함께 설치할 수 있다.
  1. 공동주택(기숙사만 해당한다)과 공장이 같은 건축물에 있는 경우
  2. 중심상업지역·일반상업지역 또는 근린상업지역에서 「도시 및 주거환경정비법」에 따른 재개발사업을 시행하는 경우
  3. 공동주택과 위락시설이 같은 초고층 건축물에 있는 경우. 다만, 사생활을 보호하고 방범·방화 등 주거안전을 보장하며 소음·악취 등으로부터 주거환경을 보호할 수 있도록 주택의 출입구·계단 및 승강기 등을 주택 외의 시설과 분리된 구조로 하여야 한다.
  4. 「산업집적활성화 및 공장설립에 관한 법률」 제2조제13호에 따른 지식산업센터와 「영유아보육법」 제10조제4호에 따른 직장어린이집이 같은 건축물에 있는 경우
② 법 제49조제2항에 따라 다음 각 호의 어느 하나에 해당하는 용도의 시설은 같은 건축물에 함께 설치할 수 없다.
  1. 노유자시설 중 아동 관련 시설 또는 노인복지시설과 판매시설 중 도매시장 또는 소매시장
  2. 단독주택(다중주택, 다가구주택에 한정한다), 공동주택, 제1종 근린생활시설 중 조산원 또는 산후조리원과 제2종 근린생활시설 중 다중생활시설

제48조(계단·복도 및 출입구의 설치) ① 법 제49조제2항 본문에 따라 연면적 200제곱미터를 초과하는 건축물에 설치하는 계단 및 복도는 국토교통부령으로 정하는 기준에 적합해야 한다.
② 법 제49조제2항 본문에 따라 제39조제1항 각 호에 해당하는 건축물의 출입구는 국토교통부령으로 정하는 기준에 적합해야 한다.
③ 제1항에도 불구하고 숙박시설 중 생활숙박시설을 업무시설 중 오피스텔로 용도를 변경하기 위해 법 제16조에 따라 변경허가를 신청하거나 변경신고를 하는 경우 또는 법 제19조에 따라 용도변경 신고를 하는 경우로서 다음 각호의 요건을 모두 갖춘 경우에는 국토교통부령으로 정하는 바에 따라 복도의 설치기준을 달리 적용할 수 있다.
  1. 2024년 10월 16일 이전에 해당 생활숙박시설에 대한 건축허가를 신청한 경우(건축허가를 신청하기 위해 법 제4조의 2 제1항에 따라 시·도지사 또는 시장·군수·구청장에게 지방건축위원회의 심의를 신청한 경우를 포함한다)일 것
  2. 해당 생활숙박시설의 소재지를 관할하는 소방서장이 화재위험성 및 피난안전성 검토를 거쳐 오피스텔로의 용도변경에 따른 안전성이 확보되었다고 인정하였을 것. 이 경우 화재위험성 및 피난안전성 검토에 필요한 사항은 국토교통부장관과 소방청장이 협의하여 공동으로 고시한다.
  3. 제2호에 따라 소방서장의 인정을 받은 후 지방건축위원회의 심의를 거칠 것

제50조(거실반자의 설치) 법 제49조제2항 본문에 따라 공장, 창고시설, 위험물저장 및 처리시설, 동물 및 식물 관련 시설, 자원순환 관련 시설 또는 묘지 관련시설 외의 용도로 쓰는 건축물 거실의 반자(반자가 없는 경우에는 보 또는 바로 위층의 바닥판의 밑면, 그 밖에 이와 비슷한 것을 말한다)는 국토교통부령으로 정하는 기준에 적합해야 한다.

제51조(거실의 채광 등) ① 법 제49조제2항 본문에 따라 단독주택 및 공동주택의 거실, 교육연구시설 중 학교의 교실, 의료시설의 병실 및 숙박시설의 객실에는 국토교통부령으로 정하는 기준에 따라 채광 및 환기를 위한 창문등이나 설비를 설치해야 한다.

② 법 제49조제2항 본문에 따라 다음 각 호에 해당하는 건축물의 거실(피난층의 거실은 제외한다)에는 배연설비를 해야 한다.
  1. 6층 이상인 건축물로서 다음 각 목의 어느 하나에 해당하는 용도로 쓰는 건축물
    가. 제2종 근린생활시설 중 공연장, 종교집회장, 인터넷컴퓨터게임시설제공업소 및 다중생활시설(공연장, 종교집회장 및 인터넷컴퓨터게임시설제공업소는 해당 용도로 쓰는 바닥면적의 합계가 각각 300제곱미터 이상인 경우만 해당한다)
    나. 문화 및 집회시설
    다. 종교시설
    라. 판매시설
    마. 운수시설
    바. 의료시설(요양병원 및 정신병원은 제외한다)
    사. 교육연구시설 중 연구소
    아. 노유자시설 중 아동 관련 시설, 노인복지시설(노인요양시설은 제외한다)
    자. 수련시설 중 유스호스텔
    차. 운동시설
    카. 업무시설
    타. 숙박시설
    파. 위락시설
    하. 관광휴게시설
    거. 장례시설
  2. 다음 각 목의 어느 하나에 해당하는 용도로 쓰는 건축물
    가. 의료시설 중 요양병원 및 정신병원
    나. 노유자시설 중 노인요양시설·장애인 거주시설 및 장애인 의료재활시설
    다. 제1종 근린생활시설 중 산후조리원
③ 법 제49조제2항에 따라 오피스텔에 거실 바닥으로부터 높이 1.2미터 이하 부분에 여닫을 수 있는 창문을 설치하는 경우에는 국토교통부령으로 정하는 기준에 따라 추락방지를 위한 안전시설을 설치하여야 한다.
④ 법 제49조제3항에 따라 건축물의 11층 이하의 층에는 소방관이 진입할 수 있는 창을 설치하고, 외부에서 주야간에 식별할 수 있는 표시를 해야 한다. 다만, 다음 각 호의 어느 하나에 해당하는 아파트는 제외한다.
  1. 제46조제4항 및 제5항에 따라 대피공간 등을 설치한 아파트
  2. 「주택건설기준 등에 관한 규정」제15조제2항에 따라 비상용승강기를 설치한 아파트

제52조(거실 등의 방습) 법 제49조제2항 본문에 따라 다음 각 호에 해당하는 거실·욕실 또는 조리장의 바닥 부분에는 국토교통부령으로 정하는 기준에 따라 방습을 위한 조치를 해야 한다.
  1. 건축물의 최하층에 있는 거실(바닥이 목조인 경우만 해당한다)
  2. 제1종 근린생활시설 중 목욕장의 욕실과 휴게음식점 및 제과점의 조리장
  3. 제2종 근린생활시설 중 일반음식점, 휴게음식점 및 제과점의 조리장과 숙박시설의 욕실

제53조(경계벽 등의 설치) ① 법 제49조제4항에 따라 다음 각 호의 어느 하나에 해당하는 건축물의 경계벽은 국토교통부령으로 정하는 기준에 따라 설치해야 한다.
  1. 단독주택 중 다가구주택의 각 가구 간 또는 공동주택(기숙사는 제외한다)의 각 세대 간 경계벽(제2조제14호 후단에 따라 거실·침실 등의 용도로 쓰지 아니하는 발코니 부분은 제외한다)
  2. 공동주택 중 기숙사의 침실, 의료시설의 병실, 교육연구시설 중 학교의 교실 또는 숙박시설의 객실 간 경계벽
  3. 제1종 근린생활시설 중 산후조리원의 다음 각 호의 어느 하나에 해당하는 경계벽
    가. 임산부실 간 경계벽
    나. 신생아실 간 경계벽
    다. 임산부실과 신생아실 간 경계벽
  4. 제2종 근린생활시설 중 다중생활시설의 호실 간 경계벽
  5. 노유자시설 중 「노인복지법」제32조제1항제3호에 따른 노인복지주택(이하 "노인복지주택"이라 한다)의 각 세대 간 경계벽
  6. 노유자시설 중 노인요양시설의 호실 간 경계벽
② 법 제49조제4항에 따라 다음 각 호의 어느 하나에 해당하는 건축물의 층간바닥(화장실의 바닥은 제외한다)은 국토교통부령으로 정하는 기준에 따라 설치해야 한다.
  1. 단독주택 중 다가구주택
  2. 공동주택(「주택법」제15조에 따른 주택건설사업계획승인 대상은 제외한다)
  3. 업무시설 중 오피스텔
  4. 제2종 근린생활시설 중 다중생활시설
  5. 숙박시설 중 다중생활시설

제54조(건축물에 설치하는 굴뚝) 건축물에 설치하는 굴뚝은 국토교통부령으로 정하는 기준에 따라 설치하여야 한다.

제55조(창문 등의 차면시설) 인접 대지경계선으로부터 직선거리 2미터 이내에 이웃 주택의 내부가 보이는 창문 등을 설치하는 경우에는 차면시설(遮面施設)을 설치하여야 한다.

제56조(건축물의 내화구조) ① 법 제50조제1항 본문에 따라 다음 각 호의 어느 하나에 해당하는 건축물(제5호에 해당하는 건축물로서 2층 이하인 건축물은 지하층 부분만 해당된다)의 주요구조부와 지붕은 내화구조로 해야 한다. 다만, 연면적이 50제곱미터 이하인 단층의 부속건축물로서 외벽 및 처마 밑면을 방화구조로 한 것과 무대의 바닥은 그렇지 않다.

1. 제2종 근린생활시설 중 공연장·종교집회장(해당 용도로 쓰는 바닥면적의 합계가 각각 300제곱미터 이상인 경우만 해당한다), 문화 및 집회시설(전시장 및 동·식물원은 제외한다), 종교시설, 위락시설 중 주점영업 및 장례시설의 용도로 쓰는 건축물로서 관람실 또는 집회실의 바닥면적의 합계가 200제곱미터(옥외관람석의 경우에는 1천 제곱미터) 이상인 건축물
2. 문화 및 집회시설 중 전시장 또는 동·식물원, 판매시설, 운수시설, 교육연구시설에 설치하는 체육관·강당, 수련시설, 운동시설 중 체육관·운동장, 위락시설(주점영업의 용도로 쓰는 것은 제외한다), 창고시설, 위험물저장 및 처리시설, 자동차 관련 시설, 방송통신시설 중 방송국·전신전화국·촬영소, 묘지 관련 시설 중 화장시설·동물화장시설 또는 관광휴게시설의 용도로 쓰는 건축물로서 그 용도로 쓰는 바닥면적의 합계가 500제곱미터 이상인 건축물
3. 공장의 용도로 쓰는 건축물로서 그 용도로 쓰는 바닥면적의 합계가 2천 제곱미터 이상인 건축물. 다만, 화재의 위험이 적은 공장으로서 국토교통부령으로 정하는 공장은 제외한다.
4. 건축물의 2층이 단독주택 중 다중주택 및 다가구주택, 공동주택, 제1종 근린생활시설(의료의 용도로 쓰는 시설만 해당한다), 제2종 근린생활시설 중 다중생활시설, 의료시설, 노유자시설 중 아동 관련 시설 및 노인복지시설, 수련시설 중 유스호스텔, 업무시설 중 오피스텔, 숙박시설 또는 장례시설의 용도로 쓰는 건축물로서 그 용도로 쓰는 바닥면적의 합계가 400제곱미터 이상인 건축물
5. 3층 이상인 건축물 및 지하층이 있는 건축물. 다만, 단독주택(다중주택 및 다가구주택은 제외한다), 동물 및 식물 관련 시설, 발전시설(발전소의 부속용도로 쓰는 시설은 제외한다), 교도소·소년원 또는 묘지 관련 시설(화장시설 및 동물화장시설은 제외한다)의 용도로 쓰는 건축물과 철강 관련 업종의 공장 중 제어실로 사용하기 위하여 연면적 50제곱미터 이하로 증축하는 부분은 제외한다.

② 법 제50조제1항 단서에 따라 막구조의 건축물은 주요구조부에만 내화구조로 할 수 있다.

제57조(대규모 건축물의 방화벽 등) ① 법 제50조제2항에 따라 연면적 1천 제곱미터 이상인 건축물은 방화벽으로 구획하되, 각 구획된 바닥면적의 합계는 1천 제곱미터 미만이어야 한다. 다만, 주요구조부가 내화구조이거나 불연재료인 건축물과 제56조제1항제5호 단서에 따른 건축물 또는 내부설비의 구조상 방화벽으로 구획할 수 없는 창고시설의 경우에는 그러하지 아니하다.
② 제1항에 따른 방화벽의 구조에 관하여 필요한 사항은 국토교통부령으로 정한다.
③ 연면적 1천 제곱미터 이상인 목조 건축물의 구조는 국토교통부령으로 정하는 바에 따라 방화구조로 하거나 불연재료로 하여야 한다.

제58조(방화지구의 건축물) 법 제51조제1항에 따라 그 주요구조부 및 외벽을 내화구조로 하지 아니할 수 있는 건축물은 다음 각 호와 같다.
1. 연면적 30제곱미터 미만인 단층 부속건축물로서 외벽 및 처마면이 내화구조 또는 불연재료로 된 것
2. 도매시장의 용도로 쓰는 건축물로서 그 주요구조부가 불연재료로 된 것

제61조(건축물의 마감재료 등) ① 법 제52조제1항에서 "대통령령으로 정하는 용도 및 규모의 건축물"이란 다음 각 호의 어느 하나에 해당하는 건축물을 말한다. 다만, 제1호, 제1호의2, 제2호부터 제7호까지의 어느 하나에 해당하는 건축물(제8호에 해당하는 건축물은 제외한다)의 주요구조부가 내화구조 또는 불연재료로 되어 있고 그 거실의 바닥면적(스프링클러나 그 밖에 이와 비슷한 자동식 소화설비를 설치한 바닥면적을 뺀 면적으로 한다. 이하 이 조에서 같다) 200제곱미터 이내마다 방화구획이 되어 있는 건축물은 제외한다.
1. 단독주택 중 다중주택·다가구주택
1의2. 공동주택
1의3. 제1종 근린생활시설중의원, 치과의원, 한의원, 조산원
2. 제2종 근린생활시설 중 공연장·종교집회장·인터넷컴퓨터게임시설제공업소·학원·독서실·당구장·다중생활시설의 용도로 쓰는 건축물
3. 발전시설, 방송통신시설(방송국·촬영소의 용도로 쓰는 건축물로 한정한다)
4. 공장, 창고시설, 위험물 저장 및 처리 시설(자가난방과 자가발전 등의 용도로 쓰는 시설을 포함한다), 자동차 관련 시설의 용도로 쓰는 건축물

5. 5층 이상인 층 거실의 바닥면적의 합계가 500제곱미터 이상인 건축물
6. 문화 및 집회시설, 종교시설, 판매시설, 운수시설, 의료시설, 교육연구시설 중 학교·학원, 노유자시설, 수련시설, 업무시설 중 오피스텔, 숙박시설, 위락시설, 장례시설
7. 삭제
8. 「다중이용업소의 안전관리에 관한 특별법 시행령」 제2조에 따른 다중이용업의 용도로 쓰는 건축물

② 법 제52조제2항에서 "대통령령으로 정하는 건축물"이란 다음 각 호의 어느 하나에 해당하는 것을 말한다.
1. 상업지역(근린상업지역은 제외한다)의 건축물로서 다음 각 목의 어느 하나에 해당하는 것
   가. 제1종 근린생활시설, 제2종 근린생활시설, 문화 및 집회시설, 종교시설, 판매시설, 운동시설 및 위락시설의 용도로 쓰는 건축물로서 그 용도로 쓰는 바닥면적의 합계가 2천제곱미터 이상인 건축물
   나. 공장(국토교통부령으로 정하는 화재 위험이 적은 공장은 제외한다)의 용도로 쓰는 건축물로부터 6미터 이내에 위치한 건축물
2. 의료시설, 교육연구시설, 노유자시설 및 수련시설의 용도로 쓰는 건축물
3. 3층 이상 또는 높이 9미터 이상인 건축물
4. 1층의 전부 또는 일부를 필로티 구조로 설치하여 주차장으로 쓰는 건축물
5. 제1항제4호에 해당하는 건축물

③ 법 제52조제4항에서 "대통령령으로 정하는 용도 및 규모에 해당하는 건축물"이란 제2항 각 호의 건축물을 말한다.

제64조(방화문의 구분) ① 방화문은 다음 각 호와 같이 구분한다.
1. 60분+ 방화문 : 연기 및 불꽃을 차단할 수 있는 시간이 60분 이상이고, 열을 차단할 수 있는 시간이 30분 이상인 방화문
2. 60분 방화문 : 연기 및 불꽃을 차단할 수 있는 시간이 60분 이상인 방화문
3. 30분 방화문 : 연기 및 불꽃을 차단할 수 있는 시간이 30분 이상 60분 미만인 방화문

② 제1항 각 호의 구분에 따른 방화문 인정 기준은 국토교통부령으로 정한다.

제86조(일조 등의 확보를 위한 건축물의 높이 제한) ① 전용주거지역이나 일반주거지역에서 건축물을 건축하는 경우에는 법 제61조 제1항에 따라 건축물의 각 부분을 정북(正北) 방향으로의 인접 대지경계선으로부터 다음 각 호의 범위에서 건축조례로 정하는 거리 이상을 띄어 건축하여야 한다.
1. 높이 10미터 이하인 부분 : 인접 대지경계선으로부터 1.5미터 이상
2. 높이 10미터를 초과하는 부분 : 인접 대지경계선으로부터 해당 건축물 각 부분 높이의 2분의 1 이상

② 다음 각 호의 어느 하나에 해당하는 경우에는 제1항을 적용하지 아니한다.
1. 다음 각 목의 어느 하나에 해당하는 구역 안의 대지 상호간에 건축하는 건축물로서 해당 대지가 너비 20미터 이상의 도로(자동차·보행자·자전거 전용도로를 포함하며, 도로에 공공공지, 녹지, 광장, 그 밖에 건축미관에 지장이 없는 도시·군계획시설이 접한 경우 해당 시설을 포함한다)에 접한 경우
   가. 「국토의 계획 및 이용에 관한 법률」 제51조에 따른 지구단위계획구역, 같은 법 제37조 제1항 제1호에 따른 경관지구
   나. 「경관법」 제9조 제1항 제4호에 따른 중점경관관리구역
   다. 법 제77조의2 제1항에 따른 특별가로구역
   라. 도시미관 향상을 위하여 허가권자가 지정·공고하는 구역
2. 건축협정구역 안에서 대지 상호간에 건축하는 건축물(법 제77조의4 제1항에 따른 건축협정에 일정 거리 이상을 띄어 건축하는 내용이 포함된 경우만 해당한다)의 경우
3. 건축물의 정북 방향의 인접 대지가 전용주거지역이나 일반주거지역이 아닌 용도지역에 해당하는 경우

③ 법 제61조 제2항에 따라 공동주택은 다음 각 호의 기준을 충족해야 한다. 다만, 채광을 위한 창문 등이 있는 벽면에서 직각 방향으로 인접 대지경계선까지의 수평거리가 1미터 이상으로서 건축조례로 정하는 거리 이상인 다세대주택은 제1호를 적용하지 않는다.
1. 건축물(기숙사는 제외한다)의 각 부분의 높이는 그 부분으로부터 채광을 위한 창문 등이 있는 벽면에서 직각 방향으로 인접 대지경계선까지의 수평거리의 2배(근린상업지역 또는 준주거지역의 건축물은 4배) 이하로 할 것
2. 같은 대지에서 두 동(棟) 이상의 건축물이 서로 마주보고 있는 경우(한 동의 건축물 각 부분이 서로 마주보고 있는 경우를 포함한다)에 건축물 각 부분 사이의 거리는 다음 각 목의 거리 이상을 띄어 건축할 것. 다만, 그 대지의 모든 세대가 동지(冬至)를 기준으로 9시에서 15시 사이에 2시간 이상을 계속하여 일조(日照)를 확보할 수 있는 거리 이상으로 할 수 있다.

가. 채광을 위한 창문 등이 있는 벽면으로부터 직각방향으로 건축물 각 부분 높이의 0.5배(도시형 생활주택의 경우에는 0.25배) 이상의 범위에서 건축조례로 정하는 거리 이상
나. 가목에도 불구하고 서로 마주보는 건축물 중 높은 건축물(높은 건축물을 중심으로 마주보는 두 동의 축이 시계방향으로 정동에서 정서 방향인 경우만 해당한다)의 주된 개구부(거실과 주된 침실이 있는 부분의 개구부를 말한다)의 방향이 낮은 건축물을 향하는 경우에는 10미터 이상으로서 낮은 건축물 각 부분의 높이의 0.5배(도시형 생활주택의 경우에는 0.25배) 이상의 범위에서 건축조례로 정하는 거리 이상
다. 가목에도 불구하고 건축물과 부대시설 또는 복리시설이 서로 마주보고 있는 경우에는 부대시설 또는 복리시설 각 부분 높이의 1배 이상
라. 채광창(창넓이가 0.5제곱미터 이상인 창을 말한다)이 없는 벽면과 측벽이 마주보는 경우에는 8미터 이상
마. 측벽과 측벽이 마주보는 경우[마주보는 측벽 중 하나의 측벽에 채광을 위한 창문 등이 설치되어 있지 아니한 바닥면적 3제곱미터 이하의 발코니(출입을 위한 개구부를 포함한다)를 설치하는 경우를 포함한다]에는 4미터 이상
3. 주택단지에 두 동 이상의 건축물이 법 제2조 제1항 제11호에 따른 도로를 사이에 두고 서로 마주보고 있는 경우에는 제2호가목부터 다목까지의 규정을 적용하지 아니하되, 해당 도로의 중심선을 인접 대지경계선으로 보아 제1호를 적용한다.
④ 법 제61조 제3항 각 호 외의 부분에서 "대통령령으로 정하는 높이"란 제1항에 따른 높이의 범위에서 특별자치시장·특별자치도지사 또는 시장·군수·구청장이 정하여 고시하는 높이를 말한다.
⑤ 특별자치시장·특별자치도지사 또는 시장·군수·구청장은 제4항에 따라 건축물의 높이를 고시하려면 국토교통부령으로 정하는 바에 따라 미리 해당 지역주민의 의견을 들어야 한다. 다만, 법 제61조 제3항 제1호부터 제6호까지의 어느 하나에 해당하는 지역인 경우로서 건축위원회의 심의를 거친 경우에는 그러하지 아니하다.
⑥ 제1항부터 제5항까지를 적용할 때 건축물을 건축하려는 대지와 다른 대지 사이에 다음 각 호의 시설 또는 부지가 있는 경우에는 그 반대편의 대지경계선(공동주택은 인접 대지경계선과 그 반대편 대지경계선의 중심선)을 인접 대지경계선으로 한다.
1. 공원(「도시공원 및 녹지 등에 관한 법률」 제2조 제3호에 따른 도시공원 중 지방건축위원회의 심의를 거쳐 허가권자가 공원의 일조 등을 확보할 필요가 있다고 인정하는 공원은 제외한다), 도로, 철도, 하천, 광장, 공공공지, 녹지, 유수지, 자동차 전용도로, 유원지
2. 다음 각 목에 해당하는 대지(건축물이 없는 경우로 한정한다)
가. 너비(대지경계선에서 가장 가까운 거리를 말한다)가 2미터 이하인 대지
나. 면적이 제80조 각 호에 따른 분할제한 기준 이하인 대지
3. 제1호 및 제2호 외에 건축이 허용되지 아니하는 공지
⑦ 제1항부터 제5항까지의 규정을 적용할 때 건축물(공동주택으로 한정한다)을 건축하려는 하나의 대지 사이에 제6항 각 호의 시설 또는 부지가 있는 경우에는 지방건축위원회의 심의를 거쳐 제6항 각 호의 시설 또는 부지를 기준으로 마주하고 있는 해당 대지의 경계선의 중심선을 인접 대지경계선으로 할 수 있다.

제7장 건축물의 설비 등

제87조(건축설비 설치의 원칙) ① 건축설비는 건축물의 안전·방화, 위생, 에너지 및 정보통신의 합리적 이용에 지장이 없도록 설치하여야 하고, 배관피트 및 닥트의 단면적과 수선구의 크기를 해당 설비의 수선에 지장이 없도록 하는 등 설비의 유지·관리가 쉽게 설치하여야 한다.
② 건축물에 설치하는 급수·배수·냉방·난방·환기·피뢰 등 건축설비의 설치에 관한 기술적 기준은 국토교통부령으로 정하되, 에너지 이용 합리화와 관련한 건축설비의 기술적 기준에 관하여는 기후에너지환경부장관과 협의하여 정한다.
③ 건축물에 설치하여야 하는 장애인 관련 시설 및 설비는 「장애인·노인·임산부 등의 편의증진보장에 관한 법률」 제14조에 따라 작성하여 보급하는 편의시설 상세표준도에 따른다.
④ 건축물에는 방송수신에 지장이 없도록 공동시청 안테나, 유선방송 수신시설, 위성방송 수신설비, 에프엠(FM)라디오방송 수신설비 또는 방송 공동수신설비를 설치할 수 있다. 다만, 다음 각 호의 건축물에는 방송 공동수신설비를 설치하여야 한다.
1. 공동주택
2. 바닥면적의 합계가 5천제곱미터 이상으로서 업무시설이나 숙박시설의 용도로 쓰는 건축물

⑤ 제4항에 따른 방송 수신설비의 설치기준은 과학기술정보통신부장관이 정하여 고시하는 바에 따른다.
⑥ 연면적이 500제곱미터 이상인 건축물의 대지에는 국토교통부령으로 정하는 바에 따라「전기사업법」제2조제2호에 따른 전기사업자가 전기를 배전(配電)하는 데 필요한 전기설비를 설치할 수 있는 공간을 확보하여야 한다.
⑦ 해풍이나 염분 등으로 인하여 건축물의 재료 및 기계설비 등에 조기 부식과 같은 피해 발생이 우려되는 지역에서는 해당 지방자치단체는 이를 방지하기 위하여 다음 각 호의 사항을 조례로 정할 수 있다.
  1. 해풍이나 염분 등에 대한 내구성 설계기준
  2. 해풍이나 염분 등에 대한 내구성 허용기준
  3. 그 밖에 해풍이나 염분 등에 따른 피해를 막기 위하여 필요한 사항
⑧ 건축물에 설치하여야 하는 우편수취함은「우편법」제37조의2의 기준에 따른다.

제89조(승용 승강기의 설치) 법 제64조제1항 전단에서 "대통령령으로 정하는 건축물"이란 층수가 6층인 건축물로서 각 층 거실의 바닥면적 300제곱미터 이내마다 1개소 이상의 직통계단을 설치한 건축물을 말한다.

제90조(비상용 승강기의 설치) ① 법 제64조제2항에 따라 높이 31미터를 넘는 건축물에는 다음 각 호의 기준에 따른 대수 이상의 비상용 승강기(비상용 승강기의 승강장 및 승강로를 포함한다. 이하 이 조에서 같다)를 설치하여야 한다. 다만, 법 제64조제1항에 따라 설치되는 승강기를 비상용 승강기의 구조로 하는 경우에는 그러하지 아니하다.
  1. 높이 31미터를 넘는 각 층의 바닥면적 중 최대 바닥면적이 1천500제곱미터 이하인 건축물 : 1대 이상
  2. 높이 31미터를 넘는 각 층의 바닥면적 중 최대 바닥면적이 1천500제곱미터를 넘는 건축물 : 1대에 1천500제곱미터를 넘는 3천 제곱미터 이내마다 1대씩 더한 대수 이상
② 제1항에 따라 2대 이상의 비상용 승강기를 설치하는 경우에는 화재가 났을 때 소화에 지장이 없도록 일정한 간격을 두고 설치하여야 한다.
③ 건축물에 설치하는 비상용 승강기의 구조 등에 관하여 필요한 사항은 국토교통부령으로 정한다.

제91조의3(관계전문기술자와의 협력) ① 다음 각 호의 어느 하나에 해당하는 건축물의 설계자는 제32조제1항에 따라 해당 건축물에 대한 구조의 안전을 확인하는 경우에는 건축구조기술사의 협력을 받아야 한다.
  1. 6층 이상인 건축물   2. 특수구조 건축물   3. 다중이용 건축물
  4. 준다중이용 건축물   5. 3층 이상의 필로티형식 건축물
  6. 제32조제2항제6호에 해당하는 건축물 중 국토교통부령으로 정하는 건축물
② 연면적 1만제곱미터 이상인 건축물(창고시설은 제외한다) 또는 에너지를 대량으로 소비하는 건축물로서 국토교통부령으로 정하는 건축물에 건축설비를 설치하는 경우에는 국토교통부령으로 정하는 바에 따라 다음 각 호의 구분에 따른 관계전문기술자의 협력을 받아야 한다.
  1. 전기, 승강기(전기 분야만 해당한다) 및 피뢰침 :「기술사법」에 따라 등록한 건축전기설비기술사 또는 발송배전기술사
  2. 급수·배수(配水)·배수(排水)·환기·난방·소화·배연·오물처리 설비 및 승강기(기계 분야만 해당한다) :「기술사법」에 따라 등록한 건축기계설비기술사 또는 공조냉동기계기술사
  3. 가스설비 :「기술사법」에 따라 등록한 건축기계설비기술사, 공조냉동기계기술사 또는 가스기술사
③ 깊이 10미터 이상의 토지 굴착공사 또는 높이 5미터 이상의 옹벽 등의 공사를 수반하는 건축물의 설계자 및 공사감리자는 토지 굴착 등에 관하여 국토교통부령으로 정하는 바에 따라「기술사법」에 따라 등록한 토목 분야 기술사 또는 국토개발 분야의 지질 및 기반 기술사의 협력을 받아야 한다.
④ 설계자 및 공사감리자는 안전상 필요하다고 인정하는 경우, 관계 법령에서 정하는 경우 및 설계계약 또는 감리계약에 따라 건축주가 요청하는 경우에는 관계전문기술자의 협력을 받아야 한다.
⑤ 특수구조 건축물 및 고층건축물의 공사감리자는 제19조제3항제1호 각 목 및 제2호 각 목에 해당하는 공정에 다다를 때 건축구조기술사의 협력을 받아야 한다.
⑥ 3층 이상인 필로티형식 건축물의 공사감리자는 법 제48조에 따른 건축물의 구조상 안전을 위한 공사감리를 할 때 공사가 제18조의2제2항제3호나목에 따른 단계에 다다른 경우마다 법 제67조제1항제1호부터 제3호까지의 규정에 따른 관계전문기술자의 협력을 받아야 한다. 이 경우 관계전문기술자는「건설기술 진흥법 시행령」별표 1 제3호라목1)에 따른 건축구조 분야의 특급 또는 고급기술자의 자격요건을 갖춘 소속 기술자로 하여금 업무를 수행하게 할 수 있다.
⑦ 제1항부터 제6항까지의 규정에 따라 설계자 또는 공사감리자에게 협력한 관계전문기술자는 공사 현장을 확인하고, 그가 작성한 설계도서 또는 감리중간보고서 및 감리완료보고서에 설계자 또는 공사감리자와 함께 서명날인하여야 한다.

⑧ 제32조제1항에 따른 구조 안전의 확인에 관하여 설계자에게 협력한 건축구조기술사는 구조의 안전을 확인한 건축물의 구조도 등 구조 관련 서류에 설계자와 함께 서명날인하여야 한다.
⑨ 법 제67조제1항 각 호 외의 부분에서 "대통령령으로 정하는 기간"이란 2년을 말한다.

제8장 특별건축구역 등

제119조(면적 등의 산정방법) ① 법 제84조에 따라 건축물의 면적·높이 및 층수 등은 다음 각 호의 방법에 따라 산정한다.
1. 대지면적 : 대지의 수평투영면적으로 한다. 다만, 다음 각 목의 어느 하나에 해당하는 면적은 제외한다.
   가. 법 제46조제1항 단서에 따라 대지에 건축선이 정하여진 경우 : 그 건축선과 도로 사이의 대지면적
   나. 대지에 도시·군계획시설인 도로·공원 등이 있는 경우 : 그 도시·군계획시설에 포함되는 대지(「국토의 계획 및 이용에 관한 법률」 제47조제7항에 따라 건축물 또는 공작물을 설치하는 도시·군계획시설의 부지는 제외한다)면적
2. 건축면적 : 건축물의 외벽(외벽이 없는 경우에는 외곽 부분의 기둥으로 한다. 이하 이 호에서 같다)의 중심선으로 둘러싸인 부분의 수평투영면적으로 한다. 다만, 다음 각 목의 어느 하나에 해당하는 경우에는 해당 목에서 정하는 기준에 따라 산정한다.
   가. 처마, 차양, 부연(附椽), 그 밖에 이와 비슷한 것으로서 그 외벽의 중심선으로부터 수평거리 1미터 이상 돌출된 부분이 있는 건축물의 건축면적은 그 돌출된 끝부분으로부터 다음의 구분에 따른 수평거리를 후퇴한 선으로 둘러싸인 부분의 수평투영면적으로 한다.
      1) 「전통사찰의 보존 및 지원에 관한 법률」 제2조제1호에 따른 전통사찰 : 4미터 이하의 범위에서 외벽의 중심선까지의 거리
      2) 사료 투여, 가축 이동 및 가축 분뇨 유출 방지 등을 위하여 처마, 차양, 부연, 그 밖에 이와 비슷한 것이 설치된 축사 : 3미터 이하의 범위에서 외벽의 중심선까지의 거리(두 동의 축사가 하나의 차양으로 연결된 경우에는 6미터 이하의 범위에서 축사 양 외벽의 중심선까지의 거리를 말한다)
      3) 한옥 : 2미터 이하의 범위에서 외벽의 중심선까지의 거리
      4) 「환경친화적자동차의 개발 및 보급 촉진에 관한 법률 시행령」 제18조의5에 따른 충전시설(그에 딸린 충전 전용 주차구획을 포함한다)의 설치를 목적으로 처마, 차양, 부연, 그 밖에 이와 비슷한 것이 설치된 공동주택(「주택법」 제15조에 따른 사업계획승인 대상으로 한정한다) : 2미터 이하의 범위에서 외벽의 중심선까지의 거리
      5) 「신에너지 및 재생에너지 개발·이용·보급 촉진법」 제2조제3호에 따른 신·재생에너지 설비(신·재생에너지를 생산하거나 이용하기 위한 것만 해당한다)를 설치하기 위하여 처마, 차양, 부연, 그 밖에 이와 비슷한 것이 설치된 건축물로서 「녹색건축물 조성 지원법」 제17조에 따른 제로에너지건축물 인증을 받은 건축물 : 2미터 이하의 범위에서 외벽의 중심선까지의 거리
      6) 「환경친화적 자동차의 개발 및 보급 촉진에 관한 법률」 제2조제9호의 수소연료공급시설을 설치하기 위하여 처마, 차양, 부연 그 밖에 이와 비슷한 것이 설치된 별표 1 제19호가목의 주유소, 같은 호 나목의 액화석유가스 충전소 또는 같은 호 바목의 고압가스 충전소 : 2미터 이하의 범위에서 외벽의 중심선까지의 거리
      7) 그 밖의 건축물 : 1미터
   나. 다음의 건축물의 건축면적은 국토교통부령으로 정하는 바에 따라 산정한다.
      1) 태양열을 주된 에너지원으로 이용하는 주택
      2) 창고 또는 공장 중 물품을 입출고하는 부위의 상부에 한쪽 끝은 고정되고 다른 쪽 끝은 지지되지 않는 구조로 설치된 돌출차양
      3) 단열재를 구조체의 외기측에 설치하는 단열공법으로 건축된 건축물
   다. 다음의 경우에는 건축면적에 산입하지 않는다.
      1) 지표면으로부터 1미터 이하에 있는 부분(창고 중 물품을 입출고하기 위하여 차량을 접안시키는 부분의 경우에는 지표면으로부터 1.5미터 이하에 있는 부분)
      2) 「다중이용업소의 안전관리에 관한 특별법 시행령」 제9조에 따라 기존의 다중이용업소(2004년 5월 29일 이전의 것만 해당한다)의 비상구에 연결하여 설치하는 폭 2미터 이하의 옥외 피난계단(기존 건축물에 옥외 피난계단을 설치함으로써 법 제55조에 따른 건폐율의 기준에 적합하지 아니하게 된 경우만 해당한다)
      3) 건축물 지상층에 일반인이나 차량이 통행할 수 있도록 설치한 보행통로나 차량통로
      4) 지하주차장의 경사로

5) 건축물 지하층의 출입구 상부(출입구 너비에 상당하는 규모의 부분을 말한다)
6) 생활폐기물 보관시설(음식물쓰레기, 의류 등의 수거시설을 말한다. 이하 같다)
7) 「영유아보육법」 제15조에 따른 어린이집(2005년 1월 29일 이전에 설치된 것만 해당한다)의 비상구에 연결하여 설치하는 폭 2미터 이하의 영유아용 대피용 미끄럼대 또는 비상계단(기존 건축물에 영유아용 대피용 미끄럼대 또는 비상계단을 설치함으로써 법 제55조에 따른 건폐율 기준에 적합하지 아니하게 된 경우만 해당한다)
8) 「장애인·노인·임산부 등의 편의증진 보장에 관한 법률 시행령」 별표 2의 기준에 따라 설치하는 장애인용 승강기, 장애인용 에스컬레이터, 휠체어리프트 또는 경사로
9) 「가축전염병 예방법」 제17조제1항제1호에 따른 소독설비를 갖추기 위하여 같은 호에 따른 가축사육시설(2015년 4월 27일 전에 건축되거나 설치된 가축사육시설로 한정한다)에서 설치하는 시설
10) 「매장문화재 보호 및 조사에 관한 법률」 제14조제1항제1호 및 제2호에 따른 현지보존 및 이전보존을 위하여 매장문화재 보호 및 전시에 전용되는 부분
11) 「가축분뇨의 관리 및 이용에 관한 법률」 제12조제1항에 따른 처리시설(법률 제12516호 가축분뇨의 관리 및 이용에 관한 법률 일부개정법률 부칙 제9조에 해당하는 배출시설의 처리시설로 한정한다)
12) 「영유아보육법」 제15조에 따른 설치기준에 따라 직통계단 1개소를 갈음하여 건축물의 외부에 설치하는 비상계단(같은 조에 따른 어린이집이 2011년 4월 6일 이전에 설치된 경우로서 기존 건축물에 비상계단을 설치함으로써 법 제55조에 따른 건폐율 기준에 적합하지 않게 된 경우만 해당한다)

3. 바닥면적 : 건축물의 각 층 또는 그 일부로서 벽, 기둥, 그 밖에 이와 비슷한 구획의 중심선으로 둘러싸인 부분의 수평투영면적으로 한다. 다만, 다음 각 목의 어느 하나에 해당하는 경우에는 각 목에서 정하는 바에 따른다.
   가. 벽·기둥의 구획이 없는 건축물은 그 지붕 끝부분으로부터 수평거리 1미터를 후퇴한 선으로 둘러싸인 수평투영면적으로 한다.
   나. 건축물의 노대등의 바닥은 난간 등의 설치 여부에 관계없이 노대등의 면적(외벽의 중심선으로부터 노대등의 끝부분까지의 면적을 말한다)에서 노대등이 접한 가장 긴 외벽에 접한 길이에 1.5미터를 곱한 값을 뺀 면적을 바닥면적에 산입한다.
   다. 필로티나 그 밖에 이와 비슷한 구조(벽면적의 2분의 1 이상이 그 층의 바닥면에서 위층 바닥 아래면까지 공간으로 된 것만 해당한다)의 부분은 그 부분이 공중의 통행이나 차량의 통행 또는 주차에 전용되는 경우와 공동주택의 경우에는 바닥면적에 산입하지 아니한다.
   라. 승강기탑(옥상 출입용 승강장을 포함한다), 계단탑, 장식탑, 다락[층고(層高)가 1.5미터(경사진 형태의 지붕인 경우에는 1.8미터) 이하인 것만 해당한다], 건축물의 내부에 설치하는 냉방설비 배기장치 전용 설치공간(각 세대나 실별로 외부 공기에 직접 닿는 곳에 설치하는 경우로서 1제곱미터 이하로 한정한다), 건축물의 외부 또는 내부에 설치하는 굴뚝, 더스트슈트, 설비덕트, 그 밖에 이와 비슷한 것과 옥상·옥외 또는 지하에 설치하는 물탱크, 기름탱크, 냉각탑, 정화조, 도시가스 정압기, 그 밖에 이와 비슷한 것을 설치하기 위한 구조물과 건축물 간에 화물의 이동에 이용되는 컨베이어벨트만을 설치하기 위한 구조물은 바닥면적에 산입하지 않는다.
   마. 공동주택으로서 지상층에 설치한 기계실, 전기실, 어린이놀이터, 조경시설 및 생활폐기물 보관시설의 면적은 바닥면적에 산입하지 않는다.
   바. 「다중이용업소의 안전관리에 관한 특별법 시행령」 제9조에 따라 기존의 다중이용업소(2004년 5월 29일 이전의 것만 해당한다)의 비상구에 연결하여 설치하는 폭 1.5미터 이하의 옥외 피난계단(기존 건축물에 옥외 피난계단을 설치함으로써 법 제56조에 따른 용적률에 적합하지 아니하게 된 경우만 해당한다)은 바닥면적에 산입하지 아니한다.
   사. 제6조제1항제6호에 따른 건축물을 리모델링하는 경우로서 미관 향상, 열의 손실 방지 등을 위하여 외벽에 부가하여 마감재 등을 설치하는 부분은 바닥면적에 산입하지 아니한다.
   아. 제1항제2호나목3)의 건축물의 경우에는 단열재가 설치된 외벽 중 내측 내벽의 중심선을 기준으로 산정한 면적을 바닥면적으로 한다.
   자. 「영유아보육법」 제15조에 따른 어린이집(2005년 1월 29일 이전에 설치된 것만 해당한다)의 비상구에 연결하여 설치하는 폭 2미터 이하의 영유아용 대피용 미끄럼대 또는 비상계단의 면적은 바닥면적(기존 건축물에 영유아용 대피용 미끄럼대 또는 비상계단을 설치함으로써 법 제56조에 따른 용적률 기준에 적합하지 아니하게 된 경우만 해당한다)에 산입하지 아니한다.

차. 「장애인·노인·임산부 등의 편의증진 보장에 관한 법률 시행령」 별표 2의 기준에 따라 설치하는 장애인용 승강기, 장애인용 에스컬레이터, 휠체어리프트 또는 경사로는 바닥면적에 산입하지 아니한다.
카. 「가축전염병 예방법」 제17조제1항제1호에 따른 소독설비를 갖추기 위하여 같은 호에 따른 가축사육시설(2015년 4월 27일 전에 건축되거나 설치된 가축사육시설로 한정한다)에서 설치하는 시설은 바닥면적에 산입하지 아니한다.
타. 「매장문화재 보호 및 조사에 관한 법률」 제14조제1항제1호 및 제2호에 따른 현지보존 및 이전보존을 위하여 매장문화재 보호 및 전시에 전용되는 부분은 바닥면적에 산입하지 아니한다.
파. 「영유아보육법」 제15조에 따른 설치기준에 따라 직통계단 1개소를 갈음하여 건축물의 외부에 설치하는 비상계단의 면적은 바닥면적(같은 조에 따른 어린이집이 2011년 4월 6일 이전에 설치된 경우로서 기존 건축물에 비상계단을 설치함으로써 법 제56조에 따른 용적률 기준에 적합하지 않게 된 경우만 해당한다)에 산입하지 않는다.
하. 지하주차장의 경사로(지상층에서 지하 1층으로 내려가는 부분으로 한정한다)는 바닥면적에 산입하지 않는다.
거. 제46조제4항제3호에 따른 대피공간의 바닥면적은 건축물의 각 층 또는 그 일부로서 벽의 내부선으로 둘러싸인 부분의 수평투영면적으로 한다.
너. 제46조제5항제3호 또는 제4호에 따른 구조 또는 시설(해당 세대 밖으로 대피할 수 있는 구조 또는 시설만 해당한다)을 같은 조 제4항에 따른 대피공간에 설치하는 경우 또는 같은 조 제5항제4호에 따른 대체시설을 발코니(발코니의 외부에 접하는 경우를 포함한다. 이하 같다)에 설치하는 경우에는 해당 구조 또는 시설이 설치되는 대피공간 또는 발코니의 면적 중 다음의 구분에 따른 면적까지를 바닥면적에 산입하지 않는다.
 1) 인접세대와 공동으로 설치하는 경우 : 4제곱미터
 2) 각 세대별로 설치하는 경우 : 3제곱미터
4. 연면적 : 하나의 건축물 각 층의 바닥면적의 합계로 하되, 용적률을 산정할 때에는 다음 각 목에 해당하는 면적은 제외한다.
가. 지하층의 면적
나. 지상층의 주차용(해당 건축물의 부속용도인 경우만 해당한다)으로 쓰는 면적
마. 제34조제3항 및 제4항에 따라 초고층 건축물과 준초고층 건축물에 설치하는 피난안전구역의 면적
바. 제40조제4항제2호에 따라 건축물의 경사지붕 아래에 설치하는 대피공간의 면적
5. 건축물의 높이 : 지표면으로부터 그 건축물의 상단까지의 높이[건축물의 1층 전체에 필로티(건축물을 사용하기 위한 경비실, 계단실, 승강기실, 그 밖에 이와 비슷한 것을 포함한다)가 설치되어 있는 경우에는 법 제60조 및 법 제61조제2항을 적용할 때 필로티의 층고를 제외한 높이]로 한다. 다만, 다음 각 목의 어느 하나에 해당하는 경우에는 각 목에서 정하는 바에 따른다.
가. 법 제60조에 따른 건축물의 높이는 전면도로의 중심선으로부터의 높이로 산정한다. 다만, 전면도로가 다음의 어느 하나에 해당하는 경우에는 그에 따라 산정한다.
 1) 건축물의 대지에 접하는 전면도로의 노면에 고저차가 있는 경우에는 그 건축물이 접하는 범위의 전면도로부분의 수평거리에 따라 가중평균한 높이의 수평면을 전면도로면으로 본다.
 2) 건축물의 대지의 지표면이 전면도로보다 높은 경우에는 그 고저차의 2분의 1의 높이만큼 올라온 위치에 그 전면도로의 면이 있는 것으로 본다.
나. 법 제61조에 따른 건축물 높이를 산정할 때 건축물 대지의 지표면과 인접 대지의 지표면 간에 고저차가 있는 경우에는 그 지표면의 평균 수평면을 지표면으로 본다. 다만, 법 제61조제2항에 따른 높이를 산정할 때 해당 대지가 인접 대지의 높이보다 낮은 경우에는 해당 대지의 지표면을 지표면으로 보고, 공동주택을 다른 용도와 복합하여 건축하는 경우에는 공동주택의 가장 낮은 부분을 그 건축물의 지표면으로 본다.
다. 건축물의 옥상에 설치되는 승강기탑(옥상출입용 승강장을 포함한다)·계단탑·망루·장식탑·옥탑 등으로서 그 수평투영면적의 합계가 해당 건축물 건축면적의 8분의 1(「주택법」 제15조제1항에 따른 사업계획승인 대상인 공동주택 중 세대별 전용면적이 85제곱미터 이하인 경우에는 6분의 1) 이하인 경우로서 그 부분의 높이가 12미터를 넘는 경우에는 그 넘는 부분만 해당 건축물의 높이에 산입한다.
라. 지붕마루장식·굴뚝·방화벽의 옥상돌출부나 그 밖에 이와 비슷한 옥상돌출물과 난간벽(그 벽면적의 2분의 1 이상이 공간으로 되어 있는 것만 해당한다)은 그 건축물의 높이에 산입하지 아니한다.
6. 처마높이 : 지표면으로부터 건축물의 지붕틀 또는 이와 비슷한 수평재를 지지하는 벽·깔도리 또는 기둥의 상단까지의 높이로 한다.

7. 반자높이 : 방의 바닥면으로부터 반자까지의 높이로 한다. 다만, 한 방에서 반자높이가 다른 부분이 있는 경우에는 그 각 부분의 반자면적에 따라 가중평균한 높이로 한다.
8. 층고 : 방의 바닥구조체 윗면으로부터 위층 바닥구조체의 윗면까지의 높이로 한다. 다만, 한 방에서 층의 높이가 다른 부분이 있는 경우에는 그 각 부분 높이에 따른 면적에 따라 가중평균한 높이로 한다.
9. 층수 : 승강기탑(옥상 출입용 승강장을 포함한다), 계단탑, 망루, 장식탑, 옥탑, 그 밖에 이와 비슷한 건축물의 옥상 부분으로서 그 수평투영면적의 합계가 해당 건축물 건축면적의 8분의 1(「주택법」 제15조제1항에 따른 사업계획승인 대상인 공동주택 중 세대별 전용면적이 85제곱미터 이하인 경우에는 6분의 1) 이하인 것과 지하층은 건축물의 층수에 산입하지 아니하고, 층의 구분이 명확하지 아니한 건축물은 그 건축물의 높이 4미터마다 하나의 층으로 보고 그 층수를 산정하며, 건축물이 부분에 따라 그 층수가 다른 경우에는 그 중 가장 많은 층수를 그 건축물의 층수로 본다.
10. 지하층의 지표면 : 법 제2조제1항제5호에 따른 지하층의 지표면은 각 층의 주위가 접하는 각 지표면 부분의 높이를 그 지표면 부분의 수평거리에 따라 가중평균한 높이의 수평면을 지표면으로 산정한다.

② 제1항 각 호(제10호는 제외한다)에 따른 기준에 따라 건축물의 면적·높이 및 층수 등을 산정할 때 지표면에 고저차가 있는 경우에는 건축물의 주위가 접하는 각 지표면 부분의 높이를 그 지표면 부분의 수평거리에 따라 가중평균한 높이의 수평면을 지표면으로 본다. 이 경우 그 고저차가 3미터를 넘는 경우에는 그 고저차 3미터 이내의 부분마다 그 지표면을 정한다.
③ 다음 각 호의 요건을 모두 갖춘 건축물의 건폐율을 산정할 때에는 제1항제2호에도 불구하고 지방건축위원회의 심의를 통해 제2호에 따른 개방 부분의 상부에 해당하는 면적을 건축면적에서 제외할 수 있다.
  1. 다음 각 목의 어느 하나에 해당하는 시설로서 해당 용도로 쓰는 바닥면적의 합계가 1천제곱미터 이상일 것
    가. 문화 및 집회시설(공연장·관람장·전시장만 해당한다)
    나. 교육연구시설(학교·연구소·도서관만 해당한다)
    다. 수련시설 중 생활권 수련시설, 업무시설 중 공공업무시설
  2. 지면과 접하는 저층의 일부를 높이 8미터 이상으로 개방하여 보행통로나 공지 등으로 활용할 수 있는 구조·형태일 것
④ 제1항제5호다목 또는 제1항제9호에 따른 수평투영면적의 산정은 제1항제2호에 따른 건축면적의 산정방법에 따른다.
⑤ 국토교통부장관은 제1항부터 제4항까지에서 규정한 건축물의 면적, 높이 및 층수 등의 산정방법에 관한 구체적인 적용사례 및 적용방법 등을 작성하여 공개할 수 있다.

건축법 시행규칙

[시행 2025. 10. 31.] [국토교통부령 제1531호, 2025. 10. 31., 타법개정]

제1조(목적) 이 규칙은 「건축법」 및 「건축법 시행령」에서 위임된 사항과 그 시행에 필요한 사항을 규정함을 목적으로 한다.

제1조의2(설계도서의 범위) 「건축법」(이하 "법"이라 한다) 제2조제14호에서 "그 밖에 국토교통부령으로 정하는 공사에 필요한 서류"란 다음 각 호의 서류를 말한다.
 1. 건축설비계산 관계서류
 2. 토질 및 지질 관계서류
 3. 기타 공사에 필요한 서류

제6조(건축허가 등의 신청) ① 법 제11조제1항·제3항, 제20조제1항, 영 제9조제1항 및 제15조제8항에 따라 건축물의 건축·대수선 허가 또는 가설건축물의 건축허가를 받으려는 자는 별지 제1호의4서식의 건축·대수선·용도변경 (변경)허가 신청서에 다음 각 호의 서류를 첨부하여 허가권자에게 제출(전자문서로 제출하는 것을 포함한다)해야 한다. 이 경우 허가권자는 「전자정부법」 제36조제1항에 따른 행정정보의 공동이용(이하 "행정정보의 공동이용"이라 한다)을 통해 제1호의2의 서류 중 토지등기사항증명서를 확인해야 한다.
 1. 건축할 대지의 범위에 관한 서류
 1의2. 건축할 대지의 소유에 관한 권리를 증명하는 서류. 다만, 다음 각 목의 경우에는 그에 따른 서류로 갈음할 수 있다.
  가. 건축할 대지에 포함된 국유지 또는 공유지에 대해서는 허가권자가 해당 토지의 관리청과 협의하여 그 관리청이 해당 토지를 건축주에게 매각하거나 양여할 것을 확인한 서류
  나. 집합건물의 공용부분을 변경하는 경우에는 「집합건물의 소유 및 관리에 관한 법률」 제15조제1항에 따른 결의가 있었음을 증명하는 서류
  다. 분양을 목적으로 하는 공동주택을 건축하는 경우에는 그 대지의 소유에 관한 권리를 증명하는 서류. 다만, 법 제11조에 따라 주택과 주택 외의 시설을 동일 건축물로 건축하는 건축허가를 받아 「주택법 시행령」 제27조제1항에 따른 호수 또는 세대수 이상으로 건설·공급하는 경우 대지의 소유권에 관한 사항은 「주택법」 제21조를 준용한다.
 1의3. 법 제11조제11항제1호에 해당하는 경우에는 건축할 대지를 사용할 수 있는 권원을 확보하였음을 증명하는 서류
 1의4. 법 제11조제11항제2호 및 영 제9조의2제1항 각 호의 사유에 해당하는 경우에는 다음 각 목의 서류
  가. 건축물 및 해당 대지의 공유자 수의 100분의 80 이상의 서면동의서 : 공유자가 자필로 서명하는 서면동의의 방법으로 하며, 주민등록증, 여권 등 신원을 확인할 수 있는 신분증명서의 사본을 첨부해야 한다. 다만, 공유자가 해외에 장기체류하거나 법인인 경우 등 불가피한 사유가 있다고 허가권자가 인정하는 경우에는 공유자가 인감도장을 날인하거나 서명한 서면동의서에 해당 인감증명서나 「본인서명사실 확인 등에 관한 법률」 제2조제3호에 따른 본인서명사실확인서 또는 같은 법 제7조제7항에 따른 전자본인서명확인서의 발급증을 첨부하는 방법으로 할 수 있다.
  나. 가목에 따라 동의한 공유자의 지분 합계가 전체 지분의 100분의 80 이상임을 증명하는 서류
  다. 영 제9조의2제1항 각 호의 어느 하나에 해당함을 증명하는 서류
  라. 해당 건축물의 개요
 1의5. 제5조에 따른 사전결정서(법 제10조에 따라 건축에 관한 입지 및 규모의 사전결정서를 받은 경우만 해당한다)
 2. 별표 2의 설계도서(법 제10조에 따른 사전결정을 받은 경우에는 건축계획서 및 배치도를 제외한다). 다만, 법 제23조제4항에 따른 표준설계도서에 따라 건축하는 경우에는 건축계획서 및 배치도만 해당한다.
 3. 법 제11조제5항 각 호에 따른 허가등을 받거나 신고를 하기 위하여 해당 법령에서 제출하도록 의무화하고 있는 신청서 및 구비서류(해당 사항이 있는 경우로 한정한다)
 4. 별지 제27호의12서식에 따른 결합건축협정서(해당 사항이 있는 경우로 한정한다)
② 법 제11조제3항 단서에서 "국토교통부령으로 정하는 신청서 및 구비서류"란 별표 2의 설계도서 중 구조도 및 구조계산서를 말한다.
③ 법 제16조제1항 및 영 제12조제1항에 따라 변경허가를 받으려는 자는 별지 제1호의4서식의 건축·대수선·용도변경 (변경)허가 신청서에 변경하려는 부분에 대한 변경 전·후의 설계도서와 제1항 각 호에서 정

하는 관계 서류 중 변경이 있는 서류를 첨부하여 허가권자에게 제출(전자문서로 제출하는 것을 포함한다)해야 한다. 이 경우 허가권자는 행정정보의 공동이용을 통해 제1항제1호의2의 서류 중 토지등기사항증명서를 확인해야 한다.

[별표 2] 건축허가신청에 필요한 설계도서(제6조제1항 관련)

도서의 종류	도서의 축척	표시하여야 할 사항
건축계획서	임의	1. 개요(위치·대지면적 등) 2. 지역·지구 및 도시계획사항 3. 건축물의 규모(건축면적·연면적·높이·층수 등) 4. 건축물의 용도별 면적 5. 주차장규모 6. 에너지절약계획서(해당건축물에 한한다) 7. 노인 및 장애인 등을 위한 편의시설 설치계획서(관계법령에 의하여 설치 의무가 있는 경우에 한한다)
배치도	임의	1. 축척 및 방위 2. 대지에 접한 도로의 길이 및 너비 3. 대지의 종·횡단면도 4. 건축선 및 대지경계선으로부터 건축물까지의 거리 5. 주차동선 및 옥외주차계획 6. 공개공지 및 조경계획
평면도	임의	1. 1층 및 기준층 평면도 2. 기둥·벽·창문 등의 위치 3. 방화구획 및 방화문의 위치 4. 복도 및 계단의 위치 5. 승강기의 위치
입면도	임의	1. 2면 이상의 입면계획 2. 외부마감재료 3. 간판 및 건물번호판의 설치계획(크기·위치)
단면도	임의	1. 종·횡단면도 2. 건축물의 높이, 각층의 높이 및 반자높이
구조도(구조안전 확인 또는 내진설계 대상 건축물)	임의	1. 구조내력상 주요한 부분의 평면 및 단면 2. 주요부분의 상세도면 3. 구조안전확인서
구조계산서 (구조안전 확인 또는 내진설계 대상 건축물)	임의	1. 구조계산서 목록표(총괄표, 구조계획서, 설계하중, 주요 구조도, 배근도 등) 2. 구조내력상 주요한 부분의 응력 및 단면 산정 과정 3. 내진설계의 내용(지진에 대한 안전 여부 확인 대상 건축물)
소방설비도	임의	「소방시설설치유지 및 안전관리에 관한 법률」에 따라 소방관서의 장의 동의를 얻어야 하는 건축물의 해당소방 관련 설비

제7조(건축허가의 사전승인) ① 법 제11조제2항에 따라 건축허가사전승인 대상건축물의 건축허가에 관한 승인을 받으려는 시장·군수는 허가 신청일부터 15일 이내에 다음 각 호의 구분에 따른 도서를 도지사에게 제출(전자문서로 제출하는 것을 포함한다)하여야 한다.
1. 법 제11조제2항제1호의 경우 : 별표 3의 도서
2. 법 제11조제2항제2호 및 제3호의 경우 : 별표 3의2의 도서
② 제1항의 규정에 의하여 사전승인의 신청을 받은 도지사는 승인요청을 받은 날부터 50일 이내에 승인여부를 시장·군수에게 통보(전자문서에 의한 통보를 포함한다)하여야 한다. 다만, 건축물의 규모가 큰 경우 등 불가피한 경우에는 30일의 범위 내에서 그 기간을 연장할 수 있다.

[별표 3] 대형건축물의 건축허가 사전승인신청 및 건축물 안전영향평가 의뢰 시 제출도서의 종류
(제7조제1항제1호 및 제9조의2제1항 관련)

1. 건축계획서

분야	도서종류	표시하여야 할 사항
건축	설계설명서	• 공사개요 : 위치ㆍ대지면적ㆍ공사기간ㆍ공사금액 등 • 사전조사사항 : 지반고ㆍ기후ㆍ동결심도ㆍ수용인원ㆍ상하수와 주변지역을 포함한 지질 및 지형, 인구, 교통, 지역, 지구, 토지이용현황, 시설물현황 등 • 건축계획 : 배치ㆍ평면ㆍ입면계획ㆍ동선계획ㆍ개략조경계획ㆍ주차계획 및 교통처리계획 등 • 시공방법 • 개략공정계획 • 주요설비계획 • 주요자재 사용계획 • 기타 필요한 사항
	구조계획서	• 설계근거기준 • 구조재료의 성질 및 특성 • 하중조건분석 적용 • 구조의 형식선정계획 • 각부 구조계획 • 건축구조성능(단열ㆍ내화ㆍ차음ㆍ진동장애 등) • 구조안전검토
	지질조사서	• 토질개황 • 각종 토질시험내용 • 지내력 산출근거 • 지하수위면 • 기초에 대한 의견
	시방서	• 시방내용(국토교통부장관이 작성한 표준시방서에 없는 공법인 경우에 한한다)

2. 기본설계도서

분야	도서종류	표시하여야 할 사항
건축	투시도 또는 투시도 사진	색채사용
	평면도(주요층, 기준층)	1. 각 실의 용도 및 면적 2. 기둥ㆍ벽ㆍ창문 등의 위치 3. 방화구획 및 방화문의 위치 4. 복도ㆍ직통계단ㆍ피난계단 또는 특별 피난계단의 위치 및 치수 5. 비상용승강기ㆍ승용승강기의 위치 및 치수 6. 가설건축물의 규모
	2면 이상의 입면도	1. 축척 2. 외벽의 마감재료
	2면 이상의 단면도	1. 축척 2. 건축물의 높이, 각 층의 높이 및 반자높이
	내외마감표	벽 및 반자의 마감재의 종류
	주차장평면도	1. 축척 및 방위 2. 주차장면적 3. 도로ㆍ통로 및 출입구의 위치
설비	건축설비도	1. 비상용승강기ㆍ승용승강기ㆍ에스컬레이터ㆍ난방설비ㆍ환기설비 기타 건축설비의 설비계획 2. 비상조명장치ㆍ통신설비 기타 전기설비설치계획
	소방설비도	옥내소화전설비ㆍ스프링클러설비ㆍ각종 소화설비ㆍ옥외소화전설비ㆍ동력소방펌프설비ㆍ자동화재탐지설비ㆍ전기화재경보기ㆍ화재속보설비와 유도 등 기타 유도표시 소화용수의 위치 및 수량배연설비ㆍ연결살수설비ㆍ비상콘센트설비의 설치계획
	상ㆍ하수도 계통도	상ㆍ하수도의 연결관계, 수조의 위치, 급ㆍ배수 등

제19조의2(공사감리업무 등) ① 공사감리자는 영 제19조제9항제3호에 따라 다음 각 호의 업무를 수행한다.
1. 건축물 및 대지가 관계법령에 적합하도록 공사시공자 및 건축주를 지도
2. 시공계획 및 공사관리의 적정여부의 확인
2의2. 건축공사의 하도급과 관련된 다음 각 목의 확인
　가. 수급인(하수급인을 포함한다. 이하 이 호에서 같다)이 「건설산업기본법」 제16조에 따른 시공자격을 갖춘 건설사업자에게 건축공사를 하도급했는지에 대한 확인
　나. 수급인이 「건설산업기본법」 제40조제1항에 따라 공사현장에 건설기술인을 배치했는지에 대한 확인
3. 공사현장에서의 안전관리의 지도
4. 공정표의 검토
5. 상세시공도면의 검토·확인
6. 구조물의 위치와 규격의 적정여부의 검토·확인
7. 품질시험의 실시여부 및 시험성과의 검토·확인
8. 설계변경의 적정여부의 검토·확인
9. 기타 공사감리계약으로 정하는 사항
② 영 제19조제7항의 규정에 의하여 공사감리자의 건축사보 배치현황의 제출은 별지 제22호의2서식에 의한다.

제20조(허용오차) 법 제26조에 따른 허용오차의 범위는 별표 5와 같다.

[별표 5] 건축허용오차(제20조관련)

1. 대지관련 건축기준의 허용오차

항목	허용되는 오차의 범위
건축선의 후퇴거리	3퍼센트 이내
인접대지 경계선과의 거리	3퍼센트 이내
인접건축물과의 거리	3퍼센트 이내
건폐율	0.5퍼센트 이내(건축면적 5제곱미터를 초과할 수 없다)
용적률	1퍼센트 이내(연면적 30제곱미터를 초과할 수 없다)

2. 건축물관련 건축기준의 허용오차

항목	허용되는 오차의 범위
건축물 높이	2퍼센트 이내(1미터를 초과할 수 없다)
평면길이	2퍼센트 이내(건축물 전체길이는 1미터를 초과할 수 없고, 벽으로 구획된 각 실의 경우에는 10센티미터를 초과할 수 없다)
출구너비	2퍼센트 이내
반자높이	2퍼센트 이내
벽체두께	3퍼센트 이내
바닥판두께	3퍼센트 이내

제25조(대지의 조성) 법 제40조제4항에 따라 손궤의 우려가 있는 토지에 대지를 조성하는 경우에는 다음 각 호의 조치를 하여야 한다. 다만, 건축사 또는 「기술사법」에 따라 등록한 건축구조기술사에 의하여 해당 토지의 구조안전이 확인된 경우는 그러하지 아니하다.
1. 성토 또는 절토하는 부분의 경사도가 1:1.5 이상으로서 높이가 1미터이상인 부분에는 옹벽을 설치할 것
2. 옹벽의 높이가 2미터이상인 경우에는 이를 콘크리트구조로 할 것. 다만, 별표 6의 옹벽에 관한 기술적 기준에 적합한 경우에는 그러하지 아니하다.
3. 옹벽의 외벽면에는 이의 지지 또는 배수를 위한 시설외의 구조물이 밖으로 튀어 나오지 아니하게 할 것
4. 옹벽의 윗가장자리로부터 안쪽으로 2미터 이내에 묻는 배수관은 주철관, 강관 또는 흄관으로 하고, 이음부분은 물이 새지 아니하도록 할 것
5. 옹벽에는 3제곱미터마다 하나 이상의 배수구멍을 설치하여야 하고, 옹벽의 윗가장자리로부터 안쪽으로 2미터 이내에서의 지표수는 지상으로 또는 배수관으로 배수하여 옹벽의 구조상 지장이 없도록 할 것

6. 성토부분의 높이는 법 제40조에 따른 대지의 안전 등에 지장이 없는 한 인접대지의 지표면보다 0.5미터 이상 높게 하지 아니할 것. 다만, 절토에 의하여 조성된 대지 등 허가권자가 지형조건상 부득이하다고 인정하는 경우에는 그러하지 아니하다.

제43조(태양열을 이용하는 주택 등의 건축면적 산정방법 등) ① 영 제119조제1항제2호나목1) 및 3)에 따라 태양열을 주된 에너지원으로 이용하는 주택의 건축면적과 단열재를 구조체의 외기측에 설치하는 단열공법으로 건축된 건축물의 건축면적은 건축물의 외벽중 내측 내력벽의 중심선을 기준으로 한다. 이 경우 태양열을 주된 에너지원으로 이용하는 주택의 범위는 국토교통부장관이 정하여 고시하는 바에 따른다.

② 영 제119조제1항제2호나목2)에 따라 창고 또는 공장 중 물품을 입출고하는 부위의 상부에 설치하는 한쪽 끝은 고정되고 다른 끝은 지지되지 않은 구조로 된 돌출차양의 면적 중 건축면적에 산입하는 면적은 다음 각 호에 따라 산정한 면적 중 작은 값으로 한다.
1. 해당 돌출차양을 제외한 창고의 건축면적의 10퍼센트를 초과하는 면적
2. 해당 돌출차양의 끝부분으로부터 수평거리 6미터를 후퇴한 선으로 둘러싸인 부분의 수평투영면적

건축물의 설비기준 등에 관한 규칙

[시행 2024. 8. 7.] [국토교통부령 제1375호, 2024. 8. 7., 일부개정]

제1조(목적) 이 규칙은 「건축법」 제49조, 제62조, 제64조, 제67조 및 제68조와 같은 법 시행령 제87조, 제89조, 제90조 및 제91조의3에 따른 건축설비의 설치에 관한 기술적 기준 등에 필요한 사항을 규정함을 목적으로 한다.

제2조(관계전문기술자의 협력을 받아야 하는 건축물) 「건축법 시행령」(이하 "영"이라 한다) 제91조의3제2항 각 호 외의 부분에서 "국토교통부령으로 정하는 건축물"이란 다음 각 호의 건축물을 말한다.
1. 냉동냉장시설·항온항습시설(온도와 습도를 일정하게 유지시키는 특수설비가 설치되어 있는 시설을 말한다) 또는 특수청정시설(세균 또는 먼지 등을 제거하는 특수설비가 설치되어 있는 시설을 말한다)로서 당해 용도에 사용되는 바닥면적의 합계가 5백제곱미터 이상인 건축물
2. 영 별표 1 제2호가목 및 나목에 따른 아파트 및 연립주택
3. 다음 각 목의 어느 하나에 해당하는 건축물로서 해당 용도에 사용되는 바닥면적의 합계가 5백제곱미터 이상인 건축물
   가. 영 별표 1 제3호다목에 따른 목욕장
   나. 영 별표 1 제13호가목에 따른 물놀이형 시설(실내에 설치된 경우로 한정한다) 및 같은 호 다목에 따른 수영장(실내에 설치된 경우로 한정한다)
4. 다음 각 목의 어느 하나에 해당하는 건축물로서 해당 용도에 사용되는 바닥면적의 합계가 2천제곱미터 이상인 건축물
   가. 영 별표 1 제2호라목에 따른 기숙사
   나. 영 별표 1 제9호에 따른 의료시설
   다. 영 별표 1 제12호다목에 따른 유스호스텔
   라. 영 별표 1 제15호에 따른 숙박시설
5. 다음 각 목의 어느 하나에 해당하는 건축물로서 해당 용도에 사용되는 바닥면적의 합계가 3천제곱미터 이상인 건축물
   가. 영 별표 1 제7호에 따른 판매시설
   나. 영 별표 1 제10호마목에 따른 연구소
   다. 영 별표 1 제14호에 따른 업무시설
6. 다음 각 목의 어느 하나에 해당하는 건축물로서 해당 용도에 사용되는 바닥면적의 합계가 1만제곱미터 이상인 건축물
   가. 영 별표 1 제5호가목부터 라목까지에 해당하는 문화 및 집회시설
   나. 영 별표 1 제6호에 따른 종교시설
   다. 영 별표 1 제10호에 따른 교육연구시설(연구소는 제외한다)
   라. 영 별표 1 제28호에 따른 장례식장

제3조(관계전문기술자의 협력사항) ① 영 제91조의3제2항에 따른 건축물에 전기, 승강기, 피뢰침, 가스, 급수, 배수(配水), 배수(排水), 환기, 난방, 소화, 배연(排煙) 및 오물처리설비를 설치하는 경우에는 건축사가 해당 건축물의 설계를 총괄하고, 「기술사법」에 따라 등록한 건축전기설비기술사, 발송배전(發送配電)기술사, 건축기계설비기술사, 공조냉동기계기술사 또는 가스기술사(이하 "기술사"라 한다)가 건축사와 협력하여 해당 건축설비를 설계하여야 한다.
② 영 제91조의3제2항에 따라 건축물에 건축설비를 설치한 경우에는 해당 분야의 기술사가 그 설치상태를 확인한 후 건축주 및 공사감리자에게 별지 제1호서식의 건축설비설치확인서를 제출하여야 한다.

[별지 제1호서식] 〈개정 2017.5.2〉

건축설비설치확인서

<table>
<tr><td rowspan="5">1.
일반
사항</td><td rowspan="2">건축물
개 요</td><td>소재지</td><td colspan="4"></td></tr>
<tr><td>용 도</td><td>연면적</td><td></td><td>층 수</td><td></td></tr>
<tr><td rowspan="3">시공자</td><td>성 명</td><td colspan="4"></td></tr>
<tr><td>면허번호</td><td colspan="4"></td></tr>
<tr><td>상 호</td><td>주 소</td><td colspan="3"></td></tr>
</table>

<table>
<tr><td rowspan="20">2.
확인
사항</td><td colspan="2">구 분</td><td>확인의견</td><td>확인날자</td></tr>
<tr><td colspan="2">급수·급탕설비</td><td></td><td></td></tr>
<tr><td colspan="2">배수·통기설비</td><td></td><td></td></tr>
<tr><td colspan="2">배관설비(급배수)</td><td></td><td></td></tr>
<tr><td colspan="2">위생기구설비</td><td></td><td></td></tr>
<tr><td colspan="2">열원기기설비</td><td></td><td></td></tr>
<tr><td colspan="2">공기조화기기설비</td><td></td><td></td></tr>
<tr><td colspan="2">덕 트 설 비</td><td></td><td></td></tr>
<tr><td colspan="2">배관설비(공기조화)</td><td></td><td></td></tr>
<tr><td colspan="2">냉 방 설 비</td><td></td><td></td></tr>
<tr><td colspan="2">난 방 설 비</td><td></td><td></td></tr>
<tr><td colspan="2">배관설비(냉난방)</td><td></td><td></td></tr>
<tr><td colspan="2">가 스 설 비</td><td></td><td></td></tr>
<tr><td colspan="2">소화 및 배연설비</td><td></td><td></td></tr>
<tr><td colspan="2">오물처리설비</td><td></td><td></td></tr>
<tr><td colspan="2">승강기(기계부문)</td><td></td><td></td></tr>
<tr><td colspan="2">승강기(전기부문)</td><td></td><td></td></tr>
<tr><td colspan="2">전 기 설 비</td><td></td><td></td></tr>
<tr><td colspan="2">피뢰침설비</td><td></td><td></td></tr>
<tr><td colspan="2">기 타 사 항</td><td></td><td></td></tr>
</table>

「건축물의 설비기준 등에 관한 규칙」 제3조제2항에 따라 위와 같이 시공되었음을 확인합니다. (단, 기술사 확인은 관련 설비를 설치하는 경우에 한함)

년   월   일

확인자 :   건축전기설비기술사   (인)   자격번호 :
          발송배전기술사   (인)   자격번호 :
          건축기계설비기술사   (인)   자격번호 :
          공조냉동기계기술사   (인)   자격번호 :
          가스기술사   (인)   자격번호 :

건축주 · 공사감리자 귀하

210㎜×297㎜[(신문용지 (54g/㎡)]

제5조(승용승강기의 설치기준) 「건축법」(이하 "법"이라 한다) 제64조제1항에 따라 건축물에 설치하는 승용승강기의 설치기준은 별표 1의2와 같다. 다만, 승용승강기가 설치되어 있는 건축물에 1개층을 증축하는 경우에는 승용승강기의 승강로를 연장하여 설치하지 아니할 수 있다.

[별표 1의2] 승용승강기의 설치기준(제5조 본문 관련)

건축물의 용도	6층 이상의 거실 면적의 합계	3천제곱미터 이하	3천제곱미터 초과
1. 가. 문화 및 집회시설(공연장·집회장 및 관람장만 해당한다) 나. 판매시설 다. 의료시설		2대	2대에 3천제곱미터를 초과하는 2천제곱미터 이내마다 1대를 더한 대수
2. 가. 문화 및 집회시설(전시장 및 동·식물원만 해당한다) 나. 업무시설 다. 숙박시설 라. 위락시설		1대	1대에 3천제곱미터를 초과하는 2천제곱미터 이내마다 1대를 더한 대수
3. 가. 공동주택 나. 교육연구시설 다. 노유자시설 라. 그 밖의 시설		1대	1대에 3천제곱미터를 초과하는 3천제곱미터 이내마다 1대를 더한 대수

비고
1. 위 표에 따라 승강기의 대수를 계산할 때 8인승 이상 15인승 이하의 승강기는 1대의 승강기로 보고, 16인승 이상의 승강기는 2대의 승강기로 본다.
2. 건축물의 용도가 복합된 경우 승용승강기의 설치기준은 다음 각 목의 구분에 따른다.
   가. 둘 이상의 건축물의 용도가 위 표에 따른 같은 호에 해당하는 경우 : 하나의 용도에 해당하는 건축물로 보아 6층 이상의 거실면적의 총합계를 기준으로 설치하여야 하는 승용승강기 대수를 산정한다.
   나. 둘 이상의 건축물의 용도가 위 표에 따른 둘 이상의 호에 해당하는 경우 : 다음의 기준에 따라 산정한 승용승강기 대수 중 적은 대수
      1) 각각의 건축물 용도에 따라 산정한 승용승강기 대수를 합산한 대수. 이 경우 둘 이상의 건축물의 용도가 같은 호에 해당하는 경우에는 가목에 따라 승용승강기 대수를 산정한다.
      2) 각각의 건축물 용도별 6층 이상의 거실 면적을 모두 합산한 면적을 기준으로 각각의 건축물 용도별 승용승강기 설치기준 중 가장 강한 기준을 적용하여 산정한 대수

제6조(승강기의 구조) 법 제64조에 따라 건축물에 설치하는 승강기·에스컬레이터 및 비상용승강기의 구조는 「승강기안전관리법」이 정하는 바에 따른다.

제9조(비상용승강기를 설치하지 아니할 수 있는 건축물) 법 제64조제2항 단서에서 "국토교통부령이 정하는 건축물"이라 함은 다음 각 호의 건축물을 말한다.
1. 높이 31미터를 넘는 각층을 거실외의 용도로 쓰는 건축물
2. 높이 31미터를 넘는 각층의 바닥면적의 합계가 500제곱미터 이하인 건축물
3. 높이 31미터를 넘는 층수가 4개층 이하로서 당해 각층의 바닥면적의 합계 200제곱미터(벽 및 반자가 실내에 접하는 부분의 마감을 불연재료로 한 경우에는 500제곱미터)이내마다 방화구획(영 제46조제1항 본문에 따른 방화구획을 말한다. 이하 같다)으로 구획된 건축물

제10조(비상용승강기의 승강장 및 승강로의 구조) 법 제64조제2항에 따른 비상용승강기의 승강장 및 승강로의 구조는 다음 각 호의 기준에 적합하여야 한다.
2. 비상용승강기 승강장의 구조
   가. 승강장의 창문·출입구 기타 개구부를 제외한 부분은 당해 건축물의 다른 부분과 내화구조의 바닥 및 벽으로 구획할 것. 다만, 공동주택의 경우에는 승강장과 특별피난계단(「건축물의 피난·방화구조 등의 기준에 관한 규칙」제9조의 규정에 의한 특별피난계단을 말한다. 이하 같다)의 부속실과의 겸용부분을 특별피난계단의 계단실과 별도로 구획하는 때에는 승강장을 특별피난계단의 부속실과 겸용할 수 있다.
   나. 승강장은 각층의 내부와 연결될 수 있도록 하되, 그 출입구(승강로의 출입구를 제외한다)에는 60분+ 방화문 또는 60분 방화문을 설치할 것. 다만, 피난층에는 60분+ 방화문 또는 60분 방화문을 설치하지 않을 수 있다.

다. 노대 또는 외부를 향하여 열 수 있는 창문이나 제14조제2항의 규정에 의한 배연설비를 설치할 것
라. 벽 및 반자가 실내에 접하는 부분의 마감재료(마감을 위한 바탕을 포함한다)는 불연재료로 할 것
마. 채광이 되는 창문이 있거나 예비전원에 의한 조명설비를 할 것
바. 승강장의 바닥면적은 비상용승강기 1대에 대하여 6제곱미터 이상으로 할 것. 다만, 옥외에 승강장을 설치하는 경우에는 그러하지 아니하다.
사. 피난층이 있는 승강장의 출입구(승강장이 없는 경우에는 승강로의 출입구)로부터 도로 또는 공지(공원·광장 기타 이와 유사한 것으로서 피난 및 소화를 위한 당해 대지에의 출입에 지장이 없는 것을 말한다)에 이르는 거리가 30미터 이하일 것
아. 승강장 출입구 부근의 잘 보이는 곳에 당해 승강기가 비상용승강기임을 알 수 있는 표지를 할 것
3. 비상용승강기의 승강로의 구조
  가. 승강로는 당해 건축물의 다른 부분과 내화구조로 구획할 것
  나. 각층으로부터 피난층까지 이르는 승강로를 단일구조로 연결하여 설치할 것

제11조(공동주택 및 다중이용시설의 환기설비기준 등) ① 영 제87조제2항의 규정에 따라 신축 또는 리모델링하는 다음 각 호의 어느 하나에 해당하는 주택 또는 건축물(이하 "신축공동주택등"이라 한다)은 시간당 0.5회 이상의 환기가 이루어질 수 있도록 자연환기설비 또는 기계환기설비를 설치해야 한다.
1. 30세대 이상의 공동주택
2. 주택을 주택 외의 시설과 동일건축물로 건축하는 경우로서 주택이 30세대 이상인 건축물
② 신축공동주택등에 자연환기설비를 설치하는 경우에는 자연환기설비가 제1항에 따른 환기횟수를 충족하는지에 대하여 법 제4조에 따른 지방건축위원회의 심의를 받아야 한다. 다만, 신축공동주택등에 「산업표준화법」에 따른 한국산업표준(이하 "한국산업표준"이라 한다)의 자연환기설비 환기성능 시험방법(KSF 2921)에 따라 성능시험을 거친 자연환기설비를 별표 1의3에 따른 자연환기설비 설치 길이 이상으로 설치하는 경우는 제외한다.
③ 신축공동주택등에 자연환기설비 또는 기계환기설비를 설치하는 경우에는 별표 1의4 또는 별표 1의5의 기준에 적합하여야 한다.
④ 특별시장·광역시장·특별자치시장·특별자치도지사 또는 시장·군수·구청장(자치구의 구청장을 말하며, 이하 "허가권자"라 한다)은 30세대 미만인 공동주택과 주택을 주택 외의 시설과 동일 건축물로 건축하는 경우로서 주택이 30세대 미만인 건축물 및 단독주택에 대해 시간당 0.5회 이상의 환기가 이루어질 수 있도록 자연환기설비 또는 기계환기설비의 설치를 권장할 수 있다.
⑤ 다중이용시설을 신축하는 경우에 기계환기설비를 설치해야 하는 다중이용시설 및 각 시설의 필요 환기량은 별표 1의6과 같으며, 설치해야 하는 기계환기설비의 구조 및 설치는 다음 각 호의 기준에 적합해야 한다.
1. 다중이용시설의 기계환기설비 용량기준은 시설이용 인원 당 환기량을 원칙으로 산정할 것
2. 기계환기설비는 다중이용시설로 공급되는 공기의 분포를 최대한 균등하게 하여 실내 기류의 편차가 최소화될 수 있도록 할 것
3. 공기공급체계·공기배출체계 또는 공기흡입구·배기구 등에 설치되는 송풍기는 외부의 기류로 인하여 송풍능력이 떨어지는 구조가 아닐 것
4. 바깥공기를 공급하는 공기공급체계 또는 바깥공기가 도입되는 공기흡입구는 다음 각 목의 요건을 모두 갖춘 공기여과기 또는 집진기(集塵機) 등을 갖출 것
  가. 입자형·가스형 오염물질을 제거 또는 여과하는 성능이 일정 수준 이상일 것
  나. 여과장치 등의 청소 및 교환 등 유지관리가 쉬운 구조일 것
  다. 공기여과기의 경우 한국산업표준(KS B 6141)에 따른 입자 포집률이 계수법으로 측정하여 60퍼센트 이상일 것
5. 공기배출체계 및 배기구는 배출되는 공기가 공기공급체계 및 공기흡입구로 직접 들어가지 아니하는 위치에 설치할 것
6. 기계환기설비를 구성하는 설비·기기·장치 및 제품 등의 효율과 성능 등을 판정하는데 있어 이 규칙에서 정하지 아니한 사항에 대하여는 해당항목에 대한 한국산업표준에 적합할 것

제11조의2(환기구의 안전 기준) ① 영 제87조제2항에 따라 환기구[건축물의 환기설비에 부속된 급기(給氣) 및 배기(排氣)를 위한 건축구조물의 개구부(開口部)를 말한다. 이하 같다]는 보행자 및 건축물 이용자의 안전이 확보되도록 바닥으로부터 2미터 이상의 높이에 설치해야 한다. 다만, 다음 각 호의 어느 하나에 해당하는 경우에는 예외로 한다.
1. 환기구를 벽면에 설치하는 등 사람이 올라설 수 없는 구조로 설치하는 경우. 이 경우 배기를 위한 환기구는 배출되는 공기가 보행자 및 건축물 이용자에게 직접 닿지 아니하도록 설치되어야 한다.

2. 안전울타리 또는 조경 등을 이용하여 접근을 차단하는 구조로 하는 경우
② 모든 환기구에는 국토교통부장관이 정하여 고시하는 강도(强度) 이상의 덮개와 덮개 걸침턱 등 추락방지 시설을 설치하여야 한다.

[별표 1의3] **자연환기설비 설치 길이 산정방법 및 설치 기준**(제11조제2항 관련) 〈2021. 8. 27.〉

1. 설치 대상 세대의 체적 계산
   - 필요한 환기횟수를 만족시킬 수 있는 환기량을 산정하기 위하여, 자연환기설비를 설치하고자 하는 공동주택 단위세대의 전체 및 실별 체적을 계산한다.
2. 단위세대 전체와 실별 설치길이 계산식 설치기준
   - 자연환기설비의 단위세대 전체 및 실별 설치길이는 한국산업표준의 자연환기설비 환기성능 시험방법(KSF 2921)에서 규정하고 있는 자연환기설비의 환기량 측정장치에 의한 평가 결과를 이용하여 다음 식에 따라 계산된 설치길이 L값 이상으로 설치하여야 하며, 세대 및 실 특성별 가중치가 고려되어야 한다.

$$L = \frac{V \times N}{Q_{ref}} \times F$$

여기에서, L : 세대 전체 또는 실별 설치길이(유효 개구부길이 기준, m)
V : 세대 전체 또는 실 체적(m^3)
N : 필요 환기횟수(0.5회/h)
Q_{ref} : 자연환기설비의 환기량 측정장치에 의해 평가된 기준 압력차(2Pa)에서의 환기량($m^3/h \cdot m$)
F : 세대 및 실 특성별 가중치**

〈비고〉
* 일반적으로 창틀에 접합되는 부분(endcap)과 실제로 공기유입이 이루어지는 개구부 부분으로 구성되는 자연환기설비에서, 유효 개구부길이(설치길이)는 창틀과 결합되는 부분을 제외한 실제 개구부 부분을 기준으로 계산한다.
** 주동형태 및 단위세대의 설계조건을 감안한 세대 및 실 특성별 가중치는 다음과 같다.

구분	조건	가중치
세대 조건	1면이 외부에 면하는 경우	1.5
	2면이 외부에 평행하게 면하는 경우	1
	2면이 외부에 평행하지 않게 면하는 경우	1.2
	3면 이상이 외부에 면하는 경우	1
실 조건	대상 실이 외부에 직접 면하는 경우	1
	대상 실이 외부에 직접 면하지 않는 경우	1.5

단, 세대조건과 실 조건이 겹치는 경우에는 가중치가 높은 쪽을 적용하는 것을 원칙으로 한다.
*** 일방향으로 길게 설치하는 형태가 아닌 원형, 사각형 등에는 상기의 계산식을 적용할 수 없으며, 지방건축위원회의 심의를 거쳐야 한다.

[별표 1의4] **신축공동주택등의 자연환기설비 설치 기준**(제11조제3항 관련) 〈개정 2024. 8. 7.〉

제11조제1항에 따라 신축공동주택등에 설치되는 자연환기설비의 설계·시공 및 성능평가방법은 다음 각 호의 기준에 적합하여야 한다.
1. 세대에 설치되는 자연환기설비는 세대 내의 모든 실에 바깥공기를 최대한 균일하게 공급할 수 있도록 설치되어야 한다.
2. 세대의 환기량 조절을 위하여 자연환기설비는 환기량을 조절할 수 있는 체계를 갖추어야 하고, 최대개방 상태에서의 환기량을 기준으로 별표 1의5에 따른 설치길이 이상으로 설치되어야 한다.
3. 자연환기설비는 순간적인 외부 바람 및 실내외 압력차의 증가로 인하여 발생할 수 있는 과도한 바깥공기의 유입 등 바깥공기의 변동에 의한 영향을 최소화할 수 있는 구조와 형태를 갖추어야 한다.
4. 자연환기설비의 각 부분의 재료는 충분한 내구성 및 강도를 유지하여 작동되는 동안 구조 및 성능에 변형이 없어야 하며, 표면결로 및 바깥공기의 직접적인 유입으로 인하여 발생할 수 있는 불쾌감(콜드드래프트 등)을 방지할 수 있는 재료와 구조를 갖추어야 한다.
5. 자연환기설비는 다음 각 목의 요건을 모두 갖춘 공기여과기를 갖춰야 한다.
   가. 도입되는 바깥공기에 포함되어 있는 입자형·가스형 오염물질을 제거 또는 여과하는 성능이 일정 수준 이상일 것
   나. 한국산업표준(KS B 6141)에 따른 입자 포집률이 질량법으로 측정하여 70퍼센트 이상일 것
   다. 청소 또는 교환이 쉬운 구조일 것

6. 자연환기설비를 구성하는 설비·기기·장치 및 제품 등의 효율과 성능 등을 판정함에 있어 이 규칙에서 정하지 아니한 사항에 대하여는 해당 항목에 대한 한국산업표준에 적합하여야 한다.
7. 자연환기설비를 지속적으로 작동시키는 경우에도 대상 공간의 사용에 지장을 주지 아니하는 위치에 설치되어야 한다.
8. 삭제 〈2024. 8. 7.〉
9. 자연환기설비는 가능한 외부의 오염물질이 유입되지 않는 위치에 설치되어야 하고, 화재 등 유사시 안전에 대비할 수 있는 구조와 성능이 확보되어야 한다.
10. 실내로 도입되는 바깥공기를 예열할 수 있는 기능을 갖는 자연환기설비는 최대한 에너지 절약적인 구조와 형태를 가져야 한다.
11. 자연환기설비는 주요 부분의 정기적인 점검 및 정비 등 유지관리가 쉬운 체계로 구성하여야 하고, 제품의 사양 및 시방서에 유지관리 관련 내용을 명시하여야 하며, 유지관리 관련 내용이 수록된 사용자 설명서를 제시하여야 한다.
12. 자연환기설비는 설치되는 실의 바닥부터 수직으로 1.2미터 이상의 높이에 설치하여야 하며, 2개 이상의 자연환기설비를 상하로 설치하는 경우 1미터 이상의 수직간격을 확보하여야 한다.

[별표 1의5] 신축공동주택등의 기계환기설비의 설치기준(제11조제3항 관련) 〈개정 2020. 4. 9.〉

제11조제1항의 규정에 의한 신축공동주택등의 환기횟수를 확보하기 위하여 설치되는 기계환기설비의 설계·시공 및 성능평가방법은 다음 각 호의 기준에 적합하여야 한다.

1. 기계환기설비의 환기기준은 시간당 실내공기 교환횟수(환기설비에 의한 최종 공기흡입구에서 세대의 실내로 공급되는 시간당 총 체적 풍량을 실내 총 체적으로 나눈 환기횟수를 말한다)로 표시하여야 한다.
2. 하나의 기계환기설비로 세대 내 2 이상의 실에 바깥공기를 공급할 경우의 필요 환기량은 각 실에 필요한 환기량의 합계 이상이 되도록 하여야 한다.
3. 세대의 환기량 조절을 위하여 환기설비의 정격풍량을 최소·적정·최대의 3단계 또는 그 이상으로 조절할 수 있는 체계를 갖추어야 하고, 적정 단계의 필요 환기량은 신축공동주택등의 세대를 시간당 0.5회로 환기할 수 있는 풍량을 확보하여야 한다.
4. 공기공급체계 또는 공기배출체계는 부분적 손실 등 모든 압력 손실의 합계를 고려하여 계산한 공기공급능력 또는 공기배출능력이 제11조제1항의 환기기준을 확보할 수 있도록 하여야 한다.
5. 기계환기설비는 신축공동주택등의 모든 세대가 제11조제1항의 규정에 의한 환기횟수를 만족시킬 수 있도록 24시간 가동할 수 있어야 한다.
6. 기계환기설비의 각 부분의 재료는 충분한 내구성 및 강도를 유지하여 작동되는 동안 구조 및 성능에 변형이 없도록 하여야 한다.
7. 기계환기설비는 다음 각 목의 어느 하나에 해당되는 체계를 갖추어야 한다.
    가. 바깥공기를 공급하는 송풍기와 실내공기를 배출하는 송풍기가 결합된 환기체계
    나. 바깥공기를 공급하는 송풍기와 실내공기가 배출되는 배기구가 결합된 환기체계
    다. 바깥공기가 도입되는 공기흡입구와 실내공기를 배출하는 송풍기가 결합된 환기체계
8. 바깥공기를 공급하는 공기공급체계 또는 바깥공기가 도입되는 공기흡입구는 다음 각 목의 요건을 모두 갖춘 공기여과기 또는 집진기 등을 갖춰야 한다. 다만, 제7호다목에 따른 환기체계를 갖춘 경우에는 별표 1의4 제5호를 따른다.
    가. 입자형·가스형 오염물질을 제거 또는 여과하는 성능이 일정 수준 이상일 것
    나. 여과장치 등의 청소 및 교환 등 유지관리가 쉬운 구조일 것
    다. 공기여과기의 경우 한국산업표준(KS B 6141)에 따른 입자 포집률이 계수법으로 측정하여 60퍼센트 이상일 것
9. 기계환기설비를 구성하는 설비·기기·장치 및 제품 등의 효율 및 성능 등을 판정함에 있어 이 규칙에서 정하지 아니한 사항에 대하여는 해당 항목에 대한 한국산업표준에 적합하여야 한다.
10. 기계환기설비는 환기의 효율을 극대화할 수 있는 위치에 설치하여야 하고, 바깥공기의 변동에 의한 영향을 최소화할 수 있도록 공기흡입구 또는 배기구 등에 완충장치 또는 석쇠형 철망 등을 설치하여야 한다.
11. 기계환기설비는 주방 가스대 위의 공기배출장치, 화장실의 공기배출 송풍기 등 급속 환기 설비와 함께 설치할 수 있다.
12. 공기흡입구 및 배기구와 공기공급체계 및 공기배출체계는 기계환기설비를 지속적으로 작동시키는 경우에도 대상 공간의 사용에 지장을 주지 아니하는 위치에 설치되어야 한다.
13. 기계환기설비에서 발생하는 소음의 측정은 한국산업규격(KS B 6361)에 따르는 것을 원칙으로 한다. 측정위치는 대표길이 1미터(수직 또는 수평 하단)에서 측정하여 소음이 40dB이하가 되어야 하며, 암소음(측정대상인 소음 외에 주변에 존재하는 소음을 말한다)은 보정하여야 한다. 다만, 환기설비 본체(소음원)가 거주공간 외부에 설치될 경우에는 대표길이 1미터(수직 또는 수평 하단)에서 측정하여 50dB 이하가 되거나, 거주공간 내부의 중앙부 바닥으로부터 1.0~1.2미터 높이에서 측정하여 40dB 이하가 되어야 한다.
14. 외부에 면하는 공기흡입구와 배기구는 교차오염을 방지할 수 있도록 1.5미터 이상의 이격거리를 확보하거나, 공기흡입구와 배기구의 방향이 서로 90도 이상 되는 위치에 설치되어야 하고 화재 등 유사 시 안전에 대비할 수 있는 구조와 성능이 확보되어야 한다.

15. 기계환기설비의 에너지 절약을 위하여 열회수형 환기장치를 설치하는 경우에는 한국산업표준(KS B 6879)에 따라 시험한 열회수형 환기장치의 유효환기량이 표시용량의 90퍼센트 이상이어야 하고, 열회수형 환기장치의 안과 밖은 물 맺힘이 발생하는 것을 최소화할 수 있는 구조와 성능을 확보하도록 하여야 한다.
16. 기계환기설비는 송풍기, 열회수형 환기장치, 공기여과기, 공기가 통하는 관, 공기흡입구 및 배기구, 그 밖의 기기 등 주요 부분의 정기적인 점검 및 정비 등 유지관리가 쉬운 체계로 구성되어야 하고, 제품의 사양 및 시방서에 유지관리 관련 내용을 명시하여야 하며, 유지관리 관련 내용이 수록된 사용자 설명서를 제시하여야 한다.
17. 실외의 기상조건에 따라 환기용 송풍기 등 기계환기설비를 작동하지 아니하더라도 자연환기와 기계환기가 동시 운용될 수 있는 혼합형 환기설비가 설계도서 등을 근거로 필요 환기량을 확보할 수 있는 것으로 객관적으로 입증되는 경우에는 기계환기설비를 갖춘 것으로 인정할 수 있다. 이 경우, 동시에 운용될 수 있는 자연환기설비와 기계환기설비가 제11조제1항의 환기기준을 각각 만족할 수 있어야 한다.
18. 중앙관리방식의 공기조화설비(실내의 온도·습도 및 청정도 등을 적정하게 유지하는 역할을 하는 설비를 말한다)가 설치된 경우에는 다음 각 목의 기준에도 적합하여야 한다.
    가. 공기조화설비는 24시간 지속적인 환기가 가능한 것일 것. 다만, 주요 환기설비와 분리된 별도의 환기계통을 병행 설치하여 실내에 존재하는 국소 오염원에서 발생하는 오염물질을 신속히 배출할 수 있는 체계로 구성하는 경우에는 그러하지 아니하다.
    나. 중앙관리방식의 공기조화설비의 제어 및 작동상황을 통제할 수 있는 관리실 또는 기능이 있을 것

[별표 1의6] 기계환기설비를 설치해야 하는 다중이용시설 및 각 시설의 필요 환기량(제11조제5항 관련)
〈개정 2021. 8. 27.〉

1. 기계환기설비를 설치하여야 하는 다중이용시설
   가. 지하시설
      1) 모든 지하역사(출입통로·대기실·승강장 및 환승통로와 이에 딸린 시설을 포함한다)
      2) 연면적 2천제곱미터 이상인 지하도상가(지상건물에 딸린 지하층의 시설 및 연속되어 있는 둘 이상의 지하도상가의 연면적 합계가 2천제곱미터 이상인 경우를 포함한다)
   나. 문화 및 집회시설
      1) 연면적 2천제곱미터 이상인 「건축법 시행령」 별표 1 제5호라목에 따른 전시장(실내 전시장으로 한정한다)
      2) 연면적 2천제곱미터 이상인 「건전가정의례의 정착 및 지원에 관한 법률」에 따른 혼인예식장
      3) 연면적 1천제곱미터 이상인 「공연법」 제2조제4호에 따른 공연장(실내 공연장으로 한정한다)
      4) 관람석 용도로 쓰이는 바닥면적이 1천제곱미터 이상인 「체육시설의 설치·이용에 관한 법률」 제2조제1호에 따른 체육시설
      5) 「영화 및 비디오물의 진흥에 관한 법률」 제2조제10호에 따른 영화상영관
   다. 판매시설
      1) 「유통산업발전법」 제2조제3호에 따른 대규모점포
      2) 연면적 300제곱미터 이상인 「게임산업 진흥에 관한 법률」 제2조제7호에 따른 인터넷컴퓨터게임시설제공업의 영업시설
   라. 운수시설
      1) 「항만법」 제2조제5호에 따른 항만시설 중 연면적 5천제곱미터 이상인 대기실
      2) 「여객자동차 운수사업법」 제2조제5호에 따른 여객자동차터미널 중 연면적 2천제곱미터 이상인 대기실
      3) 「철도산업발전기본법」 제3조제2호에 따른 철도시설 중 연면적 2천제곱미터 이상인 대기실
      4) 「공항시설법」 제2조제7호에 따른 공항시설 중 연면적 1천5백제곱미터 이상인 여객터미널
   마. 의료시설: 연면적이 2천제곱미터 이상이거나 병상 수가 100개 이상인 「의료법」 제3조에 따른 의료기관
   바. 교육연구시설
      1) 연면적 3천제곱미터 이상인 「도서관법」 제2조제1호에 따른 도서관
      2) 연면적 1천제곱미터 이상인 「학원의 설립·운영 및 과외교습에 관한 법률」 제2조제1호에 따른 학원
   사. 노유자시설
      1) 연면적 430제곱미터 이상인 「영유아보육법」 제2조제3호에 따른 어린이집
      2) 연면적 1천제곱미터 이상인 「노인복지법」 제34조제1항제1호에 따른 노인요양시설
   아. 업무시설 : 연면적 3천제곱미터 이상인 「건축법 시행령」 별표 1 제14호에 따른 업무시설
   자. 자동차 관련 시설 : 연면적 2천제곱미터 이상인 「주차장법」 제2조제1호에 따른 주차장(실내주차장으로 한정하며, 같은 법 제2조제3호에 따른 기계식주차장은 제외한다)
   차. 장례식장 : 연면적 1천제곱미터 이상인 「장사 등에 관한 법률」 제28조의2제1항 및 제29조에 따른 장례식장(지하에 설치되는 경우로 한정한다)

카. 그 밖의 시설
  1) 연면적 1천제곱미터 이상인 「공중위생관리법」 제2조제1항제3호에 따른 목욕장업의 영업시설
  2) 연면적 5백제곱미터 이상인 「모자보건법」 제2조제10호에 따른 산후조리원
  3) 연면적 430제곱미터 이상인 「어린이놀이시설 안전관리법」 제2조제2호에 따른 어린이놀이시설 중 실내어린이놀이시설

2. 각 시설의 필요 환기량

구분		필요 환기량(㎥/인·h)	비고
가. 지하시설	1) 지하역사	25 이상	
	2) 지하도상가	36 이상	매장(상점) 기준
나. 문화 및 집회시설		29 이상	
다. 판매시설		29 이상	
라. 운수시설		29 이상	
마. 의료시설		36 이상	
바. 교육연구시설		36 이상	
사. 노유자시설		36 이상	
아. 업무시설		29 이상	
자. 자동차 관련 시설		27 이상	
차. 장례식장		36 이상	
카. 그 밖의 시설		25 이상	

비고
가. 제1호에서 연면적 또는 바닥면적을 산정할 때에는 실내공간에 설치된 시설이 차지하는 연면적 또는 바닥면적을 기준으로 산정한다.
나. 필요 환기량은 예상 이용인원이 가장 높은 시간대를 기준으로 산정한다.
다. 의료시설 중 수술실 등 특수 용도로 사용되는 실(室)의 경우에는 소관 중앙행정기관의 장이 달리 정할 수 있다.
라. 제1호자목의 자동차 관련 시설의 필요 환기량은 단위면적당 환기량(㎥/㎡·h)으로 산정한다.

제12조(온돌의 설치기준) ① 영 제87조제2항에 따라 건축물에 온돌을 설치하는 경우에는 그 구조상 열에너지가 효율적으로 관리되고 화재의 위험을 방지하기 위하여 별표 1의7의 기준에 적합하여야 한다.
② 제1항에 따라 건축물에 온돌을 시공하는 자는 시공을 끝낸 후 별지 제2호서식의 온돌 설치확인서를 공사감리자에게 제출하여야 한다. 다만, 제3조제2항에 따른 건축설비설치확인서를 제출한 경우와 공사감리자가 직접 온돌의 설치를 확인한 경우에는 그러하지 아니하다.

[별표 1의7] 온돌 설치기준(제12조제1항 관련)〈개정 2024. 8. 7.〉

1. 온수온돌
   가. 온수온돌이란 보일러 또는 그 밖의 열원으로부터 생성된 온수를 바닥에 설치된 배관을 통하여 흐르게 하여 난방을 하는 방식을 말한다.
   나. 온수온돌은 바탕층, 단열층, 채움층, 배관층(방열관을 포함한다) 및 마감층 등으로 구성된다.

   1) 바탕층이란 온돌이 설치되는 건축물의 최하층 또는 중간층의 바닥을 말한다.
   2) 단열층이란 온수온돌의 배관층에서 방출되는 열이 바탕층 아래로 손실되는 것을 방지하기 위하여 배관층과 바탕층 사이에 단열재를 설치하는 층을 말한다.
   3) 채움층이란 온돌구조의 높이 조정, 차음성능 향상, 보조적인 단열기능 등을 위하여 배관층과 단열층 사이에 완충재 등을 설치하는 층을 말한다.
   4) 배관층이란 단열층 또는 채움층 위에 방열관을 설치하는 층을 말한다.

5) 방열관이란 열을 발산하는 온수를 순환시키기 위하여 배관층에 설치하는 온수배관을 말한다.
6) 마감층이란 배관층 위에 시멘트, 모르타르, 미장 등을 설치하거나 마루재, 장판 등 최종 마감재를 설치하는 층을 말한다.

다. 온수온돌의 설치 기준
1) 단열층은 「녹색건축물 조성 지원법」 제15조제1항에 따라 국토교통부장관이 고시하는 기준에 적합하여야 하며, 바닥난방을 위한 열이 바탕층 아래 및 측벽으로 손실되는 것을 막을 수 있도록 단열재를 방열관과 바탕층 사이에 설치하여야 한다. 다만, 바탕층의 축열을 직접 이용하는 심야전기이용 온돌(「한국전력공사법」에 따른 한국전력공사의 심야전력이용기기 승인을 받은 것만 해당하며, 이하 "심야전기이용 온돌"이라 한다)의 경우에는 단열재를 바탕층 아래에 설치할 수 있다.
2) 배관층과 바탕층 사이의 열저항은 「녹색건축물조성지원법」 제15조제1항에 따라 국토교통부장관이 정하여 고시하는 기준에 적합해야 한다.
3) 단열재는 내열성 및 내구성이 있어야 하며 단열층 위의 적재하중 및 고정하중에 버틸 수 있는 강도를 가지거나 그러한 구조로 설치되어야 한다.
4) 바탕층이 지면에 접하는 경우에는 바탕층 아래와 주변 벽면에 높이 10센티미터 이상의 방수처리를 하여야 하며, 단열재의 윗부분에 방습처리를 하여야 한다.
5) 방열관은 잘 부식되지 아니하고 열에 견딜 수 있어야 하며, 바닥의 표면온도가 균일하도록 설치하여야 한다.
6) 배관층은 방열관에서 방출된 열이 마감층 부위로 최대한 균일하게 전달될 수 있는 높이와 구조를 갖추어야 한다.
7) 마감층은 수평이 되도록 설치하여야 하며, 바닥의 균열을 방지하기 위하여 충분하게 양생하거나 건조시켜 마감재의 뒤틀림이나 변형이 없도록 하여야 한다.
8) 한국산업규격에 따른 조립식 온수온돌판을 사용하여 온수온돌을 시공하는 경우에는 1)부터 7)까지의 규정을 적용하지 아니한다.
9) 국토교통부장관은 1)부터 7)까지에서 규정한 것 외에 온수온돌의 설치에 관하여 필요한 사항을 정하여 고시할 수 있다.

제13조(개별난방설비 등) ① 영 제87조제2항의 규정에 의하여 공동주택과 오피스텔의 난방설비를 개별난방방식으로 하는 경우에는 다음 각 호의 기준에 적합하여야 한다.
1. 보일러는 거실외의 곳에 설치하되, 보일러를 설치하는 곳과 거실사이의 경계벽은 출입구를 제외하고는 내화구조의 벽으로 구획할 것
2. 보일러실의 윗부분에는 그 면적이 0.5제곱미터 이상인 환기창을 설치하고, 보일러실의 윗부분과 아랫부분에는 각각 지름 10센티미터 이상의 공기흡입구 및 배기구를 항상 열려있는 상태로 바깥공기에 접하도록 설치할 것. 다만, 전기보일러의 경우에는 그러하지 아니하다.
4. 보일러실과 거실사이의 출입구는 그 출입구가 닫힌 경우에는 보일러가스가 거실에 들어갈 수 없는 구조로 할 것
5. 기름보일러를 설치하는 경우에는 기름저장소를 보일러실외의 다른 곳에 설치할 것
6. 오피스텔의 경우에는 난방구획을 방화구획으로 구획할 것
7. 보일러의 연도는 내화구조로서 공동연도로 설치할 것
② 가스보일러에 의한 난방설비를 설치하고 가스를 중앙집중공급방식으로 공급하는 경우에는 제1항의 규정에 불구하고 가스관계법령이 정하는 기준에 의하되, 오피스텔의 경우에는 난방구획을 방화구획으로 구획하여야 한다.
③ 허가권자는 개별 보일러를 설치하는 건축물의 경우 소방청장이 정하여 고시하는 기준에 따라 일산화탄소 경보기를 설치하도록 권장할 수 있다.

제14조(배연설비) ① 법 제49조제2항에 따라 배연설비를 설치하여야 하는 건축물에는 다음 각 호의 기준에 적합하게 배연설비를 설치해야 한다. 다만, 피난층인 경우에는 그렇지 않다.
1. 영 제46조제1항에 따라 건축물이 방화구획으로 구획된 경우에는 그 구획마다 1개소 이상의 배연창을 설치하되, 배연창의 상변과 천장 또는 반자로부터 수직거리가 0.9미터 이내일 것. 다만, 반자높이가 바닥으로부터 3미터 이상인 경우에는 배연창의 하변이 바닥으로부터 2.1미터 이상의 위치에 놓이도록 설치하여야 한다.
2. 배연창의 유효면적은 별표 2의 산정기준에 의하여 산정된 면적이 1제곱미터 이상으로서 그 면적의 합계가 당해 건축물의 바닥면적(영 제46조제1항 또는 제3항의 규정에 의하여 방화구획이 설치된 경우에는 그 구획된 부분의 바닥면적을 말한다)의 100분의 1이상일 것. 이 경우 바닥면적의 산정에 있어서 거실바닥면적의 20분의 1 이상으로 환기창을 설치한 거실의 면적은 이에 산입하지 아니한다.

3. 배연구는 연기감지기 또는 열감지기에 의하여 자동으로 열 수 있는 구조로 하되, 손으로도 열고 닫을 수 있도록 할 것
4. 배연구는 예비전원에 의하여 열 수 있도록 할 것
5. 기계식 배연설비를 하는 경우에는 제1호 내지 제4호의 규정에 불구하고 소방관계법령의 규정에 적합하도록 할 것

② 특별피난계단 및 영 제90조제3항의 규정에 의한 비상용승강기의 승강장에 설치하는 배연설비의 구조는 다음 각호의 기준에 적합하여야 한다.
1. 배연구 및 배연풍도는 불연재료로 하고, 화재가 발생한 경우 원활하게 배연시킬 수 있는 규모로서 외기 또는 평상시에 사용하지 아니하는 굴뚝에 연결할 것
2. 배연구에 설치하는 수동개방장치 또는 자동개방장치(열감지기 또는 연기감지기에 의한 것을 말한다)는 손으로도 열고 닫을 수 있도록 할 것
3. 배연구는 평상시에는 닫힌 상태를 유지하고, 연 경우에는 배연에 의한 기류로 인하여 닫히지 아니하도록 할 것
4. 배연구가 외기에 접하지 아니하는 경우에는 배연기를 설치할 것
5. 배연기는 배연구의 열림에 따라 자동적으로 작동하고, 충분한 공기배출 또는 가압능력이 있을 것
6. 배연기에는 예비전원을 설치할 것
7. 공기유입방식을 급기가압방식 또는 급·배기방식으로 하는 경우에는 제1호 내지 제6호의 규정에 불구하고 소방관계법령의 규정에 적합하게 할 것

제17조(배관설비) ① 다음 각 호의 어느 하나에 해당하는 지역에서 건축물을 건축하려는 자는 빗물 등의 유입으로 건축물이 침수되지 않도록 해당 건축물의 지하층 및 1층의 출입구(주차장의 출입구를 포함한다. 이하 이 조에서 같다)에 물막이판 등 해당 건축물의 침수를 방지할 수 있는 설비(이하 "물막이설비"라 한다)를 설치해야 한다. 다만, 해당 건축물의 지하층 및 1층의 출입구를 국토교통부장관이 정하여 고시하는 예상침수높이 이상으로 설치한 경우에는 물막이설비를 설치한 것으로 본다.
1. 「국토의 계획 및 이용에 관한 법률」제37조제1항제4호에 따른 방재지구
2. 「자연재해대책법시행령」제15조제2호마목에 따른 행정안전부장관이 고시하는 지역

② 제1항의 규정에 의한 배관설비로서 배수용으로 쓰이는 배관설비는 제1항 각호의 기준 외에 다음 각 호의 기준에 적합하여야 한다.
1. 배출시키는 빗물 또는 오수의 양 및 수질에 따라 그에 적당한 용량 및 경사를 지게 하거나 그에 적합한 재질을 사용할 것
2. 배관설비에는 배수트랩·통기관을 설치하는 등 위생에 지장이 없도록 할 것
3. 배관설비의 오수에 접하는 부분은 내수재료를 사용할 것
4. 지하실등 공공하수도로 자연배수를 할 수 없는 곳에는 배수용량에 맞는 강제배수시설을 설치할 것
5. 우수관과 오수관은 분리하여 배관할 것
6. 콘크리트구조체에 배관을 매설하거나 배관이 콘크리트구조체를 관통할 경우에는 구조체에 덧관을 미리 매설하는 등 배관의 부식을 방지하고 그 수선 및 교체가 용이하도록 할 것

제17조의2(물막이설비) ① 다음 각 호의 어느 하나에 해당하는 지역에서 연면적 1만제곱미터 이상의 건축물을 건축하려는 자는 빗물 등의 유입으로 건축물이 침수되지 않도록 해당 건축물의 지하층 및 1층의 출입구(주차장의 출입구를 포함한다)에 물막이판 등 해당 건축물의 침수를 방지할 수 있는 설비(이하 "물막이설비"라 한다)를 설치해야 한다. 다만, 허가권자가 침수의 우려가 없다고 인정하는 경우에는 그렇지 않다.
1. 「국토의 계획 및 이용에 관한 법률」제37조제1항제5호에 따른 방재지구
2. 「자연재해대책법」제12조제1항에 따른 자연재해위험지구

② 제1항에 따라 설치되는 물막이설비는 다음 각 호의 기준에 적합해야 한다.
1. 건축물의 이용 및 피난에 지장이 없는 구조일 것
2. 그 밖에 국토교통부장관이 정하여 고시하는 기준에 적합하게 설치할 것

제18조(먹는물용 배관설비) 영 제87조제2항에 따라 건축물에 설치하는 먹는물용 배관설비의 설치 및 구조는 다음 각호의 기준에 적합하여야 한다.
1. 제17조제1항 각호의 기준에 적합할 것
2. 먹는물용 배관설비는 다른 용도의 배관설비와 직접 연결하지 아니할 것
3. 급수관 및 수도계량기는 얼어서 깨지지 아니하도록 별표 3의2의 규정에 의한 기준에 적합하게 설치할 것
4. 제3호에서 정한 기준외에 급수관 및 수도계량기가 얼어서 깨지지 아니하도록 하기 위하여 지역실정에 따라 당해 지방자치단체의 조례로 기준을 정한 경우에는 동기준에 적합하게 설치할 것

5. 급수 및 저수탱크는 「수도시설의 청소 및 위생관리 등에 관한 규칙」 별표 1의 규정에 의한 저수조설치기준에 적합한 구조로 할 것
6. 먹는물의 급수관의 지름은 건축물의 용도 및 규모에 적정한 규격이상으로 할 것. 다만, 주거용 건축물은 당해 배관에 의하여 급수되는 가구수 또는 바닥면적의 합계에 따라 별표 3의 기준에 적합한 지름의 관으로 배관하여야 한다.
7. 먹는물용 급수관은 「수도법 시행규칙」 제10조 및 별표 4에 따른 위생안전기준에 적합한 수도용 자재 및 제품을 사용할 것

[별표 3] 주거용 건축물 급수관의 지름(제18조 관련) 〈개정 1995. 5. 11〉

가구 또는 세대수	1	2·3	4·5	6~8	9~16	17 이상
급수관 지름의 최소기준(밀리미터)	15	20	25	32	40	50

비고
1. 가구 또는 세대의 구분이 불분명한 건축물에 있어서는 주거에 쓰이는 바닥면적의 합계에 따라 다음과 같이 가구수를 산정한다.
    가. 바닥면적 85제곱미터 이하 : 1가구
    나. 바닥면적 85제곱미터 초과 150제곱미터 이하 : 3가구
    다. 바닥면적 150제곱미터 초과 300제곱미터이하 : 5가구
    라. 바닥면적 300제곱미터 초과 500제곱미터이하 : 16가구
    마. 바닥면적 500제곱미터 초과 : 17가구
2. 가압설비 등을 설치하여 급수되는 각 기구에서의 압력이 1센티미터당 0.7킬로그램(70kPa) 이상인 경우에는 위 표의 기준을 적용하지 아니 할 수 있다.

제20조(피뢰설비) 영 제87조제2항에 따라 낙뢰의 우려가 있는 건축물, 높이 20미터 이상의 건축물 또는 영 제118조제1항에 따른 공작물로서 높이 20미터 이상의 공작물(건축물에 영 제118조제1항에 따른 공작물을 설치하여 그 전체 높이가 20미터 이상인 것을 포함한다)에는 다음 각 호의 기준에 적합하게 피뢰설비를 설치하여야 한다.
1. 피뢰설비는 한국산업표준이 정하는 피뢰레벨 등급에 적합한 피뢰설비일 것. 다만, 위험물저장 및 처리시설에 설치하는 피뢰설비는 한국산업표준이 정하는 피뢰시스템레벨 Ⅱ 이상이어야 한다.
2. 돌침은 건축물의 맨 윗부분으로부터 25센티미터 이상 돌출시켜 설치하되, 「건축물의 구조기준 등에 관한 규칙」 제9조에 따른 설계하중에 견딜 수 있는 구조일 것
3. 피뢰설비의 재료는 최소 단면적이 피복이 없는 동선(銅線)을 기준으로 수뢰부, 인하도선 및 접지극은 50제곱밀리미터 이상이거나 이와 동등 이상의 성능을 갖출 것
4. 피뢰설비의 인하도선을 대신하여 철골조의 철골구조물과 철근콘크리트조의 철근구조체 등을 사용하는 경우에는 전기적 연속성이 보장될 것. 이 경우 전기적 연속성이 있다고 판단되기 위하여는 건축물 금속 구조체의 최상단부와 지표레벨 사이의 전기저항이 0.2옴 이하이어야 한다.
5. 측면 낙뢰를 방지하기 위하여 높이가 60미터를 초과하는 건축물 등에는 지면에서 건축물 높이의 5분의 4가 되는 지점부터 최상단부분까지의 측면에 수뢰부를 설치하여야 하며, 지표레벨에서 최상단부의 높이가 150미터를 초과하는 건축물은 120미터 지점부터 최상단부분까지의 측면에 수뢰부를 설치할 것. 다만, 건축물의 외벽이 금속부재(部材)로 마감되고, 금속부재 상호간에 제4호 후단에 적합한 전기적 연속성이 보장되며 피뢰시스템레벨 등급에 적합하게 설치하여 인하도선에 연결한 경우에는 측면 수뢰부가 설치된 것으로 본다.
6. 접지(接地)는 환경오염을 일으킬 수 있는 시공방법이나 화학 첨가물 등을 사용하지 아니할 것
7. 급수·급탕·난방·가스 등을 공급하기 위하여 건축물에 설치하는 금속배관 및 금속재 설비는 전위(電位)가 균등하게 이루어지도록 전기적으로 접속할 것
8. 전기설비의 접지계통과 건축물의 피뢰설비 및 통신설비 등의 접지극을 공용하는 통합접지공사를 하는 경우에는 낙뢰 등으로 인한 과전압으로부터 전기설비 등을 보호하기 위하여 한국산업표준에 적합한 서지보호장치[서지(surge : 전류·전압 등의 과도 파형을 말한다)로부터 각종 설비를 보호하기 위한 장치를 말한다]를 설치할 것
9. 그 밖에 피뢰설비와 관련된 사항은 한국산업표준에 적합하게 설치할 것

제23조(건축물의 냉방설비 등)

② 제2조제3호부터 제6호까지의 규정에 해당하는 건축물 중 산업통상자원부장관이 국토교통부장관과 협의하여 고시하는 건축물에 중앙집중냉방설비를 설치하는 경우에는 기후에너지환경부장관이 국토교통부장관과 협의하여 정하는 바에 따라 축냉식 또는 가스를 이용한 중앙집중냉방방식으로 하여야 한다.

③ 상업지역 및 주거지역에서 건축물에 설치하는 냉방시설 및 환기시설의 배기구와 배기장치의 설치는 다음 각 호의 기준에 모두 적합하여야 한다.

1. 배기구는 도로면으로부터 2미터 이상의 높이에 설치할 것
2. 배기장치에서 나오는 열기가 인근 건축물의 거주자나 보행자에게 직접 닿지 아니하도록 할 것
3. 건축물의 외벽에 배기구 또는 배기장치를 설치할 때에는 외벽 또는 다음 각 목의 기준에 적합한 지지대 등 보호장치와 분리되지 아니하도록 견고하게 연결하여 배기구 또는 배기장치가 떨어지는 것을 방지할 수 있도록 할 것
    가. 배기구 또는 배기장치를 지탱할 수 있는 구조일 것
    나. 부식을 방지할 수 있는 자재를 사용하거나 도장(塗裝)할 것

건축물의 피난·방화구조 등의 기준에 관한 규칙

[시행 2025. 10. 31.] [국토교통부령 제1531호, 2025. 10. 31., 타법개정]

제1조(목적) 이 규칙은 「건축법」 제49조, 제50조, 제50조의2, 제51조, 제52조, 제52조의4, 제53조 및 제64소에 따른 건축물의 피난·방화 등에 관한 기술적 기준을 정함을 목적으로 한다.

제2조(내수재료) 「건축법 시행령」(이하 "영"이라 한다) 제2조제6호에서 "국토교통부령으로 정하는 재료"란 벽돌·자연석·인조석·콘크리트·아스팔트·도자기질재료·유리 및 그 밖에 이와 비슷한 내수성 건축재료를 말한다.

제3조(내화구조) 영 제2조제7호에서 "국토교통부령으로 정하는 기준에 적합한 구조"란 다음 각 호의 어느 하나에 해당하는 것을 말한다.
1. 벽의 경우에는 다음 각 목의 어느 하나에 해당하는 것
   가. 철근콘크리트조 또는 철골철근콘크리트조로서 두께가 10센티미터 이상인 것
   나. 골구를 철골조로 하고 그 양면을 두께 4센티미터 이상의 철망모르타르(그 바름바탕을 불연재료로 한 것으로 한정한다. 이하 이 조에서 같다) 또는 두께 5센티미터 이상의 콘크리트블록·벽돌 또는 석재로 덮은 것
   다. 철재로 보강된 콘크리트블록조·벽돌조 또는 석조로서 철재에 덮은 콘크리트블록등의 두께가 5센티미터 이상인 것
   라. 벽돌조로서 두께가 19센티미터 이상인 것
   마. 고온·고압의 증기로 양생된 경량기포 콘크리트패널 또는 경량기포 콘크리트블록조로서 두께가 10센티미터 이상인 것
2. 외벽 중 비내력벽인 경우에는 제1호에도 불구하고 다음 각 목의 어느 하나에 해당하는 것
   가. 철근콘크리트조 또는 철골철근콘크리트조로서 두께가 7센티미터 이상인 것
   나. 골구를 철골조로 하고 그 양면을 두께 3센티미터 이상의 철망모르타르 또는 두께 4센티미터 이상의 콘크리트블록·벽돌 또는 석재로 덮은 것
   다. 철재로 보강된 콘크리트블록조·벽돌조 또는 석조로서 철재에 덮은 콘크리트블록등의 두께가 4센티미터 이상인 것
   라. 무근콘크리트조·콘크리트블록조·벽돌조 또는 석조로서 그 두께가 7센티미터 이상인 것
3. 기둥의 경우에는 그 작은 지름이 25센티미터 이상인 것으로서 다음 각 목의 어느 하나에 해당하는 것. 다만, 고강도 콘크리트(설계기준강도가 50MPa 이상인 콘크리트를 말한다. 이하 이 조에서 같다)를 사용하는 경우에는 국토교통부장관이 정하여 고시하는 고강도 콘크리트 내화성능 관리기준에 적합해야 한다.
   가. 철근콘크리트조 또는 철골철근콘크리트조
   나. 철골을 두께 6센티미터(경량골재를 사용하는 경우에는 5센티미터)이상의 철망모르타르 또는 두께 7센티미터 이상의 콘크리트블록·벽돌 또는 석재로 덮은 것
   다. 철골을 두께 5센티미터 이상의 콘크리트로 덮은 것
4. 바닥의 경우에는 다음 각 목의 어느 하나에 해당하는 것
   가. 철근콘크리트조 또는 철골철근콘크리트조로서 두께가 10센티미터 이상인 것
   나. 철재로 보강된 콘크리트블록조·벽돌조 또는 석조로서 철재에 덮은 콘크리트블록등의 두께가 5센티미터 이상인 것
   다. 철재의 양면을 두께 5센티미터 이상의 철망모르타르 또는 콘크리트로 덮은 것
5. 보(지붕틀을 포함한다)의 경우에는 다음 각 목의 어느 하나에 해당하는 것. 다만, 고강도 콘크리트를 사용하는 경우에는 국토교통부장관이 정하여 고시하는 고강도 콘크리트내화성능 관리기준에 적합해야 한다.
   가. 철근콘크리트조 또는 철골철근콘크리트조
   나. 철골을 두께 6센티미터(경량골재를 사용하는 경우에는 5센티미터)이상의 철망모르타르 또는 두께 5센티미터 이상의 콘크리트로 덮은 것
   다. 철골조의 지붕틀(바닥으로부터 그 아랫부분까지의 높이가 4미터 이상인 것에 한한다)로서 바로 아래에 반자가 없거나 불연재료로 된 반자가 있는 것
6. 지붕의 경우에는 다음 각 목의 어느 하나에 해당하는 것
   가. 철근콘크리트조 또는 철골철근콘크리트조
   나. 철재로 보강된 콘크리트블록조·벽돌조 또는 석조
   다. 철재로 보강된 유리블록 또는 망입유리(두꺼운 판유리에 철망을 넣은 것을 말한다)로 된 것

7. 계단의 경우에는 다음 각 목의 어느 하나에 해당하는 것
   가. 철근콘크리트조 또는 철골철근콘크리트조
   나. 무근콘크리트조 · 콘크리트블록조 · 벽돌조 또는 석조
   다. 철재로 보강된 콘크리트블록조 · 벽돌조 또는 석조
   라. 철골조
8. 「과학기술분야 정부출연연구기관 등의 설립 · 운영 및 육성에 관한 법률」 제8조에 따라 설립된 한국건설기술연구원의 장(이하 "한국건설기술연구원장"이라 한다)이 국토교통부장관이 정하여 고시하는 방법에 따라 품질을 시험한 결과 별표 1에 따른 성능기준에 적합할 것
   가. 생산공장의 품질 관리 상태를 확인한 결과 국토교통부장관이 정하여 고시하는 기준에 적합할 것
   나. 가목에 따라 적합성이 인정된 제품에 대하여 품질시험을 실시한 결과 별표 1에 따른 성능기준에 적합할 것
9. 다음 각 목의 어느 하나에 해당하는 것으로서 한국건설기술연구원장이 국토교통부장관으로부터 승인받은 기준에 적합한 것으로 인정하는 것
   가. 한국건설기술연구원장이 인정한 내화구조 표준으로 된 것
   나. 한국건설기술연구원장이 인정한 성능설계에 따라 내화구조의 성능을 검증할 수 있는 구조로 된 것
10. 한국건설기술연구원장이 제27조제1항에 따라 정한 인정기준에 따라 인정하는 것

제4조(방화구조) 영 제2조제8호에서 "국토교통부령으로 정하는 기준에 적합한 구조"란 다음 각 호의 어느 하나에 해당하는 것을 말한다.
1. 철망모르타르로서 그 바름두께가 2센티미터 이상인 것
2. 석고판 위에 시멘트모르타르 또는 회반죽을 바른 것으로서 그 두께의 합계가 2.5센티미터 이상인 것
3. 시멘트모르타르 위에 타일을 붙인 것으로서 그 두께의 합계가 2.5센티미터 이상인 것
6. 심벽에 흙으로 맞벽치기한 것
7. 「산업표준화법」에 따른 한국산업표준(이하 "한국산업표준"이라 한다)에 따라 시험한 결과 방화 2급 이상에 해당하는 것

제5조(난연재료) 영 제2조제9호에서 "국토교통부령으로 정하는 기준에 적합한 재료"란 한국산업표준에 따라 시험한 결과 가스 유해성, 열방출량 등이 국토교통부장관이 정하여 고시하는 난연재료의 성능기준을 충족하는 것을 말한다.

제6조(불연재료) 영 제2조제10호에서 "국토교통부령으로 정하는 기준에 적합한 재료"란 다음 각 호의 어느 하나에 해당하는 것을 말한다.
1. 콘크리트 · 석재 · 벽돌 · 기와 · 철강 · 알루미늄 · 유리 · 시멘트모르타르 및 회. 이 경우 시멘트모르타르 또는 회 등 미장재료를 사용하는 경우에는 「건설기술 진흥법」 제44조제1항제2호에 따라 제정된 건축공사표준시방서에서 정한 두께 이상인 것에 한한다.
2. 한국산업표준에 따라 시험한 결과 질량감소율 등이 국토교통부장관이 정하여 고시하는 불연재료의 성능기준을 충족하는 것
3. 그 밖에 제1호와 유사한 불연성의 재료로서 국토교통부장관이 인정하는 재료. 다만, 제1호의 재료와 불연성재료가 아닌 재료가 복합으로 구성된 경우를 제외한다.

제7조(준불연재료) 영 제2조제11호에서 "국토교통부령으로 정하는 기준에 적합한 재료"란 한국산업표준에 따라 시험한 결과 가스 유해성, 열방출량 등이 국토교통부장관이 정하여 고시하는 준불연재료의 성능기준을 충족하는 것을 말한다.

제8조(직통계단의 설치기준) ① 영 제34조제1항 단서에서 "국토교통부령으로 정하는 공장"이란 반도체, 디스플레이 패널 및 이차전지를 제조하는 공장을 말한다.
② 영 제34조제2항에 따라 2개소 이상의 직통계단을 설치하는 경우 다음 각 호의 기준에 적합해야 한다.
1. 가장 멀리 위치한 직통계단 2개소의 출입구 간의 가장 가까운 직선거리(직통계단 간을 연결하는 복도가 건축물의 다른 부분과 방화구획으로 구획된 경우 출입구 간의 가장 가까운 보행거리를 말한다)는 건축물 평면의 최대 대각선 거리의 2분의 1 이상으로 할 것. 다만, 스프링클러 또는 그 밖에 이와 비슷한 자동식 소화설비를 설치한 경우에는 3분의 1이상으로 한다.
2. 각 직통계단 간에는 각각 거실과 연결된 복도 등 통로를 설치할 것

제8조의2(피난안전구역의 설치기준) ① 영 제34조제3항 및 제4항에 따라 설치하는 피난안전구역(이하 "피난안전구역"이라 한다)은 해당 건축물의 1개층을 대피공간으로 하며, 대피에 장애가 되지 아니하는 범위에서

기계실, 보일러실, 전기실 등 건축설비를 설치하기 위한 공간과 같은 층에 설치할 수 있다. 이 경우 피난안전구역은 건축설비가 설치되는 공간과 내화구조로 구획하여야 한다.
② 피난안전구역에 연결되는 특별피난계단은 피난안전구역을 거쳐서 상·하층으로 갈 수 있는 구조로 설치하여야 한다.
③ 피난안전구역의 구조 및 설비는 다음 각 호의 기준에 적합하여야 한다.
   1. 피난안전구역의 바로 아래층 및 위층은 「녹색건축물 조성 지원법」 제15조제1항에 따라 국토교통부장관이 정하여 고시한 기준에 적합한 단열재를 설치할 것. 이 경우 아래층은 최상층에 있는 거실의 반자 또는 지붕 기준을 준용하고, 위층은 최하층에 있는 거실의 바닥 기준을 준용할 것
   2. 피난안전구역의 내부마감재료는 불연재료로 설치할 것
   3. 건축물의 내부에서 피난안전구역으로 통하는 계단은 특별피난계단의 구조로 설치할 것
   4. 비상용 승강기는 피난안전구역에서 승하차 할 수 있는 구조로 설치할 것
   5. 피난안전구역에는 식수공급을 위한 급수전을 1개소 이상 설치하고 예비전원에 의한 조명설비를 설치할 것
   6. 관리사무소 또는 방재센터 등과 긴급연락이 가능한 경보 및 통신시설을 설치할 것
   7. 별표 1의2에서 정하는 기준에 따라 산정한 면적 이상일 것
   8. 피난안전구역의 높이는 2.1미터 이상일 것
   9. 「건축물의 설비기준 등에 관한 규칙」 제14조에 따른 배연설비(이하 "배연설비"라 한다)를 설치할 것
   10. 그 밖에 소방청장이 정하는 소방 등 재난관리를 위한 설비를 갖출 것

제9조(피난계단 및 특별피난계단의 구조) ① 영 제35조제1항 각 호 외의 부분 본문에 따라 건축물의 5층 이상 또는 지하 2층 이하의 층으로부터 피난층 또는 지상으로 통하는 직통계단(지하 1층인 건축물의 경우에는 5층 이상의 층으로부터 피난층 또는 지상으로 통하는 직통계단과 직접 연결된 지하 1층의 계단을 포함한다)은 피난계단 또는 특별피난계단으로 설치해야 한다.
② 제1항에 따른 피난계단 및 특별피난계단의 구조는 다음 각 호의 기준에 적합해야 한다.
   1. 건축물의 내부에 설치하는 피난계단의 구조
      가. 계단실은 창문·출입구 기타 개구부(이하 "창문등"이라 한다)를 제외한 당해 건축물의 다른 부분과 내화구조의 벽으로 구획할 것
      나. 계단실의 실내에 접하는 부분(바닥 및 반자 등 실내에 면한 모든 부분을 말한다)의 마감(마감을 위한 바탕을 포함한다)은 불연재료로 할 것
      다. 계단실에는 예비전원에 의한 조명설비를 할 것
      라. 계단실의 바깥쪽과 접하는 창문등(망이 들어 있는 유리의 붙박이창으로서 그 면적이 각각 1제곱미터 이하인 것을 제외한다)은 당해 건축물의 다른 부분에 설치하는 창문등으로부터 2미터 이상의 거리를 두고 설치할 것
      마. 건축물의 내부와 접하는 계단실의 창문등(출입구를 제외한다)은 망이 들어 있는 유리의 붙박이창으로서 그 면적을 각각 1제곱미터 이하로 할 것
      바. 건축물의 내부에서 계단실로 통하는 출입구의 유효너비는 0.9미터 이상으로 하고, 그 출입구에는 피난의 방향으로 열 수 있는 것으로서 언제나 닫힌 상태를 유지하거나 화재로 인한 연기 또는 불꽃을 감지하여 자동적으로 닫히는 구조로 된 영64조에 따른 60+ 방화문 또는 60분 방화문을 설치할 것. 다만, 연기 또는 불꽃을 감지하여 자동적으로 닫히는 구조로 할 수 없는 경우에는 온도를 감지하여 자동적으로 닫히는 구조로 할 수 있다.
      사. 계단은 내화구조로 하고 피난층 또는 지상까지 직접 연결되도록 할 것
   2. 건축물의 바깥쪽에 설치하는 피난계단의 구조
      가. 계단은 그 계단으로 통하는 출입구외의 창문등(망이 들어 있는 유리의 붙박이창으로서 그 면적이 각각 1제곱미터 이하인 것을 제외한다)으로부터 2미터 이상의 거리를 두고 설치할 것
      나. 건축물의 내부에서 계단으로 통하는 출입구에는 60+ 방화문 또는 60분 방화문을 설치할 것
      다. 계단의 유효너비는 0.9미터 이상으로 할 것
      라. 계단은 내화구조로 하고 지상까지 직접 연결되도록 할 것
   3. 특별피난계단의 구조
      가. 건축물의 내부와 계단실은 노대를 통하여 연결하거나 외부를 향하여 열 수 있는 면적 1제곱미터 이상인 창문(바닥으로부터 1미터 이상의 높이에 설치한 것에 한한다) 또는 「건축물의 설비기준 등에 관한 규칙」 제14조의 규정에 적합한 구조의 배연설비가 있는 면적 3제곱미터 이상인 부속실을 통하여 연결할 것

나. 계단실·노대 및 부속실(「건축물의 설비기준 등에 관한 규칙」제10조제2호 가목의 규정에 의하여 비상용승강기의 승강장을 겸용하는 부속실을 포함한다)은 창문등을 제외하고는 내화구조의 벽으로 각각 구획할 것
다. 계단실 및 부속실의 실내에 접하는 부분(바닥 및 반자 등 실내에 면한 모든 부분을 말한다)의 마감(마감을 위한 바탕을 포함한다)은 불연재료로 할 것
라. 계단실에는 예비전원에 의한 조명설비를 할 것
마. 계단실·노대 또는 부속실에 설치하는 건축물의 바깥쪽에 접하는 창문등(망이 들어 있는 유리의 붙박이창으로서 그 면적이 각각 1제곱미터이하인 것을 제외한다)은 계단실·노대 또는 부속실외의 당해 건축물의 다른 부분에 설치하는 창문등으로부터 2미터 이상의 거리를 두고 설치할 것
바. 계단실에는 노대 또는 부속실에 접하는 부분외에는 건축물의 내부와 접하는 창문등을 설치하지 아니할 것
사. 계단실의 노대 또는 부속실에 접하는 창문등(출입구를 제외한다)은 망이 들어 있는 유리의 붙박이창으로서 그 면적을 각각 1제곱미터 이하로 할 것
아. 노대 및 부속실에는 계단실외의 건축물의 내부와 접하는 창문등(출입구를 제외한다)을 설치하지 아니할 것
자. 건축물의 내부에서 노대 또는 부속실로 통하는 출입구에는 60+ 방화문 또는 60분 방화문을 설치하고, 노대 또는 부속실로부터 계단실로 통하는 출입구에는 60+ 방화문 또는 60분 방화문 또는 30분 방화문을 설치할 것. 이 경우 방화문은 언제나 닫힌 상태를 유지하거나 화재로 인한 연기 또는 불꽃을 감지하여 자동적으로 닫히는 구조로 해야 하고, 연기 또는 불꽃으로 감지하여 자동적으로 닫히는 구조로 할 수 없는 경우에는 온도를 감지하여 자동적으로 닫히는 구조로 할 수 있다.
차. 계단은 내화구조로 하되, 피난층 또는 지상까지 직접 연결되도록 할 것
카. 출입구의 유효너비는 0.9미터 이상으로 하고 피난의 방향으로 열 수 있을 것

③ 영 제35조제1항 각 호 외의 부분 본문에 따른 피난계단 또는 특별피난계단은 돌음계단으로 해서는 안 되며, 영 제40조에 따라 옥상광장을 설치해야 하는 건축물의 피난계단 또는 특별피난계단은 해당 건축물의 옥상으로 통하도록 설치해야 한다. 이 경우 옥상으로 통하는 출입문은 피난방향으로 열리는 구조로서 피난 시 이용에 장애가 없어야 한다.
④ 영 제35조제2항에서 "갓복도식 공동주택"이라 함은 각 층의 계단실 및 승강기에서 각 세대로 통하는 복도의 한쪽 면이 외기에 개방된 구조의 공동주택을 말한다.

제10조(관람실 등으로부터의 출구의 설치기준) ① 영 제38조 각 호의 어느 하나에 해당하는 건축물의 관람실 또는 집회실로부터 바깥쪽으로의 출구로 쓰이는 문은 안여닫이로 해서는 안 된다.
② 영 제38조에 따라 문화 및 집회시설 중 공연장의 개별 관람실(바닥면적이 300제곱미터 이상인 것만 해당한다)의 출구는 다음 각 호의 기준에 적합하게 설치해야 한다.
 1. 관람실별로 2개소 이상 설치할 것
 2. 각 출구의 유효너비는 1.5미터 이상일 것
 3. 개별 관람실 출구의 유효너비의 합계는 개별 관람실의 바닥면적 100제곱미터마다 0.6미터의 비율로 산정한 너비 이상으로 할 것

제11조(건축물의 바깥쪽으로의 출구의 설치기준) ① 영 제39조제1항의 규정에 의하여 건축물의 바깥쪽으로 나가는 출구를 설치하는 경우 피난층의 계단으로부터 건축물의 바깥쪽으로의 출구에 이르는 보행거리(가장 가까운 출구와의 보행거리를 말한다. 이하 같다)는 영 제34조제1항의 규정에 의한 거리이하로 하여야 하며, 거실(피난에 지장이 없는 출입구가 있는 것을 제외한다)의 각 부분으로부터 건축물의 바깥쪽으로의 출구에 이르는 보행거리는 영 제34조제1항의 규정에 의한 거리의 2배 이하로 하여야 한다.
② 영 제39조제1항에 따라 건축물의 바깥쪽으로 나가는 출구를 설치하는 건축물중 문화 및 집회시설(전시장 및 동·식물원을 제외한다), 종교시설, 장례식장 또는 위락시설의 용도에 쓰이는 건축물의 바깥쪽으로의 출구로 쓰이는 문은 안여닫이로 하여서는 아니된다.
③ 영 제39조제1항에 따라 건축물의 바깥쪽으로 나가는 출구를 설치하는 경우 관람실의 바닥면적의 합계가 300제곱미터 이상인 집회장 또는 공연장은 주된 출구 외에 보조출구 또는 비상구를 2개소 이상 설치해야 한다.
④ 판매시설의 용도에 쓰이는 피난층에 설치하는 건축물의 바깥쪽으로의 출구의 유효너비의 합계는 해당 용도에 쓰이는 바닥면적이 최대인 층에 있어서의 해당 용도의 바닥면적 100제곱미터마다 0.6미터의 비율로 산정한 너비 이상으로 하여야 한다.

⑤ 다음 각 호의 어느 하나에 해당하는 건축물의 피난층 또는 피난층의 승강장으로부터 건축물의 바깥쪽에 이르는 통로에는 제15조제5항에 따른 경사로를 설치하여야 한다.
  1. 제1종 근린생활시설 중 지역자치센터·파출소·지구대·소방서·우체국·방송국·보건소·공공도서관·지역건강보험조합 기타 이와 유사한 것으로서 동일한 건축물 안에서 당해 용도에 쓰이는 바닥면적의 합계가 1천제곱미터 미만인 것
  2. 제1종 근린생활시설 중 마을회관·마을공동작업소·마을공동구판장·변전소·양수장·정수장·대피소·공중화장실 기타 이와 유사한 것
  3. 연면적이 5천제곱미터 이상인 판매시설, 운수시설
  4. 교육연구시설 중 학교
  5. 업무시설 중 국가 또는 지방자치단체의 청사와 외국공관의 건축물로서 제1종 근린생활시설에 해당하지 아니하는 것
  6. 승강기를 설치하여야 하는 건축물
⑥ 「건축법」(이하 "법"이라 한다) 제49조제1항에 따라 영 제39조제1항 각 호의 어느 하나에 해당하는 건축물의 바깥쪽으로 나가는 출입문에 유리를 사용하는 경우에는 안전유리를 사용하여야 한다.

제12조(회전문의 설치기준) 영 제39조제2항의 규정에 의하여 건축물의 출입구에 설치하는 회전문은 다음 각 호의 기준에 적합하여야 한다.
  1. 계단이나 에스컬레이터로부터 2미터 이상의 거리를 둘 것
  2. 회전문과 문틀사이 및 바닥사이는 다음 각 목에서 정하는 간격을 확보하고 틈 사이를 고무와 고무펠트의 조합체 등을 사용하여 신체나 물건 등에 손상이 없도록 할 것
     가. 회전문과 문틀 사이는 5센티미터 이상
     나. 회전문과 바닥 사이는 3센티미터 이하
  3. 출입에 지장이 없도록 일정한 방향으로 회전하는 구조로 할 것
  4. 회전문의 중심축에서 회전문과 문틀 사이의 간격을 포함한 회전문날개 끝부분까지의 길이는 140센티미터 이상이 되도록 할 것
  5. 회전문의 회전속도는 분당회전수가 8회를 넘지 아니하도록 할 것
  6. 자동회전문은 충격이 가하여지거나 사용자가 위험한 위치에 있는 경우에는 전자감지장치 등을 사용하여 정지하는 구조로 할 것

제13조(헬리포트 및 구조공간 설치 기준) ① 영 제40조제4항제1호에 따라 건축물에 설치하는 헬리포트는 다음 각 호의 기준에 적합해야 한다.
  1. 헬리포트의 길이와 너비는 각각 22미터이상으로 할 것. 다만, 건축물의 옥상바닥의 길이와 너비가 각각 22미터이하인 경우에는 헬리포트의 길이와 너비를 각각 15미터까지 감축할 수 있다.
  2. 헬리포트의 중심으로부터 반경 12미터 이내에는 헬리콥터의 이·착륙에 장애가 되는 건축물, 공작물, 조경시설 또는 난간 등을 설치하지 아니할 것
  3. 헬리포트의 주위한계선은 백색으로 하되, 그 선의 너비는 38센티미터로 할 것
  4. 헬리포트의 중앙부분에는 지름 8미터의 "⑪"표지를 백색으로 하되, "H"표지의 선의 너비는 38센티미터로, "○"표지의 선의 너비는 60센티미터로 할 것
  5. 헬리포트로 통하는 출입문에 영 제40조제3항 각 호 외의 부분에 따른 비상문자동개폐장치(이하 "비상문자동개폐장치"라 한다)를 설치할 것
② 영 제40조제4항제1호에 따라 옥상에 헬리콥터를 통하여 인명 등을 구조할 수 있는 공간을 설치하는 경우에는 직경 10미터 이상의 구조공간을 확보해야 하며, 구조공간에는 구조활동에 장애가 되는 건축물, 공작물 또는 난간 등을 설치해서는 안 된다. 이 경우 구조공간의 표시기준 및 설치기준 등에 관하여는 제1항제3호부터 제5호까지의 규정을 준용한다.
③ 영 제40조제4항제2호에 따라 설치하는 대피공간은 다음 각 호의 기준에 적합해야 한다.
  1. 대피공간의 면적은 지붕 수평투영면적의 10분의 1 이상 일 것
  2. 특별피난계단 또는 피난계단과 연결되도록 할 것
  3. 출입구·창문을 제외한 부분은 해당 건축물의 다른 부분과 내화구조의 바닥 및 벽으로 구획할 것
  4. 출입구는 유효너비 0.9미터 이상으로 하고, 그 출입구에는 60+ 방화문 또는 60분 방화문을 설치할 것
  4의2. 제4호에 따른 방화문에 비상문자동개폐장치를 설치할 것
  5. 내부마감재료는 불연재료로 할 것
  6. 예비전원으로 작동하는 조명설비를 설치할 것
  7. 관리사무소 등과 긴급 연락이 가능한 통신시설을 설치할 것

제14조(방화구획의 설치기준) ① 영 제46조제1항 각 호 외의 부분 본문에 따라 건축물에 설치하는 방화구획은 다음 각 호의 기준에 적합해야 한다.
  1. 10층 이하의 층은 바닥면적 1천제곱미터(스프링클러 기타 이와 유사한 자동식 소화설비를 설치한 경우에는 바닥면적 3천제곱미터)이내마다 구획할 것
  2. 매층마다 구획할 것. 다만, 지하 1층에서 지상으로 직접 연결하는 경사로 부위는 제외한다.
  3. 11층 이상의 층은 바닥면적 200제곱미터(스프링클러 기타 이와 유사한 자동식 소화설비를 설치한 경우에는 600제곱미터)이내마다 구획할 것. 다만, 벽 및 반자의 실내에 접하는 부분의 마감을 불연재료로 한 경우에는 바닥면적 500제곱미터(스프링클러 기타 이와 유사한 자동식 소화설비를 설치한 경우에는 1천500제곱미터)이내마다 구획하여야 한다.
  4. 필로티나 그 밖에 이와 비슷한 구조(벽면적의 2분의 1 이상이 그 층의 바닥면에서 위층 바닥 아래면까지 공간으로 된 것만 해당한다)의 부분을 주차장으로 사용하는 경우 그 부분은 건축물의 다른 부분과 구획할 것

② 제1항에 따른 방화구획은 다음 각 호의 기준에 적합하게 설치해야 한다.
  1. 영 제46조에 따른 방화구획으로 사용하는 60+방화문 또는 60분방화문은 언제나 닫힌 상태를 유지하거나 화재로 인한 연기 또는 불꽃을 감지하여 자동적으로 닫히는 구조로 할 것. 다만, 연기 또는 불꽃을 감지하여 자동적으로 닫히는 구조로 할 수 없는 경우에는 온도를 감지하여 자동적으로 닫히는 구조로 할 수 있다.
  2. 다음 각목에 해당하는 경우 그 부분을 별표1 제1호에 따른 내화시간(내화채움 성능이 인정된 구조로 메워지는 구성부재에 적용되는 내화시간을 말한다) 이상 견딜 수 있는 내화채움 성능이 인정된 구조로 메울 것
     가. 급수관·배전관 또는 그밖의 관이나 전선 등이 방화구획을 관통하여 관통부가 생기는 경우
     나. 방화구획의 벽과 벽, 벽과 바닥, 바닥과 바닥 사이에 접합부가 생기는 경우
     다. 방화구획과 외벽 사이에 접합부가 생기는 경우
     라. 방화구획에 그밖의 틈이 생기는 경우
  3. 환기·난방 또는 냉방시설의 풍도가 방화구획을 관통하는 경우에는 그 관통부분 또는 이에 근접한 부분에 다음 각 목의 기준에 적합한 댐퍼를 설치할 것. 다만, 반도체공장건축물로서 방화구획을 관통하는 풍도의 주위에 스프링클러헤드를 설치하는 경우에는 그렇지 않다.
     가. 화재로 인한 연기 또는 불꽃을 감지하여 자동적으로 닫히는 구조로 할 것. 다만, 주방 등 연기가 항상 발생하는 부분에는 온도를 감지하여 자동적으로 닫히는 구조로 할 수 있다.
     나. 국토교통부장관이 정하여 고시하는 비차열(非遮熱) 성능 및 방연성능 등의 기준에 적합할 것
  4. 영 제46조 제1항 제2호 및 제81조 제5항 제5호에 따라 설치되는 자동방화셔터는 다음 각 목의 요건을 모두 갖출 것. 이 경우 자동방화셔터의 구조 및 성능기준 등에 관한 세부사항은 국토교통부장관이 정하여 고시한다.
     가. 피난이 가능한 60분+ 방화문 또는 60분 방화문으로부터 3미터 이내에 별도로 설치할 것
     나. 전동방식이나 수동방식으로 개폐할 수 있을 것
     다. 불꽃감지기 또는 연기감지기 중 하나와 열감지기를 설치할 것
     라. 불꽃이나 연기를 감지한 경우 일부 폐쇄되는 구조일 것
     마. 열을 감지한 경우 완전 폐쇄되는 구조일 것

③ 영 제46조제1항에서 "국토교통부령으로 정하는 기준에 적합한 것"이란 한국건설기술연구원장이 국토교통부장관이 정하여 고시하는 바에 따라 다음 각 호의 사항을 모두 인정한 것을 말한다.
  1. 생산공장의 품질 관리 상태를 확인한 결과 국토교통부장관이 정하여 고시하는 기준에 적합할 것
  2. 해당 제품의 품질시험을 실시한 결과 비차열 1시간 이상의 내화성능을 확보하였을 것

④ 영 제46조제5항제3호에 따른 하향식 피난구(덮개, 사다리, 경보시스템을 포함한다)의 구조는 다음 각 호의 기준에 적합하게 설치해야 한다.
  1. 피난구의 덮개는 제26조에 따른 비차열 1시간 이상의 내화성능을 가져야 하며, 피난구의 유효 개구부 규격은 직경 60센티미터 이상일 것
  2. 상층·하층간 피난구의 설치위치는 수직방향 간격을 15센티미터 이상 띄어서 설치할 것
  3. 아래층에서는 바로 위층의 피난구를 열 수 없는 구조일 것
  4. 사다리는 바로 아래층의 바닥면으로부터 50센티미터 이하까지 내려오는 길이로 할 것
  5. 덮개가 개방될 경우에는 건축물관리시스템 등을 통하여 경보음이 울리는 구조일 것
  6. 피난구가 있는 곳에는 예비전원에 의한 조명설비를 설치할 것

⑤ 제2항제2호에 따른 내화채움 방법에 필요한 사항은 국토교통부장관이 정하여 고시한다.
⑥ 법 제49조제2항 단서에 따라 영 제46조제7항에 따른 창고시설 중 같은 조 제2항제2호에 해당하여 같은 조 제1항을 적용하지 않거나 완화하여 적용하는 부분에는 다음 각 호의 구분에 따른 설비를 추가로 설치해야 한다.
  1. 개구부의 경우 : 「소방시설설치 및 관리에 관한 법률」제12조제1항에 따른 화재안전기준(이하 이 조에서 "화재안전기준"이라 한다)을 충족하는 설비로서 수막(水幕)을 형성하여 화재확산을 방지하는 설비
  2. 개구부 외의 부분의 경우 : 화재안전기준을 충족하는 설비로서 화재를 조기에 진화할 수 있도록 설계된 스프링클러

제14조의2(복합건축물의 피난시설 등) 영 제47조제1항 단서의 규정에 의하여 같은 건축물안에 공동주택·의료시설·아동관련시설 또는 노인복지시설(이하 이 조에서 "공동주택등"이라 한다)중 하나 이상과 위락시설·위험물저장 및 처리시설·공장 또는 자동차정비공장(이하 이 조에서 "위락시설등"이라 한다)중 하나 이상을 함께 설치하고자 하는 경우에는 다음 각 호의 기준에 적합하여야 한다.
  1. 공동주택등의 출입구와 위락시설등의 출입구는 서로 그 보행거리가 30미터 이상이 되도록 설치할 것
  2. 공동주택등(당해 공동주택등에 출입하는 통로를 포함한다)과 위락시설등(당해 위락시설등에 출입하는 통로를 포함한다)은 내화구조로 된 바닥 및 벽으로 구획하여 서로 차단할 것
  3. 공동주택등과 위락시설등은 서로 이웃하지 아니하도록 배치할 것
  4. 건축물의 주요 구조부를 내화구조로 할 것
  5. 거실의 벽 및 반자가 실내에 면하는 부분(반자돌림대·창대 그 밖에 이와 유사한 것을 제외한다. 이하 이 조에서 같다)의 마감은 불연재료·준불연재료 또는 난연재료로 하고, 그 거실로부터 지상으로 통하는 주된 복도·계단 그밖에 통로의 벽 및 반자가 실내에 면하는 부분의 마감은 불연재료 또는 준불연재료로 할 것

제15조(계단의 설치기준) ① 영 제48조의 규정에 의하여 건축물에 설치하는 계단은 다음 각호의 기준에 적합하여야 한다.
  1. 높이가 3미터를 넘는 계단에는 높이 3미터이내마다 유효너비 120센티미터 이상의 계단참을 설치할 것
  2. 높이가 1미터를 넘는 계단 및 계단참의 양옆에는 난간(벽 또는 이에 대치되는 것을 포함한다)을 설치할 것
  3. 너비가 3미터를 넘는 계단에는 계단의 중간에 너비 3미터 이내마다 난간을 설치할 것. 다만, 계단의 단높이가 15센티미터 이하이고, 계단의 단너비가 30센티미터 이상인 경우에는 그러하지 아니하다.
  4. 계단의 유효 높이(계단의 바닥 마감면부터 상부 구조체의 하부 마감면까지의 연직방향의 높이를 말한다)는 2.1미터 이상으로 할 것
② 제1항에 따라 계단을 설치하는 경우 계단 및 계단참의 너비(옥내계단에 한정한다), 계단의 단높이 및 단너비의 칫수는 다음 각 호의 기준에 적합해야 한다. 이 경우 돌음계단의 단너비는 그 좁은 너비의 끝부분으로부터 30센티미터의 위치에서 측정한다.
  1. 초등학교의 계단인 경우에는 계단 및 계단참의 유효너비는 150센티미터 이상, 단높이는 16센티미터 이하, 단너비는 26센티미터 이상으로 할 것
  2. 중·고등학교의 계단인 경우에는 계단 및 계단참의 유효너비는 150센티미터 이상, 단높이는 18센티미터 이하, 단너비는 26센티미터 이상으로 할 것
  3. 문화 및 집회시설(공연장·집회장 및 관람장에 한한다)·판매시설 기타 이와 유사한 용도에 쓰이는 건축물의 계단인 경우에는 계단 및 계단참의 유효너비를 120센티미터 이상으로 할 것
  4. 제1호부터 제3호까지의 건축물 외의 건축물의 계단으로서 다음 각 목의 어느 하나에 해당하는 층의 계단인 경우에는 계단 및 계단참은 유효너비를 120센티미터 이상으로 할 것
    가. 계단을 설치하려는 층이 지상층인 경우 : 해당 층의 바로 위층부터 최상층(상부층 중 피난층이 있는 경우에는 그 아래층을 말한다)까지의 거실 바닥면적의 합계가 200제곱미터 이상인 경우
    나. 계단을 설치하려는 층이 지하층인 경우 : 지하층 거실 바닥면적의 합계가 100제곱미터 이상인 경우
  5. 기타의 계단인 경우에는 계단 및 계단참의 유효너비를 60센티미터 이상으로 할 것
  6. 「산업안전보건법」에 의한 작업장에 설치하는 계단인 경우에는 「산업안전 기준에 관한 규칙」에서 정한 구조로 할 것
③ 공동주택(기숙사를 제외한다)·제1종 근린생활시설·제2종 근린생활시설·문화 및 집회시설·종교시설·판매시설·운수시설·의료시설·노유자시설·업무시설·숙박시설·위락시설 또는 관광휴게시설의 용도에 쓰이는 건축물의 주계단·피난계단 또는 특별피난계단에 설치하는 난간 및 바닥은 아동의 이용에 안전하고 노약자 및 신체장애인의 이용에 편리한 구조로 하여야 하며, 양쪽에 벽등이 있어 난간이 없는 경우에는 손잡이를 설치하여야 한다.

④ 제3항의 규정에 의한 난간·벽 등의 손잡이와 바닥마감은 다음 각호의 기준에 적합하게 설치하여야 한다.
1. 손잡이는 최대지름이 3.2센티미터 이상 3.8센티미터 이하인 원형 또는 타원형의 단면으로 할 것
2. 손잡이는 벽등으로부터 5센티미터 이상 떨어지도록 하고, 계단으로부터의 높이는 85센티미터가 되도록 할 것
3. 계단이 끝나는 수평부분에서의 손잡이는 바깥쪽으로 30센티미터 이상 나오도록 설치할 것
⑤ 계단을 대체하여 설치하는 경사로는 다음 각호의 기준에 적합하게 설치하여야 한다.
1. 경사도는 1 : 8을 넘지 아니할 것
2. 표면을 거친 면으로 하거나 미끄러지지 아니하는 재료로 마감할 것
3. 경사로의 직선 및 굴절부분의 유효너비는 「장애인·노인·임산부등의 편의증진보장에 관한 법률」이 정하는 기준에 적합할 것
⑥ 제1항 각호의 규정은 제5항의 규정에 의한 경사로의 설치기준에 관하여 이를 준용한다.
⑦ 제1항 및 제2항에도 불구하고 영 제34조제4항 단서에 따라 피난층 또는 지상으로 통하는 직통계단을 설치하는 경우 계단 및 계단참의 유효너비는 다음 각 호의 구분에 따른 기준에 적합하여야 한다.
1. 공동주택 : 120센티미터 이상
2. 공동주택이 아닌 건축물 : 150센티미터 이상
⑧ 승강기계실용 계단, 망루용 계단 등 특수한 용도에만 쓰이는 계단에 대해서는 제1항부터 제7항까지의 규정을 적용하지 아니한다.

제15조의2(복도의 너비 및 설치기준) ① 영 제48조의 규정에 의하여 건축물에 설치하는 복도의 유효너비는 다음 표와 같이 하여야 한다.

구분	양옆에 거실이 있는 복도	기타의 복도
유치원·초등학교·중학교·고등학교	2.4미터 이상	1.8미터 이상
공동주택·오피스텔	1.8미터 이상	1.2미터 이상
당해 층 거실의 바닥면적 합계가 200제곱미터 이상인 경우	1.5미터 이상 (의료시설의 복도 1.8미터 이상)	1.2미터 이상

② 문화 및 집회시설(공연장·집회장·관람장·전시장에 한정한다), 종교시설 중 종교집회장, 노유자시설 중 아동 관련 시설·노인복지시설, 수련시설 중 생활권수련시설, 위락시설 중 유흥주점 및 장례식장의 관람실 또는 집회실과 접하는 복도의 유효너비는 제1항에도 불구하고 다음 각 호에서 정하는 너비로 해야 한다.
1. 해당 층에서 해당 용도로 쓰는 바닥면적의 합계가 500제곱미터 미만인 경우 1.5미터 이상
2. 해당 층에서 해당 용도로 쓰는 바닥면적의 합계가 500제곱미터 이상 1천제곱미터 미만인 경우 1.8미터 이상
3. 해당 층에서 해당 용도로 쓰는 바닥면적의 합계가 1천제곱미터 이상인 경우 2.4미터 이상
③ 문화 및 집회시설 중 공연장에 설치하는 복도는 다음 각 호의 기준에 적합해야 한다.〈개정 2019. 8. 6.〉
1. 공연장의 개별 관람실(바닥면적이 300제곱미터 이상인 경우에 한정한다)의 바깥쪽에는 그 양쪽 및 뒤쪽에 각각 복도를 설치할 것
2. 하나의 층에 개별 관람실(바닥면적이 300제곱미터 미만인 경우에 한정한다)을 2개소 이상 연속하여 설치하는 경우에는 그 관람실의 바깥쪽의 앞쪽과 뒤쪽에 각각 복도를 설치할 것
④ 법 제19조에 따라 「공공주택 특별법 시행령」 제37조제1항제3호에 해당하는 건축물을 「주택법 시행령」 제4조의 준주택으로 용도변경하려는 경우로서 다음 각 호의 요건을 모두 갖춘 경우에는 용도변경한 건축물의 복도 중 양 옆에 거실이 있는 복도의 유효너비는 제1항에도 불구하고 1.5미터 이상으로 할 수 있다.
1. 용도변경의 목적이 해당 건축물을 「공공주택 특별법」 제43조제1항에 따라 공공매입임대주택으로 공급하려는 공공주택사업자에게 매도하려는 것일 것
2. 둘 이상의 직통계단이 지상까지 직접 연결되어 있을 것
3. 건축물의 내부에서 계단실로 통하는 출입구의 유효너비가 0.9미터 이상일 것
4. 제3호의 출입구에는 영 제64조제1호에 따른 방화문을 피난하려는 방향으로 열리도록 설치하되, 해당 방화문은 항상 닫힌 상태를 유지하거나 화재로 인한 연기나 불꽃을 감지하여 자동으로 닫히는 구조일 것. 다만, 연기나 불꽃을 감지하여 자동으로 닫히는 구조로 할 수 없는 경우에는 온도를 감지하여 자동으로 닫히는 구조로 할 수 있다.
⑤ 제1항에도 불구하고 영 제48조제3항에 따라 숙박시설 중 생활숙박시설(양 옆에 거실이 있는 복도의 유효너비를 1.8미터 이상으로 하여 건축허가를 신청한 경우는 제외한다)을 업무시설 중 오피스텔로 용도를 변경하는 경우에는 오피스텔의 복도 중앙 옆에 거실이 있는 복도의 유효너비를 1.5미터 이상으로 할 수 있다.

제16조(거실의 반자높이) ① 영 제50조의 규정에 의하여 설치하는 거실의 반자(반자가 없는 경우에는 보 또는 바로 윗층의 바닥판의 밑면 기타 이와 유사한 것을 말한다. 이하 같다)는 그 높이를 2.1미터 이상으로 하여야 한다.

② 문화 및 집회시설(전시장 및 동·식물원은 제외한다), 종교시설, 장례식장 또는 위락시설 중 유흥주점의 용도에 쓰이는 건축물의 관람실 또는 집회실로서 그 바닥면적이 200제곱미터 이상인 것의 반자의 높이는 제1항에도 불구하고 4미터(노대의 아랫부분의 높이는 2.7미터) 이상이어야 한다. 다만, 기계환기장치를 설치하는 경우에는 그렇지 않다.

제17조(채광 및 환기를 위한 창문등) ① 영 제51조에 따라 채광을 위하여 거실에 설치하는 창문등의 면적은 그 거실의 바닥면적의 10분의 1 이상이어야 한다. 다만, 거실의 용도에 따라 별표 1의3에 따라 조도 이상의 조명장치를 설치하는 경우에는 그러하지 아니하다.

② 영 제51조의 규정에 의하여 환기를 위하여 거실에 설치하는 창문등의 면적은 그 거실의 바닥면적의 20분의 1 이상이어야 한다. 다만, 기계환기장치 및 중앙관리방식의 공기조화설비를 설치하는 경우에는 그러하지 아니하다.

③ 제1항 및 제2항의 규정을 적용함에 있어서 수시로 개방할 수 있는 미닫이로 구획된 2개의 거실은 이를 1개의 거실로 본다.

④ 영 제51조제3항에서 "국토교통부령으로정하는 기준"이란 높이 1.2미터 이상의 난간이나 그 밖에 이와 유사한 추락방지를 위한 안전시설을 말한다.

[별표 1의3] 거실의 용도에 따른 조도기준(제17조제1항 관련)

거실의 용도 구분	조도 구분	바닥에서 85센티미터의 높이에 있는 수평면의 조도(룩스)
1. 거주	독서·식사·조리	150
	기타	70
2. 집무	설계·제도·계산	700
	일반사무	300
	기타	150
3. 작업	검사·시험·정밀검사·수술	700
	일반작업·제조·판매	300
	포장·세척	150
	기타	70
4. 집회	회의	300
	집회	150
	공연·관람	70
5. 오락	오락일반	150
	기타	30
6. 기타		1란 내지 5란 중 가장 유사한 용도에 관한 기준을 적용한다.

제18조(거실등의 방습) ① 영 제52조의 규정에 의하여 건축물의 최하층에 있는 거실바닥의 높이는 지표면으로부터 45센티미터 이상으로 하여야 한다. 다만, 지표면을 콘크리트바닥으로 설치하는 등 방습을 위한 조치를 하는 경우에는 그러하지 아니하다.

② 영 제52조에 따라 다음 각 호의 어느 하나에 해당하는 욕실 또는 조리장의 바닥과 그 바닥으로부터 높이 1미터까지의 안쪽벽의 마감은 이를 내수재료로 해야 한다.
 1. 제1종 근린생활시설중 목욕장의 욕실과 휴게음식점의 조리장
 2. 제2종 근린생활시설중 일반음식점 및 휴게음식점의 조리장과 숙박시설의 욕실

제18조의2(소방관 진입창의 기준) 법 제49조제3항에서 "국토교통부령으로 정하는 기준"이란 다음 각호의 요건을 모두 충족하는 것을 말한다. 〈개정 2024. 8. 26., 2024. 11. 15., 2025. 9. 19.〉
 1. 2층 이상 11층 이하인 층에 각각 1개소 이상 설치할 것. 다만, 직접 지상으로 통하는 출입구가 있는 층 및 바닥구조체 윗면의 높이가 지표면으로부터 44미터를 초과하는 층에는 설치하지 않을 수 있다.
 1의2. 소방관이 진입할 수 있는 창의 가운데에서 벽면 끝까지의 수평거리가 40미터 이상인 경우에는 40미터 이내마다 소방관이 진입할 수 있는 창을 추가로 설치할 것. 다만, 불가피한 경우에는 「소방시설 설

치 및 관리에 관한 법률」 제6조제5항에 따른 소방본부장 또는 소방서장의 검토자료 또는 의견서에 따라 완화하여 적용할 수 있다.
2. 소방차 진입로 또는 소방차 진입이 가능한 공터에 면할 것
3. 창문의 가운데에 지름 20센티미터 이상의 역삼각형을 야간에도 알아볼 수 있도록 빛 반사 등으로 붉은색으로 표시할 것
4. 창문의 한쪽 모서리에 타격지점을 지름 3센티미터 이상의 원형으로 표시할 것
5. 창문 유리의 크기는 폭 90센티미터 이상, 높이 1미터이상으로 하고, 실내 바닥면으로부터 창의 아랫부분까지의 높이는 80센티미터[난간이 설치된 노대등(영 제40조제1항에 따른 노대등을 말한다)에 불가피하게 소방관 진입창을 설치하는 경우에는 120센티미터] 이내로 할 것
6. 다음 각목의 어느 하나에 해당하는 유리를 사용할 것
    가. 플로트판 유리로서 그 두께가 6밀리미터 이하인 것
    나. 강화유리 또는 배강도유리로서 그 두께가 5밀리미터 이하인 것
    다. 가목 또는 나목에 해당하는 유리로 구성된 이중 유리
    라. 가목 또는 나목에 해당하는 유리로 구성된 삼중 유리. 이 경우 각각의 유리에 비산방지필름을 부착하는 경우에는 그 필름 두께를 50마이크로미터 이하로 해야 한다.

제19조(경계벽 등의 구조) ① 법 제49조제4항에 따라 건축물에 설치하는 경계벽은 내화구조로 하고, 지붕밑 또는 바로 위층의 바닥판까지 닿게 해야 한다.
② 제1항에 따른 경계벽은 소리를 차단하는데 장애가 되는 부분이 없도록 다음 각 호의 어느 하나에 해당하는 구조로 하여야 한다. 다만, 다가구주택 및 공동주택의 세대간의 경계벽인 경우에는 「주택건설기준 등에 관한 규정」 제14조에 따른다.
1. 철근콘크리트조·철골철근콘크리트조로서 두께가 10센티미터 이상인 것
2. 무근콘크리트조 또는 석조로서 두께가 10센티미터(시멘트모르타르·회반죽 또는 석고플라스터의 바름두께를 포함한다) 이상인 것
3. 콘크리트블록조 또는 벽돌조로서 두께가 19센티미터 이상인 것
4. 제1호 내지 제3호의 것외에 국토교통부장관이 정하여 고시하는 기준에 따라 국토교통부장관이 지정하는 자 또는 한국건설기술연구원장이 실시하는 품질시험에서 그 성능이 확인된 것
5. 한국건설기술연구원장이 제27조제1항에 따라 정한 인정기준에 따라 인정하는 것
③ 법 제49조제4항에 따른 가구·세대 등 간 소음방지를 위한 바닥은 경량충격음(비교적 가볍고 딱딱한 충격에 의한 바닥충격음을 말한다)과 중량충격음(무겁고 부드러운 충격에 의한 바닥충격음을 말한다)을 차단할 수 있는 구조로 하여야 한다.
④ 제3항에 따른 가구·세대 등 간 소음방지를 위한 바닥의 세부 기준은 국토교통부장관이 정하여 고시한다.

제20조(건축물에 설치하는 굴뚝) 영 제54조에 따라 건축물에 설치하는 굴뚝은 다음 각 호의 기준에 적합하여야 한다.
1. 굴뚝의 옥상 돌출부는 지붕면으로부터의 수직거리를 1미터 이상으로 할 것. 다만, 용마루·계단탑·옥탑등이 있는 건축물에 있어서 굴뚝의 주위에 연기의 배출을 방해하는 장애물이 있는 경우에는 그 굴뚝의 상단을 용마루·계단탑·옥탑등보다 높게 하여야 한다.
2. 굴뚝의 상단으로부터 수평거리 1미터 이내에 다른 건축물이 있는 경우에는 그 건축물의 처마보다 1미터 이상 높게 할 것
3. 금속제 굴뚝으로서 건축물의 지붕속·반자위 및 가장 아랫바닥밑에 있는 굴뚝의 부분은 금속외의 불연재료로 덮을 것
4. 금속제 굴뚝은 목재 기타 가연재료로부터 15센티미터 이상 떨어져서 설치할 것. 다만, 두께 10센티미터 이상인 금속외의 불연재료로 덮은 경우에는 그러하지 아니하다.

제21조(방화벽의 구조) ① 영 제57조제2항에 따라 건축물에 설치하는 방화벽은 다음 각호의 기준에 적합해야 한다.
1. 내화구조로서 홀로 설 수 있는 구조일 것
2. 방화벽의 양쪽 끝과 윗쪽 끝을 건축물의 외벽면 및 지붕면으로부터 0.5미터 이상 튀어 나오게 할 것
3. 방화벽에 설치하는 출입문의 너비 및 높이는 각각 2.5미터 이하로 하고, 해당 출입문에는 60+방화문 또는 60분방화문을 설치할 것
② 제14조제2항의 규정은 제1항의 규정에 의한 방화벽의 구조에 관하여 이를 준용한다.

제22조(대규모 목조건축물의 외벽등) ① 영 제57조제3항의 규정에 의하여 연면적이 1천제곱미터 이상인 목조

의 건축물은 그 외벽 및 처마밑의 연소할 우려가 있는 부분을 방화구조로 하되, 그 지붕은 불연재료로 하여야 한다.
② 제1항에서 "연소할 우려가 있는 부분"이라 함은 인접대지경계선·도로중심선 또는 동일한 대지안에 있는 2동 이상의 건축물(연면적의 합계가 500제곱미터 이하인 건축물은 이를 하나의 건축물로 본다) 상호의 외벽간의 중심선으로부터 1층에 있어서는 3미터 이내, 2층 이상에 있어서는 5미터 이내의 거리에 있는 건축물의 각 부분을 말한다. 다만, 공원·광장·하천의 공지나 수면 또는 내화구조의 벽 기타 이와 유사한 것에 접하는 부분을 제외한다.

제23조(방화지구안의 지붕·방화문 및 외벽등) ① 법 제51조제3항에 따라 방화지구 내 건축물의 지붕으로서 내화구조가 아닌 것은 불연재료로 하여야 한다.
② 법 제51조제3항에 따라 방화지구 내 건축물의 인접대지경계선에 접하는 외벽에 설치하는 창문등으로서 제22조제2항에 따른 연소할 우려가 있는 부분에는 다음 각 호의 방화설비를 설치해야 한다.
1. 60+ 방화문 또는 60분 방화문
2. 소방법령이 정하는 기준에 적합하게 창문등에 설치하는 드렌처
3. 당해 창문등과 연소할 우려가 있는 다른 건축물의 부분을 차단하는 내화구조나 불연재료로 된 벽·담장 기타 이와 유사한 방화설비
4. 환기구멍에 설치하는 불연재료로 된 방화커버 또는 그물눈이 2밀리미터 이하인 금속망

제24조(건축물의 마감재료 등) ① 법 제52조제1항에 따라 영 제61조제1항 각 호의 건축물에 대하여는 그 거실의 벽 및 반자의 실내에 접하는 부분(반자돌림대·창대 기타 이와 유사한 것을 제외한다. 이하 이 조에서 같다)의 마감재료(영 제61조제1항제4호에 해당하는 건축물의 경우에는 단열재를 포함한다)는 불연재료·준불연재료 또는 난연재료를 사용해야 한다. 다만, 다음 각 호에 해당하는 부분의 마감재료는 불연재료 또는 준불연재료를 사용해야 한다.
1. 거실에서 지상으로 통하는 주된 복도·계단, 그 밖의 벽 및 반자의 실내에 접하는 부분
2. 강판과 심재(心材)로 이루어진 복합자재를 마감재료로 사용하는 부분
② 영 제61조제1항 각 호의 건축물 중 다음 각 호의 어느 하나에 해당하는 거실의 벽 및 반자의 실내에 접하는 부분의 마감은 제1항에도 불구하고 불연재료 또는 준불연재료로 하여야 한다.
1. 영 제61조제1항 각 호에 따른 용도에 쓰이는 거실 등을 지하층 또는 지하의 공작물에 설치한 경우의 그 거실(출입문 및 문틀을 포함한다)
2. 영 제61조제1항제6호에 따른 용도에 쓰이는 건축물의 거실
③ 제1항 및 제2항에도 불구하고 영 제61조제1항제4호에 해당하는 건축물에서 단열재를 사용하는 경우로서 해당 건축물의 구조, 설계 또는 시공방법 등을 고려할 때 단열재로 불연재료·준불연재료 또는 난연재료를 사용하는 것이 곤란하여 법 제4조에 따른 건축위원회(시·도 및 시·군·구에 두는 건축위원회를 말한다)의 심의를 거친 경우에는 단열재를 불연재료·준불연재료 또는 난연재료가 아닌 것으로 사용할 수 있다.
④ 법 제52조제1항에서 "내부마감재료"란 건축물 내부의 천장·반자·벽(경계벽 포함)·기둥 등에 부착되는 마감재료를 말한다. 다만, 「다중이용업소의 안전관리에 관한 특별법 시행령」 제3조에 따른 실내장식물을 제외한다.
⑤ 영 제61조제1항제1호의2에 따른 공동주택에는 「다중이용시설 등의 실내공기질관리법」 제11조제1항 및 같은 법 시행규칙 제10조에 따라 환경부장관이 고시한 오염물질방출 건축자재를 사용해서는 안 된다.
⑥ 영 제61조제2항제1호부터 제3호까지의 규정 및 제5호에 해당하는 건축물의 외벽에는 법 제52조제2항 후단에 따라 불연재료 또는 준불연재료를 마감재료(단열재, 도장 등 코팅재료 및 그 밖에 마감재료를 구성하는 모든 재료를 포함한다. 이하 이 조에서 같다)로 사용해야 한다. 다만, 국토교통부장관이 정하여 고시하는 화재 확산 방지구조 기준에 적합하게 마감재료를 설치하는 경우에는 난연재료(강판과 심재로 이루어진 복합자재가 아닌 것으로 한정한다)를 사용할 수 있다.
⑦ 제6항에도 불구하고 영 제61조제2항제1호·제3호 및 제5호에 해당하는 건축물로서 5층 이하이면서 높이 22미터 미만인 건축물의 경우 난연재료(강판과 심재로 이루어진 복합자재가 아닌 것으로 한정한다)를 마감재료로 할 수 있다. 다만, 건축물의 외벽을 국토교통부장관이 정하여 고시하는 화재 확산 방지구조 기준에 적합하게 설치하는 경우에는 난연성능이 없는 재료(강판과 심재로 이루어진 복합자재가 아닌 것으로 한정한다)를 마감재료로 사용할 수 있다.
⑧ 제6항 및 제7항에 따른 마감재료가 둘 이상의 재료로 제작된 것인 경우 해당 마감재료는 다음 각 호의 요건을 모두 갖춘 것이어야 한다.
1. 마감재료를 구성하는 재료 전체를 하나로 보아 국토교통부장관이 정하여 고시하는 기준에 따라 실물모

형시험(실제 시공될 건축물의 구조와 유사한 모형으로 시험하는 것을 말한다. 이하 같다)을 한 결과가 국토교통부장관이 정하여 고시하는 기준을 충족할 것
  2. 마감재료를 구성하는 각각의 재료에 대하여 난연성능을 시험한 결과가 국토교통부장관이 정하여 고시하는 기준을 충족할 것. 다만, 제6조제1호에 따른 불연재료 사이에 다른 재료(두께가 5밀리미터 이하인 경우만 해당한다)를 부착하여 제작한 재료의 경우에는 해당 재료 전체를 하나의 재료로 보고 난연성능을 시험할 수 있으며, 같은 호에 따른 불연재료에 0.1밀리미터 이하의 두께로 도장을 한 재료의 경우에는 불연재료의 성능기준을 충족한 것으로 보고 난연성능 시험을 생략할 수 있다.
⑨ 영 제14조제4항 각 호의 어느 하나에 해당하는 건축물 상호 간의 용도변경 중 영 별표 1 제3호다목(목욕장만 해당한다) · 라목, 같은 표 제4호가목 · 사목 · 카목 · 파목(골프연습장, 놀이형시설만 해당한다) · 더목 · 러목, 같은 표 제7호다목2) 및 같은 표 제16호가목 · 나목에 해당하는 용도로 변경하는 경우로서 스프링클러 또는 간이 스프링클러의 헤드가 창문등으로부터 60센티미터 이내에 설치되어 건축물 내부가 화재로부터 방호되는 경우에는 제6항부터 제8항까지의 규정을 적용하지 않을 수 있다.
⑩ 영 제61조제2항제4호에 해당하는 건축물의 외벽[필로티 구조의 외기에 면하는 천장 및 벽체를 포함한다] 중 1층과 2층 부분에는 불연재료 또는 준불연재료를 마감재료로 해야 한다.
⑪ 강판과 심재로 이루어진 복합자재를 마감재료로 사용하는 경우 해당 복합자재는 다음 각 호의 요건을 모두 갖춘 것이어야 한다.
  1. 강판과 심재 전체를 하나로 보아 국토교통부장관이 정하여 고시하는 기준에 따라 실물모형시험을 실시한 결과가 국토교통부장관이 정하여 고시하는 기준을 충족할 것
  2. 강판 : 다음 각 목의 구분에 따른 기준을 모두 충족할 것
    가. 두께[도금 이후 도장(塗裝) 전 두께를 말한다]: 0.5밀리미터 이상
    나. 앞면 도장 횟수 : 2회 이상
    다. 도금의 부착량 : 도금의 종류에 따라 다음의 어느 하나에 해당할 것. 이 경우 도금의 종류는 한국산업표준에 따른다.
      1) 용융 아연 도금 강판: 180g/㎡ 이상
      2) 용융 아연 알루미늄 마그네슘 합금 도금 강판: 90g/㎡ 이상
      3) 용융 55% 알루미늄 아연 마그네슘 합금 도금 강판: 90g/㎡ 이상
      4) 용융 55% 알루미늄 아연 합금 도금 강판: 90g/㎡ 이상
      5) 그 밖의 도금: 국토교통부장관이 정하여 고시하는 기준 이상
  3. 심재 : 강판을 제거한 심재가 다음 각 목의 어느 하나에 해당할 것
    가. 한국산업표준에 따른 그라스울 보온판 또는 미네랄울 보온판으로서 국토교통부장관이 정하여 고시하는 기준에 적합한 것
    나. 불연재료 또는 준불연재료인 것
⑫ 법 제52조제4항에 따라 영 제61조제2항 각 호에 해당하는 건축물의 인접대지경계선에 접하는 외벽에 설치하는 창호(窓戶)와 인접대지경계선 간의 거리가 1.5미터 이내인 경우 해당 창호는 방화유리창[한국산업표준 KS F 2845(유리구획 부분의 내화 시험방법)에 규정된 방법에 따라 시험한 결과 비차열 20분 이상의 성능이 있는 것으로 한정한다]으로 설치해야 한다. 다만, 스프링클러 또는 간이 스프링클러의 헤드가 창호로부터 60센티미터 이내에 설치되어 건축물 내부가 화재로부터 방호되는 경우에는 방화유리창으로 설치하지 않을 수 있다.

제24조의2(화재 위험이 적은 공장과 인접한 건축물의 마감재료) ① 영 제61조제2항제1호나목에서 "국토교통부령으로 정하는 화재위험이 적은 공장"이란 별표 3의 업종에 해당하는 공장을 말한다. 다만, 공장의 일부 또는 전체를 기숙사 및 구내식당의 용도로 사용하는 건축물을 제외한다.

제25조(지하층의 구조) ① 법 제53조에 따라 건축물에 설치하는 지하층의 구조 및 설비는 다음 각 호의 기준에 적합하여야 한다.
  1. 거실의 바닥면적이 50제곱미터 이상인 층에는 직통계단외에 피난층 또는 지상으로 통하는 비상탈출구 및 환기통을 설치할 것. 다만, 제8조제2항 각 호의 기준에 적합한 직통계단이 2개소 이상 설치되어 있는 경우에는 그러하지 아니하다.
  1의2. 제2종근린생활시설 중 공연장 · 단란주점 · 당구장 · 노래연습장, 문화 및 집회시설 중 예식장 · 공연장, 수련시설 중 생활권수련시설 · 자연권수련시설, 숙박시설 중 여관 · 여인숙, 위락시설 중 단란주점 · 유흥주점 또는 「다중이용업소의 안전관리에 관한 특별법 시행령」 제2조에 따른 다중이용업의 용도에 쓰이는 층으로서 그 층의 거실의 바닥면적의 합계가 50제곱미터 이상인 건축물에는 제8조제2항 각 호의 기준에 적합한 직통계단을 2개소 이상 설치할 것

2. 바닥면적이 1천제곱미터 이상인 층에는 피난층 또는 지상으로 통하는 직통계단을 영 제46조의 규정에 의한 방화구획으로 구획되는 각 부분마다 1개소 이상 설치하되, 이를 피난계단 또는 특별피난계단의 구조로 할 것
3. 거실의 바닥면적의 합계가 1천제곱미터 이상인 층에는 환기설비를 설치할 것
4. 지하층의 바닥면적이 300제곱미터 이상인 층에는 식수공급을 위한 급수전을 1개소이상 설치할 것

② 제1항제1호에 따른 지하층의 비상탈출구는 다음 각 호의 기준에 적합하여야 한다. 다만, 주택의 경우에는 그러하지 아니하다.
1. 비상탈출구의 유효너비는 0.75미터 이상으로 하고, 유효높이는 1.5미터 이상으로 할 것
2. 비상탈출구의 문은 피난방향으로 열리도록 하고, 실내에서 항상 열 수 있는 구조로 하여야 하며, 내부 및 외부에는 비상탈출구의 표시를 할 것
3. 비상탈출구는 출입구로부터 3미터 이상 떨어진 곳에 설치할 것
4. 지하층의 바닥으로부터 비상탈출구의 아랫부분까지의 높이가 1.2미터 이상이 되는 경우에는 벽체에 발판의 너비가 20센티미터 이상인 사다리를 설치할 것
5. 비상탈출구는 피난층 또는 지상으로 통하는 복도나 직통계단에 직접 접하거나 통로 등으로 연결될 수 있도록 설치하여야 하며, 피난층 또는 지상으로 통하는 복도나 직통계단까지 이르는 피난통로의 유효너비는 0.75미터 이상으로 하고, 피난통로의 실내에 접하는 부분의 마감과 그 바탕은 불연재료로 할 것
6. 비상탈출구의 진입부분 및 피난통로에는 통행에 지장이 있는 물건을 방치하거나 시설물을 설치하지 아니할 것
7. 비상탈출구의 유도등과 피난통로의 비상조명등의 설치는 소방법령이 정하는 바에 의할 것

제30조(피난용승강기의 설치기준) 영 제91조제5호에서 "국토교통부령으로 정하는 구조 및 설비 등의 기준"이란 다음 각 호를 말한다.
1. 피난용승강기 승강장의 구조
  가. 승강장의 출입구를 제외한 부분은 해당 건축물의 다른 부분과 내화구조의 바닥 및 벽으로 구획할 것
  나. 승강장은 각 층의 내부와 연결될 수 있도록 하되, 그 출입구에는 60+방화문 또는 60분방화문을 설치할 것. 이 경우 방화문은 언제나 닫힌 상태를 유지할 수 있는 구조이어야 한다.
  다. 실내에 접하는 부분(바닥 및 반자 등 실내에 면한 모든 부분을 말한다)의 마감(마감을 위한 바탕을 포함한다)은 불연재료로 할 것
  아. 다음의 어느 하나에 해당하는 설비를 설치할 것
    1) 배연설비
    2) 「소방시설설치 및 관리에 관한 법률시행령」 별표4 제5호가목에 따른 제연설비(이하 "제연설비"라 한다)
2. 피난용승강기 승강로의 구조
  가. 승강로는 해당 건축물의 다른 부분과 내화구조로 구획할 것
  다. 승강로 상부에 배연설비 또는 제연설비를 설치할 것
3. 피난용승강기 기계실의 구조
  가. 출입구를 제외한 부분은 해당 건축물의 다른 부분과 내화구조의 바닥 및 벽으로 구획할 것
  나. 출입구에는 60+방화문 또는 60분방화문을 설치할 것
4. 피난용승강기 전용 예비전원
  가. 정전 시 피난용승강기, 기계실, 승강장 및 폐쇄회로 텔레비전 등의 설비를 작동할 수 있는 별도의 예비전원 설비를 설치할 것
  나. 가목에 따른 예비전원은 초고층 건축물의 경우에는 2시간 이상, 준초고층 건축물의 경우에는 1시간 이상 작동이 가능한 용량일 것
  다. 상용전원과 예비전원의 공급을 자동 또는 수동으로 전환이 가능한 설비를 갖출 것
  라. 전선관 및 배선은 고온에 견딜 수 있는 내열성 자재를 사용하고, 방수조치를 할 것

기계설비법

[시행 2020. 6. 9.] [법률 제17453호, 2020. 6. 9., 타법개정]

제1조(목적) 이 법은 기계설비산업의 발전을 위한 기반을 조성하고 기계설비의 안전하고 효율적인 유지관리를 위하여 필요한 사항을 정함으로써 국가경제의 발전과 국민의 안전 및 공공복리 증진에 이바지함을 목적으로 한다.

제2조(정의) 이 법에서 사용하는 용어의 뜻은 다음과 같다.
1. "기계설비"란 건축물, 시설물 등(이하 "건축물등"이라 한다)에 설치된 기계·기구·배관 및 그 밖에 건축물등의 성능을 유지하기 위한 설비로서 대통령령으로 정하는 설비를 말한다.
2. "기계설비산업"이란 기계설비 관련 연구개발, 계획, 설계, 시공, 감리, 유지관리, 기술진단, 안전관리 등의 경제활동을 하는 산업을 말한다.
3. "기계설비사업"이란 기계설비 관련 활동을 수행하는 사업을 말한다.
4. "기계설비사업자"란 기계설비사업을 경영하는 자를 말한다.
5. "기계설비기술자"란 「국가기술자격법」, 「건설기술 진흥법」 또는 대통령령으로 정하는 법령에 따라 기계설비 관련 분야의 기술자격을 취득하거나 기계설비에 관한 기술 또는 기능을 인정받은 사람을 말한다.
6. "기계설비유지관리자"란 기계설비 유지관리(기계설비의 점검 및 관리를 실시하고 운전·운용하는 모든 행위를 말한다)를 수행하는 자를 말한다.

제14조(기계설비 기술기준) ① 국토교통부장관은 기계설비의 안전과 성능확보를 위하여 필요한 기술기준(이하 "기술기준"이라 한다)을 정하여 고시하여야 한다. 이를 변경하는 경우에도 또한 같다.
② 기계설비사업자는 기술기준을 준수하여야 한다.

제15조(기계설비의 착공 전 확인과 사용 전 검사) ① 대통령령으로 정하는 기계설비공사를 발주한 자는 해당 공사를 시작하기 전에 전체 설계도서 중 기계설비에 해당하는 설계도서를 특별자치시장·특별자치도지사·시장·군수·구청장(자치구의 구청장을 말한다. 이하 같다)에게 제출하여 기술기준에 적합한지를 확인받아야 하며, 그 공사를 끝냈을 때에는 특별자치시장·특별자치도지사·시장·군수·구청장의 사용 전 검사를 받고 기계설비를 사용하여야 한다. 다만, 「건축법」 제21조 및 제22조에 따른 착공신고 및 사용승인 과정에서 기술기준에 적합한지 여부를 확인받은 경우에는 이 법에 따른 착공 전 확인 및 사용 전 검사를 받은 것으로 본다.
② 특별자치시장·특별자치도지사·시장·군수·구청장은 필요한 경우 기계설비공사를 발주한 자에게 제1항에 따른 착공 전 확인과 사용 전 검사에 관한 자료의 제출을 요구할 수 있다. 이 경우 기계설비공사를 발주한 자는 특별한 사유가 없으면 자료를 제출하여야 한다.
③ 제1항에 따른 착공 전 확인과 사용 전 검사의 절차, 방법 등은 대통령령으로 정한다.

제21조(기계설비성능점검업의 등록 등) ① 제17조제2항에 따른 성능점검과 관련된 업무를 하려는 자는 자본금, 기술인력의 확보 등 대통령령으로 정하는 요건을 갖추어 특별시장·광역시장·특별자치시장·도지사 또는 특별자치도지사(이하 "시·도지사"라 한다)에게 등록하여야 한다.
② 기계설비성능점검업을 등록한 자(이하 "기계설비성능점검업자"라 한다)는 제1항에 따라 등록한 사항 중 대통령령으로 정하는 사항이 변경된 경우에는 변경 사유가 발생한 날부터 30일 이내에 변경등록을 하여야 한다.
③ 시·도지사가 제1항 및 제2항에 따라 기계설비성능점검업의 등록 또는 변경등록을 받은 경우에는 등록신청자에게 등록증을 발급하여야 한다.
④ 기계설비성능점검업의 등록과 관련하여 다음 각 호의 어느 하나의 행위를 하거나 제3자로 하여금 이를 하게 하여서는 아니 된다.
1. 다른 사람에게 자기의 성명을 사용하여 기계설비성능점검 업무를 수행하게 하거나 자신의 등록증을 빌려주는 행위
2. 다른 사람의 성명을 사용하여 기계설비성능점검 업무를 수행하거나 다른 사람의 등록증을 빌리는 행위
3. 제1호 및 제2호의 행위를 알선하는 행위
⑤ 기계설비성능점검업자는 휴업하거나 폐업하는 경우에는 대통령령으로 정하는 바에 따라 시·도지사에게 신고하여야 한다. 이 경우 폐업신고를 받은 시·도지사는 그 등록을 말소하여야 한다.
⑥ 시·도지사는 제1항부터 제5항까지에 따라 기계설비성능점검업자가 등록 또는 변경등록을 하거나 기계설비성능점검업자로부터 휴업 또는 폐업신고를 받은 경우에는 그 사실을 국토교통부장관에게 통보하여야 한다.
⑦ 기계설비성능점검업의 등록 및 변경등록, 휴업·폐업의 절차 등에 필요한 사항은 국토교통부령으로 정한다.

제30조(과태료) ① 다음 각 호의 어느 하나에 해당하는 자에게는 500만원 이하의 과태료를 부과한다.
  1. 제17조제1항에 따른 유지관리기준을 준수하지 아니한 자
  2. 제17조제2항에 따른 점검기록을 작성하지 아니하거나 거짓으로 작성한 자
  3. 제17조제3항에 따른 점검기록을 보존하지 아니한 자
  4. 제19조제1항을 위반하여 기계설비유지관리자를 선임하지 아니한 자

② 다음 각 호의 어느 하나에 해당하는 자에게는 100만원 이하의 과태료를 부과한다.
  1. 제15조제2항을 위반하여 착공 전 확인과 사용 전 검사에 관한 자료를 특별자치시장·특별자치도지사·시장·군수·구청장에게 제출하지 아니한 자
  2. 제17조제3항을 위반하여 점검기록을 특별자치시장·특별자치도지사·시장·군수·구청장에게 제출하지 아니한 자
  3. 제19조제2항을 위반하여 유지관리교육을 받지 아니한 사람을 해임하지 아니한 자
  4. 제19조제3항에 따른 신고를 하지 아니하거나 거짓으로 신고한 자
  5. 제20조제1항을 위반하여 유지관리교육을 받지 아니한 사람
  6. 제21조의2제2항에 따른 신고를 하지 아니하거나 거짓으로 신고한 자
  7. 제22조의2제2항에 따른 서류를 거짓으로 제출한 자

③ 제1항 및 제2항에 따른 과태료는 대통령령으로 정하는 바에 따라 국토교통부장관 또는 관할 지방자치단체의 장이 부과·징수한다.

기계설비법 시행령

[시행 2025. 12. 23.] [대통령령 제35939호, 2025. 12. 23., 타법개정]

제1조(목적) 이 영은 「기계설비법」에서 위임된 사항과 그 시행에 필요한 사항을 규정함을 목적으로 한다.

제2조(기계설비의 범위) 「기계설비법」(이하 "법"이라 한다) 제2조제1호에서 "대통령령으로 정하는 설비"란 별표 1의 설비를 말한다.

[별표 1] 기계설비의 범위(제2조 관련)

구분	내용
1. 열원설비	건축물등에서 에너지를 이용하여 열매체를 가열, 냉각하기 위하여 설치된 기계·기구·배관 및 그 밖에 성능을 유지하기 위한 설비
2. 냉난방설비	건축물등에서 일정한 실내온도 유지를 위하여 설치된 기계·기구·배관 및 그 밖에 성능을 유지하기 위한 설비
3. 공기조화·공기청정·환기설비	건축물등에서 온도, 습도, 청정도, 기류 등을 조절하기 위하여 설치된 기계·기구·배관 및 그 밖에 성능을 유지하기 위한 설비
4. 위생기구·급수·급탕·오배수·통기설비	건축물등에서 위생과 냉수·온수 공급, 오배수(汚排水), 오배수관 통기(通氣) 등을 위하여 설치된 기계·기구·배관 및 그 밖에 성능을 유지하기 위한 설비
5. 오수정화·물재이용설비	건축물등에서 오수를 정화하여 배출하거나 정화된 물을 재이용하기 위하여 설치된 기계·기구·배관 및 그 밖에 성능을 유지하기 위한 설비
6. 우수배수설비	건축물등에서 빗물을 외부로 배출하기 위하여 설치된 기계·기구·배관 및 그 밖에 성능을 유지하기 위한 설비
7. 보온설비	건축물등에 설치된 기계·기구·배관 및 그 밖에 성능을 유지하기 위한 설비의 보온, 보냉, 결로 및 동결 방지 등을 위하여 설치된 설비
8. 덕트(duct)설비	건축물등에 설치된 기계·기구·배관 및 그 밖에 성능을 유지하기 위한 설비의 풍량 등을 조절하고 급기(給氣)·배기 및 환기 등을 위하여 설치된 설비
9. 자동제어설비	건축물등에 설치된 기계·기구·배관 및 그 밖에 성능을 유지하기 위한 설비의 감시, 제어·관리 및 통제 등을 위하여 설치된 설비
10. 방음·방진·내진설비	건축물등에 설치된 기계·기구·배관 및 그 밖에 성능을 유지하기 위한 설비의 소음, 진동, 전도 및 탈락 등을 방지하기 위하여 설치된 설비
11. 플랜트설비	건축물등에서 생산물의 제조·생산·이송 및 저장이나 오염물질의 제거 및 저장 등을 위하여 설치된 기계·기구·배관 및 그 밖에 성능을 유지하기 위한 설비
12. 특수설비	가. 건축물등에서 냉동·냉장, 항온항습(온도와 습도를 일정하게 유지시키는 것), 특수청정(세균 또는 먼지 등을 제거하는 것), 생활폐기물 집하 및 이송, 전자파 차단 등을 위하여 설치된 기계·기구·배관 및 그 밖에 성능을 유지하기 위한 설비 나. 청정실(실내공간의 오염물질 등을 없애거나 줄이기 위하여 공기정화시설 등의 설비가 설치된 방), 자동창고(물건이 나가고 들어오는 모든 일을 컴퓨터가 자동적으로 제어하고 관리하는 창고), 집진기(먼지를 모으는 기기), 무대기계장치, 기송관(氣送管: 압축 공기를 써서 물건을 운반하는 기계) 등의 설비와 그 설비를 위하여 설치된 기계·기구·배관 및 그 밖에 성능을 유지하기 위한 설비

제3조(기계설비기술자의 범위) ① 법 제2조제5호에서 "대통령령으로 정하는 법령"이란 다음 각 호의 법령을 말한다.
  1. 「건설산업기본법」
  2. 「엔지니어링산업 진흥법」
  3. 「자격기본법」
② 법 제2조제5호에 따른 기계설비기술자의 범위는 별표 2와 같다.

[별표 2] 기계설비기술자의 범위(제3조제2항 관련)

1. 다음 각 목의 어느 하나에 해당하는 기계설비 관련 자격을 취득한 사람
   가. 「국가기술자격법」 제9조제1호에 따른 기술·기능 분야의 국가기술자격 중 다음 표의 구분에 따른 국가기술자격을 취득한 사람

등급	기술기능 분야
1) 기술사	건축기계설비·기계·건설기계·공조냉동기계·산업기계설비·용접·소음진동
2) 기능장	배관·에너지관리·판금제관·용접
3) 기사	일반기계·건축설비·건설기계설비·공조냉동기계·설비보전·메카트로닉스·용접·소음진동·에너지관리·신재생에너지발전설비(태양광)
4) 산업기사	건축설비·배관·정밀측정·건설기계설비·공조냉동기계·생산자동화·판금제관·용접·소음진동·에너지관리·신재생에너지발전설비(태양광)
5) 기능사	온수온돌·배관·전산응용기계제도·정밀측정·공조냉동기계·설비보전·생산자동화·판금제관·용접·특수용접·에너지관리·신재생에너지발전설비(태양광)

   나. 「건설기술 진흥법 시행령」 별표 1에 따른 기계 직무분야의 건설기술인 자격
   다. 「엔지니어링산업 진흥법 시행령」 별표 1에 따른 설비부문의 설비 전문분야의 엔지니어링기술자 자격
   라. 그 밖에 「건설산업기본법」 및 「자격기본법」에 따른 자격으로서 국토교통부장관이 정하여 고시하는 기계설비 관련 자격을 갖춘 사람

2. 다음 각 목의 어느 하나에 해당하게 된 후 별표 6에 따른 유지관리교육의 교육과정 중 신규교육 또는 보수교육을 이수한 사람
   가. 「고등교육법」 제2조 각 호의 어느 하나에 해당하는 학교에서 국토교통부장관이 정하여 고시하는 기계설비 관련 학과의 전문학사, 학사, 석사 또는 박사 학위를 취득한 사람
   나. 「초·중등교육법 시행령」 제90조에 따른 특수목적고등학교 또는 같은 영 제91조에 따른 특성화고등학교에서 국토교통부장관이 정하여 고시하는 기계설비 관련 교육과정이나 학과를 이수하거나 졸업한 사람
   다. 그 밖에 관계 법령에 따라 국내 또는 외국에서 가목과 같은 수준 이상의 학력이 있다고 인정되는 사람

제11조(기계설비의 착공 전 확인과 사용 전 검사 대상 공사) 법 제15조제1항 본문에서 "대통령령으로 정하는 기계설비공사"란 별표 5에 해당하는 건축물(「건축법」 제11조에 따른 건축허가를 받으려거나 같은 법 제14조에 따른 건축신고를 하려는 건축물로 한정하며, 다른 법령에 따라 건축허가 또는 건축신고가 의제되는 행정처분을 받으려는 건축물을 포함한다) 또는 시설물에 대한 기계설비공사를 말한다.

[별표 5] 기계설비의 착공 전 확인과 사용 전 검사의 대상 건축물 또는 시설물(제11조 관련)

1. 용도별 건축물 중 연면적 1만제곱미터 이상인 건축물(「건축법」 제2조제2항제18호에 따른 창고시설은 제외한다)
2. 에너지를 대량으로 소비하는 다음 각 목의 어느 하나에 해당하는 건축물
   가. 냉동·냉장, 항온·항습 또는 특수청정을 위한 특수설비가 설치된 건축물로서 해당 용도에 사용되는 바닥면적의 합계가 500제곱미터 이상인 건축물
   나. 「건축법 시행령」 별표 1 제2호가목 및 나목에 따른 아파트 및 연립주택
   다. 다음의 어느 하나에 해당하는 건축물로서 해당 용도에 사용되는 바닥면적의 합계가 500제곱미터 이상인 건축물
     1) 「건축법 시행령」 별표 1 제3호다목에 따른 목욕장
     2) 「건축법 시행령」 별표 1 제13호가목에 따른 놀이형시설(물놀이를 위하여 실내에 설치된 경우로 한정한다) 및 같은 호 다목에 따른 운동장(실내에 설치된 수영장과 이에 딸린 건축물로 한정한다)
   라. 다음의 어느 하나에 해당하는 건축물로서 해당 용도에 사용되는 바닥면적의 합계가 2천제곱미터 이상인 건축물
     1) 「건축법 시행령」 별표 1 제2호라목에 따른 기숙사
     2) 「건축법 시행령」 별표 1 제9호에 따른 의료시설
     3) 「건축법 시행령」 별표 1 제12호다목에 따른 유스호스텔
     4) 「건축법 시행령」 별표 1 제15호에 따른 숙박시설

마. 다음의 어느 하나에 해당하는 건축물로서 해당 용도에 사용되는 바닥면적의 합계가 3천제곱미터 이상인 건축물
   1) 「건축법 시행령」 별표 1 제7호에 따른 판매시설
   2) 「건축법 시행령」 별표 1 제10호마목에 따른 연구소
   3) 「건축법 시행령」 별표 1 제14호에 따른 업무시설
3. 지하역사 및 연면적 2천제곱미터 이상인 지하도상가(연속되어 있는 둘 이상의 지하도상가의 연면적 합계가 2천제곱미터 이상인 경우를 포함한다)

제14조(기계설비 유지관리에 대한 점검 및 확인 등) ① 법 제17조제1항에서 "대통령령으로 정하는 일정 규모 이상의 건축물등"이란 다음 각 호의 건축물, 시설물 등(이하 "건축물등"이라 한다)을 말한다.
1. 「건축법」 제2조제2항에 따라 구분된 용도별 건축물(이하 "용도별 건축물"이라 한다) 중 연면적 1만제곱미터 이상의 건축물(같은 항 제2호 및 제18호에 따른 공동주택 및 창고시설은 제외한다)
2. 「건축법」 제2조제2항제2호에 따른 공동주택(이하 "공동주택"이라 한다) 중 다음 각 목의 어느 하나에 해당하는 공동주택
   가. 500세대 이상의 공동주택
   나. 300세대 이상으로서 중앙집중식 난방방식(지역난방방식을 포함한다)의 공동주택
3. 다음 각 목의 건축물등 중 해당 건축물등의 규모를 고려하여 국토교통부장관이 정하여 고시하는 건축물등
   가. 「시설물의 안전 및 유지관리에 관한 특별법」 제2조제1호에 따른 시설물
   나. 「학교시설사업 촉진법」 제2조제1호에 따른 학교시설
   다. 「실내공기질 관리법」 제3조제1항제1호에 따른 지하역사(이하 "지하역사"라 한다) 및 같은 항 제2호에 따른 지하도상가(이하 "지하도상가"라 한다)
   라. 중앙행정기관의 장, 지방자치단체의 장 및 그 밖에 국토교통부장관이 정하는 자가 소유하거나 관리하는 건축물등
② 법 제17조제3항에서 "대통령령으로 정하는 기간"이란 10년을 말한다.

제15조(기계설비유지관리자의 선임 등) ① 법 제19조제2항에서 "대통령령으로 정하는 일정 횟수"란 2회를 말한다.
② 법 제19조제7항에 따른 기계설비유지관리자의 자격 및 등급(같은 조 제11항에 따른 기계설비유지관리자의 등급 조정에 관한 사항을 포함한다)은 별표 5의2와 같다.
③ 국토교통부장관은 법 제19조제12항에 따라 다음 각 호의 업무를 기계설비와 관련된 업무를 수행하는 협회 중 국토교통부장관이 해당 업무에 대한 전문성이 있다고 인정하여 고시하는 협회에 위탁한다.
1. 법 제19조제8항에 따른 기계설비유지관리자의 근무처·경력·학력 및 자격 등(이하 "근무처 및 경력등"이라 한다)의 관리에 필요한 신고 및 변경신고의 접수
2. 법 제19조제9항에 따른 근무처 및 경력등에 관한 기록의 유지·관리 및 기계설비유지관리자의 근무처 및 경력등에 관한 증명서의 발급
3. 법 제19조제10항에 따른 관련 자료 제출의 요청(위탁된 사무를 처리하기 위하여 필요한 경우만 해당한다)
4. 법 제19조제11항에 따른 기계설비유지관리자의 등급 조정을 위한 근무처 및 경력등과 유지관리교육 결과의 확인
④ 제3항에 따라 업무를 위탁받은 협회는 위탁업무의 처리 결과를 매 반기 말일을 기준으로 다음 달 말일까지 국토교통부장관에게 보고해야 한다.

[별표 5의2] 기계설비유지관리자의 자격 및 등급(제15조제2항 관련)

1. 일반기준
   가. 기계설비유지관리자는 책임기계설비유지관리자와 보조기계설비유지관리자로 구분하며, 책임기계설비유지관리자는 자격 및 경력 기준에 따라 특급·고급·중급·초급으로 구분한다. 이 경우 실무경력은 해당 자격의 취득 이전의 실무경력까지 포함한다.
   나. 가목에도 불구하고 국토교통부장관은 기계설비의 안전하고 효율적인 유지관리를 위하여 책임기계설비유지관리자 및 보조기계설비유지관리자의 경력, 자격·학력 및 교육을 다음의 구분에 따른 점수 범위에서 종합평가하여 그 결과에 따라 등급을 특급·고급·중급·초급으로 조정하여 산정할 수 있다.
      1) 실무경력 : 30점 이내
      2) 보유자격·학력 : 30점 이내
      3) 교육 : 40점 이내

다. 외국인 기계설비유지관리자의 인정 범위 및 등급
외국인 기계설비유지관리자는 해당 외국인의 국가와 우리나라 간의 상호인정 협정 등에서 정하는 바에 따라 자격을 인정하되, 그 인정 범위 및 등급에 관하여는 가목 및 나목을 준용한다.
라. 그 밖에 기계설비유지관리자의 실무경력 인정, 등급 산정 및 인정 범위 등에 필요한 방법 및 절차에 관한 세부기준은 국토교통부장관이 정하여 고시한다.

2. 세부기준

구분		자격 및 경력 기준		종합평가 결과에 따른 등급 산정
		보유자격	실무경력	
가. 책임기계설비유지관리자	1) 특급	가) 기술사		제1호나목에 따라 특급으로 산정된 기계설비유지관리자
		나) 기능장	10년 이상	
		다) 기사	10년 이상	
		라) 산업기사	13년 이상	
		마) 특급 건설기술인	10년 이상	
	2) 고급	가) 기능장	7년 이상	제1호나목에 따라 고급으로 산정된 기계설비유지관리자
		나) 기사	7년 이상	
		다) 산업기사	10년 이상	
		라) 고급 건설기술인	7년 이상	
	3) 중급	가) 기능장	4년 이상	제1호나목에 따라 중급으로 산정된 기계설비유지관리자
		나) 기사	4년 이상	
		다) 산업기사	7년 이상	
		라) 중급 건설기술인	4년 이상	
	4) 초급	가) 기능장		제1호나목에 따라 초급으로 산정된 기계설비유지관리자
		나) 기사		
		다) 산업기사	3년 이상	
		라) 초급 건설기술인		
나. 보조기계설비유지관리자		기계설비기술자 중 기계설비유지관리자에 필요한 자격을 갖추었다고 국토교통부장관이 정하여 고시하는 사람		

비고
1. 위 표에서 "기술사", "기능장", "기사" 및 "산업기사"란 각각 「국가기술자격법」 제9조제1호에 따른 국가기술자격의 등급 중 다음 각 목의 구분에 따른 분야의 국가기술자격 등급을 말한다.
   가. 기술사 : 건축기계설비·기계·건설기계·공조냉동기계·산업기계설비·용접 분야
   나. 기능장 : 배관·에너지관리·용접 분야
   다. 기사 : 일반기계·건축설비·건설기계설비·공조냉동기계·설비보전·용접·에너지관리 분야
   라. 산업기사 : 건축설비·배관·건설기계설비·공조냉동기계·용접·에너지관리 분야
2. 위 표에서 "건설기술인"이란 「건설기술 진흥법」 제2조제8호에 따른 건설기술인 중 같은 법 시행령 별표 1에 따른 기계 직무분야의 공조냉동 및 설비 전문분야와 용접 전문분야의 건설기술인을 말한다. 이 경우 해당 건설기술인의 등급은 「건설기술 진흥법 시행령」 별표 1에 따른다.

제16조(유지관리교육) ① 법 제20조제1항에 따른 기계설비 유지관리에 관한 교육(이하 "유지관리교육"이라 한다)의 교육과정 및 교육과목 등은 별표 6과 같다.
② 국토교통부장관은 법 제20조제2항에 따라 유지관리교육에 관한 업무를 기계설비와 관련된 업무를 수행하는 협회 중 국토교통부장관이 정하여 고시하는 협회에 위탁한다.
③ 제1항 및 제2항에서 규정한 사항 외에 유지관리교육의 운영 및 위탁에 필요한 사항은 국토교통부령으로 정한다.

제17조(기계설비성능점검업의 등록) ① 법 제21조제1항에서 "자본금, 기술인력의 확보 등 대통령령으로 정하는 요건"이란 별표 7의 기계설비성능점검업의 등록 요건을 말한다.
② 특별시장·광역시장·특별자치시장·도지사 또는 특별자치도지사(이하 "시·도지사"라 한다)는 법 제21조제1항에 따른 등록 신청이 다음 각 호의 어느 하나에 해당하는 경우를 제외하고는 등록을 해 주어야 한다.
   1. 등록을 신청한 자가 법 제22조제1항 각 호의 어느 하나에 해당하는 경우

2. 별표 7에 따른 등록 요건을 갖추지 못한 경우
3. 그 밖에 법, 이 영 또는 다른 법령에 따른 제한에 위반되는 경우

[별표 7] 기계설비성능점검업의 등록 요건(제17조제1항 관련)

구분	요건
1. 자본금	1억원 이상일 것
2. 기술인력	다음 각 목의 기술인력을 모두 갖출 것 가. 다음의 어느 하나에 해당하는 분야의 특급 책임기계설비유지관리자 1명 　1)「국가기술자격법」에 따른 건축설비 분야 　2)「국가기술자격법」에 따른 공조냉동기계 분야 또는「건설기술 진흥법 시행령」별표 1에 따른 공조냉동 및 설비 전문분야 　3)「국가기술자격법」에 따른 에너지관리 분야 나. 고급 이상인 책임기계설비유지관리자 1명 다. 중급 이상인 책임기계설비유지관리자 2명
3. 장비	다음 각 목의 장비를 모두 갖출 것 가. 적외선 열화상카메라 나. 초음파유량계 다. 디지털압력계 라. 데이터기록계 마. 연소가스분석기 바. 건습구온도계(乾濕球溫度計) 사. 표준온도계(標準溫度計) 아. 적외선온도계 자. 디지털풍속계 차. 디지털풍압계 카. 교류전력측정계 타. 조도계 파. 회전계(R.P.M측정기) 하. 초음파두께측정기 거. 아들자캘리퍼스(아들자calipers: 아들자가 달려 두께나 지름을 재는 기구) 너. 이산화탄소(CO_2) 측정기 더. 일산화탄소(CO) 측정기 러. 미세먼지측정기 머. 누수탐지기 버. 배관 내시경카메라 서. 수질분석기

비고
1. "자본금"이란 법인인 경우에는 기계설비성능점검업을 경영하기 위한 납입자본금 또는 출자금을 말하고, 개인인 경우에는 영업용 자산평가액을 말한다.
2. "기술인력"이란 상시 근무하는 사람을 말하며, 「국가기술자격법」, 「건설기술 진흥법」 등 자격 관련 법령에 따라 자격이 정지된 사람은 제외한다.
3. 위 표 제3호 각 목의 장비 중 두 가지 이상의 기능을 함께 가지고 있는 장비를 갖춘 경우에는 각각의 장비를 갖춘 것으로 본다.

제20조(등록취소 및 업무정지 기준) 법 제22조제2항에 따른 기계설비성능점검업자에 대한 행정처분의 기준은 별표 8과 같다.

[별표 8] 기계설비성능점검업자에 대한 행정처분의 기준(제20조 관련)
1. 일반기준
　가. 위반행위의 횟수에 따른 행정처분의 기준은 최근 1년간 같은 위반행위로 행정처분을 받은 경우에 적용한다. 이 경우 기간의 계산은 위반행위에 대하여 행정처분을 받은 날과 그 행정처분 후 다시 같은 위반행위를 하여 적발된 날을 기준으로 한다.
　나. 가목에 따라 가중된 부과처분을 하는 경우 가중처분의 적용 차수는 그 위반행위 전 부과처분 차수(가목에 따른 기간 내에 행정처분이 둘 이상 있었던 경우에는 높은 차수를 말한다)의 다음 차수로 한다.

다. 위반행위가 둘 이상인 경우로서 그에 해당하는 각각의 처분기준이 다른 경우에는 그중 무거운 처분기준에 따른다. 다만, 둘 이상의 처분기준이 모두 영업정지인 경우에는 각 처분기준을 합산한 기간을 넘지 않는 범위에서 무거운 처분기준의 2분의 1 범위까지 가중하여 처분할 수 있다.
라. 업무정지 처분기간 중 업무정지에 해당하는 위반사항이 있는 경우에는 종전의 처분기간 만료일의 다음 날부터 새로운 위반사항에 따른 업무정시처분을 한다.
마. 행정처분권자는 처분기준이 영업정지인 경우 위반행위의 정도·동기 및 그 결과 등 다음의 사유를 고려하여 제2호의 개별기준에 따른 업무정지기간의 2분의 1 범위에서 그 기간을 줄이거나 늘릴 수 있다.
　1) 감경 사유
　　가) 위반행위가 경미한 과실이나 사소한 부주의로 발생한 경우
　　나) 위반행위가 적발된 날부터 최근 3년 이내에 법에 따른 업무정지 처분을 받은 사실이 없는 경우
　2) 가중 사유
　　가) 위반행위가 고의나 중대한 과실로 발생한 경우 또는 위반행위가 적발된 날부터 최근 1년 이내에 법에 따른 업무정지 처분을 받은 사실이 있는 경우
　　나) 해당 위반행위보다 중대한 위반행위를 은폐·조작하기 위하여 위반행위가 발생한 경우
바. 마목의 감경 또는 가중 사유에 해당하는 경우 각 사유마다 제2호에서 정한 업무정지기간의 4분의 1씩을 줄이거나 늘린다.

2. 개별기준

위반행위	근거 법조문	행정처분기준 1차 위반	행정처분기준 2차 위반	행정처분기준 3차 이상 위반
가. 거짓이나 그 밖의 부정한 방법으로 등록한 경우	법 제22조 제2항제1호	등록취소		
나. 최근 5년간 3회 이상 업무정지 처분을 받은 경우	법 제22조 제2항제2호	등록취소		
다. 업무정지기간에 기계설비성능점검 업무를 수행한 경우. 다만, 등록취소 또는 업무정지의 처분을 받기 전에 체결한 용역계약에 따른 업무를 계속한 경우는 제외한다.	법 제22조 제2항제3호	등록취소		
라. 기계설비성능점검업자로 등록한 후 법 제22조제1항에 따른 결격사유에 해당하게 된 경우(같은 항 제6호에 해당하게 된 법인이 그 대표자를 6개월 이내에 결격사유가 없는 다른 대표자로 바꾸어 임명하는 경우는 제외한다)	법 제22조 제2항제4호	등록취소		
마. 법 제21조제1항에 따른 대통령령으로 정하는 요건에 미달한 날부터 1개월이 지난 경우	법 제22조 제2항제5호	등록취소		
바. 법 제21조제2항에 따른 변경등록을 하지 않은 경우	법 제22조 제2항제6호	시정명령	업무정지 1개월	업무정지 2개월
사. 법 제21조제3항에 따라 발급받은 등록증을 다른 사람에게 빌려 준 경우	법 제22조 제2항제7호	업무정지 6개월	등록취소	

제20조의2(성능점검능력 평가에 관한 업무의 위탁) ① 국토교통부장관은 법 제22조의2제4항에 따라 기계설비의 성능점검능력 평가 및 공시에 관한 업무를 기계설비와 관련된 업무를 수행하는 협회 중 국토교통부장관이 해당 업무에 대한 전문성이 있다고 인정하여 고시하는 협회에 위탁한다.
② 제1항에 따라 업무를 위탁받은 협회는 위탁업무의 처리 결과를 매 반기 말일을 기준으로 다음 달 말일까지 국토교통부장관에게 보고해야 한다.

제22조(과태료 부과기준) 법 제30조제1항 및 제2항에 따른 과태료의 부과기준은 별표 10과 같다.

[별표 10] 과태료의 부과기준(제22조 관련)

1. 일반기준

   가. 위반행위의 횟수에 따른 과태료의 가중된 부과기준은 최근 1년간 같은 위반행위로 과태료의 부과처분을 받은 경우에 적용한다. 이 경우 기간의 계산은 위반행위에 대하여 과태료 부과처분을 받은 날과 그 처분 후 다시 같은 위반 행위를 하여 적발된 날을 기준으로 계산한다.

   나. 가목에 따라 가중된 부과처분을 하는 경우 가중처분의 적용 차수는 그 위반행위 전 부과처분 차수(가목에 따른 기간 내에 과태료 부과처분이 둘 이상 있었던 경우에는 높은 차수를 말한다)의 다음 차수로 한다.

   다. 부과권자는 위반행위의 정도·동기와 그 결과 등 다음의 사유를 고려하여 제2호에 따른 과태료 금액의 2분의 1의 범위에서 그 금액을 줄이거나 늘릴 수 있다. 다만, 과태료를 체납하고 있는 위반행위자에 대해서는 감경 사유를 적용하지 않으며, 늘리는 경우에도 법 제30조제1항 및 제2항에 따른 과태료 금액의 상한을 넘을 수 없다.

   1) 감경 사유
      가) 위반행위가 경미한 과실이나 사소한 부주의로 발생한 경우
      나) 위반행위가 적발된 날부터 최근 3년 이내에 법에 따른 과태료 처분을 받은 사실이 없는 경우
   2) 가중 사유
      가) 위반행위가 고의나 중대한 과실로 발생한 경우 또는 위반행위가 적발된 날부터 최근 1년 이내에 법에 따른 과태료 처분을 받은 사실이 있는 경우
      나) 해당 위반행위보다 중대한 위반행위를 은폐·조작하기 위하여 위반행위가 발생한 경우

   라. 다목의 감경 또는 가중 사유에 해당하는 경우 각 사유마다 제2호에서 정한 금액의 4분의 1씩을 줄이거나 늘린다.

2. 개별기준

위반행위	근거 법조문	과태료 금액 (단위: 만원)		
		1차 위반	2차 위반	3차 이상 위반
가. 법 제15조제2항을 위반하여 착공 전 확인과 사용 전 검사에 관한 자료를 특별자치시장·특별자치도지사·시장·군수·구청장에게 제출하지 않은 경우	법 제30조 제2항제1호	50	70	100
나. 법 제17조제1항에 따른 유지관리기준을 준수하지 않은 경우	법 제30조 제1항제1호	300	400	500
다. 법 제17조제2항에 따른 점검기록을 작성하지 않거나 거짓으로 작성한 경우	법 제30조 제1항제2호	300	400	500
라. 법 제17조제3항에 따른 점검기록을 보존하지 않은 경우	법 제30조 제1항제3호	300	400	500
마. 법 제17조제3항을 위반하여 점검기록을 시장·군수·구청장에게 제출하지 않은 경우	법 제30조 제2항제2호	50	70	100
바. 법 제19조제1항을 위반하여 기계설비유지관리자를 선임하지 않은 경우	법 제30조 제1항제4호	300	400	500
사. 법 제19조제2항을 위반하여 유지관리교육을 받지 않은 사람을 해임하지 않은 경우	법 제30조 제2항제3호	50	70	100
아. 법 제19조제3항에 따른 신고를 하지 않거나 거짓으로 신고한 경우	법 제30조 제2항제4호			
1) 지연기간이 1개월 미만인 경우		30		
2) 지연기간이 1개월 이상 3개월 미만인 경우		50		
3) 지연기간이 3개월 이상인 경우		70		
4) 거짓으로 신고한 경우		100		
자. 법 제20조제1항을 위반하여 유지관리교육을 받지 않은 경우	법 제30조 제2항제5호	50	70	100

차. 법 제21조의2제2항에 따른 신고를 하지 않거나 거짓으로 신고한 경우	법 제30조 제2항제6호			
1) 지연기간이 1개월 미만인 경우			30	
2) 지연기간이 1개월 이상 3개월 미만인 경우			50	
3) 지연기간이 3개월 이상인 경우			70	
4) 거짓으로 신고한 경우			100	
카. 법 제22조의2제2항에 따른 서류를 거짓으로 제출한 경우	법 제30조 제2항제7호	50	70	100

기계설비법 시행규칙

[시행 2022. 2. 25.] [국토교통부령 제1111호, 2022. 2. 25., 일부개정]

제1조(목적) 이 규칙은 「기계설비법」 및 같은 법 시행령에서 위임된 사항과 그 시행에 필요한 사항을 규정함을 목적으로 한다.

제6조(사용 전 검사 등) ① 영 제13조제1항 각 호 외의 부분 전단에 따른 기계설비 사용 전 검사신청서는 별지 제7호서식에 따르며, 신청인은 이를 제출할 때에는 다음 각 호의 서류를 첨부해야 한다.
  1. 기계설비공사 준공설계도서 사본
  2. 「건축법」 등 관계 법령에 따라 기계설비에 대한 감리업무를 수행한 자가 확인한 기계설비 사용 적합 확인서
  3. 영 제13조제1항 각 호에 대한 검사 결과서(해당하는 검사 결과가 있는 경우로 한정한다)
② 영 제13조제3항에 따른 기계설비 사용 전 검사 확인증은 별지 제8호서식에 따른다.
③ 시장·군수·구청장은 영 제13조제3항에 따라 기계설비 사용 전 검사 확인증을 발급한 경우에는 별지 제9호서식의 기계설비 사용 전 검사 확인증 발급대장에 일련번호 순으로 기록해야 한다.

제8조(기계설비유지관리자의 선임) ① 법 제17조제1항에 따른 관리주체(이하 "관리주체"라 한다)가 법 제19조제1항 본문에 따라 기계설비유지관리자를 선임하는 경우 그 선임기준은 별표 1과 같다.
② 관리주체는 제1항에 따라 기계설비유지관리자를 선임하는 경우 다음 각 호의 구분에 따른 날부터 30일 이내에 선임해야 한다.
  1. 신축·증축·개축·재축 및 대수선으로 기계설비유지관리자를 선임해야 하는 경우: 해당 건축물·시설물 등(이하 "건축물등"이라 한다)의 완공일(「건축법」 등 관계 법령에 따라 사용승인 및 준공인가 등을 받은 날을 말한다)
  2. 용도변경으로 기계설비유지관리자를 선임해야 하는 경우: 용도변경 사실이 건축물관리대장에 기재된 날
  3. 법 제19조제1항 단서에 따라 기계설비유지관리업무를 위탁한 경우로서 그 위탁 계약이 해지 또는 종료된 경우: 기계설비 유지관리업무의 위탁이 끝난 날

[별표 1] 기계설비유지관리자의 선임기준(제8조제1항 관련)

구분	선임대상	선임자격	선임인원
1. 영 제14조제1항제1호에 해당하는 용도별 건축물	가. 연면적 6만제곱미터 이상	특급 책임기계설비유지관리자	1
		보조기계설비유지관리자	1
	나. 연면적 3만제곱미터 이상 연면적 6만제곱미터 미만	고급 책임기계설비유지관리자	1
		보조기계설비유지관리자	1
	다. 연면적 1만5천제곱미터 이상 연면적 3만제곱미터 미만	중급 책임기계설비유지관리자	1
	라. 연면적 1만제곱미터 이상 연면적 1만5천제곱미터 미만	초급 책임기계설비유지관리자	1
2. 영 제14조제1항제2호에 해당하는 공동주택	가. 3천세대 이상	특급 책임기계설비유지관리자	1
		보조기계설비유지관리자	1
	나. 2천세대 이상 3천세대 미만	고급 책임기계설비유지관리자	1
		보조기계설비유지관리자	1
	다. 1천세대 이상 2천세대 미만	중급 책임기계설비유지관리자	1
	라. 500세대 이상 1천세대 미만	초급 책임기계설비유지관리자	1
	마. 300세대 이상 500세대 미만으로서 중앙집중식 난방방식(지역난방방식을 포함한다)의 공동주택	초급 책임기계설비유지관리자	1
3. 영 제14조제1항제3호에 해당하는 건축물등(같은 항 제1호 및 제2호에 해당하는 건축물은 제외한다)	영 제14조제1항제3호에 해당하는 건축물 등(같은 항 제1호 및 제2호에 해당하는 건축물은 제외한다)	건축물의 용도, 면적, 특성 등을 고려하여 국토교통부장관이 정하여 고시하는 기준에 해당하는 초급 책임기계설비유지관리자 또는 보조기계설비유지관리자	1

비고
1. 위 표에서 "선임자격"이란 해당 기계설비유지관리자 등급 이상을 보유한 사람으로서 다음 각 목의 구분에 따른 기준을 충족한 사람을 말한다. 이 경우 보조기계설비유지관리자는 초급 이상인 책임기계설비유지관리자로 선임할 수 있다.
   가. 제1호 및 제2호: 다른 건축물등의 기계실비유지관리자로 선임되어 있지 않은 사람
   나. 제3호: 다른 건축물등의 기계설비유지관리자로 선임되어 있지 않거나 국토교통부장관이 정하여 고시하는 범위 이내에서 다른 건축물등의 기계설비유지관리자로 선임되어 있는 사람
2. 건축물대장의 건축물현황도에 표시된 대지경계선 안의 지역 또는 연접한 2개 이상의 대지에 건축물등이 둘 이상 있고, 그 관리에 관한 권원(權原)을 가진 자가 동일인인 경우에는 이를 하나의 건축물등으로 보아 해당 건축물등을 합산한 연면적 또는 세대를 기준으로 기계설비유지관리자를 선임해야 한다.

제16조(성능점검능력의 평가방법) ① 법 제22조의2제1항에 따른 기계설비성능점검업자의 성능점검능력의 평가방법은 별표 2와 같다.
② 법 제21조의2제1항제1호 및 제3호에 따른 상속인 및 합병 후 존속하는 법인이나 합병에 따라 설립되는 법인의 성능점검능력은 피상속인 및 종전 법인의 성능점검능력과 동일한 것으로 본다.
③ 법 제21조의2제1항제2호에 따른 기계설비성능점검업 양도신고를 한 경우 양수인의 성능점검능력은 제1항의 평가방법에 따라 새로 평가한다. 다만, 기계설비성능점검업의 양도가 양도인의 기계설비성능점검업에 관한 자산과 권리·의무의 전부를 포괄적으로 양도하는 경우로서 다음 각 호의 어느 하나에 해당하는 경우에는 양도인의 성능점검능력과 동일한 것으로 본다.
1. 개인이 영위하던 기계설비성능점검업을 법인사업으로 전환하기 위하여 기계설비성능점검업을 양도하는 경우
2. 기계설비성능점검업자인 법인을 합명회사 또는 합자회사에서 유한회사 또는 주식회사로 전환하기 위하여 기계설비성능점검업을 양도하는 경우
3. 기계설비성능점검업자인 회사가 분할로 인하여 설립된 회사에 기계설비성능점검업 전부를 양도하거나 기계설비성능점검업자인 회사를 분할하여 다른 회사에 기계설비성능점검업 전부를 양도하는 경우
④ 제2항 및 제3항 단서에도 불구하고 해당 기계설비성능점검업자의 신청이 있거나 성능점검능력이 현저히 변동되었다고 성능점검능력평가 수탁기관이 인정하는 경우에는 제1항에 따른 평가방법에 따라 새로 평가할 수 있다.
⑤ 법 제22조의2제1항에 따라 2월 15일까지 성능점검능력평가를 신청하지 못한 기계설비성능점검업자로서 다음 각 호의 어느 하나에 해당하는 자가 성능점검능력평가를 신청한 경우에는 기계설비성능점검업자의 성능점검능력은 제1항에 따라 평가할 수 있다.
1. 법 제21조제1항에 따라 새로 기계설비성능점검업을 등록한 자
2. 「채무자 회생 및 파산에 관한 법률」 제574조 또는 제575조에 따라 복권된 자
3. 법 제22조제2항에 따른 기계설비성능점검업 등록취소 처분이 취소되거나 법원의 판결 등으로 집행정지 결정이 된 자
⑥ 성능점검능력평가 수탁기관은 제15조제1항에 따라 제출된 서류가 거짓으로 확인된 경우에는 확인된 날부터 10일 이내에 점검능력을 새로 평가해야 한다.

[별표 2] 기계설비성능점검업자의 성능점검능력 평가방법(제16조제1항 관련)
1. 기계설비성능점검업자의 성능점검능력평가액은 기계설비성능점검업자의 상대적인 성능점검수행 역량을 정량적으로 평가하여 나타낸 지표로서 다음의 산식에 따라 산정한다.

성능점검능력평가액 = 점검실적평가액+경영평가액+기술능력평가액±신인도평가액

   가. 위의 산식 중 점검실적평가액은 최근 3년간 기계설비 성능점검실적의 연평균액으로 한다. 다만, 성능점검업을 영위한 기간이 1년 미만인 자의 경우에는 성능점검실적의 총액으로 하고, 성능점검업 영위기간이 1년 이상 3년 미만인 자의 경우에는 성능점검실적 총액을 연단위로 환산한 성능점검업 영위월수(나머지 일수가 15일 이상인 때에는 1개월로 하고, 15일 미만인 때에는 월수에 산입하지 않는다)로 나눈 것으로 한다.
   나. 위의 산식 중 경영평가액은 다음의 산식에 따라 산정한다.

경영평가액 = 자본금×경영평점

1) 위의 산식 중 자본금은 제15조제1항제2호에 따른 재무제표를 기초로 하여 총자산에서 총부채를 뺀 금액으로 하며, 자본금이 0 이하인 경우에는 0으로 한다. 다만, 평가연도 직전연도에 성능점검업을 신규로 등록한 경우 산정된 자본금이 성능점검업 등록기준 이하인 때에는 등록기준상 자본금을 자본금으로 한다.
2) 위의 산식 중 경영평점은 다음의 산식에 의하여 산정한다.

> 경영평점 = (유동비율평점+자기자본비율평점+매출액순이익률평점+총자본 회전율평점)÷4

가) 위의 산식 중 유동비율평점·자기자본비율평점·매출액순이익률평점 및 총자본회전율평점은 제15조제1항제2호에 따른 재무제표를 기초로 하여 유동비율(유동자산/유동부채)·자기자본비율(자기자본/총자본)·매출액순이익률(법인세 또는 소득세 차감 전 순이익/매출액) 및 총자본회전율(매출액/총자본)을 각각 성능점검능력 평가 신청업체 전체의 가중평균비율(분자에 해당하는 업계 전체의 값을 분모에 해당하는 업계 전체의 값으로 나눈 비율로 하되, 자기자본비율 및 매출액순이익률 중 0 이하인 비율은 제외한다)로 나눈 것으로 한다. 이 경우 각각의 평점이 3을 초과하는 때에는 3으로 하고, "-3" 이하인 때에는 그 평점을 각각 "-3"으로 한다.
나) 경영평점이 3을 초과하는 때에는 3으로 하고, 0 이하인 때에는 0으로 한다.

3) 점검실적평가액이 영 별표 7에 따른 성능점검업 등록 요건인 법인의 최저자본금보다 적은 경우의 경영평가액은 법인의 최저자본금의 3배를 초과하지 않도록 하며, 점검실적평가액이 영 별표 7에 따른 성능점검업 등록 요건인 법인의 최저자본금 이상인 경우의 경영평가액은 점검실적평가액의 3배를 초과하지 않도록 한다.

다. 위의 산식 중 기술능력평가액은 다음의 산식에 따라 산정한다.

> 기술능력평가액=기술능력생산액(전년도 성능점검업계의 기계설비유지관리자 1명당 평균생산액)×성능점검업자가 보유한 기계설비유지관리자 수(기계설비유지관리자 등급별 가중치를 반영한 수)×30/100

1) 위의 산식 중 기술능력생산액은 자본금(제1호나목1)에 따라 산정한 자본금을 말한다)의 3배와 점검실적평가액 중 큰 금액을 초과하지 않도록 한다.
2) 위의 산식 중 전년도 성능점검업계의 기계설비유지관리자 1명당 평균생산액은 성능점검능력 평가를 신청한 업체의 총점검실적액을 성능점검능력 평가를 신청한 업체가 보유한 기계설비유지관리자의 총수로 나눈 금액으로 한다.
3) 위의 산식 중 기계설비유지관리자 등급별 가중치는 다음 표에 따른다.

보유기술인력	특급	고급	중급	초급	보조
가중치	1.7	1.5	1.3	1	0.7

라. 위의 산식 중 신인도평가액은 다음의 산식에 따라 산정한다. 다만, 1)부터 5)까지의 요소별 신인도 반영비율의 합계는 ±30/100을 초과하지 않도록 한다.

> 신인도평가액 = 점검실적평가액×요소별 신인도반영비율의 합계

1) 성능점검업자의 성능점검업 영위기간에 따라 다음의 표에 해당하는 비율을 더한다.

영위기간	1년 이상 5년 미만	5년 이상 10년 미만	10년 이상 20년 미만	30년 이상
비율	1/100	3/100	5/100	7/100

2) 평가연도의 직전연도에 이 법에 따른 과태료처분을 받은 자는 100분의 1을 뺀다.
3) 평가연도의 직전연도에 이 법에 따른 영업정지처분을 받은 자는 100분의 3을 뺀다.
4) 최근 3년 이내에 부도가 발생한 성능점검업자는 100분의 5를 뺀다.
5) 제15조제1항 각 호의 서류를 허위로 제출한 경우에는 허위제출 사실이 확인된 때의 다음 연도와 그 다음 연도의 성능점검능력평가 시 100분의 30을 뺀다.

2. 제1호가목의 점검실적평가액 중 성능점검실적을 산정할 때 법 제21조의2제1항제1호의 상속인, 법 제21조의2제1항제3호의 합병 후 존속하는 법인이나 합병에 따라 설립되는 법인의 또는 제16조제3항 각 호의 어느 하나에 해당하는 양수인의 경우에는 피상속인, 종전 법인 또는 양도인의 기계설비 성능점검실적을 합산한다.

3. 제1호나목의 경영평가액 중 경영평점을 산정할 때 법 제21조에 따라 새로 성능점검업의 등록을 한 성능점검업자와 법 제21조의2제1항제2호의 양수인의 경우에는 해당 연도와 다음 연도의 경영평점은 1로 한다.
4. 제1호라목의 신인도평가액 중 성능점검업 영위기간을 산정할 때 제16조제3항 각 호의 어느 하나에 해당하는 양수인의 경우에는 양도인의 기계설비성능점검업 영위기간을 합산하며, 그 밖의 지위승계자는 그렇지 않다.
5. 그 밖에 성능점검능력 평가에 따른 세부사항에 대하여 국토교통부장관은 성능점검능력평가 수탁기관과 협의하여 정할 수 있다.

소방시설 설치 및 관리에 관한 법률

[시행 2024. 12. 1.] [법률 제18522호, 2021. 11. 30., 전부개정]

제1장 총칙

제1조(목적) 이 법은 특정소방대상물 등에 설치하여야 하는 소방시설등의 설치·관리와 소방용품 성능관리에 필요한 사항을 규정함으로써 국민의 생명·신체 및 재산을 보호하고 공공의 안전과 복리 증진에 이바지함을 목적으로 한다.

제2조(정의) ① 이 법에서 사용하는 용어의 뜻은 다음과 같다.
1. "소방시설"이란 소화설비, 경보설비, 피난구조설비, 소화용수설비, 그 밖에 소화활동설비로서 대통령령으로 정하는 것을 말한다.
2. "소방시설등"이란 소방시설과 비상구(非常口), 그 밖에 소방 관련 시설로서 대통령령으로 정하는 것을 말한다.
3. "특정소방대상물"이란 건축물 등의 규모·용도 및 수용인원 등을 고려하여 소방시설을 설치하여야 하는 소방대상물로서 대통령령으로 정하는 것을 말한다.
4. "화재안전성능"이란 화재를 예방하고 화재발생 시 피해를 최소화하기 위하여 소방대상물의 재료, 공간 및 설비 등에 요구되는 안전성능을 말한다.
5. "성능위주설계"란 건축물 등의 재료, 공간, 이용자, 화재 특성 등을 종합적으로 고려하여 공학적 방법으로 화재 위험성을 평가하고 그 결과에 따라 화재안전성능이 확보될 수 있도록 특정소방대상물을 설계하는 것을 말한다.
6. "화재안전기준"이란 소방시설 설치 및 관리를 위한 다음 각 목의 기준을 말한다.
   가. 성능기준: 화재안전 확보를 위하여 재료, 공간 및 설비 등에 요구되는 안전성능으로서 소방청장이 고시로 정하는 기준
   나. 기술기준: 가목에 따른 성능기준을 충족하는 상세한 규격, 특정한 수치 및 시험방법 등에 관한 기준으로서 행정안전부령으로 정하는 절차에 따라 소방청장의 승인을 받은 기준
7. "소방용품"이란 소방시설등을 구성하거나 소방용으로 사용되는 제품 또는 기기로서 대통령령으로 정하는 것을 말한다.

② 이 법에서 사용하는 용어의 뜻은 제1항에서 규정하는 것을 제외하고는 「소방기본법」, 「화재의 예방 및 안전관리에 관한 법률」, 「소방시설공사업법」, 「위험물안전관리법」 및 「건축법」에서 정하는 바에 따른다.

제3조(국가 및 지방자치단체의 책무) ① 국가와 지방자치단체는 소방시설등의 설치·관리와 소방용품의 품질 향상 등을 위하여 필요한 정책을 수립하고 시행하여야 한다.
② 국가와 지방자치단체는 새로운 소방 기술·기준의 개발 및 조사·연구, 전문인력 양성 등 필요한 노력을 하여야 한다.
③ 국가와 지방자치단체는 제1항 및 제2항에 따른 정책을 수립·시행하는 데 있어 필요한 행정적·재정적 지원을 하여야 한다.

제4조(관계인의 의무) ① 관계인(「소방기본법」 제2조제3호에 따른 관계인을 말한다. 이하 같다)은 소방시설의 기능과 성능을 보전·향상시키고 이용자의 편의와 안전성을 높이기 위하여 노력하여야 한다.
② 관계인은 매년 소방시설등의 관리에 필요한 재원을 확보하도록 노력하여야 한다.
③ 관계인은 국가 및 지방자치단체의 소방시설등의 설치 및 관리 활동에 적극 협조하여야 한다.
④ 관계인 중 점유자는 소유자 및 관리자의 소방시설등 관리 업무에 적극 협조하여야 한다.

제5조(다른 법률과의 관계) 특정소방대상물 가운데 「위험물안전관리법」에 따른 위험물 제조소 등의 안전관리와 위험물 제조소 등에 설치하는 소방시설 등의 설치기준에 관하여는 「위험물안전관리법」에서 정하는 바에 따른다.

제2장 소방시설등의 설치·관리 및 방염

제1절 건축허가등의 동의 등

제6조(건축허가등의 동의 등) ① 건축물 등의 신축·증축·개축·재축(再築)·이전·용도변경 또는 대수선(大修繕)의 허가·협의 및 사용승인(「주택법」 제15조에 따른 승인 및 같은 법 제49조에 따른 사용검사, 「학교시설사업 촉진법」 제4조에 따른 승인 및 같은 법 제13조에 따른 사용승인을 포함하며, 이하 "건축허가

등"이라 한다)의 권한이 있는 행정기관은 건축허가등을 할 때 미리 그 건축물 등의 시공지(施工地) 또는 소재지를 관할하는 소방본부장이나 소방서장의 동의를 받아야 한다.

② 건축물 등의 증축·개축·재축·용도변경 또는 대수선의 신고를 수리(受理)할 권한이 있는 행정기관은 그 신고를 수리하면 그 건축물 등의 시공지 또는 소재지를 관할하는 소방본부장이나 소방서장에게 지체 없이 그 사실을 알려야 한다.

③ 제1항에 따른 건축허가등의 권한이 있는 행정기관과 제2항에 따른 신고를 수리할 권한이 있는 행정기관은 제1항에 따라 건축허가등의 동의를 받거나 제2항에 따른 신고를 수리한 사실을 알릴 때 관할 소방본부장이나 소방서장에게 건축허가등을 하거나 신고를 수리할 때 건축허가등을 받으려는 자 또는 신고를 한 자가 제출한 설계도서 중 건축물의 내부구조를 알 수 있는 설계도면을 제출하여야 한다. 다만, 국가안보상 중요하거나 국가기밀에 속하는 건축물을 건축하는 경우로서 관계 법령에 따라 행정기관이 설계도면을 확보할 수 없는 경우에는 그러하지 아니하다.

④ 소방본부장 또는 소방서장은 제1항에 따른 동의를 요구받은 경우 해당 건축물 등이 다음 각 호의 사항을 따르고 있는지를 검토하여 행정안전부령으로 정하는 기간 내에 해당 행정기관에 동의 여부를 알려야 한다.
 1. 이 법 또는 이 법에 따른 명령
 2. 「소방기본법」 제21조의2에 따른 소방자동차 전용구역의 설치

⑤ 소방본부장 또는 소방서장은 제4항에 따른 건축허가등의 동의 여부를 알릴 경우에는 원활한 소방활동 및 건축물 등의 화재안전성능을 확보하기 위하여 필요한 다음 각 호의 사항에 대한 검토 자료 또는 의견서를 첨부할 수 있다.
 1. 「건축법」 제49조제1항 및 제2항에 따른 피난시설, 방화구획(防火區劃)
 2. 「건축법」 제49조제3항에 따른 소방관 진입창
 3. 「건축법」 제50조, 제50조의2, 제51조, 제52조, 제52조의2 및 제53조에 따른 방화벽, 마감재료 등(이하 "방화시설"이라 한다)
 4. 그 밖에 소방자동차의 접근이 가능한 통로의 설치 등 대통령령으로 정하는 사항

⑥ 제1항에 따라 사용승인에 대한 동의를 할 때에는 「소방시설공사업법」 제14조제3항에 따른 소방시설공사의 완공검사증명서를 발급하는 것으로 동의를 갈음할 수 있다. 이 경우 제1항에 따른 건축허가등의 권한이 있는 행정기관은 소방시설공사의 완공검사증명서를 확인하여야 한다.

⑦ 제1항에 따른 건축허가등을 할 때 소방본부장이나 소방서장의 동의를 받아야 하는 건축물 등의 범위는 대통령령으로 정한다.

⑧ 다른 법령에 따른 인가·허가 또는 신고 등(건축허가등과 제2항에 따른 신고는 제외하며, 이하 이 항에서 "인허가등"이라 한다)의 시설기준에 소방시설등의 설치·관리 등에 관한 사항이 포함되어 있는 경우 해당 인허가등의 권한이 있는 행정기관은 인허가등을 할 때 미리 그 시설의 소재지를 관할하는 소방본부장이나 소방서장에게 그 시설이 이 법 또는 이 법에 따른 명령을 따르고 있는지를 확인하여 줄 것을 요청할 수 있다. 이 경우 요청을 받은 소방본부장 또는 소방서장은 행정안전부령으로 정하는 기간 내에 확인 결과를 알려야 한다.

제7조(소방시설의 내진설계기준) 「지진·화산재해대책법」 제14조제1항 각 호의 시설 중 대통령령으로 정하는 특정소방대상물에 대통령령으로 정하는 소방시설을 설치하려는 자는 지진이 발생할 경우 소방시설이 정상적으로 작동될 수 있도록 소방청장이 정하는 내진설계기준에 맞게 소방시설을 설치하여야 한다.

제8조(성능위주설계) ① 연면적·높이·층수 등이 일정 규모 이상인 대통령령으로 정하는 특정소방대상물(신축하는 것만 해당한다)에 소방시설을 설치하려는 자는 성능위주설계를 하여야 한다.

② 제1항에 따라 소방시설을 설치하려는 자가 성능위주설계를 한 경우에는 「건축법」 제11조에 따른 건축허가를 신청하기 전에 해당 특정소방대상물의 시공지 또는 소재지를 관할하는 소방서장에게 신고하여야 한다. 해당 특정소방대상물의 연면적·높이·층수의 변경 등 행정안전부령으로 정하는 사유로 신고한 성능위주설계를 변경하려는 경우에도 또한 같다.

③ 소방서장은 제2항에 따른 신고 또는 변경신고를 받은 경우 그 내용을 검토하여 이 법에 적합하면 신고를 수리하여야 한다.

④ 제2항에 따라 성능위주설계의 신고 또는 변경신고를 하려는 자는 해당 특정소방대상물이 「건축법」 제4조의2에 따른 건축위원회의 심의를 받아야 하는 건축물인 경우에는 그 심의를 신청하기 전에 성능위주설계의 기본설계도서(基本設計圖書) 등에 대해서 해당 특정소방대상물의 시공지 또는 소재지를 관할하는 소방서장의 사전검토를 받아야 한다.

⑤ 소방서장은 제2항 또는 제4항에 따라 성능위주설계의 신고, 변경신고 또는 사전검토 신청을 받은 경우에는 소방청 또는 관할 소방본부에 설치된 제9조제1항에 따른 성능위주설계평가단의 검토·평가를 거쳐야 한다. 다만, 소방서장은 신기술·신공법 등 검토·평가에 고도의 기술이 필요한 경우에는 제18조제1항에 따른 중앙소방기술심의위원회에 심의를 요청할 수 있다.
⑥ 소방서장은 제5항에 따른 검토·평가 결과 성능위주설계의 수정 또는 보완이 필요하다고 인정되는 경우에는 성능위주설계를 한 자에게 그 수정 또는 보완을 요청할 수 있으며, 수정 또는 보완 요청을 받은 자는 정당한 사유가 없으면 그 요청에 따라야 한다.
⑦ 제2항부터 제6항까지에서 규정한 사항 외에 성능위주설계의 신고, 변경신고 및 사전검토의 절차·방법 등에 필요한 사항과 성능위주설계의 기준은 행정안전부령으로 정한다.

제9조(성능위주설계평가단) ① 성능위주설계에 대한 전문적·기술적인 검토 및 평가를 위하여 소방청 또는 소방본부에 성능위주설계 평가단(이하 "평가단"이라 한다)을 둔다.
② 평가단에 소속되거나 소속되었던 사람은 평가단의 업무를 수행하면서 알게 된 비밀을 이 법에서 정한 목적 외의 용도로 사용하거나 다른 사람 또는 기관에 제공하거나 누설하여서는 아니 된다.
③ 평가단의 구성 및 운영 등에 필요한 사항은 행정안전부령으로 정한다.

제10조(주택에 설치하는 소방시설) ① 다음 각 호의 주택의 소유자는 소화기 등 대통령령으로 정하는 소방시설(이하 "주택용소방시설"이라 한다)을 설치하여야 한다.
 1. 「건축법」 제2조제2항제1호의 단독주택
 2. 「건축법」 제2조제2항제2호의 공동주택(아파트 및 기숙사는 제외한다)
② 국가 및 지방자치단체는 주택용소방시설의 설치 및 국민의 자율적인 안전관리를 촉진하기 위하여 필요한 시책을 마련하여야 한다.
③ 주택용소방시설의 설치기준 및 자율적인 안전관리 등에 관한 사항은 특별시·광역시·특별자치시·도 또는 특별자치도(이하 "시·도"라 한다)의 조례로 정한다.

제11조(자동차에 설치 또는 비치하는 소화기) ① 「자동차관리법」 제3조제1항에 따른 자동차 중 다음 각 호의 어느 하나에 해당하는 자동차를 제작·조립·수입·판매하려는 자 또는 해당 자동차의 소유자는 차량용 소화기를 설치하거나 비치하여야 한다.
 1. 5인승 이상의 승용자동차
 2. 승합자동차
 3. 화물자동차
 4. 특수자동차
② 제1항에 따른 차량용 소화기의 설치 또는 비치 기준은 행정안전부령으로 정한다.
③ 국토교통부장관은 「자동차관리법」 제43조제1항에 따른 자동차검사 시 차량용 소화기의 설치 또는 비치 여부 등을 확인하여야 하며, 그 결과를 매년 12월 31일까지 소방청장에게 통보하여야 한다.

제2절 특정소방대상물에 설치하는 소방시설의 관리 등

제12조(특정소방대상물에 설치하는 소방시설의 관리 등) ① 특정소방대상물의 관계인은 대통령령으로 정하는 소방시설을 화재안전기준에 따라 설치·관리하여야 한다. 이 경우 「장애인·노인·임산부 등의 편의증진 보장에 관한 법률」 제2조제1호에 따른 장애인등이 사용하는 소방시설(경보설비 및 피난구조설비를 말한다)은 대통령령으로 정하는 바에 따라 장애인등에 적합하게 설치·관리하여야 한다.
② 소방본부장이나 소방서장은 제1항에 따른 소방시설이 화재안전기준에 따라 설치·관리되고 있지 아니할 때에는 해당 특정소방대상물의 관계인에게 필요한 조치를 명할 수 있다.
③ 특정소방대상물의 관계인은 제1항에 따라 소방시설을 설치·관리하는 경우 화재 시 소방시설의 기능과 성능에 지장을 줄 수 있는 폐쇄(잠금을 포함한다. 이하 같다)·차단 등의 행위를 하여서는 아니 된다. 다만, 소방시설의 점검·정비를 위하여 필요한 경우 폐쇄·차단은 할 수 있다.
④ 소방청장은 제3항 단서에 따라 특정소방대상물의 관계인이 소방시설의 점검·정비를 위하여 폐쇄·차단을 하는 경우 안전을 확보하기 위하여 필요한 행동요령에 관한 지침을 마련하여 고시하여야 한다. 〈신설 2023. 1. 3.〉
⑤ 소방청장, 소방본부장 또는 소방서장은 제1항에 따른 소방시설의 작동정보 등을 실시간으로 수집·분석할 수 있는 시스템(이하 "소방시설정보관리시스템"이라 한다)을 구축·운영할 수 있다.
⑥ 소방청장, 소방본부장 또는 소방서장은 제5항에 따른 작동정보를 해당 특정소방대상물의 관계인에게 통보하여야 한다.

⑦ 소방시설정보관리시스템 구축·운영의 대상은 「화재의 예방 및 안전관리에 관한 법률」 제24조제1항 전단에 따른 소방안전관리대상물 중 소방안전관리의 취약성 등을 고려하여 대통령령으로 정하고, 그 밖에 운영방법 및 통보 절차 등에 필요한 사항은 행정안전부령으로 정한다.

제13조(소방시설기준 적용의 특례) ① 소방본부장이나 소방서장은 제12조제1항 전단에 따른 대통령령 또는 화재안전기준이 변경되어 그 기준이 강화되는 경우 기존의 특정소방대상물(건축물의 신축·개축·재축·이전 및 대수선 중인 특정소방대상물을 포함한다)의 소방시설에 대하여는 변경 전의 대통령령 또는 화재안전기준을 적용한다. 다만, 다음 각 호의 어느 하나에 해당하는 소방시설의 경우에는 대통령령 또는 화재안전기준의 변경으로 강화된 기준을 적용할 수 있다.
  1. 다음 각 목의 소방시설 중 대통령령 또는 화재안전기준으로 정하는 것
      가. 소화기구
      나. 비상경보설비
      다. 자동화재탐지설비
      라. 자동화재속보설비
      마. 피난구조설비
  2. 다음 각 목의 특정소방대상물에 설치하는 소방시설 중 대통령령 또는 화재안전기준으로 정하는 것
      가. 「국토의 계획 및 이용에 관한 법률」 제2조제9호에 따른 공동구
      나. 전력 및 통신사업용 지하구
      다. 노유자(老幼者) 시설
      라. 의료시설
② 소방본부장이나 소방서장은 특정소방대상물에 설치하여야 하는 소방시설 가운데 기능과 성능이 유사한 스프링클러설비, 물분무등소화설비, 비상경보설비 및 비상방송설비 등의 소방시설의 경우에는 대통령령으로 정하는 바에 따라 유사한 소방시설의 설치를 면제할 수 있다.
③ 소방본부장이나 소방서장은 기존의 특정소방대상물이 증축되거나 용도변경되는 경우에는 대통령령으로 정하는 바에 따라 증축 또는 용도변경 당시의 소방시설의 설치에 관한 대통령령 또는 화재안전기준을 적용한다.
④ 다음 각 호의 어느 하나에 해당하는 특정소방대상물 가운데 대통령령으로 정하는 특정소방대상물에는 제12조제1항 전단에도 불구하고 대통령령으로 정하는 소방시설을 설치하지 아니할 수 있다.
  1. 화재 위험도가 낮은 특정소방대상물
  2. 화재안전기준을 적용하기 어려운 특정소방대상물
  3. 화재안전기준을 다르게 적용하여야 하는 특수한 용도 또는 구조를 가진 특정소방대상물
  4. 「위험물안전관리법」 제19조에 따른 자체소방대가 설치된 특정소방대상물
⑤ 제4항 각 호의 어느 하나에 해당하는 특정소방대상물에 구조 및 원리 등에서 공법이 특수한 설계로 인정된 소방시설을 설치하는 경우에는 제18조제1항에 따른 중앙소방기술심의위원회의 심의를 거쳐 제12조제1항 전단에 따른 화재안전기준을 적용하지 아니할 수 있다.

제14조(특정소방대상물별로 설치하여야 하는 소방시설의 정비 등) ① 제12조제1항에 따라 대통령령으로 소방시설을 정할 때에는 특정소방대상물의 규모·용도·수용인원 및 이용자 특성 등을 고려하여야 한다.
② 소방청장은 건축 환경 및 화재위험특성 변화사항을 효과적으로 반영할 수 있도록 제1항에 따른 소방시설 규정을 3년에 1회 이상 정비하여야 한다.
③ 소방청장은 건축 환경 및 화재위험특성 변화 추세를 체계적으로 연구하여 제2항에 따른 정비를 위한 개선방안을 마련하여야 한다.
④ 제3항에 따른 연구의 수행 등에 필요한 사항은 행정안전부령으로 정한다.

제15조(건설현장의 임시소방시설 설치 및 관리) ① 「건설산업기본법」 제2조제4호에 따른 건설공사를 하는 자(이하 "공사시공자"라 한다)는 특정소방대상물의 신축·증축·개축·재축·이전·용도변경·대수선 또는 설비 설치 등을 위한 공사 현장에서 인화성(引火性) 물품을 취급하는 작업 등 대통령령으로 정하는 작업(이하 "화재위험작업"이라 한다)을 하기 전에 설치 및 철거가 쉬운 화재대비시설(이하 "임시소방시설"이라 한다)을 설치하고 관리하여야 한다.
② 제1항에도 불구하고 소방시설공사업자가 화재위험작업 현장에 소방시설 중 임시소방시설과 기능 및 성능이 유사한 것으로서 대통령령으로 정하는 소방시설을 화재안전기준에 맞게 설치 및 관리하고 있는 경우에는 공사시공자가 임시소방시설을 설치하고 관리한 것으로 본다.
③ 소방본부장 또는 소방서장은 제1항이나 제2항에 따라 임시소방시설 또는 소방시설이 설치 및 관리되지 아니할 때에는 해당 공사시공자에게 필요한 조치를 명할 수 있다.

④ 제1항에 따라 임시소방시설을 설치하여야 하는 공사의 종류와 규모, 임시소방시설의 종류 등에 필요한 사항은 대통령령으로 정하고, 임시소방시설의 설치 및 관리 기준은 소방청장이 정하여 고시한다.

제16조(피난시설, 방화구획 및 방화시설의 관리) ① 특정소방대상물의 관계인은 「건축법」 제49조에 따른 피난시설, 방화구획 및 방화시설에 대하여 정당한 사유가 없는 한 다음 각 호의 행위를 하여서는 아니 된다.
1. 피난시설, 방화구획 및 방화시설을 폐쇄하거나 훼손하는 등의 행위
2. 피난시설, 방화구획 및 방화시설의 주위에 물건을 쌓아두거나 장애물을 설치하는 행위
3. 피난시설, 방화구획 및 방화시설의 용도에 장애를 주거나 「소방기본법」 제16조에 따른 소방활동에 지장을 주는 행위
4. 그 밖에 피난시설, 방화구획 및 방화시설을 변경하는 행위

② 소방본부장이나 소방서장은 특정소방대상물의 관계인이 제1항 각 호의 어느 하나에 해당하는 행위를 한 경우에는 피난시설, 방화구획 및 방화시설의 관리를 위하여 필요한 조치를 명할 수 있다.

제17조(소방용품의 내용연수 등) ① 특정소방대상물의 관계인은 내용연수가 경과한 소방용품을 교체하여야 한다. 이 경우 내용연수를 설정하여야 하는 소방용품의 종류 및 그 내용연수 연한에 필요한 사항은 대통령령으로 정한다.
② 제1항에도 불구하고 행정안전부령으로 정하는 절차 및 방법 등에 따라 소방용품의 성능을 확인받은 경우에는 그 사용기한을 연장할 수 있다.

제18조(소방기술심의위원회) ① 다음 각 호의 사항을 심의하기 위하여 소방청에 중앙소방기술심의위원회(이하 "중앙위원회"라 한다)를 둔다.
1. 화재안전기준에 관한 사항
2. 소방시설의 구조 및 원리 등에서 공법이 특수한 설계 및 시공에 관한 사항
3. 소방시설의 설계 및 공사감리의 방법에 관한 사항
4. 소방시설공사의 하자를 판단하는 기준에 관한 사항
5. 제8조제5항 단서에 따라 신기술·신공법 등 검토·평가에 고도의 기술이 필요한 경우로서 중앙위원회에 심의를 요청한 사항
6. 그 밖에 소방기술 등에 관하여 대통령령으로 정하는 사항

② 다음 각 호의 사항을 심의하기 위하여 시·도에 지방소방기술심의위원회(이하 "지방위원회"라 한다)를 둔다.
1. 소방시설에 하자가 있는지의 판단에 관한 사항
2. 그 밖에 소방기술 등에 관하여 대통령령으로 정하는 사항

③ 중앙위원회 및 지방위원회의 구성·운영 등에 필요한 사항은 대통령령으로 정한다.

제19조(화재안전기준의 관리·운영) 소방청장은 화재안전기준을 효율적으로 관리·운영하기 위하여 다음 각 호의 업무를 수행하여야 한다.
1. 화재안전기준의 제정·개정 및 운영
2. 화재안전기준의 연구·개발 및 보급
3. 화재안전기준의 검증 및 평가
4. 화재안전기준의 정보체계 구축
5. 화재안전기준에 대한 교육 및 홍보
6. 국외 화재안전기준의 제도·정책 동향 조사·분석
7. 화재안전기준 발전을 위한 국제협력
8. 그 밖에 화재안전기준 발전을 위하여 대통령령으로 정하는 사항

제3절 방염

제20조(특정소방대상물의 방염 등) ① 대통령령으로 정하는 특정소방대상물에 실내장식 등의 목적으로 설치 또는 부착하는 물품으로서 대통령령으로 정하는 물품(이하 "방염대상물품"이라 한다)은 방염성능기준 이상의 것으로 설치하여야 한다.
② 소방본부장 또는 소방서장은 방염대상물품이 제1항에 따른 방염성능기준에 미치지 못하거나 제21조제1항에 따른 방염성능검사를 받지 아니한 것이면 특정소방대상물의 관계인에게 방염대상물품을 제거하도록 하거나 방염성능검사를 받도록 하는 등 필요한 조치를 명할 수 있다.
③ 제1항에 따른 방염성능기준은 대통령령으로 정한다.

제21조(방염성능의 검사) ① 제20조제1항에 따른 특정소방대상물에 사용하는 방염대상물품은 소방청장이 실시하는 방염성능검사를 받은 것이어야 한다. 다만, 대통령령으로 정하는 방염대상물품의 경우에는 특별시장·광역시장·특별자치시장·도지사 또는 특별자치도지사(이하 "시·도지사"라 한다)가 실시하는 방염성능검사를 받은 것이어야 한다.
② 「소방시설공사업법」 제4조에 따라 방염처리업의 등록을 한 자는 제1항에 따른 방염성능검사를 할 때에 거짓 시료(試料)를 제출하여서는 아니 된다.
③ 제1항에 따른 방염성능검사의 방법과 검사 결과에 따른 합격 표시 등에 필요한 사항은 행정안전부령으로 정한다.

제3장 소방시설등의 자체점검

제22조(소방시설등의 자체점검) ① 특정소방대상물의 관계인은 그 대상물에 설치되어 있는 소방시설등이 이 법이나 이 법에 따른 명령 등에 적합하게 설치·관리되고 있는지에 대하여 다음 각 호의 구분에 따른 기간 내에 스스로 점검하거나 제34조에 따른 점검능력 평가를 받은 관리업자 또는 행정안전부령으로 정하는 기술자격자(이하 "관리업자등"이라 한다)로 하여금 정기적으로 점검(이하 "자체점검"이라 한다)하게 하여야 한다. 이 경우 관리업자등이 점검한 경우에는 그 점검 결과를 행정안전부령으로 정하는 바에 따라 관계인에게 제출하여야 한다.
  1. 해당 특정소방대상물의 소방시설등이 신설된 경우: 「건축법」 제22조에 따라 건축물을 사용할 수 있게 된 날부터 60일
  2. 제1호 외의 경우: 행정안전부령으로 정하는 기간
② 자체점검의 구분 및 대상, 점검인력의 배치기준, 점검자의 자격, 점검 장비, 점검 방법 및 횟수 등 자체점검 시 준수하여야 할 사항은 행정안전부령으로 정한다.
③ 제1항에 따라 관리업자등으로 하여금 자체점검하게 하는 경우의 점검 대가는 「엔지니어링산업 진흥법」 제31조에 따른 엔지니어링사업의 대가 기준 가운데 행정안전부령으로 정하는 방식에 따라 산정한다.
④ 제3항에도 불구하고 소방청장은 소방시설등 자체점검에 대한 품질확보를 위하여 필요하다고 인정하는 경우에는 특정소방대상물의 규모, 소방시설등의 종류 및 점검인력 등에 따라 관계인이 부담하여야 할 자체점검 비용의 표준이 될 금액(이하 "표준자체점검비"라 한다)을 정하여 공표하거나 관리업자등에게 이를 소방시설등 자체점검에 관한 표준가격으로 활용하도록 권고할 수 있다.
⑤ 표준자체점검비의 공표 방법 등에 관하여 필요한 사항은 소방청장이 정하여 고시한다.
⑥ 관계인은 천재지변이나 그 밖에 대통령령으로 정하는 사유로 자체점검을 실시하기 곤란한 경우에는 대통령령으로 정하는 바에 따라 소방본부장 또는 소방서장에게 면제 또는 연기 신청을 할 수 있다. 이 경우 소방본부장 또는 소방서장은 그 면제 또는 연기 신청 승인 여부를 결정하고 그 결과를 관계인에게 알려주어야 한다.

제23조(소방시설등의 자체점검 결과의 조치 등) ① 특정소방대상물의 관계인은 제22조제1항에 따른 자체점검 결과 소화펌프 고장 등 대통령령으로 정하는 중대위반사항(이하 이 조에서 "중대위반사항"이라 한다)이 발견된 경우에는 지체 없이 수리 등 필요한 조치를 하여야 한다.
② 관리업자등은 자체점검 결과 중대위반사항을 발견한 경우 즉시 관계인에게 알려야 한다. 이 경우 관계인은 지체 없이 수리 등 필요한 조치를 하여야 한다.
③ 특정소방대상물의 관계인은 제22조제1항에 따라 자체점검을 한 경우에는 그 점검 결과를 행정안전부령으로 정하는 바에 따라 소방시설등에 대한 수리·교체·정비에 관한 이행계획(중대위반사항에 대한 조치사항을 포함한다. 이하 이 조에서 같다)을 첨부하여 소방본부장 또는 소방서장에게 보고하여야 한다. 이 경우 소방본부장 또는 소방서장은 점검 결과 및 이행계획이 적합하지 아니하다고 인정되는 경우에는 관계인에게 보완을 요구할 수 있다.
④ 특정소방대상물의 관계인은 제3항에 따른 이행계획을 행정안전부령으로 정하는 바에 따라 기간 내에 완료하고, 소방본부장 또는 소방서장에게 이행계획 완료 결과를 보고하여야 한다. 이 경우 소방본부장 또는 소방서장은 이행계획 완료 결과가 거짓 또는 허위로 작성되었다고 판단되는 경우에는 해당 특정소방대상물을 방문하여 그 이행계획 완료 여부를 확인할 수 있다.
⑤ 제4항에도 불구하고 특정소방대상물의 관계인은 천재지변이나 그 밖에 대통령령으로 정하는 사유로 제3항에 따른 이행계획을 완료하기 곤란한 경우에는 소방본부장 또는 소방서장에게 대통령령으로 정하는 바에 따라 이행계획 완료를 연기하여 줄 것을 신청할 수 있다. 이 경우 소방본부장 또는 소방서장은 연기 신청 승인 여부를 결정하고 그 결과를 관계인에게 알려주어야 한다.

⑥ 소방본부장 또는 소방서장은 관계인이 제4항에 따라 이행계획을 완료하지 아니한 경우에는 필요한 조치의 이행을 명할 수 있고, 관계인은 이에 따라야 한다.

제24조(점검기록표 게시 등) ① 제23조제3항에 따라 자체점검 결과 보고를 마친 관계인은 관리업자등, 점검일시, 점검자 등 자체점검과 관련된 사항을 점검기록표에 기록하여 특정소방대상물의 출입자가 쉽게 볼 수 있는 장소에 게시하여야 한다. 이 경우 점검기록표의 기록 등에 필요한 사항은 행정안전부령으로 정한다.
② 소방본부장 또는 소방서장은 다음 각 호의 사항을 제48조에 따른 전산시스템 또는 인터넷 홈페이지 등을 통하여 국민에게 공개할 수 있다. 이 경우 공개 절차, 공개 기간 및 공개 방법 등 필요한 사항은 대통령령으로 정한다.
  1. 자체점검 기간 및 점검자
  2. 특정소방대상물의 정보 및 자체점검 결과
  3. 그 밖에 소방본부장 또는 소방서장이 특정소방대상물을 이용하는 불특정다수인의 안전을 위하여 공개가 필요하다고 인정하는 사항

제4장 소방시설관리사 및 소방시설관리업

제1절 소방시설관리사

제25조(소방시설관리사) ① 소방시설관리사(이하 "관리사"라 한다)가 되려는 사람은 소방청장이 실시하는 관리사시험에 합격하여야 한다.
② 제1항에 따른 관리사시험의 응시자격, 시험방법, 시험과목, 시험위원, 그 밖에 관리사시험에 필요한 사항은 대통령령으로 정한다.
③ 관리사시험의 최종 합격자 발표일을 기준으로 제27조의 결격사유에 해당하는 사람은 관리사 시험에 응시할 수 없다.
④ 소방기술사 등 대통령령으로 정하는 사람에 대하여는 대통령령으로 정하는 바에 따라 제2항에 따른 관리사시험 과목 가운데 일부를 면제할 수 있다.
⑤ 소방청장은 제1항에 따른 관리사시험에 합격한 사람에게는 행정안전부령으로 정하는 바에 따라 소방시설관리사증을 발급하여야 한다.
⑥ 제5항에 따라 소방시설관리사증을 발급받은 사람이 소방시설관리사증을 잃어버렸거나 못 쓰게 된 경우에는 행정안전부령으로 정하는 바에 따라 소방시설관리사증을 재발급받을 수 있다.
⑦ 관리사는 제5항 또는 제6항에 따라 발급 또는 재발급받은 소방시설관리사증을 다른 사람에게 빌려주거나 빌려서는 아니 되며, 이를 알선하여서도 아니 된다.
⑧ 관리사는 동시에 둘 이상의 업체에 취업하여서는 아니 된다.
⑨ 제22조제1항에 따른 기술자격자 및 제29조제2항에 따라 관리업의 기술인력으로 등록된 관리사는 이 법과 이 법에 따른 명령에 따라 성실하게 자체점검 업무를 수행하여야 한다.

제26조(부정행위자에 대한 제재) 소방청장은 시험에서 부정한 행위를 한 응시자에 대하여는 그 시험을 정지 또는 무효로 하고, 그 처분이 있은 날부터 2년간 시험 응시자격을 정지한다.

제27조(관리사의 결격사유) 다음 각 호의 어느 하나에 해당하는 사람은 관리사가 될 수 없다.
  1. 피성년후견인
  2. 이 법, 「소방기본법」, 「화재의 예방 및 안전관리에 관한 법률」, 「소방시설공사업법」 또는 「위험물안전관리법」을 위반하여 금고 이상의 실형을 선고받고 그 집행이 끝나거나(집행이 끝난 것으로 보는 경우를 포함한다) 집행이 면제된 날부터 2년이 지나지 아니한 사람
  3. 이 법, 「소방기본법」, 「화재의 예방 및 안전관리에 관한 법률」, 「소방시설공사업법」 또는 「위험물안전관리법」을 위반하여 금고 이상의 형의 집행유예를 선고받고 그 유예기간 중에 있는 사람
  4. 제28조에 따라 자격이 취소(이 조 제1호에 해당하여 자격이 취소된 경우는 제외한다)된 날부터 2년이 지나지 아니한 사람

제28조(자격의 취소·정지) 소방청장은 관리사가 다음 각 호의 어느 하나에 해당할 때에는 행정안전부령으로 정하는 바에 따라 그 자격을 취소하거나 1년 이내의 기간을 정하여 그 자격의 정지를 명할 수 있다. 다만, 제1호, 제4호, 제5호 또는 제7호에 해당하면 그 자격을 취소하여야 한다.
  1. 거짓이나 그 밖의 부정한 방법으로 시험에 합격한 경우
  2. 「화재의 예방 및 안전관리에 관한 법률」 제25조제2항에 따른 대행인력의 배치기준·자격·방법 등 준수사항을 지키지 아니한 경우

3. 제22조에 따른 점검을 하지 아니하거나 거짓으로 한 경우
4. 제25조제7항을 위반하여 소방시설관리사증을 다른 사람에게 빌려준 경우
5. 제25조제8항을 위반하여 동시에 둘 이상의 업체에 취업한 경우
6. 제25조제9항을 위반하여 성실하게 자체점검 업무를 수행하지 아니한 경우
7. 제27조 각 호의 어느 하나에 따른 결격사유에 해당하게 된 경우

제2절 소방시설관리업

제29조(소방시설관리업의 등록 등) ① 소방시설등의 점검 및 관리를 업으로 하려는 자 또는 「화재의 예방 및 안전관리에 관한 법률」 제25조에 따른 소방안전관리업무의 대행을 하려는 자는 대통령령으로 정하는 업종별로 시·도지사에게 소방시설관리업(이하 "관리업"이라 한다) 등록을 하여야 한다.
② 제1항에 따른 업종별 기술인력 등 관리업의 등록기준 및 영업범위 등에 필요한 사항은 대통령령으로 정한다.
③ 관리업의 등록신청과 등록증·등록수첩의 발급·재발급 신청, 그 밖에 관리업의 등록에 필요한 사항은 행정안전부령으로 정한다.

제30조(등록의 결격사유) 다음 각 호의 어느 하나에 해당하는 자는 관리업의 등록을 할 수 없다.
1. 피성년후견인
2. 이 법, 「소방기본법」, 「화재의 예방 및 안전관리에 관한 법률」, 「소방시설공사업법」 또는 「위험물안전관리법」을 위반하여 금고 이상의 실형을 선고받고 그 집행이 끝나거나(집행이 끝난 것으로 보는 경우를 포함한다) 집행이 면제된 날부터 2년이 지나지 아니한 사람
3. 이 법, 「소방기본법」, 「화재의 예방 및 안전관리에 관한 법률」, 「소방시설공사업법」 또는 「위험물안전관리법」을 위반하여 금고 이상의 형의 집행유예를 선고받고 그 유예기간 중에 있는 사람
4. 제35조제1항에 따라 관리업의 등록이 취소(제1호에 해당하여 등록이 취소된 경우는 제외한다)된 날부터 2년이 지나지 아니한 자
5. 임원 중에 제1호부터 제4호까지의 어느 하나에 해당하는 사람이 있는 법인

제31조(등록사항의 변경신고) 관리업자(관리업의 등록을 한 자를 말한다. 이하 같다)는 제29조에 따라 등록한 사항 중 행정안전부령으로 정하는 중요 사항이 변경되었을 때에는 행정안전부령으로 정하는 바에 따라 시·도지사에게 변경사항을 신고하여야 한다.

제5장 소방용품의 품질관리

제37조(소방용품의 형식승인 등) ① 대통령령으로 정하는 소방용품을 제조하거나 수입하려는 자는 소방청장의 형식승인을 받아야 한다. 다만, 연구개발 목적으로 제조하거나 수입하는 소방용품은 그러하지 아니하다.
② 제1항에 따른 형식승인을 받으려는 자는 행정안전부령으로 정하는 기준에 따라 형식승인을 위한 시험시설을 갖추고 소방청장의 심사를 받아야 한다. 다만, 소방용품을 수입하는 자가 판매를 목적으로 하지 아니하고 자신의 건축물에 직접 설치하거나 사용하려는 경우 등 행정안전부령으로 정하는 경우에는 시험시설을 갖추지 아니할 수 있다.
③ 제1항과 제2항에 따라 형식승인을 받은 자는 그 소방용품에 대하여 소방청장이 실시하는 제품검사를 받아야 한다.
④ 제1항에 따른 형식승인의 방법·절차 등과 제3항에 따른 제품검사의 구분·방법·순서·합격표시 등에 필요한 사항은 행정안전부령으로 정한다.
⑤ 소방용품의 형상·구조·재질·성분·성능 등(이하 "형상등"이라 한다)의 형식승인 및 제품검사의 기술기준 등에 필요한 사항은 소방청장이 정하여 고시한다.
⑥ 누구든지 다음 각 호의 어느 하나에 해당하는 소방용품을 판매하거나 판매 목적으로 진열하거나 소방시설공사에 사용할 수 없다.
1. 형식승인을 받지 아니한 것
2. 형상등을 임의로 변경한 것
3. 제품검사를 받지 아니하거나 합격표시를 하지 아니한 것
⑦ 소방청장, 소방본부장 또는 소방서장은 제6항을 위반한 소방용품에 대하여는 그 제조자·수입자·판매자 또는 시공자에게 수거·폐기 또는 교체 등 행정안전부령으로 정하는 필요한 조치를 명할 수 있다.
⑧ 소방청장은 소방용품의 작동기능, 제조방법, 부품 등이 제5항에 따라 소방청장이 고시하는 형식승인 및 제품검사의 기술기준에서 정하고 있는 방법이 아닌 새로운 기술이 적용된 제품의 경우에는 관련 전문가의 평가를 거쳐 행정안전부령으로 정하는 바에 따라 제4항에 따른 방법 및 절차와 다른 방법 및 절차로 형식

승인을 할 수 있으며, 외국의 공인기관으로부터 인정받은 신기술 제품은 형식승인을 위한 시험 중 일부를 생략하여 형식승인을 할 수 있다.
⑨ 다음 각 호의 어느 하나에 해당하는 소방용품의 형식승인 내용에 대하여 공인기관의 평가 결과가 있는 경우 형식승인 및 제품검사 시험 중 일부만을 적용하여 형식승인 및 제품검사를 할 수 있다.
 1. 「군수품관리법」 제2조에 따른 군수품
 2. 주한외국공관 또는 주한외국군 부대에서 사용되는 소방용품
 3. 외국의 차관이나 국가 간의 협약 등에 따라 건설되는 공사에 사용되는 소방용품으로서 사전에 합의된 것
 4. 그 밖에 특수한 목적으로 사용되는 소방용품으로서 소방청장이 인정하는 것
⑩ 하나의 소방용품에 두 가지 이상의 형식승인 사항 또는 형식승인과 성능인증 사항이 결합된 경우에는 두 가지 이상의 형식승인 또는 형식승인과 성능인증 시험을 함께 실시하고 하나의 형식승인을 할 수 있다.
⑪ 제9항 및 제10항에 따른 형식승인의 방법 및 절차 등에 필요한 사항은 행정안전부령으로 정한다.

제38조(형식승인의 변경) ① 제37조제1항 및 제10항에 따른 형식승인을 받은 자가 해당 소방용품에 대하여 형상등의 일부를 변경하려면 소방청장의 변경승인을 받아야 한다.
② 제1항에 따른 변경승인의 대상·구분·방법 및 절차 등에 필요한 사항은 행정안전부령으로 정한다.

제39조(형식승인의 취소 등) ① 소방청장은 소방용품의 형식승인을 받았거나 제품검사를 받은 자가 다음 각 호의 어느 하나에 해당할 때에는 행정안전부령으로 정하는 바에 따라 그 형식승인을 취소하거나 6개월 이내의 기간을 정하여 제품검사의 중지를 명할 수 있다. 다만, 제1호·제3호 또는 제5호의 경우에는 해당 소방용품의 형식승인을 취소하여야 한다.
 1. 거짓이나 그 밖의 부정한 방법으로 제37조제1항 및 제10항에 따른 형식승인을 받은 경우
 2. 제37조제2항에 따른 시험시설의 시설기준에 미달되는 경우
 3. 거짓이나 그 밖의 부정한 방법으로 제37조제3항에 따른 제품검사를 받은 경우
 4. 제품검사 시 제37조제5항에 따른 기술기준에 미달되는 경우
 5. 제38조에 따른 변경승인을 받지 아니하거나 거짓이나 그 밖의 부정한 방법으로 변경승인을 받은 경우
② 제1항에 따라 소방용품의 형식승인이 취소된 자는 그 취소된 날부터 2년 이내에는 형식승인이 취소된 소방용품과 동일한 품목에 대하여 형식승인을 받을 수 없다.

제40조(소방용품의 성능인증 등) ① 소방청장은 제조자 또는 수입자 등의 요청이 있는 경우 소방용품에 대하여 성능인증을 할 수 있다.
② 제1항에 따라 성능인증을 받은 자는 그 소방용품에 대하여 소방청장의 제품검사를 받아야 한다.
③ 제1항에 따른 성능인증의 대상·신청·방법 및 성능인증서 발급에 관한 사항과 제2항에 따른 제품검사의 구분·대상·절차·방법·합격표시 및 수수료 등에 필요한 사항은 행정안전부령으로 정한다.
④ 제1항에 따른 성능인증 및 제2항에 따른 제품검사의 기술기준 등에 필요한 사항은 소방청장이 정하여 고시한다.
⑤ 제2항에 따른 제품검사에 합격하지 아니한 소방용품에는 성능인증을 받았다는 표시를 하거나 제품검사에 합격하였다는 표시를 하여서는 아니 되며, 제품검사를 받지 아니하거나 합격표시를 하지 아니한 소방용품을 판매 또는 판매 목적으로 진열하거나 소방시설공사에 사용하여서는 아니 된다.
⑥ 하나의 소방용품에 성능인증 사항이 두 가지 이상 결합된 경우에는 해당 성능인증 시험을 모두 실시하고 하나의 성능인증을 할 수 있다.
⑦ 제6항에 따른 성능인증의 방법 및 절차 등에 필요한 사항은 행정안전부령으로 정한다.

제41조(성능인증의 변경) ① 제40조제1항 및 제6항에 따른 성능인증을 받은 자가 해당 소방용품에 대하여 형상등의 일부를 변경하려면 소방청장의 변경인증을 받아야 한다.
② 제1항에 따른 변경인증의 대상·구분·방법 및 절차 등에 필요한 사항은 행정안전부령으로 정한다.

제42조(성능인증의 취소 등) ① 소방청장은 소방용품의 성능인증을 받았거나 제품검사를 받은 자가 다음 각 호의 어느 하나에 해당하는 때에는 행정안전부령으로 정하는 바에 따라 해당 소방용품의 성능인증을 취소하거나 6개월 이내의 기간을 정하여 해당 소방용품의 제품검사 중지를 명할 수 있다. 다만, 제1호·제2호 또는 제5호에 해당하는 경우에는 해당 소방용품의 성능인증을 취소하여야 한다.
 1. 거짓이나 그 밖의 부정한 방법으로 제40조제1항 및 제6항에 따른 성능인증을 받은 경우
 2. 거짓이나 그 밖의 부정한 방법으로 제40조제2항에 따른 제품검사를 받은 경우
 3. 제품검사 시 제40조제4항에 따른 기술기준에 미달되는 경우
 4. 제40조제5항을 위반한 경우

5. 제41조에 따라 변경인증을 받지 아니하고 해당 소방용품에 대하여 형상등의 일부를 변경하거나 거짓이나 그 밖의 부정한 방법으로 변경인증을 받은 경우
② 제1항에 따라 소방용품의 성능인증이 취소된 자는 그 취소된 날부터 2년 이내에는 성능인증이 취소된 소방용품과 동일한 품목에 대하여는 성능인증을 받을 수 없다.

제43조(우수품질 제품에 대한 인증) ① 소방청장은 제37조에 따른 형식승인의 대상이 되는 소방용품 중 품질이 우수하다고 인정하는 소방용품에 대하여 인증(이하 "우수품질인증"이라 한다)을 할 수 있다.
② 우수품질인증을 받으려는 자는 행정안전부령으로 정하는 바에 따라 소방청장에게 신청하여야 한다.
③ 우수품질인증을 받은 소방용품에는 우수품질인증 표시를 할 수 있다.
④ 우수품질인증의 유효기간은 5년의 범위에서 행정안전부령으로 정한다.
⑤ 소방청장은 다음 각 호의 어느 하나에 해당하는 경우에는 우수품질인증을 취소할 수 있다. 다만, 제1호에 해당하는 경우에는 우수품질인증을 취소하여야 한다.
  1. 거짓이나 그 밖의 부정한 방법으로 우수품질인증을 받은 경우
  2. 우수품질인증을 받은 제품이 「발명진흥법」 제2조제4호에 따른 산업재산권 등 타인의 권리를 침해하였다고 판단되는 경우
⑥ 제1항부터 제5항까지에서 규정한 사항 외에 우수품질인증을 위한 기술기준, 제품의 품질관리 평가, 우수품질인증의 갱신, 수수료, 인증표시 등 우수품질인증에 필요한 사항은 행정안전부령으로 정한다.

제44조(우수품질인증 소방용품에 대한 지원 등) 다음 각 호의 어느 하나에 해당하는 기관 및 단체는 건축물의 신축·증축 및 개축 등으로 소방용품을 변경 또는 신규 비치하여야 하는 경우 우수품질인증 소방용품을 우선 구매·사용하도록 노력하여야 한다.
  1. 중앙행정기관
  2. 지방자치단체
  3. 「공공기관의 운영에 관한 법률」 제4조에 따른 공공기관(이하 "공공기관"이라 한다)
  4. 그 밖에 대통령령으로 정하는 기관

제45조(소방용품의 제품검사 후 수집검사 등) ① 소방청장은 소방용품의 품질관리를 위하여 필요하다고 인정할 때에는 유통 중인 소방용품을 수집하여 검사할 수 있다.
② 소방청장은 제1항에 따른 수집검사 결과 행정안전부령으로 정하는 중대한 결함이 있다고 인정되는 소방용품에 대하여는 그 제조자 및 수입자에게 행정안전부령으로 정하는 바에 따라 회수·교환·폐기 또는 판매중지를 명하고, 형식승인 또는 성능인증을 취소할 수 있다.
③ 제2항에 따라 소방용품의 회수·교환·폐기 또는 판매중지 명령을 받은 제조자 및 수입자는 해당 소방용품이 이미 판매되어 사용 중인 경우 행정안전부령으로 정하는 바에 따라 구매자에게 그 사실을 알리고 회수 또는 교환 등 필요한 조치를 하여야 한다.
④ 소방청장은 제2항에 따라 회수·교환·폐기 또는 판매중지를 명하거나 형식승인 또는 성능인증을 취소한 때에는 행정안전부령으로 정하는 바에 따라 그 사실을 소방청 홈페이지 등에 공표하여야 한다.

제6장 보칙

제46조(제품검사 전문기관의 지정 등) ① 소방청장은 제37조제3항 및 제40조제2항에 따른 제품검사를 전문적·효율적으로 실시하기 위하여 다음 각 호의 요건을 모두 갖춘 기관을 제품검사 전문기관(이하 "전문기관"이라 한다)으로 지정할 수 있다.
  1. 다음 각 목의 어느 하나에 해당하는 기관일 것
    가. 「과학기술분야 정부출연연구기관 등의 설립·운영 및 육성에 관한 법률」 제8조에 따라 설립된 연구기관
    나. 공공기관
    다. 소방용품의 시험·검사 및 연구를 주된 업무로 하는 비영리 법인
  2. 「국가표준기본법」 제23조에 따라 인정을 받은 시험·검사기관일 것
  3. 행정안전부령으로 정하는 검사인력 및 검사설비를 갖추고 있을 것
  4. 기관의 대표자가 제27조제1호부터 제3호까지의 어느 하나에 해당하지 아니할 것
  5. 제47조에 따라 전문기관의 지정이 취소된 경우 그 지정이 취소된 날부터 2년이 경과하였을 것
② 전문기관 지정의 방법 및 절차 등에 필요한 사항은 행정안전부령으로 정한다.

③ 소방청장은 제1항에 따라 전문기관을 지정하는 경우에는 소방용품의 품질 향상, 제품검사의 기술개발 등에 드는 비용을 부담하게 하는 등 필요한 조건을 붙일 수 있다. 이 경우 그 조건은 공공의 이익을 증진하기 위하여 필요한 최소한도에 그쳐야 하며, 부당한 의무를 부과하여서는 아니 된다.
④ 전문기관은 행정안전부령으로 정하는 바에 따라 제품검사 실시 현황을 소방청장에게 보고하여야 한다.
⑤ 소방청장은 전문기관을 지정한 경우에는 행정안전부령으로 정하는 바에 따라 전문기관의 제품검사 업무에 대한 평가를 실시할 수 있으며, 제품검사를 받은 소방용품에 대하여 확인검사를 할 수 있다.
⑥ 소방청장은 제5항에 따라 전문기관에 대한 평가를 실시하거나 확인검사를 실시한 때에는 그 평가 결과 또는 확인검사 결과를 행정안전부령으로 정하는 바에 따라 공표할 수 있다.
⑦ 소방청장은 제5항에 따른 확인검사를 실시하는 때에는 행정안전부령으로 정하는 바에 따라 전문기관에 대하여 확인검사에 드는 비용을 부담하게 할 수 있다.

제47조(전문기관의 지정취소 등) 소방청장은 전문기관이 다음 각 호의 어느 하나에 해당할 때에는 그 지정을 취소하거나 6개월 이내의 기간을 정하여 그 업무의 정지를 명할 수 있다. 다만, 제1호에 해당할 때에는 그 지정을 취소하여야 한다.
1. 거짓이나 그 밖의 부정한 방법으로 지정을 받은 경우
2. 정당한 사유 없이 1년 이상 계속하여 제품검사 또는 실무교육 등 지정받은 업무를 수행하지 아니한 경우
3. 제46조제1항 각 호의 요건을 갖추지 못하거나 제46조제3항에 따른 조건을 위반한 경우
4. 제52조제1항제7호에 따른 감독 결과 이 법이나 다른 법령을 위반하여 전문기관으로서의 업무를 수행하는 것이 부적당하다고 인정되는 경우

소방시설 설치 및 관리에 관한 법률 시행령

[시행 2025. 12. 1.] [대통령령 제35860호, 2025. 12. 25., 일부개정]

제1장 총칙

제1조(목적) 이 영은 「소방시설 설치 및 관리에 관한 법률」에서 위임된 사항과 그 시행에 필요한 사항을 규정함을 목적으로 한다.

제2조(정의) 이 영에서 사용하는 용어의 뜻은 다음과 같다.
1. "무창층"(無窓層)이란 지상층 중 다음 각 목의 요건을 모두 갖춘 개구부(건축물에서 채광·환기·통풍 또는 출입 등을 위하여 만든 창·출입구, 그 밖에 이와 비슷한 것을 말한다. 이하 같다)의 면적의 합계가 해당 층의 바닥면적(「건축법 시행령」 제119조제1항제3호에 따라 산정된 면적을 말한다. 이하 같다)의 30분의 1 이하가 되는 층을 말한다.
   가. 크기는 지름 50센티미터 이상의 원이 통과할 수 있을 것
   나. 해당 층의 바닥면으로부터 개구부 밑 부분까지의 높이가 1.2미터 이내일 것
   다. 도로 또는 차량이 진입할 수 있는 빈터를 향할 것
   라. 화재 시 건축물로부터 쉽게 피난할 수 있도록 창살이나 그 밖의 장애물이 설치되지 않을 것
   마. 내부 또는 외부에서 쉽게 부수거나 열 수 있을 것
2. "피난층"이란 곧바로 지상으로 갈 수 있는 출입구가 있는 층을 말한다.

제3조(소방시설) 「소방시설 설치 및 관리에 관한 법률」(이하 "법"이라 한다) 제2조제1항제1호에서 "대통령령으로 정하는 것"이란 별표 1의 설비를 말한다.

[별표 1] 소방시설(제3조 관련)

1. 소화설비 : 물 또는 그 밖의 소화약제를 사용하여 소화하는 기계·기구 또는 설비로서 다음 각 목의 것
   가. 소화기구
      1) 소화기
      2) 간이소화용구 : 에어로졸식 소화용구, 투척용 소화용구, 소공간용 소화용구 및 소화약제 외의 것을 이용한 간이소화용구
      3) 자동확산소화기
   나. 자동소화장치
      1) 주거용 주방자동소화장치   2) 상업용 주방자동소화장치   3) 캐비닛형 자동소화장치
      4) 가스자동소화장치   5) 분말자동소화장치   6) 고체에어로졸자동소화장치
   다. 옥내소화전설비[호스릴(hose reel) 옥내소화전설비를 포함한다]
   라. 스프링클러설비등
      1) 스프링클러설비
      2) 간이스프링클러설비(캐비닛형 간이스프링클러설비를 포함한다)
      3) 화재조기진압용 스프링클러설비
   마. 물분무등소화설비
      1) 물분무소화설비   2) 미분무소화설비   3) 포소화설비
      4) 이산화탄소소화설비   5) 할론소화설비
      6) 할로겐화합물 및 불활성기체(다른 원소와 화학반응을 일으키기 어려운 기체를 말한다. 이하 같다) 소화설비
      7) 분말소화설비   8) 강화액소화설비   9) 고체에어로졸소화설비
   바. 옥외소화전설비
2. 경보설비 : 화재발생 사실을 통보하는 기계·기구 또는 설비로서 다음 각 목의 것
   가. 단독경보형 감지기
   나. 비상경보설비
      1) 비상벨설비   2) 자동식사이렌설비
   다. 자동화재탐지설비
   라. 시각경보기
   마. 화재알림설비
   바. 비상방송설비
   사. 자동화재속보설비
   아. 통합감시시설

자. 누전경보기
차. 가스누설경보기
3. 피난구조설비: 화재가 발생할 경우 피난하기 위하여 사용하는 기구 또는 설비로서 다음 각 목의 것
　가. 피난기구
　　1) 피난사다리　　　　　　2) 구조대　　　　　　　　3) 완강기
　　4) 간이완강기　　　　　　5) 그 밖에 화재안전기준으로 정하는 것
　나. 인명구조기구
　　1) 방열복, 방화복(안전모, 보호장갑 및 안전화를 포함한다)
　　2) 공기호흡기　　　　　　3) 인공소생기
　다. 유도등
　　1) 피난유도선　　　　　　2) 피난구유도등　　　　　3) 통로유도등
　　4) 객석유도등　　　　　　5) 유도표지
　라. 비상조명등 및 휴대용비상조명등
4. 소화용수설비: 화재를 진압하는 데 필요한 물을 공급하거나 저장하는 설비로서 다음 각 목의 것
　가. 상수도소화용수설비
　나. 소화수조 · 저수조, 그 밖의 소화용수설비
5. 소화활동설비: 화재를 진압하거나 인명구조활동을 위하여 사용하는 설비로서 다음 각 목의 것
　가. 제연설비
　나. 연결송수관설비
　다. 연결살수설비
　라. 비상콘센트설비
　마. 무선통신보조설비
　바. 연소방지설비

제4조(소방시설등) 법 제2조제1항제2호에서 "대통령령으로 정하는 것"이란 방화문 및 자동방화셔터를 말한다.

제5조(특정소방대상물) 법 제2조제1항제3호에서 "대통령령으로 정하는 것"이란 별표 2(건축법영 3조5 참조)의 소방대상물을 말한다.

제6조(소방용품) 법 제2조제1항제7호에서 "대통령령으로 정하는 것"이란 별표 3의 제품 또는 기기를 말한다.

[별표 3] 소방용품(제6조 관련)

1. 소화설비를 구성하는 제품 또는 기기
　가. 별표 1 제1호가목의 소화기구(소화약제 외의 것을 이용한 간이소화용구는 제외한다)
　나. 별표 1 제1호나목의 자동소화장치
　다. 소화설비를 구성하는 소화전, 관창(菅槍), 소방호스, 스프링클러헤드, 기동용 수압개폐장치, 유수제어밸브 및 가스관선택밸브
2. 경보설비를 구성하는 제품 또는 기기
　가. 누전경보기 및 가스누설경보기
　나. 경보설비를 구성하는 발신기, 수신기, 중계기, 감지기 및 음향장치(경종만 해당한다)
3. 피난구조설비를 구성하는 제품 또는 기기
　가. 피난사다리, 구조대, 완강기(지지대를 포함한다) 및 간이완강기(지지대를 포함한다)
　나. 공기호흡기(충전기를 포함한다)
　다. 피난구유도등, 통로유도등, 객석유도등 및 예비 전원이 내장된 비상조명등
4. 소화용으로 사용하는 제품 또는 기기
　가. 소화약제[별표 1 제1호나목2) 및 3)의 자동소화장치와 같은 호 마목3)부터 9)까지의 소화설비용만 해당한다]
　나. 방염제(방염액 · 방염도료 및 방염성물질을 말한다)
5. 그 밖에 행정안전부령으로 정하는 소방 관련 제품 또는 기기

제2장 소방시설등의 설치 · 관리 및 방염(防炎)

제1절 건축허가등의 동의 등

제7조(건축허가등의 동의대상물의 범위 등) ① 법 제6조제1항에 따라 건축물 등의 신축 · 증축 · 개축 · 재축 · 이전 · 용도변경 또는 대수선의 허가 · 협의 및 사용승인(「주택법」 제15조에 따른 승인 및 같은 법 제49조에 따른 사용검사, 「학교시설사업 촉진법」 제4조에 따른 승인 및 같은 법 제13조에 따른 사용승인을 포함

하며, 이하 "건축허가등"이라 한다)을 할 때 미리 소방본부장 또는 소방서장의 동의를 받아야 하는 건축물 등의 범위는 다음 각 호와 같다.
1. 연면적(「건축법 시행령」 제119조제1항제4호에 따라 산정된 면적을 말한다. 이하 같다)이 400제곱미터 이상인 건축물이나 시설. 다만, 다음 각 목의 어느 하나에 해당하는 건축물이나 시설은 해당 목에서 정한 기준 이상인 건축물이나 시설로 한다.
   가. 「학교시설사업 촉진법」 제5조의2제1항에 따라 건축등을 하려는 학교시설: 100제곱미터
   나. 별표 2의 특정소방대상물 중 노유자(老幼者) 시설 및 수련시설: 200제곱미터
   다. 「정신건강증진 및 정신질환자 복지서비스 지원에 관한 법률」 제3조제5호에 따른 정신의료기관(입원실이 없는 정신건강의학과 의원은 제외하며, 이하 "정신의료기관"이라 한다): 300제곱미터
   라. 「장애인복지법」 제58조제1항제4호에 따른 장애인 의료재활시설(이하 "의료재활시설"이라 한다) : 300제곱미터
2. 지하층 또는 무창층이 있는 건축물로서 바닥면적이 150제곱미터(공연장의 경우에는 100제곱미터) 이상인 층이 있는 것
3. 차고·주차장 또는 주차 용도로 사용되는 시설로서 다음 각 목의 어느 하나에 해당하는 것
   가. 차고·주차장으로 사용되는 바닥면적이 200제곱미터 이상인 층이 있는 건축물이나 주차시설
   나. 승강기 등 기계장치에 의한 주차시설로서 자동차 20대 이상을 주차할 수 있는 시설
4. 층수(「건축법 시행령」 제119조제1항제9호에 따라 산정된 층수를 말한다. 이하 같다)가 6층 이상인 건축물
5. 항공기 격납고, 관망탑, 항공관제탑, 방송용 송수신탑
6. 별표 2의 특정소방대상물 중 공동주택, 의원(입원실 또는 인공신장실이 있는 것으로 한정한다)·조산원·산후조리원, 숙박시설, 위험물 저장 및 처리 시설, 발전시설 중 풍력발전소·전기저장시설, 지하구(地下溝)
7. 제1호나목에 해당하지 않는 노유자 시설 중 다음 각 목의 어느 하나에 해당하는 시설. 다만, 가목2) 및 나목부터 바목까지의 시설 중 「건축법 시행령」 별표 1의 단독주택 또는 공동주택에 설치되는 시설은 제외한다.
   가. 별표 2 제9호가목에 따른 노인 관련 시설 중 다음의 어느 하나에 해당하는 시설
      1) 「노인복지법」 제31조제1호에 따른 노인주거복지시설, 같은 조 제2호에 따른 노인의료복지시설 및 같은 조 제4호에 따른 재가노인복지시설
      2) 「노인복지법」 제31조제7호에 따른 학대피해노인 전용쉼터
   나. 「아동복지법」 제52조에 따른 아동복지시설(아동상담소, 아동전용시설 및 지역아동센터는 제외한다)
   다. 「장애인복지법」 제58조제1항제1호에 따른 장애인 거주시설
   라. 정신질환자 관련 시설(「정신건강증진 및 정신질환자 복지서비스 지원에 관한 법률」 제27조제1항제2호에 따른 공동생활가정을 제외한 재활훈련시설과 같은 법 시행령 제16조제3호에 따른 종합시설 중 24시간 주거를 제공하지 않는 시설은 제외한다)
   마. 별표 2 제9호마목에 따른 노숙인 관련 시설 중 노숙인자활시설, 노숙인재활시설 및 노숙인요양시설
   바. 결핵환자나 한센인이 24시간 생활하는 노유자 시설
8. 「의료법」 제3조제2항제3호라목에 따른 요양병원(이하 "요양병원"이라 한다). 다만, 의료재활시설은 제외한다.
9. 별표 2의 특정소방대상물 중 공장 또는 창고시설로서 「화재의 예방 및 안전관리에 관한 법률 시행령」 별표 2에서 정하는 수량의 750배 이상의 특수가연물을 저장·취급하는 것
10. 별표 2 제17호나목에 따른 가스시설로서 지상에 노출된 탱크의 저장용량의 합계가 100톤 이상인 것

② 제1항에도 불구하고 다음 각 호의 어느 하나에 해당하는 특정소방대상물은 소방본부장 또는 소방서장의 건축허가등의 동의대상에서 제외한다.
1. 별표 4에 따라 특정소방대상물에 설치되는 소화기구, 자동소화장치, 누전경보기, 단독경보형감지기, 가스누설경보기 및 피난구조설비(비상조명등은 제외한다)가 화재안전기준에 적합한 경우 해당 특정소방대상물
2. 건축물의 증축 또는 용도변경으로 인하여 해당 특정소방대상물에 추가로 소방시설이 설치되지 않는 경우 해당 특정소방대상물
3. 「소방시설공사업법 시행령」 제4조에 따른 소방시설공사의 착공신고 대상에 해당하지 않는 경우 해당 특정소방대상물

③ 법 제6조제1항에 따라 건축허가등의 권한이 있는 행정기관은 건축허가등의 동의를 받으려는 경우에는 동의요구서에 행정안전부령으로 정하는 서류를 첨부하여 해당 건축물 등의 소재지를 관할하는 소방본부장

또는 소방서장에게 동의를 요구해야 한다. 이 경우 동의 요구를 받은 소방본부장 또는 소방서장은 첨부서류 등이 미비한 경우에는 그 서류의 보완을 요구할 수 있다.
④ 법 제6조제5항제4호에서 "소방자동차의 접근이 가능한 통로의 설치 등 대통령령으로 정하는 사항"이란 다음 각 호의 사항을 말한다.
1. 소방자동차의 접근이 가능한 통로의 설치
2. 「건축법」 제64조 및 「주택건설기준 등에 관한 규정」 제15조에 따른 승강기의 설치
3. 「주택건설기준 등에 관한 규정」 제26조에 따른 주택단지 안 도로의 설치
4. 「건축법 시행령」 제40조제2항에 따른 옥상광장, 같은 조 제3항에 따른 비상문자동개폐장치 또는 같은 조 제4항에 따른 헬리포트의 설치
5. 그 밖에 소방본부장 또는 소방서장이 소화활동 및 피난을 위해 필요하다고 인정하는 사항

제8조(소방시설의 내진설계) ① 법 제7조에서 "대통령령으로 정하는 특정소방대상물"이란 「건축법」 제2조제1항제2호에 따른 건축물로서 「지진·화산재해대책법 시행령」 제10조제1항 각 호에 해당하는 시설을 말한다.
② 법 제7조에서 "대통령령으로 정하는 소방시설"이란 소방시설 중 옥내소화전설비, 스프링클러설비 및 물분무등소화설비를 말한다.

제9조(성능위주설계를 해야 하는 특정소방대상물의 범위) 법 제8조제1항에서 "대통령령으로 정하는 특정소방대상물"이란 다음 각 호의 어느 하나에 해당하는 특정소방대상물(신축하는 것만 해당한다)을 말한다.
1. 연면적 20만제곱미터 이상인 특정소방대상물. 다만, 별표 2 제1호가목에 따른 아파트등(이하 "아파트등"이라 한다)은 제외한다.
2. 50층 이상(지하층은 제외한다)이거나 지상으로부터 높이가 200미터 이상인 아파트등
3. 30층 이상(지하층을 포함한다)이거나 지상으로부터 높이가 120미터 이상인 특정소방대상물(아파트등은 제외한다)
4. 연면적 3만제곱미터 이상인 특정소방대상물로서 다음 각 목의 어느 하나에 해당하는 특정소방대상물
   가. 별표 2 제6호나목의 철도 및 도시철도 시설
   나. 별표 2 제6호다목의 공항시설
5. 별표 2 제16호의 창고시설 중 연면적 10만제곱미터 이상인 것 또는 지하층의 층수가 2개 층 이상이고 지하층의 바닥면적의 합계가 3만제곱미터 이상인 것
6. 하나의 건축물에 「영화 및 비디오물의 진흥에 관한 법률」 제2조제10호에 따른 영화상영관이 10개 이상인 특정소방대상물
7. 「초고층 및 지하연계 복합건축물 재난관리에 관한 특별법」 제2조제2호에 따른 지하연계 복합건축물에 해당하는 특정소방대상물
8. 별표 2 제27호의 터널 중 수저(水底)터널 또는 길이가 5천미터 이상인 것

제10조(주택용소방시설) 법 제10조제1항 각 호 외의 부분에서 "소화기 등 대통령령으로 정하는 소방시설"이란 소화기 및 단독경보형 감지기를 말한다.

제2절 특정소방대상물에 설치하는 소방시설의 관리 등

제11조(특정소방대상물에 설치·관리해야 하는 소방시설) ① 법 제12조제1항 전단에 따라 특정소방대상물의 관계인이 특정소방대상물에 설치·관리해야 하는 소방시설의 종류는 별표 4와 같다.
② 법 제12조제1항 후단에 따라 「장애인·노인·임산부 등의 편의증진 보장에 관한 법률」 제2조제1호에 따른 장애인등이 사용하는 소방시설은 별표 4 제2호 및 제3호에 따라 장애인등에 적합하게 설치·관리해야 한다.

[별표 4] 특정소방대상물의 관계인이 특정소방대상물에 설치·관리해야 하는 소방시설의 종류(제11조 관련)

1. 소화설비
   가. 화재안전기준에 따라 소화기구를 설치해야 하는 특정소방대상물은 다음의 어느 하나에 해당하는 것으로 한다.
      1) 연면적 33㎡ 이상인 것. 다만, 노유자 시설의 경우에는 투척용 소화용구 등을 화재안전기준에 따라 산정된 소화기 수량의 2분의 1 이상으로 설치할 수 있다.
      2) 1)에 해당하지 않는 시설로서 가스시설, 발전시설 중 전기저장시설 및 국가유산
      3) 터널
      4) 지하구

나. 자동소화장치를 설치해야 하는 특정소방대상물은 다음의 어느 하나에 해당하는 특정소방대상물 중 후드 및 덕트가 설치되어 있는 주방이 있는 특정소방대상물로 한다. 이 경우 해당 주방에 자동소화장치를 설치해야 한다.
  1) 주거용 주방자동소화장치를 설치해야 하는 것: 아파트등 및 오피스텔의 모든 층
  2) 상업용 주방자동소화장치를 설치해야 하는 것
    가) 판매시설 중 「유통산업발전법」 제2조제3호에 해당하는 대규모점포에 입점해 있는 일반음식점
    나) 「식품위생법」 제2조제12호에 따른 집단급식소
  3) 캐비닛형 자동소화장치, 가스자동소화장치, 분말자동소화장치 또는 고체에어로졸자동소화장치를 설치해야 하는 것: 화재안전기준에서 정하는 장소
다. 옥내소화전설비를 설치해야 하는 특정소방대상물은 다음의 어느 하나에 해당하는 것으로 한다. 다만, 위험물 저장 및 처리 시설 중 가스시설, 지하구 및 업무시설 중 무인변전소(방재실 등에서 스프링클러설비 또는 물분무등소화설비를 원격으로 조정할 수 있는 무인변전소로 한정한다)는 제외한다.
  1) 다음의 어느 하나에 해당하는 경우에는 모든 층
    가) 연면적 3천㎡ 이상인 것(터널은 제외한다)
    나) 지하층·무창층(축사는 제외한다)으로서 바닥면적이 600㎡ 이상인 층이 있는 것
    다) 4층 이상인 층 중에서 바닥면적이 600㎡ 이상인 층이 있는 것
  2) 1)에 해당하지 않는 근린생활시설, 판매시설, 운수시설, 의료시설, 노유자 시설, 업무시설, 숙박시설, 위락시설, 공장, 창고시설, 항공기 및 자동차 관련 시설, 교정 및 군사시설 중 국방·군사시설, 방송통신시설, 발전시설, 장례시설 또는 복합건축물로서 다음의 어느 하나에 해당하는 경우에는 모든 층
    가) 연면적 1천5백㎡ 이상인 것
    나) 지하층·무창층으로서 바닥면적이 300㎡ 이상인 층이 있는 것
    다) 4층 이상인 층 중에서 바닥면적이 300㎡ 이상인 층이 있는 것
  3) 건축물의 옥상에 설치된 차고·주차장으로서 사용되는 면적이 200㎡ 이상인 경우 해당 부분
  4) 다음의 어느 하나에 해당하는 터널
    가) 길이가 1천m 이상인 터널
    나) 예상교통량, 경사도 등 터널의 특성을 고려하여 행정안전부령으로 정하는 터널
  5) 1) 및 2)에 해당하지 않는 공장 또는 창고시설로서 「화재의 예방 및 안전관리에 관한 법률 시행령」 별표 2에서 정하는 수량의 750배 이상의 특수가연물을 저장·취급하는 것
라. 스프링클러설비를 설치해야 하는 특정소방대상물(위험물 저장 및 처리 시설 중 가스시설 및 지하구는 제외한다)은 다음의 어느 하나에 해당하는 것으로 한다.
  1) 층수가 6층 이상인 특정소방대상물의 경우에는 모든 층. 다만, 다음의 어느 하나에 해당하는 경우는 제외한다.
    가) 주택 관련 법령에 따라 기존의 아파트등을 리모델링하는 경우로서 건축물의 연면적 및 층의 높이가 변경되지 않는 경우. 이 경우 해당 아파트등의 사용검사 당시의 소방시설의 설치에 관한 대통령령 또는 화재안전기준을 적용한다.
    나) 스프링클러설비가 없는 기존의 특정소방대상물을 용도변경하는 경우. 다만, 2)부터 6)까지 및 9)부터 12)까지의 규정에 해당하는 특정소방대상물로 용도변경하는 경우에는 해당 규정에 따라 스프링클러설비를 설치한다.
  2) 기숙사(교육연구시설·수련시설 내에 있는 학생 수용을 위한 것을 말한다) 또는 복합건축물로서 연면적 5천㎡ 이상인 경우에는 모든 층
  3) 문화 및 집회시설(동·식물원은 제외한다), 종교시설(주요구조부가 목조인 것은 제외한다), 운동시설(물놀이형 시설 및 바닥이 불연재료이고 관람석이 없는 운동시설은 제외한다)로서 다음의 어느 하나에 해당하는 경우에는 모든 층
    가) 수용인원이 100명 이상인 것
    나) 영화상영관의 용도로 쓰는 층의 바닥면적이 지하층 또는 무창층인 경우에는 500㎡ 이상, 그 밖의 층의 경우에는 1천㎡ 이상인 것
    다) 무대부가 지하층·무창층 또는 4층 이상의 층에 있는 경우에는 무대부의 면적이 300㎡ 이상인 것
    라) 무대부가 다) 외의 층에 있는 경우에는 무대부의 면적이 500㎡ 이상인 것
  4) 판매시설, 운수시설 및 창고시설(물류터미널로 한정한다)로서 바닥면적의 합계가 5천㎡ 이상이거나 수용인원이 500명 이상인 경우에는 모든 층
  5) 다음의 어느 하나에 해당하는 용도로 사용되는 시설의 바닥면적의 합계가 600㎡ 이상인 것은 모든 층
    가) 근린생활시설 중 조산원 및 산후조리원
    나) 의료시설 중 정신의료기관
    다) 의료시설 중 종합병원, 병원, 치과병원, 한방병원 및 요양병원
    라) 노유자 시설
    마) 숙박이 가능한 수련시설
    바) 숙박시설

6) 창고시설(물류터미널은 제외한다)로서 바닥면적의 합계가 5천㎡ 이상인 경우에는 모든 층
7) 특정소방대상물의 지하층·무창층(축사는 제외한다) 또는 층수가 4층 이상인 층으로서 바닥면적이 1천㎡ 이상인 층이 있는 경우에는 해당 층
8) 랙(물건을 수납할 수 있는 선반이나 이와 비슷한 것을 말한다. 이하 같다)이 설치된 창고시설로서 천장 또는 반자(반자가 없는 경우에는 지붕의 옥내에 면하는 부분을 말한다)의 높이가 10m를 초과하고, 랙이 설치된 부분의 바닥면적의 합계가 1천5백㎡ 이상인 경우에는 모든 층
9) 공장 또는 창고시설로서 다음의 어느 하나에 해당하는 시설
   가)「화재의 예방 및 안전관리에 관한 법률 시행령」별표 2에서 정하는 수량의 1천 배 이상의 특수가연물을 저장·취급하는 시설
   나)「원자력안전법 시행령」제2조제1호에 따른 중·저준위방사성폐기물(이하 "중·저준위방사성폐기물"이라 한다)의 저장시설 중 소화수를 집·처리하는 설비가 있는 저장시설
10) 지붕 또는 외벽이 불연재료가 아니거나 내화구조가 아닌 공장 또는 창고시설로서 다음의 어느 하나에 해당하는 것
    가) 창고시설(물류터미널로 한정한다) 중 4)에 해당하지 않는 것으로서 바닥면적의 합계가 2천5백㎡ 이상이거나 수용인원이 250명 이상인 경우에는 모든 층
    나) 창고시설(물류터미널은 제외한다) 중 6)에 해당하지 않는 것으로서 바닥면적의 합계가 2천5백㎡ 이상인 경우에는 모든 층
    다) 공장 또는 창고시설 중 7)에 해당하지 않는 것으로서 지하층·무창층 또는 층수가 4층 이상인 것 중 바닥면적이 500㎡ 이상인 경우에는 모든 층
    라) 랙식 창고 중 8)에 해당하지 않는 것으로서 바닥면적의 합계가 750㎡ 이상인 경우에는 모든 층
    마) 공장 또는 창고시설 중 9)가)에 해당하지 않는 것으로서「화재의 예방 및 안전관리에 관한 법률 시행령」별표 2에서 정하는 수량의 500배 이상의 특수가연물을 저장·취급하는 시설
11) 교정 및 군사시설 중 다음의 어느 하나에 해당하는 경우에는 해당 장소
    가) 보호감호소, 교도소, 구치소 및 그 지소, 보호관찰소, 갱생보호시설, 치료감호시설, 소년원 및 소년분류심사원의 수용거실
    나)「출입국관리법」제52조제2항에 따른 보호시설(외국인보호소의 경우에는 보호대상자의 생활공간으로 한정한다. 이하 같다)로 사용하는 부분. 다만, 보호시설이 임차건물에 있는 경우는 제외한다.
    다)「경찰관 직무집행법」제9조에 따른 유치장
12) 지하상가로서 연면적 1천㎡ 이상인 것
13) 발전시설 중 전기저장시설
14) 1)부터 13)까지의 특정소방대상물에 부속된 보일러실 또는 연결통로 등
마. 간이스프링클러설비를 설치해야 하는 특정소방대상물은 다음의 어느 하나에 해당하는 것으로 한다.
  1) 공동주택 중 연립주택 및 다세대주택(연립주택 및 다세대주택에 설치하는 간이스프링클러설비는 화재안전기준에 따른 주택전용 간이스프링클러설비를 설치한다)
  2) 근린생활시설 중 다음의 어느 하나에 해당하는 것
    가) 근린생활시설로 사용하는 부분의 바닥면적 합계가 1천㎡ 이상인 것은 모든 층
    나) 의원, 치과의원 및 한의원으로서 입원실 또는 인공신장실이 있는 시설
    다) 조산원 및 산후조리원으로서 연면적 600㎡ 미만인 시설
  3) 의료시설 중 다음의 어느 하나에 해당하는 시설
    가) 종합병원, 병원, 치과병원, 한방병원 및 요양병원(의료재활시설은 제외한다)으로 사용되는 바닥면적의 합계가 600㎡ 미만인 시설
    나) 정신의료기관 또는 의료재활시설로 사용되는 바닥면적의 합계가 300㎡ 이상 600㎡ 미만인 시설
    다) 정신의료기관 또는 의료재활시설로 사용되는 바닥면적의 합계가 300㎡ 미만이고, 창살(철재·플라스틱 또는 목재 등으로 사람의 탈출 등을 막기 위하여 설치한 것을 말하며, 화재 시 자동으로 열리는 구조로 되어 있는 창살은 제외한다)이 설치된 시설
  4) 교육연구시설 내에 합숙소로서 연면적 100㎡ 이상인 경우에는 모든 층
  5) 노유자 시설로서 다음의 어느 하나에 해당하는 시설
    가) 제7조제1항제7호 각 목에 따른 시설[같은 호 가목2) 및 같은 호 나목부터 바목까지의 시설 중 단독주택 또는 공동주택에 설치되는 시설은 제외하며, 이하 "노유자 생활시설"이라 한다]
    나) 가)에 해당하지 않는 노유자 시설로 해당 시설로 사용하는 바닥면적의 합계가 300㎡ 이상 600㎡ 미만인 시설
    다) 가)에 해당하지 않는 노유자 시설로 해당 시설로 사용하는 바닥면적의 합계가 300㎡ 미만이고, 창살(철재·플라스틱 또는 목재 등으로 사람의 탈출 등을 막기 위하여 설치한 것을 말하며, 화재 시 자동으로 열리는 구조로 되어 있는 창살은 제외한다)이 설치된 시설
  6) 숙박시설로 사용되는 바닥면적의 합계가 300㎡ 이상 600㎡ 미만인 시설
  7) 건물을 임차하여「출입국관리법」제52조제2항에 따른 보호시설로 사용하는 부분
  8) 복합건축물(별표 2 제30호나목의 복합건축물만 해당한다)로서 연면적 1천㎡ 이상인 것은 모든 층

바. 물분무등소화설비를 설치해야 하는 특정소방대상물[위험물 저장 및 처리 시설 중 가스시설, 발전시설의 전기저장시설 중 무정전전원공급장치(UPS)의 시설 및 지하구는 제외한다]은 다음의 어느 하나에 해당하는 것으로 한다.
  1) 항공기 및 자동차 관련 시설 중 항공기 격납고
  2) 차고, 주차용 건축물 또는 철골 조립식 주차시설. 이 경우 연면적 800㎡ 이상인 것만 해당한다.
  3) 건축물의 내부에 설치된 차고·주차장으로서 차고 또는 주차의 용도로 사용되는 면적의 합계가 200㎡ 이상인 경우 해당 부분(50세대 미만 연립주택 및 다세대주택은 제외한다)
  4) 기계장치에 의한 주차시설을 이용하여 20대 이상의 차량을 주차할 수 있는 시설
  5) 특정소방대상물에 설치된 전기실·발전실·변전실(가연성 절연유를 사용하지 않는 변압기·전류차단기 등의 전기기기와 가연성 피복을 사용하지 않은 전선 및 케이블만을 설치한 전기실·발전실 및 변전실은 제외한다)·축전지실·통신기기실 또는 전산실, 그 밖에 이와 비슷한 것으로서 바닥면적이 300㎡ 이상인 것[하나의 방화구획 내에 둘 이상의 실(室)이 설치되어 있는 경우에는 이를 하나의 실로 보아 바닥면적을 산정한다]. 다만, 내화구조로 된 공정제어실 내에 설치된 주조정실로서 양압시설(외부 오염 공기 침투를 차단하고 내부의 나쁜 공기가 자연스럽게 외부로 흐를 수 있도록 한 시설을 말한다)이 설치되고 전기기기에 220볼트 이하인 저전압이 사용되며 종업원이 24시간 상주하는 곳은 제외한다.
  6) 소화수를 수집·처리하는 설비가 설치되어 있지 않은 중·저준위방사성폐기물의 저장시설. 이 시설에는 이산화탄소소화설비, 할론소화설비 또는 할로겐화합물 및 불활성기체 소화설비를 설치해야 한다.
  7) 예상 교통량, 경사도 등 터널의 특성을 고려하여 행정안전부령으로 정하는 터널. 이 시설에는 물분무소화설비를 설치해야 한다.
  8) 국가유산 중 「문화유산의 보존 및 활용에 관한 법률」에 따른 지정문화유산(문화유산자료를 제외한다) 또는 「자연유산의 보존 및 활용에 관한 법률」에 따른 천연기념물등(자연유산자료를 제외한다)으로서 소방청장이 국가유산청장과 협의하여 정하는 것
사. 옥외소화전설비를 설치해야 하는 특정소방대상물(아파트등, 위험물 저장 및 처리 시설 중 가스시설, 지하구 및 터널은 제외한다)은 다음의 어느 하나에 해당하는 것으로 한다.
  1) 지상 1층 및 2층의 바닥면적의 합계가 9천㎡ 이상인 것. 이 경우 같은 구(區) 내의 둘 이상의 특정소방대상물이 행정안전부령으로 정하는 연소(延燒) 우려가 있는 구조인 경우에는 이를 하나의 특정소방대상물로 본다.
  2) 문화유산 중 「문화유산의 보존 및 활용에 관한 법률」제23조에 따라 보물 또는 국보로 지정된 목조건축물
  3) 1)에 해당하지 않는 공장 또는 창고시설로서 「화재의 예방 및 안전관리에 관한 법률 시행령」 별표 2에서 정하는 수량의 750배 이상의 특수가연물을 저장·취급하는 것

2. 경보설비
가. 단독경보형 감지기를 설치해야 하는 특정소방대상물은 다음의 어느 하나에 해당하는 것으로 한다. 이 경우 5)의 연립주택 및 다세대주택에 설치하는 단독경보형 감지기는 연동형으로 설치해야 한다.
  1) 교육연구시설 내에 있는 기숙사 또는 합숙소로서 연면적 2천㎡ 미만인 것
  2) 수련시설 내에 있는 기숙사 또는 합숙소로서 연면적 2천㎡ 미만인 것
  3) 다목7)에 해당하지 않는 수련시설(숙박시설이 있는 것만 해당한다)
  4) 연면적 400㎡ 미만의 유치원
  5) 공동주택 중 연립주택 및 다세대주택
  6) 건축물의 지하에 차고·주차장이 설치된 경우로서 차고 또는 주차장으로 사용되는 면적의 합계가 200㎡ 미만인 경우에는 해당 차고·주차장 부분
나. 비상경보설비를 설치해야 하는 특정소방대상물(모래·석재 등 불연재료 공장 및 창고시설, 위험물 저장 및 처리 시설 중 가스시설, 사람이 거주하지 않거나 벽이 없는 축사 등 동물 및 식물 관련 시설 및 지하구는 제외한다)은 다음의 어느 하나에 해당하는 것으로 한다.
  1) 연면적 400㎡ 이상인 것은 모든 층
  2) 지하층 또는 무창층의 바닥면적이 150㎡(공연장의 경우 100㎡) 이상인 것은 모든 층
  3) 터널로서 길이가 500m 이상인 것
  4) 50명 이상의 근로자가 작업하는 옥내 작업장
  5) 건축물의 지하에 차고·주차장이 설치된 경우로서 차고 또는 주차장으로 사용되는 면적의 합계가 200㎡ 미만인 경우에는 해당 건축물의 모든 층
다. 자동화재탐지설비를 설치해야 하는 특정소방대상물은 다음의 어느 하나에 해당하는 것으로 한다.
  1) 공동주택 중 아파트등·기숙사 및 숙박시설의 경우에는 모든 층
  2) 층수가 6층 이상인 건축물의 경우에는 모든 층
  3) 근린생활시설(목욕장은 제외한다), 의료시설(정신의료기관 및 요양병원은 제외한다), 위락시설, 장례시설 및 복합건축물로서 연면적 600㎡ 이상인 경우에는 모든 층
  4) 근린생활시설 중 목욕장, 문화 및 집회시설, 종교시설, 판매시설, 운수시설, 운동시설, 업무시설, 공장, 창고시설, 위험물 저장 및 처리 시설, 항공기 및 자동차 관련 시설, 교정 및 군사시설 중 국방·군사시설, 방송통신시설, 발전시설, 관광 휴게시설, 지하상가로서 연면적 1천㎡ 이상인 경우에는 모든 층

5) 교육연구시설(교육시설 내에 있는 기숙사 및 합숙소를 포함한다), 수련시설(수련시설 내에 있는 기숙사 및 합숙소를 포함하며, 숙박시설이 있는 수련시설은 제외한다), 동물 및 식물 관련 시설(기둥과 지붕만으로 구성되어 외부와 기류가 통하는 장소는 제외한다), 자원순환 관련 시설, 교정 및 군사시설(국방·군사시설은 제외한다) 또는 묘지 관련 시설로서 연면적 2천㎡ 이상인 경우에는 모든 층
6) 노유자 생활시설의 경우에는 모든 층
7) 6)에 해당하지 않는 노유자 시설로서 연면적 400㎡ 이상인 노유자 시설 및 숙박시설이 있는 수련시설로서 수용인원 100명 이상인 경우에는 모든 층
8) 의료시설 중 정신의료기관 또는 요양병원으로서 다음의 어느 하나에 해당하는 시설
   가) 요양병원(의료재활시설은 제외한다)
   나) 정신의료기관 또는 의료재활시설로 사용되는 바닥면적의 합계가 300㎡ 이상인 시설
   다) 정신의료기관 또는 의료재활시설로 사용되는 바닥면적의 합계가 300㎡ 미만이고, 창살(철재·플라스틱 또는 목재 등으로 사람의 탈출 등을 막기 위하여 설치한 것을 말하며, 화재 시 자동으로 열리는 구조로 되어 있는 창살은 제외한다)이 설치된 시설
9) 판매시설 중 전통시장
10) 터널로서 길이가 1천m 이상인 것
11) 지하구
12) 3)에 해당하지 않는 근린생활시설 중 조산원 및 산후조리원
13) 4)에 해당하지 않는 공장 및 창고시설로서 「화재의 예방 및 안전관리에 관한 법률 시행령」 별표 2에서 정하는 수량의 500배 이상의 특수가연물을 저장·취급하는 것
14) 4)에 해당하지 않는 발전시설 중 전기저장시설
15) 건축물의 지하에 차고·주차장이 설치된 경우로서 차고 또는 주차장으로 사용되는 면적의 합계가 200㎡ 이상인 경우에는 해당 건축물의 모든 층

라. 시각경보기를 설치해야 하는 특정소방대상물은 다목에 따라 자동화재탐지설비를 설치해야 하는 특정소방대상물 중 다음의 어느 하나에 해당하는 것으로 한다.
1) 근린생활시설, 문화 및 집회시설, 종교시설, 판매시설, 운수시설, 의료시설, 노유자 시설
2) 운동시설, 업무시설, 숙박시설, 위락시설, 창고시설 중 물류터미널, 발전시설 및 장례시설
3) 교육연구시설 중 도서관, 방송통신시설 중 방송국
4) 지하상가
5) 리튬1차 전지공장(리튬을 주요 전극재료로 사용하며, 재충전이 불가능한 1차전지를 제조·가공·조립·보관 또는 충전 등을 하는 공장을 말한다)

마. 화재알림설비를 설치해야 하는 특정소방대상물은 판매시설 중 전통시장으로 한다.

바. 비상방송설비를 설치해야 하는 특정소방대상물(위험물 저장 및 처리 시설 중 가스시설, 사람이 거주하지 않거나 벽이 없는 축사 등 동물 및 식물 관련 시설, 터널 및 지하구는 제외한다)은 다음의 어느 하나에 해당하는 것으로 한다.
1) 연면적 3천5백㎡ 이상인 것은 모든 층
2) 층수가 11층 이상인 것은 모든 층
3) 지하층의 층수가 3층 이상인 것은 모든 층

사. 자동화재속보설비를 설치해야 하는 특정소방대상물은 다음의 어느 하나에 해당하는 것으로 한다. 다만, 방재실 등 화재 수신기가 설치된 장소에 24시간 화재를 감시할 수 있는 사람이 근무하고 있는 경우에는 자동화재속보설비를 설치하지 않을 수 있다.
1) 노유자 생활시설
2) 노유자 시설로서 바닥면적이 500㎡ 이상인 층이 있는 것
3) 수련시설(숙박시설이 있는 것만 해당한다)로서 바닥면적이 500㎡ 이상인 층이 있는 것
4) 문화유산 중 「문화유산의 보존 및 활용에 관한 법률」 제23조에 따라 보물 또는 국보로 지정된 목조건축물
5) 근린생활시설 중 다음의 어느 하나에 해당하는 시설
   가) 의원, 치과의원 및 한의원으로서 입원실이 있는 시설
   나) 조산원 및 산후조리원
6) 의료시설 중 다음의 어느 하나에 해당하는 것
   가) 종합병원, 병원, 치과병원, 한방병원 및 요양병원(의료재활시설은 제외한다)
   나) 정신병원 및 의료재활시설로 사용되는 바닥면적의 합계가 500㎡ 이상인 층이 있는 것
7) 판매시설 중 전통시장

아. 통합감시시설을 설치해야 하는 특정소방대상물은 지하구로 한다.

자. 누전경보기는 계약전류용량(같은 건축물에 계약 종류가 다른 전기가 공급되는 경우에는 그중 최대계약전류용량을 말한다)이 100암페어를 초과하는 특정소방대상물(내화구조가 아닌 건축물로서 벽·바닥 또는 반자의 전부나 일부를 불연재료 또는 준불연재료가 아닌 재료에 철망을 넣어 만든 것만 해당한다)에 설치해야 한다. 다만, 위험물 저장 및 처리 시설 중 가스시설, 터널 및 지하구의 경우에는 그렇지 않다.

차. 가스누설경보기를 설치해야 하는 특정소방대상물(가스시설이 설치된 경우만 해당한다)은 다음의 어느 하나에 해당하는 것으로 한다.
　1) 문화 및 집회시설, 종교시설, 판매시설, 운수시설, 의료시설, 노유자 시설
　2) 수련시설, 운동시설, 숙박시설, 공장, 창고시설 중 물류터미널, 장례시설
3. 피난구조설비
　가. 피난기구는 특정소방대상물의 모든 층에 화재안전기준에 적합한 것으로 설치해야 한다. 다만, 피난층, 지상 1층, 지상 2층(노유자 시설 중 피난층이 아닌 지상 1층과 피난층이 아닌 지상 2층은 제외한다), 층수가 11층 이상인 층과 위험물 저장 및 처리시설 중 가스시설, 터널 및 지하구의 경우에는 그렇지 않다.
　나. 인명구조기구를 설치해야 하는 특정소방대상물은 다음의 어느 하나에 해당하는 것으로 한다.
　　1) 방열복 또는 방화복(안전모, 보호장갑 및 안전화를 포함한다), 인공소생기 및 공기호흡기를 설치해야 하는 특정소방대상물 : 지하층을 포함하는 층수가 7층 이상인 것 중 관광호텔 용도로 사용하는 층
　　2) 방열복 또는 방화복(안전모, 보호장갑 및 안전화를 포함한다) 및 공기호흡기를 설치해야 하는 특정소방대상물 : 지하층을 포함하는 층수가 5층 이상인 것 중 병원 용도로 사용하는 층
　　3) 공기호흡기를 설치해야 하는 특정소방대상물은 다음의 어느 하나에 해당하는 것으로 한다.
　　　가) 수용인원 100명 이상인 문화 및 집회시설 중 영화상영관
　　　나) 판매시설 중 대규모점포
　　　다) 운수시설 중 지하역사
　　　라) 지하상가
　　　마) 제1호바목 및 화재안전기준에 따라 이산화탄소소화설비(호스릴이산화탄소소화설비는 제외한다)를 설치해야 하는 특정소방대상물
　다. 유도등을 설치해야 하는 특정소방대상물은 다음의 어느 하나에 해당하는 것으로 한다.
　　1) 피난구유도등, 통로유도등 및 유도표지는 특정소방대상물에 설치한다. 다만, 다음의 어느 하나에 해당하는 경우는 제외한다.
　　　가) 동물 및 식물 관련 시설 중 축사로서 가축을 직접 가두어 사육하는 부분
　　　나) 터널
　　2) 객석유도등은 다음의 어느 하나에 해당하는 특정소방대상물에 설치한다.
　　　가) 유흥주점영업시설(「식품위생법 시행령」 제21조제8호라목의 유흥주점영업 중 손님이 춤을 출 수 있는 무대가 설치된 카바레, 나이트클럽 또는 그 밖에 이와 비슷한 영업시설만 해당한다)
　　　나) 문화 및 집회시설
　　　다) 종교시설
　　　라) 운동시설
　　3) 피난유도선은 화재안전기준에서 정하는 장소에 설치한다.
　라. 비상조명등을 설치해야 하는 특정소방대상물(창고시설 중 창고 및 하역장, 위험물 저장 및 처리 시설 중 가스시설 및 사람이 거주하지 않거나 벽이 없는 축사 등 동물 및 식물 관련 시설은 제외한다)은 다음의 어느 하나에 해당하는 것으로 한다.
　　1) 지하층을 포함하는 층수가 5층 이상인 건축물로서 연면적 3천㎡ 이상인 경우에는 모든 층
　　2) 1)에 해당하지 않는 특정소방대상물로서 그 지하층 또는 무창층의 바닥면적이 450㎡ 이상인 경우에는 해당 층
　　3) 터널로서 그 길이가 500m 이상인 것
　마. 휴대용비상조명등을 설치해야 하는 특정소방대상물은 다음의 어느 하나에 해당하는 것으로 한다.
　　1) 숙박시설
　　2) 수용인원 100명 이상의 영화상영관, 판매시설 중 대규모점포, 철도 및 도시철도 시설 중 지하역사, 지하상가
4. 소화용수설비
　상수도소화용수설비를 설치해야 하는 특정소방대상물은 다음 각 목의 어느 하나에 해당하는 것으로 한다. 다만, 상수도소화용수설비를 설치해야 하는 특정소방대상물의 대지 경계선으로부터 180m 이내에 지름 75㎜ 이상인 상수도용 배수관이 설치되지 않은 지역의 경우에는 화재안전기준에 따른 소화수조 또는 저수조를 설치해야 한다.
　가. 연면적 5천㎡ 이상인 것. 다만, 위험물 저장 및 처리 시설 중 가스시설, 터널 또는 지하구의 경우에는 제외한다.
　나. 가스시설로서 지상에 노출된 탱크의 저장용량의 합계가 100톤 이상인 것
　다. 자원순환 관련 시설 중 폐기물재활용시설 및 폐기물처분시설
5. 소화활동설비
　가. 제연설비를 설치해야 하는 특정소방대상물은 다음의 어느 하나에 해당하는 것으로 한다.
　　1) 문화 및 집회시설, 종교시설, 운동시설 중 무대부의 바닥면적이 200㎡ 이상인 경우에는 해당 무대부
　　2) 문화 및 집회시설 중 영화상영관으로서 수용인원 100명 이상인 경우에는 해당 영화상영관
　　3) 지하층이나 무창층에 설치된 근린생활시설, 판매시설, 운수시설, 숙박시설, 위락시설, 의료시설, 노유자 시설 또는 창고시설(물류터미널로 한정한다)로서 해당 용도로 사용되는 바닥면적의 합계가 1천㎡ 이상인 경우 해당 부분

4) 운수시설 중 시외버스정류장, 철도 및 도시철도 시설, 공항시설 및 항만시설의 대기실 또는 휴게시설로서 지하층 또는 무창층의 바닥면적이 1천㎡ 이상인 경우에는 모든 층
5) 지하상가로서 연면적 1천㎡ 이상인 것
6) 예상 교통량, 경사도 등 터널의 특성을 고려하여 행정안전부령으로 정하는 터널
7) 특정소방대상물(갓복도형 아파트등은 제외한다)에 부설된 특별피난계단, 비상용 승강기의 승강장 또는 피난용 승강기의 승강장

나. 연결송수관설비를 설치해야 하는 특정소방대상물(위험물 저장 및 처리 시설 중 가스시설 및 지하구는 제외한다)은 다음의 어느 하나에 해당하는 것으로 한다.
1) 층수가 5층 이상으로서 연면적 6천㎡ 이상인 경우에는 모든 층
2) 1)에 해당하지 않는 특정소방대상물로서 지하층을 포함하는 층수가 7층 이상인 경우에는 모든 층
3) 1) 및 2)에 해당하지 않는 특정소방대상물로서 지하층의 층수가 3층 이상이고 지하층의 바닥면적의 합계가 1천㎡ 이상인 경우에는 모든 층
4) 터널로서 길이가 500m 이상인 것
5) 건축물의 지하에 차고·주차장이 설치된 경우로서 차고 또는 주차장으로 사용되는 면적의 합계가 200㎡ 미만인 경우에는 해당 차고·주차장 부분
6) 기계장치에 의한 주차시설을 이용하여 20대 미만의 차량을 주차할 수 있는 시설(지붕과 외벽이 있는 경우만 해당한다)

다. 연결살수설비를 설치해야 하는 특정소방대상물(지하구는 제외한다)은 다음의 어느 하나에 해당하는 것으로 한다.
1) 판매시설, 운수시설, 창고시설 중 물류터미널로서 해당 용도로 사용되는 부분의 바닥면적의 합계가 1천㎡ 이상인 경우에는 해당 시설
2) 지하층(피난층으로 주된 출입구가 도로와 접한 경우는 제외한다)으로서 바닥면적의 합계가 150㎡ 이상인 경우에는 지하층의 모든 층. 다만, 「주택법 시행령」 제46조제1항에 따른 국민주택규모 이하인 아파트등의 지하층(대피시설로 사용하는 것만 해당한다)과 교육연구시설 중 학교의 지하층의 경우에는 700㎡ 이상인 것으로 한다.
3) 가스시설 중 지상에 노출된 탱크의 용량이 30톤 이상인 탱크시설
4) 1) 및 2)의 특정소방대상물에 부속된 연결통로

라. 비상콘센트설비를 설치해야 하는 특정소방대상물(위험물 저장 및 처리 시설 중 가스시설 및 지하구는 제외한다)은 다음의 어느 하나에 해당하는 것으로 한다.
1) 층수가 11층 이상인 특정소방대상물의 경우에는 11층 이상의 층
2) 지하층의 층수가 3층 이상이고 지하층의 바닥면적의 합계가 1천㎡ 이상인 것은 지하층의 모든 층
3) 터널로서 길이가 500m 이상인 것

마. 무선통신보조설비를 설치해야 하는 특정소방대상물(위험물 저장 및 처리 시설 중 가스시설은 제외한다)은 다음의 어느 하나에 해당하는 것으로 한다.
1) 지하상가로서 연면적 1천㎡ 이상인 것
2) 지하층의 바닥면적의 합계가 3천㎡ 이상인 것 또는 지하층의 층수가 3층 이상이고 지하층의 바닥면적의 합계가 1천㎡ 이상인 것은 지하층의 모든 층
3) 터널로서 길이가 500m 이상인 것
4) 지하구 중 공동구
5) 층수가 30층 이상인 것으로서 16층 이상 부분의 모든 층

바. 연소방지설비는 지하구(전력 또는 통신사업용인 것만 해당한다)에 설치해야 한다.

비고
1. 별표 2 제1호부터 제27호까지 중 어느 하나에 해당하는 시설(이하 이 호에서 "근린생활시설등"이라 한다)의 소방시설 설치기준이 복합건축물의 소방시설 설치기준보다 강화된 경우 복합건축물 안에 있는 해당 근린생활시설등에 대해서는 그 근린생활시설등의 소방시설 설치기준을 적용한다.
2. 원자력발전소 중 「원자력안전법」 제2조에 따른 원자로 및 관계시설에 설치하는 소방시설에 대해서는 「원자력안전법」 제11조 및 제21조에 따른 허가기준에 따라 설치한다.
3. 특정소방대상물의 관계인은 제8조제1항에 따른 내진설계 대상 특정소방대상물 및 제9조에 따른 성능위주설계 대상 특정소방대상물에 설치·관리해야 하는 소방시설에 대해서는 법 제7조에 따른 소방시설의 내진설계 기준 및 법 제8조에 따른 성능위주설계의 기준에 맞게 설치·관리해야 한다.

제12조(소방시설정보관리시스템 구축·운영 대상 등) ① 소방청장, 소방본부장 또는 소방서장이 법 제12조제5항에 따라 소방시설의 작동정보 등을 실시간으로 수집·분석할 수 있는 시스템(이하 "소방시설정보관리시스템"이라 한다)을 구축·운영하는 경우 그 구축·운영의 대상은 「화재의 예방 및 안전관리에 관한 법률」 제24조제1항 전단에 따른 소방안전관리대상물 중 다음 각 호의 특정소방대상물로 한다.

1. 문화 및 집회시설
2. 종교시설
3. 판매시설
4. 의료시설
5. 노유자 시설
6. 숙박이 가능한 수련시설
7. 업무시설
8. 숙박시설
9. 공장
10. 창고시설
11. 위험물 저장 및 처리 시설
12. 지하상가
12의2. 터널
13. 지하구
14. 그 밖에 소방청장, 소방본부장 또는 소방서장이 소방안전관리의 취약성과 화재위험성을 고려하여 필요하다고 인정하는 특정소방대상물

② 제1항 각 호에 따른 특정소방대상물의 관계인은 소방청장, 소방본부장 또는 소방서장이 법 제12조제5항에 따라 소방시설정보관리시스템을 구축·운영하려는 경우 특별한 사정이 없으면 이에 협조해야 한다.

제13조(강화된 소방시설기준의 적용대상) 법 제13조제1항제2호 각 목 외의 부분에서 "대통령령으로 정하는 것"이란 다음 각 호의 소방시설을 말한다.
1. 「국토의 계획 및 이용에 관한 법률」 제2조제9호에 따른 공동구에 설치하는 소화기, 자동소화장치, 자동화재탐지설비, 통합감시시설, 유도등 및 연소방지설비
2. 전력 및 통신사업용 지하구에 설치하는 소화기, 자동소화장치, 자동화재탐지설비, 통합감시시설, 유도등 및 연소방지설비
3. 노유자 시설에 설치하는 간이스프링클러설비, 자동화재탐지설비 및 단독경보형 감지기
4. 의료시설에 설치하는 스프링클러설비, 간이스프링클러설비, 자동화재탐지설비 및 자동화재속보설비

제14조(유사한 소방시설의 설치 면제의 기준) 법 제13조제2항에 따라 소방본부장 또는 소방서장은 특정소방대상물에 설치해야 하는 소방시설 가운데 기능과 성능이 유사한 소방시설의 설치를 면제하려는 경우에는 별표 5의 기준에 따른다.

[별표 5] 특정소방대상물의 소방시설 설치의 면제 기준(제14조 관련)

설치가 면제되는 소방시설	설치가 면제되는 기준
1. 자동소화장치	자동소화장치(주거용 주방자동소화장치 및 상업용 주방자동소화장치는 제외한다)를 설치해야 하는 특정소방대상물에 물분무등소화설비를 화재안전기준에 적합하게 설치한 경우에는 그 설비의 유효범위(해당 소방시설이 화재를 감지·소화 또는 경보할 수 있는 부분을 말한다. 이하 같다)에서 설치가 면제된다.
2. 옥내소화전설비	소방본부장 또는 소방서장이 옥내소화전설비의 설치가 곤란하다고 인정하는 경우로서 호스릴 방식의 미분무소화설비 또는 옥외소화전설비를 화재안전기준에 적합하게 설치한 경우에는 그 설비의 유효범위에서 설치가 면제된다.
3. 스프링클러설비	가. 스프링클러설비를 설치해야 하는 특정소방대상물(발전시설 중 전기저장시설은 제외한다)에 적응성 있는 자동소화장치 또는 물분무등소화설비를 화재안전기준에 적합하게 설치한 경우에는 그 설비의 유효범위에서 설치가 면제된다. 나. 스프링클러설비를 설치해야 하는 전기저장시설에 소화설비를 소방청장이 정하여 고시하는 방법에 따라 설치한 경우에는 그 설비의 유효범위에서 설치가 면제된다.
4. 간이스프링클러설비	간이스프링클러설비를 설치해야 하는 특정소방대상물에 스프링클러설비, 물분무소화설비 또는 미분무소화설비를 화재안전기준에 적합하게 설치한 경우에는 그 설비의 유효범위에서 설치가 면제된다.
5. 물분무등소화설비	물분무등소화설비를 설치해야 하는 차고·주차장에 스프링클러설비를 화재안전기준에 적합하게 설치한 경우에는 그 설비의 유효범위에서 설치가 면제된다.

6.	옥외소화전설비	옥외소화전설비를 설치해야 하는 문화재인 목조건축물에 상수도소화용수설비를 화재안전기준에서 정하는 방수압력·방수량·옥외소화전함 및 호스의 기준에 적합하게 설치한 경우에는 설치가 면제된다.
7.	비상경보설비	비상경보설비를 설치해야 할 특정소방대상물에 단독경보형 감지기를 2개 이상의 단독경보형 감지기와 연동하여 설치한 경우에는 그 설비의 유효범위에서 설치가 면제된다.
8.	비상경보설비 또는 단독경보형 감지기	비상경보설비 또는 단독경보형 감지기를 설치해야 하는 특정소방대상물에 자동화재탐지설비 또는 화재알림설비를 화재안전기준에 적합하게 설치한 경우에는 그 설비의 유효범위에서 설치가 면제된다.
9.	자동화재탐지설비	자동화재탐지설비의 기능(감지·수신·경보기능을 말한다)과 성능을 가진 화재알림설비, 스프링클러설비 또는 물분무등소화설비를 화재안전기준에 적합하게 설치한 경우에는 그 설비의 유효범위에서 설치가 면제된다.
10.	화재알림설비	화재알림설비를 설치해야 하는 특정소방대상물에 자동화재탐지설비를 화재안전기준에 적합하게 설치한 경우에는 그 설비의 유효범위에서 설치가 면제된다.
11.	비상방송설비	비상방송설비를 설치해야 하는 특정소방대상물에 자동화재탐지설비 또는 비상경보설비와 같은 수준 이상의 음향을 발하는 장치를 부설한 방송설비를 화재안전기준에 적합하게 설치한 경우에는 그 설비의 유효범위에서 설치가 면제된다.
12.	자동화재속보설비	자동화재속보설비를 설치해야 하는 특정소방대상물에 화재알림설비를 화재안전기준에 적합하게 설치한 경우에는 그 설비의 유효범위에서 설치가 면제된다.
13.	누전경보기	누전경보기를 설치해야 하는 특정소방대상물 또는 그 부분에 아크경보기(옥내 배전선로의 단선이나 선로 손상 등으로 인하여 발생하는 아크를 감지하고 경보하는 장치를 말한다) 또는 전기 관련 법령에 따른 지락차단장치를 설치한 경우에는 그 설비의 유효범위에서 설치가 면제된다.
14.	피난구조설비	피난구조설비를 설치해야 하는 특정소방대상물에 그 위치·구조 또는 설비의 상황에 따라 피난상 지장이 없다고 인정되는 경우에는 화재안전기준에서 정하는 바에 따라 설치가 면제된다.
15.	비상조명등	비상조명등을 설치해야 하는 특정소방대상물에 피난구유도등 또는 통로유도등을 화재안전기준에 적합하게 설치한 경우에는 그 유도등의 유효범위에서 설치가 면제된다.
16.	상수도소화용수설비	가. 상수도소화용수설비를 설치해야 하는 특정소방대상물의 각 부분으로부터 수평거리 140m 이내에 공공의 소방을 위한 소화전이 화재안전기준에 적합하게 설치되어 있는 경우에는 설치가 면제된다. 나. 소방본부장 또는 소방서장이 상수도소화용수설비의 설치가 곤란하다고 인정하는 경우로서 화재안전기준에 적합한 소화수조 또는 저수조가 설치되어 있거나 이를 설치하는 경우에는 그 설비의 유효범위에서 설치가 면제된다.

17.	제연설비	가. 제연설비를 설치해야 하는 특정소방대상물[별표 4 제5호가목6)은 제외한다]에 다음의 어느 하나에 해당하는 설비를 설치한 경우에는 설치가 면제된다.
		  1) 공기조화설비를 화재안전기준의 제연설비기준에 적합하게 설치하고 공기조화설비가 화재 시 제연설비기능으로 자동전환되는 구조로 설치되어 있는 경우
		  2) 직접 외부 공기와 통하는 배출구의 면적의 합계가 해당 제연구역[제연경계(제연설비의 일부인 천장을 포함한다)에 의하여 구획된 건축물 내의 공간을 말한다] 바닥면적의 100분의 1 이상이고, 배출구부터 각 부분까지의 수평거리가 30m 이내이며, 공기유입구가 화재안전기준에 적합하게(외부 공기를 직접 자연 유입할 경우에 유입구의 크기는 배출구의 크기 이상이어야 한다) 설치되어 있는 경우
		나. 별표 4 제5호가목7)에 따라 제연설비를 설치해야 하는 특정소방대상물 중 노대(露臺)와 연결된 특별피난계단, 노대가 설치된 비상용 승강기의 승강장 또는 「건축법 시행령」 제91조제5호의 기준에 따라 배연설비가 설치된 피난용 승강기의 승강장에는 설치가 면제된다.

18.	연결송수관설비	연결송수관설비를 설치해야 하는 소방대상물에 옥외에 연결송수구 및 옥내에 방수구가 부설된 옥내소화전설비, 스프링클러설비, 간이스프링클러설비 또는 연결살수설비를 화재안전기준에 적합하게 설치한 경우에는 그 설비의 유효범위에서 설치가 면제된다. 다만, 지표면에서 최상층 방수구의 높이가 70m 이상인 경우에는 설치해야 한다.
19.	연결살수설비	가. 연결살수설비를 설치해야 하는 특정소방대상물에 송수구를 부설한 스프링클러설비, 간이스프링클러설비, 물분무소화설비 또는 미분무소화설비를 화재안전기준에 적합하게 설치한 경우에는 그 설비의 유효범위에서 설치가 면제된다. 나. 가스 관계 법령에 따라 설치되는 물분무장치 등에 소방대가 사용할 수 있는 연결송수구가 설치되거나 물분무장치 등에 6시간 이상 공급할 수 있는 수원(水源)이 확보된 경우에는 설치가 면제된다.

20. 무선통신보조설비	무선통신보조설비를 설치해야 하는 특정소방대상물에 이동통신 구내 중계기 선로설비 또는 무선이동중계기(「전파법」 제58조의2에 따른 적합성평가를 받은 제품만 해당한다) 등을 화재안전기준의 무선통신보조설비기준에 적합하게 설치한 경우에는 설치가 면제된다.	
21. 연소방지설비	연소방지설비를 설치해야 하는 특정소방대상물에 스프링클러설비, 물분무소화설비 또는 미분무소화설비를 화재안전기준에 적합하게 설치한 경우에는 그 설비의 유효범위에서 설치가 면제된다.	

제15조(특정소방대상물의 증축 또는 용도변경 시의 소방시설기준 적용의 특례) ① 법 제13조제3항에 따라 소방본부장 또는 소방서장은 특정소방대상물이 증축되는 경우에는 기존 부분을 포함한 특정소방대상물의 전체에 대하여 증축 당시의 소방시설의 설치에 관한 대통령령 또는 화재안전기준을 적용해야 한다. 다만, 다음 각 호의 어느 하나에 해당하는 경우에는 기존 부분에 대해서는 증축 당시의 소방시설의 설치에 관한 대통령령 또는 화재안전기준을 적용하지 않는다.
1. 기존 부분과 증축 부분이 내화구조(耐火構造)로 된 바닥과 벽으로 구획된 경우
2. 기존 부분과 증축 부분이 다음 각 목의 어느 하나에 해당하는 구조물로 구획되어 있는 경우
    가. 「건축법시행령」 제46조제1항제2호에 따른 자동방화셔터(이하 "자동방화셔터"라 한다)
    나. 「건축법시행령」 제64조제1항제1호에 따른 60분+ 방화문(이하 "60분+ 방화문"이라 한다) 또는 같은 항 제2호에 따른 60분방화문(이하 "60분방화문"이라 한다)
3. 자동차 생산공장 등 화재 위험이 낮은 특정소방대상물 내부에 연면적 33제곱미터 이하의 직원 휴게실을 증축하는 경우
4. 자동차 생산공장 등 화재 위험이 낮은 특정소방대상물에 캐노피(기둥으로 받치거나 매달아 놓은 덮개를 말하며, 3면 이상에 벽이 없는 구조의 것을 말한다)를 설치하는 경우

② 법 제13조제3항에 따라 소방본부장 또는 소방서장은 특정소방대상물이 용도변경되는 경우에는 용도변경되는 부분에 대해서만 용도변경 당시의 소방시설의 설치에 관한 대통령령 또는 화재안전기준을 적용한다. 다만, 다음 각 호의 어느 하나에 해당하는 경우에는 특정소방대상물 전체에 대하여 용도변경 전에 해당 특정소방대상물에 적용되던 소방시설의 설치에 관한 대통령령 또는 화재안전기준을 적용한다.
1. 특정소방대상물의 구조·설비가 화재연소 확대 요인이 적어지거나 피난 또는 화재진압활동이 쉬워지도록 변경되는 경우
2. 용도변경으로 인하여 천장·바닥·벽 등에 고정되어 있는 가연성 물질의 양이 줄어드는 경우

제16조(소방시설을 설치하지 않을 수 있는 특정소방대상물의 범위) 법 제13조제4항에 따라 소방시설을 설치하지 않을 수 있는 특정소방대상물 및 소방시설의 범위는 별표 6과 같다.

[별표 6] 소방시설을 설치하지 않을 수 있는 특정소방대상물 및 소방시설의 범위(제16조 관련)

구분	특정소방대상물	설치하지 않을 수 있는 소방시설
1. 화재 위험도가 낮은 특정소방대상물	석재, 불연성금속, 불연성 건축재료 등의 가공공장·기계조립공장 또는 불연성 물품을 저장하는 창고	옥외소화전 및 연결살수설비
2. 화재안전기준을 적용하기 어려운 특정소방대상물	펄프공장의 작업장, 음료수 공장의 세정 또는 충전을 하는 작업장, 그 밖에 이와 비슷한 용도로 사용하는 것	스프링클러설비, 상수도소화용수설비 및 연결살수설비
	정수장, 수영장, 목욕장, 농예·축산·어류양식용 시설, 그 밖에 이와 비슷한 용도로 사용되는 것	자동화재탐지설비, 상수도소화용수설비 및 연결살수설비
3. 화재안전기준을 달리 적용해야 하는 특수한 용도 또는 구조를 가진 특정소방대상물	원자력발전소, 중·저준위방사성폐기물의 저장시설	연결송수관설비 및 연결살수설비
4. 「위험물 안전관리법」 제19조에 따른 자체소방대가 설치된 특정소방대상물	자체소방대가 설치된 제조소등에 부속된 사무실	옥내소화전설비, 소화용수설비, 연결살수설비 및 연결송수관설비

제17조(특정소방대상물의 수용인원 산정) 법 제14조제1항에 따른 특정소방대상물의 수용인원은 별표 7에 따라 산정한다.

[별표 7] 수용인원의 산정 방법(제17조 관련)

1. 숙박시설이 있는 특정소방대상물
   가. 침대가 있는 숙박시설: 해당 특정소방대상물의 종사자 수에 침대 수(2인용 침대는 2개로 산정한다)를 합한 수
   나. 침대가 없는 숙박시설: 해당 특정소방대상물의 종사자 수에 숙박시설 바닥면적의 합계를 3㎡로 나누어 얻은 수를 합한 수
2. 제1호 외의 특정소방대상물
   가. 강의실·교무실·상담실·실습실·휴게실 용도로 쓰는 특정소방대상물: 해당 용도로 사용하는 바닥면적의 합계를 1.9㎡로 나누어 얻은 수
   나. 강당, 문화 및 집회시설, 운동시설, 종교시설: 해당 용도로 사용하는 바닥면적의 합계를 4.6㎡로 나누어 얻은 수(관람석이 있는 경우 고정식 의자를 설치한 부분은 그 부분의 의자 수로 하고, 긴 의자의 경우에는 의자의 정면너비를 0.45m로 나누어 얻은 수로 한다)
   다. 그 밖의 특정소방대상물: 해당 용도로 사용하는 바닥면적의 합계를 3㎡로 나누어 얻은 수

비고
1. 위 표에서 바닥면적을 산정할 때에는 복도(「건축법 시행령」 제2조제11호에 따른 준불연재료 이상의 것을 사용하여 바닥에서 천장까지 벽으로 구획한 것을 말한다), 계단 및 화장실의 바닥면적을 포함하지 않는다.
2. 계산 결과 소수점 이하의 수는 반올림한다.

제18조(화재위험작업 및 임시소방시설 등) ① 법 제15조제1항에서 "인화성(引火性) 물품을 취급하는 작업 등 대통령령으로 정하는 작업"이란 다음 각 호의 어느 하나에 해당하는 작업을 말한다.
1. 인화성·가연성·폭발성 물질을 취급하거나 가연성 가스를 발생시키는 작업
2. 용접·용단(금속·유리·플라스틱 따위를 녹여서 절단하는 일을 말한다) 등 불꽃을 발생시키거나 화기(火氣)를 취급하는 작업
3. 전열기구, 가열전선 등 열을 발생시키는 기구를 취급하는 작업
4. 알루미늄, 마그네슘 등을 취급하여 폭발성 부유분진(공기 중에 떠다니는 미세한 입자를 말한다)을 발생시킬 수 있는 작업
5. 그 밖에 제1호부터 제4호까지와 비슷한 작업으로 소방청장이 정하여 고시하는 작업

② 법 제15조제1항에 따른 임시소방시설(이하 "임시소방시설"이라 한다)의 종류와 임시소방시설을 설치해야 하는 공사의 종류 및 규모는 별표 8 제1호 및 제2호와 같다.
③ 법 제15조제2항에 따른 임시소방시설과 기능 및 성능이 유사한 소방시설은 별표 8 제3호와 같다.

제19조(내용연수 설정대상 소방용품) ① 법 제17조제1항 후단에 따라 내용연수를 설정해야 하는 소방용품은 분말형태의 소화약제를 사용하는 소화기로 한다.
② 제1항에 따른 소방용품의 내용연수는 10년으로 한다.

제20조(소방기술심의위원회의 심의사항) ① 법 제18조제1항제6호에서 "대통령령으로 정하는 사항"이란 다음 각 호의 사항을 말한다.
1. 연면적 10만제곱미터 이상의 특정소방대상물에 설치된 소방시설의 설계·시공·감리의 하자 유무에 관한 사항
2. 새로운 소방시설과 소방용품 등의 도입 여부에 관한 사항
3. 그 밖에 소방기술과 관련하여 소방청장이 소방기술심의위원회의 심의에 부치는 사항

② 법 제18조제2항제2호에서 "대통령령으로 정하는 사항"이란 다음 각 호의 사항을 말한다.
1. 연면적 10만제곱미터 미만의 특정소방대상물에 설치된 소방시설의 설계·시공·감리의 하자 유무에 관한 사항
2. 소방본부장 또는 소방서장이 「위험물안전관리법」 제2조제1항제6호에 따른 제조소등(이하 "제조소등"이라 한다)의 시설기준 또는 화재안전기준의 적용에 관하여 기술검토를 요청하는 사항
3. 그 밖에 소방기술과 관련하여 특별시장·광역시장·특별자치시장·도지사 또는 특별자치도지사(이하 "시·도지사"라 한다)가 소방기술심의위원회의 심의에 부치는 사항

제21조(소방기술심의위원회의 구성 등) ① 법 제18조제1항에 따른 중앙소방기술심의위원회(이하 "중앙위원회"라 한다)는 위원장을 포함하여 60명 이내의 위원으로 성별을 고려하여 구성한다.
② 법 제18조제2항에 따른 지방소방기술심의위원회(이하 "지방위원회"라 한다)는 위원장을 포함하여 5명 이상 9명 이하의 위원으로 구성한다.
③ 중앙위원회의 회의는 위원장과 위원장이 회의마다 지정하는 6명 이상 12명 이하의 위원으로 구성한다.

④ 중앙위원회는 분야별 소위원회를 구성·운영할 수 있다.

제22조(위원의 임명·위촉) ① 중앙위원회의 위원은 과장급 직위 이상의 소방공무원과 다음 각 호의 어느 하나에 해당하는 사람 중에서 소방청장이 임명하거나 성별을 고려하여 위촉한다.
1. 소방기술사
2. 석사 이상의 소방 관련 학위를 소지한 사람
3. 소방시설관리사
4. 소방 관련 법인·단체에서 소방 관련 업무에 5년 이상 종사한 사람
5. 소방공무원 교육기관, 대학교 또는 연구소에서 소방과 관련된 교육이나 연구에 5년 이상 종사한 사람

② 지방위원회의 위원은 해당 시·도 소속 소방공무원과 제1항 각 호의 어느 하나에 해당하는 사람 중에서 시·도지사가 임명하거나 성별을 고려하여 위촉한다.
③ 중앙위원회의 위원장은 소방청장이 해당 위원 중에서 위촉하고, 지방위원회의 위원장은 시·도지사가 해당 위원 중에서 위촉한다.
④ 중앙위원회 및 지방위원회의 위원 중 위촉위원의 임기는 2년으로 하되, 한 차례만 연임할 수 있다.

제3절 방염

제30조(방염성능기준 이상의 실내장식물 등을 설치해야 하는 특정소방대상물) 법 제20조제1항에서 "대통령령으로 정하는 특정소방대상물"이란 다음 각 호의 것을 말한다.
1. 근린생활시설 중 의원, 치과의원, 한의원, 조산원, 산후조리원, 체력단련장, 공연장 및 종교집회장
2. 건축물의 옥내에 있는 다음 각 목의 시설
   가. 문화 및 집회시설
   나. 종교시설
   다. 운동시설(수영장은 제외한다)
3. 의료시설
4. 교육연구시설 중 합숙소
5. 노유자 시설
6. 숙박이 가능한 수련시설
7. 숙박시설
8. 방송통신시설 중 방송국 및 촬영소
9. 「다중이용업소의 안전관리에 관한 특별법」 제2조제1항제1호에 따른 다중이용업의 영업소(이하 "다중이용업소"라 한다)
10. 제1호부터 제9호까지의 시설에 해당하지 않는 것으로서 층수가 11층 이상인 것(아파트등은 제외한다)

제31조(방염대상물품 및 방염성능기준) ① 법 제20조제1항에서 "대통령령으로 정하는 물품"이란 다음 각 호의 것을 말한다.
1. 제조 또는 가공 공정에서 방염처리를 한 다음 각 목의 물품
   가. 창문에 설치하는 커튼류(블라인드를 포함한다)
   나. 카펫
   다. 벽지류(두께가 2밀리미터 미만인 종이벽지는 제외한다)
   라. 전시용 합판·목재 또는 섬유판, 무대용 합판·목재 또는 섬유판(합판·목재류의 경우 불가피하게 설치 현장에서 방염처리한 것을 포함한다)
   마. 암막·무대막(「영화 및 비디오물의 진흥에 관한 법률」 제2조제10호에 따른 영화상영관에 설치하는 스크린과 「다중이용업소의 안전관리에 관한 특별법 시행령」 제2조제7호의4에 따른 가상체험 체육시설업에 설치하는 스크린을 포함한다)
   바. 섬유류 또는 합성수지류 등을 원료로 하여 제작된 소파·의자(「다중이용업소의 안전관리에 관한 특별법 시행령」 제2조제1호나목 및 같은 조 제6호에 따른 단란주점영업, 유흥주점영업 및 노래연습장업의 영업장에 설치하는 것으로 한정한다)
2. 건축물 내부의 천장이나 벽에 부착하거나 설치하는 다음 각 목의 것. 다만, 가구류(옷장, 찬장, 식탁, 식탁용 의자, 사무용 책상, 사무용 의자, 계산대, 그 밖에 이와 비슷한 것을 말한다. 이하 이 조에서 같다)와 너비 10센티미터 이하인 반자돌림대 등과 「건축법」 제52조에 따른 내부 마감재료는 제외한다.
   가. 종이류(두께 2밀리미터 이상인 것을 말한다)·합성수지류 또는 섬유류를 주원료로 한 물품
   나. 합판이나 목재

다. 공간을 구획하기 위하여 설치하는 간이 칸막이(접이식 등 이동 가능한 벽체나 천장 또는 반자가 실내에 접하는 부분까지 구획하지 않는 벽체를 말한다)
라. 흡음(吸音)을 위하여 설치하는 흡음재(흡음용 커튼을 포함한다)
마. 방음(防音)을 위하여 설치하는 방음재(방음용 커튼을 포함한다)

② 법 제20조제3항에 따른 방염성능기준은 다음 각 호의 기준에 따르되, 제1항에 따른 방염대상물품의 종류에 따른 구체적인 방염성능기준은 다음 각 호의 기준의 범위에서 소방청장이 정하여 고시하는 바에 따른다.
1. 버너의 불꽃을 제거한 때부터 불꽃을 올리며 연소하는 상태가 그칠 때까지 시간은 20초 이내일 것
2. 버너의 불꽃을 제거한 때부터 불꽃을 올리지 않고 연소하는 상태가 그칠 때까지 시간은 30초 이내일 것
3. 탄화(炭化)한 면적은 50제곱센티미터 이내, 탄화한 길이는 20센티미터 이내일 것
4. 불꽃에 의하여 완전히 녹을 때까지 불꽃의 접촉 횟수는 3회 이상일 것
5. 소방청장이 정하여 고시한 방법으로 발연량(發煙量)을 측정하는 경우 최대연기밀도는 400 이하일 것

③ 소방본부장 또는 소방서장은 제1항에 따른 방염대상물품 외에 다음 각 호의 물품은 방염처리된 물품을 사용하도록 권장할 수 있다.
1. 다중이용업소, 의료시설, 노유자 시설, 숙박시설 또는 장례식장에서 사용하는 침구류·소파 및 의자
2. 건축물 내부의 천장 또는 벽에 부착하거나 설치하는 가구류

제32조(시·도지사가 실시하는 방염성능검사) 법 제21조제1항 단서에서 "대통령령으로 정하는 방염대상물품"이란 다음 각 호의 것을 말한다.
1. 제31조제1항제1호라목의 전시용 합판·목재 또는 무대용 합판·목재 중 설치 현장에서 방염처리를 하는 합판·목재류
2. 제31조제1항제2호에 따른 방염대상물품 중 설치 현장에서 방염처리를 하는 합판·목재류

제3장 소방시설등의 자체점검

제33조(소방시설등의 자체점검 면제 또는 연기) ① 법 제22조제6항 전단에서 "대통령령으로 정하는 사유"란 다음 각 호의 어느 하나에 해당하는 사유를 말한다.
1. 「재난 및 안전관리 기본법」 제3조제1호에 해당하는 재난이 발생한 경우
2. 경매 등의 사유로 소유권이 변동 중이거나 변동된 경우
3. 관계인의 질병, 사고, 장기출장의 경우
4. 그 밖에 관계인이 운영하는 사업에 부도 또는 도산 등 중대한 위기가 발생하여 자체점검을 실시하기 곤란한 경우

② 법 제22조제1항에 따른 자체점검(이하 "자체점검"이라 한다)의 면제 또는 연기를 신청하려는 관계인은 행정안전부령으로 정하는 면제 또는 연기신청서에 면제 또는 연기의 사유 및 기간 등을 적어 소방본부장 또는 소방서장에게 제출해야 한다. 이 경우 제1항제1호에 해당하는 경우에만 면제를 신청할 수 있다.
③ 제2항에 따른 면제 또는 연기의 신청 및 신청서의 처리에 필요한 사항은 행정안전부령으로 정한다.

제34조(소방시설등의 자체점검 결과의 조치 등) 법 제23조제1항에서 "소화펌프 고장 등 대통령령으로 정하는 중대위반사항"이란 다음 각 호의 어느 하나에 해당하는 경우를 말한다.
1. 소화펌프(가압송수장치를 포함한다. 이하 같다), 동력·감시 제어반 또는 소방시설용 전원(비상전원을 포함한다)의 고장으로 소방시설이 작동되지 않는 경우
2. 화재 수신기의 고장으로 화재경보음이 자동으로 울리지 않거나 화재 수신기와 연동된 소방시설의 작동이 불가능한 경우
3. 소화배관 등이 폐쇄·차단되어 소화수(消火水) 또는 소화약제가 자동 방출되지 않는 경우
4. 방화문 또는 자동방화셔터가 훼손되거나 철거되어 본래의 기능을 못하는 경우

제35조(자체점검 결과에 따른 이행계획 완료의 연기) ① 법 제23조제5항 전단에서 "대통령령으로 정하는 사유"란 다음 각 호의 어느 하나에 해당하는 사유를 말한다.
1. 「재난 및 안전관리 기본법」 제3조제1호에 해당하는 재난이 발생한 경우
2. 경매 등의 사유로 소유권이 변동 중이거나 변동된 경우
3. 관계인의 질병, 사고, 장기출장 등의 경우
4. 그 밖에 관계인이 운영하는 사업에 부도 또는 도산 등 중대한 위기가 발생하여 이행계획을 완료하기 곤란한 경우

② 법 제23조제5항에 따라 이행계획 완료의 연기를 신청하려는 관계인은 행정안전부령으로 정하는 바에 따라 연기신청서에 연기의 사유 및 기간 등을 적어 소방본부장 또는 소방서장에게 제출해야 한다.
③ 제2항에 따른 연기의 신청 및 연기신청서의 처리에 필요한 사항은 행정안전부령으로 정한다.

제36조(자체점검 결과 공개) ① 소방본부장 또는 소방서장은 법 제24조제2항에 따라 자체점검 결과를 공개하는 경우 30일 이상 법 제48조에 따른 전산시스템 또는 인터넷 홈페이지 등을 통해 공개해야 한다.
② 소방본부장 또는 소방서장은 제1항에 따라 자체점검 결과를 공개하려는 경우 공개 기간, 공개 내용 및 공개 방법을 해당 특정소방대상물의 관계인에게 미리 알려야 한다.
③ 특정소방대상물의 관계인은 제2항에 따라 공개 내용 등을 통보받은 날부터 10일 이내에 관할 소방본부장 또는 소방서장에게 이의신청을 할 수 있다.
④ 소방본부장 또는 소방서장은 제3항에 따라 이의신청을 받은 날부터 10일 이내에 심사·결정하여 그 결과를 지체 없이 신청인에게 알려야 한다.
⑤ 자체점검 결과의 공개가 제3자의 법익을 침해하는 경우에는 제3자와 관련된 사실을 제외하고 공개해야 한다.

제4장 소방시설관리사 및 소방시설관리업

제1절 소방시설관리사

제37조(소방시설관리사시험의 응시자격) 법 제25조제1항에 따른 소방시설관리사시험(이하 "관리사시험"이라 한다)에 응시할 수 있는 사람은 다음 각 호와 같다.
1. 소방기술사·건축사·건축기계설비기술사·건축전기설비기술사 또는 공조냉동기계기술사
2. 위험물기능장
3. 소방설비기사
4. 「국가과학기술 경쟁력 강화를 위한 이공계지원 특별법」 제2조제1호에 따른 이공계 분야의 박사학위를 취득한 사람
5. 소방청장이 정하여 고시하는 소방안전 관련 분야의 석사 이상의 학위를 취득한 사람
6. 소방공무원 등 소방청장이 정하여 고시하는 사람 중 소방에 관한 실무경력이 3년 이상인 사람

제38조(시험의 시행방법) ① 관리사시험은 제1차시험과 제2차시험으로 구분하여 시행한다. 이 경우 소방청장은 제1차시험과 제2차시험을 같은 날에 시행할 수 있다.
② 제1차시험은 선택형을 원칙으로 하고, 제2차시험은 논문형을 원칙으로 하되, 제2차시험에는 기입형을 포함할 수 있다.
③ 제1차시험에 합격한 사람에 대해서는 다음 회의 관리사시험만 제1차시험을 면제한다. 다만, 면제받으려는 시험의 응시자격을 갖춘 경우로 한정한다.
④ 제2차시험은 제1차시험에 합격한 사람만 응시할 수 있다. 다만, 제1항 후단에 따라 제1차시험과 제2차시험을 병행하여 시행하는 경우에 제1차시험에 불합격한 사람의 제2차시험 응시는 무효로 한다.

제2절 소방시설관리업

제45조(소방시설관리업의 등록기준 등) ① 법 제29조제1항에 따른 소방시설관리업의 업종별 등록기준 및 영업범위는 별표 9와 같다.
② 시·도지사는 법 제29조제1항에 따른 등록신청이 다음 각 호의 어느 하나에 해당하는 경우를 제외하고는 등록을 해 주어야 한다.
  1. 제1항에 따른 등록기준에 적합하지 않은 경우
  2. 등록을 신청한 자가 법 제30조 각 호의 어느 하나에 해당하는 경우
  3. 그 밖에 이 법 또는 제39조제1항제1호라목의 소방 관계 법령에 따른 제한에 위배되는 경우

제5장 소방용품의 품질관리

제46조(형식승인 대상 소방용품) 법 제37조제1항 본문에서 "대통령령으로 정하는 소방용품"이란 별표 3의 소방용품(같은 표 제1호나목의 자동소화장치 중 상업용 주방자동소화장치는 제외한다)을 말한다.

제47조(우수품질인증 소방용품 우선 구매·사용 기관) 법 제44조제4호에서 "대통령령으로 정하는 기관"이란 다음 각 호의 기관을 말한다.
1. 「지방공기업법」 제49조에 따라 설립된 지방공사 및 같은 법 제76조에 따라 설립된 지방공단
2. 「지방자치단체 출자·출연 기관의 운영에 관한 법률」 제2조에 따른 출자·출연 기관

소방시설 설치 및 관리에 관한 법률 시행규칙

[시행 2025. 12. 1.] [행정안전부령 제590호, 2025. 12. 1., 일부개정]

제1장 총칙

제1조(목적) 이 규칙은 「소방시설 설치 및 관리에 관한 법률」 및 같은 법 시행령에서 위임된 사항과 그 시행에 필요한 사항을 규정함을 목적으로 한다.

제2조(기술기준의 제정·개정 절차) ① 국립소방연구원장은 화재안전기준 중 기술기준(이하 "기술기준"이라 한다)을 제정·개정하려는 경우 제정안·개정안을 작성하여 「소방시설 설치 및 관리에 관한 법률」(이하 "법"이라 한다) 제18조제1항에 따른 중앙소방기술심의위원회(이하 "중앙위원회"라 한다)의 심의·의결을 거쳐야 한다. 이 경우 제정안·개정안의 작성을 위해 소방 관련 기관·단체 및 개인 등의 의견을 수렴할 수 있다.

② 국립소방연구원장은 제1항에 따라 중앙위원회의 심의·의결을 거쳐 다음 각 호의 사항이 포함된 승인신청서를 소방청장에게 제출해야 한다.
1. 기술기준의 제정안 또는 개정안
2. 기술기준의 제정 또는 개정 이유
3. 기술기준의 심의 경과 및 결과

③ 제2항에 따라 승인신청서를 제출받은 소방청장은 제정안 또는 개정안이 화재안전기준 중 성능기준 등을 충족하는지를 검토하여 승인 여부를 결정하고 국립소방연구원장에게 통보해야 한다.

④ 제3항에 따라 승인을 통보받은 국립소방연구원장은 승인받은 기술기준을 관보에 게재하고, 국립소방연구원 인터넷 홈페이지를 통해 공개해야 한다.

⑤ 제1항부터 제4항까지에서 규정한 사항 외에 기술기준의 제정·개정을 위하여 필요한 사항은 국립소방연구원장이 정한다.

제2장 소방시설등의 설치·관리

제1절 건축허가등의 동의 등

제3조(건축허가등의 동의 요구) ① 법 제6조제1항에 따른 건축물 등의 신축·증축·개축·재축·이전·용도변경 또는 대수선의 허가·협의 및 사용승인(「주택법」 제15조에 따른 승인 및 같은 법 제49조에 따른 사용검사, 「학교시설사업 촉진법」 제4조에 따른 승인 및 같은 법 제13조에 따른 사용승인을 포함하며, 이하 "건축허가등"이라 한다)의 동의 요구는 다음 각 호의 권한이 있는 행정기관이 「소방시설 설치 및 관리에 관한 법률 시행령」(이하 "영"이라 한다) 제7조제1항 각 호에 따른 동의대상물의 시공지 또는 소재지를 관할하는 소방본부장 또는 소방서장에게 해야 한다.
1. 「건축법」 제11조에 따른 허가 및 같은 법 제29조제2항에 따른 협의의 권한이 있는 행정기관
2. 「주택법」 제15조에 따른 승인 및 같은 법 제49조에 따른 사용검사의 권한이 있는 행정기관
3. 「학교시설사업 촉진법」 제4조에 따른 승인 및 같은 법 제13조에 따른 사용승인의 권한이 있는 행정기관
4. 「고압가스 안전관리법」 제4조에 따른 허가의 권한이 있는 행정기관
5. 「도시가스사업법」 제3조에 따른 허가의 권한이 있는 행정기관
6. 「액화석유가스의 안전관리 및 사업법」 제5조 및 제6조에 따른 허가의 권한이 있는 행정기관
7. 「전기안전관리법」 제8조에 따른 자가용전기설비의 공사계획의 인가의 권한이 있는 행정기관
8. 「전기사업법」 제61조에 따른 전기사업용전기설비의 공사계획에 대한 인가의 권한이 있는 행정기관
9. 「국토의 계획 및 이용에 관한 법률」 제88조제2항에 따른 도시·군계획시설사업 실시계획 인가의 권한이 있는 행정기관

② 제1항 각 호의 어느 하나에 해당하는 기관은 영 제7조제3항에 따라 건축허가등의 동의를 요구하는 경우에는 동의요구서(전자문서로 된 요구서를 포함한다)에 다음 각 호의 서류(전자문서를 포함한다)를 첨부해야 한다.
1. 「건축법 시행규칙」 제6조에 따른 건축허가신청서, 같은 법 시행규칙 제8조에 따른 건축허가서 또는 같은 법 시행규칙 제12조에 따른 건축·대수선·용도변경신고서 등 건축허가등을 확인할 수 있는 서류의 사본. 이 경우 동의 요구를 받은 담당 공무원은 특별한 사정이 있는 경우를 제외하고는 「전자정부법」 제36조제1항에 따른 행정정보의 공동이용을 통하여 건축허가서를 확인함으로써 첨부서류의 제출을 갈음할 수 있다.

2. 다음 각 목의 설계도서. 다만, 가목 및 나목2)·4)의 설계도서는 「소방시설공사업법 시행령」 제4조에 따른 소방시설공사 착공신고 대상에 해당되는 경우에만 제출한다.
   가. 건축물 설계도서
      1) 건축물 개요 및 배치도
      2) 주단면도 및 입면도(立面圖: 물체를 정면에서 본 대로 그린 그림을 말한다. 이하 같다)
      3) 층별 평면도(용도별 기준층 평면도를 포함한다. 이하 같다)
      4) 방화구획도(창호도를 포함한다)
      5) 실내·실외 마감재료표
      6) 소방자동차 진입 동선도 및 부서 공간 위치도(조경계획을 포함한다)
   나. 소방시설 설계도서
      1) 소방시설(기계·전기 분야의 시설을 말한다)의 계통도(시설별 계산서를 포함한다)
      2) 소방시설별 층별 평면도
      3) 실내장식물 방염대상물품 설치 계획(「건축법」 제52조에 따른 건축물의 마감재료는 제외한다)
      4) 소방시설의 내진설계 계통도 및 기준층 평면도(내진 시방서 및 계산서 등 세부 내용이 포함된 상세 설계도면은 제외한다)
3. 소방시설 설치계획표
4. 임시소방시설 설치계획서(설치시기·위치·종류·방법 등 임시소방시설의 설치와 관련된 세부 사항을 포함한다)
5. 「소방시설공사업법」 제4조제1항에 따라 등록한 소방시설설계업등록증과 소방시설을 설계한 기술인력의 기술자격증 사본
6. 「소방시설공사업법」 제21조 및 제21조의3제2항에 따라 체결한 소방시설설계 계약서 사본
7. 「화재의 예방 및 안전관리에 관한 법률」 제17조제5항에 따른 특수가연물의 저장·취급계획서(공장 또는 창고에 대한 건축허가 등의 동의를 요구하는 경우로 한정한다)

③ 제1항에 따른 동의 요구를 받은 소방본부장 또는 소방서장은 법 제6조제4항에 따라 건축허가등의 동의 요구 서류를 접수한 날부터 5일(허가를 신청한 건축물 등이 「화재의 예방 및 안전관리에 관한 법률 시행령」 별표 4 제1호가목의 어느 하나에 해당하는 경우에는 10일) 이내에 건축허가등의 동의 여부를 회신해야 한다.

④ 소방본부장 또는 소방서장은 제3항에도 불구하고 제2항에 따른 동의요구서 및 첨부서류의 보완이 필요한 경우에는 4일 이내의 기간을 정하여 보완을 요구할 수 있다. 이 경우 보완 기간은 제3항에 따른 회신 기간에 산입하지 않으며 보완 기간 내에 보완하지 않는 경우에는 동의요구서를 반려해야 한다.

⑤ 제1항에 따라 건축허가등의 동의를 요구한 기관이 그 건축허가등을 취소했을 때에는 취소한 날부터 7일 이내에 건축물 등의 시공지 또는 소재지를 관할하는 소방본부장 또는 소방서장에게 그 사실을 통보해야 한다.

⑥ 소방본부장 또는 소방서장은 제3항에 따라 동의 여부를 회신하는 경우에는 별지 제1호서식의 건축허가등의 동의대장에 이를 기록하고 관리해야 한다.

⑦ 법 제6조제8항 후단에서 "행정안전부령으로 정하는 기간"이란 7일을 말한다.

제4조(성능위주설계의 신고) ① 성능위주설계를 한 자는 법 제8조제2항에 따라 「건축법」 제11조에 따른 건축허가를 신청하기 전에 별지 제2호서식의 성능위주설계 신고서(전자문서로 된 신고서를 포함한다)에 다음 각 호의 서류(전자문서를 포함한다)를 첨부하여 관할 소방서장에게 신고해야 한다. 이 경우 다음 각 호의 서류에는 사전검토 결과에 따라 보완된 내용을 포함해야 하며, 제7조제1항에 따른 사전검토 신청 시 제출한 서류와 동일한 내용의 서류는 제외한다.
1. 다음 각 목의 사항이 포함된 설계도서
   가. 건축물의 개요(위치, 구조, 규모, 용도)
   나. 부지 및 도로의 설치 계획(소방차량 진입 동선을 포함한다)
   다. 화재안전성능의 확보 계획
   라. 성능위주설계 요소에 대한 성능평가(화재 및 피난 모의실험 결과를 포함한다)
   마. 성능위주설계 적용으로 인한 화재안전성능 비교표
   바. 다음의 건축물 설계도면
      1) 주단면도 및 입면도
      2) 층별 평면도 및 창호도
      3) 실내·실외 마감재료표
      4) 방화구획도(화재 확대 방지계획을 포함한다)

5) 건축물의 구조 설계에 따른 피난계획 및 피난 동선도
　사. 소방시설의 설치계획 및 설계 설명서
　아. 다음의 소방시설 설계도면
　　　1) 소방시설 계통도 및 층별 평면도
　　　2) 소화용수설비 및 연결송수구 설치 위치 평면도
　　　3) 종합방재실 설치 및 운영계획
　　　4) 상용전원 및 비상전원의 설치계획
　　　5) 소방시설의 내진설계 계통도 및 기준층 평면도(내진 시방서 및 계산서 등 세부 내용이 포함된 상세 설계도면은 제외한다)
　자. 소방시설에 대한 전기부하 및 소화펌프 등 용량계산서
2. 「소방시설공사업법 시행령」 별표 1의2에 따른 성능위주설계를 할 수 있는 자의 자격·기술인력을 확인할 수 있는 서류
3. 「소방시설공사업법」 제21조 및 제21조의3제2항에 따라 체결한 성능위주설계 계약서 사본

② 소방서장은 제1항에 따라 성능위주설계 신고서를 받은 경우 성능위주설계 대상 및 자격 여부 등을 확인하고, 첨부서류의 보완이 필요한 경우에는 7일 이내의 기간을 정하여 성능위주설계를 한 자에게 보완을 요청할 수 있다.

제5조(신고된 성능위주설계에 대한 검토·평가)
① 제4조제1항에 따라 성능위주설계의 신고를 받은 소방서장은 필요한 경우 같은 조 제2항에 따른 보완 절차를 거쳐 소방청장 또는 관할 소방본부장에게 법 제9조제1항에 따른 성능위주설계 평가단(이하 "평가단"이라 한다)의 검토·평가를 요청해야 한다.
② 제1항에 따라 검토·평가를 요청받은 소방청장 또는 소방본부장은 요청을 받은 날부터 20일 이내에 평가단의 심의·의결을 거쳐 해당 건축물의 성능위주설계를 검토·평가하고, 별지 제3호서식의 성능위주설계 검토·평가 결과서를 작성하여 관할 소방서장에게 지체 없이 통보해야 한다.
③ 제4조제1항에 따라 성능위주설계 신고를 받은 소방서장은 제1항에도 불구하고 신기술·신공법 등 검토·평가에 고도의 기술이 필요한 경우에는 중앙위원회에 심의를 요청할 수 있다.
④ 중앙위원회는 제3항에 따라 요청된 사항에 대하여 20일 이내에 심의·의결을 거쳐 별지 제3호서식의 성능위주설계 검토·평가 결과서를 작성하고 관할 소방서장에게 지체 없이 통보해야 한다.
⑤ 제2항 또는 제4항에 따라 성능위주설계 검토·평가 결과서를 통보받은 소방서장은 성능위주설계 신고를 한 자에게 별표 1에 따라 수리 여부를 통보해야 한다.

제6조(성능위주설계의 변경신고)
① 법 제8조제2항 후단에서 "해당 특정소방대상물의 연면적·높이·층수의 변경 등 행정안전부령으로 정하는 사유"란 특정소방대상물의 연면적·높이·층수의 변경이 있는 경우를 말한다. 다만, 「건축법」 제16조제1항 단서 및 같은 조 제2항에 따른 경우는 제외한다.
② 성능위주설계를 한 자는 법 제8조제2항 후단에 따라 해당 성능위주설계를 한 특정소방대상물이 제1항에 해당하는 경우 별지 제4호서식의 성능위주설계 변경 신고서(전자문서로 된 신고서를 포함한다)에 제4조제1항 각 호의 서류(전자문서를 포함하며, 변경되는 부분만 해당한다)를 첨부하여 관할 소방서장에게 신고해야 한다.
③ 제2항에 따른 성능위주설계의 변경신고에 대한 검토·평가, 수리 여부 결정 및 통보에 관하여는 제5조제2항부터 제5항까지의 규정을 준용한다. 이 경우 같은 조 제2항 및 제4항 중 "20일 이내"는 각각 "14일 이내"로 본다.

제7조(성능위주설계의 사전검토 신청)
① 성능위주설계를 한 자는 법 제8조제4항에 따라 「건축법」 제4조의2에 따른 건축위원회의 심의를 받아야 하는 건축물인 경우에는 그 심의를 신청하기 전에 별지 제5호서식의 성능위주설계 사전검토 신청서(전자문서로 된 신청서를 포함한다)에 다음 각 호의 서류(전자문서를 포함한다)를 첨부하여 관할 소방서장에게 사전검토를 신청해야 한다.
1. 건축물의 개요(위치, 구조, 규모, 용도)
2. 부지 및 도로의 설치 계획(소방차량 진입 동선을 포함한다)
3. 화재안전성능의 확보 계획
4. 화재 및 피난 모의실험 결과
5. 다음 각 목의 건축물 설계도면
　가. 주단면도 및 입면도
　나. 층별 평면도 및 창호도
　다. 실내·실외 마감재료표

라. 방화구획도(화재 확대 방지계획을 포함한다)
　　마. 건축물의 구조 설계에 따른 피난계획 및 피난 동선도
 6. 소방시설 설치계획 및 설계 설명서(소방시설 기계·전기 분야의 기본계통도를 포함한다)
 7. 「소방시설공사업법 시행령」 별표 1의2에 따른 성능위주설계를 할 수 있는 자의 자격·기술인력을 확인할 수 있는 서류
 8. 「소방시설공사업법」 제21조 및 제21조의3제2항에 따라 체결한 성능위주설계 계약서 사본
② 소방서장은 제1항에 따른 성능위주설계 사전검토 신청서를 받은 경우 성능위주설계 대상 및 자격 여부 등을 확인하고, 첨부서류의 보완이 필요한 경우에는 7일 이내의 기간을 정하여 성능위주설계를 한 자에게 보완을 요청할 수 있다.

제8조(사전검토가 신청된 성능위주설계에 대한 검토·평가) ① 제7조제1항에 따라 사전검토의 신청을 받은 소방서장은 필요한 경우 같은 조 제2항에 따른 보완 절차를 거쳐 소방청장 또는 관할 소방본부장에게 평가단의 검토·평가를 요청해야 한다.
② 제1항에 따라 검토·평가를 요청받은 소방청장 또는 소방본부장은 평가단의 심의·의결을 거쳐 해당 건축물의 성능위주설계를 검토·평가하고, 별지 제6호서식의 성능위주설계 사전검토 결과서를 작성하여 관할 소방서장에게 지체 없이 통보해야 한다.
③ 제1항에도 불구하고 제7조제1항에 따라 성능위주설계 사전검토의 신청을 받은 소방서장은 신기술·신공법 등 검토·평가에 고도의 기술이 필요한 경우에는 중앙위원회에 심의를 요청할 수 있다.
④ 중앙위원회는 제3항에 따라 요청된 사항에 대하여 심의를 거쳐 별지 제6호서식의 성능위주설계 사전검토 결과서를 작성하고, 관할 소방서장에게 지체 없이 통보해야 한다.
⑤ 제2항 또는 제4항에 따라 성능위주설계 사전검토 결과서를 통보받은 소방서장은 성능위주설계 사전검토를 신청한 자 및 「건축법」 제4조에 따른 해당 건축위원회에 그 결과를 지체 없이 통보해야 한다.

제9조(성능위주설계 기준) ① 법 제8조제7항에 따른 성능위주설계의 기준은 다음 각 호와 같다.
 1. 소방자동차 진입(통로) 동선 및 소방관 진입 경로 확보
 2. 화재·피난 모의실험을 통한 화재위험성 및 피난안전성 검증
 3. 건축물의 규모와 특성을 고려한 최적의 소방시설 설치
 4. 소화수 공급시스템 최적화를 통한 화재피해 최소화 방안 마련
 5. 특별피난계단을 포함한 피난경로의 안전성 확보
 6. 건축물의 용도별 방화구획의 적정성
 7. 침수 등 재난상황을 포함한 지하층 안전확보 방안 마련
② 제1항에 따른 성능위주설계의 세부 기준은 소방청장이 정한다.

제10조(평가단의 구성) ① 평가단은 평가단장을 포함하여 50명 이내의 평가단원으로 성별을 고려하여 구성한다.
② 평가단장은 화재예방 업무를 담당하는 부서의 장 또는 제3항에 따라 임명 또는 위촉된 평가단원 중에서 학식·경험·전문성 등을 종합적으로 고려하여 소방청장 또는 소방본부장이 임명하거나 위촉한다.
③ 평가단원은 다음 각 호의 어느 하나에 해당하는 사람 중에서 소방청장 또는 관할 소방본부장이 임명하거나 위촉한다. 다만, 관할 소방서의 해당 업무 담당 과장은 당연직 평가단원으로 한다.
 1. 소방공무원 중 다음 각 목의 어느 하나에 해당하는 사람
　　가. 소방기술사
　　나. 소방시설관리사
　　다. 다음의 어느 하나에 해당하는 자격을 갖춘 사람으로서 「소방공무원 교육훈련규정」 제3조제2항에 따른 중앙소방학교에서 실시하는 성능위주설계 관련 교육과정을 이수한 사람
　　　1) 소방설비기사 이상의 자격을 가진 사람으로서 제3조에 따른 건축허가등의 동의 업무를 1년 이상 담당한 사람
　　　2) 건축 또는 소방 관련 석사 이상의 학위를 취득한 사람으로서 제3조에 따른 건축허가등의 동의 업무를 1년 이상 담당한 사람
 2. 건축 분야 및 소방방재 분야 전문가 중 다음 각 목의 어느 하나에 해당하는 사람
　　가. 위원회 위원 또는 법 제18조제2항에 따른 지방소방기술심의위원회 위원
　　나. 「고등교육법」 제2조에 따른 학교 또는 이에 준하는 학교나 공인된 연구기관에서 부교수 이상의 직(職) 또는 이에 상당하는 직에 있거나 있었던 사람으로서 화재안전 또는 관련 법령이나 정책에 전문성이 있는 사람
　　다. 소방기술사
　　라. 소방시설관리사

마. 건축계획, 건축구조 또는 도시계획과 관련된 업종에 종사하는 사람으로서 건축사 또는 건축구조기술사 자격을 취득한 사람
바. 「소방시설공사업법」 제28조제3항에 따른 특급감리원 자격을 취득한 사람으로 소방공사 현장 감리 업무를 10년 이상 수행한 사람

④ 위촉된 평가단원의 임기는 2년으로 하되, 2회에 한정하여 연임할 수 있다.
⑤ 평가단장은 평가단을 대표하고 평가단의 업무를 총괄한다.
⑥ 평가단장이 부득이한 사유로 직무를 수행할 수 없을 때에는 평가단장이 미리 지정한 평가단원이 그 직무를 대리한다.

제11조(평가단의 운영) ① 평가단의 회의는 평가단장과 평가단장이 회의마다 지명하는 6명 이상 8명 이하의 평가단원으로 구성·운영하며, 과반수의 출석으로 개의(開議)하고 출석 평가단원 과반수의 찬성으로 의결한다. 다만, 제6조제2항에 따른 성능위주설계의 변경신고에 대한 심의·의결을 하는 경우에는 제5조제2항에 따라 건축물의 성능위주설계를 검토·평가한 평가단원 중 5명 이상으로 평가단을 구성·운영할 수 있다.
② 평가단의 회의에 참석한 평가단원에게는 예산의 범위에서 수당, 여비, 그 밖에 필요한 경비를 지급할 수 있다. 다만, 소방공무원인 평가단원이 소관 업무와 관련하여 평가단의 회의에 참석하는 경우에는 그렇지 않다.
③ 제1항 및 제2항에서 규정한 사항 외에 평가단의 운영에 필요한 세부적인 사항은 소방청장 또는 관할 소방본부장이 정한다.

제2절 특정소방대상물에 설치하는 소방시설의 관리 등

제15조(소방시설정보관리시스템 운영방법 및 통보 절차 등) ① 소방청장, 소방본부장 또는 소방서장은 법 제12조제4항에 따른 소방시설의 작동정보 등을 실시간으로 수집·분석할 수 있는 시스템(이하 "소방시설정보관리시스템"이라 한다)으로 수집되는 소방시설의 작동정보 등을 분석하여 해당 특정소방대상물의 관계인에게 해당 소방시설의 정상적인 작동에 필요한 사항과 관리 방법 등 개선사항에 관한 정보를 제공할 수 있다.
② 소방청장, 소방본부장 또는 소방서장은 소방시설정보관리시스템을 통하여 소방시설의 고장 등 비정상적인 작동정보를 수집한 경우에는 해당 특정소방대상물의 관계인에게 그 사실을 알려주어야 한다.
③ 소방청장, 소방본부장 또는 소방서장은 소방시설정보관리시스템의 체계적·효율적·전문적인 운영을 위해 전담인력을 둘 수 있다.
④ 제1항부터 제3항까지에서 규정한 사항 외에 소방시설정보관리시스템의 운영방법 및 통보 절차 등에 관하여 필요한 세부 사항은 소방청장이 정한다.

제16조(소방시설을 설치해야 하는 터널) ① 영 별표 4 제1호다목4)나)에서 "행정안전부령으로 정하는 터널"이란 「도로의 구조·시설 기준에 관한 규칙」 제48조에 따라 국토교통부장관이 정하는 도로의 구조 및 시설에 관한 세부 기준에 따라 옥내소화전설비를 설치해야 하는 터널을 말한다.
② 영 별표 4 제1호바목7) 전단에서 "행정안전부령으로 정하는 터널"이란 「도로의 구조·시설 기준에 관한 규칙」 제48조에 따라 국토교통부장관이 정하는 도로의 구조 및 시설에 관한 세부 기준에 따라 물분무소화설비를 설치해야 하는 터널을 말한다.
③ 영 별표 4 제5호가목6)에서 "행정안전부령으로 정하는 터널"이란 「도로의 구조·시설 기준에 관한 규칙」 제48조에 따라 국토교통부장관이 정하는 도로의 구조 및 시설에 관한 세부 기준에 따라 제연설비를 설치해야 하는 터널을 말한다.

제17조(연소 우려가 있는 건축물의 구조) 영 별표 4 제1호사목1) 후단에서 "행정안전부령으로 정하는 연소(延燒) 우려가 있는 구조"란 다음 각 호의 기준에 모두 해당하는 구조를 말한다.
1. 건축물대장의 건축물 현황도에 표시된 대지경계선 안에 둘 이상의 건축물이 있는 경우
2. 각각의 건축물이 다른 건축물의 외벽으로부터 수평거리가 1층의 경우에는 6미터 이하, 2층 이상의 층의 경우에는 10미터 이하인 경우
3. 개구부(영 제2조제1호 각 목 외의 부분에 따른 개구부를 말한다)가 다른 건축물을 향하여 설치되어 있는 경우

제3장 소방시설등의 자체점검

제19조(기술자격자의 범위) 법 제22조제1항 각 호 외의 부분 전단에서 "행정안전부령으로 정하는 기술자격자"란 「화재의 예방 및 안전관리에 관한 법률」 제24조제1항 전단에 따라 소방안전관리자(이하 "소방안전관리자"라 한다)로 선임된 소방시설관리사 및 소방기술사를 말한다.

제20조(소방시설등 자체점검의 구분 및 대상 등) ① 법 제22조제1항에 따른 자체점검(이하 "자체점검"이라 한다)의 구분 및 대상, 점검자의 자격, 점검 장비, 점검 방법 및 횟수 등 자체점검 시 준수해야 할 사항은 별표 3과 같고, 점검인력의 배치기준은 별표 4와 같다.
② 법 제29조에 따라 소방시설관리업을 등록한 자(이하 "관리업자"라 한다)는 제1항에 따라 자체점검을 실시하는 경우 점검 대상과 점검 인력 배치상황을 점검인력을 배치한 날 이후 자체점검이 끝난 날부터 5일 이내에 법 제50조제5항에 따라 관리업자에 대한 점검능력 평가 등에 관한 업무를 위탁받은 법인 또는 단체(이하 "평가기관"이라 한다)에 통보해야 한다.
③ 제1항의 자체점검 구분에 따른 점검사항, 소방시설등점검표, 점검인원 배치상황 통보 및 세부 점검방법 등 자체점검에 필요한 사항은 소방청장이 정하여 고시한다.

제4장 소방시설관리사 및 소방시설관리업

제1절 소방시설관리사

제26조(소방시설관리사증의 발급) 영 제48조제3항제2호에 따라 소방시설관리사증의 발급ㆍ재발급에 관한 업무를 위탁받은 법인 또는 단체(이하 "소방시설관리사증발급자"라 한다)는 법 제25조제5항에 따라 소방시설관리사 시험에 합격한 사람에게 합격자 공고일부터 1개월 이내에 별지 제14호서식의 소방시설관리사증을 발급해야 하며, 이를 별지 제15호서식의 소방시설관리사증 발급대장에 기록하고 관리해야 한다.

제27조(소방시설관리사증의 재발급) ① 법 제25조제6항에 따라 소방시설관리사가 소방시설관리사증을 잃어버렸거나 못 쓰게 되어 소방시설관리사증의 재발급을 신청하는 경우에는 별지 제16호서식의 소방시설관리사증 재발급 신청서(전자문서로 된 신청서를 포함한다)에 다음 각 호의 서류를 첨부하여 소방시설관리사증 발급자에게 제출해야 한다.
1. 소방시설관리사증(못 쓰게 된 경우만 해당한다)
2. 신분증 사본
3. 사진(3센티미터×4센티미터) 1장
② 소방시설관리사증발급자는 제1항에 따라 재발급신청서를 제출받은 경우에는 3일 이내에 소방시설관리사증을 재발급해야 한다.

제2절 소방시설관리업

제30조(소방시설관리업의 등록신청 등) ① 소방시설관리업을 하려는 자는 법 제29조제1항에 따라 별지 제20호서식의 소방시설관리업 등록신청서(전자문서로 된 신청서를 포함한다)에 별지 제21호서식의 소방기술인력대장 및 기술자격증(경력수첩을 포함한다)을 첨부하여 특별시장ㆍ광역시장ㆍ특별자치시장ㆍ도지사 또는 특별자치도지사(이하 "시ㆍ도지사"라 한다)에게 제출(전자문서로 제출하는 경우를 포함한다)해야 한다.
② 제1항에 따른 신청서를 제출받은 담당 공무원은 「전자정부법」 제36조제1항에 따라 행정정보의 공동이용을 통하여 법인등기부 등본(법인인 경우만 해당한다)과 제1항에 따라 제출하는 소방기술인력대장에 기록된 소방기술인력의 국가기술자격증을 확인해야 한다. 다만, 신청인이 국가기술자격증의 확인에 동의하지 않는 경우에는 그 사본을 제출하도록 해야 한다.

제31조(소방시설관리업의 등록증 및 등록수첩 발급 등) ① 시ㆍ도지사는 제30조에 따른 소방시설관리업의 등록신청 내용이 영 제45조제1항 및 별표 9에 따른 소방시설관리업의 업종별 등록기준에 적합하다고 인정되면 신청인에게 별지 제22호서식의 소방시설관리업 등록증과 별지 제23호서식의 소방시설관리업 등록수첩을 발급하고, 별지 제24호서식의 소방시설관리업 등록대장을 작성하여 관리해야 한다. 이 경우 시ㆍ도지사는 제30조제1항에 따라 제출된 소방기술인력의 기술자격증(경력수첩을 포함한다)에 해당 소방기술인력이 그 관리업자 소속임을 기록하여 내주어야 한다.
② 시ㆍ도지사는 제30조제1항에 따라 제출된 서류를 심사한 결과 다음 각 호의 어느 하나에 해당하는 경우에는 10일 이내의 기간을 정하여 이를 보완하게 할 수 있다.
1. 첨부서류가 미비되어 있는 경우
2. 신청서 및 첨부서류의 기재내용이 명확하지 않은 경우
③ 시ㆍ도지사는 제1항에 따라 소방시설관리업 등록증을 발급하거나 법 제35조에 따라 등록을 취소한 경우에는 이를 시ㆍ도의 공보에 공고해야 한다.
④ 영 별표 9에 따른 소방시설관리업의 업종별 등록기준 중 기술인력의 종류별 자격은 「소방시설공사업법 시행규칙」 별표 4의2에서 정하는 기준에 따른다.

제37조(점검능력 평가의 신청 등) ① 법 제34조제2항에 따라 점검능력을 평가받으려는 관리업자는 별지 제29호서식의 소방시설등 점검능력 평가신청서(전자문서로 된 신청서를 포함한다)에 다음 각 호의 서류(전자문서를 포함한다)를 첨부하여 평가기관에 매년 2월 15일까지 제출해야 한다.
1. 소방시설등의 점검실적을 증명하는 서류로서 다음 각 목의 구분에 따른 서류
   가. 국내 소방시설등에 대한 점검실적: 발주자가 별지 제30호서식에 따라 발급한 소방시설등의 점검실적 증명서 및 세금계산서(공급자 보관용을 말한다) 사본
   나. 해외 소방시설등에 대한 점검실적: 외국환은행이 발행한 외화입금증명서 및 재외공관장이 발행한 해외점검실적 증명서 또는 점검계약서 사본
   다. 주한 외국군의 기관으로부터 도급받은 소방시설등에 대한 점검실적: 외국환은행이 발행한 외화입금증명서 및 도급계약서 사본
2. 소방시설관리업 등록수첩 사본
3. 별지 제31호서식의 소방기술인력 보유 현황 및 국가기술자격증 사본 등 이를 증명할 수 있는 서류
4. 별지 제32호서식의 신인도평가 가점사항 확인서 및 가점사항을 확인할 수 있는 다음 각 목의 해당 서류
   가. 품질경영인증서(ISO 9000 시리즈) 사본
   나. 소방시설등의 점검 관련 표창 사본
   다. 특허증 사본
   라. 소방시설관리업 관련 기술 투자를 증명할 수 있는 서류
② 제1항에 따른 신청을 받은 평가기관의 장은 제1항 각 호의 서류가 첨부되어 있지 않은 경우에는 신청인에게 15일 이내의 기간을 정하여 보완하게 할 수 있다.
③ 제1항에도 불구하고 다음 각 호의 어느 하나에 해당하는 자는 상시 점검능력 평가를 신청할 수 있다. 이 경우 신청서·첨부서류의 제출 및 보완에 관하여는 제1항 및 제2항에 따른다.
1. 법 제29조에 따라 신규로 소방시설관리업의 등록을 한 자
2. 법 제32조제1항 또는 제2항에 따라 관리업자의 지위를 승계한 자
3. 제38조제3항에 따라 점검능력 평가 공시 후 다시 점검능력 평가를 신청하는 자
④ 제1항부터 제3항까지에서 규정한 사항 외에 점검능력 평가 등 업무수행에 필요한 세부 규정은 평가기관이 정하되, 소방청장의 승인을 받아야 한다.

제1편 예·상·문·제
관련 법규 검토

01 다음 건축물 중 피난구 유도등의 설치 대상에 속하지 않는 것은?

① 병원 ② 예식장
③ 기숙사 ④ 단독주택

[해설] 〈소방법령 제5조 별표 2, 제11조 별표 4〉 피난구조설비 : 특정소방대상물에 단독주택은 제외

02 피난설비로써 인명구조 기구를 설치해야 되는 것은?

① 10층의 사무소 ② 15층의 아파트
③ 5층의 관광호텔 ④ 5층의 병원

[해설] 〈소방법령 제11조 별표 2〉 피난구조설비 : 인명구조 기구는 지하층을 포함하는 층수가 7층 이상인 관광호텔 및 5층 이상인 병원에 설치하여야 한다. 다만, 병원의 경우에는 인공소생기를 설치하지 아니할 수 있다.

03 무선통신보조설비를 설치하여야 하는 소방대상물에 대체하여 설치할 수 있는 것은?

① 비상방송설비 ② 자동화재탐지설비
③ 자동화재속보설비 ④ 이동통신구내중계기선로설비

[해설] 〈소방법령 제14조 별표 5〉 무선통신보조설비를 설치하여야 하는 특정소방대상물에 이동통신구내중계기선로설비 또는 무선이동중계기 등을 화재안전기준의 무선통신보조설비 기준에 적합하게 설치한 경우에는 설치가 면제된다.

04 공업지역에서 건축물이 있는 대지의 분할제한 기준으로 옳은 것은?

① 60제곱미터 이상 ② 150제곱미터 이상
③ 200제곱미터 이상 ④ 250제곱미터 이상

[해설] 〈건축법 시행령 제80조〉 대지분할제한기준 : 공업지역, 상업지역 150제곱미터, 녹지지역 200제곱미터

[해답] 1.④ 2.④ 3.④ 4.②

05 지정문화재로써 연면적 1000m²인 건축물에 설치해야 하는 소방시설은?

① 옥내소화전설비　　　② 스프링클러설비
③ 물분무등소화설비　　④ 옥외소화전설비

해설 〈소방법령 제11조 별표 4〉

06 다음 중 용도별 건축물의 종류가 옳지 않은 것은?

① 단독주택-다중주택　　② 묘지관련시설-장례식장
③ 문화 및 집회시설-예식장　　④ 분뇨 및 쓰레기처리시설-고물상

해설 〈건축법령 제3조의 5〉 장례식장은 의료시설에 분류되며, 묘지관련시설은 화장장, 납골당 등이다.

07 거실의 채광 및 환기에 관한 규정 중 틀린 것은?

① 단독주택의 거실에 설치하는 환기용 창문의 면적은 거실 바닥면적의 1/20 이상이어야 한다.
② 수시로 개방할 수 있는 미닫이로 구획된 2개의 거실은 이를 1개의 거실로 본다.
③ 채광용 창문은 환기용으로 사용할 수 없다.
④ 학교 교실의 채광용 창문의 면적은 그 교실바닥 면적의 1/10 이상이어야 한다.

해설 〈피난방화 규칙 제17조〉

08 옥내 비상용 승강기 설치 시 승강장의 바닥면적은 비상용 승강기 1대에 대하여 최소 얼마 이상이어야 하는가?

① 2제곱미터　　② 4제곱미터
③ 5제곱미터　　④ 6제곱미터

해설 〈설비기준 제10조〉

09 다음 중 건축물의 폐자재를 건축물의 신축공사 골조공사에 기준 이상 사용할 경우 건축법 완화적용에 해당되지 않는 것은?

① 조경설치면적　　② 용적률
③ 건폐율　　　　　④ 높이제한

해설 〈건축법 제66조〉 건축물의 폐자재를 국토교통부장관이 정한 기준 이상 사용할 경우 조경설치면적, 용적률, 건축물 높이제한을 완화 적용할 수 있다.

해답 5.④ 6.② 7.③ 8.④ 9.③

10 공동주택으로써 6층 이상의 거실면적 합계가 9,000m²일 때 설치해야 할 승강기의 최소 설치기준은?(단, 승강기는 12인승이다.)

① 1대 ② 2대
③ 3대 ④ 4대

해설 〈설비기준 제5조〉 공동주택 3000까지 1대, 초과 3000마다 1대 추가 그러므로 3대

11 다음 중 대형건축물의 건축허가 사전승인신청 시 제출도서의 종류 중 설비분야의 도서에 해당되지 않는 것은?

① 소방설비도 ② 상·하수도 계통도
③ 건축설비도 ④ 주요 설비 계획

해설 〈건축법 규칙 제6조 별표 3〉 대형 건축물의 건축허가 사전승인신청 시 제출도서의 종류 중 설비분야의 도서에는 소방설비도, 상·하수도 계통도, 건축설비도 3가지이다.

12 바닥으로부터 높이 1m까지는 내수재료로 안벽마감을 하여야 하는 대상건축물이 아닌 것은?

① 제1종 근린생활시설 중 휴게음식점의 조리장
② 제2종 근린생활시설 중 휴게음식점의 조리장
③ 단독주택의 욕실
④ 제2종 근린생활시설 중 일반음식점의 조리장

해설 〈피난방화 규칙 제18조〉

13 다음 중 건축법상 내화구조에 해당되지 않는 것은?

① 철근콘크리트조의 벽으로 두께가 7cm인 것
② 철근콘크리트조의 기둥으로 그 작은 지름이 25cm인 것
③ 철근콘크리트조의 바닥으로 두께가 10cm인 것
④ 철골철근콘크리트조의 보

해설 〈피난방화 규칙 제3조〉 철근콘크리트조의 벽으로 두께가 10cm 이상인 것

14 다음 중 대수선의 범위에 해당하지 않는 것은?

① 피난계단을 해체하여 변경하는 것
② 방화구획을 위한 바닥을 증설 또는 해체하는 것

해답 10.③ 11.④ 12.③ 13.① 14.④

③ 지붕틀을 3개 해체하여 수선하는 것
④ 내력벽의 벽면적 20m²를 수선한 것

해설 〈건축법령 제3조의 2〉 내력벽의 벽면적 30m² 이상 수선한 것

15 공동주택의 난방설비를 개별난방방식으로 하는 경우의 기준에 적합하지 않은 것은?
① 보일러실의 윗부분에는 면적이 0.5m² 이상인 환기창을 설치할 것
② 보일러의 연도는 준불연재료 이상으로서 공동연도로 설치할 것
③ 보일러를 설치하는 곳과 거실 사이의 경계벽은 출입구를 제외하고는 내화구조의 벽으로 구획할 것
④ 기름보일러 설치 시 기름저장소는 보일러실 외의 장소에 설치할 것

해설 〈설비기준 제13조〉 보일러의 연도는 내화구조

16 다음 중 그 주요구조부를 내화구조로 하여야 하는 건축물에 해당하는 것은?
① 주점 영업의 용도에 쓰이는 건축물로써 집회실의 바닥면적의 합계가 300㎡인 것
② 판매시설의 용도에 쓰이는 건축물로써 그 용도에 쓰이는 바닥면적의 합계가 300㎡인 것
③ 공장의 용도에 쓰이는 건축물로써 그 용도에 쓰이는 바닥면적의 합계가 100㎡인 것
④ 숙박시설의 용도에 쓰이는 건축물로써 그 용도에 쓰이는 바닥면적의 합계가 300㎡인 것

해설 〈건축법령 제56조〉 주점영업용도 200m² 이상으로 해당

17 계단 및 계단참의 너비를 최소 120cm 이상으로 하여야 하는 것은?
① 관람장의 계단
② 초등학교 학생용 계단
③ 중학교 학생용 계단
④ 고등학교 학생용 계단

해설 〈피난방화 규칙 제15조〉 문화 및 집회시설(공연장·집회장 및 관람장에 한한다)·판매 및 영업시설(도매시장·소매시장 및 상점에 한한다) 기타 이와 유사한 용도에 쓰이는 건축물의 계단인 경우에는 계단 및 계단참의 너비를 120센티미터 이상으로 할 것

18 다음 중 스프링클러설비를 설치해야 할 특정소방대상물 기준으로 틀린 것은?
① 층수가 6층 이상인 특정소방대상 중 호텔의 경우에는 전층
② 판매시설 및 영업시설로써 수용인원 500인 이상인 것
③ 지하상가로써 연면적 500㎡일 것
④ 운수시설로써 연면적이 5,000㎡ 이상인 경우에는 전층

해설 〈소방법령 별표 4〉 지하상가로써 연면적 1,000㎡ 이상인 것이 해당됨

19 규정에 의하여 건축물에 설치하는 지하층의 구조 및 설비에 관한 기준 내용으로 옳지 않은 것은?

① 거실의 바닥면적이 150m² 이상인 층에는 직통계단 외에 피난층 또는 지상으로 통하는 비상탈출구 및 환기통을 설치할 것
② 바닥면적이 1,000m² 이상인 층에는 피난층 또는 지상으로 통하는 직통계단을 규정에 의해 방화구획으로 구획되는 각 부분마다 1개소 이상 설치할 것
③ 거실의 바닥면적의 합계가 1,000m² 이상인 층에는 환기설비를 할 것
④ 지하층의 바닥면적이 300m² 이상인 층에는 식수공급을 위한 급수전을 1개소 이상 설치할 것

해설 〈피난방화 규칙 제25조〉 50m² 이상인 층에 비상탈출구 및 환기통을 설치

20 각 층의 거실면적이 3,000m²이며 층수가 12층인 호텔 건축물에 24인승 승용승강기를 설치할 때 필요한 최소대수는?

① 3대 ② 4개
③ 5대 ④ 6대

해설 〈설비기준 제5조〉 3,000 이하 1대 초과 2,000마다 1대 추가
6층 이상 면적=3000×7=21,000
1+(21,000−3,000)/2,000=10대 16인승 이상이면 10/2=5대

21 다음 중 소방시설 설치 유지 및 안전관리에 관한 법령상 방염대상물품에 속하지 않는 것은?

① 창문에 설치하는 커튼류 ② 전시용 합판
③ 무대용 섬유판 ④ 두께 2mm 미만의 종이벽지

해설 〈소방법령 제31조〉 두께 2mm 미만의 종이벽지는 제외

22 다음 중 차음구조로 하지 않아도 되는 것은?

① 사무소의 사무실 간의 칸막이벽 ② 기숙사의 침실 간의 칸막이벽
③ 학교의 교실 간의 칸막이벽 ④ 의료시설의 병실 간의 칸막이벽

해설 〈건축법령 제53조〉

해답 19.① 20.③ 21.④ 22.①

23 건축물의 내부에 설치하는 피난계단의 구조에 대한 기준 내용으로 옳지 않은 것은?

① 계단실은 창문, 출입구 기타 개구부를 제외한 당해 건축물의 다른 부분과 내화구조의 벽으로 구획할 것
② 계단은 내화구조로 하고 피난층 또는 지상까지 직접 연결되도록 할 것
③ 계단실에는 예비전원에 의한 조명설비를 할 것
④ 계단실의 실내에 접하는 부분의 마감은 난연재료로 할 것

해설 〈피난방화 규칙 제9조〉 계단실의 실내에 접하는 부분의 마감은 불연재료로 할 것

24 다음 중 건축법의 적용을 받는 건축물에 속하는 것은?

① 문화유산의 보존 및 활용에 관한 법에 따른 지정문화유산
② 문화유산의 보존 및 활용에 관한 법에 따른 임시지정문화유산
③ 고속도로 통행료 징수시설
④ 묘지에 부수되는 건축물

해설 〈건축법령 제3조 5〉 묘지와 자연장지에 부수되는 건축물은 묘지 관련시설에 해당함

25 규정에 의해 설치하는 지하층의 비상탈출구에 대한 기준 내용으로 옳지 않은 것은?

① 비상탈출구에서 피난층 또는 지상으로 통하는 복도나 직통계단까지 이르는 피난 통로의 유효너비는 0.9m 이상으로 할 것
② 비상탈출구의 유효너비는 0.75m 이상으로 할 것
③ 비상탈출구는 출입구로부터 3m 이상 떨어진 곳에 설치할 것
④ 비상탈출구의 유효높이는 1.5m 이상으로 할 것

해설 〈피난방화 규칙 제25조〉 피난 통로의 유효너비는 0.75m 이상으로 할 것

26 다음 중 소화활동설비에 해당되지 않는 것은?

① 옥내소화전설비   ② 비상콘센트설비
③ 무선통신보조설비 ④ 연결송수관설비

해설 〈소방법령 제3조 별표 1〉 옥내소화전설비는 소화설비이다.

27 건축물 관련 건축기준 허용오차의 범위가 2% 이내가 아닌 것은?

① 반자 높이   ② 출구 너비
③ 벽체 두께   ④ 평면 길이

해설 〈건축법 규칙 제20조〉 벽체 두께, 바닥판 두께는 3% 이내

해답 23.④ 24.④ 25.① 26.① 27.③

28 다음 중 건축물을 건축하는 경우 지진에 대한 안전 여부를 확인해야 할 건축물에 해당하지 않는 것은?

① 연면적이 100㎡인 건축물
② 층수가 6층인 건축물
③ 기둥과 기둥 사이의 거리가 12m인 건축물
④ 국가적 문화유산으로 보존할 가치가 있는 건축물로써 국토교통부령이 정하는 것

해설 〈건축법령 제32조〉 연면적이 200㎡ 이상인 건축물

29 건축물의 용도에 따른 승용승강기의 최소 설치 대수가 옳지 않은 것은?(단, 6층 이상의 거실면적 합계가 3,000㎡이며, 15인승 승강기를 설치하는 경우)

① 위락시설-1대
② 업무시설-1대
③ 숙박시설-2대
④ 문화 및 집회시설 중 공연장-2대

해설 〈설비기준 제5조〉 숙박시설-1대

30 연면적 200㎡을 초과하는 건축물에 설치하는 계단에 관한 기준 내용으로 옳지 않은 것은?

① 높이 1m를 넘는 계단 및 계단참의 양 옆에는 난간을 설치하여야 한다.
② 돌음 계단의 단너비는 그 좁은 너비의 끝부분으로부터 30㎝의 위치에서 측정한다.
③ 너비가 2m를 넘는 계단에는 계단의 중간에 너비 2m 이내마다 난간을 설치하여야 한다.
④ 높이가 3m를 넘는 계단에는 높이 3m마다 너비 1.2m 이상의 계단참을 설치하여야 한다.

해설 〈방화구조기준 제15조〉 너비가 3m를 넘는 계단에는 계단의 중간에 너비 3m 이내마다 난간을 설치하여야 한다.

31 비상용 승강기의 승강장 및 승강로의 구조에 관한 기준 내용으로 옳지 않은 것은?

① 승강장의 바닥면적은 비상용 승강기 1대에 대하여 5㎡ 이상으로 할 것
② 각 층으로부터 피난층까지 이르는 승강로를 단일구조로 연결하여 설치할 것
③ 승강장은 각 층의 내부와 연결될 수 있도록 하되, 그 출입구에는 60분+ 방화문 또는 60분 방화문을 설치할 것
④ 승강장에는 노대 또는 외부를 향하여 열 수 있는 창문이나 배연설비를 설치할 것

해설 〈설비기준 제10조〉 6㎡ 이상

해답 28.① 29.③ 30.③ 31.①

32 자동화재탐지설비를 설치하여야 하는 특정소방대상물에 해당하지 않는 것은?

① 의료시설로서 연면적 600㎡인 것
② 숙박시설로서 연면적 600㎡인 것
③ 위락시설로서 연면적 600㎡인 것
④ 판매시설로서 연면적 600㎡인 것

해설 〈소방법령 제11조 별표 4〉 판매, 영업, 업무시설은 1,000㎡ 이상인 것

33 업무시설로서 옥내소화전설비를 전 층에 설치하여야 하는 특정소방대상물의 연면적 기준은?

① 500㎡ 이상
② 1,000㎡ 이상
③ 1,500㎡ 이상
④ 2,000㎡ 이상

해설 〈소방법령 제11조 별표 4〉 1,500㎡ 이상

34 건축법상 용어의 정의에 관한 설명으로 옳은 것은?

① 기초는 주요구조부에 해당된다.
② 대수선은 건축에 속하지 않는다.
③ 이전이란 건축물의 주요 구조부를 해체하여 다른 대지로 옮기는 것을 말한다.
④ 개축이란 기존건축물을 철거하고 그 대지 안에 종전보다 큰 규모로 건축물을 다시 축조하는 것을 말한다.

해설 〈건축법 제2조, 영 제2조〉 기초는 주요구조부에 속하지 않고 이전이란 건축물의 주요 구조부를 해체하지 아니하고 다른 대지로 옮기는 것을 말하며, 개축이란 기존건축물을 철거하고 그 대지 안에 종전과 동일한 규모 안에서 건축물을 다시 축조하는 것을 말한다.

35 다중이용시설을 신축하는 경우에 설치하여야 하는 기계 환기설비의 구조 및 설치에 관한 기준 내용으로 옳지 않은 것은?

① 기계 환기설비 용량은 시설의 연면적을 기준으로 산정할 것
② 다중이용시설로 공급되는 공기의 분포를 최대한 균등하게 하여 실내 기류의 편차가 최소화될 수 있도록 할 것
③ 공기배출체계 및 배기구는 배출되는 공기가 공기공급 체계 및 공기흡입구로 직접 들어가지 아니하는 위치에 설치할 것
④ 공기공급체계 · 공기배출체계 또는 공기흡입구 · 배기구 등에 설치되는 송풍기는 외부의 기류로 인하여 송풍 능력이 떨어지는 구조가 아닐 것

해설 〈설비기준 제11조〉 기계 환기설비 용량은 시설 이용 인원을 기준으로 산정할 것

해답 32.④ 33.③ 34.② 35.①

36 건축물을 건축하는 경우 국토교통부령으로 정하는 구조 기준 등에 따라 그 구조의 안전을 확인하여야 하는 대상 건축물 기준으로 옳지 않은 것은?

① 층수가 2층 이상인 건축물
② 높이가 12m 이상인 건축물
③ 처마높이가 9m 이상인 건축물
④ 기둥과 기둥 사이의 거리가 10m 이상인 건축물

해설 〈건축법령 제32조〉 높이가 13m 이상인 건축물

37 목조건축물로서 외벽 및 처마 밑의 연소할 우려가 있는 부분을 방화구조로 하여야 하는 대상 건축물의 연면적 기준은?

① 500㎡ 이상
② 1,000㎡ 이상
③ 2,000㎡ 이상
④ 3,000㎡ 이상

해설 〈방화구조기준 제22조〉 1,000㎡ 이상

38 주요구조부를 내화구조로 하여야 하는 대상 건축물에 해당하지 않는 것은?

① 장례식장의 용도로 쓰는 건축물로서 집회실의 바닥면적의 합계가 200㎡인 건축물
② 판매시설의 용도로 쓰는 건축물로서 그 용도로 쓰는 바닥면적의 합계가 500㎡인 건축물
③ 문화 및 집회시설 중 공연장의 용도로 쓰는 건축물로서 옥내 관람석의 바닥면적의 합계가 200㎡인 건축물
④ 문화 및 집회시설 중 전시장의 용도로 쓰는 건축물로서 그 용도로 쓰는 바닥면적의 합계가 200㎡인 건축물

해설 〈건축법령 제56조〉 문화 및 집회시설중 전시장은 바닥면적의 합계가 500㎡ 이상인 것

39 문화 및 집회시설 중 공연장의 개별관람석의 출구를 관람석별로 2개소 이상 설치해야 하는 개별관람석의 바닥면적 기준은?

① 150㎡ 이상
② 300㎡ 이상
③ 450㎡ 이상
④ 600㎡ 이상

해설 〈방화구조기준 제10조〉 300㎡ 이상

해답 36.② 37.② 38.③ 39.②

40 방화구조에 해당하지 않는 것은?

① 심벽에 흙으로 맞벽치기한 것
② 철망모르타르로서 그 바름 두께가 2cm인 것
③ 석고판 위에 시멘트모르타르를 바른 것으로서 그 두께의 합계가 2cm인 것
④ 시멘트모르타르 위에 타일을 붙인 것으로서 그 두께의 합계가 2.5cm인 것

해설 〈방화구조기준 제4조〉 석고판 위에 시멘트모르타르를 바른 것으로서 그 두께의 합계가 2.5cm 이상인 것

41 소리를 차단하는데 장애가 되는 부분이 없도록 건축물의 피난·방화구조 등의 기준에 관한 규칙에 따른 구조로 하여야 하는 대상에 해당하지 않는 것은?

① 단독주택의 거실 간 칸막이벽
② 숙박시설의 객실 간 칸막이벽
③ 의료시설의 병실 간 칸막이벽
④ 교육연구시설 중 학교의 교실 간 칸막이벽

해설 〈건축법령 제53조〉 단독주택 중 다가구주택의 각 가구 간 경계벽(경계벽과 칸막이벽을 구분할 것)

42 다음의 소방시설 중 피난설비에 해당하지 않는 것은?

① 유도등
② 완강기
③ 인명구조기구
④ 비상콘센트설비

해설 〈소방법령 제3조 별표 1〉 비상콘센트설비는 소화활동설비이다.

43 다음 중 거실의 용도에 따른 조도기준이 가장 높은 것은?

① 제도
② 독서
③ 회의
④ 일반사무

해설 〈방화구조기준 제17조〉 제도 : 700룩스

44 다음은 특정소방대상물의 소방시설 설치의 면제에 관한 기준 내용이다. ( ) 안에 해당되지 않는 소방시설은?

간이스프링클러설비를 설치하여야 하는 특정소방대상물에 ( )를 화재안전기준에 적합하게 설치한 경우에는 그 설비의 유효범위 안의 부분에서 설치가 면제된다.

해답 40.③ 41.① 42.④ 43.① 44.①

① 옥내소화전설비 ② 물분무소화설비
③ 미분무소화설비 ④ 스프링클러설비

해설 〈소방법령 제14조〉 스프링클러설비, 물분무소화설비, 미분무소화설비

45 다음은 초고층 건축물에 설치하는 피난안전구역에 관한 기준 내용이다. ( ) 안에 알맞은 것은?

> 초고층 건축물에는 피난층 또는 지상으로 통하는 직통계단과 직접 연결되는 피난안전구역을 지상층으로부터 최대 ( )개 층마다 1개소 이상 설치하여야 한다.

① 10 ② 20
③ 30 ④ 40

해설 〈건축법령 제34조〉 초고층 건축물에는 피난층 또는 지상으로 통하는 직통계단과 직접 연결되는 피난안전구역을 지상층으로부터 최대 30개 층마다 1개소 이상 설치하여야 한다.

46 오피스텔의 난방설비를 개별난방방식으로 하는 경우에 관한 기준 내용으로 옳지 않은 것은?

① 보일러실은 거실 이외의 장소에 설치할 것
② 보일러실의 윗부분에는 그 면적이 최소 1㎡ 이상인 환기창을 설치할 것
③ 난방구획을 방화구획으로 구획할 것
④ 기름보일러를 설치하는 경우에는 기름저장소를 보일러 실외의 다른 곳에 설치할 것

해설 〈설비기준 제13조〉 보일러실의 윗부분에는 그 면적이 최소 0.5㎡ 이상인 환기창을 설치할 것

47 다음 중 방염성능기준 이상의 실내장식물 등을 설치하여야 하는 특정소방대상물이 아닌 것은?

① 숙박시설 ② 공동주택 중 아파트
③ 의료시설 중 종합병원 ④ 방송통신시설 중 방송국

해설 〈소방법령 제30조〉 아파트는 제외

48 건축법령상 용도별 건축물의 종류에 관한 설명으로 옳은 것은?

① 의료시설에는 한의원, 종합병원 등이 해당된다.
② 공동주택에는 공관, 기숙사, 아파트 등이 해당된다.

해답 45.③ 46.② 47.② 48.④

③ 단독주택에는 다가구주택, 다세대주택 등이 해당된다.
④ 제1종 근린생활시설에는 의원, 치과의원 등이 해당된다.

해설 〈건축법령 제3조 5〉 한의원-제1종 근린생활시설, 공관-단독주택, 다세대주택-공동주택

49 건축법령에 따른 단독주택에 설치하여야 하는 소방시설은?

① 소화수조 및 누전경보기
② 소화기구 및 옥내소화전설비
③ 소화수조 및 가스누설경보기
④ 소화기구 및 단독경보형 감지기

해설 〈소방법 제10조〉 주택의 소유자는 소화기구 및 단독경보형 감지기를 설치하여야 한다.

50 특별피난계단에 설치하는 배연설비의 구조에 관한 기준 내용으로 옳지 않은 것은?

① 배연기에는 예비전원을 설치할 것
② 배연구 및 배연풍도는 불연재료로 할 것
③ 배연구가 외기에 접하지 아니하는 경우에는 배연기를 설치할 것
④ 배연구는 평상시에는 열린 상태를 유지하고 배연에 의한 기류로 인하여 닫히지 아니하도록 할 것

해설 〈설비기준 제14조〉 배연구는 평상시에는 닫힌 상태를 유지

51 상업지역 및 주거지역에서 건축물에 설치하는 냉방시설 및 환기시설의 배기구는 도로면으로부터 최소얼마 이상의 높이에 설치하여야 하는가?

① 1미터
② 1.5미터
③ 1.8미터
④ 2미터

해설 〈설비기준 제23조〉 냉방시설 및 환기시설의 배기구는 도로면으로부터 2미터 이상에 설치

52 건축허가 시 미리 소방본부장 또는 소방서장의 동의를 받아야 하는 대상에 속하지 않는 것은?

① 항공기격납고
② 연면적이 100㎡인 노유자시설
③ 지하층이 있는 건축물로서 바닥면적이 150㎡인 층이 있는 것
④ 차고·주차장으로 사용되는 시설로서 차고·주차장으로 사용되는 층 중 바닥면적 500㎡인 층이 있는 시설

해설 〈소방법령 제7조〉 연면적이 200㎡ 이상인 노유자시설

해답 49.④ 50.④ 51.④ 52.②

53 건축물에 설치하는 굴뚝에 관한 기준 내용으로 옳지 않은 것은?

① 굴뚝의 옥상 돌출부는 지붕면으로부터의 수직거리를 1미터 이상으로 할 것
② 금속제 굴뚝은 목재 기타 가열재료로부터 15센티미터 이상 떨어져서 설치할 것
③ 금속제 굴뚝으로서 건축물의 반자 위에 있는 굴뚝의 부분은 금속 외의 불연재료로 덮을 것
④ 굴뚝의 상단으로부터 수평거리 1미터 이내에 다른 건축물이 있는 경우에는 그 건축물의 처마보다 0.5미터 이상 높게 할 것

해설 〈피난방화구조 제20조〉 굴뚝의 상단으로부터 수평거리 1미터 이내에 다른 건축물이 있는 경우에는 그 건축물의 처마보다 1미터 이상 높게 할 것

54 공동주택에서 리모델링에 대비한 특례와 관련하여 리모델링 쉬운 구조에 해당하지 않는 것은?

① 구조체는 철골구조 또는 목구조로 구성되어 있을 것
② 구조체에서 건축설비, 내부 마감재료 및 외부 마감재료를 분리할 수 있을 것
③ 개별 세대 안에서 구획된 실의 크기, 개수 또는 위치 등을 변경할 수 있을 것
④ 각 세대는 인접한 세대와 수직 또는 수평 방향으로 통합하거나 분할할 수 있을 것

해설 〈건축법령 제6조 3〉 구조체 재질에 대한 조건은 없다.

55 다음은 환기를 위한 창문 등과 관련된 기준 내용이다. ( ) 안에 알맞은 것은?

> 환기를 위하여 공동주택의 거실에 설치하는 창문 등의 면적은 그 거실의 바닥면적의 ( ) 이상이어야 한다. 다만, 기계환기장치 및 중앙관리방식의 공기조화설비를 설치하는 경우에는 그러하지 아니하다.

① 5분의 1 ② 10분의 1
③ 20분의 1 ④ 30분의 1

해설 〈피난방화구조 제17조〉 채광 10분의 1, 환기 20분의 1

56 방화구획을 설치하여야 하는 건축물에 스프링클러설비를 설치한 경우, 이 건축물 10층에 설치하는 방화구획의 최대 바닥면적은?

① 500㎡ ② 1,000㎡
③ 2,000㎡ ④ 3,000㎡

해설 〈피난방화구조 제14조〉 10층 이하에서 스프링클러설비를 설치한 경우, 3,000㎡ 이내마다 방화구획할 것

해답 53.④ 54.① 55.③ 56.④

57 제연설비를 설치하여야 하는 특정소방대상물에 해당되지 않는 것은?

① 갓복도 아파트에 부설된 특별피난계단
② 문화 및 집회시설로서 무대부의 바닥면적이 200㎡ 이상인 것
③ 문화 및 집회시설 중 영화상영관으로서 수용인원 100인 이상인 것
④ 지하층에 설치된 숙박시설로서 해당 용도에 사용되는 바닥면적의 합계가 1,000㎡ 이상인 것

해설 〈소방법령 제11조 별표 4〉 특별피난계단(갓복도 아파트 제외)

58 건축물의 바깥쪽에 설치하는 피난계단의 구조에 관한 기준 내용으로 옳지 않은 것은?

① 계단의 유효너비는 0.9미터 이상으로 할 것
② 계단은 내화구조로 하고 지상까지 직접 연결하도록 할 것
③ 건축물의 내부에서 계단으로 통하는 출입구에는 60분+ 방화문 또는 60분 방화문을 설치할 것
④ 계단은 그 계단으로 통하는 출입구 외의 창문 등으로부터 1미터 이상의 거리를 두고 설치할 것

해설 〈피난방화구조 제9조〉 계단은 그 계단으로 통하는 출입구 외의 창문 등으로부터 2미터 이상의 거리를 두고 설치할 것

59 건축법령상 초고층 건축물의 정의로 옳은 것은?

① 층수가 50층 이상이거나 높이가 150미터 이상인 건축물
② 층수가 50층 이상이거나 높이가 200미터 이상인 건축물
③ 층수가 60층 이상이거나 높이가 180미터 이상인 건축물
④ 층수가 60층 이상이거나 높이가 240미터 이상인 건축물

해설 〈건축법령 제2조〉 초고층 : 50층 이상 높이 200미터 이상, 고층(준초고층) : 30층 이상 높이 120미터 이상

60 다음의 공동주택(기숙사 제외)의 환기설비기준에 관한 내용 중 ( ) 안에 알맞은 것은?

> 신축 또는 리모델링하는 30세대 이상의 공동주택은 시간당 ( ) 이상의 환기가 이루어질 수 있도록 자연환기설비 또는 기계환기설비를 설치하여야 한다.

해답 57.① 58.④ 59.② 60.①

① 0.5회   ② 0.7회
③ 0.8회   ④ 0.9회

해설 〈설비기준 제11조〉

61 에너지를 대량으로 소비하는 건축물로서 건축설비를 설치하는 경우, 관계 전문기술자의 협력을 받아야 하는 건축물에 속하지 않는 것은?(단, 당해 용도에 사용되는 바닥면적의 합계가 5백제곱미터 이상인 건축물)

① 공조시설   ② 항온항습시설
③ 냉동냉장시설   ④ 특수청정시설

해설 〈설비기준 2조〉

62 방염성능기준 이상의 실내장식물 등을 설치하여야 하는 특정소방대상물에 속하지 않는 것은?

① 숙박시설   ② 옥내 수영장
③ 의료시설 중 종합병원   ④ 방송통신시설 중 방송국

해설 〈소방법령 제30조〉

63 다음은 차수설비의 설치에 관한 기준 내용이다. ( ) 안에 알맞은 것은?

> 「국토의 계획 및 이용에 관한 법률」에 따른 방재지구 에서 연면적 ( ) 이상의 건축물을 건축하려는 자는 빗물 등의 유입으로 건축물이 침수되지 아니하도록 해당 건축물의 지하층 및 1층의 출입구(주차장의 출입구를 포함한다)에 차수설비를 설치하여야 한다. 다만, 법 제5조 제1항에 따른 허가권자가 침수의 우려가 없다고 인정하는 경우에는 그러하지 아니하다.

① 3,000㎡   ② 5,000㎡
③ 10,000㎡   ④ 20,000㎡

해설 〈건축물의 설비기준 등에 관한 규칙 제17조의2〉 물막이설비
방재지구와 자연재해위험지구 중 어느 하나에 해당하는 지역 에서 연면적 1만㎡ 이상의 건축물을 건축하려는 자는 빗물 등의 유입으로 건축물이 침수되지 않도록 해당 건축물의 지하층 및 1층의 출입구(주차장의 출입구 포함)에 물막이판 등 해당 건축물의 침수를 방지할 수 있는 설비(물막이설비)를 설치해야 한다. 다만, 허가권자가 침수의 우려가 없다고 인정하는 경우에는 그렇지 않다.

해답   61.①   62.②   63.③

64 연면적 200제곱미터를 초과하는 건축물에 설치하는 계단의 구조에 관한 기준 내용으로 옳지 않은 것은?

① 계단의 유효높이는 1.8미터 이상으로 할 것
② 높이가 1미터를 넘는 계단 및 계단참의 양 옆에는 난간을 설치할 것
③ 초등학교의 계단인 경우에는 계단 및 계단참의 너비는 150센티미터 이상으로 할 것
④ 높이가 3미터를 넘는 계단에는 높이 3미터 이내마다 너비 1.2미터 이상의 계단참을 설치할 것

해설 〈피난방화구조기준 제15조〉 계단의 유효높이는 2.1미터 이상으로 할 것

65 지하층의 비상탈출구에 관한 기준 내용으로 옳지 않은 것은?

① 비상탈출구의 문은 피난방향으로 열리도록 할 것
② 비상탈출구는 출입구로부터 2m 이상 떨어진 곳에 설치할 것
③ 비상탈출구의 문은 실내에서 항상 열 수 있는 구조로 할 것
④ 비상탈출구의 유효너비는 0.75m 이상으로 하고, 유효높이는 1.5m 이상으로 할 것

해설 〈피난방화구조기준 제25조〉 비상탈출구는 출입구로부터 3m 이상 떨어진 곳에 설치할 것

66 건축물이 천재지변이나 그 밖의 재해로 멸실된 경우 그 대지에 종전과 같은 규모의 범위에서 다시 축조하는 것으로 정의되는 것은?

① 신축
② 개축
③ 재축
④ 대수선

해설 〈건축법령 제2조〉

67 건축물의 출입구에 설치하는 회전문의 설치기준 내용으로 옳지 않은 것은?

① 에스컬레이터로부터 1미터 이상의 거리를 둘 것
② 출입에 지장이 없도록 일정한 방향으로 회전하는 구조로 할 것
③ 회전문의 회전속도는 분당 회전수가 8회를 넘지 아니하도록 할 것
④ 회전문의 중심축에서 회전문과 문틀 사이의 간격을 포함한 회전문날개 끝부분까지의 길이는 140센티미터 이상이 되도록 할 것

해설 〈피난방화구조기준 제12조〉 에스컬레이터로부터 2미터 이상의 거리를 둘 것

해답 64.① 65.② 66.③ 67.①

68 공동주택 중 아파트로서 4층 이상인 층의 각 세대가 2개 이상의 직통계단을 사용할 수 없는 경우에는 발코니에 대피공간을 설치하여야 하는데, 다음 중 이러한 대피공간이 갖추어야 할 요건으로 옳지 않은 것은?

① 대피공간은 바깥의 공기와 접하지 않을 것
② 대피공간의 실내의 다른 부분과 방화구획으로 구획될 것
③ 대피공간의 바닥면적은 인접 세대와 공동으로 설치하는 경우에는 3제곱미터 이상일 것
④ 대피공간의 바닥면적은 각 세대별로 설치하는 경우에는 2제곱미터 이상일 것

[해설] 〈건축법령 제46조 4〉 대피공간은 바깥의 공기와 접할 것

69 세대수가 10세대인 다세대주택에 설치되는 음용수 급수관 지름의 최소기준은?

① 20mm ② 30mm
③ 40mm ④ 50mm

[해설] 〈설비기준 제18조〉 9~16세대 : 40mm

70 건축물의 주요구조부를 내화구조로 하여야 하는 대상에 속하지 않는 것은?

① 종교시설의 용도로 쓰는 건축물로서 집회실의 바닥면적의 합계가 200㎡인 건축물
② 장례식장의 용도로 쓰는 건축물로서 집회실의 바닥면적의 합계가 300㎡인 건축물
③ 판매시설의 용도로 쓰는 건축물로서 그 용도로 쓰는 바닥면적의 합계가 400㎡인 건축물
④ 문화 및 집회시설 중 전시장의 용도로 쓰는 건축물로서 그 용도로 쓰는 바닥면적의 합계가 500㎡인 건축물

[해설] 〈건축법령 제56조〉 판매시설의 용도로 쓰는 건축물로서 그 용도로 쓰는 바닥면적의 합계가 500㎡인 건축물

71 상업지역 및 주거지역에서 건축물에 설치하는 냉방시설 및 환기시설의 배기구는 도로면으로부터 최소 얼마 이상의 높이에 설치하여야 하는가?

① 0.5m ② 1m
③ 1.5m ④ 2.0m

[해설] 〈설비기준 제23조〉 상업지역 및 주거지역에서 건축물에 설치하는 냉방시설 및 환기시설의 배기구는 도로면으로부터 최소 2미터 이상의 높이에 설치하여야 한다.

[해답] 68.① 69.③ 70.③ 71.④

72 다음은 거실 등의 방습에 관한 기준 내용이다. ( ) 안에 알맞은 것은?

> 숙박시설의 욕실의 바닥과 그 바닥으로부터 높이 ( )까지의 안벽의 마감은 이를 내수재료로 하여야 한다.

① 1.0m ② 1.2m
③ 1.5m ④ 2.0m

해설 〈피난방화구조기준 제18조〉 숙박시설의 욕실의 바닥과 그 바닥으로부터 높이 1m까지의 안벽의 마감은 이를 내수재료로 하여야 한다.

73 비상방송설비를 설치하여야 하는 특정소방대상물의 연면적 기준은?

① 1,000㎡ 이상 ② 1,500㎡ 이상
③ 2,500㎡ 이상 ④ 3,500㎡ 이상

해설 〈소방법령 제11조〉 별표 4 연면적 3,500㎡ 이상, 11층 이상, 지하층 3개층 이상

74 무창층의 개구부가 갖추어야 할 요건으로 옳지 않은 것은?

① 내부 또는 외부에서 쉽게 부수거나 열 수 있을 것
② 도로 또는 차량이 진입할 수 있는 빈터를 향할 것
③ 크기는 지름 50센티미터 이상의 원이 내접할 수 있는 크기일 것
④ 해당 층의 바닥면으로부터 개구부 밑부분까지의 높이가 1.5미터 이내일 것

해설 〈소방법령 제2조〉 해당 층의 바닥면으로부터 개구부 밑부분까지의 높이가 1.2미터 이내일 것

75 다음의 대규모 건축물의 방화벽에 관한 기준 내용 중 ( ) 안에 공통으로 들어갈 내용은?

> 연면적 ( ) 이상인 건축물은 방화벽으로 구획하되, 각 구획된 바닥면적의 합계는 ( ) 미만이어야 한다.

① 500㎡ ② 1,000㎡
③ 1,500㎡ ④ 3,000㎡

해설 〈건축법령 제57조〉 대규모 건축물의 방화벽
연면적 1천㎡ 이상인 건축물은 방화벽으로 구획하되 각 구획된 바닥면적의 합계는 1천㎡ 미만이어야 한다.

해답 72.① 73.④ 74.④ 75.②

76 건축법령상 공동주택에 속하지 않는 것은?

① 기숙사　　　　　② 연립주택
③ 다가구주택　　　④ 다세대주택

[해설] 〈건축법령 제3조 5〉 다가구주택-단독주택

77 특별피난계단에 설치하여야 하는 배연설비의 구조에 관한 기준 내용으로 옳지 않은 것은?

① 배연풍도는 불연재료로 할 것
② 배연구와 배연기 모두 설치할 것
③ 배연기에는 예비전원을 설치할 것
④ 배연구는 평상시에는 닫힌 상태를 유지할 것

[해설] 〈설비기준 14조 2〉 배연구가 외기에 접하지 아니하는 경우에는 배연기를 설치할 것

78 각 층의 바닥면적이 5000m², 거실면적이 3500m²이며 층수가 11층인 병원에 설치하여야 하는 승용승강기의 최소 대수는?(단, 24인승 승용승강기의 경우)

① 5대　　　　　② 6대
③ 7대　　　　　④ 8대

[해설] 〈설비기준 제5조〉 6층 이상의 거실면적으로 계산한다.
3,500×6=21,000m², 병원인 경우 3,000까지 2대 초과 2,000마다 1대 추가
그러므로 2+18,000/2,000=11대 16인승 이상은 2대로 간주하므로 11/2=5.5=6대

79 기계설비법령에 따라 기계설비 발전 기본 계획은 몇 년마다 수립·시행하여야 하는가?

① 1　　　　　② 2
③ 3　　　　　④ 5

[해설] 〈기계설비법 제5조〉 기계설비 발전 기본계획의 수립
국토교통부장관은 기계설비산업의 육성과 기계설비의 효율적인 유지관리 및 성능확보를 위하여 기계설비 발전 기본계획을 5년마다 수립·시행하여야 한다.

[해답] 76.③　77.②　78.②　79.④

80
기계설비 유지관리 준수 대상 건축물(기계 설비유지관리자 선임대상 건축물) 중 공동주택의 기준에 대해 다음 괄호 안에 들어갈 숫자는?

- (㉠)세대 이상의 공동주택
- (㉡)세대 이상으로서 중앙집중식 난방 방식(지역난방방식을 포함한다)의 공동주택

① ㉠ 500, ㉡ 500
② ㉠ 500, ㉡ 300
③ ㉠ 300, ㉡ 500
④ ㉠ 300, ㉡ 300

해설 〈기계설비법 시행령 제14조〉 기계설비 유지관리 준수 대상 건축물
1. 연면적 10,000㎡ 이상의 건축물(창고시설은 제외)
2. 500세대 이상의 공동주택 또는 300세대 이상으로서 중앙집중식 난방 방식(지역난방방식 포함)의 공동주택
3. 다음의 건축물 등 중 해당 건축물 등의 규모를 고려하여 국토교통부장관이 정하여 고시하는 건축물 등
   - 건설공사를 통하여 만들어진 교량·터널·항만·댐·건축물 등 구조물과 그 부대시설
   - 학교시설
   - 지하역사 및 지하도상가
4. 중앙행정기관의 장, 지방자치단체의 장 및 그 밖에 국토교통부장관이 정하는 자가 소유하거나 관리하는 건축물 등

81
기계설비법상 기계설비의 범위에 속하지 않는 것은?

① 플랜트설비
② 오수정화 및 물재이용설비
③ 가스설비
④ 위생기구설비

해설 가스설비는 기계설비법상 기계설비의 범위에 속하지 않는다.
〈기계설비법 시행령 별표 1〉 기계설비의 범위
열원설비, 냉난방설비, 공기조화·공기청정·환기설비, 위생기구·급수·급탕·오배수·통기설비, 오수정화·물재이용설비, 우수배수설비, 보온설비, 덕트(Duct)설비, 자동제어설비, 방음·방진·내진설비, 플랜트설비, 특수 설비(청정실 구성 설비 등)

82
기계설비법령에 따른 기계설비의 착공 전 확인과 사용 전 검사의 대상 건축물 또는 시설물에 해당하지 않는 것은?

① 연면적 1만㎡ 이상인 건축물
② 목욕장으로 사용되는 바닥면적 합계가 500㎡ 이상인 건축물
③ 기숙사로 사용되는 바닥면적 합계가 1천㎡ 이상인 건축물
④ 판매시설로 사용되는 바닥면적 합계가 3천㎡ 이상인 건축물

해설 〈기계설비법 시행령 별표 5〉 기숙사로 사용되는 바닥면적 합계가 2천㎡ 이상인 건축물이 해당된다.

해답 80.② 81.③ 82.③

83 건축설비기사를 보유하였다면 특급 책임기계설비유지관리자가 되려면 몇 년 이상의 실무경력이 있어야 하는가?

① 3년 이상　　　　　　　　② 5년 이상
③ 10년 이상　　　　　　　 ④ 15년 이상

해설 〈기계설비법 시행령 별표 5의2〉 기계설비유지관리자의 자격 및 등급에 따라 건축설비기사를 보유할 경우 실무경력 10년 이상이면 특급 책임기계설비유지관리자가 될 수 있다. (건축설비산업기사 취득자의 경우는 실무경력 13년 이상)

84 기계설비법령에 따라 기계설비성능점검업 자는 기계설비성능점검업의 등록한 사항 중 대통령령으로 정하는 사항이 변경된 경우에는 변경등록을 하여야 한다. 만약 변경등록을 정해진 기간내 못한 경우 1차 위반 시 받게 되는 행정처분 기준은?

① 등록취소　　　　　　　　② 업무정지 2개월
③ 업무정지 1개월　　　　　④ 시정명령

해설 〈기계설비법 시행령 별표 8〉 변경등록을 정해진 기간 내 하지 않은 경우, 1차 위반 시 시정명령, 2차 위반 시 업무정지 1개월, 3차 위반 시 업무 정지 2개월의 행정처분을 받게 된다.

85 기계설비법령에 따라 기계설비 유지관리교육에 관한 업무를 위탁받아 시행하는 기관은?

① 한국기계설비건설협회　　② 대한기계설비건설협회
③ 한국공작기계산업협회　　④ 한국건설기계산업협회

해설 〈위탁지정 관련 행정규칙〉 기계설비 유지관리교육에 관한 업무 위탁
• 위탁업무의 내용 : 기계설비 유지관리교육에 관한 업무
• 관련 법령 : 기계설비법 시행령 제16조
• 위탁기관 : 대한기계설비건설협회

86 기계설비법령에 따른 기계설비 시공자의 업무에 해당하지 않는 것은?

① 기계설비 착공 전 확인표 작성　　② 기계설비 사용 전 확인표 작성
③ 기계설비 성능확인서 작성　　　　④ 기계설비 착공적합확인서 작성

해설 〈기계설비 기술기준〉 기계설비 착공적합확인서의 작성은 기계설비 감리업무 수행자의 업무사항이다.
기계설비의 착공 전 확인과 사용 전 검사 시 기계설비 시공자 및 감리업무 수행자의 업무
㉠ 기계설비 시공자
• 기계설비 착공 전 확인표 작성

해답 83.③　84.④　85.②　86.④

- 기계설비 사용 전 확인표 작성
- 기계설비 성능확인서 작성
- 기계설비 안전확인서 작성

ⓛ 감리업무 수행자
- 기계설비 착공적합확인서 작성
- 기계설비 사용적합확인서 작성

제2편 에너지계획 수립 관련 법규

건축물의 에너지절약 설계기준

[시행 2025. 12. 31.] [국토교통부고시 제2025-738호, 2025. 12. 16., 일부개정]

제1장 총칙

제1조(목적) 이 기준은 「녹색건축물 조성 지원법」(이하 "법"이라 한다) 제12조, 제14조, 제14조의2, 제15조, 같은 법 시행령(이하 "영"이라 한다) 제9조, 제10조, 제10조의2, 제11조 및 같은 법 시행규칙(이하 "규칙"이라 한다) 제7조, 제7조의2의 규정에 의한 건축물의 효율적인 에너지 관리를 위하여 열손실 방지 등 에너지절약 설계에 관한 기준, 에너지절약계획서 및 설계 검토서 작성기준, 녹색건축물의 건축을 활성화하기 위한 건축기준 완화에 관한 사항 등을 정함을 목적으로 한다.

제2조(건축물의 열손실방지 등) ① 건축물을 건축하거나 대수선, 용도변경 및 건축물대장의 기재내용을 변경하는 경우에는 다음 각 호의 기준에 의한 열손실방지 등의 에너지이용합리화를 위한 조치를 하여야 한다.
  1. 거실의 외벽, 최상층에 있는 거실의 반자 또는 지붕, 최하층에 있는 거실의 바닥, 바닥난방을 하는 층간 바닥, 거실의 창 및 문 등은 별표 1의 열관류율 기준 또는 별표 3의 단열재 두께 기준을 준수하여야 하고, 단열조치 일반사항 등은 제6조의 건축부문 의무사항을 따른다.
  2. 건축물의 배치·구조 및 설비 등의 설계를 하는 경우에는 에너지가 합리적으로 이용될 수 있도록 한다.
② 제1항에도 불구하고 열손실의 변동이 없는 증축, 대수선, 용도변경, 건축물대장의 기재내용 변경의 경우에는 관련 조치를 하지 아니할 수 있다. 다만 종전에 제3항에 따른 열손실방지 등의 조치 예외대상이었으나 조치대상으로 용도변경 또는 건축물대장의 기재내용 변경의 경우에는 관련 조치를 하여야 한다.
③ 다음 각 호의 어느 하나에 해당하는 건축물 또는 공간에 대해서는 제1항제1호를 적용하지 아니할 수 있다. 다만, 제1호 및 제2호의 경우 냉방 또는 난방 설비를 설치할 계획이 있는 건축물 또는 공간에 대해서는 제1항제1호를 적용하여야 한다.
  1. 창고·차고·기계실 등으로서 거실의 용도로 사용하지 아니하고, 냉방 또는 난방 설비를 설치하지 아니하는 건축물 또는 공간
  2. 냉방 또는 난방 설비를 설치하지 아니하고 용도 특성상 건축물 내부를 외기에 개방시켜 사용하는 등 열손실 방지조치를 하여도 에너지절약의 효과가 없는 건축물 또는 공간
  3. 「건축법 시행령」 별표 1 제25호에 해당하는 건축물 중 「원자력 안전법」 제10조 및 제20조에 따라 허가를 받는 건축물

제3조(에너지절약계획서 제출 예외대상 등) ① 영 제10조제1항에 따라 에너지절약계획서를 첨부할 필요가 없는 건축물은 다음 각 호와 같다.
  1. 「건축법 시행령」 별표 1 제3호 아목에 따른 시설 중 냉방 또는 난방 설비를 설치하지 아니하는 건축물
  2. 「건축법 시행령」 별표 1 제13호에 따른 운동시설 중 냉방 또는 난방 설비를 설치하지 아니하는 건축물
  3. 「건축법 시행령」 별표 1 제16호에 따른 위락시설 중 냉방 또는 난방 설비를 설치하지 아니하는 건축물
  4. 「건축법 시행령」 별표 1 제27호에 따른 관광 휴게시설 중 냉방 또는 난방 설비를 설치하지 아니하는 건축물
  5. 「주택법」 제15조제1항에 따라 사업계획 승인을 받아 건설하는 주택으로서 「주택건설기준 등에 관한 규정」 제64조제3항에 따라 「에너지절약형 친환경주택의 건설기준」에 적합한 건축물
② 영 제10조제1항에서 "연면적의 합계"는 다음 각 호에 따라 계산한다.
  1. 같은 대지에 모든 바닥면적을 합하여 계산한다.

2. 주거와 비주거는 구분하여 계산한다.
3. 증축이나 용도변경, 건축물대장의 기재내용을 변경하는 경우 이 기준을 해당 부분에만 적용할 수 있다.
4. 연면적의 합계 500제곱미터 미만으로 허가를 받거나 신고한 후 「건축법」 제16조에 따라 허가와 신고사항을 변경하는 경우에는 당초 허가 또는 신고 면적에 변경되는 면적을 합하여 계산한다.
5. 제2조제3항에 따라 열손실방지 등의 에너지이용합리화를 위한 조치를 하지 않아도 되는 건축물 또는 공간, 주차장, 기계실 면적은 제외한다.

③ 제1항 및 영 제10조제1항제3호의 건축물 중 냉방 또는 난방 설비를 설치하고 냉방 또는 난방 열원을 공급하는 대상의 연면적의 합계가 500제곱미터 미만인 경우에는 에너지절약계획서를 제출하지 아니한다.

제4조(적용예외) 다음 각 호에 해당하는 경우 이 기준의 전체 또는 일부를 적용하지 않을 수 있다.
1. 삭제
2. 제로에너지건축물 예비인증서를 제출하는 경우에는 별지 제1호서식 에너지절약계획 설계검토서를 제출하지 아니할 수 있으며, 제로에너지건축물 인증을 취득하는 경우 제15조 및 제21조를 적용하지 아니할 수 있다.
3. 건축물의 기능·설계조건 또는 시공 여건상의 특수성 등으로 인하여 이 기준의 적용이 불합리한 것으로 지방건축위원회가 심의를 거쳐 인정하는 경우에는 이 기준의 해당 규정을 적용하지 아니할 수 있다. 다만, 지방건축위원회 심의 시에는 「건축물 에너지효율등급 및 제로에너지건축물 인증에 관한 규칙」 제4조제4항 각 호의 어느 하나에 해당하는 건축물 에너지 관련 전문인력 1인 이상을 참여시켜 의견을 들어야 한다.
4. 건축물을 증축하거나 용도변경, 건축물대장의 기재내용을 변경하는 경우에는 제15조를 적용하지 아니할 수 있다. 다만, 별동으로 건축물을 증축하는 경우와 기존 건축물 연면적의 100분의 50 이상을 증축하면서 해당 증축 연면적의 합계가 2,000제곱미터 이상인 경우에는 그러하지 아니한다.
5. 허가 또는 신고대상의 같은 대지 내 주거 또는 비주거를 구분한 제3조제2항 및 3항에 따른 연면적의 합계가 500제곱미터 이상이고 2천제곱미터 미만인 건축물 중 연면적의 합계가 500제곱미터 미만인 개별 동의 경우에는 제15조 및 제21조를 적용하지 아니할 수 있다.
6. 열손실의 변동이 없는 증축, 용도변경 및 건축물대장의 기재내용을 변경하는 경우에는 별지 제1호 서식 에너지절약 설계 검토서를 제출하지 아니할 수 있다. 다만, 종전에 제2조제3항에 따른 열손실방지 등의 조치 예외대상이었으나 조치대상으로 용도변경 또는 건축물대장 기재내용의 변경의 경우에는 그러하지 아니한다.
7. 「건축법」 제16조에 따라 허가와 신고사항을 변경하는 경우에는 변경하는 부분에 대해서만 규칙 제7조에 따른 에너지절약계획서 및 별지 제1호 서식에 따른 에너지절약 설계 검토서(이하 "에너지절약계획서 및 설계 검토서"라 한다)를 제출할 수 있다.
8. 제21조제2항에서 제시하는 건축물 에너지소요량 평가서 판정기준을 만족하는 경우에는 제15조를 적용하지 아니할 수 있다.

제5조(용어의 정의) 이 기준에서 사용하는 용어의 뜻은 다음 각 호와 같다.
1. "의무사항"이라 함은 건축물을 건축하는 건축주와 설계자 등이 건축물의 설계 시 필수적으로 적용해야 하는 사항을 말한다.
2. "권장사항"이라 함은 건축물을 건축하는 건축주와 설계자 등이 건축물의 설계 시 선택적으로 적용이 가능한 사항을 말한다.
3. 삭제
4. "제로에너지건축물 인증"이라 함은 국토교통부와 산업통상자원부의 공동부령인 「제로에너지건축물 인증에 관한 규칙」에 따라 제로에너지건축물 인증을 받는 것을 말한다.
5. "녹색건축인증"이라 함은 국토교통부와 환경부의 공동부령인 「녹색건축의 인증에 관한 규칙」에 따라 인증을 받는 것을 말한다.
6. "고효율제품"이라 함은 산업통상자원부 고시 「고효율에너지기자재 보급촉진에 관한 규정」에 따라 인증서를 교부받은 제품과 산업통상자원부 고시 「효율관리기자재 운용규정」에 따른 에너지소비효율 1등급 제품 또는 동 고시에서 고효율로 정한 제품을 말한다.
7. "완화기준"이라 함은 「건축법」, 「국토의 계획 및 이용에 관한 법률」 및 「지방자치단체 조례」 등에서 정하는 건축물의 용적률 및 높이제한 기준을 적용함에 있어 완화 적용할 수 있는 비율을 정한 기준을 말한다.
8. "예비인증"이라 함은 건축물의 완공 전에 설계도서 등으로 인증기관에서 건축물 에너지효율등급 인증, 제로에너지건축물 인증, 녹색건축인증을 받는 것을 말한다.

9. "본인증"이라 함은 신청건물의 완공 후에 최종설계도서 및 현장 확인을 거쳐 최종적으로 인증기관에서 건축물 에너지효율등급 인증, 제로에너지건축물 인증, 녹색건축인증을 받는 것을 말한다.
10. 건축부문
    가. "거실"이라 함은 건축물 안에서 거주(단위 세대 내 욕실·화장실·현관을 포함한다)·집무·작업·집회·오락 기타 이와 유사한 목적을 위하여 사용되는 방을 말하나, 특별히 이 기준에서는 거실이 아닌 냉방 또는 난방공간 또한 거실에 포함한다.
    나. "외피"라 함은 거실 또는 거실 외 공간을 둘러싸고 있는 벽·지붕·바닥·창 및 문 등으로서 외기에 직접 면하는 부위를 말한다.
    다. "거실의 외벽"이라 함은 거실의 벽 중 외기에 직접 또는 간접 면하는 부위를 말한다. 다만, 복합용도의 건축물인 경우에는 해당 용도로 사용하는 공간이 다른 용도로 사용하는 공간과 접하는 부위를 외벽으로 볼 수 있다.
    라. "최하층에 있는 거실의 바닥"이라 함은 최하층(지하층을 포함한다)으로서 거실인 경우의 바닥과 기타 층으로서 거실의 바닥 부위가 외기에 직접 또는 간접적으로 면한 부위를 말한다. 다만, 복합용도의 건축물인 경우에는 다른 용도로 사용하는 공간과 접하는 부위를 최하층에 있는 거실의 바닥으로 볼 수 있다.
    마. "최상층에 있는 거실의 반자 또는 지붕"이라 함은 최상층으로서 거실인 경우의 반자 또는 지붕을 말하며, 기타 층으로서 거실의 반자 또는 지붕 부위가 외기에 직접 또는 간접적으로 면한 부위를 포함한다. 다만, 복합용도의 건축물인 경우에는 다른 용도로 사용하는 공간과 접하는 부위를 최상층에 있는 거실의 반자 또는 지붕으로 볼 수 있다.
    바. "외기에 직접 면하는 부위"라 함은 바깥쪽이 외기이거나 외기가 직접 통하는 공간에 면한 부위를 말한다.
    사. "외기에 간접 면하는 부위"라 함은 외기가 직접 통하지 아니하는 비난방 공간(지붕 또는 반자, 벽체, 바닥 구조의 일부로 구성되는 내부 공기층은 제외한다)에 접한 부위, 외기가 직접 통하는 구조이나 실내공기의 배기를 목적으로 설치하는 샤프트 등에 면한 부위, 지면 또는 토양에 면한 부위를 말한다.
    아. "방풍구조"라 함은 출입구에서 실내외 공기 교환에 의한 열출입을 방지할 목적으로 설치하는 방풍실 또는 회전문 등을 설치한 방식을 말한다.
    자. "기밀성 창", "기밀성 문"이라 함은 창 및 문으로서 한국산업표준(KS) F 2292 규정에 의하여 기밀성 등급에 따른 기밀성이 1~5등급(통기량 5㎥/h·㎡ 미만)인 것을 말한다.
    차. "외단열"이라 함은 건축물 각 부위의 단열에서 단열재를 구조체의 외기측에 설치하는 단열방법으로서 모서리 부위를 포함하여 시공하는 등 열교를 차단한 경우를 말한다.
    카. "방습층"이라 함은 습한 공기가 구조체에 침투하여 결로발생의 위험이 높아지는 것을 방지하기 위해 설치하는 투습도가 24시간당 30g/㎡ 이하 또는 투습계수 0.28g/㎡·h·mmHg 이하의 투습저항을 가진 층을 말한다.(시험방법은 한국산업표준 KS T 1305 방습포장재료의 투습도 시험방법 또는 KS F 2607 건축 재료의 투습성 측정 방법에서 정하는 바에 따른다) 다만, 단열재 또는 단열재의 내측에 사용되는 마감재가 방습층으로서 요구되는 성능을 가지는 경우에는 그 재료를 방습층으로 볼 수 있다.
    타. "평균 열관류율"이라 함은 지붕(천창 등 투명 외피부위를 포함하지 않는다), 바닥, 외벽(창 및 문을 포함한다) 등의 열관류율 계산에 있어 세부 부위별로 열관류율 값이 다를 경우 이를 면적으로 가중평균하여 나타낸 것을 말한다. 단, 평균열관류율은 중심선 치수를 기준으로 계산한다.
    파. 별표 1의 창 및 문의 열관류율 값은 유리와 창틀(또는 문틀)을 포함한 평균 열관류율을 말한다.
    하. "투광부"라 함은 창, 문면적의 50% 이상이 투과체로 구성된 문, 유리블럭, 플라스틱패널 등과 같이 투과재료로 구성되며, 외기에 접하여 채광이 가능한 부위를 말한다.
    거. "태양열취득률(SHGC)"이라 함은 입사된 태양열에 대하여 실내로 유입된 태양열취득의 비율을 말한다.
    너. "일사조절장치"라 함은 태양열의 실내 유입을 조절하기 위한 차양, 구조체 또는 태양열취득률이 낮은 유리를 말한다. 이 경우 차양은 설치위치에 따라 외부 차양과 내부 차양 그리고 유리간 차양으로 구분하며, 가동여부에 따라 고정형과 가동형으로 나눌 수 있다.
11. 기계설비부문
    가. "위험률"이라 함은 냉(난)방기간 동안 또는 연간 총시간에 대한 온도출현분포 중에서 가장 높은(낮은) 온도쪽으로부터 총시간의 일정 비율에 해당하는 온도를 제외시키는 비율을 말한다.

나. "효율"이라 함은 설비기기에 공급된 에너지에 대하여 출력된 유효에너지의 비를 말한다.
다. "열원설비"라 함은 에너지를 이용하여 열을 발생시키는 설비를 말한다.
라. "대수분할운전"이라 함은 기기를 여러 대 설치하여 부하상태에 따라 최적 운전상태를 유지할 수 있도록 기기를 조합하여 운전하는 방식을 말한다.
마. "비례제어운전"이라 함은 기기의 출력값과 목표값의 편차에 비례하여 입력량을 조절하여 최적운전 상태를 유지할 수 있도록 운전하는 방식을 말한다.
바. "심야전기를 이용한 축열·축냉시스템"이라 함은 심야시간에 전기를 이용하여 열을 저장하였다가 이를 난방, 온수, 냉방 등의 용도로 이용하는 설비로서 한국전력공사에서 심야전력기기로 인정한 것을 말한다.
사. "열회수형환기장치"라 함은 난방 또는 냉방을 하는 장소의 환기장치로 실내의 공기를 배출할 때 급기되는 공기와 열교환하는 구조를 가진 것으로서 KS B 6879(열회수형 환기 장치) 부속서 B에서 정하는 시험방법에 따른 열교환효율과 에너지계수의 최소 기준 이상의 성능을 가진 것을 말한다.
아. "이코노마이저시스템"이라 함은 중간기 또는 동계에 발생하는 냉방부하를 실내 엔탈피 보다 낮은 도입 외기에 의하여 제거 또는 감소시키는 시스템을 말한다.
자. "중앙집중식 냉·난방설비"라 함은 건축물의 전부 또는 냉난방 면적의 60% 이상을 냉방 또는 난방 함에 있어 해당 공간에 순환펌프, 증기난방설비 등을 이용하여 열원 등을 공급하는 설비를 말한다. 단, 산업통상자원부 고시 「효율관리기자재 운용규정」에서 정한 가정용 가스보일러는 개별 난방설비로 간주한다.
차. "TAB"라 함은 Testing(시험), Adjusting(조정), Balancing(평가)의 약어로 건물내의 모든 설비시스템이 설계에서 의도한 기능을 발휘하도록 점검 및 조정하는 것을 말한다.
카. "커미셔닝"이라 함은 효율적인 건축 기계설비 시스템의 성능 확보를 위해 설계 단계부터 공사완료에 이르기까지 전 과정에 걸쳐 건축주의 요구에 부합되도록 모든 시스템의 계획, 설계, 시공, 성능시험 등을 확인하고 최종 유지 관리자에게 제공하여 입주 후 건축주의 요구를 충족할 수 있도록 운전성능 유지 여부를 검증하고 문서화하는 과정을 말한다.
타. "중앙식 공조방식"이라 함은 기계실 또는 공조실에 열원설비, 공기조화기 등을 설치하고 반송계통을 통해 거실에 냉·난방을 위한 공기를 공급하는 공기조화 방식을 말한다.

12. 전기설비부문
가. "역률개선용커패시터(콘덴서)"라 함은 역률을 개선하기 위하여 변압기 또는 전동기 등에 병렬로 설치하는 커패시터를 말한다.
나. "전압강하"라 함은 인입전압(또는 변압기 2차전압)과 부하측전압과의 차를 말하며 저항이나 인덕턴스에 흐르는 전류에 의하여 강하하는 전압을 말한다.
다. "조도자동조절조명기구"라 함은 인체 또는 주위 밝기를 감지하여 자동으로 조명등을 점멸하거나 조도를 자동 조절할 수 있는 센서장치 또는 그 센서를 부착한 등기구를 말한다.
라. "수용률"이라 함은 부하설비 용량 합계에 대한 최대 수용전력의 백분율을 말한다.
마. "최대수요전력"이라 함은 수용가에서 일정 기간 중 사용한 전력의 최대치를 말하며, "최대수요전력 제어설비"라 함은 수용가에서 피크전력의 억제, 전력 부하의 평준화 등을 위하여 최대수요전력을 자동제어할 수 있는 설비를 말한다.
바. "가변속제어기(인버터)"라 함은 정지형 전력변환기로서 전동기의 가변속운전을 위하여 설치하는 설비를 말한다.
사. "변압기 대수제어"라 함은 변압기를 여러 대 설치하여 부하상태에 따라 필요한 운전대수를 자동 또는 수동으로 제어하는 방식을 말한다.
아. "대기전력자동차단장치"라 함은 산업통상자원부고시 「대기전력저감프로그램운용규정」에 의하여 대기전력저감우수제품으로 등록된 대기전력자동차단콘센트, 대기전력자동차단스위치를 말한다.
자. "자동절전멀티탭"이라 함은 산업통상자원부고시 「대기전력저감프로그램운용규정」에 의하여 대기전력저감우수제품으로 등록된 자동절전멀티탭을 말한다.
차. "일괄소등스위치"라 함은 층 또는 구역 단위(세대 단위)로 설치되어 조명등(센서등 및 비상등 제외 가능)을 일괄적으로 끌 수 있는 스위치를 말한다.
카. "회생제동장치"라 함은 승강기가 균형추보다 무거운 상태로 하강(또는 반대의 경우)할 때 모터는 순간적으로 발전기로 동작하게 되며, 이때 생산되는 전력을 다른 회로에서 전원으로 활용하는 방식으로 전력소비를 절감하는 장치를 말한다.
타. 삭제
파. 삭제

하. "간선"이라 함은 인입구에서 분기과전류차단기에 이르는 배선으로서 분기회로의 분기점에서 전원측의 부분을 말한다.
13. 신·재생에너지설비부문
    가. "신·재생에너지"라 함은「신에너지 및 재생에너지 개발·이용·보급 촉진법」에서 규정하는 것을 말한다.
14. "공공기관"이라 함은 산업통상자원부고시「공공기관 에너지이용 합리화 추진에 관한 규정」에서 정한 기관을 말한다.
15. "전자식 원격검침계량기"란 에너지사용량을 전자식으로 계측하여 에너지 관리자가 실시간으로 모니터링하고 기록할 수 있도록 하는 장치이다.
16. "건축물에너지관리시스템(BEMS)"이란「녹색건축물 조성 지원법」제6조의2제2항에서 규정하는 것을 말한다.
17. "에너지요구량"이란 건축물의 냉방, 난방, 급탕, 조명부문에서 표준 설정 조건을 유지하기 위하여 해당 건축물에서 필요로 하는 에너지량을 말한다.
18. "에너지소요량"이란 에너지요구량을 만족시키기 위하여 건축물의 냉방, 난방, 급탕, 조명, 환기 부문의 설비기기에 사용되는 에너지량을 말한다.
19. "1차에너지"란 연료의 채취, 가공, 운송, 변환, 공급 등의 과정에서의 손실분을 포함한 에너지를 말하며, 에너지원별 1차에너지 환산계수는 "제로에너지건축물 인증제도 운영규정"에 따른다.
20. "시험성적서"란「적합성평가 관리 등에 관한 법률」제2조제10호다목에 해당하는 성적서로 동법에 따라 발급·관리되는 것을 말한다.

제2장 에너지절약 설계에 관한 기준

제1절 건축부문 설계기준

제6조(건축부문의 의무사항) 제2조에 따른 열손실방지 조치 대상 건축물의 건축주와 설계자 등은 다음 각 호에서 정하는 건축부문의 설계기준을 따라야 한다.

1. 단열조치 일반사항
    가. 외기에 직접 또는 간접 면하는 거실의 각 부위에는 제2조에 따라 건축물의 열손실방지 조치를 하여야 한다. 다만, 다음 부위에 대해서는 그러하지 아니할 수 있다.
        1) 지표면 아래 2미터를 초과하여 위치한 지하 부위(공동주택의 거실 부위는 제외)로서 이중벽의 설치 등 하계 표면결로 방지 조치를 한 경우
        2) 지면 및 토양에 접한 바닥 부위로서 난방공간의 외벽 내표면까지의 모든 수평거리가 10미터를 초과하는 바닥부위
        3) 외기에 간접 면하는 부위로서 당해 부위가 면한 비난방공간의 외기에 직접 또는 간접 면하는 부위를 별표 1에 준하여 단열조치하는 경우
        4) 공동주택의 층간바닥(최하층 제외) 중 바닥난방을 하지 않는 현관 및 욕실의 바닥부위
        5) 방풍구조(외벽제외) 또는 바닥면적 150제곱미터 이하의 개별 점포의 출입문
        6)「건축법 시행령」별표 1 제21호에 따른 동물 및 식물 관련 시설 중 작물재배사 또는 온실 등 지표면을 바닥으로 사용하는 공간의 바닥부위
        7)「건축법」제49조제3항에 따른 소방관진입창(단,「건축물의 피난·방화구조 등의 기준에 관한 규칙」제18조의2제1호를 만족하는 최소 설치 개소로 한정한다.)
    나. 단열조치를 하여야 하는 부위의 열관류율이 위치 또는 구조상의 특성에 의하여 일정하지 않는 경우에는 해당 부위의 평균 열관류율 값을 면적가중 계산에 의하여 구한다.
    다. 단열조치를 하여야 하는 부위에 대하여는 다음 각 호에서 정하는 방법에 따라 단열기준에 적합한지를 판단할 수 있다.
        1) 이 기준 별표 3의 지역별·부위별·단열재 등급별 허용 두께 이상으로 설치하는 경우(단열재의 등급 분류는 별표 2에 따름) 적합한 것으로 본다.
        2) 해당 벽·바닥·지붕 등의 부위별 전체 구성재료와 동일한 시료에 대하여 KS F2277(건축용 구성재의 단열성 측정방법)에 의한 열저항 또는 열관류율 측정값(시험성적서의 값)이 별표 1의 부위별 열관류율에 만족하는 경우에는 적합한 것으로 보며, 시료의 공기층(단열재 내부의 공기층 포함) 두께와 동일하면서 기타 구성재료의 두께가 시료보다 증가한 경우와 공기층을 제외한 시료에 대한 측정값이 기준에 만족하고 시료 내부에 공기층을 추가하는 경우에도 적합한 것으로 본다. 단, 공기층이 포함된 경우에는 시공 시에 공기층 두께를 동일하게 유지하여야 한다.

3) 구성재료의 열전도율 값으로 열관류율을 계산한 결과가 별표 1의 부위별 열관류율 기준을 만족하는 경우 적합한 것으로 본다.(단, 각 재료의 열전도율 값은 한국산업표준 또는 시험성적서의 값을 사용하고, 표면열전달저항 및 중공층의 열저항은 이 기준 별표5 및 별표6에서 제시하는 값을 사용)
4) 창 및 문의 경우 KS F 2278(창호의 단열성 시험 방법)에 의한 시험성적서 또는 별표 4에 의한 열관류율 값 또는 산업통상자원부고시 「효율관리기자재 운용규정」에 따른 창 세트의 열관류율 표시값 또는 ISO 15099에 따라 계산된 창 및 문의 열관류율 값이 별표 1의 열관류율 기준을 만족하는 경우 적합한 것으로 본다.
5) 열관류율 또는 열관류저항의 계산결과는 소수점 3자리로 맺음을 하여 적합 여부를 판정한다.(소수점 4째 자리에서 반올림)
라. 별표 1 건축물부위의 열관류율 산정을 위한 단열재의 열전도율 값은 KS L 9016 및 KS L 8301(또는 KS L 8302) 측정방법에 따른 시험성적서에 의한 값을 사용하되 열전도율 시험을 위한 시료의 평균온도는 20±5℃로 한다.
마. 수평면과 이루는 각이 70도를 초과하는 경사지붕은 별표 1에 따른 외벽의 열관류율을 적용할 수 있다.
바. 바닥난방을 하는 공간의 하부가 바닥난방을 하지 않는 공간일 경우에는 당해 바닥난방을 하는 바닥부위는 별표1의 최하층에 있는 거실의 바닥으로 보며 외기에 간접 면하는 경우의 열관류율 기준을 만족하여야 한다.
2. 에너지절약계획서 및 설계 검토서 제출대상 건축물은 별지 제1호 서식 에너지절약계획 설계 검토서 중 에너지성능지표(이하 "에너지성능지표"라 한다) 건축부문 1번 항목 배점을 0.6점 이상 획득하여야 한다.
3. 바닥난방에서 단열재의 설치
가. 바닥난방 부위에 설치되는 단열재는 바닥난방의 열이 슬래브 하부로 손실되는 것을 막을 수 있도록 온수배관(전기난방인 경우는 발열선) 하부와 슬래브 사이에 설치하고, 온수배관(전기난방인 경우는 발열선) 하부와 슬래브 사이에 설치되는 구성 재료의 열저항의 합계는 해당 바닥에 요구되는 총열관류저항(별표 1에서 제시되는 열관류율의 역수)의 60% 이상이 되어야 한다. 다만, 바닥난방을 하는 욕실 및 현관부위와 슬래브의 축열을 직접 이용하는 심야전기이용 온돌 등(한국전력의 심야전력 이용기기 승인을 받은 것에 한한다)의 경우에는 단열재의 위치가 그러하지 않을 수 있다.
4. 기밀 및 결로방지 등을 위한 조치
가. 벽체 내표면 및 내부에서의 결로를 방지하고 단열재의 성능 저하를 방지하기 위하여 제2조에 의하여 단열조치를 하여야 하는 부위(창 및 문과 난방공간 사이의 층간 바닥 제외)에는 방습층을 단열재의 실내측에 설치하여야 한다.
나. 방습층 및 단열재가 이어지는 부위 및 단부는 이음 및 단부를 통한 투습을 방지할 수 있도록 다음과 같이 조치하여야 한다.
 1) 단열재의 이음부는 최대한 밀착하여 시공하거나, 2장을 엇갈리게 시공하여 이음부를 통한 단열성능 저하가 최소화될 수 있도록 조치할 것
 2) 방습층으로 알루미늄박 또는 플라스틱계 필름 등을 사용할 경우의 이음부는 100mm 이상 중첩하고 내습성 테이프, 접착제 등으로 기밀하게 마감할 것
 3) 단열부위가 만나는 모서리 부위는 방습층 및 단열재가 이어짐이 없이 시공하거나 이어질 경우 이음부를 통한 단열성능 저하가 최소화되도록 하며, 알루미늄박 또는 플라스틱계 필름 등을 사용할 경우의 모서리 이음부는 150mm 이상 중첩되게 시공하고 내습성 테이프, 접착제 등으로 기밀하게 마감할 것
 4) 방습층의 단부는 단부를 통한 투습이 발생하지 않도록 내습성 테이프, 접착제 등으로 기밀하게 마감할 것
다. 건축물 외피 단열부위의 접합부, 틈 등은 밀폐될 수 있도록 코킹과 가스켓 등을 사용하여 기밀하게 처리하여야 한다.
라. 외기에 직접 면하고 1층 또는 지상으로 연결된 출입문은 방풍구조로 하여야 한다. 다만, 다음 각 호에 해당하는 경우에는 그러하지 않을 수 있다.
 1) 바닥면적 3백 제곱미터 이하의 개별 점포의 출입문
 2) 주택의 출입문(단, 기숙사는 제외)
 3) 사람의 통행을 주목적으로 하지 않는 출입문
 4) 너비 1.2미터 이하의 출입문
마. 방풍구조를 설치하여야 하는 출입문에서 회전문과 일반문이 같이 설치되어진 경우, 일반문 부위는 방풍실 구조의 이중문을 설치하여야 한다.
바. 건축물의 거실의 창이 외기에 직접 면하는 부위인 경우에는 기밀성 창을 설치하여야 한다.

5. 영 제10조의2에 해당하는 공공건축물을 건축 또는 리모델링하는 경우 법 제14조의2제1항에 따라 에너지성능지표 건축부문 7번 항목 배점을 0.6점 이상 획득하여야 한다. 다만, 제로에너지건축물 인증을 취득한 경우 또는 제21조제2항에 따라 단위면적당 1차 에너지소요량의 합계가 적합할 경우에는 그러하지 아니함 수 있다.

제7조(건축부문의 권장사항) 에너지절약계획서 제출대상 건축물의 건축주와 설계자 등은 다음 각 호에서 정하는 사항을 제15조의 규정에 적합하도록 선택적으로 채택할 수 있다.

1. 배치계획
   가. 건축물은 대지의 향, 일조 및 주풍향 등을 고려하여 배치하며, 남향 또는 남동향 배치를 한다.
   나. 공동주택은 인동간격을 넓게 하여 저층부의 태양열 취득을 최대한 증대시킨다.
2. 평면계획
   가. 거실의 층고 및 반자 높이는 실의 용도와 기능에 지장을 주지 않는 범위 내에서 가능한 낮게 한다.
   나. 건축물의 체적에 대한 외피면적의 비 또는 연면적에 대한 외피면적의 비는 가능한 작게 한다.
   다. 실의 냉난방 설정온도, 사용스케줄 등을 고려하여 에너지절약적 조닝계획을 한다.
3. 단열계획
   가. 건축물 용도 및 규모를 고려하여 건축물 외벽, 천장 및 바닥으로의 열손실이 최소화되도록 설계한다.
   나. 외벽 부위는 외단열로 시공한다.
   다. 외피의 모서리 부분은 열교가 발생하지 않도록 단열재를 연속적으로 설치하고, 기타 열교부위는 별표 11의 외피 열교부위별 선형 열관류율 기준에 따라 충분히 단열되도록 한다.
   라. 건물의 창 및 문은 가능한 작게 설계하고, 특히 열손실이 많은 북측 거실의 창 및 문의 면적은 최소화한다.
   마. 발코니 확장을 하는 공동주택이나 창 및 문의 면적이 큰 건물에는 단열성이 우수한 로이(Low-E) 복층창이나 삼중창 이상의 단열성능을 갖는 창을 설치한다.
   바. 태양열 유입에 의한 냉·난방부하를 저감 할 수 있도록 일사조절장치, 태양열취득률(SHGC), 창 및 문의 면적비 등을 고려한 설계를 한다. 건축물 외부에 일사조절장치를 설치하는 경우에는 비, 바람, 눈, 고드름 등의 낙하 및 화재 등의 사고에 대비하여 안전성을 검토하고 주변 건축물에 빛반사에 의한 피해 영향을 고려하여야 한다.
   사. 건물 옥상에는 조경을 하여 최상층 지붕의 열저항을 높이고, 옥상면에 직접 도달하는 일사를 차단하여 냉방부하를 감소시킨다.
4. 기밀계획
   가. 틈새바람에 의한 열손실을 방지하기 위하여 외기에 직접 또는 간접으로 면하는 거실 부위에는 기밀성 창 및 문을 사용한다.
   나. 공동주택의 외기에 접하는 주동의 출입구와 각 세대의 현관은 방풍구조로 한다.
   다. 기밀성을 높이기 위하여 외기에 직접 면한 거실의 창 및 문 등 개구부 둘레를 기밀테이프 등을 활용하여 외기가 침입하지 못하도록 기밀하게 처리한다.
5. 자연채광계획
   가. 자연채광을 적극적으로 이용할 수 있도록 계획한다. 특히 학교의 교실, 문화 및 집회시설의 공용부분(복도, 화장실, 휴게실, 로비 등)은 1면 이상 자연채광이 가능하도록 한다.
   나. 삭제
   다. 삭제
   라. 삭제
6. 삭제

제2절 기계설비부문 설계기준

제8조(기계부문의 의무사항) 에너지절약계획서 제출대상 건축물의 건축주와 설계자 등은 다음 각 호에서 정하는 기계부문의 설계기준을 따라야 한다.
1. 설계용 외기조건 : 난방 및 냉방설비의 용량계산을 위한 외기조건은 각 지역별로 위험률 2.5%(냉방기 및 난방기를 분리한 온도출현분포를 사용할 경우) 또는 1%(연간 총시간에 대한 온도출현 분포를 사용할 경우)로 하거나 별표 7에서 정한 외기온·습도를 사용한다. 별표 7 이외의 지역인 경우에는 상기 위험률을 기준으로 하여 가장 유사한 기후조건을 갖는 지역의 값을 사용한다. 다만, 지역난방공급방식을 채택할 경우에는 산업통상자원부 고시 「집단에너지시설의 기술기준」에 의하여 용량계산을 할 수 있다.

2. 열원 및 반송설비
    가. 공동주택에 중앙집중식 난방설비(집단에너지사업법에 의한 지역난방공급방식을 포함한다)를 설치하는 경우에는 「주택건설기준 등에 관한 규정」 제37조의 규정에 적합한 조치를 하여야 한다.
    나. 펌프는 한국산업표준(KS B 6318, 7501, 7505 등) 표시인증제품 또는 KS규격에서 정해진 효율 이상의 제품을 설치하여야 한다.
    다. 기기배관 및 덕트는 국토교통부에서 정하는 「국가건설기준 기계설비공사 표준시방서」의 보온두께 이상 또는 그 이상의 열저항을 갖도록 단열조치를 하여야 한다. 다만, 건축물내의 벽체 또는 바닥에 매립되는 배관 등은 그러하지 아니할 수 있다.
3. 「공공기관 에너지이용 합리화 추진에 관한 규정」 제10조의 규정을 적용받는 건축물의 경우에는 에너지성능지표 기계부문 10번 항목 배점을 0.6점 이상 획득하여야 한다.
4. 영 제10조의2에 해당하는 공공건축물을 건축 또는 리모델링하는 경우 법 제14조의2제2항에 따라 에너지성능지표 기계부문 1번 및 2번 항목 배점을 0.9점 이상 획득하여야 한다.

제9조(기계부문의 권장사항) 에너지절약계획서 제출대상 건축물의 건축주와 설계자 등은 다음 각 호에서 정하는 사항을 제15조의 규정에 적합하도록 선택적으로 채택할 수 있다.
1. 설계용 실내온도 조건
    난방 및 냉방설비의 용량계산을 위한 설계기준 실내온도는 난방의 경우 20℃, 냉방의 경우 28℃를 기준으로 하되(목욕장 및 수영장은 제외) 각 건축물 용도 및 개별 실의 특성에 따라 별표 8에서 제시된 범위를 참고하여 설비의 용량이 과다해지지 않도록 한다.
2. 열원설비
    가. 열원설비는 부분부하 및 전부하 운전효율이 좋은 것을 선정한다.
    나. 난방기기, 냉방기기, 냉동기, 송풍기, 펌프 등은 부하조건에 따라 최고의 성능을 유지할 수 있도록 대수분할 또는 비례제어운전이 되도록 한다.
    다. 난방기기, 냉방기기, 급탕기기는 고효율제품 또는 이와 동등 이상의 효율을 가진 제품을 설치한다.
    라. 보일러의 배출수·폐열·응축수 및 공조기의 폐열, 생활배수 등의 폐열을 회수하기 위한 열회수설비를 설치한다. 폐열회수를 위한 열회수설비를 설치할 때에는 중간기에 대비한 바이패스(by-pass)설비를 설치한다.
    마. 냉방기기는 전력피크 부하를 줄일 수 있도록 하여야 하며, 상황에 따라 심야전기를 이용한 축열·축냉시스템, 가스 및 유류를 이용한 냉방설비, 집단에너지를 이용한 지역냉방방식, 소형열병합발전을 이용한 냉방방식, 신·재생에너지를 이용한 냉방방식을 채택한다.
3. 공조설비
    가. 중간기 등에 외기도입에 의하여 냉방부하를 감소시키는 경우에는 실내 공기질을 저하시키지 않는 범위 내에서 이코노마이저시스템 등 외기냉방시스템을 적용한다. 다만, 외기냉방시스템의 적용이 건축물의 총에너지비용을 감소시킬 수 없는 경우에는 그러하지 아니한다.
    나. 공기조화기 팬은 부하변동에 따른 풍량제어가 가능하도록 가변익축류방식, 흡입베인제어방식, 가변속제어방식 등 에너지절약적 제어방식을 채택한다.
4. 반송설비
    가. 냉방 또는 난방 순환수 펌프, 냉각수 순환 펌프는 운전효율을 증대시키기 위해 가능한 한 대수제어 또는 가변속제어방식을 채택하여 부하상태에 따라 최적 운전상태가 유지될 수 있도록 한다.
    나. 급수용 펌프 또는 급수가압펌프의 전동기에는 가변속제어방식 등 에너지절약적 제어방식을 채택한다.
    다. 공조용 송풍기, 펌프는 효율이 높은 것을 채택한다.
5. 환기 및 제어설비
    가. 환기를 통한 에너지손실 저감을 위해 성능이 우수한 열회수형환기장치를 설치한다.
    나. 기계환기설비를 사용하여야 하는 지하주차장의 환기용 팬은 대수제어 또는 풍량조절(가변익, 가변속도), 일산화탄소(CO)의 농도에 의한 자동(on-off)제어 등의 에너지절약적 제어방식을 도입한다.
    다. 건축물의 효율적인 기계설비 운영을 위해 TAB 또는 커미셔닝을 실시한다.

    라. 에너지 사용설비는 에너지절약 및 에너지이용 효율의 향상을 위하여 컴퓨터에 의한 자동제어시스템 또는 네트워킹이 가능한 현장제어장치 등을 사용한 에너지제어시스템을 채택하거나, 분산제어 시스템으로서 각 설비별 에너지제어 시스템에 개방형 통신기술을 채택하여 설비별 제어 시스템간 에너지관리 데이터의 호환과 집중제어가 가능하도록 한다.

제3절 전기설비부문 설계기준

제10조(전기부문의 의무사항) 에너지절약계획서 제출대상 건축물의 건축주와 설계자 등은 다음 각 호에서 정하는 전기부문의 설계기준을 따라야 한다.

1. 수변전설비
   가. 변압기를 신설 또는 교체하는 경우에는 고효율제품으로 설치하여야 한다.
2. 간선 및 동력설비
   가. 전동기에는 기본공급약관 시행세칙 별표 6에 따른 역률개선용커패시터(콘덴서)를 전동기별로 설치하여야 한다. 다만, 소방설비용 전동기 및 인버터 설치 전동기에는 그러하지 아니할 수 있다.
   나. 간선의 전압강하는 한국전기설비규정을 따라야 한다.
3. 조명설비
   가. 조명기기 중 안정기내장형램프, 형광램프를 채택할 때에는 산업통상자원부 고시「효율관리기자재 운용규정」에 따른 최저소비효율기준을 만족하는 제품을 사용하고, 유도등 및 주차장 조명기기는 고효율제품에 해당하는 LED 조명을 설치하여야 한다.
   나. 공동주택 각 세대내의 현관 및 숙박시설의 객실 내부입구, 계단실의 조명기구는 인체감지점멸형 또는 일정시간 후에 자동 소등되는 조도자동조절조명기구를 채택하여야 한다.
   다. 조명기구는 필요에 따라 부분조명이 가능하도록 점멸회로를 구분하여 설치하여야 하며, 일사광이 들어오는 창측의 전등군은 부분점멸이 가능하도록 설치한다. 다만, 공동주택은 그러하지 않을 수 있다.
   라. 공동주택의 효율적인 조명에너지 관리를 위하여 세대별로 일괄적 소등이 가능한 일괄소등스위치를 설치하여야 한다. 다만, 전용면적 60제곱미터 이하인 주택의 경우에는 그러하지 않을 수 있다.
4. 영 제10조의2에 해당하는 공공건축물을 건축 또는 리모델링하는 경우 법 제14조의2제2항에 따라 에너지성능지표 전기설비부문 8번 항목 배점을 0.6점 이상 획득하여야 한다.
5. 「공공기관 에너지이용 합리화 추진에 관한 규정」제6조제3항의 규정을 적용받는 건축물의 경우에는 에너지성능지표 전기설비부문 8번 항목 배점을 1점 획득하여야 한다.

제11조(전기부문의 권장사항) 에너지절약계획서 제출대상 건축물의 건축주와 설계자 등은 다음 각 호에서 정하는 사항을 제15조의 규정에 적합하도록 선택적으로 채택할 수 있다.

1. 수변전설비
   가. 변전설비는 부하의 특성, 수용률, 장래의 부하증가에 따른 여유율, 운전조건, 배전방식을 고려하여 용량을 산정한다.
   나. 부하특성, 부하종류, 계절부하 등을 고려하여 변압기의 운전대수제어가 가능하도록 뱅크를 구성한다.
   다. 수전전압 25kV 이하의 수전설비에서는 변압기의 무부하손실을 줄이기 위하여 충분한 안전성이 확보된다면 직접강압방식을 채택하며 건축물의 규모, 부하특성, 부하용량, 간선손실, 전압강하 등을 고려하여 손실을 최소화할 수 있는 변압방식을 채택한다.
   라. 전력을 효율적으로 이용하고 최대수용전력을 합리적으로 관리하기 위하여 최대수요전력 제어설비를 채택한다.
   마. 역률개선용커패시터(콘덴서)를 집합 설치하는 경우에는 역률자동조절장치를 설치한다.
   바. 건축물의 사용자가 합리적으로 전력을 절감할 수 있도록 충별 및 임대 구획별로 전력량계를 설치한다.
2. 조명설비
   가. 옥외등은 고효율제품인 LED 조명을 사용하고, 옥외등의 조명회로는 격등 점등(또는 조도조절 기능) 및 자동점멸기에 의한 점멸이 가능하도록 한다.
   나. 공동주택의 지하주차장에 자연채광용 개구부가 설치되는 경우에는 주위 밝기를 감지하여 전등군별로 자동 점멸되거나 스케줄제어가 가능하도록 하여 조명전력이 효과적으로 절감될 수 있도록 한다.
   다. LED 조명기구는 고효율제품을 설치한다.
   라. KS A 3011에 의한 작업면 표준조도를 확보하고 효율적인 조명설계에 의한 전력에너지를 절약한다.
   마. 효율적인 조명에너지 관리를 위하여 충별 또는 구역별로 일괄 소등이 가능한 일괄소등스위치를 설치한다.
3. 제어설비
   가. 여러 대의 승강기가 설치되는 경우에는 군관리 운행방식을 채택한다.
   나. 팬코일유닛이 설치되는 경우에는 전원의 방위별, 실의 용도별 통합제어가 가능하도록 한다.

다. 수변전설비는 종합감시제어 및 기록이 가능한 자동제어설비를 채택한다.
라. 실내 조명설비는 군별 또는 회로별로 자동제어가 가능하도록 한다.
마. 승강기에 회생제동장치를 설치한다.
바. 사용하지 않는 기기에서 소비하는 대기전력을 저감하기 위해 대기전력자동차단장치를 설치한다.
4. 건축물에너지관리시스템(BEMS)이 설치되는 경우에는 「제로에너지건축물 인증기준」 별표 1의2에 따라 센서ㆍ계측장비, 분석 소프트웨어 등이 포함되도록 한다.
5. 삭제
6. 삭제

제4절 신ㆍ재생에너지설비부문 설계기준

제12조(신ㆍ재생에너지 설비부문의 의무사항) 에너지절약계획서 제출대상 건축물에 신ㆍ재생에너지설비를 설치하는 경우「신에너지 및 재생에너지 개발ㆍ이용ㆍ보급 촉진법」에 따른 산업통상자원부 고시「신ㆍ재생에너지 설비의 지원 등에 관한 규정」을 따라야 한다.

제12조의2(신ㆍ재생에너지 설비부문의 권장사항) 에너지절약계획서 제출대상 건축물의 건축주와 설계자 등은 난방, 냉방, 급탕 및 조명에너지 공급 설계 시 신ㆍ재생에너지를 제15조의 규정에 적합하도록 선택적으로 채택할 수 있다.

제3장 에너지절약계획서 및 설계 검토서 작성기준

제13조(에너지절약계획서 및 설계 검토서 작성) 에너지절약 설계 검토서는 별지 제1호 서식에 따라 에너지절약설계기준 의무사항 및 에너지성능지표, 건축물 에너지소요량 평가서로 구분된다. 에너지절약계획서를 제출하는 자는 에너지절약계획서 및 설계 검토서(에너지절약설계기준 의무사항 및 에너지성능지표, 건축물 에너지소요량 평가서)의 판정자료를 제시(전자문서로 제출하는 경우를 포함한다)하여야 한다. 다만, 자료를 제시할 수 없는 경우에는 부득이 당해 건축사 및 설계에 협력하는 해당분야 기술사(기계 및 전기)가 서명ㆍ날인한 설치예정확인서로 대체할 수 있다.

제14조(에너지절약설계기준 의무사항의 판정) 에너지절약설계기준 의무사항은 전 항목 채택 시 적합한 것으로 본다.

제15조(에너지성능지표의 판정) ① 에너지성능지표는 평점합계가 65점 이상일 경우 적합한 것으로 본다. 다만, 공공기관이 신축하는 건축물(별동으로 증축하는 건축물을 포함한다)은 74점 이상일 경우 적합한 것으로 본다.
② 에너지성능지표의 각 항목에 대한 배점의 판단은 에너지절약계획서 제출자가 제시한 설계도면 및 자료에 의하여 판정하며, 판정 자료가 제시되지 않을 경우에는 적용되지 않은 것으로 간주한다.
③ 연면적의 합계가 1천제곱미터 이상인 건축물을 신축, 재축, 전부 개축 또는 별동으로 증축하는 경우에는 에너지성능지표에서 다음 각 호를 적용하여야 한다.
1. 건축부문 7번 항목 배점을 0.6점 이상 획득
2. 기계설비부문 1번 및 2번 항목 배점을 0.8점 이상 획득
3. 전기설비부문 1번 항목 배점을 0.8점 이상 획득하거나 거실 전면에 고효율제품에 해당하는 LED 설치
4. 신ㆍ재생에너지 설비부문 평점을 4점 이상 획득
④ 제3항에 해당하는 건축물로서 중앙식 공조방식을 설치하는 경우에는 에너지성능지표에서 다음 각 호를 적용하여야 한다.
1. 기계설비 부문 3번 항목 배점을 0.8점 이상 획득
2. 기계설비부문 6번 항목의 공기조화기 부착형 열회수형 환기장치 설치
3. 기계설비 부문 9번 항목을 채택

제4장 건축기준의 완화 적용

제16조(완화기준) 영 제11조제2항에 따라 건축물에 적용할 수 있는 세부 완화기준은 별표 9에 따르며, 건축주가 건축기준의 완화적용을 신청하는 경우에 한해서 적용한다.

제17조(완화기준의 적용방법) ① 완화기준의 적용은 당해 용도구역 및 용도지역에 지방자치단체 조례에서 정한 최대 용적률의 제한기준, 건축물 최대높이의 제한 기준에 대하여 다음 각 호의 방법에 따라 적용한다.
1. 용적률 적용방법
「법 및 조례에서 정하는 기준 용적률」×[1+완화기준]

2. 건축물 높이제한 적용방법
　「법 및 조례에서 정하는 건축물의 최고높이」×[1+완화기준]
② 삭제

제18조(완화기준의 신청 등) ① 완화기준을 적용받고자 하는 자(이하 "신청인"이라 한다)는 건축허가 또는 사업계획승인 신청 시 허가권자에게 별지 제2호 서식의 완화기준 적용 신청서 및 관계 서류를 첨부하여 제출하여야 한다.
② 이미 건축허가를 받은 건축물의 건축주 또는 사업주체도 허가변경을 통하여 완화기준 적용 신청을 할 수 있다.
③ 신청인의 자격은 건축주 또는 사업주체로 한다.
④ 완화기준의 신청을 받은 허가권자는 신청내용의 적합성을 지방건축위원회 심의를 통해 검토하고, 신청자가 신청내용을 이행하도록 허가조건에 명시하여 허가하여야 한다.

제19조(인증의 취득) ① 신청인이 인증에 의해 완화기준을 적용받고자 하는 경우에는 인증기관으로부터 예비인증을 받아야 한다.
② 완화기준을 적용받은 건축주 또는 사업주체는 건축물의 사용승인 신청 이전에 본인증을 취득하여 사용승인 신청 시 허가권자에게 인증서 사본을 제출하여야 한다. 단, 본인증의 등급은 예비인증 등급 이상으로 취득하여야 한다.

제20조(이행여부 확인) ① 인증취득을 통해 완화기준을 적용받은 경우에는 본인증서를 제출하는 것으로 이행한 것으로 본다.
② 이행여부 확인결과 건축주가 본인증서를 제출하지 않은 경우 허가권자는 사용승인을 거부할 수 있으며, 완화적용을 받기 이전의 해당 기준에 맞게 건축하도록 명할 수 있다.

제5장 건축물 에너지 소비 총량제

제21조(건축물의 에너지소요량의 평가대상 및 에너지소요량 평가서의 판정) ① 신축 또는 별동으로 증축하는 경우로서 다음 각 호의 어느 하나에 해당하는 건축물은 1차 에너지소요량 등을 평가하여 별지 제1호 서식에 따른 건축물 에너지소요량 평가서를 제출하여야 한다.
1. 「건축법 시행령」 별표 1에 따른 업무시설 중 연면적의 합계가 3천 제곱미터 이상인 건축물
2. 「건축법 시행령」 별표 1에 따른 교육연구시설 중 연면적의 합계가 3천 제곱미터 이상인 건축물
3. 삭제
② 건축물의 에너지소요량 평가서는 단위면적당 1차 에너지소요량의 합계가 150kWh/㎡년 미만일 경우 적합한 것으로 본다. 다만, 연면적의 합계가 1천제곱미터 미만인 건축물은 200kWh/㎡년 미만일 경우 적합한 것으로 본다. 또한 공공기관 건축물은 130kWh/㎡년 미만일 경우 적합한 것으로 본다.

제22조(건축물의 에너지소요량의 평가방법) 건축물 에너지소요량은 ISO 52016 등 국제규격에 따라 난방, 냉방, 급탕, 조명, 환기 등에 대해 종합적으로 평가하도록 제작된 프로그램에 따라 산출된 연간 단위면적당 1차 에너지소요량 등으로 평가하며, 별표 10의 평가기준과 같이 한다.

[별표 1] 지역별 건축물 부위의 열관류율표(단위 : W/m²·K)

건축물의 부위			중부1지역[1]	중부2지역[2]	남부지역[3]	제주도
거실의 외벽	외기에 직접 면하는 경우	공동주택	0.150 이하	0.170 이하	0.220 이하	0.290 이하
		공동주택 외	0.170 이하	0.240 이하	0.320 이하	0.410 이하
	외기에 간접 면하는 경우	공동주택	0.210 이하	0.240 이하	0.310 이하	0.410 이하
		공동주택 외	0.240 이하	0.340 이하	0.450 이하	0.560 이하
최상층에 있는 거실의 반자 또는 지붕	외기에 직접 면하는 경우		0.150 이하	0.150 이하	0.180 이하	0.250 이하
	외기에 간접 면하는 경우		0.210 이하	0.210 이하	0.260 이하	0.350 이하
최하층에 있는 거실의 바닥	외기에 직접 면하는 경우	바닥난방인 경우	0.150 이하	0.170 이하	0.220 이하	0.290 이하
		바닥난방이 아닌 경우	0.170 이하	0.200 이하	0.250 이하	0.330 이하
최하층에 있는 거실의 바닥	외기에 간접 면하는 경우	바닥난방인 경우	0.210 이하	0.240 이하	0.310 이하	0.410 이하
		바닥난방이 아닌 경우	0.240 이하	0.290 이하	0.350 이하	0.470 이하
바닥난방인 층간바닥			0.810 이하			
창 및 문	외기에 직접 면하는 경우	공동주택	0.900 이하	1.000 이하	1.200 이하	1.600 이하
		공동주택 외 창	1.300 이하	1.500 이하	1.800 이하	2.200 이하
		공동주택 외 문	1.500 이하			
	외기에 간접 면하는 경우	공동주택	1.300 이하	1.500 이하	1.700 이하	2.000 이하
		공동주택 외 창	1.600 이하	1.900 이하	2.200 이하	2.800 이하
		공동주택 외 문	1.900 이하			
공동주택 세대 현관문 및 방화문	외기에 직접 면하는 경우 및 거실 내 방화문		1.400 이하			
	외기에 간접 면하는 경우		1.800 이하			

비고
1) 중부1지역 : 강원도(고성, 속초, 양양, 강릉, 동해, 삼척 제외), 경기도(연천, 포천, 가평, 남양주, 의정부, 양주, 동두천, 파주), 충청북도(제천), 경상북도(봉화, 청송)
2) 중부2지역 : 서울특별시, 대전광역시, 세종특별자치시, 인천광역시, 강원도(고성, 속초, 양양, 강릉, 동해, 삼척), 경기도(연천, 포천, 가평, 남양주, 의정부, 양주, 동두천, 파주 제외), 충청북도(제천 제외), 충청남도, 경상북도(봉화, 청송, 울진, 영덕, 포항, 경주, 청도, 경산 제외), 전북특별자치도, 경상남도(거창, 함양), 대구광역시(군위)
3) 남부지역 : 부산광역시, 대구광역시(군위 제외), 울산광역시, 광주광역시, 전라남도, 경상북도(울진, 영덕, 포항, 경주, 청도, 경산), 경상남도(거창, 함양 제외)

[별표 2] 단열재의 등급 분류

등급 분류	열전도율의 범위 (KS L 9016, KS L ISO 8301 Ehsms 8302에 의한 20+5℃ 시험조건)	관련 표준	단열재 종류
가	0.034 W/mK 이하	KS M 3808	- 압출법보온판 특호, 1호, 2호, 3호 - 비드법보온판 2종 1호, 2호, 3호, 4호
		KS M 3809	- 경질우레탄폼보온판 1종 1호, 2호, 3호 및 2종 1호, 2호, 3호
		KS M ISO 4898	- 압출법보온판 Ⅰ종(A-1, A-2), Ⅱ종(A, B-1, B-2), Ⅲ종(A, B-2, C) - 비드법보온판 Ⅰ종 A-1, Ⅱ종 A-1, Ⅲ종(A-1, A-2, B) - 경질우레탄폼보온판 Ⅰ종(A, B, C, D, E), Ⅱ종(A, B, C), Ⅲ종(A, B, C) - 페놀 폼 Ⅰ종(A, C, D), Ⅱ종 A
		KS L 9102	- 그라스울 보온판 48K, 64K, 80K, 96K, 120K
		KS M 3871-1	- 분무식 중밀도 폴리우레탄 폼 1종(A, B), 2종(A, B)
		KS F 5660	- 폴리에스테르 흡음 단열재 1급
		기타 단열재로서 열전도율이 0.034 W/mK 이하인 경우	
나	0.035~0.040 W/mK	KS M 3808	- 비드법보온판 1종 1호, 2호, 3호
		KS M ISO 4898	- 비드법보온판 Ⅰ종 A-2, Ⅱ종 (A-2, B), Ⅲ종 C - 페놀 폼 Ⅰ종B, Ⅱ종B, Ⅲ종A
		KS L 9102	- 미네랄울 보온판 1호, 2호, 3호 - 그라스울 보온판 24K, 32K, 40K
		KS M 3871-1	- 분무식 중밀도 폴리우레탄 폼 1종(C)
		KS F 5660	- 폴리에스테르 흡음 단열재 2급
		기타 단열재로서 열전도율이 0.035~0.040 W/mK 이하인 경우	
다	0.041~0.046 W/mK	KS M 3808	- 비드법보온판 1종 4호
		KS M ISO 4898	- 비드법보온판 Ⅰ종(B, C)
		KS F 5660	- 폴리에스테르 흡음 단열재 3급
		기타 단열재로서 열전도율이 0.041~0.046 W/mK 이하인 경우	
라	0.047~0.051 W/mK	기타 단열재로서 열전도율이 0.047~0.051 W/mK 이하인 경우	

※ 단열재의 등급분류는 단열재의 열전도율의 범위에 따라 등급을 분류한다.

[별표 7] 냉·난방설비의 용량계산을 위한 설계 외기온·습도 기준

구 분 도시명	냉 방		난 방	
	건구온도(℃)	습구온도(℃)	건구온도(℃)	상대습도(%)
서울	31.2	25.5	-11.3	63
인천	30.1	25.0	-10.4	58
수원	31.2	25.5	-12.4	70
춘천	31.6	25.2	-14.7	77
강릉	31.6	25.1	-7.9	42
대전	32.3	25.5	-10.3	71
청주	32.5	25.8	-12.1	76
전주	32.4	25.8	-8.7	72
서산	31.1	25.8	-9.6	78
광주	31.8	26.0	-6.6	70
대구	33.3	25.8	-7.6	61
부산	30.7	26.2	-5.3	46
진주	31.6	26.3	-8.4	76
울산	32.2	26.8	-7.0	70
포항	32.5	26.0	-6.4	41
목포	31.1	26.3	-4.7	75
제주	30.9	26.3	0.1	70

건축물의 냉방설비에 대한 설치 및 설계기준

[시행 2024. 7. 1.] [산업통상자원부고시 제2024-111호, 2024. 7. 1., 일부개정]

제1장 총칙

제1조(목적) 이 고시는 에너지이용합리화를 위하여 건축물의 냉방설비에 대한 설치 및 설계기준과 이의 시행에 필요한 사항을 정함을 목적으로 한다.

제2조(적용범위) 이 고시는 제4조의 규정에 따른 대상 건축물 중 신축, 개축, 재축 또는 별동으로 증축하는 건축물의 냉방설비에 대하여 적용한다.

제3조(정의) 이 고시에서 사용하는 용어의 정의는 다음 각 호와 같다.
1. "축냉식 전기냉방설비"라 함은 심야시간에 전기를 이용하여 축냉재(물, 얼음 또는 포접화합물과 공융염 등의 상변화물질)에 냉열을 저장하였다가 이를 심야시간 이외의 시간(이하 "그 밖의 시간"이라 한다)에 냉방에 이용하는 설비로서 이러한 냉열을 저장하는 설비(이하 "축열조"라 한다)·냉동기·브라인펌프·냉각수펌프 또는 냉각탑 등의 부대설비(제6호의 규정에 의한 축열조 2차측 설비는 제외한다)를 포함하며, 다음 각목과 같이 구분한다.
   가. 빙축열식 냉방설비
   나. 수축열식 냉방설비
   다. 잠열축열식 냉방설비
2. "빙축열식 냉방설비"라 함은 심야시간에 얼음을 제조하여 축열조에 저장하였다가 그 밖의 시간에 이를 녹여 냉방에 이용하는 냉방설비를 말한다.
3. "수축열식 냉방설비"라 함은 심야시간에 물을 냉각시켜 축열조에 저장하였다가 그 밖의 시간에 이를 냉방에 이용하는 냉방설비를 말한다.
4. "잠열축열식 냉방설비"라 함은 포접화합물(Clathrate)이나 공융염(Eutectic Salt) 등의 상변화물질을 심야시간에 냉각시켜 동결한 후 그 밖의 시간에 이를 녹여 냉방에 이용하는 냉방설비를 말한다.
5. "심야시간"이라 함은 23:00부터 다음 날 09:00까지를 말한다. 다만, 한국전력공사에서 규정하는 심야시간이 변경될 경우는 그에 따라 상기 시간이 변경된다.
6. "2차측 설비"라 함은 저장된 냉열을 냉방에 이용할 경우에만 가동되는 냉수순환펌프, 공조용 순환펌프 등의 설비를 말한다.
7. "축냉방식"이라 함은 그 밖의 시간에 필요하여 냉방에 이용하는 열량(이하 "냉방열량"이라 한다)의 전부를 심야시간에 생산하여 축열조에 저장하였다가 이를 이용(이하 "전체축냉"이라 한다)하거나 냉방열량의 일부를 심야시간에 생산하여 축열조에 저장하였다가 이를 이용(이하 "부분축냉"이라 한다)하는 냉방방식을 말한다.
8. "축냉률"이라 함은 통계적으로 연중 최대냉방부하를 갖는 날을 기준으로 그 밖의 시간에 필요한 냉방열량 중에서 이용이 가능한 냉열량이 차지하는 비율을 말하며 백분율(%)로 표시한다.
9. "이용이 가능한 냉열량"이라 함은 축열조에 저장된 냉열량 중에서 열손실 등을 차감하고 실제로 냉방에 이용할 수 있는 열량을 말한다.
10. "가스를 이용한 냉방방식"이라 함은 가스(유류포함)를 사용하는 흡수식 냉동기 및 냉·온수기, 가스엔진구동 열펌프시스템을 말한다.
11. "지역냉방방식"이라 함은 집단에너지사업법에 의거 집단에너지사업허가를 받은 자가 공급하는 집단에너지를 주열원으로 사용하는 흡수식냉동기를 이용한 냉방방식과 지역냉수를 이용한 냉방방식을 말한다.
12. "신재생에너지를 이용한 냉방방식"이란 「신에너지 및 재생에너지 개발·이용·보급 촉진법」 제2조에 의해 정의된 신재생에너지를 이용한 냉방방식을 말한다.
13. "소형 열병합을 이용한 냉방방식"이라 함은 소형 열병합발전을 이용하여 전기를 생산하고, 폐열을 활용하여 냉방 등을 하는 설비를 말한다.
14. "중앙집중냉방설비"라 함은 건축물의 전부 또는 냉방면적의 60% 이상을 냉방함에 있어 해당 공간에 순환펌프, 송풍기 등을 이용하여 열원 등을 공급하는 설비를 말한다.

제2장 냉방설비의 설치기준

제4조(냉방설비의 설치대상 및 설비규모) "건축물의 설비기준 등에 관한 규칙" 제23조 제2항의 규정에 따라 다음 각 호에 해당하는 건축물에 중앙집중 냉방설비를 설치할 때에는 해당 건축물에 소요되는 주간 최대

냉방부하의 60% 이상을 심야전기를 이용한 축냉식, 가스를 이용한 냉방방식, 집단에너지사업허가를 받은 자로부터 공급되는 집단에너지를 이용한 지역냉방방식, 소형 열병합발전을 이용한 냉방방식, 신재생에너지를 이용한 냉방방식, 그 밖에 전기를 사용하지 아니한 냉방방식의 냉방설비로 수용하여야 한다. 다만, 「공공기관에너지 이용합리화 추진에 관한 규정」 제2조제1호에 해당하는 공공기관은 같은 규정 제10조에 따른다.

1. 건축법 시행령 별표 1 제7호의 판매시설, 제10호의 교육연구시설 중 연구소, 제14호의 업무시설로서 해당 용도에 사용되는 바닥면적의 합계가 3천제곱미터 이상인 건축물
2. 건축법 시행령 별표 1 제2호의 공동주택 중 기숙사, 제9호의 의료시설, 제12호의 수련시설 중 유스호스텔, 제15호의 숙박시설로서 해당 용도에 사용되는 바닥면적의 합계가 2천제곱미터 이상인 건축물
3. 건축법 시행령 별표 1 제3호의 제1종 근린생활시설 중 목욕장, 제13호의 운동시설 중 수영장(실내에 설치되는 것에 한정한다)으로서 해당 용도에 사용되는 바닥면적의 합계가 1천제곱미터 이상인 건축물
4. 건축법 시행령 별표 1 제5호의 문화 및 집회시설(동·식물원은 제외한다), 제6호의 종교시설, 제10호의 교육연구시설(연구소는 제외한다), 제28호의 장례식장으로서 해당 용도에 사용되는 바닥면적의 합계가 1만제곱미터 이상인 건축물

제5조(축냉식 전기냉방의 설치) 제4조의 규정에 따라 축냉식 전기냉방으로 설치할 때에는 전체 축냉방식 또는 축열률 40% 이상인 부분축냉방식으로 설치하여야 한다.

제3장 냉방설비의 설계기준

제6조(냉방설비의 설계) ① 제4조에 따른 축냉식 전기냉방설비의 설계기준은 별표 1에 따른다.
② 제4조에 따른 가스를 이용한 냉방설비의 설계기준은 별표 2에 따른다.

제4장 보칙

제7조(냉방설비에 대한 운전실적 점검) 냉방용 전력수요의 첨두부하를 극소화하기 위하여 산업통상자원부장관은 필요하다고 인정되는 기간(연중 10일 이내)에 산업통상자원부장관이 정하는 공공기관 등으로 하여금 축냉식 전기냉방설비의 운전실적 등을 점검하게 할 수 있다.

제로에너지건축물 인증에 관한 규칙

[시행 2025. 1. 1.] [국토교통부령 제1425호, 2024. 12. 23., 일부개정]
[시행 2025. 1. 1.] [산업통상자원부령 제589호, 2024. 12. 23., 일부개정]

제1조(목적) 이 규칙은 「녹색건축물 조성 지원법」 제17조제5항, 제19조제1항 및 같은 법 시행령 제12조제1항·제4항에서 위임된 제로에너지건축물 인증 대상 건축물의 종류 및 인증기준, 인증기관 및 운영기관의 지정, 인증받은 건축물에 대한 점검 및 건축물에너지평가사의 업무범위, 인증기관 지정의 취소 및 업무정지 등에 관한 사항과 그 시행에 필요한 사항을 규정함을 목적으로 한다.

제2조(적용대상) 「녹색건축물 조성 지원법」(이하 "법"이라 한다) 제17조제5항 및 「녹색건축물 조성 지원법 시행령」(이하 "영"이라 한다) 제12조제1항에 따른 제로에너지건축물 인증(이하 "인증"이라 한다)은 「건축법 시행령」 별표 1 각 호에 따른 건축물을 대상으로 한다. 다만, 「건축법 시행령」 별표 1 제3호부터 제13호까지 및 제15호부터 제29호까지의 규정에 따른 건축물 중 국토교통부장관과 산업통상자원부장관이 공동으로 고시하는 실내 냉방·난방 온도 설정조건으로 인증 평가가 불가능한 건축물 또는 이에 해당하는 공간이 전체 연면적의 100분의 50 이상을 차지하는 건축물은 제외한다.

제3조(운영기관의 지정 등) ① 국토교통부장관은 법 제23조에 따라 녹색건축센터로 지정된 기관 중에서 제로에너지건축물 인증제 운영기관(이하 "운영기관"이라 한다)을 지정하여 관보에 고시하여야 한다.
② 국토교통부장관은 제1항에 따라 운영기관을 지정하려는 경우 산업통상자원부장관과 협의하여야 한다.
③ 운영기관은 제로에너지건축물 인증제(이하 "인증제"라 한다)에 관한 다음 각 호의 업무를 수행한다.
  1. 인증업무를 수행하는 인력(이하 "인증업무인력"이라 한다)의 교육, 관리 및 감독에 관한 업무
  2. 인증관리시스템의 운영에 관한 업무
  3. 법 제17조제2항에 따른 제로에너지건축물 인증기관(이하 "인증기관"이라 한다)의 평가·사후관리 및 감독에 관한 업무
  4. 인증제의 홍보, 교육, 컨설팅, 조사·연구 및 개발 등에 관한 업무
  5. 인증제의 개선 및 활성화를 위한 업무
  6. 인증절차 및 기준 관리 등 제도 운영에 관한 업무
  7. 인증 관련 통계 분석 및 활용에 관한 업무
  8. 인증제의 운영과 관련하여 국토교통부장관 또는 산업통상자원부장관이 요청하는 업무
  9. 그 밖에 인증제의 운영에 필요한 업무로서 국토교통부장관이 산업통상자원부장관과 협의하여 인정하는 업무
④ 운영기관의 장은 다음 각 호의 구분에 따른 시기까지 운영기관의 사업내용을 국토교통부장관과 산업통상자원부장관에게 각각 보고하여야 한다.
  1. 전년도 사업추진 실적과 그 해의 사업계획 : 매년 1월 31일까지
  2. 분기별 인증 현황 : 매 분기 말일을 기준으로 다음 달 15일까지
⑤ 운영기관의 장은 인증기관에 법 제19조제1항 각 호의 처분사유가 있다고 인정하면 국토교통부장관에게 알려야 한다.

제4조(인증기관의 지정) ① 국토교통부장관은 법 제17조제2항에 따라 인증기관을 지정하려는 경우에는 산업통상자원부장관과 협의하여 지정 신청 기간을 정하고, 그 기간이 시작되는 날의 3개월 전까지 신청 기간 등 인증기관 지정에 관한 사항을 공고하여야 한다.
② 인증기관으로 지정을 받으려는 자(법 제19조제1항에 따라 인증기관 지정이 취소된 자인 경우에는 제1항에 따른 지정 신청 기간 종료일 전에 그 지정이 취소된 날부터 1년이 경과한 경우로 한정한다)는 제1항에 따른 신청 기간에 별지 제1호서식의 제로에너지건축물 인증기관 지정 신청서(전자문서로 된 신청서를 포함한다)에 다음 각 호의 서류(전자문서를 포함한다)를 첨부해서 국토교통부장관에게 제출해야 한다.
  1. 인증업무를 수행할 전담조직 및 업무수행체계에 관한 설명서
  2. 제4항에 따른 인증업무인력을 보유하고 있음을 증명하는 서류
  3. 인증기관의 인증업무 처리규정
  4. 인증업무를 수행할 능력을 갖추고 있음을 증명하는 서류
③ 제2항에 따른 신청을 받은 국토교통부장관은 「전자정부법」 제36조제1항에 따른 행정정보의 공동이용을 통하여 신청인의 법인 등기사항증명서(법인인 경우만 해당한다) 또는 사업자등록증명(개인인 경우만 해당한다)을 확인하여야 한다. 다만, 신청인이 사업자등록증명을 확인하는 데 동의하지 아니하는 경우에는 해당 서류의 사본을 제출하도록 하여야 한다.

④ 인증기관은 다음 각 호의 어느 하나에 해당하는 인증에 관한 상근(常勤) 인증업무인력을 8명 이상 보유하여야 한다.
1. 「녹색건축물 조성 지원법 시행규칙」 제16조제5항에 따라 실무교육을 받은 건축물에너지평가사
2. 건축사 자격을 취득한 후 3년 이상 해당 업무를 수행한 사람
3. 건축, 설비, 에너지 분야(이하 "해당 전문분야"라 한다)의 기술사 자격을 취득한 후 3년 이상 해당 업무를 수행한 사람
4. 해당 전문분야의 기사 자격을 취득한 후 5년 이상 해당 업무를 수행한 사람
5. 해당 전문분야의 박사학위를 취득한 후 3년 이상 해당 업무를 수행한 사람
6. 해당 전문분야의 석사학위를 취득한 후 5년 이상 해당 업무를 수행한 사람
7. 해당 전문분야의 학사학위를 취득한 후 7년 이상 해당 업무를 수행한 사람
8. 해당 전문분야에서 10년 이상 해당 업무를 수행한 사람

⑤ 제2항제3호에 따른 인증업무 처리규정에는 다음 각 호의 사항이 포함되어야 한다.
1. 인증 평가의 절차 및 방법에 관한 사항
2. 인증 결과의 통보 및 재평가에 관한 사항
3. 인증을 받은 건축물의 인증 취소에 관한 사항
4. 인증 결과 등의 보고에 관한 사항
5. 인증 수수료 납부방법 및 납부기간에 관한 사항
6. 인증 결과의 검증방법에 관한 사항
7. 그 밖에 인증업무 수행에 필요한 사항

⑥ 국토교통부장관은 제2항에 따라 인증기관 지정 신청서가 제출되면 해당 신청인이 인증기관으로 적합한지를 산업통상자원부장관과 협의하여 검토한 후 제14조에 따른 제로에너지건축물 인증운영위원회의 심의를 거쳐 지정·고시한다.

제4조의2(인증기관의 업무범위) 인증기관은 다음 각 호의 업무를 수행한다.
1. 제4조제4항에 따른 상근 인증업무인력의 교육 및 관리 업무
2. 제4조제5항에 따른 인증업무 처리규정의 관리 업무
3. 인증 신청의 접수, 인증 평가 및 인증 등급의 결정, 인증서의 발급 및 법 제20조에 따른 인증의 취소 등 인증 전반에 관한 업무
4. 인증제의 홍보 업무
5. 인증결과에 대한 품질관리 및 인증 관련 장비의 관리와 기능 유지 업무
6. 인증업무의 수행과 관련하여 운영기관의 장이 요청하는 업무

제5조(인증기관 지정서의 발급 및 인증기관 지정의 갱신 등) ① 국토교통부장관은 제4조제6항에 따라 인증기관으로 지정받은 자에게 별지 제2호의2서식의 제로에너지건축물 인증기관 지정서(이하 "인증기관 지정서"라 한다)를 발급하여야 한다.

② 제4조제6항에 따른 인증기관 지정의 유효기간은 제1항에 따라 인증기관 지정서를 발급한 날부터 5년으로 한다.

③ 국토교통부장관은 산업통상자원부장관과의 협의 후 제14조에 따른 제로에너지건축물 인증운영위원회의 심의를 거쳐 제2항에 따른 지정의 유효기간이 만료되는 날부터 5년의 범위에서 갱신할 수 있다.

④ 제1항에 따라 인증기관 지정서를 발급받은 인증기관의 장은 다음 각 호의 어느 하나에 해당하는 사항이 변경되었을 때에는 그 변경된 날부터 30일 이내에 변경된 내용을 증명하는 서류를 해당 인증제 운영기관의 장에게 제출하거나 제3조제3항제2호에 따른 인증관리시스템(이하 "인증관리시스템"이라 한다)에 변경된 내용을 입력해야 한다.
1. 기관명 및 기관의 대표자
2. 건축물의 소재지
3. 상근 인증업무인력

⑤ 운영기관의 장은 제4항에 따라 제출받은 서류가 사실과 부합하는지를 확인하여 이상이 있을 경우 그 내용을 국토교통부장관과 산업통상자원부장관에게 각각 보고하여야 한다.

⑥ 국토교통부장관은 산업통상자원부장관과 협의하여 법 제19조제1항 각 호의 사항을 점검할 수 있으며, 이를 위하여 인증기관의 장에게 관련 자료의 제출을 요구할 수 있다. 이 경우 자료 제출을 요구받은 인증기관의 장은 특별한 사유가 없으면 이에 따라야 한다.

제5조의2(일정 등급 이상의 제로에너지건축물 인증을 받아야 하는 건축물) 영 제12조제4항제1호 본문에서 "국토교통부와 산업통상자원부의 공동부령으로 정하는 건축물"이란 「건축법 시행령」 별표 1 제5호부터 제16호까지, 제23호, 제24호 및 제26호부터 제28호까지에 해당하는 건축물을 말한다.

제5조의3(인증등급의 완화 적용) ① 영 제12조제4항제1호 단서에 따라 같은 호 본문에 따른 제로에너지건축물 인증등급을 완화하여 적용할 수 있는 건축물은 다음 각 호와 같다.
  1. 지하에 건축되는 건축물
  2. 「신에너지 및 재생에너지 개발 이용보급 촉진법 시행령」 제15조제1항제1호에 따라 산업통상자원부장관이 정하여 고시하는 건축물
  3. 그 밖에 건축 목적, 기능, 설계조건 또는 시공 여건상의 특수성으로 인해 해당 인증등급을 받는 것이 불합리하다고 인정되는 건축물로서 국토교통부장관과 산업통상자원부장관이 정하여 공동으로 고시하는 건축물
② 영 제12조제4항제1호 단서에 따라 인증등급의 완화 적용을 받으려는 자는 다음 각 호의 신청 또는 신고를 하기 전에 운영기관의 장이 정하는 바에 따라 운영기관의 장에게 제로에너지건축물 인증등급의 완화 적용을 신청해야 한다.
  1. 「건축법」 제11조에 따른 건축허가의 신청
  2. 「건축법」 제14조에 따른 건축신고
  3. 「건축법」 제29조에 따른 건축협의의 신청
  4. 제1호부터 제3호까지에 따른 허가, 신고 또는 협의가 의제되는 다른 법률에 따른 허가·인가·승인 등의 신청 또는 신고
③ 운영기관의 장은 제2항에 따른 신청을 받은 경우에는 지체 없이 제14조에 따른 제로에너지건축물 인증운영위원회에 제로에너지건축물 인증등급의 완화 적용 여부에 관한 심의를 요청해야 한다. 이 경우 제로에너지건축물 인증운영위원회는 그 요청을 받은 날부터 50일 이내에 심의 결과를 운영기관의 장에게 통보해야 한다.
④ 운영기관의 장은 제3항 후단에 따른 통보를 받은 경우에는 지체 없이 그 심의 결과를 첨부하여 제로에너지건축물 인증등급의 완화 적용 여부를 신청인에게 통보해야 한다.

제6조(인증 신청 등) ① 〈삭제〉
② 다음 각 호의 어느 하나에 해당하는 자(이하 "건축주등"이라 한다)는 인증을 신청할 수 있다.
  1. 건축주
  2. 건축물 소유자
  3. 사업주체 또는 시공자(건축주나 건축물 소유자가 인증 신청에 동의하는 경우에만 해당한다)
③ 제2항에 따라 인증을 신청하려는 건축주등은 인증관리시스템을 통해 별지 제3호의2서식의 제로에너지건축물 인증 신청서에 다음 각 호의 서류를 첨부하여 인증기관의 장에게 제출해야 한다. 다만, 「건축법 시행령」 제22조제1항 단서에 따른 건축물의 경우에는 인증관리시스템을 활용하지 않을 수 있다.
  1. 공사가 완료되어 이를 반영한 건축·기계·전기·신에너지 및 재생에너지(「신에너지 및 재생에너지 개발·이용·보급 촉진법」에 따른 신에너지 및 재생에너지를 말한다. 이하 같다) 관련 최종 설계도면
  2. 건축물 부위별 성능내역서
  3. 건물 전개도
  4. 장비용량 계산서
  5. 조명밀도 계산서
  6. 관련 자재·기기·설비 등의 성능을 증명할 수 있는 서류
  7. 설계변경 확인서 및 설명서
  8. 건축물에너지관리시스템(법 제6조의2제2항에 따른 건축물에너지관리시스템을 말한다. 이하 같다)의 설치를 확인할 수 있는 서류
  9. 제로에너지건축물 예비인증서 사본(예비인증을 받은 경우만 해당한다)
  10. 제1호부터 제9호까지의 서류 외에 제로에너지건축물 인증 평가를 위해 운영기관의 장이 필요하다고 인정하여 공고하는 서류
④ 제3항에 따라 신청서에 첨부하여 제출하는 서류(예비인증서 사본은 제외한다)에는 설계자 및 「건축물의 설비기준 등에 관한 규칙」 제3조에 따른 관계전문기술자가 날인을 하여야 한다. 다만, 다음 각 호의 어느 하나에 해당하는 경우에는 그 사유서를 첨부하여 「건축법」 제25조에 따른 감리자 또는 건축주의 날인으로 설계자 또는 관계전문기술자의 날인을 대체할 수 있으며, 제2호의 경우 인증기관의 장은 변경내용을 영 제10조제2항에 따른 허가권자에게 통보하여야 한다.

1. 「건축물의 설비기준 등에 관한 규칙」 제2조에 따라 관계전문기술자의 협력을 받아야 하는 건축물에 해당하지 아니하는 경우
2. 첨부서류의 내용이 「건축법」 제22조제1항에 따른 사용승인 후 변경된 경우
3. 제1호 및 제2호 외에 설계자 또는 관계전문기술자의 날인이 불가능한 사유가 있는 경우

⑤ 인증기관의 장은 제3항에 따른 신청을 받은 날부터 60일(「건축법 시행령」 별표 1 제1호 및 제2호에 따른 단독주택 및 공동주택의 경우에는 50일) 이내에 인증을 처리해야 한다.

⑥ 인증기관의 장은 제5항에 따른 기간 내에 부득이한 사유로 인증을 처리할 수 없는 경우에는 건축주등에게 그 사유를 통보하고 20일의 범위에서 인증 평가 기간을 한 차례만 연장할 수 있다. 〈개정 2017. 1. 20.〉

⑦ 인증기관의 장은 제3항에 따라 건축주등이 제출한 서류의 내용이 미흡하거나 사실과 다른 경우에는 건축주등에게 보완을 요청할 수 있다. 이 경우 건축주등이 제출서류를 보완하는 기간은 제5항의 기간에 산입하지 아니한다.

⑧ 인증기관의 장은 건축주등이 보완 요청 기간 안에 보완을 하지 아니한 경우 등에는 신청을 반려할 수 있다. 이 경우 반려 기준 및 절차 등 필요한 사항은 국토교통부장관과 산업통상자원부장관이 정하여 공동으로 고시한다.

⑨ 제9조제1항에 따라 인증을 받은 건축물의 소유자는 필요한 경우 제9조제3항에 따른 유효기간이 만료되기 90일 전까지 같은 건축물에 대하여 재인증을 신청할 수 있다. 이 경우 평가 절차 등 필요한 사항은 국토교통부장관과 산업통상자원부장관이 정하여 공동으로 고시한다.

제7조(인증 평가 등) ① 인증기관의 장은 제6조에 따른 인증 신청을 받으면 인증 기준에 따라 도서평가와 현장실사(現場實査)를 하고, 인증 신청 건축물에 대한 인증 평가서를 작성하여야 한다.

② 인증기관의 장은 제1항에 따른 인증 평가서 결과에 따라 인증 여부 및 인증 등급을 결정한다.

③ 인증기관의 장은 사용승인 또는 사용검사를 받은 날부터 3년이 지난 건축물에 대해서 인증을 하려는 경우에는 건축주등에게 건축물 에너지효율 개선방안을 제공하여야 한다.

제8조(인증 기준 등) ① 인증은 다음 각 호에 따른 사항을 기준으로 평가해야 한다.
1. 난방, 냉방, 급탕(給湯), 조명 및 환기 등에 대한 1차 에너지 소요량
2. 신에너지 및 재생에너지를 활용한 에너지 자립률
3. 건축물에너지관리시스템 설치 여부

② 제1항에 따른 인증 기준 및 영 제12조제3항에 따른 인증 등급의 세부 기준은 국토교통부장관과 산업통상자원부장관이 정하여 공동으로 고시한다.

제9조(인증서 발급 및 인증의 유효기간 등) ① 인증기관의 장은 제7조 및 제8조에 따른 평가가 완료되어 인증을 할 때에는 별지 제4호의2서식의 인증서를 건축주등에게 발급하고, 제7조제1항에 따른 인증 평가서 등 평가 관련 서류와 함께 인증관리시스템에 인증 사실을 등록하여야 한다.

② 건축주등은 인증명판이 필요하면 별표 1의2에 따라 제작하여 활용할 수 있다.

③ 인증의 유효기간은 인증을 받은 날부터 10년으로 한다.

④ 인증기관의 장은 제1항에 따라 인증서를 발급하였을 때에는 인증 대상, 인증 날짜, 인증 등급을 포함한 인증 결과를 운영기관의 장에게 제출하여야 한다.

⑤ 운영기관의 장은 에너지성능이 높은 건축물의 보급을 확대하기 위하여 제1항에 따른 인증평가 관련 정보를 분석하여 통계적으로 활용할 수 있으며, 법 제10조제5항에 따른 방법으로 인증 관련 정보를 공개할 수 있다.

제10조(재평가 요청 등) ① 제7조에 따른 인증 평가 결과나 법 제20조제1항에 따른 인증 취소 결정에 이의가 있는 건축주등은 인증서 발급일 또는 인증 취소일부터 90일 이내에 인증기관의 장에게 재평가를 요청할 수 있다.

② 재평가 결과 통보, 인증서 재발급 등 재평가에 따른 세부 절차에 관한 사항은 국토교통부장관과 산업통상자원부장관이 정하여 공동으로 고시한다.

제11조(예비인증의 신청 등) ① 건축주등은 제6조제2항에 따른 인증(이하 이 조 및 제13조에서 "본인증"이라 한다)에 앞서 설계도서에 반영된 내용만을 대상으로 제로에너지건축물 예비인증(이하 "예비인증"이라 한다)을 신청할 수 있다.

② 제1항에 따라 예비인증을 신청하려는 건축주등은 인증관리시스템을 통해 인증기관의 장에게 별지 제5호의2서식의 예비인증 신청서에 다음 각 호의 서류를 첨부하여 제출해야 한다. 다만, 「건축법 시행령」 제22조제1항 단서에 따른 건축물의 경우에는 인증관리시스템을 활용하지 않을 수 있다.
1. 건축·기계·전기·신에너지 및 재생에너지 관련 설계도면

2. 제6조제3항제2호부터 제6호까지, 제9호 및 제10호의 서류
③ 인증기관의 장은 평가 결과 예비인증을 하는 경우 별지 제6호의2서식의 예비인증서를 건축주등에게 발급하여야 한다. 이 경우 건축주등이 예비인증을 받은 사실을 광고 등의 목적으로 사용하려면 본인증을 받을 경우 그 내용이 달라질 수 있음을 알려야 한다.
④ 예비인증을 받아 제도적·재정적 지원을 받은 건축주등은 「건축법」 제22조에 따른 사용승인을 신청하기 전에 예비인증 등급 이상의 본인증을 받아야 한다.
⑤ 예비인증의 유효기간은 제3항에 따라 예비인증서를 발급한 날부터 사용승인일 또는 사용검사일까지로 한다.
⑥ 제1항부터 제5항까지에서 규정한 사항 외에 예비인증의 신청 및 평가 등에 관하여는 제6조제4항부터 제8항까지, 제7조제1항·제2항, 제8조, 제9조제4항, 제10조 및 법 제20조를 준용한다. 다만, 제7조제1항에 따른 현장실사는 실시하지 아니한다.

제11조의2(건축물에너지평가사의 업무범위) 「녹색건축물 조성 지원법 시행규칙」 제16조제5항에 따라 실무교육을 받은 건축물에너지평가사는 다음 각 호의 업무를 수행한다.
 1. 제7조에 따른 도서평가, 현장실사, 인증 평가서 작성 및 건축물 에너지효율 개선방안 작성
 2. 제11조제6항에 따른 예비인증 평가

제12조(인증을 받은 건축물에 대한 점검 및 실태조사) ① 인증을 받은 건축물의 소유자 또는 관리자는 그 건축물을 인증받은 기준에 맞도록 유지·관리하여야 한다.
② 운영기관의 장은 인증받은 건축물의 성능점검 또는 유지·관리 실태 파악을 위하여 에너지사용량 등 필요한 자료를 해당 건축물의 소유자 또는 관리자에게 요청할 수 있다. 이 경우 건축물의 소유자 또는 관리자는 특별한 사유가 없으면 그 요청에 따라야 한다.

제13조(인증 수수료) ① 건축주등은 본인증, 예비인증 또는 제6조제9항에 따른 재인증을 신청하려는 경우에는 인증기관의 장에게 별표 2의 범위에서 인증 대상 건축물의 면적을 고려하여 국토교통부장관과 산업통상자원부장관이 정하여 공동으로 고시하는 인증 수수료를 내야 한다.
② 제10조제1항(제11조제6항에 따라 준용되는 경우를 포함한다)에 따라 재평가를 신청하는 건축주등은 국토교통부장관과 산업통상자원부장관이 정하여 공동으로 고시하는 인증 수수료를 내야 한다.
③ 제1항 및 제2항에 따른 인증 수수료는 현금이나 정보통신망을 이용한 전자화폐·전자결제 등의 방법으로 납부하여야 한다.
④ 인증기관의 장은 제1항 및 제2항에 따른 인증 수수료의 일부를 운영기관이 제3조제3항에 따른 인증 관련 업무를 수행하는 데 드는 비용(이하 "운용비용"이라 한다)에 지원할 수 있다.
⑤ 제1항 및 제2항에 따른 인증 수수료의 환불 사유, 반환 범위, 납부 기간 및 그 밖에 인증 수수료의 납부와 운영비용 집행 등에 필요한 사항은 국토교통부장관과 산업통상자원부장관이 정하여 공동으로 고시한다.

제14조(인증운영위원회의 구성·운영 등) ① 국토교통부장관과 산업통상자원부장관은 인증제를 효율적으로 운영하기 위하여 국토교통부장관이 산업통상자원부장관과 협의하여 정하는 기준에 따라 제로에너지건축물 인증운영위원회(이하 "인증운영위원회"라 한다)를 구성하여 운영할 수 있다.
② 인증운영위원회는 다음 각 호의 사항을 심의한다.
 1. 인증기관의 지정과 지정의 유효기간 연장에 관한 사항
 2. 인증기관 지정의 취소와 업무정지에 관한 사항
 3. 인증 평가기준의 제정·개정에 관한 사항
 4. 제5조의3제3항에 따라 운영기관의 장이 요청하는 제로에너지건축물 인증등급의 완화 적용 여부에 관한 사항
 5. 제1호부터 제4호까지의 사항 외에 인증제의 운영과 관련된 중요사항
③ 국토교통부장관과 산업통상자원부장관은 인증운영위원회의 운영을 운영기관에 위탁할 수 있다.
④ 다음 각 호의 사항을 효율적으로 심의하기 위해 인증운영위원회에 기술위원회를 둘 수 있다.
 1. 인증 평가기준에 포함되는 기술 요소에 관한 사항
 2. 인증 평가기준에 포함되는 건축물의 에너지 성능평가 방법에 관한 사항
 3. 제2항제4호에 관한 사항
 4. 제1호부터 제3호까지의 사항 외에 인증 평가기준과 관련된 중요사항으로서 인증운영위원회의 장이 필요하다고 인정하는 사항
⑤ 제4항에 따른 기술위원회의 심의를 거친 사항(같은 항 제3호에 따른 사항으로 한정한다)은 인증운영위원회의 심의를 거친 것으로 본다.

⑥ 제1항, 제2항, 제4항 및 제5항에서 규정한 사항 외에 인증운영위원회의 세부 구성 및 운영 등에 관한 사항은 국토교통부장관과 산업통상자원부장관이 정하여 공동으로 고시한다.

제15조(인증기관의 지정취소 등) ① 법 제19조제1항에 따른 인증기관의 지정취소 및 업무정지 처분의 세부기준은 별표 3과 같다.

② 국토교통부장관은 법 제19조제1항에 따라 인증기관의 지정을 취소하거나 업무정지를 명하는 처분을 한 경우에는 그 사실을 지체 없이 관보에 공고하고, 제3조에 따른 운영기관의 장에게 통보해야 한다. 이 경우 통보를 받은 운영기관의 장은 지체 없이 그 사실을 인터넷 홈페이지에 게시해야 한다.

제로에너지건축물 인증기준

[시행 2025. 1. 1.] [국토교통부고시 제2024-893호, 2024. 12. 30., 일부개정]
[시행 2025. 1. 1.] [산업통상자원부고시 제2024-208호, 2024. 12. 30., 일부개정]

제1조(목적) 이 규정은 「제로에너지건축물 인증에 관한 규칙」 제2조, 제6조제8항·제9항, 제8조제3항, 제10조제2항, 제13조제1항·제2항·제5항 및 제14조제6항에서 위임한 사항 등을 규정함을 목적으로 한다.

제2조(인증신청 보완 등) ① 〈삭제〉
② 규칙 제6조제7항에 따라 보완을 요청받은 규칙 제6조제2항에 따른 건축주등(이하 "건축주등"이라 한다)은 보완 요청일로부터 30일 이내에 보완을 완료하여야 한다. 건축주등이 부득이한 사유로 기간 내 보완이 어려운 경우에는 10일의 범위에서 보완기간을 한 차례 연장할 수 있다.
③ 규칙 제6조제5항·제6항(규칙 제11조제6항에 따라 준용되는 경우를 포함한다) 및 기준 제2조제2항, 제6조제5항에 따른 인증 처리 기간 등에는 「민원처리에 관한 법률」 제19조에 따라 공휴일과 토요일은 제외한다.

제3조(인증신청의 반려) 인증기관의 장은 규칙 제6조제8항에 따라 다음 각 호의 어느 하나에 해당하는 경우 그 사유를 명시하여 인증을 신청한 건축주등에게 인증 신청을 반려하여야 한다.
  1. 규칙 제2조에 따른 적용대상이 아닌 경우
  2. 규칙 제6조제3항 및 제11조제2항에 따른 서류를 제출하지 아니한 경우
  3. 제2조제2항에 따른 보완기간 내에 보완을 완료하지 아니한 경우
  4. 제6조제5항에 따라 인증 수수료를 신청일로부터 20일 이내에 납부하지 아니한 경우

제4조(인증기준 및 등급) ① 규칙 제8조제3항에 따른 인증기준은 다음 각 호의 구분에 따른다.
  1. 제로에너지건축물 인증은 ISO 52016 등 국제규격에 따라 난방, 냉방, 급탕, 조명, 환기 등에 대해 종합적으로 평가하도록 제작된 프로그램을 활용한다.
  2. 규칙 제8조제1항 각호에 따른 인증기준의 세부 기준은 별표 1 및 별표 1의2와 같다.〈전문개정〉
② 제1항에 따른 인증기준은 규칙 제6조제3항 및 제11조제2항에 따른 인증 신청 당시의 기준을 적용한다.
③ 규칙 제8조제3항에 따른 인증등급의 세부기준은 해당 인증의 종류에 따라 별표 2와 같다.
④ 하나의 대지에 둘 이상의 건축물이 있는 경우에 각각의 건축물에 대하여 별도로 인증을 받을 수 있다.
⑤ 규칙 제2조에 따른 제로에너지건축물 인증 평가에 적용되는 실내 냉방·난방 온도 설정조건은 별표 3과 같다.

제5조(재인증 및 재평가) ① 규칙 제6조제9항에 따른 재인증 및 규칙 제10조제1항에 따른 재평가는 규칙 제6조제5항부터 제8항까지, 제7조제1항·제2항, 제8조 및 법 제20조를 준용하며, 재평가를 요청하는 건축주등은 재평가 요청 사유서를 해당 인증기관의 장에게 제출하여야 한다.
② 인증기관의 장은 건축주등이 법 제20조제1항제3호에 따라 기존에 발급된 인증서를 반납하였는지 확인한 후 재인증 또는 재평가에 따른 인증서를 발급하여야 한다.
③ 재평가를 수행한 인증기관의 장은 재평가에 대한 전반적인 사항을 해당 인증제 운영기관의 장에게 보고하여야 한다.

제6조(인증 수수료) ① 규칙 제13조제1항에 따른 인증 수수료는 별표 4와 같다
② 규칙 제13조제2항에 따라 재평가를 신청하는 건축주등은 제1항에 따른 인증 수수료의 100분의 50을 인증기관의 장에게 내야 한다. 단, 재평가 결과 당초 평가결과의 오류가 확인되어 인증 등급이 달라지거나 인증 취소 결정이 번복되는 경우에는 재평가에 소요된 인증 수수료를 환불받을 수 있다.
③ 규칙 제13조제5항에 따른 인증 수수료의 환불 사유 및 반환 범위는 다음 각 호와 같다.
  1. 수수료를 과오납(過誤納)한 경우 : 과오납한 금액의 전부
  2. 인증대상이 아닌 경우 : 납입한 수수료의 전부
  3. 인증기관의 장이 인증신청을 접수하기 전에 인증신청을 반려하거나 건축주등이 인증신청을 취소하는 경우 : 납입한 수수료의 전부
  4. 인증기관의 장이 인증신청을 접수한 후 평가를 완료하기 전에 인증신청을 반려하거나 건축주등이 인증신청을 취소하는 경우 : 납입한 수수료의 100분의 50
  5. 다음 각 목에 해당하는 건축물에 대해 인증을 신청하는 경우
    가. 공공주택특별법 제6조제1항에 따른 공공주택사업자가 공급하는 주택 중 공공주택특별법 시행령 제2조제1항의 주택 : 인증 수수료의 100분의 50

나. 녹색건축물 조성 지원법 제17조제6항 및 지자체 녹색건축물 조성 지원 조례 등에서 정한 제로에너지건축물 인증 의무대상이 아닌 건축물로서 다음 요건에 해당하는 제로에너지건축물 인증 등급을 취득한 건축물
    1) 제로에너지건축물 인증 +등급~3등급 : 납입한 인증 수수료의 전부
    2) 제로에너지건축물 인증 4등급 : 납입한 인증 수수료의 100분의 50
    3) 제로에너지건축물 인증 5등급 : 납입한 인증 수수료의 100분의 30
④ 인증 수수료의 반환절차 및 반환방법 등은 인증기관의 장이 별도로 정하는 바에 따른다.
⑤ 규칙 제13조제1항에 따라 제로에너지건축물 인증을 신청한 건축주등은 신청서를 제출한 날로부터 20일 이내에 인증기관의 장에게 수수료를 납부하여야 한다.

제7조(운영비용 활용) ① 규칙 제13조제4항에 따라 운영기관은 인증수수료의 100분의 8을 초과하지 않는 범위에서 규칙 제3조제3항에 따른 해당 인증제 관련 업무 수행을 위하여 운영비용(이하 "운영비용"이라 한다)을 활용할 수 있다.
② 운영기관은 제1항에 따른 운영비용의 운용·관리를 위한 별도 회계 및 계좌를 설치하여야 하며, 사업운용기간에 따라 산정된 운영비용의 총액으로 예산을 편성하여야 한다.
③ 운영기관은 회계가 종료된 경우 전문정산기관의 정산결과보고서와 차기 운영비용 운용계획안 등을 인증기관의 장에게 통보하고 규칙 제14조에 따른 인증운영위원회(이하 "인증운영위원회"라 한다)의 심의를 거쳐 국토교통부장관과 산업통상자원부장관에게 각각 보고하여야 하며, 사업운용기간 내 운영비용에 잔액이 발생한 경우 이월하여 차기 운영비용으로 활용하여야 한다.
④ 제1항부터 제3항까지 규정한 사항 외에 운영비용 산정기준, 수입 및 지출 절차 등 운영비용과 관련한 세부적인 사항은 운영세칙에서 정한다.

제8조(인증운영위원회의 구성) ① 인증운영위원회는 위원장 1명을 포함한 40명 이내의 위원으로 구성한다.
② 위원장과 위원의 임기는 2년으로 하고, 연임할 수 있다. 다만, 공무원인 위원은 보직의 재임기간으로 한다.
③ 위원장은 2년마다 교대로 국토교통부장관과 산업통상자원부장관이 소속 고위공무원중 지명한 사람으로 한다. 다만, 운영기관에 운영을 위탁한 경우에는 운영기관의 임원으로 할 수 있다.
④ 위원은 다음 각 호의 어느 하나에 해당하는 사람으로서, 국토교통부장관과 산업통상자원부장관이 추천한 전문가가 동수가 되도록 구성한다.
    1. 관련분야의 직무를 담당하는 중앙행정기관의 소속 공무원
    2. 7년 이상 건축물 에너지 관련 연구경력이 있는 대학부교수 이상인 사람
    3. 7년 이상 건축물 에너지 관련 연구경력이 있는 책임연구원 이상인 사람
    4. 기업에서 10년 이상 건축물 에너지 관련 분야에 근무한 부서장 이상인 사람
    5. 그밖에 제1호부터 제4호까지와 동등 이상의 자격이 있다고 국토교통부장관 또는 산업통상자원부장관이 인정하는 사람

제8조의2(기술위원회의 구성) ① 규칙 제14조제4항에 따른 기술위원회는 인증운영위원회 위원 중에서 기술위원장 1명을 포함한 20인 이내의 기술위원으로 구성한다.
② 기술위원장과 기술위원의 임기는 2년으로 하고, 연임할 수 있다.
③ 기술위원장은 기술위원 중 인증운영위원회 심의를 거쳐 인증운영위원회 위원장이 지명한다.
④ 기술위원장은 기술위원의 전문분야를 고려하여 건축·기계·전기 및 신재생부문별로 분과를 구성할 수 있으며, 이 경우 분과장을 지명하여야 한다.

제9조(위원회의 운영) ① 제8조 및 제8조의2에 따른 각각의 위원회의 회의는 재적위원 10명 이상의 출석으로 개최하고 출석위원 과반수의 찬성으로 의결하되, 가부 동수인 경우에는 부결된 것으로 본다.
② 제8조 및 제8조의2에 따른 각각의 위원회의 위원은 심의안건과 이해관계가 있는 경우 해당 위원회 참석대상에서 제외하며, 각 위원회에 참석한 위원에 대하여는 수당 및 여비를 지급할 수 있다.
③ 국토교통부장관과 산업통상자원부장관은 법 및 이 규정에서 정한 사항 외에 인증제도의 시행과 관련된 사항은 협의하여 수행한다.

제10조(운영세칙) 운영기관의 장은 인증제도 활성화를 위한 사업의 효율적 수행을 위하여 필요한 때에는 이 규정에 저촉되지 않는 범위 안에서 시행세칙을 제정하여 운영할 수 있다. 다만, 운영세칙을 제정·개정 또는 폐지할 때에는 규칙 제14조에 따른 인증운영위원회의 심의 및 국토교통부장관과 산업통상자원부장관의 승인을 받아야 한다.

제11조(재검토기한) 「훈령·예규 등의 발령 및 관리에 관한 규정」에 따라 이 고시에 대하여 2018년 12월 31일 기준으로 매 3년이 되는 시점(매 3년째의 12월 30일까지를 말한다)마다 그 타당성을 검토하여 개선 등의 조치를 하여야 한다.

[별표 1] 제로에너지건축물 인증 기준

1. 연간 단위면적당 1차에너지소요량(kWh/㎡·년)

   가. 연간 단위면적당 에너지 소요량 = $\frac{\text{난방부문 에너지소요량}}{\text{난방에너지가 요구되는 공간의 바닥면적}}$ + $\frac{\text{냉방부문 에너지소요량}}{\text{냉방에너지가 요구되는 공간의 바닥면적}}$ + $\frac{\text{급탕부문 에너지소요량}}{\text{급탕에너지가 요구되는 공간의 바닥면적}}$ + $\frac{\text{조명부문 에너지소요량}}{\text{조명에너지가 요구되는 공간의 바닥면적}}$ + $\frac{\text{환기부문 에너지소요량}}{\text{환기에너지가 요구되는 공간의 바닥면적}}$

   나. 연간 단위면적당 1차에너지소요량 = 연간 단위면적당 에너지소요량 × 1차에너지 환산계수
   ※ 신재생에너지 생산량은 단위면적당 에너지소요량에 반영되어 평가

2. 에너지자립률(%)

   가. 에너지자립률(%) = $\frac{\text{연간 단위면적당 1차에너지 순생산량}}{\text{연간 단위면적당 1차에너지소비량 총소요량}}$ × 100

   나. 연간 단위면적당 1차에너지 순생산량(kWh/㎡·년)
   = 대지 내 연간 단위면적당 1차에너지 순생산량 + (대지 외 연간 단위면적당 1차에너지 순생산량 × 보정계수)

   1) 대지 내 연간 단위면적당 1차에너지 순생산량
   = Σ[(신·재생에너지 생산량 − 신·재생에너지 생산에 필요한 에너지소요량) × 1차에너지 환산계수] ÷ 평가면적

   2) 대지 외 연간 단위면적당 1차에너지 순생산량
   = Σ[(신·재생에너지 생산량 − 신·재생에너지 생산에 필요한 에너지소요량) × 1차에너지 환산계수] ÷ 평가면적

   3) 보정계수

대지 내 에너지자립률	~10% 미만	10% 이상~15% 미만	15% 이상~20% 미만	20% 이상~
대지 외 생산량 가중치	0.7	0.8	0.9	1.0

   ※ 대지 내 에너지자립률 산정 시 연간 단위면적당 1차 에너지 순생산량은 대지 내 연간 단위면적당 1차에너지 순생산량만을 고려한다.

   다. 연간 단위면적당 1차에너지 총소요량(kWh/㎡·년)
   = Σ[(제1호에 따른 연간 단위면적당 1차에너지 소요량 + 연간 단위면적당 1차에너지 순생산량)]

3. 건축물에너지관리시스템 또는 전자식 원격검침계량기 설치 확인
   「건축물의 에너지절약 설계기준」의 [별지 제1호 서식] 2. 에너지성능지표 중 전기설비부문 8. 건축물에너지관리시스템(BEMS) 또는 건축물에 상시 공급되는 모든 에너지원별 전자식 원격검침계량기 설치 여부

주) 1. 제1호 및 제2호의 1차에너지 환산계수는 제10조에 따라 운영기관의 장이 운영세칙으로 정하는 에너지원별 환산계수를 말한다.
  2. 제2호의 평가면적은 제1호에 따른 난방·냉방·급탕·조명·환기에너지가 요구되는 공간의 바닥면적의 합을 말한다.
  3. 제1호 냉방부문 평가 시 냉방설비가 없는 주거용 건축물(단독주택 및 기숙사를 제외한 공동주택)의 경우 제10조에 따라 운영기관의 장이 운영세칙으로 정하는 표준 냉방에너지 소요량을 적용한다.
  4. 「녹색건축물 조성 지원법」 제15조 및 시행령 제11조에 따른 건축기준 완화 시 대지 내 단위면적당 1차에너지 순생산량만을 고려한 에너지자립률을 기준으로 적용한다.

[별표 1의2] 건축물에너지관리시스템 설치기준

	항목	설치 기준
1	일반사항	대상건물의 에너지 관리에 대한 일반적인 사항 작성
2	시스템 설치	시스템 구축 및 운영을 위하여 설치 시 필요한 일반적인 요구사항을 평가
3	데이터 수집 및 표시	대상건물에서 생산·저장·사용하는 에너지를 에너지원별(전기/연료/열 등)로 데이터 수집 및 표시
4	정보감시	에너지 손실, 비용 상승, 쾌적성 저하, 설비 고장 등 에너지관리에 영향을 미치는 관련 관제값 중 5종 이상에 대한 기준값 입력 및 가시화
5	데이터 조회	일간, 주간, 월간, 연간 등 정기 및 특정 기간을 설정하여 데이터를 조회
6	에너지소비현황 분석	2종 이상의 에너지원단위와 3종 이상의 에너지용도에 대한 에너지소비현황 및 증감 분석
7	설비의 성능 및 효율 분석	에너지사용량이 전체의 5%이상인 모든 열원설비 기기별 성능 및 효율 분석
8	실내외 환경 정보 제공	온도, 습도 등 실내외 환경정보 제공 및 활용
9	에너지 소비 예측	에너지사용량 목표치 설정 및 관리
10	에너지 비용 조회 및 분석	에너지원별 사용량에 따른 에너지비용 조회
11	제어시스템 연동	1종 이상의 에너지용도에 사용되는 설비의 자동제어 연동
12	종합 유지관리	계측 장비 및 계측 데이터에 대한 체계적 관리 수행
13	시스템 확장성	설비 등 증개축에 따른 추가 데이터 축적 관리

※ 건축물에너지관리시스템 설치 대상 및 항목 확인은 제10조에 따라 운영기관의 장이 운영세칙으로 정하는 바에 따른다.

[별표 2] 제로에너지건축물 인증등급

ZEB 등급	구분	제1호	제2호		제3호
	등급산정 기준	에너지자립률 (%)	주거용	비주거용	건축물에너지 관리 시스템
			연간 단위면적당 1차 에너지 소요량(kWh/m²·연)	연간 단위면적당 1차 에너지 소요량(kWh/m²·연)	
+ 등급		120 이상	-10 미만	-70 미만	설치여부 확인
1 등급		100 이상	10 미만	-30 미만	
2 등급		80 이상	30 미만	10 미만	
3 등급		60 이상	50 미만	50 미만	
4 등급		40 이상	70 미만	90 미만	
5 등급		20 이상	90 미만	130미만	

주)
1. 제로에너지건축물 인증등급을 취득하기 위해서는 제1호 또는 제2호와 제3호를 만족하여야 한다.
2. 제1호 또는 제2호 중 높은 등급산정 기준을 ZEB 인증등급으로 한다.
3. 제1호에 등급산정 기준은 별표 1 제2호에 따른 에너지자립률을 말한다.
4. 제2호에 등급산정 기준은 별표 1 제1호에 따른 연간 단위면적당 1차 에너지소요량을 말한다.
5. 제2호에서 주거용이란 「건축법 시행령」 별표 1 중 단독주택 및 공동주택(기숙사 제외)을 말하며, 비주거용이란 주거용을 제외한 모든 건축물을 말한다.
6. 제3호는 별표 1의2에 따른 건축물에너지관리시스템을 말한다.
7. 제2호에 등급산정 기준은 별표 1 제1호에 따른 연간 단위면적당 1차에너지소요량에서 제10조에 따라 운영기관의 장이 운영세칙으로 정하는 용도별 보정계수를 반영한 결과이다.

[별표 3] 제로에너지건축물 인증 평가 적용 실내 냉방·난방 온도 설정조건

구분	실내온도
냉방	26℃
난방	20℃

[별표 4] 제로에너지건축물 인증 수수료

1. 단독주택 및 공동주택(기숙사 제외)

전용면적의 합계	인증 수수료 금액
85제곱미터 미만	50만 원
85제곱미터 이상 135제곱미터 미만	70만 원
135제곱미터 이상 330제곱미터 미만	80만 원
330제곱미터 이상 660제곱미터 미만	90만 원
660제곱미터 이상 1천제곱미터 미만	1백10만 원
1천 제곱미터 이상 1만 제곱미터 미만	3백90만 원
1만 제곱미터 이상 2만 제곱미터 미만	5백30만 원
2만 제곱미터 이상 3만 제곱미터 미만	6백60만 원
3만 제곱미터 이상 4만 제곱미터 미만	7백90만 원
4만 제곱미터 이상 6만 제곱미터 미만	9백20만 원
6만 제곱미터 이상 8만 제곱미터 미만	1천60만 원
8만 제곱미터 이상 12만 제곱미터 미만	1천1백90만 원
12만 제곱미터 이상	1천3백20만 원

2. 단독주택 및 공동주택을 제외한 건축물(기숙사 포함)

전용면적[주1]의 합계	인증 수수료 금액
1천 제곱미터 미만	1백90만 원
1천 제곱미터 이상 3천 제곱미터 미만	3백90만 원
3천 제곱미터 이상 5천 제곱미터 미만	5백90만 원
5천 제곱미터 이상 1만 제곱미터 미만	7백90만 원
1만 제곱미터 이상 1만5천 제곱미터 미만	9백90만 원
1만5천 제곱미터 이상 2만 제곱미터 미만	1천1백90만 원
2만 제곱미터 이상 3만 제곱미터 미만	1천3백90만 원
3만 제곱미터 이상 4만 제곱미터 미만	1천5백90만 원
4만 제곱미터 미만 6만 제곱미터 미만	1천7백80만 원
6만 제곱미터 이상	1천9백80만 원

※ 비고 : 인증 수수료 금액은 부가가치세 별도
주1) 규칙 및 고시의 전용면적 중 단독주택 및 공동주택을 제외한 건축물(기숙사 포함)의 전용면적이란 인증 신청 건축물의 용적률 산정용 연면적을 의미한다. 다만 지하층 바닥면적 합계(지하주차장 제외)가 전체 연면적의 50% 이상을 차지하는 경우 연면적(지하주차장 제외)을 기준으로 인증수수료를 산정할 수 있다.

녹색건축 인증에 관한 규칙

[시행 2025. 10. 1.] [기후에너지환경부령 제1호, 2025. 10. 1., 타법개정]

제1조(목적) 이 규칙은 「녹색건축물 조성 지원법」 제16조제6항 및 제19조제1항에 따라 녹색건축 인증 대상 건축물의 종류, 인증기준 및 인증절차, 인증유효기간, 수수료, 인증기관 및 운영기관의 지정 기준, 지정 절차, 업무범위, 인증받은 건축물에 대한 점검이나 실태조사 및 인증 결과의 표시 방법, 인증기관지정의 취소 및 업무정지에 관하여 위임된 사항과 그 시행에 필요한 사항을 규정함을 목적으로 한다.

제2조(적용대상) 「녹색건축물 조성 지원법」(이하 "법"이라 한다) 제16조제4항에 따른 녹색건축 인증은 「건축법」 제2조제1항제2호에 따른 건축물을 대상으로 한다. 다만, 「국방·군사시설 사업에 관한 법률」 제2조제4호에 따른 군부대주둔지 내의 국방·군사시설은 제외한다.

제3조(운영기관의 지정 등) ① 국토교통부장관은 법 제23조에 따라 녹색건축센터로 지정된 기관 중에서 운영기관을 지정하여 관보에 고시하여야 한다.
② 국토교통부장관은 제1항에 따라 운영기관을 지정하려는 경우에는 환경부장관과 협의하여야 한다.
③ 운영기관은 다음 각 호의 업무를 수행한다.
　1. 인증관리시스템의 운영에 관한 업무
　2. 인증기관의 심사 결과 검토에 관한 업무
　3. 인증제도의 홍보, 교육, 컨설팅, 조사·연구 및 개발 등에 관한 업무
　4. 인증제도의 개선 및 활성화를 위한 업무
　5. 심사전문인력의 교육, 관리 및 감독에 관한 업무
　6. 인증 관련 통계 분석 및 활용에 관한 업무
　7. 인증제도의 운영과 관련하여 국토교통부장관 또는 환경부장관이 요청하는 업무
④ 운영기관의 장은 다음 각 호의 구분에 따른 시기까지 운영기관의 사업내용을 국토교통부장관과 환경부장관에게 각각 보고하여야 한다.
　1. 전년도 사업추진 실적과 그 해의 사업계획 : 매년 1월 31일까지
　2. 분기별 인증 현황 : 매 분기 말일을 기준으로 다음 달 15일까지

제4조(인증기관의 지정) ① 국토교통부장관은 법 제16조제2항에 따라 인증기관을 지정하려는 경우에는 환경부장관과 협의하여 지정 신청 기간을 정하고, 그 기간이 시작되는 날의 3개월 전까지 신청 기간 등 인증기관 지정에 관한 사항을 공고하여야 한다.
② 인증기관으로 지정을 받으려는 자는 다음 각 호의 요건을 모두 갖춰야 한다.
　1. 인증업무를 수행할 전담조직을 구성하고 업무수행체계를 수립할 것
　2. 별표 1의 전문분야(이하 "해당 전문분야"라 한다) 중 5개 이상의 분야에서 각 분야별로 다음 각 목의 어느 하나에 해당하는 1명 이상의 사람을 상근(常勤) 심사전문인력으로 보유할 것
　　가. 「건축사법」에 따른 건축사 자격을 취득한 사람
　　나. 「국가기술자격법」에 따른 해당 전문분야의 기술사 자격을 취득한 사람
　　다. 「국가기술자격법」에 따른 해당 전문분야의 기사 자격을 취득한 후 7년 이상 해당 업무를 수행한 사람
　　라. 해당 전문분야의 박사학위를 취득한 후 1년 이상 해당 업무를 수행한 사람
　　마. 해당 전문분야의 석사학위를 취득한 후 6년 이상 해당 업무를 수행한 사람
　　바. 해당 전문분야의 학사학위를 취득한 후 8년 이상 해당 업무를 수행한 사람
　3. 다음 각 목에 관한 사항이 포함된 인증업무 처리규정을 마련할 것
　　가. 녹색건축 인증 심사의 절차 및 방법
　　나. 제7조에 따른 인증심사단 및 인증심의위원회의 구성·운영
　　다. 녹색건축 인증 결과의 통보 및 재심사
　　라. 녹색건축 인증을 받은 건축물의 인증 취소
　　마. 녹색건축 인증 결과 등의 보고
　　바. 녹색건축 인증 수수료의 납부방법 및 납부기간
　　사. 녹색건축 인증 결과의 검증방법
　　아. 그 밖에 녹색건축 인증업무 수행에 필요한 내용

4. 법 제19조제1항에 따라 인증기관지정이 취소된 자인 경우에는 제1항에 따른 지정신청기간 종료일 전에 그 지정이 취소된 날부터 1년이 경과했을 것
③ 인증기관으로 지정을 받으려는 자는 제1항에 따른 신청 기간 내에 별지 제1호서식의 녹색건축 인증기관 지정신청서(전자문서로 된 신청서를 포함한다)에 다음 각 호의 서류(전자문서를 포함한다)를 첨부하여 국토교통부장관에게 제출해야 한다.
  1. 인증업무를 수행할 전담조직 및 업무수행체계에 관한 설명서
  2. 제2항제2호에 따른 심사전문인력을 보유하고 있음을 증명하는 서류
  3. 제2항제3호에 따른 인증업무 처리규정
  4. 삭제
④ 제3항에 따른 신청을 받은 국토교통부장관은「전자정부법」제36조제1항에 따른 행정정보의 공동이용을 통하여 신청인의 법인 등기사항증명서(법인인 경우만 해당한다) 또는 사업자등록증명(개인인 경우만 해당한다)을 확인해야 한다. 다만, 신청인이 사업등록증을 확인하는 데 동의하지 않는 경우에는 해당 서류의 사본을 제출하도록 해야 한다.
⑤ 삭제
⑥ 국토교통부장관은 제3항에 따라 녹색건축 인증기관 지정신청서가 제출되면 해당 신청인이 인증기관으로 적합한지를 환경부장관과 협의하여 검토한 후 제15조에 따른 인증운영위원회(이하 "인증운영위원회"라 한다)의 심의를 거쳐 지정·고시한다.

제5조(인증기관 지정서의 발급 및 인증기관 지정의 갱신 등) ① 국토교통부장관은 제4조제6항에 따라 인증기관으로 지정받은 자에게 별지 제2호서식의 녹색건축 인증기관 지정서를 발급하여야 한다.
② 제4조제6항에 따른 인증기관 지정의 유효기간은 녹색건축 인증기관 지정서를 발급한 날부터 5년으로 한다.
③ 국토교통부장관은 환경부장관과 협의한 후 인증운영위원회의 심의를 거쳐 제2항에 따른 지정의 유효기간을 5년마다 갱신할 수 있다. 이 경우 갱신기간은 갱신할 때마다 5년을 초과할 수 없다.
④ 제1항에 따라 녹색건축 인증기관 지정서를 발급받은 인증기관의 장은 다음 각 호의 어느 하나에 해당하는 사항이 변경되었을 때에는 그 변경된 날부터 30일 이내에 변경된 내용을 증명하는 서류를 운영기관의 장에게 제출하여야 한다.
  1. 기관명
  1의2. 기관의 대표자
  2. 건축물의 소재지
  3. 심사전문인력
⑤ 운영기관의 장은 제4항에 따른 변경 내용을 증명하는 서류를 받으면 그 내용을 국토교통부장관과 환경부장관에게 각각 보고하여야 한다.
⑥ 국토교통부장관은 환경부장관과 협의하여 법 제19조제1항 각 호의 사항을 점검할 수 있으며, 이를 위하여 인증기관의 장에게 관련 자료의 제출을 요구할 수 있다. 이 경우 자료 제출을 요구받은 인증기관의 장은 특별한 사유가 없으면 이에 따라야 한다.

제6조(인증 신청 등) ① 다음 각 호의 어느 하나에 해당하는 자(이하 "건축주등"이라 한다)는 녹색건축 인증을 신청할 수 있다.
  1. 건축주
  2. 건축물 소유자
  3. 사업주체 또는 시공자(건축주나 건축물 소유자가 인증 신청에 동의하는 경우에만 해당한다)
② 제1항에 따라 인증을 신청하려는 건축주등은 별지 제3호서식의 녹색건축 인증·인증 유효기간 연장 신청서(전자문서로 된 신청서를 포함한다)에 다음 각 호의 서류(전자문서를 포함한다)를 첨부하여 제3조제3항제1호에 따른 인증관리시스템(이하 "인증관리시스템"이라 한다)을 통해 인증기관의 장에게 제출해야 한다.
  1. 국토교통부장관과 환경부장관이 정하여 공동으로 고시하는 녹색건축 자체평가서
  2. 제1호에 따른 녹색건축 자체평가서에 포함된 내용이 사실임을 증명할 수 있는 서류
③ 인증기관의 장은 제2항에 따른 신청서와 신청서류가 접수된 날부터 40일 이내에 인증을 처리하여야 한다. 다만, 인증대상 건축물이「건축법 시행령」별표 1 제1호의 단독주택(30세대 미만인 경우만 해당한다)인 경우에는 20일 이내에 처리하여야 한다.
④ 인증기관의 장은 제3항에 따른 기간 이내에 부득이한 사유로 인증을 처리할 수 없는 경우에는 건축주등에게 그 사유를 통보하고 20일의 범위에서 인증 심사 기간을 한 차례만 연장할 수 있다.

⑤ 인증기관의 장은 제2항에 따라 건축주등이 제출한 서류의 내용이 불충분하거나 사실과 다른 경우에는 서류가 접수된 날부터 20일 이내에 건축주등에게 보완을 요청할 수 있다. 이 경우 건축주등이 제출서류를 보완하는 기간은 제3항에 따른 기간에 산입하지 아니한다.
⑥ 인증기관의 장은 건축주등이 보완 요청 기간 안에 보완을 하지 아니한 경우 등에는 신청을 반려할 수 있다. 이 경우 반려기준 및 절차 등 필요한 사항은 국토교통부장관과 환경부장관이 공동으로 정하여 고시한다.

제7조(인증 심사 등) ① 인증기관의 장은 제6조제2항에 따른 인증 신청을 받으면 제4조제2항제2호에 따른 심사전문인력으로 인증심사단을 구성하여 제8조의 인증기준에 따라 서류심사와 현장실사(現場實査)를 하고, 심사 내용, 점수, 인증 여부 및 인증 등급을 포함한 인증심사결과서를 작성해야 한다.
② 제1항에 따라 인증심사결과서를 작성한 인증기관의 장은 인증심의위원회의 심의를 거쳐 인증 여부 및 인증 등급을 결정한다. 다만, 다음 각 호의 어느 하나에 해당하는 경우에는 인증심의위원회의 심의를 생략할 수 있다.
 1. 단독주택에 대하여 인증을 신청한 경우
 2. 법 제27조에 따른 그린리모델링(이하 "그린리모델링"이라 한다) 인증 용도로 인증을 신청한 경우
③ 제1항에 따른 인증심사단은 해당 전문분야 중 5개 이상의 분야에서 각 분야별로 1명 이상의 심사전문인력으로 구성한다. 다만, 단독주택 및 그린리모델링에 대한 인증인 경우에는 해당 전문분야 중 2개 이상의 분야에서 각 분야별로 1명 이상의 심사전문인력으로 인증심사단을 구성할 수 있다.
④ 제2항에 따른 인증심의위원회는 제3조제5항에 따른 후보단에 속해 있는 사람으로서 해당 전문분야 중 4개 이상의 분야에서 각 분야별로 1명 이상의 전문가로 구성한다. 이 경우 인증심의위원회의 위원은 해당 인증기관에 소속된 사람이 아니어야 하며, 다른 인증기관의 심사전문인력을 1명 이상 포함해야 한다.

제8조(인증기준 등) ① 녹색건축 인증은 해당 전문분야별로 국토교통부장관과 환경부장관이 공동으로 정하여 고시하는 인증기준에 따라 부여된 종합점수를 기준으로 심사하여야 한다.
② 녹색건축 인증 등급은 최우수(그린1등급), 우수(그린2등급), 우량(그린3등급) 또는 일반(그린4등급)으로 한다.
③ 인증기관의 장은 법 제21조제2항에 따라 지정된 전문기관에서 운영하는 일정한 교육과정을 이수한 사람이 인증대상 건축물의 설계에 참여한 경우 또는 혁신적인 설계방식을 도입한 경우 등 녹색건축 관련 기술의 발전을 위하여 필요하다고 인정하는 경우에는 국토교통부장관과 환경부장관이 공동으로 정하여 고시하는 바에 따라 가산점을 부여할 수 있다.
④ 제1항에 따른 인증기준은 「건축법」 제22조에 따른 사용승인(이하 "사용승인"이라 한다) 또는 「주택법」 제49조에 따른 사용검사(이하 "사용검사"라 한다)를 받은 날부터 5년이 지난 건축물과 그 밖의 건축물로 구분하여 정할 수 있다.

제9조(인증서 발급 및 인증의 유효기간 등) ① 인증기관의 장은 녹색건축 인증을 할 때에는 건축주등에게 별지 제4호서식의 녹색건축 인증서와 별표 2에 따라 제작된 인증명판(認證名板)을 발급해야 한다. 이 경우 법 제16조제5항 및 영 제11조의3에 따른 건축물의 건축주등은 인증명판을 건축물 현관 및 로비 등 공공이 볼 수 있는 장소에 게시해야 한다.
② 녹색건축 인증을 받은 건축물의 건축주등은 자체적으로 별표 2에 따라 인증명판을 제작하여 활용할 수 있다.
③ 녹색건축 인증의 유효기간은 제1항에 따라 녹색건축 인증서를 발급한 날부터 10년으로 한다.
④ 인증기관의 장은 제1항에 따라 인증서를 발급했을 때에는 인증 대상, 인증 날짜, 인증 등급 및 인증심사단과 인증심사위원회의 구성원 명단을 포함한 인증 심사 결과를 운영기관의 장에게 제출하고, 제7조제1항에 따른 인증심사결과서를 인증관리시스템에 등록해야 한다.

제9조의2(인증 유효기간의 연장) ① 제9조제1항에 따라 인증서를 발급받은 건축주등은 같은 조 제3항에 따른 인증 유효기간의 만료일 180일 전부터 만료일까지 유효기간의 연장을 신청할 수 있다.
② 제1항에 따라 유효기간의 연장 신청을 받은 인증기관의 장은 국토교통부장관과 환경부장관이 공동으로 정하여 고시하는 기준에 적합하다고 인정되면 유효기간을 연장할 수 있다. 이 경우 연장된 유효기간은 유효기간의 만료일 다음 날부터 5년으로 한다.
③ 유효기간의 연장 신청·심사 및 인증서의 발급 등에 관하여는 각각 제6조, 제7조제1항 및 제9조를 준용한다.
④ 제3항에 따라 준용되는 제7조제1항에 따른 인증심사단은 해당 전문분야 중 2개 이상의 분야에서 각 분야별로 1명 이상의 심사전문인력으로 구성한다.
⑤ 제3항에 따라 준용되는 제7조제1항에 따라 인증심사결과서를 작성한 인증기관의 장은 인증 여부 및 인증 등급을 결정하기 위하여 필요하면 인증심의위원회의 심의를 거칠 수 있다. 이 경우 인증심의위원회의 구성에 관하여는 제7조제4항을 준용한다.

제10조(재심사 요청 등) ① 제7조 또는 제9조의2제2항 전단에 따른 인증 또는 인증 유효기간의 연장 심사 결과나 법 제20조제1항에 따른 인증 취소 결정에 이의가 있는 건축주등은 인증기관의 장에게 재심사를 요청할 수 있다.
② 재심사 결과 통보, 인증서 재발급 등 재심사에 따른 세부 절차에 관한 사항은 국토교통부장관과 환경부장관이 정하여 공동으로 고시한다.

제11조(예비인증의 신청 등) ① 건축주등은 제6조제1항에 따른 인증에 앞서 건축물 설계도서에 반영된 내용만을 대상으로 녹색건축 예비인증(이하 "예비인증"이라 한다)을 신청할 수 있다.
② 건축주등은 녹색건축 예비인증을 받으려면 별지 제5호서식의 녹색건축 예비인증 신청서(전자문서로 된 신청서를 포함한다)에 다음 각 호의 서류(전자문서를 포함한다)를 첨부하여 인증관리시스템을 통해 인증기관의 장에게 제출해야 한다.
 1. 국토교통부장관과 환경부장관이 정하여 공동으로 고시하는 녹색건축 자체평가서
 2. 제1호에 따른 녹색건축 자체평가서에 포함된 내용이 사실임을 증명할 수 있는 서류
③ 인증기관의 장은 심사 결과 예비인증을 하는 경우 별지 제6호서식의 녹색건축 예비인증서(「주택건설기준 등에 관한 규칙」 제12조의2에 따른 공동주택성능등급 인증서를 포함한다. 이하 같다)를 건축주등에게 발급하여야 한다. 이 경우 건축주등이 예비인증을 받은 사실을 광고 등의 목적으로 사용하려면 제9조제1항에 따른 인증(이하 "본인증"이라 한다)을 받을 경우 그 내용이 달라질 수 있음을 알려야 한다.
④ 예비인증을 받은 건축주등은 본인증을 받아야 한다. 이 경우 예비인증을 받아 제도적·재정적 지원을 받은 건축주등은 예비인증 등급 이상의 본인증을 받아야 한다.
⑤ 예비인증의 유효기간은 제3항에 따라 녹색건축 예비인증서를 발급한 날부터 사용승인일 또는 사용검사일까지로 한다. 다만, 사용승인 또는 사용검사 전에 제9조제1항에 따른 녹색건축 인증서를 발급받은 경우에는 해당 인증서 발급일까지로 한다.
⑥ 제1항부터 제5항까지에서 규정한 사항 외에 예비인증의 신청 및 평가 등에 관하여는 제6조제3항부터 제6항까지, 제7조, 제8조, 제9조제4항, 제10조 및 법 제20조를 준용한다. 다만, 제7조제1항 및 제2항에 따른 인증 심사 중 현장실사 및 인증심의위원회의 심의는 필요한 경우에만 할 수 있다.

제12조(인증을 받은 건축물에 대한 점검 및 실태조사) ① 녹색건축 인증을 받은 건축물의 소유자 또는 관리자는 그 건축물을 인증받은 기준에 맞도록 유지·관리하여야 한다.
② 인증기관의 장은 제1항에 따른 유지·관리 실태 파악을 위하여 녹색건축과 관련된 건축현황 등 필요한 자료를 건축물의 소유자 또는 관리자에게 요청할 수 있다.
③ 인증기관의 장은 필요한 경우에는 녹색건축 인증을 받은 건축물의 정상 가동 여부 등을 확인할 수 있다.
④ 인증기관의 장은 녹색건축 인증을 신청하거나 인증을 받은 건축물에 대하여 자체평가서 및 인증 신청 시 제출한 서류 등 인증취득에 관한 정보를 건축주등의 서면동의 없이 외부에 공개하여서는 아니 된다. 다만, 인증받은 건축물의 전문분야별 총점은 공개할 수 있다.
⑤ 녹색건축 인증을 받은 건축물에 대한 점검 및 실태조사 범위 등 세부 사항은 국토교통부장관과 환경부장관이 정하여 공동으로 고시한다.

[별표 1] 전문분야(제4조제2항제2호 관련)

전문분야	해당 세부분야
토지이용 및 교통	단지계획, 교통계획, 교통공학, 건축계획 또는 도시계획
에너지 및 환경오염	에너지, 전기공학, 건축환경, 건축설비, 대기환경, 폐기물처리 또는 기계공학
재료 및 자원	건축시공 및 재료, 재료공학, 자원공학 또는 건축구조
물순환관리	수공학, 상하수도공학, 수질환경, 건축환경 또는 건축설비
유지관리	건축계획, 건설관리, 건축설비 또는 건축시공 및 재료
생태환경	건축계획, 생태건축, 조경 또는 생물학
실내환경	온열환경, 소음·진동, 빛환경, 실내공기환경, 건축계획, 건축환경 또는 건축설비

녹색건축 인증기준

[시행 2025. 10. 1.] [국토교통부고시 제2025-550호, 2025. 9. 16., 일부개정]

제1조(목적) 이 기준은 「녹색건축 인증에 관한 규칙」 제6조제2항, 제8조제1항, 제9조의2, 제10조제2항, 제11조제2항, 제12조제5항, 제14조제1항·제2항·제4항, 제15조제4항에서 위임한 사항 등을 규정함을 목적으로 한다.

제2조(인증 신청 등) ① 「녹색건축인증에 관한 규칙」(이하 "규칙"이라 한다.) 제6조제2항제1호에 따른 자체평가서는 별표 11에 따른 자체평가서 작성요령에 따라 작성하며, 별표 1부터 별표 7까지에 따라 제14조에 따른 운영세칙(이하 "운영세칙"이라 한다)에서 정하는 제출서류를 포함하여야 한다.

② 규칙 제6조 제3항부터 제5항까지(규칙 제11조제6항에 따라 준용되는 경우를 포함한다)와 이 기준 제2조제4항, 제8조제5항, 제9조에 따른 인증 처리 기간 등에는 「민원처리에 관한 법률」 제19조에 따라 공휴일과 토요일은 제외한다.

③ 규칙 제6조제2항 및 규칙 제11조제2항에 따라 제출되는 서류에는 설계자 및 「건축물의 설비기준 등에 관한 규칙」 제3조에 따른 관계전문기술자의 날인(건축, 기계, 전기)이 포함되어야 한다. 다만, 건축물이 준공된 후에 인증을 신청하는 등 설계자 및 관계전문기술자의 날인을 받기 어려운 경우에는 「건축법」 제22조에 따른 공사감리자 및 건축주의 날인으로 대체할 수 있다.

④ 규칙 제6조제5항에 따라 보완을 요청받은 규칙 제6조제1항에 따른 건축주등(이하 "건축주등"이라 한다)은 보완 요청일로부터 30일 이내에 보완을 완료하여야 한다. 건축주등은 설계변경 등 부득이한 사유로 기간 내 보완이 어려운 경우에는 10일의 범위에서 기간 연장을 신청할 수 있다.

제3조(인증기준 및 등급) ① 규칙 제8조에 따른 인증기준은 별표 1부터 별표 3까지의 신축건축물 종류별 인증심사기준과 별표 4부터 별표 7까지의 기존 건축물 종류별 인증심사기준에 따라 평가한다.

② 삭제

③ 2개 이상의 용도가 있는 복합건축물에 대하여는 각 용도별로 인증심사기준에 따라 평가하고, 최종 인증점수는 별표 8의 인증등급 산정표에 따라 각 용도별 바닥면적을 가중평균하여 산출한다. 다만, 주택을 주택 외 시설과 동일건축물로 건축하는 300세대이상의 공동주택일 경우(공동주택성능등급 인증서 발급을 위해 녹색건축 인증을 신청하는 경우로 한정한다) 별표 1의 공동주택 인증심사기준에 따라 평가하고, 규칙 제11조제3항에 따라 공동주택성능등급 인증서를 발급할 수 있다.

④ 2개 이상의 용도가 있는 복합건축물에 대하여 건축주등이 원하는 경우 건축물의 용도별로 심사하여 인증서를 발급할 수 있으며, 어느 하나의 용도가 공동주택인 경우에는 공동주택성능등급 인증서도 녹색건축 인증서와 함께 발급할 수 있다. 이 경우 건축주등은 인증결과를 광고 등에 활용 시 인증 받은 용도를 모두 공개하여야 한다.

⑤ 하나의 대지에 2이상의 건축물을 신축하는 경우 또는 건축물이 있는 대지에 기존 건축물과 떨어져 증축하는 경우에는 녹색건축 인증대상 건축물 주변에 가상의 대지경계선을 설정하여 건축물 외부환경 관련 항목에 대하여 평가할 수 있으며, 그 외 항목은 동일하게 평가한다. 이 경우 가상의 대지 경계선은 해당 건축물의 용적률에 근거하여 설정하며, 가상의 대지 경계선은 건축주등이 제시할 수 있다.

⑥ 인증신청 건축물은 각 인증심사기준의 필수항목 점수를 반드시 취득하여야 한다. 다만, 인증신청 건축물이 「녹색건축물 조성 지원법」 제14조 및 같은 법 시행령 제10조에 따른 에너지 절약계획서 제출대상이 아닌 경우 에너지성능 항목에 한하여 그러하지 아니한다.

⑦ 국내법이 적용되지 않는 지역에서의 건축 등 특수한 상황으로 인하여 인증기준 적용이 불합리하다고 국토교통부장관이 인정하는 경우에는 규칙 제15조에 따른 인증운영위원회의 심의를 거쳐 인증기준을 변경하여 적용할 수 있다. 이 경우 건축주등은 인증기준을 변경하여 적용하고자 하는 사항을 작성하여 운영기관의 장에게 요청하여야 한다.

⑧ 규칙 제8조제2항에 따른 인증기준의 인증등급은 별표 8, 9, 10에 따라 산출하여 부여한다.

⑨ 규칙 제8조제3항에 따른 가산점은 별표 1부터 별표 5까지의 인증심사기준에 따른다.

⑩ 운영기관의 장은 국토교통부장관과 환경부장관의 승인을 받아 인증심사 세부기준을 운영세칙에서 정할 수 있다.

⑪ 규칙 제9조의2에 따른 유효기간 연장의 경우 최초 1회에 한하여 기존 녹색건축 인증 취득 시의 인증기준으로 심사할 수 있다.

제4조(재심사) ① 규칙 제10조제2항에 따라 재심사 요청을 하는 건축주등은 재심사 요청 사유서를 인증기관의 장에게 제출하여야 하며, 재심사에 따른 세부절차 등에 관하여는 규칙 제6조제3항부터 제5항까지, 제7조제1항·제2항, 제8조, 법 제20조를 준용한다.
② 재심사 결과에 따라 인증서를 재발급할 경우에는 기존에 발급된 인증은 취소된다.
③ 재심사를 수행한 인증기관의 장은 재심사에 대한 전반적인 사항을 운영기관의 장에게 보고하여야 한다.

제5조(예비인증의 신청 등) ① 규칙 제11조제2항에 따른 자체평가서의 작성요령 및 제출서류는 제2조제1항을 준용한다.
② 규칙 제11조제3항에 따라 건축주등에게 녹색건축 예비인증서 발급 시 포함하여야 하는 공동주택의 성능등급을 표시한 서류(이하 "공동주택 성능등급 인증서"라 한다.)는 「주택건설기준 등에 관한 규칙」 제12조의2에 따른 공동주택성능등급 인증서를 말한다.
③ 공동주택성능등급 인증서의 표시방법은 별표 13의 공동주택성능등급 표시항목에 따른다.

제6조(인증을 받은 건축물의 사후관리 등) ① 규칙 제12조제2항에 따라 인증기관의 장이 녹색건축 등급 인증을 받은 건축물의 정상 가동 여부를 확인할 경우에는 국토교통부장관과 환경부장관의 승인을 받아야 한다.
② 규칙 제12조제5항에 따른 점검 및 실태조사의 범위는 다음 각 호와 같다.
  1. 유지관리 및 생태환경 현황 등의 조사
  2. 에너지사용량 및 물사용량 등의 조사
  3. 국토교통부장관 또는 환경부장관이 요청하는 사항

제7조(녹색건축 인증의 취득 의무) ① 삭제
② 「건축법 시행령」 별표 1 제14호가목의 공공업무시설 중 「녹색건축물 조성 지원법 시행령」 제11조의3에 해당하는 건축물의 경우 우수(그린2등급) 등급 이상을 취득하여야 한다.

지능형 건축물의 인증에 관한 규칙

[시행 2017. 3. 31.] [국토교통부령 제413호, 2017. 3. 31., 일부개정]

제1조(목적) 이 규칙은 「건축법」 제65조의2 제5항에서 위임된 지능형건축물 인증기관의 지정 기준, 지정 절차 및 인증 신청 절차 등에 관한 사항을 규정함을 목적으로 한다.

제2조(적용대상) 지능형건축물 인증대상 건축물은 「건축법」(이하 "법"이라 한다) 제65조의2 제4항에 따라 인증기준이 고시된 건축물을 대상으로 한다.

제3조(인증기관의 지정) ① 국토교통부장관이 법 제65조의2 제2항에 따라 인증기관을 지정하려는 경우에는 지정 신청 기간을 정하여 그 기간이 시작되기 3개월 전에 신청 기간 등 인증기관 지정에 관한 사항을 공고하여야 한다.

② 법 제65조의2 제2항에 따라 인증기관으로 지정을 받으려는 자는 별지 제1호서식의 지능형건축물 인증기관 지정 신청서에 다음 각 호의 서류를 첨부하여 국토교통부장관에게 제출하여야 한다.
  1. 인증업무를 수행할 전담조직 및 업무수행체계에 관한 설명서
  2. 제4항에 따른 심사전문인력을 보유하고 있음을 증명하는 서류
  3. 인증기관의 인증업무 처리규정
  4. 지능형건축물 인증과 관련한 연구 실적 등 인증업무를 수행할 능력을 갖추고 있음을 증명하는 서류
  5. 정관(신청인이 법인 또는 법인의 부설기관인 경우만 해당한다)

③ 제2항에 따른 신청을 받은 국토교통부장관은 「전자정부법」 제36조 제1항에 따른 행정정보의 공동이용을 통하여 신청인이 법인 또는 법인의 부설기관인 경우 법인 등기사항증명서를, 신청인이 개인인 경우에는 사업자등록증을 확인하여야 한다. 다만, 신청인이 사업자등록증의 확인에 동의하지 아니하는 경우에는 그 사본을 첨부하게 하여야 한다.

④ 인증기관은 별표 1의 전문분야별로 각 2명을 포함하여 12명 이상의 심사전문인력(심사전문인력 가운데 상근인력은 전문분야별로 1명 이상이어야 한다)을 보유하여야 한다. 이 경우 심사전문인력은 다음 각 호의 어느 하나에 해당하는 사람이어야 한다.
  1. 해당 전문분야의 박사학위나 건축사 또는 기술사 자격을 취득한 후 3년 이상 해당 업무를 수행한 사람
  2. 해당 전문분야의 석사학위를 취득한 후 9년 이상 해당 업무를 수행하거나 학사학위를 취득한 후 12년 이상 해당 업무를 수행한 사람
  3. 해당 전문분야의 기사 자격을 취득한 후 10년 이상 해당 업무를 수행한 사람

⑤ 제2항제3호의 인증업무 처리규정에는 다음 각 호의 사항이 포함되어야 한다.
  1. 인증심사의 절차 및 방법에 관한 사항
  2. 인증심사단 및 인증심의위원회의 구성·운영에 관한 사항
  3. 인증 결과 통보 및 재심사에 관한 사항
  4. 지능형건축물 인증의 취소에 관한 사항
  5. 인증심사 결과 등의 보고에 관한 사항
  6. 인증수수료 납부방법 및 납부기간에 관한 사항
  7. 그 밖에 인증업무 수행에 필요한 사항

⑥ 국토교통부장관은 제2항에 따라 지능형건축물 인증기관 지정 신청서가 제출되면 신청한 자가 인증기관으로서 적합한지를 검토한 후 제13조에 따른 인증운영위원회의 심의를 거쳐 지정한다.

⑦ 국토교통부장관은 제6항에 따라 인증기관으로 지정한 자에게 별지 제2호서식의 지능형건축물 인증기관 지정서를 발급하여야 한다.

⑧ 제7항에 따라 지능형건축물 인증기관 지정서를 발급받은 인증기관의 장은 기관명, 대표자, 건축물 소재지 또는 심사전문인력이 변경된 경우에는 변경된 날부터 30일 이내에 그 변경내용을 증명하는 서류를 국토교통부장관에게 제출하여야 한다.

제4조(인증기관의 비밀보호 의무) 인증기관은 인증 신청대상 건축물의 인증심사업무와 관련하여 알게 된 경영·영업상 비밀에 관한 정보를 이해관계인의 서면동의 없이 외부에 공개할 수 없다.

제5조(인증기관 지정의 취소) ① 국토교통부장관은 법 제65조의2 제2항에 따라 지정된 인증기관이 다음 각 호의 어느 하나에 해당하면 제13조에 따른 인증운영위원회의 심의를 거쳐 인증기관의 지정을 취소하거나 1년 이내의 기간을 정하여 업무의 전부 또는 일부의 정지를 명할 수 있다. 다만, 제1호에 해당하는 경우에는 지정을 취소하여야 한다.

    1. 거짓이나 부정한 방법으로 지정을 받은 경우
    2. 정당한 사유 없이 지정받은 날부터 2년 이상 계속하여 인증업무를 수행하지 아니한 경우
    3. 제3조 제4항에 따른 심사전문인력을 보유하지 아니한 경우
    4. 인증의 기준 및 절차를 위반하여 지능형건축물 인증업무를 수행한 경우
    5. 정당한 사유 없이 인증심사를 거부한 경우
    6. 그 밖에 인증기관으로서의 업무를 수행할 수 없게 된 경우
② 제1항에 따라 인증기관의 지정이 취소되어 인증심사를 수행하기가 어려운 경우에는 다른 인증기관이 업무를 승계할 수 있다.

제6조(인증의 신청) ① 법 제65조의2 제3항에 따라 다음 각 호의 어느 하나에 해당하는 자가 지능형건축물의 인증을 받으려는 경우에는 인증을 받기 전에 법 제22조에 따른 사용승인 또는 「주택법」 제49조에 따른 사용검사를 받아야 한다. 다만, 인증 결과에 따라 개별 법령에서 정하는 제도적·재정적 지원을 받는 경우에는 그러하지 아니하다.
    1. 건축주
    2. 건축물 소유자
    3. 시공자(건축주나 건축물 소유자가 인증 신청을 동의하는 경우만 해당한다)
② 제1항 각 호의 어느 하나에 해당하는 자(이하 "건축주등"이라 한다)가 지능형건축물의 인증을 받으려면 별지 제3호서식의 지능형건축물 인증 신청서에 다음 각 호의 서류를 첨부하여 인증기관의 장에게 제출하여야 한다.
    1. 법 제65조의2 제4항에 따른 지능형건축물 인증기준(이하 "인증기준"이라 한다)에 따라 작성한 해당 건축물의 지능형건축물 자체평가서 및 증명자료
    2. 설계도면
    3. 각 분야 설계설명서
    4. 각 분야 시방서(일반 및 특기시방서)
    5. 설계 변경 확인서
    6. 에너지절약계획서
    7. 예비인증서 사본(해당 인증기관 및 다른 인증기관에서 예비인증을 받은 경우만 해당한다)
    8. 제1호부터 제6호까지의 서류가 저장된 콤팩트디스크
③ 인증기관은 제2항에 따른 신청을 받은 경우에는 신청서류가 접수된 날부터 40일 이내에 인증을 처리하여야 한다.
④ 인증기관의 장은 인증업무를 수행하면서 불가피한 사유로 처리기간을 연장하여야 할 경우에는 건축주등에게 그 사유를 통보하고 20일의 범위를 정하여 한 차례만 연장할 수 있다.
⑤ 인증기관의 장은 제2항에 따라 건축주등이 제출한 서류의 내용이 미흡하거나 사실과 다를 경우에는 접수된 날부터 20일 이내에 건축주등에게 보완을 요청할 수 있다. 이 경우 건축주등이 제출서류를 보완하는 기간은 제3항의 인증 처리기간에 산입하지 아니한다.

제7조(인증심사) ① 인증기관의 장은 제6조에 따른 인증신청을 받으면 인증심사단을 구성하여 인증기준에 따라 서류심사와 현장실사(現場實査)를 하고, 심사 내용, 심사 점수, 인증 여부 및 인증 등급을 포함한 인증심사 결과서를 작성하여야 한다. 이 경우 인증 등급은 1등급부터 5등급까지로 하고, 그 세부 기준은 국토교통부장관이 별도로 정하여 고시한다.
② 제1항에 따른 인증심사단은 제3조 제4항 각 호에 해당하는 심사전문인력으로 구성하되, 별표 1의 전문분야별로 각 1명을 포함하여 6명 이상으로 구성하여야 한다.
③ 인증기관의 장은 제1항에 따른 인증심사 결과서를 작성한 후 인증심의위원회의 심의를 거쳐 인증 여부 및 인증 등급을 결정한다.
④ 제3항에 따른 인증심의위원회는 해당 인증기관에 소속되지 아니한 별표 1의 전문분야별 전문가 각 1명을 포함하여 6명 이상으로 구성하여야 한다. 이 경우 인증심의위원회 위원은 다른 인증기관의 심사전문인력 또는 제13조에 따른 인증운영위원회 위원 1명 이상을 포함시켜야 한다.

제8조(인증서 발급 등) ① 인증기관의 장은 제7조에 따른 인증심사 결과 지능형건축물로 인증을 하는 경우에는 건축주등에게 별지 제4호서식의 지능형건축물 인증서를 발급하고, 별표 2의 인증 명판(認證 名板)을 제공하여야 한다.
② 인증기관의 장은 제1항에 따라 인증서를 발급한 경우에는 인증대상, 인증 날짜, 인증 등급, 인증심사단의 구성원 및 인증심의위원회 위원의 명단을 포함한 인증심사 결과를 국토교통부장관에게 제출하여야 한다.

제9조(인증의 취소) ① 인증기관의 장은 지능형건축물로 인증을 받은 건축물이 다음 각 호의 어느 하나에 해당하면 그 인증을 취소할 수 있다.
1. 인증의 근거나 전제가 되는 주요한 사실이 변경된 경우
2. 인증 신청 및 심사 중 제공된 중요 정보나 문서가 거짓인 것으로 판명된 경우
3. 인증을 받은 건축물의 건축주등이 인증서를 인증기관에 반납한 경우
4. 인증을 받은 건축물의 건축허가 등이 취소된 경우

② 인증기관의 장은 제1항에 따라 인증을 취소한 경우에는 그 내용을 국토교통부장관에게 보고하여야 한다.

제10조(재심사 요청) 제7조에 따른 인증심사 결과나 제9조에 따른 인증취소 결정에 이의가 있는 건축주등은 인증기관의 장에게 재심사를 요청할 수 있다. 이 경우 건축주등은 재심사에 필요한 비용을 인증기관에 추가로 내야 한다.

제11조(예비인증의 신청 등) ① 건축주등은 제6조 제1항에도 불구하고 법 제11조, 제14조 또는 제20조 제1항에 따른 허가·신고 또는 「주택법」 제15조에 따른 사업계획승인을 받은 후 건축물 설계에 반영된 내용을 대상으로 예비인증을 신청할 수 있다. 다만, 예비인증 결과에 따라 개별 법령에서 정하는 제도적·재정적 지원을 받는 경우에는 그러하지 아니하다.

② 건축주등이 지능형건축물의 예비인증을 받으려면 별지 제5호서식의 지능형건축물 예비인증 신청서에 다음 각 호의 서류를 첨부하여 인증기관의 장에게 제출하여야 한다.
1. 제6조 제2항 제1호부터 제4호까지 및 제6호의 서류
2. 제1호의 서류가 저장된 콤팩트디스크

③ 인증기관의 장은 심사 결과 예비인증을 하는 경우에는 별지 제6호서식의 지능형건축물 예비인증서를 신청인에게 발급하여야 한다. 이 경우 신청인이 예비인증을 받은 사실을 광고 등의 목적으로 사용하려면 제8조 제1항에 따른 인증(이하 "본인증"이라 한다)을 받을 경우 그 내용이 달라질 수 있음을 알려야 한다.

④ 제3항에 따른 예비인증 시 제도적 지원을 받은 건축주등은 본인증을 받아야 한다. 이 경우 본인증 등급은 예비인증 등급 이상으로 취득하여야 한다.

⑤ 제1항부터 제4항까지에서 규정한 사항 외에 예비인증의 신청 및 심사 등에 관하여는 제6조 제3항부터 제5항까지, 제7조, 제8조 제2항·제3항, 제9조 및 제10조를 준용한다. 다만, 제7조 제1항에 따른 인증심사 중 현장실사는 필요한 경우만 할 수 있다.

제12조(인증을 받은 지능형 건축물의 사후관리) ① 지능형건축물로 인증을 받은 건축물의 소유자 또는 관리자는 그 건축물을 인증받은 기준에 맞도록 유지·관리하여야 한다.

② 인증기관은 필요한 경우에는 지능형건축물 인증을 받은 건축물의 정상 가동 여부 등을 확인할 수 있다.

③ 건축설비의 안정적 가동, 유지·보수 등 인증을 받은 지능형건축물의 사후관리 범위 등의 세부 사항은 국토교통부장관이 따로 정하여 고시한다.

제13조(인증운영위원회 구성·운영 등) ① 국토교통부장관은 지능형건축물 인증제도를 효율적으로 운영하기 위하여 인증운영위원회를 구성하여 운영할 수 있다.

② 이 규칙에서 정한 사항 외에 인증운영위원회의 세부 구성 및 운영사항 등 지능형건축물 인증제도의 시행에 관한 사항은 국토교통부장관이 따로 정하여 고시한다.

제14조(규제의 재검토) 국토교통부장관은 제6조 제2항에 따른 지능형건축물 인증 신청 시 첨부하여야 하는 서류의 종류에 대하여 2015년 1월 1일을 기준으로 2년마다(매 2년이 되는 해의 1월 1일 전까지를 말한다) 그 타당성을 검토하여 개선 등의 조치를 하여야 한다.

지능형 건축물의 인증기준

[시행 2020. 12. 10.] [국토교통부고시 제2020-1028호, 2020. 12. 10., 일부개정]

제1조(목적) 이 기준은 「건축법」 제65조의2제4항과 「지능형건축물의 인증에 관한 규칙」에서 위임한 사항 등을 규정함을 목적으로 한다.

제2조(인증대상 건축물) 「지능형건축물의 인증에 관한 규칙」(이하 "규칙"이라 한다.) 제2조에 따른 지능형건축물 인증적용대상 건축물은 다음 각 호와 같다.
1. 주거시설(「건축법 시행령」 별표 1 제1호에 따른 단독주택 및 제2호에 따른 공동주택)
2. 비주거시설(「건축법 시행령」 별표 1 제3호부터 제28호까지의 건축물)

제3조(인증심사기준) ① 지능형건축물 인증기관의 장은 별표 1, 별표 2의 건축물 종류별 인증심사기준에 따라 인증업무를 실시하여야 한다.
② 제2조에 해당하는 인증대상 건축물 중 2개 이상의 용도가 복합되어 있는 건축물에 대하여는 각 용도별로 인증심사기준에 따라 평가하고, 별표 4의 복합건축물 인증등급 산정방법에 따라 각 용도별 연면적을 가중평균하여 최종 인증점수를 산출한다.
③ 건축물이 있는 대지에 기존 건축물과 떨어져 증축하는 경우에는 증축 건축물 주변에 가상의 대지경계선을 설정하여 건축물 외부환경 관련 항목에 대하여 평가할 수 있으며, 그 외 항목은 동일하게 평가 한다. 이 경우 가상의 대지 경계선은 해당 건축물의 용적률에 근거하여 설정하며, 가상의 대지 경계선은 인증을 신청하는 자가 제시할 수 있다.
④ 운영기관의 장은 인증제도의 활성화와 인증제도의 효율적 수행을 위하여 필요한 경우 규칙 및 본 기준에 저촉되지 않는 범위 안에서 국토교통부장관의 승인을 받아 시행세칙을 정하여 운영할 수 있다.

제4조(인증등급) 규칙 제7조제1항에 따라 인증등급은 1등급부터 5등급까지 5단계로 구분하며, 등급별 점수기준은 별표 3과 같다.

제5조(지능형 건축물 자체평가서 작성요령) 규칙 제6조제1항과 제11조제1항에 따라 지능형건축물 인증을 받으려는 자는 별표 5에 따라 지능형 건축물 자체평가서를 작성하여야 한다.

제6조(인증 유효기간) ① 인증의 유효기간은 인증일부터 5년으로 한다.
② 건축주 등은 필요한 경우 제1항에 따른 유효기간이 만료되기 90일전까지 같은 건축물에 대하여 재인증을 신청할 수 있다.
③ 제2항에 따라 재인증을 신청하는 경우에는 규칙 제6조부터 제10조까지를 준용한다.
④ 규칙 제11조에 따른 예비인증은 사용승인 또는 사용검사일까지 유효하다.

제7조(사후관리의 범위) 규칙 제12조제3항에 따른 지능형건축물 인증의 사후관리는 다음 각 호에 의하여야 한다.
1. 인증 소유자는 설치된 지능형 건축물의 안정적인 가동을 위하여 유지보수 관련사항을 성실히 수행하여야 한다.
2. 인증 소유자는 설치된 지능형 건축물의 설비에 대하여 가동실적을 알 수 있는 운전데이터 등 인증기관이 요구하는 자료를 성실히 제공하여야 한다.
3. 운영기관의 장은 인증기관으로 하여금 사후관리 계획을 매년 수립하여 시행하도록 할 수 있으며 그 결과를 운영기관의 장에게 보고 하게 할 수 있다.
4. 운영기관의 장은 제3호에 따라 보고받은 사후관리 결과를 국토교통부장관에게 보고하고, 필요한 조치를 강구하여야 한다.

제8조(인증운영위원회의 기능) 규칙 제13조에 따른 인증운영위원회(이하 "위원회"라 한다)는 다음 각 호의 사항을 심의한다.
1. 규칙 제3조에 따른 인증기관의 지정에 관한 사항
2. 규칙 제5조에 따른 인증기관 지정의 취소에 관한 사항
3. 제3조에 따른 인증심사기준의 제·개정에 관한 사항
4. 그 밖에 지능형건축물 인증제도의 운영과 관련된 중요사항

제9조(인증운영위원회 구성) ① 위원회는 위원장 1명을 포함한 20명 이내의 위원으로 구성하며, 위원장은 국토교통부장관이 소속 고위공무원을 지정하여 임명한다. 이 경우 인증업무 담당부서장이 위원회의 간사를

담당한다. 다만, 필요한 경우 국토교통부장관은 인증운영위원회의 운영을 운영기관에 위탁할 수 있으며, 이 경우 위원장은 운영기관의 임원으로 할 수 있다.
② 위원회의 위원은 다음 각 호의 어느 하나에 해당하는 자격을 갖춘 사람 중 국토교통부장관이 위촉하는 자로 한다.
 1. 관련분야의 직무를 담당하는 중앙행정기관의 소속 공무원
 2. 규칙 별표 1에 따른 전문분야에서 5년 이상 경력이 있는 대학조교수 이상인 자
 3. 규칙 별표 1에 따른 전문분야에서 5년 이상 연구경력이 있는 연구기관의 선임연구원급 이상인 자
 4. 규칙 별표 1에 따른 전문분야에서 7년 이상 근무한 기업의 부서장 이상인 자
 5. 그 밖에 제1호부터 제4호까지와 동등 이상의 자격이 있다고 국토교통부장관이 인정하는 자
③ 위원장과 위원의 임기는 2년으로 하되, 1회에 한하여 연임할 수 있다. 다만, 공무원인 위원은 보직의 재임기간으로 한다.

제10조(인증운영위원회 운영) ① 위원회는 분기별 1회 개최함을 원칙으로 하되, 필요한 경우 위원장이 이를 소집하거나 재적위원 3분의 1 이상의 요청으로 개최할 수 있다.
② 위원회의 회의는 재적위원 과반수의 출석으로 개최하고 출석위원 과반수의 찬성으로 의결하되, 가부 동수인 경우에는 부결된 것으로 본다.
③ 위원장은 심의안건과 이해관계가 있는 위원을 당해 위원회 참석대상에서 제외하며, 위원회에 참석한 위원에 대하여는 예산의 범위 내에서 수당 및 여비를 지급할 수 있다.

제11조(인증 수수료) ① 규칙 제6조제1항 및 규칙 제11조제1항에 따라 인증을 신청하고자 하는 자는 인증신청을 할 때 인증 수수료를 함께 납부하여야 한다.
② 제1항에 따른 인증 수수료는 별표 6에서 정하는 금액 이하로 하고, 납부방법, 납부기간, 그 밖에 필요한 사항은 인증기관의 장이 따로 정할 수 있다.

제11조의2(운영기관의 지정) ① 국토교통부장관은 「녹색건축물 조성 지원법」 제23조에 따라 지정된 녹색건축센터 중 한국부동산원을 지능형건축물 인증 운영기관으로 지정하여, 다음 각 호의 업무를 수행하도록 할 수 있다.
 1. 인증관리시스템의 운영에 관한 업무
 2. 인증기관의 평가·사후관리 및 감독에 관한 업무
 3. 인증제도의 홍보, 교육, 컨설팅, 조사·연구 및 개발 등에 관한 업무
 4. 인증제도 개선 및 활성화를 위한 업무
 5. 인증 관련 통계 분석 및 활용에 관한 업무
 6. 인증제도의 운영과 관련하여 국토교통부장관이 요청하는 업무
② 운영기관의 장은 운영기관의 사업계획 등을 다음 각 호에서 정하는 기간까지 국토교통부장관에게 보고하여야 한다.
 1. 전년도 사업추진 실적 및 해당년도 사업계획 : 매년 1월 31일까지
 2. 분기별 인증 현황 : 매 분기 말일을 기준으로 다음 달 15일까지

제12조(인증표시 홍보기준) ① 건축주 등은 건축물과 직접 관련 있는 인쇄물, 광고물 등에 인증사항을 홍보할 수 있으며, 이 경우 인증범위, 인증기관명, 인증일자를 반드시 포함하여야 한다.
② 인증을 득한 건축주는 「표시·광고의 공정화에 관한 법률」 제3조(부당한 표시·광고 행위의 금지규정)을 준수하여야 한다.

제13조(완화기준의 적용방법 등) ① 「건축법」 제65조의2제6항에 따른 완화기준을 적용받고자 하는 자는 건축허가 또는 사업계획승인 신청 시 허가권자에게 예비인증서와 별지 제1호 서식의 완화기준 적용 신청서 등 관계 서류를 첨부하여 제출하여야 하며, 이미 건축허가를 받은 건축물의 건축주 또는 사업주체도 허가사항 변경 등을 통하여 완화기준 적용 신청을 할 수 있다.
② 완화기준의 신청을 받은 허가권자는 신청내용의 적합성을 검토하고, 신청자가 신청내용을 이행하도록 허가조건에 명시하여 허가하여야 한다.
③ 제2항에 따라 완화기준을 적용받은 건축주 또는 사업주체는 건축물의 사용승인 신청 전에 본인증을 취득하여 사용승인 신청 시 허가권자에게 본인증서 사본을 제출하여야 한다. 이 경우 본인증 등급은 예비인증 등급 이상으로 취득하여야 한다.
④ 지능형건축물로 인증받은 건축물의 조경설치면적, 용적률 및 건축물의 높이에 대한 완화비율 및 적용방법 등 완화기준은 별표 7에 따라 적용할 수 있다. 이 경우 완화기준은 당해 용도구역 및 용도지역에 지방자치단체 조례에서 정한 최대 용적률의 제한기준, 조경면적 기준, 건축물 최대높이로 적용한다.

제14조(재검토기한) 국토교통부장관은 이 고시에 대하여 2016년 7월 1일을 기준으로 매3년이 되는 시점(매 3년째의 6월 30일까지를 말한다)마다 그 타당성을 검토하여 개선 등의 조치를 하여야 한다.

[별표 1] 지능형 건축물 인증심사기준 – 주거시설

부문	분류번호	평가 항목	평가 기준	구분	배점
건축 계획 및 환경 (5개)	A-01	거주자의 Life Cycle 변화	거주 공간의 변화와 확장이 거주자의 요구에 따라 용이하게 대응하기 위하여 적용된 평면 및 설비 계획에 대하여 평가	평가항목	3
	A-02	피난계획	화재발생 시 거주자가 안전하게 피난할 수 있는 계획에 대하여 평가	평가항목	3
	A-03	승강기 설비	거주자에게 쾌적한 이동환경을 제공하기 위해서 엘리베이터 평균대기시간 및 원격감시 여부에 대하여 평가	평가항목	1
	A-04	리모델링 계획	리모델링을 고려한 건축설비 공간의 계획 수립 및 반영 여부에 대하여 평가	필수항목	2
	A-05	신재생에너지 적용 외피계획	건축물의 외피 등에 신재생 에너지의 설비를 적용했는지에 대하여 평가	평가항목	1
기계설비 (6개)	M-01	기계설비 시스템의 적정성	단지 및 세대 내에 적절한 난방, 급탕 및 쾌적한 공기환경을 유지하기 위하여 적용된 기계설비 시스템의 수준에 대하여 평가	필수항목	3
	M-02	거주자의 쾌적성 및 편의성	쾌적한 실내 환경 조성을 위하여 적용된 설비에 대하여 평가	평가항목	3
	M-03	고효율 시스템	에너지 절감을 위하여 적용된 고효율 시스템 적용 수준에 대하여 평가	평가항목	3
	M-04	내진설계	거주자 및 건축물을 지진 등 자연재해로부터 보호하기 위하여 적용된 내진설계 수준에 대하여 평가	평가항목	2
	M-05	제어 및 감시	운영자 및 관리자가 효율적인 단지관리를 위해서 적용된 제어 및 감시 수준에 대하여 평가	평가항목	2
	M-06	신기술 적용	설비의 성능·품질 향상을 위한 신기술·신제품 적용 수준에 대하여 평가	평가항목	2
전기설비 (5개)	E-01	전기 및 정보통신 관련실 배치	전기관련실의 침수방지, 전력기기 및 전력공급의 안전성을 확보하기 위하여 전기관련실의 위치에 대하여 평가	필수항목	3
	E-02	수변전 설비의 계획	전원공급의 신뢰성 제고와 안전성 확보를 위해서 예비변압기 구성에 대하여 평가	평가항목	3
	E-03	비상발전 계획	비상시 세대 내 안정적인 전원공급을 위하여 적용된 비상 발전기 용량 및 비상전력 공급 수준에 대하여 평가	필수항목	3
	E-04	전력간선 설비	전력간선의 안정적 공급 및 부하증설을 대비해서 전력간선용량 예비율에 대하여 평가	평가항목	3
	E-05	써지 보호 설비	각종 전력기기가 안정적으로 동작되기 위한 써지 보호 설비의 적용 수준에 대하여 평가	평가항목	3
정보통신 (6개)	T-01	통합배선 시스템의 배선규격	건물 내 원활한 음성 및 데이터 통신을 위한 구내정보 통신 기반 시설에 대하여 평가	평가항목	4
	T-02	지능형 홈 네트워크 설비설치 수준	거주자에게 쾌적성과 편의성을 위해서 제공되는 홈오토메이션 수준에 대하여 평가.	평가항목	4
	T-03	CCTV 설치 수준	단지 내 보안을 위한 CCTV의 설치 개소 및 화소수에 대하여 평가	필수항목	3
	T-04	CCTV 녹화 및 백업	안정적인 CCTV 영상을 기록하기 위하여 CCTV 카메라의 녹화방식과 백업방식에 대하여 평가	평가항목	3
	T-05	에너지 데이터 표시 및 정보 조회 기능	세대 내 에너지 관련 데이터 및 정보를 쉽게 확인할 수 있도록 데이터 표시 및 정보 조회 기능 수준에 대하여 평가	평가항목	3
	T-06	실내·외 환경 정보 제공	세대 내 에너지 소비 및 쾌적한 실내 환경에 밀접한 영향을 미치는 실내·외 환경 정보 제공 기능 수준에 대하여 평가	평가항목	3

부문	분류번호	평가항목	평가기준	구분	배점
시스템통합 (6개)	S-01	통합 SI서버	시스템통합(SI) 서버의 안정적인 운영을 위하여 통합 서버의 운영방식 및 소프트웨어 구성 수준에 대하여 평가	필수항목	4
	S-02	통합대상 시스템	시스템통합(SI)의 효율성 및 기능성을 향상하기 위하여 통합시스템과 인터페이스(interface)된 개별 시스템 수준에 대하여 평가	평가항목	4
	S-03	통합 SI서버 관리	시스템통합(SI) 서버의 상태를 모니터링하기 위한 통합관리 프로그램 기능 수준에 대하여 평가	평가항목	3
	S-04	통합 SI서버 백신 및 보안	시스템통합(SI) 서버의 보안 및 바이러스에 대비하기 위한 백신 및 보안 기능 수준에 대하여 평가	평가항목	3
	S-05	에너지 정보수집 대상설비	운영자 및 관리자가 단지 내 공용부 에너지 사용량을 확인하기 위하여 설치된 에너지 계측 수준에 대하여 평가	평가항목	3
	S-06	단지 에너지 정보수집	운영자 및 관리자에게 단지의 에너지 절약을 위하여 제공되는 에너지 정보 수준에 대하여 평가	평가항목	3
시설경영관리 (9개)	F-01	시설 관리조직 구성원의 수준	건축물의 효율적인 유지관리를 위하여 시설관리조직 및 그 구성원의 질적 수준에 대하여 평가	평가항목	3
	F-02	작업관리 기능	효율적인 작업관리의 구현을 위하여 작업관리의 기능 적용 수준에 대하여 평가	평가항목	2
	F-03	자재관리 기능	효율적인 자재관리의 구현을 위하여 자재관리의 기능 적용 수준에 대하여 평가	평가항목	2
	F-04	에너지관리 기능	건축물의 에너지 소비를 절감하기 위한 에너지관리 기능 적용 수준에 대하여 평가	평가항목	3
	F-05	운영업무 매뉴얼 비치수준	설비의 점검, 예방, 고장 및 수선이 신속, 정확하게 이루어지기 위한 운영업무 매뉴얼 비치 수준에 대하여 평가	평가항목	2
	F-06	운영데이터 축적 수준	건축물을 체계적이고 효율적으로 운영, 관리하기 위하여 운영 데이터 축적 및 관리 수준에 대하여 평가	평가항목	2
	F-07	운영 및 유지관리 업무의 다양성	건축물을 효율적이고 경제적으로 운영, 관리하기 위하여 적용된 운영 및 유지관리 업무의 종수에 대하여 평가	필수항목	2
	F-08	시설관리품질평가 수준	시설 관리 품질 평가의 객관적인 평가를 위하여 적용되어야 할 품질평가 종수에 대하여 평가	평가항목	2
	F-09	시설관리 고객 만족도 평가 체계 수준	시설 관리에 대한 고객의 만족도를 평가할 수 있는 평가 체계 수준에 대하여 평가	평가항목	2
		지표수	37		100

부문	지표수	배점
건축계획 및 환경	5	10
기계설비	6	15
전기설비	5	15
정보통신	6	20
시스템통합	6	20
시설경영관리	9	20
합 계	37	100

[별표 2] 지능형 건축물 인증심사기준 – 비주거시설

부문	분류번호	평가항목	평가기준	구분	배점
건축계획 및 환경	A-01	건축물 구조안선	건축물의 구조적 안전성 및 실내 공간의 용도 변경에 대한 유연성 확보에 대하여 평가	평가항목	1
(8개)	A-02	건축물 피난안전	화재 발생 시 거주자가 안전 공간까지 원활하게 피난할 수 있는 계획수준에 대하여 평가	평가항목	2
	A-03	이중 바닥구조	업무 공간의 배치 변경에 대응 가능한 배선 수납공간 확보 여부에 대하여 평가	필수항목	2
	A-04	E/V 성능 및 코어계획	엘리베이터 평균대기시간과 수송능력에 대한 평가 및 코어의 적정 배치를 통한 쾌적하고 융통성 있는 공간계획 수준에 대하여 평가	평가항목	2
	A-05	일사차폐시설	냉방 부하절감을 위해서 적용된 일사차폐시설 개수에 대하여 평가	평가항목	2
	A-06	편의시설	거주자에게 쾌적한 환경을 제공해 줄 수 있는 편의시설 공간의 설치위치 개소 및 구성 내용에 대하여 평가	평가항목	1
	A-07	리모델링 계획	리모델링을 고려한 건축설비 공간의 계획 수립 및 반영 여부에 대하여 평가	필수항목	2
	A-08	신재생에너지 적용 외피계획	건축물의 외피 등에 신재생 에너지의 설비를 적용했는지에 대하여 평가	평가항목	1
기계설비	M-01	열원설비 반송방식	열원설비의 효율적인 운영을 위해서 적용된 반송방식 수준에 대하여 평가	필수항목	2
(7개)	M-02	온도제어설비	최적의 실내 환경 구현을 위해서 적용된 온도제어 설비 수준에 대하여 평가	평가항목	2
	M-03	외기도입과 제어	실내 공기질 향상을 위해서 적용된 외기 도입 및 제어 수준에 대하여 평가	평가항목	2
	M-04	에너지절약기법	에너지절약을 위해서 적용된 에너지절약기법 개수에 대하여 평가	평가항목	2
	M-05	냉방, 난방, 급탕 에너지사용량 계측	에너지사용량 계측을 위해서 냉방, 난방, 급탕, 환기에 적용된 에너지 계측 수준에 대하여 평가	필수항목	2
	M-06	절수설비	수자원의 절약을 위해서 적용된 절수형 위생기구 적용 수준에 대하여 평가	평가항목	1
	M-07	신기술 적용	설비의 성능·품질 향상을 위해서 신기술·신제품 적용 수준에 대하여 평가	평가항목	1
전기설비	E-01	전기실 안전 계획	전기관련실의 침수방지, 전력기기 및 전력공급의 안전성을 확보하기 위하여 전기관련실의 위치에 대하여 평가	필수항목	2
(9개)	E-02	전원설비 구성	안정적인 전원공급을 위한 예비변압기 구성 및 발전기 용량에 대하여 평가	평가항목	2
	E-03	자유배선공간확보 (EPS)	안전한 배선통로 확보와 전기기기의 설치 및 운전, 개보수가 원활하도록 EPS(Electrical Pipe Shaft)공간의 면적 확보 여부에 대하여 평가	평가항목	2
	E-04	써지 보호 설비	통신장비 및 전산기기가 안정적으로 동작되기 위한 써비 보호 설비의 적용 수준에 대하여 평가	평가항목	1
	E-05	고조파 보호 설비	각종 전력기기의 동작 및 수명에 미치는 영향을 최소화하기 위한 고조파 보호 설비의 적용 수준에 대하여 평가	평가항목	1
	E-06	소방 안전설비	화재를 조기에 감지하여 화재의 피해를 최소화하기 위한 소방 안전설비 적용 수준에 대하여 평가	필수항목	2
	E-07	피뢰설비	낙뢰 시 건축물을 보호하기 위한 뇌 보호시스템 등급 수준에 대하여 평가	평가항목	1
	E-08	전력 사용량 계측	전력계통에서 사용하는 에너지 사용량을 측정하기 위한 전력량계 설치 수준에 대하여 평가	필수항목	2

부문	분류번호	평가 항목	평가 기준	구분	배점
	E-09	조명제어 설비	건물 내 시설된 조명기구 수량 중 조명제어 설비에 의하여 제어되는 조명기구의 비율에 대하여 평가	평가항목	2
정보통신 (13개)	T-01	구내정보 통신 기반시설	건물 내 원활한 음성 및 데이터 통신을 위한 구내정보 통신 기반 시설 및 시스템박스 설치 수준에 대하여 평가	평가항목	2
	T-02	백본장비 및 사용자 연결장비	거주자에게 고속의 데이터 통신 서비스를 제공, 생산성을 높이기 위하여 백본장비 및 사용자 연결 장비의 네트워크 속도에 대하여 평가	평가항목	2
	T-03	네트워크 구성	네트워크의 안정성을 확보하기 위하여 네트워크 백본 및 간선의 구성 수준에 대하여 평가	평가항목	2
	T-04	네트워크 관리 및 보안	네트워크의 상태를 감시하고, 침입을 방지하기 위한 네트워크 관리 및 보안 시스템 수준에 대하여 평가	필수항목	2
	T-05	무선 LAN	건축물 내 사용자 위치와 상관없이 데이터 통신이 가능하도록 보안(인증)기능이 있는 무선 AP 적용 수준에 대하여 평가	평가항목	1
	T-06	출입관리 보안 시스템	외부 침입 및 도난을 방지하고, 거주자의 안전을 위하여 건축물에 대한 출입보안 수준에 대하여 평가	필수항목	2
	T-07	CCTV 설치수준	건축물의 보안을 위한 CCTV의 설치 위치 및 설치 개소에 대하여 평가	필수항목	2
	T-08	CCTV 녹화 및 백업	안정적인 CCTV 영상을 기록하기 위하여 CCTV 카메라의 녹화방식과 백업방식에 대하여 평가	평가항목	1
	T-09	다목적 회의 지원 시스템	각종 회의의 원활한 운영을 위해 적용된 다양한 회의 지원 시스템 적용 수준에 대하여 평가	평가항목	2
	T-10	종합 안내 시스템	건축물 내방객에게 편의를 제공하기 위한 종합 안내 시스템의 적용 수준에 대하여 평가	평가항목	1
	T-11	차량 출입시스템	차량 출입의 편리성을 위해서 적용된 차량 출입 시스템 수준에 대하여 평가	평가항목	1
	T-12	주차유도 및 위치인식	원활한 주차장 이용을 위해서 적용된 주차 공간 유도 및 주차 위치 인식 시스템 적용 수준에 대하여 평가	평가항목	1
	T-13	CATV / MATV	긴급 재난 발생 시 원활한 방송을 위한 MATV와 CATV 설비의 망구성 적용 수준에 대하여 평가	평가항목	1
시스템 통합 (11개)	S-01	통합서버 이중화	시스템통합(SI) 서버의 안정적인 운영을 위하여 통합 서버의 운영방식 및 소프트웨어 구성 수준에 대하여 평가	필수항목	2
	S-02	개방형 표준통신 프로토콜	통합 시스템과 개별 시스템간의 상호 통합 및 확장이 용이하도록 개방형 표준 프로토콜(protocol) 적용 수준에 대하여 평가	평가항목	1
	S-03	SI서버 백신 및 보안	시스템통합(SI) 서버의 보안 및 바이러스에 대비하기 위한 백신 및 보안 기능 수준에 대하여 평가	필수항목	1
	S-04	통합대상 시스템	시스템통합(SI)의 효율성 및 기능성을 향상하기 위하여 통합시스템과 인터페이스(interface)된 개별 시스템 수준에 대하여 평가	평가항목	2
	S-05	화재연동 시나리오	화재상황 발생 시 원활한 대응을 위하여 연동되는 대상 시스템의 종류 및 연동시나리오 구성 수준에 대하여 평가	평가항목	3
	S-06	방범연동 시나리오	침입상황 발생 시 원활한 대응을 위하여 연동되는 대상 시스템의 종류 및 연동시나리오 구성 수준에 대하여 평가	평가항목	3
	S-07	추가연동 시나리오	특정 상황 발생시 건축물의 원활한 대응을 위하여 다양한 연동 시나리오가 구성되어 있는지에 대하여 평가	평가항목	2
	S-08	BEMS 데이터 표시 및 조회기능	관리자 및 운영자가 건물에너지 관련 데이터를 쉽게 확인할 수 있도록 BEMS 데이터 표시 및 조회 기능 수준에 대하여 평가	필수항목	2
	S-09	실내·외 환경정보 수집 및 제어 기능	건축물 에너지 소비에 밀접한 영향을 미치는 실내·외 환경정보 수집을 위하여 실내·외 환경정보 수집 및 제어 기능 수준에 대하여 평가	필수항목	2

부문	분류번호	평가 항목	평 가 기 준	구분	배점
	S-10	설비정보에 대한 분류 체계	BEMS 데이터의 체계적인 분류와 기록을 위한 설비정보 분류 체계 적용 수준에 대하여 평가	평가항목	1
	S-11	DB 관리를 위한 TAG 체계	BEMS 데이터 수집 및 입력시 오류를 최소화하기 위한 DB 관리 TAG 체계 적용 수준에 대하여 평가	평가항목	1
시설경영관리	F-01	시설관리 조직	건축물의 효율적인 유지관리를 위하여 시설관리조직 및 그 구성원의 질적 수준에 대하여 평가	필수항목	2
(12개)	F-02	작업관리 기능	효율적인 작업관리의 구현을 위하여 작업관리의 기능 적용 수준에 대하여 평가	필수항목	1
	F-03	자재관리 기능	효율적인 자재관리의 구현을 위하여 자재관리의 기능 적용 수준에 대하여 평가	평가항목	1
	F-04	모바일 관리기능	모바일을 통한 효율적 유시관리기 구현될 수 있도록 모바일관리 기능 적용 수준에 대하여 평가	평가항목	1
	F-05	운영 데이터 축적 수준	건축물을 체계적이고 효율적으로 운영, 관리하기 위하여 운영 데이터 축적 및 관리 수준에 대하여 평가	평가항목	2
	F-06	운영 및 유지관리 업무의 다양성	건축물을 효율적이고 경제적으로 운영, 관리하기 위하여 적용된 운영 및 유지관리 업무의 종수에 대하여 평가	평가항목	2
	F-07	KS표준의 적용 수준	체계적인 운영 및 관리를 위한 국가표준(KS S 1004-2) 서비스 적용 수준에 대하여 평가	평가항목	1
	F-08	운영업무 매뉴얼 비치수준	설비의 점검, 예방, 고장 및 수선이 신속, 정확하게 이루어지기 위한 운영업무 매뉴얼 비치 수준에 대하여 평가	필수항목	2
	F-09	에너지관리 기능	건축물의 에너지 소비를 절감하기 위한 에너지관리 기능 적용 수준에 대하여 평가	필수항목	2
	F-10	에너지 분석, 예측 및 목표관리	효율적인 에너지 관리를 위한 에너지 분석, 예측 및 목표 수준에 대하여 평가	평가항목	2
	F-11	보고서 제공	건축물에서 관리되고 있는 에너지와 관련된 보고서 제공 수준에 대하여 평가	평가항목	2
	F-12	BEMS 운영관리	효율적이고 경제적인 BEMS의 활용을 위하여 BEMS의 운영관리 체계 및 계획 수준에 대하여 평가	필수항목	2
		지표수	60		100

부 문	지 표 수	배점
건축계획 및 환경	8	13
기계설비	7	12
전기설비	9	15
정보통신	13	20
시스템통합	11	20
시설경영관리	12	20
합 계	60	100

제2편 예·상·문·제
에너지계획 수립 관련 법규

01 다음 중 외기에 면하고 1층 또는 지상으로 연결된 출입문을 방풍구조로 하지 않아도 되는 것은?(단, 사람의 통행을 주목적으로 하며, 너비가 1.2m를 초과하는 출입문인 경우)

① 호텔의 주출입문
② 공동주택의 출입문
③ 공기조화를 하는 업무시설의 출입문
④ 바닥면적의 합계가 500㎡인 상점의 주출입문

해설 〈에너지절약기준 제6조 4의 라〉
　라. 외기에 직접 면하고 1층 또는 지상으로 연결된 출입문은 방풍구조로 하여야 한다. 다만, 다음 각 호에 해당하는 경우에는 그러하지 않을 수 있다.
　　1) 바닥면적 3백 제곱미터 이하의 개별 점포의 출입문
　　2) 주택의 출입문(단, 기숙사는 제외)
　　3) 사람의 통행을 주목적으로 하지 않는 출입문
　　4) 너비 1.2미터 이하의 출입문

02 공공기관이 아닌 경우 에너지절약계획서 작성에 따른 에너지성능지표 검토서의 적합판정으로 맞는 것은?

① 평점합계 60점 이상　　② 평점합계 65점 이상
③ 평점합계 70점 이상　　④ 평점합계 80점 이상

해설 〈에너지절약기준 제15조〉 65점 이상, 공공기관 74점 이상

03 건축물의 냉방설비에 대한 설치 및 설계기준에 정의된 심야시간으로 알맞은 것은?

① 21:00부터 익일 07:00까지　　② 22:00부터 익일 08:00까지
③ 23:00부터 익일 09:00까지　　④ 24:00부터 익일 09:00까지

해설 〈냉방설비기준 제3조〉 심야시간 : 23:00부터 익일 09:00까지

해답 1.② 2.② 3.③

04 건축물의 에너지절약 설계기준에 따른 에너지절약을 위한 공기조화설비의 설치 권장사항으로 옳지 않은 것은?

① 중간기의 외기냉방시스템 적용
② 풍량 제어가 가능한 공기조화기 팬 설치
③ 실내 공기질 향상을 위한 최대한의 환기량 확보
④ 흡입베인제어 방식의 공기조화 팬 채택

[해설] 〈에너지절약기준 제7조〉 실내공기의 오염도가 허용치를 초과하지 않는 범위 내에서 최소한의 외기도입이 가능하도록 계획한다.

05 건축물의 에너지절약 설계기준에서 건축부문의 권장사항으로 옳지 않은 것은?

① 공동주택의 외기에 접하는 주동의 출입구와 각 세대의 현관은 방풍구조로 한다.
② 건축물의 체적에 대한 외피면적의 비 또는 연면적에 대한 외피면적의 비는 가능한 작게 한다.
③ 건축물은 대지의 향, 일조 및 주풍향 등을 고려하여 배치하며, 남향 또는 남동향 배치를 한다.
④ 거실의 층고 및 반자 높이는 실의 용도와 기능에 지장을 주지 않는 범위 내에서 가능한 높게 한다.

[해설] 〈에너지절약기준 제5조〉 거실의 층고 및 반자 높이는 실의 용도와 기능에 지장을 주지 않는 범위 내에서 가능한 낮게 한다.

06 건축물의 에너지절약 설계기준에 따른 기밀 및 결로방지 등을 위한 조치내용으로 옳지 않은 것은?

① 외기에 직접 면하고 1층 또는 지상으로 연결된 너비 1.0미터의 출입문은 방풍구조로 하여야 한다.
② 건축물 외피 단열부위의 접합부, 틈 등은 밀폐될 수 있도록 코킹과 가스켓 등을 사용하여 기밀하게 처리하여야 한다.
③ 단열재의 이음부는 최대한 밀착하여 시공하거나, 2장을 엇갈리게 시공하여 이음부를 통한 단열성능 저하가 최소화될 수 있도록 조치하여야 한다.
④ 방습층으로 알루미늄박 또는 플라스틱계 필름 등을 사용할 경우의 이음부는 100mm 이상 중첩하고 내습성 테이프, 접착제 등으로 기밀하게 마감하도록 한다.

[해설] 〈에너지절약기준 제6조 4의 라〉
라. 외기에 직접 면하고 1층 또는 지상으로 연결된 출입문은 방풍구조로 하여야 한다. 다만, 다음 각 호에 해당하는 경우에는 그러하지 아니할 수 있다.

[해답] 4.③ 5.④ 6.①

07 심야시간에 얼음을 제조하여 축열조에 저장하였다가 기타 시간에 이를 녹여 냉방에 이용하는 냉방설비는?

① 수축열식　　　　　　　　② 빙축열식
③ 잠열축열식　　　　　　　④ 부분축냉방식

해설 〈냉방설비기준 제3조〉

08 "기밀성 창호"라 함은 창호로서 지식경제부 고시 "고효율에너지보급촉진에 관한 규정"에 의하여 고효율에너지 기자재로 인증을 득한 제품 또는 한국산업규격(KS) F 2292 규정에 의하여 기밀성 등급에 따른 통기량이 얼마 미만인 창호를 말하는가?

① $2m^3/h \cdot m^2$　　　　　　② $5m^3/h \cdot m^2$
③ $8m^3/h \cdot m^2$　　　　　　④ $10m^3/h \cdot m^2$

해설 〈에너지절약기준 제5조 9〉

09 용어의 정의 중 잘못된 것은?

① "위험률"이라 함은 냉(난)방 기간 동안 또는 연간 총시간에 대한 온도출현분포 중에서 가장 높은(낮은) 온도쪽으로부터 총시간의 일정 비율에 해당하는 온도를 제외시키는 비율을 말한다.
② "효율"이라 함은 설비기기에 출력된 에너지에 대하여 입력된 유효에너지의 비를 말한다.
③ "대수분할운전"이라 함은 기기를 여러 대 설치하여 부하상태에 따라 최적 운전상태를 유지할 수 있도록 기기를 조합하여 운전하는 방식을 말한다.
④ "비례제어운전"이라 함은 기기의 출력값과 목표값의 편차에 비례하여 입력량을 조절함으로서 최적운전상태를 유지할 수 있도록 운전하는 방식을 말한다.

해설 〈에너지절약기준 제3조 4〉 "효율"이라 함은 설비기기에 입력된 에너지에 대하여 출력된 유효에너지의 비를 말한다.

10 중간기 또는 동계에 발생하는 냉방부하를 실내기준온도 보다 낮은 도입 외기에 의하여 제거 또는 감소시키는 시스템을 무엇이라 하는가?

① 이코노마이저시스템　　　② 설비형 태양열시스템
③ 폐열회수형 환기장치　　　④ 심야전기를 이용한 축열·축냉시스템

해설 〈에너지절약기준 제3조 4〉

해답　7.② 8.② 9.② 10.①

11 정지형 전력변환기로서 전동기의 가변속 운전을 위하여 설치하는 설비란 무엇인가?

① 가변속제어기(인버터) ② 대수제어기
③ 고효율제어기 ④ 변압기

[해설] 〈에너지절약기준 제3조 5〉

12 에너지절약 설계기준 중 기계부문의 권장사항으로 적합하지 않은 것은?

① 열원설비는 부분부하 및 전부하 운전효율이 좋은 것을 선정한다.
② 보일러, 냉동기, 송풍기, 펌프 등은 부하조건에 따라 최고의 성능을 유지할 수 있도록 대수분할 또는 비례제어운전이 되도록 한다.
③ 보일러의 배출수·폐열·응축수 및 공조기의 폐열, 생활배수 등의 폐열을 회수하기 위한 열회수설비를 설치한다. 폐열회수를 위한 열회수설비를 설치할 때에는 중간기에 대비한 바이패스(by-pass)설비를 설치한다.
④ 공기조화기 팬은 부하변동에 관계없이 항상 일정한 풍량을 내도록 정풍량 방식을 채택한다.

[해설] 〈에너지절약기준 제7조〉 공기조화기 팬은 부하변동에 따른 풍량제어가 가능하도록 가변익 축류방식, 흡입베인 제어방식, 가변속 제어방식 등 에너지절약적 제어방식을 채택한다.

13 수평면과 이루는 각이 몇 도를 초과하는 경사지붕은 규칙 제21조의 규정에 의한 외벽의 열관류율을 적용할 수 있는가?

① 30도 ② 50도
③ 70도 ④ 90도

[해설] 〈에너지절약기준 제6조 1의 마〉
마. 수평면과 이루는 각이 70도를 초과하는 경사지붕은 별표1에 따른 외벽의 열관류율을 적용할 수 있다.

14 에너지절약설계기준의 방습층으로 알루미늄박 또는 플라스틱계 필름 등을 사용할 경우의 이음부는 얼마 이상 중첩하고 내습성 테이프, 접착제 등으로 기밀하게 마감해야 하는가?

① 10mm ② 50mm
③ 100mm ④ 200mm

[해설] 〈에너지절약기준 제6조 4의 나〉
2) 방습층으로 알루미늄박 또는 플라스틱계 필름 등을 사용할 경우의 이음부는 100㎜ 이상 중첩하고 내습성 테이프, 접착제 등으로 기밀하게 마감할 것

[해답] 11.① 12.④ 13.③ 14.③

15 건축물 냉방설비 설치 및 설계기준에서 사용하는 용어의 정의 중 잘못된 것은?

① "빙축열식 냉방설비"라 함은 심야시간에 얼음을 제조하여 축열조에 저장하였다가 기타시간에 이를 녹여 냉방에 이용하는 냉방설비를 말한다.
② "수축열식 냉방설비"라 함은 심야시간에 물을 냉각시켜 축열조에 저장하였다가 기타시간에 이를 냉방에 이용하는 냉방설비를 말한다.
③ "심야시간"이라 함은 22:00부터 익일 08:00까지를 말한다.
④ "축열률"이라 함은 통계적으로 연중 최대냉방부하를 갖는 날을 기준으로 기타시간에 필요한 냉방열량 중에서 이용이 가능한 냉열량이 차지하는 비율을 말하며 백분율(%)로 표시한다.

해설 〈냉방설비기준 제3조〉 "심야시간"이라 함은 23:00부터 익일 09:00까지를 말한다.

16 냉방설비의 축열률에서 축냉식 전기냉방으로 설치할 때에는 전체축냉방식 또는 몇 % 이상인 부분축냉방식으로 설치하여야 하는가?

① 20%   ② 40%
③ 60%   ④ 80%

해설 〈냉방설비기준 제5조〉

17 녹색건축 인증기관의 상근 심사전문인력에 해당하지 않는 사람은?

① 건축사 자격을 취득한 후 3년 이상 해당 업무를 수행한 사람
② 해당 전문분야의 기술사 자격을 취득한 후 3년 이상 해당 업무를 수행한 사람
③ 해당 전문분야의 기사 자격을 취득한 후 5년 이상 해당 업무를 수행한 사람
④ 해당 전문분야의 박사학위를 취득한 후 3년 이상 해당 업무를 수행한 사람

해설 〈녹색건축 인증 제4조〉 기사 자격을 취득한 후 7년 이상

18 녹색건축 인증 등급 구분에 속하지 않는 것은?

① 우수(그린 2등급)   ② 우량(그린 3등급)
③ 일반(그린 4등급)   ④ 보통(그린 5등급)

해설 〈녹색건축 인증기준 별표 10〉 녹색건축 인증 등급은 최우수(그린 1등급), 우수(그린 2등급), 우량(그린 3등급), 일반(그린 4등급)으로 구분한다.

해답 15.③ 16.② 17.③ 18.④

19 다음 중 녹색건축 인증 전문분야에 해당하지 않는 것은?

① 토지이용 및 교통   ② 건축환경 및 설비
③ 재료 및 자원   ④ 생태환경

[해설] 〈녹색건축 인증에 관한 규칙 별표 1〉 건축환경 및 설비는 전문분야가 아닌 세부분야에 속한다.

20 다음 중 녹색건축 인증 신청을 할 수 있는 사람이 아닌 것은?

① 건축주   ② 건축물 소유자
③ 설계자   ④ 시공자

[해설] 〈녹색건축 인증에 관한 규칙 6조〉 녹색건축의 인증신청은 건축주, 건축물 소유자, 사업주체 또는 시공자가 할 수 있다.

21 다음 중 녹색건축 인증의 유효기간으로 알맞은 것은?

① 3년   ② 5년
③ 7년   ④ 10년

[해설] 〈녹색건축 인증에 관한 규칙 9조〉 녹색건축 인증의 유효기간은 제1항에 따라 녹색건축 인증서를 발급한 날부터 10년으로 한다.

22 제로에너지건축물 인증 관련 인증기관이 보유하는 8명의 상근 인증업무인력의 자격요건과 맞지 않는 것은?

① 건축, 설비, 에너지 분야의 기술사 자격을 취득한 후 3년 이상 해당 업무를 수행한 사람
② 건축, 설비, 에너지 분야의 기사 자격을 취득한 후 5년 이상 해당 업무를 수행한 사람
③ 건축, 설비, 에너지 분야의 박사학위를 취득한 후 3년 이상 해당 업무를 수행한 사람
④ 건축, 설비, 에너지 분야의 학사학위를 취득한 후 5년 이상 해당 업무를 수행한 사람

[해설] 〈제로에너지건축물 인증에 관한 규칙 4조〉 학사학위 취득 후 7년 이상 해당 업무를 수행하여야 한다.

23 다음 중 제로에너지건축물 인증에 대한 인증 신청을 할 수 있는 사람이 아닌 것은?

① 건축주   ② 건축물 소유자
③ 설계자   ④ 시공자

[해설] 〈제로에너지건축물 인증에 관한 규칙 6조〉 제로에너지건축물 인증에 대한 인증신청은 건축주, 건축물 소유자, 사업주체 또는 시공자가 할 수 있다.

[해답] 19.② 20.③ 21.④ 22.④ 23.③

24 제로에너지건축물 인증에서 + 등급의 에너지 자립률의 최소기준은?

① 90% 이상
② 100% 이상
③ 110% 이상
④ 120% 이상

해설 〈제로에너지건축물 인증기준 별표 2〉 + 등급의 경우 에너지 자립률 120% 이상을 충족하여야 획득할 수 있다.

25 다음 중 제로에너지건축물인증의 유효기간으로 알맞은 것은?

① 3년
② 5년
③ 7년
④ 10년

해설 〈제로에너지건축물 인증에 관한 규칙 9조〉 제로에너지건축물 인증의 인증유효기간은 인증을 받은 날부터 10년으로 한다.

26 지능형 건축물의 인증을 평가하는 인증기관은 전문분야별로 각 2명을 포함하여 12명 이상의 심사전문인력을 보유하여야 한다. 보유하여야 하는 심사업무인력의 자격요건과 맞지 않는 것은?

① 해당 전문분야의 박사학위를 취득한 후 3년 이상 해당 업무를 수행한 사람
② 해당 전문분야의 기술사를 취득한 후 3년 이상 해당 업무를 수행한 사람
③ 해당 전문분야의 석사학위를 취득한 후 9년 이상 해당 업무를 수행한 사람
④ 해당 전문분야의 학사학위을 취득한 후 10년 이상 해당 업무를 수행한 사람

해설 〈지능형 건축물의 인증에 관한 규칙 3조〉 학사학위 취득 후 12년 이상의 업무 수행한 사람이 해당된다.

27 다음 중 지능형 건축물 인증을 신청을 할 수 있는 사람이 아닌 것은?

① 건축주
② 건축물 소유자
③ 설계자
④ 시공자

해설 〈지능형 건축물의 인증에 관한 규칙 6조〉 지능형 건축물인증에 대한 인증신청은 건축주, 건축물 소유자, 사업주체 또는 시공자가 할 수 있다.

28 다음 중 지능형 건축물 인증기준의 유효기간으로 알맞은 것은?

① 3년
② 5년
③ 7년
④ 10년

해설 〈지능형 건축물의 인증기준 6조〉 지능형 건축물인증의 인증유효기간은 인증일부터 5년으로 한다.

해답 24.④ 25.④ 26.④ 27.③ 28.②

부록

건축설비기사
기출모의고사
[최신 출제경향 반영]

제1회 건축설비기사 기출모의고사

제1과목 건축설비 계획

01 실의 용적이 5,000m³이고 필요 환기량이 10,000m³/h일 때, 환기횟수는 시간당 몇 회인가?

① 0.5회 ② 1회
③ 2회 ④ 4회

[해설] 환기횟수 = $\dfrac{\text{환기량}}{\text{실용적}} = \dfrac{10,000}{5,000} = 2$회/h

02 홀 용적 5,000m³, 잔향시간 1.6초인 실에서 잔향시간을 1초로 만들기 위해 추가적으로 필요한 흡음력은?

① 220m² ② 275m²
③ 300m² ④ 450m²

[해설] 잔향시간(초) = $0.16\left(\dfrac{\text{실용적}}{\text{흡음력}}\right)$에서

처음 잔향시간 1.6초일 때 흡음력은 $1.6 = 0.16\left(\dfrac{5000}{A}\right)$ $A = 500\,\text{m}^2$

잔향시간 1초일 때 흡음력은 $1 = 0.16\left(\dfrac{5000}{A}\right)$ $A = 800\,\text{m}^2$

그러므로 필요한 흡음력 = 800 − 500 = 300m²

03 위생기구가 갖추어야 할 구비조건으로 옳지 않은 것은?

① 흡수성이 클 것 ② 제작 및 설치가 쉬울 것
③ 내식성, 내마모성이 있을 것 ④ 항상 청결을 유지할 수 있을 것

[해설] 위생기구는 흡수성이 작아야 위생적이다.

[해답] 1.③ 2.③ 3.①

04 단위 표면적을 통해 단위 시간에 고체벽의 양측 유체가 단위 온도차일 때 한쪽의 유체에서 다른 쪽 유체로 전달되는 열량을 의미하는 것은?

① 열전도율
② 열관류율
③ 열전도저항
④ 온도구배

해설 단위 표면적을 통해 단위 시간에 고체벽의 양측 유체가 단위 온도차일 때 한쪽의 유체에서 다른 쪽 유체로 전달되는 열량을 열관류율(W/m2K)이라 한다.

05 결로발생의 방지 방법으로 옳지 않은 것은?

① 실내에서 수증기 발생을 억제한다.
② 비난방실 등으로의 수증기 침입을 억제한다.
③ 벽체의 표면온도를 실내공기의 노점온도보다 크게 한다.
④ 적절한 투습저항을 갖춘 방습층을 단열재의 저온측에 설치한다.

해설 적절한 투습저항을 갖춘 방습층을 단열재의 고온측(수증기압이 높은 쪽)에 설치한다.

06 중앙식 급탕방식에 관한 설명으로 옳은 것은?

① 가열기, 배관 등 설비규모가 작다.
② 배관 및 기기로부터의 열손실이 거의 없다.
③ 건물 완공 후 급탕개소의 증설이 용이하다.
④ 기구의 동시이용률을 고려하여 가열 장치의 총용량을 적게 할 수 있다.

해설 중앙식 급탕방식은 가열기, 배관 등 설비규모가 크고, 배관 및 기기로부터의 열손실이 많으며, 건물 완공 후 급탕개소의 증설이 어렵다. 하지만 기구의 동시이용률을 고려하면 가열 장치의 총용량은 적게 할 수 있다.

07 다음 중 혼합-냉각-재열의 과정을 거치는 공기조화시스템의 냉각코일 용량으로 알맞은 것은?

① 실내현열부하+실내잠열부하
② 실내현열부하+외기현열부하
③ 실내전열부하+외기전열부하+재열부하
④ 실내현열부하+외기현열부하+재열부하

해설 냉각코일 용량=실내전열부하+외기전열부하+재열부하

해답 4.② 5.④ 6.④ 7.③

08 세정수의 급수방식에 따른 대변기의 종류에 속하지 않는 것은?

① 로 탱크식　　　　　　　② 하이 탱크식
③ 전동 밸브식　　　　　　④ 세정 밸브식

해설 대변기 급수방식에 전동밸브식은 없다. 주택용에 로 탱크식, 빌딩용에 세정 밸브식을 주로 적용한다.

09 압력배관용 탄소강관의 표시기호로 옳은 것은?

① SPPS　　　　　　　　② SPPH
③ SPLT　　　　　　　　④ SPHT

해설
- SPPS : 압력배관용 탄소강관
- SPPH : 고압배관용 탄소강관
- SPLT : 저온배관용 탄소강관
- SPHT : 고온배관용 탄소강관

10 먹는 물의 수소이온농도 기준으로 옳은 것은?(단, 샘물, 먹는 샘물 및 먹는 물 공동시설의 물이 아닌 경우)

① pH 4.8 이상 pH 8.4 이하　　② pH 4.8 이상 pH 8.5 이하
③ pH 5.8 이상 pH 8.4 이하　　④ pH 5.8 이상 pH 8.5 이하

해설 먹는 물은 pH 5.8~8.5 범위로 한다.

11 증기를 사일렌서(Silencer) 등에 의해 물과 혼합시켜 탕을 만드는 급탕방식은?

① 순간식　　　　　　　　② 저탕식
③ 기수혼합식　　　　　　④ 간접가열식

해설 증기를 물과 혼합시켜 탕을 만드는 급탕방식을 기수혼합식이라 하며, 소음을 줄이기 위하여 사일렌서(Silencer)를 사용한다.

12 다음 중 급수배관이 벽체 또는 건축의 구조부를 관통하는 부분에 슬리브(sleeve)를 설치하는 이유로 가장 알맞은 것은?

① 관의 방동을 위하여　　　② 관의 방로를 위하여
③ 관의 부식방지를 위하여　④ 관의 수리·교체를 용이하게 하기 위하여

해설 슬리브는 관의 수리·교체를 용이하게 하고 배관의 진동이 벽체에 전달되지 않게 하기 위하여 설치하는 덧관이다.

해답　8.③　9.①　10.④　11.③　12.④

13 다음 중 동관의 용도로 가장 부적절한 것은?
① 급수관　　　　　　② 급탕관
③ 증기관　　　　　　④ 냉온수관

해설 증기관은 주로 강관을 사용하며 동관은 부적합하다.

14 실내 공기 오염의 종합적 지표로 사용되는 오염물질은?
① 미세먼지　　　　　② 이산화탄소
③ 포름알데히드　　　④ 휘발성 유기화합물

해설 실내 오염 지표로 이산화탄소(CO_2)를 사용한다.

15 공기조화부하 계산에 있어서 인체 발생열에 관한 설명으로 옳은 것은?
① 인체 발생열은 난방부하에서만 고려한다.
② 인체 발생열은 현열과 잠열 모두 발생한다.
③ 실내온도가 높아질수록 잠열 발생열량이 감소한다.
④ 인체 발생열은 재실자의 작업상태에 관계없이 항상 일정하다.

해설 인체 발생열은 냉방부하에서만 고려하며, 현열과 잠열 모두 발생한다. 냉방 시 실내온도가 높아질수록 현열은 감소하고 잠열은 증가하며 재실자의 작업상태에 따라 변화한다.

16 대향류형 냉각탑과 비교한 직교류형 냉각탑의 특징에 관한 설명으로 옳지 않은 것은?
① 설치면적이 크다.　　　② 열교환 효율이 좋다.
③ 팬 소요동력이 작다.　　④ 점검·보수가 용이하다.

해설 직교류형 냉각탑은 높이가 낮아서 점검·보수가 용이하나 열교환 효율은 나쁘다.

17 송풍기에 의해 수분이 급기덕트 내로 유입하는 것을 방지하기 위해 설치하는 공기조화기의 구성요소는?
① 가습기　　　　　　② 공기세정기
③ 공기여과기　　　　④ 엘리미네이터

해설 에어와셔에서 엘리미네이터(제수판)는 물방울이 덕트쪽으로 유출되는 것을 방지한다.

해답 13.③ 14.② 15.② 16.② 17.④

18 공조되고 있는 실에서 콜드 드래프트(cold draft)의 원인과 가장 거리가 먼 것은?

① 습도가 낮을 때
② 기류의 속도가 낮을 때
③ 주위 벽면의 온도가 낮을 때
④ 겨울에 창문의 틈새바람이 많을 때

해설 기류의 속도가 높을 때 콜드 드래프트는 심해진다.

19 취출기류의 속도분포와 관련된 4단계 영역 중 제2영역에 관한 설명으로 옳은 것은?

① 천이구역이라고도 한다.
② 취출거리의 대부분을 차지한다.
③ 혼합된 공기(1차 공기+2차 공기)가 주위로 확산되는 영역이다.
④ 취출기류의 속도가 급격히 감소되어 주위 공기를 유인하는 힘이 없어진다.

해설
- 제1영역 : 취출구에서 취출된 기류가 취출 속도를 유지하는 구간
- 제2영역 : 천이구역이라 하며 기류속도가 취출거리의 제곱근에 반비례하는 구간
- 제3영역 : 기류속도가 취출거리에 반비례하여 0.25m/s까지 감소하는 구간
- 제4영역 : 혼합된 공기(1차 공기+2차 공기)가 주위로 확산되는 영역으로 취출기류의 속도가 급격히 감소되어 주위 공기를 유인하는 힘이 없어진다.

20 다음 중 축동력이 가장 적게 소요되는 송풍기 풍량 제어 방식은?

① 회전수 제어
② 흡입베인 제어
③ 토출댐퍼 제어
④ 슬라이드베인 제어

해설 축동력이 적게 소요되는 순서(에너지 절약순서) : 회전수 제어＞흡입베인 제어＞흡입댐퍼제어＞토출댐퍼 제어

제2과목 건축설비 설계

21 사무실 건물의 화장실에 세면기 8개, 청소싱크 1개가 설치되어 있는 경우 배수 배출량은?(단, 세면기 fuD=1, 청소싱크 fuD=3, 전체의 동시사용률은 55%이며, 1fuD=28.5L/min이다.)

① 약 127L/min
② 약 172L/min
③ 약 285L/min
④ 약 570L/min

해설 $Q = (1 \times 8 + 3) \times 28.5 \times 0.55 = 172 \text{L/min}$

해답 18.② 19.① 20.① 21.②

22 온도 20℃, 길이 100m인 동관에 탕이 흘러 60℃가 되었을 때, 이 동관의 팽창된 길이는?(단, 동관의 선팽창계수는 0.171×10⁻⁴/℃이다.)

① 34.2mm
② 68.4mm
③ 136.8mm
④ 171mm

해설 $\triangle L = L \times \alpha \times \triangle t = 100 \times 0.171 \times 10^{-4}(60-20) = 0.0684\text{m} = 68.4\text{mm}$

23 수격현상의 방지대책으로 옳지 않은 것은?

① 펌프계통의 유속을 증가시킨다.
② 위생기구 연결 시 에어챔버를 사용한다.
③ 수전의 급작스런 on-off 작동을 피한다.
④ 입상관 말단에 워터해머 흡수기를 설치한다.

해설 유속을 증가시키면 수격현상은 심해진다.

24 배관의 수리, 교체를 편리하게 하기 위해 사용하는 배관 부속품은?

① 부싱
② 플러그
③ 유니온
④ 크로스

해설 배관의 최종 조립이나 분해가 필요한 부분에 유니온이나 플랜지를 사용한다.

25 다음과 같은 조건에서 급탕순환펌프의 순환수량은?

[조건]
- 배관계통의 전열손실량 : 4,000W
- 물의 비열 : 4.2kJ/kg·K
- 급탕온도 : 65℃, 환탕온도 : 55℃

① 5.7L/min
② 10.5L/min
③ 20.9L/min
④ 30.4L/min

해설 $W = \dfrac{q}{C\triangle t} = \dfrac{4,000 \times 60}{1,000 \times 4.2(65-55)} = 5.71\text{L/min}$

26 유체의 흐름에 관한 설명으로 옳지 않은 것은?

① 난류는 유체분자가 불규칙하게 서로 섞이는 혼란된 흐름이다.
② 일반적으로 층류에서 난류로 전이할 때의 유속을 임계유속이라 한다.

해답 22.② 23.① 24.③ 25.① 26.④

③ 레이놀즈 수에 의해 관 내의 흐름이 층류인지, 난류인지를 판별할 수 있다.
④ 관내에 유체가 흐를 때 어느 장소에서 흐름의 상태가 시간에 따라 변화하는 흐름을 정상류라 한다.

해설 관 내에 유체가 흐를 때 어느 장소에서 흐름의 상태가 시간에 따라 변화하지 않는 흐름을 정상류라 하고, 변화하는 흐름을 비정상류라 한다.

27 다음 중 S트랩에서 자기사이폰 작용에 의한 봉수의 파괴를 방지하기 위한 방법으로 가장 알맞은 것은?

① 트랩을 정기적으로 청소하여 이물질을 제거한다.
② 트랩의 내표면을 매끄럽게 한다.
③ 트랩과 위생기구가 연결되는 관의 관경을 트랩의 관경보다 더 크게 한다.
④ 트랩의 유출부분 단면적이 유입부분 단면적보다 큰 것을 설치한다.

해설 트랩에서 사이폰 작용을 막으려면 트랩의 유출부분 단면적이 유입부분 단면적보다 큰 것을 설치한다.

28 관내에 유체가 흐르고 있을 때 유체마찰에 의해 손실되는 압력강하(⊿P)를 다음과 같은 식으로 표현할 수 있다. 다음 식에서 λ가 의미하는 것은?(단, L은 관의 길이, d는 관의 직경, v는 유체의 유속, p는 유체의 밀도를 의미한다.)

$$\Delta P = \lambda \cdot \frac{L}{d} \cdot \frac{v^2}{2} \cdot \rho$$

① 점성계수 ② 관마찰계수
③ 레이놀즈수 ④ 동점성계수

해설 위 달시공식에서 λ가 의미하는 것은 관마찰계수이다.

29 통기배관에 관한 설명으로 옳지 않은 것은?

① 통기수직관을 우수수직관과 연결해서는 안 된다.
② 통기수직관의 하단은 배수수직관에 60° 이상의 각도로 접속한다.
③ 루프통기관의 인출위치는 배수수평지관 최상류 기구의 하단측으로 한다.
④ 루프통기관에 연결되는 기구수가 많은 경우 도피통기관을 추가로 설치한다.

해설 통기수직관의 하단은 배수수직관에 60° 이하의 각도로 접속한다.

해답 27.④ 28.② 29.②

30 급수배관의 관경 결정방법에 관한 설명으로 옳지 않은 것은?

① 관은 급수기구 중에서도 개인용과 공중용에 대한 기구급수부하단위는 공중용이 개인용보다 값이 크다.
② 유량선도에 의한 방법으로 관경을 결정하고자 할 때의 부하유량(급수량)은 기구급수부하 단위로 산정한다.
③ 소규모 건물에는 유량선도에 의한 방법이 중규모 이상의 건물에는 관균등표에 의한 방법이 주로 이용된다.
④ 기구급수부하단위는 각 급수기구의 표준 토출량, 사용빈도, 사용시간을 고려하여 1개의 급수기구에 대한 부하의 정도를 예상하여 단위화한 것이다.

[해설] 급수배관의 관경 결정방법에서 소규모 건물에는 관균등표에 의한 방법이, 중규모 이상의 건물에는 유량선도에 의한 방법이 주로 이용된다.

31 처리대상인원 1,000인, 1인 1일당 오수량 0.2m³, 오수의 평균 BOD 200ppm, BOD 제거율 85%인 오수처리시설에서 유출수의 BOD량은?

① 1.5kg/day ② 6kg/day
③ 30kg/day ④ 200kg/day

[해설] 오수의 유입 BOD 200ppm, BOD 제거율 85%인 오수처리시설을 거친 후
유출수의 BOD 농도는 200×(1−0.85)=30ppm
그러므로 유출 BOD 총량=1,000×0.2×30=6,000g/d=6kg/d

32 다음 중 양수펌프로 사용되는 원심펌프에서 흡입양정이 이론치에 미치지 못하는 가장 큰 이유는?

① 대기압 ② 관로손실
③ 펌프의 동력 ④ 토출양정과의 차이

[해설] 원심펌프에서 이론적인 흡입양정은 대기압 10.33m이지만 관로마찰손실, 수온에 따른 포화 증기압 등으로 보통 5~6m 정도로 된다.

33 기준면보다 20m 높이에 있는 관내에 물이 압력 60kPa, 유속 3m/s로 흐를 때 이 물의 전수두는?(단, 물의 밀도는 1kg/L이다.)

① 약 18.7m ② 약 26.5m
③ 약 38.7m ④ 약 83.1m

[해설] 전수두=위치수두+압력수두+속도수두= $Z+H_p+H_v = 20+\left(\dfrac{60}{10}\right)+\left(\dfrac{3^2}{2\times 9.8}\right)=26.5m$

해답 30.③ 31.② 32.② 33.②

34 덕트와 부속기구에 관한 설명으로 옳지 않은 것은?

① 고속덕트는 가급적 원형덕트로 한다.
② 점검구는 풍량조정이나 점검을 해야 하는 곳에 설치한다.
③ 같은 양의 공기가 덕트를 통해 송풍될 때 풍속을 높게 하면 덕트의 단면 치수도 크게 하여야 한다.
④ 방화댐퍼는 화재 시에 덕트를 통해 방화구역으로 불이 번지지 않도록 덕트의 통로를 차단하는 역할을 한다.

[해설] 같은 양의 공기가 덕트를 통해 송풍될 때 풍속을 높게 하면 덕트의 단면 치수는 작게 한다. 이때 동력은 증가한다.

35 다음과 같은 조건에서 바닥면적이 200m²인 일반 사무실의 조명기구로부터 취득되는 열량은?

[조건]
- 조명기구 : 형광등
- 바닥면적당 조명 소비전력 : 30W/m²
- 점등률 : 100%
- 안전기 발열량 25% 할증

① 6,500W
② 7,500W
③ 8,000W
④ 10,000W

[해설] $q = 200 \times 30 \times 1.25 = 7,500W$

36 다음 중 공기조화설비 배관에서 압력계의 설치위치로 가장 알맞은 것은?

① 펌프출구
② 급수관 입구
③ 냉수코일 출구
④ 열교환기 출구

[해설] 공조설비의 펌프출구에서 압력계는 가장 유효하게 사용된다.

37 표준적인 단일덕트 정풍량 방식에서 실내부하의 현열비(SHF) 선상에 있는 점이 아닌 것은?

① 실내공기 상태점
② 토출공기 상태점
③ 코일출구공기 상태점
④ 실내외공기 혼합공기 상태점

[해설] 실내외공기 혼합 상태점은 실내 부하의 현열비(SHF) 선상에 있지 않다.

[해답] 34.③ 35.② 36.① 37.④

38 기기나 배관 내의 유량조절을 빈번하게 하지 않고 일정량으로 고정시키는 경우에 사용되는 밸브는?

① 유니온 ② 볼밸브
③ 체크밸브 ④ 플러그 콕

해설 플러그 콕은 90도 회전으로 일정량의 유량을 고정시키는 경우에 사용된다.

39 국소환기 설계에 관한 설명으로 옳지 않은 것은?

① 배출된 오염물질에 의한 대기오염이 되지 않도록 정화장치를 부착한다.
② 국소환기의 계통은 공간의 절약을 위해 공조장치의 환기덕트와 연결한다.
③ 배기장치는 배기가스에 의해 부식하기 쉬우므로 그에 상응한 재료를 사용한다.
④ 배풍기는 배기계통의 말단부에 두어 덕트 내 압력이 부(−)로 되도록 해서 다른 쪽으로의 누출을 방지한다.

해설 국소환기의 계통은 공조장치의 환기덕트와 별도로 외부로 연결한다.

40 냉방부하를 계산한 결과, 현열부하 90,000W인 건물의 송풍공기량은?(단, 취출온도차는 10℃이고, 공기의 비열은 1.21kJ/m³ · K이다.)

① 약 26,777m³/h ② 약 33,242m³/h
③ 약 37,814m³/h ④ 약 42,150m³/h

해설 $Q = \dfrac{q_s}{C \triangle t} = \dfrac{90,000}{1,000 \times 1.21 \times 10} = 7.438 \text{m}^3/\text{s} = 26,777 \text{m}^3/\text{h}$

제3과목 │ 전기 및 소방시설 일반

41 1,000[AT/m]의 자계 중에 어떤 자극을 놓았을 때 100[N]의 힘을 받는다고 한다. 자극의 세기는 몇 [Wb]인가?

① 0.01 ② 0.1
③ 1 ④ 10

해설 자계세기$(H) = \dfrac{\text{자극이 받는 힘}}{\text{자극 세기}}$ 에서 자극세기 $= \dfrac{\text{자극 받는 힘}}{\text{자계세기}} = \dfrac{100}{1,000} = 0.1 \, Wb$

해답 38.④ 39.② 40.① 41.②

42 백열전구와 비교한 형광램프의 특징에 관한 설명으로 옳지 않은 것은?
① 램프의 휘도가 크다.
② 열을 적게 발산한다.
③ 수명이 길고 효율이 높다.
④ 전원 전압의 변동에 대하여 광속 변동이 적다.

해설 형광램프는 백열전구보다 램프의 휘도(눈부심)가 낮다.

43 온도 변화를 검출하는 열전대에 적용되는 원리는?
① 주울 효과
② 제백 효과
③ 퍼킨제 효과
④ 펠티어 효과

해설 제백 효과는 이종금속에 열을 가하면 미량의 전기가 발생하는 현상으로 열전대의 원리이다.

44 다음 중 배선설비에 사용되는 전선의 굵기를 결정할 때 고려해야 할 요소가 아닌 것은?
① 전압강하
② 허용전류
③ 기계적 강도
④ 전선관 규격

해설 전선의 굵기는 전압강하, 허용전류, 기계적 강도로 결정되며 전선의 굵기에 따라 전선관 규격을 선정한다.

45 발전기실의 위치 선정 시 고려해야 할 사항으로 옳지 않은 것은?
① 연돌에서 가급적 멀리 위치할 것
② 실내 환기를 충분히 행할 수 있을 것
③ 배전실에 가깝고 침수의 우려가 없을 것
④ 기기의 반입·반출 및 운전 보수 면에서 편리할 것

해설 발전기실은 연돌에서 가급적 가깝게 위치할 것

46 건축화 조명방식 중 천장면에 유리, 플라스틱 등과 같은 확산용 스크린판을 붙이고 천장 내부에 광원을 배치하여 천장을 건축화된 조명기구로 활용하는 방식은?
① 코퍼조명
② 코브조명
③ 광천장조명
④ 코닉스조명

해답 42.① 43.② 44.④ 45.① 46.③

해설 천장면에 유리, 플라스틱 등과 같은 확산용 스크린판을 붙이고 천장 내부에 광원을 배치하여 천장면을 조명기구화한 것을 광천장조명이라 한다.

47 병원 등에 설치되는 모자식 전기시계에 관한 설명으로 옳은 것은?

① 자시계의 설치 높이는 하단부가 1.5m 이상으로 한다.
② 탁상형 모시계는 자시계 회로수가 3회로 이상인 경우 사용한다.
③ 모시계와 자시계를 연결하는 배선의 전압강하는 15% 이하가 되도록 한다.
④ 벽걸이형 모시계는 소규모 모시계로 자시계 회로수가 3회로 이내인 경우 사용한다.

해설 탁상형 및 벽걸이형 모시계는 소규모 모시계로 자시계 회로수가 3회로 이내인 경우 사용한다. 자시계의 설치 높이는 2m 이상, 모시계와 자시계 배선의 전압강하는 10% 이하가 되도록 한다.

48 철골조의 철골이나 철근콘크리트조의 철근과 연결하는 건축 구조계 접지에 관한 설명으로 옳지 않은 것은?

① 고신뢰도의 접지가 가능하다.
② 접지저항 값을 낮게 얻을 수 있다.
③ 도시지역의 한정된 부지에 적합하다.
④ 장비 간, 설비 간에 전위차가 발생하여 손상을 주거나 오동작을 유발하는 경우가 많다.

해설 건축 구조계 접지는 장비 간, 설비 간에 전위차가 작아서 손상을 주거나 오동작을 유발하는 경우가 적다.

49 인화성 액체 등에 의한 기름화재의 분류는?

① A급 화재　　　　　　② B급 화재
③ C급 화재　　　　　　④ D급 화재

해설 • A급 화재 : 일반 화재　• B급 화재 : 유류화재
　　• C급 화재 : 전기 화재　• D급 화재 : 금속성 화재

50 제어동작 중에서 잔류편차(offset)를 일으키는 동작은?

① 미분제어　　　　　　② 비례제어
③ 적분제어　　　　　　④ 비례적분제어

해설 비례(P)제어는 잔류편차(offset)를 일으키고, 비례적분(PI)제어는 전류편차를 없애준다.

해답　47.④　48.④　49.②　50.②

51 전주에 설치하는 변압기에 주로 사용되는 냉각방식은?

① 공랭식 ② 유입 수냉식
③ 유입 자냉식 ④ 유입 송풍식

해설 전신주에 설치하는 변압기는 충전된 기름(유입)으로 스스로 냉각(자냉식)되는 방식이다.

52 다음의 옥외소화전설비의 수원에 관한 설명 중 ( ) 안에 알맞은 것은?

> 옥외소화전설비의 수원은 그 저수량이 옥외소화전의 설치개수(옥외소화전이 2개 이상 설치된 경우에는 2개)에 ( )를 곱한 양 이상이 되도록 하여야 한다.

① 1.7m³ ② 2.6m³
③ 7m³ ④ 12m³

해설 옥외 소화전 설비의 저수량은 1개당 방수량(350L/min)의 20분 용량(350×20=7,000L =7m³)으로 한다.

53 교류전원의 순시값이 $e=100\sin3\omega t$[V]일 때 주파수[Hz]는?(단, ω=314[rad/s])

① 50 ② 60
③ 120 ④ 150

해설 각 속도 $=2\pi f=3w=3\times 314r=300\pi$ ($\because \pi=3.14rad$)
$\therefore f=150\,\text{Hz}$

54 엔탈피 제어에 관한 설명으로 옳지 않은 것은?

① 환절기에 사용하면 에너지 절약효과가 크다.
② 통상적으로 부하 재설정 제어와 같이 사용한다.
③ 외기를 실내에 공급하여 냉방부하를 줄이는 방식이다.
④ 사람의 출입이 이용 시간대에 따라서 크게 변화하는 백화점 등에 사용하면 효과가 크다.

해설 엔탈피 제어는 실내와 외기의 엔탈피를 비교하여 냉동기의 운전시간을 최대한 절감하는 에너지 절약 제어이며, 부하 재설정 제어는 실내 온도 변화에 따른 급기온도 설정점을 변경하는 제어이다.

55 10대의 전동기에 모두 동일한 전압을 인가하려면 어떻게 연결하면 되는가?

① 직렬전선 ② 병렬전선
③ 직렬전선 2회로와 병렬전선 8회로 ④ 직렬전선 2회로와 병렬전선 4회로

해답 51.③ 52.③ 53.④ 54.② 55.②

해설 여러 대의 기기에 동일한 전압을 인가하려면 병렬로 연결하며 주변의 모든 기기가 병렬로 연결된다.

56 1개의 마스터 안테나에서 다수의 TV 수상기에 입력전파를 분배하는 공시청설비에 사용되는 기기에 속하지 않는 것은?

① 혼합기　　　　　　　　② 증폭기
③ 분배기　　　　　　　　④ R형 수신기

해설 R형 수신기는 방재설비에 속한다.

57 스프링클러헤드의 방수구에서 유출되는 물을 세분시키는 작용을 하는 것은?

① 프레임　　　　　　　　② 유수검지장치
③ 일제개방밸브　　　　　④ 반사판(디프렉타)

해설 반사판(디프렉타)은 노즐(병수구)에서 분사되는 물을 세분시킨다.

58 직류전원의 저항을 접속한 후 전류를 흘릴 때 저항값을 10[%] 감소시키면 전류의 크기는 어떻게 변화되는가?

① 약 11% 감소　　　　　② 약 11% 증가
③ 약 15% 감소　　　　　④ 약 15% 증가

해설 옴의 법칙 $I=\dfrac{V}{R}$ 에서 저항이 10% 감소하면 전류 $I=\dfrac{V}{0.9R}=1.11$배
∴ 11% 증가한다.

59 도시가스 사용시설에서 가스계량기와 전기계량기의 간격은 최소 얼마 이상으로 하여야 하는가?

① 15cm　　　　　　　　② 30cm
③ 45cm　　　　　　　　④ 60cm

해설 가스계량기와 전기계량기의 간격은 60cm 이상 이격시킨다.

60 옥내소화전방수구는 바닥으로부터의 높이가 최대 얼마 이하가 되도록 설치하여야 하는가?

① 0.9m　　　　　　　　② 1.2m

해답 56.④　57.④　58.②　59.④　60.③

③ 1.5m ④ 1.8m

해설 옥내소화전방수구는 선채로 조작이 편리하게 바닥으로부터 1.5m 높이에 설치한다.

제4과목 건축설비 관련 법규

61 비상용 승강기의 승강장 및 승강로의 구조에 관한 기준 내용으로 옳지 않은 것은?
① 승강장의 바닥면적은 비상용 승강기 1대에 대하여 5㎡ 이상으로 할 것
② 각 층으로부터 피난층까지 이르는 승강로를 단일구조로 연결하여 설치할 것
③ 승강장은 각 층의 내부와 연결될 수 있도록 하되, 그 출입구에는 60분+ 방화문 또는 60분 방화문을 설치할 것
④ 승강장에는 노대 또는 외부를 향하여 열 수 있는 창문이나 배연설비를 설치할 것

해설 〈설비기준 제10조〉 6㎡ 이상

62 지하층의 비상탈출구는 출입구로부터 최소 얼마 이상 떨어진 곳에 설치하여야 하는가?(단, 주택이 아닌 경우)
① 1m ② 2m
③ 3m ④ 5m

해설 〈피난방화구조 제25조〉 3m 이상

63 건축물을 특별시나 광역시에 건축하는 경우 특별시장 또는 광역시장의 허가를 받아야 하는 대상 건축물의 층수 기준은?
① 6층 이상 ② 15층 이상
③ 21층 이상 ④ 31층 이상

해설 〈건축법 제11조〉 21층 이상

64 6층 이상의 거실면적의 합계가 15,000㎡인 종합병원에 설치하여야 하는 승용승강기의 최소 대수는?(단, 8인승 승용승강기의 경우)
① 5대 ② 6대
③ 7대 ④ 8대

해답 61.① 62.③ 63.③ 64.④

해설 〈설비기준 제5조 별표 1의 2〉 6층 이상 거실 면적 15,000
의료시설〈3천 이하 2대+2천마다 1대=2+6=8대〉

65 옥외소화전설비를 설치하여야 하는 특정소방대상물의 지상 1층 및 2층의 바닥면적 합계 기준은?(단, 아파트 등, 위험물 저장 및 처리시설 중 가스시설, 지하구 또는 지하가 중 터널은 제외)

① 2,000㎡ 이상 ② 5,000㎡ 이상
③ 9,000㎡ 이상 ④ 12,000㎡ 이상

해설 〈소방법령 제15조 별표 5〉 9,000㎡ 이상

66 다음은 지하층과 피난층 사이의 개방공간 설치에 관한 기준 내용이다. ( ) 안에 알맞은 것은?

> 바닥면적의 합계가 ( ) 이상인 공연장·집회장·관람장 또는 전시장을 지하층에 설치하는 경우에는 각 실에 있는 자가 지하층 각 층에서 건축물 밖으로 피난하여 옥외 계단 또는 경사로 등을 이용하여 피난층으로 대피할 수 있도록 천장이 개방된 외부공간을 설치하여야 한다.

① 1,000㎡ ② 3,000㎡
③ 5,000㎡ ④ 10,000㎡

해설 〈건축법령 제37조〉 3,000㎡

67 건축물 관련 건축기준의 허용오차가 2% 이내가 아닌 것은?

① 출구 너비 ② 반자 높이
③ 바닥판 두께 ④ 건축물 높이

해설 〈건축법규칙 제20조〉 바닥판 두께 : 3% 이내

68 건축법령상 다음과 같이 정의되는 용어는?

> 건축물의 노후화를 억제하거나 기능 향상 등을 위하여 대수선하거나 일부 증축하는 행위를 말한다.

① 개축 ② 리빌딩
③ 리모델링 ④ 리노베이션

해답 65.③ 66.② 67.③ 68.③

해설 〈건축법 제2조〉 리모델링이란 건축물의 노후화를 억제하거나 기능 향상 등을 위하여 대수선하거나 일부 증축하는 행위를 말한다.

69 건축물의 지붕을 평지붕으로 하는 경우 건축물의 옥상에 헬리포트를 설치하거나 헬리콥터를 통하여 인명 등을 구조할 수 있는 공간을 확보하여야 하는 대상 건축물 기준으로 옳은 것은?

① 층수가 6층 이상인 건축물로서 6층 이상인 층의 바닥면적의 합계가 5,000㎡ 이상인 건축물
② 층수가 6층 이상인 건축물로서 6층 이상인 층의 바닥면적의 합계가 10,000㎡ 이상인 건축물
③ 층수가 11층 이상인 건축물로서 11층 이상인 층의 바닥면적의 합계가 5,000㎡ 이상인 건축물
④ 층수가 11층 이상인 건축물로서 11층 이상인 층의 바닥면적의 합계가 10,000㎡ 이상인 건축물

해설 〈건축법령 제40조〉 옥상에 헬리포트 : 층수가 11층 이상인 건축물로서 11층 이상인 층의 바닥면적의 합계가 10,000㎡ 이상인 건축물

70 제연설비를 설치하여야 하는 특정소방대상물에 속하지 않는 것은?

① 지하가(터널은 제외)로서 연면적 1,000㎡인 것
② 문화 및 집회시설로서 무대부의 바닥면적이 150㎡인 것
③ 문화 및 집회시설 중 영화상영관으로서 수용인원이 100명인 것
④ 지하층에 설치된 숙박시설로서 해당 용도로 사용되는 바닥면적의 합계가 1,000㎡인 층

해설 〈소방법령 제11조 별표 4〉 문화 및 집회시설로서 무대부의 바닥면적이 200㎡인 것

71 급수, 배수, 환기, 난방 설비를 건축물에 설치하는 경우 건축기계설비기술사 또는 공조냉동기계기술사의 협력을 받아야 하는 대상 건축물에 속하는 것은?

① 연립주택
② 다세대주택
③ 기숙사로서 해당 용도에 사용되는 바닥면적의 합계가 1,000㎡인 건축물
④ 숙박시설로서 해당 용도에 사용되는 바닥면적의 합계가 1,000㎡인 건축물

해설 〈설비기준 제2조〉 연립주택이나 아파트는 면적 무관, 기숙사, 숙박시설은 2,000㎡ 이상인 건축물

해답 69.④ 70.② 71.①

72 다음의 소방시설 중 경보설비에 속하지 않는 것은?

① 누전경보기 ② 비상방송설비
③ 무선통신보조설비 ④ 자동화재탐지설비

해설 〈소방법령 제3조 별표 1〉 무선통신보조설비는 소화활동설비에 속한다.

73 기계설비법령에 따라 기계설비 발전 기본 계획은 몇 년마다 수립·시행하여야 하는가?

① 1 ② 2
③ 3 ④ 5

해설 〈기계설비법 제5조〉 기계설비 발전 기본계획의 수립
국토교통부장관은 기계설비산업의 육성과 기계설비의 효율적인 유지관리 및 성능확보를 위하여 기계설비 발전 기본계획을 5년마다 수립·시행하여야 한다.

74 다음 중 건축법령상 공동주택에 속하는 것은?

① 공관 ② 기숙사
③ 다중주택 ④ 다가구주택

해설 〈건축법령 제3조 5 별표 1〉 공관, 다중주택, 다가구주택은 단독주택에 속한다.

75 신축 또는 리모델링을 하는 경우 시간당 0.5회 이상의 환기가 이루어질 수 있도록 자연환기설비 또는 기계환기설비를 설치하여야 하는 공동 주택의 최소 세대수는?

① 30세대 ② 100세대
③ 200세대 ④ 300세대

해설 〈설비기준 제11조〉
30세대 이상 공동주택은 시간당 0.5회 이상 환기 필요

76 건축물의 출입구에 설치하는 회전문은 계단이나 에스컬레이터로부터 최소 얼마 이상의 거리를 두어야 하는가?

① 1.0m ② 1.5m
③ 2.0m ④ 2.5m

해설 〈피난방화구조 제12조〉 회전문은 계단이나 에스컬레이터로부터 2.0m 이상

해답 72.③ 73.④ 74.② 75.① 76.③

77 공동주택의 거실에 설치하는 반자는 그 높이를 최소 얼마 이상으로 하여야 하는가?

① 2.1m ② 2.4m
③ 2.7m ④ 4m

해설 〈피난방화구조 제16조〉 반자의 높이 : 2.1m 이상

78 건축물의 내부에 설치하는 피난계단의 구조에 관한 기준 내용으로 옳지 않은 것은?

① 계단실의 실내에 접하는 부분의 마감은 불연재료로 할 것
② 계단은 내화구조로 하고 피난층 또는 지상까지 직접 연결되도록 할 것
③ 건축물의 내부에서 계단실로 통하는 출입구의 유효너비는 0.6m 이상으로 할 것
④ 계단실은 창문·출입구 기타 개구부를 제외한 당해 건축물의 다른 부분과 내화구조의 벽으로 구획할 것

해설 〈피난방화구조 제9조〉 건축물의 내부에서 계단실로 통하는 출입구의 유효너비는 0.9m 이상으로 할 것

79 건축물의 에너지절약설계기준에 따른 평균 열관류율의 계산 기준으로 옳은 것은?

① 외곽선 치수 ② 중심선 치수
③ 내부 마감 치수 ④ 지붕, 바닥은 외곽선, 외벽은 중심선 치수

해설 〈에너지절약 제5조 9의 파〉 평균 열관류율의 계산 기준 : 중심선 치수

80 다음 중 방염성능기준 이상의 실내장식물 등을 설치하여야 하는 특정소방대상물에 속하지 않는 것은?

① 아파트 ② 숙박시설
③ 의료시설 중 종합병원 ④ 방송통신시설 중 방송국

해설 〈소방법령 제30조〉 방염성능기준 이상의 실내장식물 : 아파트 제외

해답 77.① 78.③ 79.② 80.①

제2회 건축설비기사 기출모의고사

제1과목 건축설비 계획

01 소음방지대책 및 기술에 관한 설명으로 옳지 않은 것은?

① 소음방지대책은 소음원을 제거하거나 소음원 레벨을 저감시키는 것이 가장 바람직하다.
② 건물 내부의 고체전달소음은 일반적으로 장애범위가 공기전달소음보다 좁고 대책수립이 간단하다.
③ 경로대책은 음원에서의 거리 또는 장애물에 의한 음의 감쇠 등의 성질을 이용한 것이다.
④ 급배수 시에 발생하는 소음 전반을 방지 또는 저감시키기 위해서는 설계단계부터 배려할 필요가 있다.

해설 건물 내부의 고체전달소음은 일반적으로 장애범위가 공기전달소음보다 넓고 대책수립이 어려운 편이다.

02 결로를 방지하기 위한 방법으로 옳지 않은 것은?

① 냉방을 하여 건물 내부의 표면온도를 노점온도 이하로 한다.
② 환기를 통해 습한 공기를 제거한다.
③ 벽체 내부의 수증기압을 포화수증기압보다 작게 한다.
④ 단열을 강화하여 구조체의 열손실을 줄인다.

해설 결로를 방지하기 위해서는 냉방 시 건물 내부의 표면온도를 노점온도 이상으로 한다.

03 오수정화시설의 처리공법 중 활성오니법에 속하는 것은?

① 장기폭기방법
② 접촉산화방법
③ 살수여상방법
④ 회전원판접촉방법

해설 활성오니법에 표준활성오니법, 고율활성오니법, 장기폭기방법, 순산소법 등이 있고, 생물막법에 접촉산화법, 살수여상법, 회전원판법 등이 있다.

해답 1.② 2.① 3.①

04 다음과 같은 조건에서 실내측 벽면의 표면온도는?

- 벽체의 크기 : $1 \times 1 \text{m}^2$
- 외기온도 : 12℃
- 벽체 열관류율 : $2\text{W/m}^2 \cdot \text{K}$
- 벽체의 두께 : 100mm
- 실내 공기온도(평균치) : 20℃
- 실내측 표면 열전달률 : $8\text{W/m}^2 \cdot \text{K}$

① 18℃ ② 19℃
③ 20℃ ④ 21℃

해설 실내측 벽면 표면에 대하여 열관류와 열전달 사이에 열평형식을 세우면
$KA\Delta t = \alpha_i A \Delta t_s$
$2 \times 1 \times (20 - 12) = 8 \times 1 \times (20 - t_s)$
$t_s = 18℃$

05 수도본관으로부터 저수탱크에 저수한 후 급수펌프로 건물 내에 급수하는 방식은?

① 고가탱크방식 ② 펌프직송방식
③ 수도직결방식 ④ 압력탱크방식

해설 저수탱크에서 급수펌프로 직접 급수하는 방식을 펌프직송방식(부스터 펌프방식)이라 한다.

06 다음 중 간접배수로 하여야 하는 기구에 속하지 않는 것은?

① 세탁기 ② 세면기
③ 제빙기 ④ 식기세정기

해설 세면기, 싱크대, 대변기, 욕조 등은 트랩을 이용하여 직접배수한다.

07 다음 중 수자원 절약을 위한 배수 재이용 시에 검토할 사항과 가장 거리가 먼 것은?

① 공급시설의 안정성 ② 재이용수의 사용범위
③ 상수(上水)기구의 구성요소 ④ 배수의 수량과 수질의 안정성

해설 배수 재이용 시스템은 배수(하수)를 정화하여 중수를 만드는 시스템으로서, 상수기구의 구성요소와는 거리가 멀다.

08 기구급수부하단위(Fu)가 1Fu인 위생기구의 종류 및 접속관경으로 옳은 것은?

① 세면기, 15mm ② 세면기, 25mm
③ 대변기, 15mm ④ 대변기, 25mm

해설 기구급수부하단위(Fu)가 1Fu인 기구는 세면기이고, 접속관경은 15mm이다.

해답 4.① 5.② 6.② 7.③ 8.①

09 펌프의 전양정이 41.6m, 양수량이 400L/min일 때, 펌프의 축동력은?(단, 펌프의 효율은 55%이다.)

① 3.94kW   ② 4.54kW
③ 4.94kW   ④ 5.44kW

해설 $kW = \dfrac{QH}{102E} = \dfrac{400 \times 41.6}{60 \times 102 \times 0.55} = 4.94 kW$

10 물의 경도에 관한 설명으로 옳지 않은 것은?

① 경도의 표시는 도(度) 또는 ppm이 사용된다.
② 경도가 큰 물을 경수, 경도가 낮은 물을 연수라고 한다.
③ 일반적으로 물이 접하고 있는 지층의 종류와 관계없이 지표수는 경수, 지하수는 연수로 간주된다.
④ 물의 경도는 물속에 녹아 있는 칼슘, 마그네슘 등의 염류의 양을 탄산칼슘의 농도로 환산하여 나타낸 것이다.

해설 일반적으로 물이 접하고 있는 지층의 종류와 관계하여 지표수는 연수, 지하수는 경수로 간주된다.

11 배수 및 통기배관에 관한 설명으로 옳지 않은 것은?

① 기구배수관의 통기는 트랩위로 연결한다.
② 배수수직관의 관경은 배수의 흐름방향으로 축소하지 않는다.
③ 배수수평관에는 배수와 그것에 포함되어 있는 고형물을 신속하게 배출하기 위하여 구배를 두어야 한다.
④ 간접배수계통 및 특수배수계통의 통기관은 다른 통기계통과 접속하여 공동으로 대기 중에 개구한다.

해설 간접배수계통 및 특수배수계통의 통기관은 다른 통기계통과 별도로 독립 통기한다.

12 공기조화방식 중 팬코일 유닛방식에 관한 설명으로 옳지 않은 것은?

① 각 유닛의 수동제어가 불가능하다.
② 덕트 방식에 비해 유닛의 위치 변경이 쉽다.
③ 각 실에 수배관으로 인한 누수의 우려가 있다.
④ 유닛을 창문 밑에 설치하면 콜드 드래프트를 줄일 수 있다.

해설 팬코일 유닛방식은 유닛마다 수동제어가 가능하여 각 실을 독립적으로 제어한다.

해답 9.③ 10.③ 11.④ 12.①

13 신축곡관이라고도 하며, 구부림을 이용하여 배관의 신축을 흡수하는 신축이음쇠는?

① 루프형
② 벨로우즈형
③ 슬리브형
④ 스위블형

해설 배관을 ㄷ자형으로 벤딩하여 구부림을 이용한 신축이음을 루프(신축곡관)라 한다.

14 관내 유동에서 층류와 난류를 판단하는 기준이 되는 것은?

① 마하(Mach)수
② 프란틀(Prandtl)수
③ 그라숍(Grashof)수
④ 레이놀즈(Reynolds)수

해설 레이놀즈(Re)수가 2,000 이하는 층류, 4,000 이상은 난류로 구분한다.

15 온수난방방식의 분류에 관한 설명으로 옳지 않은 것은?

① 순환방식에 따라 중력식과 강제식으로 분류할 수 있다.
② 배관방식에 따라 단관식과 복관식으로 분류할 수 있다.
③ 온수온도에 따라 저온수식과 고온수식으로 분류할 수 있다.
④ 팽창탱크방식에 따라 상향식과 하향식으로 분류할 수 있다.

해설 팽창탱크방식에 따라 개방형과 밀폐형으로 분류할 수 있다.

16 다음과 같은 조건에서 코일로 제거되는 전열량에 대한 현열량의 비는?

[조건]
㉠ 코일 입구공기의 온도 t_1=35℃
㉡ 코일 출구공기의 온도 t_2=17℃
㉢ 코일 입구공기의 엔탈피 h_1=72kJ/kg
㉣ 코일 출구공기의 엔탈피 h_2=42kJ/kg
㉤ 공기의 비열 1.01kJ/kg·K

① 0.606
② 0.701
③ 0.806
④ 0.901

해설 현열/전열 $= \dfrac{1.01(35-17)}{72-42} = 0.606$

17 다음의 송풍기 풍량제어법 중 축동력이 가장 적게 소요되는 것은?

① 회전수제어
② 토출댐퍼제어
③ 흡입댐퍼제어
④ 흡입베인제어

해설 회전수제어는 가장 효율적이고 축동력이 가장 적게 소요된다.

해답 13.① 14.④ 15.④ 16.① 17.①

18 건구온도 20℃, 절대습도 0.015kg/kg'인 습공기 6kg의 엔탈피는?(단, 건공기 정압비열 1.01kJ/kg·K, 수증기 정압비열 1.85kJ/kg·K, 0℃에서 포화수의 증발잠열 2,501 kJ/kg)

① 58.24kJ ② 120.67kJ
③ 228.77kJ ④ 349.62kJ

해설 $H = mh = 6 \times \{1.01 \times 20 + 0.015(2,501 + 1.85 \times 20)\} = 6 \times 58.27 = 349.62kJ$

19 공기조화기의 가열코일 입구와 출구에서 공기의 상태값이 변화하지 않는 것은?

① 엔탈피 ② 상대습도
③ 건구온도 ④ 절대습도

해설 가열코일 입구와 출구에서 절대습도는 일정하다.

20 다음 중 벽 취출구에서 동일한 취출 풍속일 때 상승거리가 가장 긴 시기는?

① 난방 시 ② 냉방 시
③ 중간기 ④ 어느 때나 동일

해설 취출구에서 상승거리는 온풍일수록 크기 때문에 난방 시 가장 크다.

제2과목 건축설비 설계

21 양수펌프 중심으로부터 2m 위에 저수조 수위가 일정하게 있고, 고가수조 수위는 펌프중심으로부터 30m 위에 있다. 양수배관 전체길이가 38m, 펌프의 토출압력이 15kPa일 때 최저 필요양정은?(단, 양수배관의 마찰손실수두는 50mmAq/m, 관이음 및 밸브류의 상당길이는 배관길이의 50%로 한다.)

① 30.85m ② 32.35m
③ 34.85m ④ 36.35m

해설 실양정은 h = 30 − 2 = 28m
마찰손실은 hL = 38 × 50 × 1.5 = 2,850mm = 2.85m
토출압력 = 15kPa = 1.5m
∴ 펌프양정 = 28 + 2.85 + 1.5 = 32.35m

해답 18.④ 19.④ 20.① 21.②

22 관 균등표에 의한 관경 결정 시 필요없는 것은?

① 균등수
② 유량선도
③ 기구의 접속 관경
④ 기구의 동시사용률

해설 유량선도는 급수부하단위(FU)를 이용하여 동시 사용 유량을 구한 뒤 유량 선도에서 관경을 구할 때 사용한다.

23 급수배관시스템에서 수격작용 발생에 따른 압력상승에 관한 설명으로 옳지 않은 것은?

① 관두께에 비례한다.
② 배관경에 비례한다.
③ 유체의 속도에 비례한다.
④ 압력파의 전달속도에 비례한다.

해설 수격작용 발생은 유속에 비례하므로 배관경에 반비례한다.

24 세정밸브식 대변기에서 토수된 물이나 이미 사용된 물이 역사이폰 작용에 의해 상수계통으로 역류하는 것을 방지하는 기구는?

① 볼탭
② 슬리브
③ 스트레이너
④ 버큠 브레이커

해설 세정밸브식 대변기에서 토수된 물이나 이미 사용된 물이 역사이폰 작용에 의해 상수계통으로 역류하는 것을 크로스커넥션(교차연결)이라 하며 방지하는 기구는 역류방지밸브나 버큠 브레이커를 사용한다.

25 배수트랩에 관한 설명으로 옳지 않은 것은?

① P트랩은 세면기 배수에 주로 이용된다.
② U트랩은 옥내 배수 수평주관 계통에 이용된다.
③ S트랩은 욕실 및 다용도실의 바닥배수에 주로 이용된다.
④ 트랩은 하수 유해 가스가 역류해서 실내로 침입하는 것을 방지하기 위해서 설치한다.

해설 S트랩은 세면기나 대변기에 이용되며 욕실 및 다용도실의 바닥배수에는 벨트랩을 주로 이용한다.

26 중앙식 급탕방법 중 간접가열식에 관한 설명으로 옳지 않은 것은?

① 고압보일러가 필요하다.
② 대규모 급탕설비에 적합하다.

해답 22.② 23.② 24.④ 25.③ 26.①

③ 보일러를 난방설비와 겸용할 수 있다.
④ 저탕조에는 온도조절장치(thermostat)를 설치하여 온도를 조절한다.

해설 간접가열식 급탕설비는 난방용 저압보일러로 간접 가열할 수 있다.

27 급탕설비에 관한 설명으로 옳지 않은 것은?
① 급탕사용량을 기준으로 급탕순환펌프의 유량을 산정한다.
② 급수압력과 급탕압력이 동일하도록 배관 구성을 하는 것이 바람직하다.
③ 급탕부하단위수는 일반적으로 급수부하단위수의 3/4을 기준으로 한다.
④ 급탕 배관 시 수평주관은 상향 배관법에서는 급탕관은 앞올림구배로 하고 환탕관은 앞내림 구배로 한다.

해설 급탕순환펌프의 유량은 배관에서의 열손실량으로 산정한다.

28 다음과 같은 조건에서 어느 건물의 시간 최대 예상급탕량이 4,000L/h일 때, 저탕조 내의 가열코일의 길이는?

[조건]
㉠ 급탕온도 : 65℃, 급수온도 : 5℃
㉡ 가열코일 : 관경 32mm의 동관, 단위 내측표면적당 관길이 11.4m/m²
㉢ 열관류율 : 1,000W/m²·K
㉣ 스케일에 따른 할증률 : 30%
㉤ 열원 : 온도 120℃ 증기
㉥ 물의 비열 : 4.2kJ/kg·K

① 약 5.9m ② 약 30.9m
③ 약 48.8m ④ 약 65.2m

해설 가열코일에서 열평형식은 $KA\Delta t = WC\Delta t$에 대입하면
$$1,000 \times \frac{3,600}{1,000} \times A\left(120 - \frac{5+65}{2}\right) = 4,000 \times 4.2(65-5)$$
전열면적 A=3.294m²
코일길이 L=3.294×11.4=37.55m
할증하면 L=37.55×1.3=48.8m

29 다음 중 동관의 사용용도로 가장 부적합한 것은?
① 급수관 ② 급탕관
③ 증기관 ④ 냉온수관

해설 증기관은 강관을 주로 사용하며 동관을 사용할 경우는 가장 두꺼운 K형을 사용한다.

30 4℃ 물을 100℃로 가열하였을 때 팽창한 체적의 비율은?(단, 4℃ 물의 밀도는 1kg/L, 100℃ 물의 밀도는 0.9586kg/L)

① 2.78% ② 3.13%
③ 4.32% ④ 5.42%

해설 $\triangle v = \left(\dfrac{1}{\rho_2} - \dfrac{1}{\rho_1}\right) = \left(\dfrac{1}{0.9586} - \dfrac{1}{1}\right) = 0.0432 = 4.32\%$

31 다음과 같은 조건에서 실내 CO_2의 허용농도를 1,000ppm으로 할 때, 필요환기량은?

- 재실인원 : 10인
- 외기 CO_2 농도 : 350ppm
- 실내 1인당 CO_2 배출량 : 0.02㎥/h

① 249.2㎥/h ② 275.4㎥/h
③ 307.7㎥/h ④ 356.8㎥/h

해설 $V = \dfrac{M}{C_i - C_o} = \dfrac{10 \times 0.02}{0.001 - 0.00035} = 307.7\,\text{m}^3/\text{h}$

1,000ppm=0.001, 350ppm=0.00035

32 각 방열기에 온수를 균등하게 공급하기 위해 각 방열기에 대한 공급관과 환수관의 길이를 대체로 같게 하는 배관방식은?

① 재순환방식 ② 역환수방식
③ 변유량방식 ④ 직접환수방식

해설 역환수방식은 공급관과 환수관의 길이를 같게 하는 배관방식으로 각 방열기에 온수를 균등하게 공급한다.

33 공기조화기용 코일에 관한 설명으로 옳지 않은 것은?

① 더블서킷코일은 유량이 많을 때 사용된다.
② 대향류보다는 평행류로 하는 것이 전열효과가 좋다.
③ 냉수코일과 온수코일을 겸용으로 사용하는 경우 선정은 냉수코일을 기준으로 한다.
④ 튜브 내의 유속은 1.0m/s 전후로 하는 것이 펌프의 설비비 및 효율상 적당하다.

해설 공기조화기용 코일에서 대향류가 평행류에 비해 전열효과가 좋다.

34 각종 보일러에 관한 설명으로 옳지 않은 것은?

① 수관보일러는 대형건물이나 지역난방 등에 사용된다.
② 관류보일러는 보유수량이 많아 주로 공조용으로 사용된다.
③ 주철제보일러는 규모가 비교적 작은 건물의 난방용으로 사용된다.
④ 연관보일러는 예열시간이 길고 반입 시 분할이 어렵다는 단점이 있다.

해설 관류보일러는 보유수량이 작아서 예열시간이 적게 소요된다.

35 다음 중 송풍량이나 장비용량 결정을 주된 목적으로 하는 부하계산법은?

① 표준 bin법
② 냉난방도일법
③ 최대부하계산법
④ 동적열부하계산법

해설 공조에서 송풍량이나 장비용량 결정은 단위 시간당 부하계산법인 최대부하계산법으로 한다.

36 다음 중 다단펌프를 사용하는 가장 주된 목적은?

① 흡입양정이 큰 경우
② 토출량을 줄이기 위한 경우
③ 높은 토출양정이 필요한 경우
④ 수중에 펌프를 설치하는 경우

해설 다단펌프는 높은 토출양정이 필요한 경우에 사용한다.

37 체크밸브에 관한 설명으로 옳지 않은 것은?

① 유체의 역류를 방지하기 위한 것이다.
② 스윙형 체크밸브는 수평배관에 사용할 수 없다.
③ 스윙형 체크밸브는 유수에 대한 마찰저항이 리프트형보다 적다.
④ 리프트형 체크밸브는 글로브 밸브와 같은 밸브시트의 구조로써 유체의 압력에 밸브가 수직으로 올라가게 되어 있다.

해설 스윙형 체크밸브는 수평, 수직 배관에 사용할 수 있고, 리프트형 체크밸브는 수평배관에만 사용할 수 있다.

38 수배관에서 위치수두 10mAq, 압력수두 30mAq, 속도 2.5m/s로 관 속을 흐르는 물의 전수두는?

① 13.06m
② 13.24m
③ 40.32m
④ 42.54m

해답 34.② 35.③ 36.③ 37.② 38.③

해설 속도수두 $= \dfrac{v^2}{2g} = \dfrac{2.5^2}{2 \times 9.8} = 0.32\text{m}$

전수두=위치+압력+속도=10+30+0.32=40.32m

39 송풍기의 크기를 나타내는 송풍기 번호의 결정방법으로 옳은 것은?(단, 원심 송풍기의 경우)

① No(#)= $\dfrac{\text{회전 날개의 지름(mm)}}{100\text{(mm)}}$　② No(#)= $\dfrac{\text{회전 날개의 지름(mm)}}{120\text{(mm)}}$

③ No(#)= $\dfrac{\text{회전 날개의 지름(mm)}}{150\text{(mm)}}$　④ No(#)= $\dfrac{\text{회전 날개의 지름(mm)}}{180\text{(mm)}}$

해설 원심 송풍기 No(#)= $\dfrac{\text{회전 날개의 지름(mm)}}{150\text{(mm)}}$

축류 송풍기 No(#)= $\dfrac{\text{회전 날개의 지름(mm)}}{100\text{(mm)}}$

40 표준상태의 공기가 12m/s로 장방형 덕트 내로 흐르고 있다. 덕트 내에 풍량조절 댐퍼가 30° 각도로 설치되어 있을 때 댐퍼의 국부저항계수가 3.73이라면 댐퍼에 의한 압력손실은?(단, 공기의 밀도는 1.2kg/m³이다.)

① 164.5Pa　② 284.2Pa
③ 322.3Pa　④ 474.6Pa

해설 국소저항 $= \zeta \dfrac{v^2}{2} \rho = 3.73 \times \dfrac{12^2}{2} \times 1.2 = 322.3\text{Pa}$

제3과목 | 전기 및 소방시설 일반

41 20[Ω]과 30[Ω]의 저항이 병렬로 연결되어 있을 때 합성저항은?

① 12[Ω]　② 30[Ω]
③ 50[Ω]　④ 64[Ω]

해설 병렬 저항의 합성저항

$\dfrac{1}{R} = \dfrac{1}{R_1} + \dfrac{1}{R_2}$

$\dfrac{1}{R} = \dfrac{1}{20} + \dfrac{1}{30}$

∴ $R = 12\Omega$

해답 39.③　40.③　41.①

42 자동화재탐지설비 하나의 경계구역 면적은 최대 얼마 이하로 하는가?(단, 해당 특정소방대상물의 주된 출입구에서 그 내부 전체가 보이는 것 제외)

① 150㎡ ② 300㎡
③ 500㎡ ④ 600㎡

해설 자동화재탐지설비 하나의 경계구역의 최대면적은 600㎡이며, 한 변의 길이는 50m 이하일 것

43 변압기에서 입력전력에 대한 출력전력의 비율을 의미하는 것은?

① 부하율 ② 수용률
③ 역률 ④ 효율

해설 변압기 효율=출력전력/입력전력
역률=유효전력/피상전력

44 옥내소화전설비의 수원의 저수량은 최소 얼마 이상이 되도록 하여야 하는가?(단, 옥내소화전의 설치개수가 가장 많은 층의 설치개수는 5개이다)

① 1.3㎥ ② 2.6㎥
③ 3.9㎥ ④ 5.2㎥

해설 옥내소화전 1개당 수원 130L/min×20분=2.6㎥
옥내소화전이 1개층에 2개 이상 설치하는 경우 저수량은 2개×2.6㎥ 이상으로 한다.
저수량=2×2.6=5.2㎥

45 빛의 분광특성이 색의 보임에 미치는 효과를 무엇이라고 하는가?

① 연색성 ② 색온도
③ 시감도 ④ 순응도

해설 연색성이란 빛의 분광특성에 따른 색의 보임에 미치는 효과로 크세논등은 연색성이 우수하고 형광등이나 수은등은 연색성이 나쁘다.

46 엘리베이터의 구성장치 중 일정 이상의 속도가 되었을 때 브레이크나 안전장치를 작동시키는 기능을 하는 것은?

① 완충기 ② 조속기
③ 권상기 ④ 가이드 슈

해답 42.④ 43.④ 44.④ 45.① 46.②

해설 조속기는 엘리베이터가 일정 이상의 속도가 되었을 때 브레이크를 작동하여 속도를 조절하고 그 이상의 속도에서 안전장치를 작동시켜 정지시킨다.

47 유입 변압기에서 콘서베이터(conservator)의 주된 사용 목적은?

① 열화 방지
② 아크 방지
③ 과전압 방지
④ 과전류 방지

해설 유입 변압기에서 콘서베이터는 변압기유가 공기 중의 산소와 수분으로부터 열화되는 것을 방지하기 위하여 질소 등을 봉입한다.

48 무접점 계전기에 사용되는 전력전자소자(트랜지스터, 다이오드)의 장점으로 옳지 않은 것은?

① 스위칭 속도가 빠르다.
② 전력소비가 대단히 작다.
③ 잡음(noise)의 영향을 받지 않는다.
④ 접점의 개폐동작으로 인한 마모현상이 없다.

해설 전력전자소자(트랜지스터, 다이오드)는 잡음(noise)의 영향을 받는다.

49 다음의 제어동작 중 ON-OFF 동작이라고도 하며, 항상 목표치와 제어결과가 일치하지 않는 동작간극을 일으키는 결점이 있는 것은?

① PI 제어동적
② 비례제어동작
③ 2위치 제어동작
④ 다위치 제어동작

해설 2위치 제어동작은 ON-OFF 동작으로 사이클링(Cycling)이 일어나며, 이러한 사이클링 현상을 줄이기 위해, 동작간극(Operation Gap/틈새)을 일으키며, 이것은 일정 범위의 불감대(Dead Zone)를 의미한다.

50 물분무소화설비를 설치하는 차고 또는 주차장의 배수설비에 관한 설명으로 옳지 않은 것은?

① 차량이 주차하는 바닥은 배수구를 향하여 100분의 2 이상의 기울기를 유지할 것
② 차량이 주차하는 장소의 적당한 곳에 높이 7cm 이하의 경계턱으로 배수구를 설치할 것
③ 배수설비는 가압송수장치의 최대 송수능력의 수량을 유효하게 배수할 수 있는 크기 및 기울기로 할 것
④ 배수구에는 새어나온 기름을 모아 소화할 수 있도록 길이 40m 이하마다 집수관·소화피트 등 기름분리장치를 설치할 것

해답 47.① 48.③ 49.③ 50.②

해설 물분무소화설비를 설치하는 차고 또는 주차장의 배수는 적당한 곳에 높이 10cm 이상의 경계턱으로 배수구를 설치할 것

51 그림과 같은 회로에서 전류계(A)에 흐르는 전류가 0일 때 저항값 X[Ω]는?

① 22 ② 36
③ 42 ④ 49

해설 위 회로에서 전류계 전류가 0일 때 휘트스톤 회로로 $6 \times 24 = 4 \times (X)$
∴ $X = 36Ω$

52 다음 중 옥내 배선의 전선 굵기 결정 요소와 가장 거리가 먼 것은?
① 전압 강하 ② 허용 전류
③ 외부 온도 ④ 기계적 강도

해설 전선 굵기 결정요소는 전압강하, 허용전류, 기계적 강도이며, 외부온도는 직접적인 관계가 없다.

53 다음의 도시가스 가스 유량 산정식에서 d가 의미하는 것은?

$$Q = K\sqrt{\frac{hd^5}{SL}}$$

① 압력손실 ② 유량계수
③ 관의 내경 ④ 관의 길이

해설 d : 관내경, K : 유량계수, S : 가스비중, L : 관길이

54 3상 4선식 평형회로에서 선간전압이 380[V]이고 선전류가 10[A]인 회로에 관한 설명으로 옳지 않은 것은?
① 상전류는 10[A]이다. ② 상전압은 220[V]이다.
③ 피상전력은 약 6,580[VA]이다. ④ 중성선에 흐르는 전류는 30[A]이다.

해답 51.② 52.③ 53.③ 54.④

해설 3상 4선식 평형회로에서 상전류는 선전류와 같은 10[A]이다.
상전압은 선간전압의 $\frac{380}{\sqrt{3}} = 220V$이다. 피상전력은 약 $\sqrt{3}IV = \sqrt{3} \times 10 \times 380 = 6580VA$이다. 평형회로에서 중성선에 흐르는 전류는 0[A]이다.

55 전기시설물의 감전방지, 기기손상방지, 보호계전기의 동작확보를 위해 실시하는 공사는?

① 접지공사
② 승압공사
③ 전압강하공사
④ 트래킹(Tracking) 공사

해설 접지공사는 감전방지, 기기손상방지, 보호계전기의 동작확보를 실시한다.

56 다음의 옥외소화전설비의 배관 등에 관한 설명 중 ( ) 안에 알맞은 것은?

> 호스접결구는 지면으로부터 높이가 0.5m 이상 1m 이하의 위치에 설치하고 특정소방대상물의 각 부분으로부터 하나의 호스접결구까지의 수평거리가 최대 ( ) 이하가 되도록 설치하여야 한다.

① 15m
② 30m
③ 40m
④ 50m

해설 옥외소화전설비 호스접결구는 지면으로부터 높이가 0.5m 이상 1m 이하의 위치에 설치하고 특정소방대상물의 각 부분으로부터 하나의 호스접결구까지의 수평거리가 최대 40m 이하가 되도록 설치하여야 한다.(옥내소화전 25m)

57 권상하중 8[ton], 속도 20[m/min]로 권상하는 권상용 전동기의 용량[kW]은?(단, 전동기를 포함한 권상기의 효율은 65[%]이다.)

① 약 40
② 약 50
③ 약 60
④ 약 70

해설 $kW = \frac{8,000 \times 20}{60 \times 102 \times 0.65} = 40.2kW$

58 교류전압 파형을 관찰할 수 있는 계측기는?

① 전압계
② 전류계
③ 주파수계
④ 오실로스코프

해설 오실로스코프는 교류 전압과 전류 파형을 관찰할 수 있는 계측기이다.

해답 55.① 56.③ 57.① 58.④

59 다음 그림에서 합성 정전용량은?

① C
② $2C$
③ $3C$
④ $4C$

해설 용량 C 2개의 병렬 합성 용량은 $2C$이고 $2C$ 2개의 직렬 합성 용량은 C이다.

60 스프링클러설비에서 고가수조의 자연낙차를 이용한 가압송수장치의 경우, 고가수조의 자연낙차수두(수조의 하단으로부터 최고층에 설치된 헤드까지의 수직거리)는 최소 얼마 이상이 되도록 하여야 하는가?(단, 배관의 마찰손실 수두는 무시하고 안전율은 15%로 한다.)

① 8.5m
② 11.5m
③ 17m
④ 25m

해설 스프링클러설비 헤드 필요압력은 10m(100kPa)이므로 고가수조의 낙차 수두는 $h = 10 \times 1.15 = 11.5$m

제4과목 건축설비 관련 법규

61 특정소방대상물이 지하가 중 터널인 경우, 옥내소화전설비를 설치하여야 하는 길이 기준은?

① 500m 이상
② 1,000m 이상
③ 1,500m 이상
④ 2,000m 이상

해설 〈소방법령 제15조〉 별표 5 옥내소화전설비 : 터널인 경우 1,000m 이상

62 다음의 소방시설 중 경보설비에 속하지 않는 것은?

① 누전경보기
② 비상방송설비
③ 자동화재속보설비
④ 무선통신보조설비

해설 〈소방법령 제3조〉 별표 1 무선통신보조설비는 소화활동설비에 속한다.

해답 59.① 60.② 61.② 62.④

63 건축물의 설계자가 해당 건축물에 대한 구조의 안전을 확인하는 경우 건축구조기술사의 협력을 받아야 하는 대상 건축물에 속하지 않는 것은?

① 5층인 건축물
② 특수구조 건축물
③ 다중이용 건축물
④ 준다중이용 건축물

해설 〈건축법령 제91조 3〉 건축구조기술사의 협력을 받아야 하는 대상 건축물 : 6층 이상인 건축물

64 건축물의 관람석 또는 집회실로부터 바깥쪽으로의 출구로 쓰이는 문을 안여닫이로 하여서는 안 되는 대상 건축물에 속하지 않는 것은?

① 종교시설
② 판매시설
③ 위락시설
④ 장례시설

해설 〈건축법령 제38조, 피난방화구조 제10조〉 판매시설은 해당 없음

65 다음의 무창층의 정의 내용 중 밑줄 친 각 목의 요건으로 옳지 않은 것은?

> "무창층"이란 지상층 중 다음 <u>각 목의 요건</u>을 모두 갖춘 개구부 면적의 합계가 해당층의 바닥면적의 30분의 1 이하가 되는 층을 말한다.

① 내부 또는 외부에서 쉽게 부수거나 열 수 없을 것
② 도로 또는 차량이 진입할 수 있는 빈터를 향할 것
③ 크기는 지름 50cm 이상의 원이 내접할 수 있는 크기일 것
④ 해당 층의 바닥면으로부터 개구부 밑부분까지의 높이가 1.2m 이내일 것

해설 〈소방법령 제2조〉 내부 또는 외부에서 쉽게 부수거나 열 수 있을 것

66 건축법령상 고층건축물의 정의로 알맞은 것은?

① 층수가 30층 이상이거나 높이가 90m 이상인 건축물
② 층수가 30층 이상이거나 높이가 120m 이상인 건축물
③ 층수가 50층 이상이거나 높이가 150m 이상인 건축물
④ 층수가 50층 이상이거나 높이가 200m 이상인 건축물

해설 〈건축법 제2조〉
- 고층건축물 : 층수가 30층 이상이거나 높이가 120m 이상인 건축물
- 초고층건축물 : 층수가 50층 이상이거나 높이가 200m 이상인 건축물
- 준초고층건축물 : 층수가 30~50층이거나 높이가 120~200m인 건축물

해답 63.① 64.② 65.① 66.②

67 같은 건축물 안에 공동주택과 위락시설을 함께 설치하고자 하는 경우 공동주택의 출입구와 위락시설의 출입구는 서로 그 보행거리가 최소 얼마 이상이 되도록 설치하여야 하는가?

① 10m ② 20m
③ 30m ④ 40m

해설 〈피난방화구조 제14조 2〉 공동주택의 출입구와 위락시설의 출입구는 서로 그 보행거리가 최소 30m

68 건축물의 냉방설비에 대한 설치 및 설계 기준에 정의된 축냉식 전기냉방설비의 구분에 속하지 않는 것은?

① 지열식 냉방설비 ② 수축열식 냉방설비
③ 빙축열식 냉방설비 ④ 잠열축열식 냉방설비

해설 〈냉방설비기준 제3조〉 축냉식 전기냉방설비 : 수축열식, 빙축열식, 잠열축열식

69 교육연구시설 중 학교의 교실 간 소음방지를 위해 설치하는 경계벽의 구조로 옳지 않은 것은?

① 석조로서 두께가 15cm인 것
② 철근콘크리트조로서 두께가 12cm인 것
③ 무근콘크리트조로서 두께가 15cm인 것
④ 콘크리트블록조로서 두께가 15cm인 것

해설 〈피난방화구조 제19조〉 경계벽 : 콘크리트블록조로서 두께가 19cm 이상인 것

70 다음은 특별피난계단의 구조에 관한 기준 내용이다. ( ) 안에 알맞은 것은?

> 계단실 및 부속실의 실내에 접하는 부분의 마감은 (　　)로 할 것

① 내화재료 ② 불연재료
③ 방화재료 ④ 준불연재료

해설 〈피난방화구조 제9조 ② 3〉 계단실 및 부속실의 실내에 접하는 부분의 마감은 불연재료로 할 것

71 건축물의 에너지절약 설계기준상 외기에 직접 면하고 1층 또는 지상으로 연결된 출입문을 방풍구조로 하지 않을 수 있는 경우에 속하지 않는 것은?

해답 67.③ 68.① 69.④ 70.② 71.①

① 기숙사의 출입문
② 너비가 1.2m인 출입문
③ 바닥면적이 200㎡인 개별 점포의 출입문
④ 사람의 통행을 주목적으로 하지 않는 출입문

해설 〈에너지절약기준 제6조 4 라〉기숙사는 제외

72 건축물의 용도변경과 관련된 시설군 중 문화집회 시설군에 속하지 않는 것은?
① 종교시설
② 위락시설
③ 수련시설
④ 관광휴게시설

해설 〈건축법령 14조〉수련시설은 교육 복지 시설군에 속한다.

73 층수가 10층이며, 각 층의 거실면적이 2,000㎡인 백화점에 설치하여야 하는 승용승강기의 최소 대수는?(단, 16인승 승용승강기의 경우)
① 2대
② 3대
③ 5대
④ 6대

해설 〈설비기준 제5조〉백화점(판매시설)은 3,000까지 2대 초과 2,000마다 1대 추가
6층 이상 거실면적 : 2,000×5=10,000
2대+4대=6대, 16인승은 1대가 2대분이므로 6÷2=3대

74 대형건축물의 건축허가 사전승인신청 시 제출도서의 종류 중 기본설계도서에 속하지 않는 것은?
① 투시도
② 구조계획서
③ 내외마감표
④ 주차장평면도

해설 〈건축법규칙 제7조〉별표 3 구조계획서는 건축계획서에 속한다.

75 철도, 공항시설의 경우 성능위주설계를 하여야 하는 특정소방대상물의 연면적 기준은?
① 10,000㎡ 이상
② 20,000㎡ 이상
③ 30,000㎡ 이상
④ 50,000㎡ 이상

해설 〈소방법령 제9조〉철도 및 도시철도은 연면적 30,000㎡이 해당한다.

해답 72.③ 73.② 74.② 75.③

76 신축 또는 리모델링하는 경우 시간당 0.5회 이상의 환기가 이루어질 수 있도록 자연환기 설비 또는 기계환기설비를 설치하여야 하는 대상 공동주택의 세대기준은?

① 30세대 이상
② 100세대 이상
③ 150세대 이상
④ 200세대 이상

해설 〈설비기준 제11조〉 [2020년 개정] 30세대 이상 공동주택은 시간당 0.5회 이상 환기 필요

77 특별시나 광역시에 건축물을 건축할 경우, 특별시장이나 광역시장의 허가를 받아야 하는 대상건축물의 연면적 기준은?

① 연면적의 합계가 1만 제곱미터 이상인 건축물
② 연면적의 합계가 2만 제곱미터 이상인 건축물
③ 연면적의 합계가 10만 제곱미터 이상인 건축물
④ 연면적의 합계가 20만 제곱미터 이상인 건축물

해설 〈건축법령 제8조〉 특별시장이나 광역시장의 허가 : 연면적의 합계가 10만 제곱미터 이상인 건축물

78 건축물의 설비기준 등에 관한 규칙에 따라 피뢰설비를 설치하여야 하는 대상 건축물의 높이 기준은?

① 10m 이상
② 15m 이상
③ 20m 이상
④ 31m 이상

해설 〈설비기준 제20조〉 피뢰설비를 설치하여야 하는 대상 건축물의 높이 : 20m 이상

79 계단을 대체하여 설치하는 경사로의 경사도 기준으로 옳은 것은?

① 1:5를 넘지 아니할 것
② 1:6를 넘지 아니할 것
③ 1:7를 넘지 아니할 것
④ 1:8를 넘지 아니할 것

해설 〈피난방화구조 제15조〉 경사로의 경사도는 1:8를 넘지 아니할 것

80 다음 중 녹색건축인증 전문분야에 해당하지 않는 것은?

① 토지이용 및 교통
② 건축환경 및 설비
③ 재료 및 자원
④ 생태환경

해설 건축환경 및 설비는 전문분야가 아닌 세부분야에 속한다.

해답 76.① 77.③ 78.③ 79.④ 80.②

제3회 건축설비기사 기출모의고사

제1과목 | 건축설비 계획

01 열교(thermal bridge) 현상에 관한 설명으로 옳지 않은 것은?

① 벽이나 바닥, 지붕 등의 건축물 부위에 단열이 연속되지 않는 부분이 있을 때 생긴다.
② 열교현상을 줄이기 위해서는 콘크리트라멘조의 경우 가능한 한 내단열로 시공한다.
③ 열교현상이 발생하는 부위는 표면온도가 낮아져서 결로가 쉽게 발생한다.
④ 열교현상이 발생하면 전체 단열성이 저하된다.

[해설] 열교현상을 줄이기 위해서는 가능한 한 외단열로 시공한다.

02 학교교실의 음 환경에 관한 설명으로 옳지 않은 것은?

① 교실과 복도의 접촉면이 큰 평면이 소음을 막는데 유리하다.
② 소리를 잘 듣기 위해서는 적당한 잔향시간이 필요하다.
③ 운동장에서의 소음은 배치계획으로 이를 방지할 수 있다.
④ 음악교실은 반사재와 흡음재를 적절히 사용한다.

[해설] 교실과 복도의 접촉면은 작을수록 소음을 막는데 유리하다.

03 다음 중 배수트랩이 구비해야 할 조건과 가장 관계가 먼 것은?

① 가능한 한 구조가 간단할 것
② 배수 시에 자기세정이 가능할 것
③ 가동부분이 있으며 가동부분에 봉수를 형성할 것
④ 유효 봉수 깊이(50[mm] 이상 100[mm] 이하)를 가질 것

[해설] 배수트랩은 가동부분이 없어야 한다.

[해답] 1.② 2.① 3.③

04 그림과 같은 환기 방식이 적합하지 않은 실은?

① 화장실 ② 수술실
③ 주방   ④ 욕실

[해설] 그림의 환기 방식은 3종 환기(급기구+배기팬)로 수술실은 실내를 양압으로 유지하는 제2종 환기를 적용한다.

05 통기와 배수의 역할을 동시에 하는 통기관은?
① 루프통기관 ② 결합통기관
③ 공용통기관 ④ 습윤통기관

[해설] 습윤통기관은 배수관의 일부를 통기관으로 이용하는 것으로 통기와 배수의 역할을 동시에 하는 통기관이다.

06 2개 이상의 엘보(elbows)를 사용하여 배관의 신축을 흡수하는 신축이음쇠는?
① 루프형   ② 스위블형
③ 슬리브형 ④ 벨로우즈형

[해설] 스위블형 신축이음은 2개 이상의 엘보를 이용하여 엘보의 벤딩과 회전으로 신축을 흡수한다.

07 경도가 높은 물이 보일러 용수로 적절하지 못한 이유는?
① 스케일이 많이 발생한다.
② 물의 팽창량이 많아진다.
③ 유체의 흐름 저항이 낮아진다.
④ 비등점이 낮아 물의 증발량이 많아진다.

[해설] 경도성분은 스케일을 형성하여 전열을 방해하여 과열의 원인이 된다.

08 90℃의 물 500kg과 30℃의 물 1,000kg을 단열혼합하였을 때 혼합된 물의 온도는?
① 20℃ ② 30℃
③ 45℃ ④ 50℃

해답 4.② 5.④ 6.② 7.① 8.④

해설 $t = \dfrac{m_1 t_1 + m_2 t_2}{m_1 + m_2} = \dfrac{500 \times 90 + 1{,}000 \times 30}{500 + 1{,}000} = 50℃$

09 양수펌프로 사용되는 원심펌프에서 유효흡입 수두가 이론치에 미치지 못하는 가장 큰 이유는?

① 대기압
② 관로손실
③ 펌프의 동력
④ 토출양정의 변화

해설 유효흡입수두는 관로 마찰손실이나, 물의 포화수증기압, 흡입양정에 따라 감소한다.

10 급수방식 중 수도직결방식에 관한 설명으로 옳지 않은 것은?

① 고층으로의 급수가 어렵다.
② 일반적으로 하향급수 배관방식을 사용한다.
③ 저수조가 없으므로 단수 시에 급수가 불가능하다.
④ 위생성 및 유지·관리 측면에서 가장 바람직한 방식이다.

해설 수도직결방식은 수도 본관에서 급수전까지 상향급수 배관방식을 사용한다.

11 고층건물의 배수입관(수직관)에 인접되어 접속되는 위생기구는 다음 중 어떤 원인에 의하여 봉수가 파괴될 가능성이 가장 높은가?

① 증발작용
② 모세관 현상
③ 자기사이폰 현상
④ 감압에 의한 흡인작용

해설 고층 건물에서 배수 수직관에서의 유속 증가로 동압이 증가하고 이때 감압(부압)에 의한 흡인 작용으로 봉수가 파괴된다.

12 공기조화방식 중 전공기 방식에 관한 설명으로 옳지 않은 것은?

① 실내에 배관으로 인한 누수의 우려가 없다.
② 대형 덕트 공간이 필요 없어 설치가 용이하다.
③ 병원의 수술실, 공장의 클린룸과 같이 청정을 필요로 하는 곳에 적용이 가능하다.
④ 실내에 취출구나 흡입구를 설치하면 되므로 팬코일 유닛과 같은 기구의 노출이 없어서 실내 유효면적을 넓힐 수 있다.

해설 전공기 방식은 대형 덕트 공간이 필요하며 송풍 동력도 커서 비경제적이다.

해답 9.② 10.② 11.④ 12.②

13 위생설비 유닛화의 목적과 가장 거리가 먼 것은?

① 인건비를 절약하기 위하여
② 시공의 질적 향상을 위하여
③ 현장에서의 작업량 확대를 위하여
④ 공기단축과 공정의 단순화를 위하여

해설 유닛화는 공장에서 대량 생산하여 조립된 유닛을 현장에서 직접 설치하므로 현장 작업량이 작다.

14 다음 중 외주부(perimeter zone)의 부하변동에 가장 효과적으로 대응할 수 있는 공기조화 방식은?

① 단일덕트방식
② 각층 유닛방식
③ 팬코일 유닛방식
④ 멀티존 유닛방식

해설 외주부의 부하변동에 가장 효과적으로 대응할 수 있는 공기조화 방식은 열 운반 능력이 우수한 전수식(팬코일 유닛방식)이다.

15 길이 ℓ[m]인 냉각수관이 수평으로 설치되어 있다. 이 관의 직관부 마찰저항 ΔP_f[Pa]를 구하는 공식으로 옳은 것은?(단, 관 마찰저항계수는 λ, 관경은 d[m], 유속은 v[m/sec], 유체의 밀도는 ρ[kg/m³]이다.)

① $\Delta P_f = d \cdot \dfrac{\ell}{\lambda} \cdot \dfrac{v^2}{2} \cdot \rho$
② $\Delta P_f = \lambda \cdot \dfrac{\ell}{d} \cdot \dfrac{v^2}{2} \cdot \rho$
③ $\Delta P_f = \lambda \cdot \dfrac{d}{\ell} \cdot \dfrac{v^2}{2} \cdot \rho$
④ $\Delta P_f = \dfrac{\ell}{\lambda \cdot d} \cdot \dfrac{v^2}{2} \cdot \rho$

해설 마찰저항은 $\Delta P_f = \lambda \cdot \dfrac{\ell}{d} \cdot \dfrac{v^2}{2} \cdot \rho$(Pa)과 $\Delta h = \lambda \cdot \dfrac{\ell}{d} \cdot \dfrac{v^2}{2g} \cdot \gamma$(mmAq)가 사용된다.

16 온수난방과 비교한 증기난방의 특징으로 옳은 것은?

① 예열시간이 짧다.
② 한랭지에서 동결의 우려가 크다.
③ 부하변동에 따른 실내방열량의 제어가 용이하다.
④ 소요방열면적과 배관경이 크므로 설비비가 높다.

해설 증기난방은 수량이 적어서(보일러의 보유수량만 가열하므로) 예열시간이 짧고, 한랭지에서 동결의 우려가 작다. 부하변동에 따른 실내방열량의 제어가 곤란하고(증기는 ON-OFF제어만 가능하다) 소요방열면적과 배관경은 작아서 설비비가 낮다.

해답 13.③ 14.③ 15.② 16.①

17 수관보일러에 관한 설명으로 옳은 것은?

① 지역난방에는 사용할 수 없다.
② 부하변동에 대한 추종성이 높다.
③ 사용압력이 연관식보다 낮으며 예열시간이 길다.
④ 연관식보다 설치면적이 작고, 초기 투자비가 적게 든다.

해설 수관보일러는 용량이 커서 지역난방에 사용하며 부하변동에 대한 추종성이 높다. 사용압력이 높고 예열시간이 짧다. 설치면적이 작고, 초기 투자비가 많이 든다.

18 냉동기의 증발기에서 일어나는 상태변화에 관한 설명으로 옳지 않은 것은?

① 압력이 높아진다.
② 비엔탈피가 증가한다.
③ 비엔트로피가 증가한다.
④ 액체냉매가 기체냉매로 상이 변한다.

해설 증발기에서 압력은 일정하다.

19 증기난방용 방열기의 표준 방열량은?

① 450W/m²
② 523W/m²
③ 650W/m²
④ 756W/m²

해설 온수난방 : 523W/m², 증기난방 : 756W/m²

20 30℃의 외기 40%와 23℃의 환기 60%를 혼합하여 냉각코일로 냉각 감습하는 경우 바이패스 팩터가 0.2이면 코일의 출구온도는?(단, 코일 표면온도는 10℃이다.)

① 12.16℃
② 13.16℃
③ 14.16℃
④ 15.16℃

해설 우선 혼합공기 온도를 구하면 $t_m = 0.4 \times 30 + 0.6 \times 23 = 25.8℃$
코일출구온도 $= t_c + BF(t_m - t_c) = 10 + 0.2(25.8 - 10) = 13.16℃$

제2과목 건축설비 설계

21 급탕설비에 관한 설명으로 옳지 않은 것은?

① 급탕배관에는 팽창관이 필요하다.
② 급탕순환방식에는 중력식과 강제식이 있다.

해답 17.② 18.① 19.④ 20.② 21.④

③ 급탕규모가 큰 곳에는 환탕관에 순환펌프를 설치한다.
④ 급탕배관에는 보온재를 사용해야 하나 환탕 배관은 보온하지 않는다.

해설 급탕배관과 환탕 배관 모두 보온한다.

22 급수배관 설계 및 시공상의 주의점에 관한 설명으로 옳지 않은 것은?
① 급수주관으로부터 분기하는 경우 T이음쇠를 사용한다.
② 수격작용(water hammering) 방지를 위해서 기구류 가까이에 통기관을 설치한다.
③ 음료용 급수관과 다른 용도의 배관을 크로스 커넥션(cross connection)하지 않도록 한다.
④ 수평배관에는 공기가 정체하지 않도록 하며, 어쩔 수 없이 공기정체가 일어나는 곳에는 공기빼기 밸브를 설치한다.

해설 급수배관에서 수격작용 방지를 위해서 기구류 가까이에 공기실(Air Chamber)을 설치한다.

23 고가수조방식의 급수법에서 최고층에 세정밸브식 대변기가 설치되어 있다. 세정밸브에서 고가수조의 최저수면까지의 높이는 최소 얼마 이상으로 하여야 하는가?(단, 고가수조에서 세정밸브까지의 전 마찰 손실 수두는 10kPa이다.)
① 약 11m ② 약 12m
③ 약 14m ④ 약 16m

해설 세정밸브 필요압은 10mAq(100kPa)이므로 마찰손실을 더하면 최소 높이는 10m+1m(10kPa)=8m이다.

24 정화조에서 호기성 미생물의 활동이 가장 활발한 곳은?
① 부패조 ② 산화조
③ 소독조 ④ 여과조

해설 부패조(혐기성 미생물), 산화조(호기성 미생물)

25 양수량이 1m³/min, 양정이 10m인 펌프의 회전수를 10% 증가시켰을 경우 양정은 얼마가 되겠는가?
① 약 9m ② 약 10m
③ 약 12m ④ 약 14m

해설 상사법칙에 따라 회전수가 10% 증가하면 양정은 제곱에 비례하므로 $H = 10(1.1)^2 = 12.1m$

해답 22.② 23.① 24.② 25.③

26 직관 내의 마찰손실수두와 관련된 다르시-와이스바하의 식에서 유체의 흐름이 층류일 경우 마찰계수 λ는?(단, Re는 레이놀즈수)

① $\lambda = \dfrac{32}{Re}$
② $\lambda = \dfrac{64}{Re}$
③ $\lambda = \dfrac{Re}{32}$
④ $\lambda = \dfrac{Re}{64}$

해설 층류에서 마찰계수는 $\lambda = \dfrac{64}{Re}$ 이다.

27 급탕설비의 온수순환에 관한 설명으로 옳은 것은?
① 순환펌프에 의한 강제순환은 물의 밀도차에 따른 순환이다.
② 강제순환수두는 배관의 길이와 마찰손실수두에 반비례한다.
③ 배관의 마찰손실수두가 자연순환수두보다 커지면 자연순환이 안 된다.
④ 중력순환수두는 순환높이에 비례하고 공급관과 반탕관에서의 물의 밀도 차이에 반비례한다.

해설 배관의 마찰손실수두가 자연순환수두보다 커지면 자연순환이 안 되기 때문에 강제순환(순환펌프)이 필요하다. 물의 밀도차에 따른 순환은 중력순환이다. 강제순환수두는 배관의 길이와 마찰손실수두에 비례한다. 중력순환수두는 순환높이에 비례하고 공급관과 반탕관에서의 물의 밀도 차에 비례한다.

28 수격작용에 관한 설명으로 옳지 않은 것은?
① 수격작용의 크기는 유속에 반비례한다.
② 양정이 높은 펌프를 사용할 때 발생하기 쉽다.
③ 수격작용은 에어챔버를 설치함으로써 완화시킬 수 있다.
④ 밸브를 급히 열어 정지 중인 배관 내의 물을 급격히 유동시킨 경우에도 발생한다.

해설 수격작용의 크기는 유속의 제곱에 비례한다.

29 다음의 위생기구를 배수부하 단위가 큰 것부터 작은 순으로 올바르게 나열한 것은?

㉠ 대변기(세정밸브 형식)　　㉡ 세면기
㉢ 샤워기(주택용)　　㉣ 소변기

① ㉠>㉣>㉢>㉡
② ㉠>㉡>㉣>㉢
③ ㉢>㉠>㉣>㉡
④ ㉢>㉣>㉠>㉡

해설 배수부하 단위가 가장 큰 것은 대변기(세정밸브 형식)이고 작은 것은 세면기이다.

해답 26.② 27.③ 28.① 29.①

30 펌프의 서징(Surging) 현상에 관한 설명으로 옳지 않은 것은?

① 토출배관 중에 수조 또는 공기체류가 있는 경우에 발생할 수 있다.
② 서징이 발생되면 유량 및 압력이 주기적으로 변동되면서 진동과 소음을 수반한다.
③ 토출량을 조절하는 밸브 위치가 수조 또는 공기가 체류하는 곳보다 하류에 있는 경우에 발생할 수 있다.
④ 펌프의 양정 특성곡선이 산형 특성이고, 그 사용범위가 오른쪽으로 감소하는 특성을 갖는 범위에서 사용하는 경우에 주로 발생한다.

[해설] 서징 현상은 펌프의 양정 특성곡선이 산형 특성이고, 그 사용범위가 오른쪽으로 증가하는 특성을 갖는 범위에서 사용하는 경우에 주로 발생한다.

31 관 속을 흐르는 유체에 관한 설명으로 옳은 것은?

① 유속에 비례하여 유량은 증가한다.
② 유체의 점도가 클수록 유량은 증가한다.
③ 관의 마찰계수가 크면 유량은 증가한다.
④ 관경의 제곱에 반비례해서 유량은 증가한다.

[해설] 관내에서 유속에 비례하여 유량은 증가하고, 유체의 점도가 클수록 유량은 감소하며, 관의 마찰계수가 크면 유량은 감소한다. 관경의 제곱에 비례해서 유량은 증가한다.

32 원형덕트와 장방형 덕트의 환산식으로 옳은 것은?(단, d : 원형 덕트의 직경 또는 환산직경, a : 장방형 덕트의 장변길이, b : 장방형 덕트의 단변길이)

① $d = 1.3\left[\dfrac{(a\cdot b)^5}{(a+b)^2}\right]^{1/8}$
② $d = 1.3\left[\dfrac{(a\cdot b)^5}{(a-b)^2}\right]^{1/8}$
③ $d = 1.3\left[\dfrac{(a\cdot b)^2}{(a+b)^5}\right]^{1/8}$
④ $d = 1.3\left[\dfrac{(a\cdot b)^2}{(a-b)^5}\right]^{1/8}$

[해설] $d = 1.3\left[\dfrac{(a\cdot b)^5}{(a+b)^2}\right]^{1/8}$ 이 공식 암기법은 [ ]이 8승이 되어야 한다.

33 축류형 송풍기의 종류에 속하지 않는 것은?

① 베인형　　　　　　　　② 후곡형
③ 튜브형　　　　　　　　④ 프로펠러형

[해설] 후곡형, 전곡익형, 다익형은 원심형 팬이다.

해답　30.④　31.①　32.①　33.②

34 다음과 같은 조건에서 실 체적이 500m³인 어떤 실의 틈새바람에 의한 현열부하와 잠열부하는 약 얼마인가?

> ㉠ 외기온습도 : t_o=32℃, x_o=0.0182kg/kg'
> ㉡ 실내온습도 : t_i=27℃, x_i=0.0099kg/kg'
> ㉢ 물의 증발잠열 r_o=2,501kJ/kg
> ㉣ 공기의 밀도 1.2kg/m³
> ㉤ 공기의 비열 1.01kJ/kg·K
> ㉥ 환기횟수 n=0.5회/h

① 현열부하 300W, 잠열부하 1,240W
② 현열부하 420W, 잠열부하 1,730W
③ 현열부하 600W, 잠열부하 2,480W
④ 현열부하 720W, 잠열부하 2,980W

해설 현열부하=$mC\Delta t$=0.5×500×1.2×1.01(32−27)=1,515kJ/h=420.8W
잠열부하=2,501$m\Delta x$=2,501×0.5×500×1.2(0.0182−0.0099)=6,227.5kJ/h
=1,729.9W

35 난방장치의 용량계산을 위한 설계용 외기온도를 설정할 때 "TAC 온도 위험률 2.5% 온도"의 의미로 가장 알맞은 것은?(단, 난방기간은 연간 121일이다.)

① 난방 기간 동안의 외기온도가 설계 외기온도보다 2.5% 높을 가능성이 있다.
② 난방 기간 동안의 외기온도가 설계 외기온도보다 2.5% 낮을 가능성이 있다.
③ 2.5%의 시간에 해당하는 약 72시간의 외기 온도가 설계 외기온도보다 높을 가능성이 있다.
④ 2.5%의 시간에 해당하는 약 72시간의 외기 온도가 설계 외기온도보다 낮을 가능성이 있다.

해설 TAC 온도 위험률 2.5% 온도란 난방기간 121일의 2.5%의 시간에 해당하는 약 72시간 (121×24×0.025=72시간)의 실제 외기 온도가 설계 외기온도보다 낮을 가능성이 있다.

36 습공기에 관한 설명으로 옳지 않은 것은?

① 절대습도가 일정한 경우 건구온도가 높을수록 비체적은 커진다.
② 절대습도가 일정한 경우 건구온도가 높을수록 엔탈피는 커진다.
③ 건구온도가 일정한 경우 상대습도가 높을수록 노점온도는 높아진다.
④ 건구온도가 일정한 경우 상대습도가 높을수록 절대습도는 낮아진다.

해설 건구온도가 일정한 경우 상대습도가 높을수록 절대습도는 높아진다.

해답 34.② 35.④ 36.④

37 다음과 같은 조건에 있는 두께 250mm인 외벽(콘크리트 200mm+석고 플라스터 50mm)을 통해 들어오는 열량은?

- 콘크리트의 열전도율 : 1.4W/m·K
- 석고 플라스터의 열전도율 : 0.5W/m·K
- 벽체의 실내측 표면 열전달률 : 20W/m·K
- 벽체의 실외측 표면 열전달률 : 7W/m·K
- 외벽의 면적 : 45m²
- 외기온도 : 33℃
- 실내공기의 온도 : 24℃

① 약 914W ② 약 929W
③ 약 945W ④ 약 977W

해설 벽체 열관류율을 구하면 $\dfrac{1}{K} = \dfrac{1}{\alpha_i} + \dfrac{L_1}{\lambda_1} + \dfrac{L_2}{\lambda_2} + \dfrac{1}{\alpha_o}$ 에서

조건을 대입하면 $\dfrac{1}{K} = \dfrac{1}{20} + \dfrac{0.2}{1.4} + \dfrac{0.05}{0.5} + \dfrac{1}{7}$

$K = 2.30$
$q = KA\Delta t = 2.3 \times 45(33-24) = 932W$
계산과정의 소수점 처리에 따라 약간의 차이가 있다. (932W≒929W)

38 공조배관계에 부압방지를 위한 배관법으로 옳지 않은 것은?

① 순환펌프 토출측에 팽창탱크가 접속되는 것을 피한다.
② 순환펌프는 배관 도중 온도가 가장 높은 곳에 설치한다.
③ 팽창탱크는 장치의 가장 높은 곳보다 더 높은 위치로 한다.
④ 순환펌프는 배관 도중 가능한 한 흡입양정이 높은 곳에 설치한다.

해설 공조배관계에 부압방지와 캐비테이션 방지를 위해 순환펌프는 배관 도중 온도가 가장 낮은 곳에 설치한다.

39 바닥면에서 1m의 위치에 중성대가 있는 실에서 바닥면상 2m 지점에서의 실내외 압력차는?(단, 실내공기의 밀도는 1.2kg/m³이며, 실외공기의 밀도는 1.25kg/m³이다.)

① 실내가 0.1mmAq 높다. ② 실외가 0.1mmAq 높다.
③ 실내가 0.05mmAq 높다. ④ 실외가 0.05mmAq 높다.

해설 중성대 아래쪽은 실외가 압력이 높고 중성대 위쪽은 실내가 높다.
$\Delta p = h(\rho_2 - \rho_1) = (2-1)(1.25-1.2) = 0.05\text{mmAq}$

해답 37.② 38.② 39.③

40 온수배관에 관한 설명으로 옳지 않은 것은?

① 역환수방식 ② 자연환수방식
③ 간접환수방식 ④ 건식환수방식

해설 건식환수방식은 증기 배관에 적용하는 중력식 환수방법의 일종이다.

제3과목 | 전기 및 소방시설 일반

41 가스사용시설에서 지상배관의 표면색상은?(단, 황색띠를 2중으로 표시한 경우 제외)

① 적색 ② 백색
③ 황색 ④ 녹색

해설 가스사용시설에서 지상배관의 표면색상은 황색을 원칙으로 한다.

42 그림과 같은 회로에서 7[Ω]의 저항에 걸리는 전압은?

① 4[V] ② 7[V]
③ 14[V] ④ 28[V]

해설 40V전원이 저항에 비례하여 걸리므로 $V_7 = 40\left(\dfrac{7}{7+3}\right) = 28V$

3[Ω]에는 12V가 걸린다.

43 3상교류에 관한 설명으로 옳지 않은 것은?

① 회전자장을 만든다. ② 단상전력의 2배가 된다.
③ 대용량의 전력공급에 사용된다. ④ 각 상간의 위상차는 $\dfrac{2\pi}{3}$[rad]이다.

해설 3상교류는 단상전력의 $\sqrt{3}$ 배가 된다.
3상교류전력 $W = \sqrt{3}\,IV$

해답 40.④ 41.③ 42.④ 43.②

44 멀티미터(테스터)로 측정할 수 없는 것은?

① 저항
② 전력량
③ 교류전압
④ 직류전류

[해설] 테스터는 저항, 전압, 전류를 측정한다.

45 20[kVA]의 단상 변압기 2대로 공급할 수 있는 최대 3상전력[kVA]은?

① 약 20
② 약 25
③ 약 30
④ 약 35

[해설] 20[kVA]의 단상 변압기 2대를 V결선하면 공급할 수 있는 최대 3상전력[kVA]은
3상교류전력 $W = \sqrt{3}(20kVA) = 34.6kVA$

46 옥내소화전설비의 송수구에 관한 설명으로 옳지 않은 것은?

① 구경 65mm의 쌍구형 또는 단구형으로 할 것
② 송수구에는 이물질을 막기 위한 마개를 씌울 것
③ 송수구로부터 주 배관에 이르는 연결배관에는 개폐밸브를 설치할 것
④ 송수구의 가까운 부분에 자동배수밸브(또는 직경 5mm의 배수공) 및 체크밸브를 설치할 것

[해설] 송수구로부터 주 배관에 이르는 연결배관에는 밸브를 설치하지 말 것

47 건축화 조명에 관한 설명으로 옳지 않은 것은?

① 조명기구 배치방식에 의하면 거의 전반조명 방식에 해당된다.
② 조명기구 배치방식에 의하면 거의 직접조명 방식에 해당된다.
③ 건축물의 천장이나 벽을 조명기구 겸용으로 마무리하는 것이다.
④ 천장면 이용방식으로는 다운라이트, 코퍼라이트, 광천장조명 등이 있다.

[해설] 건축화 조명은 조명기구 배치방식에 의하면 거의 간접조명 방식에 해당된다.

48 다음 중 피드백 제어 시스템에서 반드시 필요한 장치는?

① 감도를 향상시키는 장치
② 안정도를 향상시키는 장치
③ 입력과 출력을 비교하는 장치
④ 응답속도를 빠르게 하는 장치

[해설] 피드백 제어란 되먹임 제어로 입력과 출력을 비교하는 비교부가 필요하다.

[해답] 44.② 45.④ 46.③ 47.② 48.③

49 다음과 같은 회로에서 a, b 간의 합성 정전용량은?

① 1[μF] ② 2[μF]
③ 4[μF] ④ 8[μF]

해설 2μF 2개의 직렬합성용량은 $\frac{1}{C} = \frac{1}{C_1} + \frac{1}{C_2}$ 에서 $\frac{1}{C} = \frac{1}{2} + \frac{1}{2}$
∴ $C = 1$
1μF 2개의 병렬합성용량은 $C = C_1 + C_2 = 1 + 1 = 2\mu F$

50 다음은 옥내소화전설비의 전동기에 따른 펌프를 이용하는 가압송수장치에 관한 설명이다. ( ) 안에 알맞은 것은?

> 특정소방대상물의 어느 층에 있어서도 해당 층의 옥내소화전(5개 이상 설치된 경우에는 5개의 옥내소화전)을 동시에 사용할 경우 각 소화전의 노즐선단에서의 방수압력이 ( ) 이상이 되는 성능의 것으로 할 것

① 0.1MPa ② 0.17MPa
③ 0.25MPa ④ 0.7MPa

해설 옥내소화전설비 노즐선단에서의 방수압력은 최소 0.17MPa, 최대 0.7MPa로 한다.

51 자동화재탐지설비의 감지기 중 감지기 주위의 공기가 일정한 농도의 연기를 포함하게 되었을 때 작동하는 감지기는?

① 차동식 감지기 ② 정온식 감지기
③ 보상식 감지기 ④ 이온화식 감지기

해설 연기를 감지하는 연감지기에는 이온화식, 광전식 등이 있다.

52 변압기의 1차 측 코일의 권수가 6,000, 2차 측 코일의 권수가 200일 때 1차 측 코일에 교류전압 3,000V 인가 시 2차 측 코일에 발생하는 교류전압 (V)은?

① 500 ② 200
③ 100 ④ 50

해답 49.② 50.② 51.④ 52.③

해설 발생 전압은 코일의 권수에 비례하여 변화한다.

$$\frac{N_2}{N_1} = \frac{V_2}{V_1} \Leftrightarrow V_2 = V_1 \frac{N_2}{N_1} = 3,000 \times \frac{200}{6,000} = 100\,V$$

여기서, N_1 : 변압기 1차 측 코일 권수 N_2 : 변압기 2차 측 코일 권수
V_1 : 1차 측 전압 V_2 : 2차 측 전압

53 비상콘센트설비에 비상전원으로 자가발전설비를 설치하는 경우 자가발전설비는 비상콘센트설비를 최소 얼마 이상 유효하게 작동시킬 수 있는 용량으로 하여야 하는가?

① 10분
② 20분
③ 30분
④ 60분

해설 비상콘센트설비에 비상전원으로 자가발전설비를 설치하는 경우 자가발전설비 용량은 20분 이상으로 한다. 대부분의 소방 관련 비상설비 용량은 20분으로 한다.

54 옥외소화전설비에 관한 설명으로 옳지 않은 것은?

① 호스접결구는 지면으로부터 높이가 0.5m 이상 1m 이하의 위치에 설치하여야 한다.
② 옥외소화전설비에는 옥외소화전마다 그로부터 5m 이내의 장소에 소화전함을 설치하여야 한다.
③ 옥외소화전설비의 수원은 그 저수량이 옥외소화전의 설치개수에 5㎥를 곱한 양 이상이 되도록 하여야 한다.
④ 호스접결구는 특정소방대상물의 각 부분으로부터 하나의 호스접결구까지의 수평거리가 40m 이하가 되도록 설치하여야 한다.

해설 옥외소화전설비의 수원은 그 저수량이 옥외소화전의 설치개수에 7㎥(350L/min×20min =7㎥)를 곱한 양 이상이 되도록 하여야 한다.
※ 옥내소화전설비의 수원은 그 저수량이 옥내소화전의 설치개수에 2.6㎥(130L/min× 20min=2.6㎥)를 곱한 양 이상이 되도록 하여야 한다.

55 4극의 공조기팬용 유도전동기를 220[V] 60[Hz]의 전원으로 운전하는 경우 회전수는 얼마인가?(단, 전동기의 슬립(slip)은 5[%]이다.)

① 900[rpm]
② 1,710[rpm]
③ 1,750[rpm]
④ 1,800[rpm]

해설 전동기 회전수는 극수에 반비례하고 주파수에 비례한다.

$$N = \frac{120f}{P}(1-s) = \frac{120 \times 60}{4}(1-0.05) = 1,710\,\text{rpm}$$

해답 53.② 54.③ 55.②

56 스프링클러설비의 배관 중 스프링클러헤드가 설치되어 있는 배관을 의미하는 것은?

① 주배관
② 교차배관
③ 가지배관
④ 급수배관

해설 스프링클러설비의 배관은 주배관 → 교차배관 → 가지배관 → 스프링클러헤드

57 다음 중 간선 및 배선설비 설계에서 일반적으로 가장 먼저 이루어지는 작업은?

① 부하 산정
② 보호방식 결정
③ 간선의 배선방식 결정
④ 배선의 부설방식 결정

해설 간선 및 배선설비 설계에서 일반적으로 가장 먼저 이루어지는 작업은 부하의 산정이다.

58 선간전압 220[V], 전류 70[A], 소비전력 18[kW]인 3상 유도전동기의 역률은?

① 0.67
② 0.72
③ 0.75
④ 1.17

해설 역률 = $\dfrac{소비전력}{피상전력} = \dfrac{18,000}{\sqrt{3} \times 220 \times 70} = 0.67$

59 공조설비에서 DDC방식 중 변풍량(VAV) 제어방식의 특징으로 옳지 않은 것은?

① 부하변동이 심한 건축물에서는 사용이 곤란하다.
② 부하변동에 따른 송풍용 동력을 절약할 수 있다.
③ 순간적 대응이 빠르므로 주거 쾌적성이 향상된다.
④ 동시부하율을 고려하여 설비비를 경감시킬 수 있다.

해설 변풍량(VAV) 제어 방식은 부하 변동에 따라 송풍량을 제어하는 것으로 부하변동이 심한 건축물에 사용하면 효과적이다.

60 무한 직선도체의 전류에 의한 자계가 직선도체로부터 1[m] 떨어진 점에서 1[AT/m]로 될 때 도체의 전류의 크기는 몇 [A]인가?

① $\dfrac{\pi}{2}$
② π
③ $\dfrac{3\pi}{2}$
④ 2π

해설 자계 $H = \dfrac{I}{2\pi r}$에서 $I = H2\pi r = 1 \times 2\pi \times 1 = 2\pi$

해답 56.③ 57.① 58.① 59.① 60.④

제4과목 건축설비 관련 법규

61 건축법령상 다중이용 건축물에 속하지 않는 것은?(단, 층수가 16층 미만인 경우)
① 종교시설의 용도로 쓰는 바닥면적의 합계가 5,000㎡인 건축물
② 판매시설의 용도로 쓰는 바닥면적의 합계가 5,000㎡인 건축물
③ 업무시설의 용도로 쓰는 바닥면적의 합계가 5,000㎡인 건축물
④ 의료시설 중 종합병원의 용도로 쓰는 바닥면적의 합계가 5,000㎡인 건축물

해설 〈건축법령 제2조 17항〉 업무시설, 동식물원, 전시장은 해당 없음.

62 방송 공동수신설비를 설치하여야 하는 대상건축물에 속하지 않는 것은?
① 다세대주택
② 다가구주택
③ 바닥면적의 합계가 5,000㎡으로서 업무시설의 용도로 쓰는 건축물
④ 바닥면적의 합계가 5,000㎡으로서 숙박시설의 용도로 쓰는 건축물

해설 〈건축법령 제87조〉 방송 공동수신설비를 설치하여야 하는 대상건축물 : 공동주택, 업무시설, 숙박시설, 다가구주택은 단독주택에 속한다.

63 다음의 소방시설 중 경보설비에 속하지 않는 것은?
① 비상방송설비
② 자동화재탐지설비
③ 자동화재속보설비
④ 무선통신보조설비

해설 〈소방법령 제3조〉 무선통신보조설비는 소화활동설비에 속한다.

64 건축법령상 다음과 같이 정의되는 주택의 종류는?

주택으로 쓰는 1개 동의 바닥면적 합계가 660㎡ 이하이고, 층수가 4개층 이하인 주택

① 다중주택
② 연립주택
③ 다세대주택
④ 다가구주택

해설 〈건축법령 제3조 5〉
• 다세대주택 : 주택으로 쓰는 1개 동의 바닥면적 660㎡ 이하이고, 층수가 4개층 이하
• 다가구주택 : 주택으로 쓰는 1개 동의 바닥면적 660㎡ 이하이고, 층수가 3개층 이하

해답 61.③ 62.② 63.④ 64.③

65 문화 및 집회시설 중 공연장의 개별관람석의 바닥면적이 1,000m²인 경우, 개별관람석 출구의 유효너비 합계는 최소 얼마 이상으로 하여야 하는가?

① 3m　　② 4m
③ 5m　　④ 6m

해설 〈피난방화구조 제10조〉 100m²마다 유효너비 0.6m → 1,000m²일 때 6m

66 녹색건축 인증 등급의 구분에 속하지 않는 것은?

① 우수(그린 2등급)　　② 우량(그린 3등급)
③ 일반(그린 4등급)　　④ 보통(그린 5등급)

해설 〈녹색건축기준 제3조〉 별표 12. 녹색건축 인증 등급은 최우수(그린 1등급), 우수(그린 2등급), 우량(그린 3등급), 일반(그린 4등급)으로 한다.

67 특정소방대상물이 문화 및 집회시설 중 공연장인 경우 모든 층에 스프링클러설비를 설치하여야 하는 수용인원 기준은?

① 100명 이상　　② 200명 이상
③ 500명 이상　　④ 1,000명 이상

해설 〈소방법령 제15조〉 별표 5. 문화 및 집회시설 중 공연장인 경우 모든 층에 스프링클러설비 : 100명 이상

68 공동주택의 거실에 설치하는 반자의 높이는 최소 얼마 이상이어야 하는가?

① 1.8m　　② 2.1m
③ 2.7m　　④ 4m

해설 〈피난방화구조 제16조〉 거실에 설치하는 반자의 높이는 최소 2.1m

69 방염성능기준 이상의 실내장식물 등을 설치하여야 하는 특정소방대상물에 속하는 것은?(단, 층수가 10층인 경우)

① 아파트　　② 기숙사
③ 숙박시설　　④ 실내수영장

해설 〈소방법령 제30조〉 방염성능기준 이상의 실내장식물 등을 설치하여야 하는 특정소방대상물 : 숙박시설, 문화 및 집회시설, 방송국, 촬영소, 종교시설 등

해답 65.④　66.④　67.①　68.②　69.③

70 건축물에 급수·배수·환기·난방설비를 설치하는 경우 건축기계설비기술사 또는 공조냉동기계기술사의 협력을 받아야 하는 대상 건축물에 속하지 않는 것은?(단, 연면적 10,000m² 미만인 건축물의 경우)

① 연립주택
② 판매시설로서 해당 용도에 사용되는 바닥면적의 합계가 2,000㎡인 건축물
③ 의료시설로서 해당 용도에 사용되는 바닥면적의 합계가 2,000㎡인 건축물
④ 숙박시설로서 해당 용도에 사용되는 바닥면적의 합계가 2,000㎡인 건축물

해설 〈설비기준 제2조〉 판매시설로서 바닥면적의 합계가 3,000㎡ 이상인 건축물

71 다음 중 내화구조에 해당하지 않는 것은?

① 철골철근콘크리트조의 계단
② 두께 8cm인 철근콘크리트조의 바닥
③ 철재로 보강된 유리블록으로 된 지붕
④ 작은 지름이 25cm인 철근콘크리트조의 기둥

해설 〈피난방화구조 제10조〉 두께 10cm 이상인 철근콘크리트조의 바닥

72 연면적 200m²을 초과하는 건축물에 설치하는 계단에 관한 기준 내용으로 옳지 않은 것은?

① 돌음계단의 단너비는 그 좁은 너비의 끝부분으로부터 30cm의 위치에서 측정한다.
② 너비가 2m를 넘는 계단에는 계단의 중간에 너비 2m 이내마다 난간을 설치하여야 한다.
③ 높이가 3m를 넘는 계단에는 높이 3m 이내마다 유효너비 1.2m 이상의 계단참을 설치하여야 한다.
④ 높이 1m를 넘는 계단 및 계단참의 양 옆에는 난간(벽 또는 이에 대치되는 것 포함)을 설치하여야 한다.

해설 〈피난방화구조 제15조〉 계단 너비가 3m를 넘는 계단에는 계단의 중간에 너비 3m 이내마다 난간을 설치하여야 한다.

73 6층 이상의 거실 면적의 합계가 3,000m²인 경우 설치하여야 하는 승용승강기의 최소 대수가 가장 많은 것은?(단, 8인승 승강기의 경우)

① 업무시설
② 숙박시설
③ 위락시설
④ 판매시설

해설 〈설비기준 제5조〉 동일한 면적일 때 문화, 집회, 판매, 의료시설이 가장 대수가 많다.

해답 70.② 71.② 72.② 73.④

74 건축물의 출입구에 설치하는 회전문에 관한 기준내용으로 옳지 않은 것은?

① 계단이나 에스컬레이터로부터 1m 이상의 거리를 둘 것
② 회전문의 회전속도는 분당회전수가 8회를 넘지 아니하도록 할 것
③ 출입에 지장이 없도록 일정한 방향으로 회전하는 구조로 할 것
④ 회전문의 중심축에서 회전문과 문틀 사이의 간격을 포함한 회전문 날개 끝부분까지의 길이는 140cm 이상이 되도록 할 것

해설 〈피난방화구조 제12조〉 회전문은 계단이나 에스컬레이터로부터 2m 이상의 거리를 둘 것

75 건축물의 옥상에 헬리포트를 설치하거나 헬리콥터를 통하여 인명 등을 구조할 수 있는 공간을 확보하여야 하는 대상 건축물 기준으로 옳은 것은?(단, 건축물의 지붕을 평지붕으로 하는 경우)

① 11층 이상인 층의 바닥면적의 합계가 3,000m² 이상인 건축물
② 11층 이상인 층의 바닥면적의 합계가 5,000m² 이상인 건축물
③ 11층 이상인 층의 바닥면적의 합계가 10,000m² 이상인 건축물
④ 11층 이상인 층의 바닥면적의 합계가 12,000m² 이상인 건축물

해설 〈피난방화구조 제40조〉 옥상에 헬리포트 : 11층 이상인 층의 바닥면적의 합계가 10,000m² 이상인 건축물

76 화재안전기준에 따라 소화기구를 설치하여야 하는 특정소방대상물의 연면적 기준은?

① 10m² 이상   ② 25m² 이상
③ 33m² 이상   ④ 45m² 이상

해설 〈소방법령 제15조〉 별표 5. 소화기구 : 33m² 이상

77 배연설비의 설치에 관한 기준 내용으로 옳지 않은 것은?

① 배연구는 수동으로 열고 닫을 수 없도록 할 것
② 배연창의 유효면적은 최소 1m² 이상으로 할 것
③ 배연구는 예비전원에 의하여 열 수 있도록 할 것
④ 건축법령에 의하여 건축물에 방화구획이 설치된 경우에는 그 구획마다 1개소 이상의 배연창을 설치할 것

해설 〈설비기준 제14조〉 배연구는 수동으로 열고 닫을 수 있도록 할 것

해답 74.① 75.③ 76.③ 77.①

78 다음은 직통계단의 설치에 관한 기준 내용이다. ( ) 안에 알맞은 것은?

> 초고층 건축물에는 피난층 또는 지상으로 통하는 직통계단과 직접 연결되는 피난안전구역을 지상층으로부터 최대 ( ) 층마다 1개소 이상 설치하여야 한다.

① 10개　　　　　　　　　② 20개
③ 30개　　　　　　　　　④ 40개

해설 〈건축법령 제34조 ③항〉 30개 층마다 대피공간

79 특별시나 광역시에 건축하는 경우 특별시장이나 광역시장의 허가를 받아야 하는 대상 건축물의 층수 기준은?

① 층수가 6층 이상인 건축물　　② 층수가 16층 이상인 건축물
③ 층수가 21층 이상인 건축물　　④ 층수가 31층 이상인 건축물

해설 〈건축법 제11조〉 21층 이상인 건축물 : 특별시나 광역시에서 시장 허가

80 기계설비 유지관리 준수 대상 건축물(기계 설비유지관리자 선임대상 건축물) 중 공동주택의 기준에 대해 다음 괄호 안에 들어갈 숫자는?

> • (㉠)세대 이상의 공동주택
> • (㉡)세대 이상으로서 중앙집중식 난방 방식(지역난방방식을 포함한다)의 공동주택

① ㉠ 500, ㉡ 500　　　　② ㉠ 500, ㉡ 300
③ ㉠ 300, ㉡ 500　　　　④ ㉠ 300, ㉡ 300

해설 〈기계설비법 시행령 제14조〉 기계설비 유지관리 준수 대상 건축물
1. 연면적 10,000㎡ 이상의 건축물(창고시설은 제외)
2. 500세대 이상의 공동주택 또는 300세대 이상으로서 중앙집중식 난방 방식(지역난방방식 포함)의 공동주택
3. 다음의 건축물 등 중 해당 건축물 등의 규모를 고려하여 국토교통부장관이 정하여 고시하는 건축물 등
    • 건설공사를 통하여 만들어진 교량·터널·항만·댐·건축물 등 구조물과 그 부대시설
    • 학교시설
    • 지하역사 및 지하도상가
4. 중앙행정기관의 장, 지방자치단체의 장 및 그 밖에 국토교통부장관이 정하는 자가 소유하거나 관리하는 건축물 등

해답　78.③　79.③　80.②

제4회 건축설비기사 기출모의고사

제1과목 건축설비 계획

01 측창채광에 관한 설명으로 옳지 않은 것은?

① 비막이에 유리하다.
② 개폐조작이 용이하고, 유지관리가 쉽다.
③ 균일한 조도를 얻을 수 있다.
④ 주변 건물들에 의해 채광이 방해받을 수 있다.

해설 측창채광은 균일한 조도를 얻기는 어렵다.

02 표면결로의 방지대책으로 옳지 않은 것은?

① 냉교(cold bridge)가 생기지 않도록 주의한다.
② 환기로 실내 절대습도를 저하시킨다.
③ 실내에서 수증기 발생을 억제한다.
④ 외벽의 단열강화로 실내 측 표면온도를 저하시킨다.

해설 표면결로는 외벽의 내면 온도가 낮을 때 발생하므로 외벽의 단열강화로 실내 측 표면온도를 높여야 한다.

03 잔향시간에 관한 설명으로 옳은 것은?

① 강당의 최적 잔향시간은 음악당보다 길다.
② 잔향시간은 실내 공간의 용적에 비례한다.
③ 강당의 내부벽 재료는 잔향시간에는 영향을 주지 않는다.
④ 잔향시간은 정상상태에서 90dB의 음이 감쇠하는데 소요되는 시간을 말한다.

해설 잔향시간은 실내 공간의 용적에 비례한다. 즉 대공간일수록 잔향시간이 길다.

해답 1.③ 2.④ 3.②

04 다음 중 원칙적으로 청소구(clean out)를 설치하여야 하는 곳에 속하지 않는 것은?

① 배수수직관의 최상부
② 배수수평주관의 기점
③ 배수수평지관의 기점
④ 배수관이 45° 이상의 각도로 방향을 바꾸는 곳

해설 청소구는 배수수직관의 최하부에 둔다.

05 먹는 물의 수질기준에 따른 건강상 유해영향 무기물질에 속하지 않는 것은?

① 납
② 페놀
③ 불소
④ 수은

해설 페놀은 유기물에 속한다.

06 양수펌프의 흡수면으로부터 토출수면까지의 실제 높이는 20m이고 흡입관과 토출관의 관경이 같은 경우 펌프의 전양정은?(단, 관로의 전손실수두는 실양정의 20%로 한다.)

① 20m
② 22m
③ 24m
④ 26m

해설 전양정=실양정+마찰손실수두+속도수두=20+20×0.2=24m
(속도수두는 흡입 토출속도가 같으므로 무시한다)

07 10℃의 냉수 100kg과 70℃의 탕 100kg을 혼합할 경우, 혼합수의 온도는?

① 36℃
② 38℃
③ 40℃
④ 42℃

해설 $t = \dfrac{m_1 t_1 + m_2 t_2}{m_1 + m_2} = \dfrac{100 \times 10 + 100 \times 70}{100 + 100} = 40$

m_1, m_2가 같을 때는 혼합온도는 평균온도, 즉 중간 값이다. 10과 70의 중간 40도가 된다.

08 배수수직관 내가 부압으로 되는 곳에 배수수평지관이 접속되어 있는 경우, 배수수평지관 내의 공기가 수직관으로 유인되어 봉수가 파괴되는 현상(작용)은?

① 증발 현상
② 모세관 현상
③ 유도사이폰 작용
④ 자기사이폰 작용

해답 4.① 5.② 6.③ 7.③ 8.③

해설 유도사이폰 작용(감압에 의한 흡인작용)은 수직관 중 유속이 빠른 부분에서 동압이 증가하여 정압이 감소하면(부압) 유인작용이 발생한다.

09 통기관의 관경에 관한 설명으로 옳지 않은 것은?

① 신정통기관의 관경은 배수수직관 관경의 1/2 이상으로 한다.
② 루프통기관의 관경은 담당 배수수평지관의 1/2 이상으로 한다.
③ 건물의 배수탱크에 설치하는 통기관의 관경은 50mm 이상으로 한다.
④ 결합통기관의 관경은 통기수직관과 배수수직관 중 작은 쪽 관경 이상으로 한다.

해설 신정통기관의 관경은 배수수직관 관경보다 작게 하지 않는다.

10 대변기의 세정방식 중 로탱크(low tank)식에 관한 설명으로 옳은 것은?

① 바닥으로부터 1.6m 이상 높은 위치에 탱크를 설치한다.
② 단시간에 다량의 물이 필요하기 때문에 일반 가정용으로는 사용하지 않는다.
③ 사용빈도가 많거나 일시적으로 많은 사람들이 연속하여 사용하는 장소에 적합하다.
④ 세정의 경우 탱크로의 급수압력에 관계없이 대변기로의 공급수량이나 압력이 일정하다.

해설 바닥으로부터 1.6m 이상 높은 위치에 탱크를 설치하는 방식은 하이탱크식이고, 로탱크식은 일반 가정용으로 주로 사용한다. 사용빈도가 많거나 일시적으로 많은 사람들이 연속하여 사용하는 장소에 적합한 방식은 세정밸브식이다. 로탱크식은 탱크에 저장된 물을 사용하므로 급수압력에 관계없이 대변기로의 공급수량이나 압력이 일정하다.

11 수질과 관련된 용어의 설명으로 옳지 않은 것은?

① SS란 오수 중에 떠 있는 부유물질을 말하며, 탁도의 원인이 되기도 한다.
② DO란 오수 중의 산소요구량을 말하며, 오염도가 높을수록 산소요구량이 적다.
③ COD란 화학적 산소요구량을 말하며, COD값은 일반적으로 BOD값보다 높게 나타난다.
④ BOD란 생물화학적 산소요구량을 말하며 오수 중의 분해가능한 유기물 함유 정도를 간접적으로 측정하는데 이용된다.

해설 DO란 오수 중의 용존산소량을 말하며, 오염도가 높을수록 용존산소량은 감소한다.

12 배관 일부의 교환 및 수리를 용이하게 하기 위하여 사용하는 배관 부속품은?

① 티　　　　　　　　　　② 엘보
③ 플러그　　　　　　　　④ 유니온

해설 유니온이나 플랜지는 배관의 최종 조립과 분해에 이용된다.

해답　9.① 10.④ 11.② 12.④

13 유체의 성질과 관련하여 다음 설명이 의미하는 것은?

> 에너지보존의 법칙을 유체의 흐름에 적용한 것으로서 유체가 갖고 있는 운동에너지, 중력에 의한 위치에너지 및 압력에너지의 총합은 흐름 내 어디에서나 일정하다.

① 파스칼의 원리 ② 스토크스의 법칙
③ 뉴턴의 점성법칙 ④ 베르누이의 정리

해설 베르누이의 정리는 관로 내의 유체의 에너지보존 법칙으로 유체가 갖고 있는 운동에너지, 위치에너지 및 압력에너지의 총합은 흐름 내 어디에서나 일정하다는 법칙이다.

14 급수방식 중 수도직결방식에 관한 설명으로 옳은 것은?

① 전력 차단 시 급수가 불가능하다.
② 3층 이상의 고층으로의 급수가 용이하다.
③ 저수조가 있으므로 단수 시에도 급수가 가능하다.
④ 수도 본관의 영향을 그대로 받아 수압 변화가 심하다.

해설 수도직결방식은 전력 차단 시에도 급수가 가능하며, 3층 이상의 고층으로의 급수는 곤란하며, 저수조가 없으므로 단수 시에는 급수가 불가능하다. 수도 본관의 수압으로 급수압이 결정되므로 피크로드 시에는 수압 변화가 심하다.

15 송풍기의 회전수 500rpm에서 풍량은 200m³/min이었다. 회전수를 600rpm으로 올렸을 경우 풍량은?

① 210 m³/min ② 240 m³/min
③ 288 m³/min ④ 356 m³/min

해설 송풍기 상사법칙에서 $\frac{Q_2}{Q_1} = \frac{N_2}{N_1}$에서 $Q_2 = Q_1 \left(\frac{N_2}{N_1}\right) = 200\left(\frac{600}{500}\right) = 240$

16 개방식 배관의 펌프 흡입관 선단에 부착하여 펌프 운전 중에는 물론 펌프 정지 시에도 흡입관 내를 만수상태로 유지하기 위해 설치하는 것은?

① 관트랩 ② 박스트랩
③ 스트레이너 ④ 풋형 체크밸브

해설 풋형 체크밸브는 펌프 흡입관 선단에 부착하여 펌프 정지 시에도 흡입관 내를 만수상태로 유지하여 펌프 기동 시 양수가 가능해진다. 흡입관에 물이 없으면 물채움(프라이밍)이 필요하다.

해답 13.④ 14.④ 15.② 16.④

17 온수난방방식에 관한 설명으로 옳은 것은?

① 용량제어가 어렵고 응축수에 의한 열손실이 크다.
② 실내온도의 상승이 빠르고 예열손실이 적어 간헐난방에 적합하다.
③ 증기난방에 비하여 소요방열면적과 배관경이 작으므로 설비비가 낮다.
④ 열용량이 크므로 보일러를 정지시켜도 실내 난방이 어느 정도 지속된다.

해설 온수난방방식은 용량제어가 쉽고, 응축수는 증기난방에서 발생하고, 실내온도의 상승은 느리고, 예열손실이 많아 간헐난방에 부적합하다. 또한 증기난방에 비하여 소요방열면적과 배관경이 커서 설비비가 높고, 열용량이 크므로 보일러를 정지시켜도 실내 난방이 어느 정도 지속되므로 주택에 많이 이용된다.

18 건물의 냉방부하의 종류 중 현열과 잠열성분을 모두 갖는 것은?

① 인체의 발생열량
② 벽체로부터의 취득열량
③ 유리로부터의 취득열량
④ 덕트로부터의 취득열량

해설 현열과 잠열성분을 모두 갖는 냉방부하는 인체발열량, 극간풍부하, 외기부하 등이다.

19 다음 중 재실인원이 적은 실에 부하변동이 크고 극간풍이 비교적 많은 경우 공조방식으로 가장 적절한 것은?

① FCU 방식
② 멀티존 유니트 방식
③ 2중 덕트 정풍량 방식
④ 단일덕트 정풍량 방식

해설 FCU 방식은 전수식으로 열공급량이 커서 외주부의 부하변동이 크고 극간풍이 비교적 많은 경우에 적합한 공조방식이며 신선공기 공급은 안 되므로 재실인원이 적은 실에 적절하다.

20 습공기의 상태변화량 중 수분의 변화량과 엔탈피 변화량의 비율을 의미하는 것은?

① 현열비
② 열수분비
③ 접촉계수
④ 바이패스계수

해설 열수분비 = $\dfrac{엔탈피}{수분}$

해답 17.④ 18.① 19.① 20.②

제2과목 건축설비 설계

21 중앙식 급탕방식에 관한 설명으로 옳지 않은 것은?

① 급탕 개소마다 가열기의 설치 스페이스가 필요하다.
② 기구의 동시이용률을 고려하여 가열장치의 총용량을 적게 할 수 있다.
③ 호텔, 병원 등 급탕개소가 많고 소요 급탕량도 많이 필요한 대규모 건축물에 채용된다.
④ 배관에 의해 필요 개소에 급탕할 수 있다.

해설 중앙식 급탕방식은 배관으로 탕을 공급하므로 급탕 개소마다 가열기의 설치가 불필요하다.

22 급탕배관에 관한 설명으로 옳은 것은?

① 배관은 하향 구배로 하는 것이 원칙이다.
② 탕비기 주위의 급탕배관은 가능한 짧게 하고 공기가 체류하지 않도록 한다.
③ 배관은 신축에 견디도록 가능하면 요철부가 많도록 배관하는 것이 원칙이다.
④ 물이 뜨거워지면 수중에 포함된 공기가 분리되기 쉽고 이 공기는 배관의 상부에 모여서 급탕의 순환을 원활하게 한다.

해설 급탕배관은 공기 배출을 위해 배관은 원칙적으로 상향 구배로 하며 배관은 신축에 견디도록 하되 요철부는 없도록 하는 것이 원칙이다. 수중에 포함된 공기가 분리되면 이 공기는 급탕의 순환을 어렵게 한다.

23 양수량 2㎥/min, 전양정 50m, 효율이 60%인 펌프의 축동력은?(단, 유체의 밀도는 1,000kg/㎥이다.)

① 2.77kW   ② 9.82kW
③ 16.33kW ④ 27.23kW

해설 펌프의 축동력(kW) = $\dfrac{QH}{102E}$

양수량 Q(L/s) : 2㎥/min → 33.33 L/s
전양정 H(mAq) : 50m
효율 E : 0.6

∴ 펌프의 축동력(kW) = $\dfrac{33.33 \times 50}{102 \times 0.60} = 27.23 kW$

24 원심 펌프의 일종으로 날개의 바깥쪽에 가이드베인(guide vane)을 설치한 것은?

① 터빈 펌프   ② 기어 펌프
③ 베인 펌프   ④ 피스톤 펌프

해설 원심 펌프에는 볼류트 펌프와 가이드베인을 설치하여 양정을 높인 터빈 펌프가 있다.

해답 21.① 22.② 23.④ 24.①

25. 급탕설비의 팽창관 및 팽창탱크에 관한 설명으로 옳지 않은 것은?

① 팽창관 도중에는 밸브를 설치하지 않는다.
② 가열장치의 과도한 수온 상승을 방지하기 위해 설치한다.
③ 개방식 팽창탱크는 급수방식이 고가탱크방식일 경우에 적합하며 급탕 보급탱크와 겸용할 수 있다.
④ 급수방식이 압력탱크방식이나 펌프직송방식의 중앙식 급탕설비의 경우에는 밀폐식 팽창탱크를 사용한다.

해설 팽창관 및 팽창탱크는 시스템 내부의 물의 팽창을 흡수하여 압력이 상승하는 것을 막아 기기를 보호한다.

26. 직경 200mm의 강관에 2,400L/min의 물이 흐를 때 강관 내의 유속은?

① 0.04m/sec
② 0.40m/sec
③ 1.27m/sec
④ 1.72m/sec

해설 $v = \dfrac{Q}{A} = \dfrac{2,400 \div 1,000}{60\left(\dfrac{\pi \times 0.2^2}{4}\right)} = 1.27 \text{m/s}$

27. 슬루스 밸브에 관한 설명으로 옳지 않은 것은?

① 게이트 밸브라고도 한다.
② 리프트가 커서 개폐에 시간이 걸린다.
③ 유체의 흐름을 단속하는 대표적인 밸브이다.
④ 유체의 흐름이 90°로 바뀌기 때문에 유체에 대한 저항이 크다.

해설 유체의 흐름이 90°로 바뀌기 때문에 유체에 대한 저항이 큰 밸브는 앵글밸브이다.

28. 워터해머의 방지방법으로 옳지 않은 것은?

① 대기압식 또는 가압식 진공브레이커를 설치한다.
② 관내의 수압은 평상 시 높아지지 않도록 구획한다.
③ 배관은 가능한 한 우회하지 않고 직선이 되도록 계획한다.
④ 수압이 0.4MPa을 초과하는 계통에는 감압밸브를 부착하여 적절한 압력으로 감압한다.

해설 진공브레이커는 역류방지 설비이다.

해답 25.② 26.③ 27.④ 28.①

29 기구배수부하단위 산정의 기준이 되는 기구는?

① 욕조 ② 세면기
③ 싱크대 ④ 샤워기

해설 기구배수부하단위란 위생기구의 배수량을 간단히 산정하기 위하여 세면기의 배수량을 기준(fu=1)하여 구한다. 대변기는 fu가 10 정도로 크다.

30 배관의 마찰저항에 관한 설명으로 옳은 것은?

① 유속의 제곱에 비례한다. ② 관의 길이에 반비례한다.
③ 관 내경의 제곱에 비례한다. ④ 유체의 점성이 클수록 감소한다.

해설 배관의 마찰저항은 유속의 제곱에 비례하고, 관의 길이에 비례하며, 관 내경에 반비례하고, 유체의 점성이 클수록 커진다.

31 유체의 점성에 관한 설명으로 옳지 않은 것은?

① 유체의 동점성 계수는 점성계수와 밀도와의 비로 표시된다.
② 기체의 점성계수는 일반적으로 온도의 상승과 함께 증가한다.
③ 점성이 유체운동에 미치는 영향은 동점성계수 값에 의해 결정된다.
④ 점성력은 상호 접하는 층의 면적과 그 관계 속도의 제곱에 비례한다.

해설 점성력은 상호 접하는 층의 면적에 비례하고, 그 관계(상대) 속도의 제곱에 반비례한다.

32 다음 그림과 같은 엘보의 국부저항은?(단, 곡관부의 국부저항 손실계수는 0.35, 공기의 밀도는 1.2kg/m³이다.)

① 약 10Pa ② 약 20Pa
③ 약 30Pa ④ 약 40Pa

해설 $R = \dfrac{\zeta \times v^2 \times \rho}{2} = \dfrac{0.35 \times 12^2 \times 1.2}{2} = 30.24\text{Pa}$

해답 29.② 30.① 31.④ 32.③

33 창의 틈새바람 계산법에 속하지 않는 것은?

① 균열법
② 면적법
③ 환기횟수법
④ 굴뚝효과에 의한 계산법

해설 틈새바람 계산법은 균열법(크랙길이법), 창문 면적법, 환기횟수법 등이 있다.

34 냉각코일의 용량 결정 시 고려되는 요소와 가장 거리가 먼 것은?

① 배관부하
② 재열부하
③ 외기부하
④ 실내 취득열량

해설 냉각코일을 거쳐 냉동기로 순환되는 배관부하는 냉각코일 용량 요소가 아니다.

35 다음의 증기압축 냉동사이클의 압력(P)-엔탈피(h) 선도에 관한 설명으로 옳지 않은 것은?

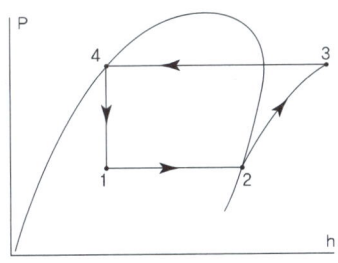

① 과정 1 → 2는 정압 증발 과정이다.
② 과정 2 → 3은 단열 압축 과정이다.
③ 과정 3 → 4는 정압 응축 과정이다.
④ 과정 4 → 1은 가열 팽창 과정이다.

해설 과정 4 → 1은 단열 팽창 과정이다.

36 다음 그림과 같은 여과장치의 효율은?

① 25%
② 66%
③ 75%
④ 83%

해설 $E = \dfrac{0.32 - 0.08}{0.32} = 0.75 = 75\%$

해답 33.④ 34.① 35.④ 36.③

37 다음과 같은 조건에 있는 에어와셔의 입구수온은?

- 에어와셔의 통과공기량 : 20,000kg/h
- 에어와셔의 수량(水量) : 15,600kg/h
- 에어와셔 입구공기 엔탈피 : 23.9kJ/kg
- 에어와셔 출구공기 엔탈피 : 26.8kJ/kg
- 에어와셔 출구 수온 : 9.3℃
- 물의 비열 : 4.2kJ/kg·K

① 약 8.4℃ ② 약 9.7℃
③ 약 10.2℃ ④ 약 11.5℃

해설 에어와셔에서 공기와 분무수의 교환열량은 같으므로
$m\triangle h = WC\triangle t$ 에서
$\triangle t = \dfrac{m\triangle h}{WC} = \dfrac{20,000(26.8-23.9)}{15,600 \times 4.2} = 0.9℃$
$t_1 = 9.3 + 0.9 = 10.2℃$
에어와셔에서 공기는 가열되므로 물은 냉각된다. 그러므로 입구수온이 높다.

38 다음과 같은 조건에서 어느 작업장의 발생현열량이 4,000W일 때 필요환기량(m³/h)은?

- 허용실내온도 : 35℃
- 공기의 밀도 : 1.2kg/m³
- 외기온도 : 25℃
- 공기의 정압비열 : 1.01kJ/kg·K

① 411.3 ② 698.8
③ 872.5 ④ 1188.1

해설 발생현열량과 환기에 의한 제거열량은 같으므로
$q = mC\triangle t$ 에서
$m = \dfrac{q}{C\triangle t} = \dfrac{4,000 \div 1,000}{1.01(35-25)} = 0.396 kg/s = 1188.1 m^3/h$

39 정압 재취득법에 관한 설명으로 옳지 않은 것은?

① 고속덕트의 경우 부적합하다.
② 취출구 직전의 정압이 대략 일정해진다.
③ 등압법에 비해 송풍기 동력이 절약되며 풍량조절이 용이하다.
④ 덕트구간에서 앞 구간의 동압감소로 인해 얻은 정압을 다음 구간에서 이용하는 방법이다.

해설 정압 재취득법은 풍속변화가 큰 고속덕트의 경우에 적합하다.

해답 37.③ 38.④ 39.①

40 응축수의 드레인 배관이 필요 없는 곳은?

① 재열기
② 팬코일 유닛
③ 패키지 공조기
④ 에어 핸들링 유닛

[해설] 재열기는 가열만하므로 응축수가 발생하지 않는다.

제3과목 | 전기 및 소방시설 일반

41 전류가 도선을 통하여 흐를 때 도선의 둘레에 발생하는 것은?

① 전계
② 자계
③ 정전계
④ 중력계

[해설] 페러데이법칙과 오른나사의 법칙으로 자계가 발생한다.

42 정보통신설비를 정보설비와 통신설비로 구분할 경우, 다음 중 통신설비에 속하지 않는 것은?

① 인터폰설비
② CCTV설비
③ TV공청설비
④ 화상회의설비

[해설] 정보설비란 일정한 정보를 취득하는 것이며 통신설비는 신호를 교환하는 것이다. CCTV설비는 정보설비로 분류한다.

43 우리나라의 가정용 전압은 교류 220[V]이다. 이 전압의 최대값은 몇 [V]인가?

① 220
② $220 \times \sqrt{2}$
③ $220 \times \sqrt{3}$
④ 440

[해설] 220[V]는 실효값이며 최대값은 $220 \times \sqrt{2}$ 이다.

44 가스계량기는 전기점멸기와 최소 얼마 이상의 거리를 유지하여야 하는가?

① 30cm
② 45cm
③ 60cm
④ 90cm

[해설] 가스계량기는 전기점멸기와는 30cm, 전기계량기 및 전기개폐기와는 60cm 이상 거리를 유지한다.

[해답] 40.① 41.② 42.② 43.② 44.①

45 작업면에 필요한 평균조도가 300[lx], 면적이 50[m²], 램프 한 개의 광속이 2500[lm], 감광보상률이 1.5, 조명률이 0.5일 때 전등의 소요수량은?

① 6개　　　　　　　　　　② 12개
③ 18개　　　　　　　　　　④ 24개

[해설] 전등수는 조도와 면적, 감광보상률에 비례하고 광속과 조명률에 반비례한다.
$$N = \frac{EAD}{FU} = \frac{300 \times 50 \times 1.5}{2,500 \times 0.5} = 18개$$

46 수전설비에서 인입구 개폐기로 사용되지 않는 것은?

① LBS　　　　　　　　　　② ASS
③ DS　　　　　　　　　　　④ PF

[해설] LBS(Losd Breaking Switch)는 부하개폐기이며, DS(Disconnecting Switch)는 전자개폐기(단로기)로서 차단기 양단에 설치하여 무부하 상태에서 선로를 개방하고, ASS(Automatic Section Switch)는 자동 고장 구분 개폐기로 자동으로 개폐가 가능한 유입식 개폐기이다. PF(Power Fuse)는 특고압 기기의 단락전류 차단과 선로의 개폐가 목적이다.

47 인공광원 중 효율이 높지만 등황색의 단색광으로 색채의 식별이 곤란하므로 주로 터널 조명에 사용되는 것은?

① 형광램프　　　　　　　　② 할로겐램프
③ 저압나트륨램프　　　　　④ 메탈할라이드램프

[해설] 저압나트륨램프는 고효율 방전 등으로 연색성(색깔구분)은 나쁘다.

48 교류회로에서 전압 220[V], 전류 5[A]일 때 저항은 얼마인가?

① 22[Ω]　　　　　　　　　② 33[Ω]
③ 44[Ω]　　　　　　　　　④ 55[Ω]

[해설] $R = \frac{V}{I} = \frac{220}{5} = 44\Omega$

49 전기설비의 전압구분에서 저압 기준으로 옳은 것은?

① 직류 400V 이하, 교류 400V 이하　　② 직류 600V 이하, 교류 600V 이하
③ 직류 750V 이하, 교류 750V 이하　　④ 직류 1,500V 이하, 교류 1,000V 이하

해답 45.③　46.④　47.③　48.③　49.④

해설 전압의 분류

구분	교류	직류
저압	1,000V 이하	1,500V 이하
고압	1,000V 초과 7,000V 이하	1,500V 초과 7,000V 이하
특고압	7,000V 초과	

50 3상유도 전동기의 기동법으로 Y-△기동법을 사용하는 가장 주된 목적은?
① 전압을 높이기 위하여
② 기동전류를 줄이기 위하여
③ 전동기의 출력을 높이기 위하여
④ 전동기의 동기속도를 높이기 위하여

해설 전동기의 기동법으로 Y-△기동법을 사용하는 가장 주된 목적은 기동 시 기동전류를 줄이기 위해서이다.

51 스프링클러설비에 관한 설명으로 옳지 않은 것은?
① 초기 화재 진압에 효과적이다.
② 소화약제가 물이므로 경제적이다.
③ 감지부의 구조가 기계적이므로 오보 및 오동작이 적다.
④ 다른 소화설비에 비해 시공이 단순하여 초기에 시설비용이 적게 든다.

해설 스프링클러설비는 다른 소화설비에 비해 시공이 복잡하여 초기에 시설비용이 많이 든다.

52 정현파 교류의 파형률은 얼마인가?
① 1.0
② 1.11
③ 1.414
④ 1.571

해설 파형률 = $\dfrac{실효값}{평균값} = \dfrac{1/\sqrt{2}}{2/\pi} = \dfrac{\pi}{2\sqrt{2}} = 1.11$

53 피드백 제어에서 제어요소는 무엇으로 구성되는가?
① 비교부와 조작부
② 비교부와 검출부
③ 조절부와 조작부
④ 조절부와 검출부

해설 제어요소 = 조절부 + 조작부

해답 50.② 51.④ 52.② 53.③

54 피드백 제어방식을 제어동작에 의해 분류할 경우 다음 중 불연속 동작에 속하는 것은?

① 비례동작 ② 미분동작
③ 적분동작 ④ 다위치동작

해설 불연속 동작에는 2위치제어, 다위치제어가 있다.

55 C급화재가 의미하는 화재의 종류는?

① 일반화재 ② 전기화재
③ 유류화재 ④ 주방화재

해설 A급 : 일반화재, C급 : 전기화재, B급 : 유류화재

56 20[W] 형광램프 2개를 하루에 6시간씩 30일 동안 사용하였을 경우 사용전력량은?

① 0.24[kWh] ② 3.6[kWh]
③ 7.2[kWh]   ④ 10.4[kWh]

해설 $kWh = 20 \times 2 \times 60 \times 30 = 7,200 Wh = 7.2 kWh$

57 3층 건물의 각 층에 옥내소화전이 2개씩 설치되어 있는 경우, 옥내소화전설비의 수원의 저수량은 최소 얼마 이상이 되도록 하여야 하는가?

① 3.2㎥ ② 3.4㎥
③ 5.2㎥ ④ 14㎥

해설 옥내소화전이 가장 많이 설치된 1개층을 대상으로 저수량을 구한다.
$Q = 130 L/\min \times 20\min \times 2 = 5,200 L = 5.2 m^3$

58 그림과 같이 반대의 극을 갖는 막대자석을 놓았을 때 상호 간에 작용하는 힘의 종류는?

N S

① 흡인력 ② 반발력
③ 회전력 ④ 마찰력

해설 같은 극은 반발력, 다른 극은 인력(흡인력)을 가진다.

해답 54.④ 55.② 56.③ 57.③ 58.①

59 단상 유도전동기의 종류에 속하는 것은?

① 분권 전동기
② 타여자 전동기
③ 권선형 유도전동기
④ 콘덴서 기동형 전동기

해설
- 콘덴서 기동형 전동기 : 단상 유도전동기
- 분권 전동기, 타여자 전동기 : 직류전동기
- 권선형 유도전동기 : 3상유도전동기

60 스프링클러설비의 알람밸브에 리타딩챔버를 설치하는 주된 목적은?

① 오보를 방지한다.
② 자동배수를 한다.
③ 방수압을 시험한다.
④ 가압수의 온도를 검지한다.

해설 알람밸브의 압력스위치 하부에 설치돼 있는 리타딩챔버는 오작동방지를 위해 설치하며 알람밸브 압력스위치에 지연회로가 있으면 생략될 수 있다.

제4과목 건축설비 관련 법규

61 다음 중 녹색건축 인증의 유효기간으로 알맞은 것은?

① 3년
② 5년
③ 7년
④ 10년

해설 〈녹색건축 인증에 관한 규칙 9조〉 녹색건축 인증의 유효기간은 제1항에 따라 녹색건축 인증서를 발급한 날부터 10년으로 한다.

62 건축물의 설비기준 등에 관한 규칙에 따라 피뢰설비를 설치하여야 하는 건축물의 높이기준은?

① 10m 이상
② 15m 이상
③ 20m 이상
④ 31m 이상

해설 〈건축설비기준 제20조〉 피뢰설비를 설치하여야 하는 건축물 : 20m 이상

63 공사의 공사감리자가 필요하다고 인정하면 공사 시공자에게 상세시공도면 작성을 요청할 수 있는 건축공사의 연면적 기준은?

① 연면적의 합계가 1,000㎡ 이상인 건축공사

해답 59.④ 60.① 61.④ 62.③ 63.③

② 연면적의 합계가 2,000㎡ 이상인 건축공사
③ 연면적의 합계가 5,000㎡ 이상인 건축공사
④ 연면적의 합계가 10,000㎡ 이상인 건축공사

해설 〈건축법 제25조, 시행령 제19조〉 시공자에게 상세 시공도면 작성을 요청할 수 있는 건축공사의 연면적 : 5,000㎡ 이상

64 건축물의 바깥쪽으로의 출구로 쓰이는 문을 안여닫이로 하여서는 안 되는 대상 건축물에 속하지 않는 것은?

① 종교시설
② 위락시설
③ 문화 및 집회시설 중 관람장
④ 문화 및 집회시설 중 전시장

해설 〈구조방화기준 제11조〉 문화 및 집회시설 중 전시장, 동식물원은 제외

65 건축물을 특별시나 광역시에 건축하는 경우, 특별시장이나 광역시장의 허가를 받아야 하는 대상 건축물의 연면적 기준은?

① 연면적의 합계가 1만 제곱미터 이상
② 연면적의 합계가 5만 제곱미터 이상
③ 연면적의 합계가 10만 제곱미터 이상
④ 연면적의 합계가 20만 제곱미터 이상

해설 〈건축법 제11조, 시행령 제8조〉 21층 이상, 연면적 10만 제곱미터 이상

66 다음의 소방시설 중 소화활동설비에 속하지 않는 것은?

① 제연설비
② 연결살수설비
③ 옥외소화전설비
④ 무선통신보조설비

해설 〈소방법령 제3조 별표 1〉 소화활동설비 : 제연설비, 연결송수관설비, 연결살수설비, 비상콘센트설비, 무선통신보조설비, 연소방지설비

67 모든 층에 주거용 주방자동소화장치를 설치하여야 하는 특정소방대상물은?

① 기숙사
② 아파트
③ 일반음식점
④ 휴게음식점

해설 〈소방법령 제15조 별표 5 나항〉 아파트, 31층 이상 오피스텔

해답 64.④ 65.③ 66.③ 67.②

68 연면적 200m²를 초과하는 건축물에 설치하는 계단의 유효 높이(계단의 바닥 마감면부터 상부구조체의 하부 마감면까지의 연직방향의 높이)는 최소 얼마 이상으로 하여야 하는가?

① 1.8m ② 2.1m
③ 2.4m ④ 2.7m

[해설] 〈구조방화기준 제15조〉 계단의 유효 높이 2.1m 이상

69 다음 중 준다중이용 건축물에 속하지 않는 것은?(단, 해당 용도로 쓰는 바닥면적의 합계가 1,000m²인 건축물의 경우)

① 종교시설 ② 판매시설
③ 위락시설 ④ 수련시설

[해설] 〈건축법령 제2조 17.2〉 준다중이용 건축물에 수련시설은 해당 없음

70 다음은 특정소방대상물의 소방시설 설치의 면제에 관한 기준 내용이다. ( ) 안에 포함되지 않는 소방시설은?

> 연소방지설비를 설치하여야 하는 특정소방대상물에 ( )를 화재안전기준에 적합하게 설치한 경우에는 그 설비의 유효범위에서 설치가 면제된다.

① 스프링클러설비 ② 옥내소화전설비
③ 물분무소화설비 ④ 미분무소화설비

[해설] 〈소방법령 제14조 별표 5〉 스프링클러설비, 물분무소화설비, 미분무소화설비

71 건축물에 설치하여야 하는 비상용 승강기의 승강장 및 승강로의 구조에 관한 기준 내용으로 옳지 않은 것은?

① 승강장은 각 층의 내부와 연결될 수 있도록 할 것
② 승강로는 당해 건축물의 다른 부분과 내화 구조로 구획할 것
③ 벽 및 반자가 실내에 접하는 부분의 마감 재료는 난연재료로 할 것
④ 각 층으로부터 피난층까지 이르는 승강로는 단일구조로 연결하여 설치할 것

[해설] 〈설비기준 제10조〉 벽 및 반자가 실내에 접하는 부분의 마감 재료는 불연재료로 할 것.

[해답] 68.② 69.④ 70.② 71.③

72 특별피난계단의 구조에 관한 기준 내용으로 옳지 않은 것은?

① 계단은 내화구조로 하되, 피난층 또는 지상까지 직접 연결되도록 할 것
② 출입구의 유효너비는 0.9m 이상으로 하고 피난의 방향으로 열 수 있을 것
③ 건축물의 내부에서 노대 또는 부속실로 통하여 출입구에는 60분+ 방화문 또는 60분 방화문 또는 30분 방화문을 설치할 것
④ 계단실에는 노대 또는 부속실에 접하는 부분 외에는 건축물의 내부와 접하는 창문 등을 설치하지 아니할 것

해설 〈피난방화구조기준 제9조〉 건축물의 내부에서 노대 또는 부속실로 통하여 출입구에는 60분+ 방화문 또는 60분 방화문을 설치할 것

73 건축물의 에너지절약 설계기준에 따른 건축부문의 권장사항으로 옳지 않은 것은?

① 건축물의 체적에 대한 외피면적의 비 또는 연면적에 대한 외피면적의 비는 가능한 크게 한다.
② 거실의 층고 및 반자높이는 실의 용도와 기능에 지장을 주지 않는 범위 내에서 가능한 낮게 한다.
③ 건물의 창 및 문은 가능한 작게 설계하고 특히 열손실이 많은 북측 거실의 창 및 문의 면적은 최소화한다.
④ 공동주택은 인동간격을 넓게 하여 저층부의 일사 수열량을 증대시킨다.

해설 〈에너지절약기준 제7조〉 건축물의 체적에 대한 외피면적의 비 또는 연면적에 대한 외피면적의 비는 가능한 작게 한다.

74 6층 이상의 거실면적의 합계가 5,000m²인 경우 설치하여야 하는 승용승강기의 최소 대수가 가장 많은 것은?(단, 8인승 승강기의 경우)

① 업무시설　　　　　② 숙박시설
③ 위락시설　　　　　④ 의료시설

해설 〈설비기준 제5조 별표 1〉 동일한 거실면적일 때 문화집회, 의료, 판매시설이 설치대수가 가장 많다.

75 공동주택의 난방설비를 개별난방방식으로 하는 경우에 관한 기준 내용으로 옳지 않은 것은?

① 보일러의 연도는 방화구조로써 개별연도로 설치할 것
② 보일러실의 윗부분에는 면적이 0.5m² 이상인 환기창을 설치할 것
③ 기름보일러를 설치하는 경우에는 기름저장소를 보일러실 외의 다른 곳에 설치할 것

④ 보일러를 설치하는 곳과 거실 사이의 경계벽은 출입구를 제외하고는 내화구조의 벽으로 구획할 것

해설 〈설비기준 제13조〉 보일러의 연도는 내화구조로서 공동연도로 설치할 것. 실제로는 개별연도로 설치하는 경우가 많은데 이유는 보일러 급배기 구조(FF, FE 등)에 따라 예외조항이 적용되기 때문이다.

76 건축법령상 단독주택에 속하지 않는 것은?
① 공관
② 기숙사
③ 다중주택
④ 다가구주택

해설 〈건축법령 제3조 5 별표 1〉 기숙사는 공동주택에 속한다.

77 건축물의 거실(피난층 거실 제외)에 국토교통부령으로 정하는 기준에 따라 배연설비를 하여야 하는 대상 건축물에 속하지 않는 것은?(단, 층수가 6층인 건축물의 경우)
① 판매시설
② 종교시설
③ 문화 및 집회시설
④ 제1종 근린생활시설

해설 〈건축법령 제51조 2〉 제2종 근린생활시설만 해당(1종보다 2종이 규모가 크다)

78 문화 및 집회시설 중 공연장의 개별관람석의 바닥면적이 500㎡인 경우 개별관람석 출구의 유효너비의 합계는 최소 얼마 이상이어야 하는가?
① 1m
② 2m
③ 3m
④ 4m

해설 〈구조방화기준 제10조〉 100㎡당 0.6m 비율 → 500㎡일 때 3m

79 다음은 건축설비 설치의 원칙에 관한 기준 내용이다. ( ) 안에 알맞은 것은?

> 연면적이 ( ) 이상인 건축물의 대지에는 국토교통부령으로 정하는 바에 따라 「전기사업법」 제2조 제2호에 따른 전기사업자가 전기를 배전(配電)하는 데 필요한 전기설비를 설치할 수 있는 공간을 확보하여야 한다.

① 100㎡
② 500㎡
③ 1,000㎡
④ 5,000㎡

해설 〈건축법령 제87조 6항〉 500㎡ 이상

해답 76.② 77.④ 78.③ 79.②

80 다음 중 제연설비를 설치하여야 하는 특정소방대상물에 속하지 않는 것은?

① 지하가(터널 제외)로써 연면적 1,000㎡인 것
② 문화 및 집회시설로써 무대부의 바닥면적이 200㎡인 것
③ 문화 및 집회서설 중 영화상영관으로써 수용인원 100명인 것
④ 지하층에 설치된 숙박시설로써 해당 용도로 사용되는 바닥면적의 합계가 500㎡인 것

해설 〈소방법령 제11조 별표 4 5항가〉 지하층에 설치된 숙박시설로써 해당 용도로 사용되는 바닥면적의 합계가 1,000㎡ 이상인 것

해답 80.④

제5회 건축설비기사 기출모의고사

제1과목 건축설비 계획

01 자연환기에 관한 설명으로 옳은 것은?

① 실외의 풍속이 적을수록 환기량이 많아진다.
② 실내외의 온도차가 적을수록 환기량은 많아진다.
③ 일반적으로 목조주택이 콘크리트조 주택보다 환기량이 적다.
④ 한쪽에 큰 창을 두는 것보다 절반 크기의 창 2개를 서로 마주치게 설치하는 것이 환기 계획상 유리하다.

해설 자연환기는 실외의 풍속이 적을수록 환기량이 적어지며, 실내외의 온도차가 적을수록 환기량도 적어지고, 일반적으로 목조주택이 콘크리트조 주택보다 환기량이 많다.

02 실내음향에 관한 설명으로 옳지 않은 것은?

① 음의 계속시간이 길어지면 높이 감각은 둔해진다.
② 직접음은 전파경로가 가장 짧으므로 수음점에 최초로 도래한다.
③ 계획상 멀리 전달되게 하기도 하고 가까이에서 소멸되도록 하기도 한다.
④ 청중이 많을수록 흡음력이 커서 잔향시간이 적어진다.

해설 음의 계속시간이 길어지면 높이 감각은 예민해진다.

03 인공광원의 광질 및 특색에 관한 설명으로 옳지 않은 것은?

① 백열 전구는 일반적으로 휘도가 높고 열방사가 많다.
② 할로겐 램프는 고휘도이고 전시용, 옥외등 용으로 사용된다.
③ 형광등은 저휘도이고 수명이 백열전구에 비해 길다.
④ 수은등은 고휘도이고 점등시간이 매우 짧다.

해설 수은등은 고휘도이고 점등시간이 매우 길다.

해답 1.④ 2.① 3.④

04 중앙식 급탕방식 중 간접가열식에 관한 설명으로 옳지 않은 것은?

① 대규모 급탕설비에 적합하다.
② 고압용 보일러를 설치하여야 한다.
③ 가열보일러는 난방용 보일러와 겸용할 수 있다.
④ 저탕조 내에 설치한 코일을 통해서 관내의 물을 간접적으로 가열한다.

해설 간접가열식은 저압용 보일러로 급탕이 가능하다.

05 트랩의 봉수 파괴 원인 중 위생기구에서 트랩을 통하여 배수가 만수상태로 흐를 때 주로 발생하는 것은?

① 모세관 현상
② 자기 사이폰 작용
③ 감압에 의한 흡인작용
④ 역압에 의한 분출작용

해설 자기 사이폰 작용은 S형 트랩을 통하여 배수가 만수상태로 흐를 때 주로 발생한다.

06 배수수직관 내의 압력변화를 방지 또는 완화하기 위해 배수수직관으로부터 분기·입상하여 통기수직관에 접속하는 도피통기관은?

① 습통기관
② 신정통기관
③ 공용통기관
④ 결합통기관

해설 통기관 중에서 배수수직관과 통기수직관을 연결하는 것은 결합통기관이다.

07 다음 중 간접배수로 하여야 하는 기기·기구에 속하지 않는 것은?

① 제빙기
② 세탁기
③ 세면기
④ 식기세정기

해설 세면기, 대변기, 소변기, 싱크대 등은 트랩을 설치하는 직접배수를 한다.

08 수질오염의 지표로 사용되는 것으로써 오수 중에 현탁되어 있는 부유물질을 의미하는 것은?

① DO
② SS
③ BOD
④ COD

해설
- DO : 용존산소
- SS : 부유물질
- BOD : 생물학적 산소요구량
- COD : 화학적 산소요구량

해답 4.② 5.② 6.④ 7.③ 8.②

09 다음 중 경도가 높은 물을 보일러 용수로 사용하지 않는 가장 주된 이유는?

① 비등점이 낮다.
② 전열량이 너무 커진다.
③ 부유물질이 많이 포함되어 있다.
④ 보일러 내면에 스케일이 발생된다.

해설 경도성분은 온도가 올라가면 스케일(관석)이 생겨 열전도를 방해하고 부식을 촉진시킨다.

10 다음 중 인체의 열쾌적에 영향을 미치는 물리적 온열요소에 속하는 것은?

① 엔탈피
② 현열비
③ 상대습도
④ 노점온도

해설 열쾌적감은 온도, 습도, 기류, 복사의 영향을 받는다.

11 취출구의 허용풍속을 제한하는 가장 주된 이유는?

① 확산반경을 줄이기 위하여
② 송풍동력을 줄이기 위하여
③ 소음발생을 억제하기 위하여
④ 단락류 발생을 억제하기 위하여

해설 취출구의 풍속이 커지게 되면 와류 등의 발생으로 소음이 커지므로 취출구의 허용풍속을 제한할 필요가 있다.

12 바이패스형 변풍량 유닛(VAV unit)에 관한 설명으로 옳지 않은 것은?

① 유닛의 소음발생이 적다.
② 송풍덕트 내의 정압제어가 필요없다.
③ 덕트계통의 증설이나 개설에 대한 적응성이 적다.
④ 천장 내의 조명으로 인한 발생열을 제거할 수 없다.

해설 바이패스형 변풍량 유닛은 조명기구와 조합하여 천장 내의 조명으로 인한 발생열을 제거할 수 있다.

13 증기난방에 관한 설명으로 옳지 않은 것은?

① 예열시간이 짧다.
② 온수난방에 비하여 쾌감도가 떨어진다.
③ 부하변동에 따른 실내 방열량의 제어가 곤란하다.
④ 극장, 영화관 등 천장과 높은 건물에 주로 사용된다.

해설 극장, 영화관 등 천장과 높은 건물에 증기난방을 적용하면 상층부에 고온의 공기가 자리하여 상하부의 온도차가 커져서 난방이 부적합하다.

해답 9.④ 10.③ 11.③ 12.④ 13.④

14 10m×8m×3.5m 크기의 강의실에 35명의 사람이 있을 때 실내의 CO_2 농도를 0.1%로 하기 위한 필요 환기량은?(단, 1인당 CO_2 발생량은 0.02m³/인·h이며, 외기의 CO_2의 농도는 0.03%이다.)

① 1,000㎥/h ② 1,400㎥/h
③ 1,600㎥/h ④ 2,000㎥/h

해설 $Q = \dfrac{M}{C_i - C_o} = \dfrac{35 \times 0.02}{0.001 - 0.0003} = 1,000 \text{m}^3/h$

15 다음의 냉방부하 발생 요인 중 현열과 잠열 모두 갖는 것은?

① 인체발생열량 ② 벽체로부터의 취득열량
③ 유리로부터의 취득열량 ④ 덕트로부터의 취득열량

해설 현열과 잠열 부하를 모두 갖는 것은 인체부하, 침입외기부하, 외기부하, 전열(커피포트 등)부하 등이다.

16 배관재료의 일반적인 용도가 옳게 연결된 것은?

① 동관-증기 배관 ② 주철관-냉각수 배관
③ 경질염화비닐관-냉매 배관 ④ 스테인리스강관-급수 배관

해설 증기배관에는 강관이 주로 쓰이고, 냉각수 배관은 아연도금강관, 냉매배관은 강관이나 동관이 주로 쓰인다. 스테인리스강관은 급수, 급탕, 냉각수 배관 등 널리 쓰인다.

17 덕트의 배치방식 중 개별 덕트방식에 관한 설명으로 옳지 않은 것은?

① 덕트 스페이스가 많이 요구된다.
② 각 실의 개별 제어성이 우수하다.
③ 공사비가 적어 일반적으로 가장 많이 사용되는 방식이다.
④ 입상덕트(주덕트)에서 각개의 취출구로 덕트를 통해 분산하여 송풍하는 방식이다.

해설 개별 덕트방식은 각 실마다 독립된 개별덕트를 설치하므로 공사비는 증가한다.

18 상당외기온도차(ETD, Equivalent Temperature Difference)에 관한 설명으로 옳은 것은?

① 난방부하의 계산에 있어서, 벽체를 통한 손실열량을 계산할 때 사용한다.
② 냉방부하의 계산에 있어서, 벽체를 통한 취득열량을 계산할 때 사용한다.

해답 14.① 15.① 16.④ 17.③ 18.②

③ 벽체 외부에 흐르는 공기의 속도에 따른 열전달량을 고려한 온도차이다.
④ 주로 외기에 접하고 있지 않은 칸막이 벽, 천장, 바닥 등으로부터 열전달량을 구하는데 사용한다.

[해설] 상당외기온도차는 냉방부하의 계산에 있어서, 외벽체를 통한 취득열량을 계산할 때 일사에 의한 열취득을 외기온도로 환산하여 계산하는 방법이다.

19 공기에 관한 설명으로 옳은 것은?
① 0℃ 건조공기의 엔탈피는 0kJ/kg이다.
② 절대습도가 0kg/kg'인 공기를 포화공기라고 한다.
③ 현열비가 1이라면 잠열부하만 있다는 것을 의미한다.
④ 열수분비가 0이라면 공기의 상태변화에 절대습도의 변화가 없었다는 의미이다.

[해설] 절대습도가 0kg/kg'인 공기를 건공기라고 하며, 현열비가 1이라면 현열부하만 있다는 것을 의미하고, 열수분비가 0이라면 공기의 상태변화에 엔탈피의 변화가 없었다는 의미이다.

20 다음 중 습공기를 가열하였을 경우 증가하지 않는 것은?
① 엔탈피   ② 비체적
③ 건구온도   ④ 절대습도

[해설] 습공기를 가열하면 절대습도는 일정하다.

제2과목 건축설비 설계

21 온도 20℃, 길이 100m인 동관에 탕이 흘러 60℃가 되었을 때, 동관의 팽창량은 얼마인가?(단, 동관의 선팽창계수는 0.171×10^{-4}/℃이다.)
① 66.4mm   ② 68.4mm
③ 76.4mm   ④ 78.4mm

[해설] $\triangle L = \alpha L \triangle t = 0.171 \times 10^{-4} \times 100(60-20) = 0.0684m = 68.4mm$

22 유체가 관경 50cm인 관 속을 2m/s의 속도로 흐를 때의 유량은?
① 0.39㎥/s   ② 1.0㎥/s
③ 3.14㎥/s   ④ 10㎥/s

[해답] 19.① 20.④ 21.② 22.①

해설 $Q = Av = \dfrac{\pi(0.5)^2 \times 2}{4} = 0.3925 \text{m}^3/\text{s}$

23 대변기의 세정방식 중 플러시 밸브식에 관한 설명으로 옳지 않은 것은?

① 대변기의 연속 사용이 가능하다.
② 일반 가정용으로는 거의 사용되지 않는다.
③ 급수 관경 및 수압과 관계없이 사용가능하다.
④ 세정음에 유수음이 포함되기 때문에 소음이 크다.

해설 대변기의 세정방식 중 플러시 밸브식은 급수 관경 25mm, 수압 100kPa가 필요하다.

24 수도 본관에서 5m 높이에 있는 샤워기의 사용에 필요한 수도 본관의 최저 압력은?(단, 급수방식은 수도직결방식이며, 샤워기의 최저 필요압력은 100kPa, 배관 등의 마찰손실은 무시한다.)

① 약 105kPa
② 약 150kPa
③ 약 600kPa
④ 약 5,100kPa

해설 수도본관 압력=기구높이+필요압력+마찰손실(무시)=50kPa(5m)+100=150kPa

25 연면적 3,000m²의 사무소 건물에 필요한 급수량은?(단, 이 건물의 유효면적은 연면적의 60%이고, 유효 면적당 인원은 0.2인/m², 1인 1일당 급수량은 100L이다.)

① 3,600L/d
② 3,600m³/d
③ 36,000L/d
④ 36,000m³/d

해설 $Q = 3,000 \times 0.6 \times 0.2 \times 100 = 36,000\text{L/d} = 36\text{m}^3/\text{d}$

26 급탕설비에서 급탕기기의 부속장치에 관한 설명으로 옳지 않은 것은?

① 안전밸브와 팽창탱크 및 배관 사이에는 차단 밸브를 설치한다.
② 온수탱크 상단에는 진공방지밸브를, 하부에는 배수밸브를 설치한다.
③ 순간식 급탕가열기에는 이상고온의 경우 가열원(열매체 등)을 차단하는 장치나 기구를 설치한다.
④ 밀폐형 가열장치에는 일정 압력 이상이면 압력을 도피시킬 수 있도록 도피밸브나 안전 밸브를 설치한다.

해설 안전밸브와 팽창탱크 및 배관 사이에는 밸브를 설치하지 않는다.

해답 23.③ 24.② 25.③ 26.①

27 다음 중 주철관의 접합 방법에 속하는 것은?

① 나팔식 접합　　　　② 메커니컬 접합
③ 플레어 너트 접합　　④ 시멘트 모르타르 접합

해설　주철관은 메커니컬 접합을 주로 하며 허브이음, 노허브이음 등이 있다.

28 관내에 유체가 흐를 때, 어느 장소에서의 흐름의 상태(음속, 압력, 밀도 등)가 시간에 따라 변화하지 않는 흐름을 무엇이라 하는가?

① 층류　　　　　　　② 난류
③ 정상류　　　　　　④ 비정상류

해설　정상류란 배관 내에 유체가 흐를 때, 유체의 흐름 상태(압력, 밀도 등)가 변화하지 않는 흐름을 말한다.

29 중앙식 급탕방식의 설계상 유의사항으로 옳지 않은 것은?

① 각 계통 및 지관의 순환유량이 균등하게 되도록 한다.
② 수평배관의 길이가 가능한 한 길게 되도록 수직관을 배치한다.
③ 순환펌프는 과대하게 되지 않도록 설계하며 환탕관 측에 설치한다.
④ 열원기기 및 저탕조의 압력상승, 배관의 신축에 대한 안전대책을 고려한다.

해설　수평배관의 길이가 가능한 한 짧게 되도록 수직관을 배치하여 마찰손실이 적고 열손실도 적게 한다.

30 배수관 내 배수의 흐름에 관한 설명으로 옳지 않은 것은?

① 배수수직관의 관경이 작을수록 종국길이는 짧다.
② 배수수평지관으로부터 배수수직관에 배수가 유입하면 배수량이 적을 때에는 배수는 수직관 관벽을 따라 지그재그로 강하한다.
③ 배수수직관 내를 배수가 관벽에 따라 나선형의 상태로 하강하는 현상을 수력도약현상(돗현상)이라고 한다.
④ 일반적으로 배수수직관의 허용류량은 30% 정도를 한도로 하고 있다.

해설　종국길이는 배수흐름이 등속도에 도달하는 수직길이로 배수수직관의 관경이 작을수록 종국길이는 짧다. 배수수직관 내를 배수가 관벽에 따라 나선형의 상태로 하강하는 현상은 섹스티아를 사용하는 배수흐름에서 발생하며 수력도약현상(점핑현상)은 수평배관에서 흐름이 막히면 배수 흐름이 튀어오르는 현상을 말한다.

해답　27.② 28.③ 29.② 30.③

31 스위블형 신축이음쇠에 관한 설명으로 옳은 것은?

① 패클리스 신축이음쇠라고도 한다.
② 이음부의 나사회전을 이용해서 배관의 신축을 흡수한다.
③ 고온고압용 증기배관에 주로 사용되며 온수난방용 배관에는 사용하지 않는다.
④ 강관 또는 동관을 곡관으로 구부려, 구부림을 이용하여 배관의 신축을 흡수한다.

해설 패클리스(팩리스) 신축이음쇠란 벨로우즈형을 말하며 스위블형 신축이음쇠는 2개 이상의 엘보를 사용하여 나사부의 회전을 이용하여 신축을 흡수하고 고압보다는 저압 온수배관에 적합하다. 강관 또는 동관을 곡관으로 구부려, 밴딩(구부림)을 이용하여 배관의 신축을 흡수하는 것은 루프형(신축곡관)이다.

32 원심식 펌프에 관한 설명으로 옳지 않은 것은?

① 터보형 펌프의 일종이다.
② 유체가 회전차의 반경류 방향으로 흐른다.
③ 건축설비분야의 급수, 급탕, 배수 등에 주로 이용된다.
④ 원심식 펌프에는 피스톤 펌프와 로터리 펌프 등이 있다.

해설 원심식 펌프에는 볼류트형, 터빈형이 있으며 피스톤 펌프와 로터리 펌프는 용적형 펌프의 일종이다.

33 경질염화비닐관에 관한 설명으로 옳지 않은 것은?

① 전기절연성이 크고 금속관과 같은 전식작용을 일으키지 않는다.
② 열팽창률이 강관에 비해 작으며 온도변화에 따른 신축이 거의 없다.
③ 저온에 약하며 한랭지에서는 외부로부터 조금만 충격을 주어도 파괴되기 쉽다.
④ 내식성이 크고 염산, 황산, 가성소다 등의 부식성 약품에 의해 거의 부식되지 않는다.

해설 경질 염화비닐관(PVC)은 열팽창률이 강관에 비해 커서 온도변화에 따른 신축이 큰 편이다.

34 역류를 방지하여 오염으로부터 상수계통을 보호하기 위한 방법으로 적절하지 않은 것은?

① 토수구 공간을 둔다.
② 역류방지밸브를 설치한다.
③ 대기압식 또는 가압식 진공브레이커를 설치한다.
④ 수압이 0.4MPa을 초과하는 계통에는 감압밸브를 부착한다.

해설 감압밸브는 역류방지에 관계가 없다.

해답 31.② 32.④ 33.② 34.④

35 1개의 실에 설치된 온수용 주철제 방열기의 상당방열면적(EDR)이 20이다. 동일한 방열기를 5개 실에 설치할 경우, 필요한 전체 온수순환량(L/min)은?(단, 방열기의 표준방열량 0.523kW/m², 방열기 입구온도 80℃, 출구온도 70℃, 온수의 비열 4.2kJ/kg·K, 온수의 밀도 1kg/L이다.)

① 15.2L/min ② 21.7L/min
③ 74.7L/min ④ 108.3L/min

해설 20m², 5개실이므로 EDR=100m²
전체 방열량은 0.523×100=52.3kW
온수순환량은 $q = WC\Delta t$ 에서
$W = \dfrac{q}{C\Delta t} = \dfrac{52.3}{4.2(80-70)} = 1.2452 \text{kg/s} = 74.7 \text{L/min}$

36 그림과 같은 전열교환기의 전열효율(η)을 올바르게 나타낸 것은?(단, 난방의 경우이며, X_1, X_2, X_3, X_4는 각 공기상태의 엔탈피를 나타낸다.)

① $\eta = \dfrac{X_3 - X_1}{X_2 - X_1}$ ② $\eta = \dfrac{X_3 - X_4}{X_2 - X_4}$

③ $\eta = \dfrac{X_2 - X_1}{X_3 - X_1}$ ④ $\eta = \dfrac{X_3 - X_4}{X_3 - X_1}$

해설 전열효율 = $\dfrac{회수열량}{이용가능열량}$ = $\dfrac{외기-급기}{외기-환기}$ = $\dfrac{X_2 - X_1}{X_3 - X_1}$

37 진공환수식 증기난방에서 리프트 이음(lift fitting)을 적용하는 경우는?

① 방열기보다 환수주관이 높을 때
② 환수배관법을 역환수식으로 할 때
③ 방열기보다 응축수 온도가 너무 높을 때
④ 진공펌프를 환수주관보다 낮게 설치할 때

해설 방열기가 아래에 설치되면 환수주관으로 응축수를 끌어올리기 위하여 리프트이음을 이용한다.

해답 35.③ 36.③ 37.①

38 다음과 같은 조건에 있는 체적이 2,000m³인 실의 환기에 의한 현열부하는?

[조건]
- 외기상태 t_o=0℃, X_o=0.002kg/kg'
- 공기의 비열 1.01/kJ/kg·K
- 환기횟수 2회/h
- 실내공기상태 t_r=24℃, X_r=0.010kg/kg'
- 공기의 밀도 1.2kg/m³

① 16.32kW
② 26.69kW
③ 32.32kW
④ 59.33kW

해설 현열부하는 온도차에 의한 부하이므로
$$q = mC\Delta t = 2,000 \times 2 \times 1.2 \times 1.01(24-0) = 116,352 kJ/h = 32.32 kWrm$$

39 흡수식 냉동기에 관한 설명으로 옳은 것은?

① 냉매로는 LiBr을 사용하고 흡수제로 물을 사용한다.
② 증발기, 압축기, 재생기, 응축기 등으로 구성되어 있다.
③ 기계적 에너지가 아닌 열에너지에 의해 냉동효과를 얻는다.
④ 1중 효용 흡수식 냉동기가 2중 효용 흡수식 냉동기보다 효율이 좋다.

해설 흡수식 냉동기는 흡수제로는 LiBr을 사용하고 냉매로는 물을 사용하며, 증발기, 흡수기, 재생기, 응축기 등으로 구성되어 있다. 압축식 냉동기가 압축기의 기계적 에너지를 이용하고, 흡수식 냉동기는 열에너지(증기, 고온수, 직화식)에 의해 냉동효과를 얻는다. 2중 효용 흡수식 냉동기가 1중 효용 흡수식 냉동기보다 효율이 좋다.

40 히트펌프에 관한 설명으로 옳지 않은 것은?

① 1대의 기기로 냉방과 난방을 겸용할 수 있다.
② 냉동사이클에서 응축기의 방열을 난방에 이용한다.
③ 냉동기의 성적계수가 히트펌프의 성적계수보다 1만큼 크다.
④ 히트펌프의 성적계수를 향상시키기 위해 지열 등을 이용할 수 있다.

해설 히트펌프의 성적계수가 냉동기의 성적계수보다 1만큼 크다.

해답 38.③ 39.③ 40.③

제3과목: 전기 및 소방시설 일반

41 저압옥내 배선공사 중 직접 콘크리트에 매설할 수 있는 공사는?

① 금속관 공사
② 금속덕트 공사
③ 버스덕트 공사
④ 금속몰드 공사

해설 금속관 공사
- 건물의 종류와 장소에 구애받지 않고 시공이 가능하다.
- 주로 콘크리트의 매입 배선에 사용한다.
- 화재에 대한 위험성이 적고 전선의 기계적 손상이 적다.
- 전선 교체가 용이하다.
- 전선은 접속점이 없는 절연전선을 사용한다.

42 보호구간으로 유입하는 전류와 보호구간에서 유출되는 전류의 벡터차와 출입하는 전류와의 관계비로 동작하는 보호계전기는?

① 거리 계전기
② 과전압 계전기
③ 과전류 계전기
④ 비율차동 계전기

해설 비율차동 계전기는 유입하는 전류와 유출되는 전류의 벡터차와 출입하는 전류와의 관계비로 동작하는 보호계전기이다.

43 합성최대수용전력이 1,500[kW], 부하율이 0.7일 때 부하의 평균 전력[kW]은?

① 1,050
② 1,500
③ 2,142
④ 3,000

해설 평균전력 = 합성최대수용전력 × 부하율 = 1,500 × 0.7 = 1,050kW

44 자동제어방식 중 디지털방식에 관한 설명으로 옳지 않은 것은?

① 자기진단 기능을 보유하고 있다.
② 기능의 고급화를 도모할 수 있다.
③ 제어의 정밀도가 낮으며 신뢰성이 다소 떨어진다.
④ 각종 제어로직은 손쉽게 소프트웨어에 의해 조정될 수 있다.

해설 디지털방식(DDC)은 기계식이나 전기식에 비하여 제어의 정밀도가 높으며 신뢰성이 우수하다.

해답 41.① 42.④ 43.① 44.③

45 다음 설명에 알맞은 화재의 종류는?

> 인화성 액체, 가연성 액체, 석유 그리스, 타르, 오일, 유성도료, 솔벤트, 래커, 알코올 및 인화성 가스와 같은 유류가 타고 나서 재가 남지 않는 화재

① A급 화재 ② B급 화재
③ C급 화재 ④ K급 화재

해설
- A급 화재(일반화재) : 목재, 종이, 천 등 고체 가연물의 화재,
- B급 화재(기름화재) : 인화성 액체 및 고체의 유지류 등의 화재,
- C급 화재 : 전기화재
- D급 화재 : 금속화재(마그네슘, 나트륨, 칼륨)

46 변압기에서 자기유도 작용으로 발생한 자속을 이동시키는 통로의 역할을 하는 것은?

① 철심 ② 부싱
③ 1차측 코일 ④ 2차측 코일

해설 얇은 규소강판의 철심은 자속의 이동통로기능을 한다.

47 피뢰 시스템에 관한 설명으로 옳지 않은 것은?

① 피뢰 시스템은 보호성능 정도에 따라 등급을 구분 한다.
② 피뢰 시스템의 등급은 Ⅰ, Ⅱ, Ⅲ의 3등급으로 구분된다.
③ 수뢰부 시스템은 보호범위 산정방식(보호각, 회전구체법, 메시법)에 따라 설치한다.
④ 피보호 건축물에 적용하는 피뢰 시스템의 등급 및보호에 관한 사항은 한국산업표준의 낙뢰 리스트 평가에 의한다.

해설 피뢰 시스템의 등급 분류(4개 등급으로 분류)

등급	시스템의 효율
Ⅰ	0.98
Ⅱ	0.95
Ⅲ	0.90
Ⅳ	0.80

48 정보통신설비를 정보설비와 통신설비로 구분할 경우, 다음 중 정보설비에 속하지 않는 것은?

① TV 공청설비 ② 전기시계설비
③ 원격검침설비 ④ 홈네트워크설비

해설 TV 공청설비, 전화 공정은 통신설비에 속한다.

해답 45.② 46.① 47.② 48.①

49 220[V]용 200[W] 전구에 흐르는 전류는?

① 약 0.5[A] ② 약 0.9[A]
③ 약 2.2[A] ④ 약 4.4[A]

해설 $I = \dfrac{W}{V} = \dfrac{200}{220} = 0.9\text{A}$

50 다음 중 옥내소화전설비의 화재안전기준상 배관 내 사용압력이 1.2MPa 이상인 경우 배관재료로 가장 적합한 것은?

① 배관용 탄소강관 ② 압력배관용 탄소강관
③ 배관용 스테인리스강관 ④ 이음매 없는 구리 및 구리합금관

해설 1.2MPa(120m수두) 이상이면 압력배관용 탄소강관을 사용한다.

51 최대 방수구역에 설치된 스프링클러헤드의 개수가 20개인 경우, 스프링클러설비의 수원의 저수량은 최소 얼마 이상이 되도록 하여야 하는가?(단, 개방형 스프링클러헤드를 사용하는 경우)

① 17㎥ ② 32㎥
③ 48㎥ ④ 64㎥

해설 스프링클러 1개당 수량은 80L/min×20분=1.6㎥, 20개이면 20×1.6=32㎥

52 할로겐 램프에 관한 설명으로 옳지 않은 것은?

① 휘도가 낮다. ② 흑화가 거의 일어나지 않는다.
③ 백열전구에 비해 수명이 길다. ④ 광속이나 색온도의 저하가 극히 적다.

해설 할로겐 램프는 백열전구처럼 발열에 의한 발광원리를 이용하며 휘도가 높다.

53 전기 샤프트(ES)에 관한 설명으로 옳지 않은 것은?

① 전기 샤프트(ES)는 각 층마다 같은 위치에 설치한다.
② 전기 샤프트(ES)의 면적은 보, 기둥부분을 제외하고 산정한다.
③ 전기 샤프트(ES)는 전력용(EPS)과 정보통신용(TPS)을 공용으로 설치하는 것이 원칙이다.
④ 전기 샤프트(ES)의 점검구는 유지보수 시 기기의 반입 및 반출이 가능하도록 하여야 한다.

해답 49.② 50.② 51.② 52.① 53.③

해설 전기 샤프트(ES, Electrical Shaft)는 용도별로 전력용(EPS)과 정보통신용(TPS)으로 구분하여 설치하는 것이 원칙이다. 다만, 각 용도의 설치 장비 및 배선이 적은 경우는 공용으로도 사용이 가능하다.

54 다음 설명에 알맞은 피드백 제어계의 구성요소는?

> 제어계의 상태를 교란시키는 외적작용으로써, 실내 온도 제어에서는 인체, 조명 등에 의한 발생열, 창문을 통한 태양일사, 틈새바람, 외기온도 등을 의미한다.

① 외란
② 제어대상
③ 제어편차
④ 주피드백 신호

해설 피드백 제어계에서 제어계의 상태를 교란시키는 외적인 작용을 외란이라 한다.

55 스프링클러설비에서 스프링클러헤드의 방수구에서 유출되는 물을 세분시키는 작용을 하는 것은?

① 익져스터
② 디프렉타
③ 리타딩챔버
④ 엑셀러레이터

해설 디프렉타는 스프링클러 헤드의 아랫부분에서 물을 세분시킨다.

56 변압기의 1차 측을 Y결선, 2차 측을 Δ결선으로 했을 경우, 1·2차 간 전압의 위상차는?

① 30°
② 45°
③ 60°
④ 90°

해설 3상 변압기의 1차 측을 Y결선, 2차 측을 Δ결선으로 했을 경우, 1·2차 간 전압의 위상차는 30°이다.

57 다음의 설명에 알맞은 법칙은?

> 두 개의 전하 사이에 작용하는 전기력은 두 전하의 세기의 곱에 비례하고 거리의 제곱에 반비례한다.

① 옴의 법칙
② 렌쯔의 법칙
③ 쿨롱의 법칙
④ 키르히호프의 제1법칙

해설 쿨롱의 법칙은 두 개의 전하 사이에 작용하는 전기력은 두 전하의 세기의 곱에 비례하고 거리의 제곱에 반비례한다.

해답 54.① 55.② 56.① 57.③

58 자기인덕턴스 4[H]의 코일에 8[A]의 전류를 흘릴 때 코일에 저장되는 자기에너지는?

① 32[J]   ② 64[J]
③ 128[J]   ④ 256[J]

해설 $E = \frac{1}{2}LI^2 = \frac{1}{2} \times 4 \times 8^2 = 128J$

59 다음과 같은 RLC 직렬회로에서 역률은?

① 0.6   ② 0.7
③ 0.78   ④ 0.85

해설 역률 $= \frac{R}{Z} = \frac{30}{\sqrt{30^2+(60-20)^2}} = 0.6$

60 동일한 저항을 가진 3개의 도선을 병렬로 연결하였을 때의 합성저항은?

① 1개 도선저항의 1/3   ② 1개 도선저항의 2/3
③ 1개 도선저항의 1배   ④ 1개 도선저항의 3배

해설 저항을 가진 3개의 도선을 병렬로 연결하였을 때의 합성저항은 1/3이고, 3개의 도선을 직렬로 연결하였을 때의 합성저항은 3배이다.

제4과목 건축설비 관련 법규

61 건축물의 내부에 설치하는 피난계단의 구조에 관한 기준 내용으로 옳지 않은 것은?

① 계단실의 실내에 접하는 부분의 마감은 불연재료로 할 것
② 계단은 내화구조로 하고 피난층 또는 지상까지 직접 연결되도록 할 것
③ 건축물의 내부와 접하는 계단실의 창문 등의 면적은 각각 3㎡ 이하로 할 것
④ 건축물의 내부에서 계단실로 통하는 출입구의 유효너비는 0.9m 이상으로 할 것

해설 〈피난방화구조기준 제9조〉 건축물의 내부와 접하는 계단실의 창문 등의 면적은 각각 1㎡ 이하로 할 것

해답 58.③ 59.① 60.① 61.③

62 판매시설로써 옥내소화전설비를 모든 층에 설치하여야 하는 특정소방대상물의 연면적 기준은?

① 500㎡ 이상
② 1,000㎡ 이상
③ 1,500㎡ 이상
④ 2,000㎡ 이상

해설 〈소방법령 제15조 별표 5 1. 다 3)〉 1,500㎡ 이상

63 건축물을 특별시나 광역시에 건축하는 경우 특별시장이나 광역시장의 허가를 받아야 하는 대상건축물의 층수 기준은?

① 15층 이상
② 21층 이상
③ 30층 이상
④ 41층 이상

해설 〈건축법 제11조, 시행령 제8조〉 21층 이상, 연면적 10만 제곱미터 이상

64 제로에너지건축물 인증 관련 인증기관이 보유하는 8명의 상근 인증업무인력의 자격요건과 맞지 않는 것은?

① 건축, 설비, 에너지 분야의 기술사 자격을 취득한 후 3년 이상 해당 업무를 수행한 사람
② 건축, 설비, 에너지 분야의 기사 자격을 취득한 후 5년 이상 해당 업무를 수행한 사람
③ 건축, 설비, 에너지 분야의 박사학위를 취득한 후 3년 이상 해당 업무를 수행한 사람
④ 건축, 설비, 에너지 분야의 학사학위를 취득한 후 5년 이상 해당 업무를 수행한 사람

해설 〈제로에너지건축물 인증에 관한 규칙 4조〉 학사학위 취득 후 7년 이상 해당 업무를 수행하여야 한다.

65 같은 건축물 안에 공동주택과 위락시설을 함께 설치하고자 하는 경우, 공동주택의 출입구와 위락시설의 출입구는 서로 그 보행거리가 최소 얼마 이상이 되도록 설치하여야 하는가?

① 10m
② 20m
③ 30m
④ 50m

해설 〈피난구조기준 제14조 2〉 보행거리가 최소 30m

66 피난 용도로 쓸 수 있는 광장을 옥상에 설치하여야 하는 대상에 속하지 않는 것은?

① 5층 이상인 층이 종교시설의 용도로 쓰는 경우
② 5층 이상인 층이 판매시설의 용도로 쓰는 경우

해답 62.③ 63.② 64.④ 65.③ 66.④

③ 5층 이상인 층이 문화 및 집회시설 중 공연장의 용도로 쓰는 경우
④ 5층 이상인 층이 문화 및 집회시설 중 전시장의 용도로 쓰는 경우

해설 〈건축법령 제40조 2항〉 전시장, 동식물원 제외

67 건축법령상 숙박시설에 속하지 않는 것은?
① 호스텔
② 청소년수련원
③ 의료관광호텔
④ 휴양 콘도미니엄

해설 〈건축법령 제3조5 별표 1〉 청소년수련원은 수련시설

68 다음은 지하층과 피난층 사이의 개방공간 설치에 관한 기준 내용이다. ( ) 안에 알맞은 것은?

> 바닥면적의 합계가 (   ) 이상인 공연장·집회장·관람장 또는 전시장을 지하층에 설치하는 경우에는 각 실에 있는 자가 지하층 각 층에서 건축물 밖으로 피난하여 옥외 계단 또는 경사로 등을 이용하여 피난층으로 대피할 수 있도록 천장이 개방된 외부 공간을 설치하여야 한다.

① 1,000㎡
② 2,000㎡
③ 3,000㎡
④ 4,000㎡

해설 〈건축법령 제37조〉 3,000㎡ 이상

69 특별피난계단에 설치하는 배연설비의 구조에 관한 기준 내용으로 옳지 않은 것은?
① 배연구 및 배연풍도는 불연재료로 할 것
② 배연구는 평상시에는 닫힌 상태를 유지할 것
③ 배연구는 평상시에 사용하는 굴뚝에 연결할 것
④ 배연기는 배연구의 열림에 따라 자동적으로 작동할 것

해설 〈설비기준 제14조 2항〉 배연구는 평상시에 사용하지 않는 굴뚝에 연결할 것

70 다음 중 다중이용건축물에 속하지 않는 것은?(단, 층수가 10층이며, 해당 용도로 쓰는 바닥면적의 합계가 5,000㎡인 경우)
① 종교시설
② 판매시설
③ 위락시설
④ 숙박시설 중 관광숙박시설

해설 〈건축법령 제2조 17〉 위락시설은 해당하지 않는다.

해답 67.② 68.③ 69.③ 70.③

71 다음은 건축물의 에너지절약설계기준에 따른 방습층의 정의이다. ( ) 안에 알맞은 것은?

> 방습층이라 함은 습한 공기가 구조체에 침투하여 결로발생의 위험이 높아지는 것을 방지하기 위해 설치하는 투습도가 24시간당 (   ) 이하 또는 투습계수 0.28g/㎡·h·mmHg 이하의 투습저항을 가진 층을 말한다.

① 10g/㎡
② 20g/㎡
③ 30g/㎡
④ 40g/㎡

해설 〈에너지절약기준 제5조9 카〉 투습도가 24시간당 30g/㎡ 이하

72 연면적 200m³을 초과하는 중·고등학교에 설치하는 복도의 유효너비는 최소 얼마 이상으로 하여야 하는가?(단, 양옆에 거실에 있는 복도의 경우)

① 1.5m 이상
② 1.8m 이상
③ 2.1m 이상
④ 2.4m 이상

해설 〈피난방화구조기준 제15조 2〉 양옆에 거실에 있는 복도 : 2.4m 이상, 기타 : 1.8m 이상

73 기계설비법상 기계설비의 범위에 속하지 않는 것은?

① 플랜트설비
② 오수정화 및 물재이용설비
③ 가스설비
④ 위생기구설비

해설 가스설비는 기계설비법상 기계설비의 범위에 속하지 않는다.
기계설비의 범위(기계설비법 시행령 별표 1)
열원설비, 냉난방설비, 공기조화·공기청정·환기설비, 위생기구·급수·급탕·오배수·통기설비, 오수정화·물재이용설비, 우수배수설비, 보온설비, 덕트(Duct)설비, 자동제어설비, 방음·방진·내진설비, 플랜트설비, 특수 설비(청정실 구성 설비 등)

74 방송 공동수신설비를 설치하여야 하는 대상건축물에 속하지 않는 것은?

① 연립주택
② 다가구주택
③ 바닥면적의 합계가 5,000㎡로써 업무시설의 용도가 쓰는 건축물
④ 바닥면적의 합계가 5,000㎡로써 숙박시설의 용도가 쓰는 건축물

해설 〈건축법령 제87조〉 방송 공동수신설비를 설치하여야 하는 대상건축물에 공동주택이 포함되는데 다가구주택은 공동주택에 속하지 않는다.

해답 71.③ 72.④ 73.③ 74.②

75 다음 중 허가 대상에 속하는 건축물의 용도변경은?

① 장례시설에서 발전시설로의 용도변경
② 위락시설에서 숙박시설로의 용도변경
③ 종교시설에서 운동시설로의 용도변경
④ 업무시설에서 교육연구시설로의 용도변경

해설 〈건축법 제19조 2항, 영 제14조5항〉 허가 대상에 속하는 건축물의 용도변경은 하위그룹(업무시설)에서 상위그룹(교육연구)으로 용도변경할 때이다.

76 다음은 소방시설의 내진설계에 관한 기준 내용이다. 밑줄 친 대통령령으로 정하는 소방시설에 속하지 않는 것은?

> 「지진·화산재해대책법」 제14조 제1항 각 호의 시설 중 대통령령으로 정하는 특정소방대상물에 대통령령으로 정하는 소방시설을 설치하려는 자는 지진이 발생할 경우 소방시설이 정상적으로 작동될 수 있도록 소방청장이 정하는 내진설계기준에 맞게 소방시설을 설치하여야 한다.

① 옥내소화전설비　　② 스프링클러설비
③ 자동화재탐지설비　④ 물분무등소화설비

해설 〈소방법령 제15조2〉 소화설비, 소화용수설비, 소화활동설비가 포함되는데 자동화재탐지설비는 경보설비에 속한다.

77 비상용 승강기의 승강장 및 승강로의 구조에 관한 기준 내용으로 옳지 않은 것은?

① 승강장은 각층의 내부와 연결될 수 있도록 할 것
② 승강로는 당해 건축물의 다른 부분과 내화구조로 구획할 것
③ 벽 및 반자가 실내에 접하는 부분의 마감재료는 불연재료로 할 것
④ 옥외승강장의 바닥면적은 비상용 승강기 1대에 대하여 5㎡ 이상으로 할 것

해설 〈설비기준 제10조〉 비상용 승강기의 승강장의 바닥면적은 1대에 대하여 6㎡ 이상으로 할 것이나, 옥외승강장은 조건이 없다.

78 승강기 설치 대상 건축물로써 각 층의 거실면적이 500m²인 8층 병원에 설치하여야 하는 승용승강기의 최소 대수는?(단, 8인승 승강기인 경우)

① 1대　　② 2대
③ 3대　　④ 4대

해답 75.④　76.③　77.④　78.②

해설 〈설비기준 제5조 별표 1〉
6층 이상 거실면적=500×3=1,500㎡
의료시설(병원)에서 6층 이상 거실면적이 3,000㎡ 이하일 때 2대(8인승)

79 다음은 주택에 설치하는 소방시설에 관한 기준내용이다. 밑줄 친 대통령령으로 정하는 소방시설에 해당하는 것은?

> 제8조(주택에 설치하는 소방시설) ① 다음 각 호의 주택의 소유자는 <u>대통령령으로 정하는 소방시설</u>을 설치하여야 한다.
> 1. 「건축법」 제2조제2항제1호의 단독주택
> 2. 「건축법」 제2조제2항제2호의 공동주택(아파트 및 기숙사는 제외한다)

① 소화기 및 단독 경보형 감지기
② 소화기 및 간이스프링클러설비
③ 간이소화용구 및 자동소화장치
④ 간이소화용구 및 자동식 사이렌설비

해설 〈소방법 제8조〉 주택에 설치하는 소방시설은 소화기구 및 단독 경보형 감지기

80 건축물의 에너지절약설계기준상 기계부문에 권장되는 냉방설비의 용량계산을 위한 설계기준 실내온도 기준은?(단, 목욕장 및 수영장은 제외한다.)

① 20℃
② 25℃
③ 28℃
④ 30℃

해설 〈에너지절약기준 제9조〉
• 난방 실내 설계온도 : 20℃
• 냉방 실내 설계온도 : 28℃

해답 79.① 80.③

제6회 건축설비기사 기출모의고사

제1과목 건축설비 계획

01 눈부심(glare)의 방지 방법으로 옳지 않은 것은?

① 휘도가 낮은 광원을 사용한다.
② 플라스틱 커버가 장착된 조명기구를 사용한다.
③ 글래어 존(glare zone)에 광원을 설치한다.
④ 광원 주위를 밝게 한다.

해설 눈부심을 방지하기 위하여 글래어 존(glare zone)에 광원을 설치하지 않는다.

02 실내환기의 주된 목적이 아닌 것은?

① 습기 제거
② 적절한 산소공급
③ 기류속도 조정
④ CO_2 제거

해설 환기와 기류속도 조정은 거리가 멀다.

03 결합통기관에 관한 설명으로 옳은 것은?

① 각 기구마다 설치하는 통기관
② 배수·통기 양 계통 간의 공기 유통을 원활하게 하기 위해 배수수평지관과 루프통기관을 연결시키는 통기관
③ 배수수직관의 상부를 그대로 연장하여 대기에 개방되게 한 것으로 배수수직관이 통기관의 역할까지 하도록 한 통기관
④ 배수수직관이 길 경우 발생할 수 있는 배수수직관 내의 압력변화를 방지하기 위해 배수수직관과 통기수직관을 연결한 통기관

해설 결합통기관은 배수수직관이 길 경우 배수수직관 내의 통기성능 향상을 위하여 배수수직관과 통기수직관을 연결하는 통기관이다.

해답 1.③ 2.③ 3.④

04 만약 실내공기 중의 CO_2 농도가 1,000ppm이라 하면 실내의 공기 중에 CO_2가 차지하는 비율은 몇 %에 해당하는가?

① 0.01% ② 0.1%
③ 1% ④ 10%

해설 $1,000\text{ppm} = \dfrac{1,000}{10^6} = 0.001 = 0.1\%$

05 실내조명설계의 순서에서 가장 먼저 수행해야 하는 것은?

① 조명 기구의 디자인 ② 소요 조도의 결정
③ 조명 방식의 결정 ④ 기구 대수의 산출

해설 실내조명설계의 순서 : 소요 조도의 결정 → 조명 방식의 결정 → 기구 대수의 산출 → 조명 기구의 디자인

06 수질에 관한 설명으로 옳은 것은?

① SS 값이 클수록 탁도가 작다.
② COD 값이 클수록 오염도가 작다.
③ BOD 값이 클수록 오염도가 작다.
④ BOD 제거율값이 클수록 처리능력이 양호하다.

해설 SS 값이 클수록 탁도가 크고, COD, BOD 값이 클수록 오염도가 크다.

07 간접가열식 급탕법에 관한 설명으로 옳지 않는 것은?

① 대규모의 급탕설비에 사용할 수 없다.
② 보일러 내면에 스케일의 발생이 적다.
③ 탱크 내의 가열코일을 이용하여 가열한다.
④ 난방용 보일러를 사용하여 급탕할 수 있다.

해설 간접가열식 급탕법은 급탕전의 수압이 보일러에 작용하지 않으므로 대규모의 급탕설비에 저압보일러를 사용할 수 있다.

08 대변기의 세정급수 방식 중 하이탱크식과 로탱크식에 관한 설명으로 옳은 것은?

① 하이탱크식은 로탱크식보다 세정소음이 작다.
② 로탱크식과 하이탱크식은 연속 사용이 가능하다.

해답 4.② 5.② 6.④ 7.① 8.④

③ 로탱크식은 하이탱크식보다 화장실 내의 공간을 적게 차지하여 유리하다.
④ 하이탱크식과 로탱크식은 탱크로의 급수압이 다소 낮아도 사용이 가능하다.

[해설] 하이탱크식이 소음이 크며, 탱크식은 모두 연속사용이 어렵고, 수압이 낮아도 사용이 가능하다. 화장실 공간은 로탱크가 많이 차지한다.

09 다음 중 사이폰 트랩에 속하는 것은?
① P트랩
② 벨트랩
③ 드럼트랩
④ 그리스트랩

[해설] 사이폰 트랩(관트랩) : P, S, U트랩

10 2개 이상의 엘보를 사용하여 이음부의 나사 회전을 이용해서 배관의 신축을 흡수하는 신축이음쇠는?
① 루프형
② 슬리브형
③ 벨로우즈형
④ 스위블형

[해설] 스위블형 이음은 2개 이상의 엘보를 사용하여 엘보의 회전과 밴딩현상으로 신축을 흡수한다.

11 압력탱크방식 급수법에 관한 설명으로 옳은 것은?
① 취급이 비교적 쉽고 고장도 없다.
② 전력 차단 시에는 사용할 수 없다.
③ 항상 일정한 수압을 유지할 수 있다.
④ 고가탱크방식에 비하여 관리비용이 저렴하고 저양정의 펌프를 사용한다.

[해설] 압력탱크방식은 취급이 비교적 어렵고, 고장도 생기고, 전력 차단 시에는 사용할 수 없고, 수압 변동이 크고, 고가탱크방식에 비하여 관리비용이 높고 고양정의 펌프를 사용한다.

12 배수배관에서 청소구의 원칙적인 설치 위치에 속하지 않는 것은?
① 배수횡주관 및 배수횡지관의 기점
② 배수수직관의 최상부 또는 그 부근
③ 배수횡주관과 부지 배수관의 접속점에 가까운 곳
④ 배수관이 45°를 넘는 각도로 방향을 전환하는 개소

[해설] 청소구는 배수수직관의 최하부 또는 그 부근에 설치한다.

[해답] 9.① 10.④ 11.② 12.②

13 다음 중 배관의 피복 목적과 가장 관계가 먼 것은?
① 방로
② 방음
③ 방동
④ 방진

[해설] 배관의 피복과 방진은 거리가 멀다.

14 다음 설명에 알맞은 유체 정역학 관련 이론은?

> 밀폐된 용기에 넣은 유체의 일부에 압력을 가하면, 이 압력은 모든 방향으로 동일하게 전달되어 벽면에 작용한다.

① 파스칼의 원리
② 피토관의 원리
③ 베르누이의 정리
④ 토리첼리의 정리

[해설] 파스칼의 원리는 수압기나 유압기의 원리에 이용되고 있다.

15 층류와 난류에 관한 설명으로 옳지 않은 것은?
① 층류영역에서 난류영역 사이를 천이영역이라고 한다.
② 층류에서 난류로 천이할 때의 유속을 평균유속이라고 한다.
③ 레이놀즈 수에 의해 관내의 흐름이 층류인지 난류인지를 판별할 수 있다.
④ 유체 유동 중 층류는 유체분자가 규칙적으로 층을 이루면서 흐르는 것이다.

[해설] 층류에서 난류로 천이할 때의 유속을 임계유속이라고 한다.

16 냉방부하계산에 관한 설명으로 옳지 않은 것은?
① 외벽구조에 따라 상당온도차는 다르게 나타난다.
② 틈새바람에 의한 부하는 현열과 잠열 모두 고려한다.
③ 틈새바람량 계산법으로는 틈새법, 면적법, 환기횟수법 등이 있다.
④ 유리를 통한 열부하는 일사에 의한 직접 열취득만을 고려한다.

[해설] 유리를 통한 열부하는 일사에 의한 열부하와 관류(대류)부하를 고려한다.

17 유량조절용으로 사용되며 유체의 흐름방향을 90°로 전환시킬 수 있는 밸브는?
① 볼 밸브
② 앵글 밸브
③ 체크 밸브
④ 게이트 밸브

[해설] 유체의 흐름방향을 90°로 전환시킬 수 있는 밸브는 앵글 밸브이다.

해답 13.④ 14.① 15.② 16.④ 17.②

18 환기방식에 관한 설명으로 옳지 않은 것은?
① 화장실, 주방 등은 제3종 환기가 유리하다.
② 상향식 환기는 바닥면의 먼지 등을 일으킬 수 있다.
③ 제2종 환기란 급기팬과 배기팬이 모두 설치되는 것을 말한다.
④ 국소환기는 주방, 실험실에서와 같이 오염물질의 확산 및 발산을 가능한 극소화시키려고 할 때 적용된다.

[해설] 제2종 환기란 급기팬과 배기구를 이용하여 실내를 양압(+)으로 유지하여 오염가스의 침입을 막는데 쓰인다.

19 공기조화방식 중 전공기 방식의 일반적인 특징으로 옳은 것은?
① 덕트 스페이스가 필요하다.
② 실내공기의 오염이 심하다.
③ 실내에 누수의 염려가 많다.
④ 중간기에 외기냉방을 할 수 없다.

[해설] 전공기 방식은 덕트방식으로 덕트스페이스가 필요하며, 실내공기의 오염이 적고, 실내에 누수의 우려는 없고, 중간기에 외기냉방을 할 수 있다.

20 다음 중 송풍기의 풍량제어 시 축동력이 가장 많이 소요되는 제어방법은?
① 회전수제어
② 흡입베인제어
③ 흡입댐퍼제어
④ 토출댐퍼제어

[해설] 축동력 소요순서 : 토출댐퍼제어＞흡입댐퍼제어＞흡입베인제어＞회전수제어

제2과목 | 건축설비 설계

21 급탕배관에서 콘크리트벽의 관통 부위에 슬리브(sleeve) 배관을 하는 가장 주된 이유는?
① 관 내의 유속을 낮추기 위하여
② 관의 도장공사를 손쉽게 하기 위하여
③ 관 표면에 생기는 결로를 막기 위하여
④ 관이 자유롭게 신축할 수 있도록 하기 위하여

[해설] 배관이 벽체를 관통할 때 슬리브를 설치하고 통과시키면 신축이 자유롭고 교체가 편리하다.

[해답] 18.③ 19.① 20.④ 21.④

22 양수펌프가 수면으로부터 2.5m 아래 지점에 설치되어 있다. 이때 수온은 32.5℃이고, 32.5℃ 물의 포화증기압은 50kPa이며, 수면 위에는 표준 대기압이 작용하고 있다. 이 양수펌프의 유효흡입양정은?(단, 마찰저항은 2.36mAq이며 물의 밀도는 0.996kg/L이다.)

① 약 2.5m
② 약 5.0m
③ 약 7.5m
④ 약 10.0m

해설 NPSH=대기압−(흡입양정+포화증기압+마찰손실)
$= 10.33 - \left(-2.5 + \frac{50}{10} + 2.36 \right) = 5.47\text{m}$

23 원심식 펌프로 회전차 주위에 디퓨저인 안내 날개를 가지고 있는 펌프는?

① 터빈펌프
② 기어펌프
③ 피스톤펌프
④ 볼류트펌프

해설 원심식 펌프로 회전차(임펠러) 주위에 디퓨저(안내 날개)를 가지고 있는 펌프는 터빈펌프, 없으면 볼류트펌프이다.

24 급수배관 설계 및 시공 시 주의사항으로 옳지 않은 것은?

① 수평배관에서 물이 고일 수 있는 부분에는 진공방지밸브를 설치한다.
② 상향 급수배관 방식의 경우 진행방향에 따라 올라가는 기울기로 한다.
③ 기구의 접속관 지름은 기구의 구경과 동일한 것을 원칙으로 하며 이것보다 작게 해서는 안 된다.
④ 수직배관에는 25~30m 구간마다 체크밸브를 설치하여 유동 정지 시의 역류에너지의 작용을 분산한다.

해설 급수배관 설계 시 수평배관에서 물이 고일 수 있는 부분에는 배수(드레인)밸브를 설치한다.

25 1,000L/h의 급탕을 전기온수기를 사용하여 공급할 때 시간당 전력사용량은?(단, 물의 비열 4.2kJ/kg·K, 밀도 1kg/L, 급탕온도 70℃, 급수온도 10℃, 전기온수기의 전열효율은 95%로 한다.)

① 63.4kW/h
② 66.5kW/h
③ 70.2kW/h
④ 73.7kW/h

해설 $\text{kW} = \frac{WC\Delta t}{E} = \frac{1,000 \times 4.2(70-10)}{3,600 \times 0.95} = 73.7kW$

해답 22.② 23.① 24.① 25.④

26 급수관경 결정 시 필요없는 사항은?

① 수압표
② 관경균등표
③ 동시사용률표
④ 마찰저항선도

해설 급수관경 결정 시 관경균등표와 동시사용률표를 이용하는 방법과 급수부하단위와 마찰저항선도를 이용하는 방법이 있다.

27 아파트 1동 50세대의 급탕설비를 중앙공급식으로 하는 경우 1시간당 최대 급탕량은?(단, 각 세대마다 세면기(40L/h), 부엌싱크(70L/h), 욕조(110L/h)가 1개씩 설치되며, 기구의 동시사용률은 30%로 가정한다.)

① 2,700L/h
② 3,300L/h
③ 3,700L/h
④ 4,300L/h

해설 $Q = (40+70+110) \times 50 \times 0.3 = 3,300 L/h$

28 다음 중 펌프에서 캐비테이션 현상의 방지 대책과 가장 거리가 먼 것은?

① 관 내에 공기가 체류하지 않도록 배관한다.
② 양정에 필요 이상의 여유를 주지 않도록 한다.
③ 흡수관을 가능한 길게 하고 관경을 작게 한다.
④ 흡입조건이 나쁜 경우 회전수가 작은 펌프를 사용한다.

해설 캐비테이션 현상의 방지를 위해 흡수관을 가능한 짧고, 관경을 크게 한다.

29 먹는 물의 수질기준에 따른 경도 기준으로 옳은 것은?(단, 수돗물의 경우)

① 100mg/L를 넘지 아니할 것
② 300mg/L를 넘지 아니할 것
③ 1,000mg/L를 넘지 아니할 것
④ 1,200mg/L를 넘지 아니할 것

해설 경도는 무기물질(Ca, Mg)로 유발되며 먹는 물에 적당하게(90~110mg/L) 함유되는 게 좋으며 300mg/L를 넘지 않도록 규정하고 있다.

30 수증기를 만드는 원리에 따라 가습장치를 구분할 경우 다음 중 수분무식에 속하는 것은?

① 전열식
② 모세관식
③ 초음파식
④ 적외선식

해설 수분무식에 초음파식과 고압분무식이 있다.

해답 26.① 27.② 28.③ 29.② 30.③

31 진공환수식 증기난방에서 리프트 피팅(lift fitting)을 해야 하는 경우는?

① 방열기보다 환수주관이 높을 때
② 방열기보다 환수주관이 낮을 때
③ 배관 내의 유체 온도가 너무 높을 때
④ 배관 내의 유체 온도가 너무 낮을 때

해설 진공환수식에서 리프트 피팅은 방열기보다 환수주관이 높을 때 이용되며 1단의 높이는 1.5m 이내로 한다.

32 다음과 같은 특징을 갖는 천장취출구는?

- 확산형 취출구의 일종으로 몇 개의 콘(cone)이 있어서 1차 공기에 의한 2차 공기의 유인성능이 좋다.
- 확산반경이 크고 도달거리가 짧기 때문에 천장취출구로 많이 사용된다.

① 팬형
② 노즐형
③ 펑커형
④ 아네모스탯형

해설 몇 개의 콘(cone)으로 구성된 확산형 취출구는 아네모스탯형이다.

33 전열교환기에 관한 설명으로 옳지 않은 것은?

① 공기 대 공기의 열교환기로써, 습도차에 의한 잠열은 교환 대상이 아니다.
② 공기방식의 중앙공조시스템이나 공장 등에서 환기에서의 에너지 회수방식으로 사용된다.
③ 공조시스템에서 배기와 도입되는 외기와의 전열교환으로 공조기의 용량을 줄일 수 있다.
④ 전열교환기를 사용한 공조시스템에서 중간기(봄, 가을)를 제외한 냉방기와 난방기의 열회수량은 실내·외의 온도차가 클수록 많다.

해설 전열교환기는 공기(외기) 대 공기(배기)의 열교환기로써, 온도차에 의한 현열과 습도차에 의한 잠열 모두 교환 대상이다.

34 덕트의 치수 결정법에 관한 설명으로 옳지 않은 것은?

① 등속법은 덕트 내의 풍속을 일정하게 유지할 수 있도록 덕트 치수를 결정하는 방법이다.
② 등마찰손실법은 덕트의 단위길이당 마찰손실이 일정한 상태가 되도록 덕트마찰손실 선도에서 직경을 구하는 방법이다.
③ 등속법에 의한 덕트는 각 구간마다 압력손실이 다르므로 송풍기 용량을 구하기 위해서는 전체 구간의 압력손실을 구해야 하는 번거로움이 있다.
④ 등속법에 의한 덕트에 많은 풍량을 송풍하면 소음발생이나 덕트의 강도상에 문제가 발생하므로 일정 풍량 이상인 경우 등마찰손실법으로 결정한다.

해답 31.① 32.④ 33.① 34.④

해설 등마찰손실법에 의한 덕트에 많은 풍량을 송풍하면 소음발생이나 덕트의 강도상에 문제가 발생하므로 일정 풍량 이상인 경우 등속법으로 결정한다.

35 증기트랩의 작동원리에 따른 분류 중 기계식 트랩에 속하는 것은?

① 버킷 트랩
② 디스크 트랩
③ 벨로우즈식 트랩
④ 바이메탈식 트랩

해설 버킷 트랩, 플로트 트랩은 기계식 트랩에 속한다.

36 냉동기에 관한 설명으로 옳지 않은 것은?

① 터보식 냉동기는 임펠러의 원심력에 의해 냉매가스를 압축한다.
② 터보식 냉동기는 대용량에서는 압축효율이 좋고 비례 제어가 가능하다.
③ 압축식 냉동기의 냉매순환 사이클은 압축기 → 응축기 → 팽창밸브 → 증발기이다.
④ 흡수식 냉동기는 열에너지가 아닌 기계적 에너지에 의해 냉동효과를 얻는다.

해설 흡수식 냉동기는 열에너지(증기, 고온수)를 이용하여 냉동효과를 얻는다.

37 축열시스템에 관한 설명으로 옳지 않은 것은?

① 심야전력의 이용이 가능하다.
② 냉동기의 용량을 감소시킬 수 있다.
③ 호텔의 공공부분과 같이 간헐운전이 심한 경우에는 적용할 수 없다.
④ 빙축열시스템은 냉각을 위한 냉동기, 축열을 위한 빙축열조, 외부와의 열교환을 위한 열교환기 등으로 구성된다.

해설 축열시스템은 호텔의 공공부분과 같이 간헐운전이 심한 경우에 적용하면 효과적이다.

38 보일러에 관한 설명으로 옳지 않은 것은?

① 연관 보일러는 예열시간이 길고 수명이 짧다.
② 입형 보일러는 설치면적이 작고 취급이 용이하다.
③ 수관 보일러는 지역난방 또는 대형 건물에 주로 이용된다.
④ 관류 보일러는 보유수량이 많으므로 일반 공조용에 많이 이용된다.

해설 관류 보일러는 보유수량이 적으며 중소규모의 일반 공조용에 많이 이용된다.

해답 35.① 36.④ 37.③ 38.④

39 다음 그림과 같은 냉수 배관계통에서 ㉠점의 냉수 순환량은?(단, 팬코일 유닛의 단위는 와트(W)이며, 물의 비열은 4.2kJ/kg·K, 물의 밀도는 1kg/L이다.)

- 팬코일 유닛의 입구, 출구 온도차 : 5℃
- 배관 및 기기의 열손실은 10%로 한다.

① 약 61L/min ② 약 119L/min
③ 약 122L/min ④ 약 134L/min

해설 ㉠점 부하=7,200×3+5,400×3=37,800W=37.8kW

유량 = $\dfrac{q}{C\Delta t} = \dfrac{37.8 \times 1.1}{4.2 \times 5} = 1.98\text{kg/s} = 118.8 kg/min = 118.8L/min$

40 1인당 소요면적이 5m²이고, 사무실의 면적이 500m²일 때 인체발생열량은?(단, 1인당 발생현열량은 56W/인, 잠열량은 46W/인이다.)

① 9,400W ② 9,900W
③ 10,000W ④ 10,200W

해설 재실인원=500/5=100명
현열=100×56=5,600W
잠열=100×46=4,600W
인체발생열=5,600+4,600=10,200W

제3과목 ─ 전기 및 소방시설 일반

41 콘덴서에서 극판의 면적을 2배로 증가시키면 정전용량은 몇 배가 되는가?

① 1.5배 ② 2배
③ 3배 ④ 4배

해설 콘덴서에서 정전용량은 극판 면적에 비례하고 간격에 반비례한다.

해답 39.② 40.④ 41.②

42 각종 광원에 관한 설명으로 옳지 않은 것은?

① 형광램프는 점등장치를 필요로 한다.
② 저압나트륨램프는 인공광원 중에서 연색성이 가장 우수하다.
③ 고압수은램프는 광속이 큰 것과 수명이 긴 것이 특징이다.
④ 메탈할라이드램프는 고압수은램프보다 효율과 연색성이 우수하다.

해설 저압나트륨램프는 인공광원 중에서 연색성이 나쁜 편이다.

43 각종 센서로부터 전자적 신호를 받아 수치화된 디지털 신호로 제어하는 방식은?

① 전기식
② 공기식
③ 기계식
④ DDC방식

해설 DDC방식은 센서의 신호(아날로그 AO, AI)를 디지털신호(DO, DI)로 상호 변환하여 제어한다.

44 공조설비의 밸브나 댐퍼의 구동을 위하여 비례제어용으로 주로 사용되는 조작기는?

① 히트 펌프
② 서보 모터
③ 모듀트럴 모터
④ 직동식 전자밸브

해설 모듀트럴 모터(전동모터)는 밸브나 댐퍼의 비례제어에 널리 쓰인다.

45 차동식 분포형 화재감지에 속하지 않는 것은?

① 스폿식
② 공기관식
③ 열전대식
④ 열반도체식

해설 스폿식은 일정 지점에서 감지하며 분포형은 일정 지역을 감지한다.

46 단상 변압기의 2차 무부하 전압이 220[V]이고, 정격부하에서의 2차 단자전압이 200[V]일 경우 전압변동률은?

① 5[%]
② 7[%]
③ 10[%]
④ 12[%]

해설 전압변동률 $= \dfrac{무부하전압 - 부하전압}{부하전압} = \dfrac{220-200}{200} = 0.1 = 10\%$

해답 42.② 43.④ 44.③ 45.① 46.③

47 가동코일형 계기에 관한 설명으로 옳은 것은?

① 고주파용이다.　　　② 교류 전용이다.
③ 직류 전용이다.　　　④ 직류, 교류 양용이다.

해설 가동코일형 계기란 영구 자석에 의한 자계 속에 코일을 매달고 이에 측정할 전류를 흐르게 하여 지침이 지시하게 되므로 직류 전류를 측정할 수 있다.

48 다음은 옥외소화전설비의 호스접결구에 관한 기준 내용이다. ( ) 안에 알맞은 것은?

> 호스접결구는 지면으로부터 높이가 0.5m 이상 1m 이하의 위치에 설치하고 특정소방대상물의 각 부분으로부터 하나의 호스접결구까지의 수평거리가 ( ) 이하가 되도록 설치하여야 한다.

① 30m　　　② 40m
③ 50m　　　④ 60m

해설 옥외소화전설비 유효반경 40m, 옥내소화전설비 유효반경 25m

49 100[Ω]인 전열기 5대가 100[V] 전지에 병렬로 연결되어 있을 때 전열기 1대에서 소비되는 전력은?

① 20[W]　　　② 40[W]
③ 100[W]　　　④ 500[W]

해설 병렬 연결된 전열기에는 모두 100V전압이 걸린다.

$$소비전력 = IV = \frac{V^2}{R} = \frac{100^2}{100} = 100W$$

50 단권 변압기에서 1차 권선의 권수가 100회, 공통 코일(2차 코일) 권수가 60회일 때 2차측 전압은 얼마인가?(단, 1차측 전압은 100[V]이다.)

① 40[V]　　　② 60[V]
③ 100[V]　　　④ 160[V]

해설 $\frac{N_2}{N_1} = \frac{V_2}{V_1}$ 에서 $\frac{60}{100} = \frac{V_2}{100}$

$V_2 = 60V$

해답 47.③　48.②　49.③　50.②

51 발전기에 적용되는 법칙으로 유도기전력의 방향을 알기 위하여 사용되는 법칙은?

① 오옴의 법칙
② 키르히호프의 법칙
③ 플레밍의 왼손의 법칙
④ 플레밍의 오른손의 법칙

[해설]
• 발전기의 원리 : 플레밍의 오른손의 법칙
• 전동기의 원리 : 플레밍의 왼손 법칙

52 옥내소화전설비에 관한 설명으로 옳지 않은 것은?

① 영하 10℃ 이하의 추운 곳에서의 배관은 습식으로 한다.
② 주배관 중 수직배관의 구경은 50mm 이상의 것으로 한다.
③ 방수구는 바닥으로부터 높이가 1.5m 이하가 되도록 한다.
④ 건물의 각 부분으로부터 하나의 옥내소화전방수구까지의 수평거리가 25m 이하가 되도록 한다.

[해설] 영하 10℃ 이하의 추운 곳에서의 배관은 건식으로 한다.

53 스프링클러설비를 구성하는 배관에 관한 설명으로 옳지 않은 것은?

① 가지배관이란 스프링클러헤드가 설치되어 있는 배관을 말한다.
② 주배관이란 직접 또는 수직배관을 통하여 가지배관에 급수하는 배관을 말한다.
③ 급수배관이란 수원 및 옥외송수구로부터 스프링클러헤드에 급수하는 배관을 말한다.
④ 신축배관이란 가지배관과 스프링클러헤드를 연결하는 구부림이 용이하고 유연성을 가진 배관을 말한다.

[해설] 스프링클러설비 주배관이란 직접 또는 수직배관을 통하여 교차배관에 급수하는 배관을 말한다.

54 220/380V 전원을 공급하는 빌딩 및 공장의 전등및 동력용 간선으로 가장 많이 사용되는 배선방식은?

① 단상 2선식
② 단상 3선식
③ 3상 3선식
④ 3상 4선식

[해설] 3상 4선식 : 동력과 전등 부하를 동시에 공급할 수 있어 대규모 건물에 적합하다.

[해답] 51.④ 52.① 53.② 54.④

55 평형 3상 교류에서 각 상간의 위상차는?

① 60°
② 90°
③ 120°
④ 180°

해설 3상 교류에서 각 상간의 위상차는 360÷3=120°

56 나무, 섬유, 종이, 고무, 플라스틱류와 같은 일반 가연물이 타고 나서 재가 남는 화재를 의미하는 것은?

① A급 화재
② B급 화재
③ C급 화재
④ K급 화재

해설
- A급 화재 : 일반화재
- B급 화재 : 유류화재
- C급 화재 : 가스화재
- D급 화재 : 금속화재
- K급 화재 : 주방화재

57 자속의 단위로 사용되는 것은?

① 헨리[H]
② 패럿[F]
③ 쿨롱[C]
④ 웨버[wb]

해설 자속의 단위 : 웨버[wb]

58 정보통신설비를 정보설비와 통신설비로 구분할 경우, 다음 중 정보설비에 속하는 것은?

① 인터폰설비
② TV공청설비
③ 홈네트워크설비
④ 구내방송(PA)설비

해설
- 정보설비 : 홈네트워크설비
- 통신설비 : 인터폰설비, TV공청설비

59 어느 공장에 주파수 60[Hz], 50[kW]인 4극 유도전동기가 운전되고 있다. 이 전동기의 동기속도는?

① 1,500[rpm]
② 1,800[rpm]
③ 2,500[rpm]
④ 3,600[rpm]

해설 $N = \dfrac{120f}{P} = \dfrac{120 \times 60}{4} = 1,800 \text{rpm}$

해답 55.③ 56.① 57.④ 58.③ 59.②

60 전기 관련 용어에 관한 설명으로 옳지 않은 것은?

① 전력은 열량으로 환산이 가능하다.
② 전류는 단위시간에 이동한 전기량을 말한다.
③ 저항의 크기는 물체의 단면적에 비례하고 길이에 반비례한다.
④ 전기회로에서 두 극 사이에 생기는 전기적인 고저차를 전위차 또는 전압이라 한다.

해설 저항의 크기는 물체의 단면적에 반비례하고 길이에 비례한다.

제4과목 건축설비 관련 법규

61 건축물의 에너지절약설계기준상 단열계획에 대한 건축부문의 권장사항으로 옳지 않은 것은?

① 외벽 부위는 내단열로 시공한다.
② 외피의 모서리 부분은 열교가 발생하지 않도록 단열재를 연속적으로 설치한다.
③ 건물의 창 및 문은 가능한 작게 설계하고, 특히 열손실이 많은 북측 거실의 창 및 문의 면적은 최소화한다.
④ 태양열 유입에 의한 냉·난방부하를 저감할 수 있도록 일사조절장치, 태양열투과율, 창 및 문의 면적비 등을 고려한 설계를 한다.

해설 〈에너지절약기준 제7조〉 외벽 부위는 외단열로 시공한다.

62 다음의 소방시설 중 경보설비에 속하지 않는 것은?

① 비상방송설비 ② 자동화재속보설비
③ 자동화재탐지설비 ④ 무선통신보조설비

해설 〈소방법령 제3조 별표 1〉 무선통신보조설비는 소화활동설비(소방관들이 소화활동 시 통신수단으로 사용)

63 공동주택에서 환기를 위하여 거실에 설치하는 창문 등의 면적은 그 거실의 바닥면적의 최소 얼마 이상이어야 하는가?(단, 기계환기장치 및 중앙관리방식의 공기조화설비를 설치하지 않은 경우)

① 10분의 1 ② 20분의 1
③ 30분의 1 ④ 50분의 1

해설 〈피난방화구조기준 제17조〉 환기 1/20, 채광 1/10

해답 60.③ 61.① 62.④ 63.②

64 각 층의 거실면적의 합계가 1000m²로 동일한 15층의 문화 및 집회시설 중 공연장에 설치하여야 하는 승용승강기의 최소 대수는?(단, 15인승 승강기의 경우)

① 4대
② 5대
③ 6대
④ 7대

해설 〈설비기준 제5조〉
6층 이상 거실면적=10×1,000=10,000m²
3000까지 2대+초과 2,000마다 1대 추가
대수=2+(10,000-3,000)/2,000=5.5=6대
(만약 16인승 이상이면 : 6/2=3대)

65 건축물에 설치하는 복도의 유효너비 기준이 옳지 않은 것은?(단, 연면적 200m²를 초과하는 건축물이며, 양옆에 거실이 있는 복도의 경우)

① 초등학교-1.8m 이상
② 오피스텔-1.8m 이상
③ 공동주택-1.8m 이상
④ 고등학교-2.4m 이상

해설 〈피난방화구조기준 제15조 2〉 초등, 중, 고등학교-2.4m 이상

66 종교시설의 용도에 쓰이는 건축물의 집회실로서 그 바닥면적이 200m² 이상인 경우 반자의 높이는 최소 얼마 이상으로 하여야 하는가?(단, 기계환기장치를 설치하지 않는 경우)

① 2.1m
② 2.4m
③ 3m
④ 4m

해설 〈피난방화구조기준 제16조〉 반자의 높이는 최소 4m 이상(노대 아래 부분 2.7m)

67 헬리포트의 설치에 관한 기준 내용으로 옳은 것은?

① 헬리포트의 길이와 너비는 각각 9m 이상으로 한다.
② 헬리포트의 중앙부분에는 지름 6m의 "ⓗ" 표지를 황색으로 한다.
③ 헬리포트의 주위한계선은 백색으로 하되, 그 선의 너비는 38cm로 한다.
④ 헬리포트의 중심으로부터 반경 15m 이내에는 이·착륙에 장애가 되는 건축물 등을 설치하지 아니한다.

해설 〈피난방화구조기준 제13조〉 헬리포트의 길이와 너비는 각각 22m 이상으로, 헬리포트의 중앙부분에는 지름 8m의 "ⓗ" 표지를 백색으로, 헬리포트의 중심으로부터 반경 12m 이내에는 이·착륙에 장애가 되는 건축물 등을 설치하지 아니한다.

64.③ 65.① 66.④ 67.③

68 다음은 건축법령상 건축신고와 관련된 기준 내용이다. ( ) 안에 속하지 않는 것은?

> 허가 대상 건축물이라 하더라도 바닥면적의 합계가 85m² 이내의 ( )의 경우에는 미리 특별자치시장·특별자치도지사 또는 시장·군수·구청장에게 신고를 하면 건축허가를 받은 것으로 본다.

① 신축 ② 증축
③ 개축 ④ 재축

해설 〈건축법 제14조 1항〉 85m² 이내의 증축, 개축, 재축

69 용도변경과 관련된 시설군 중 영업시설군에 속하지 않는 것은?

① 판매시설 ② 운동시설
③ 숙박시설 ④ 교육연구시설

해설 〈건축법령 제14조〉 교육연구시설은 교육 및 복지시설군에 속한다.

70 기계설비법령에 따른 기계설비의 착공 전확인과 사용 전 검사의 대상 건축물 또는 시설물에 해당하지 않는 것은?

① 연면적 1만m² 이상인 건축물
② 목욕장으로 사용되는 바닥면적 합계가 500m² 이상인 건축물
③ 기숙사로 사용되는 바닥면적 합계가 1천m² 이상인 건축물
④ 판매시설로 사용되는 바닥면적 합계가 3천m² 이상인 건축물

해설 〈기계설비법 시행령 별표 5〉 기숙사로 사용되는 바닥면적 합계가 2천m² 이상인 건축물이 해당된다.

71 다음은 스프링클러설비를 설치하여야 하는 특정소방대상물에 관한 기준 내용이다. ( ) 안에 알맞은 것은?

> 판매시설로써 바닥면적의 합계가 (㉠) 이상이거나 수용인원이 (㉡) 이상인 경우에는 모든 층

① ㉠ 5,000m², ㉡ 300명 ② ㉠ 5,000m², ㉡ 500명
③ ㉠ 10,000m², ㉡ 300명 ④ ㉠ 10,000m², ㉡ 500명

해설 〈소방법령 제15조 별표 5 1의 라〉 스프링클러설비 설치 : 판매시설로써 바닥면적의 합계가 (5,000m²) 이상이거나 수용인원이 (500명) 이상인 경우에는 모든 층

해답 68.① 69.④ 70.③ 71.②

72 건축물의 피난층 외의 층에서 피난층 또는 지상으로 통하는 직통계단을 설치할 경우, 거실의 각 부분으로부터 계단에 이르는 보행거리가 원칙적으로 최대 얼마 이하가 되도록 설치하여야 하는가?(단, 거실로부터 가장 가까운 거리에 있는 계단의 경우)

① 5m
② 10m
③ 20m
④ 30m

해설 〈건축법령 제34조〉 30m 이하

73 방염성능기준 이상의 실내장식물 등을 설치하여야 하는 특정소방대상물에 속하지 않는 것은?

① 수영장
② 숙박시설
③ 의료시설 중 종합병원
④ 방송통신시설 중 방송국

해설 〈소방법령 제30조〉 수영장은 제외

74 지하층의 비상탈출구에 관한 기준 내용으로 옳지 않은 것은?

① 비상탈출구의 문은 피난방향으로 열리도록 할 것
② 비상탈출구는 출입구로부터 3m 이상 떨어진 곳에 설치할 것
③ 비상탈출구의 유효너비는 0.75m 이상으로 하고 유효높이는 1.5m 이상으로 할 것
④ 비상탈출구에서 피난층 또는 지상으로 통하는 복도나 직통계단까지 이르는 피난통로의 유효너비는 0.65m 이상으로 할 것

해설 〈피난방화구조기준 제25조〉 피난통로의 유효너비는 0.75m 이상

75 건축물에 급수·배수·환기·난방 등의 건축설비를 설치하는 경우 건축기계설비기술사 또는 공조냉동기계기술사의 협력을 받아야 하는 대상 건축물에 속하지 않는 것은?

① 아파트
② 연립주택
③ 숙박시설로써 해당 용도에 사용되는 바닥면적의 합계가 2,000m²인 건축물
④ 판매시설로써 해당 용도에 사용되는 바닥면적의 합계가 2,000m²인 건축물

해설 〈건축설비기준 제2조〉 판매시설 3,000m² 이상

해답 72.④ 73.① 74.④ 75.④

76 세대수가 4세대인 주거용 건축물의 급수관지름의 최소 기준은?(단, 가압설비 등을 설치하지 않은 경우)

① 20mm ② 25mm
③ 32mm ④ 40mm

해설 〈설비기준 제18조 별표 3〉 4, 5세대 : 25mm

77 자동화재탐지설비를 설치하여야 하는 특정소방대상물에 속하지 않는 것은?

① 장례시설로써 연면적 600m^2인 것
② 숙박시설로써 연면적 600m^2인 것
③ 위락시설로써 연면적 600m^2인 것
④ 판매시설로써 연면적 600m^2인 것

해설 〈소방법령 제15조 별표 5 2의 라〉 판매시설 연면적 1,000m^2 이상

78 건축법령상 제1종 근린생활시설에 속하지 않는 것은?

① 미용원 ② 치과의원
③ 마을회관 ④ 일반음식점

해설 〈건축법령 제3조의 5〉 일반음식점은 제2종 근린생활시설

79 다음은 피난안전구역에 관한 기준 내용이다. ( ) 안에 알맞은 것은?

> 초고층 건축물에는 피난층 또는 지상으로 통하는 직통계단과 직접 연결되는 피난안전 구역을 지상층으로부터 최대 ( ) 층마다 1개소 이상 설치하여야 한다.

① 15개 ② 20개
③ 30개 ④ 40개

해설 〈건축법령 제34조〉 30층마다 1개소 이상

80 건축법령상 다음과 같이 정의되는 용어는?

> 건축물의 내부와 외부를 연결하는 완충공간으로써 전망이나 휴식 등의 목적으로 건축물 외벽에 접하여 부가적으로 설치되는 공간

① 노대 ② 차양
③ 테라스 ④ 발코니

해설 〈건축법령 제2조〉 발코니

해답 76.② 77.④ 78.④ 79.③ 80.④

제7회 건축설비기사 기출모의고사

제1과목 건축설비 계획

01 다음 용어의 단위로서 옳지 않은 것은?
① 열전도율 : W/m·K
② 열전달률 : W/m²·K
③ 열관류율 : W/m³·K
④ 열용량 : J/K

해설 열관류율 : W/m²·K

02 실내음향설계 시 주의할 사항으로 옳지 않은 것은?
① 직접음과 반사음의 시간차를 가능한 크게 하여 충분한 음보강이 되도록 한다.
② 강연이나 연극 등 언어를 주사용 목적으로 할 경우 잔향시간은 비교적 짧게 처리한다.
③ 방해가 되는 소음이나 진동을 완전히 차단하도록 한다.
④ 실의 어느 위치에서나 음 분포가 균등하도록 한다.

해설 실내음향설계에서 실의 목적에 알맞게 직접음과 반사음의 시간차를 적당하게 하여 적합한 잔향시간을 갖도록 한다.

03 수도 본관에서 수직높이 3m인 곳에 세정밸브형 대변기가 수도직결방식의 급수방식으로 설치되었다. 이 대변기의 사용을 위해 필요한 수도본관의 최저압력은? (단, 세정밸브의 최저필요압력은 100kPa, 수도본관에서 세정밸브까지의 마찰손실수두는 1mAq이다.)
① 74kPa
② 100kPa
③ 140kPa
④ 470kPa

해설 수도본관압력 = 밸브 필요압 + 기구높이 + 마찰손실
= 100 + 3×10 + 1×10
= 140kPa (수두 1m = 10kPa)

해답 1.③ 2.① 3.③

04 수격작용의 방지대책으로 옳지 않은 것은?

① 감압밸브 설치
② 수격방지기 설치
③ 바이패스관 설치
④ 펌프의 수평주관 길이 증가

해설 수격작용을 방지하기 위해서는 수평주관의 길이를 짧게 한다.

05 다음 설명에 알맞은 통기관은?

- 배수, 통기 양 계통 간의 공기의 유통을 원활히 하기 위해 설치하는 통기관을 말한다.
- 배수수평지관의 하류측의 관 내 기압이 높게 될 위험을 방지한다.

① 습통기관
② 도피통기관
③ 각개통기관
④ 신정통기관

해설 도피통기관은 루프 통기를 돕는 것으로 수직통기관과 수평 배수지관 하류 측을 연결한다.

06 트랩(trap)이 갖추어야 할 조건에 관한 설명으로 옳지 않은 것은?

① 자정 작용이 가능할 것
② S트랩의 경우 내부 치수가 동일할 것
③ 봉수깊이는 50mm 이상 100mm 이하일 것
④ 기구내장 트랩의 내벽 및 배수로의 단면형상에 급격한 변화가 없을 것

해설 S 트랩의 경우 유입부분보다 유출부분을 크게 배관한다.

07 수질과 관련된 용어에 관한 설명으로 옳지 않은 것은?

① COD는 화학적 산소요구량을 말한다.
② BOD는 생물화학적 산소요구량을 말한다.
③ SS는 증발잔류물로서 부유물과 용해성 물질의 합계를 말한다.
④ 총질소는 무기성 및 유기성 질소의 총량을 나타낸 것이다.

해설 SS는 부유물 농도이며 TS는 증발잔류물로서 SS와 DS(용해성 물질)의 합계를 말한다.

08 오수의 생물화학적 처리법 중 생물막법에 속하지 않는 것은?

① 접촉산화방식
② 살수여상방식
③ 표준활성오니방식
④ 회전원판 접촉방식

해설 표준활성오니방식은 유동성 미생물을 이용한다.

해답 4.④ 5.② 6.② 7.③ 8.③

09 다음 설명에 알맞은 밸브의 종류는?

> • 유체를 일정한 방향으로만 흐르게 하고 역류를 방지하는데 사용한다.
> • 시트의 고정핀을 축으로 회전하여 개폐되며 수평·수직 어느 배관에도 사용할 수 있다.

① 게이트밸브 ② 풋형 체크밸브
③ 스윙형 체크밸브 ④ 리프트형 체크밸브

해설 스윙형 체크밸브는 역지밸브이며 고정핀을 축으로 시트(디스크)를 스윙(회전)하여 개폐한다.

10 물의 경도에 관한 설명으로 옳지 않은 것은?

① 경도가 큰 물을 경수, 경도가 작은 물을 연수라고 한다.
② 연수는 쉽게 비누거품을 일으키지만 음료용으로는 적합하지 않다.
③ 경수를 보일러 용수로 사용하면 관내부에 스케일이 생겨 전열효율이 감소된다.
④ 물의 경도는 물속에 녹아 있는 칼슘, 마그네슘 등의 염류의 양을 탄산마그네슘의 농도로 환산하여 나타낸 것이다.

해설 물의 경도는 물속에 녹아 있는 칼슘, 마그네슘 등의 염류의 양을 탄산칼슘($CaCO_3$)의 농도로 환산하여 나타낸 것이다.

11 중앙식 급탕방식에 관한 설명으로 옳지 않은 것은?

① 배관으로부터의 열손실이 많다.
② 급탕 개소마다 가열기의 설치 스페이스가 필요하다.
③ 시공 후 기구 증설에 따른 배관 변경공사를 하기 어렵다.
④ 기계실 등에 다른 설비 기계와 함께 가열장치 등이 설치되기 때문에 관리가 용이하다.

해설 개별식 급탕법은 급탕 개소마다 가열기의 설치 스페이스가 필요하다.

12 단일덕트 정풍량방식에 관한 설명으로 옳은 것은?

① 전수방식의 특성이 있다.
② 중간기에 외기냉방이 가능하다.
③ 냉풍과 온풍을 혼합하는 혼합상자가 필요하다.
④ 부하특성이 다른 다수의 실의 공조에 적합하다.

해설 단일덕트 정풍량방식은 전공기방식의 특성이 있으며 중간기에 외기냉방이 가능하며 부하특성이 다른 다수의 실의 공조에는 부적합하다. 냉풍과 온풍을 혼합하는 혼합상자가 필요한 방식은 이중덕트방식이다.

해답 9.③ 10.④ 11.② 12.②

13 호텔의 주방이나 레스토랑의 주방 등에서 배출되는 배수 중의 지방분을 포집하기 위하여 사용되는 포집기는?

① 오일 포집기
② 가솔린 포집기
③ 그리스 포집기
④ 플라스터 포집기

해설 그리스 포집기(트랩)는 동식물성 지방분을 제거하기에 적합하다. 대형 그리스 트랩은 냉각장치를 갖추기도 한다.

14 다음 중 간접배수로 하여야 하는 기기에 속하지 않는 것은?

① 세탁기
② 대변기
③ 제빙기
④ 식기세척기

해설 대변기, 세면기, 싱크대 등은 직접배수(트랩)한다.

15 건구온도 30°C, 절대습도 0.015kg/kg'인 습공기 5kg의 전체 엔탈피는?(단, 공기의 정압비열 1.01kJ/kg·K, 수증기 정압비열 1.85kJ/kg·K, 0°C에서 포화수의 증발잠열 2,501kJ/kg)

① 228.77kJ
② 343.24kJ
③ 349.62kJ
④ 425.24kJ

해설 $h = m[C_{pa}t + x(\gamma + C_{pv}t)] = 5[1.01 \times 30 + 0.015(2501 + 1.85 \times 30)] = 343.24\text{kJ}$

16 10m×10m×3.2m 크기의 강의실에 35명의 사람이 있을 때 실내의 이산화탄소 농도를 0.1%로 하기 위해 필요한 환기량은?(단, 1인당 CO_2 발생량은 0.02m³/h·인이며 외기의 CO_2농도는 0.03%이다.)

① 1,000㎥/h
② 1,400㎥/h
③ 1,600㎥/h
④ 2,000㎥/h

해설 환기량 $= \dfrac{M}{C_i - C_o} = \dfrac{35 \times 0.02}{0.001 - 0.0003} = 1{,}000\text{m}^3/\text{h}$

17 건물의 냉방부하 발생 요인 중 현열만으로 구성된 것은?

① 인체의 발생열량
② 벽체로부터의 취득열량
③ 극간풍에 의한 취득열량
④ 외기의 도입으로 인한 취득열량

해설 인체, 극간풍, 외기 부하는 현열과 잠열부하이고, 벽체, 유리창, 조명부하는 현열부하이다.

해답 13.③ 14.② 15.② 16.① 17.②

18 다음 중 공조시스템에서 덕트 내에 변풍량(VAV) 유닛을 채용하는 가장 주된 이유는?

① 소음제거 ② 냉온풍의 혼합
③ 덕트 스페이스 감소 ④ 부하변동에 대한 대응

해설 변풍량(VAV)방식은 부하에 대응하여 유닛으로 공기량을 조절하여 실내 온도를 제어한다.

19 습공기선도상의 상태점(건구온도 26℃, 상대습도 50%)에서 건구온도만을 낮출 경우 상승하는 것은?

① 상대습도 ② 습구온도
③ 비체적 ④ 엔탈피

해설 어떤 공기를 건구온도를 낮추면(절대습도는 일정) 상대습도는 증가한다.

20 건구온도가 15℃인 공기 10kg과 건구온도 30℃인 공기 5kg을 혼합하였을 경우 혼합공기의 온도는?

① 18℃ ② 20℃
③ 25℃ ④ 28℃

해설 $t = \dfrac{15 \times 10 + 30 \times 5}{10 + 5} = 20℃$

제2과목 건축설비 설계

21 펌프에 관한 설명으로 옳은 것은?

① 펌프의 축동력은 회전수에 반비례한다.
② 볼류트 펌프는 임펠러 주위에 안내날개를 갖고 있기 때문에 고양정을 얻을 수 있다.
③ 펌프 1대에 임펠러 1개를 갖고 있는 것을 단단(單段)펌프라 하며 양정이 그다지 높지 않은 경우에 사용된다.
④ 캐비테이션을 방지하기 위해서는 흡수관을 가능한 한 길고 가늘게 함과 동시에 관내에 공기가 체류할 수 있도록 배관한다.

해설 펌프의 축동력은 회전수의 3제곱에 비례한다. 터빈 펌프는 임펠러 주위에 안내날개를 갖고 있기 때문에 고양정을 얻을 수 있다. 캐비테이션을 방지하기 위해서는 흡수관을 가능한 한 짧고 굵게 함과 동시에 관내에 공기가 체류하지 않도록 배관한다.

해답 18.④ 19.① 20.② 21.③

22 온도 10℃, 길이 100m인 강관에 탕이 흘러 70℃가 되었을 때, 강관의 팽창량은?(단, 강관의 선팽창계수는 1.0×10⁻⁵/℃이다.)

① 6mm
② 12mm
③ 6cm
④ 12cm

해설 $\triangle L = L \times \alpha \times \triangle t = 100 \times 1 \times 10^{-5} \times (70-10) = 0.06m = 6cm$

23 동시사용률이 높은 건물의 급탕설비에 관한 설명으로 옳은 것은?

① 가열부하와 최대부하의 차이가 크다.
② 일반적으로 최대부하 사용시간이 짧다.
③ 일반적으로 하루에 1시간 정도의 일정 시간에 사용된다.
④ 가열기 능력을 크게 하고 저장탱크는 소용량으로 계획하는 것이 효율적이다.

해설 샤워장과 같이 동시사용률이 높은 건물의 급탕설비는 가열부하와 최대부하가 비슷하고 일반적으로 최대부하 사용시간이 길다. 일반적으로 하루에 8시간 정도의 일정 시간에 사용되며 동시사용률이 높은 건물일수록 가열기 능력을 크게 하고 저장탱크는 소용량으로 계획하는 것이 효율적이다.

24 다음과 같은 경우 팽창관의 입상높이 h는 최소 얼마 이상으로 하여야 하는가? (단, 급탕 및 급수온도는 각각 80℃, 6℃이며, 이때의 물의 밀도는 각각 0.97108 kg/L, 0.99997kg/L이다.)

① 0.83m
② 0.87m
③ 0.90m
④ 0.93m

해설 팽창관 입상높이는 밀도차에 의한 액위 상승 이상으로 한다.
$h > H(\rho - \rho') = 30(0.99997 - 0.97108) = 0.87m$

해답 22.③ 23.④ 24.②

25 관로의 마찰손실에 관한 설명으로 옳지 않은 것은?

① 유속이 빠를수록 관로의 마찰손실은 커진다.
② 관로의 길이가 길수록 관로의 마찰손실은 커진다.
③ 유체의 밀도가 클수록 관로의 마찰손실은 작아진다.
④ 관로의 내경이 클수록 관로의 마찰손실은 작아진다.

해설 유체의 밀도가 클수록 관로의 마찰손실은 커진다.

26 스테인리스 강관에 관한 설명으로 옳은 것은?

① 급수용 배관으로는 사용할 수 없다.
② 저온 충격성이 작아 한랭지 배관이 곤란하다.
③ 관의 두께에 따라 L, M, N형으로 분류할 수 있다.
④ 단위 길이당 중량이 가벼워 취급, 운반이 용이하다.

해설 스테인리스 강관(STS)은 급수용에 널리 사용하며 저온 내충격성이 커서 한랭지 배관에 적합하며 단위 길이당 중량이 가벼워 취급, 운반이 용이하다. 동관은 관의 두께에 따라 K, L, M, N형으로 분류할 수 있다.

27 어느 배관에 15mm 세면기 1개, 20mm 소변기 2개, 25mm 대변기 2개가 연결될 때 이 배관의 관경은?

[동시사용률표]

기구수	2	3	4	5	10
동시사용률(%)	100	80	75	70	53

[관균등표]

관경(mm)	15	20	25	32	40	50
사용기구수	1	2	3.7	7.2	11	20

① 20mm
② 25mm
③ 32mm
④ 40mm

해설 1) 우선 관균등표를 이용하여 상당수를 구하면
15mm 세면기 1개=1개,
20mm 소변기 2개=2×2=4개,
25mm 대변기 2개=3.7×2=7.4개
합=1+4+7.4=12.4
2) 동시사용률은 기구수가 5개이므로 70%
3) 동시 개구수=12.4×0.7=8.68개
4) 균등표에서 15mm, 8.68 → 40mm 선정

해답 25.③ 26.④ 27.④

28 급수설비에 사용되는 펌프의 양수량이 2,000L/min, 전양정이 10m일 경우 이 펌프의 축동력은?(단, 펌프의 효율은 55%이다.)

① 3.52W ② 3.52kW
③ 5.94W ④ 5.94kW

해설 $kW = \dfrac{QH}{102E} = \dfrac{2,000 \times 10}{60 \times 102 \times 0.55} = 5.94kW$

29 배관설비에 사용되는 신축 이음쇠의 종류에 속하지 않는 것은?

① 루프형 ② 플랜지형
③ 슬리브형 ④ 벨로우즈형

해설 신축 이음쇠의 종류에는 루프형, 슬리브형, 벨로우즈형, 스위블 조인트, 볼 조인트가 있다.

30 실내 공기 오염의 종합적 지표로 사용되는 오염물질은?

① 미세먼지 ② 이산화탄소
③ 포름알데히드 ④ 휘발성 유기화합물

해설 이산화탄소는 독성은 없으나 실내 오염도에 비례하므로 실내공기 오염지표로 사용된다.

31 건구온도 t_1=30℃, 상대습도 20%의 습공기 3,000m³/h를 공기냉각기에서 냉각시켜 건구온도 t_2=14℃의 공기를 만들 때 제거되는 현열량은?(단, 공기의 비열은 1.01kJ/kg·K, 밀도는 1.2kg/m³이다.)

① 16.16W ② 24.12W
③ 16.16kW ④ 24.12kW

해설 현열부하 $= mC\Delta t = 3,000 \times 1.2 \times 1.01(30-14) = 58,176 kJ/h = 16.16 kW$

32 위치수두 10mAq, 압력수두 30mAq, 속도 2.5m/s로 관속을 흐르는 물의 전수두는?

① 13.06mAq ② 13.24mAq
③ 40.32mAq ④ 42.54mAq

해설 속도수두 $= \dfrac{v^2}{2g} = \dfrac{2.5^2}{2 \times 9.8} = 0.32 mAq$]
전수두=위치수두+압력수두+속도수두=10+30+0.32=40.32mAq

해답 28.④ 29.② 30.② 31.③ 32.③

33 유체의 흐름방향을 한쪽으로만 제어하는 밸브는?

① 체크밸브　　　　　　② 앵글밸브
③ 게이트밸브　　　　　④ 글로브밸브

해설　체크밸브(역지밸브)는 유체를 한 방향으로만 흐르게 하는 역지밸브이다.

34 증기난방설비에서 증기트랩을 사용하는 가장 주된 목적은?

① 온도를 조절하기 위하여　　② 공기를 배출하기 위하여
③ 압력을 조절하기 위하여　　④ 응축수를 배출하기 위하여

해설　증기트랩은 응축수는 배출하고 증기는 잡아둔다.

35 다음 중 원심형 송풍기가 아닌 것은?

① 다익형　　　　　　② 방사형
③ 후곡형　　　　　　④ 축류형

해설　축류형 송풍기는 선풍기처럼 축방향으로 송풍되며 축류형이다.

36 보일러의 출력 중 난방부하, 급탕부하, 배관부하, 예열부하의 합으로 표시되는 것은?

① 정미출력　　　　　② 정격출력
③ 상용출력　　　　　④ 과부하출력

해설　정격출력＝난방부하＋급탕부하＋배관부하＋예열부하
　　　상용출력＝난방부하＋급탕부하＋배관부하

37 공기 2,000kg/h를 증기코일로 가열하는 경우, 코일을 통과하는 공기의 온도차가 25.5℃, 증기온도에서 물의 증발잠열이 2,229.52kJ/kg일 때 가열에 필요한 증기량은?(단, 공기의 정압비열은 1.01kJ/kg이다.)

① 18.2kg/h　　　　　② 23.1kg/h
③ 40.2kg/h　　　　　④ 50.2kg/h

해설　코일에서 증기와 공기는 열평형이 성립하므로
$mC\Delta t = G\gamma$에서
$G = \dfrac{mC\Delta t}{\gamma} = \dfrac{2,000 \times 1.01 \times 25.5}{2,229.52} = 23.1 kg/h$

해답　33.①　34.④　35.④　36.②　37.②

38 공기취출구에서 토출공기(1차 공기)량을 Q_1, 토출공기에 의해 유인된 실내공기(2차 공기)량을 Q_2라고 할 때 유인비는?

① $\dfrac{Q_1 + Q_2}{Q_2}$ 　　　　② $\dfrac{Q_1 + Q_2}{Q_1}$

③ $\dfrac{Q_1}{Q_1 + Q_2}$ 　　　　④ $\dfrac{Q_2}{Q_1 + Q_2}$

해설 유인비 = $\dfrac{1\text{차 공기} + 2\text{차 공기}}{1\text{차 공기}} = \dfrac{Q_1 + Q_2}{Q_1}$

39 취출구에서 수평 취출기류의 도달·강하 및 상승거리에 관한 설명으로 옳지 않은 것은?

① 상승거리는 기류의 풍속 및 실내공기와의 온도차에 비례한다.
② 강하거리는 기류의 풍속 및 실내공기와의 온도차에 반비례한다.
③ 취출구로부터 기류의 중심속도가 0.5m/s로 되는 곳까지의 수평거리를 최소 도달거리라고 한다.
④ 취출구로부터 기류의 중심속도가 0.25m/s로 되는 곳까지의 수평거리를 최대 도달거리라고 한다.

해설 상승거리는 온풍취출 시, 강하거리는 냉풍취출 시에 발생하며 온도차에 비례한다.

40 압축식 냉동기의 구성요소 중 냉동의 목적을 직접적으로 달성하는 것은?

① 흡수기　　　　② 증발기
③ 발생기　　　　④ 응축기

해설 증발기에서 냉수나 냉풍을 만들고 응축기는 방열한다.

제3과목　전기 및 소방시설 일반

41 다음 중 물분무소화설비의 소화작용과 가장 관계가 먼 것은?

① 냉각효과　　　　② 질식효과
③ 희석효과　　　　④ 부촉매효과

해설 물분무소화설비는 주로 질식효과와 증발에 의한 냉각효과, 희석효과로 소화된다.

해답　38.②　39.②　40.②　41.④

42 전선의 길이를 2배 증가, 단면적을 1/2로 감소시키면 동선의 저항은 어떻게 변하는가?

① 2배 증가
② $\frac{1}{2}$로 감소
③ 4배 증가
④ $\frac{1}{4}$로 감소

해설 동선의 저항은 길이에 비례하고 단면적에 반비례한다. $R = \frac{L}{A} = \frac{2}{1/2} = 4$배

43 옥외소화전설비용 수조에 관한 설명으로 옳지 않은 것은?

① 수조의 윗부분에는 청소용 배수밸브 또는 배수관을 설치하여야 한다.
② 동결방지조치를 하거나 동결의 우려가 없는 장소에 설치하여야 한다.
③ 수조가 실내에 설치된 때에는 그 실내에 조명설비를 설치하여야 한다.
④ 수조의 상단이 바닥보다 높은 때에는 수조의 외측에 고정식 사다리를 설치하여야 한다.

해설 수조의 아랫부분에는 청소용 배수밸브 또는 배수관을 설치하여야 한다.

44 10[Ω]의 저항 5개를 접속하여 얻을 수 있는 합성저항 중 가장 작은 값은?

① 0.5[Ω]
② 2[Ω]
③ 5[Ω]
④ 50[Ω]

해설 10[Ω]의 저항 5개를 접속하여 얻을 수 있는 합성저항 중 가장 작은 값은 병렬 연결할 때 10÷5=2[Ω], 가장 큰 값은 직렬 연결할 때 10×5=50[Ω]이다.

45 지락전류를 영상변류기로 검출하는 전류동작형으로 지락전류가 미리 정해 놓은 값을 초과할 경우, 설정된 시간 내에 회로나 회로의 일부의 전원을 자동으로 차단하는 장치는?

① 단로 스위치
② 절환스위치
③ 누전차단기
④ 과전류차단기

해설 누전차단기 : 전동기계기구가 접속되어 있는 전로(電路)에서 누전에 의한 감전위험을 방지하기 위해 사용되는 기기로서, 전원을 자동으로 차단하는 장치이다.

해답 42.③ 43.① 44.② 45.③

46 다음의 자동 화재탐지설비의 감지기 중 열감지기에 속하지 않는 것은?

① 광전식
② 보상식
③ 차동식
④ 정온식

해설 광전식, 이온식은 빛 감지기이다.

47 다음과 같은 특징을 갖는 배선공사는?

- 열적 영향이나 기계적 외상을 받기 쉽다.
- 관 자체가 절연체이므로 감전의 우려가 없다.
- 옥내의 점검할 수 없는 은폐 장소에도 사용이 가능 하다.

① 금속관 공사
② 버스덕트 공사
③ 경질비닐관 공사
④ 라이팅덕트 공사

해설 경질비닐관 공사
- 우수한 절연성 보유
- 경량이고 시공이 용이
- 내식성 우수
- 내열성이 약하고, 기계적 강도가 낮음

48 정격전압 220[V]에서 1,210[W]의 전력을 소비하는 단상전열기를 200[V]에서 사용하면 소비전력[W]은?

① 1,000
② 1,089
③ 1,100
④ 1,210

해설 저항이 일정한 전열기의 소비전력은 전압의 제곱에 비례한다.

$$W = IV = \frac{V}{R}V = \frac{V^2}{R}$$

$$W = 1,210 \left(\frac{200}{220}\right)^2 = 1,000\text{W}$$

49 농형 유도전동기에 관한 설명으로 옳지 않은 것은?

① 구조가 간단하여 취급방법이 간단하다.
② VVVF 방식으로 속도제어가 가능하다.
③ 기동전류가 커서 전동기 권선을 과열시키거나 전원전압의 변동을 일으킬 수 있다.
④ 슬립링에서 불꽃이 나올 염려가 있기 때문에 인화성 또는 폭발성 가스가 있는 곳에서는 사용할 수 없다.

해설 슬립링에서 불꽃이 나올 염려가 있는 타입은 권선형이며, 농형은 슬립링이 없어 불꽃이 나오지 않는다.

해답 46.① 47.③ 48.① 49.④

50 건축설비 자동제어 중 피드백 제어방식을 제어동작에 의해 분류하였을 때 조절기가 연속동작을 하지 않은 것은?

① 비례동작　　　　　　② 적분동작
③ 미분동작　　　　　　④ 다위치동작

> [해설] 비례동작, 적분동작, 미분동작은 연속동작이지만, 2위치동작과 다위치동작은 불연속 동작이다.

51 V=154sin(314t−90°)[V]인 사인파 교류의 주파수[Hz]는?

① 30　　　　　　　　② 40
③ 50　　　　　　　　④ 60

> [해설] $\sin \omega t = \sin 314t$에서 $\omega = 2\pi f = 314$
> $\therefore f = 50 Hz$

52 점광원으로부터 R[m] 떨어진 장소에서 빛의 방향과 수직인 면의 조도[lx]는? (단, 광도는 I[cd]이다.)

① RI　　　　　　　② $R^2 I$
③ $\dfrac{I}{R}$　　　　　　　④ $\dfrac{I}{R^2}$

> [해설] 조도(E)는 광도(I)에 비례하고 거리(R)의 제곱에 반비례한다. $E = \dfrac{I}{R^2}$

53 피뢰설비에서 수뢰부 시스템의 보호범위 산정방식에 속하지 않는 것은?

① 메시법　　　　　　② 본딩법
③ 보호각법　　　　　④ 회전구체법

> [해설] 피뢰설비에서 수뢰부 시스템은 돌침, 수평도체, 메시도체의 조합으로 이루어지며 보호범위 산정방식은 메시법, 보호각법, 회전구체법을 사용한다.

54 DDC방식에서 밸브나 댐퍼 등을 비례적으로 동작시키는 신호는?

① AI　　　　　　　　② DI
③ AO　　　　　　　　④ DO

> [해설] DDC방식에서 밸브나 댐퍼 등을 비례적으로 동작시키는 신호는 AO(아날로그 출력)이며 AI는 아날로그 입력(온도, 압력검출값), DO(디지털 출력), DI(디지털 입력)이다.

[해답] 50.④　51.③　52.④　53.②　54.③

55 전선에서 전류가 누설되지 않도록 전선을 비닐이나 고무 등의 저항률이 매우 큰 재료로 피복하는데 이처럼 전류가 누설되지 않도록 하는 재료 자체의 저항을 의미하는 것은?

① 도체저항 ② 접촉저항
③ 접지저항 ④ 절연저항

[해설] 전선 피복 재료의 자체 저항을 절연저항이라 한다.

56 교류전압을 사용하는 전동기의 인덕턴스 성분인 코일에 관한 설명으로 옳은 것은?

① 주파수를 빠르게 한다.
② 코일에서는 전류보다 전압이 앞선다.
③ 코일에서는 전압보다 전류가 앞선다.
④ 용량성 저항으로 용량 리액턴스라 한다.

[해설] 교류전압을 사용하는 전동기의 코일(인덕턴스)은 전류흐름을 방해하여 전류보다 전압이 앞선다.

57 축전지의 충전방식 중 필요할 때마다 표준 시간율로 소정의 충전을 하는 방식은?

① 보통 충전 ② 급속 충전
③ 부동 충전 ④ 균등 충전

[해설]
- 보통충전 : 필요할 때마다 표준 시간율로 소정의 충전을 하는 방식
- 급속 충전 : 짧은 시간에 보통 충전 전류의 2~3배의 전류로 충전하는 방식
- 부동충전 : 축전지의 자기 방전을 보충함과 동시에 사용 부하에 대한 전력공급은 충전기가 부담하도록 하는 충전방식
- 균등충전 : 전해조에서 일어나는 전위차를 보정하기 위하여 1~개월마다 1회, 정전압 충전하여 각 전해조의 용량을 균일화하는 충전방식
- 세류충전 : 축전지의 자기 방전을 보충하기 위하여 부하를 off한 상태에서 미소 전류로 항상 충전하는 방식

58 옥내소화전이 1층에 3개, 2층에 4개, 3층에 4개가 설치되어 있다. 옥내소화전설비 수원의 저수량은 최소 얼마 이상이 되도록 하여야 하는가?

① 5.2㎥ ② 7.8㎥
③ 10.4㎥ ④ 18.2㎥

[해설] 옥내소화전 1개당 수원 130L/min×20분=2.6㎥
옥내소화전이 1개층에 2개 이상 설치하는 경우 저수량은 2개×2.6㎥ 이상으로 한다.
저수량=2×2.6=5.2㎥

59 폐쇄형 스프링클러헤드를 사용하는 스프링클러설비의 수원의 저수량 산정과 관련하여 스프링클러설비 설치장소가 아파트인 경우 스프링클러헤드의 기준개수는?

① 10개
② 20개
③ 30개
④ 40개

해설 스프링클러설비의 수원의 저수량 산정 시 스프링클러헤드의 기준개수는 아파트인 경우 10개, 지하층 제외 11층 이상 건물은 30개로 한다.

60 다음 중 강자성체에 속하지 않는 것은?

① 철
② 크롬
③ 구리
④ 니켈

해설 강자성체는 자기장과 같은 방향으로 강하게 자화된 뒤에 자기장이 제거돼도 자석의 성질을 가지는 것으로 철, 니켈, 크롬, 코발트 등이 이에 속한다. 상자성체는 자기장 안에 있으면 약하게 자화되고 자기장이 제거되면 자석의 성질을 잃는 것으로 공기, 산소, 알루미늄 등이 이에 속하며, 반자성체는 자기장과 반대 방향으로 자화되고 자기장이 제거되면 자석의 성질을 잃는 것으로 구리, 물, 실리콘 등이 이에 속한다.

제4과목 건축설비 관련 법규

61 문화 및 집회시설 중 공연장의 개별관람석의 바닥면적이 1,000m²일 경우 이 관람석에는 출구를 최소 몇 개소 이상 설치하여야 하는가?(단, 각 출구의 유효너비를 1.5m로 하는 경우)

① 3개소
② 4개소
③ 5개소
④ 6개소

해설 〈피난방화 구조 기준 제10조〉 개별 관람석 출구의 유효너비의 합계는 개별 관람석의 바닥면적 100제곱미터마다 0.6미터의 비율로 산정한 너비 이상으로 할 것
- 출구 유효너비=(1,000/100)0.6=6m
  출구 개소=6÷1.5=4개소

62 건축법령상 아파트는 주택으로 쓰는 층수가 최소 얼마 이상인 주택을 말하는가?

① 3개 층
② 5개 층
③ 7개 층
④ 10개 층

해설 〈건축법령 제3조 5〉 아파트 : 주택으로 쓰는 층수가 5개 층 이상인 주택

해답 60.③ 61.② 62.②

63 건축물의 용도변경과 관련된 시설군 중 영업시설군에 속하는 것은?

① 의료시설　　　　　　② 운동시설
③ 업무시설　　　　　　④ 문화 및 집회시설

해설 〈건축법령 제14조〉 영업시설군
　가. 판매시설　　　　　나. 운동시설
　다. 숙박시설　　　　　라. 제2종 근린생활시설 중 다중생활시설

64 비상용 승강기 승강장의 구조에 관한 기준 내용으로 옳지 않은 것은?

① 채광이 되는 창문이 있거나 예비전원에 의한 조명설비를 할 것
② 벽 및 반자가 실내에 접하는 부분의 마감재료는 불연재료로 할 것
③ 노대 또는 외부를 향하여 열수 잇는 창문이나 배연설비를 설치할 것
④ 옥외에 승강장을 설치하는 경우, 승강장의 바닥면적은 비상용 승강기 1대에 대하여 6㎡ 이상으로 할 것

해설 〈설비기준 제10조〉 승강장의 바닥면적은 비상용승강기 1대에 대하여 6제곱미터 이상으로 할 것. 다만, 옥외에 승강장을 설치하는 경우에는 그러하지 아니하다.

65 비상용 승강기 설치 대상 건축물로서 높이 31m를 넘는 각 층의 바닥면적 중 최대 바닥 면적이 6,000㎡일 때 설치하여야 하는 비상용 승강기의 최소 대수는?

① 1대　　　　　　　　② 2대
③ 3대　　　　　　　　④ 4대

해설 〈건축법령 제90조〉 비상용 승강기의 최소 대수 : 높이 31미터를 넘는 각 층의 바닥면적 중 최대 바닥면적이 1천500제곱미터를 넘는 건축물(1대에 1천500제곱미터를 넘는 3천제곱미터 이내마다 1대씩 더한 대수 이상)
대수=1+(6,000−1,500)÷3,000=2.5=3대

66 공동주택과 오피스텔의 난방설비를 개별난방방식으로 하는 경우에 관한 기준 내용으로 옳지 않은 것은?

① 보일러의 연도는 내화구조로서 공동연도로 설치할 것
② 오피스텔의 경우에는 난방구획을 방화구획으로 구획할 것
③ 전기보일러의 경우 보일러실이 윗부분에 지름 10cm 이상의 공기흡입구를 설치할 것
④ 보일러는 거실 외의 곳에 설치하되 보일러를 설치하는 곳과 거실 사이의 경계벽은 출입구를 제외하고는 내화구조의 벽으로 구획할 것

해답 63.② 64.④ 65.③ 66.③

해설 〈설비기준 제13조〉 보일러실의 윗부분에는 그 면적이 0.5제곱미터 이상인 환기창을 설치하고, 보일러실의 윗부분과 아랫부분에는 각각 지름 10센티미터 이상의 공기흡입구 및 배기구를 항상 열려있는 상태로 바깥공기에 접하도록 설치할 것. 다만, 전기보일러의 경우에는 그러하지 아니하다.

67 다음의 소방시설 중 소화활동설비에 속하지 않는 것은?

① 옥내소화전설비 ② 비상콘센트설비
③ 연결송수관설비 ④ 무선통신보조설비

해설 〈소방법령 제3조 별표 1〉 소화활동설비 : 화재를 진압하거나 인명구조활동을 위하여 사용하는 설비로서 다음 각 목의 것
가. 제연설비   나. 연결송수관설비   다. 연결살수설비
라. 비상콘센트설비 마. 무선통신보조설비 바. 연소방지설비

68 건축법령상 교육연구시설에 속하지 않는 것은?

① 도서관   ② 유치원
③ 어린이집 ④ 직업훈련소

해설 〈건축법령 제3조 5〉 어린이집은 노유자시설에 속한다.

69 업무시설로서 건축허가 등을 할 때 미리 소방본부장 또는 소방서장의 동의를 받아야 하는 대상 건축물의 연면적 기준은?

① 연면적이 200㎡ 이상인 건축물   ② 연면적이 400㎡ 이상인 건축물
③ 연면적이 600㎡ 이상인 건축물   ④ 연면적이 800㎡ 이상인 건축물

해설 〈소방법령 제7조〉 건축허가 등을 할 때 미리 소방본부장 또는 소방서장의 동의를 받아야 하는 건축물 등의 범위는 연면적이 400제곱미터 이상인 건축물.

70 다음은 건축물의 에너지절약 설계기준에 따른 기계부분의 의무사항 중 설계용 외기조건에 관한 기준 내용이다. ( ) 안에 알맞은 것은?

난방 및 냉방설비의 용량계산을 위한 외기조건은 냉방기 및 난방기를 분리한 온도 출현분포를 사용할 경우 각 지역별로 위험률 ( )로 한다.

① 1%   ② 1.5%
③ 2%   ④ 2.5%

해답 67.① 68.③ 69.② 70.④

해설 〈에너지절약기준 제8조〉 설계용 외기조건 : 난방 및 냉방설비의 용량계산을 위한 외기조건은 지역별로 위험률 2.5%(냉방기 및 난방기를 분리한 온도출현분포를 사용할 경우) 또는 1%(연간 총시간에 대한 온도출현 분포를 사용할 경우)로 하거나 별표 7에서 정한 외기온·습도를 사용한다.

71 건축물의 에너지절약설계기준상 다음과 같이 정의되는 용어는?

> 기기를 여러 대 설치하여 부하상태에 따라 최적 운전 상태를 유지할 수 있도록 기기를 조합하여 운전하는 방식

① 대수제어운전
② 대수분할운전
③ 비례제어운전
④ 가변속제어운전

해설 〈에너지 절약기준 제5조〉 "대수분할운전"이라 함은 기기를 여러 대 설치하여 부하상태에 따라 최적 운전상태를 유지할 수 있도록 기기를 조합하여 운전하는 방식을 말한다.

72 다음은 환기구의 안전에 관한 기준 내용이다. ( ) 안에 알맞은 것은?

> 환기구 [건축물의 환기설비에 부속된 급기 및 배기를 위한 건축구조물의 개구부를 말한다]는 보행자 및 건축물 이용자의 안전이 확보되도록 바닥으로부터 ( ) 이상의 높이에 설치하여야 한다.

① 1m
② 2m
③ 3m
④ 4m

해설 〈설비기준 제11조 2〉 환기구는 보행자 및 건축물 이용자의 안전이 확보되도록 바닥으로부터 2미터 이상 높이에 설치하여야 한다.

73 문화 및 집회시설로서 모든 층에 스프링클러 설비를 설치하여야 하는 수용인원 기준은?(단, 동·식물원은 제외)

① 50명 이상
② 70명 이상
③ 100명 이상
④ 150명 이상

해설 〈소방법령 제11조 별표 4〉 스프링클러설비를 설치하여야 하는 특정소방대상물(위험물 저장 및 처리 시설 중 가스시설 또는 지하구는 제외한다)은 다음의 어느 하나와 같다.
1) 문화 및 집회시설(동·식물원은 제외한다), 종교시설(주요구조부가 목조인 것은 제외한다), 운동시설(물놀이형 시설은 제외한다)로서 다음의 어느 하나에 해당하는 경우에는 모든 층
가) 수용인원이 100명 이상인 것
나) 영화상영관의 용도로 쓰이는 층의 바닥면적이 지하층 또는 무창층인 경우에는 500㎡ 이상, 그 밖의 층의 경우에는 1천㎡ 이상인 것

해답 71.② 72.② 73.③

다) 무대부가 지하층·무창층 또는 4층 이상의 층에 있는 경우에는 무대부의 면적이 300㎡ 이상인 것
라) 무대부가 다) 외의 층에 있는 경우에는 무대부의 면적이 500㎡ 이상인 것

74 다음은 건축설비 설치의 원칙에 관한 기준 내용이다. ( ) 안에 알맞은 것은?

> 건축물에 설치하는 급수·배수·냉방·난방·환기·피뢰 등 건축설비의 설치에 관한 기술적 기준은 (㉠)으로 정하되, 에너지 이용합리화와 관련한 건축설비의 기술적 기준에 관하여는 (㉡)과 협의하여 정한다.

① ㉠ 국토교통부령, ㉡ 산업통상자원부장관
② ㉠ 산업통상자원부장관, ㉡ 국토교통부령
③ ㉠ 국토교통부령, ㉡ 과학기술정보통신부장관
④ ㉠ 과학기술정보통신부령, ㉡ 국토교통부장관

해설 〈건축법령 제87조〉 건축물에 설치하는 급수·배수·냉방·난방·환기·피뢰 등 건축설비의 설치에 관한 기술적 기준은 국토교통부령으로 정하되, 에너지 이용 합리화와 관련한 건축설비의 기술적 기준에 관하여는 산업통상자원부장관과 협의하여 정한다.

75 연면적 200㎡를 초과하는 건축물에 설치하는 계단에 관한 기준 내용으로 옳지 않은 것은?

① 높이가 3m를 넘는 계단에는 높이 3m 이내마다 유효너비 120cm 이상의 계단참을 설치할 것
② 높이가 1m를 넘는 계단 및 계단참의 양옆에는 난간(벽 또는 이에 대치되는 것을 포함한다)을 설치할 것
③ 문화 및 집회시설 중 공연장에 쓰이는 건축물의 계단의 경우 계단 및 계단참의 너비를 120cm 이상으로 할 것
④ 계단의 유효 높이(계단의 바닥 마감면부터 상부 구조체의 하부 마감면까지의 연직방향의 높이를 말한다)는 1.8m 이상으로 할 것

해설 〈피난방화구조기준 제15조〉 계단의 유효 높이는 2.1m 이상으로 할 것

76 소리를 차단하는데 장애가 되는 부분이 없도록 건축물의 피난·방화구조 등의 기준에 관한 규칙에서 정하는 구조로 하여야 하는 대상에 해당하지 않는 것은?

① 숙박시설의 객실 간 경계벽
② 의료시설의 병실 간 경계벽
③ 업무시설의 사무실 간 경계벽
④ 교육연구시설 중 학교의 교실 간 경계벽

해설 〈건축법령 제53조〉 다음 각 호의 어느 하나에 해당하는 건축물의 경계벽은 국토교통부령으로 정하는 기준에 따라 설치하여야 한다.
1. 단독주택 중 다가구주택의 각 가구 간 또는 공동주택(기숙사는 제외한다)의 각 세대 간 경계벽
2. 공동주택 중 기숙사의 침실, 의료시설의 병실, 교육연구시설 중 학교의 교실 또는 숙박시설의 객실 간 경계벽
3. 제2종 근린생활시설 중 다중생활시설의 호실 간 경계벽
4. 노유자시설 중 노인복지주택의 각 세대 간 경계벽

77. 세대수가 10세대인 주거용 건축물에 설치하는 음용수용 급수관의 지름은 최소 얼마 이상이어야 하는가?

① 30mm   ② 40mm
③ 50mm   ④ 60mm

해설 〈설비기준 제18조〉 급수관의 지름은 9~16세대 : 40mm

78. 숙박시설이 있는 특정소방대상물의 수용인원 산정방법으로 옳은 것은?(단, 침대가 있는 숙박시설의 경우)

① 숙박시설 바닥면적의 합계를 3㎡로 나누어 얻은 수
② 해당 특정소방대상물의 침대 수(2인용 침대는 2개로 산정)
③ 해당 특정소방대상물의 종사자 수에 침대 수(2인용 침대는 2개로 산정)를 합한 수
④ 해당 특정소방대상물의 종사자 수에 숙박시설 바닥면적의 합계를 3㎡로 나누어 얻은 수를 합한 수

해설 〈소방법령 제15조 별표 4〉
(1) 침대가 있는 숙박시설의 경우 : 해당 특정소방물의 종사자 수에 침대 수(2인용 침대는 2개로 산정한다)를 합한 수
(2) 침대가 없는 숙박시설의 경우 : 해당 특정소방대상물의 종사자 수에 숙박시설 바닥면적의 합계를 3㎡로 나누어 얻은 수를 합한 수

79. 다음은 리모델링에 대비한 특례 등에 관한 기준 내용이다. ( ) 안에 알맞은 것은?

리모델링이 쉬운 구조의 공동주택의 건축을 촉진하기 위하여 공동주택을 대통령령으로 정하는 구조로 하여 건축허가를 신청하면 제 56조(건축물의 용적률), 제60조(건축물의 높이 제한) 및 제61조(일조 등의 확보를 위한 건축물의 높이 제한)에 따른 기준을 (   )의 범위에서 대통령령으로 정하는 비율로 완화하여 적용할 수 있다.

① 100분의 110   ② 100분의 120
③ 100분의 140   ④ 100분의 150

해답 77.② 78.③ 79.②

해설 〈건축법 제8조〉 리모델링이 쉬운 구조의 공동주택의 건축을 촉진하기 위하여 공동주택을 대통령령으로 정하는 구조로 하여 건축허가를 신청하면 제56조, 제60조 및 제61조에 따른 기준을 100분의 120의 범위에서 대통령령으로 정하는 비율로 완화하여 적용할 수 있다.

80 제로에너지건축물 인증 관련 인증기관이 보유하는 8명의 상근 인증업무인력의 자격요건과 맞지 않는 것은?

① 건축, 설비, 에너지 분야의 기술사 자격을 취득한 후 3년 이상 해당 업무를 수행한 사람
② 건축, 설비, 에너지 분야의 기사 자격을 취득한 후 5년 이상 해당 업무를 수행한 사람
③ 건축, 설비, 에너지 분야의 박사학위를 취득한 후 3년 이상 해당 업무를 수행한 사람
④ 건축, 설비, 에너지 분야의 학사학위를 취득한 후 5년 이상 해당 업무를 수행한 사람

해설 〈제로에너지건축물 인증에 관한 규칙 4조〉 학사학위 취득 후 7년 이상 해당 업무를 수행하여야 한다.

해답 80.④

제8회 건축설비기사 기출모의고사

제1과목 건축설비 계획

01 건물에서의 열전달에 관련된 용어의 단위 중 옳지 않은 것은?
① 열전도율 : W/(m² · K)
② 대류 열전달률 : W/(m² · K)
③ 열저항 : (m² · K)/W
④ 열관류율 : W/(m² · K)

해설 열전도율의 단위는 W/m · K이다.

02 여러 음이 혼합적으로 들리는 경우에서도 대화 상대의 소리만을 선택적으로 들을 수 있는 것과 관련된 현상은?
① 마스킹 효과
② 칵테일파티 효과
③ 간섭 효과
④ 코인시던스 효과

해설 인간이 자신이 원하는 음만을 골라서 들을 수 있는 것은 온갖 잡음이 섞인 칵테일파티에서도 자신의 이름을 부르는 소리는 똑똑하게 들을 수 있는 것과 같다고 해서 여러 음이 혼합적으로 들리는 경우에서도 대화 상대의 소리만을 선택적으로 들을 수 있는 것과 관련된 현상, 또는 그런 능력을 '칵테일파티 효과(cocktail party effect)'라고 한다.

03 병원의 수술실과 같이 외부 오염공기의 침입을 피하고자 할 때 가장 적합한 환기 방법은?
① 압입식 환기법
② 흡출식 환기법
③ 병용식 환기법
④ 자연식 환기법

해설 수술실과 같이 외부 오염공기의 침입을 피하고자 할 때 가장 적합한 환기방법은 압입식 환기법으로 2종 환기라 하며 실내의 압력을 외부보다 높게 하여 오염된 외부 공기가 깨끗한 실내로 유입되지 않게 한다.

해답 1.① 2.② 3.①

04 일사량에 관한 설명으로 옳지 않은 것은?

① 일사량은 지면부근의 수평 평면에 입사하는 태양에너지의 단위면적당 양이다.
② 전천일사량은 단위면적의 수평면에 입사하는 태양복사의 총량이며, 직달일사, 천공의 전 방향에서 입사하는 산란일사 및 구름에서의 반사일사를 합한 것이다.
③ 직달일사량은 단위면적의 수평면에 입사하는 태양복사 중 산란광 및 반사광만을 포함한 일사량이다.
④ 산란일사량은 단위면적의 수평면에 입사하는 태양복사 중 직달일사를 제외하고, 대기 중에서 공기분자, 수증기, 에어로졸 등으로 산란된 빛의 에너지량이다.

해설 직달일사량은 단위면적의 수평면에 입사하는 태양복사 중 산란광 및 반사광만을 제외한, 순수한 태양광이 직접 수평면에 도달되는 것으로 전천 일사량의 80% 정도를 차지한다.

05 sabine의 잔향식에 관한 설명으로 옳지 않은 것은?

① 잔향 시간은 실내 흡음량에 비례한다.
② 잔향 시간은 실용적에 비례한다.
③ 비례상수는 0.16이다.
④ 잔향 시간은 흡음재료의 설치 위치와는 무관하다.

해설 sabine의 잔향식 $RT_{60} = \dfrac{0.16\,V}{A}$

RT_{60}=음원이 −60dB가 되기까지 걸리는 시간(s)
V : 방의 Volume(m^3)
A : 공간 안에 있는 모든 물건의 흡음량과 흡음 면적(m^2)의 합
그러므로 잔향 시간은 실내 흡음량에 반비례한다.

06 세정밸브식 대변기에 진공 방지기(vacuum breaker)를 설치하는 주된 이유는?

① 사용수량을 줄이기 위하여
② 급수소음을 줄이기 위하여
③ 급수오염을 방지하기 위하여
④ 취기(냄새)를 방지하기 위하여

해설 세정밸브식 대변기에서 진공 방지기는 급수관에서 사이펀 현상에 의한 역류를 방지하는 것으로 급수오염(크로스 커넥션)을 방지한다.

07 주철관의 이음방법에 속하지 않는 것은?

① 소켓 이음
② 빅토릭 이음
③ 타이톤 이음
④ 플레어 이음

해설 플레어 이음은 동관에 사용된다.

해답 4.③ 5.① 6.③ 7.④

08 배수설비에서 간접배수를 하여야 하는 기기·기구에 속하지 않는 것은?

① 욕조
② 세탁기
③ 제빙기
④ 식기세정기

해설 욕조, 세면기, 대변기, 싱크대 등은 직접배수한다. 직접배수하는 기구들은 배수 트랩을 갖추고 있다.

09 고가수조방식의 급수방식에 관한 설명으로 옳지 않은 것은?

① 급수압력이 일정하다.
② 단수 시에도 일정량의 물을 급수할 수 있다.
③ 대규모의 급수 수요에 쉽게 대응할 수 있다.
④ 급수방식 중 위생 및 유지, 관리 측면에서 가장 바람직한 방식이다.

해설 고가수조방식은 수조에서 물의 정체시간이 길어져 급수방식 중 위생 및 유지, 관리 측면에서 가장 바람직하지 않다. 최근에는 사용되는 경우가 적다.

10 수질과 관련된 용어에 관한 설명으로 옳지 않은 것은?

① COD는 화학적 산소요구량을 의미한다.
② BOD는 생물화학적 산소요구량을 의미한다.
③ SS는 오수 중의 용존산소량을 ppm으로 나타낸 것이다.
④ 경도는 물속에 녹아있는 염류의 양을 탄산칼슘의 농도로 환산하여 나타낸 것이다.

해설 SS는 오수 중의 부유물질을 mg/L로 나타내며, DO는 용존산소량을 ppm으로 나타낸 것이다.

11 다음 중 특수통기방식의 일종인 소벤트 시스템에 사용되는 이음쇠는?

① 팽창관
② 섹스티아 벤드관
③ 섹스티아 이음쇠
④ 공기분리 이음쇠

해설 소벤트 시스템은 수직 배수관에 공기 주입과 공기 분리를 하도록 이음쇠를 사용한다.

12 공기조화 용어 중 엔탈피(Enthalpy)가 의미하는 것은?

① 비체적
② 비습도
③ 전열량
④ 현열량

해설 엔탈피는 공기가 가지는 전열량으로 현열과 잠열의 합이다.

해답 8.① 9.④ 10.③ 11.④ 12.③

13 배수와 통기 간의 공기의 유통을 원활히 하기 위해 설치하는 것으로 배수 횡지관의 최하류에 설치하는 통기관은?

① 습통기관
② 도피통기관
③ 반송통기관
④ 루프통기관

해설 배수 횡지관의 최상류에는 루프통기를 설치하고, 루프 통기만으로 통기가 부족할 때 하류에 도피 통기관을 설치하여 루프 통기를 돕는다.

14 배수트랩과 통기관에 관한 설명으로 옳지 않은 것은?

① 통기관을 설치하면 배수능력이 향상된다.
② 배수트랩을 설치하면 배수능력이 향상된다.
③ 배수트랩은 봉수가 파괴되지 않는 구조로 한다.
④ 통기관은 사이폰 작용에 의해서 트랩 봉수가 파괴되는 것을 방지한다.

해설 배수트랩은 악취가 실내로 역류하는 것을 막으며 트랩의 저항으로 배수능력은 감소된다.

15 국소식 급탕방식에 관한 설명으로 옳지 않은 것은?

① 배관길이가 길어 열손실이 크다.
② 급탕개소마다 가열기의 설치 공간이 필요하다.
③ 건물 완공 후에 급탕 개소의 증설이 비교적 용이하다.
④ 용도에 따라 필요한 개소에서 필요한 온도의 탕을 비교적 간단하게 얻을 수 있다.

해설 국소식(개별식) 급탕방식은 배관길이가 짧아 열손실이 적다.

16 먹는 물의 수질기준에 관한 설명으로 옳지 않은 것은?

① 색도는 5도를 넘지 아니할 것
② 수은은 0.01mg/L를 넘지 아니할 것
③ 시안은 0.01mg/L를 넘지 아니할 것
④ 수돗물의 경우 경도는 300mg/L를 넘지 아니할 것

해설 수은은 0.001mg/L를 넘지 아니할 것

17 다음 중 하절기 유리창별 표준일사열 취득량이 가장 적은 경우는?

① 수평천창(13시)
② 동측창(08시)
③ 남측창(16시)
④ 서측창(17시)

해답 13.② 14.② 15.① 16.② 17.③

해설 유리창별 표준 일사열 취득량은 일사강도와 햇빛(일사) 각도에 비례한다. 취득량은 수평 천창(13시)이 가장 크고, 남측창(16시)이 가장 작다.

18 증기난방방식에 관한 설명으로 옳지 않은 것은?

① 예열시간이 짧다.
② 계통별 용량 제어가 용이하다.
③ 한랭지에서 동결의 우려가 작다.
④ 운전 시 증기해머로 인한 소음이 발생하기 쉽다.

해설 증기난방방식은 계통별 용량 제어가 어렵다.

19 다음의 냉방부하 발생 요인 중 현열과 잠열 부하를 모두 발생시키는 것은?

① 인체의 발생열량
② 벽체로부터의 취득열량
③ 유리로부터의 취득열량
④ 송풍기에 의한 취득열량

해설 인체의 발생열량, 극간풍부하, 외기부하, 커피포트 등은 현열과 잠열 부하를 모두 발생시킨다.

20 건구온도 26℃, 상대습도 50%의 실내공기 700㎥와 건구온도 32℃, 상대습도 70%의 외기 300㎥을 혼합한 후 이를 다시 건구온도 20℃로 냉각하였다. 냉각도중 절대습도의 변화가 없었다면 냉각과정에 소요된 열량은?(단, 공기의 밀도는 1.2kg/㎥, 정압비열은 1.01kJ/kg · K이다.)

① 8,966.6kJ
② 9,453.6kJ
③ 10,322.5kJ
④ 10,977.8kJ

해설 공기의 혼합온도는 $t = \dfrac{26 \times 700 + 32 \times 300}{700 + 300} = 27.8℃$

27.8℃를 20℃로 냉각할 때 냉각열량은
$q = mC\Delta t = 1.2(700+300) \times 1.01(27.8-20) = 9,453.6 \text{kJ}$

해답 18.② 19.① 20.②

제2과목 건축설비 설계

21 500L/h의 급탕을 하는 건물에서 전기순간 온수기를 사용했을 때 전기소비량은?(단, 물의 비열 4.2kJ/(kg·K), 급탕온도 60℃, 급수온도 15℃, 효율 80%)

① 27.2kW ② 29.8kW
③ 32.8kW ④ 38.4kW

해설 가열량 = $WC\Delta t$ = 500×4.2(60−15) = 94,500kJ/h

이때 전기소비량은 kW = $\dfrac{94,500}{3,600 \times 0.8}$ = 32.8kW

22 다음과 같은 조건에 있는 사무실 건물의 1일 급수량은?

- 건물의 연면적 : 2,000m²
- 유효면적당 인원 : 0.2인/m²
- 건물의 유효면적과 연면적의 비 : 60%
- 1인 1일당 평균사용수량 : 100L/(d·인)

① 20,000L/d ② 24,000L/d
③ 40,000L/d ④ 120,000L/d

해설 1일 급수량 = 2,000×0.6×0.2×100 = 24,000L/d

23 급탕설비의 순환배관에서 관마찰저항으로 인한 순환량의 불균등을 방지하기 위한 배관방식은?

① 상향배관방식 ② 하향배관방식
③ 강제순환방식 ④ 리버스리턴방식

해설 리버스리턴방식은 각 부하의 배관길이가 불규칙할 때 역환수 배관으로 순환길이를 균등히 하여 급탕 순환량을 균등히 한다.

24 가로 2m, 세로 2m, 높이 10m인 직육면체 수조에 물이 가득 차 있을 때, 바닥면에 작용하는 전압력은?

① 2ton ② 4ton
③ 20ton ④ 40ton

해설 수조의 바닥면 전압력은 전체 물의 중량이다.
G = 2×2×10 = 40m³ = 40톤

수조의 바닥면 압력은 깊이에 비례한다.
깊이 = 높이 = 10m 수두 = 100kPa = 0.1MPa

해답 21.③ 22.② 23.④ 24.④

25 급수배관의 계획 및 시공에 관한 설명으로 옳지 않은 것은?

① 음료용 급수관과 다른 용도의 배관을 크로스커넥션해서는 안 된다.
② 주배관에는 적당한 위치에 플랜지 이음을 하여 보수 점검을 용이하게 한다.
③ 수평배관에는 오물이 정체하지 않도록 하며, 어쩔 수 없이 각종 오물이 정체하는 곳에는 공기빼기밸브를 설치한다.
④ 높은 유수음이나 수격작용이 발생할 염려가 있는 급수계통에는 에어 챔버나 워터햄머 방지기 등의 완충장치를 설치한다.

[해설] 급수배관의 수평배관에는 오물이 정체하지 않도록 하며, 어쩔 수 없이 각종 오물이 정체하는 곳에는 드레인 밸브를 설치한다.

26 물을 수송하는 직선관로의 마찰손실수두에 관한 설명으로 옳은 것은?

① 마찰손실수두는 관경에 정비례한다.
② 마찰손실수두는 속도수두에 반비례한다.
③ 관내 유속이 2배로 되면 마찰손실은 4배로 된다.
④ 배관 길이가 2배로 되면 마찰손실은 8배로 된다.

[해설] 마찰손실수두는 관경의 제곱에 반비례하며, 마찰손실수두는 속도수두(속도의 제곱에 비례)에 비례한다. 관 내 유속이 2배로 되면 마찰손실은 4배로 되고, 배관 길이가 2배로 되면 마찰손실은 2배로 된다.

27 양수량 Q=15L/s, 유속 V=2m/s인 펌프의 구경으로 적당한 것은?

① 50mm ② 100mm
③ 150mm ④ 200mm

[해설] $Q = Av$에서 $Q = \dfrac{\pi d^2}{4} \times v$

$d = \sqrt{\dfrac{4Q}{\pi v}} = \sqrt{\dfrac{4 \times 15 \times 10^{-3}}{\pi \times 2}} = 0.0977\text{m} = 100\text{mm}$

28 급탕설비 중 개별식 급탕방식에 관한 설명으로 옳지 않은 것은?

① 배관길이가 길어 배관 중의 열손실이 크다.
② 건물 완공 후에도 급탕 개소의 증설이 비교적 쉽다.
③ 급탕개소마다 가열기의 설치 스페이스가 필요하다.
④ 용도에 따라 필요한 개소에서 필요한 온도의 탕을 비교적 간단하게 얻을 수 있다.

[해설] 개별식 급탕방식은 배관길이가 짧아 배관 중의 열손실이 작은 특징을 갖고 있다.

[해답] 25.③ 26.③ 27.② 28.①

29 다음 중 급수설비를 설계하는데 있어 가장 먼저 이루어져야 하는 사항은?

① 급수량 산정
② 저수조 크기 결정
③ 급수관 관경 결정
④ 수도 인입관 설계

해설 급수설비 설계 : 급수량 산정 – 급수관 관경 결정 – 저수조 크기 결정 – 수도 인입관 설계

30 경질염화비닐관에 관한 설명으로 옳지 않은 것은?

① 전기 절연성이 크다.
② 내산, 내알카리성이 크다.
③ 온도 상승에 따라 기계적 강도가 약해진다.
④ 저온에서 충격에 강하므로 한랭지에 주로 사용된다.

해설 경질염화비닐관은 저온에서 충격에 약하므로 한랭지에 사용하지 않는다.

31 다음과 같은 조건에서 틈새바람에 의한 냉방부하는?

- 틈새공기량 : 50kg/h
- 실내공기의 상태 : 25℃, 0.010kg/kg'
- 0℃에서 물의 증발잠열 : 2,501kJ/kg
- 외기의 상태 : 30℃, 0.016kg/kg'
- 공기의 정압비열 : 1.01kJ/kg·K

① 139.7W
② 186.2W
③ 278.5W
④ 341.3W

해설 냉방부하는 현열과 잠열의 합이다.
현열$=mC\Delta t=50\times1.01(30-25)=252.5kJ/h=70.14$W
잠열$=\gamma(m\Delta x)=2,501\times50(0.016-0.010)=750.3kJ/h=208.42$W
냉방부하$=70.14+208.4=278.54$W

32 수배관 내 유속에 관한 설명으로 옳지 않은 것은?

① 관 내에 흐르는 유속을 높이면 소음이 증가한다.
② 관 내에 흐르는 유속을 높이면 마찰손실이 감소한다.
③ 관 내에 흐르는 유속을 높이면 펌프의 소요동력이 증가한다.
④ 관 내에 흐르는 유속이 너무 낮으면 배관 내에 혼입된 공기를 밀어내지 못하여 물의 흐름에 대한 저항이 커진다.

해설 관 내에 흐르는 유속을 높이면 유속의 제곱에 비례하여 마찰손실이 증가한다.

해답 29.① 30.④ 31.③ 32.②

33 증기트랩 중 플로트 트랩에 관한 설명으로 옳지 않은 것은?

① 다량의 응축수를 처리할 수 있다.
② 급격한 압력변화에도 잘 작동된다.
③ 동결의 우려가 있는 곳에 주로 사용된다.
④ 증기해머에 의해 내부손상을 입을 수 있다.

해설 플로트 트랩은 응축수를 저장하고 있어 동결의 우려가 있는 곳에는 부적합하다.

34 다음과 같은 조건에 있는 벽체의 실내표면 온도는?

- 외기온도 : -10℃
- 실내표면연절달율 : 9W/㎡·K
- 실내온도 : 20℃
- 벽체의 열관류율 : 3W/㎡·K

① 9℃   ② 10℃
③ 12℃ ④ 13℃

해설 벽체관류열량과 실내열전달량 사이에 열평형식을 세우면 $KA\Delta t = \alpha A \Delta t_s$
면적은 같다고 보면 $K\Delta t = \alpha \Delta t_s$
$3(20+10) = 9(20-t_s)$
$t_s = 10℃$

35 공기여과기를 통과하기 전의 오염농도가 0.45mg/㎥, 통과한 후의 오염농도가 0.12mg/㎥일 때, 이 여과기의 여과효율은?

① 약 35%   ② 약 42%
③ 약 53%   ④ 약 73%

해설 여과효율 $= \dfrac{C_i - C_o}{C_i} = \dfrac{0.45 - 0.12}{0.45} = 0.73 = 73\%$

36 버터플라이 댐퍼에 관한 설명으로 옳지 않은 것은?

① 완전히 닫았을 때 공기의 누설이 적다.
② 운전 중에 개폐조작에 큰 힘을 필요로 한다.
③ 주로 대형덕트에서 풍량조절용으로 사용된다.
④ 날개가 중간 정도 열렸을 때 댐퍼의 하류측에 와류가 생기기 쉽다.

해설 버터플라이 댐퍼는 단익댐퍼로 주로 소형덕트에서 개폐용으로 사용된다.

해답 33.③ 34.② 35.④ 36.③

37 다음 중 에어와셔에 엘리미네이터(eliminator)를 설치하는 이유로 가장 알맞은 것은?

① 기내의 기류분포를 고르게 하기 위해
② 섬유 등의 먼지를 효율적으로 제거하기 위해
③ 공기의 감습이 효과적으로 이루어지게 하기 위해
④ 분무된 물방울이 밖으로 나가지 못하도록 하기 위해

해설 엘리미네이터는 제수판으로 노즐에서 분무된 물방울이 덕트 쪽으로 나가지 못하도록 걸러주는 역할을 한다.

38 공기조화배관의 배관회로방식에 관한 설명으로 옳지 않은 것은?

① 밀폐회로방식은 순환수가 공기와 접촉하지 않으므로 물처리비가 적게 든다.
② 개방회로방식은 보통 축열방식이나 개방식 냉각탑의 냉각수 배관 등에 응용된다.
③ 개방회로방식의 경우 펌프의 양정에는 실양정이 포함되므로 동력비가 많이 든다.
④ 밀폐회로방식에는 물의 팽창을 흡수하기 위해 팽창관이 사용되며 팽창탱크는 사용하지 않는다.

해설 밀폐회로방식에는 물의 팽창을 흡수하기 위해 팽창탱크가 사용되며 팽창탱크와 연결하는 팽창관이 필요하다.

39 원형 덕트의 곡관부에서 국부저항의 상당길이를 l 이라 할 때 다음 설명 중 옳은 것은?(단, λ : 덕트재료의 마찰저항계수, d : 원형덕트의 직경, ξ : 국부저항손실계수)

① l 은 d, ξ, λ 에 모두 비례한다.
② l 은 d, ξ, λ 에 모두 반비례한다.
③ l 은 d, ξ 에 비례하나 λ 에는 반비례한다.
④ l 은 d, λ 에 비례하나 ξ 에는 반비례한다.

해설 국부저항을 직관부 저항으로 환산하면
$\lambda \dfrac{l}{d}\dfrac{v^2}{2g} = \xi \dfrac{v^2}{2g}$ 에서 $l = \dfrac{d\xi}{\lambda}$
l 은 d, ξ 에 비례하나 λ 에는 반비례한다.

40 냉동기의 냉매가 구비해야 할 조건으로 옳지 않은 것은?

① 응고온도(응고점)가 낮을 것
② 전열효과가 작고 점도가 클 것
③ 증발압력이 대기압보다 높을 것
④ 임계온도가 높고 상온에서 액화할 것

해설 냉매는 전열효과가 크고, 점도가 작아야 한다.

해답 37.④ 38.④ 39.③ 40.②

제3과목 전기 및 소방시설 일반

41 전기설비용 시설공간(실)의 계획에 관한 설명으로 옳지 않은 것은?

① 변전실은 부하의 중심에 설치한다.
② 변전실은 외부로부터 전력의 수전이 용이해야 한다.
③ 중앙감시실은 일반적으로 방재센터와 겸하도록 한다.
④ 발전기실은 변전실에서 최소 10m 이상 떨어진 위치에 배치한다.

해설 발전기실과 변전실은 근거리에 위치시킨다.

42 간선의 배선방식 중 평행식에 관한 설명으로 옳은 것은?

① 공급 신뢰도가 낮아 중요 부하에 적응이 곤란하다.
② 나뭇가지식에 비해 배선이 단순하며 설비비가 저렴하다.
③ 용량이 큰 부하에 대하여는 단독의 간선으로 배선할 수 없다.
④ 사고발생 시 타부하에 파급효과를 최소한으로 억제할 수 있다.

해설 평행식은 각 분전반마다 배전반으로부터 1:2 단독으로 배선되어, 사고 발생 시 그 범위를 좁힐 수 있다.

43 3대의 전동기에 모두 같은 크기의 전압을 인가하기 위한 결선 방법은?

① 직렬결선
② 병렬결선
③ 직렬결선 1회로와 병렬결선 2회로
④ 직렬결선 2회로와 병렬결선 1회로

해설 가정의 형광등처럼 병렬결선은 동일한 전압이 인가된다.

44 연결송수관설비에 관한 설명으로 옳은 것은?

① 송수구는 쌍구형으로 하며 구경은 최소 50mm 이상으로 한다.
② 방수구는 연결송수관설비의 전용방수구로서 구경은 최소 50mm 이상으로 한다.
③ 수원의 수위가 펌프보다 높은 위치에 있는 가압송수장치에는 반드시 물올림장치를 설치한다.
④ 가압송수장치는 방수구가 개방될 때 자동으로 기동되거나 또는 수동스위치의 조작에 따라 기동되도록 한다.

해설 ① 연결송수관설비에서 송수구는 쌍구형으로 구경은 최소 65mm 이상으로 한다.
② 방수구는 연결송수관설비의 전용방수구로서 구경은 최소 65mm 이상으로 한다.
③ 수원의 수위가 펌프보다 낮은 위치에 있는 가압송수장치에는 반드시 물올림장치를 설치한다.

해답 41.④ 42.④ 43.② 44.④

45 최대 방수구역에 설치된 스프링클러헤드의 개수가 20개인 경우 스프링클러설비의 수원의 저수량은 최소 얼마 이상이 되도록 하여야 하는가?(단, 개방형 스프링클러 헤드를 사용하는 경우)

① 16㎥
② 32㎥
③ 48㎥
④ 64㎥

해설 스프링클러 1개당 80L/min가 필요하며 수원 저수량은 20분 용량으로 한다.
저수량 = 20×80×20 = 32,000L = 32㎥

46 사인파 교류의 실효값이 V, 최대값이 Vm일 때 평균값은?

① $\dfrac{V_m}{2\pi}$
② $\dfrac{2V_m}{\pi}$
③ $\dfrac{\sqrt{2}\,V_m}{\pi}$
④ $\dfrac{V_m}{\pi}$

해설 $V = \dfrac{V_m}{\sqrt{2}}$, 평균값 = $\dfrac{2V_m}{\pi}$

47 정온식 감지기의 감지원리로 옳은 것은?

① 주위온도가 일정온도 이상일 때 작동
② 주위온도가 일정온도 상승률 이상일 때 작동
③ 연기 침입 시 수광부의 광량이 감소되는 것을 검출
④ 특정파장의 복사 에너지를 전기 에너지로 변환하여 이를 검출

해설 정온식 감지기의 감지원리는 주위온도가 일정온도 이상일 때 작동하며, 주위온도가 일정 온도 상승률 이상일 때 작동하는 방식은 차동식이다.

48 어느 도체의 단면에 2시간 동안 7,200[C]의 전기량이 이동했다고 하면 이때 흐르는 전류는?

① 1[A]
② 2[A]
③ 3[A]
④ 4[A]

해설 전류 = 전기량(C)/s = $\dfrac{7,200C}{2\times 3,600}$ = 1C/s = 1A

해답 45.② 46.② 47.① 48.①

49 액면조절장치의 감지부의 종류 중 액체 내의 전극봉 사이의 통전 상태로서 액면을 조절하며 저수조용으로 사용하는 것은?

① 액면식
② 전극식
③ 플로트식
④ 오뚝이식

해설 전극식 액면조절장치는 액체 내의 전극봉 사이의 통전 상태로서 액면을 조절하며 저수조용으로 사용된다.

50 권수가 300회 감긴 코일에 10[A]의 전류가 흐른다면 발생된 기자력[AT]은?

① 150
② 300
③ 1,500
④ 3,000

해설 코일 기자력 $= NI = 300 \times 10 = 3{,}000\,AT$

51 천장면을 사각이나 원형으로 오려내고 매입기구를 취부하여 실내의 단조로움을 피하는 조명방식은?

① 코퍼 조명
② 광천장 조명
③ 코니스 조명
④ 밸런스 조명

해설 코퍼 조명은 조명기구를 매입하여 천장면에서 반사광으로 조명하는 방식.

52 제어결과가 목표치를 중심으로 ON-OFF 동작을 하는 제어는?

① 비례 제어
② 적분 제어
③ 2위치 제어
④ 비례 적분 제어

해설 2위치 제어는 기기를 ON-OFF 동작을 하는 불연속 제어 방식이다.

53 소화의 종류 중 화학적 소화에 속하는 것은?

① 질식소화
② 제거소화
③ 냉각소화
④ 부촉매소화

해설
- 화학적 소화 : 촉매소화
- 물리적 소화 : 질식소화, 제거소화, 냉각소화

해답 49.② 50.④ 51.① 52.③ 53.④

54 다음 직렬회로에서 $R_1=2[\Omega]$, $R_2=3[\Omega]$, $R_3=5[\Omega]$이고 $V=110[V]$일 때 V_2의 값은?

① 22[V] ② 33[V]
③ 55[V] ④ 110[V]

해설 직렬회로에서 전압은 저항에 비례하여 걸린다.
$$V=\frac{110\times 3}{2+3+5}=33\text{V}$$

55 알칼리 축전지에 관한 설명으로 옳지 않은 것은?

① 고율방전특성이 좋다. ② 공칭전압은 2.0[V/셀]이다.
③ 극판의 기계적 강도가 강하다. ④ 부식성 가스가 발생하지 않는다.

해설 알칼리 축전지 공칭전압은 1.2[V/셀]이다.

56 다음 중 역률이 가장 양호한 것은?(단, 3상 380[V]로 운전할 경우)

① 에어컨 ② 전기히터
③ 펌프용 전동기 ④ 업소용 세탁기

해설 역률은 히터처럼 순수 저항체에서 가장 크다. 전동기처럼 코일회로가 있으면 역률은 감소한다.

57 다음 중 강자성체에 속하지 않는 것은?

① 철 ② 니켈
③ 구리 ④ 코발트

해설 강자성체는 외부에 의해 자화되었다가 외부 자기장을 제거하면 자성을 유지하는 물질로 철, 니켈, 코발트 등이며 구리는 반자성체이다.

해답 54.② 55.② 56.② 57.③

58 다음과 같이 정의되는 화재의 종류는?

> 나무, 섬유, 종이, 고무, 플라스틱류와 같은 일반 가연물이 타고 나서 재가 남는 화재

① A급 화재 ② B급 화재
③ C급 화재 ④ K급 화재

해설 • A급 화재 – 일반화재 • B급 화재 – 유류화재 • C급 화재 – 전기화재

59 전기에 관한 기초사항으로 옳지 않은 것은?

① 전류는 발열작용, 화학작용, 자기작용을 한다.
② 병렬회로에서는 각각의 저항에 흐르는 전류의 값이 같다.
③ 오옴(Ohm)의 법칙은 전압, 전류, 저항 사이의 규칙적인 관계를 나타낸다.
④ 1W란 전압이 1V일 때 1A의 전류가 1s 동안에 하는 일을 말한다.

해설 병렬회로에서는 각각의 저항에 흐르는 전압의 값이 같으며, 직렬회로에서는 각각의 저항에 흐르는 전류의 값이 같다.

60 변압기에서 철심(core)이 하는 역할은?

① 자속의 이동통로 ② 전류의 이동통로
③ 전압이 이동통로 ④ 전력량의 이동통로

해설 변압기에서 철심(core)이 하는 역할은 자속의 이동통로이다.

제4과목 | 건축설비 관련 법규

61 공동주택 중 아파트로서 4층 이상인 층의 각 세대가 2개 이상의 직통계단을 사용할 수 없는 경우에는 발코니에 대피공간을 설치하여야 하는데 다음 중 이러한 대피공간이 갖추어야 할 요건으로 옳지 않은 것은?

① 대피공간은 바깥의 공기와 접하지 않을 것
② 대피공간은 실내의 다른 부분과 방화구획으로 구획될 것
③ 대피공간의 바닥면적은 각 세대별로 설치하는 경우에는 2㎡ 이상일 것
④ 대피공간의 바닥면적은 인접세대와 공동으로 설치하는 경우에는 3㎡ 이상일 것

해설 〈건축법령 제46조〉
1. 대피공간은 바깥의 공기와 접할 것
2. 대피공간은 실내의 다른 부분과 방화구획으로 구획될 것

해답 58.① 59.② 60.① 61.①

3. 대피공간의 바닥면적은 인접 세대와 공동으로 설치하는 경우에는 3제곱미터 이상, 각 세대별로 설치하는 경우에는 2제곱미터 이상일 것
4. 국토교통부장관이 정하는 기준에 적합할 것

62 다음의 소방시설 중 경보설비에 속하지 않는 것은?

① 비상방송설비
② 자동화재탐지설비
③ 자동화재속보설비
④ 무선통신보조설비

해설 〈소방법령 제3조〉 별표 1
2. 경보설비 : 화재발생 사실을 통보하는 기계·기구 또는 설비로서 다음 각 목의 것
  가. 단독경보형 감지기
  나. 비상경보설비
    1) 비상벨설비   2) 자동식사이렌설비
  다. 시각경보기
  라. 자동화재탐지설비
  마. 비상방송설비
  바. 자동화재속보설비
  사. 통합감시시설
  아. 누전경보기
  자. 가스누설경보기
무선통신보조설비는 소화활동설비에 속한다.

63 교육연구시설 중 학교의 교실 간 경계벽의 차음을 위한 구조로서 적합하지 않은 것은?

① 벽돌조로서 두께가 15cm인 것
② 철근콘크리트조로서 두께가 15cm인 것
③ 철골철근콘크리트조로서 두께가 15cm인 것
④ 무근콘크리트조로서 시멘트모르타르의 바름두께를 포함하여 두께가 15cm인 것

해설 〈피난방화구조기준 제15조〉 콘크리트블록조 또는 벽돌조로서 두께가 19센티미터 이상인 것

64 문화 및 집회시설 중 공연장의 개별관람석 바닥면적이 2,000㎡ 일 경우 개별관람석의 출구는 최소몇 개소 이상 설치하여야 하는가?(단, 각 출구의 유효너비를 2m로 하는 경우)

① 3개소
② 4개소
③ 5개소
④ 6개소

해설 • 개별관람석 출구 유효너비 합계=(2,000/100) × 0.6 =12m
• 출구 설치 개소=출구 유효너비 / 각 출구의 유효너비 = 12/2 = 6개소

해답 62.④ 63.① 64.④

65 다음은 건축법상 지하층의 정의이다. ( ) 안에 알맞은 것은?

"지하층"이란 건축물의 바닥이 지표면 아래에 있는 층으로서 바닥에서 지표면까지 평균 높이가 해당 층 높이의 ( ) 이상인 것을 말한다.

① 2분의 1
② 3분의 1
③ 3분의 2
④ 4분의 3

해설 〈건축법 제2조〉 5. "지하층"이란 건축물의 바닥이 지표면 아래에 있는 층으로서 바닥에서 지표면까지 평균높이가 해당 층 높이의 2분의 1 이상인 것을 말한다.

66 층수가 9층이고, 각 층의 거실면적이 3,000㎡인 판매시설을 건축하고자 할 때 설치하여야 하는 승용승강기의 최소 대수는?(단, 16인승 승용승강기를 설치하는 경우)

① 4대
② 5대
③ 6대
④ 7대

해설 〈설비기준 제5조〉 별표 1의 2 판매시설은 3,000 이하에 2대 초과하는 2,000마다 1대 추가
그러므로 6층 이상 거실면적은 3,000㎡×4=12,000
3,000까지 2대+(9,000/2,000)=6.5=7대
16인승은 1대가 2대이므로 7÷2=3.5=4대

67 종교시설의 용도에 쓰이는 건축물의 집회실로서 그 바닥면적이 300㎡인 경우 반자의 높이는 최소 얼마 이상이어야 하는가?(단, 기계환기장치를 설치하지 않은 경우)

① 2m
② 3m
③ 4m
④ 5m

해설 〈피난방화구조기준 제16조〉(거실의 반자높이)
① 영 제50조의 규정에 의하여 설치하는 거실의 반자(반자가 없는 경우에는 보 또는 바로 윗층의 바닥판의 밑면 기타 이와 유사한 것을 말한다. 이하 같다)는 그 높이를 2.1미터 이상으로 하여야 한다.
② 문화 및 집회시설(전시장 및 동·식물원은 제외한다), 종교시설, 장례식장 또는 위락시설 중 유흥주점의 용도에 쓰이는 건축물의 관람석 또는 집회실로서 그 바닥면적이 200제곱미터 이상인 것의 반자의 높이는 제1항의 규정에 불구하고 4미터(노대의 아랫부분의 높이는 2.7미터) 이상이어야 한다. 다만, 기계환기장치를 설치하는 경우에는 그러하지 아니하다.

해답 65.① 66.① 67.③

68 건축물의 용도변경과 관련된 시설군 중 영업시설군에 속하지 않는 것은?

① 판매시설 ② 운동시설
③ 의료시설 ④ 숙박시설

해설 〈건축법령 제14조〉 의료시설은 교육 및 복지시설군에 속한다.

69 다음 중 다중이용건축물에 속하지 않는 것은?(단, 해당용도로 쓰는 바닥면적의 합계가 5,000㎡이며, 층수가 15층인 건축물의 경우)

① 종교시설 ② 판매시설
③ 업무시설 ④ 의료시설 중 종합병원

해설 〈건축법령 제2조〉 17. "다중이용 건축물"이란 불특정한 다수의 사람들이 이용하는 건축물로서 다음 각 목의 어느 하나에 해당하는 건축물을 말한다.
  가. 다음의 어느 하나에 해당하는 용도로 쓰는 바닥면적의 합계가 5천제곱미터 이상인 건축물
    1) 문화 및 집회시설(전시장 및 동물원·식물원은 제외한다)
    2) 종교시설
    3) 판매시설
    4) 운수시설 중 여객용 시설
    5) 의료시설 중 종합병원
    6) 숙박시설 중 관광숙박시설
  나. 16층 이상인 건축물

70 판매시설로서 모든 층에 스프링클러설비를 설치하여야 하는 바닥면적 기준은?

① 바닥면적의 합계가 1,000㎡ 이상인 경우
② 바닥면적의 합계가 2,000㎡ 이상인 경우
③ 바닥면적의 합계가 5,000㎡ 이상인 경우
④ 바닥면적의 합계가 10,000㎡ 이상인 경우

해설 〈소방법령 제15조〉 별표 5 판매시설로서 바닥면적의 합계가 5,000㎡ 이상인 경우, 수용인원 500인 이상인 경우 모든 층에 스프링클러설비를 설치하여야 한다.

71 건축법령상 제1종 근린생활시설에 속하지 않는 것은?

① 한의원 ② 마을회관
③ 산후조리원 ④ 일반음식점

해설 〈건축법령 제3조 5〉 별표 1 일반음식점은 제2종 근린생활시설에 속한다.

해답 68.③ 69.③ 70.③ 71.④ 72.④

72 제로에너지건축물인증에서 + 등급의 에너지 자립률의 최소기준은?

① 90% 이상   ② 100% 이상
③ 110% 이상   ④ 120% 이상

해설 + 등급의 경우 에너지 자립률 120% 이상을 충족하여야 획득할 수 있다.

73 건축물에 설치하는 비상용 승강기의 승강장 바닥면적은 비상용 승강기 1대에 대하여 최소 얼마 이상으로 하여야 하는가?(단, 옥내에 승강장을 설치하는 경우)

① 3m²   ② 6m²
③ 9m²   ④ 12m²

해설 〈설비기준 제10조〉 비상용 승강기의 승강장 바닥면적은 비상용 승강기 1대에 6m² 이상으로 한다.

74 피난안전구역의 구조 및 설비에 관한 기준 내용으로 옳지 않은 것은?

① 피난안전구역의 높이는 1.8m 이상일 것
② 피난안전구역의 내부마감재료는 불연재료로 설치할 것
③ 비상용 승강기는 피난안전구역에서 승하차 할 수 있는 구조로 설치할 것
④ 건축물의 내부에서 피난안전구역으로 통하는 계단은 특별피난계단의 구조로 설치할 것

해설 피난안전구역의 높이는 2.1m 이상으로 한다.

75 방염성능기준 이상의 실내장식물 등을 설치하여야 하는 특정소방대상물에 속하는 것은?

① 층수가 6층인 업무시설   ② 층수가 6층인 판매시설
③ 층수가 6층인 숙박시설   ④ 건축물의 옥내에 있는 수영장

해설 〈소방법령 제30조〉 체력단련장, 숙박시설, 방송국, 문화, 집회, 종교, 운동시설 의료시설 등

76 건축물에 설치하는 배연설비에 관한 기준 내용으로 옳지 않은 것은?(단, 기계식 배연설비를 하지 않는 경우)

① 배연구는 손으로도 열고 닫을 수 있도록 한다.
② 배연구는 예비전원에 의해 열 수 있도록 한다.
③ 배연창의 유효면적은 최소 3m² 이상으로 하여야 한다.

해답 73.② 74.① 75.③ 76.③

④ 건축물이 방화구획으로 구획된 경우에는 그 구획마다 1개소 이상의 배연창을 설치하여야 한다.

해설 〈설비기준 제14조〉 배연창의 유효면적은 최소 1㎡ 이상으로 하여야 한다.

77 다음은 지하층과 피난층 사이의 개방공간의 설치에 관한 기준 내용이다. ( ) 안에 알맞은 것은?

> 바닥면적의 합계가 (   ) 이상인 공연장·집회장·관람장 또는 전시장을 지하층에 설치하는 경우에는 각 실에 있는 자가 지하층 각 층에서 건축물 밖으로 피난하여 옥외 계단 또는 경사로 등을 이용하여 피난층으로 대피할 수 있도록 천장이 개방된 외부 공간을 설치하여야 한다.

① 1,000㎡
② 2,000㎡
③ 3,000㎡
④ 5,000㎡

해설 〈건축법령 제37조〉 3,000㎡ 이상

78 외기에 직접 면하고 1층 또는 지상으로 연결된 출입문을 방풍구조로 하여야 하는 것은?

① 아파트의 출입문
② 너비가 1.8m인 출입문
③ 바닥면적이 300㎡인 개별 점포의 출입문
④ 사람의 통행을 주목적으로 하지 않는 출입문

해설 〈에너지절약기준 제6조의 4〉 외기에 직접 면하고 1층 또는 지상으로 연결된 출입문은 방풍구조로 하여야 한다. 다만, 다음에 해당하는 경우에는 그러하지 않을 수 있다.
- 바닥면적 3백 제곱미터 이하의 개별 점포의 출입문
- 주택의 출입문(단, 기숙사는 제외)
- 사람의 통행을 주목적으로 하지 않는 출입문
- 너비 1.2미터 이하의 출입문

79 다음 중 방송 공동수신설비를 설치하여야 하는 대상 건축물에 속하는 것은?

① 종교시설
② 고등학교
③ 다세대주택
④ 유스호스텔

해설 〈건축법령 제87조 4〉 공동주택(다세대주택은 공동주택에 속한다)

해답 77.③ 78.② 79.③

80 건축물에 설치하는 방화벽에 관한 기준 내용으로 옳지 않은 것은?

① 내화 구조로서 홀로 설 수 있는 구조일 것
② 방화벽에 설치하는 출입문에는 60분+ 방화문 또는 60분 방화문을 설치할 것
③ 방화벽에 설치하는 출입문의 너비 및 높이는 각각 3.0m 이하로 할 것
④ 방화벽이 양쪽 끝과 위쪽 끝을 건축물의 외벽면 및 지붕면으로부터 0.5m 이상 튀어 나오게 할 것

해설 〈피난방화구조기준 제21조〉 방화벽에 설치하는 출입문의 너비 및 높이는 각각 2.5m 이하로 할 것

해답 80. ③

제9회 건축설비기사 기출모의고사

제1과목 건축설비 계획

01 실내 어느 1점에서 수평면 조도를 측정하니 220lx이었다. 옥외 전천공 수평면조도를 20,000lx로 할 때 실내 이 점의 주광률을 구하면?

① 1.1% ② 2.1%
③ 3.1% ④ 4.1%

해설 주광률 = $\dfrac{수평면\ 조도}{전천공\ 조도} = \dfrac{220}{20,000} \times 100 = 1.1\%$

02 다음 중 음의 단위와 관계가 없는 것은?

① cd ② dB
③ W/㎡ ④ phon

해설
- cd : 광원의 밝기
- W/㎡ : 음의 세기
- dB : 소음레벨
- phon : 음의 크기

03 수도본관으로부터 높이 10m에 설치된 세정밸브식 대변기의 사용을 위해 필요한 수도본관의 최저압력은?(단, 급수방식은 수도직결방식이며 배관 내의 마찰손실은 40kPa, 세정밸브식 대변기의 최저필요압력은 100kPa이다.)

① 70kPa ② 100kPa
③ 140kPa ④ 240kPa

해설 수도본관 압력=수전높이+마찰손실+기구필요압=10×10+40+100=240kPa
(10m 수두=10×10=100kPa, 1m 수두=10kPa)

해답 1.① 2.① 3.④

04 온도, 습도, 기류를 조합하여 인체의 실제 체감(體感)을 표시하는 척도가 되는 것은?

① TAC 온도
② 임계온도
③ 절대온도
④ 유효온도

해설 유효온도(ET)는 온도, 습도, 기류의 영향을 조합하여 체감온도로 환산한 것이다.

05 대변기 세정수의 급수방식 중 로 탱크식에 관한 설명으로 옳지 않은 것은?

① 탱크로의 급수에 볼 탭이 사용된다.
② 하이 탱크식에 비해 세정소음이 작다.
③ 탱크로의 급수압력과 관계없이 대변기로의 급수수량이나 압력이 일정하다.
④ 단시간에 다량의 물이 필요하기 때문에 일반 가정용으로는 거의 사용되지 않는다.

해설 로 탱크식은 대변기 뒤 로 탱크에 물을 서서히 저장하여 레버를 누르면 일시에 다량의 물을 배출하여 세정하므로 일반 가정용으로 많이 사용된다.

06 액체 중에 직경이 작은 관을 세웠을 때, 관속의 액면이 관밖의 액면보다 높거나 낮게 되는 현상은?

① 층류 현상
② 난류 현상
③ 모세관 현상
④ 베르누이 현상

해설 모세관 현상은 액체와 관 표면의 접착력과 응집력의 관계로 액위가 상승하는 것으로 관경이 작을수록 모세관 현상은 심하게 발생한다.

07 급수압력이 일정하며, 일반적으로 하향급수 배관방식이 사용되는 급수방식은?

① 수도직결방식
② 고가수조방식
③ 압력수조방식
④ 펌프직송방식

해설 고가수조방식은 정수두를 이용하므로 급수압력이 일정하고 고가수조에서 아랫방향(하향)으로 급수되므로 하향급수방식이다.

08 물의 정수과정에서 물속에 있는 철분을 제거하기 위한 처리과정은?

① 혐기
② 폭기
③ 불소 주입
④ 응집제 첨가

해설 물속의 철분(Fe^{++})은 폭기하면 산화하여 산화철(FeO, Fe_2O_3)로 침전 제거된다. 하지만 정수처리에서 일반적으로 철분을 제거하는 방법은 연수화법으로 이온교환법 등을 사용한다.

해답 4.④ 5.④ 6.③ 7.② 8.②

09 중앙식 급탕방식에 관한 설명으로 옳지 않은 것은?

① 배관 및 기기로부터의 열손실이 작다.
② 기구의 동시이용률을 고려하여 가열장치의 총용량을 적게 할 수 있다.
③ 일반적으로 열원장치는 공조설비와 겸용하여 설치되기 때문에 열원단가가 싸다.
④ 기계실 등에 다른 설비 기계와 함께 가열장치 등이 설치되기 때문에 관리가 용이하다.

해설 중앙식은 배관의 길이가 길어 배관 열손실이 크다.

10 다음 중 통기관을 설치하는 목적과 가장 거리가 먼 것은?

① 트랩의 봉수를 보호한다.
② 배수관 내의 압력변동을 억제하여 배수의 흐름을 원활하게 한다.
③ 배수관 계통의 환기를 도모하여 관내를 청결하게 유지한다.
④ 배수관에 해로운 영향을 미칠 물질이 배수관에 들어가지 않도록 한다.

해설 저집기(그리스트랩, 헤어트랩, 샌드트랩, 가솔린 트랩 등)는 배수관에 해로운 영향을 미칠 물질이 배수관에 들어가지 않도록 한다.

11 다음 중 모세관 현상에 따른 트랩의 봉수파괴를 방지하기 위한 방법으로 가장 알맞은 것은?

① 트랩을 자주 청소한다.
② 각개통기관을 설치한다.
③ 관내 압력변동을 작게 한다.
④ 기구배수관 관경을 트랩구경보다 크게 한다.

해설 압력차(흡출, 흡인 등)에 의한 봉수파괴 방지법으로 통기관을 사용하나, 모세관 현상은 통기관으로 효과가 없으며 자주 청소하는 것이 가장 좋다.

12 다음 설명에 알맞은 환기방식은?

• 실내는 부압을 유지한다.
• 화장실, 욕실 등의 환기에 적합하다.

① 급기팬과 배기팬의 조합
② 급기팬과 자연배기의 조합
③ 자연급기와 배기팬의 조합
④ 자연급기와 자연배기의 조합

해설 자연급기와 배기팬의 조합으로 구성된 3종 환기는 실내가 부압(-)으로 주변실에 냄새 확산을 막을 수 있다.

해답 9.① 10.④ 11.① 12.③

13 증기난방 방식에 관한 설명으로 옳지 않은 것은?

① 예열시간이 온수난방에 비해 짧다.
② 온수난방에 비해 실내의 쾌감도가 좋다.
③ 온수난방에 비해 한랭지에서 동결의 우려가 적다.
④ 온수난방에 비해 부하변동에 따른 실내방열량의 제어가 곤란하다.

[해설] 증기난방은 온수난방에 비해 열매온도가 높아 쾌감도가 나쁘다.

14 세정밸브식 대변기에 버큠 브레이커를 설치하는 주된 이유는?

① 냄새 방지   ② 급수소음 방지
③ 급수오염 방지   ④ 배관의 부식 방지

[해설] 대변기에서 버큠 브레이커는 역류에 따른 급수오염 방지에 사용한다.

15 틈새바람 양의 산출방법에 속하지 않는 것은?

① 환기횟수법   ② 창문면적법
③ 실내면적법   ④ 창문틈새길이법

[해설] 틈새바람양은 주로 환기횟수와 실내 용적으로 구하며, 창문면적법, 틈새길이법도 있다.

16 동일 송풍기에서 회전수를 2배로 했을 경우 풍량, 정압 및 소요동력의 변화량으로 옳은 것은?

① 풍량 2배, 정압 4배, 소요동력 8배
② 풍량 2배, 정압 8배, 소요동력 4배
③ 풍량 4배, 정압 2배, 소요동력 8배
④ 풍량 4배, 정압 8배, 소요동력 2배

[해설] 송풍기의 회전수를 바꾸면 상사법칙에서 풍량은 회전수에 비례(2배)하고, 정압은 제곱(4배)에 비례하고, 동력은 3제곱(8배)에 비례한다.

17 상대습도 60%인 습공기의 건구온도(a), 습구온도(b), 노점온도(c)의 크기 관계가 옳은 것은?

① a>b>c   ② b>a>c
③ b>c>a   ④ c>b>a

[해설] 습공기는 건구온도>습구온도>노점온도이나 상대습도 100%일 때는 건구온도=습구온도=노점온도이다.

해답 13.② 14.③ 15.③ 16.① 17.①

18 단일덕트 정풍량방식에 관한 설명으로 옳은 것은?
① 변풍량방식에 비해 설비비가 많이 든다.
② 2중 덕트방식에 비해 냉·온풍의 혼합손실이 많다.
③ 부하변동에 대한 제어응답이 변풍량 방식에 비해 느리다.
④ 실내의 열부하 변동에 따라 송풍량을 조절하는 방식이다.

해설 정풍량방식은 변풍량방식에 비해 설비비가 적게 드나, 운전비는 많이 든다. 2중 덕트방식은 냉·온풍의 혼합손실이 많다. 변풍량방식은 실내의 열부하 변동에 따라 송풍량을 조절하는 방식이며, 정풍량방식은 풍량은 일정하고 온도를 제어한다.

19 다음 중 주방, 공장, 실험실에서와 같이 오염물질의 확산 및 방산을 가능한 한 극소화시키려고 할 때 적용하는 환기방식은?
① 희석환기
② 국소환기
③ 전체환기
④ 자연환기

해설 일정 장소에서 발생하는 오염물질을 확산되지 않게 후드를 이용하여 환기(배출)하는 방식을 국소환기라 한다. 주방의 후드와 같은 구조이며 환기량이 적어 경제적이다.

20 유리창으로부터의 일사열 취득에 관한 설명으로 옳지 않은 것은?
① 투과율이 클수록 취득열량이 적다.
② 유리의 면적이 클수록 취득열량이 많다.
③ 유리의 차폐계수가 클수록 취득열량이 많다.
④ 반사유리는 여름철 취득열량을 줄이는데 유리하다.

해설 유리창 투과율이 클수록 취득열량이 많고, 유리의 차폐계수(차폐계수는 클수록 통과량이 많다)는 클수록 취득열량이 많다.

제2과목 건축설비 설계

21 원심식 펌프로 회전차 주위에 디퓨저인 안내 날개를 갖는 펌프는?
① 마찰 펌프
② 터빈 펌프
③ 제트 펌프
④ 다이아프램 펌프

해설 볼류트펌프는 안내날개가 없고 터빈펌프는 안내날개가 있어 고양정에 쓰인다.

해답 18.③ 19.② 20.① 21.②

22 같은 구경의 강관을 직선으로 연결하고자 할 때 사용되는 강관 이음쇠류가 아닌 것은?

① 부싱
② 소켓
③ 니플
④ 유니온

해설 부싱은 이경관과 부속의 이음에 이용되고 레듀서는 이경관(직경이 다른 관)의 접합에 사용된다.

23 시간당 200L의 급탕을 필요로 하는 건물에서 전기온수기를 사용하여 급탕을 하는 경우 필요 전력은?(단, 물의 비열은 4.2kJ/kg·K, 급수온도는 10℃, 급탕온도는 60℃, 전기온수기의 가열효율은 95%이다.)

① 11.1kW
② 11.7kW
③ 12.3kW
④ 13.5kW

해설 $kW = \dfrac{WC\Delta t}{E} = \dfrac{200 \times 4.2(60-10)}{0.95} = 44210.5\text{kJ/h} = 12.3\text{kJ/s} = 12.3\text{kW}$

24 다음과 같은 조건에 있는 연면적 2,000㎡의 사무소 건물에 필요한 1일당 급수량은?

- 건물의 유효면적과 연면적의 비 : 50%
- 유효면적당 인원 : 0.2인/㎡
- 1인 1일당 급수량 : 100L/d/c

① 10,000L/d
② 20,000L/d
③ 30,000L/d
④ 40,000L/d

해설 급수량 = 인원 × 1일 급수량 = 2,000 × 0.5 × 0.2 × 100 = 20,000L/d

25 BOD제거율(%) 산정방법을 올바르게 표현한 것은?

① $\dfrac{\text{유입수 BOD} - \text{유출수 BOD}}{\text{유입수 BOD}} \times 100$

② $\dfrac{\text{유출수 BOD} - \text{유입수 BOD}}{\text{유출수 BOD}} \times 100$

③ $\dfrac{\text{유입수 BOD} - \text{유출수 BOD}}{\text{유출수 BOD}} \times 100$

④ $\dfrac{\text{유출수 BOD} - \text{유입수 BOD}}{\text{유입수 BOD}} \times 100$

해설 BOD제거율(%) = $\dfrac{\text{제거 BOD}}{\text{유입 BOD}} = \dfrac{\text{유입수 BOD} - \text{유출수 BOD}}{\text{유입수 BOD}} \times 100$

해답 22.① 23.③ 24.② 25.①

26 다음과 같은 조건에서 급탕량이 2,000L/h인 저탕조의 가열코일 표면적은?

- 급수온도 : 10℃
- 증기온도 : 104℃
- 물의 비열 : 4.2kJ/kg·K
- 급탕온도 : 60℃
- 가열코일의 열관류율 : 506W/m²·K

① 약 3.3m²
② 약 6.6m²
③ 약 33.4m²
④ 약 65.9m²

해설 가열코일에서 급탕가열과 열교환량은 다음 식이 성립한다.
$$WC\Delta t_w = KA\Delta t_m$$
$$2,000 \times 4.2(60-10) \times \frac{1,000}{3,600} = 506 \times A\left(104 - \frac{10+60}{2}\right)$$
$$A = 3.34\text{m}^2$$

이 문제에서 주의할 점은 단위 환산이다. 왼쪽 항은 kJ/h이고 오른쪽 항은 열관류율 W이다. 그러므로 kJ/h에 1,000을 곱해서 J/h로 3,600으로 나누어 W(J/s)로 환산한다.

27 급탕배관의 설계 및 시공에 관한 설명으로 옳지 않은 것은?
① 배관은 균등한 구배를 둔다.
② 중앙식 급탕설비는 원칙적으로 강제순환방식으로 한다.
③ 관의 신축을 고려하여 건물의 벽관통부분의 배관에는 슬리브를 사용한다.
④ 온도강하 및 급탕수전에서의 온도 불균형을 방지하기 위해 단관식으로 한다.

해설 급탕배관에서 온도강하 및 급탕수전에서의 온도 불균형을 방지하기 위해 복관식 역환수방식(리버스리턴)을 적용한다.

28 펌프의 전양정이 60m이고, 30m³/h의 물을 양수하고자 할 때 요구되는 펌프의 축동력은?(단, 펌프의 효율은 55%)
① 2.7kW
② 4.9kW
③ 5.3kW
④ 8.9kW

해설 $$kW = \frac{QH}{102E} = \frac{30 \times 1000 \times 60}{3600 \times 102 \times 0.55} = 8.9\text{kW}$$

위 식에서 Q는 L/s=kg/s를 사용한다. 그러므로 유량 m³/h는 1,000을 곱하고 3,600으로 나눈다.

해답 26.① 27.④ 28.④

29 다음 중 급수설비에서 크로스 커넥션의 방지 대책으로 가장 알맞은 것은?

① 설비 내에 버큠 브레이커 및 역류방지 장치를 부착한다.
② 관내 유속을 억제하고 설비 내에 써지 탱크(surge tank) 및 안전밸브를 설치한다.
③ 배관 계통별로 색깔로 구분하여 오접합을 방지하며 통수시험에 의해 체크한다.
④ 수평배관에는 공기나 오물이 정체하지 않도록 하며, 어쩔 수 없이 공기 정체가 일어나는 곳에는 공기빼기밸브를 설치한다.

해설 급수설비에서 크로스 커넥션(교차연결=오접)을 방지하기 위한 가장 알맞은 대책은 배관을 계통별로 구분하여 오접합을 방지하고, 개별적으로 세정밸브식 대변기 등에서는 버큠 브레이커를 사용하기도 한다.

30 배수 배관에서 청소구를 원칙적으로 설치하여야 하는 곳이 아닌 것은?

① 배수수평주관의 기점
② 배수수직관의 최상부
③ 배수수평지관의 기점
④ 배수관이 45°를 넘는 각도에서 방향을 전환하는 개소

해설 청소구는 막힐 우려가 있는 곳에 설치하며 배수수직관의 하부에 설치한다.

31 관 내의 흐름이 층류인지 난류인지를 판별하는데 사용되는 레이놀즈수의 산정식으로 옳은 것은?(단, Re=레이놀즈수, v=관 내의 평균유속(m/s), d=관 내경(m), μ=유체의 동점성계수(m²/s))

① $Re = \dfrac{\mu}{v \times d}$ ② $Re = \dfrac{d}{v \times \mu}$

③ $Re = \dfrac{v \times \mu}{d}$ ④ $Re = \dfrac{v \times d}{\mu}$

해설 레이놀즈수(Re) = $\dfrac{관성력}{점성력}$ = $\dfrac{v \times d}{\mu}$

32 중앙공조기의 전열교환기에서는 다음 중 어느 공기가 서로 열교환을 하는가?

① 외기와 실내 배기 ② 외기와 실내 급기
③ 실내배기와 실내 급기 ④ 환기(RA)와 실내 배기

해설 전열교환기는 도입하는 외기와 배출되는 실내 배기 사이에 현열과 잠열을 교환하여 버려지는 열을 회수하는 열회수 장치이다.

해답 29.③ 30.② 31.④ 32.①

33 기준면보다 20m 높이에 있는 관내에 물이 압력 60kPa, 유속 3m/s로 흐를 때 이 물의 전수두는?(단 물의 비중량은 1kg/L이다.)

① 약 18.7m ② 약 26.5m
③ 약 38.7m ④ 약 83.1m

해설 전수두=위치수두+압력수두+속도수두$\left(\dfrac{v^2}{2g}\right) = 20 + \left(\dfrac{60}{10}\right) + \left(\dfrac{3^2}{2 \times 9.8}\right) = 26.5\,\text{m}$

정확하게 9.8kPa=1mAq이나 10kPa=1mAq를 주로 사용한다.

34 다음과 같은 조건에서 재실인원이 50명인 회의실의 외기 현열부하는?

- 1인당 필요한 외기량: 80㎥/h
- 공기의 밀도: 1.2kg/㎥
- 실내온도: 26℃, 외기온도: 32℃
- 공기의 정압비열: 1.01kJ/kg·K

① 6,270W ② 7,240W
③ 8,080W ④ 9,120W

해설 도입외기량 $= 50 \times 80 = 4{,}000\,\text{m}^3/\text{h}$
현열부하 $= mC\Delta t = 4{,}000 \times 1.2 \times 1.01(32-26) = 29{,}088\,kJ/h = 8{,}080\,W$

35 건구온도 32℃, 절대습도 0.025kg/kg'인 습공기의 엔탈피는?(단, 건공기 정압비열 1.01kJ/kg·K, 수증기 정압비열 1.85kJ/kg·K, 0℃에서 포화수의 증발잠열 2501 kJ/kg)

① 71.12kJ/kg ② 96.33kJ/kg
③ 140.62kJ/kg ④ 182.52kJ/kg

해설 $h = C_{pa}t + x(\gamma + C_{pv}t) = 1.01 \times 32 + 0.025(2{,}501 + 1.85 \times 32) = 96.325\,kJ/kg = 96.33\,kJ/kg$

36 열원에서 각 방열기기까지의 공급관과 환수관의 도달거리의 합을 거의 같게 하여 배관의 마찰저항 값을 유사하게 함으로써 순환온수가 균등하게 흐르도록 한 배관 방법은?

① 중력식 ② 개방식
③ 역환수식 ④ 진공환수식

해설 역환수식(리버스 리턴) 배관법은 열원에서 각 방열기기까지의 공급관과 환수관의 길이의 합을 거의 같게 하여 배관의 마찰저항 값을 균등하게 함으로써 온수 순환이 균등해지고, 온도가 균등해진다.

해답 33.② 34.③ 35.② 36.③

37 다음 중 대기오염이 심한 지역에 가장 적합한 냉각탑은?

① 개방식　　　　　　　② 밀폐식
③ 대기식　　　　　　　④ 자연통풍식

해설　밀폐식 냉각탑은 공기와 접촉이 없어 대기오염이 심한 지역에서 적합하다.

38 용량이 386kW인 터보 냉동기에 순환되는 냉수량은?(단, 냉각기 입구의 냉수온도 12℃, 출구의 냉수온도 6℃, 물의 비열 4.2kJ/kg·K)

① 약 46㎥/h　　　　　② 약 55㎥/h
③ 약 231㎥/h　　　　　④ 약 332㎥/h

해설　터보 냉동기의 용량은 증발기 냉동능력을 말하며 냉동능력은 냉수 냉각능력과 같다.
$Q_r = WC\Delta t$
$386kW = W \times 4.2(12-6)$
$W = 15.32 kg/s = 55 m^3/h$

> 냉동능력 kW이므로 유량은 kg/s이다.

39 벽면 취출구에서 공기를 수평으로 취출하는 경우, 취출공기의 이동에 관한 설명으로 옳지 않은 것은?

① 강하거리는 취출기류의 풍속에 비례한다.
② 상승거리는 취출기류의 풍속에 비례한다.
③ 도달거리는 취출기류의 풍속에 비례한다.
④ 강하거리는 취출공기와 실내공기의 온도차에 반비례한다.

해설　강하거리는 취출공기와 실내공기의 온도차에 비례한다. 즉 온도차가 클수록 강하거리도 크다. 냉풍일 때 하강, 온풍일 때 상승, 같을 때 수평으로 취출된다.

40 다음 중 증기와 응축수 사이의 온도차를 이용하는 온도조절식 증기트랩에 속하는 것은?

① 드럼 트랩　　　　　　② 버킷 트랩
③ 벨로우즈 트랩　　　　④ 플로트 트랩

해설　온도조절식 증기트랩에 벨로우즈 트랩, 바이메탈 트랩이 있다.

해답　37.② 38.② 39.④ 40.③

제3과목 전기 및 소방시설 일반

41 3[Ω]의 저항과 4[Ω]의 유도성 리액턴스가 직렬로 연결된 교류 회로에서의 역률은 얼마인가?

① 75% ② 60%
③ 30% ④ 80%

해설 저항(R)과 리액턴스(X_L)의 합성 임피던스(Z)를 구하면
$Z = \sqrt{R^2 + X_L^2} = \sqrt{3^2 + 4^2} = 5$
역률 $= \dfrac{R}{Z} = \dfrac{3}{5} = 0.6 = 60\%$

42 전기식 자동제어 시스템에 관한 설명으로 옳지 않은 것은?

① 신호처리가 쉽지만 원격조작이 어렵다.
② 기기의 구조가 복잡하여 취급이 불편하다.
③ 검출부와 조절부가 하나의 케이스 내에 함께 설치된다.
④ 신호전송 및 조작 동력원으로서 상용전원을 직접 사용한다.

해설 전기식 자동제어 시스템은 기계식에 비하여 기기의 구조가 간단하여 취급이 편하다.

43 유효전력과 무효전력의 단위와 구분하기 위하여 사용되는 피상전력의 단위는?

① [W] ② [Ah]
③ [VA] ④ [VAR]

해설
- 유효전력 : [W]
- 전기량 : [Ah]
- 피상전력 : [VA]
- 무효전력 : [VAR]

44 50[Ω]의 저항과 100[Ω]의 저항을 병렬로 접속하였을 때 합성저항은?

① 0.03[Ω] ② 17.4[Ω]
③ 33.33[Ω] ④ 150[Ω]

해설 병렬합성저항 $\dfrac{1}{R} = \dfrac{1}{R_1} + \dfrac{1}{R_2}$
$\dfrac{1}{R} = \dfrac{1}{50} + \dfrac{1}{100}$
$R = \dfrac{100}{3} = 33.3\,\Omega$

해답 41.② 42.② 43.③ 44.③

45 전기화재에 대한 소화기의 적응 화재별 표시로 옳은 것은?

① A
② B
③ C
④ K

해설
- 일반화재 : A
- 유류화재 : B
- 전기화재 : C
- 금속화재 : D
- 주방화재 : K

46 3상 Y결선에서 선간전압이 220[V]인 3상 교류의 상전압은?

① 127[V]
② 220[V]
③ 381[V]
④ 440[V]

해설 Y결선에서 선간전압은 상전압의 $\sqrt{3}$ 배이고, 선전류는 상전류와 같다.

상전압 $= \dfrac{1}{\sqrt{3}}$ (선간전압) $= \dfrac{1}{\sqrt{3}}(220) = 127\,V$

47 자동화재탐지설비의 감지기 중 열감지기에 속하지 않는 것은?

① 광전식 감지기
② 차동식 감지기
③ 정온식 감지기
④ 보상식 감지기

해설 광전식 감지기, 이온식 감지기는 연기감지기이다.

48 접속방식에 따라 분류한 인터폰 설비의 종류에 속하지 않는 것은?

① 모자식
② 복합식
③ 상호식
④ 교호 통화식

해설 교호 통화식(프레스토크식)과 동시통화식은 통화방식에 의한 인터폰설비 종류에 속한다.

49 유접점 시퀀스 제어 회로에 관한 설명으로 옳지 않은 것은?

① 동작상태의 확인이 쉽다.
② 전기적 노이즈(외관)에 대하여 안정적이다.
③ 기계적 진동에 강하며 개폐부하의 용량이 작다.
④ 독립된 다수의 출력회로를 동시에 얻을 수 있다.

해설 유접점 시퀀스 제어회로(릴레이회로)는 무접점 제어회로(PLC제어)에 비하여 기계적 진동에 약하며 개폐부하의 용량이 크다.

해답 45.③ 46.① 47.① 48.④ 49.③

50 옥외소화전설비에 사용되는 호스의 구경은?

① 45mm
② 55mm
③ 60mm
④ 65mm

해설
- 옥외소화전설비 호스의 구경 : 65mm 이상
- 옥내소화전설비 호스의 구경 : 40mm 이상

51 LNG에 관한 설명으로 옳지 않은 것은?

① 주성분은 메탄(CH_4)이다.
② LPG에 비해 발열량이 작다.
③ 천연가스를 냉각하여 액화한 것이다.
④ 상온에서 공기보다 비중이 크므로 인화폭발의 우려가 있다.

해설 LNG의 주성분 메탄(CH_4)은 분자량이 16으로 공기(29)보다 가벼워서 인화 폭발의 우려가 적다. LPG (C_3H_8)는 분자량이 44로 공기보다 무거워 인화 폭발의 위험이 많다.

52 건축설비에서 사용되는 농형 유도전동기에 관한 설명으로 옳지 않은 것은?

① 슬립링이 있기 때문에 불꽃의 염려가 없다.
② 속도제어 방법으로 VVVF방식 등을 사용할 수 있다.
③ 권선형 유도전동기에 비하여 구조가 간단하여 취급이 용이하다.
④ 기동전류가 커서 전동기 권선을 파열시키거나 전원전압의 변동을 일으킬 수 있다.

해설 농형 유도전동기는 슬립링이 없기 때문에 불꽃의 염려가 없다.

53 다음 중 변압기의 원리와 가장 관계가 깊은 것은?

① 정전유도
② 전자유도
③ 발열작용
④ 전계유도

해설 변압기는 전자유도 현상(코일과 쇄교하는 자속의 변화로 기전력이 유기되는 것)을 이용한다.

54 옥내소화전이 1층에 5개, 2층에 4개, 3층에 4개가 설치되어 있을 때 이 건물의 옥내소화전설비의 수원의 저수량은 최소 얼마 이상이 되도록 하여야 하는가?

① 5.2m³
② 10.4m³
③ 13m³
④ 23.4m³

해답 50.④ 51.④ 52.① 53.② 54.①

해설 (21. 4. 1 개정)
옥내소화전 1개당 수원 130L/min×20분=2.6m³
옥내소화전이 1개층에 2개 이상 설치하는 경우 저수량은 2개×2.6m³ 이상으로 한다.
저수량=2×2.6=5.2m³

55 교류의 크기를 나타내는데 있어서 평균치 V_a와 최대치 V_m과의 관계식으로 옳은 것은?

① V_a=1.11×V_m ② V_a=0.707×V_m
③ V_a=0.637×V_m ④ V_a=$\sqrt{2}$×V_m

해설 교류전기에서
평균치(V_a)=$\frac{2}{\pi}V_m$=0.637V_m
실효치=(1/$\sqrt{2}$)(최대치)

56 길이 20[m], 폭 20[m], 천장높이 5[m], 조명률 50[%]의 사무실에 40[W] 형광등을 설치하여 평균조도를 120[lx]로 하려고 한다. 형광등의 소요개수는?(단, 형광등 1개의 광속은 2500[lm], 보수율은 80[%]이다.)

① 43개   ② 45개
③ 48개   ④ 50개

해설 조명공식 $E=FUND/A$에서 E(조도), F(광속), U(조명률), N(개수), A(면적), D(보수율) 여기서 보수율과 감광보상률을 잘 구분해야 한다. 이 둘은 같은 의미인데 보수율(0.8)은 감광 보상률(1.25)의 역수관계이다. 위 식을 개수(N) 공식으로 바꾸면
$N=\frac{AE}{FUD}=\frac{20\times20\times120}{2500\times0.5\times0.8}$=48개

57 제연설비의 설치장소는 제연구역으로 구획하여야 한다. 제연구역에 관한 설명으로 옳지 않은 것은?

① 거실과 통로(복도 포함)는 상호 제연구획한다.
② 하나의 제연구역의 면적은 1000m² 이내로 한다.
③ 하나의 제연구역은 직경 80m의 원내에 들어갈 수 있도록 한다.
④ 통로(복도 포함)상의 제연구역은 보행중심선의 길이가 60m를 초과하지 않도록 한다.

해설 하나의 제연구역은 직경 60m의 원내에 들어갈 수 있도록 한다.

해답 55.③ 56.③ 57.③

58 건축화 조명방식에 속하지 않는 것은?

① 코브 조명
② 코니스 조명
③ 광천장 조명
④ 펜던트 조명

해설 건축화 조명방식은 건축물의 한 부분을 이용하는 것인데, 펜던트 조명은 조명기구를 매어 단 형식으로 건축화 조명에 속하지 않는다.

59 분전반을 설치하는 전기샤프트(ES)에 관한 설명으로 옳지 않은 것은?

① 각 층마다 같은 위치에 설치한다.
② ES의 면적은 보, 기둥 부분을 제외하고 산정한다.
③ 설치장비 공급의 편리성을 우선하며 각 층의 모서리 부분에 설치한다.
④ 전력용과 정보통신용과 같이 용도별로 구분하여 설치하되, 작은 규모일 경우는 공용으로 사용한다.

해설 분전반은 전력 공급의 효율성을 우선하며 각 층의 중앙 부분에 설치한다.

60 어떤 저항에 직류전압 100[V]를 가했더니 1[kW]의 전력을 소비하였다. 이때 흐른 전류는 몇 [A]인가?

① 0.01
② 5
③ 10
④ 100

해설 전류$(I) = \dfrac{\text{전력(W)}}{\text{전압(V)}} = \dfrac{1000\text{W}}{100\text{V}} = 10\text{A}$

제4과목 건축설비 관련 법규

61 건축물은 특별시나 광역시에 건축하려는 경우 특별시장이나 광역시장의 허가를 받아야 하는 건축물의 층수 기준은?

① 15층 이상
② 21층 이상
③ 31층 이상
④ 41층 이상

해설 〈건축법령 제8조〉 특별시장 또는 광역시장의 허가를 받아야 하는 건축물의 건축은 층수가 21층 이상이거나 연면적의 합계가 10만 제곱미터 이상인 건축물의 건축(연면적의 10분의 3 이상을 증축하여 층수가 21층 이상으로 되거나 연면적의 합계가 10만 제곱미터 이상으로 되는 경우를 포함한다)을 말한다.

해답 58.④ 59.③ 60.③ 61.②

62 다음의 소방시설 중 경보설비에 속하지 않는 것은?

① 유도등 ② 비상방송설비
③ 자동화재속보설비 ④ 자동화재탐지설비

해설 〈소방법령 제3조 별표 1〉 유도등은 피난구조설비에 속한다.

63 다음은 지하층과 피난층 사이의 개방공간 설치에 관한 기준 내용이다. ( ) 안에 알맞은 것은?

> 바닥면적의 합계가 (　　　) 이상인 공연장·집회장·관람장 또는 전시장을 지하층에 설치하는 경우에는 각 실에 있는 자가 지하층 각 층에서 건축물 밖으로 피난하여 옥외 계단 또는 경사로 등을 이용하여 피난층으로 대피할 수 있도록 천장이 개방된 외부 공간을 설치하여야 한다.

① 1,000㎡ ② 2,000㎡
③ 3,000㎡ ④ 4,000㎡

해설 〈건축법령 제37조〉 바닥면적의 합계가 3천 제곱미터 이상인 공연장·집회장·관람장 또는 전시장을 지하층에 설치하는 경우에는…

64 욕실 또는 조리장의 바닥과 그 바닥으로부터 높이 1m까지의 안벽의 마감을 내수재료로 하여야 하는 대상에 속하지 않는 것은?

① 숙박시설의 욕실
② 공동주택의 욕실
③ 제1종 근린생활시설 중 목욕장의 욕실
④ 제1종 근린생활시설 중 휴게음식점의 조리장

해설 〈피난방화구조기준 제18조〉 공동주택은 해당 없음

65 건축법령상 다음과 같이 정의되는 주택의 종류는?

> 주택으로 쓰는 1개 동의 바닥면적(2개 이상의 동을 지하주차장으로 연결하는 경우에는 각각의 동으로 본다) 합계가 660제곱미터를 초과하고 층수가 4개 층 이하인 주택

① 다중주택 ② 연립주택
③ 다세대주택 ④ 다가구주택

해설 〈건축법령 제3조 5〉 연립주택 : 주택으로 쓰는 1개 동의 바닥면적(2개 이상의 동을 지하주차장으로 연결하는 경우에는 각각의 동으로 본다) 합계가 660제곱미터를 초과하고, 층수가 4개 층 이하인 주택.

해답 62.① 63.③ 64.② 65.②

66 건축물의 에너지절약설계기준에 따른 건축부문의 권장사항으로 옳지 않은 것은?

① 공동주택은 인동간격을 넓게 하여 저층부의 일사 수열량을 증대시킨다.
② 건물의 창 및 문은 가능한 작게 설계하고, 특히 열손실이 많은 북측 거실의 창 및 문의 면적은 최소화한다.
③ 건축물의 체적에 대한 외피면적의 비 또는 연면적에 대한 외피면적의 비는 가능한 크게 한다.
④ 거실의 층고 및 반자 높이는 실의 용도와 기능에 지장을 주지 않는 범위 내에서 가능한 낮게 한다.

해설 〈에너지절약기준 제7조〉 건축물의 체적에 대한 외피면적의 비 또는 연면적에 대한 외피면적의 비는 가능한 작게 한다.

67 장례식장의 집회실로서 그 바닥면적이 200㎡ 이상인 경우 반자의 높이는 최소 얼마 이상이어야 하는가?(단, 기계환기장치를 설치하지 않은 경우)

① 2.1m ② 2.7m
③ 3.5m ④ 4m

해설 〈피난방화구조기준 제16조〉 장례식장의 집회실로서 그 바닥면적이 200㎡ 이상인 경우 반자의 높이는 최소 4m 이상이어야 한다.

68 6층 이상의 거실면적의 합계가 3000㎡인 경우, 승용승강기를 최소 2대 이상 설치하여야 하는 건축물은?(단, 8인승 승강기의 경우)

① 숙박시설 ② 판매시설
③ 업무시설 ④ 교육연구시설

해설 〈설비기준 제5조〉 1항에 해당하는 건물 용도 : 문화 및 집회시설(공연장ㆍ집회장, 관람장), 판매시설, 의료시설

69 기계설비법령에 따라 기계설비성능점검업자는 기계설비성능점검업의 등록한 사항 중 대통령령으로 정하는 사항이 변경된 경우에는 변경등록을 하여야 한다. 만약 변경등록을 정해진 기간 내 못한 경우 1차 위반 시 받게 되는 행정처분 기준은?

① 등록취소 ② 업무정지 2개월
③ 업무정지 1개월 ④ 시정명령

해설 변경등록을 정해진 기간 내 하지 않은 경우, 1차 위반 시 시정명령, 2차 위반 시 업무정지 1개월, 3차 위반 시 업무 정지 2개월의 행정처분을 받게 된다.

해답 66.③ 67.④ 68.② 69.④

70 다음 중 다중이용 건축물에 속하지 않는 것은?(단, 층수가 15층이며 해당 용도로 쓰는 바닥면적의 합계가 5000㎡인 건축물의 경우)

① 종교시설　　　　　　② 판매시설
③ 업무시설　　　　　　④ 숙박시설 및 관광숙박시설

해설 〈건축법령 제2조 17항〉 업무시설은 해당 없음.

71 건축법령상 방송 공동 수신설비를 설치하여야 하는 대상 건축물에 속하는 것은?

① 수련시설　　　　　　② 공동주택
③ 노유자시설　　　　　④ 문화 및 집회시설

해설 〈설비기준 제87조〉
1. 공동주택
2. 바닥면적의 합계가 5천제곱미터 이상으로서 업무시설이나 숙박시설의 용도로 쓰는 건축물

72 다음은 특정소방대상물의 소방시설 설치의 면제기준 내용이다. ( ) 안에 알맞은 것은?

> 물분무등 소화설비를 설치하여야 하는 차고·주차장에 ( )를 화재안전기준에 적합하게 설치한 경우에는 그 설비의 유효범위에서 설치가 면제된다.

① 연결살수설비　　　　② 옥외소화전설비
③ 옥내소화전설비　　　④ 스프링클러설비

해설 〈소방법령 제14조〉 물분무등 소화설비와 스프링클러 설비는 서로 면제 조건에 해당한다.

73 다음은 건축물의 에너지절약설계기준에 따른 설계용 실내온도 조건에 관한 기준 내용이다. ( ) 안에 알맞은 것은?

> 난방 및 냉방설비의 용량계산을 위한 설계 기준 실내온도는 난방의 경우 (㉠), 냉방의 경우 (㉡)를 기준으로 하되 (목욕장 및 수영장은 제외) 각 건축물 용도 및 개별 실의 특성에 따라 별표 8에서 제시된 범위를 참고하여 설비의 용량이 과다해지지 않도록 한다.

① ㉠ : 18℃, ㉡ : 25℃　　② ㉠ : 18℃, ㉡ : 28℃
③ ㉠ : 20℃, ㉡ : 25℃　　④ ㉠ : 20℃, ㉡ : 28℃

해설 〈에너지절약기준 제9조〉 난방의 경우 20℃, 냉방의 경우 28℃를 기준

해답　70.③　71.②　72.④　73.④

74 건축물의 관람실 또는 집회실로부터 바깥쪽으로의 출구로 쓰이는 문을 안여닫이로 해도 되는 건축물의 용도는?

① 장례시설
② 위락시설
③ 종교시설
④ 문화 및 집회시설 중 전시장

해설 〈건축법령 제38조, 피난방화기준 제10조〉 전시장, 동식물원 제외

75 옥외소화전설비를 설치하여야 하는 특정소방대상물의 바닥면적 기준은?(단, 아파트등, 위험물 저장 및 처리시설 중 가스시설, 지하구 또는 지하가 중 터널은 제외)

① 지상 1층 및 2층의 바닥면적의 합계가 1,000㎡ 이상인 것
② 지상 1층 및 2층의 바닥면적의 합계가 3,000㎡ 이상인 것
③ 지상 1층 및 2층의 바닥면적의 합계가 6,000㎡ 이상인 것
④ 지상 1층 및 2층의 바닥면적의 합계가 9,000㎡ 이상인 것

해설 〈소방법령 제15조 별표 5 사항〉 바닥면적의 합계가 9,000㎡ 이상

76 문화 및 집회시설 중 공연장의 개별관람실의 바닥면적이 1500㎡인 경우, 이 관람실에 설치하여야 하는 출구의 최소 개수는?(단, 각 출구의 유효너비는 3m이다.)

① 2개소
② 3개소
③ 4개소
④ 5개소

해설 〈피난방화구조기준 제10조〉 개별 관람석 출구의 유효너비의 합계는 개별 관람석의 바닥면적 100제곱미터마다 0.6미터의 비율로 산정한 너비 이상으로 할 것

유효너비 = $\frac{1500}{100} \times 0.6 = 9m$

출구개소 = $9 \div 3 = 3$개소

77 건축물에 급수, 배수, 환기, 난방 등의 건축설비를 설치하는 경우 건축기계설비기술사 또는 공조냉동기계기술사의 협력을 받아야 하는 대상 건축물의 연면적 기준은?(단, 창고시설은 제외)

① 연면적 5,000㎡ 이상인 건축물
② 연면적 10,000㎡ 이상인 건축물
③ 연면적 20,000㎡ 이상인 건축물
④ 연면적 50,000㎡ 이상인 건축물

해설 〈건축법령 제91조 3〉 연면적 1만제곱미터 이상인 건축물

해답 74.④ 75.④ 76.② 77.②

78 가구 수가 20가구인 주거용 건축물에서 음용수용 급수관의 최소 지름은?

① 25mm ② 32mm
③ 40mm ④ 50mm

해설 〈설비기준 제18조〉 급수관의 최소 지름 : 17세대 이상 50mm

79 다음 중 건축법령상 제2종 근린생활시설에 속하지 않는 것은?

① 한의원 ② 독서실
③ 동물병원 ④ 일반음식점

해설 〈건축법령 제3조 5〉 한의원은 제1종 근린생활시설

80 비상경보설비를 설치하여야 하는 특정소방대상물의 연면적 기준은?(단, 특정소방대상물이 판매시설인 경우)

① 400㎡ 이상 ② 600㎡ 이상
③ 1500㎡ 이상 ④ 3500㎡ 이상

해설 〈소방법령 제15조 별표 5〉 비상경보설비를 설치하여야 하는 특정소방대상물 : 연면적 400㎡(지하가 중 터널 또는 사람이 거주하지 않거나 벽이 없는 축사는 제외한다) 이상이거나 지하층 또는 무창층의 바닥면적이 150㎡(공연장의 경우 100㎡) 이상인 것, 지하가 중 터널로서 길이가 500m 이상인 것, 50명 이상의 근로자가 작업하는 옥내 작업장

해답 78.④ 79.① 80.①

제10회 건축설비기사 기출모의고사

제1과목 건축설비 계획

01 열의 이동에 관한 설명으로 옳지 않은 것은?

① 유체를 사이에 두고 양쪽의 고체 사이에 열이 이동하는 현상을 열관류라 한다.
② 복사는 열이 고온의 물체표면으로부터 저온의 물체표면으로 공간을 통하여 전달되는 현상이다.
③ 열전도는 열에너지가 주로 고체 속을 고온부에서 저온부로 이동하는 현상이다.
④ 물체 내부를 전도로 전달되는 열량은 전열면적, 온도차, 시간에 비례한다.

[해설] 고체 벽을 사이에 두고 양쪽의 유체 사이에 열이 이동하는 현상을 열관류라 한다.

02 열환경 지표 중 기온과 주벽의 복사열 및 기류의 영향을 조합시킨 지표로서, 습도의 영향이 고려되어 있지 않은 것은?

① 작용온도
② 등온지수
③ 유효온도
④ 합성온도

[해설] 기온과 주벽의 복사열 및 기류의 영향을 조합시킨 지표는 작용온도이고, 기온과 습도, 기류의 영향을 조합시킨 지표는 유효온도이다.

03 중앙식 급탕방법 중 간접가열식에 관한 설명으로 옳지 않은 것은?

① 대규모 급탕설비에 적합하다.
② 고압 보일러를 설치하여야 한다.
③ 보일러를 난방설비와 겸용할 수 있다.
④ 저탕조에는 온도조절장치(thermostat)를 설치하여 온도를 조절한다.

[해설] 간접가열식은 열교환기를 이용하므로 고층빌딩에서도 저압 증기보일러로 가열이 가능하다.

해답 1.① 2.① 3.②

04. 레스토랑의 주방 등에서 배출되는 지방분 등이 배수관에 유입되는 것을 막기 위하여 사용되는 포집기는?

① 샌드 포집기
② 그리스 포집기
③ 가솔린 포집기
④ 플라스터 포집기

해설 그리스 포집기(트랩)는 주방에서 발생하는 지방분을 제거하는 트랩이다.

05. 급수방식에 관한 설명으로 옳지 않은 것은?

① 수도직결방식은 급수압력이 일정하다.
② 펌프직송방식은 저수조의 수질관리가 필요하다.
③ 압력수조방식은 단수 시에 일정량의 급수가 가능하다.
④ 고가수조방식은 저수시간이 길어지면 수질이 나빠지기 쉽다.

해설 수도직결방식은 수도 본관의 압력변화와 시간대별 주변 급수부하에 따라 급수압력이 불규칙하다.

06. 급탕배관 내에 흐르는 유체의 온도변화로 인하여 발생하는 관의 신축을 흡수할 목적으로 사용되는 신축이음쇠에 속하는 것은?

① 레듀셔
② 소켓이음
③ 스트레이너
④ 스위블 조인트

해설 신축이음에는 스위블 조인트, 벨로즈형, 신축곡관 등이 있다. 레듀셔는 이경관 이음쇠, 소켓이음은 배관 직선이음쇠, 스트레이너는 펌프나 밸브 입구에 설치하여 이물질을 제거하는 여과기이다.

07. 다음 중 통기관의 설치 목적과 가장 거리가 먼 것은?

① 배수 계통 내의 배수 및 공기의 흐름을 원활히 한다.
② 배수관 계통의 환기를 도모하여 관내를 청결하게 유지한다.
③ 사이폰 작용 및 배압에 의해서 트랩봉수가 파괴되는 것을 방지한다.
④ 배수트랩의 봉수부에 가해지는 압력과 배수관 내의 압력차를 크게 하여 배수작용을 돕는다.

해설 통기관은 배수트랩의 봉수부에 가해지는 압력과 배수관 내의 압력차를 작게 하여 봉수를 보호한다.

해답 4.② 5.① 6.④ 7.④

08 강관 이음류 중 부싱(Bushing)의 용도로 옳은 것은?

① 배관의 말단부
② 관을 분기할 때
③ 배관을 90°로 구부릴 때
④ 구경이 다른 관을 접속하고자 할 때

해설 부싱은 레듀셔와 비슷하며 이경관 암수를 연결할 때 사용한다. 레듀셔(암나사)는 이경관끼리 연결, 부싱은 이경 암수나사로 관과 부속을 연결한다.

09 위생기구의 재질 중 위생도기에 관한 설명으로 옳지 않은 것은?

① 흡수성이 크다.
② 강도가 커서 내구력이 있다.
③ 오물이 부착되기 어려우며, 청소가 용이하다.
④ 복잡한 구조의 것을 일체화하여 제작할 수 있다.

해설 위생도기(대변기, 세면기, 소변기 등)는 흡수성이 없어 일반적으로 많이 사용한다.

10 급배수설비의 기본 원칙으로 옳지 않은 것은?

① 우수는 공공하수도에 배수하지 않도록 한다.
② 상수의 급수계통은 크로스 커넥션이 되어서는 안 된다.
③ 탱크 및 배수계통에는 통기관 등과 같은 적절한 통기 조치를 한다.
④ 급수계통은 역류나 역사이펀 작용의 위험이 생기지 않도록 한다.

해설 우수는 공공하수도에 배수하는데, 합류식에서는 합류관에, 분류식에서는 우수관에 배수한다.

11 증기난방에 관한 설명으로 옳은 것은?

① 온수난방에 비하여 열용량이 커 예열시간이 길게 소요된다.
② 온수난방에 비하여 부하변동에 따른 방열량 조절이 곤란하다.
③ 온수난방에 비하여 한랭지에서 운전정지 중에 동결의 위험이 크다.
④ 온수난방에 비하여 소요방열면적과 배관경이 크게 되므로 설비비가 높다.

해설 증기난방은 온수난방에 비하여 열용량이 작아 예열시간이 짧고, 증기의 응축 잠열을 이용하므로 부하변동에 따른 방열량 조절이 곤란하다. 한랭지에서 운전정지 중 동결의 위험은 작으며, 방열기 온도가 높아서 소요방열면적과 배관경이 작게 되므로 설비비가 작다.

해답 8.④ 9.① 10.① 11.②

12 습공기의 엔탈피(enthalpy)를 설명한 것으로 옳은 것은?

① 습공기가 갖는 현열량
② 습공기가 갖는 현열량과 잠열량의 합계
③ 습공기가 갖는 현열량을 전열량으로 나눈 값
④ 습공기가 갖는 전열량을 현열량으로 나눈 값

해설 습공기 엔탈피는 온도에 의한 현열량과 습도에 의한 잠열량의 합계이다.

13 냉방부하 계산 시 인체로부터의 취득열량을 계산한다. 다음 공간 중 인체 1인으로부터의 취득열량이 상대적으로 가장 많은 장소는?

① 극장
② 은행
③ 사무소
④ 볼링장

해설 인체 발열량은 활동량(체력 운동)이 많을수록 크다.

14 습공기를 냉각하였을 경우 상태 변화 내용으로 옳은 것은?

① 비체적은 감소한다.
② 엔탈피는 증가한다.
③ 건구온도는 변화없다.
④ 습구온도는 높아진다.

해설 습공기를 냉각하면 비체적은 감소하고, 엔탈피, 건구온도, 습구온도 모두 감소한다. 노점온도 이하로 냉각하면 절대습도도 감소한다. 이때 상대습도는 증가한다.

15 공조기 내에서 습공기가 다음 그림과 같이 상태변화를 할 때 변화과정으로 옳은 것은?

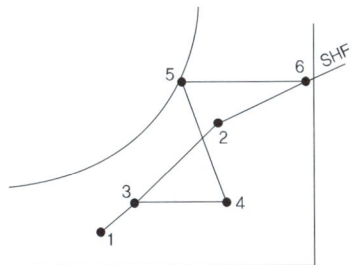

① 혼합-예열-가습-재열
② 혼합-가습-가열-재열
③ 혼합-냉각-가열-가습
④ 예열-혼합-가열-가습

해설 위 선도에서 실내 SHF선이 2-6선에 걸쳐 있으므로 2점이 실내 상태이고, 6점이 취출공기 상태인 난방 프로세스이다. 외기(1)과 실내 환기(2)가 혼합(3)되고 (4)까지 가열(예열)한 후 온수 분무하여 (5)까지 가습한 후 다시 (6)까지 재열하여 취출하는 공조 프로세스이다.

해답 12.② 13.④ 14.① 15.①

16 건구온도 20℃, 절대습도 0.015kg/kg'인 습공기 6kg의 엔탈피는?(단, 공기의 정압비열=1.01kJ/kg·K, 수증기의 정압비열=1.85kJ/kg·K, 0℃에서 포화수의 증발잠열 2501kJ/kg)

① 58.24kJ
② 120.67kJ
③ 228.77kJ
④ 349.62kJ

해설 습공기 엔탈피=현열+잠열
현열 $= C_{pa}t = 1.01 \times 20 = 20.2 kJ/kg$
잠열 $= x(\gamma + C_{pa}t) = 0.015(2501 + 1.85 \times 20) = 38.07 kJ/kg$
전체엔탈피 $= m(현열 + 잠열) = 6(20.2 + 38.07) = 349.62 kJ$

17 다음과 같은 조건에서 실내 CO_2의 허용농도를 1000ppm으로 할 때, 필요환기량은?

- 재실인원 : 10인
- 외기 CO_2 농도 : 350ppm
- 실내 1인당 CO_2 배출량 : 0.02㎥/h

① 249.2㎥/h
② 275.4㎥/h
③ 307.7㎥/h
④ 356.8㎥/h

해설 필요환기량은 실내 발생 CO_2와 제거되는 CO_2 사이에 물질 평형을 이용하여 구한다.
제거 CO_2=실내발생 CO_2
$Q(C_r - C_d) = M$
$Q = \dfrac{M}{(C_r - C_d)} = \dfrac{10 \times 0.02}{0.001 - 0.00035} = 307.7 m^3/h$

이때 CO_2 농도는 합유비로 환산한다. 1,000ppm=0.001

18 덕트 내의 풍속이 20m/s, 정압이 200Pa일 경우 전압의 크기는?(단, 공기의 밀도는 1.2kg/㎥이다.)

① 212Pa
② 220Pa
③ 330Pa
④ 440Pa

해설 전압 = 정압 + 동압$(\dfrac{v^2 \rho}{2}) = 200 + (\dfrac{20^2 \times 1.2}{2}) = 440 Pa$

19 냉방부하 중 일사에 의한 유리로부터의 취득열량에 관한 설명으로 옳지 않은 것은?

① 현열로만 구성되어 있다.
② 유리창의 방위에 따라 다르다.

해답 16.④ 17.③ 18.④ 19.④

③ 유리창의 차폐계수가 클수록 취득열량은 크다.
④ 북쪽 창은 햇빛이 닿지 않으므로 일사에 의한 취득열량은 생기지 않는다.

[해설] 북쪽 창은 직달일사는 적으나 천공일사가 있으므로 일사에 의한 취득열량은 생긴다.

20 다음 중 냉각수 배관재료로 가장 부적절한 것은?
① 동관
② 아연도강관
③ 스테인리스관
④ 경질염화비닐관

[해설] 냉각탑에 연결되는 냉각수 배관은 주로 강관을 사용하며 PVC는 부적합하다.

제2과목 건축설비 설계

21 급탕배관에 관한 설명으로 옳지 않은 것은?
① 급탕관의 최상부에는 공기빼기 장치를 설치한다.
② 중앙식 급탕설비는 원칙적으로 강제순환방식으로 한다.
③ 상향배관인 경우 급탕관은 하향구배, 반탕관은 상향구배로 한다.
④ 관의 신축을 고려하여 건물의 벽 관통부분의 배관에는 슬리브를 끼운다.

[해설] 상향배관인 경우 급탕관은 상향구배, 반탕관은 하향구배로 한다.

22 급수관 내에 공기실(Air chamber)을 설치하는 이유는?
① 배관의 신축을 위해서
② 수압시험을 하기 위해서
③ 누출시험을 하기 위해서
④ 수격작용의 방지를 위해서

[해설] 급수관에 설치하는 공기실(Air chamber)은 수격작용(워터해머)을 방지한다.

23 급탕배관방식 중 헤더방식에 관한 설명으로 옳지 않은 것은?
① 지관을 소구경의 배관으로 할 수 있다.
② 슬리브 공법을 채용하면 배관의 교환이 용이하다.
③ 헤더로부터의 지관 도중에 관이음 시공부가 많아야 한다.
④ 한 계통마다 관로의 보유수량이 적어 급탕대기 시간을 단축할 수 있다.

[해설] 급탕배관방식 중 헤더방식은 헤더에서 각 급탕 밸브에 단독 배관을 병렬로 설치하는 것으로 배관 도중에 이음부가 없거나 적어야 한다.

[해답] 20.④ 21.③ 22.④ 23.③

24 게이트 밸브(Gate valve)에 관한 설명으로 옳은 것은?

① 슬루스 밸브라고도 하며 유체의 흐름을 완전 개폐하는데 사용된다.
② 유체를 일정한 방향으로만 흐르게 하고 역류를 방지하는데 주로 사용된다.
③ 수평배관에만 사용되며 핸들을 90° 회전시키면 볼이 회전하여 완전 개폐가 가능하다.
④ 밸브를 완전히 열 경우 단면적이 갑자기 작아지므로 유체에 대한 마찰저항이 크다.

해설 유체를 일정한 방향(한 방향)으로만 흐르게 하고 역류를 방지하는 밸브는 역지밸브(체크밸브)이며, 볼밸브는 핸들을 90° 회전시켜 완전 개폐가 가능하다. 게이트 밸브나 볼밸브는 밸브를 조금 열 경우 단면적이 갑자기 작아지므로 유체에 대한 마찰저항이 크다.

25 다음 중 고층건물에서 급수조닝을 하지 않을 경우 생길 수 있는 현상과 가장 거리가 먼 것은?

① 수격작용 발생
② 크로스 커넥션 발생
③ 물 흐르는 소리에 의한 소음 발생
④ 배관이나 기구에 큰 압력이 가해져 배관과 기구의 수명 단축

해설 고층건물에서 급수조닝을 하지 않을 경우 수압차로 이상현상이 발생할 수는 있으나 크로스 커넥션은 발생하지 않는다.

26 매시간 15m³의 물을 고가수조에 공급하고자 할 때 양수펌프에 요구되는 축동력은?(단, 펌프의 전양정 33m, 펌프의 효율 45%)

① 1kW
② 1.5kW
③ 2kW
④ 3kW

해설 $kW = \dfrac{QH}{102E} = \dfrac{15 \times 1000 \times 33}{3600 \times 102 \times 0.45} = 3.0$

27 청소구에 관한 설명으로 옳지 않은 것은?

① 배수수평지관 및 배수수평주관의 기점에 설치한다.
② 배수의 흐름과 반대 또는 직각방향으로 열 수 있도록 설치한다.
③ 배수관이 45°를 넘는 각도에서 방향을 전환하는 개소에 설치한다.
④ 배수관경이 125mm이면 직경이 125mm인 청소구를 설치하여야 한다.

해설 청소구는 배수관이 막힐 우려가 있는 곳에 설치하며 청소 공간을 확보한다. 청소구 크기는 배수관 관경과 같게 하되 100mm 이상에서는 최소 100mm로 한다.

해답 24.① 25.② 26.④ 27.④

28 고가수조방식의 건물에서 최상층에 세정밸브식 대변기가 설치되어 있다. 이 세정밸브의 사용을 위해 필요한 세정밸브로부터 고가수조 저수면까지의 최소 높이는?(단, 고가수조에서 세정밸브까지의 총 배관 길이는 15m이고, 마찰손실수두는 5mAq, 세정밸브의 필요압력은 100kPa이다.)

① 약 5m
② 약 7m
③ 약 15m
④ 약 27m

해설 고가수주높이=기구필요압+배관마찰손실수두
=100kPa+5mAq=10mAq+5mAq=15mAq=15m

1mAq=9.8kPa≒10kPa이며, 배관길이는 마찰손실에 포함된 값이다.

29 통기관의 최소 관경에 관한 설명으로 옳지 않은 것은?

① 각개 통기관은 그것이 접속되는 배수관 관경의 1/2 이상으로 한다.
② 결합 통기관은 통기수직관과 배수수직관 중 작은 쪽의 관경 이상으로 한다.
③ 도피 통기관은 배수수평지관의 관경 이상으로 하되 최소 75mm 이상으로 한다.
④ 루프 통기관은 배수수평지관과 통기수직관 중 작은 쪽 관경의 1/2 이상으로 한다.

해설 도피 통기관은 배수 수평지관의 1/2 이상으로 하되 최소 32mm 이상으로 한다.

30 길이 50m, 내경 25mm인 직선 배관에 물이 2m/s의 속도로 흐르고 있다. 관마찰계수가 0.03일 때 마찰저항손실은?

① 12.24Pa
② 12.24kPa
③ 120Pa
④ 120kPa

해설 $\triangle p = \dfrac{fLv^2}{d \times 2} = \dfrac{0.03 \times 50 \times 2^2}{0.025 \times 2} = 120 kPa$

배관마찰손실은 물(밀도 ρ=1000kg/m³)인 경우 위 식으로 구하지만 모든 유체에 적용하는 식은 다음 식으로 구한다.
$\triangle p = \dfrac{fLv^2\rho}{d \times 2}(Pa) = \dfrac{0.03 \times 50 \times 2^2 \times 1000}{0.025 \times 2} = 120000 Pa = 120 kPa$

31 급탕탱크(저탕조) 내에 1000L의 물을 10℃에서 80℃로 온도를 높였을 때 체적 증가량은?(단, 물의 밀도는 10℃에서는 0.99973kg/L, 80℃에서는 0.9718kg/L이다.)

① 29L
② 40L
③ 55L
④ 97L

해답 28.③ 29.③ 30.④ 31.①

해설 1) $\triangle v = (\frac{1}{\rho_2} - \frac{1}{\rho_1})V = (\frac{1}{0.9718} - \frac{1}{0.99973})1000 = 28.75L$

팽창량 구하는 식은 일반적으로 1)식을 이용한다. 1000L 부피가 4℃일 때는 1)식을 이용하고, 1000L 부피가 10℃일 때는 아래 2)식을 이용하지만 보통은 1)식을 이용한다. 밀도 0.99973이 거의 1에 가까워 계산 결과가 차이가 없다.

2) $\triangle v = (\frac{\rho_1}{\rho_2} - 1)V = (\frac{0.99973}{0.9718} - 1)1000 = 28.74L$

32 그림과 같은 전열교환기의 전열효율(η)을 올바르게 나타낸 것은?(단, 난방의 경우이며, X_1, X_2, X_3, X_4는 각 공기상태의 엔탈피를 나타낸다.)

전열교환기

① $\eta = \frac{X_3 - X_1}{X_2 - X_1}$ ② $\eta = \frac{X_3 - X_4}{X_2 - X_4}$

③ $\eta = \frac{X_2 - X_1}{X_3 - X_1}$ ④ $\eta = \frac{X_3 - X_4}{X_3 - X_1}$

해설 전열교환기효율은 이용가능 엔탈피차(실내-외기)에 대한 실제 회수한 엔탈피(급기-외기)의 비로 구한다.

$\eta = \frac{급기 - 외기}{실내 - 외기} = \frac{X_2 - X_1}{X_3 - X_1}$

33 냉동기를 냉각목적으로 할 경우의 성적계수를 COP_C, 가열목적 즉, 히트 펌프로 사용될 경우의 성적계수를 COP_H라 할 때, 두 성적계수의 관계를 바르게 나타낸 것은?

① $COP_H + COP_C = 1$ ② $COP_H + 1 = COP_C$
③ $COP_H - COP_C = 1$ ④ $COP_C / COP_H = 1$

해설 $COP_C = \frac{Q_r}{Aw}$, $COP_H = \frac{Q_H}{Aw}$ 에서 히트펌프방열량 $Q_H = Q_r + Aw$ 이므로

$COP_H = \frac{Q_H}{Aw} = \frac{Q_r + Aw}{Aw} = \frac{Q_r}{Aw} + \frac{Aw}{Aw} = COP_C + 1$

$COP_H - COP_C = 1$

해답 32.③ 33.③

34 빙축열 등을 이용하는 축열시스템에 관한 설명으로 옳지 않은 것은?

① 열손실이 줄어든다.
② 운전비를 줄일 수 있다.
③ 심야전력을 이용할 수 있다.
④ 주간 피크 시간대에 전력부하를 절감할 수 있다.

해설 축열시스템은 심야전력(여유 에너지)을 이용하여 열을 저장, 사용하는 복잡한 과정을 거치므로 시설비가 고가이고, 열손실은 커져 시스템 전체 효율이 감소한다.

35 취출풍량 360㎥/h, 취출구 풍속 3.5m/s, 개구율 0.7인 취출구의 면적은?

① 0.03㎡   ② 0.04㎡
③ 0.05㎡   ④ 0.06㎡

해설 취출구 취출풍량=면적×개구율×풍속에서
$$면적 = \frac{풍량}{개구율 \times 풍속} = \frac{360}{3600 \times 0.7 \times 3.5} = 0.04 m^2$$

풍량단위(㎥/h)와 풍속단위(m/s)를 환산하기 위해 3600으로 나눈다.

36 다음 중 온도조절식 증기트랩에 속하는 것은?

① 버킷 트랩   ② 드럼 트랩
③ 플로트 트랩   ④ 벨로즈 트랩

해설 벨로즈 트랩은 증기와 응축수의 온도차를 이용하여 작동하는 온도조절식이며, 버킷 트랩, 드럼 트랩, 플로트 트랩은 응축수의 부력을 이용하는 기계식이다.

37 다음 중 펌프운전에서 캐비테이션이 발생하기 쉬운 조건과 가장 거리가 먼 것은?

① 흡입양정이 클 경우   ② 유체의 온도가 높을 경우
③ 펌프가 흡입수면보다 위에 있을 경우   ④ 흡입측 배관의 손실수두가 작을 경우

해설 펌프운전에서 캐비테이션은 흡입측 배관의 손실수두가 클수록 발생하기 쉽다.

38 흡수식 냉동기의 구성요소 중 용액으로부터 냉매인 수증기와 흡수제인 LiBr로 분리시키는 작용을 하는 곳은?

① 증발기   ② 응축기
③ 발생기   ④ 흡수기

해답 34.① 35.② 36.④ 37.④ 38.③

해설 흡수기에서 흡수제인 LiBr에 냉매인 수증기가 흡수되고 발생기에서 가열에 의해 수증기가 분리된다. 분리된 수증기는 응축기에서 응축되고 다시 증발기에서 증발잠열로 냉동효과를 얻는다.

39 보일러 주위 배관 중 하드포트 접속법에 관한 설명으로 옳은 것은?

① 배관이 온도변화에 의해 늘어나고 줄어드는 것을 흡수하기 위해 사용된다.
② 진공환수식에서 환수관보다 방열기가 낮은 위치에 있을 때 응축수를 끌어올리기 위해 사용된다.
③ 저압보일러에서 중력환수방식일 경우 환수관의 일부가 파손되었을 때 보일러수의 유실을 방지하기 위해 사용된다.
④ 열교환에 의해 생긴 응축수와 증기에 혼입되어 있는 공기를 배출하여 열교환기의 가열작용을 유지하기 위해 사용된다.

해설 증기보일러 주위 배관 하드포트 접속법은 보일러수의 유실을 막아 보일러가 과열되는 것을 막아주는 안전장치이다. ①-신축이음, ②-리프트 휘딩, ④-증기 트랩

40 건구온도 26℃인 습공기 1000㎥/h를 14℃로 냉각시키는데 필요한 열량은?(단, 현열만에 의한 냉각이며, 공기의 정압비열은 1.01kJ/kg·K, 공기의 밀도는 1.2kg/㎥이다.)

① 약 2kW
② 약 3kW
③ 약 4kW
④ 약 5kW

해설 냉각코일에서 건코일일 때 냉각열량은
$q = mC\Delta t = 1.2 \times 1000 \times 1.01(26-14) = 14544 kJ/h = 4.04 kJ/s = 4.04 kW$

제3과목 전기 및 소방시설 일반

41 다음과 같은 조건에서 가로 40m, 세로 30m인 사무실의 평균조도를 400[lx]로 하기 위해 필요한 형광등의 개수는?

- 형광등 1개당 광속 : 4000[lm]
- 조명률 : 0.6
- 감광보상률 : 1.7

① 240개
② 260개
③ 280개
④ 340개

해답 39.③ 40.③ 41.④

해설 전등유효광량=조도면 필요광량
NFD/U=AE
(N : 개수, F : 광속, D : 조명률, U : 감광보상률, A : 면적, E : 조도)
$N = \dfrac{AEU}{FD} = \dfrac{30 \times 40 \times 400 \times 1.7}{4000 \times 0.6} = 340$개

42 스프링클러설비의 화재안전기준상 다음과 같이 정의되는 용어는?

> 가압된 물이 반사될 때 헤드의 축심을 중심으로 한 반원상에 균일하게 분산시키는 헤드

① 조기반응형 헤드 ② 측벽형 스프링클러헤드
③ 개방형 스프링클러헤드 ④ 폐쇄형 스프링클러헤드

해설 측벽형 스프링클러헤드는 천장이 아닌 벽에 설치하여 한 방향으로만 방사하는 헤드로 천장에 헤드를 설치할 수 없는 특수한 경우에 설치하며 물이 반사될 때 헤드의 축심을 중심으로 한 반원상에 균일하게 분산시키도록 한다.

43 시퀀스(Sequence) 제어에 관한 설명으로 옳은 것은?

① 시퀀스 제어는 일명 피드백(Feedback) 제어라고도 한다.
② 시퀀스 제어계의 신호처리 방식은 유접점 방식만 있다.
③ 미리 정해진 순서에 따라 제어의 각 단계를 순차적으로 제어한다.
④ 시퀀스 제어 회로의 주전원과 조작전원은 반드시 동일해야 한다.

해설 시퀀스제어는 미리 정해진 순서에 따라 제어의 각 단계를 순차적으로 제어하는 것으로 보일러 작동(ON-OFF)이나, 집안의 세탁기, 선풍기 등 입력한 정보대로 작동한다.

44 직·병렬 전기회로에 관한 설명으로 옳지 않은 것은?

① 직렬회로에서는 각 저항에 흐르는 전류는 같다.
② 직렬회로에서 총 저항은 접속되어 있는 모든 저항을 합한 것이다.
③ 저항의 병렬회로보다 저항의 직렬회로에서 전압강하가 적어진다.
④ 병렬회로에서 각 저항에서의 전압강하는 저항의 크기와 관계없이 모두 같다.

해설 저항의 병렬회로보다 저항의 직렬회로에서 전압강하가 커진다.

45 보호계전기의 종류에 속하지 않는 것은?

① 방향계전기 ② 과전류 계전기
③ 부족 전압 계전기 ④ 갭 저항형 계전기

해답 42.② 43.③ 44.③ 45.④

해설 보호계전기는 전기기기나 전력 계통에 이상이 생겼을 때 그것을 빠르게 검출하고 차단한 뒤 고장이 확대되지 않도록 방지하는 장치로 전류 계전기(과전류), 전압 계전기(부족전압), 전력 계전기, 방향 계전기, 차동 계전기 등이 있다.

46 스프링클러설비의 배관 중 스프링클러헤드가 설치되어 있는 배관을 의미하는 것은?

① 주배관
② 교차배관
③ 가지배관
④ 급수배관

해설 주배관 → 교차배관 → 가지배관(헤드 설치)

47 교류의 크기를 표현하는데 사용되는 용어에 속하지 않는 것은?

① 평균값
② 실효값
③ 순시값
④ 정상값

해설 순시값은 위상차에 따라 변화하는 순간순간의 값이며, 최대값, 평균값, 실효값으로 표현한다.

48 다음 중 정풍량 방식에서 냉난방 밸브의 제어기준이 되는 현재 실내의 온·습도를 측정하는 검출기의 설치 위치로 가장 적정한 것은?

① 외기측
② 급기측
③ 환기측
④ 혼합기측

해설 실내의 상태는 환기덕트에서 검출한다.

49 3상 Y결선에서 선간전압이 200[V]인 3상 교류의 상전압은?

① 115[V]
② 346[V]
③ 453[V]
④ 600[V]

해설 3상 Y결선에서 선간전압=$\sqrt{3}$ 상전압이므로
상전압 = $\dfrac{선간전압}{\sqrt{3}} = \dfrac{200}{\sqrt{3}} = 115.5\ V$

50 연결살수설비의 송수구에 관한 기준 내용으로 옳지 않은 것은?

① 송수구는 구경 32mm의 쌍구형으로 설치하여야 한다.
② 지면으로부터 높이가 0.5m 이상 1.0m 이하의 위치에 설치하여야 한다.

해답 46.③ 47.④ 48.③ 49.① 50.①

③ 소방차가 쉽게 접근할 수 있고 노출된 장소에 설치하는 것이 원칙이다.
④ 개방형 헤드를 사용하는 송수구의 호스접결구는 각 송수구역마다 설치하는 것이 원칙이다.

[해설] 연결살수설비 송수구는 구경 65mm의 쌍구형으로 설치한다.

51 다음 중 3상유도전동기의 회전속도를 증가시킬 수 있는 방법으로 가장 알맞은 것은?

① 극수를 증가시킨다.
② 슬립을 증가시킨다.
③ 주파수를 증가시킨다.
④ 기동법을 변화시킨다.

[해설] 3상 유도전동기의 회전속도는 극수나 슬립이 증가하면 감소하고, 주파수를 증가시키면 증가한다.

52 자동화재탐지설비의 수신기의 설치에 관한 설명으로 옳지 않은 것은?

① 수위실 등 상시 사람이 근무하는 장소에 설치하는 것이 원칙이다.
② 수신기의 조작스위치는 바닥으로부터 높이가 1.5m 이상 2.0m 이하인 장소에 설치하여야 한다.
③ 수신기는 감지기·중계기 또는 발신기가 작동하는 경계구역을 표시할 수 있는 것으로 하여야 한다.
④ 수신기의 음향기구는 그 음량 및 음색이 다른 기기의 소음 등과 명확히 구별될 수 있는 것으로 하여야 한다.

[해설] 수신기의 조작스위치는 바닥으로부터 높이가 0.8m 이상 1.5m 이하인 장소에 설치하여야 한다.

53 200[V], 1[kW]의 전열기를 100[V]의 전압으로 사용할 때 소비되는 전력[W]은?

① 100
② 200
③ 250
④ 500

[해설] 소비전력= $W = IV = \dfrac{V^2}{R}$ 에서

$R = \dfrac{V^2}{W} = \dfrac{200^2}{1000} = 40\,\Omega$

$W = \dfrac{V^2}{R} = \dfrac{100^2}{40} = 250\,W$

> 동일한 전열기 소비전력은 전압의 제곱에 비례한다. 전압이 1/2로 감소(200→100)하므로 소비전력은 1/4로 감소(1000→250)한다.

[해답] 51.③ 52.② 53.③

54 금속관 배선공사에 관한 설명으로 옳지 않은 것은?

① 외부에 대한 고조파의 영향이 없다.
② 사용 목적에 따라 적합한 접지가 필요하다.
③ 외부적 응력에 대해 전선보호의 신뢰성이 높다.
④ 옥내의 습기가 많은 은폐장소에서는 사용이 불가능하다.

해설 금속관 배선공사는 옥내의 습기가 많은 은폐장소에도 사용이 가능하다.

55 건축화 조명방식 중 천장면에 유리, 플라스틱 등과 같은 확산용 스크린판을 붙이고 천장 내부에 광원을 배치하여 천장을 건축화된 조명기구로 활용하는 방식은?

① 코브조명
② 밸런스조명
③ 광천장조명
④ 코니스조명

해설 천장면에 유리, 플라스틱 등과 같은 확산용 스크린판을 붙이고 천장 내부에 광원을 배치하여 천장을 건축화 조명하는 것을 광천장 조명이라 한다.

56 정전용량이 C_1, C_2인 두 콘덴서를 직렬로 연결한 회로에 전압 V를 인가할 경우 C_1에 걸리는 전압은?

① $(C_1 + C_2)V$
② $\dfrac{V}{C_1 + C_2}$
③ $\dfrac{C_1 V}{C_1 + C_2}$
④ $\dfrac{C_2 V}{C_1 + C_2}$

해설 콘덴서 직렬연결 시 전압은 용량에 반비례하여 걸린다.
C_1에는 $\dfrac{C_2 V}{C_1 + C_2}$, C_2에는 $\dfrac{C_1 V}{C_1 + C_2}$

57 다음은 옥외소화전설비의 옥외소화전함 설치에 관한 기준 내용이다. ( ) 안에 알맞은 것은?

> 옥외소화전이 10개 이하 설치된 때에는 옥외소화전마다 ( ) 이내의 장소에 1개 이상의 소화전함을 설치하여야 한다.

① 5m
② 10m
③ 15m
④ 20m

해설 옥외소화전이 10개 이하 설치된 때에는 옥외소화전마다 5m 이내에 1개 이상의 소화전함을 설치하여야 한다.

해답 54.④ 55.③ 56.④ 57.①

58 변압기의 전부하 시의 2차 전압이 100[V], 무부하 시의 2차 전압이 102[V]이라면 전압변동률은?

① 1.96%
② 2%
③ 2.04%
④ 4%

해설 전압변동률 = $\dfrac{\text{무부하 2차 전압} - \text{전부하 2차 전압}}{\text{전부하 2차 전압}} = \dfrac{102-100}{100} = 0.02 = 2\%$

59 도선의 길이를 10배, 단면적을 5배로 하면 전기저항의 크기는 몇 배로 되는가?

① 1배
② 2배
③ 3배
④ 5배

해설 도선의 저항은 길이에 비례하고 단면적에 반비례하므로 10/5=2배가 된다.

60 다음은 옥내소화전설비의 방수구에 관한 기준 내용이다. ( ) 안에 알맞은 것은?

> 특정소방대상물의 층마다 설치하되, 해당 특정소방대상물의 각 부분으로부터 하나의 옥내소화전 방수구까지의 수평거리가 (   ) 이하가 되도록 할 것. 다만, 복층형 구조의 공동주택의 경우에는 세대의 출입구가 설치된 층에만 설치할 수 있다.

① 10m
② 15m
③ 20m
④ 25m

해설 옥내소화전 방수구까지의 수평거리는 25m 이하가 되도록 할 것. 옥외소화전 방수구까지의 수평거리는 40m 이하가 되도록 할 것.

제4과목 건축설비 관련 법규

61 연면적 200㎡를 초과하는 공동주택에 설치하는 복도의 유효너비는 최소 얼마 이상으로 하여야 하는가?(단, 양옆에 거실이 있는 복도의 경우)

① 1.2m
② 1.6m
③ 1.8m
④ 2.4m

해설 〈피난방화 기준 15조 2〉 양옆에 거실이 있는 복도의 경우 오피스텔, 공동주택에 설치하는 복도의 유효너비(1.8m) 기타 1.2m

해답 58.② 59.② 60.④ 61.③

62 같은 건축물 안에 공동주택과 위락시설을 함께 설치하고자 하는 경우, 공동주택의 출입구와 위락시설의 출입구는 서로 그 보행거리가 최소 얼마 이상이 되도록 설치하여야 하는가?

① 10m
② 20m
③ 30m
④ 50m

해설 〈피난방화 기준 14조2〉 최소 30m

63 건축물에 설치하는 지하층의 구조 및 설비에 관한 기준 내용으로 옳지 않은 것은?

① 거실의 바닥면적의 합계가 1000㎡ 이상인 층에는 환기설비를 설치할 것
② 지하층의 바닥면적이 300㎡ 이상인 층에는 식수공급을 위한 급수전을 1개소 이상 설치할 것
③ 거실의 바닥면적이 30㎡ 이상인 층에는 직통계단 외에 피난층 또는 지상으로 통하는 비상탈출구 및 환기통을 설치할 것
④ 바닥면적이 1000㎡ 이상인 층에는 피난층 또는 지상으로 통하는 직통계단을 방화구획으로 구획되는 각 부분마다 1개소 이상 설치할 것

해설 〈피난방화 기준 25조〉 거실의 바닥면적이 50㎡ 이상인 층에는 직통계단 외에 피난층 또는 지상으로 통하는 비상탈출구 및 환기통을 설치할 것

64 다음 중 다중이용건축물에 속하지 않는 것은?(단, 16층 미만인 건축물)

① 종교시설로 쓰는 바닥면적의 합계가 5,000㎡ 이상인 건축물
② 판매시설로 쓰는 바닥면적의 합계가 5,000㎡ 이상인 건축물
③ 업무시설로 쓰는 바닥면적의 합계가 5,000㎡ 이상인 건축물
④ 의료시설 중 종합병원으로 쓰는 바닥면적의 합계가 5,000㎡ 이상인 건축물

해설 〈건축법령 2조 17〉 업무시설은 해당 없음

65 상업지역 및 주거지역에서 건축물에 설치하는 냉방시설 및 환기시설의 배기구는 도로면으로부터 최소 얼마 이상의 높이에 설치하여야 하는가?

① 1m
② 1.5m
③ 1.8m
④ 2m

해설 〈설비기준 23조〉 냉방시설 및 환기시설의 배기구(실외기 등)는 도로면으로부터 최소 2m 이상 높이에 설치

해답 62.③ 63.③ 64.③ 65.④

66 건축허가 시 미리 소방본부장 또는 소방서장의 동의를 받아야 하는 건축물의 연면적 기준은?(단, 건축물이 노유자시설인 경우)

① 100㎡ 이상
② 200㎡ 이상
③ 300㎡ 이상
④ 400㎡ 이상

해설 〈소방법령 7조〉 학교 : 100㎡ 이상, 노유자시설 : 200㎡ 이상, 정신의료기관 : 300㎡ 이상

67 기계설비법령에 따라 기계설비 유지관리교육에 관한 업무를 위탁받아 시행하는 기관은?

① 한국기계설비건설협회
② 대한기계설비건설협회
③ 한국공작기계산업협회
④ 한국건설기계산업협회

해설 〈위탁지정 관련 행정규칙〉 기계설비 유지관리교육에 관한 업무 위탁
- 위탁업무의 내용 : 기계설비 유지관리교육에 관한 업무
- 관련 법령 : 기계설비법 시행령 제16조
- 위탁기관 : 대한기계설비건설협회

68 건축물의 옥상에 헬리포트를 설치하거나 헬리콥터를 통하여 인명 등을 구조할 수 있는 공간을 확보하여야 하는 대상 건축물 기준으로 옳은 것은?(단, 층수가 11층 이상인 건축물로서 건축물의 지붕을 평지붕으로 하는 경우)

① 11층 이상인 층의 바닥면적의 합계가 3,000㎡ 이상인 건축물
② 11층 이상인 층의 바닥면적의 합계가 5,000㎡ 이상인 건축물
③ 11층 이상인 층의 바닥면적의 합계가 8,000㎡ 이상인 건축물
④ 11층 이상인 층의 바닥면적의 합계가 10,000㎡ 이상인 건축물

해설 〈건축법령 40조〉 11층 이상인 층의 바닥면적의 합계가 10,000㎡ 이상인 건축물

69 건축법령상 리모델링이 쉬운 구조에 속하지 않는 것은?(단, 공동주택의 경우)

① 구조체에서 건축설비, 내부 마감재료 및 외부마감재료를 분리할 수 있을 것
② 개별 세대 안에서 구획된 실의 크기, 개수 또는 위치 등을 변경할 수 있을 것
③ 각 층에 시공된 보, 기둥 등의 구조부재의 개수 또는 위치를 변경할 수 있을 것
④ 각 세대는 인접한 세대와 수직 또는 수평 방향으로 통합하거나 분할할 수 있을 것

해설 〈건축법령 6조 4〉 보, 기둥 등의 구조부재의 변경에 대한 내용은 해당 없다.

해답 66.② 67.② 68.④ 69.③

70 건축물의 출입구에 설치하는 회전문은 계단이나 에스컬레이터로부터 최소 얼마 이상의 거리를 두어야 하는가?

① 1m
② 2m
③ 3m
④ 4m

해설 〈피난방화기준 12조〉 계단이나 에스컬레이터로부터 2m 이상의 거리를 둘 것

71 다음 중 제로에너지건축물 인증의 유효기간으로 알맞은 것은?

① 3년
② 5년
③ 7년
④ 10년

해설 〈제로에너지건축물 인증에 관한 규칙 9조〉 제로에너지건축물 인증의 인증유효기간은 인증을 받은 날부터 10년으로 한다.

72 다음의 소방시설 중 경보설비에 속하지 않는 것은?

① 누전경보기
② 비상방송설비
③ 무선통신보조설비
④ 자동화재탐지설비

해설 〈소방법령 3조〉 무선통신보조설비는 소화활동설비에 속한다.

73 화재안전기준에 따라 소화기구를 설치하여야 하는 특정소방대상물의 연면적 기준은?

① 10㎡ 이상
② 25㎡ 이상
③ 33㎡ 이상
④ 45㎡ 이상

해설 〈소방법령 15조 별표 5의 1〉 소화기구는 33㎡ 이상

74 특정소방대상물이 판매시설인 경우, 모든 층에 스프링클러설비를 설치하여야 하는 수용인원 기준은?

① 100명 이상
② 200명 이상
③ 500명 이상
④ 1000명 이상

해설 〈소방법령 1.5조 별표 5의 1.라〉 판매시설인 경우, 5000㎡ 이상, 수용인원 500명 이상일 때 모든 층에 스프링클러설비를 설치하여야 한다.

해답 70.② 71.④ 72.③ 73.③ 74.③

75 다음 중 건축물의 관람실 또는 집회시설로서 그 바닥면적이 200㎡ 이상인 것의 반자의 높이를 4m 이상으로 하여야 하는 건축물은?(단, 기계환기장치를 설치하지 않은 경우)

① 종교시설의 용도에 쓰이는 건축물
② 공동주택 중 아파트의 용도에 쓰이는 건축물
③ 문화 및 집회시설 중 전시장의 용도에 쓰이는 건축물
④ 문화 및 집회시설 중 동물원의 용도에 쓰이는 건축물

> **해설** 〈피난방화기준 16조〉 문화 및 집회시설(전시장 및 동·식물원은 제외한다), 종교시설, 장례식장 또는 위락시설 중 유흥주점의 용도에 쓰이는 건축물의 관람석 또는 집회실로서 그 바닥면적이 200제곱미터 이상인 것의 반자의 높이는 4미터(노대의 아랫부분의 높이는 2.7미터) 이상이어야 한다.

76 건축법령상 다음과 같이 정의되는 것은?

> 주택으로 쓰는 1개 동의 바닥면적 합계가 660㎡ 이하이고, 층수가 4개 층 이하인 주택

① 아파트　　　　　　　　　　② 연립주택
③ 다세대주택　　　　　　　　④ 다가구주택

> **해설** 〈건축법령 3조 5〉
> 1) 다가구주택 : 주택으로 쓰는 층수(지하층은 제외한다)가 3개 층 이하일 것. 1개 동의 주택으로 쓰이는 바닥면적(부설 주차장 면적은 제외한다. 이하 같다)의 합계가 660제곱미터 이하일 것, 19세대 이하가 거주할 것.
> 2) 연립주택 : 주택으로 쓰는 1개 동의 바닥면적 합계가 660제곱미터를 초과하고, 층수가 4개 층 이하인 주택
> 3) 다세대주택 : 주택으로 쓰는 1개 동의 바닥면적 합계가 660제곱미터 이하이고, 층수가 4개 층 이하인 주택

77 건축물에 급수·배수·환기·난방설비를 설치하는 경우, 건축기계설비기술사 또는 공조냉동기계기술사의 협력을 받아야 하는 대상 건축물에 속하지 않는 것은? (단, 연면적 10000㎡ 미만인 건축물의 경우)

① 아파트
② 업무시설로서 해당 용도에 사용되는 바닥면적의 합계가 2000㎡인 건축물
③ 의료시설로서 해당 용도에 사용되는 바닥면적의 합계가 2000㎡인 건축물
④ 숙박시설로서 해당 용도에 사용되는 바닥면적의 합계가 2000㎡인 건축물

> **해설** 〈설비기준 2조〉 아파트는 면적에 관계없이 해당하며, 업무시설은 바닥면적의 합계가 3000㎡ 이상인 건축물.

해답 75.① 76.③ 77.②

78 용도변경과 관련된 시설군 중 문화집회시설군에 속하는 건축물의 용도가 아닌 것은?

① 종교시설
② 수련시설
③ 위락시설
④ 관광휴게시설

해설 〈건축법령 14조〉 4. 문화집회시설군 가. 문화 및 집회시설 나. 종교시설 다. 위락시설 라. 관광휴게시설

79 다음은 초고층 건축물에 설치하는 피난안전구역에 관한 기준 내용이다. ( ) 안에 알맞은 것은?

> 초고층 건축물에는 피난층 또는 지상으로 통하는 직통계단과 직접 연결되는 피난안전구역을 지상층으로부터 최대 ( )개 층마다 1개소 이상 설치하여야 한다.

① 10
② 20
③ 30
④ 40

해설 〈건축법령 34조 3〉 30개 층마다

80 6층 이상의 거실면적의 합계가 11,000㎡인 교육연구시설에 설치하여야 하는 승용승강기의 최소 대수는?(단, 8인승 승용승강기인 경우)

① 3대
② 4대
③ 5대
④ 6대

해설 〈설비기준 5조〉 교육연구시설은 3,000 이하에 1대 초과하는 3,000마다 1대 추가 11,000일 때 3,000에 1대 11,000−3,000=8,000이므로 3,000을 3번 초과한다. 설치 대수=1+3=4대

해답 78.② 79.③ 80.②

제11회 건축설비기사 기출모의고사

제1과목 건축설비 계획

01 결로발생의 원인이 될 수 있는 요소와 가장 거리가 먼 것은?
① 실내외의 온도차
② 실내의 환기상태
③ 건물지붕의 기울기
④ 건물외피의 단열상태

> [해설] 결로는 온도차, 습도로 발생하며 지붕 기울기와는 관계가 없다.

02 잔향시간이란 음의 음압레벨이 얼마 감쇠하는데 소요되는 시간인가?
① 50dB
② 60dB
③ 70dB
④ 80dB

> [해설] 잔향시간이란 음의 음압레벨이 처음보다 60dB 감쇠하는데(100만분의 1로 감쇠) 소요되는 시간이다.

03 건축음향 및 소음에 관한 설명으로 옳지 않은 것은?
① 강연이나 연극 등 언어를 주사용 목적으로 할 경우 잔향시간은 비교적 짧게 처리한다.
② 다목적용 오디토리엄에는 가변 흡음구조가 되도록 음향설계를 한다.
③ 반사음과 직접음과의 시간차가 가능한 한 크게 하여 충분한 음 보강이 되도록 한다.
④ 소음이 심한 도로변에 위치한 건물의 소음대책으로 방음벽을 설치한다.

> [해설] 반사음과 직접음과의 시간차가 가능한 한 작게 하여 충분한 음 보강이 되도록 하며, 시간차가 커지면 반향으로 음이 감쇠한다.

[해답] 1.③ 2.② 3.③

04 간접가열식 급탕방식에 관한 설명으로 옳지 않은 것은?

① 가열보일러는 난방용 보일러와 겸용할 수 있다.
② 가열보일러의 열효율이 직접가열식에 비해 높다.
③ 저탕조는 가열코일을 내장하는 등 구조가 약간 복잡하다.
④ 고온의 탕을 얻기 위해서는 증기보일러 또는 고온수보일러를 써야 한다.

해설 간접가열식 급탕설비는 보일러와 열교환기에서 2번 열교환하여 공급되므로 가열보일러의 열효율이 직접가열식에 비해 낮다.

05 대변기의 세정방식 중 플러시 밸브식에 관한 설명으로 옳지 않은 것은?

① 대변기의 연속 사용이 가능하다.
② 일반 가정용으로는 사용이 곤란하다.
③ 세정음은 유수음도 포함되기 때문에 소음이 크다.
④ 레버의 조작에 의해 낙차에 의한 수압으로 대변기를 세척하는 방식이다.

해설 대변기 플러시 밸브식은 레버의 조작에 의해 급수관 수압으로 대변기를 세척하는 방식이므로 본관에서 일정 수압(10mAq) 이상이 요구된다.

06 다음 설명에 알맞은 트랩의 봉수파괴 원인은?

> 배수수직관 내가 부압으로 되는 곳에 배수수평지관이 접속되어 있을 경우, 배수수평지관 내의 공기가 수직관 쪽으로 유인되며 이에 따라 봉수가 이동하여 손실되는 현상

① 증발 현상
② 모세관 현상
③ 유도사이펀 작용
④ 자기사이펀 작용

해설 배수수직관 내가 부압으로 되는 곳에 배수수평지관이 접속되어 있을 경우, 배수수평지관 내의 공기가 수직관 쪽으로 유인되며 이에 따라 봉수가 파괴되는 현상을 유도사이펀 작용 또는 흡인(흡출)작용이라 한다.

07 트랩이 구비해야 할 조건으로 옳지 않은 것은?

① 가동부분이 있을 것
② 자정 작용이 가능할 것
③ 기구내장 트랩의 내벽 및 배수로의 단면 형상에 급격한 변화가 없을 것
④ 봉수부의 소제구는 나사식 플러그 및 적절한 가스켓을 이용한 구조일 것

해설 트랩에서 가동부분은 오래 사용하면 막히거나 유수저항을 일으키므로 가동부분이 없어야 한다.

해답 4.② 5.④ 6.③ 7.①

08 강관 이음쇠에 관한 설명으로 옳지 않은 것은?

① 엘보우(elbow)는 관의 방향을 바꿀 때 사용된다.
② 티(tee), 크로스(cross)는 관을 도중에서 분기할 때 사용된다.
③ 레듀셔(reducer)는 관경이 서로 다른 관을 접속할 때 사용된다.
④ 플러그(plug), 캡(cap)은 동일 관경의 관을 직선 연결할 때 사용된다.

[해설] 플러그(plug), 캡(cap)은 관 말단을 막을 때 사용된다.

09 다음 설명에 알맞은 유체역학 기초 이론은?

> 밀폐된 용기에 넣은 유체의 일부에 압력을 가하면, 이 압력은 모든 방향으로 동일하게 전달되어 벽면에 작용한다.

① 연속의 법칙　　　　　② 파스칼의 원리
③ 피토관의 원리　　　　④ 베르누이의 정리

[해설] 파스칼의 원리는 유체압력을 이용하여 큰 힘을 얻는 수압기의 원리이다.

10 유체의 흐름에 관한 설명으로 옳지 않은 것은?

① 난류는 유체분자가 불규칙하게 서로 섞이는 혼란된 흐름이다.
② 일반적으로 층류에서 난류로 천이할 때의 유속을 임계유속이라 한다.
③ 레이놀즈 수에 의해 관내의 흐름이 층류인지 난류인지를 판별할 수 있다.
④ 관내에 유체가 흐를 때, 어느 장소에서 흐름의 상태가 시간에 따라 변화하는 흐름을 정상류라 한다.

[해설] 관내에 유체가 흐를 때, 어느 장소에서 흐름의 상태가 시간에 따라 일정한(변화가 없는) 흐름을 정상류라 한다.

11 팬코일 유닛방식과 단일덕트방식을 병용하여 사용하는 경우에 관한 설명으로 옳지 않은 것은?

① 창면의 콜드 드래프트를 방지할 수 있다.
② 팬코일 유닛방식은 건물의 외부존의 부하를 담당한다.
③ 대형 건축물의 내부 존과 외부 존을 구분하여 공조하는 시스템에 적용된다.
④ 팬코일 유닛방식을 단독으로 설치한 것과 비교하여 설비비가 적게 든다.

[해설] 팬코일 유닛방식과 단일덕트방식을 병용하면 팬코일 유닛방식을 단독으로 설치한 것과 비교하여 설비비가 증가하나, 부하변동에 적응하고 실내 청정도를 높일 수 있다.

[해답] 8.④　9.②　10.④　11.④

12 통기수직관이 없는 방식으로 유수에 선회력을 주어 공기 코어를 유지시켜 하나의 관으로 배수와 통기를 겸하는 통기방식은?

① 섹스티아방식
② 각개통기방식
③ 신정통기방식
④ 회로통기방식

해설 섹스티아방식은 배수관의 중심부에 공기 코어를 형성하여 배수와 통기를 겸하는 one pipe 통기방식이라 한다.

13 온수난방과 증기난방의 비교 설명으로 옳지 않은 것은?

① 온수난방은 증기난방에 비하여 운전정지 중에 동결의 위험이 크다.
② 온수난방은 증기난방에 비하여 소요방열면적과 배관경이 크게 된다.
③ 증기난방은 온수난방에 비하여 열용량이 커 예열시간이 길게 소요된다.
④ 온수난방은 증기난방에 비하여 난방부하 변동에 따른 온도조절이 용이하다.

해설 온수난방은 증기난방에 비하여 열용량이 커 예열(여열)시간이 길게 소요된다.

14 습공기선도에 관한 설명으로 옳지 않은 것은?

① 현열비 '1'은 수평상태의 기울기를 나타낸다.
② 열수분비 '0'의 기울기는 비엔탈피선과 동일한 기울기를 나타낸다.
③ 습공기선도 상에서 건구온도 30℃, 습구온도 20℃인 습공기의 노점온도는 파악할 수 없다.
④ 습공기의 상태가 변화하고 이를 습공기선도에 표시하면 현열뿐만 아니라 잠열의 변화량도 알 수 있다.

해설 습공기선도상에서 건구온도와 습구온도를 알면 습공기의 노점온도를 알 수 있고, 절대습도와 수증기 분압만 알 때는 교점을 알 수 없어 노점온도를 파악할 수 없다.

15 500명을 수용하는 극장에서 1인당 이산화탄소 배출량이 20L/h일 때, 이산화탄소 농도가 0.05%인 외기를 도입하여 실내의 이산화탄소 농도를 0.1%로 유지하는데 필요한 환기량은?

① 15,000㎥/h
② 20,000㎥/h
③ 25,000㎥/h
④ 30,000㎥/h

해설 $Q = \dfrac{M}{C_i - C_o} = \dfrac{500 \times 20}{0.001 - 0.0005} = 20,000,000 L/h = 20,000 m^3/h$

해답 12.① 13.③ 14.③ 15.②

16 환기 방법 중 열기나 유해물질이 실내에 널리 산재되어 있거나 이동되는 경우에 사용하며, 전체 환기라고도 불리는 것은?

① 집중환기
② 희석환기
③ 국소환기
④ 자연환기

[해설] 실내 전반에 걸쳐 환기하는 방식을 희석환기(전체환기, 전반환기)라 한다.

17 기온·습도·기류의 3요소의 조합에 의한 실내온열감각을 기온의 척도로 나타낸 것은?

① 등가온도
② 작용온도
③ 등온지수
④ 유효온도

[해설] 기온·습도·기류의 3요소의 조합에 의한 실내온열감각(쾌적지수)을 유효온도(ET)라 하며 여기에 복사열을 고려하면 수정유효온도(CET)가 된다.

18 다음 중 현열만을 취득하게 되는 냉방부하는?

① 인체의 발생열량
② 벽체로부터의 취득열량
③ 외기로부터의 취득열량
④ 틈새바람에 의한 취득열량

[해설] 벽체, 유리창, 조명기구 등의 부하는 현열부하만 있다. 공기나 수분이 포함되면 잠열부하도 있다.

19 다음 중 증기와 응축수 사이의 온도차를 이용하는 온도조절식 증기트랩에 속하는 것은?

① 버킷 트랩
② 벨로즈 트랩
③ 열역학적 트랩
④ 플로트 트랩

[해설] 벨로즈트랩은 온도차를 이용한 증기트랩이며, 버킷식, 플로트식은 부력을 이용한 트랩이고, 열역학적 트랩은 열유체역학을 이용한 방식이다.

20 중앙식 공기조화기에서 가습방식의 분류 중 수분무식에 속하지 않는 것은?

① 원심식
② 분무식
③ 초음파식
④ 적외선식

[해답] 16.② 17.④ 18.② 19.② 20.④

> **해설** 가습장치의 종류
> - 수분무식 : 원심식, 초음파식, 분무식
> - 증기발생식 : 전열식, 전극식, 적외선식
> - 증기공급식 : 노즐분무식, 과열증기식
> - 증발식(기화식) : 회전식, 모세관식, 적하식

제2과목 건축설비 설계

21 통기관의 관경 결정에 관한 설명으로 옳지 않은 것은?

① 신정통기관의 관경은 배수수직관의 관경보다 작게 해서는 안 된다.
② 루프통기관의 관경은 배수수평지관과 통기수직관 중 작은 쪽 관경의 1/2 이상으로 한다.
③ 결합통기관의 관경은 통기수직관과 배수수직관 중 작은 쪽 관경의 1/2 이상으로 한다.
④ 각개통기관의 관경은 그것이 접속되는 배수관 관경의 1/2 이상으로 한다.

> **해설** 결합통기관의 관경은 통기수직관과 배수수직관 중 작은 쪽 관경 이상으로 한다.

22 워터해머를 방지하기 위한 방법으로 옳지 않은 것은?

① 급폐쇄형 수도꼭지를 사용한다.
② 관내의 수압은 평상시 높아지지 않도록 구획한다.
③ 배관은 가능한 한 우회하지 않고 직선이 되도록 계획한다.
④ 수압이 0.4MPa을 초과하는 계통에는 감압밸브를 부착하여 적절한 압력으로 감압한다.

> **해설** 워터해머는 수압이 높거나, 유속의 급변 시 발생하므로 이를 방지하기 위해서는 완폐형 밸브(수전)가 좋다.

23 아파트 1동 90세대의 급탕설비를 중앙공급식으로 할 경우, 시간당 최대 급탕량(A)과 저탕량(B)으로 옳은 것은?(단, 1세대당 기구 급탕량은 샤워 110L/h, 싱크 40L/h, 세탁기 70L/h를 기준으로 하고, 동시사용률은 30%를 저탕용량계수는 시간최대급탕량의 1.25를 적용한다.)

① A=5940L/h, B=7425L
② A=7425L/h, B=5940L
③ A=25740L/h, B=7425L
④ A=25740L/h, B=32175L

> **해설** 총시간당 급탕량은 $Q = 90(110+40+70) = 19800 L/h$
> 시간최대급탕량 $= 19800 \times 0.3 = 5940 L/h$
> 저탕량 $= 5940 \times 1.25 = 7425 L/h$

해답 21.③ 22.① 23.①

24 안지름 100mm의 관에서 2m/sec의 유속으로 물이 흐를 때 마찰손실수두가 10m 라고 하면 이 관의 길이는 몇 m인가?(단, 마찰손실계수 f는 0.02로 한다.)

① 184
② 245
③ 262
④ 294

해설 마찰손실수두식에서 $h = \dfrac{f \times L \times v^2}{d \times 2g}$

$$L = \dfrac{h \times d \times 2g}{f \times v^2} = \dfrac{10 \times 0.1 \times 2g}{0.02 \times 2^2} = 245m$$

25 급탕설비의 급탕배관 시 고려사항으로 옳지 않은 것은?

① 급탕계통에는 유지 관리를 위해 용이하게 조작할 수 있는 위치에 개폐밸브를 설치한다.
② 탕비기 주위 등의 급탕배관은 가능한 짧게 하고 공기가 체류하지 않도록 균일한 구배로 한다.
③ 배관 길이가 30m를 초과하는 중앙식 급탕설비에서는 환탕관과 순환펌프를 설치하여 배관의 열손실을 보상한다.
④ 고층 건축물에서 급탕압력을 일정압력 이하로 제어하기 위해 감압밸브를 설치하는 경우 순환계통에 설치하도록 한다.

해설 고층 건축물에서 급탕압력을 일정압력 이하로 제어하기 위해 감압밸브를 설치하는 경우 급탕 라인에 연결되는 급수계통에 설치하도록 하며, 순환계통에는 밸브설치를 되도록 피한다.

26 급탕배관에 관한 설명으로 옳지 않은 것은?

① 중앙식 급탕설비는 원칙적으로 강제순환방식으로 한다.
② 상향배관인 경우 급탕관은 하향구배, 환탕관은 상향구배로 한다.
③ 배관시공 시 굴곡배관을 해야 할 경우에는 공기빼기밸브를 설치한다.
④ 관의 신축을 고려하여 건물의 벽 관통부분배관에는 슬리브를 끼운다.

해설 상향배관인 경우 급탕관은 상향구배, 환탕관은 하향구배로 한다.

27 기구급수부하단위(Fu)가 1Fu인 위생기구의 종류 및 접속관경으로 옳은 것은?

① 세면기, 15mm
② 세면기, 25mm
③ 대변기, 15mm
④ 대변기, 25mm

해설 세면기는 기구급수부하단위(Fu)가 1Fu로 급수량은 14L/min으로 하며, 접속관은 15mm이다. 또한 세면기는 기구배수부하단위(Fu)가 1Fu로 배수량은 28L/min으로 한다.

해답 24.② 25.④ 26.② 27.①

28 급수배관방식에 관한 설명으로 옳지 않은 것은?

① 일반적으로 고가수조방식에서는 하향배관 방식이 사용된다.
② 상향배관방식에서 수직관의 관경은 올라갈수록 크게 한다.
③ 혼합배관방식으로 하는 경우 저층부는 상향배관방식으로 한다.
④ 상향배관방식에서는 관내의 공기를 배출하기 위해 관의 제일 윗부분에 공기빼기밸브 등을 설치한다.

해설 상향배관방식에서 수직관의 관경은 올라갈수록 작게 한다.

29 정화조의 성능을 나타내는 BOD 제거율(%)을 올바르게 나타낸 것은?

① $\dfrac{유출수\ BOD}{유입수\ BOD} \times 100$

② $\dfrac{유입수\ BOD}{유출수\ BOD} \times 100$

③ $\dfrac{유입수\ BOD - 유출수\ BOD}{유입수\ BOD} \times 100$

④ $\dfrac{유출수\ BOD - 유입수\ BOD}{유출수\ BOD} \times 100$

해설 $BOD 제거율 = \dfrac{유입수\ BOD - 유출수\ BOD}{유입수\ BOD} \times 100$

30 동 및 동합금관에 관한 설명으로 옳지 않은 것은?

① 담수에 내식성은 크나 연수에는 부식된다.
② 탄산가스를 포함한 공기 중에서는 푸른 녹이 생긴다.
③ 동관은 두께별로 K, L, M형 등으로 구분할 수 있다.
④ 가성소다, 가성칼리 등 알칼리성에 심하게 침식된다.

해설 동 및 동합금관은 암모니아에 심하게 침식된다.

31 냉온수 배관의 기본회로 방식에 관한 설명으로 옳지 않은 것은?

① 배관의 최저부에는 물빼기밸브를 설치한다.
② 배관의 분기부에는 원칙적으로 밸브를 설치한다.
③ 밀폐회로 방식에 대해서는 1개의 순환계통에 팽창 탱크는 최소 2기 이상으로 한다.
④ 개방회로 방식에 대해서는 순환보일러 정지 시 기기, 배관 등을 만수상태로 유지한다.

해설 밀폐회로 방식에 대해서는 1개의 순환계통에 팽창 탱크는 최소 1기 이상으로 한다.

해답 28.② 29.③ 30.④ 31.③

32 고가수조의 유효용량 산정 시 기준이 되는 급수량은?

① 1일 급수량
② 시간평균예상급수량
③ 순간최대예상급수량
④ 시간최대예상급수량

해설 고가수조의 유효용량 산정은 시간 최대 예상급수량의 2~3시간분으로 하며, 급수 본관이나 부스터 펌프 용량 산정은 순간최대 급수량을 기준한다.

33 다음과 같은 조건에서 연면적이 20,000㎡인 사무소에 필요한 1일 급수량(사용수량)은?

- 건물의 유효면적과 연면적의 비 : 56%
- 유효면적당 인원 : 0.2인/㎡
- 1일 1인당 급수량(사용수량) : 150L/d/c

① 33.6㎥/d
② 43.6㎥/d
③ 336㎥/d
④ 406㎥/d

해설 1일 급수량 = $20{,}000 \times 0.56 \times 0.2 \times 150 = 336{,}000 L/d = 336 m^3/d$

34 국부저항의 상당길이에 관한 설명으로 옳지 않은 것은?

① 배관의 지름이 커질수록 상당길이는 길어진다.
② 45° 표준 엘보 보다는 90° 표준 엘보의 상당길이가 길다.
③ 밸브류의 경우 개폐도(開閉度)가 작을수록 상당길이는 길어진다.
④ 동일한 배관지름, 전개(全開)일 경우 앵글밸브보다 게이트밸브의 상당길이가 길다.

해설 동일한 배관지름, 전개 상태에서 앵글밸브가 게이트밸브보다 국부저항 상당길이가 길다.

35 압축식 냉동기의 구성요소 중 냉동의 목적을 직접적으로 달성하는 것은?

① 흡수기
② 증발기
③ 발생기
④ 응축기

해설 냉동기에서 증발기는 증발 잠열을 이용하여 냉열원(냉풍, 냉수, 브라인 등)을 얻는다.

36 다음 중 펌프의 흡입관에서 발생하는 공동현상의 방지 방법과 가장 거리가 먼 것은?

① 흡입양정을 낮춘다.
② 양흡입 펌프를 사용한다.
③ 흡입관의 관경을 크게 한다.
④ 펌프의 회전수를 증가시킨다.

해답 32.④ 33.③ 34.④ 35.② 36.④

[해설] 펌프의 흡입관에서 발생하는 공동현상은 압력이 낮을 때 발생하므로 회전수가 클수록 발생이 쉽다.

37 취출공기의 유동과 관련된 유인비를 옳게 나타낸 것은?

① $\dfrac{\text{전공기량}}{\text{1차 공기량}}$ ② $\dfrac{\text{1차 공기량}}{\text{전공기량}}$

③ $\dfrac{\text{2차 공기량}}{\text{1차 공기량}}$ ④ $\dfrac{\text{1차 공기량}}{\text{2차 공기량}}$

[해설] 유인비 = $\dfrac{\text{전공기량}}{\text{1차 공기량}}$ = $\dfrac{\text{1차 공기}+\text{2차 공기(유인공기)}}{\text{1차 공기량}}$

38 냉각탑의 냉각수 입구온도가 t_{w1}, 출구온도가 t_{w2}이고, 공기의 입구 습구온도가 t_1, 출구 습구온도가 t_2일 때, 어프로치(approach)는?

① $t_{w1}-t_1$ ② $t_{w2}-t_{w1}$
③ t_2-t_1 ④ $t_{w2}-t_1$

[해설]
- 어프로치 = 출구수온 − 공기의 입구 습구온도 = $t_{w2}-t_1$
- 쿨링 랜지 = 입구수온 − 출구수온 = $t_{w1}-t_{w2}$

39 냉방부하 계산 시 구조체의 축열부하에 관한 설명으로 옳지 않은 것은?

① 구조체의 열용량과 관련이 있다.
② 시간지연(time-lag) 현상을 유발한다.
③ 간헐냉방을 하는 경우 예냉부하를 필요로 한다.
④ 구조체의 열용량이 클수록 피크로드는 증가한다.

[해설] 구조체의 열용량이 클수록 피크로드는 감소한다.

40 다음과 같은 조건으로 냉방운전을 하고 있을 경우, 필요송풍량은?

[조건]
㉠ 실내현열부하 : 72kW ㉡ 공기의 비열 : 1.0kJ/kg · K
㉢ 공기의 밀도 : 1.2kg/m³ ㉣ 실내취출 공기온도 : 16℃
㉤ 실내 공기온도 : 26℃

① 6m³/s ② 7m³/s
③ 8m³/s ④ 9m³/s

[해답] 37.① 38.④ 39.④ 40.①

해설 실내 송풍량은 실내부하와 취출공기의 열평형식에서 구한다.
$q = mC\Delta t$
$m = \dfrac{q}{C\Delta t} = \dfrac{72}{1(26-16)} = 7.2\,kg/s = 6\,m^3/s$

공기량을 질량(7.2kg/s)으로 구하고 밀도 1.2로 나누어 풍량(6m³/s)으로 구한다.

제3과목 전기 및 소방시설 일반

41 무접점 계전기에 사용되는 전력전자소자(트랜지스터, 다이오드)에 관한 설명으로 옳지 않은 것은?

① 스위칭 속도가 빠르다.
② 전력소비가 대단히 작다.
③ 잡음(noise)의 영향을 받지 않는다.
④ 접점의 개폐동작으로 인한 마모현상이 없다.

해설 전력전자소자(트랜지스터, 다이오드)는 잡음(noise)의 영향을 받기 때문에 고주파 영역을 피하는 게 좋다.

42 다음 설명에 알맞은 건축화 조명방식은?

- 천장과 벽면의 경계구석에 등기구를 배치하여 조명하는 방식이다.
- 천장과 벽면을 동시에 투사하는 실내 조명방식이다.

① 코너 조명
② 코퍼 조명
③ 광천장 조명
④ 밸런스 조명

해설 코너 조명은 천장과 벽면의 코너에 등기구를 배치하여 천장과 벽면을 동시에 조명하고, 코퍼 조명은 천장 면을 사각형이나 원형으로 파내고 그 내부에 조명 기구를 매립하여 하부를 집중 조명하며, 광천장 조명은 천장면 전체에서 비추는 조명방식이며, 밸런스 조명은 벽체 중간쯤에서 상하부를 조명하는 방식이다.

43 다음 설명에 알맞은 화재의 종류는?

전류가 흐르고 있는 전기기기, 배선과 관련된 화재

① A급 화재
② B급 화재
③ C급 화재
④ K급 화재

해설 A급 화재 : 일반화재, B급 화재 : 유류화재, C급 화재 : 전기화재, D급 화재 : 금속성 화재
K급 화재 : 주방화재

해답 41.③ 42.① 43.③

44 피드백 제어방식을 제어동작에 의해 분류할 경우, 연속 동작에 해당하는 것은?

① 미분 동작
② 2위치 동작
③ 다위치 동작
④ ON-OFF 동작

해설 미분, 적분, 비례동작은 연속 동작이며, 2위치(ON-OFF) 동작, 다위치 동작은 불연속 동작이다.

45 병원 등에 설치되는 모자식 전기시계에 관한 설명으로 옳은 것은?

① 자시계의 설치 높이는 하단부가 1.5m 이상으로 한다.
② 탁상형 모시계는 자시계 회로수가 3회로 이상인 경우 사용한다.
③ 모시계와 자시계를 연결하는 배선의 전압 강하는 15% 이하가 되도록 한다.
④ 벽걸이형 모시계는 소규모 모시계로 자시계 회로수가 3회로 이내인 경우 사용한다.

해설 자시계의 설치 높이는 하단부가 2.0m 이상으로 하고, 탁상형 모시계는 자시계 회로수가 3회로 이하인 경우 사용한다. 모시계와 자시계를 연결하는 배선의 전압 강하는 10% 이하가 되도록 한다.

46 다음 그림과 같은 회로의 합성 정전용량은?

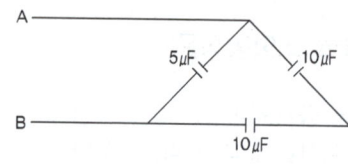

① 5[μF]
② 10[μF]
③ 15[μF]
④ 20[μF]

해설 위 회로를 다시 그려보면 아래와 같다.

위 결선은 콘덴서 10μF, 2개 직렬과 여기에 5μF를 병렬 연결한 것이다. 우선 콘덴서 10μF, 2개 직렬 합성용량은 5μF이며 5μF, 2개 병렬연결 시 합성용량은 10μF이다. 콘덴서 합성용량 계산법은 직렬, 병렬에서 저항과 반대이다.

위쪽 직렬 부분 : $\dfrac{1}{\dfrac{1}{10}+\dfrac{1}{10}} = 5\mu F$

합성정전용량(병렬계산)=5+5=10μF

해답 44.① 45.④ 46.②

47 어느 학교에서 면적이 200㎡인 교실에 32[W] 형광램프를 설치하여 평균조도를 400[lx]로 설계하고자 할 때 소요 램프수는?(단, 형광램프 1개 광속은 3000[lm], 조명률은 0.6, 보수율은 0.8이다.)

① 14개 ② 28개
③ 42개 ④ 56개

해설 전등유효광량=조도면 필요광량

$EAD = FUN \Leftrightarrow EA \cdot \dfrac{1}{M} = FUN$

(N : 개수, F : 광속, U : 조명률, M : 보수율, A : 면적, E : 조도)

$N = \dfrac{EA}{FUM} = \dfrac{400 \times 200}{3000 \times 0.6 \times 0.8} = 55.6 = 56$개

48 다음은 교류의 표현에 관한 설명이다. ( ) 안에 알맞은 용어는?

> 전기에서는 서로 한 일이 비교될 수 있도록 교류의 크기를 나타낼 때에는 그 교류와 같은 일을 하는 직류의 크기로 대신 나타내며 그 때 직류의 크기를 그 교류의 ( )라고 한다.

① 실효치 ② 평균치
③ 비교치 ④ 균등치

해설 교류의 실효값은 최대값의 $1/\sqrt{2}$ 이다.

49 납축전지가 방전되면 양(+)극은 어떠한 물질로 되는가?

① Pb ② $PbSO_4$
③ PbO ④ PbO_2

해설 납축전지가 방전되면 양(+)극, 음극 모두 황산납($PbSO_4$)이 되며, 반대로 충전되면 양극은 과산화납(PbO_2) 음극은 납(Pb)이 된다.

50 다음이 설명하는 법칙은?

> 회로망 중의 한 점에 흘러 들어오는 전류의 총합과 흘러 나가는 전류의 총합은 같다.

① 오옴의 법칙 ② 키르히호프 제1법칙
③ 키르히호프 제2법칙 ④ 앙페르의 오른나사의 법칙

해설 키르히호프 제1법칙 : 한 점에 유입 전류의 총합과 유출 전류의 총합은 같다.
키르히호프 제2법칙 : 폐회로에서 한 방향으로의 전압강하의 합은 기전력의 합과 같다.

해답 47.④ 48.① 49.② 50.②

51 연결살수설비에 설치되는 송구구의 구경 기준은?

① 32mm
② 40mm
③ 50mm
④ 65mm

해설 연결살수설비에 설치되는 송구구의 구경은 65mm 이상으로 한다.

52 다음과 같은 특징을 갖는 배선공사방식은?

- 열적 영향이나 기계적 외상을 받기 쉬운 곳이 아니면 금속배관과 같이 광범위하게 사용 가능하다.
- 관 자체가 절연체이므로 감전의 우려가 없으며 시공이 쉬운 게 장점이다.

① 버스덕트 공사
② 애자사용 공사
③ 합성수지관 공사
④ 플로어덕트 공사

해설 합성수지관 공사(경질비닐관 공사)
- 열적 영향이나 기계적 외상을 받기 쉬운 곳이 아니면 금속배 관과 같이 광범위하게 사용 가능하다.
- 관 자체가 절연체이므로 감전의 우려가 없으며 시공이 쉬운게 장점이며, 화학공장 등 간단히 배선을 요할 때 적합하다.

53 고압 이상 전로에서 단독으로 전로의 접속 또는 분리를 목적으로 하며 무전압이나 무전류에 가까운 상태에서 안전하게 전로를 개폐하는 것은?

① 퓨즈
② 단로기
③ 변성기
④ 콘덴서

해설 단로기는 회로 내의 접속을 분리하기 위해 또는 회로 또는 장치를 전원으로부터 절연하기 위해 이용되는 기계적인 개폐장치이다.

54 역률에 관한 설명으로 옳은 것은?

① 백열전등이나 전열기의 역률은 100[%]이다.
② 무효전력에 대한 유효전력의 비를 역률이라 한다.
③ 역률은 부하의 종류와는 관계가 없으며 공급전력의 질을 의미한다.
④ 역률산정 시에 필요한 피상전력은 유효전력과 무효전력의 산술합이다.

해설 코일이 없는 백열전등이나 전열기의 역률은 100[%]이며, 역률은 피상전력에 대한 유효전력의 비를 말하며, 역률은 부하의 종류와는 관계가 깊고 역률이 클수록 공급전력의 질이 양호해진다. 역률산정 시에 필요한 피상전력은 유효전력과 무효전력의 벡터합이다.

해답 51.④ 52.③ 53.② 54.①

55 옥내소화전설비의 수조에 관한 설명으로 옳지 않은 것은?

① 수조의 상단에는 청소용 배수밸브 또는 배수관을 설치하여야 한다.
② 동결방지조치를 하거나 동결의 우려가 없는 장소에 설치하여야 한다.
③ 수조가 실내에 설치된 때에는 그 실내에 조명설비를 설치하여야 한다.
④ 수조의 상단이 바닥보다 높은 때에는 수조의 외측에 고정식 사다리를 설치하여야 한다.

해설 수조의 하부에는 청소용 배수밸브 또는 배수관을 설치하여야 한다.

56 플레밍의 왼손 법칙을 응용한 기기는?

① 펌프
② 전동기
③ 발전기
④ 변압기

해설
• 플레밍 왼손법칙 : 전동기 원리
• 플레밍 오른손법칙 : 발전기 원리

57 다음의 옥외소화전설비의 수원에 관한 설명 중 ( ) 안에 알맞은 것은?

> 옥외소화전설비의 수원은 그 저수량이 옥외소화전의 설치개수(옥외소화전이 2개 이상 설치된 경우에는 2개)에 ( )를 곱한 양 이상이 되도록 하여야 한다.

① 1.7m³
② 2.6m³
③ 7m³
④ 12m³

해설 옥외 소화전 1개당 요구 방수량은 350L/min이며, 20분 연속 방수가 가능한 저수량이 필요하다. 저수량=350L/min×20분=7000L=7m³

58 3[Ω]의 저항과 4[Ω]의 유도 리액턴스가 병렬로 접속되어있을 때, 이 회로의 합성 임피던스는?

① 2.0[Ω]
② 2.2[Ω]
③ 2.4[Ω]
④ 2.6[Ω]

해설 저항과 코일의 병렬연결 시 합성저항(Z)은

$$\frac{1}{Z} = \sqrt{\frac{1}{R^2} + \frac{1}{X_L^2}}$$

$$\frac{1}{Z} = \sqrt{\frac{1}{3^2} + \frac{1}{4^2}}$$

$$\frac{1}{Z} = \sqrt{\frac{16}{144} + \frac{9}{144}} = \sqrt{\frac{25}{144}} = \frac{5}{12}$$

∴ $Z = 12/5 = 2.4\,\Omega$

해답 55.① 56.② 57.③ 58.③

59 Y-△ 기동법은 어떤 전동기의 기동법인가?

① 직권 전동기　　　　② 동기 전동기
③ 유도 전동기　　　　④ 타여자 전동기

[해설] Y-△ 기동법은 일반 유도 전동기 기동법이다.

60 스프링클러설비의 화재안전기준에 사용되는 교차배관의 정의로 옳은 것은?

① 각 층을 수직으로 관통하는 수직배관
② 스프링클러헤드가 설치되어 있는 배관
③ 직접 또는 수직배관을 통하여 가지배관에 급수하는 배관
④ 수원 및 옥외송수구로부터 스프링클러헤드에 급수하는 배관

[해설] 스프링클러설비에서 급수 경로는 수직배관(본관)-교차배관-가지배관-헤드이다.

제4과목　건축설비 관련 법규

61 배연설비의 설치에 관한 기준 내용으로 옳지 않은 것은?

① 배연창의 유효면적은 1m² 이상으로 할 것
② 배연구는 예비전원에 의하여 열 수 있도록 할 것
③ 배연구는 연기감지기 또는 열감지기에 의해 자동으로 열 수 있는 구조로 할 것
④ 관련 규정에 따라 건축물이 방화구획으로 구획된 경우 그 구획마다 2개소 이상의 배연창을 설치할 것

[해설] 〈설비기준 14조〉 건축물이 방화구획으로 구획된 경우 그 구획마다 1개소 이상의 배연창을 설치할 것

62 자동화재탐지설비를 설치하여야 하는 특정소방대상물에 속하지 않는 것은?

① 위락시설로서 연면적 600㎡ 이상인 것
② 숙박시설로서 연면적 600㎡ 이상인 것
③ 문화 및 집회시설로서 연면적 1000㎡ 이상인 것
④ 근린생활시설 중 목욕장으로서 연면적 800㎡ 이상인 것

[해설] 〈소방법령 15조 별표 5〉 근린생활시설 중 목욕장으로서 연면적 1000㎡ 이상인 것

해답　59.③　60.③　61.④　62.④

63 건축법령상 공동주택 중 아파트의 정의로 옳은 것은?

① 주택으로 쓰는 층수가 5개 층 이상인 주택
② 주택으로 쓰는 층수가 6개 층 이상인 주택
③ 주택으로 쓰는 1개 동의 바닥면적 합계가 660㎡를 초과하고, 층수가 5개 층 이상인 주택
④ 주택으로 쓰는 1개 동의 바닥면적 합계가 660㎡를 초과하고, 층수가 6개 층 이상인 주택

해설 〈건축법령 3조5 별표 1〉 아파트 : 주택으로 쓰는 층수가 5개 층 이상인 주택

64 문화 및 집회설 중 공연장의 개별 관람실 출구의 설치기준 내용으로 옳지 않은 것은?(단, 개별 관람실의 바닥면적이 300㎡ 이상인 경우)

① 관람실별로 2개소 이상 설치할 것
② 각 출구의 유효너비는 1.2m 이상일 것
③ 관람실로부터 바깥쪽으로의 출구로 쓰이는 문은 안여닫이로 하지 않을 것
④ 개별 관람실 출구의 유효너비의 합계는 개별 관람실의 바닥면적 100㎡마다 0.6m의 비율로 산정한 너비 이상으로 할 것

해설 〈피난방화기준 10조〉 각 출구의 유효너비는 1.5m 이상일 것

65 외기에 직접 면하고 1층 또는 지상으로 연결된 출입문을 방풍구조로 하지 않아도 되는 경우에 관한 기준 내용으로 옳지 않은 것은?

① 기숙사의 출입문
② 너비 1.2m 이하의 출입문
③ 바닥면적 300㎡ 이하의 개별점포의 출입문
④ 사람의 통행을 주목적으로 하지 않는 출입문

해설 〈에너지절약기준 6조〉 기숙사는 제외

66 건축물의 출입구에 설치하는 회전문에 관한 기준 내용으로 옳지 않은 것은?

① 계단이나 에스컬레이터로부터 1.5m 이상의 거리를 둘 것
② 회전문의 회전속도는 분당회전수가 8회를 넘지 아니하도록 할 것
③ 출입에 지장이 없도록 일정한 방향으로 회전하는 구조로 할 것
④ 회전문의 중심축에서 회전문과 문틀 사이의 간격을 포함한 회전문날개 끝부분까지의 길이는 140㎝ 이상이 되도록 할 것

해설 〈피난방화기준 12조〉 회전문은 계단이나 에스컬레이터로부터 2m 이상의 거리를 둘 것

해답 63.① 64.② 65.① 66.①

67 방염성능기준 이상의 실내장식물 등을 설치하어야 하는 특정소방대상물에 속하는 것은?(단, 층수가 10층인 경우)

① 기숙사　　　　　　　　② 판매시설
③ 숙박시설　　　　　　　④ 실내수영장

해설 〈소방법령 30조〉 체력단련장, 숙박시설, 방송통신시설 중 방송국 및 촬영소, 문화, 집회, 종교, 병원, 11층 이상

68 건축법령에 따른 건축물의 용도분류 중 숙박시설에 속하지 않는 것은?

① 호스텔　　　　　　　　② 유스호스텔
③ 의료관광호텔　　　　　④ 휴양 콘도미니엄

해설 〈건축법령 3조5 별표 1, 15〉 유스호스텔은 수련시설에 속한다.

69 세대수가 17세대인 다세대주택에 설치하는 음용수용 급수관의 지름은 최소 얼마 이상으로 하여야 하는가?

① 25mm　　　　　　　　② 32mm
③ 40mm　　　　　　　　④ 50mm

해설 〈설비기준 18조〉 17세대 이상 50mm 이상

70 바닥으로부터 높이 1m까지의 안벽의 마감을 내수재료로 하여야 하는 대상건축물이 아닌 것은?

① 단독주택의 욕실
② 제1종 근린생활시설 중 휴게음식점의 조리장
③ 제2종 근린생활시설 중 휴게음식점의 조리장
④ 제2종 근린생활시설 중 일반음식점의 조리장

해설 〈피난방화기준 18조〉 근린생활시설 중 목욕장의 욕실, 휴게음식점의 조리장, 일반음식점 및 휴게음식점의 조리장과 숙박시설의 욕실

71 다음의 소방시설 중 피난구조설비에 속하지 않는 것은?

① 완강기　　　　　　　　② 인공소생기
③ 객석유도등　　　　　　④ 시각경보기

해설 〈소방법령 3조 별표 1〉 시각경보기는 경보설비에 속한다.

해답　67.③　68.②　69.④　70.①　71.④

72 건축물의 냉방설비에 대한 설치 및 설계기준에 정의된 축냉식 전기냉방설비의 구분에 속하지 않는 것은?

① 지열식 냉방설비
② 수축열식 냉방설비
③ 빙축열식 냉방설비
④ 잠열축열식 냉방설비

해설 〈냉방설비기준 3조 1〉 지열식은 해당 없음

73 다음 중 제로에너지건축물 인증에 대한 인증 신청을 할 수 있는 사람이 아닌 것은?

① 건축주
② 건축물 소유자
③ 설계자
④ 시공자

해설 〈제로에너지건축물 인증에 관한 규칙 6조〉 제로에너지건축물 인증에 대한 인증신청은 건축주, 건축물 소유자, 사업주체 또는 시공자가 할 수 있다.

74 공사감리자가 공사시공자로 하여금 상세시공도면을 작성하도록 요청할 수 있는 건축공사의 연면적 기준으로 옳은 것은?

① 1500㎡ 이상
② 3000㎡ 이상
③ 5000㎡ 이상
④ 10000㎡ 이상

해설 〈건축법령 19조 4〉 제25조제4항(공사 감리자는 시공상세도를 요청할 수 있다)에서 "대통령령으로 정하는 용도 또는 규모의 공사"란 연면적의 합계가 5천 제곱미터 이상인 건축공사를 말한다.

75 지능형 건축물의 인증에 관한 설명으로 옳지 않은 것은?

① 지능형 건축물 인증기준에는 인증표시 홍보기준, 유효기간 등의 사항이 포함된다.
② 산업통상자원부장관은 지능형 건축물의 인증을 위하여 인증기관을 지정할 수 있다.
③ 국토교통부장관은 지능형 건축물의 건축을 활성화하기 위하여 지능형 건축물 인증제도를 실시한다.
④ 허가권자는 지능형 건축물로 인증받은 건축물에 대하여 조경설치면적을 100분의 85까지 완화하여 적용할 수 있다.

해설 〈건축법 65조 2〉 국토교통부장관은 지능형 건축물의 인증을 위하여 인증기관을 지정할 수 있다.

해답 72.① 73.③ 74.③ 75.②

76 다음 중 내화구조에 속하지 않는 것은?(단, 바닥의 경우)

① 철근콘크리트조로서 두께가 10cm인 것
② 철골철근콘크리트조로서 두께가 10cm인 것
③ 철재의 양면을 두께로 5cm의 철망모르타르로 덮은 것
④ 무근콘크리트조 · 벽돌조 또는 석조로서 그 두께가 7cm인 것

해설 〈피난방화기준 3조〉 바닥인 경우 무근콘크리트조 · 벽돌조 등은 내화구조에 해당되지 않는다.

77 제연설비를 설치하여야 하는 특정소방대상물에 속하지 않는 것은?

① 지하가(터널은 제외)로서 연면적 1000㎡인 것
② 문화 및 집회시설로서 무대부의 바닥면적이 150㎡인 것
③ 문화 및 집회시설 중 영화상영관으로서 수용인원이 100명인 것
④ 지하층에 설치된 숙박시설로서 해당용도로 사용되는 바닥면적의 합계가 1000㎡인 층

해설 〈소방법령 11조〉 문화 및 집회시설로서 무대부의 바닥면적이 200㎡ 이상인 것.

78 비상용 승강기의 승강장 및 승강로의 구조에 관한 기준 내용으로 옳지 않은 것은?

① 승강로는 당해 건축물의 다른 부분과 방화구조로 구획할 것
② 각 층으로부터 피난층까지 이르는 승강로를 단일구조로 연결하여 설치할 것
③ 승강장에는 노대 또는 외부를 향하여 열 수 있는 창문이나 배연설비를 설치할 것
④ 옥내에 있는 승강장의 바닥면적은 비상용 승강기 1대에 대하여 6㎡ 이상으로 설치할 것

해설 〈설비기준 10조〉 승강로는 당해 건축물의 다른 부분과 내화구조로 구획할 것

79 다음은 건축법상 건축허가에 관한 기준 내용이다. ( ) 안에 알맞은 것은?

건축물을 건축하거나 대수선하려는 자는 특별자치시장 · 특별자치도지사 또는 시장 · 군수 · 구청장의 허가를 받아야 한다. 다만, ( ) 이상의 건축물 등 대통령령으로 정하는 용도 및 규모의 건축물을 특별시나 광역시에 건축하려면 특별시장이나 광역시장의 허가를 받아야 한다.

① 6층
② 11층
③ 16층
④ 21층

해설 〈건축법 11조〉 21층 이상의 건축물 등 대통령령으로 정하는 용도 및 규모의 건축물을 특별시나 광역시에 건축하려면 특별시장이나 광역시장의 허가를 받아야 한다.

해답 76.④ 77.② 78.① 79.④

80 건축물의 바깥쪽에 설치하는 피난계단의 구조에 관한 기준 내용으로 옳지 않은 것은?

① 계단의 유효너비는 0.9m 이상으로 할 것
② 계단은 내화구조로 하고 지상까지 직접 연결되도록 할 것
③ 건축물의 내부에서 계단으로 통하는 출입구에는 60분+ 방화문 또는 60분 방화문을 설치할 것
④ 계단은 그 계단으로 통하는 출입구 외의 창문 등으로부터 1m 이상의 거리를 두고 설치할 것

[해설] 〈피난구조기준 19조〉 계단은 그 계단으로 통하는 출입구 외의 창문 등으로부터 2m 이상의 거리를 두고 설치할 것

80.④

제12회 건축설비기사 기출모의고사

제1과목 | 건축설비 계획

01 결로발생의 방지 방법으로 옳지 않은 것은?

① 실내에서 수증기 발생을 억제한다.
② 비난방실 등으로의 수증기 침입을 억제한다.
③ 벽체의 표면온도를 실내공기의 노점온도보다 크게 한다.
④ 적절한 투습저항을 갖춘 방습층을 단열재의 저온측에 설치한다.

[해설] 결로는 고온 다습한 곳에서 발생하므로 적절한 투습저항을 갖춘 방습층을 단열재의 고온측에 설치한다.

02 다음 중 잔향시간 계산에 필요한 인자가 아닌 것은?

① 실용적
② 실내 전 표면적
③ 음원의 음압
④ 실의 평균 흡음률

[해설] 음원의 음압은 잔향시간 계산요소가 아니다.

03 열전달에 관한 설명으로 옳은 것은?

① 열류량은 온도구배와 물체의 열전도율에 반비례한다.
② 물체 중에 온도차가 발생하면 열은 저온측에서 고온 측으로 흐른다.
③ 벽체표면과 이에 접하는 유체와의 전열현상은 대류에 의한 열전달이다.
④ 열류량은 표면온도와 유체온도의 차에 반비례한다.

[해설] 열류량은 온도구배와 반비례하고 물체의 열전도율에 비례하며, 물체 중에 온도차가 발생하면 열은 고온측에서 저온측으로 흐른다. 벽체표면과 이에 접하는 유체와의 대류에 의한 전열현상을 열전달이라 하며, 열류량(열전달)은 표면온도와 유체온도의 차에 비례한다.

해답 1.④ 2.③ 3.③

04 실의 용적이 5,000㎥이고 필요환기량이 10,000㎥/h일 때 환기횟수는 시간당 몇 회인가?

① 0.5회
② 1회
③ 2회
④ 4회

해설 환기횟수 = $\dfrac{환기량}{실용적} = \dfrac{10,000}{5,000} = 2$회/h

05 통기관에 관한 설명으로 옳지 않은 것은?

① 습통기관은 통기의 목적 외에 배수관으로도 이용되는 부분을 말한다.
② 결합통기관은 배수수직관 내의 압력변화를 방지 또는 완화하기 위해 설치한다.
③ 도피통기관은 각개통기방식에서 담당하는 기구수가 많은 경우 발생하는 하수가스를 도피시키기 위하여 통기수직관에 연결시킨 관이다.
④ 신정통기관은 최상부의 배수수평관이 배수수직관에 접속된 위치보다도 더욱 위로 배수수직관을 끌어올려 대기 중에 개구하여 통기관으로 사용하는 부분이다.

해설 도피통기관은 회로통기방식에서 담당하는 기구수가 많은 경우 발생하는 하수가스를 도피시키기 위하여 수평배수관 아래쪽에서 통기수직관에 연결시킨 관이다.

06 건물 내의 급수 방식에 관한 설명으로 옳은 것은?

① 수도직결방식은 고층의 급수 방법에 적합하다.
② 고가수조방식에서의 급수압력은 항상 변동한다.
③ 압력수조방식에서는 수조를 건물 상부에 설치해야 하므로 건축 구조상 부담이 된다.
④ 펌프직송방식에서 펌프 운전방식은 펌프의 대수를 제어하는 정속방식과 회전수를 제어하는 변속방식으로 분류할 수 있다.

해설 수도직결방식은 저층의 급수에 적합하고, 고가수조방식에서의 급수압력은 항상 일정한 편이며, 압력수조방식에서는 수조를 건물 하부에 설치해도 되므로 건축 구조상 유리하다.

07 간접가열식 급탕방식에 관한 설명으로 옳지 않은 것은?

① 난방용 보일러와 겸용할 수 있다.
② 보일러에서 만들어진 증기 또는 고온수를 열원으로 한다.
③ 저압보일러를 사용할 수 없으며 중압 또는 고압보일러를 사용하여야 한다.
④ 탱크에 가열코일을 설치하여 이 코일을 통해 물을 간접적으로 가열하는 방식이다.

해설 간접가열식 급탕방식에서 저압보일러를 사용할 수 있다. 왜냐면 급수 압력만 확보되면 열교환기에서 가열된 급탕이 급수압력으로 공급된다.

해답 4.③ 5.③ 6.④ 7.③

08 양수량이 600L/min, 양정이 36m인 양수펌프의 축동력은?(단, 펌프의 효율은 70%이다.)

① 4.5kW ② 5.0kW
③ 6.4kW ④ 7.1kW

해설 $kW = \dfrac{QH}{102E} = \dfrac{600 \times 36}{60 \times 102 \times 0.7} = 5.04kW$

09 90℃의 물 500kg과 30℃의 물 1,000kg을 단열혼합하였을 때 혼합된 물의 온도는?

① 20℃ ② 30℃
③ 40℃ ④ 50℃

해설 $t = \dfrac{m_1 t_1 + m_1 t_1}{m_1 + m_2} = \dfrac{500 \times 90 + 1000 \times 30}{500 + 1000} = 50$

10 다음 중 간접배수로 하여야 하는 기구는?

① 욕조 ② 세면기
③ 대변기 ④ 세탁기

해설 세탁기, 식기세척기, 저장탱크 드레인 등은 간접배수한다.

11 수평주관 내의 공기가 감압되어 봉수가 파괴되는 현상으로 배수 수직관의 가까이에 설치된 세면기 등에서 일어나기 쉬운 봉수 파괴 원인은?

① 증발 작용 ② 모세관 현상
③ 유도사이펀 작용 ④ 운동량에 의한 관성

해설 배수 수직관의 가까이에 설치된 세면기 등에서 수평주관 내의 공기가 감압되어 봉수가 파괴되는 현상을 감압에 의한 흡인작용(유도사이펀 작용)이라 한다.

12 다음 중 동관의 용도로 가장 부적절한 것은?

① 급수관 ② 급탕관
③ 증기관 ④ 냉온수관

해설 동관은 고온에서 취약하여 증기관에는 사용하지 않으나 저압 증기관에서 두께가 두꺼운 K 타입을 사용할 수도 있다.

해답 8.② 9.④ 10.④ 11.③ 12.③

13 국소식 급탕방법에 관한 설명으로 옳지 않은 것은?

① 배관 및 기기로부터의 열손실이 많다.
② 건물완공 후에도 급탕개소의 증설이 비교적 쉽다.
③ 급탕개소마다 가열기의 설치 스페이스가 필요하다.
④ 주택 등에서는 난방 겸용의 온수보일러, 순간온수기를 사용할 수 있다.

[해설] 국소식 급탕방법(순간온수기)은 배관이 짧아 배관 및 기기로부터의 열손실이 적다.

14 유체의 성질과 관련하여 다음 설명이 의미하는 것은?

> 에너지보존의 법칙을 유체의 흐름에 적용한 것으로서 유체가 갖고 있는 운동에너지, 중력에 의한 위치에너지 및 압력에너지의 총합은 흐름 내 어디에서나 일정하다.

① 파스칼의 원리　　　　　② 스토크스의 법칙
③ 뉴턴의 점성법칙　　　　④ 베르누이의 정리

[해설] 베르누이정리는 유체가 가지는 총에너지(압력+위치+속도)는 항상 같다는 원리이다.

15 어느 사무실이 다음과 같은 조건에 있을 때 이 사무실에 요구되는 환기량은?

> · 재실인원 : 70인　　　　· 실내 CO_2 허용농도 : 1000ppm
> · 재실자 1인당의 CO_2 발생량 : 0.02㎥/h　· 외기 중의 CO_2 농도 : 0.03%

① 500㎥/h　　　　② 1000㎥/h
③ 1500㎥/h　　　④ 2000㎥/h

[해설] $Q = \dfrac{M}{C_i - C_o} = \dfrac{70 \times 0.02}{0.001 - 0.0003} = 2000 m^3/h$

16 기온, 습도, 기류의 3요소의 조합에 의한 실내온열감각을 기온의 척도로 나타낸 것은?

① 작용온도(OT)　　　　② 유효온도(ET)
③ 수정유효온도(CET)　　④ 예상온냉감신고(PMV)

[해설]
· 유효온도(ET) : 기온(온도), 습도, 기류의 3요소의 조합
· 작용온도(OT) : 기온(온도), 복사열, 기류의 3요소의 조합
· 수정유효온도(CET) : 기온(온도), 습도, 기류, 복사열의 4요소의 조합
· 예상온냉감신고(PMV) : 온냉감을 시험에 참여한 사람들이 투표하는 방식

[해답] 13.① 14.④ 15.④ 16.②

17 온수난방에 관한 설명으로 옳지 않은 것은?

① 온수의 현열을 이용하여 난방하는 방식이다.
② 한랭지에서는 운전정지 중 동결의 우려가 있다.
③ 증기난방에 비해 예열시간이 짧아 간헐운전에 적합하다.
④ 증기난방에 비해 난방부하 변동에 따른 온도조절이 용이하다.

해설 온수난방은 증기난방에 비해 열용량이 커서 예열(여열)시간이 길어서 연속운전에 적합하다.

18 다음 중 유리창에 의한 일사 냉방부하 산정과 가장 관계가 먼 것은?

① 방위 ② 유리면적
③ 차폐계수 ④ 열관류율

해설 유리창 일사부하는 일사량(방위와 시간함수), 면적, 차폐계수(차광 효과)로 구한다.

19 다음의 냉방부하 발생 요인 중 현열과 잠열 모두 갖는 것은?

① 인체발생열량 ② 벽체로부터의 취득열량
③ 유리로부터의 취득열량 ④ 덕트로부터의 취득열량

해설 인체발생부하는 현열과 잠열 모두 가진다. 같은 성격의 부하로는 극간풍부하, 외기부하, 조리용전열기구 등이 있다.

20 다음의 습공기 선도상에서 공기의 상태점 A가 C로 변하는 상태변화를 무엇이라 하는가?

① 가열감습 ② 가열가습
③ 냉각감습 ④ 증발냉각

해설 선도에서 A-C변화는 등엔탈피 변화로 에어와셔에서 순환수 분무할 때 얻을 수 있으며 단열분무, 증발냉각, 냉각가습 과정이다.

제2과목 건축설비 설계

21 저탕조의 용량이 2m³이고 급탕배관 내의 전체 수량이 1m³일 때 개방형 팽창탱크의 용량은?(단, 급수의 밀도는 1.0g/cm³이고, 온수의 밀도는 0.983g/cm³이다.)

① 약 0.03m³   ② 약 0.04m³
③ 약 0.05m³   ④ 약 0.06m³

[해설] 급탕설비 내의 총보유수량은 2+1=3m³

팽창량$(\triangle v) = (\frac{1}{\rho_2} - \frac{1}{\rho_1})V = (\frac{1}{0.983} - \frac{1}{1})3 = 0.052m^3$

팽창탱크는 팽창량보다 커야 하므로 답은 0.06m³ 다만 이론적으로는 개방형 팽창탱크는 팽창량의 1.5배로 하므로 0.08m³ 정도가 적합하다.

22 종국유속과 관계있는 배관은?

① 기구배수관   ② 배수수직관
③ 배수수평지관   ④ 배수수평주관

[해설] 배수수직관에서 유출된 배수는 수직관에서 가속도가 붙어 유속이 증가하지만 공기 저항으로 곧 일정한 유속(종국유속)으로 낙하한다. 관종과 관경에 따라 다르지만 보통 종국유속은 5~10m/s, 종국유속에 도달하는 종국길이는 7~8m 정도이다.

23 다음 중 기구의 필요급수압력이 가장 작은 것은?

① 샤워   ② 일반수전
③ 대변기 세정밸브   ④ 소변기 세정밸브(스톨형 소변기)

[해설] 필요급수압력은 보통 일반수전 5.5m 수두, 소변기 세정밸브 10m 수두, 샤워기는 7m 수두, 대변기 세정밸브는 10m 수두 정도이다.

24 정화조의 유입수 BOD가 1000mg/L, 방류수 BOD가 400mg/L일 때, BOD제거율은?

① 40%   ② 50%
③ 60%   ④ 70%

[해설] 제거율 $= \frac{1000-400}{1000} = 0.6 = 60\%$

[해답] 21.④ 22.② 23.② 24.③

25 다음 중 급수관에서 수격작용의 발생 우려가 가장 높은 것은?
① 관의 분기
② 관경의 확대
③ 관의 방향 전환
④ 관내 유수의 급정지

해설 수격작용(워터해머)는 유속이 급변(급정지)할 때 발생한다.

26 물의 경도는 건축설비에서 중요하게 다루고 있다. 그 이유와 가장 거리가 먼 것은?
① 배관 내 스케일 발생 원인
② 급수펌프 소요 동력 증가 원인
③ 열교환기의 열교환 효율 감소 원인
④ 배관 내 유체의 흐름 저항 감소 원인

해설 경도에 의한 스케일형성은 배관 내 유체의 흐름 저항 증가 원인이다.

27 터빈펌프에 관한 설명으로 옳지 않은 것은?
① 펌프의 양수량은 축동력에 비례하여 증가한다.
② 토출밸브를 닫고 펌프를 운전하면 양수량이 0이다.
③ 최대효율로 운전하고 있을 때의 양정을 상용양정이라 한다.
④ 펌프의 양정과 양수량은 펌프의 회전수가 변하여도 항상 일정하다.

해설 펌프의 양정은 회전수의 제곱에 비례하며, 양수량은 펌프의 회전수에 정비례한다.

28 캐비테이션의 방지 방법으로 옳지 않은 것은?
① 흡입양정을 필요 이상으로 높게 하지 않는다.
② 흡입 조건이 나쁜 경우는 비속도를 작게 하기 위해 회전수가 작은 펌프를 사용한다.
③ 흡수관을 가능한 한 짧고 굵게 함과 동시에 관내에 공기가 체류하지 않도록 배관한다.
④ 설계상의 펌프 운전범위 내에서 항상 필요 NPSH가 유효NPSH보다 크게 되도록 배관 계획을 한다.

해설 캐비테이션을 방지하려면 설계상의 펌프 운전범위 내에서 항상 펌프의 필요 NPSH가 배관의 유효 NPSH보다 작게 되도록 한다.

29 진공방지기(vaccum breaker)가 사용되는 대변기의 급수방식은?
① 하이탱크식
② 세정밸브식
③ 사이펀식
④ 로탱크식

해설 대변기 세정밸브식은 수압도 높고, 밸브가 닫힐 때 수압 변동도 커서 진공방지기를 설치해야 수격작용을 막을 수 있다.

해답 25.④ 26.④ 27.④ 28.④ 29.②

30 지름 150mm, 길이 320m인 원형관에 매초 60L의 물이 흐를 때, 관내의 마찰손실수두는?(단, 관마찰계수 f=0.03이다.)

① 약 3.4m ② 약 10.2m
③ 약 37.7m ④ 약 40.8m

해설 유속 $v = \dfrac{Q}{A} = \dfrac{0.06}{(\pi/4)0.15^2} = 3.4 m/s$

$h = \dfrac{fLv^2}{d2g} = \dfrac{0.03 \times 320 \times 3.4^2}{0.15 \times 2 \times 9.8} = 37.7 mAq$

31 펌프의 비속도 n을 나타내는 식으로 옳은 것은?(단, 회전수를 N, 최고 효율점의 토출량을 Q, 최고 효율점의 전양정을 H로 나타낸다.)

① $n = N \cdot \dfrac{Q^{3/4}}{H^{1/2}}$ ② $n = N \cdot \dfrac{Q^{1/2}}{H^{3/4}}$

③ $n = Q \cdot \dfrac{N^{3/4}}{H^{1/2}}$ ④ $n = Q \cdot \dfrac{N^{1/2}}{H^{3/4}}$

해설 비속도란 펌프의 단위 유량과 단위 양정에 대한 회전수를 의미하며 $n = N \cdot \dfrac{Q^{1/2}}{H^{3/4}}$로 표현한다.

32 급수로부터 각 유닛을 거쳐 나오는 총길이가 동일하므로 기기마다의 저항이 균일하게 되고, 따라서 유량을 균일하게 할 수 있는 배관회로 방식은?

① 역환수방식 ② 자연환수방식
③ 간접환수방식 ④ 건식환수방식

해설 역환수 방식(리버스리턴방식)은 존별로 배관길이를 균등히 하여 저항을 조정하며 유량을 균등하게 하는 방법이다.

33 다음 그림과 같은 여과장치의 효율은?

① 25% ② 66%
③ 75% ④ 88%

해설 여과 효율 = $\dfrac{제거량}{유입량} = \dfrac{0.32 - 0.08}{0.32} = 0.75$

해답 30.③ 31.② 32.① 33.③

34 원형 덕트와 장방향 덕트의 환산식으로 옳은 것은?(단, d : 원형덕트의 직경 또는 환산직경, a : 장방형 덕트의 장변길이, b : 장방형 덕트의 단변 길이)

① $d = 1.3 \left[\dfrac{(a \cdot b)^5}{(a+b)^2} \right]^{1/8}$
② $d = 1.3 \left[\dfrac{(a \cdot b)^5}{(a-b)^2} \right]^{1/8}$
③ $d = 1.3 \left[\dfrac{(a \cdot b)^2}{(a+b)^5} \right]^{1/8}$
④ $d = 1.3 \left[\dfrac{(a \cdot b)^2}{(a-b)^5} \right]^{1/8}$

> **해설** $d = 1.3 \left[\dfrac{(a \cdot b)^5}{(a+b)^2} \right]^{1/8}$ 환산식은 동일 풍량에서 저항이 같도록 원형 덕트와 각형 덕트 사이즈를 환산하는 식이다.

35 어떤 송풍기의 회전속도가 460rpm일 때 송풍기 전압은 32mmAq이었다. 이 송풍기를 600rpm으로 운전하였을 때의 송풍기 전압은?

① 32.0mmAq
② 41.7mmAq
③ 54.4mmAq
④ 71.0mmAq

> **해설** 상사법칙에서 $\dfrac{P_2}{P_1} = \left(\dfrac{N_2}{N_1}\right)^2$
> $P_2 = P_1 \left(\dfrac{N_2}{N_1}\right)^2 = 32\left(\dfrac{600}{460}\right)^2 = 54.4 mmAq$

36 수배관에서 위치수두 10mAq, 압력수두 30mAq, 속도 2.5m/s로 관 속을 흐르는 물의 전수두는?

① 13.06m
② 13.24m
③ 40.32m
④ 42.54m

> **해설** 전수두=위치+압력+속도
> 속도수두=$\dfrac{v^2}{2g} = \dfrac{2.5^2}{2 \times 9.8} = 0.32 mAq$
> 전수두=10+30+0.32=40.32mAq

37 단효용 흡수식 냉동기와 비교한 2중 효용 흡수식 냉동기의 특징으로 옳은 것은?

① 고압응축기와 저압응축기가 있다.
② 고온증발기와 저온증발기가 있다.
③ 고온발생기와 저온발생기가 있다.
④ 냉각탑의 용량이 커진다.

> **해설** 2중 효용 흡수식 냉동기는 고온발생기와 저온발생기가 있다.

해답 34.① 35.③ 36.③ 37.③

38 공조배관계에 부압방지를 위한 배관법으로 옳지 않은 것은?

① 순환펌프 토출측에 팽창탱크가 접속되는 것을 피한다.
② 순환펌프는 배관 도중 온도가 가장 높은 곳에 설치한다.
③ 팽창탱크는 장치의 가장 높은 곳보다 더 높은 위치로 한다.
④ 순환펌프는 배관 도중 가능한 한 압입양정이 높은 곳에 설치한다.

[해설] 순환펌프는 배관 도중 온도가 가장 낮은 곳에 설치한다.

39 덕트에 관한 설명으로 옳지 않은 것은?

① 덕트의 보강을 위해서 다이아몬드 브레이크 등을 사용한다.
② 덕트를 분기할 경우 덕트 굽힘부 가까이에서 분기하는 것은 피하는 것이 좋다.
③ 덕트의 굽힘부에서 곡률반경이 작거나 직각으로 구부러질 때 안내날개를 설치한다.
④ 단면을 바꿀 때 확대부에서는 경사도 30° 이하, 축소부에서는 경사도 45° 이하가 되도록 한다.

[해설] 단면을 바꿀 때 확대부에서는 경사도 15° 이하, 축소부에서는 경사도 30° 이하가 되도록 한다.

40 다음의 보일러 출력 표시방법 중 가장 큰 값을 갖는 것은?

① 정미출력　　　　② 상용출력
③ 정격출력　　　　④ 과부하출력

[해설] 보일러 출력은 정미출력<상용출력<정격출력<과부하출력 순으로 커진다.

제3과목　전기 및 소방시설 일반

41 소화설비의 소화방법에 관한 설명으로 옳지 않은 것은?

① 물분무소화설비는 제거 소화법이다.
② 옥내소화전설비는 냉각 소화법이다.
③ 스프링클러설비는 냉각 소화법이다.
④ 불연성 가스 소화설비는 질식 소화법이다.

[해설] 물분무소화설비는 냉각 질식 소화법이다.

[해답] 38.② 39.④ 40.④ 41.①

42 소방차로부터 스프링클러설비에 송수할 수 있는 송수구에 관한 기준 내용으로 옳지 않은 것은?

① 구경 65mm의 단구형으로 할 것
② 송수구에는 이물질을 막기 위한 마개를 씌울 것
③ 지면으로부터 높이가 0.5m 이상 1m 이하의 위치에 설치할 것
④ 송수구의 가까운 부분에 자동배수밸브(또는 직경 5mm의 배수공) 및 체크밸브를 설치할 것

해설 송수구는 구경 65mm의 쌍구형으로 할 것

43 스프링클러설비의 알람밸브에 리타딩챔버를 설치하는 주된 목적은?

① 오보를 방지한다.
② 자동배수를 한다.
③ 방수압을 시험한다.
④ 가압수의 온도를 검지한다.

해설 리타딩챔버의 기능은 누수로 인한 유수검지장치의 오동작을 방지하기 위한 안전장치이다.

44 두 개의 전극을 이용하여 정전용량이 큰 콘덴서를 만들기 위한 방법으로 알맞은 것은?

① 극판의 면적을 작게 한다.
② 극판의 거리를 멀게 한다.
③ 극판 사이의 전압을 높게 한다.
④ 극판 사이에 유전체를 삽입하다.

해설 콘덴서의 정전용량은 극판 면적을 크게, 거리는 좁게, 유전율이 클수록 증가한다.

45 저압옥내배선 공사 중 점검할 수 없는 은폐된 장소에서 시설할 수 없는 공사는?

① 금속관공사
② 금속덕트공사
③ 2종 가요전선관 공사
④ 합성수지관(CD관 제외)공사

해설 은폐된 곳에서는 관으로 된 전선관을 사용한다.

46 전기용접기의 주된 원리는 무엇을 응용한 것인가?

① 전자력
② 자기유도
③ 전자유도
④ 줄(Joule)열

해설 전기용접기는 전기 저항을 이용하여 발생하는 열(줄열)로 모재를 용융하여 용접한다.

해답 42.① 43.① 44.④ 45.② 46.④

47 다음 중 배선설비에 사용되는 전선의 굵기를 결정할 때 고려해야 할 요소가 아닌 것은?

① 전압강하   ② 허용전류
③ 기계적 강도   ④ 전선관 규격

해설 전선 굵기는 허용전류, 전압강하, 기계적강도 3가지를 고려한다.

48 급기팬에 220[V]의 교류전압을 가하니 10[A]의 전류가 전압보다 60° 뒤져서 흐른다. 이 급기팬을 2시간 사용할 때의 소비전력량은?

① 0.55[kWh]   ② 2.2[kWh]
③ 4[kWh]   ④ 792[kWh]

해설 피상전력은 VA=IV=10×220=2200VA=2.2kVA
역률은 cos60=0.5
소비전력은 피상전력×역률이므로 KW=2.2×0.5=1.1kW
2시간 동안 소비전력은 kWh=1.1×2=2.2kWH

49 수용장소의 수전설비용량에 대한 최대 수용전력의 비율을 백분율로 나타낸 것은?

① 수용률   ② 부등률
③ 역률   ④ 부하율

해설 수용률 = $\dfrac{\text{최대수용전력}}{\text{수전설비용량}}$

50 자동화재탐지설비에서 하나의 경계구역의 면적은 최대 얼마 이하로 하는가?(단, 해당 특정소방대상물의 주된 출입구에서 그 내부 전체가 보이는 것 제외)

① 150㎡   ② 300㎡
③ 500㎡   ④ 600㎡

해설 자동화재탐지설비에서 하나의 경계구역의 면적은 최대 600㎡ 이하로 한다.

51 저항 R과 인덕턴스 L의 병렬회로에 있어서 전류와 전압의 위상관계는?

① 전류는 전압보다 뒤진다.   ② 전류와 전압은 동상이다.
③ 전류는 전압보다 45° 앞선다.   ④ 전류는 전압보다 90° 앞선다.

해설 인덕턴스 L(코일)은 전류 흐름을 방해하는 성질이 있어 전류가 전압보다 뒤진다.

해답 47.④ 48.② 49.① 50.④ 51.①

52 암페어의 오른손 법칙이 적용되는 기기는?

① 저항
② 축전지
③ 난방코일
④ 솔레노이드 밸브

해설 암페어의 오른손 법칙은 전류에 의해 발생되는 자계의 방향에 관한 법칙으로 암페어의 오른나사법칙이라고도 한다. 솔레노이드 밸브에 응용된다.

53 다음 설명에 알맞은 화재의 종류는?

> 인화성 액체, 가연성 액체, 타르, 오일, 유성도료, 솔벤트, 래커, 알코올 및 인화성 가스와 같은 유류가 타고 나서 재가 남지 않는 화재

① A급 화재
② B급 화재
③ C급 화재
④ K급 화재

해설 A급 화재(일반화재), B급 화재(유류화재), C급 화재(전기화재), K급 화재(주방화재)

54 광원에서 나가는 전광속 대비 피조면에 도달하는 광속의 비율을 의미하는 것은?

① 이용률
② 조명률
③ 유지율
④ 감광보상률

해설 조명률이란 광원에서 나가는 전광속(빛의 량) 대비 피조면에 도달하는 광속의 비율을 의미하며 직접 조명에서 크고, 간접 조명에서 작아진다.

55 주파수가 120[Hz]인 교류 파형의 주기는?

① 약 0.083[sec]
② 약 0.0083[sec]
③ 약 0.00083[sec]
④ 약 0.000083[sec]

해설 주기 $T = \dfrac{1}{f(주파수)} = \dfrac{1}{120} = 8.3 \times 10^{-3}$ (sec)

56 인터폰설비의 통화망 구성 방식에 따른 구분에 속하지 않는 것은?

① 모자식
② 상호식
③ 복합식
④ 개별식

해설 인터폰설비 방식에 모자식, 상호식, 복합식이 있다.

해답 52.④ 53.② 54.② 55.② 56.④

57 연결송수관설비 방수구의 호스접결구의 설치위치로 옳은 것은?

① 바닥으로부터 높이 0.5m 이상 1m 이하의 위치
② 바닥으로부터 높이 0.5m 이상 1.5m 이하의 위치
③ 바닥으로부터 높이 1m 이상 1.5m 이하의 위치
④ 바닥으로부터 높이 1m 이상 2m 이하의 위치

해설 방수구의 호스접결구의 설치위치는 호스를 연결하기에 적합한 위치로 바닥으로부터 높이 0.5m 이상 1m 이하로 정해진다.

58 그림의 회로도와 같이 논리식이 Y=$X_1 \cdot X_2$로 표시되는 논리회로의 종류는?

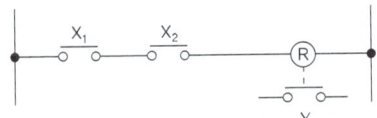

① AND회로
② OR회로
③ NOT회로
④ NAND회로

해설 회로에서 X_1과 X_2가 모두 ON 되어야 Y 릴레이가 작동하는 AND 회로(Y=$X_1 \cdot X_2$)이다.

59 건축화 조명에 관한 설명으로 옳지 않은 것은?

① 조명기구 배치방식에 의하면 거의 전반조명 방식에 해당된다.
② 조명기구 배관방식에 의하면 거의 직접조명 방식에 해당된다.
③ 건축물의 천장이나 벽을 조명기구 겸용으로 마무리하는 것이다.
④ 천장면 이용방식으로는 다운라이트, 코퍼라이트, 광천장 조명 등이 있다.

해설 건축화 조명은 대부분 건축물의 천장이나 벽을 조명기구로 겸용하는 간접조명방식에 속한다.

60 다음 설명에 알맞은 피드백 제어계의 구성 요소는?

> 제어계의 상태를 교란시키는 외적 작용으로서, 실내온도제어에서는 인체·조명 등에 의한 발생열, 창문을 통한 태양일사, 틈새바람, 외기온도 등을 의미한다.

① 외란
② 제어대상
③ 제어편차
④ 주피드백신호

해설 외란이란 외부에서 제어계의 상태를 교란시키는 요소들로 실내온도제어에서는 인체·조명 등에 발생열 등이다.

제4과목 건축설비 관련 법규

61 방송 공동수신설비를 설치하여야 하는 대상 건축물에 속하지 않는 것은?

① 아파트
② 연립주택
③ 다가구주택
④ 다세대주택

해설 〈건축법령 87조〉 공동주택(아파트, 연립주택, 다세대주택), 바닥면적의 합계가 5천제곱미터 이상으로서 업무시설이나 숙박시설의 용도로 쓰는 건축물

62 건축법령상 다중이용 건축물에 속하지 않는 것은?(단, 15층 이하이며, 해당 용도로 쓰는 바닥면적의 합계가 5000㎡ 이상인 건축물)

① 종교시설
② 판매시설
③ 위락시설
④ 의료시설 중 종합병원

해설 〈건축법령 2조 17〉 위락시설은 준다중이용 건축물에 속한다.

63 건축물 관련 건축기준의 허용오차 범위로 옳지 않은 것은?

① 출구 너비 : 2% 이내
② 반자 높이 : 2% 이내
③ 벽체 두께 : 2% 이내
④ 바닥판 두께 : 3% 이내

해설 〈건축법 규칙 20조〉 벽체 두께 : 3% 이내

64 다음은 환기구의 안전 기준 내용이다. ( ) 안에 알맞은 것은?

> 영 제87조제2항에 따라 환기구[건축물의 환기설비에 부속된 급기(給氣) 및 배기(排氣)를 위한 건축구조물의 개구부(開口部)를 말한다.]는 보행자 및 건축물 이용자의 안전이 확보되도록 바닥으로부터 ( ) 이상의 높이에 설치하여야 한다.

① 1m
② 2m
③ 3m
④ 4m

해설 〈설비기준 11조 2〉 2m

65 다음 중 신고 대상에 속하는 용도변경은?

① 전기통신시설군에서 자동차 관련 시설군으로의 용도변경
② 근린생활시설군에서 주거업무시설군으로의 용도변경

해답 61.③ 62.③ 63.③ 64.② 65.②

③ 영업시설군에서 문화 및 집회시설군으로의 용도 변경
④ 교육 및 복지시설군에서 산업 등의 시설군으로의 용도변경

해설 〈건축법 19조 4〉 신고대상은 상위에서 하위로 변경할 때 7. 근린생활시설군에서 8. 주거업무시설군로 변경 시 신고 대상

66 건축법령상 제1종 근린생활시설에서 속하지 않는 것은?

① 이용원 ② 치과의원
③ 마을회관 ④ 일반음식점

해설 〈건축법령 3조5〉 별표 1 일반음식점은 제2종 근생에 속한다.(1종보다 2종이 큰 것들이다)

67 다음은 옥내소화전설비를 설치하여야 하는 특정소방대상물에 대한 기준 내용이다. ( ) 안에 알맞은 것은?

> 연면적 3000㎡ 이상(지하가 중 터널은 제외한다.)이거나 지하층·무창층(축사는 제외한다) 또는 층수가 4층 이상인 것 중 바닥면적이 ( ) 이상인 층이 있는 것은 모든 층

① 300㎡ ② 600㎡
③ 1000㎡ ④ 1200㎡

해설 〈소방법령 15조〉 별표 5 옥내소화전설비 설치대상 건물 600㎡ 이상

68 다음의 소방시설 중 소화활동설비에 속하지 않는 것은?

① 제연설비 ② 비상방송설비
③ 연소방지설비 ④ 무선통신보조설비

해설 〈소방법령 3조〉 별표 1 비상방송설비는 경보설비에 속한다.

69 욕실 또는 조리장의 바닥과 그 바닥으로부터 높이 1m까지의 안벽의 마감을 내수재료로 하여야 하는 대상에 속하지 않는 것은?

① 아파트의 욕실
② 숙박시설의 욕실
③ 제1종 근린생활시설 중 목욕장의 욕실
④ 제1종 근린생활시설 중 휴게음식점의 조리장

해설 〈피난방화기준 18조〉 아파트는 해당 없음

해답 66.④ 67.② 68.② 69.①

70 교육연구시설 중 학교의 교실 간 소음 방지를 위해 설치하는 경계벽의 구조로 옳지 않은 것은?

① 석조로서 두께가 15cm인 것
② 철근콘크리트조로서 두께가 12cm인 것
③ 무근콘크리트조로서 두께가 15cm인 것
④ 콘크리트블록조로서 두께가 15cm인 것

해설 〈피난방화기준 19조〉 콘크리트블록조로서 두께가 19cm 이상인 것.

71 건축물의 에너지절약설계기준에 따른 건축부문의 권장사항으로 옳지 않은 것은?

① 공동주택은 인동간격을 넓게 하여 저층부의 일사 수열량을 증대시킨다.
② 건축물의 체적에 대한 외피면적의 비 또는 연면적에 대한 외피면적의 비는 가능한 크게 한다.
③ 거실의 층고 및 반자 높이는 실의 용도와 기능에 지장을 주지 않는 범위 내에서 가능한 낮게 한다.
④ 건물의 창 및 문은 가능한 작게 설계하고, 특히 열손실이 많은 북측 거실의 창 및 문의 면적은 최소화한다.

해설 〈에너지절약기준 7조〉 건축물의 체적에 대한 외피면적의 비 또는 연면적에 대한 외피면적의 비는 가능한 작게 한다.

72 건축물의 설비기준 등에 관한 규칙에 따라 피뢰설비를 설치하여야 하는 대상 건축물의 높이 기준은?

① 10m 이상
② 15m 이상
③ 20m 이상
④ 30m 이상

해설 〈설비기준 20조〉 피뢰설비 : 20m 이상 건물

73 지능형 건축물의 인증을 평가하는 인증기관은 전문분야별로 각 2명을 포함하여 12명 이상의 심사전문인력을 보유하여야 한다. 보유하여야 하는 심사업무인력의 자격요건과 맞지 않는 것은?

① 해당 전문분야의 박사학위를 취득한 후 3년 이상 해당 업무를 수행한 사람
② 해당 전문분야의 기술사를 취득한 후 3년 이상 해당 업무를 수행한 사람
③ 해당 전문분야의 석사학위를 취득한 후 9년 이상 해당 업무를 수행한 사람
④ 해당 전문분야의 학사학위을 취득한 후 10년 이상 해당 업무를 수행한 사람

해설 〈지능형 건축물의 인증에 관한 규칙 3조〉 학사학위 취득 후 12년 이상의 업무 수행한 사람이 해당된다.

해답 70.④ 71.② 72.③ 73.④

74 배연설비의 설치에 관한 기준 내용으로 옳지 않은 것은?

① 배연창의 유효면적은 2㎡ 이상으로 할 것
② 배연구는 예비전원에 의하여 열 수 있도록 할 것
③ 배연구는 연기감지기 또는 열감지기에 의하여 자동으로 열 수 있는 구조로 할 것
④ 건축물이 방화구획으로 구획된 경우에는 그 구획마다 1개소 이상의 배연창을 설치할 것

해설 〈설비기준 14조〉 배연창의 유효면적은 1㎡ 이상으로 할 것

75 계단의 설치에 관한 기준 내용으로 옳지 않은 것은?

① 계단의 유효높이는 1.8m 이상으로 할 것
② 중학교의 계단인 경우 단높이는 18㎝ 이하, 단너비는 26㎝ 이상으로 할 것
③ 너비 3m를 넘는 계단에는 계단의 중간에 너비 3m 이내마다 난간을 설치할 것
④ 높이 3m를 넘는 계단에는 높이 3m 이내마다 유효너비 1.2m 이상의 계단참을 설치할 것

해설 〈피난방화기준 15조〉 계단의 유효높이는 2.1m 이상으로 할 것

76 다음 중 6층 이상의 거실면적의 합계가 6000㎡인 경우, 설치하여야 하는 승용승강기의 최소대수가 가장 많은 것은?(단 8인승 승용승강기의 경우)

① 업무시설
② 숙박시설
③ 문화 및 집회시설 중 전시장
④ 문화 및 집회시설 중 공연장

해설 〈설비기준 5조〉 승강기 설치 대수는 공연장, 집회, 관람, 판매, 의료시설 건축물에서 가장 많다.

77 건축물의 바깥쪽에 설치하는 피난계단의 구조에 관한 기준 내용으로 옳지 않은 것은?

① 계단의 유효너비는 0.9m 이상으로 할 것
② 계단은 내화구조로 하고 지상까지 직접 연결되도록 할 것
③ 건축물의 내부에서 계단으로 통하는 출입구에는 60분+ 방화문 또는 60분 방화문을 설치할 것
④ 계단은 그 계단으로 통하는 출입구 외의 창문 등으로부터 1m 이상의 거리를 두고 설치할 것

해설 〈피난방화기준 9조 2〉 계단은 그 계단으로 통하는 출입구외의 창문 등(망이 들어 있는 유리의 붙박이창으로서 그 면적이 각각 1제곱미터 이하인 것을 제외한다)으로부터 2미터 이상의 거리를 두고 설치할 것

해답 74.① 75.① 76.④ 77.④

78 판매시설의 경우, 모든 층에 스프링클러설비를 설치하여야 하는 특정소방대상물 기준으로 옳은 것은?

① 바닥면적 합계가 3000㎡ 이상인 것
② 바닥면적 합계가 5000㎡ 이상인 것
③ 바닥면적 합계가 7000㎡ 이상인 것
④ 바닥면적 합계가 10000㎡ 이상인 것

해설 〈소방법령 11조〉 별표 4. 스프링클러설비는 판매시설, 운수시설 및 창고시설(물류터미널에 한정한다)로서 바닥면적의 합계가 5천㎡ 이상이거나 수용인원이 500명 이상인 경우에는 모든 층

79 기계설비법령에 따른 기계설비 시공자의 업무에 해당하지 않는 것은?

① 기계설비 착공 전 확인표 작성
② 기계설비 사용 전 확인표 작성
③ 기계설비 성능확인서 작성
④ 기계설비 착공적합확인서 작성

해설 〈기계설비 기술기준〉 기계설비 착공적합확인서의 작성은 기계설비 감리업무 수행자의 업무사항이다.
기계설비의 착공 전 확인과 사용 전 검사 시 기계설비 시공자 및 감리업무 수행자의 업무
㉠ 기계설비 시공자
 • 기계설비 착공 전 확인표 작성
 • 기계설비 사용 전 확인표 작성
 • 기계설비 성능확인서 작성
 • 기계설비 안전확인서 작성
㉡ 감리업무 수행자
 • 기계설비 착공적합확인서 작성
 • 기계설비 사용적합확인서 작성

80 주요구조부를 내화구조로 하여야 하는 대상건축물 기준으로 옳지 않은 것은?

① 종교시설의 용도로 쓰는 건축물로서 집회실의 바닥면적의 합계가 200㎡ 이상인 건축물
② 장례시설의 용도로 쓰는 건축물로서 집회실의 바닥면적의 합계가 200㎡ 이상인 건축물
③ 판매시설의 용도로 쓰는 건축물로서 그 용도로 쓰는 바닥면적의 합계가 500㎡ 이상인 건축물
④ 공장의 용도로 쓰는 건축물로서 그 용도로 쓰는 바닥면적의 합계가 1000㎡ 이상인 건축물

해설 〈건축법령 56조〉 공장 2000㎡ 이상

해답 78.② 79.④ 80.④

제1과목 - 건축설비 계획

01 그림과 같은 환기 방식이 적합하지 않은 실은?

① 화장실　　　　　　　② 수술실
③ 주방　　　　　　　　④ 욕실

> [해설] 그림과 같은 환기는 배풍기를 이용한 3종 환기로 실내가 부압(-)을 형성하여 오염공기(화장실, 욕실, 주방)가 주변에 확산되지 않도록 한다. 수술실은 클린룸을 형성해야 하므로 송풍기를 이용하여 2종 환기(실내양압)한다.

02 다음에 관한 설명으로 옳지 않은 것은?

① 음의 높이는 음의 주파수에 따라 달라진다.
② 음의 크기는 진폭이 큰 음이 진폭이 작은 음보다 크게 느껴진다.
③ 음의 크기를 객관적인 물리적 양의 개념으로 표현하기 위한 단위로 손(sone)이 있다.
④ 큰 소리와 작은 소리를 동시에 들을 때 큰 소리만 들리고 작은 소리는 들리지 않는 현상을 마스킹 효과(masking effect)라고 한다.

> [해설] 음의 크기(음압)를 객관적인 물리적 양의 개념으로 표현하기 위한 단위는 Pa이고, 음압레벨 단위는 데시벨(dB)을 사용하며, 사람의 감각적(청각적) 음의크기로 손(sone)을 사용한다.

[해답] 1.② 2.③

03 일사 계획에 관한 설명으로 옳지 않은 것은?

① 특수유리나 루버 등을 활용하여 일사를 조절한다.
② 건물 주변에 활엽수보다는 침엽수를 심는 것이 유리하다.
③ 겨울철의 난방 부하를 줄이기 위해 직달일사를 최대한 도입해야 한다.
④ 난방 기간 중에 최대의 일사를 받기 위해서는 남향이 유리하다.

해설 일사계획에서 여름철 일사 차단을 고려하면 건물 주변에 활엽수가 유리하다.

04 우리나라의 아파트, 주택에서 주로 사용되는 대변기 급수방식은?

① 세락식 ② 로 탱크식
③ 세정밸브식 ④ 하이 탱크식

해설 주택용 대변기는 주로 로탱크형이다.

05 중앙식 급탕방식에 관한 설명으로 옳지 않은 것은?

① 배관에 의해 필요 개소에 급탕할 수 있다.
② 급탕 개소마다 가열기의 설치 스페이스가 필요하다.
③ 기구의 동시이용률을 고려하여 가열장치의 총용량을 적게 할 수 있다.
④ 호텔, 병원 등 급탕 개소가 많고 소요 급탕량도 많이 필요한 대규모 건축물에 채용된다.

해설 개별식(국소식)은 급탕 개소마다 가열기의 설치 스페이스가 필요하며, 중앙식은 실내에 가열기가 없다.

06 다음 그림에서 Ⓐ부분의 통기관의 명칭은?

① 각개통기관 ② 신정통기관
③ 회로통기관 ④ 결합통기관

해설 Ⓐ는 배수수직관과 통기수직관을 연결하는 결합통기관이다.

해답 3.② 4.② 5.② 6.④

07 인체의 열적 쾌적감에 영향을 미치는 환경요소에 속하지 않는 것은?

① 기온   ② 공기의 청정도
③ 기류   ④ 습도

[해설] 공기청정도는 열적 요소가 아니다. 온도, 습도, 기류, 복사온도를 물리적 온열환경 4요소라 한다.

08 압력탱크방식 급수법에 관한 설명으로 옳은 것은?

① 취급이 비교적 쉽고 고장도 없다.
② 전력 차단 시에는 사용할 수 없다.
③ 항상 일정한 수압을 유지할 수 있다.
④ 고가탱크방식에 비하여 관리비용이 저렴하고 저양정의 펌프를 사용한다.

[해설] 압력탱크방식은 펌프와 압력탱크를 이용하여 급수하므로 취급이 어렵고 고장도 나며, 전력 차단 시에는 사용할 수 없다. 탱크 내의 압력차(고압-저압)로 일정한 수압을 유지하기 어렵고, 고가탱크방식에 비하여 관리비용이 고가이고 고양정의 펌프를 사용한다.

09 수도직결방식 급수설비에서 수도본관에서 1층에 설치된 샤워기까지의 높이가 2m이고, 마찰손실압력이 20kPa, 수도본관의 수압이 150kPa인 경우 샤워기 입구에서의 수압은?

① 약 110kPa   ② 약 130kPa
③ 약 150kPa   ④ 약 170kPa

[해설] 샤워기 입구 압력은 본관 압력에서 마찰손실과 높이에 해당하는 정수두를 감한 값이다.
$P = P_o - P_L - P_h = 150 - 20 - 20 = 110 kPa$
$(2m\,Aq = 20 kPa)$

10 물의 특성에 관한 설명으로 옳지 않은 것은?

① 물은 비압축성 유체이다.
② 물에는 체적의 탄성이 없다.
③ 물의 점성은 온도가 상승하면 감소한다.
④ 순수한 물이 얼게 되면 약 4%의 체적감소가 발생한다.

[해설] 순수한 물이 얼게 되면 얼음 밀도는 약 0.92로 약 9%의 체적증가가 발생한다. 그러므로 얼음은 물에 약 10% 정도가 떠오른다. 이를 빙산의 일각이라 한다.

[해답] 7.② 8.② 9.① 10.④

11 층류와 난류에 관한 설명으로 옳지 않은 것은?

① 층류영역에서 난류영역 사이를 천이영역이라고 한다.
② 층류에서 난류로 천이할 때의 유속을 평균유속이라고 한다.
③ 레이놀즈 수에 의해 관내의 흐름이 층류인지 난류인지를 판별할 수 있다.
④ 유체 유동 중 층류는 유체분자가 규칙적으로 층을 이루면서 흐르는 것이다.

해설 층류에서 난류로 천이할 때의 유속을 임계유속이라고 한다.

12 배관설비에 사용되는 신축 이음쇠에 속하지 않는 것은?

① 루프형　　　　　　　　② 슬리브형
③ 벨로즈형　　　　　　　④ 플랜지형

해설 플랜지는 신축이음은 아니며 최종 조립, 분해가 가능한 이음쇠다.

13 다음 중 간접배수로 하지 않아도 되는 것은?

① 세탁기에서의 배수　　　② 세면기에서의 배수
③ 냉각탑에서의 배수　　　④ 식기세정기에서의 배수

해설 세면기, 대변기, 싱크대 등은 트랩을 설치하여 직접배수한다.

14 다음 중 위생설비를 유니트화하여 얻는 이점과 가장 관계가 먼 것은?

① 공기의 단축　　　　　　② 품질의 향상
③ 공장 작업의 최소화　　　④ 현장 작업의 안정성 향상

해설 위생설비 유니트화는 공장에서 유니트를 제작하여 현장 작업을 최소화한다.

15 통기설비에 관한 설명으로 옳지 않은 것은?

① 신정통기관의 관경은 배수수직관의 관경보다 작게 해서는 안 된다.
② 각개통기관의 관경은 그것이 접속되는 배수관 관경의 1/2 이상으로 한다.
③ 소벤트 시스템은 특수통기방식으로 통기수직관을 사용한 루프통기방식의 일종이다.
④ 간접배수계통의 통기관은 다른 통기계통에 접속하지 말고 단독으로 대기 중에 개구한다.

해설 소벤트 시스템은 특수통기(one pipe)방식으로 배수수직관을 통기관 겸용으로 사용한다.

해답　11.② 12.④ 13.② 14.③ 15.③

16 습공기의 건구온도와 습구온도를 알 경우 습공기선도 상에서 파악할 수 없는 것은?

① 비체적 ② 노점온도
③ 열수분비 ④ 수증기분압

해설 습공기의 건구온도와 습구온도를 알 경우 습공기선도 상에서 상태점을 알 수 있는데 열수분비나 현열비는 상태선이 결정되어야 그 값을 알 수 있다.

17 냉방부하의 발생요인 중 현열부하만 발생하는 것은?

① 인체의 발생열량 ② 유리로부터의 취득열량
③ 극간풍에 의한 취득열량 ④ 외기의 도입에 의한 취득열량

해설 냉방부하에서 잠열은 수분(공기 중 수분)과 관계한다. 유리로부터의 부하는 현열만 있다.

18 벽체의 열관류율에 관한 설명으로 옳지 않은 것은?

① 열관류율이 높을수록 단열성능이 좋다.
② 벽체 구성재료의 열전도율이 높을수록 열관류율은 커진다.
③ 벽체에 사용되는 단열재의 두께가 두꺼울수록 열관류율은 낮아진다.
④ 열관류율이 높을수록 외벽의 실내측 표면에 결로 발생 우려가 커진다.

해설 구조체에서 열관류율이 낮을수록 단열성능이 좋다.

19 습공기에 관한 설명으로 옳은 것은?

① 습공기를 가열하면 상대습도가 증가한다.
② 습공기를 가열하면 상대습도가 감소한다.
③ 습공기를 가열하면 절대습도가 증가한다.
④ 습공기를 가열하면 절대습도가 감소한다.

해설 습공기를 가열하면 상대습도는 감소하며 절대습도는 일정하다.

20 온도 35°C의 외기 30%와 26°C의 환기 70%를 단열혼합하는 경우 혼합공기의 온도는?

① 27.9°C ② 28.7°C
③ 30.5°C ④ 32.3°C

해설 $t_m = m_1 t_1 + m_2 t_2 = 0.3 \times 35 + 0.7 \times 26 = 28.7°C$

해답 16.③ 17.② 18.① 19.② 20.②

제2과목 — 건축설비 설계

21 위생기구의 동시사용률은 기구의 수량과 어떤 관계가 있는가?
① 기구수와 관계없다.
② 기구수가 증가하면 커진다.
③ 기구수가 증가하면 작아진다.
④ 기구수가 증가하면 처음에는 커지다가 작아진다.

해설 위생기구 동시사용률은 1~2개일 때 100%이고, 기구수가 증가하면 점점 작아진다.

22 급탕설비에 있어서 순환 펌프 순환수량을 산출하는데 필요한 값이 아닌 것은?
① 배관 길이
② 급탕 사용수량
③ 급탕과 반탕의 온도차
④ 배관 단위길이당 열손실량

해설 급탕설비에 있어서 순환 펌프 순환수량은 배관의 열손실을 보충하기 위한 것으로 사용수량과는 관계없다.

23 급탕설비에서 급탕기기의 부속장치에 관한 설명으로 옳지 않은 것은?
① 온수탱크 상단에는 배수밸브를, 하부에는 진공방지밸브를 설치하여야 한다.
② 안전밸브와 팽창탱크 및 배관 사이에는 차단밸브나 체크밸브 등 어떠한 밸브도 설치되어서는 안 된다.
③ 밀폐형 가열장치에는 일정 압력 이상이면 압력을 도피시킬 수 있도록 도피밸브나 안전밸브를 설치한다.
④ 온수탱크의 보급수관에는 급수관의 압력변화에 의한 환탕의 유입을 방지하도록 역류방지밸브를 설치한다.

해설 급탕설비에서 온수탱크 상단에는 에어밴트를, 하부에는 배수밸브(드레인)를 설치하여야 한다.

24 급탕배관의 설계 및 시공상의 주의점에 관한 설명으로 옳지 않은 것은?
① 배관에는 관의 신축을 방해받지 않도록 신축이음쇠를 설치한다.
② 상향배관의 경우 급탕관은 상향 구배, 반탕관은 하향 구배로 한다.
③ 하향배관의 경우는 급탕관은 하향 구배, 반탕관은 상향 구배로 한다.
④ 배관은 균등한 구배로 하고 역구배나 공기 정체가 일어나기 쉬운 배관 등을 피한다.

해설 하향배관의 경우는 배관 내 공기가 배출되도록 급탕관은 상향 구배, 반탕관은 하향 구배로 한다.

해답 21.③ 22.② 23.① 24.③

25 역류를 방지하여 오염으로부터 상수계통을 보호하기 위한 방법으로 적절하지 않은 것은?

① 토수구 공간을 둔다.
② 역류방지밸브를 설치한다.
③ 대기압식 또는 가압식 진공브레이커를 설치한다.
④ 수압이 0.4MPa을 초과하는 계통에는 감압밸브를 부착한다.

[해설] 역류에 의한 급수(상수)오염을 크로스 컨넥션이라 하며, 수압이 0.4MPa을 초과하는 계통에는 역지밸브를 부착한다.

26 BOD제거율(%)의 산출 공식으로 옳은 것은?

① $\dfrac{유출수의\ BOD}{유입수의\ BOD} \times 100$

② $\dfrac{유입수의\ BOD}{유출수의\ BOD} \times 100$

③ $\dfrac{유입수의\ BOD - 유출수의\ BOD}{유입수의\ BOD} \times 100$

④ $\dfrac{유출수의\ BOD - 유입수의\ BOD}{유출수의\ BOD} \times 100$

[해설] $BOD제거율 = \dfrac{제거농도}{유입농도} = \dfrac{유입수의\ BOD - 유출수의\ BOD}{유입수의\ BOD}$

27 내경이 150mm인 직선배관에 0.06m³/sec의 물이 흐를 때, 배관길이가 50m일 경우 관내 마찰손실수두는?(단, 마찰손실계수 f=0.03)

① 1.2m   ② 3.4m
③ 5.9m   ④ 11.8m

[해설] 배관 내 유속(v)을 구하면

$v = \dfrac{Q}{A} = \dfrac{0.06}{(\pi/4)0.15^2} = 3.40 m/s$

$\Delta h = \dfrac{f \times L \times v^2}{d \times 2g} = \dfrac{0.03 \times 50 \times (3.4)^2}{0.15 \times 2g} = 5.9m$

28 원심식 펌프로 회전차 주위에 디퓨저인 안내 날개를 가지고 있는 펌프는?

① 터빈펌프   ② 기어펌프
③ 피스톤펌프   ④ 볼류트펌프

[해답] 25.④ 26.③ 27.③ 28.①

해설 터빈펌프는 임펠러(회전차) 주위에 디퓨저인 안내 날개(가이드베인)를 설치하여 고양정을 얻는다.

29 배수배관의 관경과 구배에 관한 설명으로 옳지 않은 것은?

① 배수관 관경이 클수록 자기세정 작용이 커진다.
② 배관의 구배가 너무 크면 유수가 빨리 흘러 고형물이 남게 된다.
③ 배관의 구배가 작으면 고형물을 밀어낼 수 있는 힘이 작아진다.
④ 배수관 관경이 필요 이상으로 크면 오히려 배수의 능력이 저하된다.

해설 배수관은 자기세정을 위한 적정한 유속을 유지하기위하여 유량에 대하여 관경이 적합해야 한다. 관경이 너무 크면 배수가 바닥에 얕게 흐르므로 세정능력이 감소한다.

30 저압증기배관에 관한 설명으로 옳지 않은 것은?

① 증기주관 곡부에는 밴드관을 사용한다.
② 순구배 배관의 말단부에는 관말트랩을 설치한다.
③ 배관의 분기부에는 밸브를 설치하여서는 안된다.
④ 분류·합류에 T이음쇠를 이용하는 경우는 90° T자형을 이용하지 않는다.

해설 배관의 분기부에는 밸브를 설치하여 고장이나 수리 시 부분적으로 증기 공급을 차단할 수 있다.

31 원형덕트와 장방형덕트의 환산식으로 옳은 것은?(단, d : 원형덕트의 직경 또는 환산 직경, a : 장방향덕트의 장변길이, b : 장방향덕트의 단변길이)

① $d = 1.3[\dfrac{(a \cdot b)^5}{(a+b)^2}]^{1/8}$
② $d = 1.3[\dfrac{(a \cdot b)^5}{(a-b)}]^{1/8}$
③ $d = 1.3[\dfrac{(a \cdot b)^2}{(a+b)^5}]^{1/8}$
④ $d = 1.3[\dfrac{(a \cdot b)^2}{(a-b)^5}]^{1/8}$

해설 $d = 1.3[\dfrac{(a \cdot b)^5}{(a+b)^2}]^{1/8}$

32 다음의 송풍기 풍량제어 방법 중 축동력이 가장 많이 소요되는 것은?

① 회전수제어
② 흡입베인제어
③ 흡입댐퍼제어
④ 토출댐퍼제어

해설 축동력 소비 순서 : 토출댐퍼제어 > 흡입댐퍼제어 > 흡입베인제어 > 회전수제어

해답 29.① 30.③ 31.① 32.④

33 펌프의 운전점 결정방법으로 옳은 것은?

① 펌프의 전양정이 최소가 되는 점으로 결정된다.
② 펌프의 양정곡선이 교점으로 결정된다.
③ 펌프의 축동력곡선과 효율곡선의 교점으로 결정된다.
④ 펌프의 양정곡선과 배관의 저항곡선의 교점으로 결정된다.

[해설] 펌프 운전점은 펌프의 양정곡선(펌프의 힘)과 배관 저항곡선의 교점에서 결정된다.

34 다음 중 다단펌프를 사용하는 가장 주된 목적은?

① 흡입양정이 큰 경우
② 토출량을 줄이기 위한 경우
③ 높은 토출양정이 필요한 경우
④ 수중에 펌프를 설치하는 경우

[해설] 다단펌프는 고양정(높은 토출양정)을 얻는데 사용한다.

35 다음과 같은 조건에서 실체적 3000m³인 어떤 실의 틈새바람에 의한 냉방부하는?

- 환기횟수=0.5회/h
- 실내공기의 온도 t_i=26°C
- 실내공기의 절대습도 X_i=0.011kg/kg
- 공기의 정압비열 : 1.01kJ/kg·K
- 외기의 온도 t_o=32°C
- 외기 절대습도 X_o=0.018kg/kg
- 공기의 밀도 : 1.2kg/m³
- 0°C에서 물의 증발잠열 : 2501kJ/kg

① 약 2592W
② 약 7560W
③ 약 11784W
④ 약 14523W

[해설] 틈새바람에 의한 냉방부하는 현열과 잠열이 있다.
틈새바람량 $Q = 3000 \times 0.5 = 1500 m^3/h$
현열부하 $q_s = mC\Delta t = 1500 \times 1.2 \times 1.01(32-26) = 10908 kJ/h = 3030 W$
잠열부하 $q_L = \gamma m \Delta x = 2501 \times 1500 \times 1.2(0.018-0.011) = 31512.6 kJ/h = 8753.5 W$
냉방부하= $3030 + 8753.5 = 11783.5 W$

위 잠열부하식에서 온도는 보통 무시한다.

36 덕트 부속기기 중 스플릿 댐퍼에 관한 설명으로 옳지 않은 것은?

① 주덕트의 압력강하가 적다.
② 정밀한 풍량조절이 용이하다.
③ 폐쇄용으로는 사용이 곤란하다.
④ 분기부에 설치하여 풍량조절용으로 사용된다.

[해설] 스플릿 댐퍼는 분기부에 설치하여 풍량조절용으로 사용되며 정밀한 풍량제어는 어렵다.

[해답] 33.④ 34.③ 35.③ 36.②

37 냉각탑 주위의 배관에 관한 설명으로 옳지 않은 것은?

① 냉각탑 주의의 세균 감염에 유의하여야 한다.
② 냉각탑 입구측 배관에는 스트레이너를 설치하여야 한다.
③ 냉각수의 출입구측 및 보급수관의 입구측에 플렉시블 조인트를 설치한다.
④ 냉각탑을 중간기 및 동절기에 사용하는 경우 냉각수의 동결방지 및 냉각수온도 제어를 고려한다.

> 해설 냉각탑 출구측 배관에 스트레이너를 설치하여 냉동기 응축기로 이물질이 끼어들지 않게 한다.

38 열펌프(heat pump)에 관한 설명으로 옳은 것은?

① 공기조화에 주로 냉방용으로 응용된다.
② 냉동사이클에서 응축기의 발열량을 이용하기 위한 것이다.
③ GHP(Gas Engine Heat Pump)는 흡수식 냉동기의 원리를 이용한 펌프이다.
④ 냉동기를 냉각목적으로 할 경우의 성적계수보다 열펌프로 사용될 경우의 성적계수가 작다.

> 해설 열펌프는 증기압축식 냉동사이클로 냉난방이 가능하며(여름에는 냉방, 겨울에는 난방) 특히 겨울에는 응축기의 발열량을 난방에 이용한다. 성적계수는 난방일 때 냉방시보다 1만큼 크다.

39 덕트 내에 흐르는 공기의 풍속이 13m/s, 정압이 20mmAq일 때 전압은?(단, 공기의 비중량은 1.2kg/m³이다.)

① 20.34mmAq
② 28.84mmAq
③ 30.35mmAq
④ 36.25mmAq

> 해설 동압 $= (\frac{v^2}{2g})\rho = (\frac{13^2}{2g})1.2 = 10.35 mmAq$
> 전압 $=$ 정압 $+$ 동압 $= 20 + 10.35 = 30.35 mmAq$

40 덕트의 치수결정법 등 등속법에 관한 설명으로 옳지 않은 것은?

① 덕트를 통해 먼지나 산업용 분말을 이송시키는데 적당하다.
② 덕트 내의 풍속을 일정하게 유지할 수 있도록 덕트 치수를 결정하는 방법이다.
③ 송풍기 용량을 구하기 위해서는 전체 구간의 압력 손실을 구해야 하는 번거로움이 있다.
④ 미분탄 및 시멘트 분말의 이송에는 덕트 내에 분말이 침적되지 않도록 풍속 5m/s로 설계한다.

해답 37.② 38.② 39.③ 40.④

해설 등속법에서 미분탄 및 시멘트 분말의 이송에는 덕트 내에 분말이 침적되지 않도록 풍속 20~35m/s 정도로 설계한다.

제3과목 전기 및 소방시설 일반

41 무대부에 개방형 스프링클러 헤드를 수평거리 1.7m, 정방형으로 설치하는 경우 헤드간 거리는?

① 1.8m ② 2.1m
③ 2.4m ④ 3.4m

해설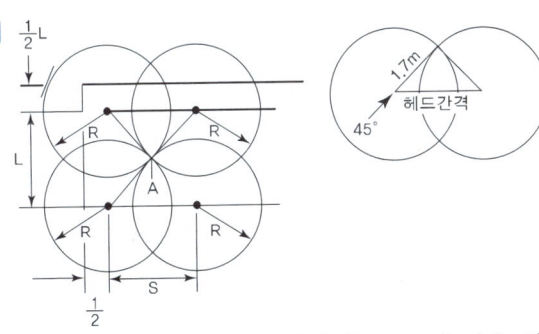

L : 배수관 간격
S : 헤드간격
R : 수평거리(m)
S-L
S-2Rcos 45°

그림과 같이 유효반경(수평거리) 1.7m인 경우 헤드간격(S)은
$S = \sqrt{2}\,R = \sqrt{2}\,(1.7) = 2.4m$

42 변압기에 관한 설명으로 옳은 것은?

① 전압을 강압(down)시킬 때만 사용한다.
② 건식 변압기는 화재의 위험성이 있는 장소에 사용이 곤란하다.
③ 몰드 변압기는 내수·내습성이 우수하나 소형, 경량화가 불가능하다는 단점이 있다.
④ 1차측 코일과 2차측 코일의 권수비는 1차측 코일과 2차측 코일의 교류전압의 비와 같다.

해설 변압기는 전압을 승압(up), 강압(down)시킬 수 있으며, 건식 변압기는 화재의 위험성이 있는 장소에 사용이 가능하고, 몰드 변압기는 내수·내습성이 우수하여 소형, 경량화가 가능하다는 장점이 있다.

43 어떤 회로의 저항이 10[Ω]이고 2[A]의 전류가 흐른다면 전압은?

① 5[V] ② 8[V]
③ 12[V] ④ 20[V]

해설 전압$(V) = IR = 2 \times 10 = 20\,V$

해답 41.③ 42.④ 43.④

44 습식 스프링클러설비 및 부압식 스프링클러설비 외의 설비에 하향식 스프링클러 헤드를 설치할 수 있는 경우가 아닌 것은?

① 개방형 스프링클러헤드를 사용하는 경우
② 드라이펜던트 스프링클러헤드를 사용하는 경우
③ 스프링클러헤드의 설치장소가 동파의 우려가 없는 곳인 경우
④ 수원이 건축물의 최상층에 설치된 헤드보다 높은 위치에 설치된 경우

해설 개방형 스프링클러헤드나 드라이펜던트 스프링클러헤드를 사용하는 경우, 스프링클러헤드의 설치장소가 동파의 우려가 없는 곳인 경우에는 상향식 이외의 하향식 헤드를 설치할 수 있다.

45 연결송수관설비에 관한 설명으로 옳은 것은?

① 송수구는 지면으로부터 1m 이상 1.5m 이하의 위치에 설치한다.
② 수직배관은 내화구조로 구획되지 않은 계단실 또는 파이프덕트 등에 설치한다.
③ 방수구는 특정소방대상물의 층마다 설치하되, 공동주택과 업무시설의 1층, 2층에는 설치하지 않는다.
④ 배관은 지면으로부터의 높이가 31m 이상인 특정소방대상물 또는 지상 11층 이상인 특정소방대상물에 있어서는 습식설비로 한다.

해설 연결송수관 송수구는 지면으로부터 0.5m 이상 1m 이하의 위치에 설치하며, 수직배관은 내화구조로 구획된 계단실 또는 파이프덕트 등에 설치한다. 방수구는 특정소방대상물의 층마다 설치하며, 공동주택과 업무시설도 예외 없이 설치한다.

46 합성 최대 수용전력이 1,000kW, 부하율이 0.6일 때 평균 전력(kW)은?

① 600
② 800
③ 1,000
④ 1,667

해설 부하율 = $\dfrac{\text{부하의 평균전력}(kW)}{\text{합성최대수요전력}(kW)} \times 100\%$

문제에서 부하율을 0.6으로서 백분율(%)로서 제시하지 않았으므로, 아래 식으로 부하의 평균전력을 구해준다.
부하의 평균전력(kW)=부하율×합성 최대수요전력(kW)=0.6×1,000=600kW

47 75[kVA] 단상변압기 2대를 V결선한 경우 3상변압기의 출력은?

① 90[kVA]
② 110[kVA]
③ 130[kVA]
④ 150[kVA]

해설 단상변압기 2대를 V결선한 경우 3상변압기의 출력은
$kVA = \sqrt{3}(단상kVA) = \sqrt{3}(75) = 130 kVA$

48 v=100sin(314t+60°)[V]인 교류전압의 주기는?

① 0.017초 ② 0.02초
③ 50초 ④ 60초

해설 교류 순시값 v=100sin(314t+60°)[V]에서 각속도(w)=314이다.
그러므로 $w = 2\pi f = 314$
$$f(주파수) = \frac{314}{2\pi} = 50$$
$$주기(T) = \frac{1}{f} = 1/50 = 0.02 s (초)$$

49 부하설비의 역률을 개선하기 위해 설치하는 것은?

① 다이오드 ② 영상 변류기
③ 진상용 콘덴서 ④ 유도전압 조정기

해설 역률 개선에 코일의 지상에 대응한 진상용 콘덴서를 사용한다.

50 차동식 분포형 화재감지기에 속하지 않는 것은?

① 스폿식 ② 공기관식
③ 열전대식 ④ 열반도체식

해설 차동식 감지기는 온도상승속도를 감지하는 것으로 스폿식(한 점에 설치)과 분포형이 있으며 분포형 화재감지기에는 공기관식, 열전대식, 열반도체식이 있다.

51 다음의 제어동작 중 ON-OFF 동작이라고도 하며, 항상 목표치와 제어결과가 일치하지 않는 동작간극을 일으키는 결점이 있는 것은?

① PI제어동작 ② 비례제어동작
③ 2위치 제어동작 ④ 다위치 제어동작

해설 제어동작 중 ON-OFF 동작이란 2위치 제어동작을 말한다.

해답 48.② 49.③ 50.① 51.③

52 축전지의 충전방식 중 비교적 짧은 시간에 보통 충전전류의 2~3배의 전류로 충전하는 방식은?

① 보통충전
② 급속충전
③ 부동충전
④ 균등충전

해설 짧은 시간에 보통 충전전류의 2~3배의 전류로 충전하는 방식을 급속충전이라 한다.

53 옥내소화전설비를 설치하여야 하는 특정소방대상물에서 각 층마다 옥내소화전을 5개 설치한 경우, 옥내소화전설비의 수원의 저수량은 최소 얼마 이상이 되도록 하여야 하는가?

① $5.2m^3$
② $13m^3$
③ $21m^3$
④ $28m^3$

해설 옥내소화전 1개당 수원 130L/min×20분=$2.6m^3$
옥내소화전이 1개층에 2개 이상 설치하는 경우 저수량은 2개×$2.6m^3$ 이상으로 한다.
저수량=2×2.6=$5.2m^3$

54 소화기구의 능력단위에 관한 설명으로 옳지 않은 것은?

① 소형소화기의 능력단위는 1단위 이하이다.
② 대형소화기의 능력단위는 A급 10단위 이상이다.
③ 대형소화기의 능력단위는 B급 20단위 이상이다.
④ 소화약제 외의 것을 이용한 간이소화용구의 능력단위는 0.5단위이다.

해설 소형소화기의 능력단위는 1단위 이상이다.

55 다음의 회로에서 a, b 간의 합성 정전용량은?

① 1C
② 2C
③ 3C
④ 4C

해설 우선 병렬 합성은 $C_{병렬} = C_1 + C_2$에서 $C_{병렬} = 1C+1C = 2C$
$C=2C$와 $2C$의 직렬합성은 $\frac{1}{C_{직렬}} = \frac{1}{C_1} + \frac{1}{C_2} = \frac{1}{2} + \frac{1}{2} = 1$
합성정전용량=$1C$

해답 52.② 53.① 54.① 55.①

56 인터폰 설비의 접속방식에 따른 분류에 속하지 않는 것은?

① 모자식 ② 상호식
③ 교차식 ④ 복합식

해설 인터폰 설비의 접속방식에 따라 모자식, 상호식, 복합식, 1대향식이 있다.

57 전기력선에 관한 설명으로 옳지 않은 것은?

① 전기력선은 교차하지 않는다.
② 양전하에서 나와 음전하로 들어간다.
③ 전기력선의 방향은 등전위면과 일치한다.
④ 전기력선의 밀도는 그 점에서의 전기장의 세기이다.

해설 전기력선의 방향은 등전위면과 수직으로 교차한다.

58 유접점 시퀀스 제어회로에 관한 설명으로 옳지 않은 것은?

① 온도특성이 양호하다. ② 개폐부하의 용량이 크다.
③ 전기적 노이즈에 대하여 안정적이다. ④ 기계적 진동, 충격 등에 비교적 강하다.

해설 유접점 시퀀스 제어회로는 기계적 진동, 충격 등에 비교적 약하다.

59 전기력이 미치고 있는 주위공간을 의미하는 용어는?

① 자로 ② 자계
③ 전로 ④ 전계

해설 전기력이 미치고 있는 주위공간을 전계라 하며, 자기력이 미치고 있는 주위공간을 자계라 한다.

60 다음 중 조명률에 영향을 끼치는 요소와 가장 거리가 먼 것은?

① 방의 크기 ② 출입문의 위치
③ 등기구의 배광 ④ 천장의 반사율

해설 조명률 공식 FUN=AED에서 F : 등1개의 광속, U : 조명률, N : 등개수, A : 면적, E : 조도, D : 감광보상률로 등기구 배광이나 반사율은 조명률과 관계가 있다.

해답 56.③ 57.③ 58.④ 59.④ 60.②

제4과목 건축설비 관련 법규

61 문화 및 집회시설 중 공연장의 개별관람실의 출구를 관람실별로 2개소 이상 설치해야 하는 개별 관람실의 바닥면적 기준은?

① 150m² 이상
② 300m² 이상
③ 450m² 이상
④ 600m² 이상

해설 〈피난방화기준 10조〉 문화 및 집회시설 중 공연장의 개별 관람실(바닥면적이 300제곱미터 이상인 것만 해당한다)의 출구는 관람실별로 2개소 이상 설치할 것

62 건축물의 에너지절약설계기준에 따른 기계부분의 권장사항 내용으로 옳지 않은 것은?

① 열원설비는 부분부하 및 전부하 운전효율이 좋은 것을 선정한다.
② 냉방기기는 전력피크 부하를 줄일 수 있도록 하여야 하며, 상황에 따라 심야전기를 이용한 축열·축냉시스템, 가스 및 유류를 이용한 냉방설비, 집단에너지를 이용한 지역냉방방식, 소형열병합발전을 이용한 냉방방식, 신·재생에너지를 이용한 냉방방식을 채택한다.
③ 난방기기, 냉방기기, 냉동기, 송풍기, 펌프 등은 부하조건에 따라 최고의 성능을 유지할 수 있도록 대수분할 또는 비례제어운전이 되도록 한다.
④ 청정실 등 특수 용도의 공간 외에는 실내 공기의 오염도가 허용치의 1.5배를 초과하지 않는 범위 내에서 최대한의 외기도입이 가능하도록 계획한다.

해설 〈에너지절약기준 9조〉 청정실 등 특수 용도의 공간 외에는 실내 공기의 오염도가 허용치를 초과하지 않는 범위 내에서 최소한의 외기도입이 가능하도록 계획한다.

63 공동주택과 오피스텔의 난방설비를 개별난방 방식으로 하는 경우에 관한 기준내용으로 옳지 않은 것은?

① 보일러의 연도는 내화구조로서 공동연도로 설치할 것
② 오피스텔의 경우에는 난방구획을 방화구획으로 구획할 것
③ 보일러의 윗부분에는 그 면적이 0.5m² 이상인 환기창을 설치할 것
④ 보일러실의 윗부분과 아랫부분에는 공기 흡입구 및 배기구를 항상 닫혀 있도록 설치할 것

해설 〈설비기준 13조〉 공기 흡입구 및 배기구를 항상 열려 있도록 설치할 것

해답 61.② 62.④ 63.④

64 건축물을 건축하거나 대수선하는 경우 해당 건축물의 설계자가 국토교통부령으로 정하는 구조기준 등에 따라 그 구조의 안전을 확인한 건축물 중 건축물의 건축주가 해당 건축물의 설계자로부터 구조 안전의 확인 서류를 받아 착공신고 시 허가권자에게 제출하여야 하는 대상 건축물 기준으로 옳지 않은 것은?(단, 표준설계도서에 따라 건축하는 건축물은 제외)

① 단독주택
② 높이가 13m 이상인 건축물
③ 처마높이가 8m 이상인 건축물
④ 기둥과 기둥 사이의 거리가 10m 이상인 건축물

해설 〈건축법령 32조〉 처마높이가 9m 이상인 건축물

65 다음의 창문 등의 차면시설의 설치에 관한 기준 내용 중 ( ) 안에 알맞은 것은?

> 인접 대지경계선으로부터 직선거리 ( ) 이내에 이웃 주택의 내부가 보이는 창문 등을 설치하는 경우에는 차면시설을 설치하여야 한다.

① 1m ② 2m
③ 3m ④ 4m

해설 〈건축법령 55조〉 인접 대지경계선으로부터 직선거리 2미터 이내에 이웃 주택의 내부가 보이는 창문 등을 설치하는 경우에는 차면시설(遮面施設)을 설치하여야 한다.

66 건축법령상 고층건물의 정의로 옳은 것은?

① 층수가 30층 이상이거나 높이가 90m 이상인 건축물
② 층수가 30층 이상이거나 높이가 120m 이상인 건축물
③ 층수가 50층 이상이거나 높이가 150m 이상인 건축물
④ 층수가 50층 이상이거나 높이가 200m 이상인 건축물

해설 〈건축법 2조〉 고층건축물이란 층수가 30층 이상이거나 높이가 120m 이상인 건축물

67 다음은 특정소방대상물의 소방시설 설치의 면제에 관한 기준 내용이다. ( ) 안에 알맞은 것은?

> 비상경보설비 또는 단독경보형 감지기를 설치하여야 하는 특정소방대상물에 ( )를 화재안전기준에 적합하게 설치한 경우에는 그 설비의 유효범위에서 설치가 면제된다.

해답 64.③ 65.② 66.② 67.②

① 비상방송설비 ② 자동화재탐지설비
③ 자동화재속보설비 ④ 무선통신보조설비

해설 〈소방법령 14조 별표 5〉 자동화재탐지설비

68 건축물의 출입구에 설치하는 회전문에 관한 기준 내용으로 옳지 않은 것은?
① 계단이나 에스컬레이터로부터 2m 이상의 거리를 둘 것
② 출입에 지장이 없도록 일정한 방향으로 회전하는 구조로 할 것
③ 회전문의 회전속도는 분당회전수가 10회를 넘지 아니하도록 할 것
④ 회전문의 중심축에는 회전문과 문틀 사이의 간격을 포함한 회전문날개 끝부분까지의 길이는 140cm 이상이 되도록 할 것

해설 〈피난방화기준 제12조〉 회전문의 회전속도는 분당회전수가 8회를 넘지 아니하도록 할 것

69 다음 중 건축기준의 허용오차로 옳지 않은 것은?
① 건축선의 후퇴거리 : 3% 이내 ② 건축물의 벽체두께 : 3% 이내
③ 건축물의 출구너비 : 5% 이내 ④ 인접건축물과의 거리 : 3% 이내

해설 〈건축법규칙 제20조〉 건축물의 출구너비 2% 이내

70 급수·배수·환기·난방설비를 설치하는 경우 건축기계설비기술사 또는 공조냉동기계기술사의 협력을 받아야 하는 건축물에 속하지 않는 것은?
① 아파트
② 의료시설로서 해당 용도에 사용되는 바닥면적의 합계가 2000m²인 건축물
③ 업무시설로서 해당 용도에 사용되는 바닥면적의 합계가 2000m²인 건축물
④ 숙박시설로서 해당 용도에 사용되는 바닥면적의 합계가 2000m²인 건축물

해설 〈설비기준 2조〉 업무시설로서 해당 용도에 사용되는 바닥면적의 합계가 3000m² 이상인 건축물

71 6층 이상의 건축물로서 판매시설의 거실에 설치하는 배연설비에 관한 기준 내용으로 옳지 않은 것은?(단, 피난층의 거실이 아닌 경우)
① 배연창의 유효면적은 최소 1.5m² 이상으로 할 것
② 배연구는 예비전원에 의하여 열 수 있도록 할 것

해답 68.③ 69.③ 70.③ 71.①

③ 배연창의 상변과 천장 또는 반자로부터 수직거리가 0.9m 이내일 것
④ 배연구는 연기감지기 또는 열감지기에 의하여 자동으로 열 수 있는 구조로 할 것

해설 〈설비기준 14조〉 배연창의 유효면적은 최소 1m² 이상으로 할 것

72 옥내소화전설비의 설치기준으로 옳지 않은 것은?
① 방수구는 바닥으로부터의 높이가 1.5m 이하가 되도록 한다.
② 연결송수관설비의 배관과 겸용할 경우의 주배관은 구경 100mm 이상으로 한다.
③ 특정소방대상물의 각 부분으로부터 하나의 옥내 소화전 방수구까지의 수평거리가 30m 이하가 되도록 한다.
④ 수원은 그 저수량이 옥내소화전의 설치개수가 가장 많은 층의 설치개수(2개 이상 설치된 경우에는 2개)에 2.6m³를 곱한 양 이상이 되도록 한다.

해설 옥내소화전 설비는 해당 특정소방대상물의 각 부분으로부터 하나의 옥내소화전 방수구까지의 수평거리가 25m이하가 되게 한다.

73 건축물에 설치하는 굴뚝의 옥상 돌출부는 지붕면으로부터의 수직거리를 최소 얼마 이상으로 하여야 하는가?
① 0.5m 이상
② 0.7m 이상
③ 0.9m 이상
④ 1.0m 이상

해설 〈피난방화기준 제20조〉 굴뚝의 옥상 돌출부는 지붕면으로부터의 수직거리를 최소 1.0m 이상

74 비상콘센트설비를 설치하여야 하는 특정소방대상물 기준으로 옳지 않은 것은? (단, 위험물 저장 및 처리 시설 중 가스시설 또는 지하구는 제외)
① 지하가 중 터널로서 길이가 500m 이상인 것
② 층수가 11층 이상인 특정소방대상물의 경우에는 11층 이상의 층
③ 판매시설로서 해당 용도로 사용되는 부분의 바닥면적의 합계가 1000m² 이상인 것
④ 지하층의 층수가 3층 이상이고 지하층의 바닥면적의 합계가 1000m² 이상인 것은 지하층의 모든 층

해설 〈소방법령 15조 별표 5〉 판매시설은 해당사항 없음

해답 72.③ 73.④ 74.③

75 다음의 소방시설 중 피난구조설비에 속하지 않는 것은?

① 공기호흡기
② 비상조명등
③ 피난유도선
④ 비상콘센트설비

해설 〈소방법령 3조 별표 1〉 비상콘센트설비는 소화활동설비에 속한다.

76 바닥면적이 100m²인 초등학교 교실에 채광을 위하여 설치하여야 하는 창문 등의 면적은 최소 얼마 이상이어야 하는가?(단, 거실의 용도에 따른 조도기준 이상의 조명장치를 설치하지 않은 경우)

① 5m²
② 10m²
③ 20m²
④ 50m²

해설 〈피난방화기준 제17조〉 채광 창문면적 1/10 이상

77 건축물의 냉방설비에 대한 설치 및 설계기준상 다음과 같이 정의되는 용어는?

> 심야시간에 물을 냉각시켜 축열조에 저장하였다가 그 밖의 시간이 이를 냉방에 이용하는 냉방설비

① 전체축냉방식
② 빙축역실 냉방설비
③ 수축열식 냉방설비
④ 잠열축열식 냉방설비

해설 〈냉방설비기준 제3조〉 수축열식 냉방설비

78 특별시나 광역시에 건축하는 경우 특별시장이나 광역시장의 허가를 받아야 하는 대상건축물의 층수 기준은?

① 층수가 10층 이상인 건축물
② 층수가 15층 이상인 건축물
③ 층수가 21층 이상인 건축물
④ 층수가 31층 이상인 건축물

해설 〈건축법11조〉 특별시장이나 광역시장의 허가를 받아야 하는 대상건축물 : 층수가 21층 이상인 건축물

79 다음 건축물의 용도 중 6층 이상의 거실면적의 합계가 3000m²인 경우 설치하여야 하는 승용 승강기의 최소 대수가 가장 적은 것은?(단, 8인승 승강기의 경우)

① 의료시설
② 판매시설
③ 숙박시설
④ 문화 및 집회시설 중 공연장

해답 75.④ 76.② 77.③ 78.③ 79.③

해설 〈설비기준 5조 별표 1의2〉 의료시설, 판매시설, 문화 및 집회시설 중 공연장, 관람장, 집회장은 기본대수가 2대이며, 숙박시설은 기본대수가 1대이다.

80 다음 중 녹색건축 인증 전문분야에 해당하지 않는 것은?
① 토지이용 및 교통
② 건축환경 및 설비
③ 재료 및 자원
④ 생태환경

해설 〈녹색건축 인증에 관한 규칙 별표 1〉 건축환경 및 설비는 전문분야가 아닌 세부분야에 속한다.

해답 80. ②

제14회 건축설비기사 기출모의고사

제1과목 건축설비 계획

01 실내 공기 오염의 원인이 아닌 것은?

① 온도의 상승 ② 산소의 증가
③ 먼지의 증가 ④ 이산화탄소의 증가

해설 실내 산소농도 감소는 오염 원인이지만 증가는 아니다.

02 다음과 같은 조건에서 실내측 벽면의 표면 온도는?

- 벽체의 크기=1m×1m
- 외기온도 : 12℃
- 벽체 열관류율 : 2W/m²·K
- 벽체의 두께 : 100mm
- 실내공기온도(평균치) : 20℃
- 실내측 표면 열전달률 : 8W/m²·K

① 18℃ ② 19℃
③ 20℃ ④ 21℃

해설 표면과 벽체에 대한 열평형식에서 $KA\Delta t = \alpha_i A \Delta t_s$
단위면적으로 대입하면
$2 \times (20-12) = 8(20-t_s)$
$t_s = 20 - 2 = 18℃$

03 다음 중 간접배수로 하여야 하는 것은?

① 세면기 ② 대변기
③ 소변기 ④ 식기세정기

해설 간접배수란 배수관에 직접 연결하지 않고 대기 중에 배출한 뒤 배수관에 유입시키는 방식으로 세탁기, 식기세정기, 물탱크 오버플루관 등이 여기에 속한다.

해답 1.② 2.① 3.④

04 홀 용적 5000m³, 잔향시간 1.6초인 실에서 잔향시간을 1초로 만들기 위해 추가적으로 필요한 흡음력은?

① 220m²
② 275m²
③ 300m²
④ 450m²

해설 잔향시간(t)=$0.16(\frac{실용적(m^3)}{흡음력(m^2)})$ 에서

1) 1.6초일 때 흡음력은 $1.6=0.16(\frac{5000m^3}{흡음력(m^2)})$

  흡음력=500m²

2) 1초일 때 흡음력은 $1.0=0.16(\frac{5000m^3}{흡음력(m^2)})$

  흡음력=800m²

∴ 필요한 흡음력=800−500=300m²

05 직관 내의 마찰손실수두와 관련된 다르시-와이스바하의 식에서 유체의 흐름이 층류일 경우 마찰계수 λ는?

① $\lambda = \frac{32}{Re}$
② $\lambda = \frac{64}{Re}$
③ $\lambda = \frac{Re}{32}$
④ $\lambda = \frac{Re}{64}$

해설 층류일 때의 마찰계수는 $\lambda=64/Re$로 층류일수록(Re가 작을수록) 마찰계수는 증가한다.

06 동관의 관에 두께에 따른 분류에 속하지 않는 것은?

① K형
② L형
③ M형
④ N형

해설 동관은 가장 두꺼운 관이 K형이며 두께 순서는 K>L>M이다.

07 생물학적 오수처리방법 중 활성오니법에 속하는 것은?

① 접촉산화방식
② 살수여상방식
③ 장기간폭기방식
④ 회전원판접촉방식

해설 활성오니법에 표준활성오니법, 고율활성오니법, 장기간폭기방식, 순산소법, 산화구법 등이 있다.

해답 4.③ 5.② 6.④ 7.③

08 국소식 급탕방식에 관한 설명으로 옳은 것은?

① 배관 및 기기로부터의 열손실이 중앙식보다 많다.
② 배관에 의해 필요 개소 어디든지 급탕할 수 있다.
③ 건물 완공 후에도 급탕 개소의 증설이 중앙식보다 쉽다.
④ 기구의 동시이용률을 고려하므로 가열장치의 총용량을 적게 할 수 있다.

해설 국소식 급탕방식은 가열장치가 사용장소에 설치되므로 배관 및 기기로부터의 열손실이 중앙식보다 적고, 배관이 적게 소요되고, 건물 완공 후에도 급탕 개소의 증설이 중앙식보다 쉽다. 기구의 동시이용률을 고려하면 가열장치의 총용량은 커진다.

09 세정밸브식 대변기의 급수관 관경은 최소 얼마 이상으로 하여야 하는가?

① 20A
② 25A
③ 30A
④ 40A

해설 세정밸브식 대변기의 급수관 관경은 25A 이상

10 탕의 사용상태가 간헐적이며 일시적으로 사용량이 많은 건물에서 급탕설비의 설계 방법으로 가장 알맞은 것은?(단, 중앙식 급탕방식이며 증기를 열원하는 열교환기 사용)

① 저탕용량을 크게 하고 가열능력도 크게 한다.
② 저탕용량을 크게 하고 가열능력은 작게 한다.
③ 저탕용량을 작게 하고 가열능력은 크게 한다.
④ 저탕용량을 작게 하고 가열능력도 작게 한다.

해설 일시적으로 사용량이 많은 건물에서는 급탕 저탕용량을 크게 하고 가열능력은 작게 한다. 반대로 연속적으로 사용량이 많은 경우는 저탕용량은 작게 가열능력은 크게 한다.

11 플러시 밸브식 대변기에 관한 설명으로 옳지 않은 것은?

① 대변기의 연속사용이 불가능하다.
② 일반 가정용으로 사용이 곤란하다.
③ 로 탱크 방식에 비해 최저 필요 수압이 크다.
④ 세정음은 유수음도 포함되기 때문에 소음이 크다.

해설 사무실 건물에서 주로 사용하는 플러시 밸브(세정밸브)는 연속 사용이 가능하다.

해답 8.③ 9.② 10.② 11.①

12 급수방식에 관한 설명으로 옳은 것은?

① 수도직결방식은 단수 시에도 지속적인 급수가 가능하다.
② 압력수조방식은 전력 차단 시에도 지속적인 급수가 가능하다.
③ 펌프직송방식에서 변속방식은 펌프의 회전수를 제어하는 방식이다.
④ 고가수조방식은 고층으로의 급수가 불가능하다는 단점이 있다.

해설 수도직결방식은 단수 시에는 급수가 정지되며, 압력수조방식은 전력 차단 시에는 급수가 정지된다. 고가수조방식은 고층으로의 급수가 가능하다. 펌프직송방식(부스터펌프방식)에서 변속방식은 펌프의 회전수를 제어하는 방식이다.

13 급배수통기방식 중 공기혼합이음쇠(aerator fitting)를 사용하는 방식은?

① 소벤트(sovent)식
② 결합통기방식
③ 루프통기방식
④ 각개통기방식

해설 소벤트(sovent)식은 공기혼합이음쇠(aerator fitting)를 이용하여 수직관 내에서 공기에 의한 온충작용으로 통기(봉수를 보호)한다.

14 다음 설명에 알맞은 유체 정역학 관련 이론은?

> 밀폐된 용기에 넣은 유체의 일부에 압력을 가하면 이 압력은 모든 방향으로 동일하게 전달되어 벽면에 작용한다.

① 파스칼의 원리
② 피토관의 원리
③ 베르누이의 정리
④ 토리첼리의 정리

해설 파스칼의 원리는 밀폐 용기 안의 압력은 전방향에 일정하며 유압기는 이 원리를 이용한다.

15 바닥면에서 1m의 위치에 중성대가 있는 실에서 바닥면상 2m 지점에서의 실내외 압력차는?(단, 실내공기의 밀도는 1.2kg/m³이며, 실외공기의 밀도는 1.25kg/m³이다.)

① 실내가 0.1mmAq 높다.
② 실외가 0.1mmAq 높다.
③ 실내가 0.05mmAq 높다.
④ 실외가 0.05mmAq 높다.

해설 중성대를 기준으로 상부는 실내압이 높고 하부는 외기압이 높다.
중성대를 기준으로 h 높이차일 때 압력차는
$\triangle p = \triangle \gamma \triangle h = (1.25 - 1.2)(2 - 1) = 0.05 mmAq$

해답 12.③ 13.① 14.① 15.③

16 공기조화방식 중 전공기 방식의 일반적인 특징으로 옳은 것은?

① 덕트 스페이스가 필요하다.
② 실내공기의 오염이 심하다.
③ 실내에 누수의 염려가 많다.
④ 중간기에 외기냉방을 할 수 없다.

해설 전공기방식은 덕트 스페이스가 크고, 실내공기의 오염이 작고, 실내에 누수의 염려가 없으며, 중간기에 외기냉방을 할 수 있다.

17 냉·난방부하 계산에 관한 설명으로 옳지 않은 것은?

① 투습으로 인한 열부하는 매우 작기 때문에 일반적으로 부하계산에서 제외한다.
② 유리창 종류와 블라인드 유무에 따라 달라지는 차폐계수는 그 최대값이 1.0이다.
③ 작업상태가 동일한 경우 인체로부터의 발생열량은 실내건구온도가 높을수록 현열량과 잠열량 모두 커진다.
④ 태양으로부터의 일사 열부하는 냉방부하 계산에서는 포함되나, 난방부하 계산에서는 제외되는 것이 일반적이다.

해설 인체 발열량은 현열량은 온도차에 비례하며 잠열은 온도가 높을수록 땀이 많이 발생하므로 증가한다. 따라서 작업상태가 동일한 경우 인체로부터의 발생열량은 실내건구온도가 높을수록 현열량은 작고, 잠열량은 커진다.

18 다음 습공기선도상에서 화살표 방향(A→B)으로 공기의 상태가 변화하는 것을 무엇이라고 하는가?

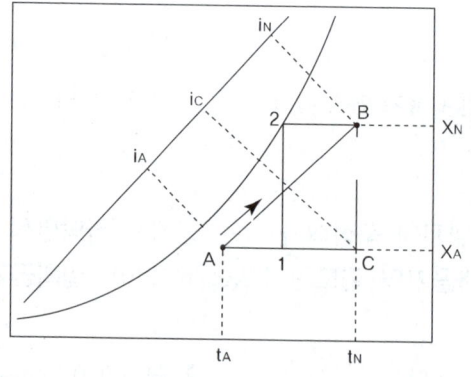

① 가열감습변화
② 가열가습변화
③ 냉각감습변화
④ 냉각가습변화

해설 A→B : 가열가습, B→C : 감습, C→B : 가습, B→A : 냉각감습

해답 16.① 17.③ 18.②

19 다음 중 날개(blade)의 형상이 전곡형인 송풍기에 속하는 것은?

① 익형 송풍기　　　② 다익형 송풍기
③ 터보형 송풍기　　④ 관류형 송풍기

해설　다익형(시로코)팬은 전곡익형으로 저정압 대풍량에 적합하다.

20 공기조화방식 중 단일덕트 변풍량방식의 구성기기에 속하지 않는 것은?

① V.A.V Unit　　　② 실내 서모스탯
③ 냉온풍 혼합상자　④ 송풍량 조절기기

해설　냉온풍 혼합상자는 이중덕트 방식에 사용되는 기기이다.

제2과목　건축설비 설계

21 어느 사무소 건물의 연면적이 5000m²일 때 1일 예상 급수량은?(단, 이 건물의 유효면적과 연면적의 비는 60%이고, 유효면적당 인원은 0.2인/m²이며, 1인 1일당 급수량은 100L이다.)

① 30m³/d　　　　② 60m³/d
③ 300m³/d　　　 ④ 60000m³/d

해설　$Q = 5000 \times 0.6 \times 0.2 \times 100 = 60000 L/d = 60 m^3/d$

22 직경 100mm의 강관에 2.4m³/min의 물을 통과시킬 때 강관 내의 평균 유속은?

① 2.4m/s　　　　② 4.2m/s
③ 5.1m/s　　　　④ 7.2m/s

해설　$v = \dfrac{Q}{A} = \dfrac{2.4}{60(\dfrac{\pi \times 0.1^2}{4})} = 5.1 m/s$

23 1000L/h의 급탕을 전기온수기를 사용하여 공급할 때 시간당 전력사용량은?(단, 물의 비열 4.2kJ/kg·K, 밀도 1kg/L, 급탕온도 70℃, 급수온도 10℃, 전기온수기의 전열효율은 95%로 한다.)

해답　19.② 20.③ 21.② 22.③ 23.④

① 63.4kWh ② 66.5kWh
③ 70.2kWh ④ 73.7kWh

해설 가열장치 용량은 $kW = WC\Delta t/E = \frac{1000}{3600} \times 4.2(70-10)/0.95 = 73.7kW$
1시간당 전력사용량=73.7kW×1h=73.7kWh

24 급수배관의 설계 및 시공에 관한 설명으로 옳지 않은 것은?

① 구조체의 관통부에는 슬리브를 사용한다.
② 물이 고일 수 있는 부분에는 퇴수(드레인)밸브를 설치한다.
③ 음료용 배관과 비음료용 배관을 크로스 커넥션하지 않는다.
④ 급수관과 배수관이 교차될 경우, 배수관은 급수관 위에 매설한다.

해설 급수관과 배수관이 교차될 경우, 배수관은 급수관 아래에 매설하여 오염 가능성을 낮춘다.

25 펌프의 캐비테이션에 관한 설명으로 옳지 않은 것은?

① 비정상적인 소음과 진동이 발생한다.
② 캐비테이션을 방지하기 위해 펌프의 흡입양정을 크게 한다.
③ 캐비테이션이 진행되면 펌프의 양수량, 양정 및 효율이 저하되어 간다.
④ 캐비테이션을 방지하기 위해 설계상의 펌프 운전범위 내에서 항상 유효 NPSH가 필요 NPSH보다 크게 되도록 배관계획을 한다.

해설 캐비테이션은 흡입관에 진공압이 걸릴 때 발생하므로 캐비테이션을 방지하기 위해 펌프의 흡입양정은 작게(짧게) 한다.

26 펌프의 흡입양정이 10m이고, 20m 높이에 있는 옥상탱크에 양수할 때 전양정은 얼마인가?(단, 관로의 전손실수두는 100kPa이다.)

① 약 31m ② 약 40m
③ 약 110m ④ 약 130m

해설 전양정=흡입양정+토출양정+마찰손실=10+20+(100/10)=40m(∵10kPa=1mAq)

27 배수관 관경결정에 이용되는 기구배수부하단위의 기준(1DFU)이 되는 기구는?

① 소변기 ② 세면기
③ 대변기 ④ 욕조

해설 기구배수부하단위의 기준(1DFU=30L/min)은 세면기이다.

해답 24.④ 25.② 26.② 27.②

28 급탕배관에서 일반적으로 환탕관의 관경은 급탕관 관경의 얼마 정도로 하는가?

① 1/3
② 1/2
③ 2배
④ 3배

해설 급탕배관에서 일반적으로 환탕관의 관경은 급탕관 관경의 1/2~2/3 정도로 하며, 20A 이상을 사용한다.

29 최대강우량 120mm/h의 지역에 있는 지붕의 수평투영면적이 1200m²인 건물에 4개의 우수수직관을 설치할 경우, 우수수직관의 관경은?

〈강우량 100mm/h일 때 우수수직관의 관경〉

관경(mm)	허용최대지붕면적(m²)
50	67
65	121
75	204
100	427
125	804

① 50mm
② 65mm
③ 75mm
④ 100mm

해설 강우량 120mm/h과 투영면적 1200m² 강우량 100mm/h으로 환산하면
$$A = \frac{120 \times 1200}{100} = 1440 m^2$$
4개 수직관을 설치하면 1개 담당면적은 1440÷4=360m²
수직관 1개의 직경은 표에서 360m² 직상 427m²에서 100mm 선정

30 천장 취출구에서 하향 취출을 하는 경우의 확산반경에 관한 설명으로 옳지 않은 것은?

① 거주영역에 최대 확산반경이 미치지 않는 영역이 없도록 취출구를 배치한다.
② 최소 확산반경 내에 보나 벽 등의 장애물이 있으면 드리프트(drift)가 발생하지 않는다.
③ 인접한 취출구의 최소 확산반경이 겹치면 편류현상이 생긴다.
④ 거주영역에서 평균풍속이 0.125~0.25m/s로 되는 최대 단면적의 반경을 최소 확산반경이라 한다.

해설 최소 확산반경 내에 보나 벽 등이 있으면 드리프트가 발생하며, 거주영역에서 평균풍속이 0.125~0.25m/s로 되는 최대 단면적의 반경을 최소 확산반경, 거주영역에서 평균풍속이 0.1~0.125m/s로 되는 최대 단면적의 반경을 최대 확산반경이라 한다.

해답 28.② 29.④ 30.②

31 축열시스템에 관한 설명으로 옳지 않은 것은?

① 심야전력의 이용이 가능하다.
② 냉동기의 용량을 감소시킬 수 있다.
③ 호텔의 공공부분과 같이 간헐운전이 심한 경우에는 적용할 수 없다.
④ 빙축열시스템은 냉각을 위한 냉동기, 축열을 위한 빙축열조, 외부와의 열교환을 위한 열교환기 등으로 구성된다.

해설 축열시스템은 야간의 심야전력을 이용하여 주간의 피크부하에 대응하므로 호텔의 공공부분과 같이 간헐운전이 심한 경우에 적용이 가능하다.

32 다음과 같은 조건에 있는 체적이 200m³인 실의 겨울철 환기횟수가 0.5회/h일 때 실내로 들어오는 틈새바람에 의한 현열손실량은?

- 실내온도 20℃, 외기온도 −10℃
- 공기의 비열 1.01kJ/kg · K
- 공기의 밀도 1.2kg/m³

① 337W   ② 1010W
③ 1212W   ④ 3636W

해설 틈새바람량 $= NV = 0.5 \times 200 = 100 m^3/h$

현열손실 $q = mC\Delta t = 100 \times 1.2 \times 1.01(20-(-10)) = 3636 kJ/h = 3636 \times (\frac{1000}{3600}) = 1010 W$

부하계산 시 3636kJ/h와 1010W 단위를 조심해야 합니다.

33 다음과 같은 조건에 있는 냉각수 배관계통에서 냉각수 펌프의 전양정(mAq)은?

- 배관계통 마찰저항 : 10.4mAq
- 냉각탑 살수압력 : 40kPa
- 냉동기 응축기 저항 : 8mAq

① 21.8   ② 22.4
③ 25.4   ④ 61.4

해설 냉각탑 계통의 냉각수 순환펌프의 양정은 실양정(3m)에 전 순환계통의 저항과 살수압력을 더한다.
H=실양정+배관저항+기기저항+살수압력=3+10.4+8+(40/10)=25.4mAq
(∵ $10kPa=1mAq$)

34 냉각탑이 응축기보다 낮은 위치에 있는 경우 냉각수 펌프가 정지할 때마다 응축기 주변이 극단적인 부(-)압이 되지 않도록 설치하는 것은?

① 딥 튜브(deep tube) ② 더트 포켓(dirt pocket)
③ 플래시 탱크(flash tank) ④ 사이폰 브레이크(syphon breaker)

해설 사이폰 브레이크는 냉각탑이 응축기보다 낮은 위치에 있는 경우 펌프 정지 시 대기 중에 개방하여 응축기 주변이 부압(-)이 되지 않도록 한다.

35 몰리에르(Mollier)선도를 나타낸 그림에서 히트펌프의 난방 시 성적계수를 산정하는 식은?

① $\dfrac{h_2 - h_1}{h_3 - h_2}$ ② $\dfrac{h_3 - h_1}{h_3 - h_2}$

③ $\dfrac{h_3 - h_1}{h_2 - h_1}$ ④ $\dfrac{h_3 - h_2}{h_2 - h_1}$

해설 난방시 성적계수 = $\dfrac{응축열}{압축일}$ = $\dfrac{h_3 - h_1}{h_3 - h_2}$

냉방시 성적계수 = $\dfrac{증발열}{압축일}$ = $\dfrac{h_2 - h_1}{h_3 - h_2}$

36 에어필터의 효율 측정법에 속하지 않는 것은?

① 중량법 ② 비색법
③ 체적법 ④ DOP법

해답 34.④ 35.② 36.③

해설 에어필터의 효율 측정법은 중량법(저성능필터), 비색법(중성능필터), DOP법(고성능필터)3가지가 주로 쓰인다.

37 장방형 단면으로 된 4각 엘보의 국부저항 손실계수가 0.5이며 풍속이 6m/s일 때, 이 엘보에서의 국부저항은?(단, 공기의 밀도는 1.2kg/m³이다.)

① 1.1Pa
② 2.2Pa
③ 10.8Pa
④ 21.6Pa

해설 국부저항 $P = \zeta(\frac{v^2 \rho}{2}) = 0.5(\frac{6^2 \times 1.2}{2}) = 10.8 Pa$

38 2개 이상의 엘보를 사용하여 이음부의 나사 회전을 이용해서 배관의 신축을 흡수하는 신축이음쇠는?

① 루프형
② 벨로즈형
③ 슬리브형
④ 스위블형

해설 스위블 조인트는 엘보의 회전과 비틀림을 이용하여 가지배관의 신축을 흡수한다.

39 실내에 80W 용량의 형광등이 30개 있다. 조명 점등률을 50%라고 하면 조명기구로부터의 취득 열량은?(단, 안정기는 실내에 있으며 발열계수는 1.2로 한다.)

① 1000W
② 1200W
③ 1440W
④ 2400W

해설 조명부하 $= 80 \times 30 \times 0.5 \times 1.2 = 1440 W$

40 밸브를 완전히 열면 유체 흐름의 단면적 변화가 없기 때문에 마찰 저항이 적어서 흐름의 단속용으로 사용되는 밸브로, 게이트 밸브(gatevalve)라고도 불리는 것은?

① 앵글 밸브
② 체크 밸브
③ 글로브 밸브
④ 슬루스 밸브

해설 슬루스 밸브는 개폐용(ON-OFF용)으로 쓰인다.

해답 37.③ 38.④ 39.③ 40.④

제3과목 전기 및 소방시설 일반

41 C급 화재가 의미하는 화재의 종류는?

① 일반화재 ② 유류화재
③ 주방화재 ④ 전기화재

[해설] A급 : 일반화재, B급 : 유류화재, C급 : 전기화재, D급 : 금속화재, k급 : 주방화재

42 자계의 방향이나 도체에 흐르는 전류 방향이 바뀌면 도체가 움직이는 방향도 바뀌게 되는데, 이러한 도체가 움직이는 방향을 알 수 있는 것으로 전동기에 적용되는 법칙은?

① 렌쯔의 법칙 ② 앙페르의 법칙
③ 플레밍의 왼손법칙 ④ 플레밍의 오른손법칙

[해설]
- 도체가 움직이는 방향(전동기) : 플레밍의 왼손법칙
- 전류방향(발전기) : 플레밍의 오른손법칙

43 3상 유도전동기의 속도제어 방법이 아닌 것은?

① 슬립을 변화시킨다. ② 전압을 변화시킨다.
③ 극수를 변화시킨다. ④ 주파수를 변화시킨다.

[해설] 3상 유도전동기는 슬립, 극수, 주파수를 변화시켜 속도를 제어하며, 1차 전압제어법도 있으나 이 문제의 답은 전압 변화로 하세요.

44 도선의 길이를 10배, 단면적을 10배로 크게 했을 때 전기저항의 크기는 어떻게 되는가?

① 2배 증가한다. ② 10배 증가한다.
③ 100배 증가한다. ④ 변하지 않는다.

[해설] 저항은 길이에 비례하고 단면적에 반비례하므로 R=10/10=1배, 그러므로 전기저항의 크기는 변하지 않는다.

45 220[V]의 전압이 10[Ω]의 저항에 작용했을 때 소비전력은?

① 2.42[kW] ② 4.84[kW]
③ 24.2[kW] ④ 48.4[kW]

[해답] 41.④ 42.③ 43.② 44.④ 45.②

해설 소비전력 $W = IV = \dfrac{V^2}{R} = \dfrac{220^2}{10} = 4840W = 4.84kW$

46 다음 설명에 알맞은 배선 공사는?

- 열적 영향이나 기계적 외상을 받기 쉬운 곳이 아니면 광범위하게 사용가능하다.
- 관자체가 절연체이므로 감전의 우려가 없으며 시공이 쉽다.

① 금속관 공사 ② 버스덕트 공사
③ 플로어덕트 공사 ④ 합성수지관 공사

해설 합성수지관 공사는 절연체로서 일반적으로 널리 쓰인다.

47 할로겐램프에 관한 설명으로 옳지 않은 것은?

① 흑화가 거의 일어나지 않는다. ② 연색성이 좋고 설치가 용이하다.
③ 휘도가 낮아 현위가 발생하지 않는다. ④ 광속이나 색온도의 저하가 극히 적다.

해설 할로겐램프는 휘도가 높고 현휘(눈부심)가 발생한다. 자동차 라이트도 할로겐램프의 일종이다.

48 스프링클러헤드가 설치되어 있는 배관으로 정의 되는 것은?

① 주배관 ② 교차배관
③ 가지배관 ④ 급수배관

해설 배관연결 순서(주배관 – 교차배관 – 가지배관 – 스프링클러헤드)로 스프링클러헤드는 가지배관에 연결한다.

49 어느 학교에서의 교실에 32[W] 2구형 형광등기구를 설치하여 평균조도를 400[lx]로 설계하고자 할 때 설치하여야 하는 등기구의 최소 대수는?(단, 교실의 면적은 200[m²]인, 형광등 1개 광속은 3000[lm], 조명률은 0.6, 보수율은 0.8이다.)

① 15개 ② 28개
③ 30개 ④ 55개

해설 $N = \dfrac{AE}{FDU} = \dfrac{200 \times 400}{3000 \times 2 \times 0.6 \times 0.8} = 27.8 = 28$개

2구형 등기구 1개(1구)당 3000lm으로 3000×2로 계산한다. 만약 2구형 등기구의 총광속이 3000lm이라면 56개가 된다.

해답 46.④ 47.③ 48.③ 49.②

50 스프링클러설비의 설치장소가 아파트인 경우, 스프링클러설비 수원의 저수량 산정시 기준이 되는 스프링클러헤드의 기준개수는?(단, 폐쇄형 스프링클러헤드를 사용하는 경우)

① 10개　　② 20개
③ 30개　　④ 40개

해설 아파트인 경우, 스프링클러설비 수원의 저수량은 스프링클러헤드의 기준개수(10개)×1.6m³

51 급기온도를 일정하게 하고 풍량을 변화시킴으로서 실내 온도를 유지하는 가변풍량제어(VAV)에 적용되지 않는 것은?

① 정압제어　　② 환기온도제어
③ 송풍기 풍량 비례적분제어　　④ VAV터미널 유닛 실온제어

해설 환기온도제어는 정풍량 방식에서 적용한다.

52 다음 중 일반적으로 시퀀스 제어가 적용되는 것은?

① 정전압장치　　② 자동평형기록계
③ 커피자동판매기　　④ 레이더위치추적장치

해설 커피자동판매기는 입력이 가해지면 정해진 순서(컵내리고-커피내리고-정지)대로 작동하므로 시퀀스제어에 속한다.

53 부동충전방식의 일종으로 자기방전량만을 항상 충전하는 축전지 충전방식은?

① 균등 충전　　② 보통 충전
③ 급속 충전　　④ 세류 충전

해설 세류 충전은 자기가 방전한 만큼만 다시 충전하는 축전지 충전방식이다.

54 다음은 옥외소화전설비의 소화전함에 관한 설명이다. ( ) 안에 알맞은 것은?

옥외소화전이 10개 이하 설치된 때에는 옥외소화전마다 ( ) 이내의 장소에 1개 이상의 소화전함을 설치하여야 한다.

① 5m　　② 10m
③ 15m　　④ 20m

해답 50.① 51.② 52.③ 53.④ 54.①

해설 옥외소화전이 10개 이하인 경우는 5m 이내의 장소에 1개 이상 소화전함 설치 11개 이상 30개 이하일 때는 11개 이상의 소화전함 분산설치 31개 이상일 때는 소화전 3개마다 1개 이상 설치

55 교류전력에 관한 설명으로 옳지 않은 것은?
① 무효전력이 크면 역률이 커진다.
② 유효전력은 실제로 소비되는 전력이다.
③ 역률이 1일 때 유효전력과 피상전력은 같다.
④ 전열기와 같이 순수하게 저항성분만으로 구성되는 부하인 경우 전력은 전압[V]×전류[A]이다.

해설 역률은 유효전력이 클수록 크다. 그러므로 무효전력이 크면 역률은 작아진다.

56 옥내소화전설비의 가압송수장치에 순환배관을 설치하는 이유는?
① 배관 내 압력손실에 따른 펌프의 빈번한 기동을 방지하기 위해
② 체절운전 시 수온의 상승을 방지하기 위해
③ 각 소화전에 균등한 수압이 부여되도록 하기 위해
④ 배관 내 압력변동을 검지하기 위해

해설 가압송수장치에 순환배관은 체절운전(유량이 아주 작을 때) 시 수온의 상승을 방지하기 위한 것이다.

57 10대의 전동기에 모두 동일한 전압을 인가하려면 어떻게 연결하면 되는가?
① 직렬결선
② 병렬결선
③ 직렬결선 2회로와 병렬결선 8회로
④ 직렬결선 2회로와 병렬결선 4회로

해설 모든 전기기기는 병렬로 연결하면 동일한 전압이 인가(공급)된다.

58 다음 중 천장이 높고 격납고, 아트리움, 공항 등과 같은 곳에서 가장 효과적인 화재 감지기는?
① 불꽃 감지기
② 차동식 감지기
③ 보상식 감지기
④ 정온식 감지기

해설 불꽃 감지기는 열이나 연기를 감지하기 곤란한 대형공간에서 화재를 감지한다.

해답 55.① 56.② 57.② 58.①

59 교류전력 간의 관계식으로 옳은 것은?

① 피상전력=유효전력+무효전력
② 피상전력=$\sqrt{유효전력 \times 무효전력}$
③ 피상전력=$\sqrt{유효전력^2 + 무효전력^2}$
④ 피상전력=$\sqrt{유효전력^2 - 무효전력^2}$

[해설] 교류에서 유효전력과 무효전력의 벡타합이 피상전력이므로
피상전력=$\sqrt{유효전력^2 + 무효전력^2}$ 가 성립한다.

60 자동화재탐지설비의 감지기 설치에 관한 설명으로 옳지 않은 것은?

① 보상식 스포트형 감지기는 정온점이 감지기 주위의 평상시 최고온도보다 20℃ 이상 높은 것으로 설치한다.
② 정온식 및 보상식 감지기는 실내로의 공기 유입구로부터 0.5m 이상 떨어진 위치에 설치한다.
③ 천장 또는 반자의 옥내에 면하는 부분에 설치한다.
④ 정온식 감지기는 주방·보일러실 등으로서 다량의 화기를 취급하는 장소에 설치하되, 공칭작동온도가 최고주위온도보다 20℃ 이상 높은 것으로 설치한다.

[해설] 정온식 및 보상식 감지기(차동식 분포형 및 특수한 것 제외)는 실내로의 공기유입구로부터 1.5m 이상 떨어진 위치에 설치한다.

제4과목 건축설비 관련 법규

61 건축물의 에너지 절약설계기준상 단열계획에 대한 건축부분의 권장사항으로 옳지 않은 것은?

① 외벽 부위는 내단열로 시공한다
② 외피의 모서리 부분은 열교가 발생하지 않도록 단열재를 연속적으로 설치한다.
③ 건물의 창 및 문은 가능한 작게 설계하고, 특히 열손실이 많은 북측 거실의 창 및 문의 면적은 최소화한다.
④ 태양열 유입에 의한 냉·난방부하를 저감할 수 있도록 일사조절장치, 태양열투과율, 창 및 문의 면적비 등을 고려한 설계를 한다.

[해설] 〈에너지절약 7조〉 외벽 부위는 외단열로 시공한다.

[해답] 59.③ 60.② 61.①

62 건축설비기사를 보유하였다면 특급 책임기계설비유지관리자가 되려면 몇 년 이상의 실무경력이 있어야 하는가?

① 3년 이상　　　　　　　　② 5년 이상
③ 10년 이상　　　　　　　 ④ 15년 이상

해설 〈기계설비법 시행령 별표 5의 2〉 기계설비유지관리자의 자격 및 등급에 따라 건축설비기사를 보유할 경우 실무경력 10년 이상이면 특급 책임기계설비유지관리자가될 수 있다.(건축설비산업기사 취득자의 경우는 실무경력 13년 이상)

63 건축법령상 공동주택에 속하지 않는 것은?

① 기숙사　　　　　　　　　② 연립주택
③ 다가구주택　　　　　　　④ 다세대주택

해설 〈건축법령 3조 5〉 공동주택 : 아파트, 연립주택, 다세대주택, 기숙사

64 다음 중 건축법령상 다중이용 건축물에 속하지 않는 것은?(단, 층수가 16층 미만이며 해당 용도로 쓰는 바닥면적의 합계가 5000m² 이상인 건축물의 경우)

① 종교시설　　　　　　　　② 판매시설
③ 업무시설　　　　　　　　④ 숙박시설 중 관광숙박시설

해설 〈건축법령 2조〉 "다중이용 건축물"이란 바닥면적의 합계가 5천제곱미터 이상인 건축물로 문화 및 집회시설(동물원 및 식물원은 제외한다), 종교시설, 판매시설, 운수시설 중 여객용 시설, 의료시설 중 종합병원, 숙박시설 중 관광숙박시설, 16층 이상인 건축물

65 신축공동주택 등의 기계환기설비의 설치에 관한 기준 내용으로 옳지 않은 것은?

① 세대의 환기량 조절을 위하여 환기설비의 정격풍량을 최소·적정·최대의 3단계 또는 그 이상으로 조절할 수 있는 체계를 갖춘다.
② 기계환기설비는 주방 가스대 위의 공기배출장치, 화장실의 공기배출 송풍기 등 급속환기설비와 함께 설치하여서는 안 된다.
③ 기계환기설비의 환기기준은 시간당 실내공기 교환횟수로 표시한다.
④ 하나의 기계환기설비로 세대 내 2 이상의 실에 바깥공기를 공급할 경우의 필요 환기량은 각 실에 필요한 환기량의 합계 이상이 되도록 한다.

해설 〈설비기준 11조 2 별표 1의 5〉 기계환기설비는 주방 가스대 위의 공기배출장치, 화장실의 공기배출 송풍기 등 급속 환기 설비와 함께 설치할 수 있다.

해답　62.③　63.③　64.③　65.②

66 공동주택에서 리모델링에 대비한 특례와 관련하여 리모델링이 쉬운 구조에 해당하지 않는 것은?

① 구조체는 철골구조 또는 목구조로 구성되어 있을 것
② 구조체에서 건축설비, 내부 마감재료 및 외부 마감재료를 분리할 수 있을 것
③ 개별 세대 안에서 구획된 실의 크기, 개수 또는 위치 등을 변경할 수 있을 것
④ 각 세대는 인접한 세대와 수직 또는 수평 방향으로 통합하거나 분할할 수 있을 것

해설 〈건축법령 6조 5〉 구조체에 대한 조건은 없다.

67 다음의 소방시설 중 경보설비에 속하지 않는 것은?

① 통합감시시설 ② 비상콘센트설비
③ 자동화재탐지설비 ④ 자동화재속보설비

해설 〈소방법령 3조 별표 1〉 비상콘센트설비는 소화활동설비이다.

68 방염성능기준 이상의 실내장식물 등을 설치하여야 하는 특정소방대상물에 속하지 않는 것은?

① 수영장 ② 숙박시설
③ 의료시설 중 종합병원 ④ 방송통신시설 중 방송국

해설 〈소방법령 30조〉 수영장은 제외

69 건축허가 등을 할 때 미리 소방본부장 또는 소방서장의 동의를 받아야 하는 대상 건축물의 층수 기준은?(단, 층수는 건축법령에 따라 산정된 층수를 말한다.)

① 3층 이상인 건축물 ② 6층 이상인 건축물
③ 10층 이상인 건축물 ④ 12층 이상인 건축물

해설 〈소방법령 7조〉 층수가 6층 이상인 건축물

70 주거에 쓰이는 바닥면적의 합계가 450m²인 주거용 건축물에 배관하는 음용수용 급수관의 최소 지름은?

① 20mm ② 25mm
③ 32mm ④ 40mm

해설 〈설비기준 18조〉 바닥면적 300제곱미터 초과 500제곱미터 이하 : 16가구, 9~16가구 : 40mm

해답 66.① 67.② 68.① 69.② 70.④

71 각 층의 거실면적의 합계가 1000m²로 동일한 15층의 문화 및 집회시설 중 공연장에 설치하여야 하는 승용승강기의 최소 대수는?(단, 15인승 승강기의 경우)

① 4대 ② 5대
③ 6대 ④ 7대

해설 〈설비기준 5조〉 6층 이상 거실면적=1000m²×10층=10000m²
3000m²까지 2대+초과 2000마다 1대=2+(10000-3000/2000)=6대(15인승 이하)

72 건축물에 설치하는 굴뚝에 관한 기준 내용으로 옳지 않은 것은?

① 금속제 굴뚝은 목재 기타 가연재료로부터 10cm 이상 떨어져서 설치할 것
② 굴뚝의 옥상 돌출부는 지붕면으로부터의 수직 거리를 1m 이상으로 할 것
③ 금속제 굴뚝으로서 건축물의 지붕 속·반자위 및 가장 아랫바닥 밑에 있는 굴뚝의 부분은 금속 외의 불연재료로 덮을 것
④ 굴뚝의 상단으로부터 수평거리 1m 이내에 다른 건축물이 있는 경우에는 그 건축물의 처마보다 1m 이상 높게 할 것

해설 〈피난방화구조기준 20조〉 금속제 굴뚝은 목재 기타 가연재료로부터 15cm 이상 떨어져서 설치할 것

73 문화 및 집회시설 중 공연장의 개별 관람실 출구의 설치기준 내용으로 옳지 않은 것은?(단, 개별 관람실의 바닥면적이 300m² 이상인 경우)

① 관람실별로 2개소 이상 설치할 것
② 각 출구의 유효너비는 1.5m 이상일 것
③ 관람실로부터 바깥쪽으로의 출구로 쓰이는 문은 안여닫이로 할 것
④ 개별 관람실 출구의 유효너비의 합계는 개별 관람실의 바닥면적 100m²마다 0.6m의 비율로 산정한 너비 이상으로 할 것

해설 〈피난방화구조기준 10조〉 관람실로부터 바깥쪽으로의 출구로 쓰이는 문은 안여닫이로 해서는 안 된다.

74 건축물에 급수·배수·환기·난방설비를 설치하는 경우, 건축기계설비기술사 또는 공조냉동기계기술사의 협력을 받아야 하는 대상 건축물의 연면적 기준은?(단, 창고시설은 제외)

① 3,000m² 이상 ② 5,000m² 이상
③ 10,000m² 이상 ④ 15,000m² 이상

해설 〈건축법령 91조 3〉 연면적 1만제곱미터 이상인 건축물(창고시설은 제외한다)

해답 71.③ 72.① 73.③ 74.③

75 건축물의 옥상에 헬리포트를 설치하거나 헬리콥터를 통하여 인명 등을 구조할 수 있는 공간을 확보하여야 하는 대상 건축물 기준으로 옳은 것은?(단, 건축물의 지붕을 평지붕으로 하는 경우)

① 11층 이상인 층의 바닥면적의 합계가 3,000m² 이상인 건축물
② 11층 이상인 층의 바닥면적의 합계가 5,000m² 이상인 건축물
③ 11층 이상인 층의 바닥면적의 합계가 10,000m² 이상인 건축물
④ 11층 이상인 층의 바닥면적의 합계가 12,000m² 이상인 건축물

[해설] 〈건축법령 40조〉 11층 이상인 층의 바닥면적의 합계가 10,000m² 이상인 건축물

76 계단의 설치에 관한 기준 내용으로 옳지 않은 것은?

① 중학교의 계단인 경우, 단너비는 26cm 이상으로 한다.
② 초등학교의 계단인 경우, 단너비는 26cm 이상으로 한다.
③ 판매시설 중 상점인 경우, 계단 및 계단참의 유효너비는 90cm 이상으로 한다.
④ 문화 및 집회시설 중 공연장의 경우, 계단 및 계단참의 유효너비는 120cm 이상으로 한다.

[해설] 〈피난방화구조기준 15조〉 판매시설 중 상점인 경우, 계단 및 계단참의 유효너비는 120cm 이상으로 한다.

77 판매시설로서 옥내소화전설비를 모든 층에 설치하여야 하는 특정소방대상물의 연면적 기준은?

① 500m² 이상
② 1000m² 이상
③ 1500m² 이상
④ 2000m² 이상

[해설] 〈소방법령 15조 별표 5〉 옥내소화전설비를 모든 층에 설치하여야 하는 특정소방대상물 : 연면적 3000m² 이상, 또는 근린생활시설, 판매시설, 운수시설, 의료시설, 노유자시설, 업무시설, 숙박시설, 위락시설, 공장, 창고시설, 항공기 및 자동차 관련 시설, 교정 및 군사시설 중 국방·군사시설, 방송통신시설, 발전시설, 장례시설 또는 복합건축물로서 연면적 1천5백m² 이상이거나, 지하층·무창층 또는 층수가 4층 이상인 층 중 바닥면적이 300m² 이상인 층이 있는 것은 모든 층

78 다음은 비상용승강기의 승강장 구조에 관한 기준 내용이다. ( ) 안에 알맞은 것은?

> 승강장의 바닥면적은 비상용승강기 1대에 대하여 ( ) 이상으로 할 것. 다만, 옥외에 승강장을 설치하는 경우에는 그러하지 아니하다.

[해답] 75.③ 76.③ 77.③ 78.④

① 2m²   ② 4m²
③ 5m²   ④ 6m²

해설 〈설비기준 10조〉 승강장의 바닥면적은 비상용승강기 1대에 대하여 6제곱미터 이상으로 할 것.

79 축냉식 전기냉방설비의 설계기준 내용으로 옳지 않은 것은?

① 열교환기는 시간당 최소냉방열량을 처리할 수 있는 용량 이상으로 설치하여야 한다.
② 자동제어설비는 축냉운전, 방냉운전 또는 냉동기와 축열조를 동시에 이용하여 냉방운전이 가능한 기능을 갖추어야 한다.
③ 축열조는 보온을 철저히 하여 열손실과 결로를 방지해야 하며, 맨홀 등 점검을 위한 부분은 해체와 조립이 용이하도록 사용하여야 한다.
④ 부분축냉방식의 경우에는 냉동기가 축냉운전과 방냉운전 또는 냉동기와 축열조의 동시운전이 반복적으로 수행하는데 아무런 지장이 없어야 한다.

해설 〈냉방설비 설계기준 8조〉 열교환기는 시간당 최대냉방열량을 처리할 수 있는 용량 이상으로 설치하여야 한다.

80 건축물의 출입구에 설치하는 회전문에 관한 기준 내용으로 옳지 않은 것은?

① 회전문과 바닥 사이의 간격은 5cm 이하로 한다.
② 회전문과 문틀 사이의 간격은 5cm 이상으로 한다.
③ 계단이나 에스컬레이터로부터 2m 이상 거리를 두어야 한다.
④ 회전문의 회전속도는 분당회전수가 8회를 넘지 않도록 한다.

해설 〈피난방화구조 기준 12조〉 회전문과 바닥 사이의 간격은 3cm 이하로 한다.

해답   79.①   80.①

제15회 건축설비기사 기출모의고사

제1과목 건축설비 계획

01 표면결로 방지 대책으로 옳지 않은 것은?

① 습한 공기를 제거하기 위해 환기가 잘 되게 한다.
② 벽의 단열성을 좋게 하여 열관류 저항을 크게 한다.
③ 실내 수증기압을 낮추어 실내공기의 노점온도를 낮게 한다.
④ 방습재는 저온측(실외)에, 단열재는 고온측(실내)에 배치한다.

해설 표면결로 방지 대책에서 방습재는 습도가 높은 고온측(실내)에, 단열재는 온도가 낮은 저온측(실외)에 배치한다.

02 열교(thermal bridge)현상에 관한 설명으로 옳지 않은 것은?

① 벽이나 바닥, 지붕 등의 건축물 부위에 단열이 연속되지 않는 부분이 있을 때 생긴다.
② 열교현상을 줄이기 위해서는 콘크리트 라멘조의 경우 가능한 한 내단열로 시공한다.
③ 열교현상이 발생하는 부위는 표면온도가 낮아져서 결로가 쉽게 발생한다.
④ 열교현상이 발생하면 전체 단열성이 저하된다.

해설 열교현상이란 열이 전달되는 경로(다리)가 발생하는 것으로 이를 줄이기 위해서는 콘크리트 라멘조의 경우 가능한 한 외단열로 시공한다.

03 먹는물의 수소이온농도 기준으로 옳은 것은?(단, 샘물, 먹는 샘물 및 먹는물 공동시설의 물이 아닌 경우)

① pH 4.8 이상 pH 8.4 이하
② pH 4.8 이상 pH 8.5 이하
③ pH 5.8 이상 pH 8.4 이하
④ pH 5.8 이상 pH 8.5 이하

해답 1.④ 2.② 3.④

해설 자연수는 공기와의 접촉으로 산성도 띠고, 미생물 활동으로 알칼리성도 띤다. 평상시 물은 pH 5.8 이상 pH 8.5 이하 정도이므로 먹는물 기준도 이와 같다.

04 풍력 환기가 일어나고 있는 실에서 어느 개구부의 풍압계수가 0.3이라고 할 때, 풍압계수 0.3의 의미로 가장 정확한 것은?

① 외부풍의 전압(全壓)의 3%가 풍압력으로 가해진다.
② 외부풍의 전압(全壓)의 30%가 풍압력으로 가해진다.
③ 외부풍의 동압(動壓)의 3%가 풍압력으로 가해진다.
④ 외부풍의 동압(動壓)의 30%가 풍압력으로 가해진다.

해설 풍압계수란 외부 동압의 얼마 정도가 개구부에 풍압력으로 작용하는지를 의미하며 풍압계수 0.3이란 외부풍의 동압의 30%가 개구부에 풍압력으로 가해진다는 의미이다.

05 급탕방식 중 기수혼합식에 관한 설명으로 옳은 것은?

① 물을 열원으로 사용한다.
② 열효율이 낮다는 단점이 있다.
③ 공장, 목욕탕 등에 적합하다.
④ 소음이 적어 사일렌서를 사용할 필요가 없다.

해설 기수혼합식은 증기를 물에 분사하여 급탕을 얻는 것으로 증기를 열원으로 사용하고, 열효율이 100%로 높은 장점이 있으며, 소음이 커서 사일렌서(소음기)를 사용할 필요가 있다.

06 급수방식에 관한 설명으로 옳지 않은 것은?

① 압력탱크방식에서는 저수조가 필요하다.
② 압력탱크방식은 급수압력에 변동이 없는 것이 특징이다.
③ 고가탱크방식은 다른 방식에 비해 수질오염에 취약하다.
④ 고가탱크방식에서는 중력식으로 각 기구에 급수가 이루어진다.

해설 압력탱크방식은 시스템 기능상 최고압, 최저압 사이에서 작동되므로 급수압력에 변동이 많은 것이 특징이다.

07 다음 설명에 알맞은 통기관의 종류는?

배수수직관에서 최상부의 배수수평관이 접속한 지점보다 더 상부 방향으로 그 배수수직관을 지붕 위까지 연장하여 이것을 통기관으로 사용하는 관을 말한다.

해답 4.④ 5.③ 6.② 7.①

① 신정통기관 ② 결합통기관
③ 각개통기관 ④ 공용통기관

해설 신정통기관은 배수수직관 최상부를 지붕 위까지 연장 개구하여 통기관으로 사용하는 것으로 통기관 길이에 비하여 성능이 우수하다.

08 간접가열식 급탕법에 관한 설명으로 옳지 않은 것은?

① 대규모의 급탕설비에 사용할 수 없다.
② 보일러 내면에 스케일의 발생이 적다.
③ 가열 보일러를 난방용 보일러와 겸용할 수 있다.
④ 가열 보일러로 저압 보일러를 사용해도 되는 경우가 많다.

해설 간접가열식 급탕법은 보일러 외부에 가열코일과 저탕조를 두는 것으로 대규모 급탕설비에 적합하다.

09 물의 경도에 관한 설명으로 옳지 않은 것은?

① 경도의 표시는 도(度) 또는 ppm이 사용된다.
② 경도가 큰 물을 경수, 경도가 낮은 물을 연수라고 한다.
③ 일반적으로 물이 접하고 있는 지층의 종류와 관계없이 지표수는 경수, 지하수는 연수로 간주된다.
④ 물의 경도는 물 속에 녹아 있는 칼슘, 마그네슘 등의 염류의 양을 탄산칼슘의 농도로 환산하여 나타낸 것이다.

해설 물의 경도는 일반적으로 미네랄 성분에 비례하므로 지표수는 연수, 지하수는 지하 광물질을 용해하므로 경수로 간주된다.

10 유체에 관한 설명으로 옳지 않은 것은?

① 동점성계수는 점성계수에 비례하고 밀도에 반비례한다.
② 레이놀즈수는 동점성계수 및 관경에 비례하고 유속에 반비례한다.
③ 연속의 법칙에 의하면 관의 단면적이 큰 곳은 유속이 작고, 역으로 단면적이 작은 곳에서는 유속이 크게 된다.
④ 베르누이의 정리에 의하면 유체가 가지고 있는 속도에너지, 위치에너지 및 압력에너지의 총합은 흐름 내 어디에서나 일정하다.

해설 레이놀즈수는 유속 및 관경에 비례하고 동점성계수에 반비례한다.
$Re = \dfrac{VD}{\nu}$ (Re: 레이놀즈수, V: 유속, D: 관경, ν: 동점성계수)

해답 8.① 9.③ 10.②

11 배수트랩에 관한 설명으로 옳지 않은 것은?

① 트랩의 봉수깊이는 50~100mm가 적절하다.
② 위생기구 중 세면기에는 U트랩이 가장 널리 이용된다.
③ P트랩, S트랩 및 U트랩은 사이폰 트랩이라고도 한다.
④ 트랩의 봉수깊이란 딥(top dip)과 웨어(crown weir)와의 수직거리를 의미한다.

해설 위생기구 중 세면기에는 S, P트랩이 주로 쓰이고 U트랩은 가옥트랩에 주로 이용된다.

12 호텔의 주방이나 레스토랑의 주방 등에서 배출되는 배수 중의 지방분을 포집하기 위하여 사용되는 포집기는?

① 오일 포집기 ② 가솔린 포집기
③ 그리스 포집기 ④ 플라스터 포집기

해설 그리스 트랩(포집기)는 동식물성 지방을 제거하여 배수관의 막힘을 방지한다.

13 다음과 같은 특징을 갖는 대변기 세정급수방식은?

- 세정의 경우에는 대변기로의 공급수량이나 압력이 일정하다.
- 세정효과가 양호하며 소음이 적다.
- 우리나라의 주택에 널리 사용되고 있다.

① 로 탱크식 ② 기압 탱크식
③ 하이 탱크식 ④ 플러시 밸브식

해설 로 탱크식은 세정효과가 양호하고 소음이 적어서 주택에 널리 사용되고 있다.

14 사무실의 크기가 10m×10m×3m이고 재실자가 25명, 가스난로의 CO_2발생량이 $0.5m^3/h$일 때, 실내평균 CO_2 농도를 5,000ppm으로 유지하기 위한 최소 환기횟수는?(단, 재실자 1인당의 CO_2 발생량은 18L/h, 외기의 CO_2 농도는 800ppm이다.)

① 약 0.75회/h ② 약 1.25회/h
③ 약 1.50회/h ④ 약 2.00회/h

해설 환기량 $= \dfrac{CO_2 발생량}{제거 CO_2량}$에서 $Q = \dfrac{0.5 + (25 \times 18) \div 1000}{0.005 - 0.0008} = 226 m^3/h$

환기회수 $= \dfrac{환기량}{실내체적} = \dfrac{226}{10 \times 10 \times 3} = 0.75회/h$

해답 11.② 12.③ 13.① 14.①

15 유리창을 통과하는 전열량에 관한 설명으로 옳지 않은 것은?

① 복사열량과 관류열량의 합이다.
② 반사율이 클수록 전열량은 작아진다.
③ 전열량은 유리의 열관류율이 클수로 크게 된다.
④ 일사취득열량은 유리창의 차폐계수에 반비례한다.

[해설] 유리창 일사취득열량은 유리창의 차폐계수에 비례한다. 즉 차폐장치가 없을 때 차폐계수가 1이며 이때 일사취득열량은 100% 이다.

16 복사난방방식에 관한 설명으로 옳지 않은 것은?

① 다른 난방방식에 비하여 쾌적감이 높다.
② 실내 상하의 온도차가 크다는 단점이 있다.
③ 외기침입이 있는 곳에서도 난방감을 얻을 수 있다.
④ 열용량이 크기 때문에 간헐난방에는 그다지 적합하지 않다.

[해설] 복사난방은 대류난방에 비하여 실내 상하의 온도차가 작다는 장점이 있으며 고천장 공간의 난방에 적합하다.

17 습공기의 엔탈피(Enthalpy)에 관한 설명으로 옳은 것은?

① 습공기의 전압을 나타낸다.
② 습공기의 잠열량을 나타낸다.
③ 습공기의 전열량을 나타낸다.
④ 습공기의 현열량을 나타낸다.

[해설] 습공기의 엔탈피(Enthalpy)란 습공기의 전열(현열+잠열)량을 나타낸다.

18 다음 중 콜드 드래프트의 발생원인과 가장 거리가 먼 것은?

① 주위 벽면의 온도가 낮을 때
② 인체 주위의 공기 온도가 낮을 때
③ 인체 주위의 공기 습도가 낮을 때
④ 인체 주위의 기류 속도가 낮을 때

[해설] 콜드 드래프트란 재실자가 추위를 느끼는 것으로 인체 주위 기류 속도가 클 때 느낀다.

19 건구온도 30℃, 수증기 분압 1.69kPa인 습공기의 상대습도는?(단, 30℃ 포화공기의 수증기 분압은 4.23kPa이다.)

① 약 20%
② 약 30%
③ 약 40%
④ 약 50%

[해설] 상대습도 = $\dfrac{수증기 분압}{포화수증기압}$ = $\dfrac{1.69}{4.23}$ = 0.40 = 40%

[해답] 15.④ 16.② 17.③ 18.④ 19.③

20 난방도일(Heating Degree Day)에 관한 설명으로 옳지 않은 것은?

① 추운 날이 많은 지역일수록 난방도일은 커진다.
② 난방도일의 계산에 있어서 일사량은 고려하지 않는다.
③ 난방도일은 난방용 장치부하를 결정하기 위한 것이다.
④ 일반적으로 난방도일이 큰 지역일수록 연료소비량은 증가한다.

해설 난방도일은 일정 기간(동절기)의 난방부하총량으로 주로 연료소비량을 예측할 수 있다. 장치부하는 시간당 난방부하에 비례한다.

제2과목 건축설비 설계

21 다음은 기구배수부하단위에 관한 설명이다. ( ) 안에 알맞은 내용은?

> 세면기 기준의 배수관지름을 DN32로 할 때 평균배수량이 (   )이라고 가정하고, 이 값을 1로 정한 다음 각종 위생기구의 배수량을 이 값의 배수로 표시한 것이 기구배수부하 단위이다.

① 12.5L/min ② 22.5L/min
③ 28.5L/min ④ 35.5L/min

해설 기구배수부하단위(FU)는 세면기의 배수량(28.5L/min)을 기준으로 단위화한 것이다. 기구급수부하단위(FU)는 세면기의 급수량(14L/min)을 기준으로 단위화한 것이다.

22 다음 중 급수설비에서 크로스 커넥션의 방지대책으로 가장 알맞은 것은?

① 감압밸브를 설치한다.
② 볼탭을 수위조절밸브로 변경한다.
③ 각 계통마다의 배관을 색깔로 구분할 수 있게 한다.
④ 위생기구에 연결된 기구급수관에 차단밸브를 설치한다.

해설 급수설비에서 크로스 커넥션이란 오염된 물이 급수되는 것으로 방지대책으로 오접이 발생하지 않도록 배관을 색깔로 구별하고, 일반수전은 토수구 공간을 확보하며, 세정밸브에는 버큠브레이커를 설치한다.

23 다음과 같은 조건에서 어느 건물의 시간 최대예상급탕량이 4,000L/h일 때 저탕조 내의 가열코일의 길이는?

> ㉠ 급탕온도 : 65℃, 급수온도 : 5℃
> ㉡ 가열코일 : 관경 32mm의 동관, 단위 내측표면적당 관길이 11.4m/m²

해답 20.③ 21.③ 22.③ 23.③

ⓒ 열관류율 : 1,000W/m² · K　　　　ⓔ 스케일에 따른 할증률 : 30%
ⓓ 열원 : 온도 120℃ 증기　　　　　ⓕ 물의 비열 : 4.2kJ/kg · K

① 약 5.9m　　　　　　　　② 약 30.9m
③ 약 48.8m　　　　　　　 ④ 약 65.2m

해설 급탕가열코일에서 급탕부하=가열코일전열량
$WC\Delta t = KA\Delta t$
$(4,000 \div 3,600) \times 4.2(65-5) \times 1,000 = 1,000 \times A \times [120-(65+5)/2]$
가열코일면적 A=3.294(m²)
가열코일길이(L)는 면적당 길이로 계산하고 할증을 고려하면
L=3.294×11.4×1.3=48.8m

> 위 식 $WC\Delta t = KA\Delta t$에서 $WC\Delta t$는 단위가 kJ/s이고, $KA\Delta t$는 $W(J/s)$이므로 $WC\Delta t$항에 1,000을 곱하여 kJ/s를 J/s로 환산하여 계산한다.

24 펌프의 전양정이 30m이며, 양수량이 2,000L/min일 때, 양수펌프의 축동력은? (단, 펌프의 효율은 80%이다.)

① 약 9.8kW　　　　　　　② 약 12.3kW
③ 약 13.3kW　　　　　　 ④ 약 16.7kW

해설 $kW = \dfrac{QH}{102E} = \dfrac{2000 \times 30}{60 \times 102 \times 0.8} = 12.3kW$

25 급수배관의 설계 및 시공에 관한 설명으로 옳지 않은 것은?

① 급수주관으로부터 배관을 분기하는 경우는 엘보를 사용하여야 한다.
② 주배관에는 적당한 위치에 플랜지 이음을 하여 보수점검을 용이하게 한다.
③ 배관의 수리 시 교체가 쉽고 열의 신축에도 대응할 수 있도록 벽이나 바닥을 관통하는 곳에는 슬리브를 설치한다.
④ 수평배관에는 공기가 정체하지 않도록하며, 어쩔 수 없이 공기 정체가 일어나는 곳에는 공기빼기밸브를 설치한다.

해설 급수주관으로부터 배관을 분기하는 경우는 티이를 사용하여야 한다.

26 원심식 펌프로 회전차 주위에 디퓨저인 안내 날개를 가지고 있는 펌프는?

① 터빈펌프　　　　　　　② 기어펌프
③ 피스톤펌프　　　　　　④ 볼류트펌프

해설 터빈펌프는 원심식 펌프로 회전차 주위에 디퓨저인 안내 날개(가이드베인)를 가지고 있는 펌프로 볼류트 펌프보다 양정이 큰 편이다.

해답 24.② 25.① 26.①

27 급수배관의 관경 결정법에 관한 설명으로 옳지 않은 것은?

① 같은 급수기구 중에서도 개인용과 공중용에 대한 기구급수부하단위는 공중용이 개인용보다 값이 크다.
② 유량선도에 의한 방법으로 관경을 결정하고자 할 때의 부하 유량(급수량)은 기구급수부하 단위로 산정한다.
③ 소규모 건물에는 유량선도에 의한 방법이, 중규모 이상의 건물에는 관균등표에 의한 방법이 주로 이용된다.
④ 기구급수부하단위는 각 급수기구의 표준토수량, 사용빈도, 사용시간을 고려하여 1개의 급수기구에 대한 부하의 정도를 예상하여 단위화한 것이다.

해설 급수배관의 관경 결정법에서 소규모 건물에는 관균등표에 의한 방법이, 중규모 이상의 건물에는 유량선도에 의한 방법이 주로 이용된다.

28 펌프에 관한 설명으로 옳은 것은?

① 비속도가 작은 펌프는 양수량의 변화에 따라 양정의 변화도 크다.
② 특성이 같은 펌프를 2대 병렬 운전하면 양정과 양수량은 1대일 경우의 2배가 된다.
③ 특성이 같은 펌프를 2대 직렬운전하면 양수량은 1대일 경우의 2배가 된다.
④ 동일펌프로 동일 송수계통에 양수하고 있는 경우 펌프의 회전수가 2배가 되면 양정은 4배가 된다.

해설 비속도가 큰 펌프일수록 양수량의 변화에 따라 양정의 변화도 크다.
특성이 같은 펌프를 2대 병렬 운전하면 이론적으로 양정은 그대로이고, 양수량은 1대일 경우의 2배가 된다. 특성이 같은 펌프를 2대 직렬운전하면 양정은 1대일 경우의 2배가 된다.
상사법칙에 따라 펌프 회전수가 2배가 되면 양정은 4배, 동력은 8배가 된다.

29 급탕설비의 안전장치에 관한 설명으로 옳지 않은 것은?

① 팽창관의 배수는 간접배수로 한다.
② 팽창관의 도중에는 체크밸브를 설치하여 개폐를 원활하게 한다.
③ 팽창관은 보일러, 저탕조 등 밀폐 가열장치 내의 압력상승을 도피시키는 역할을 한다.
④ 안전밸브는 가열장치 내의 압력이 설정압력을 넘는 경우에 압력을 도피시키기 위해 탕을 방출하는 밸브이다.

해설 팽창관의 도중에는 밸브를 설치하지 않아야 한다. 밸브가 닫히는 경우 팽창탱크 기능이 상실되어 장치 파손의 우려가 있다.

27.③ 28.④ 29.②

30 처리대상인원 1,000인, 1인 1일당 오수량 $0.2m^3$, 오수의 평균 BOD 200ppm, BOD 제거율 85%인 오수처리시설에서 유출수의 BOD량은?

① 1.5kg/day
② 6kg/day
③ 30kg/day
④ 200kg/day

해설 처리효율 = $\dfrac{유입량 - 유출량}{유입량}$ 에서

유출량 = 유입량(1−처리효율) = $1,000 \times 0.2 \times 200 \times 10^{-3}(1-0.85) = 6 kg/d$

$m^3/d \times ppm = g/d$ 이므로 kg/d로 환산하기 위해 1,000으로 나눈다.

31 진공환수식 증기난방에서 리프트 이음(lift fitting)을 적용하는 경우는?

① 방열기보다 환수주관이 높을 때
② 방열기보다 응축수 온도가 너무 높을 때
③ 환수배관법을 역환수식으로 할 때
④ 진공펌프를 환수주관보다 낮게 설치할 때

해설 진공환수식 증기난방에서 리프트 이음은 아래의 응축수를 흡상하기 위한 배관 접속으로 방열기(응축수)보다 환수주관이 높을 때 적용한다.

32 체크밸브에 관한 설명으로 옳지 않은 것은?

① 유체의 역류를 방지하기 위한 것이다.
② 스윙형 체크밸브는 수평배관에 사용할 수 없다.
③ 스윙형 체크밸브는 유수에 대한 마찰저항이 리프트형보다 작다.
④ 리프트형 체크밸브는 글로브 밸브와 같은 밸브시트의 구조를 갖는다.

해설 스윙형 체크밸브는 수평, 수직 배관에 사용할 수 있으며 리프트형 체크밸브는 수평배관에만 사용할 수 있다.

33 증기트랩 중 플로트 트랩에 관한 설명으로 옳지 않은 것은?

① 대용량에도 적합하다.
② 응축수를 연속으로 배출시킬 수 있다.
③ 플로트를 트랩 내부에 갖고 있어 외형이 크다.
④ 증기와 응축수 사이의 온도차를 이용하는 온도조절식 트랩이다.

해설 플로트 트랩은 응축수의 부력을 이용하는 부자(플로트)식 트랩이다.

해답 30.② 31.① 32.② 33.④

34 수증기를 만드는 원리에 따라 가습장치를 구분할 경우, 다음 중 수분무식에 속하는 것은?

① 전열식
② 모세관식
③ 초음파식
④ 적외선식

해설 가습기 중 수분무식에는 원심식, 초음파식, 노즐분무식(물) 등이 있다.

35 온수난방 배관에서 리버스 리턴(Reverse Return) 방식을 사용하는 주된 이유는?

① 배관의 신축을 흡수하기 위하여
② 배관의 길이를 짧게 하기 위하여
③ 온수의 유량분배를 균일하게 하기 위하여
④ 배관 내의 공기배출을 용이하게 하기 위하여

해설 리버스 리턴(Reverse Return) 방식 각 방열기(부하) 순환 배관 길이를 균등히 하여 마찰 저항을 균등히 하고 결국 유량 분배가 균등해져 온도를 균등하게 한다.

36 공기조화용 덕트의 분기부에 설치하여 풍량 조절용으로 사용되나 정밀한 풍량조절이 불가능하며, 누설이 많아 폐쇄용으로의 사용이 곤란한 댐퍼는?

① 루버 댐퍼
② 볼륨 댐퍼
③ 스플릿 댐퍼
④ 버터플라이 댐퍼

해설 스플릿 댐퍼는 덕트의 분기부에 설치하여 풍량 조절용이나 개폐용으로 사용된다.

37 흡수식 냉동기에 관한 설명으로 옳지 않은 것은?

① 왕복동식 냉동기에 비해 소음이 작다.
② 일반적으로 리튬브로마이드(LiBr)가 냉매로 이용된다.
③ 증발기, 흡수기, 재생기(발생기), 응축기 등으로 구성되어 있다.
④ 기계적 에너지가 아닌 열에너지에 의해 냉동효과를 얻는다.

해설 흡수식 냉동기에서 리튬브로마이드(LiBr)는 흡수액으로 물은 냉매로 이용된다.

38 국소환기 설계에 관한 설명으로 옳지 않은 것은?

① 배출된 오염물질에 의한 대기오염이 되지 않도록 정화장치를 부착한다.
② 국소환기의 계통은 공간의 절약을 위해 공조장치의 환기덕트와 연결한다.
③ 배기장치는 배기가스에 의해 부식하기 쉬우므로 그에 상응한 재료를 사용한다.

해답 34.③ 35.③ 36.③ 37.② 38.②

④ 배풍기는 배기계통의 말단부에 두어 덕트 내압력이 부(-)로 되도록 해서 다른 쪽으로의 **누출**을 방지한다.

[해설] 오염공기의 혼합을 방지하기위해 국소환기의 계통은 공조장치의 환기덕트와 연결하지 않는다.

39 냉각탑에서 어프로치(approach)에 관한 설명으로 옳은 것은?

① 냉각탑 출구와 입구 수온의 온도차
② 냉각탑 입구와 출구공기의 습구온도차
③ 냉각탑 입구의 수온과 출구공기의 습구온도와의 차
④ 냉각탑 출구의 수온과 입구공기의 습구온도와의 차

[해설] 냉각탑에서 어프로치(approach)란 냉각탑 출구의 수온과 입구 공기의 습구온도와의 차로 어프로치가 작을수록 냉각탑 냉각능력이 우수한 것이다.

40 다음과 같은 특징을 갖는 천장취출구는?

- 확산형 취출구의 일종으로 몇 개의 콘(cone)이 있어서 1차 공기에 의한 2차 공기의 유인성능이 좋다.
- 확산반경이 크고 도달거리가 짧기 때문에 천장취출구로 많이 사용된다.

① 팬형
② 노즐형
③ 펑커형
④ 아네모스탯형

[해설] 아네모스탯형 디퓨져는 확산형 취출구의 일종으로 몇 개의 콘(cone)이 있어서 1차 공기에 의한 2차 공기의 유인성능이 우수하여 천장형 취출구에 보편적으로 사용된다.

제3과목 전기 및 소방시설 일반

41 물분무 소화설비에 관한 설명으로 옳지 않은 것은?

① 물의 입자를 미세하게 분무시키는 시스템이다.
② 물을 사용하므로 전기화재에는 적응성이 없다.
③ 냉각작용을 이용하여 소화효과를 얻을 수 있다.
④ 화재 시 발생하는 수증기에 의한 질식작용을 이용하여 소화효과를 얻을 수 있다.

[해설] 물분무 소화설비 물의 입자를 미세하게 분무시키는 시스템으로 물을 사용하지만 수증기에 의한 질식작용으로 전기화재에도 적응성이 좋다.

[해답] 39.④ 40.④ 41.②

42 다음 설명에 알맞은 법칙은?

> 회로 내의 임의의 한 점에 들어오고 나가는 전류의 합은 같다.

① 옴의 법칙
② 렌쯔의 법칙
③ 플레밍의 오른손 법칙
④ 키르히호프의 제1법칙

해설 키르히호프의 제1법칙은 회로 내의 임의의 한 점에 들어오고 나가는 전류의 합은 같다. 키르히호프의 제2법칙은 임의 폐회로에서 한 방향으로의 전압강하의 합은 기전력의 합과 같다.

43 어떤 회로에서 유효전력 80W, 무효전력 60Var일 때 역률은?

① 70%
② 80%
③ 90%
④ 100%

해설 역률 $= \dfrac{\text{유효전력}}{\text{피상전력}} = \dfrac{\text{유효전력}}{\sqrt{\text{유효전력}^2 + \text{무효전력}^2}} = \dfrac{80}{\sqrt{80^2 + 60^2}} = 0.8 = 80\%$

44 농형 유도전동기에 관한 설명으로 옳지 않은 것은?

① 슬립링에서 불꽃이 나올 우려가 있다.
② VVVF방식으로 속도제어를 할 수 있다.
③ 권선형에 비해 구조가 간단하여 취급방법이 용이하다.
④ 기동전류가 커서 전동기 권선을 과열시키거나 전원전압의 변동을 일으킬 수 있다.

해설 슬립링에서 불꽃이 나올 우려가 있는 것은 권선형 유도전동기이다.

45 무접점 시퀀스 제어 회로에 관한 설명으로 옳지 않은 것은?

① 소형화가 가능하다.
② 동작속도가 빠르다.
③ 전기적 노이즈에 대하여 안정적이다.
④ 고빈도 사용이 가능하고 수명이 길다.

해설 무접점 시퀀스 제어 회로는 전자식으로 전기적 노이즈에 대하여 불안정하다.

46 옥내소화전 방수구는 바닥으로부터의 높이가 최대 얼마 이하가 되도록 설치하여야 하는가?

① 0.9m
② 1.2m
③ 1.5m
④ 1.8m

해답 42.④ 43.② 44.① 45.③ 46.③

해설 옥내소화전 방수구는 바닥으로부터의 높이가 1~1.5m가 되게 한다. 그러므로 최대 1.5m 이하가 되어야 한다.

47 천장면을 여러 형태의 사각, 동그라미 등으로 오려내고 다양한 형태의 매입기구를 취부하여 실내의 단조로움을 피하는 건축화 조명 방식은?

① 코퍼 조명 ② 코브 조명
③ 밸런스 조명 ④ 코니스 조명

해설 코퍼 조명은 천장면을 사각, 동그라미 등으로 오려내고 다양한 형태의 조명기구를 취부하는 건축화 조명 방식으로 직하부를 비추는 다운라이트와 비슷하다.

48 3상 유도전동기의 속도제어방법에 속하지 않는 것은?

① 극수를 변화시키는 방법 ② 슬립을 변화시키는 방법
③ 주파수를 변화시키는 방법 ④ 3상 중 2개의 상을 변화 접속하는 방법

해설 3상 유도전동기의 속도제어방법에는 극수, 슬립, 주파수를 변화시키는 방법이 있다.

49 배선설비 공사에서 스위치 및 콘센트 시공에 관한 설명으로 옳지 않은 것은?

① 스위치는 회로의 비접지 측에 시설하여서는 안된다.
② 매입형 콘센트 플레이트는 건축 마감면에 밀착되도록 설치하여야 한다.
③ 스위치 설치 높이는 일반적으로 바닥에서 중심까지 1.2m를 기준으로 한다.
④ 일반형 콘센트 설치 높이는 바닥에서 기구 중심까지 30cm를 기준으로 한다.

해설 스위치는 회로의 비접지 측에 시설하여야 한다.

50 전기누전에 의한 감전을 방지하기 위하여 행하는 전기 공사는?

① 접지 공사 ② 피뢰 공사
③ 표시설비 공사 ④ 옥내 배선 공사

해설 접지란 전기회로 또는 전기장비의 한 부분을 도체를 이용하여 땅에 연결하는 것으로써 전기 누전에 의한 감전사고를 방지한다.

51 어떤 저항에 100V의 전압을 가했더니 10A의 전류가 흘렀다. 이 저항에 95V의 전압을 가했을 경우 흐르는 전류는?

① 5A ② 9.5A

해답 47.① 48.④ 49.① 50.① 51.②

③ 10.5A ④ 15A

해설 저항을 구하면 $R = \dfrac{V}{I} = \dfrac{100}{10} = 10\Omega$

10Ω에 95V를 가하면 $I = \dfrac{V}{R} = \dfrac{95}{10} = 9.5A$

[별해] 또는 저항값이 동일할 때 전류는 전압에 비례하므로 $I = 10\left(\dfrac{95}{100}\right) = 9.5A$)

52 옥내 소화전설비가 갖춰진 10층 건물에 있어서 옥내소화전이 각층에 2개씩 설치되어 있다면, 옥내소화전설비의 수원의 저수량은 최소 얼마 이상이 되도록 하여야 하는가?

① 5.2m³ ② 13m³
③ 14m³ ④ 15.6m³

해설 각 층에 2개 이상의 옥내소화전이 설치되는 경우 2개의 소화전에 20분간 방수량(130 L/min)을 저수해야 한다.
$W = 130L/\min \times 20 \times 2 = 5200L = 5.2m^3$

53 양측 금속박 사이에 유전체를 끼워 놓아둔 구조로 정전용량을 갖게 한 소자는?

① 저항 ② 콘덴서
③ 콘덕턴스 ④ 인덕턴스

해설 콘덴서는 2개의 도체판(금속박) 사이에 유전체를 끼워 대항시킨 구조로 정전용량을 가진다.

54 자동화재탐지설비의 감지기 중 주위의 공기에 일정 농도 이상의 연기가 포함되었을 때 동작하는 감지기는?

① 불꽃 감지기 ② 차동식 감지기
③ 이온화식 감지기 ④ 보상식 스폿형 감지기

해설 연기감지기에는 이온화식 감지기, 광전식 감지기가 있다.

55 옥외소화전설비에 관한 설명으로 옳지 않은 것은?

① 호스는 구경 65mm의 것으로 하여야 한다.
② 호스접결구는 지면으로부터 높이가 0.5m 이상 1m 이하의 위치에 설치한다.
③ 옥외소화전이 10개 설치된 때에는 옥외소화전마다 10m 이내의 장소에 1개 이상의 소화전함을 설치하여야 한다.

해답 52.① 53.② 54.③ 55.③

④ 호스접결구는 특정소방대상물의 각 부분으로부터 하나의 호스접결구까지의 수평거리가 40m 이하가 되도록 설치하여야 한다.

해설 옥외소화전이 10개(10개 이하) 설치된 때에는 옥외소화전마다 5m 이내의 장소에 1개 이상의 소화전함을 설치하여야 한다.

56 어떤 코일에 50Hz의 교류 전압을 가할 때 유도 리액턴스가 628Ω이었다. 이 코일의 자기인덕턴스(H)는?

① 2
② 50
③ 314
④ 628

해설 유도리액턴스 $X_L = wL = 2\pi f L$

$L = \dfrac{X_L}{2\pi f} = \dfrac{628}{2 \times 3.14 \times 50} = 2(H)$

57 어느 도체의 단면에 10분간 360C의 전하가 통과하였다면 전류의 크기는?

① 0.027A
② 0.6A
③ 1.67A
④ 3.6A

해설 1초에 1C 전하가 통과할 때 전류 세기는 1A이다.

$I = \dfrac{C}{t} = \dfrac{360}{10 \times 60} = 0.6A$

58 인화성 액체, 가연성 액체, 타르, 오일 및 인화성 가스와 같은 유류가 타고 나서 재가 남지 않는 화재를 의미하는 것은?

① A급 화재
② B급 화재
③ C급 화재
④ K급 화재

해설 A급 화재 : 일반화재, B급 화재 : 유류화재, C급 화재 : 전기화재, D급화재 : 금속화재, K급화재 : 주방화재

59 건물의 자동제어방식에서 디지털 방식에 속하는 것은?

① 전기방식
② 공기방식
③ 자기방식
④ DDC방식

해설 DDC방식은 Direct digital Control의 약자로서 중앙제어반(콘트롤부, computer)을 중심으로 구동부, 조작부(밸브), 조절부(DDC) 등으로 구성되며 현장 제어의 폭이 넓고 광범위하며, 고도의 정밀제어가 가능하므로 건물 자동제어에 가장 일반적인 자동제어 형식이다.

해답 56.① 57.② 58.② 59.④

60 3상유도 전동기의 기동법으로 Y-△기동법을 사용하는 가장 주된 목적은?

① 전압을 높이기 위하여
② 기동전류를 줄이기 위하여
③ 전도기의 출력을 높이기 위하여
④ 전동기의 동기속도를 높이기 위하여

해설 Y-△기동법은 Y결선과 △결선을 교번 조합하여 기동전류를 줄여서 기동하는 법을 말한다.

제4과목 건축설비 관련 법규

61 기계설비법령에 따른 기계설비의 착공 전 확인과 사용 전 검사의 대상 건축물 또는 시설물에 해당하지 않는 것은?

① 연면적 1만㎡ 이상인 건축물
② 목욕장으로 사용되는 바닥면적 합계가 500㎡ 이상인 건축물
③ 기숙사로 사용되는 바닥면적 합계가 1천㎡ 이상인 건축물
④ 판매시설로 사용되는 바닥면적 합계가 3천㎡ 이상인 건축물

해설 〈기계설비법 시행령 별표 5〉 기숙사로 사용되는 바닥면적 합계가 2천㎡ 이상인 건축물이 해당된다.

62 건축물에 급수·배수·환기·난방 등의 건축설비를 설치하는 경우 건축기계설비기술사 또는 공조냉동기계기술사의 협력을 받아야 하는 대상 건축물에 속하지 않는 것은?

① 아파트
② 연립주택
③ 숙박시설로서 해당 용도에 사용되는 바닥면적의 합계가 2,000㎡인 건축물
④ 판매시설로서 해당 용도에 사용되는 바닥면적의 합계가 2,000㎡인 건축물

해설 〈건축법령 91조 3, 설비기준 2조〉 판매시설로서 바닥면적의 합계가 3,000㎡ 이상인 건축물

63 위험물 저장 및 처리시설에 설치하는 피뢰설비는 한국산업표준이 정하는 피뢰시스템 레벨이 최소 얼마 이상이어야 하는가?

① Ⅰ
② Ⅱ
③ Ⅲ
④ Ⅳ

해설 〈설비기준 20조〉 위험물 저장 및 처리시설에 설치하는 피뢰설비는 한국산업표준이 정하는 피뢰시스템 레벨 Ⅱ 이상이어야 한다.

해답 60.② 61.③ 62.④ 63.②

64 특별피난계단의 구조에 관한 기준 내용으로 옳지 않은 것은?

① 계단실에는 예비전원에 의한 조명설비를 할 것
② 계단은 내화구조로 하되, 피난층 또는 지상까지 직접 연결되도록 할 것
③ 출입구의 유효너비는 0.9m 이상으로 하고 피난의 방향으로 열 수 있을 것
④ 계단실 및 부속실의 실내에 접하는 부분의 마감은 불연재료 또는 준불연재료로 할 것

해설 〈피난방화구조기준 9조〉 계단실 및 부속실의 실내에 접하는 부분의 마감은 불연재료로 할 것

65 주요구조부를 내화구조로 하여야 하는 대상건축물에 속하지 않는 것은?

① 종교시설의 용도로 쓰는 건축물로서 집회실의 바닥면적의 합계가 200m²인 건축물
② 판매시설의 용도로 쓰는 건축물로서 그 용도로 쓰는 바닥면적의 합계가 500m²인 건축물
③ 운수시설의 용도로 쓰는 건축물로서 그 용도로 쓰는 바닥면적의 합계가 500m²인 건축물
④ 문화 및 집회시설 중 전시장의 용도로 쓰는 건축물로서 그 용도로 쓰는 바닥면적의 합계가 200m²인 건축물

해설 〈건축법령 56조〉 문화 및 집회시설 중 전시장의 용도로 쓰는 건축물로서 그 용도로 쓰는 바닥면적의 합계가 500m² 이상인 건축물

66 각종 주택에 관한 설명으로 옳은 것은?

① 다중주택은 공동주택에 속한다.
② 기숙사는 공동주택에 속하지 않는다.
③ 다중주택은 독립된 주거의 형태이어야 한다.
④ 다가구주택은 1개 동의 주택으로 쓰이는 바닥면적의 합계가 660m² 이하이다.

해설 〈건축법령 3조 5 별표 1〉 다가구주택 : 주택으로 쓰는 층수(지하층은 제외한다)가 3개 층 이하일 것. 1개 동의 주택으로 쓰이는 바닥면적의 합계가 660제곱미터 이하일 것. 19세대 이하가 거주할 수 있을 것. 다중주택은 단독주택에 속하며 독립된 주거의 형태가 아니어야 하고, 기숙사는 공동주택에 속한다.

67 다음 중 외기에 면하고 1층 또는 지상으로 연결된 출입문을 방풍구조로 하지 않아도 되는 것은?(단, 사람의 통행을 주목적으로 하며, 너비가 1.2m를 초과하는 출입문인 경우)

① 호텔의 주출입문
② 아파트의 출입문
③ 공기조화를 하는 업무시설의 출입문
④ 바닥면적의 합계가 500m²인 상점의 주출입문

해답 64.④ 65.④ 66.④ 67.②

해설 〈에너지절약기준 제6조 4의 라〉
라. 외기에 직접 면하고 1층 또는 지상으로 연결된 출입문은 방풍구조로 하여야 한다. 다만, 다음 각 호에 해당하는 경우에는 그러하지 않을 수 있다.
1) 바닥면적 3백 제곱미터 이하의 개별 점포의 출입문
2) 주택의 출입문(단, 기숙사는 제외)
3) 사람의 통행을 주목적으로 하지 않는 출입문
4) 너비 1.2미터 이하의 출입문

68 건축물의 에너지절약 설계기준상 다음과 같이 정의되는 용어는?

기기를 여러 대 설치하여 부하상태에 따라 최적 운전상태를 유지할 수 있도록 기기를 조합하여 운전하는 방식

① 인버터운전 ② 간헐제어운전
③ 비례제어운전 ④ 대수분할운전

해설 〈에너지절약기준 5조〉 대수분할운전이라 함은 기기를 여러 대 설치하여 부하상태에 따라 최적 운전상태를 유지할 수 있도록 기기를 조합하여 운전하는 방식을 말한다.

69 다음 중 대수선에 속하지 않는 것은?

① 내력벽을 증설 또는 해체하는 것
② 기둥 2개를 수선 또는 변경하는 것
③ 다세대주택의 세대 간 경계벽을 증설 또는 해체하는 것
④ 주계단·피난계단 또는 특별피난계단을 수선 또는 변경하는 것

해설 〈건축법령 3조 2〉 기둥을 증설 또는 해체하거나 3개를 수선 또는 변경하는 것

70 높이 기준이 60m인 건축물에서 허용되는 높이의 최대 오차는?

① 0.6m ② 0.9m
③ 1.0m ④ 1.2m

해설 〈건축법 규칙 20조 별표 5〉 건축물 높이는 허용오차 2% 이내(60m인 경우 1.2m)이나 1m를 초과할 수 없으므로 최대 1m이다.

71 다음은 초고층 건축물에 설치하는 피난안전구역에 관한 기준 내용이다. ( ) 안에 알맞은 것은?

초고층 건축물에는 피난층 또는 지상으로 통하는 직통계단과 직접 연결되는 피난안전구역(건축물의 피난·안전을 위하여 건축물 중간층에 설치하는 대피공간을 말한다.)을 지상층으로부터 최대 ( ) 층마다 1개소 이상 설치하여야 한다.

해답 68.④ 69.② 70.③ 71.③

① 10개　　　　　　　　② 20개
③ 30개　　　　　　　　④ 40개

[해설] 〈건축법령 34조 3〉 초고층 건축물에는 피난층 또는 지상으로 통하는 직통계단과 직접 연결되는 피난안전구역을 지상층으로부터 최대 30층마다 1개소 이상 설치하여아 한다.

72 다음의 무창층과 관련된 기준 내용 중 밑줄 친 요건으로 옳지 않은 것은?

> "무창층"이란 지상층 중 다음 <u>각 목의 요건</u>을 모두 갖춘 개구부 면적의 합계가 해당 층의 바닥면적의 30분의 1 이하가 되는 층을 말한다.

① 도로 또는 차량이 진입할 수 있는 빈터를 향할 것
② 내부 또는 외부에서 쉽게 개방 또는 파괴할 수 없을 것
③ 크기는 지름 50cm 이상의 원이 내접할 수 있는 크기일 것
④ 해당 층의 바닥면으로부터 개구부 밑부분까지의 높이가 1.2m 이내일 것

[해설] 〈소방법령 2조〉 내부 또는 외부에서 쉽게 부수거나 파괴할 수 있을 것

73 특별피난계단에 설치하는 배연설비의 구조에 관한 기준 내용으로 옳지 않은 것은?

① 배연구 및 배연풍도는 불연재료로 할 것
② 배연구는 평상시에는 닫힌 상태를 유지할 것
③ 배연구는 평상시에 사용하는 굴뚝에 연결할 것
④ 배연기는 배연구의 열림에 따라 자동적으로 작동할 것

[해설] 〈설비기준 14조〉 배연구는 평상시에 사용하지 아니하는 굴뚝에 연결할 것

74 건축법령상 용도별 건축물의 종류가 옳지 않은 것은?

① 숙박시설 – 휴양 콘도미니엄　　② 제1종 근린생활시설 – 치과의원
③ 동물 및 식물관련시설 – 동물원　④ 제2종 근린생활시설 – 노래연습장

[해설] 〈건축법령 3조 5 별표 1〉 동물원은 문화집회시설에 속한다.

75 특정소방대상물에 설치하여야 하는 소방시설에 관한 설명으로 옳지 않은 것은?

① 노유자 생활시설에는 자동화재속보설비를 설치하여야 한다.
② 연면적 33m²인 음식점에는 소화기구를 설치하여야 한다.
③ 연면적 600m²인 종교시설에는 자동화재탐지설비를 설치하여야 한다.

[해답] 72.② 73.③ 74.③ 75.③

④ 바닥면적의 합계가 5,000m²인 판매시설의 모든 층에는 스프링클러 설비를 설치하여야 한다.

> 해설 〈소방법령 11조 별표 4〉 2. 경보시설 자동화재탐지설비 – 종교시설 연면적 1,000m² 이상

76 다음 중 방화구조에 속하지 않는 것은?
① 심벽에 흙으로 맞벽치기한 것
② 철망모르타르로서 그 바름두께가 2cm인 것
③ 석고판 위에 회반죽을 바른 것으로서 그 두께의 합계가 2cm인 것
④ 시멘트모르타르 위에 타일을 붙인 것으로서 그 두께의 합계가 2.5cm인 것

> 해설 〈피난방화구조 4조〉 방화구조 : 석고판 위에 회반죽을 바른 것으로서 그 두께의 합계가 2.5cm 이상 인 것

77 연면적 200m²을 초과하는 중·고등학교에 설치하는 복도의 유효너비는 최소 얼마 이상으로 하여야 하는가?(단 양옆에 거실이 있는 복도의 경우)
① 1.5m 이상
② 1.8m 이상
③ 2.1m 이상
④ 2.4m 이상

> 해설 〈피난방화구조 15조 2〉 중·고등학교 복도 유효너비(양옆에 거실이 있는 복도의 경우) – 2.4m 이상

78 연결송수관설비를 설치하여야 하는 특정소방대상물 기준으로 옳은 것은?(단 위험물 저장 및 처리시설 중 가스시설 또는 지하구는 제외)
① 층수가 3층 이상으로서 연면적 5,000m² 이상인 것
② 층수가 3층 이상으로서 연면적 6,000m² 이상인 것
③ 층수가 5층 이상으로서 연면적 5,000m² 이상인 것
④ 층수가 5층 이상으로서 연면적 6,000m² 이상인 것

> 해설 〈소방법령 11조 별표 4〉 연결송수관설비 : 층수가 5층 이상으로서 연면적 6,000m² 이상인 것

79 모든 층에 주거용 주방자동소화장치를 설치하여야 하는 특정소방대상물은?
① 기숙사
② 아파트
③ 견본주택
④ 학생복지주택

> 해설 〈소방법령 15조 별표 5〉 주거용 주방자동소화장치 : 아파트 등, 30층 이상 오피스텔

해답 76.③ 77.④ 78.④ 79.②

80 공동주택과 오피스텔의 난방설비를 개별난방 방식으로 하는 경우에 대한 기준 내용으로 옳은 것은?

① 보일러실의 연도는 방화구조로서 개별연도로 설치할 것
② 보일러실의 윗부분과 아랫부분에는 지름 5cm 이상의 공기흡입구 및 배기구를 설치할 것
③ 보일러를 설치하는 곳과 거실 사이의 경계벽은 출입구를 제외하고는 내화구조의 벽으로 구획할 것
④ 전기보일러를 사용하는 경우, 보일러실의 윗부분에는 그 면적이 1m² 이상인 환기창을 설치할 것

해설 〈설비기준 13조〉 보일러실의 연도는 내화구조로서 공동연도로 설치할 것. 보일러실의 윗부분과 아랫부분에는 지름 10cm 이상의 공기흡입구 및 배기구를 설치할 것. 다만 전기보일러를 사용하는 경우 그러하지 아니하다.

해답 80.③

건축설비기사 필기

1998년	1월 10일	초 판	발행
2008년	4월 30일	1판 12쇄	발행
2009년	1월 10일	2판 1쇄	발행
2010년	1월 10일	3판 1쇄	발행
2011년	1월 10일	4판 1쇄	발행
2012년	1월 10일	5판 1쇄	발행
2013년	1월 10일	6판 1쇄	발행
2014년	1월 10일	7판 1쇄	발행
2015년	1월 10일	8판 1쇄	발행
2016년	1월 10일	9판 1쇄	발행
2017년	1월 10일	10판 1쇄	발행
2018년	1월 10일	11판 1쇄	발행
2019년	1월 10일	12판 1쇄	발행
2020년	1월 10일	13판 1쇄	발행
2021년	1월 10일	14판 1쇄	발행
2022년	1월 10일	15판 1쇄	발행
2023년	1월 10일	16판 1쇄	발행
2023년	11월 10일	17판 1쇄	발행
2024년	10월 31일	18판 1쇄	발행
2025년	1월 10일	19판 1쇄	발행
2025년	10월 31일	20판 1쇄 개정판	발행
2026년	1월 31일	20판 2쇄	발행

편저자 조성안 · 이석훈
발행인 한인환 · 한재성
발행처 도서출판 **기문사**
등 록 1978. 8. 9. NO. 6-0637
주 소 서울시 동대문구 안암로 50-1(용두동) 홍신빌딩 3층
전 화 02) 2265-7214(代)/922-8662~3
팩 스 02) 922-8772

homepage : www.kimoonsa.co.kr
e-mail : book@kimoonsa.co.kr

ISBN : 979-11-94568-26-1 13540

정가 : 48,000원

● 불법복사는 지적재산을 훔치는 범죄행위입니다.
저작권법 제97조의 5(권리의 침해죄)에 따라 위반자는 5년 이하의 징역 또는 5천만 원 이하의 벌금에 처하게 됩니다.

저자 질의응답 카페 주소   http://cafe.daum.net/kimoonsa